A Daniel

Lehrbuch der Geographie für höhere Unterrichtsanstalten

A Daniel

Lehrbuch der Geographie für höhere Unterrichtsanstalten

ISBN/EAN: 9783742813145

Hergestellt in Europa, USA, Kanada, Australien, Japan

Cover: Foto ©Thomas Meinert / pixelio.de

Manufactured and distributed by brebook publishing software
(www.brebook.com)

A Daniel

Lehrbuch der Geographie für höhere Unterrichtsanstalten

Lehrbuch

der

Geographie

für

höhere Unterrichtsanstalten.

Von

Prof. Dr. H. A. Daniel,

weil. Inspector adiunctus am Königl. Pädagogium zu Halle.

---

77. verbesserte Auflage,

herausgegeben

von

Prof. Dr. B. Volz,

Direktor des Königlichen Friedrichs-Gymnasiums zu Breslau.

Halle a. S.,

Verlag der Buchhandlung des Waisenhauses.

1895.

Inhalt.

Erstes Buch.
Die Grundlehren der Geographie.

§ 1. Die Geographie und ihre Einteilung 1

I. Aus der mathematischen Geographie.

§ 2. Die Gestalt der Erde 2
§ 3. Der Sternhimmel 4
§ 4. Vorstellungen vom Weltall 6
§ 5. Fixsterne, Planeten, Kometen, Meteoriten 6
§ 6. Die Erde mit andern Planeten verglichen. Der Mond . . 9
§ 7. Die Bewegungen der Erde: Tages- und Jahreszeiten . . 11
§ 8. Geographische Länge und Breite 12
§ 9. Wendekreise und Polarkreise 15
§ 10. Erdzonen 16

II. Aus der Geologie.

§ 11. Bildung der Erdoberfläche 17

III. Aus der allgemeinen physischen Geographie.

§ 12. Wasser und Land 19
§ 13. Meere und Kontinente 20
§ 14. Küstenentwickelung 21
§ 15. Die fünf Ozeane 22
§ 16. Das Meer 24
§ 17. Bewegung der Luft. Klima 27

§ 18. Die Inseln 30
§ 19. Tiefland und Hochland 32
§ 20. Die Arten des Bodens 33
§ 21. Ebenen und Gebirge 34
§ 22. Einteilung der Gebirge nach ihrer Höhe 35
§ 23. Einteilung der Gebirge nach ihrer Gestaltung 36
§ 24. Geognostische Zusammensetzung der Gebirge 37
§ 25. Quellen und Flüsse 38
§ 26. Der Flüsse Lauf und Mündung 39
§ 27. Flußgefälle und Flußthäler 41
§ 28. Die Landseeen 42
§ 29. Kreislauf des Wassers auf der Erde 43
§ 30. Die Welt der Pflanzen 44
§ 31. Die Welt der Tiere 47
§ 32. Der Mensch 48
§ 33. Die Menschenrassen 49

IV. Aus der allgemeinen politischen (oder historischen) Geographie.

§ 34. Der Mensch im Verhältnis zu Gott 52
§ 35. Die Staaten der Erde 54

Zweites Buch.

Die außereuropäischen Erdteile.

§ 36. Horizontale und vertikale Gliederung 57
§ 37. Erdteile; Inseln; die alte Welt 58

I. Asien.

§ 38. Asien im allgemeinen 60
§ 39. Übersicht der Bodengestaltung 64
§ 40. Sibirien 66
§ 41. Turán oder West-Turkestán 68
§ 42. Irán 70
§ 43. Afghánistán, Kafiristán, Belutschistán 72
§ 44. West-Irán oder das persische Reich 73
§ 45. Das armenische Hochland und Kaukasien 75

Seite

§ 46. Die Halbinsel Kleinasien 77
§ 47. Mesopotamien 80
§ 48. Syrien 82
§ 49. Die arabische Halbinsel 86
§ 50. Die vorderindische Halbinsel 89
§ 51. Die hinterindische Halbinsel 94
§ 52. Indonesien oder die hinterindische Inselwelt 96
§ 53. Das chinesische Reich 98
§ 54. Das japanische Reich 102

II. Afrika.

§ 55. Afrika im allgemeinen 105
§ 56ᵃ. Das südliche und das centrale Afrika 108
§ 56ᵇ. Deutsch-Ostafrika 111
§ 56ᶜ. Deutsch-Südwestafrika 114
§ 56ᵈ. Kamerun 117
§ 57ᵃ. Sudan 119
§ 57ᵇ. Togo 121
§ 57ᶜ. Die Sahara 123
§ 58. Die Länder am Nil 125
§ 59. Die Syrten- und Atlasländer 128
§ 60. Die afrikanischen Inseln 130

III. Amerika.

§ 61. Gesamt-Amerika 132
§ 62. Süd-Amerika im allgemeinen 134
§ 63. Die Staaten Süd-Amerikas 139
§ 64. Mittel-Amerika und Westindien 143
§ 65. Nord-Amerika im allgemeinen 146
§ 66. Die Republik Mexico 151
§ 67. Die Vereinigten Staaten von Amerika (die Union) . . 152
§ 68. Das britische Nord-Amerika 163
§ 69. Grönland und die Polarländer 166

IV. Australien und Polynesien.

§ 70ᵃ. Der Austral-Kontinent und die Austral-Inseln . . . 168
§ 70ᵇ. Die deutschen Austral-Kolonieen 174
§ 70ᶜ. Polynesien oder die Südsee-Inseln 177
§ 70ᵈ. Die (deutschen) Marschall-Inseln und Nauru . . . 178

Drittes Buch.

Seite

§ 71. Von den Landkarten 179

V. Europa.

§ 72. Europa im allgemeinen 181

I. Die drei südlichen Halbinseln.

§ 73. Die iberische oder pyrenäische Halbinsel im allgemeinen . 190
§ 74. Spanien und Portugal 194
§ 75. Die Alpen 202
§ 76. Die italische oder die Apenninen-Halbinsel 211
§ 77. Das Königreich Italien (festländischer Teil) 220
§ 78. Die italischen Inseln 234
§ 79. Die griechische oder die Balkan-Halbinsel 238

II. Binnen-Europa.

§ 80. Donau-Tiefland und Karpatenland 255

III. West-Europa.

§ 81. Frankreich 264
§ 82. Großbritannien und Irland 281

IV. Nord-Europa.

§ 83. Die standinavische Halbinsel und Dänemark 295

V. Ost-Europa.

§ 84. Das östliche Tiefland 307

Viertes Buch.

Das deutsche Land.

§ 85. Das deutsche Land im allgemeinen 324

I. Ober-Deutschland.

§ 86. Die deutschen Alpen und die oberdeutsche Hochebene mit
ihrer Gebirgsumrandung 326
§ 87. Das deutsche Donaugebiet 330
§ 88. Das süddeutsche Rheingebiet 334
§ 89. Neckar- und Mainland 338

Seite

§ 90. Das rheinische Schiefergebirge 340
§ 91. Das hessische, Weser- und thüringische Gebirgsland mit
dem Harz 343
§ 92. Die nordöstlichen Gebirge 347

II. Nieder-Deutschland.

§ 93. Boden und Gewässer 352

III. Die Staaten deutscher Nationalität.

§ 94. Das deutsche Volk 360
§ 95. Das heilige römische Reich deutscher Nation 362
§ 96. Der Deutsche Bund 366

1. Das Deutsche Reich.

§ 97. Allgemeines 367
§ 98. Das Königreich Preußen 372
§ 99. Die sächsisch-thüringische Staatengruppe 397
§ 100. Die übrigen kleineren Staaten Nord-Deutschlands . . 402
§ 101. Die süddeutschen Staaten 410
§ 102. Das Deutsche Reich: Wiederholung und Vergleichung . 420

2. Der österreichisch-ungarischen Monarchie

§ 103. sog. deutsche Kronländer 424
§ 104. Österreich-Ungarn: Wiederholung und Vergleichung . . 433

3. Kleinere Staaten deutscher Nationalität.

§ 105. Schweiz, Liechtenstein, Belgien, Niederlande, Luxemburg 436

Anhang.

Der Weltverkehr.

§ 106. Die Entwickelung des Weltverkehrs 448
§ 107. Die Wege des Weltverkehrs 449
§ 108. Die Mittel des Weltverkehrs 452

Register 457

Anmerkung.

Die Aussprachezeichen sind überall in der aus folgendem Beispiel ersichtlichen Weise zu verstehen:

a bedeutet langes betontes a.
á = kurzes betontes a.
ā = langes unbetontes a.
ă = kurzes unbetontes a.

Ein bei der Bezeichnung der Aussprache verwandtes ch lautet stets wie in ach oder doch, nicht wie in ich oder wie j.

Ein bei der Bezeichnung der Aussprache dem n angefügtes j bezeichnet den nasalen Klang des n.

Das bei Bezeichnung der Aussprache des th (in englischen Namen) angewandte ß ist lispelnd zu sprechen mit Anlegen der Zunge an die Rückseite der Vorderzähne.

Bei Doppelvokalen ist stets der zweite Vokal mit dem Tonzeichen versehen.

Erstes Buch.
Die Grundlehren der Geographie.

---

§ 1.
Die Geographie und ihre Einteilung.

Die Geographie oder Erdkunde gehört zu den Wissenschaf=
ten, welche von der Erde als einem Ganzen handeln. Außer ihr sind
dies die sogenannte mathematische Geographie und die Geologie.

Die mathematische Geographie (auch Geonomie genannt)
betrachtet die Erde als einen „Stern unter den Sternen", also in ihren
Beziehungen zum Weltall, sie unterrichtet uns über die Gestalt und
Größe des Erdplaneten und bestimmt die Lage eines Punktes auf der
Erdoberfläche; sie beschäftigt sich überhaupt mit denjenigen Aufgaben,
welche nur mit Hilfe der Mathematik gelöst werden können.

Die Geologie lehrt die Entwickelungsgeschichte der Erde und
ihres organischen Lebens.

Die Geographie endlich beschäftigt sich mit der Erde nur in
derjenigen Erscheinungsform, welche sie seit Menschengedenken dar=
bietet. —

Die Naturwissenschaften sind nicht Teile der Geographie.
Sie betrachten die Teile unseres Erdplaneten nur im einzelnen für
sich: die Meteorologie die Lufthülle, die Hydrographie die Erschei=
nungen des Wassers, die Mineralogie mit der Petrographie und
Geognosie die Gesteinshülle und den Erdkern, die Physik die Kräfte,
die Botanik und Zoologie die lebenden Organismen.

Im deutlichen Unterschiede von ihnen betrachtet die Geogra=
phie die Wechselwirkung der einzelnen Teile des Erdplaneten auf=
einander. Geographie ist demnach die Wissenschaft von den
Teilen des Erdplaneten in ihren gegenseitigen Beziehun=
gen während der historischen Zeit. Sie nimmt also nur so
viel von den andern Erdwissenschaften und von den Naturwissen=
schaften auf, wie sie braucht, um ihre eigenen Lehren verständlich zu
machen. Ersetzen will sie jene weder, noch kann sie es.

Als ein besonders wichtiger, einzigartiger Gegenstand der Be=
trachtung kommt nun aber noch der Mensch hinzu. Dem Körper
nach ein Glied der organischen Schöpfung, erhebt er sich durch seine
geistigen und moralischen Eigenschaften zum Herrn alles Geschaffenen.
Besondere Wissenschaften wiederum sind es, die sich ausschließlich
mit ihm beschäftigen. Aber sein Wohnplatz ist die Erde, von der
er nicht nur Einwirkungen empfängt, sondern auf die er auch Ein=
wirkungen ausübt. Und zwar löst er sich, je höher er in der Gesit=
tung steigt, um so mehr aus der Abhängigkeit von der Natur los.
Die Darstellung seines Thuns auf Erden fällt der Geschichte zu, aber
das Ergebnis desselben, wie es in Staatenbildungen und Besiede=
lungen des Bodens erscheint, ist von der Geographie darzulegen.

Man nennt diesen Teil der Geographie, dessen Mittelpunkt der
Mensch ist, politische oder auch historische Geographie. Diese
nimmt wiederum aus Geschichte, Statistik, Volkswirtschaftslehre so
viel auf, wie sie braucht, um ihre Lehren verständlich zu machen.

Demnach kann man die Geographie in zwei Teile zerlegen: den
ersten derselben nennt man die physische Geographie; auf der
Grundlage dieser erbaut sich dann der zweite Teil oder die politische
(historische) Geographie. Mathematische Geographie aber ist nicht
ein Teil der Geographie, sondern eine selbständige Wissenschaft
neben der Geographie.

I. Aus der mathematischen Geographie.

§ 2.
Die Gestalt der Erde.

Wie die ältesten Völker, so glauben noch jetzt ungebildete Leute
vom Weltall und der Erde das, was ihre Augen sehen: sie folgen
dem Augenschein. Da scheint es denn zuerst jedem, der im
Freien steht, als stehe er in der Mitte einer Kreisfläche, auf
deren Rand sich ringsherum das Himmelsgewölbe herabsenke; man
nennt die Linie, wo sich Erde und Himmel zu berühren scheinen, Ho=
rizont (das Begrenzende). Der Punkt gerade über unserm Haupte
heißt der Zenith oder der Scheitelpunkt, der Punkt unter unsern
Füßen (durch die Erde hindurchgedacht) am entgegengesetzten Him=
melsgewölbe heißt der Nadir oder der Fußpunkt.

Man unterscheidet nach dem Stand der Sonne vier Him=
mels= oder Weltgegenden: Morgen oder Osten, wo sie auf=
geht, Abend oder Westen, wo sie untergeht, Mittag oder Süden,

wo sie am Mittag steht, Mitternacht oder Norden, die gerade
entgegengesetzte Richtung von Mittag. Da uns jedoch nur an zwei
Tagen des Jahres (beim Frühlings= und beim Herbstanfang) die
Sonne genau im Osten auf= und genau im Westen untergeht, so
müssen wir die Himmelsgegenden nach der sich immer gleich blei=
benden Richtung bestimmen, welche die Sonne mittags um 12 Uhr zu
uns einnimmt: schauen wir zu dieser Zeit in der Richtung unseres
eigenen Schattens aus, so sehen wir gen Norden, haben hinter uns
Süden, rechts Osten, links Westen. Zwischen diesen vier Haupt-
Himmelsgegenden denkt man sich andere vier: Nordost, Nord=
west, Südost, Südwest. Dazwischen wieder nimmt man noch
weitere Unterteilungen vor, z. B. Nordnordost, Ostnordost u. f. w. Die
bildliche Darstellung der Himmelsgegenden nennt man Windrose.

Die ältesten Völker folgten in ihrer Ansicht von der Gestalt der
Erde den eben geschilderten Wahrnehmungen. Sie dachten sich die
Erde als eine große Scheibe, umflossen vom Wasser des „Okea=
nos", aus welchem, wie aus einem Bade, Sonne, Mond und Sterne
an der Ostseite des Himmelsgewölbes auf=, und in welches sie an der
Westseite wieder herabstiegen. Allein in Wahrheit ist die Oberfläche
der Erde gekrümmt. Dafür sprechen folgende Gründe:

1) Wenn man sich hohen Gegenständen aus der Ferne nähert,
so erscheinen ihre oberen Teile zuerst, ihre unteren zuletzt; umgekehrt,
wenn man weggeht, verschwinden die unteren zuerst und die oberen
zuletzt.

2) Die Sonne und die übrigen Sterne gehen nicht überall zu
gleicher Zeit auf: also ist die Erde von Osten nach Westen gekrümmt.
Bei einer Reise von Norden nach Süden kommen immer andere Ge=
stirne zum Vorschein: folglich ist sie auch in der Richtung von Norden
nach Süden gekrümmt.

Die Oberfläche der Erde ist aber eine in sich zurücklaufende
krumme Fläche, denn

3) wenn man in einer und derselben Richtung (zu Lande und
zu Wasser) um die Erde fortreist, so kommt man endlich wieder zu
dem Ausgangspunkte zurück.

Ja, der Erdkörper hat Kugelgestalt, denn

4) auf allen bekannten Punkten der Erde ist der wahre Hori=
zont kreisförmig. Endlich

5) bei Mondfinsternissen wirft die Erde immer einen kreis=
förmig umgrenzten Schatten auf den Mond (einen immer kreis=
förmigen Schatten wirft aber, in welcher Stellung es auch sei, nur

1*

eine Kugel). — Auch an den übrigen Himmelskörpern (mit alleiniger
Ausnahme der Kometen) hat man Kugelgestalt wahrgenommen.
Die Erde ist also eine Kugel. An jeder sich drehenden
Kugel giebt es zwei sich gegenüber liegende Punkte der Oberfläche,
die sich nicht mit drehen; sie heißen Pole. So haben wir auch an
der Erde zwei Pole, Nordpol und Südpol. Die gedachte gerade
Linie, welche die Pole verbindet und durch den Mittelpunkt der Kugel
geht, heißt die Polarachse; sie ist 12712 km lang. Außer ihr
giebt es unzählige Erdachsen, welche, den Mittelpunkt der Erd=
kugel durchschneidend, je einen beliebigen Punkt der Erdoberfläche
mit seinem Gegenpunkte verbinden.

Diejenige Kreislinie, welche man sich in stets gleicher Entfer=
nung von beiden Polen um die Erdkugel gezogen denkt, heißt der
Äquator, d. i. Gleicher, oder auch bloß die Linie. Linien, welche
zwei Punkte des Äquators verbinden und durch den Mittelpunkt
der Erdkugel gehen, nennt man Äquatorialachsen. Weder diese,
noch die Erdachsen überhaupt sind untereinander gleich lang (ihre
Durchschnittslänge kann zu 12740 m angenommen werden). Denn
die Erde hat nicht eine ganz regelmäßige Kugelgestalt, sondern ist
wahrscheinlich ein dreiachsiges Ellipsoid, gegen den Äquator
leicht anschwellend, an den Polen ein wenig abgeplattet. Hierbei
machen die Erhebungen und Vertiefungen an der Erdoberfläche,
selbst die größten Höhen und Tiefen, die nur ausnahmsweise
8 km überschreiten, bei der ungeheuren Größe des Ganzen so
gut wie nichts aus.

Bei dieser kugelähnlichen Gestalt der Erde darf man sich nicht
durch den Gedanken von Unten und Oben irre machen lassen. Alles,
was auf der Oberfläche der Erde ist, ist allenthalben oben
und wird durch die Anziehungskraft der Erde festgehalten. Die
Menschen, welche auf der uns entgegengesetzten Seite der Erde wohnen,
die Füße gegen uns kehrend (Gegenfüßler, Antipoden), sind so
gut oben wie wir.

§ 3.
Der Sternhimmel.

Der Augenschein täuscht also den, der ihm folgt, über die
Gestalt der Erde; er lehrt auch über das Weltall im großen
neben Richtigem viel Unrichtiges. Die alten Völker konnten
bei ihren unvollkommenen Hilfsmitteln beides noch nicht voncin=
ander scheiden; wir müssen uns aber wundern, wie weit sie es
dennoch in der Beobachtung des Himmelsgewölbes, das nach

ihrer Meinung wie eine hohle Kugel den Erdball umgab, ohne unsere Instrumente gebracht haben. Sie nahmen unter den zahllosen Sternen, welche bei dem Verschwinden des Sonnenlichtes am Himmel sichtbar werden, einen Unterschied wahr: 1) in Hinsicht des Glanzes (wir unterscheiden jetzt Sterne erster, zweiter u. s. w. Größe), 2) in Bezug auf ihre Stellung. Die bei weitem meisten schienen ihre Stellung zu einander so gut wie gar nicht zu verändern; sie schienen wie angeheftet an die Himmelskugel, wurden daher Firsterne (stellae fixae) genannt. Um sich unter ihnen leichter zurecht finden zu können, faßten sie einzelne Gruppen von Firsternen zusammen und umschrieben dieselben mit erdachten Figuren oder Sternbildern, deren jetzt etwa 100 angenommen werden; zu jedem gehörte dann eine gewisse Anzahl von Sternen. (Stern- und Himmelskarten.) Besonders auffällig durch Glanz und Stellung sind der Orion, der Große Bär, der Kleine Bär, zu welchem der Polarstern gehört, der dem Nordpole der Himmelskugel am nächsten steht.

An fünf Sternen beobachteten die Alten, daß sie die gleiche Stellung weder zu einander, noch zu den Firsternen behielten, sie schienen gleichsam unter den übrigen am Himmel umher zu wandeln: daher nannte man sie Planeten, d. i. Wandelsterne.

Auch die Sonnenbahn beobachteten die Alten schon und erkannten, daß die Sonne nicht etwa das ganze Jahr an demselben Orte auf- oder untergeht oder jeden Tag denselben Bogen beschreibt. Sie unterschieden vielmehr zwölf Sternbilder, durch welche die Sonne in einem Jahre hindurchgeht, und in welchen sich auch die Planeten bewegen; und weil die meisten derselben nach Tieren benannt sind, nannten sie diesen Kreis Tierkreis (griech. Zodiakos). Merke also die „Zeichen", d. h. Zwölftel des Tierkreises, die nach den ihnen benachbarten (nicht mit ihnen zusammenfallenden), gleichnamigen Sternenbildern den Namen führen:

Widder, Stier, Zwillinge — Frühlingszeichen;
Krebs, Löwe, Jungfrau — Sommerzeichen;
Wage, Skorpion, Schütze — Herbstzeichen;
Steinbock, Wassermann, Fische — Winterzeichen;

oder nach dem lateinischen Verse:

Sunt aries, taurus, gemini, cancer, leo, virgo,
Libraque, scorpius, arcitenens, caper, amphora, pisces.

§ 4.
Vorstellungen vom Weltall.

Schon im Altertum galt in den Kreisen mancher Philosophen, z. B. der Pythagoräer, die Ansicht, daß die Erde eine Kugel sei, und daß Sonne, Mond und Planeten ähnliche Weltkörper seien wie unsere Erde. Vereinzelt findet sich auch die Behauptung, daß die Sonne den Mittelpunkt des Weltalls bilde; aber im allgemeinen galt doch die Ansicht: daß die Erde der un= bewegliche Mittelpunkt der ganzen Welt sei, und daß um sie herum sich zunächst der Mond, dann die Sonne, dann die Planeten hintereinander, zuletzt der ganze Fixsternhimmel drehen — alles in 24 Stunden, von Osten nach Westen. Man nennt diese Ansicht vom Weltall oder dies Weltsystem das ptolemäische, weil der ägyptische Geograph Claudius Pto= lemäus, welcher im zweiten Jahrhundert nach Christus in Alexandrien lebte, es besonders ausgebildet und gelehrt hat.

Dies ptolemäische System galt durch das ganze Mittel= alter, obwohl manche Zweifel nicht fern lagen. Wie unwahr= scheinlich, daß die Weltkörper, deren Weite von der Erde eine so überaus verschiedene ist, sich allesamt in 24 Stunden um sie bewegen sollten! Warum so ungeheuer große Körper um die Erde u. s. w.? Ein Domherr in der Stadt Frauenburg, Niklas Koppernigk (Coppernicus), Luthers Zeitgenosse, gest. 1543, ver= tiefte sich in Forschungen über diese Fragen und stellte ein anderes Weltsystem auf. Der Hauptsatz desselben ist: die Sonne steht still; um sie drehen sich die Planeten, unter ihnen die Erde; die Fixsterne sind Sonnen wie unsere Sonne. Dies koppernikanische System ergänzte Johann Kep= ler (gest. 1630) durch die Entdeckung, daß die Bahnen der Pla= neten Ellipsen sind. Anfangs fehlte es nicht an Widerspruch gegen die neuen Lehren; nach und nach wurde indessen das kop= pernikanische System allgemein angenommen, weil sich mit der Vertiefung der Forschung immer zwingendere Beweise für seine Richtigkeit fanden. — Wir lernen darum das koppernikanische System noch etwas genauer kennen.

§ 5.
Fixsterne, Planeten, Kometen, Meteoriten.

Mit bloßem Auge können wir am Himmel gleichzeitig gegen 3000 Sterne erkennen; doch ist in Wahrheit ihre Zahl so unendlich wie der Himmelsraum. Die ungeheure Mehrzahl derselben gehört zu den (unendlich entfernten) Fixsternen oder Sonnen. Man teilt die Fixsterne nach der Farbe ihres Lichtes in weiße, gelbe und rote; die roten sind in ihrer Abkühlung schon am weitesten vorgeschritten, die weißen dagegen am wenigsten weit; die gelben stehen in der Mitte.

Manche neuere Forscher vermuten, daß sich alle Sonnen um eine Centralsonne bewegen. Damit sind aber nur die Sonnen des Fixsternsystems gemeint, zu dem wir gehören; es giebt jedoch noch unzählige andere Fixsternsysteme. So löst sich die Milchstraße, das breite über den nächtlichen Himmel sich hinziehende helle Band, durch scharfe Fernröhre betrachtet, in Haufen von Sternen auf. Nebelflecke dagegen sind Haufen glühender Gase, welche noch nicht zu einem festen Kern verdichtet sind. Von ihnen haben die sogenannten planetarischen Nebel die Gestalt runder Scheiben.

Auch innerhalb unseres Fixsternsystems befinden wir uns von allen ihm zugehörigen Fixsternen ungeheuer fern, selbst die Sonne, unsere Sonne, der uns allernächste und für uns wichtigste Fix-stern, ist doch noch 147520000 km von unserer Erde entfernt, so daß ihr Licht 8 Minuten braucht, um bis zur Erde zu ge-langen; und doch legt das Licht etwa 300000 km in einer Se-kunde zurück. Freilich das Licht des uns zweitnächsten Fixsterns gelangt erst in 3$\frac{1}{2}$ Jahren bis auf unsere Erde.

Unsere Sonne nun dreht sich in 25$\frac{1}{4}$ Tagen um sich selbst; sie ist so groß, daß man eine Million Erden zusammenballen müßte, um eine Sonne zu bekommen; ja alles, was sich um sie dreht, zusammengeballt, macht erst $\frac{1}{780}$ des Sonnenkörpers aus. Die Sonne gehört zu den gelben Fixsternen. Ihr Körper ist nach den Ergebnissen der Spektralanalyse, die eine chemische Untersuchung unerreichbarer Dinge auf optischem Wege ermöglicht, eine glühend flüssige Kugel, welche nicht ganz 1$\frac{1}{2}$ mal so schwer ist wie Wasser, umgeben von einer so heißen Gashülle, daß selbst Metalle wie Eisen, Natrium, Calcium, Magnesium nur verflüchtigt in derselben enthalten sind. Auf ihrer Oberfläche sind wechselnde Flecken zu bemerken, vielleicht Wolken oder auch Schlackenbildungen des Sonnenkörpers, die in der Weise zu- und abnehmen, daß immer von einem Flecken-Maximum bis zum andern 11 Jahre verstreichen. Verschieden von ihnen sind die Protuberanzen der Sonne, kolossale gasige Emporschleuderun-gen am Sonnenrande. Die Fackeln der Sonne dagegen sind in

Silberlicht glänzende Streifen, welche an gewisse Zonen nördlich und südlich vom Sonnen=Äquator gebunden sind.

Um die Sonne drehen sich zunächst die Planeten in fol= gender Ordnung:

1) Merkur, welcher der Sonne stets (unserm Monde ähnlich) dieselbe Seite zukehrt.

2) Venus, der Morgen= oder Abendstern.

Venus und Merkur werden die untern Planeten genannt, die, von der Erde aus gesehen, zuweilen als schwarze Punkte an der Sonnenscheibe vorübergehen.

3) Erde mit einem Monde.

Nun die obern Planeten:

4) Mars mit zwei ihm ganz nahen, aber ganz kleinen Monden.

5) Die kleinen Planeten (Planetoïden oder Asteroï= den); diese bilden eine zusammengehörige Planetengruppe oder einen Planetenring, sind sehr klein, haben viel länglichere Bahnen als die übrigen Planeten, bewegen sich in ziemlich gleicher Ent= fernung von der Sonne und haben auch sonst viel Eigentüm= liches; die ersten vier sind zu Anfang dieses Jahrhunderts, die andern seit 1845 entdeckt; zur Zeit kennt man schon mehr als 300.

6) Jupiter, der größte Planet, mit vier Monden.

7) Saturn, von drei Ringen und acht Monden umkreist.

8) Uranus, 1781 von dem deutschen Astronomen Her= schel entdeckt, mit vier Monden.

9) Neptun, von Leverrier [leverrie] in Paris aus den durch ihn verursachten Störungen der Uranusbahn berechnet, von Galle in Berlin 1846 nach Leverriers Berechnungen aufgefunden, 4500 Millionen km von der Sonne entfernt, hat einen Mond.

Alle diese Planeten haben viel Ähnliches. Sie sind von kugelähnlicher Gestalt wie die Erde, drehen sich (mit Ausnahme des Merkur) um sich selbst (je größer, desto rascher), und zugleich in länglichen Kreisen (Ellipsen) um die Sonne.

Die Monde oder Trabanten (d. i. Begleiter) drehen sich in seltsam verschlungenen Bahnen zuerst um ihren Planeten und mit diesem um die Sonne. Die erste Bewegung dauert bei ihnen gerade solange als die Bewegung um sich selbst, darum kehren sie ihrem Hauptplaneten immer dieselbe Seite zu. —

Ganz rätselhafte Sterne unseres Sonnensystems sind die Ko= meten (d. i. Haarsterne). Sie umkreisen die Sonne in regelmäßigen Bahnen, welche sich als überaus langgezogene Ellipsen darstellen. Sie durchkreuzen deshalb die Planetenbahnen und eilen wieder von unserm Sonnensysteme in unberechenbare Ferne, so daß einer, der 1811 da war, erst in 3000 Jahren wiederkommt. Sie scheinen ihr eigenes Licht zu haben, jedoch noch nicht ganz fertige Welt= körper zu sein; ein fester Kern ist bei manchen noch gar nicht vor= handen, bei andern hat man durch den Kern das Licht anderer Sterne wahrgenommen. Um den Kern schwebt eine Nebelhülle, und auf der von der Sonne abgekehrten Seite zeigen die meisten einen leuchtenden Schweif, oft von ungeheurer Ausdehnung, der mit der Annäherung der Sonne zuzunehmen, mit der Entfernung von ihr abzunehmen scheint. Ihre Anzahl ist sehr bedeutend. Die Lichterscheinungen am Kopf und die Ausbrüche aus dem Kern der Kometen entstammen elektrischen Wirkungen. Früher sah der Aberglaube in den Kometen die „Rute des göttlichen Zornes, am Himmelsfenster ausgesteckt". —

Um die Sonne bewegen sich endlich noch Schwärme von Me= teoriten oder Aörolithen, deren Bahnen die Erde vornehmlich zweimal im Jahre, im August und November, durchschneidet. Sie sind Teile von größeren Himmelskörpern, erscheinen der Erde als Sternschnuppen oder als Feuerkugeln, sind aber nur auf Augenblicke sichtbar. Man hat erkannt, daß zwischen den Stern= schnuppenschwärmen und den Kometen ein Zusammenhang besteht. In dem Augustschwarme sieht man den zu einer vollständigen Ring= bahn ausgedehnten Schweif eines Kometen, welchen die Erdbahn kreuzt.

§ 6.
Die Erde mit andern Planeten verglichen. Der Mond.

Interessant ist es, die Verhältnisse unserer Erde mit denen anderer Planeten zu vergleichen. Zuerst in der Entfernung von der Sonne: Merkur ist 58 Mill. km von derselben ent= fernt und wird 6—8 mal stärker erleuchtet und erwärmt als unsere Erde. Wie viel weniger Licht und Wärme muß hingegen Neptun erhalten, da er die Sonne 30 mal ferner umkreist als unsere Erde! Dann in Bezug auf die Größe: der Durch= messer der Erde beträgt von Pol zu Pol 12 712 km; der Flächeninhalt der Oberfläche der Erde etwa 510 Mill. qkm (9¼ Mill. Q.=M.). Alle Asteroïden zusammen machen wenig mehr als ein Drittel der Erdmasse aus, während 1500 Erden erst einen Jupiter bilden würden.

Je größer die planetarischen Körper sind, desto schneller er= folgt ihre Umdrehung um ihre eigene Achse. Die Erde braucht dazu etwa 24 Stunden, Jupiter etwa 9 Stunden. Weiter in Bezug auf die Umlaufszeit um die Sonne: die Erde braucht dazu etwa 365$^1/_4$ Tage, ein Erdenjahr; sie läuft also in jeder Stunde 29$^2/_3$ km. Merkur braucht nur 88 Tage, Neptun dagegen beinahe 165 Jahre.

Einige Planeten sind, wie wir sahen, mondlos, andere von Monden begleitet. Die Erde läßt sich in der Reihe der Planeten von der Sonne aus zuerst von einem Monde begleiten, aber nur von einem. Dieser Mond ist von uns beinahe 400 000 km entfernt, dreht sich etwa in 28 Tagen um sich selbst und um die Erde (wobei er jedoch erst nach je 29$^1/_2$ Tagen wieder die nämliche Stellung zur Sonne und Erde einnimmt) und heißt, je nachdem die uns zugekehrte (ein und dieselbe) Seite ganz, halb oder gar nicht von der Sonne erleuchtet wird, Neumond (gar nicht erleuchtet), erstes Viertel (halb erleuchtet, die Hörner nach Osten gekehrt), Vollmond (ganz erleuchtet), letztes Viertel (halb erleuchtet, die Hörner nach Westen gekehrt). (Mondwechsel, Mondphasen). Unter gewissen Umständen entsteht, wenn der Mond zwischen Sonne und Erde steht, durch den auf die Erde fallenden Mondschatten für uns eine völlige oder auch nur teil-weise Verdunkelung der Sonne, die wir Sonnenfinsternis nennen; kommt dagegen die Erde zwischen Sonne und Mond zu stehen, so entsteht, da der Erdschatten den Mond wirklich ver-dunkelt, eine (wirkliche) Mondfinsternis. Die erstere kann nur bei welcher Mondphase entstehen? Die letztere auch nur bei einer Mondphase, bei welcher? (Diese Verfinsterungen oder Ellipsen, welche nur an den Durchschnittspunkten der scheinbaren Sonnen-bahn und der Mondbahn stattfinden können, haben für die erstere den Namen Elliptik veranlaßt.)

Der Mond hat viele und im Verhältnis zu seinem Durch-messer (3400 km) hohe Gebirge (bis zu einer Gipfelhöhe 8000 m) — besonders häufig Ringgebirge mit ungeheuren Vertiefungen in ihrer Mitte, aus denen wieder Bergkegel hervorragen —, weite Ebenen, aber keine Lufthülle (Atmosphäre) und kein Wasser, demnach auch keine lebenden Wesen: Totenstille herrscht stets auf ihm. Ein Tag auf dem Monde (der zugleich ein Mondjahr ist), dauert gegen 28 Erdentage; die uns zugekehrte Seite wird wäh-rend ihrer Nacht von der Erde beschienen, die dort 12—14 mal größer erscheint als uns der Mond (etwa wie ein Wagenrad) und wegen ihrer raschen Umdrehung schnell hintereinander alle ihre Seiten zeigt.

§ 7.
Die Bewegungen der Erde:
Tages- und Jahreszeiten.

Bei der doppelten Bewegung der Erde müssen wir noch verweilen. Im Gegensatze zu dem Augenscheine wird die Bewegung der Erde an sich nur dadurch begreiflich, daß sich die ganze Luft= hülle der Erde, ihre Atmosphäre (Dunstkreis oder Luftmeer) immer mit ihr fortbewegt. Alle Gegenstände werden dabei auf der Ober= fläche der Erde durch die Schwerkraft festgehalten, welche alles nach dem Mittelpunkte zieht.

Die erste Bewegung der Erde um sich selbst oder um ihre Achse (Rotation) bringt den Wechsel von Tag und Nacht hervor. Die Dauer einer Rotation heißt ein Sternentag. Nun braucht aber die Erde, um einmal die Sonne auf ihrer Bahn zu umkreisen, $365\frac{1}{4}$ Rotationen, rückt also täglich um $59\frac{1}{7}$ Bogenminuten auf ihrer Bahn vorwärts. Man nennt nun die Zeit von einer Kulmination der Sonne zur andern einen Son= nentag. Dieser muß also etwas länger sein als ein Sternen= tag. Wegen der verschiedenen Geschwindigkeit der Erde sind aber die Sonnentage nicht gleich lang. Man berechnet daher den Durch= schnitt von 365 aufeinander folgenden Sonnentagen; dann erhält man den mittleren Sonnentag, und nach diesem wird im bürgerlichen Leben gerechnet. Teilt man ihn in 24 Stunden, so ist ein Sternentag nur 23 Stunden 56 Minuten 4 Sekunden lang. Die Länge eines Jahres aber beträgt 365 (mittlere Sonnen=) Tage 5 Stunden 48 Minuten 46 Sekunden.

Da sich nun die Erde von Westen nach Osten umdreht, so geht die Sonne für jeden Ort im Osten auf, und zwar zu ver= schiedener Zeit. Müßte nun eigentlich nicht Tag und Nacht auf der ganzen Erde gleich sein? Und doch ist das an den allermeisten Orten nur zweimal im Jahre, bei den Tag= und Nachtgleichen im Frühling und Herbst (beim Äquinoktium (am 21. März und bei dem am 23. September), der Fall.

Die zweite Bewegung der Erde ist diejenige um die Sonne (Revolution); durch diese wird der Wechsel der Jahreszeiten hervorgerufen. Stände die Erdachse auf der Ebene, in der die Erde die Sonne umkreist, senkrecht, so würde immer von Pol zu Pol die eine Erdhälfte beleuchtet werden: es würde also auf der Erde Tag und Nacht gleich lang, also 12 Stunden, sein;

Jahreszeiten würde es also nicht geben. Denn wenn auch der Grad der Erwärmung der Erde nicht nur von der Dauer der Besonnung, sondern auch davon abhängt, ob die Sonnenstrahlen senkrechter oder schräger auf sie fallen, so müßte doch jede Gegend einen bestimmten, sich immer gleich bleibenden Grad von Hitze oder Kälte haben. Nun ist aber die Achse der Erde gegen die Ebene, in welcher die Erde die Sonne umkreist, unter einem Winkel von $66\frac{1}{2}°$ geneigt. So entsteht in der Tag= und Nacht=länge und damit auch in der Temperatur für die einzelnen Erd=stellen eine große Verschiedenheit: mitten zwischen den Polen, also unter dem Äquator (§ 2), sind Tage und Nächte sich immer gleich, so daß jeder 12 Stunden umfaßt; an den Polen ist es 6 Monate Tag und 6 Monate Nacht. In dem Zwischenraume wechselt die Tages= und Nachtlänge das Jahr hindurch; je näher der Mitte, mit desto geringerem Unterschied, je näher dem Pol, desto kürzer der kürzeste, desto länger der längste Tag. Am Schlusse des Jahres hat aber jeder Punkt der Erde genau ebenso lange Zeit auf der Schattenseite wie auf der Lichtseite verweilt.

Aber nicht bloß auf der Verschiedenheit der Tageslänge be=ruht der Unterschied der Jahreszeiten, sondern auch auf dem verschiedenen Sonnenstande. Nun steht aber die Sonne vom 21. März bis zum 23. September nördlich von dem Äquator, bescheint also während dieser Zeit die nördliche Hälfte der Erde mit senkrechter fallenden, demnach stärker wärmenden Strahlen. Daher die gesteigerte Wärme der Jahreszeiten mit langen Tagen (Frühling und Sommer). Umgekehrt hat die südliche Hälfte der Erde ihren Frühling und Sommer aus gleichen Ursachen vom 23. September bis zum 21. März. Antipoden haben beides entgegengesetzt, Tages= wie Jahreszeiten.

§ 8.
Geographische Länge und Breite.

Der Äquator (§ 2), rund um die Erde gezogen, durchschneidet Afrika und Süd=Amerika; 40070 km lang, teilt er die Erde in die nördliche und in die südliche Halbkugel oder Hemisphäre. Dem Äquator parallel denkt man sich nun rund um die Erde immer in einem Abstande von je 111 km 89 Kreise um die nördliche Halb=kugel und ebenso viele um die südliche Halbkugel gelegt; man nennt sie Breiten= oder Parallelkreise. Die durch solche Einteilung

voneinander abgegrenzten Streifen der Erdoberfläche heißen Brei=
tengrabe. Es giebt also 90 Grabe nördlicher und 90 Grabe
südlicher Breite. Jeden Grab (der Breite, wie auch der Länge)
teilt man in 60' (Minuten), jede Minute in 60'' (Sekunden). Unter
geographischer Breite eines Punktes versteht man demnach seine
Entfernung vom Äquator, in Breitengraben ausgedrückt.

Wie man nun in der Mathematik jede Kreislinie in 360 gleiche
Teile teilt, so thut man das auch mit dem Äquatorkreise und zieht
durch jeden dieser 360 Teilpunkte auf dem Äquator von Pol zu Pol
einen Halbkreis über die Erdoberfläche. So entstehen die Meri=
biane ober Mittagslinien, so genannt, weil alle Orte auf einer
solchen Linie gleichen Mittag und überhaupt gleiche Tageszeit haben
(warum, vgl. § 7). Es giebt also 360 Meridiane. Zwischen diesen
Halbkreisen liegen die 360 Längengrabe, bie nur am Äquator
111 km breit sind, nach den beiden Polen hin dagegen sich allgemach
verschmälern. Um die geographische Länge eines Punktes angeben
zu können, muß man einen Meridian als den ersten ansehen: benn
geographische Länge eines Punktes ist seine Entfernung vom
Anfangsmeridian nach Osten ober Westen, ausgedrückt in Längen=
graben.

Auf ben älteren Karten war ber Meridian ber Anfangsmeri-
bian ober Nullmeridian, welcher an ber Westspitze von Ferro, einer
ber kanarischen Inseln, vorübergeht, und zusammen mit bem ihm
entgegengesetzten Meridian (ben 180.) so ziemlich die Erbhälfte mit
Europa, Asien, Afrika und Australien von ber amerikanischen ab=
sondert. Später wurde auf französischen Karten gewöhnlich die Stern=
warte von Paris, auf englischen bie von Greenwich [grinnitsch], einem
Vororte von London, als ber Ort angenommen, von bem die Meri=
biane gezählt werden. Es liegt aber von Ferro Paris 20° 23' 9''
(gewöhnlich runb zu 20° angenommen) östlich, Greenwich 17° 39'
51'' östlich, demnach Greenwich 2° 20' 9'' westlich von Paris.

Viele Karten stimmen barin überein, daß sie von ihrem Aus=
gangspunkte ostwärts bis 360 fortzählen, andere bagegen zählen nur
bis 180 nach Osten und bis 180 nach Westen. So entstehen Grabe
östlicher unb Grabe westlicher Länge, und die Erde zerfällt ba=
burch von neuem in zwei Halbkugeln, eine östliche und eine west=
liche. So stellen sie unsere Planigloben (b. i. Abbildungen dieser
Halbkugeln in der Ebene) dar. Da man nun burch genaue Instru=
mente für jeden Erbfleck sowohl den Abstand vom Äquator als von
bem ersten Meridian genau bestimmen kann, so begreift man, wie
genau die Lage eines jeden Ortes auf der Erdkugel angegeben werden

kann. Berlin z. B. (oder, genau geſagt, die Sternwarte von Berlin) liegt unter 52° 30′ 17″ nördlicher Breite und 31° 3′ 26″ öſtlicher Länge von Ferro oder 13° 23′ 35″ öſtlicher Länge von Greenwich, alſo auf oder, wie man gewöhnlich ſagt, unter dem 53. nördlichen Breitengrad und dem 32. öſtlichen Längengrad von Ferro, oder dem 14. öſtlichen Längengrad von Greenwich.

In neuerer Zeit macht ſich immer mehr das Bedürfnis ein= heitlicher Zählung der Längengrade geltend. Infolgedeſſen iſt der Nullmeridian von Greenwich auch bei den Deutſchen, welche früher nach dem Nullmeridian von Ferro zählten, allgemein zur Annahme gelangt. Auch wir wollen bei Längenangaben ihn, jedoch nur oſtwärts zählend, zu Grunde legen.

Wie findet man aber die geographiſche Breite eines Ortes? Es giebt dazu verſchiedene Wege; wir wollen nur einen kurz andeuten. Man mißt die Länge des Schattens, welchen ein ſenkrecht aufgeſtellter Stab um Mittag wirft, berechnet aus der Stablänge und der Schattenlänge, deren Endpunkte man ſich durch eine gerade Linie verbunden denkt, den von dieſer Linie und der Erdoberfläche gebildeten Winkel, zieht davon 15′ ab und ſubtrahiert den gefundenen Wert von 90°: ſo drückt der ge= fundene Winkelwert die Breite des Ortes aus.

Und wie findet man die geographiſche Länge eines Ortes? Die Rotation der Erde geſchieht von W. nach O. Es muß alſo der Mittags= augenblick von O. nach W. in 24 Stunden durch alle 360 Meridiane laufen. Alſo beträgt die Mittagsdifferenz von einem Meridian zum andern 4 Minuten, und zwar in der Richtung von O. nach W. ſpäter, in der von W. nach O. aber früher. Man beobachtet demnach den Mittags= augenblick, vergleicht, welche Zeit eine nach dem Mittagsaugenblicke eines Ortes, deſſen geographiſche Länge bekannt iſt, geſtellte Uhr angiebt, und berechnet aus dem Zeitunterſchiede den Unterſchied der Längengrade.

Soll indeſſen dieſer Unterſchied in Kilometern ausgedrückt werden, ſo iſt wohl zu beachten, daß nur am Äquator die Meridiane 111 km voneinander entfernt ſind, nach den Polen zu ſich aber natürlich einander immer mehr nähern. So mißt ein Längengrad

unter	10°	Breite nur noch	109,4	km,
„	20°	„ „ „	104,6	„
„	30°	„ „ „	96,5	„
„	40°	„ „ „	85,4	„
„	50°	„ „ „	71,7	„
„	60°	„ „ „	55,8	„
„	70°	„ „ „	38,2	„
„	80°	„ „ „	19,4	„
„	90° (Pol)	aber	0.	

Da nach O. der Mittag früher, nach Weſten aber ſpäter eintritt, ſo verliert man, von O. nach W. die Erde umkreiſend, einen Tag, gewinnt aber einen, wenn man von W. nach O. die Erde umkreiſt. Um dies zu vermei= den, wird an der Datumsſcheide ein Tag überſprungen. Als dieſe gilt ziemlich allgemein der Meridian der Beringſtraße (190° ö. L. Gr.).

§ 9.
Wendekreise und Polarkreise.

So wie die Geographen der Längen= und Breitengrade auf
der Erde bedürfen, um sich zurecht zu finden, so fühlen die Astro=
nomen für den Himmel das gleiche Bedürfnis. Sie sehen bei diesen
Bestimmungen von den Sätzen des koppernikanischen Systems ab
und betrachten den Himmel als eine Kugel, in deren Mittelpunkt
die Erde schwebt. Auch diese Kugel hat Pole (der Nordpol ziemlich
genau durch den Polarstern (§ 3) im Schwanze des Kleinen Bären
bezeichnet), einen Äquator, Grade der Breite (90 nach jedem
Pol hin) und 360 Meridiane. Man unterscheidet weiter auf der
nördlichen Himmelshalbkugel 23¹/₂° vom Äquator einen Kreis, den
man Wendekreis des Krebses nennt, und ebenso 23¹/₂° nach
dem Südpol den Wendekreis des Steinbocks (von dem griechi=
schen Worte für Wende auch Tropenkreise genannt). Innerhalb
dieser Wendekreise bewegt sich nämlich die Sonne scheinbar am Him=
mel in der Ekliptik (§ 6). Wenn sie die Nordgrenze erreicht und
ihren Tageslauf im Krebs=Wendekreise beschreibt, so ist auf der
nördlichen Halbkugel der längste Tag, der 21. Juni, auf der süd=
lichen umgekehrt der kürzeste. Erreicht sie dagegen die Südgrenze,
den Wendekreis des Steinbocks, was am 21. Dezember geschieht, so
ist auf der nördlichen Halbkugel der kürzeste, auf der südlichen
der längste Tag. Jene beiden Punkte nennt man Solstitien, d. i.
Sonnenstillstände, weil die Sonne auf ihrer Bahn gegen Norden
nicht weiter geht, sondern still steht oder vielmehr sich wieder um=
wendet (Sommer= und Wintersolstitium). Die beiden Wende=
kreise hat man nun auch auf die Erde versetzt, auch je 23¹/₂° vom
Äquator. Der Wendekreis des Krebses geht durch die Wüste
Sahara, das Rote Meer, Arabien, Vorder= und Hinter=Indien, das
südlichste China, bei den Sandwich [sänduitsch]=Inseln vorüber durch
Mexiko und die Bahamá=Inseln. Der Wendekreis des Stein=
bocks geht durch das südliche Afrika und Madagaskar, den Austral=
kontinent und Süd=Amerika.

Weiter unterscheidet man an der Himmelskugel, wieder 23¹/₂°
von jedem Pol, die beiden Polarkreise, den nördlichen und den
südlichen. Auch sie hat man in gleichem Abstande auf die Erde
übertragen. Wie weit ist also jeder Polarkreis vom Äquator ent=
fernt? wie weit von dem entsprechenden Wendekreise? Sie bezeich=
nen auf der Erde die Gegenden, in denen die Sonne einmal
im Jahre gar nicht untergeht. Der nördliche streift die Nord=

küste von Island, schneidet von der skandinavischen Halbinsel das nördliche Drittel ab, geht durch das Weiße Meer, das nördlichste Rußland und Sibirien, die Beringstraße, das nördlichste Amerika und Grönland. Der südliche Polarkreis umzieht die antarkti= schen Inseln und Eisküsten.

§ 10.
Erbzonen.

Wir verstehen nun leichter die Einteilung der Erde in fünf Erbzonen oder Erbgürtel, diese bezeichnen eigentlich nur die verschiedene Beleuchtung der Erde, aber damit zugleich auch die verschiedene Erwärmung.

1) der Raum zwischen beiden Wendekreisen wird die heiße Zone genannt, oder auch die tropische. Unter dem Äquator sind sich Tag und Nacht beständig gleich, und bis zu den Wendekreisen hin ist der Unterschied zwischen dem längsten und dem kürzesten Tage gering. Es herrscht daher beständiger Sommer; beim Zenithstande der Sonne tritt eine große Regenzeit ein.

2) 3) Zwischen jedem Wende= und Polarkreise liegt eine der beiden gemäßigten Zonen, welche zusammen größer sind als die übrigen drei zusammengenommen, also mehr als die Hälfte der Erb= oberfläche begreifen. In der nördlichen und südlichen sind sich Tag und Nacht zur Zeit der beiden Äquinoktien natürlich gleich, aber wenn auf der nördlichen die Tage zunehmen, so nehmen sie auf der südlichen ab und umgekehrt. Je näher den Wendekreisen, desto ge= ringer wird der Unterschied zwischen dem kürzesten und längsten Tage; je näher den Polarkreisen, desto bedeutender wird dieser Unterschied. Unter den Polarkreisen dauert der längste Tag und die längste Nacht wie lange? — In beiden gemäßigten Zonen ist Wechsel von Früh= ling, Sommer, Herbst und Winter; aber je näher den Wende= kreisen, desto weniger ist von einem eigentlichen Winter die Rede; je näher den Polen, desto mehr verschwinden die Übergangsjahres= zeiten Frühling und Herbst.

4) 5) Von den Polen bis zu den Polarkreisen reichen die beiden kalten Zonen, welche noch nicht $1/10$ der Erdoberfläche umfassen. Die wenigen Sonnenwochen gehen ohne merklichen Übergang in den fast immerdauernden schrecklichen Winter und treten ebenso wieder aus diesem heraus. An den Polen selbst ist 6 Monate Tag und 6 Monate Nacht.

Der Sommer ist aber (auf der nördlichen Halbkugel) deswegen die wärmste Jahreszeit, weil in ihm nicht nur die Tage am längsten sind, sondern auch die Sonnenstrahlen am meisten senkrecht fallen. Die lange Winternacht der kalten Zonen wird sehr durch die Dämme= rung verkürzt. Diese hört abends auf und tritt morgens ein, wenn die Sonne weniger als 18° unter dem Horizonte steht und ist in hohen Breiten sehr wahrnehmbar. In der Mitternachtsdämmerung gehen Abend= und Morgen= röte ineinander über.

Das Maß der Wärme für einen jeden Ort der Erdkugel, die wichtigste Seite seiner Witterung oder seines Klimas, scheint nach dem Gesagten ganz von seiner Breite abzuhängen; aber dem ist nicht so. Orte unter gleicher Breite haben oft sehr verschiedenes Klima. Denn außer der Breite wirkt gar sehr die Höhe über dem Meeres= spiegel und die verschiedene Beschaffenheit der Erdoberfläche ein; erst wenn man beides kennt und in Anschlag gebracht hat, erfährt man das wirkliche Klima eines Ortes, welches also von dem lediglich durch die Breite bedingten — sogenannten mathematischen — Klima sehr verschieden sein kann. Dies leitet uns zur Betrachtung der natürlichen Beschaffenheit der Erdoberfläche hinüber.

II. Aus der Geologie.

§ 11.
Bildung der Erdoberfläche.

Wie ist nun aber die jetzige Oberfläche der Erde ent= standen? Diese Frage sucht die Wissenschaft der Geologie zu be= antworten. Sie lehrt: die Erde, losgelöst von der Sonne, war ur= sprünglich eine einzige glühende Gasmasse, infolge ihrer Rotation von kugelförmiger Gestalt, die Sonne umkreisend. Die Oberfläche kühlte sich ab; die abgekühlten Teile wurden schwerer und sanken unter; mehr und mehr verdichtete sich so die Masse der Erde. Allmäh= lich erkaltete deren Oberfläche; sie bedeckte sich dann mit Wasser, in welchem die aufgelösten mineralischen Bestandteile, neue Schichten bildend, zu Boden sanken. Manche Teile der Oberfläche sanken ein, andere wurden langsam emporgedrückt: das Land trat aus der Wasser= schicht hervor; durch unendlich langsame, fortdauernde Hebungen, Pressungen, Faltungen gewann die Erdoberfläche ihre besondere Ge= staltung. Wasser und Land belebte sich allmählich mit Pflanzen und Tieren: endlich trat der Mensch ein.

Fort und fort ändern sich die Gestalten der Länder und Meere; denn der Erdboden bleibt säkularen (d. h. nur in Jahrhunderten Ver= änderungen von wenigen Metern Tiefe ergebenden) Senkungen unter=

worfen. So wohnen die Südsee-Insulaner auf den letzten überseeischen Bergkuppen eines eingesunkenen und immer noch weiter
sinkenden ehemaligen Kontinents; so verdankt die Nordsee die Wehr-
losigkeit der Küsten gegen ihr Andringen dem Sinken der letzteren
(namentlich auf der niederländisch-deutschen Seite).

Wirkungen von unten oder von der Seite andrängender Kräfte
lassen fast alle Gebirge deutlich erkennen: sie zeigen die Fels gewordenen Schlammabsätze (Sedimente) früherer Meere, die doch ursprünglich nicht anders als wagrecht liegen konnten, aufgerichtet, ja
sehr häufig sogar von einem nicht geschichteten Massengestein wie
dem Granit durchbrochen. Die früher herrschende Ansicht der „Plutonisten" (L. v. Buch, A. v. Humboldt), daß ehemals ganze
Gebirgsketten durch eine plötzliche Hebung lavaähnlicher Schmelz-
massen entstanden seien, ist durch Gustav Bischof und Charles
Lyell [tscharls leil] sehr erschüttert worden, besonders auch dadurch,
daß sich die Annahme von einem schmelzflüssigen Zustande fast des
gesamten Erdkörpers, welcher noch gegenwärtig nur von einer dünnen
Erstarrungskruste umhüllt wäre, etwa wie ein Ei von seiner Schale,
als unhaltbar erwiesen hat. Das Wesen jener andrängenden Kräfte
ist freilich noch so wenig wie die Ursachen der Erdbeben zuverlässig erklärt worden; jedoch spielt das in die Tiefe eindringende Regenwasser
mit seinem Gehalt an der chemisch so wirkungsreichen Kohlensäure
dabei gewiß eine nicht geringere Rolle als die den chemischen Umwand-
lungsprozeß der Gesteine sicher befördernde Wärmezunahme,
welche nach dem Innern der Erde zu stattfindet. Freilich die Tempe-
raturschwankungen der Erdoberfläche bringen nur bis zu einer geringen Tiefe in die Gesteinhülle des Erdkörpers ein. In den Tropen ist
schon bei einer Tiefe von 6 m der Temperaturwechsel der Jahreszeiten
nicht mehr wahrnehmbar, und in unseren höheren Breiten ist dies bei
einer Tiefe von 23 m nicht mehr der Fall. Von da an aber nimmt
die Temperatur in allen Jahreszeiten und überall mit der
Tiefe zu, und zwar im allgemeinen gleichmäßig mit je 33 m
um 1° C.

Das jedoch kann man als sicher annehmen, daß der wirksamste
Faktor bei der Bildung der Erdoberfläche die Zeit gewesen ist und
noch ist.

Wie ist nun aber der Erdkern beschaffen? Man nennt diesen
die Barysphäre im Gegensatz zu der Gesteinhülle oder Lithosphäre,
die ihn umgiebt. Barysphäre bedeutet Schwerkugel; denn da die
Erdkugel fast $5^7/_{10}$ mal so viel wiegt wie eine gleich große Masse
Wasser, die uns bekannte obere Erdrinde aber nur 2 bis 3 mal so

viel: ſo muß der Erdkern um ſo viel mehr wiegen, alſo außerordent=
lich ſchwer ſein. Daraus folgt aber noch nicht, daß er feſt ſein müſſe.
Denn es giebt Gaſe, die unter dem ſtärkſten Drucke nicht feſt werden,
ſondern Gaſe bleiben: vielleicht beſteht der Erdkern, wenn er nicht
feſt iſt, aus ſolchen Gaſen.

Auf der ſchwankenden Grenze zwiſchen dem Erdkern und der ihn
umgebenden Geſteinhülle befinden ſich noch feurig=flüſſige Maſſen,
deren Schornſteine die Vulkane ſind. Aus den Schwankungen der
Erdachſe iſt berechnet, daß die Dicke der Lithoſphäre etwa $\frac{1}{5}$ bis $\frac{1}{4}$
des Erdrabius (1270 bis 1590 km) beträgt.

Doch nun wollen wir die Oberfläche der Erde in ihrer gegen=
wärtigen Geſtalt kennen lernen.

III. Aus der allgemeinen phyſiſchen Geographie.

§ 12.

Waſſer und Land.

Auf der Oberfläche der Erde wechſeln Meer und Land mit=
einander ab, beide von der Lufthülle der Erde oder der Atmo=
ſphäre umgeben. Aber das Waſſer erſcheint auch innerhalb des
Landes als See und Fluß, und das Land taucht umgekehrt in der
Form größerer und kleinerer Inſeln mitten aus dem Waſſer hervor.
Wo ſich Land und Waſſer berühren, iſt des Landes Küſte, Ufer,
Geſtade, Strand (das letztere nur von flacher Seeküſte gebraucht).
Springt das Land als Berg in das Meer, ſo entſteht ein Vorge=
birge oder Kap; iſt der Vorſprung flach, eine Landſpitze.

Die Erdoberfläche iſt aber zwiſchen Land und Waſſer durchaus
nicht gleich verteilt: auf das Land kommen nur 26,6 % (Prozent),
auf das Waſſer aber 73,4 %; alſo verhält ſich die Landfläche zu der
Waſſerfläche wie 1 zu $2\frac{3}{4}$. Auch die Verteilung auf die verſchiedenen
Halbkugeln der Erde iſt eine ſehr verſchiedene. Der bei weitem
größte Teil des Landes iſt auf der nördlichen Hemiſphäre zuſam=
mengedrängt, in der ſüdlichen überwiegt in auffallender Weiſe
das Waſſer; jene hat 39 % Land, dieſe nur 14 % Land. Nehmen
wir eine öſtliche und eine weſtliche Halbkugel an, ſo hat die erſte
bei weitem mehr Land als die weſtliche, nämlich jene 36 %, dieſe
nur 17 %. Am auffallendſten tritt der Unterſchied hervor, wenn
wir eine nordöſtliche und eine ſüdweſtliche Halbkugel durch
einen um die Erde gelegten Kreis unterſcheiden. Die erſte (die kon=
tinentale) enthält dann vier Erdteile, die zweite (ozeaniſche) außer
dem Auſtral=Kontinente faſt nur Ozeane.

2*

Beide Bestandteile der Erdoberfläche, Land und Wasser, blei=
ben aus den vorhin angedeuteten Gründen nicht immer zu einander
in demselben Verhältnisse. In manchen Gegenden spült das Meer
Land ab, z. B. an der Küste der Nordsee; anderwärts setzt das
Meer wieder Land an, z. B. an der italienischen Küste des nörd=
lichen adriatischen Meeres, wo frühere Hafenstädte jetzt mehrere Kilo=
meter weit vom Meere entfernt liegen. Auch erheben sich wohl mit=
unter kleine Inseln durch unterseeische vulkanische Thätigkeit plötzlich
über den Meeresspiegel, um oft ebenso schnell wieder zu verschwinden,
z. B. die im Juli 1831 unweit der SW.=Küste Siciliens auftauchende
Insel Ferdinandea, welche gegen das Ende desselben Jahres wieder
verschwand. Oder es bauen auf unterseeischen Felsen Milliarden von
Korallenpolypen ringförmige Inselgerüste aus Korallenkalk auf, deren
oberer Rand durch Anspülung des Meeres (Aufwerfen anderwärts ab=
gebrochener Kalkbrocken u. dergl.) endlich als mehr oder weniger ver=
zogener, lückenhafter Ring über die Meeresoberfläche emportritt; so
sind Tausende von Koralleninseln namentlich in der Südsee
entstanden.

§ 13.
Meere und Kontinente.

Streng genommen ist auf der Erde nur eine große Wassermasse,
ein Ozean oder Weltmeer; denn alle Meere stehen miteinander
in Verbindung. Entweder geht ein Meer in das andere geradezu
in breiter Strecke über, oder die Meere hängen durch schmale, von
Ländermassen eingeengte Wasserstreifen zusammen, wie dies besonders
bei Meeren, die fast ganz von Ländern eingeschlossen sind (Binnen=
meeren, Mittelmeeren), der Fall ist. Man nennt solche Wasser=
bänder zwischen zwei Meeren Meerengen oder Straßen. Meeres=
arme zwischen Inseln und Kontinenten, die für eine Meerenge zu
breit sind, nennt man Kanäle.

Das Land bildet nicht eine zusammenhängende Masse, wie
das Wasser, sondern — von Inseln abgesehen — drei große Massen
oder Kontinente (Erdfesten):

1) 2) der größte, der östliche Kontinent, die Ostfeste,
liegt fast ganz auf der östlichen Halbkugel. Davon ist schon in sehr
frühen Zeiten der Erdgeschichte der südöstliche Teil abgetrennt worden,
welcher nun als ein eigner Kontinent, Australien, betrachtet wird.

3) der kleinere westliche Kontinent, die Westfeste oder
Amerika, liegt auf der westlichen Halbkugel.

Alle Kontinente sind mehr oder weniger mit Küsteneinbiegungen versehen. Man nennt solche Einschnitte des Meeres in das Land Meerbusen oder Golfe; wenn sie nur klein sind, Buchten oder Baien. Sind Buchten so tief, daß Schiffe darin vor Anker gehen können, und gewähren sie denselben zugleich vor Stürmen ausreichenden Schutz, so nennt man sie Häfen. Die Menschen machen Häfen sicherer, indem sie lange Mauern, Molen, in das Meer hinein bauen, die den Andrang der Wogen abhalten, und Leuchttürme an geeigneten Stellen errichten. Reeden sind Ankerplätze vor der Küste, welche nicht von anliegendem Lande eingeschlossen sind.

Tritt dagegen ein Teil eines Festlandes oder einer Insel derart ins Meer hinaus, daß eine deutliche Absonderung von der übrigen Landmasse erkennbar ist, so nennt man einen solchen Vorsprung eine Halbinsel, wenn er auffallend schmal ist, eine Landzunge. Bisweilen ist die Absonderung eine Einschnürung, die Halbinsel also fast eine Insel (vergl. das lat. paeninsula), welche nur durch eine schmale Landbrücke mit dem übrigen Land verbunden ist. Solche starken Verengungen zwischen viel breiteren Landmassen (auch zwischen ganzen Kontinenten) nennt man Landengen (griechisch: Isthmen).

Die Ostfeste besteht jetzt aus drei Erdteilen: Europa, Asien, Afrika; die Westfeste Amerika eigentlich aus zwei Erdteilen (Nord-Amerika und Süd-Amerika), die nicht fester miteinander zusammenhängen als Asien und Afrika, wenn man sie auch gewöhnlich nur als einen Erdteil ansieht. Den fünften Erdteil bildet Australien, dem auch die Südsee-Inseln oder Polynesien zugerechnet werden.

Die Erdteile bilden, deutlich gesondert, drei Kontinentspaare — Asien und Australien, Europa und Afrika, Nord-Amerika und Süd-Amerika — welche sich nach Norden aneinander drängen, nach Süden aber weit voneinander fliehen. Jedes Paar läuft nach Süden spitz aus. In einem jeden Paare ist das Nordglied stets das mannigfaltiger gestaltete, für die Menschheit weitaus wichtigere. Jedes Nordglied läuft nach Süden in drei Halbinseln aus, die es seinem Südgliede entgegenstreckt, jedes Südglied nur in eine.

§ 14.

Küstenentwickelung.

Ein Erdteil ist ein in sich abgeschlossener Teil des Landes. In je mannigfachere Berührung aber das Meer mit ihm tritt, um so größer ist seine Küstenentwickelung, um so reicher gegliedert

erscheint er.   Um Landmassen in Beziehung auf ihre Küstenentwicke=
lung miteinander zu vergleichen, darf man natürlich nicht ohne wei=
teres die Länge ihrer Küstenlinie durch ihre Flächengröße dividieren,
sondern nur durch die Quadratwurzel aus dieser Größe; denn nur
gleichartige Größen sind miteinander zu vergleichen.

Die Gestaltung der Küsten ist sehr wichtig.   Flachküsten
verlaufen in seichtes Wasser, sind aber vom Lande her leicht zugäng=
lich.   Steilküsten fallen in tiefes Wasser ab und sind vom Meere
her leicht zugänglich, besonders wenn sie in Buchten ausgeschnitten
sind; sind sie schartenartig eingeschnitten, so gewähren sie auch
vom Lande her leichteren Zugang.   Gassenartige Einschnitte in felsige
Küsten nennt man Fjorde.

Der Wechsel von Wasser und Land auf der Erde, das Ein=
bringen des Meeres in die Massen der Erdteile, hat aber auch auf
das Klima den wichtigsten Einfluß.   Da das so viel langsamere
Erwärmen und Erkalten des Meeres gleichermeise die Hitze wie die
Kälte der benachbarten Luft mildert, so haben z. B. alle Landstrecken
am Meere weniger Kälte im Winter, weniger Hitze im Sommer,
als man nach ihrer Breite vermuten sollte (§ 10).   Ein solches
Klima mit gemilderten Gegensätzen nennt man daher ein ozea=
nisches oder maritimes im Gegensatz zu dem kontinentalen
Klima der Binnenländer: welches also wie beschaffen ist?

Eine große Mannigfaltigkeit von Pflanzen= und Tierleben be=
herbergt das Meer, und bei dem vernünftigen Bewohner der Erde,
dem Menschen, weckt es nicht bloß das Gefühl der erhabenen Unend=
lichkeit (daher schon bei den alten Dichtern „das heilige Meer"),
sondern es lockt oder zwingt ihn zur Thätigkeit und befördert den
Verkehr der Völker.   Nichts ist der Gesittung und Bildung des Men=
schen ungünstiger als ungeheure zusammenhängende Landmassen,
nichts günstiger als ein vom Meere vielfach aufgeschlossener, stark
gegliederter Erdteil.   Man erkennt also die große Bevorzugung der
Nordhälften der Kontinentspaare (§ 13) vor den Südhälften schon
daraus, daß für Europa, Asien und Nord=Amerika die Küsten=
entwickelung 9—10, für Afrika, Australien und Süd=Amerika
aber nur 5—6 beträgt.

§ 15.
Die fünf Ozeane.

Wie man fünf Erdteile annimmt, so kann man auch fünf
Weltmeere oder Ozeane annehmen:

1) Das **nördliche Eismeer** (15 Mill. qkm groß), um den Nordpol herum, bespült die Nordküsten von Europa, Asien und Amerika. Seine südliche Grenze wird gegen den **atlantischen** Ozean durch unterseeische Bodenschwellen gebildet, welche unter dem Polarkreise von Baffinland nach Grönland und von Grönland über Island und die Färöer zu den Shetland-Inseln sich hinziehen und von Europa die schwimmenden Eisberge zurückhalten. Gegen den **Stillen** Ozean bildet die Beringstraße (nach dem Seefahrer Bering benannt, der sie 1728 auffand) die Grenze; auch sie ist durch eine unterseeische Bodenerhebung gesperrt, welche von dem Ostkap Asiens zu dem Kap Prinz von Wales [uéls] in Nord-Amerika hinüberreicht.

Das Nordpolarmeer wird (wenn auch jetzt nicht mehr so häufig wie früher) meist nur von Schiffen besucht, die auf den Walfisch- oder Robbenfang gehen. Jedoch sind auch zahlreiche Fahrten unternommen worden, welche nur den Zweck hatten, die polaren Küsten zu untersuchen und in das den Norpol umgebende Geheimnis einzubringen. Man nennt solche Reisen Nordpol-Expeditionen. Die **deutsche** Nordpol-Expedition drang (unter Karl Koldeweys Leitung) 1868 zu Schiff über Spitzbergen bis 81° 5' gen Norden vor; und 1873 entdeckte die **österreichisch-ungarische** Nordpol-Expedition unter Julius Payers Führung eine Spitzbergen ähnliche, aber noch nördlicher als dieses (in der Länge von Nówaja Semljá) gelegene Inselgruppe, das **Franz-Joseph-Land**, welches sich bis über den 83. Parallelkreis hinaus erstreckt. Die nördlichste Breite indes erreichte 1882 Lockwood [lockwud] von der Expedition des **Amerikaners** Greeley [grīle], nämlich 83° 24' (unter 319° ö. L. G.). Freilich will der Walfänger Newport 1893 von der Herschel-Insel aus bis 84° n. Br. gekommen sein.

2) Der **atlantische** Ozean (80 Mill. qkm groß) liegt zwischen Europa und Asien einerseits und Amerika andererseits. Im N. und S. schließen sich die beiden Eismeere an, im SD. der indische Ozean. Es ist von allen Meeren das bekannteste und befahrenste, hat die meisten Meerbusen und Seitenmeere, dagegen im Verhältnis zu dem Großen Ozean wenig Inseln. Der Name kommt von einer fabelhaften Insel **Atlantis**, die nach den Berichten einiger alter Schriftsteller westlich von Afrika gelegen hätte, aber vom Meere verschlungen worden wäre. Bemerkenswert ist im Verlaufe der Küsten dieses Ozeans, daß, wo die Küste der Ostfeste zurücktritt, da die Küste der Westfeste vorspringt, und umgekehrt: was ihn wie einen in S-Gestalt zwischen den Kontinenten sich hinschlängelnden Riesenstrom erscheinen läßt.

3) Der indische Ozean (79 Mill. qkm groß), zwischen Afrika, Asien und Australien, wird durch Inseln vom Stillen Ozean ge= schieden und geht im S. in das südliche Eismeer über.

4) Der Große (oder pacifische, d. i. stille) Ozean, auch die Südsee genannt, steht mit dem nördlichen Eismeere und dem indi= schen Ozean in Verbindung. Im S. geht er in das südliche Eismeer über. Er ist überaus reich an Inseln, arm dagegen — im Verhält= nis zu dem atlantischen — an Meerbusen. Er ist 161 Mill. qkm groß, übertrifft also das gesamte Festland der Erde noch um die drittehalbfache Größe Europas oder fast um die Größe Afrikas, und ist nicht viel kleiner als die sämtlichen übrigen Ozeane zusammen= genommen.

5) Das südliche Eismeer (20 Mill. qkm groß) wird durch die Linien, welche die Südspitzen der Kontinente Afrika, Australien und Amerika verbinden, umgrenzt; es hängt also mit dem atlan= tischen, Großen und indischen Ozean zusammen. Der englische See= fahrer James [dschēms] Roß ist in demselben 1841 und 1842 bis über den 78. Parallelkreis vorgedrungen und hat eine, von hohen Gebirgsketten bedeckte Küste (Victorialand) mit dem 3800 m hohen thätigen Vulkan Erebus [érebus] und dem niedrigeren er= loschenen Vulkane Terror nebst mehreren Inseln aufgefunden, die schwerlich indes als Randteile eines (unbewohnten) antarktischen oder Südpolar=Kontinents zu betrachten sind. Das südliche Eis= meer ist, wie zum Teil auch der indische Ozean, jetzt das Hauptgebiet des Walfischfangs geworden.

Wir sehen also, daß es nach der Gestaltung der Erdoberfläche, wie drei Kontinentpaare, so auch eigentlich nur drei (bis zum Süd= pol reichende) Ozeane giebt. Denn die Absonderung des südlichen Eismeeres ist ganz willkürlich, und das nördliche Eismeer ist im Grunde nichts anderes als eine Verlängerung des atlantischen Ozeans.

§ 16.
Das Meer.

Das Wasser des Meeres ist von bitter=salzigem Geschmack, so daß man im Gegensatz dazu das Wasser der Flüsse und meisten Landseeen süß nennt. Man kann jenes nicht trinken und daher mitten auf dem Meere verdursten; doch läßt sich auch Meerwasser (durch Destillieren) trinkbar machen. Auf der andern Seite hat aber der Salzgehalt der Meere (durchschnittlich $3\frac{1}{2}\%$ des Gewichts) auch günstige Wirkungen. Erstens trägt Salzwasser größere Lasten

als Süßwasser; — zweitens schützt neben der beständigen Bewegung auch der Salzgehalt das Meerwasser vor Fäulnis; —
drittens friert das Meer nicht leicht zu. Nur die beiden Eismeere
sind den größten Teil des Jahres zugefroren, selbst im Sommer
treiben in ihnen Eisblöcke und Eisberge, zuweilen von ungeheurer
Ausdehnung und Größe; und doch ragt nur $1/7$ ihrer Masse, da
sich das süße Wasser, aus dem sie bestehen, zu dem Meerwasser an
Schwere wie 6 zu 7 verhält, aus dem Meere hervor! Binnenmeere,
besonders solche, die viele Flüsse aufnehmen, enthalten weniger Salz
als offene Meere, frieren daher auch leichter zu. So hat das Schwarze
Meer nur 2%, die Ostsee gar nur $1/2\%$ Salzgehalt.

Farbe hat ein in ein Glas geschöpftes Meerwasser anscheinend gar
nicht; aber das Meer selbst sieht meist grünlich, oft aber auch tief
blau, heller und dunkler grün, bräunlich- oder schwärzlich-grün aus.
Dies bewirkt neben der Eigenfarbe der gewaltigen Wassermasse entweder der darüber gespannte Himmel, oder die Beschaffenheit des
Grundes, oder ungeheure Massen kleiner Wassertiere und -Pflanzen;
übrigens erscheint mit zunehmender Tiefe das Meer immer tiefer
blau. Auch die Durchsichtigkeit des Meeres ist sehr verschieden;
im nördlichen Eismeere und in einigen Meerbusen des atlantischen
Ozeans ist sie am größten. Im letzteren schwimmt das Fahrzeug
auf einer krystallhellen Flüssigkeit, in welcher es wie in der Luft zu
schweben scheint, man bückt sich, Seepflanzen mit der Hand zu erreichen, die 20 m tief und noch tiefer sich befinden. Ganz merkwürdig ist auch das Leuchten des Meeres bei Nacht, eine Erscheinung, die in wärmeren Strichen zuzeiten wahrnehmbar ist. Bald
leuchtet das ganze Meer, so weit man es sehen kann, bald zieht nur
das Schiff eine Feuerfurche hinter sich her. Dies rührt von unzähligen leuchtenden Tierchen her, die meist nur durch das Vergröße-
rungsglas erkennbar sind.

Den Grund und Boden des Meeres zu erforschen, hat für
den Menschen natürlich besondere Schwierigkeit (Taucher, Schlepp-
netz, Senkblei). Man weiß zunächst nur, daß die Tiefe des Meeres
eine sehr verschiedene, aber meist eine sehr bedeutende ist; zwar hat das
nördliche Eismeer nur eine Tiefe von etwa 1500 m, die übrigen
Ozeane aber haben eine solche von 3300 bis 3900 m. Ja, man hat
Tiefen gemessen, welche diese mittleren Tiefen noch um mehr als das
Doppelte (bis 8513 m im Großen Ozean) übertreffen. Die Kontinente ragen demnach als mächtige Hochflächen aus dem Seeboden empor. An steilen Küsten ist das Meer meist gleich sehr tief, an flachen
Küsten nimmt es nur allmählich an Tiefe zu. Der Boden des Meeres

zeigt zwar keineswegs einen so häufigen und schroffen Wechsel von Er=
hebungen und Vertiefungen wie das Festland, er bewegt sich meist
in sanften Böschungen, doch aber auch fehlen ihm plötzliche steile Ab=
stürze und rasch ansteigende (unterseeische) Hochebenen nicht.

Die Erhebungen ragen oft über den Meeresspiegel hervor und
bilden dann größere und kleinere Inseln. (Die kleineren auch Ei=
lande genannt.) Zuweilen aber ragen sie nur mit den obersten
Spitzen bis an oder kaum über den Meeresspiegel, und bilden dann
Klippen. Sind solche Klippen reihenweise geordnet, so bilden sie
ein Riff. Wo der Seeboden völlig unterseeische, der Oberfläche des
Meeres jedoch nahe Hochebenen besitzt, hat das Meer Untiefen;
wo dagegen der Rücken solcher Erhebungen des Seebodens die Ober=
fläche des Meeres berührt oder ihr wenigstens ganz nahe kommt,
hat das Meer Sandbänke, die oft von großer Ausdehnung sind.
Sandhügel, welche das Meer auf dem Uferrande aufgespült hat,
nennt man Dünen.

Ganz ruhig und spiegelglatt ist das Meer selten: fast immer
schlägt es niedrigere oder höhere Wellen, die bei Stürmen bis zu
12 m Höhe steigen können. Die Wellen entstehen dadurch, daß der
Druck des Windes auf die Oberfläche das Wasser des Meeres in
eine schwingende Bewegung versetzt; doch bringt diese Bewegung
nie über 200 m in die Tiefe. Brechen sich die Wellen an Klippen
oder Felsen, so entsteht eine Brandung.

Neben solchen unregelmäßigen Bewegungen hat das Meer
aber auch regelmäßige. Diese sind

1. die Gezeiten oder Tiden, „die regelmäßig wiederkehren=
den Pulsschläge des Ozeans." Alle Tage steigt und fällt das
Meer an den Küsten zweimal (an manchen Stellen, besonders in
Binnenmeeren, kaum bemerklich, im offenen Weltmeer auch nur einige
Meter). Das Steigen heißt Flut, das Fallen Ebbe; jede dieser
Erscheinungen dauert etwas über 6 Stunden. Ursache hiervon ist die
Anziehung, welche namentlich der Mond, weniger die Sonne auf den
Erdkörper ausüben. Darum tritt die Flut zur Zeit des Neu= und
Vollmondes, wo die Sonne ihre Anziehung mit der des Mondes
vereint, am stärksten auf (Springflut); in spitz zulaufenden Meer=
busen erreichen Springfluten eine Höhe von 20 m und bringen mit
verheerender Eile landeinwärts vor.

2. Die Meeresstrubel. Sie stehen im Zusammenhange mit
den Gezeiten, beruhen aber auf der Beschaffenheit des Meeresgrundes
und Gestaltung der Küsten, die dem Wellengange örtliche Hinder=
nisse entgegenstellen. An solchen Stellen dreht sich das Wasser in

engeren oder weiteren Kreifen trichterförmig und zieht alles, was in
feinen Wirbel kommt, in die Tiefe.

3. Die Meeresströme. Diefe find viele Kilometer breite,
jedoch nicht weit in die Tiefe eingreifende stromartige Fortbewegungen
des Meeres von dauernder oder doch nur jahreszeitlich wechfelnder
Richtung. In der Nähe des Äquators zieht in allen drei großen
Ozeanen ein folcher Strom weftwärts (Äquatorialströmung);
von ihnen biegen da, wo fie fich den O.=Küften der betreffenden
Kontinente nähern, Abzweigungen in die höheren Breiten ab, denen
fie alfo wärmeres Waffer bringen, während aus beiden Polar=
zonen kältende Meeresströme in die niederen Breiten führen,
wie die arktifche und mehr noch die antarktifche oder Hum=
boldtströmung. Urfachen der Meeresströmungen find die Ro=
tation der Erde fowie der Druck regelmäßig wehender Winde,
wie es die Paffate (§ 18) find; aber auch die Gestaltung der
Küften ist von erheblichem Einfluffe. Die bekannteften der wär=
menden Meeresströme find der Kuro=Schio (d. i. dunkelblaues
Meerwaffer) im Großen Ozean und der Golfstrom im atlantifchen
Ozean. Der Golfstrom führt feinen Namen daher, daß er aus dem
merikanifchen Golf zwifchen Floriba und Cuba hervorströmt; beim
Weiterzug gen NO. über das atlantifche Meer und weit ins nörd=
liche Eismeer (bis über Spitzbergen hinaus) verbreitert er fich all=
mählich von 100 bis auf 1000 km, milbert außerordentlich das
Klima des nordweftlichen Europa und entfenbet bei den Azoren
[aßören] auch einen füdlichen Arm an die Weftküste Nord=Afrikas.
— Die Seefahrer benutzen die Meeresströme zur Abkürzung ihrer
Reifen, und die Polarmeere würden fich mit immer dickerem Eife
überkruften, wenn nicht warme Strömungen diefes verhinderten,
und entgegengefetzte fortwährend die Maffen abgelöfter Eisbrocken
(Eisfchollen) mit den von den polaren Gletfchern stammenden Eis=
bergen in niedere Breiten abführten.

§ 17.
Bewegung der Luft. Klima.

Der Erdkörper wird wie von einer Hohlkugel von einer Luft=
hülle, der Atmofphäre, umfchloffen. Diefe reicht bis dahin, wo
die Anziehungskraft der Erde und die Fliehkraft der Luft fich das
Gleichgewicht halten. Der franzöfifche Astronom Laplace hat be=
rechnet, daß (unter dem Äquator) dies erft in einer Höhe von
35 677 km der Fall fei. Allein im Vergleiche damit find alle meteo=

rologischen Erscheinungen auf eine nur geringe Höhe beschränkt. Die Atmosphäre ist nämlich wie alle Körper schwer: eine bis zum Meeresspiegel reichende Luftsäule hält einer 760 mm hohen Quecksilber=säule das Gewicht. Indes mit der Höhe nimmt der Luftdruck ab; in 5513 m Höhe ist er schon auf die Hälfte gesunken und gar in 60000 m Höhe nur noch einer Quecksilbersäule von $^1/_4$ mm gleich. Daher kommen für die Geographie nur die unteren Luftschichten in Betracht. In diesen nun finden stete Bewegungen (Winde) statt, und zwar außer den nur zeitweiligen solche, die ganze Jahres=zeiten hindurch anhalten (Monsune) und auch immerwährende. Besonders über dem Meere ist die Luftbewegung weithin eine regel=mäßige: ganz nahe dem Äquator (n. desselben) steigt in einem die Erdkugel größtenteils umziehenden Gürtelstreifen die erwärmte, folg=lich leichter gewordene Luft senkrecht empor (Gürtel der Windstille, Stillen= oder Kalmengürtel genannt); von beiden Polseiten strömt die Luft zur Ausfüllung dieser Lücke beständig äquatorwärts (polare Luftströmungen), in der Höhe des Stillengürtels da=gegen beiderseits polwärts (äquatoriale Luftströmungen). Weil infolge der Erddrehung die Winde auf der nördlichen Halbkugel nach rechts (auf der südlichen nach links) abgewendet werden, sind die polaren Luftströmungen der nördlichen Halbkugel nicht N.=, sondern NO.=Winde, die äquatorialen nicht S., sondern S=W.= Winde (auf der südlichen jene SO.=, diese NW.=Winde). Ungefähr vom 30. Parallelkreis an nehmen die polaren Strömungen den unteren Teil der Atmosphäre für sich allein ein und heißen Passate (also NO.= und SO.=Passat); die äquatorialen ziehen daselbst als Gegenpassate über ihnen hin. In den höheren Breiten (wo dem Gegenpassat der Raum in der Höhe zu eng wird) ziehen beide neben einander auf der Erdoberfläche, suchen einander zu verdrängen und verursachen bei der Verschiedenheit der ihnen eigenen Wärme das veränderliche Wetter dieser höheren Breiten.

Die im Sommer stärker als das Meer erhitzten, im Winter stärker als das Meer abgekühlten Festlande unterbrechen mannigfaltig die Regelmäßig=keit der genannten Luftströmungen und lassen sie nicht zur Alleinherrschaft auf Erden gelangen.

Es ist leicht begreiflich, daß die Winde einen großen Einfluß auf die Beschaffenheit der Luft und damit auf das Klima eines Ortes haben müssen. Das Klima aber wird bestimmt durch den Grad der Wärme und der Feuchtigkeit. Was wir unter dem mathemati=schen (§ 10), und was unter dem maritimen (§ 14) Klima verstehen, ist schon oben berührt worden. Jetzt wollen wir kurz auf die Ursachen derselben eingehen.

Die Luft unserer Atmosphäre ist ein Gemenge von 79 Teilen Stickstoff und 21 Teilen Sauerstoff. Beigemengt ist in den untersten Luftschichten Wassergas (Wasserdampf); aber die Beimischung desselben nimmt aufwärts so rasch ab, daß in 7 km Höhe die Luft vollständig trocken ist.

Die Erwärmung der Erde geschieht allein durch die Sonnenstrahlen; aber einen Teil der Wärme derselben verschluckt die Atmosphäre und natürlich um so mehr, je länger der Weg ist, den die Sonnenstrahlen durch die unteren dichteren Luftschichten zurückzulegen haben. Am kürzesten ist der Weg, wenn die Strahlen senkrecht auf die Erde fallen; dann verlieren sie nur etwa $1/4$ ihrer Wärme. Fallen sie schräg, so ist der Weg länger, also der Verlust größer. Aus diesem Grunde sind die höheren Breitengrade kälter als die niedrigeren (der Tropen), eben darum auch die winterlichen Jahreszeiten die kältesten; denn der dann niedrige Sonnenstand bedingt ein sehr schräges Einfallen der Sonnenstrahlen. Also von dem Winkel der Insolation, d. i. Besonnung, hängt zunächst die Erwärmung ab.

Dazu kommt nun aber, daß der erwärmte Erdboden die empfangene Wärme zurückstrahlt und dadurch zur Erwärmung der Lufthülle beiträgt. Ist die zurückstrahlende Fläche nur klein, so kann auch nur wenig Wärme zurückgestrahlt werden. Daher kommt es, daß es auf Bergspitzen so kalt ist.

Je schwerer nun aber ein Körper die Wärme aufnimmt, um so langsamer giebt er sie wieder von sich. Wasser nimmt sie schwerer auf als Land. Also wird den Küstenländern im Sommer Wärme entzogen; es kommt ihnen dafür aber zu gute, daß das Meer im Winter immer noch Wärme abzugeben hat.

Ein dritter Umstand, der den Erwärmungsgrad bedingt, ist die Durchlässigkeit der Luft für die Wärmestrahlen. Diese vermindert sich mit der zunehmenden Feuchtigkeit der Luft. Bei bewölktem Himmel ist es daher kühl.

Bewölkung des Himmels entsteht aber durch die Bewegungen in der Luft, welche das Wassergas derselben an bestimmten Stellen zusammendrängen, häufig so stark, daß es in Nebel oder Regen (oder auch zu Schnee und Hagel gefroren) auf die Erdoberfläche sich niederschlägt. Durch Hitze aufgelockerte Luft kann sehr viel Wassergas in sich aufnehmen; wird sie dann aber durch eine kalte Luftströmung erkältet, so daß sie sich zusammenzieht, so muß sie das Wassergas fallen lassen. Daher die starken Regen in den Tropen. Das Gleiche tritt ein, wenn sie gegen kalte Gebirgsfirste gedrängt wird. Daher regnet es eben in den Gebirgen mehr als in der Ebene.

Dieser Regen wäscht aber zugleich die Atmosphäre rein, indem er sie von Staubteilchen, Krankheitskeimen u. dergl. befreit. Dadurch wird er neben sonstigem Segen sehr förderlich für die Gesundheit der Menschen.

Nun wollen wir uns aber zu dem festen Lande wenden.

§ 18.

Die Inseln.

Wenn zum Begriff einer Insel allein gehörte, daß sie rings von Wasser umflossen sei, so müßten eigentlich alle Landmassen auf der Erde Inseln genannt werden. Daher hat man noch den Begriff der Größe hinzugefügt, und nennt die drei größten Landmassen nicht Inseln, sondern Erdfesten oder Kontinente (§ 13). Diese Unterscheidung ist wohl begründet; denn der kleinste Kontinent (Australien) von $7\frac{1}{2}$ Mill. qkm Größe ist zehnmal so groß wie die größte Insel (Neu-Guinea [ginēa]) von etwa $\frac{3}{4}$ Mill. qkm Größe. Man kann also die Grenze der Inselgröße bei 1 Mill. qkm setzen; Grönland lassen wir dabei außer Betracht, da seine Ausdehnung nach N. noch so gut wie unbekannt ist.

Sämtliche Inseln machen nur $7\frac{1}{2}\%$ der ganzen Landmasse aus; unter sich aber sind sie an Größe sehr verschieden. Die 13 größten sind: Neu-Guinea (von über $\frac{3}{4}$ Mill. qkm), Bórneo (fast $\frac{3}{4}$), Madagaskar ($\frac{3}{5}$), Sumátra (fast $\frac{1}{2}$), Neu-Seeland ($\frac{1}{4}$), Nippon (fast $\frac{1}{4}$), Großbritannien ($\frac{1}{5}$), Selébes ($\frac{1}{6}$), Java ($\frac{1}{8}$) und von $\frac{1}{10}$ Mill. qkm Größe Cuba, Luzon, Neufundland und Island. Ihnen schließen sich 10 Inseln von 50 bis 100000 qkm Größe an. Diese 23 umfassen zusammen 57% des gesamten Inselareals von $8\frac{1}{3}$ Mill. qkm, so daß für die übrigen Tausende (unter 50000 qkm) nur ein Areal wie $\frac{2}{3}$ des europäischen Rußland übrig bleibt.

Die Inseln treten fast nur gesellig auf; entweder liegen sie reihenweis oder um eine Halbinsel geschart. Unregelmäßige Anhäufungen nennt man einen Archipêl, ein Wort, das freilich eigentlich ein inselreiches Meer bezeichnet.

Mit Rücksicht auf ihre Entstehung teilt man die Inseln in kontinentale und in ozeanische ein.

1) Die kontinentalen Inseln sind nicht von Anfang an Inseln gewesen, sondern entweder vordem Kontinentsteile oder selbst Kontinente. Senken sich die Ränder der Kontinente, so bringt das Meer in die niedrigeren Stellen derselben ein, so daß einzelne Teile des Festlandes ganz von ihm abgetrennt oder abgegliedert werden.

Allein die frühere Zugehörigkeit der so entstandenen Abgliederungs=
Inseln zu den benachbarten Kontinenten bleibt erkennbar an der
Gleichartigkeit der Gesteine zu beiden Seiten des trennenden
Meeres, an der Flachheit dieses trennenden Meeres und an der
Gleichartigkeit der Pflanzen= und Tierwelt auf Festland
und Insel.

So sind Bórneo, Sumátra und Java noch durch eine unter=
seeische Hochfläche von nur 50 m Tiefe mit Hinter=Indien verbun=
den; zwischen Großbritannien, den friesischen Inseln, den dänischen
Inseln, den Kykláden, Hainan, Formosa, Japan, Nowaja=Semlja,
dem arktischen Archipel, den Falkland=Inseln, Neu=Guinea, Tasma=
nien, Grönland einerseits und den benachbarten Kontinenten an=
bererseits beträgt die Tiefe des Meeres nicht über 200 m.

Diesen jüngeren Abgliederungsinseln stehen solche gegenüber,
deren Abgliederung nach der Beschaffenheit ihrer Tier= und Pflanzen=
welt und nach der Tiefe des trennenden Meeres in bedeutend ältere
Zeiten zu setzen ist. Die wichtigsten dieser älteren Abgliederungs=
inseln sind: die Molukken und Selébes (von Australien), Zeilon
(von Dekhan), Madagaskar (von Süd=Afrika), Spitzbergen und Franz
Joseph=Land (von Europa), die Antillen (von Süd=Amerika).

Von diesen durch Abgliederung entstandenen Inseln sind die=
jenigen wohl zu unterscheiden, welche selbst Reste verschwundener
Kontinente sind. Die wichtigste unter diesen Restinseln ist Neu=
Seeland; außerdem gehören hierher die Fidschi=Inseln und andere
Inseln der Südsee, vielleicht auch die weitab liegenden Marquesas
[markésas]=Inseln.

2) Die ozeanischen Inseln dagegen sind niemals mit einem
Festlande verbunden gewesen. Sie lassen sich sondern in nichtvulka=
nische Hebungsinseln, in vulkanische und in Koralleninseln. Die
erste Gattung ist wenig bedeutend; zu ihr gehören die Golfstrom=In=
seln im N. von Nowaja=Semlja, wahrscheinlich auch die Insel St.
Paul im indischen Ozean, die trotz ihrer Kratergestalt aus geschichteten
Gesteinen zu bestehen scheint.

Viel wichtiger sind die vulkanischen Inseln, welche durch
vulkanische Kräfte aus dem Meeresboden emporgehoben oder aufge=
schüttet sind, wie Thera im ägäischen Meere, die liparischen Inseln,
St. Helena, St. Thomas im Guinea=Busen, die Maskarenen, die
Sandwich=Inseln, auch Island, welches durch vulkanische Ausbrüche
aus zwei Inseln gebildet ist. Es giebt aber auch vulkanische Ab=
gliederungsinseln, z. B. die kapverdischen Inseln, welche ur=
sprünglich die Westspitze von Afrika bildeten.

Unendlich viel zahlreicher als die ozeanischen sind die Koralleninseln, welche ganze Inselwolken in der Südsee bilden; im indischen
Ozean gehören die Lakkadiven und die Malediven dazu, im atlantischen
die Bermudas. Sie sind an die Tropenmeere gebunden, da nur diese
in ihren oberen Wasserschichten stets eine Temperatur von mindestens
20° C. haben, wie sie für das Leben der Korallenpolypen notwendig ist
(§ 12). Sie sind meist niedrig und von geringem Umfange, in Gruppen oder Atolls gereiht, die einen unregelmäßigen Kreis bilden.
Beispiel: die Marschall-Inseln.

§ 19.

Tiefland und Hochland.

Zum Begriff der Inseln, Festlande, des Landes überhaupt,
gehört das Erhabensein über den Meeresspiegel. Dieser Meeresspiegel gilt im allgemeinen auf der Erdoberfläche für die vollkommenste und tiefste Ebene; denn alles Wasser ruht nicht eher, als
bis es die tiefste Stelle gefunden und sich in eine obere wagerechte
Masse vereinigt hat.

Eine solche wagerechte Fläche bildet das Land nirgends; aber
doch giebt es Teile der festen Erdrinde, deren Oberfläche wenigstens
einige Ähnlichkeit mit dem Meeresspiegel hat. Man nennt sie Ebenen, Flachländer und, sind sie weniger als 200 m über das
Meer erhaben, Tiefländer oder Tiefebenen. Oft liegen sie so
niedrig, daß sie durch Dämme (Deiche) gegen das Meer geschützt
werden müssen; ja ausnahmsweise liegen sie sogar niedriger als der
Meeresspiegel (sogenannte Depressionen): so die nächste Umgebung
des kaspischen Meeres, ein Teil Hollands, die Südhälfte des Chor.

Alles Land dagegen, welches mehr als 200 m über dem Meere
liegt, nennt man Hochland. Auch in diesem finden sich ausgedehnte
Ebenen, Hochebenen genannt. Die größten Hochebenen der Erde
enthält Innerasien und Süd-Afrika, die höchste ist die Ebene des
Titicáca-Sees in Süd-Amerika. Hochflächen nennt man sie, wenn
sie sich deutlich von ihrer Umgebung durch ihre Erhebung absetzen.

Fortwährend indes verändert die Landfläche ihre Gestalt.
Dies geschieht durch die Atmosphäre (Verwitterung), durch die
Flüsse (Auswaschung), durch das Meer (Abwetzung), durch die
Winde (Aufschüttung und Zermürbung), an manchen Stellen auch
durch Bodensenkung, durch Erdbeben und Vulkanausbrüche.

§ 20.
Die Arten des Bodens.

Die Form der Ebene ist für den Ackerbau die geschickteste; doch kommt es dabei gar sehr auf die Art des Bodens an, welchen die verwitterte Oberfläche der Lithosphäre (§ 11) bildet. Diese ist aber nach ihrer Zusammensetzung, dem Grade der Verwitterung und der Befeuchtung sehr verschieden, so daß wir vier Hauptarten des Bodens unterscheiden können:

1) Fels- oder Steinboden besteht aus wirklichem Felsen oder aus Steingeröll. Nur aus den mit Erde gefüllten Spalten desselben bringen Pflanzen hervor.

2) Sandboden. Ist der Sand unvermischt und ohne Feuchtigkeit, so heißt die Gegend Wüste. Sie tritt besonders auf der Ostfeste auf, welche durch Asien und Afrika hindurch etwa in der Richtung von ONO. nach WSW. ein ungeheurer Wüstengürtel durchzieht. Die Wüste ist weder zu bebauen noch zu bewohnen. Doch finden sich auch in ihr Quellen, stark genug, die nächste Umgebung in einen grünen, mit frischem Pflanzenwuchs bedeckten Platz umzuwandeln, ehe sie der Sand wieder einschlürft. Man nennt solche Stellen Oasen. Ist der Sand so weit mit erdigen Teilen vermischt und bewässert, daß er wenigstens Heidekraut, etwas Getreide oder auch genügsame Fichten und Kiefern trägt, so nennt man die Gegend Heide oder auch (im nordwestlichen Deutschland) Geestland. Fehlen aber überhaupt Bäume und trägt weit und breit die Ebene nur Gras und Kraut, das im Frühling oder zur Regenzeit wie ein bunter Blumenteppich sich üppig ausdehnt, im Hochsommer aber gänzlich verdorrt, so bildet die Gegend eine Steppe, die man in tropischen Gegenden Savanne nennt.

3) Fruchtboden oder Humus begünstigt durch die feine Verwitterung und Zermürbung seiner Bestandteile, durch Thongehalt, bisweilen auch durch dunkel färbende Moderreste früherer Vegetation den Wuchs der Pflanzen besonders und füllt die Kornkammern der Menschen. Sehr fetter Boden am Wasser führt den Namen Marschland.

4) Weichboden ist vom Wasser durchzogen und immer oder größtenteils naß oder weich. Strecken, die oben eine scheinbar feste Pflanzendecke haben, aber unter dem Fußboden wegen des darunterstehenden Wassers schwanken und erzittern, heißen Moore. Oft besteht diese Decke aus Torf, d. h. aus einem dicht verfilzten Gewebe halb verkohlter Pflanzen, das zum Brennen ausgestochen wird. Bricht

das Wasser an einzelnen Stellen so hervor, daß Pfützen und Lachen
stehenden Wassers sich bilden, oder ist Wasser und Erde so gemischt,
daß man die Oberfläche, ohne einzusinken, nicht betreten kann, so
nennt man das Ganze einen Sumpf oder Morast. Ein Morast,
der mit Buschwerk bewachsen ist, heißt ein Bruch. Indem man dem
Weichboden durch Abzugsgräben den Überfluß an Wasser entzieht,
kann man Moore, Moräste und Brücher ganz oder teilweise trocken
legen und urbar machen, wie es z. B. im Oderbruch geschehen ist.
Überhaupt ist der bei weitem größte Teil der Ebenen auf der Erde,
wenn nicht schon jetzt angebaut, doch des Anbaues fähig.

§ 21.
Ebenen und Gebirge.

Auch wo das Land die Gestaltung der Ebene hat, erscheint dies
doch meist durch kleine Höhenzüge unterbrochen; man nennt solche
(weniger oder mehr ansteigenden) Erhöhungen der Erdoberfläche Anhöhe, Hügel, Berg in der Art, daß nur augenfällige Erhebungen,
welche um mehr als 200 m über ihre Umgebung auftragen, den
Namen eines Berges erhalten.

Zusammenhängende Erhebungen nennt man Landrücken —
Bergzüge oder Bergketten, wenn sich Bergreihen in einer bestimmten Richtung erstrecken — Hügel= oder Berggruppen, wenn
Hügel oder Berge haufenförmig nebeneinander liegen. Bergketten
oder Berggruppen, die eine bedeutende Höhe haben und vorherrschend
aus festem Gestein bestehen, nennt man Gebirge. Gebirge, die
unter sich einen deutlichen Zusammenhang haben und vor allem denselben innern Bau zeigen, nennt man ein Gebirgssystem.

Die weiten oder engen Spalten der Gebirge, in welchen die
Gewässer fließen, heißen Thäler. Die meisten derselben haben sich
die Flüsse selbst ausgewaschen, andere sind durch Faltung der Erdoberfläche oder bei der Hebung von Gebirgsmassen durch Zerspaltung
derselben entstanden und dann als bequeme Wege von den Flüssen
aufgesucht worden. Einige Thäler haben dieselbe Richtung, wie der
Hauptzug des Gebirges; sie heißen Längsthäler. Andere Thäler
brechen durch den Hauptkamm oder seine Vorketten hindurch, sind
also ungefähr rechtwinklig gegen den Hauptzug des Gebirges gerichtet;
sie heißen Querthäler oder Klusen; meist in solchen führen die
Straßen (Pässe) über das Gebirge.

§ 22.
Einteilung der Gebirge nach ihrer Höhe.

Die Bestimmung, wie hoch irgend ein Punkt auf Erden liegt, setzt eine bestimmte Tiefe voraus, von der aus die Höhe gerechnet wird. Als eine solche gilt der Meeresspiegel (warum? § 19), den man sich dabei durch alles nicht vom Meer bedeckte Land wagerecht fortgesetzt denkt. Wird also bei der Höhenabgabe eines Punktes nichts weiter hinzugesetzt, so ist seine absolute Höhe, d. h. die Höhe über dem (wagerecht durch alles Land fortgesetzt gedachten) Meeresspiegel gemeint. Ist die Höhe aber nicht vom Meeresspiegel ab angegeben, sondern bezogen auf die Höhe irgend einer sonstigen, niedriger gelegenen Umgebung, etwa auf die des Spiegels eines nahen Flusses oder dergleichen, so nennt man das seine relative Höhe. Wie hoch aber irgend ein Punkt über dem Meere liege, das findet man durch die Höhe der Quecksilbersäule des Barometers, durch den Wärmegrad, bei welchem an dem betreffenden Punkt das Wasser siedet, durch trigonometrische Messung und Berechnung (falls man den betreffenden Höhenpunkt selbst wohl sehen, aber nicht erreichen kann) oder durch Nivellement, d. h. Ausmessung der Bodenerhebung vom Meeresspiegel ab. Die größten Bergeshöhen der Erde enthält der Himâlaja in Asien. Der höchste der bis jetzt gemessenen Berge der Erde ist der Gaurisânkar, 8839 m hoch.

Nach der (absoluten) Höhe nun teilt man die Gebirge in zwei Klassen:

1) Hochgebirge über 1500 m. Die Formen derselben sind eckig und zackig, mit oft spitz und scharf zulaufenden Gipfeln (Hörnern, Nadeln), die Neigung (Böschung) ihrer Seiten ist steil, und ihre obern Teile ragen meist über die Schneegrenze, d. h. sie sind so ziemlich das ganze Jahr mit Schnee bedeckt. Daß diese Schneegrenze in den verschiedenen Zonen in verschiedener Höhe liegt, versteht sich von selbst; unter 10° liegt sie z. B. 4500 m, unter 40° 2900 m hoch.

Eigentümlich sind manchen Hochgebirgen die Gletscher, gepreßte Schneemassen, dem Eise ähnlich, die sich wie gefrorene Ströme von den Höhen des ewigen Schnees in den Hochgebirgsthälern bis tief unter die Schneegrenze herunterziehen, oben stets erneut aus den Feldern des (körnigen) Firnschnees, unten sich auflösend in den Gletscherbach. Die Geschwindigkeit der Abwärtsbewegung der Gletscher kommt dabei derjenigen des Stundenzeigers einer Taschenuhr gleich.

Die beiden Seiten des Gletschers bezeichnen die sogenannten Moränen, d. h. Reihen von Felstrümmern, die von den Umgebungen des Gletschers auf dessen Säume herabgeschurrt sind und nun langsam mit hinabgeführt werden. Sind zwei Gletscher zusammengeflossen, so ist die geschehene Vereinigung an einer in die Mitte geschobenen Trümmerreihe oder einer Mittelmoräne zu erkennen. In den Polarländern steigen die Gletscher bis zur Meeresküste hinab und geben dann, indem das untere Ende durch das Meer abgebrochen wird, schwimmenden Eisbergen den Ursprung (§ 16), die beim Schmelzen ihre Moränenblöcke ins Meer fallen lassen.

Eine andere großartige Erscheinung der Hochgebirgsnatur sind die Lawinen, Schneestürze, die zuweilen ganze Ortschaften verwüsten.

2) Mittelgebirge, unter 1500 m, haben meist abgerundete Formen, kuppelförmige, oft breite Gipfel und minder steile Böschung. In der Regel sind die Hochgebirge von Mittelgebirgen umlagert und durch diese von der Ebene, aus der sie sich vorzeiten erhoben haben, geschieden.

§ 23.
Einteilung der Gebirge nach ihrer Gestaltung.

Eine andere Einteilung der Gebirge geht von ihrer Gestaltung aus. Von den Bergen abgesehen, welche sich ganz einzeln aus der Ebene erheben und mit keinem Gebirge in Verbindung stehen (den isolierten Bergen), unterscheidet man drei Klassen:

1) Gebirge, die aus einer oder mehreren zusammenliegenden Berggruppen bestehen, in denen sich nicht ein Hauptrücken mit bestimmter Richtung zeigt, heißen Gruppengebirge. Sie ruhen stets auf einer gemeinsamen Grundlage und sind in der Regel vulkanische Anhäufungen.

2) Kammgebirge oder Kettengebirge bestehen aus einem oder mehreren in bestimmter Richtung fortziehenden Rücken oder Kämmen; meist aber zeigen sie auch in dem letzteren Falle einen durch seine Höhe ausgezeichneten Hauptrücken, den man den Hauptkamm des Gebirges nennt. Aus ihm treten dann in der Regel die höchsten Erhebungen des Gebirges hervor. Gewöhnlich wird der Hauptkamm auf beiden Seiten von Vorketten begleitet. Kammgebirge am Rande eines Tafellandes heißen Randgebirge. Öfter laufen verschiedene Strahlen eines Kammgebirges von einem Mittelpunkte (mag dies nun eine Erhebung oder eine Senkung im Hauptkamme sein) aus; solche Stellen nennt man dann einen Gebirgsknoten. Die meisten großen Kammgebirge von Asien und Europa streichen den Breitenkreisen gleichlaufend, also von O. nach W. — die

höchsten Gebirge Amerikas ungefähr den Meridianen gleichlau=
fend, also von S. nach N. Die Kammgebirge entstehen durch Seiten=
pressungen in der Lithosphäre, wodurch die nachgebenden Felsschichten
faltenartig aufgerichtet werden. Diese Falten bilden dann die Ketten.
Solche Faltung der Gesteinmassen hat besonders an den Küsten statt=
gefunden, wie ja in frühen Zeiten bis an die Alpen und auch bis
an den Ural das Meer gespült hat.

3) Massengebirge sind entweder massenhafte, zusammen=
hängende Erhebungen der Lithosphäre, welche erst durch Flußläufe
allmählich gebirgsartig ausgesägt sind (z. B. die Gebirge des inneren
Frankreich), oder es sind Kammgebirge, deren aufragende Faltungen
verwittert und damit verschwunden sind (z. B. der Harz).

§ 24.
Geognostische Zusammensetzung der Gebirge.

Die Gebirge bestehen so wie die übrige uns bekannte feste Erd=
rinde aus verschiedenen Gesteinarten. Man unterscheidet unter diesen:

1) Die Sediment= oder geschichteten Gesteine. Diese ent=
halten als schichtenweise übereinander gelagerte Niederschläge aus dem
Wasser sehr häufig Überreste vorweltlicher Tiere und Pflanzen (Ver=
steinerungen oder Abdrücke derselben. Schichtmassen, die aus der=
selben Periode der Erdgeschichte herrühren, faßt man als „Formation"
zusammen, und unterscheidet von unten nach oben (also von den
älteren zu den jüngeren) fortschreitend die primären (Grauwacke,
Steinkohle, Dyas), die sekundären (Trias, Jura, Kreide) und die
tertiären Formationen, dazu auch noch eine nachtertiäre oder
quartäre Formation, in der (bereits mit dem Auftreten des Men=
schengeschlechts) die jüngeren Absätze von Lehm, Kies und Sand (das
Diluvium und, als Bildung der Flüsse und Seeen ungefähr in
ihrer jetzigen Ausdehnung, das Alluvium) erfolgten.

2) Das Grundgebirge. Dies hat die ältesten Abkühlungs=
schollen der Erde gebildet. Es zeigt noch Spuren von Schichtung, ist
aber durch Hitze von unten und durch Druck von oben so umgewandelt
worden, daß es vielfach krystallinisch (durch mehr oder weniger
deutliche Krystallbildung) erscheint. Zu diesem Grundgebirge gehören
besonders Gneis, Granit und Schiefer, die alle in mannigfaltigster
Erscheinung auftreten. Sie liegen nur da zu Tage, wo ihre alte
Sediment=Decke im Laufe der Zeit verwittert und abgetragen ist.

3) Die vulkanischen Gesteine. Diese sind durch einen Er=
guß schmelzflüssig aus dem Erdinnern zu Tage gebracht. Wir rechnen

dazu z. B. den dunklen Basalt, den lichtgrauen Trachyt und die Lava, die sich noch jetzt zuzeiten aus den Vulkanen (feuerspeienden Bergen, § 11) schmelzflüssig ergießt.

Vulkane (§ 11), die aus ihrer oberen Öffnung (dem Krater), oft jedoch erst nach langen Ruhepausen, noch Lavaströme ausfließen lassen oder Asche auswerfen, nennt man thätige, die das nicht mehr thun, erloschene. Stärkere Ausbrüche (Eruptionen) stehen oft mit Erdbeben in Verbindung. Die thätigen Vulkane, deren man noch 672 zählen will, steigen besonders häufig aus Inseln und Küstenländern hervor, bald in langen Reihen gelagert, bald um einen Punkt centralisiert, bald vereinzelt. Der ganze Große Ozean ist zu beiden Seiten von einer Reihe thätiger Feuerspeier umzogen, die wie Schlote durch die Lithosphäre hinabführen. Die erloschenen Vulkane, deren Zahl viel größer ist, liegen häufig mitten im Binnenlande. Alle Vulkane zeigen, weil durch Aufschüttung entstanden, eine flachkegelförmige Gestalt.

Will man sich von den Gebirgszügen eines Landes eine recht bestimmte Anschauung machen, so muß man nicht nur eine Karte vornehmen, welche das Äußere der Gebirge mit besonderer Sorgfalt angiebt (Gebirgskarte, orographische Karte), sondern auch eine geognostische, welche die Bestandteile eines Gebirges in bunten Farben angiebt.

Besonders lehrreich können auch die erhabenen oder Reliefkarten werden, welche die Erhöhungen und Vertiefungen der Erdoberfläche nicht bloß symbolisch bezeichnen, sondern aus zweckmäßigen Stoffen geradezu nachgebildet darstellen, — nur darf man nicht vergessen, daß hierbei die Berge der Deutlichkeit halber immer viel höher sind, als eigentlich das Verhältnis zur Länge und Breite erlaubt. Sie erfordern, wenn sie zu keinen Irrtümern Veranlassung geben sollen, einen großen Maßstab.

Nicht minder anschaulich sind die Durchschnitts- oder Höhenprofile. Bei solchen Zeichnungen soll man sich zwischen zwei bestimmten Punkten ein Land bis auf das Niveau des Meeresspiegels durchschnitten denken. Das Profil giebt nun die Zeichnung der Ränder des Durchschnitts, und man bekommt von dem Ansteigen und Fallen des Bodens ein ganz deutliches Bild.

§ 25.
Quellen und Flüsse.

So viel von den Gebirgen; jetzt wollen wir uns mit den Flüssen, ihren Eigenheiten und Arten bekannt machen.

Wo Wasser in der Ebene oder (häufiger) im Gebirge aus dem Boden quillt, da ist eine Quelle. Die Quellen sind sehr voneinander verschieden. Aus manchen sickert nur eine geringe Menge Wassers; bei andern ist der Wasserstrahl so stark, daß er Mühlen treiben kann. Einige (und bei weitem die meisten) fließen beständig, andere

nur zu nassen Zeiten oder in bestimmten Zwischenräumen (Hunger=
quellen, periodische Quellen). Die große Mehrzahl führt
(meist gelöst, daher unsichtbar) nur geringe Mengen der erdigen, be=
sonders kalkigen Stoffe mit sich, die der Boden ihnen darbot; ein=
zelne enthalten aber auch sehr viele mineralische Bestandteile. Diese
heißen Mineralquellen; wenn sie kochend oder doch sehr heiß sind:
Thermen; wenn sie hauptsächlich Kochsalz führen: Sol= oder
Salzquellen. Solche Quellen werden oft als Heilquellen be=
nutzt. Quellen, welche menschliche Kunst durch oft sehr tief gehende
Bohrlöcher zu Tage gefördert hat, heißen artesische Brunnen (in
der französischen Landschaft Artois zuerst angelegt).

Nach der schon früher erwähnten Eigentümlichkeit des Wassers,
immer die tiefsten Stellen der Erdrinde zu suchen, kann nun alles
hervorquellende Wasser nicht eher ruhen, als bis es die größte Tiefe,
das Meer, gefunden hat. Natürlich trifft auf diesem Wege vielfach
ein Rinnsal mit anderen zusammen. Verschiedene Quellen bilden den
Bach, mehrere Bäche den Fluß, mehrere Flüsse den Strom oder
Hauptfluß. Die Zusammenfassung eines Hauptflusses und aller
mittelbar oder unmittelbar in ihn sich ergießenden Gewässer nennt
man Stromsystem oder Flußsystem. Die Stelle, wo ein Ge=
wässer mit einem größeren zusammenfließt oder sich in einen Landsee
oder in das Meer ergießt, nennt man seine Mündung. Kleinere
Flüsse, welche bei der geringen Entfernung ihrer Quelle von der
Meeresküste nicht mit anderen Flüssen zu einem Strom sich verbin=
den, heißen Küstenflüsse; solche, welche aus Wassermangel in der
Steppe versiegen, Steppenflüsse; überhaupt solche, welche nicht
zum Meere gelangen, sondern innerhalb der Kontinente sich halten,
Kontinentalflüsse.

Die weitaus meisten Stromsysteme sind einfache (mit einem
Hauptfluß). Von Geschwistersystemen spricht man, wenn zwei
einfache Stromsysteme ineinander fließen (z. B. Donau und Inn,
Mississippi und Missouri), von Doppelsystemen, wenn sie zusam=
men münden (z. B. Rhein und Maas, Ganges und Brahmaputra).

§ 26.
Der Flüsse Lauf und Mündung.

Die Linie, welche ein Gewässer von der Quelle bis zur Mün=
dung beschreibt, heißt sein Lauf; der Höhenunterschied zwischen der
Quelle und der Mündung sein Gefälle. Man unterscheidet, na=
mentlich bei größeren Strömen, Ober=, Mittel= und Unterlauf.

Der Oberlauf ist der Teil des Flußlaufes, welcher der Quelle am nächsten liegt: der Fluß stürzt mit sehr starkem Gefälle vorwärts, überspringt die Hindernisse, erscheint silbergrau von Farbe. Im Mittellaufe dagegen sieht er blau aus, fließt in Windungen, durch= bricht die Hindernisse in Stromschnellen. Im Unterlaufe endlich schleicht er, trübgelb erscheinend, durch die Ebene dahin und zeigt Neigung zu Stromspaltungen und Versumpfungen.

Der Lauf ist nie eine gerade Linie, vielmehr oft eine überaus gekrümmte und gewundene: der Strom sagt man, hat eine größere oder geringere Stromentwickelung. Der Grund liegt darin: der Fluß weicht in der Regel den Erhöhungen aus, sucht den niedrigsten und weichsten Boden. Sind jedoch felsige Schichten durchaus nicht zu vermeiden, so stürzt er entweder als Wasserfall (Katarakt) über dieselben hinweg oder durchsägt sie allmählich; in einigen selte= nen Fällen (in Kalkboden) nimmt er sogar für längere oder kürzere Strecken seinen Lauf unter der Erde. Die Rinne, die ein Fluß sich aus= gespült hat, und die er mit seinem Wasser gewöhnlich ausfüllt, heißt sein Bett, die Ränder des Bettes seine Ufer. Als rechtes und als linkes Ufer bezeichnet man stets dasjenige, welches man fluß= abwärts schauend zur Rechten oder zur Linken hat. Der Abstand eines Ufers von dem andern giebt die Breite, der Abstand von dem Wasserspiegel bis zum Grunde giebt die Tiefe des Flusses. Beide sind bei einem und demselben Gewässer oft überaus verschieden; denn einmal hat gewöhnlich das eine Ufer seichtes, das andere tiefes Fahr= wasser; dies tiefe, also für die Schiffe günstige, heißt bei schiffbaren Flüssen der Thalweg, der übrigens in der Regel nicht in der Mitte geht. Zum andern wirkt natürlich die Beschaffenheit der Gegend, welche ein Fluß durchfließt, sehr auf seine Gestaltung ein. Ebenen lassen ihn sich ausbreiten, Berge pressen ihn ein, oft so gewaltig, daß, zumal wenn auch das Bett felsig ist, Stromschnellen entstehen, welche den Fluß plötzlich einengen, dadurch seine Tiefe vergrößern und mit unwiderstehlicher Gewalt alles mit sich fortreißen. Im all= gemeinen stehen Breite und Tiefe im umgekehrten Verhältnis: je schmaler, desto tiefer. Wie im Meere, so giebt es auch in den Strömen Untiefen, wo man selbst große Gewässer ohne Schiffe passieren kann (Furten); ein klippiger Boden verursacht Wirbel und Strudel. Öfter weicht ein Fluß einem Berge oder sonst einem Hindernis auch dadurch aus, daß er es mit zerteilter Wassermasse, mit Armen um= schlingt. Zuweilen bleiben diese Arme unvereinigt, und jeder mündet besonders. Vereinigen sich die Flußarme wieder, so bilden sie eine Flußinsel (in verschiedenen Gegenden Werder, Auen genannt).

Die meisten Flußinseln sind Werke der Flüsse selbst, welche die ihrer Umgebung entführten Stoffe (Flußtrübung, Sinkstoffe) an geeigneten Stellen im eigenen Bett wieder absetzen. Dies geschieht am vollständigsten da, wo der Fluß am langsamsten fließt, also an seiner **Mündung.** Bis über die letztere hinaus häuft sich unter dem Wasserspiegel die letztabgesetzte und feinste Masse des Flußschlamms auf; solche Anschwemmungsgebilde in Flußmündungen heißen **Deltas,** weil die alten Griechen in der von den äußersten Flußmündungsarmen und dem Meer umgrenzten Gestalt des Nil-Mündungsgebiets eine Ähnlichkeit mit ihrem Buchstaben D (△ Delta) erkannten; indessen können die Deltas die allerverschiedensten, unregelmäßigsten Gestalten annehmen, brauchen auch nicht einmal von mehreren Mündungsarmen ihres Flusses durchzogen zu werden, wie der Ebro beweist. Getrockneter Deltaboden zeichnet sich gewöhnlich durch außerordentliche Fruchtbarkeit aus (§ 20, 3).

Deltamündungen sind nur an der Küste von Binnenmeeren mit geringer Flutbewegung möglich (z. B. Mittelmeer, mexicanischer Golf), weil sonst das Meer die Flußarbeit alsbald zerstören würde. — In offene Meere münden die Flüsse vielfach mit trompetenartig erweiterten Mündungen (**Ästuarien**), da die einbringende Flut die Flußmündung allmählich weit ausspült (z. B. Themse, Elbe, Tejo, Delaware u. a.). Das Rheindelta trägt den Namen mit Unrecht: der Rhein hat vielmehr eine Ästuarienmündung, ebenso auch der Amazonenstrom, dessen Mündungsarme die Insel Marajo [maráschu] nicht aufgebaut, sondern aus dem Festlande herausgeschnitten haben. — Bei schrägem Anprall der Wogen gegen die Flußmündung häuft das Meer allmählich eine Barre oder Sandinsel vor dem Flusse auf. Solche **Barrenmündung** haben z. B. Adour, Senegal, Columbia, Sannaga. — Der Gegensatz ist, wenn der Fluß hinter den Dünen des Meeres einen Strandsee (**Haff**) bildet, aus welchem dann der Durchbruch ins Meer erfolgt. Eine **Haffmündung** haben z. B. Oder, Pregel, Memel.

Zu einer von diesen vier Arten zeigen alle einfachen Flußmündungen wenigstens Ansätze.

§ 27.

Flußgefälle und Flußthäler.

Der Lauf eines jeden Gewässers ist natürlich ein Weg aus der Höhe in die Tiefe; man geht einen Fluß nach der Mündung hinunter, nach der Quelle hinauf. Das Gefälle (§ 26 Anf.) verschiebener Flüsse und verschiedener Abschnitte eines und desselben Flusses pflegt sehr ungleich zu sein. Die Stromgeschwindigkeit wird aber nicht nur durch das Gefälle, sondern auch durch die Wassermenge, da die oberen Wassermassen flußabwärts drücken, bedingt. Daher fließt das Wasser im Stromstrich, d. h. über der tiefsten Stelle des Bettes, regelmäßig am schnellsten. Das Gefälle ist am stärksten bei Flüssen, die in gebirgigen Gegenden fließen, aus Kammgebirgen oder von Hochlandsstufen herabstürzen; und zwar ist es in der Regel im Oberlauf viel mächtiger als im Mittel= oder gar im Unterlauf. Nur bei besänftigtem und langsamerem Gefälle sind die Ströme für Schiffe gut zu befahren.

Die längsten Ströme der Erde sind: der Missisippi und der Nil, beide rund 7000 km lang.

Gebirgsthäler, auf deren Sohle die Rinne eines Flusses sich hinzieht, nennt man Flußthäler. Sie werden durch die ununterbrochene Ausnagung (Erosion), welche das Flußwasser ausübt, allmählich immer tiefer. Durch Thäler sind alle Gebirge vielfach zerschnitten, denn das Thal eines jeden Flusses hat wieder Seiten= und Nebenthäler, aus welchen die Zuflüsse kommen. Besonders in Kammgebirgen wird eine doppelte Art von Thälern unterschieden: die einen haben dieselbe Richtung wie der Hauptkamm des Gebirges und heißen Längsthäler, die andern verlaufen mehr oder weniger rechtwinklig zu jener Richtung und durchschneiden den Hauptkamm oder Vorketten als Querthäler oder Klusen. Oft geschieht es, daß ein Fluß ein Längsthal durchfließt und dann plötzlich umbiegend, durch ein Querthal das Gebirge verläßt (Inn, Salzach, Enns). Die Querthäler, gewöhnlich enge Durchrisse einer Gebirgslette, sind meist wilder und rauher als die Längsthäler. Alle Thäler der Gebirge sind aber noch besonders wichtig, weil man, soweit irgend möglich, sie zu Straßen durch und über die Gebirge benutzt (Pässe). Auch im Hügellande und in der Ebene sind, wenn auch gewöhnlich in weiterer Entfernung, noch niedrige Thalränder zu erkennen, bis an welche der Strom bei Überschwemmungen hinanreicht (Stromniederungen).

§ 28.

Die Landseeen.

Stehende Gewässer im Lande nennt man Landseeen oder schlechtweg Seeen. Manche von ihnen, darunter der größte von allen, das fast $1/2$ Mill. qkm (8400 □.=M.) große kaspische Meer, sind

Überreste des Ozeans, wie denn vorzeiten über Turan und der sibirischen Tiefebene das nördliche Eismeer flutete. Solche Seeen nennt
man Relikten-Seeen. Öfters hat zugleich eine teilweise Zuschwem-
mung durch Flüsse stattgefunden (so bei den oberitalischen Seeen,
welche dadurch von dem einst bis an die Westalpen reichenden
adriatischen Meere abgetrennt wurden, daß die Flüsse letzteres mit
ihren Sinkstoffen zum Teil füllten). Die meisten Seeen indes, meist
kleiner und meist auch weniger tief, sind Ausfüllungen von Vertiefungen der Erdoberfläche durch unsichtbare (unter dem Seespiegel
liegende) Quellen oder (viel häufiger) durch Flüsse; ganz kleine Seeen
(Weiher, Teiche) werden mitunter auch nur durch Regen gespeist.
Seeen ohne sichtbaren Abfluß dunsten entweder so viel ab, wie sie
durch Zuguß empfangen; manche haben auch unterirdische Ableitun-
gen in benachbarte Gewässer.

Bei weitem die meisten Seeen sind Süßwasserseeen; selbst
die aus früheren Meeren zurückgebliebenen verraten ihren Ursprung
viel häufiger durch ihre tierischen Bewohner als durch den Salzgehalt,
da durchziehende Flüsse sie aussüßen (der Baikalsee hat Seehunde,
aber süßes Wasser). Salzseeen nicht ozeanischen Ursprungs erhalten
ihr Salz selten aus Solquellen ihres Bodens, wie die Salzseeen am
Nordende des Albert Eduard - Njansa in Afrika, viel öfter durch
ein-, aber nicht wieder ausströmende Flüsse, deren (wenn auch ganz
schwacher) Salzgehalt sich dadurch im Seebecken aufspeichert, daß
daselbst nur ihr Wasser, nicht aber dessen Salzteile verdunsten (so
besonders die Steppenseeen).

Strandseeen heißen die dicht an der Küste gelegenen und gewöhnlich ihr parallel gestreckten Seeen; ergießt sich Flußwasser durch
den Strandsee in das Meer, so nennt man ihn ein Haff und die
ihn vom Meere trennende Landzunge eine Nehrung. (Haffmündung § 26 E.)

Auffallend arm an Seeen ist Süd-Amerika, auffallend reich
der Norden Nord-Amerikas und Europas.

§ 29.

Kreislauf des Wassers auf der Erde.

Alle Wasser laufen ins Meer — sagt schon der Weise des alten
Testaments —, und doch wird das Meer nicht voller. Diese an sich
wunderbare Erscheinung findet ihren Grund darin, daß fortdauernd
der Meeresspiegel wie alles Wasser überhaupt ausdunstet (verdunstet).

Diese ununterbrochen aufsteigenden Massen von unsichtbarem Wasser=
gas verdichten sich beim Abkühlen zu Dunst (Nebel oder Wolken
genannt) und gelangen zuletzt als Tau, Reif, Regen, Hagel, Schnee
wieder auf die Erdoberfläche (§ 17). Davon verdunstet sofort etwa
der dritte Teil; ein zweites Drittel fließt an der Oberfläche des Landes
ab; den Rest saugt die Erde ein. Durch diesen feuchten Nieder=
schlag ist nun die ganze Erdrinde von Wasser durchdrungen; über=
all fast, wo man in eine gewisse Tiefe gräbt oder bohrt, findet man
Wasser. Die natürlichen Ausgänge dieses eingesogenen Wasservorrats
der Erde sind die Quellen (§ 25 Anf.).

Jeder Bach, Fluß, Strom der Erde (somit auch jedes Meer)
hat in dem umliegenden Lande sein Gebiet, d. h. einen Raum, inner=
halb dessen aller wässerige Niederschlag der Atmosphäre ihm zufließen
muß, dessen Quellen, Bäche u. s. w. ihm gleichsam tributpflichtig sind.
Die Grenzen dieses seines Gebiets bilden gegen andere Bäche und
Flüsse die sogenannten Wasserscheiden, d. h. Stellen, über die
hinweg kein Wasser fließt, sondern von wo aus es nach verschie=
denen Seiten hin abströmt. Solche Wasserscheiden werden nun kei=
neswegs bloß durch Berge und Hügel gebildet, sondern oft durch
ganz unbedeutende Schwellungen des Flachlandes; ja es giebt ein=
zelne Fälle, in denen entgegengesetzte Stromgebiete durch natürliche
Wasserrinnen (die also die Wasserscheide schneiden) miteinander in
Verbindung stehen (Gabelungen oder Bifurkationen). Das
großartigste Beispiel der Art kommt zwischen dem Orinoco und dem
Amazonenstrom vor, wo der Casiquiare [kasikiäre] sein Wasser zwi=
schen dem Orinoco und dem Rio Negro, einem linken Nebenflusse
des Amazonenstromes, teilt. Auch in Deutschland haben wir ein
Beispiel: die Hase entsendet die Else zur lippeschen Werre. Zeit=
weise Bifurkationen sind in den Tropen während der Regenzeit
nicht selten (z. B. zwischen Kongo und Sambesi).

Künstliche Wasserrinnen der Art, von Menschenhand gebaut,
nennt man Kanäle. Die Wasserscheide, die sie durchschneiden, ist
immer die schwierigste Stelle. Man hilft sich dann mit Schleusen.

§ 30.

Die Welt der Pflanzen.

So wunderschön Gottes Erde schon durch den mannigfachen
Wechsel von Land und Meer, Gebirg und Thal, durch stolze Berges=
gipfel und rauschende Ströme sein mag, — was wäre sie, wenn ihr

das Leben fehlte, d. h. wenn nicht belebte Geschöpfe sie erfüllten! Am meisten bestimmen neben den Erhebungsformen des Landes und den Gewässern die Gewächse den Eindruck, welchen eine Landschaft auf uns macht. Sie kennen zu lehren ist Aufgabe der Pflanzen= kunde oder Botanik. Hier liegt es uns nur ob, über die Verbrei= tung der Pflanzen, die gleichsam das Kleid des Erdbodens bilden, das Nötigste zu sagen.

Es läßt sich denken, daß die 3 — 400000 Pflanzenarten, welche es etwa giebt, nicht über alle Gegenden eintönig gleich verstreut sind. Nein; die reichste und bunteste Mannigfaltigkeit findet auch hier statt, aber doch ist die Regel wohl erkennbar. Den größten Einfluß auf die Pflanzenwelt eines Landstrichs oder, wie man sich ausdrückt, auf seine Flora hat die geographische Breite desselben. Je weiter gegen die Pole hin, desto ärmer an Arten wird die Flora, desto zwerg= hafter werden die Pflanzen, desto unscheinbarer die Blumen, zuletzt herrschen die blütenlosen Gewächse oder Kryptogamen aus den Klassen der Moose und der Flechten weit über die Blütengewächse oder Phanerogamen vor. Je weiter gegen den Äquator, desto mehr steigt nicht nur die Zahl der Arten, sondern auch ihre Mannig= faltigkeit, da innerhalb der heißen Zone alle Pflanzenfamilien ver= treten sind, in höheren Breiten dagegen nur wenige Familien, zuletzt nur noch etwa die der Gräser, Kreuzblütler und Steinbrechgewächse (namentlich gar nicht mehr die der bunten Schmetterlingsblütler) die Phanerogamenflora zusammensetzen. Auf zwerghafte Beeren= und Weidensträucher der Gegend am nördlichen Polarkreis folgen in der subarktischen Zone, d. h. dem an den Polarkreis grenzen= den Teile der gemäßigten Zone, ungeheure Nadelholzwälder, erst dann (in den mittleren Strichen der gemäßigten Zone) gemischte Waldungen aus Laub= und Nadelgehölz, gegen den Wendekreis hin, in der subtropischen Zone, immergrüne Bäume und Sträucher (Myrten, Lorbeerarten), bis innerhalb der beiden Wendekreise in der tropischen Zone das edle Wachstum hochragender Palmen und zartblättriger Baumfarne seine eigentliche Heimat findet und der mit Lianen, d. h. Schlinggewächsen, verstrickte tropische Urwald eine fast verwirrende Fülle aller Pflanzenformen der gegenwärtigen Erdperiode birgt. Bei dieser reichen Abstufung des Pflanzenlebens, vorzüglich im Anschluß an die geographische Breite, hat also die Pflanzen= geographie (Lehre von der Verteilung der Pflanzen über die Erde), deren Begründer Alex. v. Humboldt ist, die fünf Hauptzonen der Erdoberfläche noch in weitere Gürtel zerlegen müssen.

Durch die Milderung, die das Seeklima überall der Temperatur der Küstenländer spendet (§ 14), rücken die pflanzengeogra-
phischen Gürtel oft weit über ihre mathematischen Grenzlinien hinaus,
so daß z. B. in Skandinavien (wo die Erwärmung durch den Golfstrom (§ 17) freilich zugleich mitwirkt) subarktische Nabelholzwaldung
beträchtlich über den Polarkreis gen Norden hinausreicht, in Schottland die Myrte noch im Freien überwintern kann; umgekehrt drängt
die Bodenerhebung von Hochebenen und Gebirgen durch Wärmever-
minderung die Flora aus dem ihr hinsichtlich ihrer Breitenlage zu-
kommenden Charakter hinaus und verleiht ihr den Charakter viel
höherer Breiten. Daher giebt es zwar noch in Thüringen und dem
Mainthal, aber nicht mehr in Oberbayern Weinbau, und daher
vereinigen Gebirge wie unsere Alpen und der Himâlaja in ihren
„Höhengürteln" auf engem Raum eine ganz ähnliche Aufeinander-
folge von Vegetationsformen, wie in so viel weiterer Ausdehnung
die Breitengürtel der betreffenden Erdteile.

Zur Verbreitung der Pflanzen sind besonders die Luft- und
Wasserströmungen wirksam; manche Pflanzensamen haben sogar be-
sondere Einrichtungen zum Fliegen (wie der Löwenzahn) oder zum
Schwimmen (wie die Kokosnuß). Nächstdem tragen aber auch die
Tiere viel dazu bei, z. B. Vögel und Süßwasserfische tragen in
ihrem Magen Pflanzensamen in große Entfernungen.

Jede Pflanze hat ihren geographischen Verbreitungsbezirk, der bald enger, bald weiter gezogen ist. Denn dem Bestreben einer jeden Pflanze, sich unbegrenzt auszubreiten, stellt sich
der gleiche Eifer der anderen entgegen. So kommt es zu einem allgemeinen Kampfe um das Dasein, und in diesem Kampfe trägt stets
diejenige Art den Sieg davon, deren Natur Boden und Klima am
meisten zusagt, so daß sie sich kräftiger als die andern entwickeln
kann. Allein auch der Mensch greift in diesen Kampf der Pflanzenwelt ein; er kommt den ihm nützlichen Pflanzen zu Hilfe und erweitert künstlich ihre Verbreitungsbezirke. So ist fast jedes der sogenannten Kulturgewächse (Getreidearten, Obstbäume u. dergl.)
über seinen natürlichen Verbreitungsbezirk hinaus verbreitet worden:
das Kapland und Australien haben erst durch den Menschen Getreide
erhalten; die alte Welt hat Amerika ihren Weizen mitgeteilt und
von ihm dagegen den Mais erhalten; manches Kulturgewächs, wie
die Kartoffel, ist fast über die ganze Erde verbreitet. Auch unsere
Zeit ist fort und fort mit Erfolg bemüht, immer mehr nützliche
Pflanzen über ihre ursprünglichen Grenzen hinaus auch in andern
Ländern einheimisch zu machen oder zu acclimatisieren.

§ 31.
Die Welt der Tiere.

Auch die Tiere sind Gegenstand einer besondern Wissenschaft, der Tierkunde oder Zoologie. Hier jedoch haben wir es nur mit der Verteilung der Tiere über die Erde, über welche die Tier = geographie belehrt, zu thun. Mindestens doppelt so zahlreich wie die Pflanzen, sind die Tierarten noch von anderen bedingenden Ver= hältnissen abhängig, als diese. Die Pflanzen bedürfen nur Wärme und Feuchtigkeit zu ihrem Gedeihen; das Tier aber ist entweder an gewisse Pflanzen oder an andere Tierarten gebunden und kann nur da fortkommen, wo es in diesen eine ihm entsprechende Nahrung in ausreichender Menge findet.

Daher kommt es, daß nur in den Zonen üppigsten Pflanzen= wuchses — also wo? — die großen Pflanzenfresser wie die reißenden Raubtiere vorkommen, und daß der Mannigfaltigkeit des Pflanzen= wuchses auch die Mannigfaltigkeit der Tierwelt entspricht. Von den Tropen nach den Polen zunimmt die Mannigfaltigkeit der Tierarten schnell ab: der Einförmigkeit des Pflanzenwuchses in den hohen Breiten entspricht eine geringe Artenzahl der Tiere, aber die Arten sind vertreten durch große Massen von Exemplaren.

Eine Grenze des Tierlebens giebt es nirgends auf der Erde. Die heiße Zone bewohnen die (vom Weltmeer abgesehen) riesen= haftesten und prächtigsten Tiere, die aber auch zugleich die reißendsten und giftigsten sind: solche Kolosse wie der Elefant, der Löwe, der König der Tiere, und das ganze prächtige und geschmeidige, aber nach Blut lechzende Geschlecht der übrigen Katzen; ferner die statt= liche Giraffe, der Strauß, der Kondor, die prangenden Papageien, die Kolibris, die „lebendigen Edelsteine der Luft", die Boa, die Krokodile, die Riesenschildkröte, die größten, wunderbar gefärbten Schmetterlinge. In den gemäßigten Zonen nehmen die großen, reißenden Tiere ab; nur die Raubtiere des Hundegeschlechts und die Bären sind Liebhaber des Nordens. Das Meer hat seine Riesen= formen (Walfische) hauptsächlich im polaren Norden und im polaren Süden. Aber auch bis in seine eiskalten Tiefen ist es von einer Fülle eigenartiger Organismen belebt. Die Vögel sind im Norden weniger bunt, aber oft in solchen Massen von Exemplaren derselben Art vorhanden, daß z. B. von den unzählbaren Scharen von Schwimm= vögeln die nordischen Küsten stellenweise ganz weiß aussehen. Giftige Insekten verschwinden mehr und mehr in höheren Breiten, aber ge= wisse Arten von Stechmücken erfüllen gerade in den Nordpolarländern zur Zeit des dortigen kurzen Sommers in so dichten Massen die Luft, daß sie für jene Gegenden eine nicht geringere Plage sind, als die Moskitos für die Tropenländer.

Jeder der drei Hauptkontinente hat auch seine eigene Tierwelt; die Formen der Westfeste sind weniger gewaltig und koloffal als die der Ostfeste (vergl. Tiger und Jaguar, Löwe und Puma, Kamel und Lama); Australien ist ausgezeichnet durch seine Beuteltiere, während ihm fast alle anderen Ordnungen der Säugetiere von Hause aus fehlen.

Wie manche Pflanzen, so sind auch manche Tiere, die der Mensch an sich gewöhnt hat (Haustiere), durch ihn über den ganzen Erdkreis verbreitet: Hund, Rind, Schaf, Huhn, ferner Schwein, Pferd, Hauskatze u. s. w., und man versucht immer mehr nützliche Tiere über ihren bisherigen Verbreitungsbezirk hinaus zu acclimatifieren (§ 30). Andere gehören zu verschiedenen Zeiten verschiedenen Gegenden an, wie die Zugvögel.

Das Wasser ist von der Tierwelt bei weitem mehr in Beschlag genommen, als von der Pflanzenwelt; ja durch die ungeheuer große Anzahl der für das bloße Auge unsichtbaren Tierchen, namentlich der sogenannten Infuforien, breitet sich das Tierleben auf eine früher nicht geahnte Weise durch alle Meere, Flüsse und Seeen, selbst in dem durchseuchteten Sande (z. B. demjenigen, auf welchem Berlin steht) aus; nicht einmal vor den eiskalten, lichtarmen Tiefen des Ozeans und vor dem Eis der Hochgebirge und Polarzonen schreckt das Tierleben zurück.

§ 32.

Der Mensch.

Das vollkommenste Geschöpf auf Erden ist der Mensch. Er nimmt nach seiner körperlichen Bildung die oberste Stufe der Tierwelt ein: er kann so ziemlich auf der ganzen Erde leben, ist nicht an so bestimmte Zonen, Nahrungsmittel u. s. w. gebunden wie fast alle Tiere. Indes was ist es, das ihn aus der Tierwelt herausrückt und zum Herrn der Erde macht?

Der Mensch hat, wie die Tiere, eine Seele, die begreifen, empfinden, begehren kann; er teilt mit höher begabten Tieren das Gedächtnis, aber, während das Tier nur von einem unbewußten Naturtriebe oder Instinkte geleitet wird, besitzt der Mensch Selbstbewußtsein, freien Willen und die Fähigkeit in Begriffen zu denken, Urteile und Schlüsse zu bilden. Ja, es wohnt in ihm ein unsterblicher Geist, das Bild seines Schöpfers.

Durch die Sprache als den Ausdruck seiner höheren Begabung erhebt sich der Mensch über alles Getier; durch sie wurde es den Menschen möglich, Fortschritte ihrer Einsicht in die Natur der sie umgebenden Dinge anderen mitzuteilen; somit ließ sich im Wege der Erziehung der ganze Erkenntnisschatz einer Generation auf die nächst jüngere zu weiterer Vervollkommnung vererben.

Durch seine geistige Überlegenheit hat der Mensch viel stärkere Geschöpfe zu bezwingen gelernt, die Naturkräfte in seinen Dienst genommen und sich so allmählich mehr und mehr zum Herrn der Erde, ihrer Geschöpfe und ihrer Kräfte, gemacht.

Kein Wesen der Vorwelt (§ 11) hat so tief greifende Veränderungen auf Erden hervorgebracht wie der Mensch. Er befährt jetzt alle Ozeane, eröffnet Wasserwege, wo sie die Natur versagt hatte, und baut die kühnsten Verkehrsstraßen über und durch die höchsten Gebirge. Seiner Thatkraft bleibt kein Erdenraum verschlossen; er lebt in allen Zonen und durch alle Höhengürtel hindurch bis nahe an die Grenze des ewigen Schnees.

Aber freilich nur die gemäßigten Zonen befördern die menschliche Gesittung: sie erziehen den Menschen zur Arbeit; denn nicht ohne heilsame Arbeit gewähren sie ihm seinen Unterhalt. Die kalten dagegen gewähren ihn trotz harter Anstrengung nur unzureichend und unsicher, und wirken dadurch abstumpfend und niederdrückend, während die heiße Zone überreiche Gaben mühelos darreicht und dadurch den Menschen erschlafft und verweichlicht. So kommt nur in den gemäßigten Zonen der Mensch zur Höhe seiner Entwickelung.

§ 33.
Die Menschenrassen.

Die über die Erde höchst ungleich verteilte Zahl der Menschen schätzt man auf 1485 Millionen. Unter dieser ungeheuren Menge finden sich nun aber die größten Unterschiede sowohl in der Lebensweise wie in der Körperbildung. Nach der Lebensweise unterscheidet man Völker, die überwiegend sich von Jagdbeute oder Fischfang nährten (Jäger- und Fischervölker), ferner solche, welche hauptsächlich von Milch und Fleisch ihrer Weidetiere leben, wie jene Völker ein unstätes Leben führen und keine festen Wohnsitze haben (Nomaden), endlich solche, die Ackerbau treiben und durch diesen dazu geführt sind, sich feste Sitze zu gründen (angesessene, angesiedelte Völker). Aber das umherschweifende Leben hält den Menschen auf einer niedrigen Stufe der Gesittung fest; der Acker=bau dagegen gewährt ein friedfertiges, ruhiges Leben ohne die auf=reibende Sorge um den Nahrungserwerb, reich an Geselligkeit und Muße; dadurch führt er die Menschen mehr zur Geistesthätigkeit. Darum sahen ihn die alten Völker überall als von den Göttern selbst gelehrt an, und in China ziert noch jetzt einmal im Jahre der Pflug des Kaisers Hand. An den Ackerbau schließen sich leicht Handwerke, Künste, Gewerbe, Handel — mit einem Worte eine höhere Bildung oder Civilisation an. Von sechs Kulturherden hat die Civili=sation ihren Ausgang genommen; diese sind: China, Nord=Indien, Mesopotamien, das Nilthal, die Gestadeländer des östlichen Mittel=meeres und endlich die Hochebenen von Peru und Mexico.

Warum treiben denn aber die Nomaden nicht auch lieber Acker=bau? Weil sie nicht können! Die Not hält sie bei ihrer Lebensart fest, wie auch nur die Not sie dazu gebracht hat. In der fruchtbaren Urheimat seines Geschlechts lernte der Mensch jedenfalls schon sehr früh den Nutzen der Getreidegräser kennen und begann, natürlich in allereinfachster Form, ihren Anbau. Bei der allmählichen Aus=breitung der Menschheit nun, die mehr ein äußerst langsames Schie=ben als ein Wandern war, wurden die äußersten Stämme schließlich in unfruchtbare Steppen gedrängt, wo sie, um nicht zu verhungern, auf die Zucht ihrer Haustiere angewiesen waren. Gingen ihnen aber auch diese verloren, so blieb ihnen als Lebensunterhalt nichts als Jagd oder an den Küsten Fischfang. Wie konnte bei der großen Getrenntheit der Weideplätze und der noch größeren der Jagdgründe die Gesittung sich heben? So bezeichnet Nomadentum und noch mehr Jägerleben nicht eine Vorstufe des Ackerbaus, sondern einen Rück=schritt von demselben. Heute schätzt man die Zahl der von ihren Herden lebenden Nomaden auf etwa 70 Mill., die Zahl der Jäger und Fischer auf höchstens 10 Mill.

Man könnte sich denken, daß diese Unterschiede der Lebensart einst bis zu einem gewissen Grade wieder ausgeglichen werden könn=ten; bei einem andern, der in der Körperbildung ruht, ist eine solche Ausgleichung schwerer zu denken. Hiermit ist nicht der Unter=schied in der Größe gemeint, obwohl er ansehnlich genug ist; denn die geringste Größe, vertreten durch die Zwergvölker Innerafrikas und die Buschmänner in Süd=Afrika, beträgt $1\frac{1}{3}$ m, während einige Negerstämme Mittel=Afrikas und die Patagonier im südlichen Teile des amerikanischen Festlandes eine Größe von 2 m und darüber zeigen. Vielmehr sind gemeint die Unterschiede in der Hautfarbe, in der Haarbeschaffenheit, vornehmlich aber in dem Baue des Schädels und auch mancher der übrigen Skelettteile. Man unterscheidet (nach Blumenbach) danach fünf Menschenrassen, welche im Vergleich mit den Klassen der Botanik und Zoologie richtiger Varietäten zu nennen wären:

1) Die kaukasische oder weiße Rasse, in Europa, Südwest= Asien, Nord=Afrika. Sie ist die wohlgebildetste und tritt in der Welt= geschichte am bedeutendsten hervor. Das Haar ist bei ihr häufiger als bei allen übrigen Rassen hellfarbig.

2) Die mongolische oder bräunlich gelbe Rasse. Sie hat die Polarländer, den Osten und die Mitte von Asien inne. Das große chinesische Reich ist ausschließlich von ihr bewohnt. Breites, fast viereckiges Gesicht, vorstehende Backenknochen, eng geschlitzte Augen, deren Innenwinkel meist tiefer liegt als der Außenwinkel. Der Haar= wuchs ist auch auf dem Kopfe nur kurz.

3) Die Negerrasse in Mittel= und Süd=Afrika. Bronze= farben bis schwarz von Hautfarbe, wolliges Haar, stark vortretende Kiefer, dicke Lippen.

4) Die amerikanische Rasse, hell= bis dunkelbraun von Hautfarbe, kupferfarben nur durch Bemalung, die Indianer oder Rothäute, wie sie sich selbst den bleichen Gesichtern der Europäer oder Weißen gegenüber nennen, in Amerika umfassend. Schlichtes langes Haar, meist schmales Gesicht.

5) Die malaiische Rasse auf der Halbinsel Malakka, in Indonesien und auf den Südsee=Inseln. Gelbliche bis schwärz= liche Hautfarbe, Züge grob, Nase breit, Mund groß, Haar schlicht oder gelockt.

Zu keiner dieser Rassen gehören die kraushaarigen Papuas auf Neu=Guinea und die armseligen Australneger des festländischen Australiens, die Hottentotten, die Buschmänner und die Dra= vidas. Die Einteilung ist also nicht viel wert, da sie einen Rest läßt.

Man hat daher andere Einteilungen versucht, so nach der Schädelform und Zähnestellung: gradzähnige Langköpfe, schief= zähnige Langköpfe, gradzähnige Kurzköpfe, schiefzähnige Kurzköpfe, oder nach der Haarbeschaffenheit: straffhaarige Schlichthaarige, lockenhaarige Schlichthaarige, büschelhaarige Wollhaarige, vlies= haarige Wollhaarige. — Aber auch in diese Einteilungen geht das Menschengeschlecht nicht auf; so zahlreich sind die Zwischenstufen.

Die einzige Einteilung, die keinen Rest lassen würde, wäre die nach der Sprache. Freilich sind schon mehr als 3000 Sprachen bekannt, die von Menschen gesprochen werden.

4*

IV. Aus der allgemeinen politiſchen (oder hiſtoriſchen) Geographie.

§ 34.
Der Menſch im Verhältnis zu Gott.

Tief begründet im Weſen des Menſchen liegt das Streben nach dem unſichtbaren Ewigen, das in dem ſichtbaren Vergänglichen ſeiner Umgebung und in ihm ſelbſt waltet (Apoſtelgeſchichte 17, 26 bis 28). Aus dieſem Gefühl der Abhängigkeit von höheren Mächten leiten die Religionen der Völker ihren Urſprung her.

Es laſſen ſich aber Stufen der fortſchreitenden Gotteserkennt= nis unterſcheiden, wobei die Natur des Landes nicht ſelten in deutlich erkennbarer Weiſe ihren Einfluß geltend gemacht hat.

Die niedrigſte Stufe der Gotteserkenntnis iſt der Feti= ſchismus (von dem portugieſiſchen Wort Fetiſſo — Zauber oder Götze). Geiſtig unentwickelten Völkern erſcheint wie den Kindern jeder Gegenſtand beſeelt. Begegnet nun dem Wilden etwas Uner= klärliches, beſonders etwas Unheilvolles, ſo nimmt er als Urſache den Schutzgeiſt desjenigen Dinges an, das ſeine Aufmerkſamkeit zuerſt oder beſonders auf ſich zieht; er trägt es als Fetiſch in ſeine Hütte und ſucht den Schutzgeiſt darin durch Geſchenke oder auch durch Züchtigungen ſich botmäßig zu machen. Mißlingt dies, ſo wirft er den Fetiſch wieder fort.

Eine höhere Stufe ſchon bildet der Naturdienſt, die dauernde Anbetung von Naturgegenſtänden, wie Steine, Bäume, Tiere, Flüſſe, Geſtirne. Dagegen bezeichnet es ſchon einen großen Fort= ſchritt, wenn die Naturkräfte verehrt werden. Allein eine Ver= göttlichung von ſinnlich nicht wahrnehmbaren Kräften konnte ſich nur in kleinen Kreiſen als Geheimlehre erhalten. Nur die Einge= weihten, die Schamanen, kennen die Natur der Götter, nur ſie alſo verſtehen auf den Willen der Götter einzuwirken. Dieſer Scha= manismus iſt in den mannigfaltigſten Geſtalten über die Erde verbreitet. Im Anthropomorphismus dagegen werden die Göt= ter in menſchlicher Geſtalt gedacht, wenn auch größer, ſtärker und mächtiger als die Menſchen. Die Allegorieen des Naturdienſtes werden zu Götterfabeln.

Einen Fortſchritt von dieſen menſchenähnlichen Göttern be= zeichnet es, wenn ſie nicht mehr als willkürlich handelnd, ſondern als entweder gut oder ſchlecht aufgefaßt werden, ſo daß dieſelben Götter ſtets in derſelben Weiſe handeln. So entſteht der Dua=

lismus. Allein viel größer ist der Fortschritt, wenn der Mensch endlich zu der Erkenntnis der Einheit Gottes gelangt. So schließt mit dem Monotheismus die natürliche Entwickelungsfolge.

Über ihr steht das Christentum: es ist nicht natürlich geworden, denn es begründet eine neue, dem bisher Geglaubten entgegengesetzte Weltanschauung. Die höchste Gottes-Offenbarung ist in Jesus Christus der Welt zu teil geworden. —

Aus diesen Grundanschauungen hat sich nun eine große Menge von Religionen entwickelt; man zählt ihrer etwa 1100. Natürlich ist die Zahl der Anhänger einer jeden eine sehr verschieden große. Das Christentum zählt 470 Millionen Anhänger und hat sich im Laufe der Jahrhunderte wieder in verschiedene Hauptbekenntnisse (Konfessionen, Kirchen) geteilt. Die römisch-katholische Kirche zählt 235, die griechische (auch die orthodoxe und nach ihrem Hauptsitz, Ost-Europa, die orientalische genannt) 91, die evangelische Kirche, welche die lutherische, die reformierte und die anglikanische (oder bischöfliche) Konfession umfaßt, 134 Millionen. Dazu kommen noch viele Sekten mit etwa 10 Millionen Anhängern. Das Christentum hat von seinem göttlichen Stifter die Verheißung, daß einst alle Völker der Erde sich zu ihm bekennen sollen. In der That ist es mit überraschender Schnelligkeit aus einem kleinen Samenkorne ein großer Baum geworden; an der völligen Erfüllung jener Verheißung fehlt aber noch viel, weshalb die Christen Verkündiger des Christentums, Missionare, unter die nichtchristlichen Völker ausschicken.

Unter diese gehören außer den jetzt über die ganze Erde zerstreuten 7—8 Millionen Juden, 170 Millionen Mohammedaner oder Anhänger des Islâm, d. h. solche, welche dem Araber Mohammed glauben, daß er der letzte und höchste Prophet des einigen Gottes sei. Sie sind in West-Asien, Nord- und Mittel-Afrika, sogar zum Teil in Ost-Europa verbreitet und zerfallen in drei Hauptbekenntnisse (Sunniten, Schiiten und Wahhabiten) und etwa 70 Sekten.

Die Anhänger aller übrigen, nicht einen einigen Gott verkündenden Religionen nennt man kurzweg Heiden. Ihrer giebt es noch etwa 835 Millionen auf der Erde. Unter den heidnischen Religionen sind die am meisten verbreiteten der Brahmaismus mit 140 Millionen Anhängern bei den kaukasischen und der von ihm ausgegangene, also jüngere Buddhismus mit 485 Mill. Anhängern, überwiegend bei den mongolischen Heiden in Asien, zumal in HinderIndien, China und Japan. Auf die übrigen heidnischen Re

ligionen kommen demnach noch etwa 200—210 Mill. Anhänger.
Denn ganz ohne Religion ist bis jetzt noch kein Volk auf Erden,
auch nicht das wildeste und verkommenste, gefunden worden.

§ 35.
Die Staaten der Erde.

Die Menschen, zu geselligem Zusammenleben von Natur beanlagt, schließen sich allenthalben, wo nicht besondere Umstände,
wie Meere, Gebirge, Wüsten, sie hindern, zu Vereinigungen zusammen, um nach bestimmten Gesetzen (Schutz der Schwachen!) in
Ruhe und Sicherheit miteinander zu leben. Solche Vereinigungen
nennt man Staaten. Ihr Ausgangspunkt ist die · Familie. In
jedem Staate müssen nun die bestehenden Gesetze ausgeführt, oder,
wenn es not thut, neue gegeben, und es muß für die gemeinsamen
Ausgaben gesorgt werden. Das kann auf verschiedene Weise geschehen,
und danach ist die Verfassung der Staaten eine verschiedene. Ist
die höchste Gewalt mehreren oder einem auf Zeit gewählten
Oberhaupte (Präsidenten) übergeben, so heißt der Staat Republik
oder Freistaat. In demokratischen Republiken übt eine aus dem
ganzen Volke gewählte Versammlung, in aristokratischen ein
Ausschuß der vornehmsten Familien die höchste Macht. Besitzt dagegen Einer lebenslänglich die höchste Gewalt, so ist der Staat
eine Monarchie. Die Monarchie ist erblich, da die höchste Gewalt
in der Familie des Regierenden forterbt; früher gab es auch Wahlreiche, in welchen nach dem Ableben des Monarchen ein anderer aus
derselben oder auch aus einer andern Familie an seine Stelle gewählt
wurde. Kann ein Monarch über Freiheit, Leben und Besitz seiner
Unterthanen verfügen, ohne dabei an ein Gesetz, höchstens an ein ge-
wisses Herkommen gebunden zu sein, so ist der Staat eine despotische
Monarchie oder eine Despotie. Verwaltet der Monarch die Regierung allein, wenn auch nach Gesetzen, denen er selbst mit unterworfen ist, so haben wir eine unbeschränkte oder absolute Monarchie; übt aber der Monarch die Gesetzgebung und Verwaltung
des Staates gemeinsam mit Vertretern des Volkes (Ständen) nach
einem Grundgesetz (Konstitution), worin dies Verhältnis bestimmt festgestellt ist, so bildet das Land eine konstitutionelle Monarchie. Die verschiedenen Titel der Monarchen: Kaiser, König,
Großherzog, Herzog, Fürst, welche heute nur noch eine Rang-
abstufung bezeichnen, sind für die Art der Verfassung gleichgültig.
Die Form der Despotie herrscht in den asiatischen und afrikani-

schen Staaten vor, in Europa sind bei weitem die meisten Staaten konstitutionelle Monarchieen, Amerika ist der Erdteil der Republiken.

Alle großen Staaten sind vom Tieflande ausgegangen und beruhen auf einem großen Tieflande, das seine Macht allmählich über die benachbarten Hochlandsgebiete ausgedehnt hat. Die Groß= staaten der Erde haben das Bestreben, sich, soweit es möglich ist, in der Richtung der Breitengrade auszudehnen, daher erstrecken sie sich meist weiter in westöstlicher als in nordsüdlicher Richtung. Die nördliche gemäßigte Zone ist die Region der Großstaaten, wie denn auch in dieser Zone sämtliche Millionenstädte der Erde liegen.

Die Bevölkerung der Staaten zerfällt in die städtische und in die ländliche, deren Grenzen sich fortwährend verschieben. In dieser Bewegung läßt sich als Regel erkennen: daß die meisten Be= wohner nur kurze Strecken wandern; daß schnell wachsende Städte aus ihrer Umgebung die Landbewohner scharenweis an sich ziehen; daß die infolge dessen entstehenden Lücken aber durch Einwanderer aus entfernteren Gegenden ausgefüllt werden, sodaß die Bewegung bis an die Grenzen des Staates sich fühlbar macht; daß die städtische Bevölkerung weniger wanderlustig ist als die ländliche; daß endlich Frauen mehr wandern als Männer.

Wohl zu unterscheiden von den Völkern, deren Einheit auf der Gemeinsamkeit der Abstammung beruht, sind die Nationen, welche durch erbliche Namens=, Sprach=, Sitten= und Kulturgemein= schaft ihr eigentümliches Gepräge erhalten. Erst durch gemeinsame Traditionen und Anschauungen gewinnt ein Volk Gemeinbewußt= sein und Empfindung für Gemeinehre, und erhebt sich damit zu einer Nation.

Nicht minder müssen wir uns vor der Verwechselung von Staaten mit Völkern und mit Naturländern hüten. Ein Volk kann mehrere Staaten ausmachen (wie die Deutschen oder die Slaven), und wiederum können mehrere Völker nur zu einem Staate gehören (so zumal in der österreichisch=ungarischen Monarchie). Ein Na= turland aber ist ein solches Stück eines Erdteils, das von den übrigen durch natürliche Grenzen, d. h. Meer und Gebirge (denn Flüsse haben selten etwas Trennendes) geschieden wird. Diese Grenzen sind unverrückbar und überdauern alles Treiben und Jagen der Menschen. Ein Staat kann nun zwar auch natür= liche Grenzen haben, ja seine sämtlichen Grenzen können natürliche sein (z. B. die des Königreichs Großbritannien und Irland); aber

nur in diesem Falle stimmt das Staatsgebiet mit einem Natur-
lande überein.

Wie die Schicksale der Staaten in Krieg und Frieden wechseln,
so wechseln besonders oft ihre nur durch Grenzsteine bezeichneten
Grenzen, welche man, im Gegensatz zu den natürlichen, politische
nennt. Unzählige Staaten sind schon auf der Erde entstanden und
untergegangen; denn nichts ist in menschlichen Dingen von ewigem
Bestand. Aber immer noch ragen die Gebirge, rauschen die Quellen,
fließen die Ströme, wogen die Meere — Bilder der Ewigkeit gegenüber den vergänglichen Werken der Menschen, und doch auch sie
vergängliche Werke der ewig schaffenden Natur. Auf der höchsten
Stufe geographischer Betrachtung wird uns ein inniger Zusammenhang zwischen den Naturländern und ihren Völkern, ihrer Entwickelung und Geschichte, deutlich: eine Art der Betrachtung, um
welche sich der große deutsche Geograph Karl Ritter besonders verdient gemacht hat.

Zweites Buch.

Die außereuropäischen Erdteile.

----

§ 36.

Horizontale und vertikale Gliederung.

Horizontale Gliederung eines Erdteils oder Landes nennt man die Ausstattung desselben mit Halbinseln und Inseln, welche meist infolge einer früheren Senkung des Landes durch das einbringende Meer gebildet worden sind und nun als Glieder den **Stamm** des Landes umgeben.

Die auf diese Weise entstandenen kontinentalen (Abgliederungs-) Inseln bewahren die Natur desjenigen Landes, zu dem sie in früheren Zeiten gehört haben und als Glieder noch gehören: sie sind ihm eine Bereicherung.

Durchaus verschieden von ihnen sind die ozeanischen Inseln. Aus der Tiefe des Ozeans emporgehoben oder aufgebaut, liegen sie meist sehr entfernt von den Kontinenten, vom tiefen Meere umgeben. Als Glieder derselben können sie nicht angesehen werden. Ihre Pflanzen- und Tierwelt zeigt wesentliche Verschiedenheit von derjenigen der Kontinente, denen sie äußerlich zugerechnet werden (§ 18).

Vertikale Gliederung eines Erdteils oder Landes nennt man die Mannigfaltigkeit der Erhebung seiner Teile über den Meeresspiegel. Länderstrecken, welche sich noch nicht 200 m über den Meeresspiegel erheben, heißen Tiefland, Länderstrecken von mehr als 200 m Erhebung dagegen Hochland (§ 19). Senkt sich das Hochland allmählich oder in breiten Stufen zu dem Tieflande hinab, so nennt man ein solches Übergangsland Stufenland.

Nach der Oberflächengestalt zerfallen die Hochländer in Hochebenen (geschlossene Massenanschwellungen) und in Gebirgsländer (Länder mit bedeutenden Erhebungen gesonderter Massen). Die meisten Gebirge sind fortlaufende, durch einen Kamm zusammenhängende Reihen von Bergen. Der Kamm besteht aus einem Wechsel von Erhebungen (Gipfeln) und Einsenkungen (Pässen, § 27 E.). Im allgemeinen kann die Kammhöhe angenommen werden als gleich der halben Summe der durchschnittlichen Gipfelhöhe und der durchschnittlichen Paßhöhe. — Wie findet man wohl die durchschnittliche Gipfelhöhe eines Gebirges? und wie die durchschnittliche Paßhöhe?

§ 37.
Erdteile; Inseln; die alte Welt.

1) **Erdteile.** Schon in alter Zeit hat man die bekannte Landmasse der Erde in größere Teile, in Erdteile, zerlegt. So unterschieden die weitreisenden Phönizier eine Morgen- und eine Abendhälfte der Erde: Asien und Europa (§ 72). Etwas später begann man Libyen, das nachher Afrika genannt ward, als dritten Erdteil zu betrachten. So blieb es viele Jahrhunderte lang. Da ward am Ende des Mittelalters Amerika bekannt, in welchem zwar nicht der Entdecker Columbus, aber schon Amerigo Vespucci [wespútschi] einen selbständigen Erdteil erkannte. Nach ihm ist daher auch nicht ohne Recht dieser Erdteil benannt. Als fünfter Erdteil kam bald danach Australien hinzu, das jedoch erst im 18. Jahrhundert genauer bekannt wurde.

Erinnern wir uns an das, was vorher (§ 13) über die Verteilung von Wasser und Land auf der Erdkugel dagewesen ist, so ergiebt sich: sicher erwiesen sind nur drei große und zusammenhängende Land- oder Kontinentalmassen. Die größte auf der östlichen Halbkugel, der Ostkontinent oder die alte Welt, zeigt deutlich Asien und Afrika, weniger deutlich Asien und Europa voneinander abgegrenzt; die kleinere auf der westlichen Halbkugel, der Westkontinent oder Amerika, zerfällt in zwei Hälften, ein Nord-Dreieck (Nord- und Mittel-Amerika) neben einem Süd-Dreieck (Süd-Amerika), und ist mit ihrer atlantischen Seite dem Ostkontinent viel näher gerückt (vergleiche die Vorsprünge der einen mit den Einbiegungen der anderen Küste des S-förmigen atlantischen Meeres) als mit ihrer pacifischen (dem Großen Ozean zugekehrten) Seite, auf welcher erst im hohen Norden eine Annäherung stattfindet; die kleinste Weltinsel im SO. der östlichen Halbkugel, Australien, bildet ein unzertrenntes Ganze.

Vom Nordpol aus angesehen, bilden diese 5 — oder, wie manche wollen, 6 — Erbteile drei Gruppen: 1) Nord=Amerika und Süd=Amerika, 2) Europa und Afrika, 3) Asien und Australien. Worin stimmen diese Gruppen unter sich auffallend überein? (§ 13. 14.) 2) Inseln. Die Inseln (etwa $\frac{1}{13}$ aller Landmasse) werden gewöhnlich nach ihrer Lage oder nach ihrer politischen Zugehörigkeit den fünf Erbteilen beigeordnet. Aus der bloßen Nachbarschaft von Kontinenten und Inseln darf man jedoch niemals ohne weiteres einen ehemaligen Zusammenhang beider folgern. Madagaskar z. B. hat eine so eigenartige Pflanzen= und Tierwelt gegenüber Afrika, Zeilon ebenso gegenüber Vorder=Indien, daß beide Inseln nur in vortertiären Zeiten mit den ihnen benachbarten Festlanden zusammen= gehangen haben können. Man nennt sie Weltinseln; sie sind den kontinentalen Inseln (§ 18) indes jedenfalls zuzuzählen. Dagegen ist auch erdgeschichtlich berechtigt (wegen wirklichen früheren Land= zusammenhangs) die Zuzählung mindestens der drei größten Sunda= inseln zu Asien, der Inseln von Neu=Guinea bis Neu=Kaledonien zu Australien. Dies sind echte Abgliederungsinseln. Dagegen die Südsee=Inseln machen als ozeanische Inseln aus geologischem Grunde (§ 11) eigentlich einen selbständigen Inselweltteil aus.

Es fließt also in die Zuzählung der Inseln zu bestimmten Kontinenten notwendig viel Willkür ein.

3) Die alte Welt. Der Ostkontinent oder die alte Welt ist dem Umfange nach die größte zusammenhängende Landmasse der Erde. Sie liegt zum größten Teil auf der Nordhälfte der östlichen Halbkugel, nur ein Zehntel von ihr liegt auf der Südhälfte der= selben. Das südliche Eismeer ausgenommen bespülen sie alle Ozeane. — Die Gliederung und Küstenentwickelung zeigt sich im ganzen be= deutender als bei dem Westkontinente: ganz eigentümlich aber ist der Ostfeste ein in sie eindringendes großes Binnenmeer, wie es in dieser Weise auf der ganzen Erde nirgends wieder vorkommt. Auf der westlichen Seite des Ostkontinents nämlich drängt sich der atlantische Ozean durch die nur 13 km breite Meerenge von Gibraltar (die Griechen erzählten, daß Herakles an beiden Seiten derselben Säulen errichtet, und nannten die Meerenge darum Säu= len des Herakles) nach dem Innersten des Festlandes hinein. So entsteht das Binnenmeer, welches von seiner Lage das mittel= ländische oder das Mittelmeer heißt. Alle drei Teile der alten Welt haben an demselben teil. Die bedeutendsten Ereignisse haben an seinen Ufern gespielt: denken wir nur an Jerusalem, Konstanti= nopel, Alexandria, Karthago, Athen, Rom!

Im Nordostwinkel wiederholt sich die Hauptbildung zum zweiten= mal. Asien nähert sich mit vorgestreckter Halbinsel Europa so weit, daß nur noch der (an der schmalsten Stelle nur 1 km breite) Helles= pont oder die Meerenge der Dardanellen (so genannt nach den türkischen Schlössern an beiden Ufern) sie scheidet; die Ufer ziehen sich wieder zurück, um dem kleinen Mármarameere (nach dem Insel= chen Mármara benannt) Platz zu machen, dann treten sie wieder zusammen, nur den (an der schmalsten Stelle nur 900 m breiten) Bosporus oder die Straße von Konstantinopel zwischen sich freilassend. Auf den Bosporus folgt ein Binnenmeer im verkleinerten Maßstabe, das stürmische Schwarze Meer (bei den Alten Pontos Euxeinos oder auch nur Pontos genannt). Ja, zum drittenmal scheint sich die Abschnürung in der Straße von Kaffa zu wieder= holen. Allein in Wahrheit ist das Meer von Asow weiter nichts als der Liman, d. h. das Haff (§ 26), des Don.

In der Bodenform sind der Ostfeste ausgedehnte Hochflächen, der § 20 erwähnte Wüstengürtel und die große Erdsenke um das kaspische Meer eigentümlich; der Spiegel des letzteren liegt 26 m unter dem des Ozeans. In der alten Welt finden wir das höchste Gebirge und den höchsten Berg (§ 22), auch den größten Binnensee (§ 28). Eigentümlich ist ihr auch die im allgemeinen westöstliche Richtung der Hauptgebirge. Eine Eigentümlichkeit der Tierwelt gieb nach § 31, die bewohnenden Menschenrassen nach § 33 an.

Für die Geschichte ist die Ostfeste während des Altertums und Mittelalters der alleinige Schauplatz, und selbst nach Entdeckung der neuen Welt überragt sie diese, wie natürlich, in geschichtlicher Be= deutsamkeit durchaus. Sie enthält die heiligen Städte und Orte des Christentums, der monotheistischen und der verbreitetsten heidnischen Religionen, die mächtigsten und größten Staaten des Erdballs, die maßgebenden Pflegestätten der Wissenschaft und Kunst.

I. Asien.

§ 38.

Asien im allgemeinen.

Woher der Name Asien kommt, ist nicht ausgemacht. Jedoch ist es wahrscheinlich, daß er mit dem assyrischen Worte aßû, d. i. glän= zend — Sonnenaufgang, zusammenhängt; Asien würde demnach das Morgenland bedeuten, wie wahrscheinlich Europa (§ 72) das Abend= land. Der Name Asien bezeichnete, wie der Afrika, zunächst nur eine römische Provinz (welche den größten Teil von Kleinasien umfaßte); nach und nach hat man ihn bei uns für die ganze Ländermasse, die wir jetzt so nennen, in Gebrauch genommen.

Asien, der größte Erdteil, 44 Mill. qkm (813000 □M.) ist von Afrika deutlich geschieden, mit dem es nur durch die 113 km breite (jetzt durchstochene) Landenge von Sues zusammenhängt; schwerer läßt sich die Westgrenze gegen Europa bestimmen, das auf den ersten Blick nur wie eine nordwestliche Halbinsel Asiens er= scheint. Aber schwer wiegende Gründe (§ 72 Anf.) machen Europa zu einem selbständigen Erdteile. Als Übergangsland zwischen Europa und Asien (zu dem es im Mittelalter auch öfter gerechnet ward) kann Rußland gelten.

Zwischen Rußland und Asien bildet die natürliche Grenze im S. der Kaukasus, eine mächtige Gebirgsbrücke zwischen Binnen= meeren — welchen? — mit vielen Schneegipfeln, Gletschern, frischen Viehweiden und reißenden Gebirgsströmen, wie dem Terek und Kubán. Vor dem Nordabhange des Kaukasus, durch die Manitsch= Niederung, ist die politische Grenze zwischen dem europäischen und asiatischen Rußland gezogen, welche zugleich für die Grenzscheide der beiden Erdteile gelten kann. An dem gewaltigen Kasbek vorbei führt der Paßweg von Wladikawkas [wladikawkás] herüber, der also zwei Erdteile verbindet. Noch höher als der Kasbek, bis 5600 m, erhebt sich der Elbrus, wie jener ein erloschener Vulkan. Den Alten galt der Kaukasus als das höchste Gebirge der Welt (Sage vom Pro= metheus). — Das OSO.=Ende des Kaukasus berührt das im Ver= gleich mit dem Weltmeer wenig salzige kaspische Meer (§ 28), das weiter nach N. zu die Grenze bildet. Obwohl es große Ströme auf= nimmt und keinen Abfluß besitzt, verursacht die starke Verdunstung seiner Oberfläche doch ein immer tieferes Sinken seines Wasserspiegels. Am Nordufer ergießt sich in das kaspische Meer der Urál, an welchem hinauf die Grenze weiter zieht, bis das mächtige, 2000 km lange Urálgebirge deutlicher zwischen Europa und Asien auftritt, und Nówaja Semljá gegenüber in das Eismeer abfällt. Sanft absteigend nach beiden Seiten, im S. dicht bewaldet, ist der Ural nirgends viel über 1600 m hoch, aber von großem Reichtum an Metallen, besonders an Eisen, Gold und Platin. Uralfluß und Uralgebirge sieht man als die Westgrenze des Erdteils an.

Auf den übrigen Seiten wird Asien von drei Ozeanen be= spült: von welchen? Auch an dem Binnenmeere der Ostfeste (§ 37) hat es im W. seinen Anteil. Die Inselwelt im SO. darf man bis an die Grenze der Meeres=Untiefe, welche Australien und

Neu-Guinea verbindet, zu Asien rechnen; desgleichen die östlichen
Inselgruppen (§ 37). Asien ist übrigens der einzige Weltteil, der sich
an jeden der vier übrigen Kontinente (von der Landverbindung mit
Europa ganz abgesehen) durch Landvorsprünge, Landengen oder
Inselkränze nahe heranbrängt, zugleich der einzige, den vier Ozeane
berühren (das Mittelmeer als Teil des atlantischen betrachtet).

Jn seinem Umriß bildet Asien eine so große zusammenhängende Landmasse, wie sie sonst nirgends wieder auf der Erde
getroffen wird; es hat auch unter den Nordgliedern der drei Kontinentspaare die geringste Küstenentwickelung (§ 14), wenn es
auch die Südglieder derselben bei weitem an Gliederung übertrifft.
Die Glieder (das Areal der Inseln und Halbinseln zusammenge-
rechnet) verhalten sich zum Stamm wie 1 zu 3. Jm Norden ist Asien
am wenigsten gegliedert. Westlich ist die Halbinsel Kleinasien vorgeschoben. Zwischen ihr und Europa das ägäische Meer. Jm S.
schneiden drei Busen des indischen Ozeans drei Halbinselglieder
(§ 13) aus. Der erste, der arabische Meerbusen oder das Rote
Meer, drängt sich zwischen Afrika und Asien bis an die Landenge
von Suës heran; die Meerenge, die den Busen mit dem Ozean verbindet, Babel-Mandeb (d. i. Thor der Bedrängnis), deutet auf
Gefahr für die Schiffe: Klippen, Sandbänke und Korallenriffe. Nach
N. hin ist das Meer zwiefach in die Buchten von Suës und von
Akaba gezipfelt. Der zweite, der persische Meerbusen, wird vom
Ozean gleichfalls durch eine Straße (von Ormûs) geschieden. Der
britte, der bengalische Meerbusen, trennt die beiden mächtigen
Südost-Halbinseln, Vorder- und Hinter-Jndien. Die zwei
letztgenannten Golfe, der persische und der bengalische, zeichnen
sich durch reiche Perlmuschelbänke aus. Hiergegen ist die Gliederung der Nordseite unbedeutend; an der Ostseite jedoch ragen die
ansehnlichen Halbinseln Koréa und Kamtschatka vor, welche der
Bogen der japanischen Inseln miteinander verbindet.

Jm Jnnern zeigt Asien zwei große Hochländer, die durch
einen kurzen Gebirgszug verbunden sind: das größere östliche ist
Hochasien, das kleinere westliche erfüllt Jran und weiterhin
dann Vorderasien, welches Syrien, Armenien, Kleinasien und
Arabien umfaßt; jedoch bildet zwischen Jran und Vorderasien das
Tiefland von Mesopotamien eine deutliche Scheide.

Bei den Flüssen Asiens ist zweierlei merkwürdig: nicht wenige
sind Doppelströme, d. h. große Flüsse, die in ihrem Quellbezirk
benachbart, in verschiedenen Richtungen auseinander fließen, sich
dann wieder nähern, um vereint oder nahe benachbart in das Meer

zu gehen. Ebenso kommen in Asien nicht selten Kontinental=
ströme (§ 25 E.) vor, d. h. solche, die keinen Ausweg zum Meere
finden.

Der bei weitem größte Teil Asiens, ³/₄ des Ganzen, liegt in
der gemäßigten Zone; nur ein Teil des sibirischen Tieflandes in
der kalten, ein Teil der südlichen Halbinselglieder und der Insel=
welt in der heißen, selbst über den Äquator hinaus. Aber in keinem
Erdteile ist mehr als in Asien, welches der Erdteil der Gegensätze
genannt werden kann, das wirkliche Klima von dem mathematischen
verschieden. Die Menge der über die Schneelinie aufragenden Ge=
birge, die bedeutende Erhebung der Hochflächen, die große Land=
masse, welche den Einfluß mildernder Seewinde ausschließt: das
alles bewirkt, daß Nord= und Mittel=Asien unter gleichen Breiten=
graden wie Europa ein bedeutend kälteres Klima hat als dieses.
So sind denn auch die Gegensätze des Klimas an den verschiedenen
Punkten nirgends so ungeheuer wie in Asien. Während im nörd=
lichen Sibirien oft schon im September das Quecksilber dergestalt
gefriert, daß es gehämmert werden kann, herrscht in Arabien glühende
Hitze und so trockene Luft, daß polierter Stahl im Freien nicht rostet.

Dieselben Gegensätze treten im Pflanzen= und Tierreiche
auf. Die nördlichen Küsten begleiten die öden, in der Tiefe stets
gefrorenen Morastflächen der Tundren, welche mit Flechten und
Sumpfmoosen bewachsen, streckenweis auch mit Geröll überschüttet
sind. Fast nirgends erreicht Baumwuchs das unwirtliche Gestade,
und selbst am Abhange des daurischen Gebirges werden die Äpfel nur
wie Erbsen groß; aber an dem Südrande Asiens ragen Palmen von
60 m Höhe. Der gemäßigte Landstrich der Mitte ist die Heimat vieler
Gewächse, die hernach weit über den Erdboden verbreitet worden sind.
Hier sind die meisten unserer Getreidearten zu Hause, ferner der
Kirschbaum, der Pfirsich und die Aprikose, die Zitrone und die
Orange; nach der griechischen Sage holte Bacchos aus Indien die
Weinrebe. Auch die Heimat der meisten Haustiere dürfen wir in
Asien suchen; Pferde, Esel, Ziegen sind hier noch im wilden Zustande
zu treffen. Sonst treten auch unter den Tieren die größten Gegen=
sätze hervor. Im N. lebt das kleinste Säugetier der Erde, die sibirische
Spitzmaus, im S. der indische Elefant. Ausgestorben ist der nordische
Elefant oder das Mammut, welches einst, durch Haarbedeckung vor
der Winterkälte geschützt, von Sibirien nach Mitteleuropa verbreitet
war und von welchem (wie von keiner andern Tierart der Vorwelt)
schon mehr als ein Exemplar mit Haut und Fleisch erhalten im eisi=
gen Boden Sibiriens gefunden worden ist.

Im Sommer weht, regelmäßigen Regen bringend, der Wind
aus SW. vom indiſchen Ozean, aus S. und SO. vom Großen Ozean,
her. Dieſer Wind heißt Monſun; er ſchafft die nötige Feuchtigkeit
für ein üppiges Gedeihen der Pflanzen. Daher kommt es, daß in
demjenigen Drittel des Erdteils, welches der Monſun beſtreicht (dem
Monſungürtel) mehr als ⁹/₁₀ aller Bewohner Aſiens leben, und hier
große Städte in Menge ſich finden; den übrigen zwei Dritteln des
Erdteils aber fehlt es an der zu dichterem Bewohntſein nötigen
Feuchtigkeit oder Wärme.

Wir finden in Aſien, das, in der Mitte der Erdteile gelegen,
mit jedem derſelben in nähere Berührung tritt, endlich auch die
älteſten Reiche, welche die Geſchichte kennt. Das einzige, Ägypten,
das die Alten auch zu Aſien rechneten, übertrifft ſie an Alter. Auch
die drei monotheiſtiſchen Weltreligionen, Chriſtentum, Juden=
tum und Islam, ſind alle in Aſien entſtanden. In unſerer
Zeit iſt Aſien gegenüber Europa und Amerika geſchichtlich zurück=
getreten, und viele wichtige Länder Aſiens ſind faſt ganz in den
Händen der Europäer.

Die Zahl der Bewohner ſchätzt man auf 826 Millionen.
Den Weſten hat die kaukaſiſche Raſſe inne, den Oſten die mon=
goliſche, den fernſten Südoſten die malaiiſche. Zu dieſen Haupt=
ſtämmen kommen im Nordoſten noch Polarſtämme, die ſchon Ver=
wandtſchaft mit der amerikaniſchen Raſſe zeigen. Der Religion nach
ſind bei weitem die meiſten buddhiſtiſche oder brahmaiſtiſche Heiden.
Etwa der zehnte Teil der Bewohner hängt dem Islam an; auf
das Chriſtentum ſind etwa 15 — 16 Mill. zu rechnen.

§ 39.
Überſicht der Bodengeſtaltung.

1) Den Kern des Erdteils bildet ein gewaltiges Hochland,
das, vom Oſtkap bis zum Amu und von dort bis Kanton ſich er=
ſtreckend, in Dreiecksgeſtalt faſt zwei Drittel des Erdteils umfaßt.
In mächtige Falten aufgepreßt, erſcheint es als abwechſelnd aus
breiten Einſenkungen und anſehnlichen Gebirgen (oder gewaltigen
Hochrücken) zuſammengeſetzt, während an der Weſtecke wie eine Cita=
belle die 4000 m hohe Hochfläche der Pamir ſich erhebt. Faſt nur
wie Anhängſel ſind die Landmaſſen zu betrachten, die an der Süd=
und an der Nordweſtſeite dieſem Dreieck angefügt ſind.

Den Südrand bildet der Himâlaja (d. i. Schnee=Wohnung),
mehr als 2200 km lang und 300 km breit, zwiſchen Indus und

Brahmaputra ſich erſtreckend. Die Kammhöhe iſt ſo hoch wie der Montblanc, alſo 4800 m. In ihrer ganzen Großartigkeit erſcheinen, von Indien her geſehen, ſeine gewaltigen Ketten; Reihen von ſchnee= bedeckten Bergen erheben ſich über die dunkle graugrüne Maſſe, durch welche ſich ungeheure Gletſcher in die oberen Thäler hinabziehen. Die höchſten Gipfel liegen zwiſchen 100 und 106° ö. L.: zunächſt der Dhawalagiri, 8200 m, der vierthöchſte Berg der Erde, etwas öſtlicher der Gauriſankar (den man vorgeſchlagen hat ſeinem Entdecker zu Ehren „Gauriſankar=Everest" zu nennen), 8839 m hoch, und damit der höchſte Berg des Gebirges und der Erde; noch öſtlicher liegt der Kantſchindſchinga, 8600 m, der dritt= höchſte Berg der Erde. Öſtlich vom Brahmaputra bildet das ſiniſche Gebirgsſyſtem (in Süd=China), deſſen Falten von SW. — NO. ſtreichen, die Fortſetzung des Südrandes.

Den Nordweſtrand bilden im Oſten die oſtſibiriſchen oder dauriſchen [da=uriſchen] Gebirge, im Weſten der Altaï (d. i. der Goldreiche) und die Ketten des Tiénſchan.

Dies die Randhöhen. Im Innern des weiten Hochlandes zieht nördlich vom Himalaja 1) der Karakorúm, der dem nordweſt= lichen Himalaja parallel verläuft und, wenn auch weit kürzer als der Himalaja und von geringerer Gipfelhöhe, dieſen doch an mittlerer Kammhöhe (7300 m) übertrifft, alſo der höchſte Gebirgsgrat der Erde iſt, und 2) der Kuenlun, der ungefähr in gleicher Länge mit dem Karakorum beginnt, nur wenig niedriger iſt als dieſer und durchweg oſtwärts ſtreicht. Um die Erforſchung beider Gebirgsketten haben ſich die drei Brüder Schlagintweit, deutſche Reiſende, große Verdienſte erworben, und in der Karakorum=Kette im weſtlichen Tibet den Dapſang, den zweithöchſten Gipfel der Erde, mit 8619 m Höhe aufgefunden.

Zwiſchen Kuenlun und Altai zieht der Tiénſchan (d. i. Him= melsgebirge), deſſen ſanftere Abhänge die Bildung ausgedehnter Schneefelder und Gletſcher geſtatten. Sein höchſter Gipfel, der Chan Tengri, mißt 6500 m.

Zwiſchen dieſen Gebirgen flutete vorzeiten das Meer; abge= floſſen iſt es durch die dſungariſche Pforte zwiſchen Tiénſchan und Altai. Der alte (jetzt trockene) Meeresboden iſt wüſt, nur an den Rändern bebaubar und bewohnt. Zwiſchen Tiénſchan und Kuen= lun bildet er die Landſchaft Oſt=Turkeſtân, weiter nördlich die Dſungarei. An beide ſchließt ſich in der Oſthälfte die Mongolei mit der Wüſte Gobi an. Die Gobi wird von dem Churchu=Ge= birge durchzogen. Nördlich von dieſem nimmt ſie mehr und mehr den Charakter einer mit Gras und niedrigem Gesträuch bewachsenen Steppe an, südlich aber ist sie eine wasserlose Sandwüste, unterbrochen von kahlen Klippen und dünenartigen Flugsandhügeln — daher von den Chinesen Schâ=mo (d. i. fliegender Sand) genannt. Endlich im S., zwischen Kuenlun und Himalaja, liegt das Hochland Tibet, das, bis zu 4500 m Höhe aufsteigend, durch Aufschüttung der Thalungen zwischen den Gebirgsauffaltungen mehr und mehr den Charakter einer Hochfläche erhalten hat.

2) Im Westen ist dem östlichen Hochlande das Tiefland von Turân oder West=Turkestân am Amu und Sir — im Nordwesten das sibirische Tiefland am Ob und Jenisséi — im Osten das chinesische Tiefland am Hoanghô und Jângtsekjang — im Süden das Tiefland von Hindostan am Indus und Ganges vorgelagert. Im Süden des indischen Tieflandes erhebt sich als ein isoliertes Hochland die Hochfläche von Dêkhan.

3) Das Hochland von West=Asien hängt mit dem östlichen Hochlande durch den Gebirgszug des Hindukusch, 6500 m, zusammen, an den von NW. das Tiefland von Turan, von SO. das Tiefland von Hindostan herantritt. Von dieser Zusammenschnürung aus zieht sich die nördliche Gebirgsumwallung des westlichen Hochlandes, als Grenzmauer gegen das Tiefland Turan, bis zu dem kaspischen Meer, an dessen Südküste jenes Randgebirge den Namen Alburs führt und als eine merkwürdige geologische Insel den 5900 m hohen, gewaltigen Vulkankegel des Demawend enthält; weiterhin folgt der uns schon bekannte Kaukasus. — Das Hochland von Armenien verknüpft den östlichen Teil des westasiatischen Hochlandes oder Irân mit Vorderasien, dem westlichen Teile desselben.

§ 40.
Sibirien.

Sibirien, ein Europa an Größe erheblich übertreffendes Land, ist gegen das Ende des 16. Jahrhunderts durch die Russen zu gleicher Zeit bekannt geworden und in Besitz genommen. Die Osthälfte ist von den Gebirgsverzweigungen gefüllt, welche von dem Nordrande Innerasiens ausgehen; die Westhälfte und die nördliche Abdachung etwa vom Nordpolarkreis an ist Tiefland. Riesenströme durchfluten es: der Ob mit dem Irtisch, auf welchem Ufer? — der Jenisséi, welchem aus dem Baikal (d. i. reicher See), dem größten (35000 qkm = 580 □.=M.) und tiefsten (1700 m) Gebirgssee der Erde, die

Angara oder obere Tunguska zuſtrömt; noch weiter im O. die
Lena. Um den im Südweſten liegenden Balkaſch=See unterbrechen
hie und da Getreidefelder und Wälder von Zirbelkiefern die Öde,
welche ſonſt Sibirien charakteriſiert; es giebt da große Dörfer, auch
Landſtraßen. Was dagegen über den 60. Parallelkreis gen N. liegt,
vornehmlich im unteren Gebiete des Ob und Jeneſſéi, iſt eine ſchauer=
liche, moorige oder auch ſteinige Ebene (Tundra), die ſelbſt im
(oft ſehr heißen, aber kurzen) Sommer nur an der Oberfläche auf=
taut, während der Untergrund jahraus jahrein feſt gefroren bleibt.
Es giebt Gegenden, wo das Eis der Ströme erſt Ende Juli bricht;
und Ende Auguſt kann man ſchon wieder über ſie hingehen. Da ziehen
nur elende Jägervölker umher, Samojeden, Oſtjaken, Tungu=
ſen, Jakuten u. a., die an die ruſſiſche Krone Pelze als Tribut ent=
richten, denn Sibirien iſt reich an geſchätzten Pelztieren: Zobel, Her=
melinen, ſchwarzen und blauen Füchſen, Eichhörnchen u. ſ. w. —
Weiter im S. wohnen die ruſſiſchen Koloniſten und die „Verſchick=
ten"; denn die ruſſiſche Regierung hat zwar die Todesſtrafe für die
meiſten Verbrechen abgeſchafft, dafür aber pflegt ſie verbrecheriſche
oder auch verdächtige Perſonen nach Sibirien transportieren zu laſſen.
Da müſſen ſie entweder in den Gold= oder Silberbergwerken arbeiten
— und das iſt das härteſte Los — oder ſie erhalten als Koloniſten
Häuſer und Äcker und müſſen mit den koſtbaren Pelzen der erlegten
Tiere zinſen. Im vergangenen Jahrhundert hat gar oft ein Fürſt und
Miniſter (Menzikow) einen Palaſt mit einer ſibiriſchen Holzhütte ver=
tauſchen müſſen. Weſtlich vom Irtiſch iſt die Steppe den Nomaden=
ſtämmen der Kirgiſen überlaſſen worden.

Sibirien wird mit dem Amurgebiet auf 12 Mill. qkm (227000
O.=M) mit 4,₅ Mill. Einwohner berechnet. Neu angelegte Kommuni=
lations= und Telegraphenlinien zeugen von der Wichtigkeit, welche
Rußland dieſen öſtlichen Provinzen beilegt. Als Vorläufer der ſchon
begonnenen Eiſenbahnverbindung verknüpft die längſte aller konti=
nentalen Telegraphenlinien das europäiſche Rußland durch Süd=Si=
birien mit ſeiner ſüdöſtlichen Beſitzung am Amur; ſeit 1871 iſt ſogar
die telegraphiſche Verbindung Rußlands mit Japan durch Weiterfüh=
rung der Amur=Linie erzielt worden.

Sibirien wird in die drei Generalgouvernements Weſt=Sibirien,
Irkutſk und das des Amur und die Provinz Anadyr, den Nordoſten,
geteilt.

Tomsk iſt als Hauptſtadt Weſt=Sibiriens zu 37000 E. gelangt;
wichtigſte Handelsſtadt Weſt=Sibiriens, ſeit 1880 ſogar mit einer Univerſi=
tät. Ebenſo groß iſt Omsk. Tobolsk, 21000 Einw., Hauptplatz für den
Handel mit Fiſchen (an denen die weſtſibiriſchen Ströme ſehr reich), und

5*

Hauptniederlage für Pelzwerk. Beresow am untern Ob, einer der härtesten Verbannungsorte (unter 64° n. Br.). Irkutsk, Hauptstadt des mittleren Sibirien, das „sibirische Paris"; 48 000 E.; von St. Petersburg 6000 km, 2200 km von Peking. Hart an der Südgrenze Kjáchta, 4000 E., kleine aber wichtige Handelsstadt, der chinesischen Grenzstadt Maimatschin gegenüber, der große Tauschplatz russischer und chinesischer Waren. Nertschinsk, Bergstadt im daurischen Alpenland. Die Hälfte der Einwohner besteht aus Verschickten. Ochotsk am Großen Ozean, wo er nach dieser Stadt Meer von Ochotsk genannt wird. Hier sind die schlimmsten Verbrecher, die in Ketten auf den Straßen arbeiten.

Der Winkel im NO. ist von den ziemlich unabhängigen Tschuktschen bewohnt: Nomaden, die mit den Russen Tauschhandel treiben und sprachlich den Eskimos nahe stehen.

Die Halbinsel Kamtschatka durchziehen hohe Gebirge: in diesen eine Reihe hoher Vulkane, von denen der höchste 4800 m mißt, also dem Montblanc an Höhe gleichkommt. Das Klima ist weit milder als im inneren Sibirien, aber die Zahl der Menschen sehr gering. Die Eingeborenen, die Kamtschadalen, sind ein armselig, unreinlich Volk, das von Fischerei und Jagd lebt und nur Hunde zu Haustieren hat. Sie sterben immer mehr aus und machen den Russen Platz, deren Hauptniederlassung der Hafen Petropawlowsk, 12 000 km von St. Petersburg entfernt, ist.

Nördlich von Sibirien liegt im Eismeer der unbewohnbare Archipel Neu-Sibirien. Der Meeresströmung, welche von W. nach O. hier an der Nordküste von Sibirien entlang zieht, folgte der schwedische Polarforscher Nordenskiöld [nordenschöld] und fand so 1879 den Weg vom Nordkap zur Beringstraße und damit die „nordöstliche Durchfahrt".

Im Generalgouvernement des Amur ist die Hauptniederlassung Nikolajewsk an der Amurmündung, deren Versandung jedoch der Schifffahrt Schwierigkeit bereitet, so daß der Handel den Amur hinab sich nach dem südlicheren Hafenort Wladiwostok, 9000 Einw., einem mehr und mehr aufblühenden Verkehrsplatze, gezogen hat. — Russisch ist auch die langgestreckte, meist von Verschickten bewohnte Insel Sachalin.

§ 41.
Turán oder West-Turkestán.

Die Grenzen von Turan bilden im S. der Hindukusch mit seinen westlichen Fortsetzungen, im O. die Hochfläche der Pamir. Gegen das sibirische Tiefland im N. giebt es keine natürliche Grenze: ein niedriger Landrücken wird von einer Reihe von Steppenseen unterbrochen, die sich vom Arál-See zum mittleren Ob ziehen. Nach W. zu steht es mit den Steppenländern von Europa in Verbindung; diese Lücke zwischen Ural und Kaukasus ist das große Thor aller Völkerwanderungen aus Asien nach Europa gewesen. Die Stufenländer im O. abgerechnet, welche zu den reizendsten der Erde gehören, ist Turan eine weite, im Sommer afrikanisch heiße, im Winter sibirisch kalte Ebene, ein erst im gegenwärtigen (quartären) Zeitalter der Erdgeſchichte trocken gelegter Meeresgrund; großer Regenmangel verurſacht die Wüſtennatur der turaniſchen Ebene, welche nur an Flüſſen ſeßhaft zu bewohnen iſt, ſoweit man durch künſtliche Be= wäſſerung den fehlenden Regen erſetzt.

Das kaſpiſche Meer und der Arál=See (beide ſchwach ſalzig) ſind die Reſte des ehemaligen turaniſchen Meeres, in welches, bevor es ein Schwarzes Meer gab, die Donau mündete. Beide ſind infolge ſtarker Verdunſtung in beſtändigem Abnehmen begriffen. Die weite Ebene, welche ſich vom Aral=See zum kaſpiſchen Meer herabſenkt und in deſſen Umgebung niedriger als der Spiegel des Weltmeeres liegt (§ 37, 3), nennt man die aralokaſpiſche Erdſenke.

Der Aral=See nimmt den Amu auf, der an ſeiner Mündung ein Delta bildet; in das kaſpiſche Meer, wie man wohl gemeint hat, iſt er nie gefloſſen. Denn das trockene Bett, welches zu dieſer Annahme verführt hat, iſt vorzeiten dasjenige eines Meeresarmes geweſen. Ebenfalls in den Aral=See fließt der Sir. Die Alten kannten beide Flüſſe, den Amu als Oxos [ôxos], den Sir als Jaxártes, und nannten Turan Baktrien und Sogdiana. Nachdem im höchſten Altertum hier bereits das Volk der Jranier, welchem Sonne, Licht und Feuer Bilder des guten Gottes waren, einen Prieſterſtaat ge= habt, wurden jene Länder nach und nach Teile des altperſiſchen, des parthiſchen, zuletzt des neuperſiſchen Reiches. Im 5. und 6. Jahr= hundert trat in dem bis dahin weſentlich von Jraniern (Perſern) be= wohnten Lande der Volksſtamm der Türken auf und machte ſich zum Herrn des Landes.

Jetzt indeſſen hat Rußland die ganze Nordhälfte Turans nebſt dem Aral=See erobert. Ihm gehorchen die Kirgis=Kaiſaken vom Sir ſowie die Turkmenen am Oſtgeſtade des kaſpiſchen Meeres, ein ſchweifendes Kriegervolk, das ſich in ſeinen baumloſen Steppen rühmte, weder unter dem Schatten eines Baumes noch unter dem Schutz eines Königs zu ruhen. Selbſt die einſtige Reſidenz Timurs, Samarkánd, hat Rußland erobert und da= durch ſeine Herrſchaft auch über das fruchtbare Thal des Steppenfluſſes Seráſſchan ausgedehnt.

Durch dieſe Eroberung wurde die Macht des Emirats Buchára (in paradieſiſcher Gegend an den Zuflüſſen des oberen Amu gelegen) bereits gebrochen; in demſelben die Reſidenz des Emirs Buchara, unweit des linken Ufers des Seraſſchan, 70000 E., Mittelpunkt des Karawanenhandels zwi= ſchen Indien und Europa. Auch das Chanat Chiwa am unteren Amu wurde durch die Ruſſen 1873 gedemütigt: in beiden Staaten iſt die Sklaverei aufgehoben und überhaupt der Einfluß der Ruſſen maßgebend.

Auch die freien Türkenſtämme im S. des Amu hat Rußland gebändigt und die noch weiter ſüdöſtlich gelegene Oaſengruppe von Merw beſetzt. Da= durch hat Perſien endlich Ruhe vor den türkiſchen Raubeinfällen erhalten, und ein friedlicher Verkehr von Turan nach Herat und Afghaniſtan iſt ermöglicht worden. Überdies durchzieht jetzt die „transkaspische" Eisenbahn das Land bis über Samarkand hinaus und eröffnet es der Gesittung des Westens.

Das ganze russische Central=Asien bildet mit den transkaspi= schen Ländern ein Gebiet von 3½ Mill. qkm (63000 Q.=M.) mit 5,6 Mill. Einw. Hauptstadt ist die wichtige Handelsstadt Taschkend unweit des Sir mit 120000 Einw.

§ 42.
Irán.

Das Hochland von Irán hängt (§ 39) im NO. durch den Hindukusch mit dem Hochlande von Innerasien zusammen; im N. dagegen ist es von Turan durch den Hindukusch und dessen west= liche Fortsetzungen geschieden. Im O. wird es von Indien durch das Suleimán=Gebirge geschieden. Dasselbe besteht aus zwei Parallel= ketten, die durch eine Hochebene verbunden sind. In der westlichen liegt der höchste Gipfel, der Kaisargarh (3440 m), während die höchste Erhebung der Ostkette der 60 m niedrigere Salomons= Thron (Takht=i=Suleiman) ist. Nur das Schluchtenthal des Flusses Kábul, der zwischen dem Hindukusch und diesem Grenzgebirge sich mit dem Indus vereinigt, bildet einen gangbaren Weg aus Iran nach Indien (Khaiber=Paß). Den Südrand von Iran bilden mehrere Parallelketten, die in Stufen zum persischen Meerbusen und zum indischen Ozean abfallen, so daß bloß eine schmale, sandige Niederung zwischen dem Gebirge und dem Meere bleibt. Kein durch= brechendes Querthal gewährt einen Paß in das Innere hinein. Nur schwer wegiame Pfade — Leitern nennt man sie — führen hinauf. Von Zeit zu Zeit trifft man auf größere und weitere Längsthäler, die dann die saftigste und frischeste Vegetation zeigen (Heimat der Pfirsiche). Im NW. hängt Iran durch das Hochgebirge des Alburs, in welchem sich der Vulkan Demawend erhebt, mit dem Hochlande von Armenien zusammen.

Rings also haben wir Randgebirge, die nach N. und O. schwin= delnd steil, nach S. und W. in Absätzen abfallen. Sie umziehen das Hochland von Iran, welches gegen 2¾ Mill. qkm (50000 Q.=M.) groß und durchschnittlich gegen 1000 m hoch ist. Dasselbe ist durch= aus keine Ebene, sondern ein Faltenland, d. h. ein Gebiet, welches aus Gebirgsketten besteht, die durch starken Seitendruck aufgerichtet sind und vielfache Schichtenstörungen aufweisen. Die Zwischenräume zwischen diesen Ketten sind durch den sich anhäufenden Verwitterungs= schutt sehr ausgeebnet, so daß sie meist wie weite Mulden erscheinen. Gegen die Mitte hin ist der Boden, da das gröbere Geröll an den Ge=

birgen haften bleibt, in der Regel aus Thon und Kies gemengt und
salzhaltig, dabei infolge der die Regen zum größten Teil abfangenden
Gebirge wasserarm; jedoch wird durch künstliche Bewässerung der
Ackerbau möglich und auch erfolgreich gemacht. Indes im NW. und
im SO. tritt auf weite Strecken das Salz als weiße Kruste zu Tage,
und es breiten sich Salzwüsten mit einzelnen Oasen aus. Über dem
ganzen Lande spannt sich ein Himmel aus, der, wenige Wochen im
Jahre ausgenommen, immer wolkenlos ist; daher ist die Luft so
trocken, daß die Saiten der Instrumente sich nicht verstimmen, das
Eisen nicht rostet und Fleisch wohl vertrocknet, aber nicht verfault.
Das Klima im Winter ist etwa dem Winter des mittleren Deutschland
gleich; im Sommer wird das versengte Land ein wahrer Glühofen.
Ausnahmen indes bilden die Stufenlandschaften an den Randgebirgen und die Flußufer. Namentlich der Südrand des kaspischen
Meeres, die persische Provinz Masenderân, zeigt fast tropische Üppigkeit der Vegetation: hier gedeiht Zuckerrohr und Feige, und die Weinrebe rankt armesdick bis in die Wipfel der Bäume.

Iran war in der Geschichte hintereinander der Mittelpunkt großer Despotenreiche, die oft noch Turan, ja ganz Vorderasien umfaß-
ten. Gestiftet wurden sie alle von kräftigen Bergvölkern aus den
Randgebirgen. Jene schon bei Turan erwähnten Iranier heißen
eben danach, daß sie im Altertum ihre Hauptmacht gerade in Iran
entfalteten. Zuerst herrschte der im W. wohnhafte Stamm der Meder über die andern Iranier, bis Kyros (oder Koresch) seinen Per-
ser-Stamm an Stelle der Meder zum herrschenden machte, während
derselbe vorher nur die schöne SW.-Landschaft um das heutige Schirâs
inne gehabt hatte. Das somit (559 v. Chr.) gegründete altpersische
Reich erweiterte sich (bis 525) über ganz Vorderasien und Ägypten,
ward jedoch um 330 in seinem ganzen Umfang von Alexander
dem Großen erobert, der sogar bis nach Turan und Indien vor-
drang. Alexander wollte ein neues Weltreich stiften, welches das
Morgen- und Abendland umfassen und verbinden sollte; aber schon
323 starb er. Seine Feldherren stritten sich lange Zeit um die Herrschaft; zuletzt blieben nur ein paar von jenen Kämpfern auf dem Platze
und teilten sich in das Reich. Iran wurde ein Teil des syrischen
Staates der Seleukiden. Bald aber entstand hier (seit der Zeit
um 250) das parthische Reich der Asakiden, das vom Indus
bis zum Euphrat reichte und selbst von den Römern gefürchtet ward.
Der Perser Artaxerxes, Sassans Sohn, stiftete auf den Trümmern des von ihm zerstörten Partherreiches das neupersische Reich.
Die Dynastie der Sassaniden beherrschte von 226 n. Chr. bis 642

daſſelbe; dann wurde das beſiegte Perſien ein Teil des großen Rei=
ches der Kalifen, hernach abwechſelnd eine Beute der Mongolen
(auch des mongoliſchen Timur um 1400) und der Turkmenen.
Endlich gründete Jsmael Sofi um 1500 das noch jetzt beſtehende
perſiſche Reich. Aber auch dies wurde durch innere Unruhen und
Kämpfe nach außen hin geſchwächt. Die ganze öſtliche Hälfte iſt jetzt
in den Beſitz der Afghanen und Belûtſchen gekommen, die ein=
gezwängt ſind zwiſchen dem von Turan andrängenden Rußland und
dem in Indien bedrohten England.

§ 43.
Afghaniſtân, Kaſiriſtân, Belutſchiſtân.

1) Die Afghanen (bis auf einen Zuſatz türkiſchen Blutes),
Verwandte der Perſer, ſtammen wahrſcheinlich aus der Gegend des
Hindukuſch, wo ſie lange als Nomaden lebten. Sie ſind moham=
mebaniſche Sunniten, d. h. ſie halten die Sunna, die von den drei
erſten Kalifen dem Koran eingefügten Zuſätze, für gleichwertig mit
dieſem, während die Schiiten die Sunna verwerfen. Daher leben
die Afghanen mit den ſchiitiſchen Perſern und Belutſchen in unver-
ſöhnlicher Feindſchaft. 1747 machten ſie ſich von dem perſiſchen
Reiche unabhängig und vergrößerten dann ihre Herrſchaft ſo, daß
Kaſchmir und Multan in Indien ihnen gehörten. Aber durch Bürger=
kriege und Thronſtreitigkeiten ſind ſie jetzt ſo herunter gekommen, daß
nicht bloß jene Landſchaften wieder verloren gegangen, ſondern auch
die Südhälfte ihres Landes in den Beſitz der unabhängigen Belut=
ſchen gelangt iſt. Öfters hat ſich auch England, dem dieſes Land,
wegen der Nachbarſchaft von Indien, ſehr wichtig iſt, in die Angelegenheiten der Afghanen gemiſcht. So befindet ſich Afghaniſtan
meiſt in Aufregung und Verwirrung; ſelten hat das etwa 555 000 qkm
(10 000 Q.=M.) mit 4 Mill. Einw. umfaſſende Land längere Zeit,
wie gegenwärtig, einem Herrſcher gehorcht, meiſtens zerfiel es in
mehrere Chanate.

Das breite Thal des Kabulfluſſes zum Indus hinab iſt der natürliche
Handels- und Eroberungsweg von den Hochebenen Irans nach Indien.
Hier liegt Kâbul, gegenwärtig der Sitz des ganz Afghaniſtan beherrſchen-
den Emirs oder Fürſten, in einer wahrhaft paradieſiſchen Gegend mit köſt-
lichem Klima. Reichbewäſſerte Obſtgärten tragen Früchte, die getrocknet,
weithin verführt werden; nicht minder berühmt ſind die Weinbeeren. Die
Stadt mit 60 000 E. iſt durch Handel und Gewerbe äußerſt lebhaft. Von
Kabul den Fluß hinab folgt die Stadt Dſchellalabâd, dann ziemlich bis
zur Einmündung in den Indus das (ſchon größtenteils zum britiſchen Indien
gehörige) Land Peſchâ=uer. — Südlich von Kabul liegt Ghasni, früher

eine ſtarke Feſtung, ja einſt der glänzende Mittelpunkt des Reiches der
Ghasnaviden, jetzt klein und nur als mohammedaniſcher Wallfahrtsort
bekannt. Von hier zieht die große Karawanenſtraße ſüdweſtwärts weiter nach
Kandahâr, 30000 E., und den Steppenfluß Hilmend hinab.

Ein anderer Arm der im Kabulthal hinanziehenden Karawanenſtraße
zweigt bald hinter Kabul ab nach Herât, 50000 E., der anmutigen „Stadt
mit hunderttauſend Gärten“, dem Haupthandelsort zwiſchen Indien und
Perſien und dem Schlüſſel zu Afghaniſtan von Turan aus.

2) Kafiriſtân, d. i. Land der Ungläubigen, umfaßt, nordöſtlich von Afghaniſtan, am Südabhange des Hindukuſch das Alpenland an den Zuflüſſen des Kabul und des oberen Indus, 71 000 qkm
(1300 Q.-M.) mit 600000 Einw., kräftige Bergvölker, die in ihren
Bergen am reinſten den iraniſchen Volkscharakter bewahrt haben.

3) Belutſchiſtân dagegen wird von Stämmen bewohnt, die
eine ſtarke tatariſche Beimiſchung zeigen. Großenteils moham-
medaniſche Schiiten, leben ſie unter Häuptlingen, die, ſoweit es
ihnen gefällt, dem Chan zu Kelat gehorchen. Doch hat England
1877 das ganze Land unter ſeine Schutzherrſchaft genommen. Ein
bedeutender Teil des ſehr gebirgigen, etwa 276 000 qkm (5000 Q.-M.)
großen Gebietes wird von der ſchrecklichen Wüſte durchzogen, welche
im Altertum die Wüſte von Gedroſien hieß (Alexanders Rückzug
aus Indien). Daher iſt das Land nur ſehr ſpärlich bewohnt; nur
1—2 Einw. auf 1 qkm.

Kelât, über 2300 m hoch gelegen, Sitz des Chans, Handelsſtadt.

§ 44.
Weſt-Irân oder das perſiſche Reich.

Das Reich, zu dem auch ein Teil des nachher zu ſchildernden
armeniſchen Hochlandes gehört, zählt auf ſeinen etwa 1²/₃ Mill. qkm
(30000 Q.-M.) nur etwa 9 Millionen Einwohner. Die eigentlichen
Perſer ſind Nachkommen der alten, aber durch die vielen Einwanderungen und Fremdherrſchaften mit anderen Völkern gemiſcht; auch
ihre Sprache (im Orient verbreitet, wie die franzöſiſche im Occident)
ſtammt von der altperſiſchen, iſt aber mit arabiſchen und türkiſchen
Worten vermengt. Die beiden letzteren Sprachen verſteht gleichfalls
jeder Gebildete. Türkiſchen Stammes iſt etwa der zehnte Teil der
Einwohner, darunter mit etwa 800 Prinzen die Familie des ganz
despotiſch regierenden Herrſchers, der den Titel Schachenſchah führt.
Der Religion nach ſind die Perſer Mohammedaner und zwar Schiiten.
Aber auch der alte Feuerdienst des Zendvolkes hat noch ſeine zerſtreu-

ten Anhänger, die man Parsen, Guebern (Ungläubige) oder
Feueranbeter nennt. Auch armenische Christen giebt es. Den
dritten Teil der Bevölkerung bilden Nomadenstämme verschiedener
Abkunft. Die Perser sind ein kräftig=gesundes, wohlgebildetes Volk,
das in Kleidung und Schmuck die Pracht liebt, aber im ganzen Orient
wegen seiner übertriebenen Komplimente und seiner Lügenhaftigkeit
verrufen ist. Im 13. und 14. Jahrhundert lebten ihre trefflichen
Dichter Saadi und Hafis. Zumal erfreut das Perservolk sich an
der Herrlichkeit der Vorzeit; das Erzählen von Geschichten und Mär=
chen ist hier ein ordentliches Handwerk; die Perser scheinen höherer
Bildung weit zugänglicher zu sein als die Türken.

Die jetzige Residenz Teherân liegt nicht weit vom nördlichen Rand=
gebirge auf einer gut bebauten Ebene. Der viereckige Palast des Fürsten
nimmt ¼ der ebenfalls viereckigen, ummauerten Stadt ein. Im Winter ist
Teheran mit 21000 E. bevölkert, im Sommer aber spärlicher, weil dann ein
Viertel der Bewohner der Gluthitze der Stadt entflieht und die Landhäuser
am Demawend bezieht oder auch ein vornehmes Nomadenleben unter Zelten
im benachbarten Alburs=Gebirge führt.

Die frühere Residenz war Ispahân. Sie liegt von der jetzigen gegen
S., in einer wohlbewässerten, reizenden Einsenkung. Ispahans Frühling
— so singen persische Dichter — berauscht die Sinne. Der weite Umfang
(40 km) bezeugt ihre frühere Herrlichkeit. Ehemals gab es 137 königliche
Paläste in Ispahan und angeblich 600000 E. — jetzt nur noch 90000 E.

In der alten Stammlandschaft der Perser, in einem schönen Gebirgs=
thale voll Rosen= und Weingärten liegt Schirâs mit 32000 E., die Handel
treiben (z. B. mit Rosenöl und dem in der Nähe quellenden Bergbalsam, einer
Art Bergöl oder Naphtha, die man auch Mumie nennt). Gräber von Saadi
und Hafis. — Nordöstlich von Schiras die großartigen Ruinen der Stadt
Persépolis (des alten Persiens Schatzhaus und Königsgruft), von Alexan=
der verbrannt. Sie heißen Tschihil=Minar (d. i. 40 Säulen). Eine Menge
in Stein gehauener Darstellungen sind noch erhalten, auch Inschriften in der
wundersamen altpersischen Keilschrift.

Eine erst in neuerer Zeit durch den Handel mit Rußland in die Höhe
gekommene Stadt ist der in Masenderan am kaspischen Meere gelegene
Handelsort Barfurûsch, 50000 E.

Während die politische Grenze gegen die asiatische Türkei im W. sich nur
zuweilen dem Rande der Gebirge nähert und die westlichen Stufenlandschaften
zum Teil schon türkisch sind, greift Persien gen NW. nach dem armenischen
Hochland über: hier das wichtige Täbris, eine große Fabrik= und Handels=
stadt, mit 180000 E. Für den Nordosten von Persien ist Méschhed,
70000 E., Haupthandelsplatz und als Grabstätte eines Nachkommen des
Kalifen Ali berühmter Wallfahrtsort der Schiiten. Den südwestlichen
Küstenstreifen mit glühendem Klima haben die Perser, von jeher eine meer=
scheue, seeuntüchtige Nation, meist arabischen Fürsten überlassen, die Tribut
bezahlen. Hier liegt der ungesunde, aber wichtige Handelsplatz Buschehr,
zu dem man von Schiras auf sieben „Leitern" hinabsteigt.

§ 45.
Das armenische Hochland und Kaukasien.

Armenien ist die breite Hochebene, welche Iran und Kleinasien verbindet, durchkreuzt von vielfachen waldreichen Gebirgszügen, welche auch die Ränder des armenischen Hochlandes gegen das kaspische Meer, den Kaukasus und das Schwarze Meer umziehen und süd= wärts in breiten Stufen gegen Mesopotamien abfallen; diese rauben dem (daher abseits der Gebirge waldlosen) Lande die Feuchtigkeit. Die höchste Erhebung ist der vulkanische Flachkegel des Ararat (eigentlich des Masis in der Landschaft Ararat), 5163 m hoch, der als Noahberg weitberühmt (vergl. 1. Mos. 8, 4) ist. Er ist nur auf seiner obersten Kegelhöhe von 4200 m ab mit ewigem Schnee be= deckt, da in der trockenen Höhenluft Armeniens der Schnee sehr weit empor im Sommer schmilzt.

Gewissermaßen das Postament des Ararat bildet die Hochebene von Eriwân (1000 m), durchzogen in weitem Südbogen von dem Arâs, dem alten Arâxes, der sich erst in der transkaukasischen Nie= derung mit der in Nord=Armenien entspringenden Kurâ vereinigt. Im W. liegt die Hochfläche von Erserûm mit dem nördlicheren Quellarm des Euphrat, dem Frât. Südlich vom Ararat liegen die beiden großen Salzseeen: s. w. der Wân=See, s. ö. der noch größere Urmia [ûrmia]=See. Im N. des Wan=Sees entspringt der südlichere Quellarm des Euphrat, der Murâd, welcher das Quelland des Tigris in enggezogenem Bogen umfließt.

Schon im Altertum nannte man diese Gegenden Armenien. Eigene Könige mußten der Römerherrschaft und eine neue einheimische Königsdynastie im Mittelalter dem Drucke der Mohammedaner wei= chen. Aber das fleißige, zu kaufmännischen Geschäften wie geborene Volk der Armenier hat sich noch ungemischt erhalten und bewohnt nicht nur in überwiegender Anzahl dieses sein Mutterland, sondern wohnt zerstreut im ganzen Orient, in der europäischen Türkei, in Ungarn u. s. w. Die Armenier bilden eine besondere Sekte der grie= chischen Kirche. Als Nomaden ziehen (besonders auf den Gebirgen) die ihrer Sprache nach den Persern noch näher als die Armenier ver= wandten Kurden umher, von Viehzucht lebend, lieber von Räube= reien. Ein Gast jedoch ist ihnen eine Gabe Gottes. Ihre Religion ist ebenso zweifelhaft (zwischen Christus und Mahommed schwankend) wie ihr Oberhaupt; denn wenn auch einmal gedemütigt, fragen sie im Grunde wenig nach den türkischen und persischen Despoten. Schon der Grieche Xénophon, dessen berühmter Rückzug mit den Zehntausend über die armenischen Hochflächen ging, erwähnt das Räubervolk der Karduchen, wie er die Kurden nennt. Man bezeichnet auch öfter das südarmenische Gebirgsland nebst dem iranischen Stufenland, welches zum mittleren Tigris abfällt, als Kurdistân d. i. Kurdenland.

Armenien ist in drei Staatsgebiete verteilt, welche sich am Ararat berühren:

1) Der SO. um den Urmia=See ist persisch; hier liegt Täbris (§ 44).

2) Der SW., das Quellgebiet des Euphrat und Tigris sowie die Um= gebung des Wan=Sees ist türkisch: hier liegt Erserûm, 60000 E., wichtige Handelsstadt auf der Straße vom Schwarzen Meer (Trapezunt) nach Täbris.

3) Der N. ist russisch und wird daher mit zu Kaukasien gerechnet; hier liegt Eriwan, von dem w. das hochummauerte Kloster Etschmiadsin, das Hauptheiligtum der Armenier, sich befindet.

Der Kaukasus (§ 38), das herrlich anzuschauende „Gebirge der tausend Gipfel", wie es die Morgenländer nennen, war noch zu Anfang unseres Jahrhunderts die Heimat freier Gebirgsvölker, die meist von Jagd und Raub lebten, und dadurch die fast paßlose Ge= birgsschranke zwischen Asien und Europa nur noch hemmender mach= ten. Von dem einst auch hier gepredigten Christentum fanden sich nur bei einigen Stämmen noch schwache Spuren. Durch fünfzigjährige Kämpfe beugte Rußland diese gefährliche Freiheit der Kaukasusvölker und gestaltete aus dem Gebirge wie aus dem nördlichen und südlichen Vorland desselben die Statthalterschaft Kaukasien, 472000 qkm (8400 □.=M.) groß mit 7,₅ Mill. Einw. Noch immer aber fesselt der Kaukasus durch die merkwürdige Mannigfaltigkeit seiner Völker und Sprachen wie durch die körperliche Schönheit, die mehreren Stämmen eigen ist. Am S.=Abhang des Gebirges wohnen die Georgier, am N.=Abhang im O. die Lesghier, im W. die Reste der fast sämtlich in die Türkei ausgewanderten Tscherkessen. Am mittleren Paßüber= gang (von Wladikawkas, § 38) finden sich noch heute die im 6. Jahr= hundert als Grenzwächter des neupersischen Reiches (§ 42) hierher verpflanzten iranischen Osseten, besonders auf der Nordseite des Gebirges.

Der Kaukasus trennt Kaukasien in eine schönere S.=Hälfte (Trans= kaukasien) und in eine sich an die trocknen südrussischen Steppen anschlie= ßende, darum auch weniger dicht bevölkerte N.=Hälfte (Ciskaukasien). In jener liegt die Hauptstadt der ganzen Statthalterschaft, das prächtig ge= legene Tiflis an? — frühere Residenz der christlichen Könige von Georgien, 120000 E. In der Nähe württembergische Kolonistendörfer. Auf einer ins kaspische Meer vorspringenden Halbinsel die Stadt Baku mit einem weit= berühmten Feuertempel der Guebern: denn in der ganzen Umgebung ist der Boden so reich an Naphtha und so sehr durchdrungen mit brennbaren Gasen, daß die Natur hier selbst die Stätte für die Anbetung des Feuers bereitet zu

haben schien. Durch die Ausbeutung dieser reichen unterirdischen Petroleum=
lager ist die Stadt schnell zu Größe und Bedeutung emporgewachsen, sodaß
sie heute 100000 E. zählt. W. von einem das Flußgebiet der Kura ab=
schließenden Gebirgsrücken, welcher den Kaukasus mit Armenien verbindet,
das Flußgebiet des Rion (Phasis der Alten) mit der Küstenstadt Poti.
Hauptort von Ciskaukasien Stawropol, gleichweit entfernt von der Straße
von Kertsch und dem kaspischen Meere.

§ 46.
Die Halbinsel Kleinasien.

Vom westarmenischen Hochland zieht sich eine Reihe von Gebirgs=
kämmen nach SW. (gegen den Busen von Jskenderûn), die man
den Antitauros nennt. An denselben schließt sich in W.=Richtung
der teilweise alpenhohe Tauros (bis 3500 m). Seine zum Mittel=
meer sich hinabziehenden Thalgründe sind voll üppigen Pflanzenwuch=
ses, nordwärts dacht er sich zu der durchschnittlich 1000 m hohen
Hochfläche des inneren Kleinasien ab. Diese trägt einige er=
loschene Vulkane, wie den 3800 m hohen Erdschiäs Dagh. Ein=
zelne äußerst fruchtbare Thäler abgerechnet (der beste türkische Tabak,
Baumwolle, aus dem Milchsafte der Mohnköpfe Opium), ist auch
diese Hochfläche mit Graswuchs (Schafweide) bedeckt, zeigt jedoch auch
an manchen Stellen sich ähnlich wie Iran steppendürr, mit salzhalti=
gem Boden, Steppenflüssen und Salzseeen; der Hauptabdachung nach
N. folgt der kleinasiatische Hauptfluß, der Kisil Irmâk, der Halys
der Alten, nach langem Bogenlaufe endlich das pontische Rand=
gebirge durchbrechend.

Nicht durch Gebirge verschlossen ist allein Kleinasiens buchten=
reiche W.=Küste; mäßig hohe von O. nach W. streichende Gebirgszüge
erstrecken sich bis hinein in die westlichen Halbinseln; vielgewundene
Flüsse, wie der Hermos und der endlos sich krümmende Mäander,
bewässern nach der See offene Ebenen, über die sich befruchtende Win=
terregen ergießen. Landsenkung, die in der prähistorischen Zeit stattge=
funden hat, ist die Ursache, daß das Meer, in die Thäler der Gebirgs=
züge eindringend, dieser Küste eine so reiche Gliederung gegeben hat.

In der Geschichte ist Kleinasien — gleichsam die Brücke zwischen
Asien und Europa — ein gar wichtiges Land, von jeher der Kampf=
platz der sich hier in Krieg und Handel begegnenden Völker. Ehe noch
Kyros sein Reich gründete — wann? — war das Reich der Lyder
mächtig, und an der Westküste hatten Griechen eine Reihe der reichsten
Handelstädte erbaut, wie denn die ganze Halbinsel eine große Zahl
der schönsten Häfen hat. Griechische Bildung erblühte schon sehr

früh an Kleinasiens Westküste; hier ist die Wiege des homerischen
Epos, hier entstand die griechische Philosophie. Der letzte lydische
König Krösus ward von Cyrus besiegt. Um die griechischen Städte
war zwischen den Persern und europäischen Griechen langer Streit,
bis Alexander durch seinen Siegeszug auch diese Halbinsel in Besitz nahm. Nach seinem Tode war sie teils eine Provinz des syrischen
Reiches, teils entstanden einzelne kleine Königreiche. Die Römer be-
kamen zuletzt alles, und Kleinasien wurde, als ihr Reich im Anfange
des 5. Jahrhunderts n. Chr. in zwei Teile zerfallen war, ein Teil
des östlichen Reiches. Um 1400 hatten die Türken ganz Kleinasien
erobert, denen es noch immer gehört. Türken, Griechen und Armenier wohnen hier, aber die einst mit den prachtvollsten Städten
besetzte Halbinsel, eines der schönsten Länder der Erde, ist jetzt in
einem traurigen Zustande der Verwilderung und Verkommenheit.
Überall stößt man auf die Trümmer ehemaliger Städte, aus deren
edlen Bruchstücken die schmutzigen Hütten der jetzigen Bewohner zu-
sammengeflickt sind; alles predigt: gewesen!

Der Name Kleinasien ist für das arme Land eigentlich nur
bei den Geographen gebräuchlich. Die Türken nennen es Anádoli,
Natolien, d. h. das Land gegen den Aufgang. Dasselbe bedeutet
der bei den Abendländern früher häufige Name Levante. Obgleich
550 000 qkm (10 000 □.-M.) groß, hat Kleinasien doch nur 7 bis
8 Mill. Einw.; diese sind im Innern osmanische Türken (welche
eben hier erst durch Osman zu einem Eroberervolk vereint wurden),
im w. Gestadeland aber wie vor alters Griechen. Alle türkischen
Besitzungen in Asien, die arabischen eingerechnet, schätzt man auf
1 777 000 qkm (34 000 □.-M.) mit 15,4 Mill. Einw.

1) Auf der Hochebene des Innern, welche als Hauptmasse die alten
Landschaften Phrygien, Kappadolien und Lykaonien umfaßt, liegen
im O. Siwas, eine lebhafte Handelsstadt, im S. Konia, das alte Jlo-
nion, zur Zeit der Kreuzzüge die Hauptstadt eines Türkenreiches. Jkonion
ist der Mittelpunkt aller sich in der Halbinsel kreuzenden Straßen. In dem
alten Lande der Gálater, an die Paulus schrieb, Angóra. Merkwürdig,
daß in den Umgebungen dieser Stadt (bei dem trocknen Hochlandsklima) viele
Vierfüßler statt ihrer sonstigen Bedeckung weiche Seidenhaare tragen, aus
denen das berühmte Kämelgarn gesponnen wird: so Katzen, Hunde, Kanin-
chen (Seidenhasen), vor allen Ziegen (Angoraziegen). Im W. von Angora
reiche Gruben von Meerschaum, aus dem die berühmten Pfeifenköpfe geschnitten werden.

2) Die Nordterrasse am Schwarzen Meer zeigt uns zuerst das alte
Pontos, vor dessen König Mithridates einst Rom zitterte. Lucullus, der
gegen ihn kämpfte, brachte aus Kerasüs, dem heutigen Kerasún, den Kirschbaum nach Europa. Die bedeutendste Stadt aber ist Trapezunt, 45 000 E.,
im späteren Mittelalter einmal der Hauptort eines zweiten griechischen Kaiser-

tums, noch jetzt ein sehr wichtiger Handelsplatz. — Weiter nach W. folgt das
alte Paphlagonien; Sinope, Vaterstadt des Diogenes, noch jetzt als
Sinöb bedeutende Hafenstadt. 1853 Zerstörung der türkischen Flotte durch
die Russen. — Die Reihe schließt im W. das alte Bithynien. Nikome=
dien, am östlichsten Einschnitt des Marmara=Meers, türkisch Jsmid, einst
die glänzende Residenz Diokletians, jetzt wieder aus der Vergessenheit auftau=
chend, da es mit dem volkreichen Skutari (100000 E.), einer Art Vorstadt
von Konstantinopel, durch eine (schon im Weiterbau nach dem Innern hin
begriffene) Eisenbahn verbunden ist. Gen SW. folgt Nikäa, die Stadt der
ersten allgemeinen (ökumenischen) Kirchenversammlung von 325, in den
Kreuzzügen starke Festung, jetzt Jsnik genannt und ganz verkommen; dann
Brussa, ehemals Residenz der bithynischen Könige, eine Zeitlang Haupt=
stadt des Türkenreiches (vor der Eroberung Konstantinopels), und noch jetzt,
herrlich gelegen am Fuß des von ewigem Schnee bedeckten kleinasiatischen
Olymp, eine der bedeutenderen Städte Kleinasiens mit 60000 E.

3) Das fruchtbare W.=Gestade am ägäischen Meer, im Altertum die
Landschaften Mysien im N., Lydien in der Mitte, Karien im S., am
Küstensaume mit reichen griechischen Koloniestädten besetzt: bedeutend ist jetzt
nur Smyrna (türk. Jsmir), einer der wichtigsten Handelsplätze des Mittel=
meeres mit 225000 E., darunter sehr vielen Europäern (oder, wie sie im
Orient allgemein genannt werden, Franken), die das Stadtviertel am Hafen
bewohnen. Viele andere Punkte sind besonders wegen der Erinnerungen an
das Altertum wichtig. So der Fluß Granikos, an dem Alexander zuerst
die Perser schlug, so die Stelle des alten Troja (Schliemanns Ausgrabun=
gen). Die Stadt Bergma erinnert an das alte Pergamos, mit seinen
Bücherschätzen (Pergament) und seinem Zeusaltar, dessen Reliefs jetzt in
Berlin sind; Manissa an das alte Magnesia, wo der Magnet zuerst
beobachtet ist. Die prächtige Hauptstadt Lydiens, Sardes, ist als Sart
ein Aufenthalt schmutziger Türkenfamilien, am Fuße großartiger Ruinen.
Von Ephesos an der Küste sind nur Trümmer da: desgleichen von Mi=
letos. Ja, von dem letzteren läßt sich kaum die Stelle bestimmen, da der
bei den Alten wegen seiner Krümmungen sprichwörtliche Mäander, an dessen
Mündung Milet lag, sein Delta weit in die See vorgeschoben und die durch
den Seesieg der Perser über die Jonier 496 v. Chr. berühmte Küsteninsel
Lade jetzt landfest gemacht hat. Denn seit dem Altertum ist das Meer er=
heblich von der kleinasiatischen Westküste zurückgetreten.

4) Der Südrand, bei den Alten die Landschaften Lykien, Pam=
phylien und Kilikien umfassend und als Sitz von Seeräubern verrufen, ist
ein schwer zugängliches Gebirgsland. Wir merken uns nur den kleinen Ort
Seleffe, das alte Seleukia, am Selef (Kalykadnos), in dessen Flut
Friedrich Barbarossa 1190 seinen Tod fand, und Tarjos, die Vater=
stadt des Apostels Paulus, am Kydnos (Alexanders Bad und Krankheit).

5) An der vielgegliederten Westküste zieht sich eine Kette sie begleitender
Inseln entlang. Wir merken von N. nach S. gehend a) das kleine Tene=
dos, dem alten Troja gegenüber, wichtig wegen seiner Lage am Hellespont
und als Rastort für Flotten. b) Lesbos (auch Metelino nach dem Haupt=
orte genannt), südlich vom Kap Baba, fruchtbar und bevölkert; wichtiger
Kriegshafen (Heimat der Dichterin Sappho). c) Chios (jetzt Skio), dem
Vorsprunge gegenüber, der die Bucht von Smyrna bildet, die reichste und
schönste Insel unter allen (Wein, Mastixwälder); im Frühjahr 1881 durch
ein furchtbares Erdbeben verwüstet. In derselben Richtung weiter im Meer

das Felseninselchen Ipsára, durch heldenmütige Verteidigung im griechi=
schen Freiheitskriege berühmt. d) Samos, nördlich von der Mündung des
Mäander, Heimat des Philosophen Pythágoras und des Tyrannen Poly=
krates, bildet heute unter der Oberherrschaft der Türkei einen eigenen kleinen
Staat mit griechischem Fürstenhause. Hauptprodukt: Muskatwein. Im SW.
Patmos, jetzt Palmosa, Verbannungsort des Johannes, der dort nach
der Sage die Offenbarung schrieb. e) Unter den vor Karien liegenden Inseln
nennen wir Kôs (jetzt Stanco), das Vaterland des Arztes Hippókrates.

6) Dem südwestlichen Vorsprunge der Halbinsel gegenüber liegt Rho=
dos, bei den Alten einer der mächtigsten Handelsstaaten. Die Hauptstadt lag
im NO.; neben ihrem Hafen stand der 47 m hohe Koloß von Rhodos,
eines der sieben Weltwunder, der 222 v. Chr. durch ein Erdbeben umstürzte.
— Im Mittelalter hatten Rhodos eine Zeitlang die Johanniter=Ritter im
Besitz und schufen die ganze Insel zu einer Festung um (Schiller, Kampf
mit dem Drachen). Unter der Türkenherrschaft ist, wie gewöhnlich, alles in
Verfall gekommen. Doch ist Rhodos immer noch ein Hauptstandort der tür=
kischen Flotte.

7) Im SW. der Spitze des Busens von Iskenderun liegt das gebirgige
Cypern, 9600 qkm (170 Q.=M.) mit 210000 E., wovon ²/₅ Griechen sind.
Wenn bei den Alten die Insel der Gottheit des Liebreizes heilig war, so mußte
sie wohl dieser Ehre durch Schönheiten aller Art würdig sein. Und in der That
ist sie eine der schönsten Erdstellen, reich an den verschiedensten Produkten.
Kupfer, Cypressen, Cyperkatzen, Cyperwein haben daher ihren Namen. Von
den Türken wurde sie 1571 den Venetianern entrissen. Seitdem verödete das
Land; von einer Million Einwohnern blieb nur ein Fünftel. Seit der 1878
erfolgten Besetzung durch die Engländer nimmt die Insel indes einen, wenn
auch nur langsamen Aufschwung. — Hauptstadt ist Nilôsia mit 13000 E.

§ 47.
Mesopotamien.

Der Euphrat und der Tigris durchströmen nach ihrem Aus=
tritt aus Armenien (§ 45 Anf.) in SO.=Richtung erst gesondert,
dann vereint Mesopotamien (d. i. Land zwischen den Flüssen).
Dies ist eine sich allmählich zum persischen Meerbusen senkende Ebene,
nur durch Winterregen erfrischt, im Sommer bei großer Hitze völlig
regenlos, daher Steppe; aber von der Stelle an, wo die beiden
Ströme zum erstenmal einander sich nähern, beginnt der Deltaboden
mit Dattelpalmenhainen und üppigster Fruchtbarkeit, soweit die Be=
wässerung reicht.

Pfeilschnellen Laufes enteilt der Tigris (d. i. Pfeil) dem Ge=
birge und führt in geschlossenem Bette seine Wasser ins Meer. Der
Euphrat aber, wenn der Schnee in Armenien schmilzt, überschwemmt
und befruchtet weithin den Boden. Darum erblühte in diesem Unter=
land die früheste Kultur Vorderasiens, zuerst die des turanischen
Akkádier=Volkes (welches die Keilschrift erfand), dann die der semi=

tischen Babylonier, welche eine Zeitlang unter der am Mittellauf
des Tigris begründeten Säbelherrschaft der ihnen verwandten Assy=
rier standen.

Seit der Eroberung Mesopotamiens durch die Araber (im
7. Jahrh.) herrscht daselbst Islam und arabische Sprache; seit der
türkischen Eroberung veröbete auch dieses Land. Die Bewässerungs=
kanäle, die „Wasserbäche Babylons", verfielen, die Schöpfräder,
welche das Wasser verteilten, verminderten sich, die Schutzdämme
stürzten ein. In blinden Läufen verschwendet der Euphrat jetzt sein
Wasser großenteils an die Wüste oder führt es Sumpfseeen zu, so=
daß die Felder, auf denen das Korn einst 200 fältige Frucht trug,
heute auf weite Strecken in Steppe und Sumpf verwandelt sind.
Den Rest seines Wassers ergießt der Euphrat heute in den Tigris,
der von der Vereinigung an den Namen Schatt el=Arâb empfängt.

Die größten Städte lagen stets auf dem Deltaboden, wo auch beide
Ströme ab= und aufwärts (nicht wie oberhalb wegen der reißenden Strom=
gewalt bloß abwärts) zu befahren sind. Das uralte Bâbêl (griechisch Ba=
bylôn), lag an beiden Seiten des Euphrat und zwar unfern der Stelle größ=
ter Annäherung desselben an den Tigris (vor der völligen Vereinigung). Ein
ungeheures Mauerquadrat umschloß die 4—500 qkm haltende Fläche dieser
größten Stadt der Welt, aus welcher noch Alexander d. Gr. den Mittelpunkt
seines Weltreiches machen wollte. Jetzt sind von ihr nur noch Trümmer übrig:
unzählige Backsteine und Thonscherben mit Keilschrift decken als Schutt die
weite Ebene, aus welcher der zu einem seltsamen Spitzhügel zusammenge=
schwundene Rest des „Turms von Babel", des ehemals in 8 nach oben stufen=
weise schmäler werdenden Stockwerken bis zu 200 m ansteigenden Bêl=Tem=
pels, hervorragt. Im WNW. der Ruinenstätte liegt Kerbéla, der heiligste
Begräbnisort der Schiiten (§ 43 Anf.), deren Totenkarawanen aus Persien
jährlich Tausende von Särgen mit verwesenden Leichnamen durch Maultiere
hierher bringen und dadurch häufig den Ausbruch der Pest veranlassen. Die
jüngeren Residenzen alle am Tigris, ungefähr n. von Babel: die der Seleu=
kiden Seleukia am r. Ufer, die der Parther Ktésiphon ihr gegenüber am
l. Ufer (auch von den neupersischen Sassaniden benutzt; von ihr steht noch eine
prachtvolle Palast=Ruine); wenig oberhalb Bagdâd, erst von den arabischen
Kalifen erbaut, einstmals der glänzende Herrschersitz Harûn=al=Raschids,
auch jetzt noch Sitz des türkischen Pascha, 100000 E. Am Schatt el=Arâb
Basra in ganz versumpfter Umgebung, aber durch seine Datteln berühmt. —
Am Mittellauf des Tigris, hoch über dem rechten Ufer des Flusses gelegen,
gewährt Diârbekr einen malerischen Anblick. Viel größer (57000 E.) ist
Môsul (Musseline, feine Baumwollzeuge, hier im Mittelalter zuerst ge=
fertigt und danach benannt) an der Abzweigung eines wichtigen Übergangs=
weges über das iranische Randgebirge. Daher lag Mosul gegenüber (auf dem
l. Ufer) die assyrische Hauptstadt Ninive, deren Königspaläste man aufge=
graben hat, und daher fand hier auch die Entscheidungsschlacht von Gauga=
mêla (dicht bei dem schon 606 durch die Könige von Babylonien und Medien
vernichteten Ninive) statt, in welcher Alexander d. Gr. den letzten Perserkönig
besiegte.

Daniels Lehrb. d. Geogr.   6

§ 48.

Syrien.

Südwestlich von Mesopotamien erhebt sich allmählich bis zu
700 m eine Kalkhochfläche, welche in einer Entfernung von 50 km
vom Mittelmeer durch ein großes Längenthal unterbrochen wird.
In diesem durch einen Erdeinbruch entstandenen Thale fließt der
Orontes (jetzt Nahr el=Asi) gen N. und dann ins Mittelmeer,
der Jordan nach S. durch die hier viel tiefer eingesenkte Thalung
(das sogenannte Ghôr) in das tiefblaue, 394 m unter dem Meeres=
spiegel gelegene Tote Meer. Jenseit dieser Flüsse erhebt sich die
Hochfläche zu höherem Gebirge. Der ganze wüste O. wird die syrische
Wüste genannt, die in ihren nördlichen Gegenden mehr eine magere
Steppe, aber im S. eine völlige Öde ist, in der Flugsandhügel mit
steinigen Flächen wechseln. Wie Inseln erheben sich daraus am Ghôr
entlang vulkanische Gebirgsgruppen von großer Fruchtbarkeit. Das
Land im W. des Ghôr wird im allgemeinen Syrien genannt; zer=
fällt in eine größere nördliche Hälfte, Syrien im engeren Sinn,
und eine kleinere südliche, Palästina; beide, dem türkischen Sul=
tan unterthan, haben eine arabisch redende mohammedanische Be=
völkerung, doch ist auch die Zahl der christlichen Einwohner nicht
gering: so giebt es allein in Palästina 23000 deutsche Kolonisten.

1) In der nördlichen Hälfte oder Syrien i. e. S., erhebt sich,
und zwar w. von dem großen nordsüdlichen Längenthal der Libanon
(d. i. Weißes Gebirge) bis 3100 m. Das Gebirge ist stark bewohnt
und fleißig bebaut; schon aus der h. Schrift bekannt sind die Zedern
des Libanon (jetzt bis auf einen Hain von nicht ganz 400 Bäumen
zusammengeschmolzen; den sieben größten Stämmen desselben, welche
bei 25 m Höhe in Brusthöhe einen Umfang von 14$\frac{1}{2}$ m haben,
schreibt man ein Alter von 3000 Jahren zu). Den östlichen Rand des
Längsthales bildet der breite Hochrücken des viel niedrigeren Anti=
libanos. — Syrien war stets der Zankapfel der benachbarten
Reiche, wie denn namentlich Ägypten von jeher nach seinem Besitze
gestrebt hat. Nach Alexander wurde es Mittelpunkt der Monarchie
der Seleukiden, dann nacheinander Beute der Römer und Moham=
medaner, denen es Europa in den Kreuzzügen vergeblich zu ent=
reißen suchte.

a) Der schmale Küstenstrich im W. des Libanon, durch Winter=
regen fruchtbar, war im Altertum im Besitz der Phönizier, die eben durch
die Enge ihrer Heimat auf das Meer gewiesen wurden. Sie waren die Eng=
länder der alten Welt in Erfindungen und Seefahrten. Ihre glänzenden

Hauptstädte Sidon und Tyrus sind als Saide und Sur jetzt nur unbedeutende Ortschaften. — Beirût (Berytus) und Tripolis sind jetzt die
wichtigsten Hafenplätze in jener Gegend, besonders Beirut, mit 85000 E.
— An der Grenze von Palästina die kleine Feste Akko (im Altertum Accon
oder Ptolemaïs genannt), in den Kreuzzügen und von Napoleon belagert.

b) Der Libanon wird besonders von zwei tapferen Gebirgsvölkern
bewohnt, die sich von jeder Herrschaft ziemlich unabhängig erhalten: den
Drusen, einer monotheïstischen Geheimsekte, und den Maroniten, einer
Sekte der griechischen Kirche, die aber jetzt mit Rom vereinigt ist. Ihre Dörfer
und zahlreichen Klöster hängen wie Adlernester an den Vorsprüngen und Terrassen des Gebirges. — Zur Zeit der Kreuzzüge aber hauste im Libanon die
abscheuliche mohammedanische Schwärmer- und Mördersekte der Assassinen.

c) Das schöne Muldenthal zwischen den gleichlaufenden Gebirgen, schon
von den Alten das hohle Syrien, Cölesyrien genannt, in welchem der
Orontes nach N. fließt, bis er durch ein Querthal zu dem Mittelmeere durchbricht. Am unteren Orontes liegt Antakia, das alte Antiochia (Apostel-
gesch. 11, 26), einst eine der größten Städte mit etwa 700000 E., auch für
die Geschichte der christlichen Kirche wichtig (hier wurden die Jünger Jesu
zuerst Christen genannt), jetzt ein öder, verfallener Ort; am oberen
Orontes ist die größte Handelsstadt Hamah; südlich von den Quellen des
Orontes liegt Baalbek, mit den großartigen Ruinen zweier alter Tempel.

d) Auf der eigentlichen Kalthochfläche: im N. Haleb oder Aleppo,
wichtig durch seinen Karawanenverkehr mit dem nördlichen Mesopotamien,
110000 E.; im S. Damaskus, einst Saladins Residenz und immer noch
Syriens Hauptstadt mit 150000 Einw., in einer Oase, welche ein Gebirgs-
bach des Antilibanos, der Barada, in einen wahren Lustgarten von Platanen
und Cypressen, Obst- und Weinpflanzungen verwandelt hat. Um dieser anmutigen Lage willen wird Damaskus das „Auge des Ostens" genannt;
blühend durch Handel und Gewerbe, zumal „die Schwertfeger von Damaskus", waren vor Zeiten berühmt.

e) In einer Oase der syrischen Wüste Tadmôr, das alte Palmyra;
es wurde besonders merkwürdig, als in den späteren Zeiten des Römerreiches
hier ein kühnes Weib, Zenobia, sich zur Kaiserin aufwarf. Sie wurde endlich besiegt; ihre Stadt, die damals mit Rom wetteiferte, ist jetzt ein arm-
seliges Dorf, inmitten großartiger Ruinen gelegen.

2) Die südliche Hälfte Syriens, Palästina oder Kanaan
(das gelobte d. i. von Gott dem Volke Israel verheißene Land)
ist dem Umfange nach ein so kleines Land — wenig über 22000 qkm
(400 □.-M.) groß — daß die Despoten von Vorderasien es zu gar
keiner besonderen Statthalterschaft gemacht, sondern immer nur als
Anhängsel von Syrien betrachtet haben. Rings umgeben von den
Residenzen der kolossalsten Reiche der alten Welt blieb dies Land und
die Hauptstadt in seiner Mitte ziemlich unberührt von ihrem Völker-
treiben. In der Geschichte der Religion ist aber das unscheinbare Land
das wichtigste der Erde, von Juden wie Christen als ein heiliges
Land betrachtet. Die Juden haben es besessen bis zur Zerstörung
von Jerusalem 70 n. Chr. Es verdiente — denn jetzt ist das wegen

6*

Veröbung nicht mehr so der Fall — ben Ruf eines lieblichen Landes voll trefflicher Weibeplätze und reicher Vegetation; auch seine soge= nannten Wüsten umschlossen vielfach weite Grasflächen. Darum sprichwörtlich das Land, in welchem Milch und Honig fließt. Fast alle Erzählungen der h. Schrift haben hier ihren Schauplatz; darum kein Wunder, daß von jeher fromme Sehnsucht das Land zu sehen wünschte, daß im Mittelalter die ganze abendländische Christenheit es durch die Kreuzzüge (1095—1270) den Mohammedanern ab= zugewinnen suchte, daß immerfort gelehrte Reisende die Natur von Palästina, wie es in nachchristlicher Zeit genannt ward, näher zu ergründen suchen. —

Der einzige Strom Palästinas ist der Jordan. Seine Quell= gegend ist am Hermon, jetzt Dschebel el=Scheich einer 2860 m hohen Berggruppe, die mit dem Antilibanos zusammenhängt. Zwei Quellbäche verbinden sich am Fuß dieser majestätischen, den größten Teil des Jahres hindurch mit beschneitem Gipfel weithin leuchtenden Höhe zum Jordan. Dieser durchfließt den schlammigen Schilfsee Merôm, dann den größeren und fischreichen See Genezareth oder See von Tiberias (nach dem gleichnamigen Örtchen am West= ufer), auch galiläisches Meer genannt, schon 191 m unter dem Mittelmeerspiegel, mit reizenden Bergufern und klarem, nicht salzigem Wasser. Aus dem See Genezareth strömt der Jordan durch das zur Sommerszeit glühend heiße Ghor, die tiefste Stelle der gegenwärtigen trockenen Erdoberfläche, in das 915 qkm (16½ Q.=M.) messende Tote Meer, einen tiefblauen See, im O. und W. von bräunlichen Kalkfelsen umgeben, dessen Wasser, eine gesättigte Salzlake, zu ¼ feste Stoffe, ein Gemenge verschiedener Salzarten, enthält, so daß es widrig bitter schmeckt und die mit dem Jordanwasser hineinschwimmenden Fische sogleich darin sterben. Die südliche Fortsetzung des Ghor, das wieder in überseeischer Höhe ge= legene Wadi el=Araba zieht sich bis zum Roten Meer hin.

Das Land östlich vom Jordan — Peräa (d. i. das jenseitige) ge= nannt —, geht alsbald in die öde Wüste des O. über.

Der westliche Teil beginnt im Norden mit der Hügellandschaft Gali= läa, die steil gegen den Jordan und den See Genezareth, gegen S. in die Ebene Jesreel abfällt — der Lieblingsaufenthalt des Heilandes; am Süd= rande tritt der Tabor hervor, 600 m, nach alter Sage der Berg der Ver= klärung. An diesem Südrande liegt auch, an der Seite eines weiten Thal= kessels amphitheatralisch ansteigend, Nazareth, jetzt En Nasirah, mit dem Marienbrunnen und der Felsengrotte der Verkündung; auch Cana und Nain sind noch als Dörfer vorhanden.

Im S. von Galiläa treffen wir auf die Ebene Jesreel oder Esdrae= lon, vom Kison durchströmt, ein Schauplatz vieler Schlachten. Etwas süd=

lich von der Kisonmündung ragt der **Karmel**, 500 m, wie eine Warte über
das Mittelmeer, mit sehr vielen Klüften, von jeher Zuflucht und Wohnort
der Propheten, Einsiedler und Mönche. Auch jetzt liegt auf der Höhe ein
Kloster der **Karmeliter**. Am Fuße des Karmel liegt **Kaifa**, in herrlicher
Lage an der Bucht von Akko sich hinziehend, die größte der deutschen Kolonieen in Palästina, von denen die Araber den Ackerbau lernen. — Im S.
der Ebene Jesreel erhebt sich wieder das in einzelne Bergzüge sich scheidende
Hochland. Die nördlichen Berge nennt man das **Gebirge Ephraim**, die
spätere Landschaft **Samaria**, von Samaritern, jenem Mischvolk aus Juden
und Heiden, bewohnt, welches mit den Juden keine Gemeinschaft hatte. Die
bedeutendste Stadt ist hier jetzt **Nablus**, das alte **Sichem** (Joh. 4), am
Fuße des Berges Garizim. Es giebt hier noch eine kleine Samaritergemeinde. —

Im S. folgt das nicht so quellenreiche und weniger fruchtbare **Judäa**.
Hier liegt **Jerusalem**, von den Arabern **El Kuds**, d. i. die Heilige, genannt. Es ist in einer kahlen, dürren Gegend auf einer Kalkhochfläche von
760 m Höhe erbaut, die durch Vertiefungen wieder in mehrere Teile zerfällt.
Nur im N. geht diese Hochfläche sanft in die sie umgebende Hochebene über;
sonst überragt sie, wenn auch nicht hoch, doch allerseits schroff ihre Umgebung.
Einzelne Höhen erheben sich aus dieser Hochfläche; eine derselben ist der **Burgberg Davids Zion**, auf dessen höchster Erhebung, die den Namen **Moria**
führte, der Tempel lag (jetzt dort eine prachtvolle Moschee). Rings umlagern
die Stadt Berggipfel, darunter im O. der **Ölberg**, 830 m, mit einigen noch
erhaltenen, uralten Ölbäumen. Jerusalem hat jetzt 43000, zur größeren
Hälfte mohammedanische, zur kleineren christliche und jüdische Einwohner.
Die Katholiken, Griechen, Armenier und andere Bekenntnisse haben hier
große Klöster, in denen gegen die noch immer, besonders zur Osterzeit heran-
strömenden Pilger Gastfreiheit geübt wird. In Jerusalem und Umgegend
ist jeder Fußtritt heiliger Boden; es giebt nicht ein Haus, das nicht seine
fromme Sage hätte, nicht einen Stein, an den sich nicht eine heilige Erinnerung knüpfte, nicht eine Grotte oder Quelle, die nicht der Schauplatz einer
heiligen Erzählung wäre. — Das größte Heiligtum der Stadt liegt in dem
westlichen (christlichen) Stadtteil: die **Kirche des heiligen Grabes**,
welche in gar nicht einheitlicher Bauweise alle Stätten des Leidens und Auf-
erstehens begreift: das eigentliche Grab ist mit Marmor belegt und in eine
besondere Kapelle eingeschlossen. Über dieser Kapelle wölbt sich die große
Kuppel der Kirche. Alle Parteien der römischen und griechischen Kirche haben
Teile der Kirche inne und ihre Lobgesänge verstummen nicht — aber leider
kommt es auch hier oft unter mitunter zu traurigem Gezänke. Dies, sowie
der stete Lärm und allenthalben sich zeigende gewinnsüchtige Eigennutz, stört
dem christlichen Besucher den Eindruck gerührter Andacht, die an jenen Stätten
sich mit Allgewalt geltend macht. — Im S. von Jerusalem liegt, 10 km
weit, das fast ganz von Christen bewohnte **Bethlehem**. Unter einer Kirche
die Geburtsgrotte des Herrn, in welcher silberne Lampen brennen. Auf dem
Boden ein Stern mit der Inschrift: Hic de virgine Maria Jesus Christus
natus est. Weiter südlich von Jerusalem **Hebron** mit der Patriarchengruft.
In dem üppig fruchtbaren Jordanthale, wo noch die Dattel reift (infolge
der tiefen Lage), liegt **Jericho**, heute ein elend verfallenes Dorf. — Von
Jerusalem westwärts kommt man nach **Ramla** (Arimathia) und steigt dann
von der Hochfläche hinunter in die durch ihren Blumenschmuck berühmte
Ebene **Saron** am Meere. An der Küste desselben liegt **Jafa**, das alte

Joppe, dessen ganz ungeschützte Reede mit schwerer Brandung der Haupt=
hafen von Palästina ist, mit Jerusalem durch eine Eisenbahn verbunden.
— Die Ebene von Saron ist in ihrer südlichen Fortsetzung das Land der
Philister, mit denen die Juden so viel zu kämpfen hatten. Von ihren fünf
Städten, auch von dem einst festen Gaza, ist wenig mehr als Ruinenhaufen
erhalten.

§. 49.
Die arabische Halbinsel.

Das Wadi el Araba trennt von dem eigentlichen Arabien die
dreieckige Halbinsel Sinaï, welche von den beiden Nordzipfeln des
Roten Meeres, den Busen von Sues und Akaba (§ 38), gabelartig
umschlossen wird. Sie trägt in ihrem S. ein isoliertes, mächtiges
Gebirge granitischen Kernes, das Sinai=Gebirge. Es ist ein von
tiefen Thälern zerschnittenes, fast völlig vegetationsloses Massen=
gebirge, das in dem St. Katharinenberg 2830 m hoch steigt.
Doch nicht diesen, sondern den Nordgipfel des 2602 m hohen
Dschébel=Músa hält man für den Berg der Gesetzgebung.

Die eigentliche Halbinsel Arabien ist etwa 3 Mill. qkm
(54000 Q.=M.) groß. Sie ist eine Hochebene von 500 — 1000 m
Höhe, im N. durchaus mit schwarzgrauem Gestein überdeckt, im S.
von einer Wüste losen, rötlichen Sandes eingenommen; in der Mitte
liegen fruchtbare Thäler und Gebirgszüge, auch wieder durch Wüsten=
streifen voneinander getrennt. An der Küste fassen kahle Berge die
Hochfläche ein, denen ein schmaler heißer Küstensaum vorgelagert ist.
Ein beständig fließender Fluß findet sich auf der ganzen Halbinsel
nicht, sondern bloß Thalrisse, die nur, wenn es regnet (was mei=
stens bloß im Winter vorkommt), Wasser führen, der Araber nennt
sie Wâdis.

Arabien hat in vielfacher Hinsicht, in seiner Unzugänglichkeit,
in seinem Hochflächenbau, auch in Pflanzen= und Tierwelt, Ähn=
lichkeit mit Afrika (Dattelpalme, einhöckriges Kamel). Seine
Wüsten und seine Wasserlosigkeit haben die Araber, ein sehr genüg=
sames Semiten=Volk, von jeher vor fremder Eroberung geschützt.
Jahrhunderte hindurch haben sie sogar einen großen Teil der Welt
beherrscht. Denn nachdem Mohámmed (gestorben 632) in Mekka
als Verkünder einer neuen Lehre aufgetreten und ihm nach schweren
Kämpfen die ganze Halbinsel zugefallen war, entflammte das (nicht
von Mohammed herrührende) Gebot des Korâns, mit dem Schwerte
die neue Religion, den Islâm (d. i. Ergebung an Gott), auszu=
breiten, den Heldenmut der feurigen Araber. Unter den Nachfolgern

Mohammeds in der Leitung der Gläubigen (den Kalifen) fiel den Moslim (d. i. den „Gott Ergebenen", den Bekennern des Islam) ein großes Stück Asiens (zähle nach den § 42 und 48 die Länder auf), die Nordküste von Afrika, ja sogar die iberische Halbinsel von Europa in die Hände; erst bei Poitiers 732 konnte Karl Martells Tapferkeit ihrem Vordringen Schranken setzen. Aus jener Zeit rührt es, daß außer in Arabien noch in so vielen Gegenden Asiens und Afrikas Araber wohnen. Die Kalifenherrschaft zerfiel; in vielen Ländern entstanden Türkenstaaten, die eigentliche Halbinsel kehrte in ihren früheren Zustand der Geteiltheit in kleine Gebiete zurück, bis um 1740 die Wahhâbi, die glaubenseifrigen Bekenner der strengsten Konfession des Islam, von Inner-Arabien aus einen großen Staat zu schaffen begannen, der fast die ganze Halbinsel umfaßte und jetzt noch, obgleich mehr in das Innere zurückgedrängt, etwa so groß ist wie Frankreich und das deutsche Kaiserreich zusammen. In ihm führt der Imâm, das geistliche Oberhaupt der Glaubenseifrigen, völlig unbeschränkt auch die weltliche Herrschaft. Ungefähr gleichzeitig entstand im SO. der schon durch seine Lage auf den Handel mit Indien und Afrika hingewiesene omânische Staat, welcher den Wahhâbi tributpflichtig ist.

Arabien hat etwa 3½ Mill. Bewohner. Der weitaus größere Teil derselben ist ansässig in Dörfern und Städten, der kleinere, Beduinen (d. i. Söhne der Wüste) genannt, lebt nomadisch. Die Häuptlinge der einzelnen Stämme heißen Scheiks; der Fürst eines Staates wird Emir genannt, oder, wenn er zugleich geistliches Oberhaupt ist, Imâm. — Das Leben der Beduinen verläuft in der Zucht ihrer Kamele und ihrer weltberühmten windschnellen, aber wenig zahlreichen Rosse, in gegenseitigen Stammesfehden und damit zusammenhängenden Räubereien. Neben Tapferkeit ziert aber auch Treue, Großmut und Gastlichkeit den schweifenden wie den seßhaften Araber. Uraltes Herkommen ist die Blutrache, d. h. blutige Rächung des Getöteten durch seine Familien- und Stammesgenossen. Im übrigen gilt der Korân, das nach Mohammeds Tode aus seinen Aussprüchen zusammengestellte, aber mit mannigfachen Einschaltungen späterer Zeit versehene, heilige Buch der Moslim, als geistliches und weltliches Gesetzbuch.

1) Die ganze Südwestküste ist türkischer Besitz. In ihrer Nordhälfte, der Landschaft Hedschâs, liegen die beiden heiligen Städte der mohammedanischen Welt, zu denen jeder Gläubige, wenn es ihm möglich ist, wenigstens einmal im Leben wallfahren soll; wer den Hadsch (die Wallfahrt) ausgeführt hat, darf sich dann den Ehrentitel Hadschi beilegen. Medina (arabisch Medinat-al-Nabi, d. i. Stadt des Propheten, früher Jatreb) am Rande

der Wüstenplatte, wo die Gräber Mohammeds und der ersten Kalifen sind, 20000 E. Hierher flüchtete sich Mohammed, als ihm die Mekkaner, seine Landsleute, nachstellten, am 16. Juli 622, und nach dieser Flucht (Hed=schra) rechnen alle Mohammedaner ihre Jahre. Etwa 300 km südlicher liegt Mekka in einem engen, sandigen, von hohen Bergen umgebenen Thale, mit 45000 E. Das Hauptheiligtum ist die große Moschee, ein von Kolon=naden eingefaßter Platz mit einer Anzahl besonders geheiligter Stätten. Die wichtigste derselben ist die Kaaba [ka=aba], ein würfelförmiges Gebäude, in dessen eine Außenwand jener heilige schwarze Stein (vielleicht ein Meteor=stein) eingemauert ist, welchen der Legende nach der Engel Gabriel Abraham vom Himmel gebracht hat. Die Kaaba ist mit einer Decke von schwarzer Seide behangen; ihr Inneres ist leer, jedoch mit einigen von der Decke herab=hängenden Teppichen und Lampen geschmückt. Es zu betreten gehört nicht zu den Pilgervorschriften, deren oberste vielmehr der Umlauf um die Kaaba und das Anhören der Predigt auf dem unweit Mekkas gelegenen Arafatberge sind. — Den Hafen für Mekka bildet Dschibba, 30000 E.

2) Auch die Südhälfte der Südwestküste, die Landschaft Jemen, ist seit 1873 im Besitze der Türken. Sie ist das Vaterland köstlichen Weihrauchs und Balsams; auch gedeiht hier vorzüglich der Kaffeebaum. Der Kaffee wurde früher besonders aus dem Hafen Mócha (Mokka) ausgeführt, weshalb man den arabischen Kaffee bei uns Kaffee zu nennen pflegt. Jetzt ist der Ort ganz verfallen, und der „Mokka=Kaffee" kommt fast ausschließlich aus der afrikanischen Landschaft Harár. — Die Engländer haben die Insel Perim in der Bab el=Mandeb=Straße in Besitz genommen und seit 1839 die vulkanische Halbinsel Aden (schon an der SO.=Küste), welche sie zu einem arabischen Gibraltar ausgebaut, und deren Hafen sie zu einem verkehrsreichen Freihafen erhoben haben, so daß die Stadt Aden [áden] (23000 E.) die wichtigste Handelsstadt Arabiens, ja ein Knotenpunkt des Seeverkehrs zwi=schen Europa, Süd=Asien und Ost=Afrika (vermittelst des Sues=Kanals) geworden ist.

3) Die SO.=Küste nimmt zum Teil das von zahlreichen Beduinen=stämmen bewohnte Hadramaut, den Ostsaum Süd=Arabiens aber das Sultanat Omán ein. Letzteres ist der bevölkertste Teil von Arabien, sein Beherrscher wird gewöhnlich Fürst (fälschlich Imám) von Maskát ge=nannt. Diese lebhafte Handelsstadt mit 20000 E. und vortrefflichem Hafen, gesichert durch einen Kranz kleiner Forts auf den umliegenden Höhen, ver=dankt ihre Blüte dem Stifter des omanischen Staates, Sejjid Seid, der den handeltreibenden Fremden, besonders den Engländern, freien Zutritt verstattete; er besaß selbst eine nicht unbedeutende Flotte und eroberte von hier aus ein Stück der gegenüberliegenden Küste von Persien und Belutschi=stan, ja einen Teil der Ostküste Süd=Afrikas mit Stadt und Insel Sánsi=bar. Seine Söhne indes teilten die Besitzungen unter sich. Indes 1871 haben die Türken sich der Nordostküste Arabiens, der Landschaft El Háfa bemächtigt, während England die durch ihre Perlenfischerei berühmten Bahreln=Inseln im persischen Meerbusen in Besitz genommen hat.

4) Nédschd oder das n. w. Central=Arabien, eine von Felsen=gebirgen durchzogene Hochebene, eine Wüste voll weizen= und dattelreicher Oasen. Hier ist die Heimat der edelsten Rosse und der schnellsten Kamele; hier schuf Mohámmed Abb=el=Wahhab jene Sekte der Wahhábi oder Wahhabiten, welche ihre Reformation des Islam nach dem Grundsatz „Glauben oder Tod" mit glühendem Fanatismus ausbreiteten, voll Haß

gegen die genußsüchtige Schlaffheit der osmanischen Türken und ihres Sultans. Oman ist ihnen tributpflichtig. Ihre Hauptstadt Deraie [dera=ije] wurde 1818 durch Ibrahim Pascha von Ägypten zusammengeschossen; bald aber wurde nicht weit davon er=Riâd, 28000 E., als neue Hauptstadt und Residenz des Wahhabi=Imams inmitten zahlreicher, streng verwalteter Provinzen erbaut.

§ 50.
Die vorderindische Halbinsel.

Vorder=Indien bildet ein fast 4 Mill. qkm (72000 Q.=M.) großes Viereck, welches durch den Wendekreis in zwei Dreiecke geschieben wird: in ein nördliches, Hindostân (d. i. Hinduland) und in ein südliches, die Halbinsel Dékhan (d. i. Südland). Der vom Gürtel der Palmen durch den der Nadelwaldung bis in die Höhe des ewigen Schnees reichende Himâlaja bildet eine so gewaltige Schranke gegen Hochasien, daß beide Dreiecke noch enger aufeinander angewiesen sind, und man beide zusammen als die vorderindische Halbinsel bezeichnet.

1) Hindostân ist überwiegend Tiefebene; im W. das heiße und trockne Flußgebiet des Indus, der vom Nordrand des Himalaja im rechtwinkligen Knie nach Indien eingetreten r. den Kabul (§ 43) aufnimmt und l. vier zuletzt miteinander vereinte Flüsse, mit denen er das sogenannte Pandschâb (d. i. Fünfstromland) durchströmt. Dies ist eine hügelige, baumlose Fläche, welche in ihrer nördlichen Hälfte von Ackerfeldern eingenommen ist, nach Süden aber immer trockener und heißer wird und endlich in die mit lockeren Sandhügeln und harten Salzkräutern bedeckte Wüste Thar übergeht. Östlich folgt das eigentliche Hindostân, seit alters der Hauptsitz der Hindus, das heiße, aber durch die sommerlichen Monsunregen gut befeuchtete Flußgebiet des Ganges. Der Ganges entspringt nebst seinem wichtigsten r. Nebenfluß, der Dschamna, auf der indischen Abdachung des Himalaja und vereinigt sich ungefähr in der Mitte seines Laufes mit der Dschamna. Alljährlich überfluten beide die Ebene und verwandeln sie dadurch in ein Gebiet von staunenswerter Üppigkeit und Mannigfaltigkeit der Vegetation. Das Mündungsland des Ganges aber ist sumpfig; seine Mündungsarme verschlingen sich mit denen des Brahmapûtra (d. i. Blume des Brahma), welcher aus Tibet kommend ähnlich dem Indus, jedoch in entgegengesetzter Richtung, den Himalaja auf dem tibetanischen Hochland als Dsang=bo umfließt.

2) Dékhan ist eine in das Kap Kómorin auslaufende Hochfläche, hauptsächlich gen O. geneigt, wie die Flüsse zeigen; umgeben

wird dieselbe im N. vom Windhia=Gebirge, an den Küsten von den etwas aufgeworfenen Rändern, den Ghâts (d. i. Treppen), und zwar an der ö. oder Koromándel=Küste von den Ost=Ghats, an der w. oder Málabar=Küste von den höheren West=Ghats. Sie endigt im S. mit den Nílgiri=Bergen, 2600 m, worauf sich jenseit einer schmalen Senke das isolierte Karbamûm=Gebirge noch bis 2700 m erhebt.

Außer dem Indusgebiet, wo noch die Dattelpalme und das einhöckrige Kamel (sowie der Löwe) vorkommen, Steppe und Wüste vorherrscht, ist Vorder=Indien nebst Ceylon durch den Reichtum seiner Tier= und Pflanzenwelt ausgezeichnet, wie ihm auch ausgiebige Steinkohlenflöze und Edelsteine in seltenster Fülle beschieden sind. Hier hat der Pfau sein Vaterland, hier weiden noch Herden des indischen (d. h. asiatischen) Elefanten, im Dickicht haust der (nach Bengalen benannte) Tiger und die Riesenschlange, in den Flüssen lauern riesige Krokodile (Gaviale). Von wichtigen Nutzgewächsen sind in Vorder=Indien alteinheimisch die Baumwolle, das Zuckerrohr und der (nach Indien den Namen führende) Indigo. Besonders in Ganges=Land, wo zu bereits tropischer Wärme und Regenfülle sich das fette Erdreich des von den Flüssen aufgeschwemmten Bodens gesellt, ist das Pflanzenwachstum von tropischer Üppigkeit; dort schwimmt die unseren Wasserrosen verwandte Lotosblume auf dem Spiegel der Gewässer und die Banjane oder heilige Feige der Hindus bildet mit ihren aus den Ästen senkrecht in den Boden wachsenden Luftwurzeln natürliche Tempelhallen; Palmen gedeihen neben baumhohen Bambusgräsern, und der Reis giebt überreiche und mehrmalige Ernten im Jahr. Er ist das Hauptgetreide im ganzen Monsun=Asien d. h. in dem ganzen SO. des Erdteils, soweit er (bis nach Japan hin) durch den feuchten Sommermonsun (§ 17) befruchtet wird. Feucht aber ist dieser, weil er — durch die starke Erhitzung des asiatischen Innern angezogen — vom Meere landeinwärts weht. Ferner gewinnt man unter der indischen Sonne aus den noch unreifen Kapseln des auch bei uns gebauten Mohns (Papáver somniferum) als Milchsaft den Stoff des Opiums; an der Malabar=Küste wächst der kletternde Pfefferstrauch, nach dem Karbamum=Gebirge tragen die aromatischen Ingwerfrüchte (Kardamomen) ihren Namen, auf Ceylon schält man die beste Zimmetrinde von hohen Lorbeerbäumen, und eben dort liefern die Kokoswälder massenhaften Ertrag. Die Engländer erwarben sich in unserem Jahrhundert große Verdienste durch Anpflanzen des Kaffeebaums auf Ceylon und im s. Dekhan, des Thees am Himalaja und durch eine so große Ausdeh-

nung des Baumwollbaus, daß Vorder-Indien jetzt nächst den Vereinigten Staaten von Amerika die meiste Baumwolle liefert.

Nicht weniger als 287 Millionen Menschen bewohnen diese
schöne Halbinsel, hauptsächlich (211 Mill.) dem Volke der Hindus
angehörend. Aus uralter Zeit stammen die heiligen Religionsbücher
desselben, die Vedas [wêdas], geschrieben in der heiligen, jetzt nicht
mehr im Verkehr gebrauchten Sanskrit-Sprache. Die Hindus ver-
ehren die dreigeteilte Einheit der Götter Brahma, Wischnu und
Schiwa. Brahma ist der Schöpfer. Aus seinem Hauche ging bei
der Schöpfung die erste Kaste (eigentlich Farbe, d. h. erblicher
Stand) der Hindus hervor: die Weißen oder Brahminen (d. i. Gebet
Sprechende); aus seinen Armen die Roten oder Krieger, aus seinen
Schenkeln die Gelben oder Ackerbauer und Kaufleute, aus seinen
Füßen die Schwarzen oder die Dienenden und Handwerker. Die
vier Farben (ungenau Kasten genannt) zerfallen in etwa 40 Unterab-
teilungen mit bestimmt vorgeschriebener Beschäftigung, streng unter
sich geschieden; alle zusammen verabscheuen die sogenannten unreinen
Kasten oder richtiger die kastenlosen Menschen. Diese sind durch Mischung der reinen Kasten mit fremden Völkerelementen entstanden
oder entstammen den dunkeln Ureinwohnern (den Dravidas). Die
Pârias sind verachtet und gemieden. Wischnu, der Erhalter, ist
öfter auf Erden erschienen, immer in Tiergestalt. Daher die heilige
Scheu, das Leben der Tiere, besonders der Rinder, aber auch un-
verschämter Affenarten, ja selbst des Ungeziefers anzutasten. Schiwa
endlich stellt die zerstörende, aber zugleich neuschaffende Naturkraft
dar; er ist Mahadêwa, „der große Gott", der wiederholt in Menschen-
gestalt unter den Menschen gewandelt hat. Diese drei oberen und
eine Menge Untergötter werden von den Hindus mit eifrigem Aber-
glauben verehrt. Da giebt es unterirdische Höhlentempel, ganze
Felsenketten, die zu Tempeln ausgehöhlt sind.

Das sanfte, dichterische, religiös schwärmerische Volk der Hindus hat durch Unterwerfung der Dravidas sich zum Herrn des Landes gemacht, aber nie an Eroberungen nach außen gedacht; darum
aber ist es von fremden Eroberern nicht verschont geblieben. Nach
Alexander d. Gr. versuchten die Seleukiden Eroberungen in Indien. Am besten gelangen solche seit 1000 n. Chr. mohammedanischen
Völkern von türkischem und von mongolischem Stamme. Der letztgenannte Stamm gründete um 1400 ein großes Reich mit der
Hauptstadt Delhi. Hier residierte der Kaiser, der sogenannte Großmogul. Sein Reich wurde durch allerhand Feinde geschwächt. Aber
der Hauptfeind waren die Europäer. Seit Vasco da Gama 1498 den

Seeweg nach Ostindien gefunden, kamen in Indien zuerst die Por=
tugiesen zu großer Macht, hernach die Niederländer und die
Franzosen; dann gehorchte (seit dem vorigen Jahrhundert) den
Engländern der bei weitem größte Teil des Landes, nicht aber
unmittelbar der englischen Krone, sondern einer Handelsgesellschaft,
der ostindischen Compagnie. Von der Königin Elisabeth 1600
gestiftet, besaß sie 1640 noch keine Scholle Land; zwei Jahrhunderte
später indes gebot sie durch ihren General=Gouverneur über fast
3 Mill. qkm (60 000 D.=M.), die teils unmittelbar unterworfen,
teils tributpflichtigen Fürsten unterthan waren. Im Jahre 1857
brach aber unter den aus Seapoys [ssipeus], d. h. eingeborenen Sol=
daten, zusammengesetzten Regimentern ein Aufstand gegen die Herr=
schaft der Compagnie aus, der wichtige Folgen gehabt hat. Um ge=
gründeten Beschwerden und Klagen abzuhelfen, wurde die Herrschaft
der Compagnie aufgehoben und Indien 1858 unmittelbar unter die
Krone gestellt, die einen Vizekönig eingesetzt hat. Das englische Ge=
biet in Vorder=Indien, zusammen mit dem englischen Besitz im west=
lichen Hinter=Indien 1877 zum Kaiserreich Hindostan erhoben,
zählt 2,₅ Mill. qkm (45 000 D.=M.); dazu kommen noch etwa 800,
im wesentlichen auch von England abhängige vorderindische Staaten
unter einheimischen Fürsten, sogenannte englische Schutzstaaten.
Franzosen und Portugiesen haben nur noch geringfügige Küsten=
besitzungen in Dekhan. Neben dem Brahmaismus, der Religion
der großen Mehrheit, zählt der Islam etwa 57 Mill. Bekenner, das
Christentum aber (in protestantischer und katholischer Kirche) nur erst
2¼ Mill.

1) Im Himalaja liegt n. w. im oberen Indusgebiet das zu den
Schutzstaaten gehörende Kaschmir, ein reizendes, stark bevölkertes Hoch=
thal mit heiterem, mildem Klima. Es zeigt die üppigste Vegetation aller
europäischen Südfrüchte. In der Hauptstadt Srinagar, 120 000 E., berei=
tet man köstliches Rosenöl und die berühmten Kaschmir=Shawls (von dem
Unterhaar besonders einer Ziegenart). — Am Himalaja, im obersten Indus=
gebiet, Ladak, jetzt zu Kaschmir gehörig; im Gebiet des Ganges und Brah=
maputra der Schutzstaat Sikkim und die unabhängigen Staaten Nepal und
Butan.

2) Im Tieflande des Indus, und zwar im Pandschab, das den
Engländern unterworfene Land der Sikhs mit der Hauptstadt Lahor,
177 000 E. Nicht viel kleiner (137 000 E.) Amritsar, die heilige Stadt
der Sikhs. Attok, am Zusammenfluß des Indus und Kabul. — Am
unteren Indus das sandige Küstenland Sind.

3) Im Tieflande des Ganges, dessen O.=Teil Bengalen heißt,
liegen überwiegend unmittelbar britische Besitzungen. Delhi, ehe=
malige Residenz des Großmogul, voll prachtvoller Trümmer und herrlicher
Gärten; um 1700 größer als London, immerhin auch jetzt noch 194 000 E.

zählend. Auch Agra, einst die zweite Stadt des Mogul, ist gegen früher
gesunken; seine 169000 E. wohnen noch innerhalb der alten Stadtmauer,
aber umgeben von Schutt und Ruinen. Allahabád am Ganges (wo dieser
die Dschamna aufnimmt), der bedeutendste Waffenplatz der Engländer,
175000 E. Diesen Fluß etwas weiter hinab liegt das heilige Benáres,
220000 E., mehr als tausend Tempel; Hauptwallfahrtsort und uralte Brah=
minenschule. Unter den Menschen drängen sich auf der Straße unzählige
heilige Tiere umher. Auch der Ganges, zu dem breite Treppen (Ghâts) hinab=
führen, wird hier besonders verehrt; Scharen von Pilgern kommen, um sich
hier im heiligen Strom zu baden, viele ziehen in ihren alten Tagen hierher,
um nach ihrem Tode in ihn geworfen zu werden. Unterhalb Benares am
Ganges Patna, 165000 E., und an einem linken Ganges zuflusse, im
früheren Vasallenstaate Audh, Laknau, 273000 E. — Am Hûgli, dem
hier für große Seeschiffe fahrbaren westlichsten der zahlreichen Mündungs=
arme des Ganges, liegt ziemlich ungesund (das Mündungsland des Ganges,
Nieder=Bengalen, ist die Heimat der Cholera) die Hauptstadt des britischen
Indiens Kalkáta oder Kalkútta, vor hundert Jahren ein unbedeutender
Ort, seit 1773 Sitz des General=Gouverneurs, jetzt des Vizekönigs, mit den
Vorstädten 862000 E. Die Innenstadt besteht (wie dies bei den indischen
Städten oft der Fall) aus der regelmäßigen Europäerstadt und der schmutzigen
engen Hindustadt. Kalkata ist ganz offen; aber im S. liegt die stärkste Festung
Indiens, das Fort William [uiljäm].

4) Auf der Hochfläche von Dekhan liegen mehrere Tributstaaten. Der
Staat des Nisam von Haidarabád, früher das Reich Gollonda,
durch Diamantenreichtum sprichwörtlich, mit der Hauptstadt Haidarabád,
415000 E. Bei dem Dorfe Ellóra ist ein 15 km langes Gebirge zu un=
zähligen Tempeln ausgemeißelt. In dem Reiche Maissúr mit der Haupt=
stadt gleiches Namens herrschte einst Tippo Saïb, ein Hauptfeind der Eng=
länder; bedeutender als Maissur ist n. ö. davon Bangalúr, 180000 E.,
auf schwer zu ersteigender Höhe ein Hauptbollwerk der Engländer.

5) Auf der Küste Málabar: Súrat, noch immer groß (110000 E.)
und durch Handel mit Persien blühend, jedoch neuerer Zeit durch Bombay
überholt; Hauptsitz der Tempeltänzerinnen oder Bajaderen. Bombay
[bombé] auf einem Küsteneiland, mit dem besten Hafen Indiens, große
Fabrikstadt und Hauptstapelplatz des Handels an der W.=Seite Vorder=In=
diens, hat sich seit dem Beginn der Baumwollenausfuhr ungemein gehoben,
jetzt 822000 E., darunter viele Parsen. In der Nähe die Inseln Salsette
und Elephanta, beide mit unterirdischen Höhlentempeln. Bei Kalikat
oder Calicut betrat Vasco da Gama den Boden Indiens. (Goa, einst die
glänzende Hauptstadt des portugiesischen Indiens, jetzt gänzlich in Ver=
fall; fast ebensoviel Kirchen wie Häuser. In gesunderer Lage ist auf einer
Küsteninsel mit einem der besten Häfen der ganzen Málabar=Küste Villa=
nóva de Goa (Neu=Goa), die jetzige Hauptstadt des portugiesischen Besitzes
in Vorder=Indien, entstanden. — Auf der Küste Malabar finden sich Chri=
stengemeinden, die sich Thomaschristen nennen, weil der Apostel Thomas
zuerst in Indien das Evangelium verkündigt haben soll. Sie sind teils mit
der römischen Kirche vereinigt, teils gehören sie zur Sekte der Nestorianer.

6) Auf der Küste Koromandel als wichtigste Handelsstadt Ma=
drás, 453000 E., obwohl nur mit einer offenen Reede (gute Häfen giebt es
an der ganzen Küste nicht). Pondit schérri, Hauptstadt der französischen
Niederlassungen.

7) Die Südspitze gehört teils den Schutzfürsten von Travánkur, teils unmittelbar den Engländern.

Die vorderindische Halbinsel ist (wie kein anderes Land Asiens) von einem ausgedehnten Eisenbahnnetze überzogen, welches die meisten großen Städte untereinander verbindet.

Wir merken noch zum Schluß einige Inseln und Inselgruppen: Vor der Küste Malabar liegen die Lakkadiven, eine Menge von Inselchen (keine über 15 qkm groß), arm und nur zum Teil von Mohammedanern unter Häuptlingen bewohnt. Weiter südlich liegen die Malediven, über 12000 Inselchen und Klippen, aber nur 40—50 etwas größer, ebenfalls von Mohammedanern bewohnt. Über sie herrscht ein Sultan, der auf Male residiert. Beide Inselgruppen sind durch Korallenriffe geschützt, beide die Fundorte der Kauris, kleiner Schnecken, deren Gehäuse einige indische und afrikanische Völker als Scheidemünze gebrauchen (sogenanntes Muschelgeld).

Weit wichtiger ist Ceylon oder Seilang, das Taprobáne der Alten, 64000 qkm (fast 1200 O.-M.) mit gegen 3 Mill. E. Im NW. trennt der Golf von Manaár (wo wichtige Perlenfischerei) und die Palks-Straße die Insel vom Festlande; doch verbindet eine Sandbank mit mehreren wie Brückenpfeiler über die Seefläche emporragenden Inseln, die Adamsbrücke, Festland und Insel. An Adam erinnert auch einer der höchsten Berge des S.-Gebirges der Insel, der 2200 m hohe Adams-Pik; auf dem höchsten Gipfel desselben, der nur durch Leitern und zuletzt nur durch lange von der Spitze herabhängende Ketten zugänglich ist, zeigt man den 1½ m langen und ⅔ m breiten Fußeindruck Buddhas, der hier vom Himmel auf die Erde gestiegen sein soll; von Ceylon aus hat sich der Buddhismus (§ 34) verbreitet. Die Insel, das an Edelsteinen mannigfaltiger Art reichste Land der Welt, wurde anfangs auch von den Portugiesen beherrscht, dann von den Holländern, seit 1796 von der englischen Krone. Auf der 500 m über das Meer sich erhebenden Hochfläche des Innern liegt die alte Residenz der Sultane, Kandy, 20000 E., im W. die jetzige Hauptstadt Kolambo oder Kolombo (zugleich Hauptausfuhrhafen) mit 127000 E., im SW. Point de Galle [peünt de gäl] oder Goll, 34000 E., wichtige Hafenstation für den Verkehr nach Ost-Asien.

§ 51.

Die hinterindische Halbinsel.

Hinter-Indien, die Halbinsel zwischen den Busen von Bengalen und Tongking, ungefähr 2⅕ Mill. qkm (40000 O.-M.) groß, ist eine nicht sehr hohe, von Bergzügen vielfach unterbrochene Hochfläche. Diese treten in ziemlicher Anzahl aus dem Südosten Tibets und setzen sich in fächerförmiger Entfaltung über die Halbinsel fort. Ein Gebirgszug bringt sogar bis in die Nähe des Äquators vor und bildet zwischen den Busen von Martabán und Siam den breiten Rücken der Halbinsel Maláka, welche erst in dem Kap Buru endigt. Der westlichste, der birmanische Bergzug setzt sich

über die Andamanen und Nikobaren fort und durchzieht in großem
Bogen die Inseln Sumâtra und Java. Breite, tief eingeschnittene
Längsthäler trennen die Höhenzüge voneinander und weisen gewaltigen Strömen den Weg nach S.; in Stromengen und Stromschnellen
steigen diese von dem Hochlande herab und münden in weit vorge-
bauten Deltas: die trübe Irâwadi in den Busen von Martabân,
der wasserreiche Mênam in den Busen von Siam, der rasche Me-
long in das chinesische Meer.

Der Boden Hinter-Indiens ist stellenweis vulkanisch; seine
Natur tropisch reich, zumal in dem wohlbewässerten Küstenlande ihre
Gaben fast von selbst darbietend; der Mensch lebt daher träge und
gedrückt in Despotenstaaten. Die Bevölkerung gehört schon der
mongolischen Rasse an (auf der Halbinsel Malakka aber der malaiischen).
Ihre Religion ist der Buddhismus, welcher zwar die Götter des
Brahmaismus bestehen läßt, aber die Farbeneinteilung verwirft und
sein Wesen in die Reinigung der Gesinnung setzt.

1) Die englischen Besitzungen an der W.-Seite. An die Landschaft Assâm (am Brahmapûtra nach) dessen Austritt aus Tibet) schließen
sich die Landschaften von Birma, wertvoll durch das für Masten vorzügliche
Tiekholz ihrer Gebirgswälder und die ungeheueren Reisernten ihrer Niederungen. Hier liegt die Hafenstadt Rangûn mit 180000 E. Früher bildeten
diese Gebiete ein selbständiges Reich, dessen Name Mran-mâ, in der Volks-
sprache Bamá, war woraus sich der fehlerhafte Name Birma gebildet hat.
Hauptstadt desselben war Mándalê, die immer noch 189000 E. zählt,
während die frühere Amarapûra, verlassen und in Trümmern, nur noch
von wenig tausend Einwohnern bewohnt wird. — Die Inselreihen der Andamanen und Nikobaren mit argem Fieberklima werden von der englisch-
indischen Regierung als Strafkolonie benutzt.

2) Das Reich Siam — eigentlich Schan — begreift das Gebiet des
Menam mit 9 Mill. Einw. Der König, der stolze Herr des siebenfachen
weißen Sonnenschirms (welcher als Zeichen des Königtums gilt) nennt sich
den „Herrn des weißen Elefanten", da ein solcher, nach der buddhistischen
Sage für heilig gehalten, für den Herrscher seiner Rasse gilt. Die Hauptstadt
Bangkok, auf 255000 E. geschätzt, an dem Menam nahe der Mündung,
umschließt zahllose Tempel, deren vergoldete Türme weithin über die Bäume
schimmern. Nördlich von Siam liegen die 6 Staaten von Lao, welche in
loser Abhängigkeit von Siam stehen. — Siam ist mit mehreren europäischen
Mächten in freundschaftliche Beziehung getreten und scheint sich der Kultur
erschließen zu wollen. Chinesen sind hier in Massen heimisch geworden, da
sie die ihnen nach Rasse, Sprache und Religion verwandten Eingeborenen
an Fleiß weit übertreffen. Auch das Königshaus ist chinesisch.

3) Das Reich Annam an der O.-Seite, wo die chinesische Bevölkerung ebenfalls durch Zuwanderung beständig wächst, begreift Tongking
und den Küstenstreifen Kotschin-China mit der Hauptstadt Huế, 30000 E.
Der S. an der Mündung des Mekong ist französische Kolonie; Hauptstadt
Saïgon mit 65000 E. (innerhalb der Bannmeile). Das n. w. von Fran-
zösisch-Kotschin-China gelegene Kambôdscha ist seit 1863, ganz Annam

mit Tongking und den in den nördlichen Gebirgen gelegenen Laotse-Staaten seit 1883 französischer Schutzstaat.

4) Die Halbinsel Malakka voll kleiner mohammedanischer Reiche, im S. wichtig wegen Zinnreichtums und der Malakka-Straße aus dem indischen in den Großen Ozean. Daher war Malakka der älteste (von den Portugiesen schon 1511 eroberte) indische Marktort der Europäer und gehört jetzt mit zu den englischen Straits Settlements [strēts sĕttl'mĕnts] (d. i. Straßen-Niederlassungen, nämlich an der festländischen Seite dieser Meerstraße). Weitaus am wichtigsten aber wurde für den Seeverkehr um die SO.-Ecke Asiens der 1819 von den Engländern auf einem Eiland vor der S.-Spitze Malakkas gegründete Freihafen Singapur, 184000 E., von denen die meisten Chinesen sind.

§ 52.
Indonesien oder die hinterindische Inselwelt.

Die indischen Inseln, der Rest einer Landmasse, die in unendlich ferner Vorzeit Asien und Australien verband, sind zum großen Teil gebirgiger und vulkanischer Natur. An Hinter-Indien und Malakka legt sich eine unterseeische Platte an, deren Ränder steil in die Tiefe des indischen Ozeans abfallen. Die breiten Randerhebungen dieser Platte bilden die Inseln Sumatra, Java mit Bali und Borneo; das seichte Meer zwischen ihnen ist die Sunda-See. Jenseit einer tiefen unterseeischen Furche folgen dann auf einer nordsüdlichen Vulkanreihe die Philippinen und Celebes, während die Java durchziehende Vulkanreihe von Lombok an in den Kleinen Sunda-Inseln und den Molukken sich fortsetzt. Tropische Hitze und Regenfülle macht die Inseln waldreich und sehr fruchtbar.

Die Bewohner sind vorwiegend Malaien, eingewanderte Chinesen sind jedoch auch hier häufig. Herren des Archipels (der etwa 2 Mill. qkm (36000 □.-M.) mißt) sind für den größten Teil die Holländer; doch haben auch die Spanier, Portugiesen und Engländer hier Besitzungen.

1) Die Großen Sunda-Inseln.

a) Sumatra wird in seiner ganzen Länge an der Westküste entlang von dem Barisan, einer Gebirgskette, durchzogen, die in einigen Vulkanen über 3600 m steigt. Die ganze östliche Hälfte ist eine flache Ebene, von der oft weite Strecken unter Wasser liegen: diese heißen Lampong (d. i. unter Wasser schwebend). Inmitten derselben liegt teils auf den beiden Ufern des Musi-Flusses, teils auf großen Flößen in demselben die niederländische Hauptstadt Palembang. Seit der freilich immer noch nicht endgültigen Besiegung der tapferen Atschinesen im N. sind die Holländer Herren der Insel und tragen viel zur Bodenkultur (Reis, Tabak) und zur Civilisierung der nicht untüchtigen, aber trägen Eingeborenen bei. Der Ostküste gegenüber liegen die äußerst zinnreichen, gleichfalls den Holländern gehörigen Inseln Bangka und Billiton.

b) **Java** oder **Dschawa**, 126000 qkm (2300 □.-M.) mit 24 Mill.
E., durch die **Sunda-Straße** von der Südostspitze der vorigen getrennt, die
schönste der Sunda-Inseln, die „Perle in der Krone der Niederlande", fast
viermal so groß als das Mutterland. Ein Hauptherd vulkanischen Feuers
(seine 45 Vulkane steigen bis zu 3700 m), hat Java eine herrlich üppige Vegetation, ist aber zugleich unter dem Einfluß der niederländischen Regierung
durch die eingeborenen Malaien trefflicher bebaut als irgend eine andere Tro-
peninsel, namentlich mit Reis, Kaffee und Zuckerrohr. Im W. der N.-Küste
liegt **Batávia** mit schnurgeraden Straßen und Kanälen in holländischer
Manier, lange Zeit die erste Handelsstadt der indischen Meere, 105000 E.
(worunter viele Chinesen), Hauptstadt des niederländischen Indien; der Ge-
neral-Gouverneur und viele Reiche wohnen südlich von Batavia in dem höher
gelegenen **Buitenzorg** [beutenjorg] (d. i. „ohne Sorge"), weil die heißfeuchte Luft der sumpfigen Niederung Batavias die Europäer arg mit Tro-
penfieber bedroht. **Surabája**, im O. der N.-Küste, mit 133000 E., und
das 91000 E. zählende **Surakárta** näher der S.-Küste, stehen Batavia
an Handelsbedeutung ziemlich gleich.

c) **Bórneo**, im waldigen Inneren, noch wenig bekannt, da hier das
malaiische Volk der **Dajaken** noch seine ganze Wildheit bewahrt hat: Fein-
desschädel haben sie als Hauszierde, Feindeszähne als Halsschmuck, Feindes-
haare als Wehrgehenk. Die nordwestliche Hälfte mit der kleinen Insel **Labuan** an der Nordwestküste steht unter englischer Schutzherrschaft, das
übrige ist niederländischer Besitz.

2) **Selébes**, gewöhnlich den Großen Sunda-Inseln als vierte zugezählt, ist mehr gegliedert als die vorigen, ja gleichsam ein Inselskelett, aus
vier gebirgigen Halbinseln bestehend (Borneo würde ähnlich aussehen, wenn
es bis zum Verschwinden seiner Niederungen ins Meer sänke). Der niederländische Hauptplatz **Makássar**.

3) 1000 km s. w. von der Sunda-Straße eine Gruppe Koralleninseln,
Keelings [kilings] oder **Kokosinseln** genannt. Sie sind als Zwischen-
stationen zwischen dem Kap und Australien von **England** in Besitz genommen.

4) Die **Kleinen Sunda-Inseln** schließen sich an das Ostende von
Java an. Ihre Reihe beginnt mit **Lombok**. Die Lombok-Straße, welche
Bali von Lombok trennt, scheidet zwei große Reiche der Tier- und auch der
Pflanzenwelt. Nur bis Bali kommen die Raubtiere aus dem Katzengeschlechte,
die großen Dickhäuter, die Affen vor: keins dieser Tiere hat die Lombok-
Straße überschritten; vielmehr tritt von Lombok an nunmehr das Beuteltier
auf. Drosseln, Spechte, Bartvögel endigen mit Bali: Leierschwänze, Kaka-
dus, Loris beginnen mit Lombok. Ähnlich ist es mit manchen Pflanzen: von
Lombok an erscheinen die australische Casuarine. Die letzte und größte der
Kleinen Sunda-Inseln **Timor** (d. i. Osten) ist in ihrer SW.-Hälfte wie alle
übrigen Inseln der Gruppe niederländisch, in ihrer NO.-Hälfte portugiesisch. An ihrer Südseite zeigt die Vegetation schon ausgesprochen australischen Charakter.

5) Die **Molukken** oder **Gewürzinseln**, zwischen Selebes und Neu-
Guinea, sind alle den Holländern unmittelbar unterworfen. Die größte,
Halmahéra (oder **Dschilólo**), ist in ihrer Gestalt das verkleinerte Selebes.
Sie lieferten früher allein die Gewürznelken; jetzt jedoch zieht man diese auch
in anderen Ländern in gleicher Güte. Muskatnüsse aber gedeihen nur auf

der Banda=Gruppe. Mehrere Kilometer weit in die See kündigen sich diese Inseln den Seefahrern oft durch liebliche Gerüche an.

6) Die philippinischen Inseln, nach Philipp II. von Spanien genannt und noch heute Spanien gehörig, zwischen den Molukken und der chinesischen Küste, sind durch und durch vulkanisch mit üppig=herrlicher Vegetation. Die Eingeborenen sind ganz überwiegend friedfertige Tagalen malaiischer Rasse. Auf der größten Insel, Luzon [lußôn], liegt die Hauptstadt Manila, 154000 E., bekannt durch seine Zigarren; nach dieser Hauptstadt nennt man auch bisweilen die ganz Insel Manila. — Zwischen den Philippinen und Borneo liegen die kleinen Sulu=Inseln, ebenfalls spanischer Besitz.

§ 53.

Das chinesische Reich.

Das chinesische Reich ist der größte Staat Asiens und mit seinen etwa 360 Mill. E. der bevölkertste der ganzen Erde. Es umfaßt nahezu das ganze Innerasien und vor allem das kreisförmige, zur Hälfte vom Meer umgebene Land China selbst, zusammen ein Gebiet von 11,1 Mill. qkm (200000 □.=M.). Ein Kaiser herrscht über dasselbe; doch ist seine Macht durch das Herkommen sehr beschränkt. Er sowohl (Dynastie Tsing) wie die Großen des Reiches gehören den Mandschu an, die mit den Tungusen verwandt sind. 1644 eroberten die Mandschu China. Sein Titel ist „erhabener Herrscher"; durch den Beinamen „Sohn des Himmels" soll er als der vom Himmel, d. h. vom Schicksal, mit der Regierung Beauftragte bezeichnet werden. Die Beamten heißen Kuan; in Europa jedoch nennt man sie Mandarinen. Einheitsstaat ist China 200 Jahre vor Christi Geburt durch die Vereinigung von sieben Königreichen geworden, deren Sondergeschichte noch um mehrere Jahrtausende weiter zurückreicht. Mehrere wichtige Erfindungen (Porzellan, Schießpulver, Buchdruckerkunst, Kompaß) haben die Chinesen lange vor uns gehabt, ja in einzelnen Gewerben und Künsten sind sie uns noch heute überlegen. Aber bis in die jüngste Zeit haben die Chinesen den Europäern und der europäischen Kultur den Eintritt in ihr Reich verwehrt. Erst seit 1860 ist das Land den Fremden geöffnet.

Die chinesische Sprache besteht aus etwa 500 einsilbigen Grundworten, die aber durch verschiedene Accentuierung und durch den Zusammenhang verschiedene Bedeutung erlangen. Eine Buchstabenschrift giebt es nicht, sondern jedes Wort hat sein besonderes Zeichen. Man zählt etwa 25000 Schriftzeichen. Die chinesische Litteratur ist sehr reich, und die Gelehrten bilden einen durch strenge Prüfungen erprobten, sehr geachteten Stand.

Staatsreligion ist die Lehre des Confucius, welche das Schick=
sal als allwaltend lehrt und Selbsterkenntnis empfiehlt. Ihr Ober=
priester ist der Kaiser. Indes die große Masse der niederen Klassen
folgt einem ganz rohen Götzendienst. Im Süden hat sich der aus
Indien eingeführte Buddhismus, in China Lehre des Fo genannt,
weit ausgebreitet. Das Christentum hat schon im Mittelalter in China
Bekenner gefunden, und in der neueren Zeit haben katholische, seit
dem Anfange unseres Jahrhunderts auch evangelische Missionare hier
gearbeitet. Da aber möglichste Absperrung gegen alle Fremden chine=
sische Reichspolitik war, so verfolgten viele Kaiser das Evangelium
und suchten, wenn auch vergebens, es ganz auszutilgen. Durch den
von England und Frankreich siegreich mit China geführten Krieg von
1860 sind mehr als zwanzig Häfen dem Fremdenverkehr geöffnet,
darunter besonders Canton und Schanghai [schanghé]. In Peking
haben die meisten europäischen Mächte wie auch die Vereinigten
Staaten, Japan und Korea ihre Gesandten. Die Fremden dürfen
im ganzen Reiche ungehindert reisen, auch das Christentum wird nicht
mehr verfolgt. Das Volk zeigt sich meist nicht unfreundlich den Frem=
den gegenüber; aber der Haß der Mandarinen gegen die „Teufels=
kinder", die „rothaarigen Barbaren", wie sie verächtlich die Euro=
päer nennen, hat sich kaum vermindert.

Die Chinesen teilen das Reich in drei Hauptteile: 1) Das
eigentliche China, „das Reich der Mitte", in welchem auf 4 Mill.
qkm (70 000 Q.=M.) 348 Mill. E. leben; 2) die Mandschurei;
3) Innerasien.

1) Das eigentliche China wird im Osten von dem chinesischen
Meere bespült und lehnt sich im W. an Hochasien, von wo der Kuenlun
bis nahe an die O.=Küste reicht und China in eine durch Löß=Lehm sehr
fruchtbare und überwiegend ebene N.=Hälfte und eine gebirgige S.=Hälfte
teilt. Zwei Hauptströme durchziehen das Land. Im N. der Hoanghö (d. i.
Gelber Fluß), der in starkem Gefälle gelben (Löß=) Schlamm zum Meere
führt; daher auch das Meer um seine Mündung Gelbes Meer. In der
Mitte von China der größere und ruhigere Taljang (d. i. Großer Fluß), der
im Binnenlande Jangtsekjang genannt wird; 700 km weit können ihn
stromauf selbst Kriegsflotten befahren. „Grenzenlos ist das Meer, grundlos
der Kjang", lautet ein chinesisches Sprichwort. Beide Ströme haben viele
schiffbare Zuflüsse. Zu diesem Reichtum an natürlichen Wasserstraßen kom=
men noch Kanäle, deren China noch mehr als Holland und England hat.
Der größte, der Kaiser=Kanal, geht von N. nach S. durch den Osten des
ganzen Reiches, 1100 km lang, 8—10 m tief, durchweg in Steindämme ein=
gefaßt. Während dieses Riesenwerk zur Verbindung dient, sollte ein anderes
im N. das Land vor den rohen Völkern in Nord= und Mittel=Asien schützen:
die große Mauer im N., vor 2000 Jahren errichtet, jetzt halb verfallen.
Am stärksten und wahrhaft übermäßig ist China in der Mündungsgegend der
beiden Ströme bevölkert; dort ist das Land mehr als 700 km weit gleichsam

7*

mit einer Stadt bedeckt, jeder Bodenfleck ist benutzt, überhaupt der Ackerbau hoch geehrt. Um Raum zu sparen, wohnen viele auf dem Wasser. 7 Städte haben 1 Mill. Einw. und darüber, 50 haben ½ Mill. E. Für solch Volksge= wimmel trägt selbst der fetteste und sorgsamst angebaute Boden nicht genug Reis; deshalb ist die Auswanderung aus China außerordentlich stark, alle Umgebungslande des Großen Ozeans allmählich bevölkernd, wo die Chinesen indes, da sie Weib und Kind zu Hause lassen und immer wieder in die Heimat zurückzukommen trachten, nur eine unstät hin= und herflutende Bevölkerung darstellen. Der Hauptartikel des chinesischen Handels ist der Thee, seit dem 18. Jahrhundert auch in Europa beliebt: aus chinesischen Häfen kommen trotz der japanischen und vorderindischen Konkurrenz weitaus die größten Thee= mengen. Der sowohl wildwachsende als angebaute Theestrauch hat weiße Blüten, wie der ihm verwandte Kamelienstrauch. Seine schmalen Blätter werden in verschiedenen Monaten getrocknet. Die besten jungen, im März gepflückten Blätter behalten die Chinesen fast allein für sich; unter den ausge= führten Sorten ist der durch Karawanen nach Nord= und West=Asien geführte Ziegelthee, welcher, vorher einige Zeit in Wasserdampf gehalten, in Tafeln von Backsteinform zusammengepreßt wird, bei den Mongolen fast allein ver= breitet; indes der weitaus meiste Thee geht zu Schiff nach Europa (besonders nach England) und Nord=Amerika. Da man indessen annimmt, er leide durch die Seefahrt, so wird der über Land (meist in Kuhhäute verpackt) nach Rußland geschaffte „Karawanenthee" viel höher geschätzt. Thee bildet den wichtigsten Ausfuhrartikel Chinas (1891: 105 Mill. kg), der nächst wert= volle ist rohe Seide (6 Mill. kg).

Die Haupt= und Residenzstadt Peking (d. i. nördliches Hoflager) liegt im N., nicht allzuweit von der Mauer und dem Petschili=Busen des Gel= ben Meeres, in welchen der Peiho (und jetzt nach der neuerdings erfolgten Änderung seines untersten Laufes auch der Hoangho) mündet; durch den Kaiser=Kanal steht sie mit den südlichen Provinzen in Verbindung. Aus zwei Städten, der Mandschu= und Chinesenstadt bestehend, hat sie 30 km im Um= fang, nach Angabe der Chinesen 1600000 E., nach Schätzung der Europäer aber, da große Flächen in der Stadt unbebaut sind, nicht viel über ½ Mill. E.; die Straßen sind lang, breit, ungepflastert, die größte ist die „Straße der ewigen Ruhe". Die Häuser meist einstöckig, von Holz, mit gelbgefärbten Ziegeln. Gelb ist die heilige Farbe der Chinesen, daher mit dem Reichs= wappen, dem Drachen, vor allem an dem Palaste des Kaisers zu sehen. Kaufladen an Kaufladen, prächtig aufgeputzt; das Straßengewimmel sehr groß. An der Mündung des Peiho der Hafen von Peking Tientsin, 1 Mill. E. — Jenseit der Mauer, auf dem kühleren Hochlande, die Sommer= residenz Dschehol. — Nanking (nan=king) (d. i. südliches Hoflager), Haupt= stadt des Reiches vor Peking (das erst durch die Mandschu=Dynastie Residenz wurde), nahe am Jängtsekiang, hat durch den letzten chinesischen Bürger= krieg viel (auch an Einwohnern) verloren und zählt jetzt nur ½ Mill. E.; berühmt war der 65 m hohe achteckige Porzellanturm mit Glöckchen (jetzt zerstört). Bekanntes Baumwollenzeug. — Im Mündungslande des Taikang das über Nanking an Reichtum und Größe emporgewachsene Sütschou, 1 Mill. E., und Schanghai (schanghé), 400000 E., jetzt der Hauptplatz für den chinesisch=europäischen Handel. — Canton, nahe der Nordspitze eines dreieckigen Meerbusens, dessen enge, stark befestigte Einfahrt die Chi= nesen Fu Mun (d. i. Tigerthor), die Europäer Bóca Tigris (d. i. Tiger= Maul) nach der darin liegenden Tigerinsel nennen. Die Stadt hat 1600000 E.

(80000 allein auf Flößen und Kähnen) und ist ein sehr wichtiger Stapelplatz für den Verkehr mit den Nationen Europas. — Makao [makau], Festung mit Hafen auf einem den Portugiesen gehörigen, durch einen Flußarm insel= artig abgetrennten Landstück an der Südwestecke jenes Meerbusens, 60000 E. — Englisch ist seit 1841 die Insel Hongkong mit der Stadt Victoria, 102000 E., an der Südostecke desselben Meerbusens.

Weiter in das Meer liegen die Inseln: im SW. der Boca Tigris Haiuân, im NO. derselben Formosa, chinesisch Taiwan genannt.

2) Im NO. von China liegt Tungusien oder die Mandschurei, das Gebiet des Amur, durchaus gebirgig. Den nördlichen, größten Teil des Ganzen haben die Tungusen inne, den südlichen die Mandschu mit der Hauptstadt Mukden, 170000 E. Aber fast die ganze Nordhälfte, das Mündungsland des Amur und die Küste südlich bis Korea, desgleichen die Insel Sachalin ist jetzt russisch (§ 40, Ende).

3) Innerasien, dessen ungeheure Räume durch die umschließenden Randgebirge der Waldwuchs und Fruchtbarkeit fördernden Niederschläge be= raubt sind, ist voller Wüsten und Steppen, nur an den es durchziehenden Flüssen seßhaft zu bewohnen, in der S.=Hälfte (s. vom Kuenlun) obendrein der unwirtliche höchst gelegene Teil der ganzen Erde.

a) Das nordöstliche Innerasien oder die Mongolei und Dsungarei. Einen großen Teil des öden und unfreundlichen Innern nimmt die Gobi (§ 39) ein. Ihr Boden ist salzdurchdrungen (weil er abflußlos ist, d. h. nicht zum Meer abwässert). Handelskarawanen zwischen Rußland und China durchziehen sie. Nur am Nord= und Südrande der Mongolei finden sich feste Niederlassungen. Am Nordrande liegt Urga, der heilige Ort des mongolischen Buddhismus, und das kleine Maimatschin mit lebhaftem Handel nach Sibirien — welcher Stadt gegenüber? — Die Gegend um den Gebirgssee Kuku=nor herum, die Kalmücke, das Quellland des Hoangho und Jangtsekiang, ist die Heimat des Rhabarbers. Bewohnt wird das Land von den in mehrere Stämme zerfallenden Mongolen. Sie leben meist nomadisch unter Filzzelten oder Jurten und nähren sich von ihrem Vieh. Verschiedene Häuptlinge beherrschen sie, und China sucht dies Verhältnis auf alle Weise aufrecht zu erhalten. Sie haben noch nicht vergessen, daß Mon= golen es waren, welche einst ganz China eroberten. Unter Dschingis= khan und seinen Erben wurden sie im 13. Jahrhundert auch Europa gefähr= lich, und Rußland ist ihnen über 250 Jahre tributpflichtig gewesen. Die glänzende Residenz des Dschingis=Khan, Karakorum, am Nordrande, ist, wie sein Weltreich, wieder von der Erde verschwunden.

b) Das nordwestliche mohammedanische Innerasien, wegen seiner tür= kischen Bewohner Ost=Turkestân (früher die hohe Tatarei genannt) zwi= schen Kuenlun, der w. Bodenschwellung Hochasiens und Tiënschan, gen O. geschützt durch die Wüste, hatte sich durch einen blutigen Aufstand von China losgerissen, ist aber 1877 von demselben wieder unterworfen worden. Das Klima ist sehr trocken, das Land daher fast nur Steppe und Wüste, aber an den Flüssen ziehen fruchtbare Streifen entlang, auf denen sich deshalb allein die Ortschaften zusammendrängen. Die beiden bedeutendsten Städte Kasch= gar und Jarland liegen an oder nahe bei den gleichnamigen Flüssen, die den Tarim, den in den Lop=See fließenden größten Steppenfluß Asiens, speisen; über sie zieht die große Karawanenstraße von Turan (West=Turke= stan) nach China.

c) Das südliche Innerasien, Tibet, das höchste Land der Erde, zwischen Kuenlun und Himalaja, ist, weil von Trockenheit und schroffem Wechsel zwischen Hitze und Kälte geplagt, furchtbar öde. Das östliche Tibet ist Quelland des Brahmaputra; das westliche begreift den obersten Lauf des Indus. Das ganze Land ist von einem Volk mongolischer Rasse bewohnt und das Haupttheiligtum des Buddhismus oder Lamaismus; denn die überaus zahlreichen, in viele Ordnungen geteilten Priester sind teils verheiratet, teils leben sie in Klöstern, an deren Spitze gewählte Äbte, Lamas genannt, stehen. Oberste Priester und Stellvertreter des Buddha, des Stifters der Religion, sind der Dálaï-Lama und der Bogda-Lama: in der Nähe der klosterreichen Hauptstadt Lasa wohnt der Dálaï-Lama, in dem Buddhas göttlicher Stellvertreter immer von neuem Mensch wird. Darum ehrt man ihn selbst wie einen Gott. Er beherrscht nur das östliche Tibet, und zwar in Abhängigkeit von China, während West-Tibet jetzt zum Königreich Kaschmir gehört (§ 50, 1). —

Im Süden der Mandschurei streckt sich bis zu einem, der Mündung des Gelben Flusses gegenüber liegenden Punkte das Königreich Korea, eine Halbinsel mit Steilküsten im Osten. Um so leichter war das strenge Abschließungssystem gegen Europäer durchzuführen, welchen erst jetzt ein freierer Zutritt zu dem Lande gewährt ist. Die Einwohner, ein den Japanern näher als den Chinesen verwandtes Volk mongolischer Rasse, stehen unter einem Despoten, der mit dem Herrscher von Japan jährlich Geschenke austauscht und an den Kaiser von China einen unbedeutenden Tribut von Ochsen und Papier entrichtet.

Das Land umfaßt etwas über 220000 qkm (4000 □.-M.) mit 7,5 Mill. Einwohner. Die Hauptstadt Söul, in einem weiten Thalkessel gelegen, hat 200000 Einwohner. Der wichtigste Hafen ist Chemulpo.

§ 54.

Das japanische Reich.

Von Korea bis zur Insel Sachalin zieht sich in der Breitenlage des Mittelmeeres die Gruppe der japanischen Inseln, vier größere und fast viertausend meist sehr kleine, dicht um jene geschart. Das gefährliche japanische Meer, voll von Klippen und Untiefen, trennt sie vom Festland; auch nach der Seite des offenen Ozeans ist das Meer durch furchtbare Wirbelstürme (Teifune) oft beunruhigt, aber gerade nach dieser Seite öffnet sich eine große Anzahl von Buchten mit trefflichen Hafenstellen. Die Inseln sind von waldreichen Gebirgen durchzogen, die meist aus vulkanischen Gesteinarten bestehen; mehrere noch thätige Vulkane erinnern daran, daß sich hier ein Glied der langen Kette vulkanischer Insel- und Küstenländer befindet, welche

ben Großen Ozean von Süd-Aſien bis Süd-Amerika im weiten Halb=
kreis umgiebt. Der Boden iſt fruchtbar und reich bewäſſert; die
Sommerhitze kühlt der Monſun, die Winterkälte mildert der Kuro =
Schlo (d. i. dunkelblaues Meerwaſſer), ein warmer Meeresſtrom,
welcher an Japan vorüberzieht. Daher gedeiht Obſt und Getreide,
namentlich Reis, vortrefflich; die Ausfuhr des japaniſchen Thees
beginnt ſchon neben der des chineſiſchen wichtig zu werden; die Land=
ſchaft iſt durch das Vorkommen nördlicher und ſüdlicher Pflanzen=
formen eigentümlich mannigfaltig: auf den Gebirgshöhen Nadelholz=
waldung, an den Abhängen immergrüne Sträucher mit ſchönen,
freilich nicht duftenden Blüten (beſonders Kamelien), im Süden ſogar
ſchon Palmen. Weniger betreibt man Viehzucht; Schafzucht iſt eben
erſt eingeführt.

Das japaniſche Reich zählt im ganzen auf 382 416 qkm
40,7 Mill. Einw. Die Japaner ſind nicht (wie die Chineſen) echte
Mongolen, ſondern vielmehr denjenigen Völkern zuzuzählen, die (wie
die Finnen und Magyaren) den Übergang zu den Kaukaſiern vermit=
teln. Von den Chineſen zwar haben ſie die Schreibkunſt und manches
andere gelernt; hauptſächlich in zwei Dingen ſind ſie indeſſen den
Chineſen völlig entgegengeſetzt: in ihrer muſterhaften Reinlichkeit und
in dem Eifer, fremde Kulturfortſchritte bei ſich einzubürgern. Von
Europäern lernten ſie zuerſt (gegen die Mitte des 16. Jahrhunderts)
die Portugieſen kennen, die mit ihnen in Handelsverkehr traten.
Seit 1549 predigte ihnen der Jeſuit Franz Xaver mit Erfolg das
Chriſtentum; unkluge Verſuche ſpäterer Jeſuiten, ſich in die welt=
lichen Angelegenheiten zu miſchen, hatten jedoch zur Folge, daß
während der erſten Jahrzehnte des 17. Jahrhunderts das Chriſten=
tum in blutigen Verfolgungen wieder ausgerottet und allen Fremden
das Betreten der Inſeln verwehrt wurde. Gleichzeitig begann im
Innern ein ſeltſam tyranniſches Regiment: das Leben eines jeden
war je nach ſeinem Beruf bis auf Wohnung und Kleidung herab an
kleinlich beſchränkende Vorſchriften gebunden, Reiſen ins Ausland
waren verboten, ſtreng wurde jede Geſetzwidrigkeit beſtraft, ſelbſt
kleinere Diebſtähle mit dem Tode. Unter ſolchen Umſtänden herrſchte
zwar Ruhe und Frieden im Lande, Fürſten und Unterthanen waren
gleich vor der unerbittlichen Strenge des Geſetzes; aber in den ſonſt
harmlos gutmütigen Charakter der Japaner miſchte ſich Heimtücke,
Verſtellung und Mißtrauen — zumal die Sitte, jeden für das Ver=
halten ſeiner Nachbarn mit haften zu laſſen, jeden zum Spion ſeines
Nächſten machte —, vor allem war jedoch jede freie Entwickelung
unmöglich geworden.

Da vermochten endlich 1854 die Vereinigten Staaten Amerikas die Regierung des seit beinahe drittehalb Jahrhunderten verschlossenen Inselstaates, einige Häfen den Handelsschiffen der Union zu öffnen; europäische Mächte, 1861 auch Preußen, folgten mit Abschluß ähnlicher Handelsverträge dem gegebenen Beispiel. Indessen Unruhen der gegen die zugelassenen Fremden erbitterten Parteien drohten darauf gefährlichen Umsturz; seit 1868 hat sich jedoch alles zum besten gewendet; die engherzigen Verkehrsschranken sind gesunken und die schwersten Schäden der Verfassung abgethan. Die früher übermächtigen Vasallenfürsten oder Daïmios stehen nun unter der Botmäßigkeit des Tennó oder Mikadó (Kaisers), und die Würde des Siogun, der, wenn auch nicht neben, sondern unter dem Kaiser stehend, die ausführende Gewalt in Händen hatte, ist völlig beseitigt.

Das Christentum, jetzt wieder erlaubt, hat langsam wieder Anhänger gewonnen. Verbreitetste Religion ist der Schintoismus, Verehrung der Sonne und der Ahnen. Daneben zählt auch der Buddhismus zahlreiche Bekenner. Unter der Regierung des jetzigen Kaisers, der das Eindringen europäischer Kultur sehr befördert, nimmt das stark bevölkerte Japan einen großen Aufschwung; das Land verspricht bei seinen Reichtümern (z. B. an Kupfer) ein gewinnreiches Handelsgebiet zu werden, und das Volk scheint berufen, eine große Rolle in Ost-Asien zu übernehmen, denn es ist fleißig, friedfertig, geschickt seit alters (z. B. in der Kunstgießerei), geistig sehr geweckt, und es bewährt seine sittliche Überlegenheit über alle anderen Völker nicht europäischer Kultur am besten durch die Achtung vor der Frau und die gute Kindererziehung.

Hauptinsel Nippon, etwa so groß wie Großbritannien. Hier liegt die Hauptstadt Tókio (oder Jédo), im Hintergrund einer tief einschneidenden Bucht, von mehreren Flüssen durchzogen, sehr weitläufig gebaut, da jedes Haus in der Regel von einer Familie bewohnt wird: mit den Vororten hat es 1350000 E. Ohne hohe Türme und voll von Gärten und Parkanlagen verrät die Stadt ihre bedeutende Ausdehnung dem Anlandenden wenig; prächtig anzuschauen ist der am Westhimmel der Stadt 3769 m aufragende Vulkankegel Fuji-no-jáma. Die Straßen gerade, breit, meist rechtwinklig sich kreuzend, ungepflastert und doch so sauber wie die dicht gereihten (der Erdbeben wegen höchstens zweistöckigen) weißgetünchten Holzhäuser mit ihren reinlichen Strohmatten und verschiebbaren Tapetenwänden im Innern. Die hoch ummauerte Residenz des Kaisers bildet mit ihrer Masse von Gebäuden und Gärten mitten in der Stadt fast eine Stadt für sich. Da größere Schiffe nicht bis Tokio genügende Fahrtiefe finden, ist 12 km weiter seewärts an derselben Bucht die Hafenstadt Jokohama, 133000 E., erblüht, seit 1872 durch die erste japanische Eisenbahn mit Tokio verbunden. — Wo die westliche Verschmälerung der Insel beginnt, liegt in reicher Ebene Kióto, gewöhnlich Miako (d. i. Residenz) genannt, der frühere Sitz des Mikado,

Mittelpunkt der japanischen Industrie und der japanischen Gelehrsamkeit, 297 000 E. Durch den schiffbaren Unterlauf eines Flusses damit verbunden die noch volkreichere Handelsstadt Ofaka mit 484 000 E.

Ebenfalls von Japanern bewohnt sind die südlicheren Inseln Sikóku und Kiuschiu; auf letzterer in schöner Waldumgebung die Hafenstadt Naga=fáti, 58 000 E., und dicht vor derselben das ganz kleine Inselchen Désima, wo einige Holländer in der Periode der Abgeschlossenheit Japans zu Handels= zwecken sich aufhalten durften.

Die größere nördliche Insel Jéso, mit schon viel rauherem Klima, steht erst seit dem Ende des 17. Jahrhunderts unter japanischer Herrschaft; sie ist in ihrem waldigen Innern fast gänzlich unbekannt und wohl auch kaum be= wohnt, während nach der Küste hin die bärtigen Ureinwohner der Insel, die Ainos, wohnen, die den jetzt hier schon viel zahlreicheren Japanern als Arbeiter beim Holzfällen und Fischfang dienen. Gewerbfleiß ist dieser Insel noch fremd, so daß über Hakodâte, die einzige größere Stadt der Insel, selbst die Strohsandalen und die für die Pferde bestimmten Strohschuhe ein= geführt werden.

Zum Reiche Japan gehören jetzt außer dieser als Kolonie geltenden Insel auch sämtliche (teilweise noch von Ainos bewohnte) Kurilen und die 52 Liu=Kiu (teils vulkanische Bildungen, teils Korallenbauten), wodurch dessen Ausdehnung zwar um etwa 100 000 qkm (fast 1800 Q.=M.), seine Einwohnerzahl aber nur um $^{1}/_{2}$ Mill. wächst, da auf diesen nur 5 Menschen auf 1 qkm, auf Nippon aber 136 wohnen.

II. Afrika.

§ 55.

Afrika im allgemeinen.

Afrika, fast 30 Mill. qkm (530 000 Q.=M.) groß, nur durch eine schmale (noch dazu jetzt durchstochene) Landenge an Asien ge= hängt, ist der in sich abgeschlossenste Erdteil der alten Welt. Die umgebenden Meere greifen fast gar nicht in den Erdteil ein; eine Ausnahme bildet nur der Meerbusen von Guinea [ginêa] im W. und der Doppelbusen der beiden Syrten im N. Darum erscheint kein Erdteil so gedrungen und massenhaft, keiner so unzugänglich. Seine Lage zu beiden Seiten des Äquators (bis 37 ° n. Br. und bis 34 ° f. Br.) bewirkt, daß volle $^{3}/_{4}$ dem heißen Erdgürtel angehören. Die Gliederung Afrikas ist so gering, daß die sämtlichen Glieder nur $^{1}/_{16}$ des Erdteils ausmachen.

Die alten Völker kannten von Afrika oder Libyen, wie es die Griechen nannten, eigentlich nur den nördlichen Teil, der an das weltgeschichtliche Binnenmeer (§ 37) anstößt; doch haben die Phöni= zier im Auftrage des ägyptischen Königs Necho bereits Afrika um= schifft (um 600 v. Chr.). Die Europäer, namentlich die Portugiesen, fingen erst im 15. Jahrhundert an Entdeckungsreisen an der Westküste Nord-Afrikas zu machen; wunderliche Fabeln über die Gegenden am Äquator hielten sie längere Zeit von weiterem Vorbringen zurück. Endlich erreichte Bartholomäus Diaz [diaß] 1486 die Südspitze, welche sein König Kap der guten Hoffnung nannte; Vasco da Gama umsegelte sie und kam glücklich von der Ostküste nach Ostindien 1498. An die Erforschung des Innern haben weit später (seit der Gründung der afrikanischen Gesellschaft in London 1788) kühne, für die Wissenschaft begeisterte Männer Gesundheit und Leben gesetzt. Englischen, deutschen, amerikanischen und französischen Forschern danken wir es zumeist, daß gegenwärtig nur noch kleine Gebiete Äquatorial-Afrikas zu den völlig unbekannten Teilen des afrikanischen Binnenlandes gehören.

Das ganze Süd-Afrika ist ein ausgedehntes unebenes Hochland, das im S., W. und O. in ungleichen Stufen zu schmalen Küstenebenen abfällt, im Inneren mit weiten muldenförmigen Einsenkungen. Nach N. geht es in das gewaltige Hochland von Central-Afrika über, eine breite Erhebung, welche in ihrer östlichen Hälfte einen ungeheuren Hochrücken von mehr als 1000 m Höhe darstellt, in ihrer westlichen jedoch sich zu einer viel niedrigeren (in der Mitte nur etwa 4—500 m hohen) Hochfläche ausebnet, die von der Rinne des Kongo in großem Bogen durchzogen wird und zu dieser von beiden Seiten sich sanft abdacht, nach der atlantischen Meeresküste zu jedoch, wie die Osthälfte zur Küste des indischen Ozeans, in großen, breiten Stufen, hinabsteigt. — An der Ostseite senkt sich das centrale Afrika zu dem Stufenland des Nil, welches in breiten Absätzen zu Nubien (der Mittelstufe) und zu der fruchtbaren Thalmulde Ägyptens (der Unterstufe) hinabsteigt. Auch das tiefdurchfurchte Alpenland von Abessinien entwässert zum Nil.

Die ganze Breite des Erdteils vom Nilland westwärts nimmt das Hochland von Sudän ein, eine Hochebene mit weiten flachen Einsenkungen (nirgends Tiefland, denn selbst der Tsad-See liegt 244 m über dem Meere). Es wird durchzogen von dem niedrigen, aber langgestreckten Kong (d. i. Gebirge) und senkt sich nach W. in dem Stufenlande von Senegambien zum atlantischen Ozean. Nördlich von Suban, vom atlantischen Meer bis nach Nubien und Ägypten zieht sich die Wüste Sáhara, deren Oberfläche, so mannigfaltig wie etwa diejenige Deutschlands gestaltet, meist eine von mäßigen Gebirgszügen unterbrochene, öde, wenig über 300 m steigende Hochebene ist. Jenseit derselben, am Gestade des Mittelmeeres, erhebt sich im W. in der Berberei das isolierte Atlas-Gebirge;

ein Zipfel der Wüste, die hier zwischen den beiden Syrten bis an das Mittelmeer reicht, trennt davon die verhältnismäßig kleine Hoch=fläche von Barka ab.

Das heiße Klima und die dem Zenithstand der Sonne gewöhn=lich nachfolgenden tropischen Regen befördern in Mittel=Afrika bei=derseits bis gegen den 20. Parallelkreis hin (an der O.=Küste bis an das Kapland) große Fruchtbarkeit; wo nicht Wald (mit dem Schim=panse, an der Nieder=Guinea=Küste auch dem Gorilla), ist hochgrasige Savane mit unzähligen Rudeln von Antilopen, Büffeln und Zebras, auch Giraffen und Nashörnern, Löwen, Schakalen, Hyänen. Ele=fanten (Elephas africanus), Krokodile und Flußpferde fehlen über=haupt in Afrika nur, wo sie der Mensch ausgerottet hat. In den fast regenlosen Wüsten, der Sahara im N. und der mehr steppenartigen Kalahári im SW. lebt der schnellfüßige Strauß. Die lange N.= wie die viel kürzere S.=Küste wird durch Winterregen befruchtet, welche dem zur Winterzeit schon in diesen niederen Breiten auf die Erdober=fläche treffenden Gegenpassat (§ 17) verdankt werden; jene ähnelt in ihren immergrünen Gewächsen (Ölbaum) den übrigen Küsten des Mittelmeeres, diese hat ein ganz anderes Pflanzenkleid (meistens Heidesträucher), zeitigt aber nun (nach der Verpflanzung) so schönen Weizen und so schöne Südfrüchte wie Sicilien.

Die Bewohner, deren Zahl man auf 169 Mill. schätzt, gehören bis zum Südrand der Sahara der kaukasischen Rasse, in Mittel= und Süd=Afrika der Negerrasse an (in Suban die intelligenteren Suban=Neger, von diesen südwärts die weniger civilisierten Bántu=Neger, zu denen auch die Kaffern zählen. Jedoch leben hie und da im Negerland versprengte Reste der Urbevölkerung, Zwerg=stämme, meist nur 1,4 m hoch, dunkelbräunlich überwiegend gefärbt, unstäte Jäger; den S. Afrikas aber (Kalahari und Kapland) bewohn=ten seit alters (bis ins 16. Jahrhundert sogar allein) jagende Busch=männer und der Jagd wie der Viehzucht obliegende Hottentotten, von denen die Buschmänner jenen Zwergvölkern wenigstens sehr nahe stehen. Jetzt ist auf Erden überall (außer in den Ländern des Js=lam) die Sklaverei abgeschafft, so daß die Neger nicht mehr zwangs=weise durch Europäer Afrika entfremdet werden. Daher lenkt jetzt die seßhaft von Viehzucht und Ackerbau lebende Negerrasse (mindestens ³/₄ aller Afrikaner) bei ihrer Fähigkeit das Tropenklima auszuhalten und bei der meist noch ungenutzten Bodenfruchtbarkeit gerade des tro=pischen Afrika, die Aufmerksamkeit der Kulturvölker auf sich. Denn nur durch Erziehung der Neger zur Arbeit können diese Fruchtbar=keitsschätze der Welt zu gute kommen. — Das Christentum ist in

Afrika noch wenig verbreitet, bei weitem mehr Eingang fand der Islam (im N. durch die arabische Eroberung in der Zeit der Kalifen, von O. her durch den tief ins Innere reichenden arabischen Handel).

§ 56a.
Das südliche und das centrale Afrika.

Süd-Afrika ist eine Hochebene von durchschnittlich 1000 m Meereshöhe. Sie wird im W., S. und O. von breiten Gebirgs-wällen eingefaßt, die wesentlich der Küste parallel ziehen, mit ihren Kämmen jedoch nirgends in die Schneeregion aufragen. Mit ge-waltigen Katarakten durchbrechen die großen Ströme Süd-Afrikas diese Randgebirge, um den Weg ins Meer zu finden. Nach N. geht Süd-Afrika unvermerkt in die zunächst wenig niedrigere, dann aber mehr und mehr nordwärts sich senkende Hochfläche des centralen Afrika über, dessen Westhälfte das Gebiet des Kongo bildet, während in der Osthälfte die großen ostafrikanischen Seeen liegen, deren Ab-flüsse nach S., W. und N. den größten Strömen Afrikas zugehen.

1) Der Ostrand beginnt im N. mit dem Lande der Somal (Singular: Somâli), also mit dem Osthorn Afrikas, welches von der Straße Bab el-Mandeb (§ 38, Mitte) anhebt und in das steil abstürzende Kap Guarda-fui ausgeht. Weiter südlich folgt italienisches Gebiet, bis zum Juba reichend, danach englisches Gebiet, welches landeinwärts bis zum Victoria-Njansa sich erstreckt, dann das unter englischer Schutzherrschaft stehende Insel-reich des Sultans von Sânsibar, dessen Hauptstadt Sansibar (30000 E.) der wichtigste Hafen an der ganzen Ostküste Afrikas ist. Der Insel Mada-gaskar gegenüber liegen die Küsten Moçambique und Sofâla, reich an Goldstaub, zwischen beiden die Mündung des großen aus dem Innern kommenden Sambêsi. Hier portugiesische Niederlassungen, die sich aber meist in elendem Zustande befinden; die wichtigste: Inselchen und Stadt Moçambique. Noch weiter nach S. folgt die Küste der Kaffern (darunter die jetzt unter englischer Herrschaft stehenden Sulu), braunschwarzer, woll-haariger Hirtenvölker der Bântu-Gruppe, welche ihre Wurfspieße (Assegaien) auch mitunter als Stoßwaffe tapfer zu gebrauchen wissen und neben Rinder-zucht auch einigen Ackerbau treiben. Eine englische Besitzung an der Kaffern-küste ist das aufblühende Land Natâl (genannt nach dem Dies natâlis d. h. dem Weihnachtstag 1497, an welchem es Vasco da Gama entdeckte), wo neben dem in fast ganz Afrika gebauten einheimischen Kaffernkorn (der Durra) nun das altamerikanische Büschelgetreide, der Mais, und das Zuckerrohr bestens gedeiht: Hauptorte Durban und Pieter-Maritzburg. Landeinwärts liegen die Bauerrepubliken aus dem Kaplande ausge-wanderter Bauern, d. i. Bauern holländischer Abstammung: der Oranien-fluß-Freistaat (zwischen den beiden Quellarmen des Oranienflusses) und der Südafrikanische Freistaat (beide voneinander getrennt durch den Vaal [sâl], einen Quellarm des Oranienflusses, in dessen Nähe man in neuerer Zeit Diamanten gefunden hat).

2) Der **Südrand** oder das **Kapland** besteht aus drei Stufen, in denen Hoch=Afrika zu dem hier einige günstige Hafenbuchten besitzenden Meeresstrande abfällt. Auf der obersten fließt der **Oranienfluß**, die mittlere nimmt die Steppe **Karroo** [karrū] ein, mit rötlichem Thonboden, fast so hart wie gebrannte Ziegel, nur zur Zeit der Winterregen eine grüne Weide für unzählige Antilopen und die Zuchttiere der Kolonisten. Randgebirge mit tiefen **Schluchten** (Kloofs [klūfs]) trennen diese beiden Stufen; in ihnen fließt meist nur zur Regenzeit Wasser, und oft sind sie trotz ihrer Steilheit die einzigen Verbindungsstraßen, auf denen die klobigen, meist mit 16 Zugochsen paarweise bespannten Wagen fahren, welche für das niederländisch=englische Süd=Afrika so bezeichnend sind. Die dritte und unterste der Stufen ist das Küstenland. Die Niederländer, welche sich seit 1652 hier niederließen, fanden als Bewohner Hottentotten vor, ein gutmütigträges Hirtenvolk (gelbbraun, mit breiten Backenknochen und kurz filzlockigem Haar), das seine Wurfspieße mehr zur Jagd als zum Kriege verwendete. Die Hütten gleichen Bienenkörben, mehrere zusammen bilden einen **Kraal**. Weit schlimmere Nachbarn für die Kolonisten waren die bereits von den Hottentotten mehr ins Innere zurückgedrängten Buschmänner, ein häßlicher, magerer Menschenschlag von ähnlicher Hautfarbe und Haareigentümlichkeit wie die Hottentoten, aber ausschließlich von der Jagd und dem Viehraub lebend, mit vergifteten Pfeilen auf Beute lauernd; sie sind gegen jedermann, und jedermanns Hand ist wider sie. Das Kapland wurde bald als Station für die Ostindienfahrer den Niederländern sehr wichtig; sie haben es aber 1795 an die **Engländer verloren**. Diese bilden von der noch geringen Bevölkerung (2 bis 3 Bewohner auf 1 qkm) etwa ein Zehntel; die Urbewohner, von den im S. ö. Kapland seit der Zeit um 1600 eingedrungenen Kaffern abgesehen, überwiegend hottentottischer Abstammung, sind durch Vermischung mit den Ansiedlern als Rasse innerhalb der Kolonie fast ganz untergegangen, während die Buschmänner in der **Kalahāri=Wüste**, einer meist mit Buschwerk und Gras bewachsenen, aber sehr wasserarmen Steppe jenseit des Oranienflusses, eine letzte elende Zuflucht gefunden haben. Die **Kapstadt** liegt an der **Tafelbai** am Fuße des **Tafelberges**, der 1100 m hoch ist und dessen ungeheure Würfelmasse den Seeleuten das ersehnte Zeichen des schützenden Hafens ist. Gerade, sich in rechten Winkeln kreuzende Straßen, weiße Häuser mit platten Dächern; 84000 E. Im S. der Stadt der Meierhof **Konstantia** mit dem berühmten Kapwein. Zwischen der Tafelbai und der falschen Bai das eigentliche **Kap**, d. h. das **Kap der guten Hoffnung**, von welchem gen OSO. das südlichste Vorgebirge Afrikas gelegen ist, das **Kap Agulhas** [agúlhas] d. i. Nadelkap, nach Beobachtungen an der Magnetnadel daselbst von den portugiesischen Entdeckern so genannt. Im östlichen Teile des Kaplandes **Port Elisabeth**, eine Hafenstadt, deren Handelsverkehr schon den der Kapstadt zu überflügeln beginnt. Kleinere Niederlassungen sind durch das Innere des Landes zerstreut; hier wird wegen seines kostbaren Gefieders auch der Strauß gezüchtet. Der Hauptgewinn im Kapland besteht aber in der **Schafwolle**; auch die Angoraziege (§ 46, 1) ist mit bestem Erfolg in dem warmtrockenen Lande acclimatisiert worden.

3) Der **Westrand** ist vom Oranienfluß, der Nordgrenze des Kaplandes, an eine kahle sandige Küste, hinter welcher sich bis an die Kalahari die Weidegebiete der **Nama** (Hottentotten) und nördlich von diesen der **Herēro** (Bantu) erstrecken. Das ganze Land bis zum **Kunene** hat **Deutschland** in Besitz genommen; auch die Nama und Herero stehen unter **deutschem**

Schutze. Hauptstation im Binnenlande ist **Windhuk**; Faktoreien an der Sandfischbai und an der Bucht **Lüderitzhafen**, welche südwärts in **Angra pequena** [pekéna], d. i. kleine Bucht, ausläuft. Die **Walfischbai** ist englisch. Im Binnenlande sind Spuren goldhaltigen Quarzes gefunden worden.

Nun folgt nördlich bis **Kap Lopez** [lópeß] **Nieder-Guinea**, mit der Mündung des **Kongo**. Südlich von der letzteren besitzen die Portugiesen die Küstenländer **Angola** und **Benguela** [bengwéla] mit der Hauptstadt **St.** [ßaung] **Paolo de Loánda**. Dicht am Äquator ein großartiger Natur=hafen: die Bucht von **Gabun** [gabún], französischer Besitz.

Endlich nördlich vom Äquator liegt die breite, tief in das Land ein=schneidende Bucht von **Kamerun**, in welche sich der **Mungo** und der **Wuri** ergießen. Nördlich von ihr erhebt sich der vulkanische **Götterberg** von **Kamerun** bis 3960 m. An seinem Fuße das Städtchen **Victoria**. Das ganze Kamerunland ist **deutsches** Gebiet; der Gouverneur wohnt in der Stadt **Kamerun** auf dem hohen Südufer der Bucht. Hier hat auch der deutsche Afrikaforscher **Gustav Nachtigal** seine letzte Ruhestatt gefunden. Zahlreiche Faktoreien. Negerstamm der **Dualla**. Es ist ein vielversprechen=des Land, wo Pisang= und Bananenplantagen die Dörfer umgeben und Kokospalmen die Negerhütten beschatten.

4) Das **Innere** des südafrikanischen Hochlandes ist erst seit den letzten Jahrzehnten bekannter geworden. So verdanken wir dem rastlosen Erforscher Süd=Afrikas, dem englischen Missionar **Livingstone** [livingstön], die Kenntnis des **Ngami=See**s n. von der **Kalahari=Wüste**, den er 1849 erreichte. Dieser immer mehr hinschwindende See, 900 m hoch gelegen, der Rest des großen, einst Süd=Afrika deckenden Gewässers, ist die **tiefste** Ein=senkung in dem südafrikanischen Hochlande. Auf späteren Reisen, auf welchen Livingstone ganz Süd=Afrika von den westlichen bis zu den östlichen Besitzun=gen der Portugiesen durchschnitt, entdeckte er in dem **Liambey** den oberen Lauf des Sambesi mit den prächtigen **Victoria=Wasserfällen**, in denen sich der Strom, das Randgebirge durchbrechend, von dem Hochlande herunterstürzt, um bald danach den Ausfluß des **Njassa=See**s, den **Schiré**, aufzunehmen.

5) Um die Aufhellung des **inneren** Central=Afrikas hat das größte Verdienst der kühne Amerikaner **Stanley** [stänle], welcher den Lauf des Kongo entdeckte.

Die **Westhälfte** dieses Innern bildet das Stromgebiet des gewaltigen **Kongo**, des wasserreichsten unter allen afrikanischen Strömen, der, aus der Vereinigung des **Luapula** mit dem **Lualaba** entstanden, den Abfluß des langgestreckten **Tanganjika=See**s, zur Rechten empfängt, mit den 7 **Stanley=Fällen** fast unter dem Äquator sich westwärts Bahn bricht und dann in einem langgezogenen Nordbogen sich dem 2. Parallelkreis n. Br. dicht nähert, auf einem durch 32 Katarakten (die **Livingstone=Fälle**) gefährlichen Unterlauf, nachdem er den **Stanley=Pool** [pul] ge=bildet, das w. Randgebirge durchbricht und so seinen Weg zum Meere findet, das er noch weithin mit seinem gelben Schlamme färbt. Auf seinem **rechten** Ufer liegt nach dem Durchbruche der wichtige Handelsplatz **Boma**, an seiner Mündung **Banána=Point** [peunt]. Die größten Nebenflüsse des gewal=tigen Stromes sind von r. der **Ubángi** und der **Aruwimi**, den er bald nach den Stanley=Fällen, von l. der **Kassai**, den er nicht weit vor dem Stanley=Pool aufnimmt.

Den größten Teil seines Gebietes umfaßt der Kongo-Staat, 2241250 qkm (40000 Q.-M.) mit 14,1 Mill. Einw. Die wichtigsten Stationen desselben sind Leopoldville am Stanley-Pool, Vivi am Ende der Livingstone-Fälle und Boma. Souverän des Kongo-Staates ist König Leopold II. von Belgien.

Die Osthälfte des centralen Afrika bildet die Region der ostafrikanischen Seeen. Von diesen hat der Njassa-See, in steile Ufer eingesenkt, seinen Abfluß zum Sambesi. Den Bangweôlo-See durchfließt der Luapula; die Quellflüsse des Nil, von denen der Schimiju bis 5½° s. Br. hinaufreicht, sammeln sich in dem Victoria-Njansa. Flache Ufer fassen ihn ein; an seinem Nordufer das ehemals mächtige Negerreich Uganda. Er entsendet nach N. den Bahr el-bschebel (d. i. Fluß der Berge), den Hauptquellfluß des Nil. Ihm führt, vorüber an dem hohen Russori, einem erloschenen Vulkane, der Semliki auch die Wasser des dunkelblauen Albert Eduard-Sees, den Stanley entdeckt hat, zu, nachdem sie weiter nordwärts den in steile Ufer eingeschlossenen hellgrünen Albert-See durchflossen haben, in dessen Nordecke der Bahr el-bschebel eintritt. So ist der Nil der längste Strom Afrikas.|

Im O. des großen Njansa erheben sich die gewaltigen Schneeberge, der zweigipflige Kilima-Ndschâro, ein erloschener Vulkan, 6000 m in der Kaiser Wilhelm-Spitze aufragend, und der nicht viel niedrigere (englische) Kénia. Das ganze Binnenland von der Küste des indischen Ozeans, Sansibar gegenüber, bis zum Tanganjika-See, südwärts bis zum Njassa, nordwärts bis zum Victoria-Njansa reichend und den Kilima-Ndschâro ganz einschließend, ist deutsches Gebiet, wie auch die davor liegende Insel Mafia deutsch ist.

§ 56b.

Deutsch-Ostafrika.

Das deutsche Ost-Afrika umfaßt das ganze Binnenland von der Küste des indischen Ozeans, Sansibar gegenüber, bis zum Tanganjika-See; dazu die Insel Mafia. Die Nordgrenze (gegen das englische Gebiet) erstreckt sich von der Mündung des Umba in nordwestlicher Richtung, den Kilima-Ndschâro einschließend, bis an das Ostufer des Victoria-Njansa, durchschneidet diesen in der Richtung von 1° s. Br. und zieht dann in der gleichen Richtung nach W. weiter bis 30° ö. L. Die Südgrenze dagegen (gegen portugiesisches Gebiet) beginnt wenig südlich vom Kap Delgado an der Tunghi-Bucht, erreicht bald den Rooúma-Fluß und zieht an diesem aufwärts, um das Ostufer des Njassa-Sees etwa in der Mitte zu erreichen. Sie folgt dann diesem Ufer, umzieht das Nordende des Sees bis zur Mündung des Songwe und wendet sich nun (jetzt gegen englisches Gebiet) den Songwe aufwärts gegen WNW., bis sie das Ostufer des Tanganjika an der Mündung des Kilambo erreicht. Das ganze

Gebiet umfaßt 955220 qkm, iſt alſo faſt doppelt ſo groß wie das Deutſche Reich.

Als ein breiter Hochrücken von den gewaltigſten Formen, 1200 bis 2000 m hoch, ſtellt ſich das Binnenland dar; Berggruppen und Gebirgszüge von mehr als der doppelten Höhe überragen ihn. Die Breite beträgt etwa 1100 km. Die flache Einſenkung von Tabóra teilt ihn in eine breitere nördliche und in eine ſchmalere ſüdliche Hälfte. Dieſe fällt in der Landſchaft Uhehe ſteil bis zu 500 m hinab, während jene von der Landſchaft Ugogo an in zwei großen Stufen allmählich zu dem Küſtenlande hinabſteigt. Dies Stufenland (Unterſtufe: Uſe=guha und Ukami; Oberſtufe: Uſagara) iſt fruchtbar und walbreich, Ugogo dagegen heiß und dürr.

Der Hauptfluß des Terraſſenlandes iſt der Wami. Er ent=ſpringt als Gombe im Rubeho=Gebirge in Uſagara, durchfließt dann als Mukondokua in einem maleriſchen Felſenthale die Oberſtufe, empfängt in der Unterſtufe den Namen Wami und mündet breit, aber nur 1 m tief in den Ozean, Sanſibar gegenüber. Kürzeren Laufes, doch nicht von geringerer Waſſerfülle iſt der aus Ukami kommende Kingani (oder Rufu). Beide aber an Größe übertrifft der Ruaha, der in Uhehe ſeinen Urſprung hat. Durch die Ver=einigung mit dem von dem Oſtabfalle Uhehes kommenden Rufidji wird er ein mächtiger Strom; aber er verliert an dieſen ſeinen Namen und mündet als Rufidji, Mafia gegenüber ein breites Delta in das Meer hinausbauend, in den Ozean. Endlich der Rovúma kommt aus einem Sumpfe an der Oſtſeite des Njaſſa=Sees, nähert ſich dem See bis auf 50 km, biegt dann aber in die öſtliche Richtung ab, die er bis zu ſeiner Mündung beibehält.

Nach W. ſenkt ſich der breite Centralrücken ganz allmählich. Dieſe ſanfte Abflachung, ein welliges Tafelland, von Hügeln und Einzelfelſen unterbrochen, iſt das „Mondland“ Unjamwéſi. Der Ugalla, mehr eine Seeenkette als ein Fluß, bezeichnet die Richtung der Abdachung; er vereinigt ſich mit dem aus N. kommenden Mala=garaſi, der ſich in den Tanganjika ergießt.

Der lange, ſchmale Tanganjika=See, durch einen Erdein=ſturz entſtanden, bezeichnet die Weſtgrenze des Centralrückens. In das Südende des Rückens iſt wie ein Fjord der Njaſſa=See einge=riſſen, den rings hohe Ufer umgeben. Nur an ſeinem (deutſchen) Nord=ende iſt durch die Anſpülung der Flüſſe die niedrige Landſchaft Unja=ljuſa entſtanden, ein Land wie ein Garten, wo Rinderherden weiden und in ſauberen Dörfern gaſtfreie Bauern von hoher Geſittung wohnen. Dagegen in das Nordende des Hochrückens ist der breite, meerartige Victoria-Njansa eingebettet, 330 km lang und breit, 1190 m über dem Meere liegend. In ihm liegt die große Insel Ukerêwe, nur durch einen durchwatbaren Kanal vom Festlande getrennt. Sie scheidet den flachen Speke-[spik-]Golf von dem See. Das östliche, noch mehr das westliche Ufer des Sees ist gebirgig. Denn hier an der Westseite liegt das Bergland Karagwe, das zahlreiche, kleine Seeen umschließt. Aus Karagwe fließt dem See der Kagêra zu, sein größter Zufluß; in den Speke-Golf mündet der Schmiju oder Simiu, der entferntefte Quellfluß des Nil.

Den Oftrand des centralen Hochrückens umzieht eine ungeheure Bruchspalte. Vulkanische Erscheinungen bezeichnen sie. Diese beginnen mit vulkanischen Flachkegeln im N. des Njassa-Sees, ziehen sich dann durch Uhehe und endigen mit dem gewaltigen Doppelhaupt des Kilima-Ndscharo, d. i. Berg des bösen Geistes. Sanft steigt aus der Landschaft Dschagga, die wie eine Terrasse seinem Südfuße vorgelagert ist, der Doppelvulkan empor. Die östliche Spitze ist der Kimawensi, der ältere, verwitterte und halb in sich zusammengestürzte Krater, die westliche der Kibo, der höhere und jüngere Krater, dessen Scheitel ewiger Schnee deckt. Seine höchste Klippe, die Kaiser Wilhelm-Spitze, ist 6010 m hoch. Die nach SO. sich ergießenden Lava-Ausbrüche des Vulkans haben die Hochfläche Pare und weiterhin das Gebirgsland Usambara aufgebaut, dessen östliche Hälfte, die Landschaft Handeï, durch große Fruchtbarkeit ausgezeichnet ist. Der Abfluß des ganzen Gebietes ist der Pangani, am Südrande desselben dahinfließend, während am Nordrande der kleine Umbo durch die Njika-Steppe den Weg zum Meere sich sucht.

Die Zahl der Bewohner von Deutsch-Ostafrika wird auf 2900000 geschätzt. Sie gehören sämtlich zu den Bantu-Negern. Durch die Sklavenjagden der Araber, welche durch die Eroberung von Mombas 1698 und die Vertreibung der Portugiesen sich zu Herren der Küste gemacht hatten, sind die Neger, stets verfolgt und gescheucht, in die unzugänglichen Walddickichte und auf die festen Bergeshöhen vertrieben worden; doch durch die Deutschen (Major von Wissmann) ist die verderbliche Macht der Araber gebrochen worden. Auch unter den Einfällen kriegerischer Nachbarstämme, wie es die den Zulu-Kaffern verwandten Mawiti im S. und Massai im N. sind, haben die friedlichen Negerstämme viel zu leiden. Erst tief im Binnenlande findet man daher kräftige und höher kultivierte Stämme; so in Ugogo die stämmigen Wagogo und besonders im Mondlande die zierlicher gebauten, intelligenten Wanjamuesi. Zahlreich sind an der Küste auch die Wasuaheli, wie sich alle Neger, gleichgültig welches Stammes, nennen, die in Sansibar geboren sind. Dagegen sind die Deutschen noch sehr wenig zahlreich: sie sind die Offiziere und Exerziermeister der (schwarzen) Truppen, die Beamten und die Leiter der Pflanzungen.

Daniels Lehrb. d. Geogr.   8

Bagamoyo, die größte Stadt des Gebietes, 10000 Einw., liegt 8 km südlich von der Kingani-Mündung, beſchattet von Palmen und Mango= bäumen. 1 km von der Stadt die große franzöſiſche Miſſionsſtation. Einen Hafen hat die Stadt nicht; 3 km vom Strande auf offener Reede müſſen die Schiffe ankern; aber ſie iſt der Anfangspunkt der großen Karawanenſtraße, die weſtwärts nach dem Tanganjika zieht. Nördlich von Bagamoyo liegen die Hafenſtädte Saadani (nördlich von der Wami=Mündung), das belebte Pangani am gleichnamigen Fluſſe, und an einer waldbeſchatteten Bucht Tanga, wo in ſtreng getrennten Vierteln die Araber, Inder und Neger wohnen.

Südöſtlich von Bagamoyo, zur Landeshauptſtadt beſtimmt, liegt Dar=es=Salâm, d. i. Friedensort, ein kleines Städtchen an der Nord= ſeite einer tief in das Land einſchneidenden Meeresbucht, die ſelbſt bei Ebbe auch großen Schiffen freien Zugang gewährt. Zwiſchen den Mündungen des Rufidji und des Rovuma folgen Kilwa Kivindſche am niedrigen Meeres= ſtrand mit ganz flacher Reede, Kilwa Kiſiwani auf einer Inſel in ge= räumiger Meeresbucht, Lindi, aus zerſtreuten Häuſergruppen beſtehend, welche, von Palmen beſchattet, die Nordſeite der ſehr günſtigen Hafenbucht umgeben, 2000 E., Mikindani, eigentlich 5 Dörfer, welche ſich um die Seitenzweige einer offenen Meeresbucht reihen, endlich hart an der Grenze das kleine Fort Tunghi.

Die wichtigſte Militär=Station im Innern iſt Mpuapua [ſpr. mpá= pua], im weſtlichen Uſagara: ſie deckt die Karawanenſtraße nach Tabora. Tabóra, der Hauptſitz der Araber im Mondlande, beſteht aus zahlreichen Gruppen von Tembes, viereckigen, einen Hof in der Mitte umſchließenden Häuſern, die über eine flache Mulde regellos zerſtreut ſind. Von Tabora zieht die Straße nach Udſchidſchi, der Doppelſtadt am Tanganjika=See: in Ugoy wohnen in graubraunen Tembes die Araber, Kawele beſteht aus den runden und viereckigen Hütten der Neger.

Am Victoria=Njanſa (am Südufer) liegt die Station Muanſa, in ihrer Nähe an einer Einbuchtung des Ufers die (franzöſiſche) Miſſionsſtation Bukumbi.

Endlich am Kilima=Ndſcharo ſteigen die Siedelungen der Wadſchagga bis zu 1500 m an der Südſeite das Gebirge hinan. Sie bilden mehrere, unter einander ſtets feindſelige Kleinſtaaten. Die Waſſerläufe vom Kilima=Ndſcharo ſammeln ſich ſüdwärts in der Ebene von Klein=Aruſcha zum Pangani. So ſtrömt hier auch der Verkehr zuſammen; hier vereinigen ſich die zur Küſte hin= abziehenden Karawanen. Hüttengruppen, von Maisfeldern und Bananen= pflanzungen umgeben, bilden den Ort Klein=Aruſcha, in dem ſich auch eine deutſche Handelsſtation befindet.

§ 56c.

Deutſch-Südweſtafrika.

Das deutſche Südweſtafrika erſtreckt ſich vom Kunene im N. bis zum Oranienfluſſe im S. Nur in der Mitte dieſer langen Küſten= linie bildet das (engliſche) Gebiet der Walfiſch=Bai eine Enclave. Die Südgrenze gegen das engliſche Kapland ſtellt der Oranienfluß bis 20° ö. L. dar; die Oſtgrenze (gegen engliſches Gebiet) folgt vom Oranienfluſſe dem 20° ö. L. bis zum 22° ſ. Br., geht dann auf

diesem bis zum 21° ö. L. und folgt dann wiederum dem 21° ö. L.
bis zum 18° f. Br., den sie ostwärts bis zum Tschobe-See begleitet.
Für die letzte Strecke endlich bildet der Tschobe bis zu seiner Ein=
mündung in den Sambesi und schließlich dieser selbst eine Strecke
stromauf die Grenzmarke. Endlich die Nordgrenze (gegen portu=
giesisches Gebiet) bildet der Kunene bis zu den Wasserfällen unter
14—15° ö. L.; von hier zieht sie ostwärts bis zum Okavango oder
Kubango, begleitet diesen, bis er scharf nach S. abbiegt, und streicht
nun in der früheren streng östlichen Richtung weiter bis zum Sam=
besi. Das ganze Gebiet umfaßt 835100 qkm, mißt also das andert=
halbfache der Größe des Deutschen Reiches.

Rasch steigt das flache Küstengelände zu einer Hochfläche an,
die schon wenige Tagereisen vom Meer 1600 m Höhe hat, dann
aber sanft sich nach O. wieder senkt. Steil fällt sie südwärts dagegen
in das Thal des Oranienflusses ab. An der Küste regnet es nie und
im Binnenlande selten; denn der eisige Südwestwind treibt die Haufen=
wolken, die der Nordostwind aus dem Innern heranführt, stes zu=
rück, ohne doch, da er an dem Landwinde sich schnell erhitzt, seinen
eigenen geringen Wassergehalt niederzuschlagen. Daher ist der Dünen=
gürtel, welcher die Küste bis über die Walfisch-Bai hinaus umzieht,
öde und wüst, und die dahinter liegenden, meist von N. nach S.
streichenden Höhenzüge sind in Sand und Geröll halb vergraben.
Aber auch die Hochflächen des Innern sind wasserarm und die Fluß=
betten den größten Teil des Jahres hindurch trocken. Nur wenn in
dem gebirgigen Hinterlande die Regenzeit anhebt, füllt sich der Ober=
lauf und die Wassermasse ergießt sich plötzlich das trockene Flußbett
hinab; der durstige Boden aber nimmt davon dann so viel in sich
auf, daß der Fluß nur in sehr nassen Jahren wirklich bis zum Meere
gelangt. Von der Art sind durchaus die westwärts gerichteten Flüsse,
aber auch alle kleineren, welche im Nama-Lande südwärts dem
Oranienflusse zustreben.

Eine Ausnahme bildet der Hauptfluß des Nama-Landes, der
Fischfluß. Er fließt zwar auch nur in der Regenzeit und gelangt
dann wirklich in den Oranienfluß. Nach der Regenzeit löst er sich
aber in breite, ganz flache Wasserpfützen auf, von denen die größeren
wenigstens nicht ganz austrocknen, so daß Fische in ihnen bis zur
nächsten Regenzeit ihr Leben fristen können.

Nördlich von den trockenen Hochflächen des Nama-Landes liegt
das mehr gebirgige Herero-Land. Es senkt sich nach W. Dieser
Richtung folgen daher seine Ströme. So der Kuisib, der, in dem
2100 m hohen Awas-Gebirge entsprungen, nur in dem engen Fels=

thale seines Oberlaufes beständig Wasser (und Fische) hat; sobald er aber „abkommt", erfüllt er 250 m breit und 2 m tief sein staubiges Bett; erreicht indes die Walfisch=Bai, der er zustrebt, nur selten. Durch die Wüste Namieb ist von dem Kuisib der Swachaub (eigent= lich Tsoaxaub), der, längeren Laufes und gleicher Natur, wenn er „abkommt", von noch größerer Wasserfülle ist. Von S. fließt in der Regenzeit der Tsaobis ihm zu, von N. der größere Kahn. Auf einer Insel im mittleren Swachaub liegt die Pot=Mine, wo früher Gold gegraben wurde, wie denn überhaupt an zahlreichen Stellen im Herero=Lande Gold gefunden ist, jedoch noch nirgends in einer den Abbau lohnenden Menge.

Endlich den N. bildet das Ambo=Land, das schon eine kurze Regenzeit hat. Daher zeigt es Kornfelder anstatt der Weideflächen und Akazien=Gebüsche. Es reicht bis zu dem von breiten Wald= streifen eingefaßten Kunene. Nach O. erstreckt es sich, mehr steppen= artigen Charakter annehmend, am mittleren Okavango oder Kubango hin, der in sehr gewundenem Laufe dem Ngami=See zustrebt. Dann überschreitet das deutsche Gebiet, nur noch ein schmaler Streifen, den träge fließenden Kuando, der zu dem sumpfigen Tschobe=See sich erweitert, bevor er in den Sambesi sich ergießt. Schließlich bildet der mächtige, durch unabsehbare Prärien hier dahinfließende Sambesi die fernste Ostgrenze.

Die Zahl der Bewohner des deutschen Gebietes wird auf 200000 ge= schätzt. Im südlichen Drittel sind es Nama, reine Hottentotten von fahl gelbbrauner Hautfarbe. Ihr Hauptort (auch Missionsstation) ist Bethanien am Löwenflusse, einem Nebenflusse des Fischflusses. Ihre Nordgrenze bildet etwa der Kuisib. Nördlich vom Swachaub, die ganze breite Mitte einnehmend, wohnen die Herero, Bantu=Neger, von kräftiger Gestalt und schwarzbrau= ner Hautfarbe. Sie treiben ausschließlich Viehzucht; ihr bestes Weidegebiet ist das Kaoko, die sanfte Abdachung des Landes nördlich vom Swachaub gegen das Meer. Viel haben sie von den räuberischen Einfällen der kühneren Nama zu leiden, welche das ganze Gebiet zwischen Kuisib und Swachaub ver= ödet haben. Daher ist in diesem Gebiete die kleine Militärstation Wilhelms= feste am Tsaobis angelegt und der durch warme Quellen berieselte, von üppigem Baumwuchs umgebene Ort Windhuk am Awas=Gebirge zur militärischen Hauptstation wie zum Sitze der Verwaltung gemacht worden. Hauptort der Herero ist Otjimbingue am Swachaub, wo auch Europäer wohnen. Östlich davon die Missionsstation Barmen. Endlich die Ambo haben das nördliche kleinste, aber beste Drittel inne, kräftige, untersetzt ge= baute Bantu=Neger, jede Familie in eigener „Werft" inmitten ihrer Acker= felder wohnend. Zwischen Herero und Ambo haben sich Buren angesiedelt, die hier den Freistaat Upingtonia gründeten, später aber unter deutsche Herrschaft sich stellten.

Vorzeiten waren die Herren des ganzen Gebietes die San, von den alten holländischen Kolonisten Buschmänner genannt, die durch die Einwan= derung stärkerer Stämme in die Gebirge und Einöden versprengt sind. Die

San sind dunkler als die Nama, aber viel heller als die Herero, meist klein von Wuchs, von dürrem Gliederbau, sehr genügsam, aber diebisch und hinter= listig. Der Vortrab der einwandernden Ambo waren die Damara oder Berg=Damara, ihnen ganz gleichend, jedoch zierlicher an Wuchs und ge= wandter in ihren Bewegungen. Durch den Verlust ihrer Herden in Armut geraten, verdingen sie sich an die Herero oder wohnen familienweis in Fels= klüften oder führen, von aller Welt mißachtet, ein unstetes Zigeunerleben.

An der Küste des Nama=Landes liegt Lüderitz=Hafen, die älteste deutsche Niederlassung an dieser Küste, nur aus wenigen Häusern bestehend. Von der Bucht Lüderitz=Hafen halten die Hoifisch=, die Pinguin= und die Seehunds=Insel die Dünung des Ozeans ab; so bildet diese Bucht einen guten Hafen (Angra pequena ist eine südwärts in das Land einschneidende Lagune), aber es fehlt an Trinkwasser und der dahinter liegende, 90 km breite Dünengürtel erschwert allzu sehr den Verkehr mit dem Binnenlande. — Weiter nordwärts, fast unter dem Wendekreise, liegt Sandfisch=Hafen. Der in das Meer vorspringende flache Sandrücken der Punta d'Ilheo bildet eine gute Hafenbucht, in geringer Tiefe enthält der Boden nie versiegendes Süßwasser, so daß die Häuser der Europäer von Gärten umgeben sind, ein Nama=Dorf liegt am Strande; aber der Dünengürtel ist hier noch 28 km breit und so steil, daß kein Ochsenwagen ihn erklimmen kann. Daher hat sich der Verkehr nach der Walfisch=Bai gezogen, wo die Pelikan=Spitze eine sehr flache Hafenbucht bildet, aber die Wagen über die Namieb landeinwärts leichte Fahrt haben und in Sandfontein, 6 km von der Bai, in einer Boden= vertiefung das nötige, vom Kuisib herstammende Trinkwasser finden. Der Ort Walfisch=Bai, auf einer Sandaufschüttung in ödester Umgebung ge= legen, ist mit der Umgegend (dazu auch Sandfontein, eine Gruppe von Nama= Hütten) englischer Besitz. Erst bei der Kreuz=Bai (22° s. Br.) hört der Dünengürtel ganz auf: dies ist der Hafen der Zukunft.

§ 56d.

Kamerun.

Wo die Küste von Nieder=Guinea scharf in die westliche Rich= tung abbiegt, hat die ozeanische Flutwelle, an der ablenkenden Küste aufgestaut, die Flußmündungen zu weiten Ästuarien ausgespült. Das umfangreichste derselben ist das des Old=Calabar oder Kreuz= flusses, das östlichste das des Rio del Rey, das breite Mündungs= becken eines ganz unbedeutenden Kriek.

Hier am Rio del Rey (Ästuar und Kriek) beginnt die Nord= westgrenze des deutschen Kamerun (gegen englisches Gebiet); sie zieht dann nordwärts nach den Stromschnellen des Old=Calabar und von dort in nordöstlicher Richtung nach Jola am Benué. Diese Stadt ausschließend, zieht sie weiter zum Tsad=See, dessen Südufer sie unter 13° ö. L. Gr. trifft und bis zur Mündung des Schari be= gleitet. Damit ist Deutschland der Zugang zu dem großen sudani= schen Binnensee gewahrt. Die Ostgrenze (gegen französisches Gebiet) geht nach dem Vertrage vom 15. Dez. 1893 von der Mündung an dem Schari aufwärts bis 10° n. Br., dann auf diesem 10. Grade westwärts bis 14° ö. L., von da südöstlich bis zum 15. Grade, auf diesem nach Süden (jedoch Kunde ausschließend) bis 4° n. Br., dann gegen SO. an den Sanga, an diesem stromab, bis die Verlängerung der Südgrenze den Fluß trifft. Diese Südgrenze (ebenfalls gegen französisches Gebiet) beginnt am Campo-Fluß, folgt diesem eine kurze Strecke und hält dann streng des weiteren die östliche Richtung inne. Das ganze Gebiet von Kamerun umfaßt 495 000 qkm, kommt also an Ausdehnung dem Deutschen Reich bis an die Donau gleich.

Der Hochfläche des centralen Afrika ist nach der Küste zu ein niedrigeres Vorland vorgelagert, zu welchem die Flüsse aus dem Binnenland in Katarakten herabstürzen: so steil ist der Abfall. Aus diesem Vorlande erhebt sich hart am Meere der Mongo ma Loba, d. i. Donnererberg, gewöhnlich der Götterberg genannt, ein Vulkan, der für erloschen gilt, mehr ein ganzes Gebirge, als ein Berg. Aus einem Waldgürtel ragt der Kraterrand kahl hervor; die höchsten Spitzen desselben sind die Albert-Spitze, 3991 m hoch, und die nur 31 m niedrigere Victoria-Spitze.

Wenig südöstlich von dem Götterberge schneidet das Kamerun-Haff (Rio dos camarões [kamaróngsch] d. i. Krabben-Fluß) tief in das Vorland ein, einem Ahornblatte ähnlich, dessen Spitzen auf die Flußmündungen hinweisen. Zahlreiche Flüsse, das Haff mehr und mehr zubauend, münden hinein: so von NO. her der Wuri, dessen Quellen bis an den Abfall des centralen Hochlandes hinaufreichen, von N. her der Mungo, der an diesem Abfalle entlang fließt. Viel gewaltiger als beide ist in Süd-Kamerun der Sánnaga. Schon auf dem inneren Hochlande ein stattlicher Strom, nimmt er noch hier seinen größten Nebenfluß, den an Wasserfülle ihm überlegenen, 600 m breiten Mbam, auf, der von N. her aus den Bergen Süd-Abamauas ihm zufließt. Der vereinigte Strom stürzt dann in den Nachtigal-Fällen von dem Hochlande sich herab, um durch die dichten Wälder des Vorlandes seinen Weg zum Meere zu suchen, in das er mit geteilter Mündung sich ergießt. Südlich vom Sannaga fließt der Njong, der auch, aber in viel geringerer Wasserfülle von dem Hochlande des Innern kommt; seine Mündung ist durch eine Barre fast ganz verbaut.

Das Hochland des Innern, etwa 700 m über dem Meere gelegen, erscheint als ein hügeliges Grasland; Abamaua aber, dessen Südhälfte zu dem deutschen Gebiete gehört, ist ein Gebirgsland, von steilen Bergketten durchzogen, deren Gipfel (im O.) bis zu 3000 m sich erheben.

Die Zahl der Bewohner von Kamerun schätzt man auf 480500. Sie gehören meist zu den Bantu = Negern; nur am Mbam bis an den oberen San= naga hin wohnen, den Bantu feindlich gesinnt, Suban = Neger. Das niedrige Vorland nehmen die Dualla ein, von brauner, bald hellerer, bald dunklerer Hautfarbe und muskelstarkem Körperbau, ein Handelsvolk, schwerer Arbeit ganz abgeneigt. In ihrem Gebiete liegt auf dem hohen Ufer zur Linken der Suri = Mündung die Stadt Kamerun, in der etwa 2 km am Flusse ent= lang Negerdorf an Negerdorf sich reiht. Das westlichste Viertel bildet die Europäerstadt, in welcher der deutsche Gouverneur wohnt. Im Garten des= selben hat der berühmte Afrika = Reisende Gustav Nachtigal seine letzte Ruhe= statt gefunden. Am Flußufer zahlreiche Faktoreien. Südlich von dem Götter= berge an der Meeresküste liegt das anmutige Städtchen Victoria. Die waldreichen Hänge des Gebirges bewohnen die den Dualla nahe verwandten Bakwiri, deren Hauptdorf Buea in 770 m Meereshöhe am Götterberge die höchstgelegene Ansiedelung ist.

Die Suban = Neger sind den Bantu erheblich überlegen; sie haben Sinn für Arbeit und Ordnung, übertreffen jene auch in Kriegstüchtigkeit und Be= waffnung. Am weitesten, bis an den Sannaga, ist von ihnen der Stamm der Wute vorgedrungen, deren Hauptort Ngila ist. Das südliche Adamaua haben Fulbe (§ 57a) inne, eifrige Sklavenhändler; ihr Hauptort ist das befestigte Dorf Banjo, ein sehr belebter Handelsplatz.

Deutsche Stationen sind an verschiedenen Stellen angelegt; ihr Zweck ist hauptsächlich wissenschaftliche Beobachtungen zu machen und den Anbau verschiedener Kulturpflanzen zu erproben; doch dienen sie auch der Sicherung der deutschen Oberherrschaft. Im NO. des Götterberges liegt, auf das Hoch= land des Innern vorgeschoben, die Station Batom; ebenfalls schon im inneren Hochlande zwischen dem oberen Njong und Sannaga im Gebiete der Je = úndo (Bantu) die Jeundo = Station und zwischen dem Sannaga und Mbam im Gebiete der Wute unweit Ngila die Forschungsstation Kaiser Wilhelmsburg, der östlichste Punkt in Kamerun, wo Deutsche wohnen.

§ 57a.

S u b a n.

Das Land Subân (d. i. schwarz), eine Hochebene von mannig= faltiger Gestaltung, nimmt so ziemlich die ganze südliche Hälfte von Nord = Afrika ein. Der westlichste Teil erhebt sich zu dem kleinen suda= nischen Gebirgslande, welches mitunter Hoch = Suban genannt wird; ihm entspringen die großen Ströme von West = Suban. Ohne Zu= sammenhang mit ihm streicht an der Südküste, etwa 1000 m hoch, das Kong (d. i. Gebirge) entlang. Nach dem Meere zu fällt sowohl nach W. als auch nach S. das Land zu niedrigen Küstenebenen ab.

1) Die Küstenebene des Südens bis zum Kap Palmas heißt Ober= Guinea. Sie enthält hinter der sandigen Küstenlinie weite Lagunen von geringer Tiefe, an welche sich tropisches Marschland anschließt. Das heiß= feuchte Klima gilt für sehr ungesund. Die ganze Küste ist im Besitz der Euro= päer, welche zahlreiche Faktoreien (wichtigster Handelsgegenstand Palmöl) hier angelegt haben.

Etwa in der Mitte liegt das deutsche Gebiet von Togó; Hauptort: Anehó. Weiter westwärts an der Küste die Ruinen des altbrandenburgischen Forts Groß=Friedrichsburg.

Weiter landeinwärts liegen volkreiche, despotisch regierte Negerstaaten: nordöstlich von Togoland das Reich Dáhomé, nordwestlich das der Aš= hánti mit der Hauptstadt Kumaſe. Hier, besonders aber in Dáhome (Hauptstadt Abome) gehörte die scheußlichste Menschenschlächterei (oft zu Tausenden) bis in die jüngsten Tage zu dem, mit völliger Gleichgültigkeit be= trachteten Ceremoniell aller Hoffeste. Die aus 3000 Kriegsweibern bestehende Leibgarde ist dabei besonders thätig. Trotzdem sind diese Lande dicht be= völkert: Abbeokuta, die Hauptstadt von Joruba (ö. von Dahome), soll sogar über 100000 E. zählen. Die europäischen Kaufleute haben an dieser (verschieden benannten) Küste Handelsfaktoreien angelegt, um die dann die Wohnungen zinspflichtiger Neger herumliegen. Der englische Hauptplatz ist Cape Coast [kép lŏſt] auf der Goldküste; Lágos auf der Sklavenküste ist wichtig wegen des Handels mit Palmöl; auf der durch ihr heißfeuchtes Klima besonders ungesunden Küstenstrecke Sierra Leona liegt das von England angelegte Freetown [fritaun] (d. i. Freistadt), eine Niederlassung für Ne= ger, die aus Sklavenschiffen befreit wurden. Ursprünglich gleiche Bestimmung hatte die von Nordamerikanern auf der Pfefferküste angelegte Kolonie Liberia mit dem Hauptorte Monrovia, 1847 zu einer unabhängigen Republik erklärt. Beide liegen nw. von Kap Palmas, in dessen Nähe die Kru=Neger wohnen, welche als Matrosen und Arbeiter sich weithin an der ganzen Westküste Afrikas verdingen.

2) Senegambien, nw. von Ober=Guinea, ist das Gebiet des Sene= gal und Gambia, ein flachsumpfiger Küstensaum und dahinter im O. an= steigende Berglandschaften. Hier, zwischen beiden Strömen, der westlichste Punkt von Afrika, das Kap Verde [wérde] (d. i. das Grüne Vor= gebirge). Unter den 30—50 selbst sprachlich verschiedenen Negerstämmen die Jolofs und die Mandingos, während die Fulbe oder Felátah, welche als Eroberer sich weit ausgebreitet haben, zwischen den Berbern und den Negern, bronzefarben bis braunschwarz, in der Mitte stehen. Die Portu= giesen wie die Engländer haben in Senegambien Besitzungen. Die große Masse des Landes aber vom Kap Verde bis zum mittleren Nigir nehmen die Franzosen in Anspruch. Ihr Hauptplatz in Senegambien ist St. Louis, auf einer Insel in der Senegalmündung. Im N. des Senegal ausgedehnte Wälder der Gummi=Akazie, deren Harzausschwitzung das sogenannte ara= bische Gummi oder Klebgummi liefert (nicht zu verwechseln mit dem auch Gummi genannten Kautschuk, welches aus dem eingedickten Saft tropischer Gewächse zumeist in Ostindien und Süd=Amerika gewonnen wird, am massen= haftesten jedoch im tropischen Afrika, wo die Kautschuk=Liane in den Wäldern sich sehr häufig findet, gewonnen werden könnte).

Die größere Osthälfte von Sudan ist zwar nicht niedriger, aber offener und ebener; daher mitunter Flach=Sudan genannt. Sie gehört im Westen zum Gebiet des Nigir (d. i. der Fluß), der bei den Anwohnern streckenweis Sondernamen wie Dschóliba, Ko= wára u. a. führt. Derselbe fließt vom Kong bis Timbuktu nach NO., wendet sich dann nach SSO., empfängt in dem Unterlaufe links den mächtigen Binué und mündet dann mit einem zwischen die Buchten von Benin und Biafra vortretenden Delta in den Guinea-Busen. Östlich vom Nigirgebiet setzt sich die subanische Hochebene, wenig über 300 m ansteigend, ununterbrochen fort. Ihre tiefste Einsenkung ist das weite Becken des besonders in seinem Ostteil sehr inselreichen, von flachen, schilfigen Ufern eingefaßten Tsad-Sees (224 m hoch gelegen), in den von SO. her der große Fluß Schari strömt. Der Umfang des Tsad-Sees ist weit größer im Sommer als im Winter, weil nur im Sommer der Suban seine Regenzeit hat.

Bewohnt wird Suban von Negervölkern; in das Nigir-Gebiet sind jedoch während des Mittelalters die Julbe von N. her einge-drungen und haben daselbst Staaten gegründet, da sie den einheimi-schen Negern an Thatkraft überlegen waren. Überhaupt giebt es in Suban ziemlich gut geordnete Staaten mohammedanischen Glaubens; überall wird Getreide (Durra) und Baumwolle gebaut und eine nicht geringe Hausindustrie betrieben. Der Mangel an Salz begründete von jeher einen regen Handelsverkehr mit der großen Wüste im N., die, sonst arm, an nichts so reich ist als an Salz. Untereinander trei-ben die Subanesen viel Handel mit Guru- (getrocknet: Kola-) Nüssen vom Aussehen unserer Roßkastanien, da ihnen deren rosarotes Innere, geröstet, den Kaffee ersetzt.

Deutsche Forscher haben uns seit der Mitte dieses Jahrhunderts am besten mit diesem Lande bekannt gemacht: Heinrich Barth, Ger-hard Rohlfs, im O. besonders Gustav Nachtigal, im W. Rein-hold Lenz.

Am N.-Bogen des Nigir Timbuktu, nächster und darum wichtiger Zielpunkt der Karawanen durch die w. Sahara. Unter den Julbe-Staaten ragen die nach dem tüchtigen Negervolk der Haussa benannten Haussa-Staaten zwischen Nigir und Binue hervor durch ihren Gewerbfleiß (vorzüg-liche lederne Wasserschläuche für die Wüstenreise): Handelsstädte Sokoto und Kano. Der wichtigste Suban-Staat ist Bornu, w. vom Tsad-See mit der Hauptstadt Kuka (d. i. Tamarindenbaum), der größte Markt von Central-Suban, 60000 E. Weiter im O. Wadaï, reich an Elfenbein und Straußenfedern, von wo auch noch viele (aus benachbarten Heidenländern geraubte) Neger als Sklaven heimlich verhandelt werden nach dem N. und NO. Afrikas. Am Schari der südwärts an unbekannte Heidenländer gren-zende Staat Bagirmi. Weiter östlich folgt Dar För (d. i. Land For) und das schon bis in das Nilgebiet reichende Kordofan; beide Länder gehörten früher zum ägyptischen Reiche, sind aber durch den Aufstand des Mahdi von demselben losgerissen worden.

§ 57 b.
Togo.

Nur 52 km nimmt an der Küste von Ober-Guinea das deutsche Gebiet von Togo ein. Durch die Westspitze der Laguneninsel Bayol zieht die Ostgrenze (gegen französisches Gebiet) gerade nordwärts. Die Westgrenze dagegen (gegen englisches Gebiet) geht gleich hinter Lome nur eine kurze Strecke nach N.; landeinwärts wendet sie sich unter 6° 20′ n. Br. scharf nach W. bis zu dem kleinen Dschaweflusse, verfolgt diesen eine kleine Strecke aufwärts, um unter 6° 47′ n. Br. mit nochmaliger Westwendung den mächtigen Wolta=Strom bei der Einmündung des Deine=Flusses zu erreichen. Am Wolta zieht sie nun aufwärts bis zu der sudanischen Landschaft Banjaue. Eine Binnenlandsgrenze giebt es für das deutsche Togo=Gebiet nicht: 9° n. Br. kann einstweilen dafür gelten, da sich der deutsche Einfluß zur Zeit noch nicht weiter in das sudanische Hinterland hinein erstreckt. Damit umfaßt dann das Gebiet etwa 60 000 qkm, nicht ganz so viel, wie die beiden Provinzen Ost= und West=Preußen zusammengenommen.

Der Strand ist ganz niedrig und kahl, durch die in den Guinea= Busen hineindrängende Dünung des Ozeans aufgebaut. Dadurch aufgestaut, haben die aus dem Binnenlande herabfließenden Flüsse hinter dem Strande zu weiten Lagunen sich ausgebreitet und ihre Mündung immer weiter ostwärts rücken müssen. So bildet der Sio die Togo= Lagune, weiterhin die kleinere Lagune von Wo und mündet erst jenseit der französischen Grenze.

Von diesen Lagunen steigt das Land landeinwärts sanft an, sehr fruchtbar, sorgfältig bebaut und dicht bewohnt: das Vorland der Hochfläche von West=Sudan. Aber die reichlichen Niederschläge haben den aufgeworfenen Rand dieser Hochfläche zersägt und zu Kettenzügen ausgespült. Das sind, von SW. nach NO. streichend, die Fetisch=Berge, deren Höhen 2000 — 2300 m sich erheben. Die Abhänge deckt meist Wald, die Scheitelflächen Savane.

Das sudanische Hinterland endlich ist eine von mäßigen Höhen= zügen unterbrochene Hochebene, Savanen niedrigen, starren Grases mit zerstreuten Baumgruppen darin. Es senkt sich sanft zu dem Wolta, der, ein stattlicher Strom, von Banjaue an die deutsche Grenze darstellt, bei dem großen Handelsplatz Kratji einen mächtigen Wasserfall bildet, bei Kpandu die Fetisch=Berge durchbricht und jetzt, nachdem er eine bedeutende Wasserstraße geworden ist, in das englische Gebiet abbiegt.

Die Bevölkerung des deutschen Gebietes wird auf 2¼ Millionen geschätzt (Ost= und West=Preußen haben 3,4 Mill. E.). Sie besteht im suda= nischen Hinterlande aus Sudan=Negern, die, zum Teil zum Islam be= kehrt, mehrere Sultanate ·bilden. Das bedeutendste, ein Mittelpunkt des sudanischen Handelsverkehrs (Kola=Nüsse) ist Sálaga in Banjaue. Den

Handel beherrschen die weit herumziehenden Haussa=Händler, während die Eingeboren überwiegend der Viehzucht obliegen.

Die Küstenlandschaft bis in die Fetisch=Berge hinein haben die Ewe inne, kaffeebraune Neger von nicht sehr kräftigem, aber zähe ausdauerndem Körperbau. Sie treiben Ackerbau und mancherlei Gewerbe; denn die Be= völkerung ist dichter als in Spanien. Ihr Hauptort ist Togo, eine Gruppe von 5 Dörfern an der großen Lagune; auch Wo ist ein lebhafter Handelsplatz.

Auf der schmalen Nehrung liegen die Hauptplätze des europäischen Handels (besonders Palmöl): im W. Lome, dann Bágida=Strand und Porto Seguro, früher ein Haupthafen der Sklavenhändler. Die Haupt= stadt des ganzen Gebietes indessen ist Anehó, das nur die Portugiesen Klein=Popó genannt haben. Anehó besteht aus einer ganzen Anzahl von Dörfern und Faktoreien, welche eine seeartige Ausweitung des Sio, kurz bevor er das deutsche Gebiet verläßt, im Kranze umgeben. Das wichtigste derselben ist Sebbe auf dem hohen Nordufer, wo der Gouverneur wohnt.

Versuchs= und Forschungs=Station ist Misa=Höhe, in den Fetisch= Bergen bei dem Ewe=Städtchen Jo gelegen, und nördlich davon Bismard= burg, an der Grenze der Fetisch=Berge und des sudanischen Hinterlandes gelegen, die ganze Höhe des 710 m hohen Abadó=Berges einnehmend.

§ 57c.
Die Sahara.

Durch einen Gürtel magerer Steppen geht die sudanische Hoch= ebene allmählich in die Sáhara über, die größte Wüste der Erde, halb so groß wie Europa. Ihre Oberfläche ist so mannigfaltig ge= staltet, wie etwa diejenige Deutschlands. Passend nennt sie der Araber, der hier seine Abwaschung mit Sand verrichten muß, ein Meer ohne Wasser, denn sie ist ein Sandozean, welcher seine Sandwellen und Sandstürme (Gebli oder Smum), seine Klippen und Salzmassen, ja seine Inseln (Dasen) hat. Auf weiten Strecken hat sie Steppencharakter, bedeckt mit Heidekraut und Salzpflanzen, auf anderen wieder trägt sie massige dunkle Felsengebirge, oder es sieht, zumal in der westlichen Hälfte, der Wanderer nichts über und um sich, als Himmel und Sand oder nackten Felsboden. Aber es fehlt auch nicht an solchen Stellen, wo der Boden so regelmäßig be= wässert ist, daß Hirse und Palme gedeiht: das sind die Dasen, welche die Wüste bewohnbar und durchschreitbar machen. Ein Zug solcher Dasen und klippiger Höhen zieht sich etwa unter 15° östl. Länge von Tripolis gegen den Tsad=See und bedingt nebst der größten Annäherung der Mittelmeerküste im Syrtenbusen an den Suban den wichtigsten Straßenzug für die Karawanen durch die Wüste. Trostlos sind die quellenarmen Teile der Wüste im W. dieses Dasenzuges und auch im O. (in der ganz besonders einem Sandmeere gleichenden libyschen Wüste). Denn weil es höchst selten in der

Sahara regnet, ift Anbau von Nutzpflanzen durchaus an die Quellen oder Brunnen gebunden, mit deren Waffer man den Boden beriefelt (fo daß durch Brunnenöffnung mittelft des artefifchen (§ 25) Bohrers in dem an fich durchaus fruchtbaren Boden fünftlich Oafen erzeugt werden fönnen); das unterirdifche Sidermaffer der Wüfte erflärt fich teils durch das weite Fortfidern von Flüffen der Wüftenränder (haupt= fächlich vom Atlas her) durch den Sandgrund auf thoniger Unter= fchicht, teils durch den reichlichen Frühtau. Der eigentliche Lebensbaum der Sahara=Oafen ift die Dattelpalme; recht durchfchreitbar aber wurde die Wüfte bei der oft viele Tagereifen meffenden Entfernung der Oafen voneinander erft in nachchriftlicher Zeit durch Einführung des einhöckrigen Kamels aus Südweft=Afien.

Die Sahara ift einer der am fpärlichften bewohnten Erbräume, weil fefhaftes Leben dafelbft nur in den Oafen möglich ift und fonft nur durch Karawanendienft und Raub, kaum irgendmo durch Vieh= zucht oder Jagd das Leben gefriftet werden kann. Die Bewohner gehören dem hamitifchen Zweige der kaukafifchen Raffe an, haupt= fächlich dem ritterlichen, aber auch räuberifchen Volk der Tuáreg (im mittleren Oafenzug und w. davon). Seit dem Mittelalter über= fchwemmten arabifche Stämme auch die große Wüfte, wurden darin zum Teil heimifch und vermifchten fich an deren W.=Saum mit den libyfchen Vorbewohnern (fogenannte Mauren). Nördlich von Cen= tral=Suban wohnen die ebenfalls zu den Mifchvölkern gehörenden, jedoch den Negern näher ftehenden, zierlich geftalteten, aber dunkel= häutigen Túbu oder Tibbu.

Die Städte, natürlich ausfchließlich in den Oafen gelegen, find alle ganz klein und gegen räuberifche Überfälle mit Lehmmauern umzogen. Sie find wichtig als Stationen des Karawanenhandels von der N.=Küfte oder dem Nilthal nach Sudan (Oafe, vom altägyptifchen Wort Uá abgeleitet, heißt urfprünglich Wüftenftation), einige auch durch Salz= oder Dattelhandel. Auf dem Weg von Tripolis nach Timbuktu Ghadámes, dem Pafcha von Tripo= lis unterthänig, wie das ganze Oafenland Feffán, mit der Hauptftadt Mur= fut, beide mit 5000 E. Im Tubuland die falzreiche Oafe Bilma (n. vom Ifad=See) und das gebirgige Tibefti mit einem vullanifchen Kegelberg von mindeftens 2500 m Höhe. Die öftlichen Oafen gehören jetzt wie im hohen Altertum zum ägyptifchen Reich; die berühmtefte ift unter ihnen die nörd= lichfte, die von Siwah, 30 m unter dem Meeresfpiegel, einft von Alexander d. Gr. befucht wegen des altägyptifchen Orakeltempels des Ammón (von den Griechen Zeus Ammón genannt), und fo dattelreich, daß von hier jährlich 1½ Mill. kg Datteln nach Unter=Ägypten verhandelt werden.

Die Wefthälfte der Sahara betrachten die Franzofen als fran= zöfifches Gebiet, das ihnen Algerien mit ihren Senegal=Befitzungen verbindet; daher der Plan, eine Eifenbahn durch die Weft=Sahara zu bauen.

§ 58.
Die Länder am Nil.

Das östlichste Nilland, Abessinien, ist ein der Schweiz ähnlich gestaltetes Hochland, das durch den Gürtel immergrüner und wildreicher Tropenwälder zu kühlen Flächen emporsteigt, auf denen zuletzt nur noch Gerste gedeiht, ja ewiger Schnee die höchsten bis 4600 m aufsteigenden Gipfel deckt. Schwer zugänglich ist es besonders von O., denn nach dieser Seite fällt es mauerähnlich zur Küstenebene am Roten Meere ab; auch das Innere erschwert durch schluchtige Zerklüftung den Verkehr, viele der in jäh abgeschnittene Hochflächen endenden Berge (Amben genannt) sind natürliche Festungen. Durch den Tana-See fließt der Bâhr el-ásrak (d. i. Blauer Fluß) dem S.-Rand zu, welchen er in einem gen W. geöffneten Bogen, dem Nil zuströmend, durchbricht; andere Nil-Zuflüsse durchbrechen den NW.-Rand oder entspringen an dessen Außenseite und vereinigen sich im Atbara.

Der Hauptstrom des Nil ist der Bâhr el-bschebel (d. i. Fluß der Berge); er verläßt mit dem 4 m hohen Wasserfall, „die Steine" genannt, den Victoria-See (§ 56), durchfließt das NO.-Ende des Albert-Sees, nimmt l. den vielverzweigten Bâhr el-gasâl (d. i. Gazellen-Fluß) und wenig weiterhin r. den Sobât, beide unter 9° n. Br. auf und heißt nunmehr Bâhr el-ábjab, d. i. Weißer Fluß. Nachdem jedoch der Bahr el-asrak sich mit ihm vereinigt hat, heißt er Nil. Hier lag an der Vereinigung der beiden Ströme die in der Geschichte der Entdeckungen viel genannte, jetzt durch den Aufstand des Mahdi zerstörte Stadt Chartûm; statt ihrer ist Omburman am Weißen Flusse zu einer Stadt von 100000 Einw., ja zum Hauptorte der Mahdisten emporgeblüht. — Der Atbara ist der letzte bedeutende Zufluß, den der Nil empfängt. Denn die zweite Hälfte seines Laufes liegt ganz im Wüstengürtel: Nubien wird in engerem S-förmig gewundenen Thal vom Nil durchzogen, der hier an Stellen ihn quer durchsetzender Riegel härteren Felsgesteins durch Katarakte oder Stromschnellen die Schiffahrt erschwert. Dicht n. vom Wendekreis mit dem letzten Katarakt erreicht der Nil Ägypten. Es wird von ihm in einem mehrere Stunden breiten Thale nicht nur beruhigten Laufes durchflossen, sondern infolge der den tropischen Regen zu verdankenden alljährlichen regelmäßigen Überschwemmung (vom 20. Juni bis Oktober) auch mit dunkelfarbigem Schlamm immer neu befruchtet. Demnach bedeutet das eigentliche Ägypten nur dieses fruchtbare Thal zwischen der arabischen Wüstenplatte im O., der

libyſchen im W., welche beide erſt die von den Mündungsarmen
des Stromes durchſchnittene Ebene des Deltas mit ſeinen großen
Strandſeeen frei vortreten laſſen.

Die Südhälfte des Nilgebietes wird von Negervölkern be=
wohnt; ohne ſcharfe Grenzen folgen dann in der Nordhälfte hami=
tiſche Völker, jedoch von dunkler Hautfarbe, welche noch in Nubien
ein negerähnliches Schwarzbraun iſt. Das geſchichtlich wichtigſte Volk
dieſer Oſt=Hamiten wurde das ägyptiſche, das ſeinen alten Typus
troß einiger Vermiſchung mit arabiſchem Blut noch heute bewahrt.
Nach Abeſſinien wanderten in vorchriſtlicher Zeit dunkelhäutige Süd=
araber (mit ſüdarabiſcher, ſogenannter äthiopiſcher Sprache) ein.

1) Abeſſinien iſt wie durch ſeinen Bodenbau, ſo auch durch ſeine
Sprache und das ſchon in den erſten Jahrhunderten unſerer Zeitrechnung
eingeführte Chriſtentum ganz in ſich abgeſchloſſen: ringsum Länder des
Islam. Im Innern herrſcht ſelten für die Dauer Friede, da die Verkehrs=
ſchwierigleit das Fehdeweſen begünſtigt und zudem die ſtets kriegsluſtigen
Gallas vielfach von S. her das Land bedrängen. Seit der Vereinigung
der früheren Teilreiche führt der Beherrſcher von Abeſſinien den Titel „Regus
von Äthiopien"; Hauptſtadt des Landes iſt Dabra Tabor. Das ganze
Reich ſteht unter der Schußherrſchaft Italiens. Das Abeſſinien vorge=
lagerte Küſtengelände am Roten Meere bildet das italieniſche Schußgebiet
Erythräa (ital. Eritréa), deſſen Hauptort die Hafenſtadt Maſſáua iſt;
es reicht bis zur Aſſab=Bai, wenig nördlich von der Straße Bab el=
Mandeb.

2) Das Reich des (unter türkiſcher Oberhoheit ſtehenden) Vize=
königs oder Khediw [chediw] von Ägypten: 994 300 qkm mit über
7 Mill. Einw.

a) Nubien. Der erſte (gen SW. geöffnete) Bogen des Nil umfängt
die faſt ſchon wüſtengleiche Steppe Bajúda, die zweite (gen NO. geöffnete)
durchzieht das ob ſeiner edlen Roſſe berühmte Land Dóngola. Einziger
Küſtenhafen Suálin. — Die ganze größere Südhälfte von Nubien hat
Ägypten durch den Aufſtand des Mahdi verloren, ſo daß jeßt der 2. Katarakt
ſchon die Grenze bildet.

b) Ägypten erzog früher als irgend ein anderes Land ſeine Bewoh=
ner zur Geſittung. Die regelmäßigen Nilſchwellungen lehrten ſie als Acker=
bauer reichſten Segen ernten vom Nilſchlammboden dieſer Flußoaſe in der
Wüſte (Kémi genannt, d. i. Schwarzerde). Dadurch wurden die Bewohner
zugleich genötigt zu baulichen und verwandten Künſten, zu ſtrengem Geſeßes=
gehorſam in der bei leichter Ernährung raſch aufwachſenden Menſchenfülle
(Teilung der Arbeit, Kaſten). Es galt künſtliche Wohnhügel (Wurten) in dem
völlig ebenen Thalboden anzulegen, um nicht von der Überſchwemmung
(7½ m über dem niedrigſten Waſſerſtand) bedroht zu werden, durch Dämme
die Wurten zu verbinden, durch Kanäle und Schöpfräder das Waſſer des Nil
möglichſt auszubreiten. Den trefflichſten Bauſtein lieferten die einſchließenden
Wüſtenplatten, namentlich Kalkſtein, im S. auch Sandſtein, ſtellenweiſe
Granit. Die in der trocenen Wüſtenluft Ägyptens trefflich erhaltenen Denk=
mäler des alten Ägyptens und ſeiner mächtigen Könige (Pharaonen) mit
ihren nun entzifferten Hieroglyphen reichen mindeſtens bis in das 37. Jahr=

hundert v. Chr. zurück. Seit 525 v. Chr. (Schlacht bei Pelusium) persische Provinz, erreichte Ägypten nach Zertrümmerung des Perser-Reiches durch Alexander d. Gr. eine schöne Nachblüte unter der Herrschaft der die Wissenschaft und Kunst pflegenden Ptolemäer; im Jahre 30 v. Chr. wurde dann Ägypten römische Provinz. Den schwersten Schlag erlitt das Land durch die arabische Eroberung um die Mitte des 7. Jahrhunderts; die Araber verdrängten das Christentum durch den Islam, bürgerten ihre Sprache ein, und die sich später die Herrschaft aneignenden Mameluken (anfangs nur eine Leibgarde der arabischen Herrscher) peinigten vollends das ägyptische Volk (auch nach 1517, wo Ägypten von den Türken erobert wurde), bis Mehemed Ali im Auftrag des türkischen Sultans dieselben 1811 vernichtete und als sehr selbständiger Statthalter des Sultans sich und seinen Nachkommen daselbst unter Aufhebung der bäuerlichen Leibeigenschaft ein neuägyptisches Reich schuf, das jedoch seit 1882 faktisch, wenn auch nicht dem Namen nach, unter englischer Herrschaft steht.

Ägypten ist das am dichtesten bevölkerte (242 Bewohner auf 1 qkm) Land des festländischen Afrika: es zählt auf den 27000 qkm des Nilthales 7 Mill. E. (die ebenso große Provinz Rheinland noch nicht 5 Mill.). Nur zum zehnten Teil sind die Bewohner der christlichen Kirche (und zwar derselben altorientalischen Sekte, der auch die abessinischen Christen angehören) treu geblieben; sie heißen Kopten. Die Fellachen (d. i. eigentlich Pflüger, Ackerbauer), ⁷/₁₀ der heutigen Bevölkerung, dürfen ähnlich den Kopten als Nachkommen der alten Ägypter gelten, wiewohl sie, längst zum Islam übergetreten, mit Arabern teilweise sich vermischt haben; außerdem Araber, Türken, Europäer. Der Getreide- und Reisbau, besonders der Gewinn an Baumwolle und Zuckerrohr ist von Bedeutung; bekannt ist auch die Hühnerzucht und die Brutöfen, massenhafte Taubenzucht. Die lichten Haine von Dattelpalmen vermögen freilich den ganz fehlenden Wald nicht zu ersetzen.

Das geschlossene Nilthal Ägyptens (Ober-Ägypten) beginnt dicht am letzten Katarakt mit Assuan (d. i. Pforte), dem alten Syene; dabei die Inseln Philä und Elephantine mit prächtigen Tempeltrümmern. Bei den Dörfern Luksor und Karnal die Ruinen der ältesten Hauptstadt von Ägypten, des hundertthorigen Theben. Die gewaltigsten Reste ägyptischer Baukunst erregen hier das Staunen der Beschauer. Jetzt ist Siut mit 32000 E. in Ober-Ägypten die größte Stadt. Auf der l. Uferseite begleitet den Nil ein Kanal (Bähr Jusuf von den Arabern benannt), dessen Wasser die alten Ägypter zur Herstellung eines künstlichen Sees in einer Mulde der w. Wüstenplatte, des in einem kleinen Rest noch bestehenden Möris-Sees in der Landschaft Fajum, benutzten. Noch etwas weiter flußabwärts die drei größten Pyramiden auf dem Rande der n.ö. Wüstenplatte unfern des Ortchens Gizeh [dschiseh], die ältesten und nahezu höchsten Bauwerke der Menschheit; die höchste, die des Königs Cheops, muß einst 146¹/₂ m hoch gewesen sein, jetzt (wo ihr die Mantelhülle von poliertem Granit längst geraubt ist) mißt ihre erkleigbare Stumpfspitze noch 137 m. In der Nähe der aus dem anstehenden Felsen gehauene und gemauerte riesige Sphinx. Am Fuße der Pyramiden schlug 1798 Napoleon Bonaparte das Heer der Mameluken (Hieroglyphen-Entzifferer Champollion). Nahe vor der Spaltung des Nil in seine Mündungsarme lag die uralte Pharaonen-Residenz Memphis, von der fast keine Spur mehr übrig ist. Ihrer Stätte nahe, also gleichfalls am Übergang in die offene Ebene von Unter-Ägypten, liegt

¼ St. r. vom Nil nun Kairo [káiro], arabisch Másr, erst von den Arabern im 10. Jahrhundert gegründet am Fuße des (die Citadelle tragenden)
Mokattam, der felsigen NW.=Ecke der arabischen Wüstenplatte. Kairo,
mit 375000 E., Afrikas größte Stadt, Residenz des Khediv, bietet ein höchst
lebensvolles Bild einer morgenländischen Weltstadt; mit dem bunten Getümmel verschiedenster Trachten und Rassen in den Gassen kontrastieren die
im europäischen Stil angelegten eleganten neuen Straßen und freien Plätze:
Flußhafen=Vorstadt Buläk. Eisenbahnen von Kairo ins Delta, nach Sues
und Siut. Hauptort in der Mitte des Deltas Tantá, wichtig durch seine
großen Messen, 34000 E. An den jetzigen beiden Hauptmündungen des Nil
Damiette (ö.) und Rosette (w.). Noch etwas westlicher Abúkir, wo der
englische Seeheld Nelson [nelsn] 1798 die Flotte der Franzosen vernichtete.
Dann Alexandrien, 231000 E., die berühmte Schöpfung Alexanders
d. Gr., die bedeutendste Seehafenstadt auch des heutigen Ägyptens wieder.
Im O. der 1869 (unter Ferd. v. Lesseps' Leitung) hergestellte hochwichtige
interozeanische Kanal von Sues mit seinen Endpunkten Port Saïd (unweit des alten Pelusium) am Mittelmeer und Sues am Roten Meer;
ein Süßwasserkanal bringt aus dem ö. Nilmündungsarm das fehlende Trinkwasser nach den an diesem Kanal belegenen Orten.

§ 59.

Die Syrien- und Atlasländer.

Im W. der Hochfläche von Barka schneidet das Mittelmeer
ein einziges Mal tiefer in die nordafrikanische Küste ein durch den
Doppelbusen der beiden Syrten (im O. die Große Syrte oder
Busen von Sidra, im W. die Kleine Syrte oder Busen von
Gabes). Darauf folgt das Atlas=Gebirge. Es besteht 1) aus
dem nördlichen Gebirgslande (dem Tell=Atlas), 2) der Steppen-
hochfläche der Schotts (Salzseeen), welche zu einem großen Teile
mit Halfagras bewachsen ist, und 3) dem Großen oder saharischen
Atlas, einem von NO. gen SW. streichenden breitrückigen Gebirge
zwischen Mittelmeer und atlantischem Ozean, dessen höchste Höhen,
wie der 4500 m hohe Dschebel Aschaschin, bereits Schnee tragen;
ein Seitenzweig desselben nach der Meerenge von Gibraltar ist das
Rif. Zur Sahara gehen die Atlasländer in einem besonders dattel-
palmenreichen Gürtel über, der darum Bläd el=bscherib (d. i. Land
der Datteln) heißt.

Die ursprünglichen Bewohner waren den Tuareg (§ 57ᵇ) verwandte hellfarbige Hamiten, deren Nachkommen noch heute öfters
blonde Haare und blaue Augen haben. Frühzeitig gründeten die
Phönizier Niederlassungen an dieser Küste, am Syrtenbusen und
in Barka dann auch die Griechen (Kyráne u. a.). Die Römer unterwarfen diese Länder in den letzten Jahrhunderten ihrer Republik; da

sich aber in den Atlasländern die lateinische Sprache nicht recht ein=
bürgerte, sondern die Sprache der Eingeborenen (língua bárbara) sich
erhielt, so entstand für sie und ihre Bewohner der Berber= (Bar=
baren=) Name. Die von den Römern hier gegründeten Provinzen
(1. das eigentliche Afrika oder Africa própria, das dem ganzen Erd=
teil den Namen gegeben hat, ist das heutige Tunis, 2. Numidien,
das heutige Algerien, 3. Mauretanien, das heutige Marokko)
bildeten 429 bis 534 n. Chr. das Reich der germanischen Vandalen.
Seit dem 7. Jahrhundert erfolgte die Eroberung durch die Araber,
welche an Stelle des (vom heiligen Augustin einst hier geprebigten)
Christentums den Islam und größtenteils auch die arabische Sprache
einführten. Die mit Arabern vermischten Berbern nennt man Mau=
ren (§ 57ᶜ), die unvermischt gebliebenen Kabylen. Im 16. Jahr=
hundert wurde von den Küsten der Atlasländer arge Seeräuberei
getrieben, so daß Kaiser Karl V. die Christenheit durch mehrmalige
Züge gegen die „Raubstaaten" der „Barbaresken" zu schützen suchte;
in demselben Jahrhundert erfolgte auch die türkische Eroberung, von
der jedoch Marokko, der letzte Rest des vormals die ganze nordafri=
kanische Küste umfassenden Kalifenreichs, nicht berührt wurde.

1) Die O.= und S.=Seite des Syrtenbusens bildet nebst Fessan (§57ᶜ)
den türkischen Vasallenstaat Tripolis. An der Küste von Barka die Hafen=
stadt Benghási, 22000 E. Etwas größer ist die Hauptstadt Tripolis,
wichtig als Ausgangspunkt der meisten Karawanenstraßen nach dem Suban
(§ 57ᶜ).

2) Tunis, dessen Bei (Fürst) seit 1881 durch die militärische Besetzung
des Landes von Frankreich abhängig ist, war bisher ein durch schlechte Regie=
rung verwahrlostes, obgleich an sich sehr fruchtbares Land. Im S. eine um=
fangreiche Depression (§ 19) des Landes mit großen Salzseeen, die in der
trockenen Jahreszeit Salzsümpfe (Sebchas) werden. Zwischen der in das
Kap Bôn auslaufenden Landzunge, welche mit Sicilien zusammen die wich=
tige Verbindungsstraße zwischen dem O.= und dem W.=Becken des Mittel=
meers einschließt, und Afrikas nördlichstem Vorsprung (Kap Blanco) liegt
die Bai von Tunis. Hier, also an der Vereinigungsstelle dieser beiden
Becken, lag einst die größte phönizische Kolonie Karthago. Unfern seiner
Ruinenstätte liegt Tunis, 135000 E., Sitz des Beis und größte Stadt der
mittleren nordafrikanischen Küste im Hintergrund eines Strandsees, an dessen
künstlicher Ausmündung nach dem Meere die Hafenstadt Goletta.

3) Algerien, einer der alten Raubstaaten, seit 1830 von den Fran=
zosen erobert, die aber noch oft mit den die Christen hassenden Eingeborenen
zu kämpfen hatten (ihre aus Einheimischen gebildeten leichten Truppen zu
Fuß sind die Turcos). Die besestigte Hauptstadt Algier (eigentlich Alger
[alschê] b. i. die Inseln), 75000 E., liegt mit meist engen finsteren Straßen,
aber blendend weißen Häusern eine Anhöhe hinauf; vom Meere ist ihr An=
blick sehr schön; die Umgegend versorgt europäische Märkte mit Blumenkohl
und anderen feinen Gemüsen. Östlich von Algier Bôna (das alte Hippo
Regius, Bischofssitz des heiligen Augustin), 31000 E., im Tell Con=

stantine (das alte Cirta), 47000 E., westlich Oran, 75000 E. Im S. des Landes wird in der Halfasteppe viel Halfagras (zur Papierfabrikation) gewonnen, auch angebaut.

4) Marokko, das Land des Hohen Atlas, ein despotisch regiertes Sultanat, zerfällt in zwei Hauptteile (ursprünglich Reiche), deren Haupt= städte abwechselnd die Residenz des Sultans sind. Im N.O.=Teil Fes, 140 bis 150000 E., mit zahlreichen Juden (die überhaupt seit alters zahlreich in den Atlasländern leben, sich durch Schönheit auszeichnen, aber besonders in Marokko von den fanatischen Moslim arg bedrückt werden); an den nicht geringen Gewerbfleiß erinnern die nach Fes genannten, gewöhnlich roten Hinterkopfmützen der Morgenländer. Im SW.=Teil Marokko, 50000 E., in schöner Lage am Fuße des gerade hier höchsten Atlas; nach ihm ist das Maroquin=Leder benannt. Der Haupthandelshafen Tanger [tándscher] am w. Eingang der Gibraltar=Straße; am ö. Eingang derselben Ceuta [sse=uta], einer der befestigten Küstenplätze oder Presidios [preßidios] der marokkanischen Mittelmeerküste im Besitz der Spanier — An der atlantischen Küste der Hafen Mogador. — Im fernen SO. ist auch das Oasenland Tuat abhängig von Marokko; ja selbst das ferne Timbuktu nimmt der marokkanische Sultan, mit Frankreich rivalisierend, als seine Stadt in Anspruch.

§ 60.
Die afrikanischen Inseln.

Sie sind fast ausnahmslos bergig und meistens vulkanischer Entstehung; nur eine einzige zeichnet sich durch ihre Größe aus.

I. Die westafrikanischen Inseln im atlantischen Ozean.

1) Die Azoren [ahören] (d. i. Habichtsinseln), zwei Erdteilen gleich nah, einem dritten nicht viel ferner; vom ihren Besitzern, den Portugiesen, zu Europa gerechnet. Terceira [terßéira] und San Miguel [san migél] die größten. Trefflich gedeihen hier die Orangen in ganzen Wäldern; Dampfer bringen von hier ganze Ladungen von Apfelsinen auf den Londoner Markt.

2) Etwa zwischen den Azoren und dem afrikanischen Festlande in der Mitte Madeira [madeira] mit der Hauptstadt Funchal [funtschal]; es ist ein einziger mächtiger Felsen aus vulkanischem Gestein, dessen Abhänge von Gießbächen zerfurcht sind. Der Anbau des berühmten feurigen Madeira= Weines war, nachdem mehrere Mißjahre eingetreten, aufgegeben und durch Zuckerrohrbau ersetzt worden, ist aber nun wieder begonnen. Madeira ist Kurort für Lungenkranke. Daneben die kleine Insel Porto Santo [ßanto]. Beide portugiesisch.

3) Weiter nach S. und unter allen dem afrikanischen Kontinent am nächsten die kanarischen Inseln, welche Spanien gehören. Die Alten nannten sie Insulae fortunatae, und sie sind in der That an Klima und Pro= duktenreichtum eine der schönsten Erdstellen. Sie waren allein von allen west= afrikanischen Inseln seit alters bewohnt; ihre mit den Berbern verwandten Ureinwohner, die Guanchen [guántschen] sind von den Spaniern ausgerottet. Außer Südfrüchten zieht man (für Rotfärberei) die Cochenille=Schildlaus auf dem aus Amerika stammenden Nopal=Kaktus. Die Inseln sind auch die Heimat des Kanarienvogels, des bekannten (hier aber grün befieder=

ten) Verwandten unserer Sperlings= und Finken=Arten. Die größte Insel Tenerifa hat den berühmten Pico de Teyde, einen thätigen, vulkanischen Flachkegel von 3700 m; Hafen Santa Cruz [krúß]. Über das kleine Ferro oder Hierro [iérro] vgl. §8.

4) Die Inseln des Grünen Vorgebirges (§ 57ᵃ), oder die kap=verdischen Inseln, eine portugiesische Besitzung, leiden an entsetzlicher Dürre, sind daher ganz kahl, dennoch aber für die Seefahrer wertvoll als Anhalteplatz, namentlich zur Aufnahme von Kohlen. Die größte Santiago; bester Hafen jedoch auf der kleineren St. Vincent.

5) Die Guinea=Inseln in der Bai von Biafra, liegen vom innersten Winkel des Guinea=Golfes aus von NO. nach SW. ziemlich in gerader Linie, sind fast nur von Negern und ihren Herren, Pflanzern euro=päischer Abkunft, bewohnt, da ihr heißfeuchtes Klima ungesund ist. Fer=nando Poo, dem Festlande zunächst, spanisch; St. Thomas, die größte, portugiesisch.

6) Von den Guinea=Inseln noch etwa 2000 km weiter gen SW. die englische Insel St. Helena, ein burgartig steiler Felsen im Meer, der Verbannungsort Napoleons I., der 1821 hier starb; wie die Kapverden den Seefahrern wertvoll. Im NW. das fast unbewohnte, gleichfalls englische Ascension.

II. Die ostafrikanischen Inseln im indischen Ozean.

1) Madagaskar, 600000 qkm (11000 □.=M.) groß mit 3½ Mill. Einw., zieht sich 1600 km weit von NNO. gen SSW., durch den Kanal von Mozambique vom Festland getrennt, von dem es schon in frühem Erd=zeitalter durch Senkung abgegliedert wurde. Der O.=Küste gleichlaufend durchziehen hohe Gebirge das Innere und umschließen eine centrale Hoch=ebene. Da die Regenwinde hier aus östlichen Himmelsrichtungen wehen, sind zwar die westlichen Niederungen steppenartig dürr, die übrigen Teile aber strotzen von tropischer Üppigkeit. Die Eingeborenen sind afrikanischer Herkunft, aufs engste mit den Volksstämmen der Suahelüküste verwandt. Ihr mächtigster Stamm sind die schwarzen Sakalaven, welche die West=küste inne haben. Ganz verschieden von allen diesen, Malgaschen genannten Stämmen sind die Howa, malaiischer Rasse, von bräunlicher Farbe. Sie bewohnen namentlich die centrale Hochebene, wo ihre Hauptstadt Tana=narivo (d. i. hundert Dörfer), 80000 E., gleich weit von der N.= wie von der S.=Spitze der Insel liegt. Sie werden von einer Königin beherrscht, welche das Christentum zur Staatsreligion gemacht hat. Kleine Küsten=eilande, wie im N. der O.=Küste St. Marie, gehören den Franzosen, welche mehrfach — jedoch bisher erfolglos — versucht haben, Madagaskar zu einem französischen Schutzstaate zu machen.

2) Im O. Madagaskars die beiden Zuckerinseln Réunion (früher Bourbon genannt), französisch, und das noch reichere Mauritius, eng=lisch, bis 1815 als französische Kolonie Isle de France genannt; sehr dicht bevölkert durch Herbeiziehung von Negern, indischen und chinesischen Kulis (wie man eingeführte Arbeiter aus Asien zu nennen pflegt) u. s. w. seitens der europäischen Pflanzer, welche in unserem Jahrhundert hier den Anbau des Zuckerrohrs auf dem fruchtbaren vulkanischen Boden und in dem echt tropischen Seeklima mehr als irgendwo sonst emporgebracht haben.

3) Von Nord=Madagaskar n. w. die Comören (worunter einige französisch), n. n. ö. die englischen Amiránten und Seychellen [seichéllen], nur von Fischern bewohnt.

9*

4) Sokótra vor der O.=Spitze Afrikas, im Besitze Englands, ist be=
rühmt durch seine Aloe [álōē], eine auch auf dem afrikanischen Festland
weitverbreitete monokotyle Baumgattung, deren dickfleischige schopfständige
Blätter einen als Heilmittel vielgebrauchten Bitterstoff enthalten.

III. Amerika.
§ 61.
Gesamt-Amerika.

Der Kontinent Amerika besteht in Wahrheit aus zwei nach
Süden zugespitzten Erdteilen (§ 37), beide von der Gestalt eines
rechtwinkligen Dreiecks, beide den rechten Winkel dem atlantischen
Ozean zukehrend. Das Südbreieck oder Süd=Amerika hängt mit
dem Nordbreieck durch dessen isthmusartige Verschmälerung zusam=
men, die man (das festländische) Mittel=Amerika nennt. Östlich
von diesem Isthmus trennt — oder verbindet vielmehr — das ame=
rikanische „Mittelmeer", d. h. der Golf von Mexico und das
karibische oder Antillen [antiljen]=Meer, Süd= und Nord=
Amerika.

Betrachten wir aber, wie es gewöhnlich geschieht, den ganzen
Westkontinent als einen Erdteil, so bildet Amerika nach Asien die
größte Landmasse der Erde, 38 Mill. qkm (700000 Q.=M.) ohne
die Polargebiete; es erstreckt sich ebenso wie seine höchsten (westlichen)
Gebirge viel mehr in der Richtung der Meridiane als in der der
Parallelkreise. Kein Erdteil (die vorgelagerten Inselländer ein=
gerechnet) nähert sich so weit dem Nordpol, keiner reicht mit seinem
Südende so weit gegen das südliche Eismeer hin. Es durchzieht alle
Zonen der Erde bis auf die südliche kalte Zone. — Amerika steht
mit keinem der übrigen Erdteile in Verbindung. Am nächsten be=
rührt es sich mit Asien; aber von der Beringstraße ab fliehen die
Küsten beider Erdteile einander in divergierender Richtung. Den
W.=Küsten der Ostfeste bleibt Amerikas Festland bei der S=förmi=
gen Gestalt des atlantischen Ozeans überall Tausende von Kilo=
metern fern (größte Annäherung, abgesehen von Grönland, zwischen
Labrador und Irland wie zwischen Brasilien und Sierra Leona
etwa 3000 km).

Amerika besitzt nur auf der dem Großen Ozean zugekehrten
Westseite (welche auch fast allein Vulkane trägt) gewaltige, von einem
Ende zum anderen reichende Bodenerhebungen. In Süd=Amerika
nennt man diese der pacifischen Küste gleichlaufenden Hochlandmas=
sen Corbilleren [korbiljéren] (d. i. Ketten); in Nord=Amerika ent=

behrt dieses Hochland eines gemeinsamen Namens; hier dehnt es
sich wie ein gewaltiger breiter Höhenrücken aus und zeigt nur an
seinen Rändern, zumal in dem mittleren Teile, die Natur des Hoch=
gebirges. Ostwärts lagert in beiden Dreiecken eine ungeheure Tief=
ebene mit niedrigeren Erhebungen nach den atlantischen Küsten zu,
von großen Strömen durchzogen, denen mitunter die Wasser=
scheide fast ganz fehlt.

Die offene Lage gegen die vom atlantischen Meer kommenden
Winde und die nicht so große ostwestliche Landbreite machen das
Klima in den meisten Teilen feucht, wie denn an Feuchtigkeit wie
an Kühle das Klima Amerikas die je unter gleichen Breitengraden
gelegenen Striche der alten Welt auffallend übertrifft. Dies beför=
dert einen umfangreichen Walbwuchs. Im Innern befinden sich
zwar auch Grasfluren (meist hochgrasige Savanen, seltener dürftige
Steppen); aber nur innerhalb der Gebirgsumrahmung der w. Boden=
schwellung Norb=Amerikas und in der Mitte der südamerikanischen
W.=Küste von 4° bis 28° s. Br. giebt es Wüstenstrecken. Die Pflan=
zen= und Tierwelt ist daher fast überall reich; nur an größeren
Säugetieren ist Süd=Amerika auffallend arm. Kakteen und Kolibris
gab es ursprünglich nur in Amerika. An Zuchttieren und Nutzge=
wächsen war die Westfeste der Ostfeste jedoch gar nicht ebenbürtig.
Es gab zwar auch in Amerika Baumwolle, Zuckerrohr, Bananen, ja
ursprünglich nur hier Mais, Kartoffeln, in Norb=Amerika den Trut=
hahn, in Süb=Amerika die Lamas; dagegen fehlten die ostfestlichen
Getreidearten, das Pferd, Rind und Schaf. Die Herstellung von
Eisen aus Eisenerzen war selbst den höchstentwickelten Völkern Alt=
Amerikas unbekannt geblieben.

Dieses Alt=Amerika (bis zur Zeit des Columbus, der am
12. Oktober 1492 die Westfeste entdeckte oder vielmehr wieder ent=
deckte) war ausschließlich von der hell= bis dunkelbraunen Indianer=
Rasse bewohnt, zu welcher auch der Sprache nach die Eskimo=
Stämme im hohen N. als eine Sondergruppe gezählt werden dür=
sen, während sie nach dem Körperbau den mongolischen Tschuktschen
näher verwandt sind. Da, wo man (bei Wild= und Walbarmut)
nicht von den ohne Fleiß zu gewinnenden Naturgaben schweifend
leben konnte, also auf den walbarmen Teilen der w. Hochlande, grün=
deten Indianer=Stämme mächtige Kulturstaaten, so die Azteken
[aßtēken] in Mexico, die Quichuas [kitschuas] in Peru.

Die Portugiesen, deren Seefahrer Cabral [kabrál] 1500
Brasilien entdeckte, nachdem freilich das Jahr zuvor schon Spanier
unter Hojeda [ochéda] und Amerigo Vespucci [wespútschi] an der

Münbung des Amazonenstroms und in Venezuela gewesen waren, setzten sich in Besitz von Brasilien; dagegen die Spanier beherrsch= ten nach der oft so grausamen Eroberung (conquista [konkista]) im 16. Jahrhundert bis in den Anfang unseres Jahrhunderts den größ= ten Teil des übrigen Amerika. Nord=Amerika fiel jedoch bis zur Nordgrenze Mexicos germanischen Nationen zu (von denen die Nor= mannen sogar bereits im 10. Jahrhundert Grönland und den NO. des festländischen Nord=Amerika entdeckt hatten); bis an diese Grenze herrscht daher jetzt die englische Sprache vor, erst von da ab gen S. die spanische in dem (nun in lauter einzelne Republiken geteil= ten) früher spanischen Amerika, die portugiesische in Brasilien; das romanische Amerika ist katholisch; das germanische über= wiegend protestantisch.

Amerika ist bei seinem natürlichen Reichtum und seiner noch ganz undichten Bevölkerung das Hauptziel der europäischen Aus= wanderung, besonders der irischen und deutschen. Es wohnen dort nur 124 Millionen Menschen, bei gleichmäßig gedachter Verteilung also nur 3 auf 1 qkm (in Europa dagegen 37). Da die Europäer zum Betrieb ihrer Pflanzungen in dem heißfeuchten tropischen und subtropischen Amerika Negersklaven aus Afrika einführten und diese das dortige Klima bei schweren Arbeiten besser selbst als die India= ner vertrugen, wurde die Neger=Rasse in diesen Teilen ganz heimisch, während die Indianer=Rasse nur da an Zahl überwiegend blieb, wo sie seit alters seßhaft lebte (wie in Mexico und Peru), abgesehen von der durch europäische Ansiedler wenig berührten unwirtlichen S.=Spitze Süd=Amerikas und den Eskimoländern. Man unter= scheidet nun in Amerika Weiße und Farbige. Die ersteren nennt man, wenn sie in Amerika geboren sind, im romanischen Anteil Kreolen (d. i. Nachwuchs); zu den letzteren rechnet man außer Indianern und Negern auch die Mischlinge: Mestizen, in Bra= silien Mamelucken genannt, Nachkommen von Weißen und India= nern, Mulaten, solche von Weißen und Negern, Zambos [sam= bos], in Brasilien Cafusos genannt, solche von Indianern und Ne= gern. Der Anteil der Weißen an der Gesamtbevölkerung Amerikas beträgt gegen 60%, der der Indianer nur 7%, während Neger und Mulaten über 20% ausmachen.

§ 62.
Süd-Amerika im allgemeinen.

Das Hochgebirge der Cordilleren begleitet ohne Unter= brechung die W.=Küste Süd=Amerikas. Seine Hauptmasse besteht

aus nichtvulkanischem Gestein, zum Teil aus Granit; aber die er=
habensten Dom= und Kegelgipfel, welche sich über dieser Gebirgs=
masse wie über einem Sockel erheben, sind fast alle vulkanischen
Ursprungs, einige noch jetzt thätige Vulkane; sie überragen das
übrige Gebirge so sehr, daß sie selbst in der heißen Zone ewigen
Schnee tragen.

Das noch nicht so hohe Südstück der Corbilleren ist durch den
beständigen Niederschlag, welchen der aus NW. wehende Gegenpassat
bewirkt, arg verwittert und zerschnitten. Das äußerste Südende ist
durch Einsinken der früheren Gebirgsthäler ins Meer zur Inselgruppe
Feuerland geworden (jenseit der Magalhäes [magaljå=engs] oder
Magellan=Straße). Ähnlich ist eine niedrigere einstmalige Küsten=
corbillere zu der patagonischen Halbinsel= und Inselreihe
umgestaltet. In der südlichsten dieser Halbinseln erreicht Amerika mit
dem Trutzkap (englisch: cape froward [kép frou=örd]) sein festländi=
sches Südende, im Kap Hoorn, auf einer Insel des Feuerlandes,
sein insulares.

Der ganze übrige Teil der Corbilleren liegt im Bereich des
Passats, der die W.=Seite des Gebirges nur als trockener Wind
überzieht; denn der Südost=Passat schlägt seine Feuchtigkeit auf dem
Ostabhang der Corbilleren nieder; dazu wirkt auch der antarktische
Meeresstrom, die kalte Humboldt=Strömung, ein. Auf dieser lagert
eine schwere Luftschicht; die Corbillerenwand aber verhindert, daß die
etwa im Kontinente aufgelockerte Luftschicht eine Anziehungskraft auf
jene mit Feuchtigkeit gesättigten Luftmassen ausübt, welche westwärts
von der Humboldt=Strömung über dem Meere lagern. Daher ist die
Küste von 28° s. Br. an völlig regenarm (auch unzerrissen) und wald=
los, bis zu dem 4° s. Br. (Golf von Guayaquil [gwajakil], wo der
antarktische Meeresstrom gen W. abbiegt.

Die erste der Riesenhöhen der Corbilleren liegt noch außerhalb
der Tropen: der Aconcagua [akonkågwa], 6970 m hoch, ein, wie
es scheint, erloschener Vulkan. Am breitesten dehnt sich das Gebirge
und am höchsten steigen die Gipfel da, wo die Ausbiegung der Küste
beginnt: hier teilt es sich in die gewaltige Königscorbillere im
O. und in die ebenso hohen Anden im W., zwischen denen die Spie=
gelfläche des Titicáca=Sees (3800 m) die gewaltige Höhe der ein=
gelagerten Hochfläche bezeichnet; ö. von ihm erhebt sich der Illampu
[iljámpu] oder Nevádo (d. i. Schneegipfel) von Soráta als höch=
ster Berg der Königscorbillere bis 6550 m; westlich in den Anden
(der Corbillere von Peru) der Vulkan Saháma bis 6400 m; weiter=
hin umschließen wieder parallele Randketten eine schmalere, durch

Querketten mehrfach durchsetzte Hochfläche und tragen nahe dem Äquator im W. den Chimborazo [tschimboráffo], 6300 m, im O. den Cotopaxi [kotopakfi], 5900 m, welcher noch in unserem Jahrhundert furchtbare Ausbrüche gehabt hat. Jenen bestieg Alexander v. Humboldt 1802 bis einige hundert Meter unter dem Gipfel; den Gipfel selbst erreichte 1880 der kühne englische Reisende Edward Whymper; aber den Gipfel des Cotopaxi, des höchsten aller thätigen Vulkane auf der Erde, hat 1873 mit nicht geringerer Kühnheit zuerst der deutsche Reisende Wilhelm Reiß erstiegen. — Auf der Landenge von Panama erreichen die Corbilleren ihr Ende.

Die nach den andern Küsten hin gelegenen Gebirge sind alle viel niedriger.

1) Der am weitesten ostwärts sich krümmende Corbillerenzinken endigt am Thale des Barquisimeto, eines Zuflusses des Orinóco. Östlich von diesem Thale erhebt sich das karibische Gebirge, an der Küste von Venezuela [weneßuéla] entlang streichend.

2) Dagegen im O. jenes Zinken liegt die burgähnliche, fast bis 5000 m aufsteigende Sierra Nevâda de Santa Marta am karibischen Meer, unfern von dem golfähnlichen Süßwassersee von Maracâibo. Auf ihrem Gipfel trägt sie einen kleinen Gletscher. An der Südseite ist das Gebirge mit Savanen überkleidet, an der Nordseite aber von so dichtem Waldwuchs bedeckt, daß erst in größerer Höhe sich Ansiedelungen von Eingeborenen finden.

3) Das Gebirgsland von Guayana [gwajâna] mit dem breiteren und höheren von Parime ist eine Hochfläche mit einzelnen Gebirgsketten meist in der Richtung der NO.-Küste.

4) Von den beiden brasilianischen Gebirgen durchzieht das eine zwischen den Flüssen Tocantins und Paraná, 2300 m hoch, das flache Tafelland des inneren Brasiliens, das andere streicht in größerer Ausdehnung, 2700 m hoch, an der Küste entlang. An dieser erreicht Amerika seinen östlichen Vorsprung im Kap Branco.

Die große südamerikanische Tiefebene wird von drei Hauptströmen durchzogen:

1) Die Llanos [ljános] (d. i. Ebenen, spanisch), eine nur durch tropische Sommerregen befruchtete Savane, durchflossen vom Orinoco, welcher im Gebirgsland von Guayana entspringt, dasselbe im weiten Bogen umfließt und zwischen ihm und der Küstenkette von Venezuela mit einem großen Delta mündet.

2) Die äquatoriale Urwaldregion, wo Hitze und stete Befeuchtung die größte Mannigfaltigkeit und Pflanzenfülle der Erde nährt, bildet einen einzigen ewig grünenden, blühenden und fruch-

tenden, durch Unterholz und Schlingpflanzen fast undurchbringlichen
Urwald. Der Amazonenstrom, der sie durchfließt, hat seine weit=
verzweigten Quellströme in den äquatorialen Corbilleren, seine
Hauptquellflüsse durchziehen Längsthäler der letzteren gen NW.; im
O.=Lauf durch die große Ebene (im spitzen Winkel mit dem Äqua=
tor) nimmt er l. den Rio Negro auf (der durch die Gabelung
des Casiquiare [kassikiâre] mit dem Orinoco verbunden ist), r. den
Rio Mabeira [mabêira] und mündet als wasserreichster Strom
der Erde ohne Delta zwischen dem Gebirgslande von Guayana und
Brasilien.

3) Die Pampas (d. i. Ebenen, indianisch), die für Waldwuchs
ungenügend befeuchteten f. Steppen, bedeckt von büscheligem Rasen
und Krautpflanzen, durchflossen gen S. vom Paraná, der an seiner
fast rechtwinkligen Knickung r. den Paraguay [paragwâ=i] aufnimmt
und zusammen mit dem Uruguay [urugwâ=i] (l.) in den Rio de La
Plata (d. i. Silberstrom) mündet; dieser ist zwar ein Meerbusen,
wird jedoch ein Strom (Rio) genannt, weil er von dem gelbschlam=
migen Süßwasser jener Ströme ganz überdeckt wird.

Der einzige größere Strom mit N.=Richtung ist der reißende
Magdalenen=Strom; er durchfließt nebst einem l. Nebenfluß
Längsthäler der zuletzt fächerartig auseinander tretenden Corbilleren
und mündet w. vom Santa=Marta=Gebirge ins karibische Meer.

Süd=Amerika ist in noch höherem Grade als Afrika unge=
gliedert; bei ihm beträgt die gesamte Gliederung nur $\frac{1}{80}$ des
Ganzen. Es ist ist wie Afrika größtenteils in der heißen Zone gele=
gen; auch besitzt es in dem waldlosen mittleren Hauptteil seiner
W.=Seite eine vom Wendekreis durchschnittene, jedoch kurze und
schmale Wüste, die durch ihre Salpeterlager nützliche Wüste von
Atacâma. Die Corbilleren sind reich an Gold und Silber, in
ihrem Anden genannten Teile auch an Kupfer; sie allein beherbergen
die Vertreter der Kamele in Amerika, die Lamas (eigentlich Llama
[ljama]), sowohl das als Lastträger geschätzte Lama wie das durch
seine feine Wolle nützende Vicuña [wikunja], desgleichen den größ=
ten aller Geier, den schwarzen Kondôr, der mit seinen fast 3 m
spannenden Fittichen sich noch über die höchsten Gipfel zu erheben
vermag und auf Schafe und Kälber stößt. Heimisch ist hier ferner
der China= (d. i. Rinden=) Baum, aus dessen Rinde das Chinin,
das beste Mittel gegen das Fieber, gewonnen wird.

Die Palmen, deren meiste Arten in Süd=Amerika heimisch
sind, schmücken (innerhalb des Wendekreises) auch bereits die Cor=
billeren bis auf die durch Dürre baumlosen Teile und die Pára=

mos d. h. die kalten Hochgegenden des Gebirges; eine derselben, die himmelhohe Wachspalme ist dort sogar bis an die Grenze des Hochwaldes (bei 3000 m) verbreitet. Das ganze Füllhorn der Flora aber, samt dem mannigfaltigsten Schmuck der schlanken Palmensäulen mit ihrem leicht beweglichen Blätterschopf und der noch zierlicher diese „Schopfvegetation" vertretenden niedrigeren Farnbäume, ist über die Hyläa (d. i. Wälderflur) des Ostens ausgeschüttet. Hier steht, auf weiten Räumen noch unberührt, echter Urwald, in welchem nie der Schall der Holzaxt ertönte, nie eine menschliche Hand Samen zu Anlegung eines Forstes ausstreute: über den Trümmern der morsch gewordenen und umgestürzten Riesenstämme erheben sich in üppigem Wuchse neue Pflanzengeschlechter; Schlingpflanzen (Lianen) verstricken die Stämme, ersteigen die höchsten Wipfel, verbinden wie schwebende Guirlanden entfernte Äste und mischen leuchtende Blumenpracht in das sonst nicht häufig von Blumenreiz geschmückte Grün des Dickichts.

Unter das alles mischt sich eine bunte, schillernde und vielstimmige Tierwelt. In den Zweigen schreien die bunten Papageien, zahlreiche Affengeschlechter schwingen sich von Ast zu Ast, während das Faultier um den Stamm geklammert hängt; um die Blumen gaukeln um die Wette Schmetterlinge (bis über Fußlänge groß und die unsrigen an Farbenpracht weit überstrahlend) und Kolibris, „die lebendigen Edelsteine der Luft", die ihren nadelfeinen Schnabel in die Blütenkelche tauchen; durch das Gras schleichen gleißendschöne Reptilien, schwirren Käfer, die wie Edelsteine glänzen; nach Sonnenuntergang wird es still, nur die Brüllaffen konzertieren weiter, und die reißenden Katzen beginnen ihren mörderischen Gang, der Jaguar und der Puma (kleinere und dem Menschen minder gefährliche Abbilder der so viel gewaltigeren ostfestlichen Raubtiere, jener des Tigers, dieser des Löwen). Auch die Ströme Süd-Amerikas haben ein reiches Tierleben; die Krokodile Afrikas sind durch die Kaimans ersetzt, und im Orinoco leben ganze Scharen von Schildkröten, die ihre ölreichen Eier auf den Flußinseln absetzen. Den Llanos und Pampas fehlen freilich die Antilopen-Geschwader Afrikas gänzlich; sie wurden erst in der Neuzeit der Tummelplatz unzähliger Rinder und Pferde der europäischen Ansiedler. Und zu den stets in der Freiheit lebenden Herden dieser Steppen erwuchs ein eigenes Geschlecht von berittenen freiheitsstolzen Hirten, die den Lasso, d. h. den Schlingriemen, zum Einfangen der Weidetiere trefflich zu führen wissen (die Llaneros [ljanéros] in den Llanos, die Gauchos [gautschos] in den Pampas). Im fernen S., bis in die steinigen

Oben der O.-Ebene Patagoniens, lebt herdenweis der Rhêa-Strauß und das Guanáco, ein hirschähnlicher Genosse der Lama-Sippe, beide von den berittenen Indianern der Steppe eifrig gejagt.

Der Mensch mit seinen Werken tritt in Süd-Amerika mehr als in anderen Erdteilen zurück hinter der meist noch ungebändigten Größe der Natur. Man zählt nur 35 Mill. E. (noch nicht ³/₄ der Bewohner des Deutschen Reiches) auf 17,7 Mill. qkm (323 000 Q.-M.), mithin nicht mehr als 2 Bewohner (im Deutschen Reiche 91) auf 1 qkm.

§ 63.
Die Staaten Süd-Amerikas.

Im Laufe des 16. Jahrhunderts eroberten die nach Edelmetall lüsternen Spanier ungefähr die Hälfte von Süd-Amerika. Als aber Napoleon I. 1809 die alte spanische Dynastie vom Throne entfernte und seinen Bruder Joseph zum Könige von Spanien und Indien machte, verjagten die Kolonieen in Amerika die Statthalter Josephs und setzten Regierungsausschüsse ein, welche im Namen ihres alten Königs die Regierung führten. Dennoch ward ihnen nachher die Gleichberechtigung mit Spanien versagt. Da brach denn allerorten die Unzufriedenheit offen zutage; seit 1811 erklärten sich die Kolonieen, eine nach der andern, für frei und wußten sich (von England unterstützt) gegen Spanien in langwierigem Kampfe zu behaupten. In dem Kampfe zeichnete sich auf amerikanischer Seite besonders der General Simon Bolivar [bolíwar] aus, aber erst 1830 wurden die letzten spanischen Truppen aus Süd-Amerika vertrieben. Allein der Ehrgeiz der Führer und das Vordrängen der Farbigen führten zu ewigen Unruhen, welche eine kräftige Entwicke-lung in den meisten der neu erstandenen Republiken so sehr hemmen, daß die Kultur seit dem Aufhören der spanischen Herrschaft in ihnen zurückgegangen ist.

Die Portugiesen nahmen gleichzeitig mit den Spaniern von dem östlichen Teil, namentlich von dem urwaldbedeckten Niederungs-gebiet des Amazonenstroms Besitz, dem Lande „des heiligen Kreuzes", das später den Namen Brasilien erhielt. Brasilien erklärte sich 1822 auch für unabhängig von seinem Mutterlande (Portugal), ein Prinz des portugiesischen Königshauses wurde zum Kaiser erhoben, der dafür auf die portugiesische Königskrone Verzicht leistete, damit Brasilien stets von Portugal getrennt bliebe. Indes 1889 wurde auch in Brasilien die Monarchie gestürzt und die Republik proklamiert.

Nur an der Guayana-Küste behaupteten die Niederländer, Franzosen und Engländer ihre alten Besitzungen.

Demnach zerfällt Süd-Amerika in 10 Republiken und 3 Kolonialgebiete.

Die neun Republiken (des früher spanischen Süd-Amerika):

a) Venezuela [weneßuéla], ein Bund von 8 Republiken, nach einem Indianer-Pfahldorf benannt, dem der Entdecker Hojeda scherzend den Namen Venezuela, d. i. Klein-Venedig, gab. Der Ort liegt am östlichen Eingange des Sees von Maracáibo. Weiter nach O. der Hafen Puerto Cabello [cabéljo]; dann die lebhafte Hafenstadt La Guayra [gwá-ira]. Landeinwärts am Abhange des Küstengebirges Carácas, die Hauptstadt der Republik, fast 1000 m über dem Meere, schön gebaut, 72,000 E.; durch ein entsetzliches Erdbeben 1812 fast ganz zerstört; auch jetzt noch viele, zum Teil malerisch schöne Ruinen. Noch weiter nach O. die Handelsstadt Cumaná. Im Innern: Barinas [warinas] mit den berühmten Tabakspflanzungen. An dieser Nordküste ist die eigentliche Heimat dieses Krautes, welches ursprünglich die Eingeborenen gegen die Mücken (Moskitos) rauchten. Auf den Llanos ausgedehnte Rinderzucht. Am oberen Orinoco viele Indianerstämme. Am unteren Orinoco Angostúra oder Ciudad-Bolívar [ßiudád bolíwar], eine wichtige Handelsstadt.

b) Colómbia, das Nordwestküstenland an und auf den Cordilleren, eine einheitliche Republik (wie die folgenden 4 Staaten). Die Hauptstadt Bogotá 96000 E. Nördlich davon macht der Rio de Bogota einen Fall von 170 m Tiefe. An der See im N. liegt das befestigte Cartagena [cartachéna]. Auf der Landenge das durch seine Lage wichtige Departement Istmo oder Panamá. Hauptstadt Panamá, am pacifischen Endpunkte der über die Landenge nach Colón führenden und beide Ozeane verbindenden Eisenbahn: man fährt 4 Stunden. Es ist im Werke, die Landenge vermittels eines interozeanischen Kanals (entsprechend dem Sues-Kanal) zu durchstechen.

c) Ecuadór (von der Lage unter dem Äquator so genannt), besteht aus einem schon vor Ankunft der Europäer Städte tragenden kultivierten Hochgebirgsteil und einem meist noch den Indianern überlassenen Anteil an der Ebene des Amazonstromgebietes. Auf der Hochebene von Quito die Hauptstadt Quito [kito] am Fuße des Vulkan Pichincha [pitschíntscha] ganz nahe am Äquator, mit schönen Palästen und Kirchen, 50000 E. Am westlichen Küstensaum die Handelsstadt Guayaquil [gwajakíl], 45000 E., unweit der Mündung des schiffbaren Flusses gleichen Namens. Der Republik gehören auch die Galápagos- oder Schildkröten-Inseln.

d) Perú, meist hohes Gebirgsland, Heimat der Fieberrinde, welche man jetzt auch auf Ceylon und am Himalaja acclimatisiert hat. Als die Spanier unter dem rohen Franz Pizarro [pißárro] nach Peru drangen, fanden sie ein sanftes, ziemlich kultiviertes Volk und ein geordnetes Reich. Ein himmlischer Ahnherr, Manko Kapák, der auf einer Insel im See Titicáca auftrat, hatte es den Dienst der Sonne gelehrt, die nicht an Menschenopfern, sondern an Tieren, Früchten und Werken des Kunstfleißes Gefallen finde. Die Nachkommen jenes Manko Kapak bildeten das königliche Geschlecht der Incas, d. i. Sonnenkinder. Ihr Reich, (zu dem auch das heutige Quito und Bolivia gehörten) wurde eine Beute der Spanier, die hier besonders grausam und treulos auftraten. Die Residenz der

Incas und der berühmte mit Gold überdeckte Tempel der Sonne waren in Cuzco [kúßko], einer Stadt, die, jetzt nur 22000 E. zählend, in einem reizenden Hochlande gelegen ist. Hauptstadt ist die von Pizarro angelegte spanische Handelsstadt Lima, 104000 E. (ein Drittel Weiße); sie liegt in der Mitte üppiger Gärten, ist regelmäßig gebaut, hat viele prächtige Kirchen, aber wegen der Erdbeben meist nur einstöckige Häuser. 10 km von Lima dessen Seehafen Callao [kaljáv], 35000 E. An Schönheit kommt der Hauptstadt nur nahe das im S. gelegene Arequipa [arekípa], 30000 Einw. — Auf den drei kleinen Chincha [tschíntscha]=Inseln an der peruanischen Küste der meiste und beste Guano (seit alters aufgehäufter Seevögel= mist), weit und breit als Dünger versandt; indes jetzt sind die Inseln ziem= lich abgeräumt.

e) Bolivia, benannt nach Bolivar, eins der höchsten Länder der Erde, mit der Hochebene des Titicaca; Hauptstadt ist Sucre, 19000 E., wichtiger indes ist La Paz, 40000 E., und das wegen seiner Gold= und Silbergruben berühmte Potosi [potoßí], 4000 m über dem Meere, 12000 E.

f) Chile [tschíle], die geordnetste von allen Republiken Süd=Amerikas, ein schmales Küstenland, zu dem auch die ganze Atacama=Wüste gehört. Die Hauptstadt Santiago, mit 250000 E., liegt am Fuße der Cordille= ren, 150 km vom Meere; ihre Hafenstadt Valparaiso [walparaíßo], 105000 E. Jenseit eines vom Meer bis zur Cordillere reichenden Streifens im S., welcher dem mit der Republik im Frieden lebenden (ihr nicht eigent= lich unterworfenen) tapfern Indianerstamm der Araukaner gehört, liegt Baldivia [waldíwia], die kleine Hafenstadt S.=Chiles, dessen Kultur seit 1850 durch deutsche Einwanderer gegründet wurde. Im S. der Re= publik die zu ihr gehörige Insel Chiloe [tschilóe] mit kleinen Inseln ringsum, die man den Archipel von Chiloe nennt. Viel weiter in das offene Meer hinaus das felsige Inselchen Juan Fernandez [chuán fernándes], wo 1705 bis 1709 ein englischer, von den Seinen hier zurückgelassener Ma= trose, Alexander Selkirk, längere Zeit sein Leben fristete. Dies nach gewöhnlicher, aber fälschlicher Angabe, der Ausgangspunkt der Erzählung von Robinson.

g) Argentina, ein Bund von 14 Freistaaten. Hauptstadt Buenos= Aires [buénos áires (d. i. gute Lüfte) am rechten Ufer des hier 60 km breiten „Silber=Stromes", 560000 E. (darunter sehr zahlreiche Deutsche), eine gut gebaute und überaus lebhafte Handelsstadt. Die zahllosen Rinderherden der Pampas liefern jetzt den nach Europa massenhaft exportierten Fleisch= extrakt.

Das südlichste Stück von Süd=Amerika, Patagonien ge= nannt, ist zwischen Argentina und Chile der Länge nach geteilt; es wird jedoch bis auf einige kleine Niederlassungen nur von eingeborenen Völ= kern bewohnt, die man sonst für ein Riesengeschlecht ausgab. Sie sind auch oft 2 m groß. Ihr Land ist stürmisch rauh, bei weitem mehr noch die im S. vorgelagerten Inseln, zusammen das Feuerland genannt, weil dessen armselige Bewohner, die Pescherähs, in dem ewigen Regen= und Schneeklima schwer Feuer durch Reiben von Hölzern entzünden konnten, daher lieber brennende Scheite, selbst in ihren Canoes, bei sich führten. Zwischen dem Festland und den feuerländischen Inseln, meist zwischen Fel= senufern, zieht sich die gewundene, 600 km lange Magalhäes=Straße durch, so genannt nach ihrem Entdecker (1520), dem Portugiesen Ferdinand Magellan, portugiesisch Magalhäes [magaljä=engß], dem ersten Welt=

umsegler. Die Seefahrer benutzen sie, um den Stürmen, welche die äußerste Südspitze des Feuerlandes, das Kap Hoorn, umtosen, auszuweichen.

Vom Feuerland gegen NO. in das Meer hinein liegen die Mal=winen oder Falkland s [fälländ]=Inseln, nackt und rauh, denn die Stürme lassen weder Baum noch Strauch aufkommen. Aber es giebt dort gute Weide, Gemüse und Kräuter, vor allem eine Unzahl fetter, unbeholfener Seevögel (Pinguine). Daher haben die Engländer diese Inseln in Besitz genom=men, da sie als Station für Schiffe, besonders für Walfischfänger wichtig sind.

h) Uruguay [urugwá=i], am linken Ufer des La Plata, im W. durch den Uruguay begrenzt. Hauptstadt Montevideo am nördlichen Eingange der La Plata=Mündung; lebhafte Handelsstadt, 222000 E. Oberhalb der Uruguay=Mündung Fray Bentos [frâ=i wéntos], wo ein großer Teil des Liebigschen Fleischextraktes bereitet wird.

i) Paraguay [paragwá=i], stößt zwar nicht an das Meer, liegt aber größtenteils in der Gabel des Paraguay und Parana und wird dadurch zugänglich. Im 17. Jahrhundert hatten hier Jesuiten unter den Einge=borenen das Christentum gepredigt, zugleich aber auch eine Art von Priester=reich gegründet, dessen Existenz den Kronen Spanien und Portugal lange ein Geheimnis blieb. Sie wichen nach geschehener Entdeckung nur der Ge=walt, und dieser Vorfall trug nicht wenig zu dem Mißtrauen der katholischen Regenten bei, das 1773 die Aufhebung des Ordens veranlaßte. — Die Hauptstadt Asuncion [asunßión] liegt am westlichen Flusse, also am? — 24000 E. Ein Hauptausfuhrartikel ist der Mate, die getrockneten Blätter einer Art Ilex, welche fast in ganz Süd=Amerika die Stelle des chinesischen Thees vertreten. Nördlich von Asuncion am Aguaray [agwarái] die deutsche Kolonie Nueva Germania.

2) Die vereinigten Staaten von Brasilien, ein Bund von 20 Re=publiken, 8½ Mill. qkm (150000 □.=M.), 14,6 Mill. E. — Benannt nach dem für Rotfärberei dienenden Brasilholz, ist Brasilien gegenwärtig das größte Kaffee=Produktionsland. In dem noch wenig bekannten Inneren streifen noch die Jagdindianer (darunter die nach dem Botoque, d. h. dem hölzernen Stöpsel in ihrer Unterlippe, benannten Botokuden). Für den Anbau von Zuckerrohr, Kaffee und Baumwolle wurden Massen von Neger=sklaven eingeführt, so daß man auf Neger jetzt etwa 2½ Mill., auf Mulaten doppelt so viel rechnet. In den außertropischen Südprovinzen des Reiches Kolonieen von zahlreich eingewanderten Deutschen, wie Blumenau (im Staate Rio Grande do Sul)

Die Lage der Hauptstadt Rio de Janeiro [riu de dschanéiru] oder bloß Rio (fast unter dem Wendekreise des Steinbocks) ist reizend. Zwischen zwei nackten Granitfelsen, die stark befestigt sind, öffnet sich der Eingang in die herrliche Bai von Rio, den geräumigsten und sichersten Hafen der Erde, in dem die Kriegschiffe aller Nationen ankern könnten. Die bergigen Ufer sind überaus malerisch. Im SW. der Bai auf vorspringenden Landzungen liegt Rio, in die Alt= und Neustadt geteilt. Dem prächtigen Anblick von außen entspricht das Innere nicht völlig; es fehlt an ansehnlichen, geschmack=vollen Gebäuden. Die Zahl der Einwohner beträgt 800000; darunter giebt es viele Schwarze, Farbige und Ausländer, auch viele Deutsche. Die frühere Hauptstadt Brasiliens war Bahia [ba=ia] 1300 km nordöstlich von Rio, an der Allerheiligen=Bai, 200000 E. Wieder 650 km im NO. von Bahia liegt Recife oder Pernambuco, 190000 E., von wo aus das meiste Brasilholz ausgeführt wird (daher auch Fernambukholz genannt). Nahe dem

Äquator der Insel Marajo [maráschu] (keiner Deltainsel des Amazonenstroms, § 26) gegenüber liegt Pará, 65000 E., von wo viel Kautschuk (eingedickter Saft gewisser tropischer Bäume) in den Handel kommt. — Im N. von Rio der gold- und diamantenreiche Staat Minas Geraes [minas scheráes].

3) Die Kolonialgebiete der Guayana-Küste, wo die herrlichste der Wasserrosen, die Victoria regia ("Wasserteller" der Indianer) mit kreisförmigen Schildblättern bis zu 2 m im Durchmesser auf den Wasserflächen schwimmt, alle tropischen Kulturgewächse bestens gedeihen, namentlich auch der in Amerika ureinheimische Kakaobaum, das heißfeuchte Klima jedoch den Europäern nicht zusagt.

Französisch ist Cayenne, mit der gleichnamigen Stadt auf einer Insel an der Mündung des gleichnamigen Flusses, Verbannungsort. (Das Land, „wo der Pfeffer wächst".)

Niederländisch ist das mittlere Guayana am Surinam (danach auch wohl die ganze Kolonie genannt); die Stadt Paramáribo, von Kanälen und Baumalleeen durchschnitten, ist wie ein großer Garten. Ein Zehntel Weiße, neun Zehntel freigelassene Schwarze.

Englisch ist das westliche Guayana am Essequibo [essekibo] mit Demerára oder Georgetown [dschórdschtaun].

§ 64.
Mittel-Amerika und Westindien.

1) Nord- und Süd-Amerika hängen nicht, wie Asien und Afrika, durch eine kurze Landenge zusammen; eine Landbrücke von 2000 km Länge, die nach NO. sich in zwei Vorsprünge (Honduras [ondúras] und Yucatán) erweitert, verbindet beide Hälften. Man nennt diese Landbrücke [etwa ½ Mill. qkm (9000 □.-M.)] Mittel- oder Central-Amerika. Die südamerikanischen Cordilleren enden vor dem Isthmus von Panama; nur eine Hügelkette von etwa 200 m Höhe zieht sich über jene Landenge. Dann erhebt sich das auch hier (längs der Küste der Südsee) an Vulkanen überaus reiche Gebirge wieder zu beträchtlicher Höhe, in einigen Spitzen bis zu 4500 m, ist aber auf der Landbrücke dreimal unterbrochen und von den nordamerikanischen Gebirgen entschieden getrennt. Man kann also drei Gruppen unterscheiden, bei denen man sich gleich die Lage der Landschaften merke. 1) Die südlichen Gebirge und breiten Höhenrücken von Costa Rica. Sie fallen im N. zu dem 8600 qkm (156 □.-M.) großen See von Nicaragua [nikarágwa] ab, der überaus malerische Gebirgsufer hat. Aus ihm geht der Fluß San Juan [san chuán] zum östlichen Meere. 2) Die Gebirge und breiten Höhenrücken von Honduras im N. des Sees. Jenseit einer die Landbrücke quer durchsetzenden Senke erheben sich 3) die Gebirge und breiten Höhenrücken von Guatemala [gwatemála], die aus-

gedehntesten unter allen. Sie fallen im NW. zum Isthmus von
Tehuantepec [teuantepéc] ab, wo man gewöhnlich erst Nord-
Amerika beginnt. Den Fuß der Gebirge umgiebt, besonders nach
dem atlantischen Meere zu, fruchtbarer (weil reich benetzter) Boden.
Neben anderen Produkten, die Central-Amerika mit anderen Tropen-
gegenden teilt, gedeiht hier in vorzüglicher Güte der Indigo und
die Zucht der Cochenille (diese Schildlaus nämlich wird auf dem
Nopal oder Opuntien-Kaktus förmlich gezogen, und liefert gedörrt
und dann zerstoßen eine schöne rote Farbe; 150 000 Inselten gehören zu einem Kilogramm); Hauptausfuhrgegenstand aber ist der
Kaffee.

In früherer Zeit machte Mittel-Amerika die spanische Statthalterschaft Guatemala aus. Jetzt bestehen (neben dem englischen
Honduras-Bezirk) 5 von einander unabhängige Republiken, zusammen 450 000 qkm (8000 Q.-M.) mit 2³/₄ Mill. E., von denen
drei Viertel von indianischer Rasse sind.

a) Costa Rica. b) Nicaragua [nikarágwa] mit der Handelsstadt
Greytown [grétaun] und Golddistrikten. c) Honduras, wonach der Meer-
einschnitt zwischen den beiden östlichen Halbinseln die Honduras-Bai. Die
Küste am östlichen Meere nennt man von dem hier wohnenden indianischen
Volke der Moscos die Mosfitoküste. Auf der Westseite der Honduras-
Bai haben die Engländer seit langer Zeit den sogenannten Honduras-
Holzdistrikt, aus dem jährlich ¹/₂ Mill. Zentner Mahagoniholz ausgeführt
wird, mit dem Hauptorte Balize [bälis]. d) San Salvador [san sal-
wadór]. e) Guatemala am Großen Ozean mit der größten Stadt des festländischen Central-Amerika Guatemala, 70000 E.

2) Von dem tiefen, insellecren mexicanischen Busen bis
vor die Orinoco-Mündung zieht sich um das gleichfalls tiefe und fast
insellecre karibische Meer eine Inselreihe auf einer ausgedehnten
unterseeischen Platte, die man Westindien nennt. Es sind die Reste
eines größtenteils versunkenen Festlandraums, der wahrscheinlich mit
Süd-Amerika einstens zusammenhing. Die bis n. vom Wendekreis
reichende Gruppe der Bahamá-Inseln besteht nur aus kleinen
Flachinseln von Korallenkalk, welche auf einer großen unterseeischen
Bank ruhen. Über diese Bank tritt wie ein Vorposten ostwärts die
Watlings [uótlings]-Insel heraus, zugleich höher als die übrigen,
bis zu 43 m aufragend. Wahrscheinlich ist sie die von den Eingeborenen
Guanahani [gwanaháni] genannte Insel, auf welcher am 12. Okto-
ber 1492 Columbus landete. — Die Großen Antillen [antiljen]
sind die Hauptreste jenes unter das Meer gesunkenen Landraums.
(Cuba mit Gebirgen bis 2300 m); die Kleinen Antillen sind
größtenteils vulkanische Bildungen.

Die Spanier bemächtigten sich zuerst allein dieser Inseln und trugen das meiste zur Ausrottung der eingeborenen Indianer bei (auch der Kariben, der von Süd-Amerika erobernd eingedrungenen kühnen Seefahrer); später suchten auch die übrigen seefahrenden Nationen Europas Anteil zu gewinnen an diesen leicht erreichbaren und höchst fruchtbaren Inseln (nach den westindischen Kolonieen heißen daher Kaffee, Zucker u. s. w. Kolonialwaren). Neben Mahagoniholz ist der auf den Großen Antillen heimische Nelken- oder Piment-Pfeffer Gegenstand der Ausfuhr, viel mehr aber Zucker und Tabak. Von der Bevölkerung kommen auf Neger und Mulaten gut $\frac{2}{3}$.

1) Die Bahamá-Inseln, bestehend aus 20 bewohnten Eilanden und mehreren Hunderten unbewohnter Inselchen, zusammen 14500 qkm (260 Q.-M.). Sie sind fruchtbar, aber wasserarm, stehen unter englischer Hoheit. Auf der Insel New-Providence [nju prówidenß], im nördlichen Teile der Gruppe, wohnt der Statthalter; hier Stadt und Fort Naffau.

2) Die vier Großen Antillen.

a) Die nordwestliche und bei weitem größte ist das spanische Cuba, 118000 qkm (2100 Q.-M.) und 1,6 Mill. Einw., gegenwärtig das Hauptproduktionsland von Rohrzucker. Langgezogen sich hinstreckend, hat Cuba an seinen beiden Enden breite Kanten. An der südöstlichen, welche Jamáica und Haiti zugekehrt ist, ragt der Hauptstock der die Insel durchziehenden Gebirgskette am höchsten. An der nordwestlichen Kante, zwischen Yucatan und Florida, liegt im NO. die Hauptstadt La Habana [awána], an dem engen Eingange einer Bai, die einen so geräumigen Hafen bildet, daß 1000 der größten Schiffe darin ankern können. Die andere Seite des Eingangs decken die stärksten Befestigungen; auch von der Landseite ist das wichtige Habana befestigt. 200000 E. Im Dome die Asche des Columbus. — Die Wichtigkeit der herrlichen, fruchtbaren und für den Welthandel (Tabak neben Zucker) so günstig gelegenen Insel Cuba ist von Spanien erst recht gewürdigt, seitdem es seine Besitzungen auf dem festländischen Amerika verlor. Die Bevölkerung und der Anbau der Insel haben sich seit der Zeit ungemein gehoben. Wichtigster Hafen an der Südküste: Santiago de Cuba.

b) Jamáica, englisch, 10900 qkm (197 Q.-M.) mit $\frac{1}{2}$ Mill. E., im Innern von zerklüfteten Gebirgen durchzogen, an den Küsten gut angebaut (Kaffee, Zucker, aus den Rückständen des auf seinen Zuckersaft verarbeiteten Rohrs der Jamaica-Rum), aber auch sehr ungesund. Der Sitz der obersten Behörde ist Kingston [kingst'n] mit 47000 E., im SO. der Insel.

c) Die große Insel im O. von Cuba, 77000 qkm (1400 Q.-M.), wurde von Columbus Española [espanjola], latinisiert Hispaniola, hernach St. Domingo [sankt domíngo] genannt. Sie ist zerrissener als die vorigen, aber so fruchtbar wie Cuba. Früher besaßen das westliche Drittel die Franzosen, die zwei östlichen Drittel die Spanier. Aber 1794 brach ein Aufstand der Neger gegen die Europäer aus; ihr Anführer wurde der Neger Toussaint (genannt l'Ouverture, d. i. Eröffnung, nämlich der Freiheit), der es wagte, „als der Erste der Schwarzen an den Ersten der Weißen" (Napoleon I.) zu schreiben. Das Land erklärte sich unter dem bei den Urbewohnern einst üblichen Namen Haïti [aïti] (d. i. Gebirgsland) für frei. Die Franzosen führten zwar Toussaint gefangen nach Europa, aber neue Parteihäupter warfen sich auf und nahmen sogar den Kaisertitel an: die Insel zerfiel in einzelne Negerreiche.

Der westliche Teil der Insel bildet jetzt die Negerrepublik Haïti (mit französischer Sprache). Unter der ½ Mill. (kath.) Einwohner nur wenig Weiße. In der Spitze des westlichen Meerbusens liegt die (früher französ.) Hauptstadt Port au Prince, 61 000 E.

Der östliche Teil der Insel bildet die Dominikanische Republik mit spanischer Sprache. Die 600 000 E. sind meist Mulaten. St. Domingo, die Hauptstadt, ist die älteste von Europäern in Amerika angelegte Stadt, 20 000 E.

Unter den kleinen Inseln um Haïti nennen wir im Norden Tortüga, wo im 17. Jahrhundert die gräßliche Abenteurer- und Seeräuberbande der Flibustier ihr Hauptnest hatte.

d) Puerto Rico (oft fälschlich Porto Rico genannt), ein längliches Rechteck, 9000 qkm (166 Q.-M.), spanisch, auch sehr fruchtbar (Tabak) und die gesundeste der Antillen. Die Hauptstadt S. Juan [ßan chuán] de Puerto Rico hat 26 000 E.

3) Im O. von Puerto-Rico liegt die Gruppe der Jungfern- (Virginien-) Inseln, 7 größere und zahlreichere kleinere, teils spanisch, teils englisch, teils dänisch. Dänisch sind die drei größten: St. Croix, St. John und St. Thomas, ein wichtiger Handelsplatz und Station für die Dampfschiffahrt zwischen Europa und Mittel-Amerika.

4) Die Kleinen Antillen, alle zusammen nur 11 000 qkm (205 Q.-M.) groß, teilt man nach dem regelmäßig hier wehenden Ostwinde in die Inseln über dem Winde oder gegen den Wind von Puerto Rico bis Grenada — und Inseln unter dem Winde, von Trinidad die Küste von Venezuela entlang.

a) Inseln über dem Winde:

Englisch: Barbados, die volkreichste der Kleinen Antillen, Stadt Bridgetown [bridschtaun]. St. Christoph, Nevis [niwis], Montserrat [monserät]. Dominica, St. Lucia, St. Vincent, mit dem thätigsten Vulkane, Grenada, Antigua [antigwa].

Französisch: Guadeloupe, eine der größten (durch zwei einander entgegenkommende Buchten in zwei Halbinseln geschieden: Grandeterre im NO. mit der Hafenstadt Point-à-Pitre und Basseterre im SW.), Martinique mit der Hauptstadt Fort Royal und dem volkreicheren St. Pierre, der bedeutendsten Handelsstadt der Kleinen Antillen, und St. Barthelemy.

Niederländisch: St. Eustach und St. Martin.

b) Die Inseln unter dem Winde. Außer einigen, die zu Venezuela gehören, nennen wir:

α) Tabago, englisch. β) Trinidad, die größte der Kleinen Antillen, den Schlüssel zum mexikanischen Busen, englisch. γ) Weit davon nach W., doch noch im O. des Busens von Maracaibo Curaçao [kurassáo], ein durch Fleiß kultivierter Felsen, niederländisch.

§ 65.
Nord-Amerika im allgemeinen.

Nord-Amerika mißt ohne die arktischen Inseln 19,8 Mill. qkm (360 000 Q.-M.), Süd-Amerika nur 17,7 Mill. qkm

(323000 Q.-M.). Indes in Bezug auf Umriß und Bodengestalt ist die nördliche größere (⁴/₇) Hälfte der südlichen kleineren (³/₇) vielfach ähnlich. Auch in der Nordhälfte tritt die Form des recht= winkligen Dreiecks auf; die Hypotenuse ist dem Großen Ozean, die beiden Katheten dem atlantischen und Polar=Meere zugekehrt. Ferner liegt in Nord= wie in Süd=Amerika das Hauptgebirge im W., im O. isolierte Gebirgssysteme, zwischen beiden große Tiefländer. Die meisten großen Ströme ziehen hier nach NO. oder S. Dagegen unterscheidet sich Nord=Amerika deutlich von Süd=Amerika durch seine Gliederung: die Glieder betragen in Nord=Amerika (ohne Grönland) ¹/₉, dagegen in Süd=Amerika nur ¹/₈₀ des Ganzen. In den Großen Ozean erstreckt sich im S. die Halbinsel Kalifornien, vom Stamme durch den Busen von Kalifornien getrennt; im NW. zieht sich zu dem Amerika mit Asien verbindenden Inselkranze der Aleuten [ale=úten] die Halbinsel Alaska; den mexicanischen Busen schließt im O. die Halbinsel Florida. Am reichsten wird die Gliederung in dem Europa zugekehrten Nordosten. Hier giebt es viele einschneidende Buchten, Häfen und weite Flußmündungen. Das größte Halbinselglied ist Labrador, durch die Hudson [háb'șn]=Bai — in ihrem südlichsten Winkel James [dschêms]= Bai genannt — vom Stamme des Erdteils geschieden. Wie der Nordostküste von Süd=Amerika, so ist auch derjenigen von Nord= Amerika eine Menge von Inseln vorgelagert, die sich ziemlich weit gegen den Nordpol zu erstrecken; die östlichste und größte derselben, freilich ein Kontinent, und keine Insel, ist das ö. der Baffin [bäffin]=Bai und ihrer weiteren Fortsetzung (Smith=Sund, Robeson=Kanal) gelegene Grönland.

Nördlich von der Bucht von Tehuantepec erhebt sich die ausge= dehnte 2240 m hohe, mit Seeen und Vulkanen besetzte Hochfläche von Anahuac [ana=uâk], die nach beiden Ozeanen in ungleichen Stufen abfällt. An ihrem Ostrand ragt der 5582 m hohe, nicht mehr thätige, schneebedeckte Vulkan Citlaltepetl [șitlaltépetl] (d. i. weiße Frau) empor, gewöhnlich Pik von Orizaba [orißába] genannt, der höchste Berg Nord=Amerikas. Erheblich niedriger (5341 m) ist der west= licher gelegene, jedoch noch thätige Vulkan Popocatépetl (d. i. Rauchberg).

In der Gegend von Guanajuato [gwanachuâto] beginnt eine noch ausgedehntere Hochfläche, die von Neu=Mexico, in deren äußerstem Norden der Rio Grande del Norte entspringt. Er durchbricht das östliche Randgebirge derselben, und an diese Durch= bruchsstelle schließt sich die nordostwärts ziehende Sierra von

10*

Texas an, welche in den niedrigen Ozark [ofârk]-Bergen erst bei dem Zusammenfluß von Missouri [mißûri] und Mississippi endigt. Die Hochfläche von Neu-Mexico bildet mit derjenigen von Anahuac zusammen die große Hochfläche von Neu-Spanien.

Wo sich in der Quellgegend des Rio grande das östliche und westliche Randgebirge von Neu-Mexico vereinigen, fängt das östliche Randgebirge der noch umfangreicheren Hochebene an, die durch den Westen der Vereinigten Staaten bis in das britische Nord-Amerika reicht. In diesem östlichen, erst an der Mackenzie [mäcténsi]-Mündung am Eismeergestade endenden Randgebirge, den Rocky-Mountains [rokki mâúntens] (d. i. Felsengebirge), liegt bei den Quellen des Colúmbia eine ganze Anzahl ziemlich gleich hoher Gipfel beisammen, unter denen bald der eine, bald der andere — gegenwärtig der Mount Hooker [maunt hufer] mit 5000 m Höhe — für den höchsten gilt.

Das westliche Randgebirge, Sierra Nevada und Kaskadengebirge, mit zum Teil vulkanischen Gipfeln bis 4600 m, zieht unfern der Meeresküste und ihr parallel. An der Küste des Großen Ozeans selbst streichen von der Südspitze der Halbinsel Kalifornien aus die südlichen Seealpen, welche sich auf der Insel Vancouver [wänkûw'r] und den nördlicheren Inselgruppen fortsetzen. Dafür tritt das Kaskadengebirge nördlich von der Insel Vancouver an die Seeküste und führt nun mitunter den Namen der nordamerikanischen Seealpen; die Amerikaner freilich dehnen den Namen des Kaskadengebirges bis an das Ende des Gebirges aus, wiewohl es ihn nur von den Kaskaden des Columbia trägt. Da, wo die Küste sich entschieden gegen W. wendet, unter 60° n. Br., ragt der 5491 m hohe Mount Elias empor, dem der Mount Wrangel in Alaska mit 5350 m nahe kommt.

Auf den weiten Hochebenen zwischen dem Felsengebirge einer- und der Sierra Nevada und dem Kaskadengebirge andererseits entwickeln sich bedeutende Ströme, die sich dann durch die westlichen Gebirge den Weg nach dem Meere bahnen. Der Colorádo geht in den kalifornischen Busen, der Columbia und Oregon [óregon] in den Großen Ozean.

Von diesen Gebirgen der Westseite durch die ganze Breite des Erdteils getrennt liegt ein völlig isoliertes Gebirgssystem, das von SW. nach NO. der Küste des atlantischen Ozeans parallel zieht: die Alleghanies [älligénis] (d. i. die Endlosen) oder die Apalachen [apalatschen], in ihren höchsten Spitzen wenig über 2000 m, meist nur halb so hoch; sie bestehen aus mehreren gleichlaufenden

Zügen, die wie lange Erdfalten erscheinen, die westlichen flach und weit voneinander, die östlichen rasch sich folgend und steil aufgerich= tet, reich an Eisen und Steinkohlen. Gegen den atlantischen Ozean fallen sie mit sanften Vorstufen zu einer 2 — 300 km breiten, öfter sumpfigen Küstenebene ab; zu Buchten desselben strömen die kurzen, aber wasserreichen Ströme: Connecticut [konnéttikat], Hudson [hödß'n], welcher die ganze Kette durchbricht, Delaware [béla=uär], Susquehanna [ßaßquihánnä], Potómac u. a.

Im W. liegt zwischen den Alleghanies und den Rocky=Moun= tains das weite Becken des Mississippi (d. i. der Vater der Ge= wässer, indianisch). In seinem Oberlaufe fließt der Mississippi nach SO. Der Strom hat hier Wasserfälle und Stromschnellen, und an seinen Ufern mächtige Urwälder, die in seinem weiteren Verlauf nur ö. von ihm einst bis ans atlantische Meer ergrünten, seit hundert Jahren größtenteils in Kulturboden umgewandelt. Der Mittel= und Unterlauf hat nämlich rechts die ungeheuren Prärieen von Nord=Amerika, gegen 2³/₄ Mill. qkm (50 000 □.=M.) groß, zur Seite, wo je weiter gen W. hin auf der schräg zum Felsengebirge ansteigenden Ebene der Baumwuchs infolge mehr und mehr ver= ringerter Niederschlagsmenge immer mehr abnimmt. Zuletzt durch= zieht der oft aus seinen Ufern tretende Strom in breitem, inselreichem Bette eine sumpfige Tiefebene und baut endlich immer weiter ins Meer hinaus sein schlammiges, mit riesenhaften Bäumen und Schilf= pflanzen bewachsenes Delta. Unter den Zuflüssen rechts — woher müssen diese kommen? — ist der größte der reißende, trübe Mis= souri, welcher an Wasserreichtum den Mississippi bei weitem über= trifft und in Wahrheit als der Oberlauf des vereinigten Stromes anzusehen ist, der dadurch zum längsten (7275 km) Strom der Erde wird. Weiter nach Süden folgen der Arkansas [arkánßas] und der Red River [red riw'r] (d. i. Roter Fluß). Woher kommen die Zuflüsse links? Die bedeutendsten sind der Illinois, der Ohio [ohêio], der „amerikanische Rhein", mit dem Tenessee [tenneffi].

Man sieht, daß Wasserreichtum eben so sehr zum Charakter des nördlichen wie des südlichen Amerika gehört; nur zwischen den Randgebirgen der w. Hochflächen, denen die Feuchtigkeit der herein= ziehenden Luft durch letztere entzogen wird, ist echtes Wiesenklima teilweise vorhanden, Waldmangel aber durchweg fühlbar. Auffallend ist auch die (wiederum Süd=Amerika ähnliche) Unbestimmtheit der Wasserscheide. Die Quellen der Flüsse sind oft so dicht benachbart und der Zwischenraum zwischen ihnen so völlig eben, daß man die Fahrzeuge über die Wasserscheide tragen kann; daher heißen solche

Stellen Tragplätze (portages [pórtedsches]). Damit hängt denn auch die entweder beständig oder nur zu gewissen Jahreszeiten statt=findende Verbindung oder das natürliche Kanalsystem zusammen, welches oft verschiedene Stromsysteme verbindet. In der Regenzeit stehen z. B. Illinois und Ohio mit den nördlichen großen Seeen in Verbindung.

Diese fünf großen canabischen Seeen, welche mehr als die Hälfte alles süßen Wassers auf dem Festlande enthalten, heißen: der obere See (bei weitem der größe und tiefste, der größte Süß=wassersee der Erde) mit reichen Kupfer= und Silberlagern an seinen Ufern, der Huron=See [jûrōn], der Michigan=See [mischigän], der Erie=See [īri], der Ontârio=See, zusammen 240 000 qkm (5400 Q.=M.). Sie liegen in Stufen übereinander, doch so, daß Huron= und Michigan=See zusammen auf derselben Stufe liegen. In Stromschnellen und Wasserfällen stürzen die Wassermassen des einen in den andern. Unter den Fällen ist der berühmteste der des Niâgara, des Verbindungsflusses zwischen Erie= und Ontario=See. Eine Wassermasse von fast 1300 m Breite, doch durch eine Insel in zwei Teile getrennt, stürzt über eine Felsenbank 49 m herab. Eine Eisenbahn zieht in einer Höhe von 65 m über den Fall weg. Aus dem Ontario=See endlich tritt der klare St. Lorenz, der ge=waltige Sohn aller jener Seeen. Schon 500 km oberhalb seiner Mündung erreicht er eine Breite von fast 15 km; die Mündung selbst öffnet sich breit und für die größten Seeschiffe fahrbar in den St. Lorenz=Busen.

Nur eine niedrige Bodenschwelle trennt das Gebiet der großen Seeen im N. von der arktischen Felsen= und Seeenplatte, der weiten Fläche der unzählbaren amerikanischen Polarseeen und Ströme. Die größten Wasserbehälter, der Athabasca [äthabäßka]=, Sklaven= und Bären=See schicken ihren Vorrat zu dem Mackenzie. Ein anderer See, der Winnipeg [uinnipeg], in den der große, einer Seeenkette gleichende Strom Saskátschewan mündet, entläßt Nel=son [nélß'n] und Severn zur Hudson=Bai. Merkwürdig, daß diese größten Seeen vom Bären=See an bis zum Ontario in ziemlich gerader Linie von NW. nach SO. aufeinander folgen. Im O. des Mackenzie=Delta mündet der Kupferminenfluß, in der Geschichte der älteren Nordpol=Expeditionen häufig genannt. Die Flüsse und Seeen dieser weiten Polarebene stehen meist untereinander und mit dem Gebiete des St Lorenz in Verbindung. Wie in Sibirien be=decken diesen ganzen Norden bis an das schon waldlose Eismeer=gestade unabsehbare Nadelholzwälder.

Östlich der Hudson-Bai die größte Halbinsel Amerikas Labrador. Jenseit der Hudson-Straße, welche die Hudson-Bai mit
dem atlantischen Meere verbindet, beginnt der eisige arktische Archipel Amerikas, die umfangreichste Inselgruppe der Erde; ihn scheidet
die Davis [dēwis]-Straße und die Baffin [bäffin]-Bai von
Grönland, das durch seine Größe mehr wie ein Kontinent als wie
eine Insel erscheint. Durch den Smith [smiß]-Sund und Robe-
son-Kanal führt die Baffin-Bai nordwärts in das Polarmeer.

§ 66.
Die Republik Mexico.

Zwischen den waldbedeckten, weil von Niederschlägen der See-
luft reicher befruchteten Küstenterrassen des mexicanischen Busens
und des Großen Ozeans liegt die nur von sommerlichen Tropenregen
benetzte, daher mehr von Kakteen als von Wäldern bestandene
Hochfläche von Mexico in ewiger Sommermilde. Hier bestand
ähnlich wie auf den Hochflächen der mittleren Cordilleren (§ 63, 1 d)
im späteren Mittelalter der Staat der Azteken [aßtēken], welche
durch massenhafte Menschenopfer ihre Herrschaft über die unterworfenen Indianerstämme aufrecht erhielten. Ihm machte mit kühner
Tapferkeit Ferdinand Cortez [kortēß], angelockt durch den absonder-
lichen Reichtum an Gold und noch mehr an Silber, ein Ende und
unterwarf ihn 1521 der spanischen Herrschaft. Indes drei Jahrhunderte später machte gleichzeitig mit den übrigen spanischen Besitzungen auf dem amerikanischen Festlande sich auch Mexico unabhängig und wurde eine Bundes-Republik, welche jetzt in 27 Staaten
2 Mill. qkm (35000 □.-M.) mit 11,8 Mill. Einw. umfaßt, von
denen auf Europäer und Kreolen nur 2 Mill. kommen; so sehr überwiegen Indianer, Mestizen und Neger. Doch ist die spanische
Sprache die herrschende geblieben. Alle Versuche indes, in Mexico
die Monarchie wiederherzustellen, sind vergeblich gewesen; den letzten
derselben büßte der edle Erzherzog Maximilian von Österreich 1867
mit dem Leben.

Noch immer besteht der Hauptschatz Mexicos in Edelmetall,
namentlich in Silber. Sein Boden ist unter der schlimmen Ein-
wirkung ewiger Revolutionen seit der Unabhängigkeitserklärung
wenig angebaut, die Bevölkerung daher arm. Eigentümliche Erzeugnisse auf der Hochfläche (tierra fria d. i. kühles Land) Cochenille,
ferner tropische Früchte und Hölzer auf der oberen und unteren Hälfte
der Küstenterrassen (tierra templáda und tierra caliénte d. i.

gemäßigtes und heißes Land), so besonders Vanille, die duftenden Fruchthüllen einer Orchidee, Kakao, Samen eines ursprünglich nur im tropischen Amerika heimischen Baumes („Schokolade" von dem indianischen cacaoatle — Kakao-Wasser), Mahagoni- und Farbholz.

Die Hauptstadt Mexico liegt in der 2240 m hohen, mit vulkanischen Gebirgsriesen umsetzten Seemulde von Anahuac, im Thale Tenochtitlan [tenotschtitlän], wie man ehedem die alte Aztekenhauptstadt selbst nannte. Letztere nahm einen weit größeren Raum ein und lag, durch Dämme mit dem Lande verbunden, auf Inseln im See Tezkuko [teßküko], den teils Natur, teils Kunst seitdem weiter von der Stadt entfernt haben. Das heutige Mexico, die schönste und prächtigste Stadt in Amerika, bildet ein regel= mäßiges Viereck, ist von mehreren Kanälen durchflossen, hat breite, gut ge= pflasterte Straßen, die sich rechtwinklig schneiden. Unter den Plätzen ist der „Große Platz" der größte und schönste; an ihm die Kathedrale, die prächtigste Kirche des Erdteils, die von Gold, Silber und Diamanten starrt. Mexico, ziemlich im Mittelpunkte des Landes gelegen (370 km von Vera Cruz, 310 von Acapulco), ist auch der Haupthandelsort des Landes, 330000 E.

Das Land Mexico hat noch 21 Städte, die über 20000 E. haben. Sie liegen alle in der tierra fria und nicht an den ungesunden Küstensäumen; nur 6 von ihnen haben über 50000 E.: s.ö. von Mexico Puebla, 110000 E., früher Hauptsitz der in diesem Land alteinheimischen Baumwollen=Hand= weberei, n.w. von Mexico Guanajuato [gwanachuáto], 52000 E., Gua= balajara [gwadalachára], 95000 E., und Zacatecas, 60000 E., alle drei durch Bergbau in ihrer Umgebung wichtig. San Luis Potosi, 63000 E. Halbwegs von Mexico nach Guanajuato liegt Queretaro [kerétaro], wo Kaiser Maximilian erschossen wurde.

Der mit Lagunen und Klippen umgebene Küstensaum des atlantischen Ozeans hat keine guten Häfen, sondern nur unsichere Reeden. Gerade an Cortez Landungspunkte in höchst ungesunder Gegend Vera Cruz [wéra trüß]; auf einer nahen Insel das starke Fort San Juan de Ulúa.

Am Großen Ozean das furchtbar heiß und ungesund gelegene Aca= pulco, zur spanischen Zeit trotzdem der einzige dem Handel geöffnete Hafen an der pacifischen Seite; bedeutender ist jetzt die nördliche Hafenstadt Ma= zatlan [maßatlän].

Auf der Halbinsel (Unter= oder Alt=) Kalifornien, einem sandigen, unfruchtbaren Lande, das nur von wenig zahlreichen Indianerstämmen be= wohnt wird, giebt es keine Städte, sondern nur Missionsplätze und Sol= datenplätze (Presidios).

Zu Mexico gehört auch die Halbinsel Yucatán mit dem Hafen Cam= peche [kampétsche] und der Binnenstadt Mérida, 53000 E., mit dem Hafen Progreso.

§ 67.

Die Vereinigten Staaten von Amerika (die Union).

Das Gebiet der Vereinigten Staaten von Amerika, an Größe dem Erdteil Europa fast gleichkommend, erstreckt sich in seiner Hauptmasse von der Grenze Mexicos und der Küste des mexicanischen

Meerbusens bis zum 49. Parallelkreis und (im NO.) bis an die canadischen Seeen. Im äußersten NW. des Festlandes gehört zu demselben auch das Territorium Alaska. Auf diesen 9 Mill. qkm (170 000 Q.-M.) wohnen jetzt 63 Mill. Einw. (davon etwa 55 Mill. Weiße), also weit mehr als in jedem anderen Staatsgebiet Amerikas, dessen machtvollster Teil eben die Union ist.

Ein im englischen Dienste stehender Venetianer J o h a n n Caboto entdeckte 1497 die Ostküste von Nord-Amerika (Neufund= land, d. i. neu gefundenes Land), sein Sohn Sebastian später auch größere Strecken der Festlandsküste. Da aber hier kein Gold und Silber lockte, achteten die europäischen Völker auf diese Gegenden lange Zeit gar nicht. Fast hundert Jahre später, als E l i s a b e t h auf dem englischen Throne saß, gründete man die der „jungfräu= lichen" Königin zu Ehren genannte Niederlassung V i r g i n i e n, aus der später Maryland [märiländ] und (Nord= und Süd=) Caro= lina ausgeschieden wurden. Bis 1640 entstanden nacheinander die Kolonieen: Massachusetts [mässätschüßets], New-Hampshire [nju hämschir], Connecticut [konnéttikat], Rhode-Island [rôd eiländ]. Ganz anders war das Verhältnis dieser Niederlassungen, als das der spanischen und portugiesischen in Süd= und Mittel= Amerika. Die englischen Kolonisten fanden unwirtbare, bewaldete Küstenländer vor, von einem kriegerischen und wilden Volke bewohnt. Diese mehr gelblich als rötlich braunen Indianer von Nord=Amerika zerfielen in eine große Anzahl von Stämmen. Jagd und Fischerei war der Männer Handwerk; der Weiber Los ein schwerer Dienst. Krieg war unter den Stämmen fast beständig, und wurde listig und grausam geführt. Wilde Kriegstänze kündigten ihn an; die Farben der tättowierten Haut wurden glänzender und schreckhafter auf= getragen, mit entsetzlichem Geheul stürzte man sich aufeinander. Hatte der Wilde den Feind mit der steinernen Streitaxt, dem T o m a = hawk, getötet, so skalpierte er ihn, „mit dem Messer, scharf ge= schliffen, das vom Feindeskopf rasch in drei geschickten Griffen schälte Haut und Schopf", und befestigte den Skalp am Gürtel. Schreck= lich war das Schicksal derjenigen Kriegsgefangenen, welche am Marterpfahl zu Tode gepeinigt wurden; und doch sangen sie — von Kindesbeinen her an ein würdiges, lautloses Ertragen von Schmer= zen gewöhnt — unter der ausgesuchtesten Qual einen mutigen, der Feinde spottenden Totengesang. Zum Zeichen geschlossenen Friedens wurde der Tomahawk begraben, und unter den Streitenden die Friedenspfeife geraucht. Diese Pfeife ging auch in den Versamm= lungen der Häuptlinge am Beratungsfeuer von Munde zu Munde, und eine ganz eigentümlich kräftige, in erhabener Bildersprache kühn sich bewegende Rede stand jenen Söhnen der Natur zu Gebote. Auch in ihren Religionsbegriffen war etwas Großes und Einfaches. Sie verehrten einen großen Geist als den Beschützer aller Tapfern und Guten, sie glaubten an ein glückliches Leben im Jenseits: „wo mit Vögeln alle Sträucher, wo der Wald mit Wild, wo mit Fischen alle Teiche lustig sind gefüllt." Dies frei in seinen ungeheuren Wäldern umherziehende Geschlecht der Rothäute sah nun mit Er= staunen die „bleichen Gesichter" über den „großen Salzsee" kommen. Für die Gaben einer ihnen fremden Welt, besonders für das be= rauschende Feuerwasser, verkauften sie ihnen Striche an der Küste, welche von den Kolonisten nun gegen den oft wechselnden, immer nach Beute und Skalpen gierigen Sinn der Wilden behauptet werden mußten. Ausroden der Wälder, Fischerei und Pelzhandel mit den Indianern beschäftigte sie.

So erwuchs in diesen Niederlassungen ein kräftiges abgehärtetes Volk. Im 16. und 17. Jahrhundert mehrte es sich vornehmlich infolge der religiösen Streitigkeiten in der Heimat. Verfolgte Katho= liken, besonders Irländer, deutsche Protestanten aus der Pfalz, An= hänger der in England so zahlreichen Sekten, alle suchten in Amerika Duldung und Sicherheit. So gründete der Quäker William [uil= jem] Penn 1681 die Kolonie Pennsylvanien. Auch durch Er= oberungen mehrte sich der Engländer Gebiet; den Holländern wurde das später so genannte New=York [nju jork], den Schweden ihre Niederlassungen Delaware und New=Jersey [nju dschörße] ab= genommen. Um 1700 war der ganze 6600 km lange Küstensaum der Alleghanies in Besitz genommen, und nach der Anlegung von Georgien die Reihe der dreizehn alten Kolonieen vollendet. Da die Einwanderungen aus Europa auch im 18. Jahrhundert sich immer mehrten, wurden die Indianer über das Alleghanies=Gebirge zurück= gedrängt, und einzelne Niederlassungen an den Zuflüssen des Mis= sissippi gegründet.

Inzwischen hatten auch andere europäische Nationen Kolonieen in Nord=Amerika gegründet, welche lange Zeit die englischen überflügelten. Dies gilt weniger von dem spanischen Flórida, als von den französischen Besitzungen. Am St. Lorenz war Canada eine blühende französische Kolonialprovinz, französisch war auch die Halbinsel rechts von der Lorenzmündung, Akadien ge= nannt, sowie die Insel Neufunbland (Terre neuve). Das wich= tigste aber war, daß der Franzose La Salle, welcher zuerst den Mississippi bis zur Mündung befahren, von dem ganzen ungeheuren

Stromgebiete 1682 für Frankreich Besitz ergriffen hatte; seinem Könige Ludwig XIV. zu Ehren hatte er es Louisiana genannt. So reichten also bis an das Felsengebirge die französischen Besitzungen. Aber da in Europa im 18. Jahrhundert Frankreich und England sich fast immer feindselig gegenüber standen, so wurde zwischen ihnen der Kampf auch oft in den amerikanischen Kolonieen geführt. So wurde während des spanischen Erbfolgekrieges 1700 bis 1713, wie des Siebenjährigen Krieges 1756 — 63 zugleich in den Thälern der Alleghanies und an den canadischen Seeen gefochten; es handelte sich besonders um den Besitz einzelner Kastelle und Forts, welche beide Nationen in noch streitigen Landschaften angelegt hatten. Die Indianerstämme ergriffen auch Partei, sei es für den einen oder für den anderen der beiden streitenden Teile, und ihre Teilnahme gab den Kämpfen einen blutigen und wilden Charakter (Cooper: Der letzte Mohikaner). Am Ende verlor Frankreich alle Kolonieen um den St. Lorenz an England: Akadien und Neufundland schon 1713, Canada 1763; das ungeheure Gebiet von Louisiana trat es zudem 1762 an Spanien ab. Doch für die neuen Erwerbungen sollten die britischen Sieger bald ihre alten Niederlassungen auf der Alleghanies=Terasse einbüßen.

Die Weigerung Englands, den Kolonieen Sitze im englischen Parlamente zu gewähren, führte 1773 einen Aufstand in der Hauptstadt von Massachusetts, Boston [bos'tn], herbei, aus welchem sich, nachdem die 13 Kolonieen am 4. Juli 1776 sich für unabhängig erklärt hatten, der nordamerikanische Freiheitskrieg entwickelte. Auf nordamerikanischer Seite zeichnete sich George Washington [uóschingt'n] aus, Benjamin Franklin [fränklin] wußte seinen Landsleuten Freunde in Europa zu erwerben, und wirklich fochten am Ende Frankreich, Spanien und die Niederlande mit ihnen gegen die englische Macht. Nach lange unentschieden hin und her schwankendem Kampfe erkannte England im Frieden von 1783 die Unabhängigkeit der Vereinigten Staaten von Amerika an, die damals noch nicht ganz 4 Mill. E. hatten.

Nach manchen Streitigkeiten über die neue Verfassung wurde bestimmt, daß jeder einzelne Staat der Union ein für sich bestehendes Ganze mit eigentümlicher Verfassung und Verwaltung bilde. Jeder Staat zerfällt in Grafschaften (Counties [kauntis]); jede Grafschaft in Townships [taunschips] oder Stadtgebiete. Die Hauptstädte der Staaten sind oft nicht die größten Wohnplätze, aber die Sitze der Behörden. Alle gemeinsamen Angelegenheiten besorgt ein Kongreß, der aus zwei Abteilungen, dem Senate und dem Repräsentantenhause besteht und sich jedes Jahr in der Bundesstadt Washington versammelt. Die vollziehende Gewalt ruht in der Hand des Präsidenten, der alle 4 Jahre neu gewählt wird. Die Zahl der einzelnen Staaten beträgt jetzt 44. Sobald nämlich ein Landstrich 60 000 Männer über 25 Jahre hat, kann er als besonderer Staat anerkannt, oder von einem schon vorhandenen Staate abgetrennt werden. Jedesmal erhält dann die Flagge der Union einen neuen Stern. Landstriche, welche die angegebene Bewohnerzahl nicht erreichen, nennt man Gebiete oder Territorien (gegenwärtig 4). Auf diese Gebietsteile haben Präsident und Kongreß größeren und unmittelbaren Einfluß. Dazu kommt der „neutralisierte" Bundesdistrikt Columbia. Dagegen das Indianer-Gebiet (am mittleren Arkansas) wird nicht mit zur Union gerechnet.

Überraschend und in manchen Beziehungen ganz ohnegleichen ist der riesenhafte Aufschwung, den der neue Staat seit seiner Entstehung genommen hat. Die großartigste Erwerbung war die von Louisiana vom Mississippi bis zum Felsengebirge, welches die Union 1803 von Frankreich, das es unlängst Spanien wieder abgenommen hatte, kaufte; nur ein ganz geringer Teil davon ist der heutige Staat Louisiana. — Die Zahl der Einwohner, die bis auf diesen Augenblick durch beständige Einwanderungen aus Europa sich mehrt (allein aus Deutschland wanderten von 1820 bis 1888 etwa 4½ Millionen ein), beträgt mehr als das Sechzehnfache der Zahl von 1783. Darunter sind 7,5 Mill. Neger (und Mulaten), die in den Südstaaten 34, in den Nordstaaten aber nur 1,7 Prozent der Bevölkerung ausmachen: 272 000 Indianer (davon in Alaska 23 000); 107 000 Chinesen, die übrigen Weiße. Der Abkunft nach sind etwa 40 % Irländer, 12 % Deutsche; nur 20 % kann man als Abkömmlinge der alten (meist englischen) Einwanderer betrachten. Die letzteren sind zu einer eigentümlichen neuen Nationalität geworden, die man die Anglo-Amerikaner oder (nach einem ursprünglichen Spottnamen) Yankees [jänkis] nennt; dieselbe hat die meiste Ähnlichkeit mit der englischen Nationalität, bedient sich der englischen Sprache und hängt auch meist der reformierten Kirche an.

Von Jahr zu Jahr schreitet Civilisation und Ackerbau immer mehr von Osten nach Westen vorwärts, immer mehr Wald wird gerodet, immer mehr Städte werden angelegt, denen das Andenken an die europäische Heimat oft die lieben vaterländischen Namen beilegt. Für die innere Verbindung der ungeheuren Räume ist durch Kanäle und Eisenbahnen viel geschehen. Die erste Pacific-Eisenbahn von Omaha am Missouri nach San Francisco wurde

1869 vollendet; jetzt verbinden vier Eisenbahnlinien den atlantischen und den Großen Ozean; das ganze Eisenbahnnetz der Union (dessen Länge von 281000 km die fünffache Länge des Erdumfangs übersteigt) nähert sich demjenigen von ganz Europa an Ausdehnung. Auf dem Mississippi und seinen Zuflüssen ist die lebendigste Dampfschiffahrt. Alle Dampfverbindungen sind durch den ungeheuren Reichtum an Steinkohle und Eisen sehr begünstigt. Immer mehr blühen die Gewerbe, steigt der Handel mit allen Teilen der Erde, besonders mit dem der hafenreichsten NO.Seite der Union so nahe gelegenen Europa. Die BaumwollenProduktion im SO. liefert dem Welthandel die allergrößte Masse dieses wichtigsten Webstoffs, und durch das vorzügliche Kanal und Eisenbahnsystem gelangt der große Überschuß des Landes an Getreide, Erzeugnissen der Viehzucht (besonders Schinken und Speck, auch schon lebendiges Schlachtvieh), Petroleum u. s. w. aufs billigste an der Küste zur Ausfuhr. Sehr bedeutend ist auch die Produktion von Edelmetallen; an Silber wurden 1892 gewonnen etwa für 75 Mill. Dollars [doller], (1 Dollar = 4,25 M.), an Gold für 33.

Neben den Lichtseiten der Vereinigten Staaten, zumal der unermüdlichen Schaffenslust ihrer Bewohner auf allen praktischen Lebensgebieten, zeigen sich freilich dem unparteiischen Auge auch genug Schattenseiten. Der Handelsgeist der ernsten, besonnenen und kalten Amerikaner artet oft in eine so unverhohlene Überschätzung des Mammons aus, daß wohl Spötter bemerkt haben: trotz ihrer strengen Religiosität (die sich z. B. in übertriebener strenger Sonntagsfeier ausspricht) sei ihr eigentlicher Gott der Dollar. Wissenschaft und Kunst werden streng nach dem Nutzen gemessen. Die Liebe zur Freiheit und Ungebundenheit erscheint dem an europäische Sitten Gewöhnten im Verkehr des täglichen Lebens als ungezogene Rücksichtslosigkeit. Weit schlimmer ist es, daß die Obrigkeit nicht die wilden Ausbrüche der Volkswut zurückhalten kann, welche von Zeit zu Zeit vorkommen. Ebenso ist es ein Zeichen eines ungeordneten Zustandes, daß der Pöbel, vornehmlich in den südlichen und westlichen Staaten, öfters an wirklichen, zuweilen auch an vermeintlichen Verbrechern blutige Gerechtigkeit übt (Lynchgerichte).

Der Gegensatz zwischen den nördlichen und südlichen Staaten der Union ist in Charakter, Lebensart, politischer Denkweise ein so bedeutender, daß er nach langjährigen Reibungen 1861 einen mit Ingrimm von beiden Seiten geführten Bürgerkrieg veranlaßt hat. Vorwand war die Sklavenfrage. Allmählich neigte sich das Übergewicht den Nordstaaten zu: sie hoben am 31. Januar

1865 die Sklaverei auf dem ganzen Gebiete der Union auf und errangen in demselben Jahre den vollständigen Sieg über die „Konföderation" der zehn Südstaaten.

Die Staaten der Union werden in Amerika selbst nach ihrer Lage und ihren wirtschaftlichen Eigentümlichkeiten in sechs Gruppen zusammengefaßt; diese sind:

A. Die Neu=England=Staaten (der Nordosten).
(Handel und Industrie.)

1) Maine [mên].

2) New=Hampshire [nju hämschir].

3) Vermont [wérmont], der einzige nicht an den Ozean stoßende Staat dieser Terrasse, genannt nach den Grünen Bergen, einem Teile der Alleghanies.

4) Massachusetts [mässätschußets] — in Hinsicht auf Ackerbau, Viehzucht, Fabriken, Gewerbe, wissenschaftliche Anstalten der erste Staat der Union. Hauptstadt Boston [bost'n], „die Wiege der Union", 470000 Einw.; der Geburtsort Franklins.

5) Rhode=Island [rôd eiländ], der kleinste Staat der Union, benannt nach der Insel Rhode. Stadt Providence [prówidenß].

6) Connecticut [konnéttikat] — woher der Name?

B. Die mittleren Staaten (zu beiden Seiten der Alleghanies).
(Handel, Industrie und Ackerbau.)

7) Neu=York oder New=York [nju jórk], durch Volkszahl, Handel und Wohlstand allen anderen Staaten der Union voranstehend, berührt das Meer nur mit seiner SO.=Ecke, dehnt sich aber dafür bis an den Ontario= und Erie=See aus. Die Stadt New=York liegt auf einer Insel in der Mündung des Hudson, 1869000 E. (wovon 150000 Deutsche), die bevölkertste Stadt und die größte Handelsstadt des Erdteils. Dicht bei Neu=York auf der Westspitze von Long=Island [eiländ], Brooklyn [brüllin], das, durch eine eiserne Hängebrücke mit Neu York verbunden, zu einer Vorstadt desselben geworden ist, 957000 E. Am rechten Ufer des Hudson, Neu York gegenüber, liegen Jersey=City [dschörße=sitti] und Hoboken, auch nicht viel mehr als Vorstädte von Neu York, so daß man mit Hinzurechnung dieser Nachbarstädte die Einwohnerzahl der Riesenstadt auf 2½ Mill. annehmen kann. Die schönen Ufer des Hudson hinauf kommt man nach der kleineren Hauptstadt Albany [ölbäni]; von hier auf dem Eriekanal nach der aufblühenden Handelsstadt Buffalo [bäfällo] am Erie=See, nicht weit vom Niagarafall, 256000 E., die Hälfte Deutsche. Der Binnensee Champlain [tschämplên].

8) Pennsylvanien, zwischen dem untern Delaware und dem Erie=See, „das amerikanische Deutschland", wegen der vielen deutschen Bewohner. Hauptstadt Philadelphia am? 1150000 E. (worunter über 100000 Deutsche), sehr regelmäßig gebaut, mit vielen öffentlichen Plätzen. Hier die Nationalbank und ein berühmtes Zuchthaus, wo das amerikanische Strafsystem in Anwendung gebracht wird (Entziehung aller Gesellschaft). Universität. Da, wo der Ohio aus zwei Quellflüssen zusammenströmt, Pitts=burg, bedeutende Handels= und Fabrikstadt, 239000 E.

9) New=Jerſey [nju dſchörſje], öſtlich vom Delaware und ſeiner Mündungs=Bai. Newark [njuärk]. 182000 E.

10) Delaware [déla=uär], die Hälfte der Halbinſel zwiſchen der Delaware= und der Cheſapeake [tſcheſäpik]=Bai, in welche der Susque= hannafluß [ßaßquihännä] mündet.

11) Maryland [märiländ], zu Ehren der Gemahlin Karls I. von England genannt, auf beiden Seiten der Cheſapeake=Bai. Unter den Bewoh= nern ſchon ein Drittel Neger. Der größte Ort Baltimore [bóltimér], 455000 E.; bedeutende Handelsſtadt.

Maryland und Virginien ſchenkten 1790 der Union einen Landſtrich am Fluß Potomac zum Bundesdiſtrikt. Derſelbe erhielt den Namen Co= lumbia und gehört als ein von den übrigen Bundesſtaaten abgeſonderter Diſtrikt dieſen zuſammen; darin entſtand die allgemeine Bundesſtadt Waſhington [uóſchingt'n], jetzt mit 230000 E., nach einem koloſſalen Plane entworfen, der ſchwerlich je in ſeiner ganzen Ausdehnung zur Aus= führung kommen wird. Der Kongreß verſammelt ſich in dem prächtigen Kapitol. Von ihm, als dem Mittelpunkte, ſollen alle Hauptſtraßen der Stadt, jetzt meiſt erſt Alleeen, auslaufen. Der Präſident wohnt im „Weißen Hauſe".

Die Küſte der genannten Staaten reich an guten und ſichern Hafen= ſtellen. Die Handelsplätze dieſer Ufer haben deshalb den weitaus größten Teil des geſamten Seehandels der Union in Händen.

C. Die Centralſtaaten (ein breiter Streifen vom atlantiſchen Ozean bis in die Prärieen).

(Ackerbau überwiegt, daneben mannigfaltige Gewerbthätigkeit.)

12) Ohio [oheio], zwiſchen dem Erie=See und dem Ohio. Hauptſtadt Columbus. Bedeutender die Handelsſtadt Cincinnati [ßinßinnáti] am Ohio, 337000 E., darunter über 50000 Deutſche; wegen der wiſſenſchaft= lichen und Wohlthätigkeits=Anſtalten das „weſtliche Philadelphia", wegen des beträchtlichen Handels mit Schweinefleiſch im Scherz „Porcópolis" genannt.

13) Oſt=Virginien. Woher der Name? Ausgedehnter Tabaksbau. Hier ſchon ein Drittel Farbige. Hauptſtadt Richmond [ritſchmond]. 81000 E. Waſhingtons Landgut Mount Vernon [maunt wérnon], wo er 1799 ſtarb. In neuerer Zeit ſind in Virginien (wie in Pennſylvanien, am Ohio und in Canada) reiche Petroleumquellen entdeckt.

14) Weſt=Virginien.

15) Nord=Carolina, nach Karl II. genannt. Von hier an wird Reis und Baumwolle gebaut.

16) Kentucky [kentákki], ſüdlich vom untern Ohio, zwiſchen Miſſiſſippi und welchem Staate? — benannt nach einem Nebenfluſſe des Ohio. Han= delsſtadt Louisville [luiwill] am Ohio, 193000 E.

17) Tenneſſee [tenneßi], ſüdlich von Kentucky, zwiſchen Miſſiſſippi und den Carolinas, von einem Nebenfluß des Ohio benannt, der in den Alleghanies ein großes Längenthal bildet.

18) Miſſouri [mißúri], wo ſich Miſſouri und Miſſiſſippi vereini= gen — welchem Staate gegenüber? — St. Louis [ßent luis], Handels= ſtadt am Miſſiſſippi, über den hier eine großartige Brücke führt: 452000 E., davon 1/6 Deutſche. Mittelpunkt einer außerordentlich regen Binnenſchiff=

fahrt und des Verkehrs nach den westlichen Teilen der Vereinigten Staaten; Durchschnittspunkt aller größeren Eisenbahnlinien.

19) Arkansas [arkänsas], nach einem rechten Zuflusse des Mississippi benannt.

D. Die Plantagenstaaten (die SO.-Ecke am atlantischen Ozean und am mexicanischen Golf).

(Die Großgüterwirtschaft überwiegt. Zucker, Reis, Tabak, vor allem Baumwolle sind die Hauptprodukte.)

20) Süd-Carolina der einzige Staat, wo die Zahl der Farbigen die der Weißen übersteigt; Hauptstadt Charleston [tschärlst'n], 55000 E. Hauptmarkt für Baumwolle.

21) Georgien, zu Ehren Georgs II. genannt. Handelsort Savannah [ßawänna]. — Im Innern dieses Staates die größte und bekannteste vorindianische Erdfestung. Durch die ganzen Staaten ziehen sich nämlich sogenannte Mounds [maunts], Befestigungswerke, Felsen mit Inschriften und Götzenbildern, Gräber u. s. w., die, zum Teil uralt, zum Teil aber auch erst zu Verteidigungszwecken vor wenigen Jahrhunderten errichtet worden sind.

22) Florida, 1821 den Spaniern abgekauft. Das Innere dieses überaus fruchtbaren Landes ist fast noch gar nicht angebaut: auf eine merkwürdige Art vermengt sich in den Wäldern nordische und tropische Vegetation, zu den Bäumen der nördlichen Wälder treten hier Palmen und Magnolien. Teilung in Ost-Florida (Hafenstadt St. Augustin) und West-Florida (Kriegshafen Pensacola).

23) Alabama, nach einem Zufluß des mexicanischen Busens benannt. Hafenstadt Mobile [mobil], Handel mit Baumwolle.

24) Mississippi, westlich von Alabama bis zum Strome. Natchez [nätsches] am Mississippi; Vicksburg [wicksbörg].

25) Louisiana im Mississippi-Delta. Das Klima wegen der vielen Sümpfe ungesund. 180 km oberhalb der Mündung, durch Dämme gegen Überschwemmungen geschützt, die wichtigste Handelsstadt New-Orleans [nju örliäns], 254000 E.; die Hälfte Farbige. Die Stadt ist der Ausfuhrhafen der Erzeugnisse des größten und fruchtbarsten nordamerikanischen Stromgebietes, welches zugleich einen unerschöpflichen Reichtum an Holz, Steinkohlen und Metallen besitzt. Sie führt fast die Hälfte der zur Ausfuhr bestimmten Baumwolle aus.

26) Texas, das Küstenland zwischen Louisiana, dem Rio Grande del Norte und dem atlantischen Ozean. Das Land, größtenteils noch aus unangebauten Grasfluren bestehend, ist fruchtbar (Zucker, Baumwolle, Reis). Die beiden bedeutendsten Orte sind: Austin [östin], eigentlich San Felipe de Austin, Sitz der Regierung, und der Haupthafen und Handelsort Galveston [galwöst'n]. Deutsche Kolonieen Neu-Braunsfeld, Friedrichsburg.

E. Die nordwestlichen Staaten.

(Sie treiben fast ausschließlich Ackerbau, zum Teil in zerstreuten Farmen, jedoch im gebirgigen Westen auch Bergbau.)

27) Michigan [miischigän], Halbinsel zwischen Michigan-, Huron- und Erie-See. Wichtige Handelsstadt Detroit [detröit], 206000 E.

28) Indiana, zwischen Michigan-See und Ohio.

29) Illinois, in der Gabel des Mississippi, Wabash [uóbäsch] und Ohio. Am Michigan=See Chicago [schikágo], das als wichtiger Getreide= markt und Zwischenhandelsplatz zwischen dem Osten und Westen der Union sich außerordentlich schnell zu hoher Bedeutung entwickelt hat (Weltausstel= lung 1893). Der furchtbare Brand der Stadt im Oktober 1871 machte mehr als 100000 Bewohner obdachlos, aber noch während die Trümmer rauchten, begann rüstig der Wiederaufbau der zerstörten Stadtteile. 1870: 300000, 1893: 1200000 E., worunter sehr zahlreiche Deutsche.

30) Wisconsin [uißkónßin], zwischen dem Michigan=See und dem obern Mississippi. Milwaukee [miluóki], in einer noch um die Mitte unse= res Jahrhunderts völlig unbewohnten Wildnis gegründet, jetzt 204000 E., die am meisten deutsche Stadt der Union.

31) Minnesota [minneßóta], westlich von Wisconsin.

32) Jowa [éiowä], Illinois gegenüber am rechten Ufer des obern Mississippi.

33) Kansas [känßäß], zwischen Nebraska und dem Indianer=Gebiete, mit der aufblühenden Stadt Humboldt.

34) Colorado, an beiden Seiten des Felsengebirges, reich an Gold und Silber.

35) Nebraska am Platteflußß, einem Zuflußß des Missouri, nördl. von Kansas. Omaha, Ausgangspunkt der ältesten Pacific=Bahn, 140000 E.

36) Süd=Dakota, nördlich von Nebraska, vom Missouri durch= strömt.

37) Nord=Dakota.

38) Montána, am Yellowstone.

39) Wyoming [uaióming], im Felsengebirge.

40) Idaho [eidahē], auf dem Westabhange des Felsengebirges.

F. Die pacifischen Staaten (der äußerste Westen).
(Handel, Ackerbau, Bergbau.)

41) Washington.

42) Oregon [óregon], das Gebiet zwischen dem Felsengebirge, dem Großen Ozean und dem Oregon. Ort Astória, durch die Agenten des be= rühmten Pelzhändlers Astor (eines Deutschen aus der Pfalz) gegründet, un= weit der Oregonmündung.

43) Kalifornien (Ober= oder Neu=) gehörte bis 1848 zu Mexico, ward aber seit seiner Abtretung an die Union, wegen seines ungeheuren Goldreichtums das Ziel der Auswanderungen aus Europa und China. Man erhält das ersehnte Metall teils durch nasse Ausgrabungen, aus dem Sande der Flüsse, besonders des Sacramento — teils durch trockene, d. h. man gräbt und hackt es aus dem Felsenboden, wo sich oft sehr ansehn= liche Goldnester vorfinden. Von 1849 bis 1866 hat die Gesamtausbeute etwa 1000 Mill. Dollars betragen und gegenwärtig beläuft sie sich Jahr für Jahr auf ungefähr 20 Mill. Dollars. Auch an Silber, Kupfer, Queck= silber ist Kalifornien reich; mehr aber als aller Metallgewinn bringt jetzt der schwungvoll betriebene Weizenbau ein. Hauptstadt Sacramento [ßakraménto]; aber viel bedeutender sind die Städte, welche an den Küsten der Bai von San Francisco (dem besten amerikanischen Hafen am Gro= ßen Ozean) entstanden sind. Darunter San Francisco selbst, an der Mündung des Sacramento, 330000 E. von allen Rassen, so daß (außer Singapur) kaum eine andere Stadt der Erde ein so buntes Gemisch von

Bevölkerung darbietet. Die zahlreichen Chinesen wohnen in einem besonderen Quartier in großenteils vier Stockwerke tiefen Erdhöhlen.

44) Nevada. Am Carson=Flusse sind reiche Gold= und Silberlager entdeckt. Die aufblühende Stadt Virginia=City.

Die Territorien (schieben sich in einem breiten Streifen zwischen die pacifische Staatengruppe und zwischen die 4. und 5. ein).

Werfen wir auf die ungeheuren Strecken, welche die Territorien mit den ihnen benachbarten jüngsten Staaten ausmachen, einen näheren Blick. Einen großen Teil des westlichen und nordwestlichen Gebietes nimmt noch immer der Urwald ein. Die Waldungen Nord=Amerikas unterscheiden sich von den unserigen, unter gleicher Breite gelegenen, namentlich dadurch, daß in ihnen nicht eine Baumart vorherrscht, sondern eine reiche Abwechselung von 20—30 Baumarten stattfindet. Daher die Färbung der Blätter im Herbste so wunderbar mannigfach. Es giebt hier allein 26 Eichenarten, während z. B. Deutschland nur 3 hat. Andere Bäume, wie der merkwürdige Tulpenbaum (Liriodéndron tulipifera), viele Arten des Ahorn, der Akazie und Gleditschie. Der prächtigste Baum jener Wälder ist aber die Weymouthskiefer (Pinus Strobus), welche an 65 m hoch wird, in einzelnen Fällen über 1000 Jahresringe zeigt und wertvolles Bau= und Mastenholz liefert. Sie wird der Wellingtonia gigantea, einer gegen 100 m Höhe erreichenden Koniferenart Ober=Kaliforniens, noch übertroffen. Von reißenden und gefährlichen Tieren sind die Wälder, etwa Klapperschlangen abgerechnet, eben nicht gefüllt; häufig ist das Eichhörnchen, das Opossum oder die virginische Beutelratte (auch als Leckerbissen verspeist), das Stinktier, der hier einheimische Truthahn u. a. Von diesen Wäldern wird nun bei steigendem Anbau immer mehr in Ackerland verwandelt. Die Wegsucher oder Pfadfinder, kühne Jäger, dem Hunger und dem Wetter trotzend, dringen in das Innere der Wälder, bauen sich Hütten von Zweigen und verweilen oft lange Zeit unter den Indianern. Haben nun die Jäger einen günstigen Platz zum Anbau gefunden, so rücken die Ansiedler nach und bauen zuerst ein Blockhaus, wo kein Nagel, selbst das Schloß und die Angel nicht, von Eisen ist; dabei eine Umfriedigung für das Vieh. Die Bäume zu roden, wäre viel zu beschwerlich; man nimmt ihnen unten die Rinde, so daß sie absterben. Der Pflug geht dann um ihre Stümpfe herum. Ohne Düngung trägt der Boden 30 Jahre ungemein reichlich; an 100—150 a hat eine Familie genug. Da von Obrigkeit und Rechtszustand in solchen Revieren noch keine Rede ist, fehlt es unter den Ansiedlern nicht an Streit; mitunter zerstören auch die Indianer die Blockhäuser und führen das Vieh mit sich fort. Ist nun eine Gegend von vielen Ansiedlern besetzt, so wird sie von der Regierung zum Territorium erhoben. Es erscheinen von ihrer Seite Feldmesser, welche die Grenzen abstecken, das Ganze in große Quadrate (Townships [taunschips]) teilen und diese benennen. Der 16. Teil der Townships wird mit seinen Einkünften für den öffentlichen Unterricht bestimmt. Nun kommen höhere Beamte, welche zuerst auch keine andere Residenz als ein Blockhaus haben. Die Anlagepunkte für die Städte werden genau bestimmt, die Pläne entworfen und auf dem Papiere ist eine Stadt mit Straßen, Plätzen und Kirchen fertig, die in Wirklichkeit noch kaum zu sehen ist. Manche solche neue Städte wachsen dann sehr rasch; ein großes Gasthaus wird gebaut, es siedeln sich Handwerker jeder Art an, es entsteht Buchdruckerei und Zeitung, und die neue Stadt ist fertig.

Ein anderes Verhältnis tritt für die Prärieen am Mississippi und Missouri ein. Man unterscheidet niedrige und hohe Prärieen. Die ersteren, unmittelbar an den Strömen gelegenen, sind ungemein fruchtbar, aber wegen der vielen Sumpfstrecken und Lachen höchst ungesund. Unter den hohen giebt es zwar auch gut bewässerte, fruchtbare Flecke, aber ihrer bei weitem größten Ausdehnung nach sind es holz= und wasserlose Flächen mit einer auf Graswuchs beschränkten Vegetation, wo der Reisende tagelang den Horizont auf allen Seiten in einem ungeheuren Gras= und Sandmeere verloren sieht. Vereinzelte Baumgruppen sind selten, Wald fehlt natürlich ganz. Zahllose Herden von Bisons oder amerikanischen Auerochsen (unrichtig Büffel genannt) trieben sich einst in diesen Räumen umher, sind aber durch den Fortschritt der Ansiedelung jetzt ganz zusammengeschwunden; frühere Reisende haben öfters die ganze Steppe schwarz und an 10000 bei einander gesehen. Sie schlagen immer dieselbe Richtung bei ihren Zügen durch das Land ein, so daß dadurch tief ausgetretene Straßen entstanden sind, die stets nach den sichersten Gebirgspässen wie nach den brauchbarsten Furten der Flüsse führen. Vom Bison ist alles gut zu gebrauchen, Haut, Haare, Talg; sein Fleisch ist schmackhaft, und besonders sein Höcker ein Leckerbissen. Darum war die Bisonjagd Hauptbeschäftigung der Indianerstämme der Sioux [siuks], Pawnees [pânis] u. a.; aber auch aus den östlichen Staaten kamen Jäger in die Prärieen. Jetzt aber sind die Bisons seltener geworden und den Indianern ist ein bestimmtes Gebiet am mittleren Arkansas angewiesen, so daß die alte Romantik rasch verschwindet.

Die Territorien sind:
1) Neu=Mexico nordwestlich von Texas.
2) Arizona [arißôna], im W. von Neu=Mexico.
3) Utah [jutâ], von der schwärmerischen Sekte der Mormonen bewohnt. An dem Großen Salzsee, in den sich ein Jordan ergießt, liegt ihre Hauptstadt Mormon City oder Saltlake City [ßôltlêk ßiti], welche ihnen als Neu=Jerusalem gilt. In neuerer Zeit haben sich auch Nichtmormonen oder „Heiden" angesiedelt, und die Mormonen sind neuerdings in Konflikt mit der Regierung von Washington gekommen, welche den „Heiligen des jüngsten Tages" die Vielweiberei verboten hat.
4) Oklahoma.

Ihnen kann man auch Aláska zuzählen, der Beringstraße gegenüber, ein kaltes, ödes Land von 1½ Mill. qkm (27000 Q.=M.) mit 30000 E., aber für den Pelzhandel wichtig. Hauptort Sitka. Dazu gehören die nach Kamschatka hinüberziehenden Aleuten [ale=úten].

§ 68.
Das britische Nord-Amerika.

Während die ältesten und ursprünglich englischen Kolonieen in Nord=Amerika der britischen Krone verloren gegangen sind, hat sie sich im Besitz des ursprünglich französischen Nordens erhalten. Gerade die verschiedene Abstammung, Sprache und Konfession hielt die Bewohner dieser Striche davon ab, an dem Freiheitskriege seit 1773 teilzunehmen. Überhaupt sieht England alles für sein Eigentum an, was von den Grenzen der Vereinigten Staaten gegen den Pol hin liegt. Nur im äußersten NO. hat man den Dänen Grönland unbestritten gelassen. Eigentlich wertvoll sind freilich nur die wäldertragenden südlichen Striche, in welchen auch noch Ackerbau getrieben werden kann, zumal die südöstlichsten mit vorzüglichem Ackerboden und reichen Steinkohlen- und Eisenerzlagern. Der ganze öde arktische Archipel im hohen Norden, durch Senkung des einst weiter gen Norden reichenden Festlandes entstanden, w. der BaffinBai (die vielmehr eine Meerenge darstellt), ist durch große Kälte ganz unwirtlich.

Die Eingeborenen gehören teils zur Indianer-Rasse, teils an den Küsten des Eismeeres zu dem Polarvolk der Eskimos, das den Indianern todfeind, aber doch der Sprache nach mit ihnen verwandt ist. In allen britischen Besitzungen in Nord-Amerika, deren Areal demjenigen der Vereinigten Staaten nicht viel nachsteht, lebt noch nicht der 12. Teil der Bewohner der Union, nur 4,8 Mill., größtenteils Nachkommen europäischer Einwanderer. Am dichtesten ist die Bevölkerung im SO.; je weiter nach N. und NW., desto spärlicher wird die Zahl der Weißen, die hier nur zerstreute Forts und Faktoreien inne haben.

1. Die Herrschaft Canada.
(7 Provinzen.)

Der bei weitem wichtigste Teil derselben, das alte Canada, so groß wie Frankreich, jetzt die Provinzen Quebec und Ontario umfassend, die in vieler Beziehung sehr verschieden sind, enthält mehr als ⅔ der Gesamtbevölkerung.

1) Quebec (Unter-Canada), der Strich am St. Lorenz, ist am dichtesten bevölkert und zählt überwiegend Bewohner französischer Abkunft und Sprache und katholischen Glaubens. Nur den vierten Teil etwa machen Bewohner englischen Stammes aus. Quebec [twibék], 63000 E., hat eine malerische Lage und besteht aus der untern Stadt am Strome und aus der obern auf der Höhe; auf dem höchsten Punkte steht die Citadelle, die für uneinnehmbar gilt, der Schlüssel von Canada. Montreal [montriól] auf einem schönen, vom St. Lorenz und seinem linken Zuflusse Ottawa [óttawa] gebildeten Werder; befestigt, 217000 E.

2) Ontario (Ober-Canada) im SW. des Ottawa, das nördliche Ufer der großen Seeen, besonders die Halbinsel zwischen Huron-, Erie- und Ontario-See. Das Klima ist bei weitem nicht so rauh und der Boden weit fruchtbarer, als in Unter-Canada. Die englische Bevölkerung überwiegt bei weitem die französische. Hier liegt die blühende Handels- und Universitätsstadt Toronto, 181000 E., am Ontario-See — an demselben, aber weiter nach NO., Kingston [kingst'n]. Am obern See Fort William [uíljem], Hauptstapelplatz des gesamten Pelzhandels. Jährlich vom Mai bis August großer Pelzmarkt. Die aufblühende Stadt Ottawa, an der Grenze von Ober- und Unter-Canada.

3) Das Land rechts von der Lorenzmündung, zwischen dem Meere und dem Staate Maine, ist die Provinz Neu=Braunschweig mit zahl= reichen Flüssen und Seeen und dichten Wäldern. Hauptstadt und Sitz des Gouverneurs Fredericton; größte Stadt St. John [schen dschön].

4) Die vielfach ausgezackte Halbinsel, welche sich durch eine Landenge an Neu=Braunschweig anhängt, bildet die Provinz Neu=Schottland, mit dem vorhergehenden das eigentliche alte Arkadien (§ 67). Hauptstadt Ha= lifax [hálifäx], 40000 E., nächst den canadischen Orten die größte im brit= ischen Nord=Amerika und befestigter Freihafen. — Zu dieser Provinz gehört auch die im NO. der Halbinsel gelegene Insel Kap Breton [brit'n], gleich= falls mit vielfach zerrissenen Ufern und guten Hafenstellen.

5) Im Westen von Kap Breton liegt die fruchtbare Prinz=Ed= wards=Insel, eine Provinz für sich. Hauptstadt Charlottetown [schär= lottaun].

6) Manitoba [männitóba] zwischen dem Winnipeg=See und den Vereinigten Staaten, trotz der empfindlichsten Winterkälte zum Weizenbau trefflich geeignet. Hauptstadt Winnipeg [uinnipeg].

7) Britisch Columbia liegt zwischen den Rocky Mountains und dem Großen Ozean und hat durch die am Fraser [fréser]=Fluß entdeckten Goldlager große Bedeutung bekommen. An diesem Flusse ist auch die rasch aufblühende Hauptstadt New=Westminster [nju uéstminster] angelegt. Die Vancouver [wänkúw'r]=Insel, 33000 qkm (600 □.=M.), ist noch fast ein einziger zusammenhängender Fichtenwald. An den Küsten Ansiede= lungen, darunter die wachsende Handelsstadt Victoria. Die nördlichsten Striche von Britisch Columbia sind unter dem Namen der Stikin Region [stikin ridsch'n] zu einer besonderen Kolonie erhoben. Auch hier Reichtum an Gold.

Die Hudson=Bai=Länder oder das Nordwestterritorium um= fassen die nördlichsten Striche. Sie stehen zwar unter der Oberaufsicht des Gouverneurs von Quebec, aber die Regierung hält sie weder militärisch be= setzt, noch sind bis jetzt Niederlassungen gegründet. Zum Schutz des Handels sind Forts und Faktoreien in allen Teilen des Landes gegründet. In den nördlichsten ist im Oktober bis Mitte Mai die Kälte fast unerträglich; in den geheizten Zimmern der Faktoreien gefriert der Branntwein, und die Wände sind mit dicker Eisrinde überzogen. Neben den Handelsfaktoreien giebt es aber auch, besonders auf Labrador, Missionsstationen der Herrenhuter.

II. Neufundland (zwischen Kap Breton und der Südostspitze von Labrador) bewirkt, daß der St. Lorenz in einen Meerbusen strömt, der von Neu=Schottland, Kap Breton und Neufundland bis auf drei Meerengen ge= schlossen wird. Der östlichste Punkt, Kap Race [res], ist der Europa (und zwar dem Kap Clear [klir] in Irland) nächst gelegene, freilich immer noch 3000 km entfernte Punkt. Darum wurde zwischen diesen Punkten das erste der unterseeischen Telegraphen=Kabel zur Verbindung der beiden Erdteile (1866) gelegt. Neufundland ist ein von tiefen Busen durchschnittenes, hafen= reiches, aber sonst unwirtbares Land voller Waldungen, Seeen und Mo= räste, nur an den Küsten etwas angebaut, aber noch unendlich wichtiger durch den Reichtum an Robben und Fischen, hauptsächlich Kabeljauen (Stockfisch), welche auf der großen Bank von Neufundland, beson= ders vom April bis Oktober, gefangen werden. Dieser Fang allein ist so wichtig, daß er zwischen Frankreich und England öfters Ursache zum Kriege ward, und bei der Abtretung der großen Insel behielten sich die Franzosen die kleinen im S. gelegenen Inselchen St. Pierre und Miquelon vor. Sie haben etwa 3000 bleibende Einwohner, aber jährlich kommen gegen 360 französische Schiffe an. Auch die Nordamerikaner ließen sich 1783 neben ihrer Unabhängigkeit das Recht versichern, hier fischen zu dürfen. Sonst wird hier keiner zugelassen. Hauptstadt von Neufundland der Freihafen St. Johns [sēnt dschóns] im O., 26000 E. In 7—9 Tagen legt man von hier auf Dampfschiffen den Weg nach Europa zurück.

Einen überaus bequemen und wichtigen Ruhe= und Vermittelungspunkt zwischen diesen nördlichen Besitzungen Englands und seinen westindischen Kolonieen bildet die Gruppe der Bermuda=Inseln. Sie liegen von der Bahamágruppe so weit als von Neu=Schottland und etwa 1100 km von der Küste der Vereinigten Staaten. Es sind 430 kleine, nackte und dürre Eilande, eben nur als Schiffsstation wichtig. In der befestigten Stadt Georgetown [dschördschtaun] wohnt der Gouverneur.

<h1 style="text-align:center">§ 69.</h1>
<h1 style="text-align:center">Grönland und die Polarländer.</h1>

Bereits im 10. Jahrhundert entdeckten Normannen, von Island aus nach W. fahrend, ein Land, welches sie grüner Grasflächen halber Grönland nannten. Bald entstand hier eine bedeutende Kolonie mit gegen 200 Wohnplätzen und eigenem Bischof; sie lag auf der westlichen Küste Grönlands, da dessen O.=Küste durch den ununterbrochen an ihr gen S. ziehenden Packeisstrom völlig unwirtlich, ja kaum nahbar ist. Seit der zweiten Hälfte des 14. Jahrhunderts hörte man indes von dieser Kolonie nichts mehr; sie war durch die Angriffe der von W. her kommenden Eskimos und durch die Verheerungen des „Schwarzen Todes“ zu Grunde gegangen. Erzählungen von jener alten Niederlassung und herzliches Mitleid mit den armen schmutzigen Heiden trieben 1721 den norwegischen Prediger Hans Egede als Missionar in dies Eisland zu ziehen: ihm schlossen sich einige Dänen und Norweger zu Handelszwecken an. So entstanden im Laufe des 18. Jahrhunderts neue dänische Kolonieen auf der Westküste an der Davis [dēwis]=Straße und Baffin=Bai, wie Friedrichsthal u. a.; die südlichste und beste Julianehaab [juliánehōb]. Alle zusammen haben gegen 10000 Einw., darunter nur wenige Hundert Europäer, überwiegend (durch Herrenhuter) bekehrte Eskimos.

Durch englische und holländische Seefahrer waren im Laufe des 16. und 17. Jahrhunderts auch Landstrecken Grönland gegenüber, im W. der Baffin= und im N. der Hudson=Bai aufgefunden. Man hielt sie für Teile des amerikanischen Festlandes, sowie Grönland für eine Halbinsel desselben, was nicht zutrifft. Überall herrscht in diesen Strichen traurige Öde, welche sich aber in der kurzen Sommerzeit in lebhaften Verkehr verwandelt; dann kommen Tau- sende von europäischen Walfischfängern, um die hier zahlreichen und großen Wale zu harpunieren.

Aber auch für die Wissenschaft haben diese Polarländer ein großes Interesse. Giebt es eine nordwestliche Durchfahrt? d. h. kann man um Amerikas Nordküste herum durch die Bering- straße in den Großen Ozean fahren? Diese Frage beschäftigte vor allen die Engländer, und das Parlament setzte schon im vorigen Jahrhundert eine Belohnung von 420000 Mark für den kühnen Entdecker der Nordwestpassage aus. Die Hoffnung stieg, als Alexan- der Mackenzie [mäkénsi] 1789 vom Festlande aus den nach ihm benannten Fluß bis zu seiner Mündung befuhr, und es klar wurde, daß Amerika nicht, wie man geglaubt, ein zusammenhängendes Land bis zum Pol bilde, sondern schon unter 70° eine vom nördlichen Eismeer begrenzte Nordküste darbiete, und daß Grönland nicht mit dem amerikanischen Festland zusammenhänge. Seit 1818 haben dann zu verschiedenen Malen besonders die Kapitäne Roß, Frank- lin [fränklin], Parry [pérri] mit großer Beherztheit und Ausdauer das gewünschte Ziel zu erreichen gesucht; der letzte wollte sogar auf Schlitten den Nordpol erreichen. Indes die Anstrengungen blieben ohne Erfolg; die letzte Expedition Franklins endete mit dem Unter- gange des kühnen Seefahrers. Erst im Sommer 1850 hat der eng- lische Kapitän Mac Clure [mak klür] die Nordwestpassage wirk- lich aufgefunden.

Den Nordpol zu erreichen, ist bis jetzt noch keiner der aus- gesandten Expeditionen gelungen. Doch ist (durch den Smith=Sund und Robeson=Kanal) der 83.° n. B. schon überschritten worden (§ 15, 1). Ja der Walfänger Newport will 1893 nordwärts von der Herschel=Insel (vor der Mackenzie=Mündung) bis zum 84.° n. Br. gekommen sein. Allein die Erwartung, das Polarmeer offen zu finden, hat sich bisher nicht bestätigt.

Alle im N. von Amerika liegenden Polarinseln sind fast gleich öde und schrecklich. Am großartigsten erscheint die polare Natur in Grönland. Der Norweger Fridtjof Nansen ist der erste Europäer, welchem es gelungen ist, von der Ostküste quer durch Grönland hindurch zur Westküste (auf Schnee- schuhen) vorzudringen. Die Hochfläche des Innern dieses insularen Konti- nents ist ganz mit Gletschern bedeckt, aus denen vereinzelte kahle Felsgipfel aufragen. Nach der Ostseite zu reihen sich diese zu einem eisbedeckten Gebirge von Alpenhöhe, während die sehr zerrissenen Küsten in schroffen Fjorden (§ 14) zum Meere abfallen. Neun Monate hindurch ist selbst in den nicht überglet- scherten Gegenden (nämlich denjenigen an der Küste) der Boden so fest wie

Stein gefroren und hoch mit Schnee bedeckt; der kurze Sommer ist zu ohn=
mächtig, um für die Vegetation viel thun zu können. Zwergweiden, verkrüp=
pelte Sträucher, Moose und Flechten sind der ganze Reichtum, darum das
Treibholz, das die Meeresströme herbeiführen, ein köstlicher Schatz. So dürf=
tig der Pflanzenwuchs auch ist, so ist doch das Tierreich nicht ganz so arm.
Das Wasser ist mit Fischen, Speck= und Thrantieren (Walfische, Walrosse,
Seehunde u. s. w.) angefüllt; die Zahl der Seevögel, besonders der gierigen
Möwen und Alken, ist ungeheuer. Landtiere sind das Renntier (hier jedoch
nicht gezähmt, also weder als Melktier noch zum Ziehen gebraucht) und der
Moschus= oder Bisamochse, durch ein außerordentlich dichtes Haar= und
Wollkleid gegen die Kälte geschützt. Ein grimmiger Feind aller übrigen Krea=
turen, weit größer und stärker als der braune Landbär, ist der Eisbär, mit
dem die Seefahrer oft harte Kämpfe zu bestehen haben. Auf Eisschollen treibt
er oft mehrere hundert Kilometer in die See hinaus, verfolgt die Robben und
scheut sich kaum vor den spitzen Hauern der Walrosse. Unter und zum großen
Teil lediglich von diesen Tieren lebt noch bis fast an den 80. Parallelkreis
das halbnomadische Volk der Eskimos (d. i. Rohfleischesser), die sich selbst
Innuit (d. i. Menschen) nennen, mittelgroß von Figur, schmutzig und ge=
fräßig, aber gutmütig, von großem Geschick in der Anfertigung ihrer Kleider,
Schlitten, Kähne u. s. w. Im Sommer wohnen sie in Zelten von Tierhäuten,
im Winter in niederen Hütten, immer aber (der Nahrung wegen) nahe der
Küste. Zur Zimmerung und (neben Stein und Knochen) zu Gerät benutzen
sie das von Meeresströmen angetriebene Flößholz; nicht durch Öfen, sondern
durch eigene Körperwärme und die in der langen, kaum unterbrochenen Win=
ternacht nicht erlöschende Thranlampe erwärmen sie ihre Hütte. Jagd und
Fischerei geben den Lebensunterhalt: sind sie unergiebig, so wird gehungert,
bei gutem Fange mehr geschlungen als gespeist. Und doch fühlt sich das
ärmliche Volk in seinem Eise, ja gerade hier allein glücklich. Eskimos, die
man nach Europa gebracht und alle Genüsse der Civilisation hat kosten las=
sen, werden meist leicht schwermütig und kränkeln. Bringt man sie nach
Grönland zurück, so wird ihnen erst in ihren Schmutzhütten, bei gedörrten
oder verfaulten Fischen und Seehundsthran wieder wohl; sie greifen nach
ihren Bogen, Pfeilen und Harpunen, fahren auf ihren Hundeschlitten auf
der Eisrinde dem offenen Meere zu und wagen sich, wie früher, in ihren
kleinen, mit Fischbein zusammengebundenen und mit Robbenfellen über=
zogenen Kähnen (Kajaks) keck in die sturmbewegte See.

IV. Australien und Polynesien.

§ 70a.

Der Austral-Kontinent und die Austral-Inseln.

Der Erdteil Australien besteht aus dem Festland und der
Reihe gebirgiger und langgestreckter Inseln von Neu-Guinea
[ginêa] bis Neu-Seeland. Eine Inselwelt für sich, nur ziem=
lich willkürlich (§ 36) dem Erdteile Australien zugerechnet, bildet
Polynesien, bestehend aus den unzähligen kleinen Eilanden, welche
durch den Großen Ozean, der früher auch die Südsee genannt wurde,

zwischen den Wendekreisen zerstreut sind; sie werden im engeren Sinn Südsee-Inseln genannt.

Erst seit 1521 begann diese neueste Welt bekannt zu werden, als Ferdinand Magellan oder Magalhães [magaljäengß] die Inselgruppe der Marianen entdeckte. Im ganzen 16. und 17. Jahrhundert wurden aber nur wenige Teile Australiens und Polynesiens bekannt, das übrige hauptsächlich erst durch die großen Seefahrten des englischen Weltumseglers Cook [kuk] (1768 bis 1779), den die beiden deutschen Gelehrten Forster, Vater und Sohn, auf der zweiten begleiteten.

Australien liegt in der Mitte der Wasserhalbkugel, wie Europa in der Mitte der Landhalbkugel (§ 12). Wir teilen dasselbe in das kontinentale und in das insulare. Der Austral-Kontinent, mit der zugehörigen Insel Tasmânia, 7²/₃ Mill. qkm (140000 Q.-M.) groß, liegt mit dem kleineren Teile in der heißen, mit dem größeren in der südlichen gemäßigten Zone. Die äußersten Punkte des Kontinents sind: im Norden Kap York, 10° s. Br., im Süden Kap Wilson [uils'n] 39° s. Br.; im Osten Kap Sandy [ßändi] 153° ö. L., im Westen Kap Steep [stip] 114° ö. L.

Das insulare Australien, d. h. die in ihrer Pflanzen- und Tiernatur dem australischen Festland einigermaßen (wenn auch nicht so nahe wie Tasmania) verwandten Inseln von Neu-Guinea bis Neu-Kaledonien, haben in früheren Zeitaltern der Erdgeschichte, wie man vermutet, den Außenrand eines ehedem viel weiter nordostwärts reichenden Australiens gebildet, was namentlich für die nördlicheren dieser Inseln auch durch die jetzt zum Teil in beträchtlicher Tiefe befindlichen Korallenkalkmassen des „Korallenmeers" bezeugt wird (§ 12), während Neu-Seeland wahrscheinlich der Rest eines eigenen Festlandes ist, welches dem australischen ziemlich nahe lag.

Polynesiens Inselwolken breiten sich fast ausschließlich zwischen den beiden Wendekreisen durch den Großen Ozean aus. Die ungezählten Tausende der hierzu gehörigen Inseln, von denen nur drei über 5500 qkm oder 100 Q.-M., die meisten noch lange nicht 55 qkm oder 1 Q.-M. groß sind, bestehen aus den letzten überseeischen Spuren des in der Vorzeit untergesunkenen pacifischen (§ 11) Erdteils. Zum kleineren Teil sind es wirkliche Kuppenreste dieses ehemaligen Erdteils, welche vermutlich durch das vulkanische Emporbrängen ihres Untergrundes vor dem Versinken geschützt wurden (hohe Inseln, sämtlich aus dunklem, vulkanischem Gestein), zum weitaus größten Teil aber sind es Korallenbauten, also (§ 12 und 18) niedere Inseln (Atolls genannt), welche ringförmig oder elliptisch, meist lückenhaft eine Lagune umschließen. Australien und Polynesien enthalten zusammen etwa 9 Mill. qkm (160000 Q.-M.); davon beträgt der Austral-Kontinent fast $^6/_7$, die australischen und polynesischen Inseln wenig über $^1/_7$. In dem Kontinente selbst verhalten sich die Glieder zum Stamm wie 1 : 36. Neu-Seeland und die größere südliche Hälfte des Kontinents ausgenommen, liegt das übrige in der heißen Zone. Das gebogen viereckige, nur durch den Carpentária-Golf im N. tiefer und durch den Austral-Busen (mit dem Spencer Golfe) im S. flacher eingeschnittene Festland Australien ist das älteste und zugleich das niedrigste aller Festlande. Das Innere ist Tiefebene oder mäßige Hochebene, welche dadurch, daß die im SO. aufragenden Austral-Alpen (höchster Gipfel der Mount Clarke [maunt klärk], 2200 m), dem SO.-Passat seine Seefeuchtigkeit vorzeitig entziehen, zu erheblichem Teile in Steppe und Wüste bis an die W.-Küste verwandelt wird. In Bezug auf Pflanzen- und Tierwelt steht fest, daß Kontinent und Inseln (ganz besonders die polynesischen) einen merkwürdig verschiedenen Charakter tragen. Auf den letzteren finden sich neben der Pisangstaude oder Banane die nährenden Bäume: Kokos-, Sagopalme oder Brotbaum, auch nährende Wurzeln, wie die Yamswurzel [jâms]., Frische, prächtige Waldungen bilden den Hauptschmuck dieser Inseln; sie bergen in ihrem Düster keine reißenden Tiere oder giftige Schlangen. Die Armut der Südsee-Inseln an einheimischen Säugetieren (nur durch Fledermäuse vertreten!) ist besonders auffallend; auch die einheimische Insektenwelt entwickelt nicht eine den Menschen peinigende Fülle. Am zahlreichsten sind die Arten der Vögel. Die Pflanzen- und Tierwelt des Kontinents ist hingegen eigentümlich und seltsam; vor allem ist der Austral-Kontinent die Hauptheimat der merkwürdigen Säugetierordnung der Beuteltiere, die (bis auf wenige amerikanische Arten) den übrigen Erdteilen gänzlich fehlt.

Die 5,6 Mill. Einwohner (wovon 3 Mill. auf dem festländischen Australien) zerfallen in Eingeborene und Eingewanderte. Die Eingeborenen teilen wir in drei Stämme: 1) Die Australneger, auf dem Austral-Kontinent, dunkelbraun, mit rauhem, schwarzem, büscheligem Haar und breiter, eingedrückter Nase, stehen auf der untersten Stufe der Gesittung und leben in Horden oder auch nur in Familien zerstreut meist ohne staatlichen Zusammenhang; ohne Ackerbau und Viehzucht, da sie weder Nutzgewächse noch Nutztiere besaßen, fristeten sie seit unvordenklichen Zeiten das elendeste Dasein und sind jetzt bis auf die Zahl von etwa 55 000 zusammengeschwunden. 2) Die (allein noch zahlreichen) Melanesier, auf den australischen Inseln mit Ausnahme Neu-Seeland, in Hautfarbe und Haar den Australnegern ähnlich, nur noch mehr dunkelfarbig, mit mehr vortretender Nase und mit eigentümlich krausem Haar, das sie gern zu einer mächtigen Haarkrone aufarbeiten (daher auf Neu-Guinea Papūas, d. i. Krausköpfe genannt). Sie sind besser genährt, ziehen Früchte und treiben etwas Handel; die auf Neu-Guinea bewohnen vielfach Pfahlbauten im Wasser. 3) Die Polynesier, auf Neu-Seeland und den polynesischen Inseln, hellbraun, mit weicherem, schwarzem Haar und schmaler, wenig hervortretender Nase, öfters von schöner Gestalt und geistig gut beanlagt. Gestalt, Sprache, Sitten und Künste, die mitgebrachten Haustiere und Nutzpflanzen deuten auf eine Abstammung aus Südost-Asien und zwar von den Malaien.

Von den europäischen See- und Kolonialstaaten wurde Australien und die Südsee-Welt längere Zeit nicht sehr beachtet; bis 1820 gab es — von den spanischen Marianen abgesehen — keine andere europäische Niederlassung dort, als die englische Strafkolonie Botany-Bai in Australien. Seit jener Zeit hat sich die Sachlage sehr verändert. Engländer, Franzosen und Nordamerikaner, zuletzt auch Deutsche suchten wetteifernd möglichst viele Teile Polynesiens in Besitz zu nehmen und die Missionare der protestantischen wie der katholischen Kirche entfalteten eine erfolgreiche Thätigkeit. Allein die Berührung mit europäischer Civilisation bringt auch die polynesischen Stämme dem Erlöschen immer näher (die europäischen Krankheiten, z. B. die Masern, wirken hier gefährlicher, oft wirkt auch die plötzliche Annahme europäischer Kleidung durch Hemmung der freien Ausdünstung schädlich). Die Zahl der eingewanderten Europäer beträgt schon jetzt weit über 2 Millionen. Auch viele Chinesen sind eingewandert.

1) Der Austral-Kontinent wird auch Neu-Holland genannt, weil es Holländer waren, welche in der ersten Hälfte des 17. Jahrhunderts viele Küstenstriche aufnahmen und benannten. Hernach bekümmerte man sich lange Zeit nicht um das Land. Erst 1770 besuchte Cook die Ostküste, nahm sie unter dem Namen Neu-Süd-Wales [uēls] für die englische Krone in Besitz und schlug eine Bai, die er Botany-Bai [bótănĭ bé] genannt, zur Anlegung einer Verbrecherkolonie vor. Diese ward auch 1788, doch etwas nördlich von der Botany-Bai, am Port Jackson [pórt dschäckß'n], angelegt. Die Kolonie blühte auf; man fing an, auch Streifzüge in das Innere zu unternehmen und überstieg 1814 die nächste Bergkette, die Blauen Berge, etwa 1000 m hoch. Immer eifriger suchte man nun das Innere zu erforschen und unternahm sogar in späteren Jahren wiederholt kühne Züge (meist von

S. nach) N.) quer durch das ganze Land. Jetzt verbindet ein Überland-Telegraph bereits quer durch das Innere Nord- und Südküste.

Einförmig ist der Charakter Australiens. Wüste und besserer, mit Gras bedeckter Boden wechseln ab: das Land ist mehr zur Viehzucht (Schafe) als zum Ackerbau geeignet. Die Flüsse versiegen meist in der trocknen Zeit, so daß sie dann nur vereinzelte Wassertümpel im Flußbett zeigen; solche Flüsse nennt der englische Ansiedler Creek [krik]. Der größte Fluß, zugleich einer der wenigen immer fließenden, findet sich im SO., auf den höchsten Bodenerhebungen des Festlandes entspringend: der Murray [márrē], von N. her das weitverzweigte System des Darling aufnehmend. Wasser- und Regenmangel plagen das ganze Innere. Da regnet es bisweilen ein Jahr und darüber nicht. Pflanzen- und Tierwelt ist, trotz der Ausdehnung durch so viele Breitengrade, an den verschiedensten Küsten sich gleich, aber höchst eigentümlich. Es giebt da Vögel, welche haarförmige Federn und kein Flugvermögen haben (Emu oder australischer Kasuar); man findet einen Vierfüßler mit Entenschnabel (das Schnabeltier), weiße Adler und schwarze Schwäne. Die Bäume (die Eukalypten, vier Fünftel der lichten Waldungen bildend) stehen in den schattenarmen Wäldern oft weit auseinander, zwischen ihnen statt des Unterholzes hohes Gras; mit den Jahreszeiten wechselt die Rinde der Bäume, aber nicht die harten, lederartigen Blätter. Undurchdringliches Gestrüpp (Scrub [skröb] genannt) hemmt dagegen anderwärts nicht selten das Fortkommen. Der größte Vierfüßler ist das abenteuerlich gestaltete große, springende Beuteltier, das Känguruh. Indessen hat man jetzt mit günstigem Erfolge europäische Tiere und Gewächse zu acclimatisieren gesucht: Pferd, Rind und Schaf, unsere Getreide- und Obstarten sowie unser Wein gedeihen vortrefflich. Die großartige Wollausfuhr lohnt hauptsächlich den Fleiß der Kolonisten.

Das Festland Australien nebst der dazu nächstgehörigen Insel Tasmania ist englisches Kolonialgebiet, eingeteilt in 6 Staaten:

a) Die erste und älteste englische Niederlassung ist Neu-Süd-Wales. Hauptstadt ist Sydney [sidne], 386000 E., mit vorzüglichem Hafen.

b) Nördlich von Neu-Süd-Wales Queensland [twinsländ], durch gute Benetzung seiner Küstenterrassen und tropische Sonne zum Anbau von Mais, Zuckerrohr u. s. w. gut geeignet; im SO. die Hauptstadt Brisbane [brißbēn], 100000 E.

c) Nordterritorium, erst sehr schwach besiedelt.

d) Victoria, die bevölkertste australische Kolonie, mit 1 Mill. E., darunter viele Deutsche. Hauptstadt Melbourne [mélbern], 491000 E. (1851: etwas über 20000 E.), an der ausgezeichneten Hafenbai Port Philipp. Das außerordentlich schnelle Aufblühen der Kolonie begann 1851 mit der Entdeckung der großen (in ganz Ost-Australien vorkommenden) Goldschätze des Bodens, welche Kolonisten in Masse herbeizog.

e) Süd-Australien, an Weizen und Wolle reich. Adelaide [ädelēd], 133000 E.

f) West-Australien, am Schwanenflusse, noch bis 1868 Deportations-Kolonie und bei der Dürre des Klimas noch sehr dürftig bevölkert. Hauptstadt Perth [pörß].

Die Insel Tasmania (früher Van Diemens-Land genannt), 68000 qkm (1200 Q.-M.), von der Südostecke Australiens durch die Baßstraße geschieden, gebirgig. Die Wollerzeugung hier ebenfalls sehr bedeutend;

mit seinem milden Seeklima ist Tasmanien aber vor allem Australiens bestes Obstland. Im SO. Hobart, 25000 E., mit einem der vorzüglichsten Häfen der Welt. Die Eingeborenen sind auf Tasmania ausgestorben; die letzte Tasmanierin, Trucanini, starb 1876.

2) Die Austral-Inseln bilden einen großen Bogen, den die Tasman-See von dem australischen Festland trennt. Er beginnt im NW. mit Neu-Guinea und schließt im SO. mit der Doppelinsel Neu-Seeland. Dazwischen liegen der Bismarck-Archipel, die Salomons-Inseln, die Neuen Hebriden und Neu-Kaledonien.

Neu-Guinea [ginëa], mit ³/₄ Mill. qkm (14000 Q.-M.) die größte Insel der Erde (§ 18), liegt dem Carpentária-Busen gerade gegenüber, durch die wegen ihrer Korallenriffe gefährliche Torresstraße von Australien geschieden. Die Insel ähnelt einer Schildkröte mit ausgestrecktem Hals, indem zwei ungleich große Teile durch eine Landenge verbunden sind: der nordwestliche (unter allen australischen Ländern am frühesten entdeckt) weist nach der Insel Halmahéra (Dschilólo), der südöstliche nach Neu-Kaledonien hin. Heimat der Paradiesvögel. Das Innere wird von einer waldreichen Gebirgskette durchzogen, welche im Owen-Stanley [öen-stänle] bis 4024 m aufsteigt. Im S. ist dem Gebirge ein ausgedehntes Tiefland mit wasserreichen, schiffbaren Flüssen vorgelagert; die Nordküste dagegen ist schmaler; meist hebt sie mit einem ebenen, fruchtbaren Vorlande an; dann folgt dichter Wald, während das Hinterland desselben ein buschiges Gebiet, mit Grasflächen untermischt, darstellt. Vielfach bis an das Meer vordringend, bilden die Ausläufer des Gebirges gute, tief in das Land hineinführende Häfen. Von der Osthälfte der Insel ist die Nordseite deutsch, Kaiser Wilhelmsland genannt: die Südseite ist englisch. Der Westen der Insel ist niederländisch.

Nordöstlich von Kaiser Wilhelmsland liegt der gleichfalls deutsche gebirgige Bismarck-Archipel. Demnächst folgen nach SO. die gleichfalls gebirgigen Salomons-Inseln, welche die Grenze des deutschen und englischen Machtgebietes durchschneidet, die Neuen Hebriden (englisch) und das von den Franzosen besetzte Neu-Kaledonien, die hier eine Strafkolonie haben.

Neu-Seeland endlich, „das australische Großbritannien", besteht aus zwei durch die Cookstraße getrennten Inseln, mit den benachbarten kleinen Inselgruppen 271000 qkm (fast 5000 Q.-M.). Ein hohes gletscherführendes Alpengebirge, dessen höchste Erhebung der Mount Cook [maunt kut] mit 3700 m ist, begleitet die NW.-Küste der südlicheren Insel. Auf der Nordinsel ist das Gebirge nur halb so hoch; sie zeigt zahlreiche vulkanische Spuren (kleine Krater und aufsteigende Gase). Das Klima ist gemäßigt und gesund. Viele nur hier vorkommende Bäume, wie die das wertvolle Dammara-Harz liefernde Kaurifichte, Dámmara austrális, von 60 m Höhe, ferner der ausgezeichnete neuseeländische Flachs (eine Lilienpflanze), merkwürdige flügellose Vögel (der riesige Moa ist ausgestorben), jedoch auch hier fast kein einziges einheimisches Säugetier. Die Ureinwohner polynesischen Stammes, Mãoris genannt, kräftig und kriegslustig, aber bis 1843 dem Kannibalismus ergeben. Zu ihnen kamen seit 1814 englische Missionare; ihre Arbeit hatte Fortgang. 1840 ist mit Bewilligung der Häuptlinge die englische Oberherrschaft eingesetzt. Auf der Nordinsel, und zwar in deren N. Auckland [óckländ], 51000 E.; im S. der Regierungssitz des (nach Art der australischen Kolonieen selbständigen) englisch-neuseeländischen Kolonialstaates: Wellington [uéllingt'n], 33000 E. Auf der Südinsel die (infolge auch hier aufgefundener Goldfelder) rasch aufblühende Hafenstadt Dunedin [djunédin], 46000 E. Die europäische Bevölkerung Neu = See=lands beträgt über 600000; die Maoris zählten bei der letzten Zählung nur noch 41993 Köpfe und gehen völligem Aussterben entgegen. Nur den Kolonisten gehört also auch hier die Zukunft; unser Getreide und Zuchtvieh gedeiht in dem herrlichen Inselklima vortrefflich, so daß in der Wollerzeu=gung das Land mit Australien wetteifert und ihm (zumal für Jahre der Dürre) bei seiner vollgenügenden Benetzung eine unschätzbare Kornkammer geworden ist. — Wichtig für die Dampfschiffahrt der steinkohlenarmen süd=lichen Erdhalbkugel und für die Entfaltung der Industrie dieser Länder ist auch die Auffindung von Steinkohlenlagern auf Neu = Seeland (wie im s. ö. Australien).

§ 70b

Die deutschen Austral-Kolonieen.

A. Kaiser Wilhelmsland. An dem Nordrande der Platte, die dem nördlichen Australien breit vorgelagert ist, haben vulkanische Kräfte im Verein mit Milliarden von Korallentierchen Neu = Guinea aufgebaut. Höchst mannigfaltiges Gelände ist dem Gebirge, das wie ein Rückgrat die Insel durchzieht, an der nördlichen Seite vor=gelagert. Dies ist Kaiser Wilhelmsland. Das deutsche Ge=biet beginnt an dem Ostgestade Neu = Guineas unter 8° s. Br. mit dem einsam aus dem Meere aufragenden Mitre = Felsen. Die Grenze folgt dann (gegen englisches Gebiet) diesem Grade westwärts bis 147° ö. L., von wo sie in nordwestlicher Richtung bis 141° ö. L. sich erstreckt. Hier, unter 5° s. Br., nimmt sie (gegen niederländisches Ge=biet) nördliche Richtung, bis sie bei der Humboldt = Bai wieder das Meer erreicht. So umzieht sie ein Gebiet von 181650 qkm, so groß wie die preußischen Provinzen Ost = Preußen, West = Preußen, Posen, Pommern, Brandenburg und Schleswig = Holstein zusammenge=nommen.

In die langgestreckte Meeresküste schneidet an der kurzen Ost=front der Huon = Golf, an der langen Nordostseite die Astrolabe = Bai ein. Die breite, zwischen den beiden Einbuchtungen vorragende Halbinsel, welche ostwärts in das Kap Cretin ausläuft, durchzieht das etwa 2300 m hohe Finisterre = Gebirge, ansehnlich überragt land=einwärts von dem Central = Gebirge der Insel, welches hier den Na=men Bismarck = Gebirge trägt. Die höchste Erhebung desselben ist der (wie es scheint) schneebedeckte Otto = Berg.

Westlich von der Astrolabe = Bai nimmt Kaiser Wilhelmsland mehr den Charakter einer Ebene an. Die durchfließt von W. bis O. der Kaiserin Augusta = Fluß, so wasserreich, daß er 180 km weit von den größten Seeschiffen befahren werden kann. Im Gebirgs=

lande herrscht der Wald, die Ebenen sind Grasland. Säugetiere giebt es nur wenig, aber an Vögeln ist der Reichtum groß (Paradiesvögel).

Die Bewohner von Kaiser Wilhelmsland, auf 110000 geschätzt, sind Papúas, schokoladenbraun, von mittelgroßer Gestalt, welche in getrennten Gemeinden leben, deren jede ihre eigene Sprache spricht. Auffallend ist die große Sorgfalt der Männer für ihren Haarschmuck.

Die älteste Ansiedelung von Europäern ist Finsch=Hafen unweit des Kap Cretin. Besonders um die Astrolabe=Bai reihen sich die Pflanzungs=Stationen der Handelsgesellschaften: Stationen der Neu=Guinea=Compagnie sind hier: Friedrich Wilhelms=Hafen und Constantin=Hafen; der Astrolabe=Compagnie: Stephansort.

B. Der Bismarck=Archipel. Eine Reihe vulkanischer Inseln ist der Küste von Kaiser Wilhelmsland vorgelagert. Diese setzt sich nördlich von Kap Cretin in einem Inselbogen fort, der mit der großen Insel Neu=Pommern beginnt, mit Neu=Mecklenburg sich wieder rückwärts wendet und bis zu der Gruppe der Abmiralitäts=Inseln (nördlich von der Astrolabe=Bai) hinüberreicht. Dieser Inselbogen ist der Bismarck=Archipel, 47100 qkm groß: so groß wie die preußischen Provinzen Rheinland und Westfalen zusammengenommen.

Neu=Pommern oder Birara (24900 qkm) beginnt im W. mit den beiden mächtigen Vulkanen Below und Hunstein, jeder 2000 m hoch. Auch am Ostende der langgestreckten Insel erhebt sich eine Gruppe thätiger Vulkane: der waldbedeckte, 1200 m hohe Vater mit seinen beiden (niedrigeren) Söhnen.

Durch eine ganz schmale Landenge ist an den Inselrumpf wie ein Kopf die Gazellen=Halbinsel angefügt, in deren Mitte der Varzin=Berg aufsteigt, 547 m hoch, eine Aufschüttung von Bimstein und Asche. An der Westseite der Halbinsel bildet der Unamulla, ihr größter Fluß, einen 120 m hohen, höchst malerischen Wasserfall. Die beiden andern Seiten der dreieckigen Halbinsel sind dicht bevölkert; zahlreiche Dörfer, Missionsstationen und Pflanzungen, wie die große Ralum=Plantage, reihen sich hier. An der Nordseite springt im Bogen eine Halbinsel vor, welche drei ansehnliche Vulkane, die 800 m hohe Mutter mit ihren beiden Töchtern, bilden. Sie umschließen die malerische Blanche=Bai, in welcher die Insel Matupi liegt, die fast ganz von Plantagen, Faktoreien, Missions= und Handels=Stationen eingenommen ist. Auch Herbertshöh, der Sitz der deutschen Verwaltung des Archipels, liegt an der Blanche=Bai.

Der St. Georgs=Kanal trennt Neu=Pommern und Neu=Mecklenburg von einander. Inmitten des Kanals liegt die 58 qkm große Inselgruppe Neu=Lauenburg. Dazu gehört das Korallen=Inselchen Mioko, dessen dürftiger Boden seine Bewohner nicht zu ernähren vermag. Daher verdingen sich die Männer als Arbeiter auf die Pflanzungen des ganzen deutschen Gebietes, wo man kurzweg alle farbigen Arbeiter Miokesen nennt.

Neu=Mecklenburg oder Tombara (11690 qkm) wird fast in seiner ganzen Ausdehnung von vielzerklüfteten, düstern Bergketten

durchzogen, welche steil nach der inneren Seite des Inselbogens, sanf=
ter gegen den freien Ozean sich senken. Nur das mittlere Drittel der
Insel ist niedrig und von reichen Pflanzungen erfüllt.

Dem Nordwest=Ende Neu=Mecklenburgs ist die Insel Neu=
Hannover (1376 qkm) vorgelagert, welche sanft von O. her gegen
das den Westrand begleitende, nur 600 m hohe Gebirge, während
die Gipfel Neu=Mecklenburgs 2000 m Höhe erreichen, ansteigt.

Weit nach W. abgerückt liegt endlich die Gruppe der Admi=
ralitäts=Inseln, ein Schwarm kleiner Korallen=Eilande, die um
eine große Insel vulkanischen Ursprungs sich scharen.

Die Bewohner des Bismarck=Archipels, auf 188000 geschätzt, sind
wie die Kaiser Wilhelmsländer Papuas, jedoch von kräftigerem Körperbau.
Ihre Hautfarbe ist sehr dunkel, fast schwarzbraun. Von dem kraftvollen, aber
ziemlich plumpen Neu=Pommern unterscheidet sich vorteilhaft durch zier=
licheren Körperbau und aufgeweckten Gesichtsausdruck der Neu=Mecklen=
burger; auch ist seine Hautfarbe ein wenig heller. Auch die Bewohner der
Admiralitäts=Inseln, die den Kaiser Wilhelmsländern am meisten gleichen,
nur etwas dunkler sind, machen durchaus einen intelligenten Eindruck.

C. Die deutschen Salomonen. Die Hauptrichtung der Insel
Neu=Mecklenburg setzt gegen SO. die Doppel=Reihe der Salomonen
fort, von der 3 große, 8 kleinere und unzählige kleinste Inseln deutsch
sind. Den Namen haben sie von den spanischen Entdeckern erhalten,
die in ihnen das Goldland Ophir des Königs Salomo gefunden zu
haben wähnten. Die deutsche Reihe beginnt mit der kleinen Insel
Buka, deren Küste von einem dichten Mangroven=Gürtel einge=
faßt ist, während das Innere von Dörfern und Pflanzungen einge=
nommen ist. Dann folgt die große Insel Bougainville, von dem
Kaiser=Gebirge durchzogen, dessen höchste Erhebung der 3067 m
hohe Balbi, ein stets weiße Dampfwolken ausstoßender Vulkan,
ist. Auch auf Choiseul türmt eine wild zerklüftete Gebirgsmauer
an der ozeanischen Seite sich auf; Isabella dagegen erscheint, vom
Meere gesehen, wie eine anmutige Landschaft, deren Hintergrund
eine ansehnliche Bergkette erfüllt. Tief schneidet am Nordwestende
der Praslin=Hafen, eine inselreiche Bucht, in die Insel ein.

Nördlich von Isabella liegt die ebenfalls deutsche Inselgruppe
Ongtong=Java, lauter Korallen=Gebilde, deren größtes die Insel
Lohau ist.

Die deutschen Salomonen bilden ein Gebiet von 22255 qkm,
so groß wie die preußische Provinz Westfalen mit den angrenzenden
Kleinstaaten.

Die Zahl der deutschen Salomonier schätzt man auf 89000. Sie sind
schlank von Körperbau, doch sehr muskelkräftig; ihre Hautfarbe ist tief dunkel=

braun, dem Schwarz sehr nahe kommend. Sie sind wegen ihrer Ungastlichkeit verrufen, aber anstellig und zuverlässig. Viele Buka = Leute findet man unter den Miokesen.

§ 70c.

Polynesien oder die Südsee-Inseln.

Die Südsee = Inseln sind die Welt der Kokospalme, des Brotbaums und der Banane.

a) Den Philippinen parallel liegen im N. die Marianen oder Ladro = nen, zwei von Spaniern besetzt, die übrigen unbewohnt. Im S. die durch freundliche Sanftmut ihrer Bewohner bekannten Palau = Inseln, im O. davon die Karolinen und der deutsche Archipel der Marschall = Inseln. Südlich von ihnen unter dem Äquator liegt die deutsche Insel Nauru.

b) S. vom Äquator folgen von W. nach O. die fruchtbaren, jetzt unter englische Herrschaft gestellten Fidschi = Inseln, die Tonga = Inseln (mit der Hauptinsel Tongatabú), die Samóa = Inseln (Mittelpunkt des deutschen Handels in der Südsee), die Gesellschafts = Inseln (mit dem reizenden Gebirgseiland Tahiti, endlich die beiden Archipele der Mar = quesas [merkésas] = und der sehr zahlreichen Tuamotu = Inseln. Die letzten drei Archipele sind französischer Besitz.

c) Vereinsamt liegen im N. ziemlich unter dem Wendekreise des Krebses die Sandwich [sändwitsch] = Inseln, welche das Reich Hawaii bilden. Aus lauter hohen Inseln bestehend, sind sie wichtig als Station für die Schiffahrt zwischen Nord = Amerika einerseits, Ost = Asien und Australien andererseits. Die größte Insel der Gruppe ist Hawaii, mit dem 4250 m hohen erloschenen, oft schneebedeckten Vulkane Mauna = Kea (d. i. weißer Berg) und dem fast ebenso hohen und noch fortdauernd thätigen Vulkane Mauna = Loa (d. i. großer Berg), an dessen Seite sich der Kraterjee Ki = lauéa, gefüllt mit wogender, flüssiger Lava, befindet. Viel kleiner, aber ebenso bevölkert wie die Hauptinsel ist Oahu. Cook entdeckte sie und fand hier durch die Indianer den Tod 1779. Durch späteren Verkehr mit Euro = päern wurden die Eingeborenen immer kultivierter und ihre natürliche Lust zu Handel und Gewerbe entwickelte sich. Jedoch auch hier ist die einge = borene Bevölkerung seit Cooks Zeit auf ein Fünftel gesunken. Auf sie kom = men von der jetzigen Bevölkerung des Königreichs (90000) nur noch 35000, auf die Weißen dagegen 21000, auf die Chinesen 15000 und auf die Ja = paner 12000. — Dem Christentum gehört mehr als die Hälfte der Ein = geborenen an. Hauptstadt ist Honolúlu auf Oahu. Diese Stadt, welche immer mehr ein europäisches Ansehen annimmt, hat 23000 Einw. und einen sehr besuchten Hafen.

d) Ungefähr ebenso weit Süd = Amerika genähert wie die hawaiische Gruppe Nord = Amerika, liegt südlich vom Wendekreis des Steinbocks die kleine vulkanische Osterinsel, wo sehr interessante Denkmäler früherer Bewohner (kolossale Götzenbilder u. a.) aufgefunden sind, und noch 450 km östlicher der kahle Felsen Sala y Gomez [i gomés]. (Chamissos „Drei Schiefer = tafeln.")

§ 70d.

Die (deutſchen) Marſchall-Inſeln und Nauru.

Die Marſchall-Inſeln, ſchon von Spaniern 1520 entdeckt, liegen nordöſtlich von dem Bismarck-Archipel unter 170° ö. L. und 10° n. Br. Sie beſtehen durchweg aus Korallenbauten, die ſich zu ringförmigen Atolls zuſammenfügen. In zwei Reihen ſind dieſe geordnet: 16 Atolls bilden die (öſtliche) Ratack-Reihe, 18 Atolls die (weſtliche) Ralick-Reihe; beide zuſammen nur 415 qkm groß, ſo groß wie das hamburgiſche Gebiet. Das wichtigſte Atoll iſt Jaluit [dſchalût], am Südende der Ralick-Reihe gelegen. Es be- ſteht aus 55 kleinen Inſeln, die eine Lagune von 38 km Länge und halber Breite umgeben, einem natürlichen Hafen, der ſelbſt den größten Seeſchiffen zugänglich iſt.

Die Atolls erheben ſich nur etwa 3 m über die Hochwaſſerlinie. Der unfruchtbare Korallenboden trägt nur einförmige Vegetation; aber die genügſame Kokospalme und auch der Brotfruchtbaum kom- men gut fort. Fruchterde aber, auf Schiffen herbeigeſchafft, bringt bei dem reichlichen Regenfall der Inſeln alle tropiſchen Gewächſe. Bewohnbar aber macht ſie doch nur die Kokospalme, von welcher der Inſulaner alles brauchen kann: Früchte, Holz, Baſt, Saft, Blatt- triebe, Blätter. Ihr wertvollſtes Produkt indes iſt die ölreiche Kopra.

Die Marſchall-Inſulaner (etwa 13000) ſind Polyneſier von ſchlankem Körperbau und mittlerer Größe. Ihre Hautfarbe iſt gelbbraun bis ziegelbraun. Die große Maſſe ſind Kadſchur, Arbeiter ohne Eigentum, arm- ſelige Leute, deren Arbeitsertrag die Unterhäuptlinge der Inſeln und der Oberhäuptling der Inſelgruppe faſt ganz für ſich einziehen. Dieſer reſidiert in Jaluit, dem Hauptorte der Inſeln, wo auch der deutſche Kommiſſar wohnt und zahlreiche Faktoreien von Europäern ſich befinden.

Nauru liegt unter dem Äquator, etwa halbwegs zwiſchen den Marſchall- und den Salomons-Inſeln, ein einſamer Korallenbau im Ozean, deſſen Binnenlagune ſich im Laufe der Zeit in feſtes Land um- gewandelt hat. Ja, im Juán-Berge ſteigt die Inſel bis zu 70 m an, allenthalben anmutige Landſchaften dem Beſchauer darbietend.

Die Eingebornen, ein kräftig und ſchlank gebauter Menſchenſchlag von brauner Hautfarbe, fröhlicher Gemütsart, führen ein ſorgloſes Leben, da Inſel und Meer ihnen liefert, was ſie zum Leben bedürfen und die deutſche Regierung durch Konfiskation ſämtlicher Schußwaffen den ewigen Fehden der Inſulaner ein Ende gemacht hat. Hauptort iſt das Dorf Arénibeck, im Innern an einem kleinen, von Palmen beſchatteten See gelegen, mit etwa 100 Einw. Das deutſche Bezirksamt indes liegt an der Südweſtküſte der ſchönen Inſel, hart am Meeresgeſtade. —

Drittes Buch.

V. Europa.

§ 71.
Von den Landkarten.

Wollen wir irgend ein Stück der Erdoberfläche abbilden, ein Land oder gar einen Erdteil, so kann dies nur in sehr starker Verkleinerung geschehen. Der Grad dieser Verkleinerung wird auf den Abbildungen entweder durch einen gezeichneten Maßstab ausgedrückt oder als Bruch in Ziffern angegeben. So sind die Karten des deutschen Generalstabes nach dem Maßstabe $\frac{1}{100\,000}$ gezeichnet, d. h. eine Entfernung von 1 km ist auf der Karte nur 1 cm lang gezeichnet. Es muß also jede Entfernung auf der Karte mit dem Nenner des Maßstabbruches multipliziert und durch den Zähler desselben dividiert werden, wenn man den wirklichen Betrag der Entfernung erhalten soll. Demnach ist, wenn zwei Karten gleiche Größe haben, dasjenige Land das größere, dessen Maßstab der kleinere ist.

Ist der Maßstab größer als $\frac{1}{1000}$, so nennt man die geographische Abbildung einen Grundriß; ist er kleiner als $\frac{1}{1000}$, aber größer als $\frac{1}{20\,000}$, einen Plan; ist er kleiner als $\frac{1}{20\,000}$, eine Landkarte. Allein bei einem so kleinen Maßstabe können die Länder nicht mehr abgebildet werden; nur durch Zeichen kann noch die Lage der Gegenstände angedeutet werden, etwa durch einen Punkt oder kleinen Kreis die Städte, durch einen Strich die Laufsrichtung der Flüsse u. s. w. Zudem muß alles, was nicht sehr wichtig ist, ganz fortgelassen werden. Landkarten sind also nicht wahrheitsgetreue Abbildungen von Ländern, sondern Zusammenstellungen zweckmäßiger Zeichen, durch welche die Lage der Gegenstände auf der Erdoberfläche und zu einander angedeutet wird.

In dem richtigen Verhältnisse zu einander können aber die Gegenstände der Erdoberfläche nur auf einem Globus angedeutet werden. Denn nur dieser giebt die Kugelgestalt der Erde wirklich wieder, nur auf ihm schneiden sich wie auf der Erde die Meridiane

12*

und die Parallelkreise unter rechten Winkeln. Aber auch der größte Globus verlangt so starke Generalisierung (Weglassung allen Details) und so starke Überhöhung (Übertreibung aller Erhebungen), daß dies Erdabbild doch nur in ganz allgemeinen Zügen als richtig gelten kann (§ 24). Entbehrlich werden durch einen Globus die Landkarten nicht gemacht.

Bei der Anfertigung der Landkarten liegt aber die Schwierigkeit wieder darin, Länder, welche doch Teile einer Kugeloberfläche sind, in einer Ebene darzustellen: eine Schwierigkeit, welche natürlich mit der Größe der Länder d. h. mit der Stärke der Abweichung des Kugeloberflächen-Abschnittes von der Ebene wächst. Man hat daher, um diese Schwierigkeit zu mildern und selbst mehr als eine Halbkugel-Oberfläche in der Ebene darstellen zu können, künstliche Methoden erdacht, welche Projektionen heißen. Die wichtigsten derselben sind:

1) Perspektivische Projektionen.

Bei der orthographischen Projektion wird das Auge des Zeichners senkrecht über der Zeichenebene in unendlicher Entfernung befindlich gedacht.

Bei der stereographischen Projektion dagegen wird eine die Erde halbierende Ebene als Zeichenebene gedacht und das Auge des Zeichners als in dem Mittelpunkte derjenigen Halbkugel befindlich angenommen, welche nicht dargestellt werden soll.

Beide Projektionsarten werden in polare, äquatoriale und horizontale unterschieden, je nachdem als Mittelpunkt der Zeichnung ein Pol, ein Punkt des Äquators oder ein Punkt zwischen Pol und Äquator angenommen wird. So sind in den Atlanten die Planigloben der alten und neuen Welt äquatorial, die Halbkugeln der größten Land- und Wassermasse dagegen horizontal gezeichnet.

2) Cylinder-Projektionen.

Bei Mercators Projektion denkt man sich die Erdoberfläche als den Mantel eines Cylinders, welcher die Erdkugel im Äquator berührt. Wird nun dieser Mantel abgewickelt, so erscheint das Erdbild als ein Rechteck, in dem sich zwar die Gradlinien rechtwinklig schneiden, die Länderumrisse aber mit steigender Breite immer weiter auseinander gezerrt erscheinen. In dieser Projektion sind in der Regel die Seekarten entworfen. Zuerst (1569) hat sie zur Darstellung der gesamten Erdoberfläche in einer Karte der deutsche Geograph Gerhard Kremer, genannt Mercator, in Anwendung gebracht.

Zu ihrer Verwendung bedarf die Mercators-Projektion eines Maßstabes, der für jeden Breitengrad vom Äquator bis zum Pol ein anderer ist. Dies wird jedoch vermieden, wenn man die Erdkarte so

zeichnet, daß zwar die Parallelkreise als gerade Linien erscheinen, die
Meridiane aber in richtigen Abständen auf dem Äquator durch beide
Polpunkte bogenförmig zieht. Dann erscheint das Erdbild nicht recht-
eckig, sondern wie eine breit ausgezogene Ellipse. Diese Projektion
nennt man die homalographische.

3) Kegel=Projektionen.

Denkt man sich an denjenigen Parallelkreis, welcher das dar-
zustellende Land in der Mitte durchschneidet, einen Kegel gelegt und
dann auf dessen Mantel das Land gezeichnet, so erhält man eine Karte,
auf welcher die Meridiane als konvergierende Linien, die Parallelkreise aber als Bögen erscheinen.

Bei dieser Kegel=Projektion ist jedoch eine starke Verzerrung
der Karte am Nord= und Südrande nicht zu vermeiden. Um diesem
Übelstande zu entgehen, ist für die Karten des deutschen Generalstabes
die Polyeder=Projektion gewählt worden, bei welcher der Kegel-
mantel nicht als eine einzige krumme Fläche aufgefaßt wird, sondern
als zusammengesetzt aus ebenen Trapezen von $1/_2$ Grad Länge und
$1/_4$ Grad Breite. Dadurch wird die Verzerrung außerordentlich vermindert, aber die einzelnen Kartenblätter, welche je ein solches Trapez
darstellen, passen, in der Ebene aneinander gelegt, natürlich nicht
ganz genau aneinander, so daß die vielen Einzelkarten nicht eine
einheitliche Gesamtkarte ergeben.

Beispiele für diese verschiedenen Projektionsarten bietet fast jeder
Atlas. Doch giebt es noch eine erhebliche Zahl anderer, welche seltener angewendet werden. Im allgemeinen aber ist festzuhalten, daß
Karten kleiner Abschnitte der Erdoberfläche zuverlässiger sind als Karten großer Abschnitte, und daß auf jeder Landkarte die Zuverläs-
sigkeit von der Mitte nach den Rändern abnimmt.

§ 72.
Europa im allgemeinen.

Indem wir jetzt zu dem Erdteile Europa übergehen, fragen wir
zuerst: woher hat Europa seinen Namen? Eine sichere Antwort ist
darauf nicht zu geben; jedoch möchte am wahrscheinlichsten die Ableitung von dem phönizischen Worte Ereb (d. i. Abend) sein. Die reisenden Phönizier nannten unsern Erdteil das Abendland, wie wir
umgekehrt Vorderasien die Levante (d. i. Morgenland). Weit wichtiger indes ist die geographische Abgrenzung. Dem flüchtigen Blick
auf die Karte will nämlich Europa gar nicht als besonderer Erdteil
erscheinen, sondern nur als eine Halbinsel Asiens. Allein seine ganze

Natur unterscheidet es so sehr von Asien, daß es als ein gesonderter Erdteil aufgefaßt werden muß. Eigenartig vornehmlich ist 1) die Verteilung von Land und Wasser um Europa, so daß sich von ihm aus nach allen Richtungen für den Völkerverkehr wichtige Wasserwege eröffnen, 2) die Lage ganz in der gemäßigten Zone, den erschlaffenden Tropen ebenso fern wie den erstarrenden Polarregionen (§ 32, Ende), 3) der Charakter der Mäßigung, den Europa durchweg bewahrt, wie wir gleich noch genauer sehen werden, 4) die Gestaltung des Umrisses wie der Oberfläche, durch welche es wie kein anderer Erdteil die Völker sich zu bewegen gelehrt hat. So erscheint die Berechtigung Europas, als besonderer Erdteil zu gelten, wohl begründet; ja für die Geschichte der Menschheit ist Europa überhaupt der erste aller Erdteile.

Wiederhole, was § 38, Anf. über die genauere Grenzscheide zwischen Asien und Europa bestimmt ist, desgl. nach § 37, 3 die Bemerkungen über das Mittelmeer und seine einzelnen Teile. Dies wichtige Binnenmeer greift in den Körper Europas tiefer hinein als in die beiden anderen Ufererdteile. Die mittlere der drei großen südeuropäischen Halbinseln, Italien, streckt sich von NW. nach SO. weit aus, und da die vorgelagerte Insel Sicilien der afrikanischen Küste nicht allzufern ist, so entsteht ein westliches und östliches Mittelmeer. Das westliche bildet in den europäischen Körper hinein den Golfe du Lion und den Meerbusen von Genua; das Meer zwischen Italien und seinen drei großen Inseln nennt man das tyrrhenische. Das östliche Mittelmeer heißt im S. von Italien ionisches Meer, bringt als adriatisches Meer, endend in die Istrien umfangenden Busen von Triest und Quarnero [kuarnēro] (oder Fiume), zwischen Italien und die griechische Halbinsel ein und nimmt zwischen dieser und der kleinasiatischen Küste den Namen des ägäischen Meeres an. Wie im SW. sich Europa in der bekannten Meerenge Afrika zum zweitenmal und noch weit mehr nähert, auf früheren Zusammenhang deutend, siehe § 37, 3.

Die ganze Westseite des Erdteils bespült der atlantische Ozean, der sich hier in einigen äußerst merkwürdigen Bildungen entfaltet und zur Zerschneidung der Erdteilmasse nicht wenig beiträgt. Schon da, wo die westliche der drei südlichen Halbinseln, die pyrenäische, sich unter einem rechten Winkel an den Rumpf des Erdteils ansetzt, entsteht ein Busen, der nach angrenzenden Landschaften der von Biscaya [wißkāja] oder Gascogne genannt wird. Weiter nach N. streckt sich, dem Südarme Italien entsprechend, ein Nordwestarm von dem Erdteile aus, einst im Zusammenhang mit dem Haupt-

körper, jetzt als Insel Großbritannien, durch eine Meerenge vom
Erdteile getrennt, welche die Franzosen die Straße von Calais,
die Engländer die von Dover nennen. Sie führt nach NO. in
einen schon binnenmeerartigen Ausschnitt des atlantischen Ozeans,
die Nordsee. Durch eine kleinere, vom Hauptkörper nach N. laufende,
mit Großbritannien parallele Halbinsel Jütland und durch die
dänischen Inseln, welche zwischen dieser und der großen Halbinsel
Skandinavien liegen, wird von der Nordsee die Ostsee getrennt.
Den Teil der Nordsee zwischen Jütland und Norwegen nennt man
das Skåger-Rak, den Meerbusen zwischen Jütland und Schweden
das Kattegat. Beides sind böse und gefährliche Meere, jenes durch
Strömungen, dieses durch Untiefen. Zwischen Jütland, den Inseln
und Schweden führen drei Meerengen, der Kleine und Große Belt
und der Sund in die Ostsee. Die Ostsee (die nur in Büchern als
baltisches Meer vorkommt) ist ein ganz eigentümliches Binnenmeer,
das durch die Menge der einmündenden Flüsse, bei einer gewissen
Entferntheit vom großen Weltwasser und einer nicht allzugroßen Aus=
dehnung fast einem Süßwassersee ähnlich ist (schwacher Salzgehalt,
fast keine Ebbe und Flut, leichteres Zufrieren). Kein Erdteil hat eine
ähnliche Meererscheinung aufzuweisen; am ähnlichsten wäre in mancher
Beziehung das Schwarze Meer, aber das ist Europa nicht allein eigen
und bildet auch nicht so viele und große Busen wie die Ostsee (bott=
nischer, finnischer, rigascher Busen). Dies reiche Durchein=
ander von Land und Wasser gehört eben mit zu dem Charakter Euro=
pas. Das Eismeer an Europas Nordküste greift als Weißes
Meer in die Küste und gliedert dieselbe weit mehr als die Nord=
küste Asiens.

Auch an Inseln verschiedener Art ist Europa reich, und sie sind
mehr als die asiatischen und afrikanischen Inseln wichtige Stationen
für den Verkehr und die Ausbreitung der Kultur. Letzteres gilt vor
allem von der größten europäischen Insel, von Großbritannien.
Zu Europa zählt man auch das von hier aus bevölkerte Island,
ferner die von hier aus entdeckten unbewohnten polaren Inselgruppen
Spitzbergen (zwischen 76 bis 80° nördlicher Breite, durch eine
breite unterseeische Platte mit Europa verbunden) und (weit n. von
Nówaja Semljá) die allernördlichste bis über den 83.° n. Br.
hinausreichende Inselgruppe Franz Joseph=Land (§ 15, 1).

Die Größe des Erdteils beträgt 9 696 429 qkm; rechnet man
indes die polaren Gebiete mit: 9 935 300 qkm (180 530 □.=M.).
In der Gestaltung tritt, wie schon oft bemerkt, eine ungemein starke
Küstenentwickelung, Gliederung und damit auch Zugäng=

lichkeit als charakteristisch hervor. Der eigentliche Stamm bildet ungefähr ein rechtwinkliges Dreieck, dessen rechter Winkel am OSO.-Ende des Kaukasus liegt und dessen Hypotenuse sich vom innersten Teile des Busens von Biscaya nach dem Nordende des Ural erstreckt. Da auf die Inseln Europas ungefähr 470000 qkm (8500 O.-M.), auf die Halbinseln (Finnland dazu gerechnet) 2700000 qkm (49000 O.-M.) kommen, so betragen die sämtlichen Glieder des Erdteils so viel als die Hälfte des Stammes, so daß Europa der gegliedertste aller Erdteile ist. Dabei lassen wir die polaren Gebiete Nowaja Semlja, Spitzbergen, Franz Joseph-Land und Island überdies noch ganz außer Ansatz.

Wie in Europa die vielseitigste Berührung von Land und Meer stattfindet, so gehört auch Abwechselung aller Hauptformen der Boden-bildung zum Charakter dieses Erdteils. Im ganzen nimmt die Form des Tieflandes ³/₅, diejenige des Hochlandes ²/₅ des Erdteils ein; über 1000 m Erhebung haben nur 6 Prozent des Areals. Im Stamme Europas herrscht die Tiefebene nur dadurch vor, daß eine Fortsetzung des asiatischen Tieflandes, die sarmatische Ebene, den ganzen Osten erfüllt; eine vom OSO.-Ende des Kaukasus nach dem Teutoburger Wald gezogene Linie trennt Hoch- und Tiefland des Stammes so, daß die eine Oberflächenbildung auf dem Gebiete der anderen nur in äußerst kleinen Verhältnissen auftritt. Die drei südlichen Halbinseln sind fast durchweg Gebirgsland. Die Gebirge, welche das Gebirgs- oder Hochlandsdreieck des Stammes erfüllen, sind: a) das östliche oder die Karpaten, b) das mitteleuro-päische mit der mächtigen Südbasis der Alpen, c) das westliche oder französische. — Das westliche Tiefland umzieht das Ge-birgsdreieck im Süden der Ostsee und der Nordsee und an der Küste des atlantischen Meeres. Es besteht aus Tertiärbildungen und Allu-vium, gehört also den jüngsten geologischen Zeiten an. An seiner Ostgrenze geht dies deutsch-französische Tiefland unmerklich in das geologisch viel ältere (meist der Trias-Zeit angehörende) sar-matische Tiefland über. Dies östliche Tiefland ist weit größer als das westliche und hat eine vierfache Abdachung: im NW. zur Ostsee, im SO. zum kaspischen, im S. zum Schwarzen, im N. zum Eismeer; an der Ostsee und dem Schwarzen Meer ziehen sich niedrige flache Küstenerhebungen hin, welche etwa 100 m höher liegen als die Binnenebene; an der Grenze gegen die aus krystallinischem Gestein gebildete Halbinsel Finnland hin ist dieser Gürtel mit einer Unzahl größerer und kleinerer Seeen besetzt, unter ihnen der Ládoga-See, der größte des Erdteils.

Auch bei den Gebirgen zeigt sich, was bei den Flüssen, Pflanzen-
und Tierformen als entschiedener Charakter Europas hervortritt:
das Einhalten eines gewissen Mittelmaßes. Die Natur-
formen sind in Europa nicht so kolossal und gewaltig wie in andern
Kontinenten. Was bedeutet das höchste Gebirge Europas, die Alpen,
mit dem Montblanc, der nur 4810 m hoch ist, gegen Himalaja und
Corbilleren? Dennoch gehören von den 400 Bergen, welche Europa
mit mehr als 2600 m Höhe hat, allein 300 zu dem Alpensystem:
ein Beweis, daß fast alle übrigen Gebirge sich unter dieser Höhe
halten. Das Innere birgt wenig edle Metalle; Eisen, das nützlichste
der Metalle, kommt dagegen sehr häufig vor. Herde unterirdischen
Feuers fehlen nicht. Quer durch das Mittelmeer zieht sich die Vulkanreihe Vesuv, Stromboli, Ätna; und besonders die drei südlichen Halbinseln werden von Erdbeben nicht selten heimgesucht. Von
dieser Vulkanreihe geschieden liegt die Insel Thera und unter dem
Polarkreis Island, auf dem gar noch sieben Vulkane thätig sind.
Spuren erloschener Feuerspeier kommen auch außerhalb der südlichen Halbinseln und Inseln vor, z. B. in Deutschland (Eifel) und in
Frankreich (Auvergne).

Die Flüsse zeigen, wie schon bemerkt, ebenfalls nicht die großartigen Erscheinungen anderer Erdteile; ja sie können sich verhältnismäßig noch weniger mit den fremden Riesenströmen messen, als die
Gebirge ihrerseits mit den fremden Höhenzügen. Schon die Zerspaltung der Landmasse macht die Bildung von Stromsystemen in
kolossalen Dimensionen unmöglich. Der größte europäische Strom,
die Wolga, 3401 km lang, fließt schon in dem Übergangsgliede zu
Asien und wird von etwa einem Dutzend Strömen in anderen Erdteilen an Länge und Wasserfülle übertroffen. Die europäische Bewässerung hat dagegen das Eigentümliche, daß sie gleichmäßiger
nach allen Richtungen verteilt ist, als in andern Kontinenten.
Alle europäischen Flüsse lassen sich bequem also einteilen: 1) Flüsse,
welche in den Halbinselgliedern fließen. 2) Flüsse, welche
im Stamme des Erdteils und zwar in dem kontinentalen
Gebirgsdreieck fließen. Unter ihnen befindet sich der mächtigste
Fluß des inneren Europa, welcher den Körper des Kontinents wie
eine gewaltige Schlagader durchzieht, die Donau, mit 2745 km
langem Stromlauf. Ihr unterer Lauf geht zwar durch die größten
Ebenen des Gebirgsdreiecks, erreicht aber doch nur im Mündungs-
gebiete das östliche Tiefland. 3) Flüsse, welche im Gebirgs-
dreiecke entspringen, mit dem Unter- oder auch Mittellaufe aber dem nordwestlichen Tieflande angehören. An

den Durchbruchstellen haben sie meist überaus malerische Ufer. Zu
ihnen gehört der Rhein mit 1298 km langem Stromlauf, Seine,
Loire u. a. 4) Flüsse, welche am Rande des Gebirgsdreiecks
entsprungen, im Tieflande strömen: Oder, Weichsel,
Dnjestr. 5) Flüsse, welche im Tiefland selbst aus unbe=
deutenden Bodenanschwellungen entstehen oder sich aus
Seeen entwickeln.

Vor allem auch durch sein Klima ist Europa der Erdteil der
Mäßigung, von allen der einzige, der nirgends die heiße
Zone berührt. Das Kap Tarifa, der südlichste Punkt des euro=
päischen Festlandes, ist von derselben noch fast 1400 km entfernt.
Da nun auch nur ein kleiner Teil 500 km weit in die nördliche
kalte Zone hineinragt, so gehört das große Ganze der gemäßig=
ten Zone an. Dabei ist die Temperatur Europas durchweg eine
höhere, als sie diesen Breiten im Durchschnitt zuständebilde (Getreidebau
bis zum Nordkap hin!) ein Vorzug, welchen unser Erdteil haupt=
sächlich dem Golfstrom (§ 16, Ende) verdankt. An der ganzen
NW.=Seite herrscht See=Klima (mäßig warme Sommer, mäßig
kalte Winter), je ferner von der Seeküste, d. h. je tiefer in den breit
ausgedehnten Osten, desto stärker macht sich das Kontinental=
Klima geltend (heiße Sommer, sehr kalte Winter). Im allgemeinen
gilt daher für Europa die Regel: Je weiter nach O., desto schrof=
fer der Unterschied zwischen Sommerhitze und Winter=
kälte, je weiter nach W., desto geringer dieser Unterschied.
Das Klima der drei südlichen Halbinseln ist das allgemein mittel=
meerische (mediterrane): einem regenarmen Sommer folgt ein
milder Regenwinter, da der regenbringende gegenpassatische SW.
nur zur Winterzeit bereits von den Mittelmeer=Breiten ab die Erd=
oberfläche bestreicht (§ 17, Anf., § 55, Mitte).

Die südeuropäische Flora (d. h. die der drei großen Süd=Halb=
inseln) ist ausgezeichnet durch immergrüne Gewächse, besonders
durch den Ölbaum die (Olive); hier gedeihen neben der Feige und
dem vorzüglichsten Wein auch die aus Süd=Asien eingeführten Süd=
früchte, wie Orangen (Apfelsinen), Citronen, Mandel= und
Johannisbrotbäume, desgleichen die amerikanische Agave (einer
stammlosen Aloe ähnelnd) und der Nopal=Kaktus (§ 64, Anf.).
Das übrige Europa ist der Raum der sommergrünen Laubwälder
und der Nadelholzwälder, welche letzteren im hohen Norden (nur
noch mit der Birke zusammen) allein noch vorkommen. Im milden
Klima der britischen Inseln lassen sich sogar einige südeuropäische
immergrüne Gewächse ziehen (der Lorbeer in Irland, die Myrte noch

in Schottland); dem Wein oder gar dem Ölbaum ist aber der dortige Himmel zu trübe und regnerisch. Die Verkürzung einer milderen Temperatur auf weniger als fünf Monate schließt die schöne Rotbuche aus dem ö. Europa aus; sie wächst nicht weiter als bis ins s. w. Skandinavien und ins s. w. Rußland. Europa besitzt (als einziger aller Erdteile) keine Wüste, eine (bis auf die Flußufer) völlig baumlose Steppe nur in S.= und SO.=Rußland.

Auch in der Fauna fehlen die kolossalen Formen wie in der Flora. In der (bereits vom Menschen miterlebten) Eiszeit reichte jedoch das Verbreitungsgebiet nicht nur des Renntiers, sondern auch des wollhaarigen Rhinoceros und des Mammut (§ 38, Mitte) von Sibirien herein bis an die Alpen und nach Frankreich. Der Löwe hauste in vorchristlichen Zeiten noch in der griechischen Halbinsel. Jetzt sind die gefährlichen Raubtiere fast auf Bär, Luchs und Wolf beschränkt.

Die Zahl der Bewohner beträgt 360 Mill., also beinahe ein Viertel aller Menschen auf der Erde, die man auf etwa 1½ Milliarden schätzt. Mithin wohnen durchschnittlich 37 Menschen auf 1 qkm, wie in keinem andern Erdteil; in dem nächstdicht bevölkerten Asien kommen nur halb so viel auf 1 qkm. Die Dichtigkeit der Bevölkerung Europas nimmt entschieden von O. nach W. zu.

Den bei weitem größten Raum Europas hat die kaukasische Rasse inne, welche sich in folgende Zweige teilt:

1) Germanen, in Mitteleuropa, Großbritannien, Skandinavien und Dänemark, zerstreut auch in den russischen Ostsee=Provinzen, in Irland und in Ungarn, 115 Mill. Zu ihnen gehören a) die Deutschen, b) die Niederländer, c) die Engländer, d) die Dänen und die Norweger, e) die Schweden.

2) Die romanischen Völker, Nachkommen der alten Römer, mit anderen Völkerbestandteilen gemischt, auf der apenninischen und der iberischen Halbinsel, in Frankreich, S.=Belgien, der SW.=Schweiz, Rumänien, SO.=Ungarn, 107 Mill. Zu ihnen gehören a) die Italiener, b) die Spanier, c) die Portugiesen, d) die Provençalen, e) die Franzosen, f) die Rätoromanen, g) die Dakoromanen.

3) Slaven, im großen osteuropäischen Tieflande, teilweise auch im ö. Mitteleuropa, im Donau=Tieflande und auf der griechischen Halbinsel, 104 Mill. Dahin gehören a) Nordslaven (Russen, Polen, Böhmen, Mähren, Slovaken, Wenden), b) Südslaven, Slovenen, Kroaten, Serben, Bulgaren).

4) Die Kelten oder Gallier, die alten Bewohner von Nord=Italien, Gallien, den britischen Inseln, durch die Eroberungen der

Römer und später der Germanen verdrängt oder mit anderen Stäm=
men gemischt; jetzt noch in dem westlichsten Vorsprunge Frankreichs,
der Bretagne, in Wales [uëls], Irland und Nord=Schottland, etwa
2 Mill., mit eigentümlichen Sprachen.

5) Die Griechen auf der griechischen Halbinsel südlich vom
Balkan und den Inseln des ägäischen Meeres, 3¼ Mill.

6) Der dem slavischen nächstverwandte litauische Stamm, die
Litauer (am Njémen, sowohl dies= als jenseit der russischen Grenze)
und die Letten (in Kurland und dem s. Livland) umfassend, 3¼ Mill.

7) Die Albanesen (Nachkommen der alten Illyrer) in der
Westhälfte der griechischen Halbinsel, 1½ Mill.

8) Die Basken, Nachkommen der alten Iberer, der Urbe=
wohner Spaniens, in den westlichen Pyrenäen, ½ Mill.

9) Die Zigeuner, besonders in Ost=Europa vagabondierend,
fast ½ Mill.

Alle bis jetzt genannten Völker, über ¹⁵/₁₆ der europäischen Be=
völkerung, reden Sprachen, die (mit Ausnahme der baskischen) zum
großen indogermanischen Sprachstamme gehören.

Zur mongolischen Rasse gehören:
10) der finnische Stamm; dahin die Finnen in Finnland
und Nord=Skandinavien, die Esthen in Esthland, die Liven im
n. Livland, die Lappen, Samojeden und andere Völker am Eis=
meere, 5½ Mill.

11) Die Magyaren [madjáren] im Donau=Tieflande, die
indes durch Vermischung mit Slaven und Germanen fast durchaus
kaukasischen Typus angenommen haben, 6½ Mill.

12) Türkische (oder tatarische) Völker auf der griechischen
Halbinsel (Osmanen) und im südöstlichen Rußland, gegen 5 Mill.

Außer diesen zuletzt genannten, dem Islam zugethanen Völkern,
den etwa 6 Mill. durch Europa zerstreuten Juden und etwa ½ Mill.
Heiden am Eismeere herrscht durch ganz Europa das Christen=
tum, das hier fast ¾ seiner Bekenner hat. Die Bildung und Gesit=
tung der europäischen Völker, ihr entscheidender Einfluß auf den übri=
gen Erdkreis steht damit in notwendiger Wechselbeziehung. Jede der
verschiedenen großen christlichen Kirchenformen hat, im ganzen und
großen gesprochen, ein Revier des Weltteils inne: die griechisch=
katholische Kirche, 85 Mill., den Osten — die evangelische,
80 Mill., den Norden — die römisch=katholische, 175 Mill.,
den Süden und Südwesten. (Auf die zerstreuten christlichen
Sekten sind etwa 7 Mill. zu rechnen.) —

Der kleinste unter den Erdteilen der alten Welt ist materiell
und geistig der Beherrscher der Erdkugel, eine Stellung, die ihm vor-
läufig schwerlich wird streitig gemacht werden. Denn sie beruht nicht
etwa auf zufälligen geschichtlichen Entwickelungen, sondern zunächst
auf der Notwendigkeit überaus glücklicher und bevorzugter Naturverhältnisse. Europa liegt in der Mitte der kontinentalen Landwelt,
wie das australische Südland im Centrum der südlichen Wasserwelt.
In der zusammengedrängtesten Kontinental-Masse der Erde bildet
Europa die Mitte. So durch einen merkwürdigen Ring von Kontinenten eingefaßt, sollte Europa allen gleich nahe stehen, mit allen in
Wechselwirkung, Austausch und Verkehr treten. Aber bei weitem
nicht allein in diesen glücklichen physischen Verhältnissen ruht Europas
hohe Weltherrschaft. Seine Obermacht ist geistiger Natur. Die be-
gabteste Rasse hat fast ganz Europa inne, und die zur Weltreligion
berufene Religion, die christliche, in Europa ihr Hauptgebiet.

Europa zerfällt in 27 voneinander unabhängige (souveräne)
Staaten. Dem Range nach giebt es:

3 Kaiserreiche: das Deutsche Reich, Österreich, Rußland;

1 Großsultanat: die Türkei;

13 Königreiche: Großbritannien mit Irland, Italien, Spanien, Ungarn mit seinen Nebenländern, Belgien, Rumänien, Schweden, Portugal, Niederlande, Dänemark, Griechenland, Serbien,
Norwegen;

1 Großherzogtum: Luxemburg;

1 Großfürstentum: Finnland;

4 Fürstentümer: Bulgarien, Montenegro, Monaco, Liechtenstein;

4 Republiken: Frankreich, die Schweizer Eidgenossenschaft,
San Marino, Andorra. —

Von diesen 27 Staaten sind indes mehrere durch Personal-
Union, d. h. durch Gemeinsamkeit des Herrschers, miteinander verbunden: so Schweden mit Norwegen, Rußland mit Finnland; das
Kaiserreich Österreich bildet zusammen mit den Ländern der ungarischen Krone die österreich-ungarische Monarchie.

An Größe und Bevölkerung sind die europäischen Staaten
unter sich gar verschieden. Wie verschieden von dem russischen Reiche,
das halb Europa umfaßt, ist das Fürstentum Monaco mit 22 qkm!
Die mächtigsten Staaten Europas sind die Großmächte: das
Deutsche Reich, Österreich-Ungarn, Rußland, Frankreich, England,
Italien. Sie umfassen über $3/4$ der Oberfläche und über $4/5$ der Be-

völkerung und üben gemeinschaftlich einen überwiegenden Einfluß auf die politischen Angelegenheiten des Erdteils aus.

Je nachdem der Staat auf den Landbesitz diesseit des Weltmeers beschränkt ist oder auch überseeischen Besitz mit umfaßt, unterscheidet man die Landmächte von den Kolonialmächten. Bei den Seemächten (England und Niederlande) fällt das Hauptgewicht des Staates auf die Flotte und den überseeischen Besitz. Unter den nordischen Mächten versteht man Rußland, Schweden und Norwegen, Dänemark; unter den Westmächten Frankreich und England.

I. Die drei südlichen Halbinseln.

§ 73.

Die iberische oder pyrenäische Halbinsel im allgemeinen.

Die westlichste von den drei südlichen Halbinseln Europas, wie eine gewaltige Vormauer in den Ozean hineingeschoben, ist 590 000 qkm (11 000 Q.=M.) groß. Sie hängt auf einer kürzeren Landstrecke mit dem Hauptkörper des Erdteils zusammen, als die italienische und die griechische Halbinsel, und hat deshalb einen fast inselartigen Charakter. Zwei Meere bespülen ihre sehr wenig gegliederten, meist felsigen, besonders gen N. steil abstürzenden Küsten. Das Kap da Roca ist der westlichste, das Kap St. Vincent der südwestlichste, das Kap Tarifa der südlichste Punkt der Halbinsel sowie des europäischen Festlandes. Die beiden Vorgebirge Finisterre und Vares [wâres] sind Vorsprünge im NW. der Halbinsel. Das Ganze gleicht einem Viereck, das im SO. mehrfach ausgeschweift ist.

Das nördliche Hoch= und Grenzgebirge gegen Frankreich, die Pyrenäen (spanisch: los pirineos, von dem keltischen Worte pira d. i. Gebirge), zieht von dem Grenzflusse Bidassóa bis zum Kap de Creus [kre=ûs]. Sie zerfallen in drei sehr verschiedene Teile: in die West=Pyrenäen, die Hoch=Pyrenäen und die Ost=Pyrenäen. Die Hoch=Pyrenäen (vom Jratithal bis zum Col de la Perche) sind mit 2500 m Kammhöhe der weitaus höchste Teil, mauerartig (wie in den Alpen die Tauern) und wenig gangbar aufgebaut. In ihnen liegen, genau der Wasserscheide folgend, alle Hauptgipfel. Die beiden höchsten derselben sind der Pic de Nethou, 3400 m, aus der Malabetta=Gruppe aufragend, und der Pic Posets von fast gleicher

Höhe; dann folgt von ihnen westwärts der **Mont Perdu**, 3300 m; hier in der Mitte des Gebirges giebt es auch Gletscher. Pässe übersteigen die Westkette wie die Ostkette; über den Kamm der **Hoch-Pyrenäen** giebt es nur Saumpfade. Das **Thal Roncevalles** (im W.) und die **Rolandsbresche** am Mont Perdu erinnern uns an Karls des Großen spanische Heerfahrt.

Die übrigen Gebirgssysteme der Halbinsel haben mit dem pyrenäischen Grenzgebirge keinen Zusammenhang. Man nennt sie in Spanien **Sierras**, in Portugal **Serras**. Von Gebirgsketten umgeben (und durch sie der Feuchtigkeit der hereinziehenden Luft beraubt) breiten sich **weite Hochflächen** aus; sie machen die Hauptmasse des Innern der Halbinsel aus, sind waldlos, einförmig, wasserarm, ihr Klima ist im Winter ebenso schneidend kalt, wie im Sommer trocken und heiß. **Tiefland** dagegen findet sich nur am **untern Ebro** (Aragon), in der Umgegend von **Valencia** und am **untern Guadalquivir** [gwadalkiwir] in Andalusien.

Am besten merkt man sich **Gebirge und Flüsse** zusammen nach den **beiden Meeren**, denen die letzteren zugehen. Ihre Namen erinnern oft daran, daß **einst Araber im Lande wohnten**, denn das vielfach vorkommende **Guadal** besteht aus dem arabischen Worte Wâdi (Guadi, d. i. Fluß) und dem arabischen Artikel al. Die **Wasserscheide** zwischen dem größeren Gebiete des atlantischen und dem kleineren des mittelländischen Meeres bildet auf der Halbinsel einen weiten, gen W. offenen Bogen, ungefähr einen Kreisbogen zum 358. Meridian als Sehne. Ziemlich in derselben Richtung verläuft eine Reihe von Gebirgszügen oder Sierren, welche eigentlich nur von O. betrachtet gebirgsartig aussehen, da sie nur der Rand der Hochlandsmasse sind.

Im S. der Halbinsel erhebt sich als **südliche Wasserscheide** gegen das Meer, noch mächtiger als die Pyrenäen das Hochgebirge der **Sierra Nevada** (d. i. Schneegebirge) mit den tief eingeschnittenen Thälern der Alpujarras [alpuchárras] und dem **höchsten Punkte der Halbinsel**, dem **Mulahacen** [mula-aßen], 3545 m hoch, der also die höchsten Pyrenäengipfel noch überragt. An ihm lagert der südlichste Gletscher von Europa, aus welchem der **Jenil** [chenil], der Hauptnebenfluß des Guadalquivir, hervorbricht. Der schmale Südrand, den die Sierra Nevada übrig läßt, hat afrikanisches Klima (der Wind Leveche [lewétsche], vom nahen Afrika herüberwehend, dörrt hier bisweilen in wenigen Stunden die Gewächse), aber auch Erzeugnisse, die an Afrika erinnern: die Zucht der Cochenille (§ 64, Anf.) gedeiht auf dem Opuntien-Kaktus, die Agava entwickelt ihren hohen

Blütenstand; überhaupt gedeihen im küstennahen Südteil der Halbinsel Wein und Südfrüchte vorzüglich, stellenweise auch Dattelpalmen,
jedoch ohne ihre Frucht recht auszureifen.

Für Flüsse zum Mittelmeer bleibt wenig Raum, besonders im S.
und SO., daher giebt es hier nur Küstenflüsse. Im NO. indes bietet das östliche Tiefland von Aragon Raum für den Ebro; sein
Bett ist jedoch so flach, daß im Interesse der Schiffahrt zu beiden Seiten Kanäle haben angelegt werden müssen.

Gehen wir nun zu der atlantischen Abdachung, so setzt im
W. der Bidassoa das kantabrische Gebirge ein, das nördliche
schön bewaldete Randgebirge. Unter verschiedenen Namen zieht es,
in der Torre del Cerredo bis 2678 m ansteigend, nach W., in den zahlreichen Kriegen, die auf der Halbinsel geführt sind, gewöhnlich die letzte
Zuflucht der Besiegten. An dem Westende verliert es den Charakter
eines Kammgebirges und erfüllt in mannigfachen Verzweigungen, aus
denen der Minho [minju] abfließt, den westlichsten Teil von León,
Galicia [galiħia] und die zwei nördlichen Provinzen von Portugal.
— Südlich vom kantabrischen Gebirge folgt die nördliche Hälfte der
centralen Hochebene, das Tafelland von Alt-Castilien, 800 m
hoch, nach SW. abgedacht; hier der Duéro, port. Douro [dóro],
mit raschem Lauf. Südlich lehnt sich an dieses Tafelland das Casti-
lianische Scheidegebirge, welches das gesamte centrale Tafelland in eine nördliche und südliche Hälfte teilt: die wichtigsten Teile
jenes Scheidegebirges sind die schneebedeckte Sierra de Guadar-
ráma, die imposante Sierra de Grédos (bis 2650 m) und die
durch Portugal ziehende Serra da Estrella [estrella], die dann steil
in das Meer stürzt. Dann folgt die südliche Hälfte des centralen
Hochlandes, die etwas niedrigere, aber noch ausgedehntere Hochfläche
von Neu-Castilien, durch die niedrigen Berge von Toledo in zwei
Hälften geschieden, durchschnittlich 650 m hoch. Im Norden dieser
Berge ist das tief ausgefurchte Thal des gelben, reißenden Tajo
[tácho], portugiesisch Tejo [téschu]. Im Süden der Berge von Toledo
die weite, öde, staubige Ebene La Mancha [mantscha], das Vaterland des sinnreichen Junkers Don Quixote [don kichóte], das Quellland des Guadiana [gwadiána].

Die Hochfläche der beiden Castilien schließt das südliche Randgebirge, die Sierra Morena (d. i. Schwarzes Gebirge), so genannt
nach ihrem, meist nur gebüschartigen Wald von dunkel immergrünem
Laub. Zwischen ihr und den Schneegebirgen am Südrande das südliche Tiefland, Andalusien, das herrliche Thal des Guadalquivir (d. i. Großer Fluß). Alle spanischen Ströme sind verhältnis-

mäßig wasserarm (besonders im regenarmen Sommer), haben starkes Gefälle und sind für die Schiffahrt wenig brauchbar. Nur der mit Dampfschiffen bis Sevilla [sewilja] befahrene „Große Fluß" macht eine Ausnahme. Hier in dem wohlbewässerten Tieflande Andalusien liebliches Klima, reiche Produkte, alle voll südlichen Feuers. Hier gilt am meisten des Dichters Wort: „Spanien, das schöne Land des Weins und der Gesänge."

Wir können jetzt überschauen, mit welchem Rechte der iberischen Halbinsel eine sehr gleichmäßige Bodenbildung zugeschrieben wird. Die Hauptmasse bildet ein centrales Hochland. Dasselbe wird im N. und S. von zwei Randgebirgen eingefaßt, in der Mitte aber durch ein Scheidegebirge in zwei Hochebenen geschieden. Es schließen sich daran zwei Tiefländer, ein östliches und ein südliches; und die Nord= und Südgrenze der Tiefländer bilden zwei Hochgebirge, Pyrenäen und Sierra Nevada.

Die in ältester Zeit von den Iberern bewohnte Halbinsel lockte schon früh durch ihren Silberreichtum (seit der Entdeckung der neuen Welt wenig ausgebeutet) fremde Völker an. Kolonieen der Phönizier. Später streiten sich Karthager und Römer um das Land; die letzteren siegen nach langwierigem Kampfe gegen fast unbezwingliche Gebirgsvölker. Untergang der Heldenstadt Numantia am Duero. Seit 415 n. Chr. nahmen die Westgoten die damals unlängst von den Römern aufgegebene und von germanischen Stämmen besetzte Provinz in Besitz: christliches westgotisches Reich bis 711. In diesem Jahre kamen Araber unter Tarik über die Meerenge. Damals erhielt der neben dieser liegende Fels den Namen Gibraltar (Gibel al Tarik d. i. Felsen des Tarik), wie das Kap Tarifa nach dem maurischen Oberfeldherrn, dem Emir Musa Tarif=ben=Malek, benannt wurde. Sie unterwarfen fast ganz Spanien, das anfangs von den Kalifen im Orient abhängig, dann selbständig war. Seit 1091 wurden die arabischen Kalifen zu Corboba von nordafrikanischen Mohammedanern oder Mauren (§ 59) gestürzt. Nur im N., im kantabrischen Gebirge, hatte sich nach der Auflösung des westgotischen Reiches ein kleiner Christenstaat erhalten; er vergrößert sich allmählich, es entstehen auch andere und entreißen durch das Mittelalter hindurch den Mauren Stück für Stück in ritterlich=mannhaftem Kampfe (als Muster eines solchen Glaubenskämpfers feiert die Sage — leider ohne ausreichenden Grund — den Cid [sid]). Solche christliche Staaten waren z. B. Leon, Aragon, Castilien u. a.; von dem letzteren Lande aus wurde die Grafschaft Portugal um 1100 gegründet, die hernach zum

Königreich ausgedehnt ward, bis zum Kap St. Vincent. Bei Tolosa 1212 am Passe der Sierra Morena war die Entscheidungsschlacht. Von den 7 Emiraten, in welche das Kalifat von Corboba zerfallen war, wurden durch das christliche Heer 6 vernichtet: nur Granâba behaup-tete sich. Doch mit der fortschreitenden Vereinigung der christlichen Reiche erstarkte die Macht des Kreuzes. Gegen Ende des 15. Jahrhun-derts kam durch die Vereinigung von Castilien und Aragon ganz Spanien unter eine Regierung. Nun sank auch (1492) das letzte Reich der Mauren, das blühende Granâba, nach langwieriger Belage-rung. Seitdem giebt es nur zwei Reiche auf der Halbinsel: Por-tugal (als Küstenstaat mehr auf die See hingewiesen als auf das spanische Hinterland, mit dem es keine Freundschaft schließen mag) und Spanien. Die Abkömmlinge der einstigen arabischen Herren, Mo riscos genannt, wurden später ganz aus Spanien vertrieben oder wenigstens in die Abgeschiedenheit der Alpujarras gedrängt.

§ 74.
Spanien und Portugal.
a) Portugal.

Das ausgehende Mittelalter ist Portugals Blütezeit, die Zeit der Seefahrten und Entdeckungen. Vasco ba Gama (von dem Dichter Camões [kamõängsch] in den „Lusiaden" besungen) findet 1498 den Seeweg nach Ostindien, das mit seiner reichen Inselwelt eine Zeit lang Portugal allein aufgeschlossen blieb. Er-zähle von den portugiesischen Entdeckungen und Kolonieen nach § 50, Mitte u. Ende; 53, 1; 56, 1; 60, I, 1 u. 2; 61, Mitte; 63, Anf. — Portugal war damals der erste Handelstaat der Welt. Aber schon gegen Ende des 16 ten Jahrhunderts wurde alles anders. Das alte Regentenhaus starb aus und Portugal kam (1580—1640) unter die verhaßte spanische Herrschaft. Feinde Spaniens, die zu mächtigen Handelsvölkern gewordenen Engländer und Nie-berländer, vernichteten auch Portugals Handel, eroberten seine Kolonieen. Endlich riß sich Portugal von Spanien los; ein einge-borenes Geschlecht, Bragança (nach einem Örtchen im NO. Por-tugals benannt), bestieg den Thron. Aber doch war das spätere Portugal nur ein Schatten des früheren; in neuerer Zeit haben an-haltende Bürgerkriege das Land noch mehr geschwächt. König Karl I. Stände (Cortes) stehen dem Könige in zwei Kammern zur Seite. Von seinen Kolonieen besitzt Portugal nur noch wenig; reihe sie nach den Erdteilen zusammen.

Portugal, das Stammland, zu dem indessen außer den kon=
tinentalen Gebieten auch die Azoren und Madeira gehören, hat auf
92000 qkm (1600 Q.=M.) 4⁹/₄ Mill. römisch=katholische Ein=
wohner. Beschreibe die Grenzen, die Gestalt nach der Karte —
die Bodengestalt und die Flüsse nach § 73! Eingeteilt wird
das Land in 17 Distrikte; die südlichsten derselben (auf dem Fest=
lande) umfassen das alte Königreich Algarve [algárwe] (d. i. Land
im Abend), von dem übrigen durch einen Gebirgszug, die Serra
de Monchique [montschike] (die südwestliche Fortsetzung der Sierra
Morena) getrennt, ein früheres maurisches Königreich. Unter den
Städten sind zwei Großstädte (über 100000 E.); alle übrigen er=
reichen höchstens 20000 E.; Mittelstädte (von 20—100000 E.)
fehlen also ganz. Des Landes Hauptfestung Elvas [elwas] erinnert
mit ihrem Fort La Lippe daran, daß im vorigen Jahrhundert ein
deutscher Graf, Wilhelm von Lippe, sich große Verdienste um
die Hebung des sehr heruntergekommenen portugiesischen Kriegswe=
sens erworben hat. Außer Elvas — welchen Ort hatten wir außer=
dem schon? — merken wir folgende:

Lissabon (portugiesisch Lisbóa), 243000 E., hat mit Stockholm und
Konstantinopel die schönste Lage unter den Hauptstädten Europas. Portu=
giesisches Sprichwort: Wer Lissabon nicht gesehen, hat nichts gesehen. Der
Tejo erweitert sich vor seiner Mündung seeartig: am nördlichen Ufer ragen
Hügel, welche den Fluß an der eigentlichen Mündung wieder etwas einengen.
Wo diese Einengung beginnt, liegt Lissabon amphitheatralisch die Anhöhen
hinauf, ohne Mauern und Thore. Im Innern kein so erfreulicher Anblick wie
von weitem; viele Straßen eng, krumm und schmutzig. Gedränge fremder Na=
tionen, viele Neger. Handel nach allen Weltteilen; zum Hafen dient die Tejo=
mündung, an beiden Seiten mit Ortschaften und Kastellen besetzt. Unter jene
gehört Belem (d. i. Bethlehem) mit Lissabon verbunden; im Kloster frühe=
rer Begräbnisort des Königshauses. Erdbeben am 1. November 1755.

Im NW. von Lissabon die Abhänge des Gebirges, hier (nach der kleinen
Stadt Cintra [sintra]) Serra de Cintra genannt, eine romantische, mit
königlichen Schlössern und Landhäusern der Vornehmen besetzte Gegend.

Die größte Stadt nach Lissabon ist Oporto oder Porto, 106000 E.,
am Ausflusse des? — auf welchem Ufer? — Auch diese bedeutende Handels=
stadt liegt amphitheatralisch die Hügel hinauf. Von hier wird der Portwein
ausgeführt, der 70 km weiter hinauf am rechten Stromufer wächst. Der
schwarze Schieferboden der Gebirgsabhänge, der die Sonnenglut am meisten
einsaugt, giebt ihm sein Feuer; er wird besonders nach England ausgeführt.
— Universitätsstadt Coïmbra.

b) Spanien.

Auch bei dem aus der Vereinigung von Castilien und Aragon
eben entstandenen Spanien kamen um 1500 viele Umstände
zusammen, um es groß und reich zu machen. Durch Heirat vereinigte

13*

das spanische sich mit dem habsburgischen Hause. Karl V., Kaiser Maximilians Enkel, trug neben der spanischen Königskrone die
römisch-deutsche Kaiserkrone und war Herr der österreichischen Erb-
lande. Und während er in Europa siegreich auftrat, eroberten in dem
von Spanien aus durch Columbus entdeckten Amerika kühne Helden für ihr Vaterland ganze Kaiserreiche, voll von Silber und Gold
(§ 63, 1, c; 66, Anf.). Aus diesen Zeiten besonders schreibt sich der
ungemeine Nationalstolz her, der noch jetzt den Spanier beseelt
und sich selbst in seiner majestätisch klingenden Sprache ausspricht.
Fast ein ganzer neuer Weltteil huldigte Karl und dessen Sohne
Philipp II., dem der Vater, 1556 dem Throne entsagend, außer
den österreichischen Stammlanden alles übergab, und der noch Portugal hinzuerwarb: in ihrem Reiche ging die Sonne nicht unter.
Und doch begann schon unter Philipp II. Spaniens Glückssonne sich
zu verdunkeln. Die Niederländer fielen ab, Engländer und
Niederländer knickten die Handelsblüte; der Anbau des Mutterlandes ward vernachlässigt; selbst die Silberflotten aus Amerika
wirkten durch die rasche Entwertung des Geldes sehr unheilvoll.
Die Nachfolger Philipps waren schwache Regenten; 1700
starb ihr Geschlecht aus. Der darauf beginnende spanische Erb-
folgekrieg (1701—1714) beraubte Spanien seiner europäischen
Nebenländer und brachte einen Zweig des französischen Hauses
Bourbon auf den Thron. Noch schrecklichere Zeit kam ein Jahrhundert später über das Land. Napoleon griff seit 1808 mit
dreister Faust in Spaniens Angelegenheiten ein, sein Bruder Joseph ward König (über den hierauf erfolgten Verlust sämtlicher Besitzungen auf dem amerikanischen Festland vergl. § 63, Anf.; 64,
Anf.; 66, Anf.). Aber gegen die Fremdherrschaft wehrten sich die
Spanier, ihres alten Ruhmes wert, wie Löwen; indes als der einheimische König 1814 zurückgekommen war, brachen bald innere
Unruhen über die Verfassung und über die Erbfolge aus.
Die Königin Isabella II. wurde durch die Revolution von 1868
entthront, und Spanien schwankte nun einige Zeit, ob es eine republikanische oder (unter neuer Dynastie) wieder eine monarchische Verfassung annehmen sollte. Zuerst entschied es sich für letzteres. Der
neu erkorene König Amadeus, der Sohn des Königs Victor
Emanuel von Italien, legte jedoch nach kurzer Regierung die Krone
freiwillig nieder, da er sich bei der Schwächung des Staates durch
fortdauernde Parteiumtriebe nicht imstande fühlte, eine starke Monarchie aufzurichten; die darauf (1873) errichtete Republik brachte
nur neue Bürgerkriege. Erst seit Ende 1874 ist Spanien wieder

ein Königreich und hat ruhigere Zeiten gefunden. König Al=
fons XIII., der Enkel Isabellas; Regentin für ihn die Königin=
Mutter Maria Christina. Der Abfall der großen amerikanischen
Besitzungen war die Folge der eigensüchtigen Ausbeutung derselben
durch das Mutterland (§ 63; 64, 2; 66). Indes auch das, was
Spanien noch an Kolonialbesitz geblieben ist (stelle es (§ 52, 6;
59, 4; 60, I; 64, 2; 70, 3 zusammen) umfaßt an Gebiet mehr
als das Doppelte des Mutterlandes (1,1 Mill. qkm mit 9,9 Mill.
Einw.).

Das Königreich Spanien hat in Europa 500000 qkm
(9088 Q.=M.). Die Zahl der Einwohner beträgt 17,2 Mill. Die
herrschende Kirche ist die römisch=katholische, für deren Sicher=
stellung früher das Inquisitions=Gericht eiferte, ja Unzählige
auf den Scheiterhaufen brachte (Autos da Fe, d. i. Glaubens=
handlungen, bei welchen der stolzeste Adel, die Granden von
Spanien, es sich zur Ehre rechnete, hilfreich zu sein). Zur Ehre
der Kirche muß aber bemerkt werden, daß die Inquisition ebensosehr
ein Werkzeug weltlicher Despotie, wie der für ihre Herrschaft eifern=
den Kirche gewesen ist. In den oben erwähnten Stürmen ist die
Inquisition aufgehoben und der Reichtum der Kirche sehr ver=
mindert worden. Auch die Einteilung des Landes ist gegen
früher geändert, man zählt 48, meist nach ihren Hauptstädten be=
nannte Provinzen. (Die Kanarischen Inseln, welche die Spanier
zu Europa rechnen, gelten als die 49 ste). Allein für die Geschichte
haben die Namen der alten Provinzen allein Bedeutung, haben sich
auch im Sprachgebrauch des spanischen Volkes bis heute erhalten. Wir
wollen daher bei ihnen bleiben, indem wir zugleich die Länder der
Krone Castilien und der Krone Aragon unterscheiden.

1. Die Länder der Krone Castilien.

a) Neu=Castilien, die Kern= und Centrallandschaft von Spanien.
— Gieb die Bodengestalt bei diesem Königreiche wie später bei
jedem andern nach § 73 an!

Madrid, fast in der Mitte der Halbinsel, einst ein armseliger Flecken,
seit Karl V. und Philipp II. Hauptstadt und Regierungssitz von ganz Spanien
in einer einförmigen, dürren und wenig angebauten Ebene, ringsum blaue
Gebirge, 637 m über dem Meere, die höchstgelegene große Stadt von Europa.
Ein mit hohen Mauern umgebenes Viereck, 17½ km im Umfange; an der
westlichen Seite fließt der Bach Manzanares [manßanáres] (zum Tajo=
gebiet), unter zwei stolze Brücken gefaßt. Meist breite und gerade Straßen
(die schönste die von Alcalá), gutgebaute Häuser, viele öffentliche Plätze. Im
O. das königliche Schloß. Der Prado, ein öffentlicher Spaziergang. 483000
E. Etwa 40 km nach S.: Aranjuez [aranchuéß], in der Gabel des Tajo und

eines Seitenflusses, Städtchen und Lustschloß. Herrliche Gärten und Wasser=
künste. Einst Residenz der Könige in den ersten Sommermonaten. Es war
nämlich am spanischen Hofe, wo die strengste Etikette herrschte, genau bestimmt,
wie lange der Hof in jedem der genannten oder zu nennenden Schlösser sich
aufzuhalten hatte. Im NW. von Madrid am Fuß der Sierra de Guadarrama
das königliche Schloß Escoriál; als Philipp II. am Tage des heiligen Lau=
rentius den großen Sieg von St. Quentin gewonnen, führte er zu Ehren des
Märtyrers, der auf dem Roste gebraten worden ist, dieses kolossale Gebäude
in Form eines Rostes auf. Den Namen Escorial, d. i. Schlackengrube, trägt
es von den Schlacken benachbarter Bergwerke. Kloster und Königsburg wur=
den in riesenhafter Ausdehnung hier vereinigt. Große Bibliothek. Unter der
prachtvollen Klosterkirche die Königsgruft. Ebenfalls am Abhange der Sierra
de Guadarrama, 59 km von Madrid, liegt das Lustschloß La Granja oder
San Zama.

Den Tajo 72 km hinab — an welchem Ufer? — Tolédo, die alte
Hauptstadt Spaniens, noch genauer als Madrid in der räumlichen Mitte
der Halbinsel (nahe dem dieselbe halbierenden 40. Parallelkreis), am steilen
Abhange eines Berges. Der alte maurische Königspalast Alcazar [alkáßar]
jetzt ein Hospital. Noch residiert hier der erste Erzbischof des Landes, aber
die Einwohnerzahl von 200000, die man der Stadt im Mittelalter zuschrieb,
ist auf 20000 herabgegangen. Toledoklingen.

Ähnlich zu einer kleinen Stadt herabgesunken ist Alcalá, etwas östlich
von Madrid, wohin seine ehemals berühmte Universität verlegt worden ist.
Hier ward auch der berühmte spanische Schriftsteller Cervantes [ßerwántes]
geboren (Verfasser des Don Quixote).

In der Sierra Morena das große Quecksilber=Bergwerk Almadén.

b) Alt=Castilien, in einer kleinen Strecke an das Meer rührend;
wo Santandêr, befestigter Hafen, Handel. Auf den weiten, unangebauten
Grasflächen dieser Hochebene ziehen die meisten Mérinoherden umher,
d. h. wandernde, beständig im Freien bleibende Schafherden, die den Winter
in wärmeren Provinzen zubringen. Ihre Wolle ist trefflich, aber das erst
neuerdings aufgehobene Vorrecht der Mesta (d. h. des alten Vereins der
Herdenbesitzer), die Schafe auf fremdem Grund und Boden weiden zu lassen,
hat dem Ackerbau Spaniens großen Schaden gethan. Größere Städte giebt
es in dem volkarmen Alt=Castilien nicht; auch das alte Burgos zählt nur
30000 E. (in der herrlichen Kathedrale eine alte Fürstengruft; in einem
Kloster nahe dabei ruht der Cid). Segovia [ßegówia] mit einem von
Trajan angelegten Aquädukt.

c) Asturien, der Ausgangspunkt der neuen spanischen Monarchie
(§ 73, Ende), von dem der Thronerbe den Namen führte (die übrigen
Prinzen Infanten, d. i. Kinder von Spanien), gut angebaut, aber ohne
große Städte. Hauptstadt Oviédo.

d) Galicia [galißia], auch fleißig angebaut. Da aber die Natur nicht
genug spendet, wandern viele arme Gallegos [galjégos] aus, wie die
Savoyarden und arbeiten bei ihren Landsleuten und den Portugiesen als
Schnitter, Wasserträger u. s. w. Hier Coruña [korunja] und Ferrôl, wich=
tige Kriegshäfen, und im Innern Santiâgo (de Compostéla), berühm=
ter Wallfahrtsort, Universität. Die Spanier glauben nämlich, der Apostel
Jacobus (Jago) der Ältere habe ihren Vorfahren das Christentum gepre=
digt und liege hier begraben.

e) Die baskischen Provinzen: Alava [álawa], Guipúzcoa, Biscaya, an dem nach der letzteren benannten Meerbusen. Hier und noch über die Pyrenäen hinaus wohnen die Basken, ein Rest der alten Iberer mit eigener Sprache. Sie sind arbeitsam und tapfer, stolz auf ihre Nationalität, höchst eifersüchtig auf ihre alten Vorrechte (Fuéros), welche die spanische Regierung wiederholt zu schmälern suchte. Von Frankreich und Spanien spricht der Baske wie von fremden Ländern. Sprichwörter: „Flink wie ein Baske" — „jeder Baske ein geborener Hidalgo" [idálgo] (d. i. Edelmann). Binnenorte Vitória und Bilbao, der Grenzort Irun am? — die Seefestung San Sebastian [sán sebastián].

f) Navarra, auch mit baskischer Bevölkerung, die jedoch hier ihre alte Sprache mit dem Spanischen vertauscht hat; befestigte Hauptstadt Pamplóna.

g) León, darin Valladolid [waljadolid], einst die Residenz der castilischen Könige, 60000 E. Salamanca [salamánka], altberühmte Universität.

h) Estremadura, nur teilweise fruchtbar, trocken, oft vier bis fünf Monate kein Regen, wenig angebaut. Merke die starke Grenzfestung Badajoz [badachóß] am — gegenüber welcher portugiesischen? Weiter den Strom aufwärts Mérida, jetzt klein, aber als Emérita Augusta zur Römerzeit blühend. Viele römische Altertümer. Manche Häuser sind ganz aus Schäften und Kapitälen alter Säulen u. dergl. gebaut. Auch im Mittelalter noch bedeutend. — In der Nordostecke der Provinz das Kloster San Geronimo [cherónimo] de Yuste [juste], bei welchem das Landhaus stand, in dem Karl V. seine letzten Tage verlebte.

i) Andalusien, die gesegnetste und bevölkertste Provinz der Monarchie, Hauptstadt Sevilla [sewilja], einst Híspalis, am linken Ufer des Guadalquivir, dem Umfange nach die größte Stadt Spaniens, 140000 E. (einst dreimal so volkreich). Die Straßen eng, die meisten Häuser morgenländisch gebaut. Kathedrale mit dem Turme Giralda [chiralda], dem höchsten in Sevilla. Aquädukt aus der Römer-, Königspalast (Alcazar [alkáßar]) aus der Maurenzeit. Besuchte Universität. Früher Lehrschule für die beliebten Stiergefechte (Matadóres = Töter, die dem Stier den Todesstoß versetzen). Die größte Tabaks- und Zigarrenfabrik in Europa (Cigarro, ein spanisches Wort = Rolle). Handel. Spanisches Sprichwort: Wer Sevilla nicht gesehen, der hat nichts Merkwürdiges gesehen.

Den Strom hinauf, am rechten Ufer liegt Cordoba [kórdowa], einstmals das weltberühmte Residenz der arabischen Kalifen, mit einer damals vor allen anderen ausgezeichneten Hochschule; jetzt 60000 E. Kathedrale (einst Hauptmoschee) mit 100 Kapellen und 1000 dünnen Marmorsäulen; alter maurischer Königspalast, jetzt Gestüt für die bekannten andalusischen Pferde. Fabriken für Leder (Corduan). Vaterstadt der römischen Schriftsteller Séneca und Lucán.

Nach der Südspitze zu Jerez [cheréß] de la Frontéra, 65000 E., Weinbau (bei uns der Jerez-Wein Sherry [scherri] genannt), Schlacht 711 zwischen Goten und Arabern (§ 73, Ende).

An der Küste merken wir das Hafenstädtchen Palos, von dem Columbus (Colon) aussegelte, und die wichtige Isle de Leon, durch einen schmalen Meeresarm vom Festlande getrennt. Auf dieser Insel liegt erstens die Seestadt gleiches Namens, dann aber auf einer im NW. weit vorspringen

den Landzunge Cadiz [kádiß], das phönizische Gades, bedeutende Handels-
stadt, Freihafen, eine der stärksten Festungen der Welt, oft mit Ruhm ver-
teidigt. Ringsumher an den Küsten der Insel und des Festlandes deckende
Forts (Trocaderos). Die Stadt regelmäßig, nett und reinlich, wie aus dem
Meere aufsteigend, die weißen Häuser fast gleichmäßig gebaut, mit platten
Dächern und viereckigen innern Höfen und Cisternen, da Trinkwasser fehlt.
Unter den 62 000 Bewohnern viele Fremde.

Im SO. das Kap Trafalgar, in dessen Nähe 1805 der englische
Admiral Nelson [nels'n] über die französische Flotte siegte und starb.

k) Granáda (sonst auch Ober-Andalusien genannt), an Glut
und Produktion das europäische Afrika (§ 73). Die Hauptstadt Granaba,
auf einer reizenden Bergebene, 75000 E., zur Maurenzeit 400000; Universität. Die Bauart ist noch ganz maurisch. Auf einer Anhöhe der Stadtteil
Alhambra, darin der verfallende Palast der alten Maurenkönige gleiches
Namens, mit schlanken Säulenwäldern, prächtigen Säulen und Höfen (der
Löwenhof). Von dieser Höhe eine der herrlichsten Aussichten der Welt.

Am Meere Málaga, Hafen und Handelsstadt, 130000 E. Ausfuhr
von Südfrüchten und Wein, der auf dem Thonschiefer der Südküste vortrefflich gedeiht. In dem Stadtgebiete 7000 Weinberge.

l) Murcia [múrßia], die Hauptseidenprovinz. Binnenstadt Murcia,
100000 E.; Cartagena [kartachéna], befestigte Seestadt und Kriegshafen,
einst von Hasdrubal als Neu-Karthago zur Hauptstadt aller karthagi-
schen Kolonieen bestimmt, 80000 E.

II. Die Länder der Krone Aragon.

m) Aragon oder Aragonien, auf beiden Seiten des —? Zaragoza [ßaragóßa], auf dem rechten Ebrouser, 90000 E.; Universität. Wall-
fahrtsbild der Madonna vom Pfeiler (del Pilar). In dem napoleonischen
Kriege wehrte sich die nur schwach besetzte Stadt 60 Tage gegen die Franzosen, die Straße für Straße, Haus für Haus erobern mußten. Die Spanier
sind überhaupt die besten Festungsverteidiger, wegen ihrer tapfern, hart-
näckigen Ausdauer, dann wegen ihrer großen Mäßigkeit. Sprichwort: „Oliven, Salat und Radieschen sind Speisen eines Ritters." Der Name Trunken-
bold ist das beleidigendste Schimpfwort.

n) Catalonien, stark bevölkert. Die Bewohner sind, weil das Land
als Vorstufe der Pyrenäen nicht genug Getreide erzeugt, auf Handel und
Industrie angewiesen.

Barcelona [barßelóna], bedeutende Festung und Handelsstadt, auch
Universität, 270000 E. Sie liegt halbmondförmig am Meere; im O. die
Citadelle, im W. auf steiler Höhe das Fort Montjouy. Beide bestreichen
den zwar sichern, aber etwas flachen Hafen. Die Stadt ist gut gebaut, besonders die Vorstadt Barceloneta [barßelonéta]. Barcelona ist der Hauptsitz der spanischen Industrie.

Landeinwärts, 45 km nach NW., liegt der Montserrát (d. i. zer-
sägter Berg) 1200 m. Ganz einzeln auf der Ebene dastehend, das Haupt oft
in den Wolken des Himmels, scheint er zu einem heiligen Berge wie gemacht.
Ungefähr in der Mitte das Hauptkloster. Dann die rauhen Felsenzacken hinauf 13 Einsiedeleien. Die auf der Spitze ward immer von dem jüngsten Einsiedler bewohnt, der, wenn einer seiner untern Brüder starb, nachrückte; so

kamen die Alten dem Kloster immer näher. Wallfahrtsort. Jetzt ist das Kloster sehr heruntergekommen. Die Einsiedeleien stehen leer.

An der Meeresküste, nordöstlich von Barcelona, liegt die Handelsstadt Mataró, s. f. w. Reus [rä=us], mit dem Hafen Salou [ſalou], zu Anfang unseres Jahrhunderts noch ein Dorf, jetzt auch durch Handel blühend. Um so mehr hat sich aber der Verkehr von dem Reus nahe gelegenen Tarragóna weggewendet, das einst bedeutend genug war, um zur Römerzeit diesem östlichsten Teile Hispaniens den Namen des tarraconensischen zu verleihen.

Unter den vielen Festungen der Provinz nach der französischen Grenze zu merke Gerona [cheróna].

Dicht an der französischen Grenze in einem rings umschlossenen Hochgebirgsthal der Pyrenäen die kleine Republik Andorra, welche, aus einigen Dörfern und Weilern bestehend, seit den Tagen Karls des Großen unter spanischem und französischem Schutz ihre Freiheit bewahrt hat.

o) Valencia [walénßia], ein reizendes, fruchtbares Küstenland, „das spanische Paradies“. Die schöne Stadt Valencia, 170000 E., liegt in einer paradiesischen Gegend, die man den Garten von Valencia nennt. In der Kathedrale der Hochaltar aus 18½ Kubikmeter massiven Silbers. Universität. Große Fabriken in Sammet und Seide. Schöne Alaméda, d. h. mit Baumreihen bepflanzter Spaziergang. Solche Alamedas giebt es bei allen größeren spanischen Orten; auf ihnen an den frischen Abenden reges Leben der Bewohner. Da klingt das Getön der im Süden heimischen Instrumente, der Guitarre und der Castagnetten, da kann man wohl auch den Nationaltanz, den Fandango, unter reger Teilnahme der Zuschauer tanzen sehen. — Im S. der Stadt der Küstensee Albuféra, mit reicher Jagd und Fischfang. Zweimal im Jahre ist dort für die Einwohner von Valencia freie Jagd. Großes Volksfest.

Weiter nach S. an der Küste Alicante, Hafen, Handel. In der Umgegend Südfrüchte und Wein.

p) Der Provinz Valencia gegenüber liegt die zu Spanien gehörige Inselgruppe der Baleären (d. i. Schleuderer-Inseln, weil ihre Einwohner in den Heeren der Alten die besten Schleuderer waren).

Wir merken die drei großen Inseln, wie sie vom Lande aus nach NL. zu folgen. Sie sind alle sehr gebirgig.

Ivica [iwißa], 90 km von der Küste.

Mallorca [maljórta] oder Majorca, mit der festen Stadt Palma, 60000 E.

Menórca, darauf Festung Mahon [maón] mit einem der vorzüglichsten Häfen des Mittelmeeres.

Noch merken wir einen seit 1704 den Engländern gehörenden Ort. Am östlichen Ende der großen Meerenge von Gibraltar hängt durch eine sandige Niederung, den sogenannten neutralen Boden, mit dem Festlande eine 400 m hoch getürmte, felsige Landzunge zusammen. 5 Kilometer läuft sie von N. nach S. ins Meer, 2½ Kilometer ist sie breit. Im N. und O. kann man das Kalksteingebirge gar nicht ersteigen, im W. ist an den Felsen die Stadt Gibraltar, 26000 E., gelehnt oder fast hineingehauen, was wenigstens von den sich bis 300 m hinaufziehenden Festungswerken gilt. Sie ist, wie die Erfahrung der hitzigsten Belagerungen gezeigt hat, uneinnehmbar. Mit Recht gilt sie für den Schlüssel zum Mittelmeer.

§ 75.

Die Alpen.

Das europäische Hauptgebirge, der Gebirgskern des Erdteils, die Alpen (d. i. die Weißen, keltisch), liegt fast genau in der Mitte zwischen Äquator und Nordpol, etwas nördlicher als der Kaukasus und die Pyrenäen. Im SW. berühren die Alpen das Mittelmeer ungefähr da, wo der Küstenfluß Var mündet. Von dort umzieht ein Gebirgsflügel den Meerbusen von Genua, in welchem die Beschaffenheit seines Gesteins (Schiefer und Serpentin) einen Ausläufer der Alpen erkennen läßt. Man nennt ihn aber den ligurischen Apennin und rechnet ihn damit dem großen italienischen Gebirgszuge zu, obwohl das Kalkgebirge der Apenninen erst an der Trebbia anhebt. Im O. erreichen die Alpen einerseits die Donau bei Wien, andererseits das Nordende des adriatischen Meeres; jenes Nordostende berührt beinahe die Karpaten, dieses Südostende geht allmählich in die dinarischen Alpen der griechischen Halbinsel über. Faßt man die Alpen in ihrer Gesamtausdehnung ins Auge, so bilden sie die Form eines Füllhorns, dessen gebogene Spitze am Mittelmeer liegt und dessen Öffnung nach der ungarischen Tiefebene gerichtet ist. Im allgemeinen nimmt die Höhe der Alpen von ihrer höchsten Erhebung im Montblanc gegen S. und gegen O. ab, dagegen die Breite und Gespaltenheit zu. Die Länge des ganzen Zuges beträgt über 1000 km, die von ihm bedeckte Fläche 220000 qkm (4000 □.M.). Dazu gehören 1) von Italien die Landschaft Piemont, der Nordrand der Lombardei und Venetiens; 2) von Frankreich: Nizza, Savoyen, Provence und Dauphiné; 3) der Alpenteil der Schweiz, Bayerns und Österreichs.

Die Alpen sind kein Kettengebirge, sondern sie bestehen aus einer großen Zahl von Gebirgsmassiven, welche an und ineinander geschoben erscheinen und von kürzeren, in verschiedenen Richtungen streichenden Höhenzügen begleitet und durchzogen werden. Diese kettenartig gestalteten Bergzüge sind die ältesten Bestandteile des Gebirges. Sie bestehen an der ganzen Außenseite des großen Alpenbogens aus Kalkgestein, ebenso an der Innenseite vom Lago maggiore [matschöre] an ostwärts; in der Mitte zwischen beiden bestehen sie dagegen aus Schiefer. Diese geschichteten Gesteine sind nun an sehr vielen Stellen von krystallinischen Gesteinmassen durchbrochen, so daß sie teils emporgehoben, teils steil aufgerichtet, teils zurückgedrängt sind. Die durchbrechenden krystallinischen Gesteine wieder haben sich teils pyramidal aufgebaut, teils ihre Felsmassen fächerartig auseinander gelegt. Solcher Massivs mit krystallinischem Kerne zählt man über 30. Daher die unregelmäßige Lage der Hoch= gipfel, die ungleichmäßige Massenverteilung im Gebirge, die Zer= störung der Regelmäßigkeit in den Streichungslinien, aber auch die Wegsamkeit des Alpengebirges. Erst im östlichen Drittel unterscheidet man deutlich eine Mittelkette mit den höchsten Gipfeln (Central= alpen) von einer nördlichen und einer südlichen Kette, in denen aber auch noch echt hochalpine Erhebungen vorkommen.

Nach ihrer Höhe unterscheidet man 1) Voralpen, bis 1500 m, die Zone der Waldungen und Frühlingsweiden fast ausschließlich auf der Nordseite. Sie bestehen aus tertiären Bildungen, besonders der Molasse, einer Art Sandstein, dessen schräg gegen die eigent= lichen Alpen gehobene Schichten beweisen, daß die Hebung der kry= stallinischen Gesteine aus dem Erdenschoß der nachtertiären, also der jüngsten Periode der Erdgeschichte angehört (§ 24 A). Die Vor= alpen (nicht zu verwechseln mit dem breiteren Gürtel der Kalkalpen, welche ihrer Höhe nach durchaus nicht zu den Voralpen gehören) umlagern den Alpenhalbmond besonders auf seiner dem Stamme Europas zugekehrten Seite und bergen bevölkerte Thäler und Dörfer, Flecken und Städte. 2) Mittelalpen, bis 2500 m, etwa von der Grenze des Baumwuchses bis zum ewigen Schnee; sie enthalten die Alpentriften mit den alpinen Kräutern und Blumen, welche an die Polarzone erinnern und die höchsten Sommerweiden schmücken; sie sind die Heimat der dem Alpenlande eigentümlichen Tiere wie Gemse, Steinbock, Murmeltier. 3) Die Hochalpen oder die Region des ewigen Schnees, über 2500 m; sie haben scharf gekantete Joche, schmale Felsenkämme und Firste, steile Wände, tiefe Schluchten; die Gipfel stellen sich meist als schroffe Hörner oder spitzige Zacken und Nadeln dar. Da die Grenze des ewigen Schnees in den Alpen an der Nordseite in 2700 m Höhe, an der Südseite in 2860 m Höhe liegt, so sind die Hochalpen, wo nicht zu steile Abstürze in grauer Nacktheit dazwischen treten, mit ewigem Schnee (Firn) bedeckt. Es ist derselbe nicht flockig, sondern feinkörnig, blendend weiß und fest.

Unter der Schneegrenze lagern Gletscher, nach der Verschie= denheit der Gegend auch Ferner (Kees), französisch Glaciers, italienisch Vedrette (Singular Vedretta) genannt. Einzelne mehr wagerechte Gletscher hat man Eismeere genannt. Diese Gletscher sind gepreßte Schneemassen, welche durch Auspressung der Luft eisähnlich werden; wie gefrorene Ströme ziehen sie sich von den Höhen des ewigen Schnees in den Hochgebirgsthälern hinab, der

Grindelwaldgletscher reicht sogar bis 983 m herab. An ihrem un=
teren Ende geben sie abtauend einem meist trüben Alpenwasser den
Ursprung. Man zählt in den Alpen über 600 Gletscher und schätzt
die von ihnen bedeckte Fläche auf 4000 qkm (70 Q.=M.).

In den wildesten Teilen der Hochalpen sind gewaltige Ge=
birgsmassen noch von keinem Menschenfuße betreten und erheben
namenlose Hörner in die Luft, die nie eines Menschen Stimme, nur
der sausende Flügelschlag eines Bartgeiers berührt hat. Manches
in den zerrissenen Armen der Hochalpen ruhende Thal ist kaum von
eines Jägers Fuße betreten und unbekannter als die Küste der ent=
legensten Inselgruppen oder das Uferland des Nil und Mississippi.
Indes verringert sich von Jahr zu Jahr der Umfang dieser terra
incognita durch den Eifer des Alpen=Klubs.

Die Riesenmassen von Schnee und Eis, welche gerade im höch=
sten Sommer den meisten Wasservorrat liefern, verbunden mit dem
ungeheuren Niederschlag auf dem Hochgebirge, erklären den überaus
großen Wasserreichtum der Alpen. Tausend kleinere Gebirge,
in denen sich der Reisende über den spärlichen, erst aufgesammelten
Wasserfall freut, könnten von den Alpen verschwenderisch ausgestattet
werden. Nicht aber bloß der üppige Reichtum an Seeen, Flüssen,
Wasserfällen u. s. w. entzückt, sondern auch die herrliche grüne Farbe,
welche die klaren und durchsichtigen Gewässer auszeichnet.

Die obere Rhone, der obere Rhein, der Inn von Landeck an,
die obere Enns einerseits, und anderseits die Rienz und die Drau
durchziehen die großen Längsthäler der Alpen, welche innerhalb des
großen Ostflügels der Alpen die nördlichen und südlichen Kalkalpen
von den Centralalpen scheiden. Zahlreiche Querthäler, das Gebirge
durchsetzend, münden in sie ein. So entstehen von Thal zu Thal
Straßen für Heere oder wandernde Völker. Den Übergang einer
Straße aus dem einen Hauptthale in ein anderes auf dem entgegen=
gesetzten Alpenabhange bilden die tiefsten Einsenkungen des Kammes
oder die Alpenpässe, teils Saumpfade, teils die großartigsten
Wunderwerke des Wegebaues. Die Pässe sind in den Alpen, im
Vergleich mit andern Hochgebirgen, am zahlreichsten (über 30), am
tiefsten und bequemsten; am niedrigsten in den Ostalpen. Von an=
dern Hochgebirgen (Kaukasus, Cordilleren, Himalaja) unterscheiden
sich die Alpen überhaupt durch ihre größere Zugänglichkeit, Anbau=
fähigkeit und Bewohnbarkeit.

Den bei weitem größten Teil der Alpen, ihren ganzen weit=
gedehnten Nordabhang haben Deutsche inne, die hier für die Frei=
heit ihrer Berge oft mannhaft gestritten. Am West= und Südfuße

leben Romanen (Franzosen und Italiener), in einigen Thälern der Ostalpen Slaven. Obwohl in den Thälern der höheren Alpen von Getreidebau kaum mehr die Rede ist, so ist das Gebirge doch im ganzen stark bewohnt. Es ist ein kräftiges, rüstiges Volk; in einigen Thälern giebt es aber auch Cretins, arme, halbblödsinnige Menschen mit Kröpfen. Viehzucht und Benutzung der Milch macht im eigentlichen Hochgebirge die Hauptbeschäftigung aus. Aber Stall= fütterung kennt man nur im Winter. Im Sommer weidet das Vieh 12—14 Wochen auf der Alp oder Alm, zieht im festlichen Zuge aus und kommt ebenso festlich zurück. Diese Alpen oder Almen sind mit Gras und Kräutern bewachsene Hochflächen ober= halb der Waldgrenze, jedoch noch unterhalb des letzten Anstiegs zu den höchsten, firnbedeckten Kämmen. Die Hirten oder Sennen (in den östlichen Alpen mehr Sennerinnen) wohnen in Hütten, die aus übereinander gelegten Balken errichtet sind, das Dach mit großen Steinen gegen die Gewalt des Windes beschwert. Zu diesen Hütten kehrt das Vieh, dem reichen Besitzer im Thale gehörig, am Abend heim und wird gemolken. Wie fett und wohlschmeckend, was an Milch, Rahm und Käse gewonnen wird! (Butterbereitung nur in den östlichen Alpen.) Andere Alpenbewohner beschäftigen sich mit der Jagd. Bären und gar Steinböcke sind große Seltenheiten; meist macht man sich auf, den „flüchtigen Gemsbock zu jagen", und das unter großen Gefahren. Noch auf gar manche Weise versucht der arme Älpler sich durchzuhelfen. Bald ist er Holz=, Horn= und Knochen= schnitzer, bald geschickt in allerlei Flechtarbeit, bald durchzieht er mit seinen Waren das Tiefland oder läßt in der Fremde seine Alpen= gesänge hören. Viele lassen sich als Konditoren in größeren Städten nieder. Aber immer zieht es den Schweizer unwiderstehlich nach der Heimat. Zwar geht es ihm hier oft kümmerlich; zwar bedrohen ihn manche Gefahren: wie die zumal im Frühjahr oft schreckliche Ver= wüstungen anrichtenden Schneestürze oder Lawinen, seltener eigent= liche Bergstürze — aber doch fühlt sich das Kind der Alpen nirgends anders recht glücklich, und man hat die Erscheinung des Heimwehs nie ergreifender beobachtet, als wenn z. B. ein Schweizer, fern von der Heimat, die Melodie des unter seinen Sennen üblichen Kuh= reigens gehört hat.

Aber auch die Bewohner der ringsum liegenden Länder fühlen sich unwiderstehlich zu den Alpen hingezogen, welche einen unaus= löschlichen Eindruck der Erhabenheit und Majestät in der Seele des Beschauers zurücklassen. Die Alpen sind jährlich das Ziel einer Unzahl von Reisenden. Schwer ist zu sagen, was am meisten

ergreift, erhebt und entzückt, ob der Anblick einer gezackten, weiß=
schimmernden Alpenkette aus der Ferne — ob das Glühen der Alpen
am Morgen und Abend — ob die Alpenflüsse und Alpenseeen, mit
ihren bald schroffen und wilden, bald sanfteren Ufern, die groß=
artigen Wasserfälle der Alpenbäche — ob die frischgrünen Alpen mit
ihrem reichen, kurzgestielten Blumenflor, „wo, von der Genziane
und Anemon' umblüht, auf seidnem Rasenplane die Alpenrose glüht"
— ob der Gegensatz des Schrecklichen und Lieblichen, die sich hier
oft in unmittelbarer Nähe berühren, — ob die reine, frische Berg=
luft — ob die bald lieblichen, bald erhabenen Aussichten. Manche
Ausländer freilich treibt nicht Andacht, sondern fade Modesucht in
diesen Tempel der Natur, den sie nicht verstehen, — sie sind es auch
besonders, die durch ihren Luxus und ihre Gelüste hie und da die
Natur der Alpenbewohner in Habsucht und Üppigkeit verkehrt haben.

Man kann in dem ganzen Alpenzuge zwei Hauptflügel unter=
scheiden, von denen der Westflügel die Westalpen, der Ostflügel die
Mittelgruppe und die Ostalpen umfaßt. Die auf den Landkarten
üblichen, zum Teil schon aus den Römerzeiten herrührenden Namen
einzelner Alpenteile sind den Alpenbewohnern selbst meist ganz un=
bekannt. Wir wollen daher das Gebirge nach den Linien einteilen,
welche die großen Thäler durch dasselbe ziehen. Zugleich merken wir
uns dabei die wichtigsten fahrbaren Alpenstraßen; die nur für den
Fußgänger oder den sichern Tritt der Maultiere oder Saumrosse ge=
eignet sind, nennt man Saumwege. „Im Nebel sucht das Maul=
tier seinen Weg."

I. Der Westflügel.

Die Westalpen ziehen vom Mittelmeer bis zum Montblanc, im
ganzen mit nördlicher Richtung, mit steilem Abfall nach O., weil an dieser
Seite ihnen keine Kalkalpen vorgelagert sind, mit sanfterem nach W. Gen
O. wohnen Italiener, gen W. Franzosen.

1) Die Seealpen, schon bei den Alten Alpes maritimae, vom Paß
Col di Tenda, wo der ligurische Apennin beginnt, bis zum Monte
Viso, 3800 m, zwischen Nizza, Piemont und Provence. Die Thäler der
Durance und des obern Po bilden die Grenze.

2) Die cottischen Alpen (bei den Römern von einem Tributkönige
Cottius, einem Zeitgenossen des Augustus, genannt) vom Monte Viso in
einem nach W. ausgeschweiften Bogen über die Gruppe des Mont Pelvour
mit dem Mont Genèvre bis zum Mont Cenis, 3600 m, zwischen Pie=
mont und Dauphiné. Seit 1871 ist durch einen 12 km langen Tunnel=
Durchbruch s. w. von Mont Cenis, der einen kühnen Eisenbahnbau von der
italienischen Ostseite mit einem eben solchen von der französischen Westseite
herauf in Verbindung gesetzt hat, Italien mit Frankreich durch diese Fels=
mauer der cottischen Alpen verbunden (sogenannte Mont Cenis=Bahn).
— Die cottischen Alpen sind meist Hochalpen; die an der Westseite ihnen

breit bis zur Rhone vorgelagerten Kalkalpen sind die westlichsten Zweige des ganzen Alpenzuges.

3) Die grajischen Alpen vom Mont Cenis in einem Bogen nach O. nördlich vom Montblanc, zwischen Piemont und Savoyen. In ihnen der Mont Iseran, 4000 m, und der Kleine St. Bernhard, über welchen wahrscheinlich Hannibal den berühmten Übergang machte. Die Thäler der Arve und der Dora Baltea bezeichnen ihre Grenze. Die grajischen Alpen sind auch meist Hochalpen; nur im W. sinken sie in die Mittel= und Voralpenregion.

II. Der Ostflügel.

A. Die westliche Hälfte des Ostflügels (die Mittelgruppe der Alpen) erstreckt sich von den Thälern der Arve und Dora Baltea, die vom Montblanc herabsteigen, bis zum Engadin, dem Thale des oberen Inn. Sie ist vorwiegend von Deutschen bewohnt.

a. Die Centralalpen der Mittelgruppe.

An der westlichen Ecke der Mittelalpen ragt der höchste Berg der Alpen und des ganzen Erdteils, der Montblanc, 4810 m. Er erhebt sich zwischen dem vielbesuchten savoyischen Thale von Chamonix (der Arve) und dem piemontesischen Thale von Bani (der Dora Baltea) als eine ungeheure Eis= und Schneepyramide, die nach S. fast senkrecht abgeschnittene Felswände zeigt. An seinem Gipfel, der von ONO. angesehen wie ein Kamelbuckel aussieht und drei Spitzen hat, reiht sich eine Kette spitzer Granitfelsen, Aiguilles genannt; unter den vier größeren und zwei kleineren Gletschern, die vom Montblanc in das Chamonixthal herabbringen, ist der besuchteste das berühmte Eismeer (mer de glace). Überhaupt umlagern 23 Gletscher den Bergriesen. Erstiegen ist der Montblanc zuerst 1786 durch Paccard, 1787 durch den Naturforscher Saussure, hernach öfters, besonders auch in den letzten Jahren. Man unternimmt die Fahrt meist von dem lieblichen Thale von Chamonix aus. Die Aussicht erstreckt sich weithin über die Alpenketten.

Vom Montblanc ziehen sich zwischen Piemont und dem Schweizer= canton Wallis die Walliser Alpen, auch wohl die penninischen (von dem keltischen Worte penn d. i. Spitze) genannt. In ihrem Zuge liegt der Große St. Bernhard; zwischen seinen beiden Gipfeln geht eine Haupt= straße von Piemont nach Wallis; auf der Höhe des Überganges, in einer Art Schlucht, aber doch noch 2500 m hoch, steht ein Kloster, in dem 12 Bern= hardinermönche wohnen. „Der Hohlweg senkt sich tiefer, durch Felsen= zacken blickt des Klosters dunkler Schiefer, mit weißem Kreuz geschmückt." Der Beruf dieser Väter ist, Reisende zu bewirten, zu pflegen (wofür sie nur von den Reicheren Geschenke annehmen) — besonders auch in Schnee und Sturm Verunglückte aufzusuchen und zu retten. Dazu sind ihnen die treuen und verständigen Hunde behilflich, welche in gefährlicher Zeit suchend in der Umgegend umherspüren, ein Brötchen und ein Fläschchen Wein für Ver= schmachtete am Halse. Der Hund Barry (jetzt ausgestopft im Museum in Bern) hat während seiner Dienstzeit 40 Menschen aufgefunden und gerettet. Die alte Rasse ist indessen ausgestorben; Abkömmlinge von ihr sind die Leon= berger. Jährlich kehren etwa 20000 Reisende im Hospiz ein. Von diesem Passe etwa 45 km nach O. liegen das kühn aufragende Matterhorn, 4500 m, und der 1863 zuerst erstiegene Monte Rosa, 4600 m, der aus einer Gruppe kranzförmig liegender Hochgipfel besteht, steiler und malerischer, von S. her geschaut, als der Montblanc. Im O. endigen die Walliser Alpen, der höchste und wildeste Teil des Gebirges, bei dem Simplon= (deutsch Simpeln=) Paß. Hier führt die Simplonstraße über die Alpen, ein Bau Napoleons I. Von dem wallisischen Ort Brieg an bis zum piemontesischen Domo d'Ossola [óssola] ist sie 70 Kilometer lang und erreicht eine Höhe von 2000 m. Um dies zu erreichen, hat man Gänge, Galerieen, durch die Felsen sprengen müssen; die längste ist die von Gondo, fast 700 Schritt lang, durch den härtesten Granit gehauen, in der wildesten Gegend des Passes, zwischen den prächtigsten Wasserstürzen. Auch an dieser Straße liegt ein Hospiz.

Ein schmaler, aber hoher Gebirgsrücken führt zu der zerrissenen, vielgipfligen Felsmasse des St. Gotthard hinüber, einem gewaltigen Felsenrücken mit vielen kleinen Seeen und Gletschern, von welchem nach allen Himmelsgegenden Alpenzüge ausstrahlen und mächtige Gewässer strömen. Über ihn führt aus dem Thale der Reuß in das Thal des Tessin eine uralte Handelsstraße von Deutschland nach Italien; aber seitdem die Eisenbahn mit einem 15 km langen Tunnel den Berg von Göschenen nach Airolo durchbohrt hat, nimmt der große Verkehr seinen Weg durch den Berg hindurch.

Vom Simplon=Passe zieht sich ostwärts ein mächtiger Gebirgsstock, dessen Hauptteil die Graubündener Alpen sind, den Walliser Alpen ähnlich, doch weniger gedrängt und von geringerer Höhe. Man nennt ihn auch wohl die lepontischen Alpen nach dem keltischen Gebirgsvolke der Lepontier (im W.) und die rätischen Alpen nach dem alten Rätien (im O.). Sein Ende bezeichnet das Engadin. Hinüber führt aus dem Thale des Hinterrhein durch die Via mala über den Splügen zum Comersee der Splügen=Paß. Beim Septimer, an der Westseite des oberen Engadin, wendet der Gebirgszug sich nach NO. bis gegen Landeck hin.

b. Die nördlichen Kalkalpen der Mittelgruppe.

Den ganzen Raum vom Querthal der Rhone, in dem sie sich dem Genfer See zuwendet, bis zum obern Lech erfüllen die nördlichen Kalkalpen der Mittelgruppe, welche wir eingehender in § 86 betrachten wollen. Ihre Teile sind:

1) Die Berner Alpen. In sie bringt ein Gebiet schiefrigen und krystallinischen Gesteins (Protogin, Gneis und Glimmerschiefer) ein, das Rhonethal nordwärts überschreitend. Daher kommt es, daß die Berge des Berner Oberlandes eine Mächtigkeit erreichen, welche derjenigen der Walliser Alpen nahe kommt. Die höchsten Gipfel sind das gletscherumstarrte Finsteraarhorn, 4300 m, und die in einen flimmernden Schneemantel gehüllte, wenig niedrigere Jungfrau, von welcher der größte Gletscher Europas, der 20 km lange und 2 km breite Aletschgletscher nach dem Rhonethal zu hinabsteigt. Das westliche Ende dieses Gebietes bezeichnet der im Zickzack steil hinabführende Saumpfad der Gemmi, die tiefste Einsenkung der Saumpfad der Grimsel.

2) Die Vierwaldstätter Alpen, nördlich vom Brienzer See, schieben nach N. den wunderbar gezackten Pilatus vor.

3) Die Glarner Alpen östlich vom Haslithal. Auch in sie erstreckt sich das krystallinische Gebiet hinein bis zu dem dreigipfligen Tödi, der darum noch bis zu einer Höhe von 3600 m aufsteigen kann.

4) Die Schwyzer Alpen, ostwärts der Reuß, drängen sich ähnlich mit dem mächtigen Gebirgsstock des Rigi, 1800 m, in den Vierwaldstätter See hinein.

5) Die Appenzeller Alpen, mächtig mit den Churfirsten aus dem Wallensee ansteigend, reichen bis an den Rhein.

6) Die Vorarlberger und Algäuer Alpen erfüllen den Raum vom Bodensee bis zum Lech. Sie sind dem Rätikon und dem Silvretta-Gebirge vorgelagert, über welches der Fluela-Paß in das obere Engadin hinabführt. Der 10 km lange Arlberger Tunnel durchbohrt sie zur Verbindung des Rhein= mit dem Innthale.

c. Die südlichen Kalkalpen der Mittelgruppe.

An der Südseite fehlen der Mittelgruppe, wie dem ganzen Westflügel an seiner östlichen Seite, die Kalkalpen völlig. Sie beginnen erst mit dem tiefen Spalt des Langensees und reichen bis zum Comer=See hinüber. In zackig gewundener Linie sondern sie sich von dem krystallinischen Gebiete ab; daher die wunderliche Gestalt des Luganer Sees, welcher den trennenden Spalt ausfüllt.

B. Die östliche Hälfte des Ostflügels (die Ost=Alpen).

Östlich vom Engadin fehlt den Alpen zunächst jede Kettenbildung. Bis zu der Einsenkung des Brenner Passes bestehen sie aus einzelnen mächtigen, zum Teil weitverzweigten Gebirgsstöcken. Erst im Osten des Brenner hebt eine Kettenbildung wieder an. Bewohnt sind die Ost=Alpen überwiegend von Deutschen, doch haben zumal in den ostwärts gerichteten Längsthälern sich Slaven weit hinaufgezogen.

a. Die Centralalpen der Ostgruppe.

Am Südende des Engadin erhebt sich der Granitkoloß des Bernina, dessen höchste Spitze der Piz Bernina über 4000 m ansteigt. Der aussichtsreiche, leicht zu ersteigende Piz Languard, 3300 m.

Durch das Thal der Adda wird von ihm getrennt der gegen SO. abgerückte Monte Adamello, gleichfalls ein Granitstock, 3600 m.

Die Adda entquillt der Ortles=Gruppe, welche der Trias=Formation angehört. Wie eine Insel liegt sie innerhalb des krystallinischen Gebietes, dem sie nicht angehört. Strahlenförmig gehen niedrigere Ketten nach allen Seiten von der gewaltigen, 3900 m hohen, mit Schnee und Eisfeldern umgebenen Pyramide des Ortles aus. An seinen Gletschern führt eine prachtvolle Kunststraße aus Tirol nach Bormio (Worms) in der Lombardei. Die Straße über dieses Stilfser Joch, öfters auch Wormser Joch genannt, war im Bau noch schwieriger als die Simplonstraße und ist die höchste fahrbare Straße in Europa. In 52 Windungen steigt sie aus Tirol auf die Höhe von 2800 m und in 38 nach Italien hinab. Auch hier Galerieen und Zufluchtshäuser (Cantoniéras): zur Seite das majestätische Haupt des Ortles.

Nördlich von dem Ortles und dem Thale der obern Etsch, dem Vintschgau, liegen in dem großen Winkel von Inn die Tiroler Alpen. Sie bilden einen gewaltigen Gebirgsstock, dessen höchste Erhebung in S. über den Öthaler Ferner liegt, von wo er sich nordwärts in langen Zügen mit tief eingerissenen Thälern verflacht.

Ihr Ostende bezeichnet die Einsenkung des Brenner Passes aus dem Thale der Sill (zum Inn) in das Thal des Eisack (zur Etsch). Wegen seiner geringen Höhe von nur 1352 m wurde derselbe von alten Zeiten her als der bequemste Übergang über die Alpen, als die gewöhnlichste Verbindungsstraße zwischen Süd und Nord benutzt, wie jetzt die Eisenbahn über ihn hinweg Innsbruck und Bozen verbindet (deshalb Brenner=Bahn genannt).

Östlich von der Brennersenke kommt es noch einmal zu einer Kettenbildung zwischen den Längsthälern der Salzach und Enns im N., der Drau im S. Da, wo die Kette mauerartig ungetrennt ist, nennt man sie die Hohen Tauern; hier ragen die höchsten Gipfel, so der Groß=Glockner, 3800 m. Weiter ostwärts, wo sie durch die Längsthäler der Mur und der ihr entgegenfließenden Mürz gespalten wird, nennt man sie steirische Alpen; hier überragt kein Gipfel mehr die Schneelinie.

b. Die nördlichen Kalkalpen der Ostgruppe.

1) Die bayrischen Alpen nördlich vom Inn mit der Zugspitze, 2960 m.

2) Die Salzburger Alpen mit dem Watzmann, 2700 m, sind durch Seeen und Flußthäler in mehrere inselartige Hochmassen geschieden.

3) Das Salzkammergut, das Gebiet der obern Traun, ist ähnlich gestaltet. Daher die Fülle malerischer Reize. Dachstein, 3000 m.

4) Die österreichischen Alpen setzen sich bis zur Donau fort. Ihr letzter Ausläufer ist der Wiener Wald.

c. Die südlichen Kalkalpen der Ostgruppe.

1) Die Trientiner Alpen, östlich von der Etsch, bilden ein unregelmäßiges Gebirgsland, den Salzburger ähnlich. Von großartigem Reize sind die phantastisch geformten Dolomiten, besonders des Ampezzothales.

2) Die karnischen Alpen bis zum Triglav (d. i. Dreikopf), 2900 m. Ihre östlich gerichtete Fortsetzung sind die Karawanka.

3) Die julischen Alpen bis gegen den Busen von Fiume hin. Ihnen ist nach der Halbinsel Istrien zu die zerrissene Hochfläche des Karst vorgelagert. Dieser Teil der Ost=Alpen besteht aus einem leicht durch das einsickernde Regenwasser auflösbaren Kalkstein, ist daher voll von Höhlen, oberirdischen Einsenkungen von flacher Trichterform (Dollinen) und unterirdischen Kanälen, in denen die Gewässer sich wieder verlieren, andere wie mächtige Ströme hervortreten. So hat der in den Busen von Triest mündende Timavo einen Lauf von einer Viertelstunde, trägt aber die größten Seeschiffe, da dieser Fluß (nach kurzem oberirdischen Lauf) bis dahin eine weite Strecke unterirdisch geflossen ist und sich dabei hinreichend mit Wasser gefüllt hat.

Die Alpen und ihre Vorketten sind im N. und S. durch zahlreiche und größere Alpenseeen ausgezeichnet. Sie haben den reichsten Wechsel und den größten Reichtum an Naturschönheiten und sind auch die vornehmsten Sammelplätze der Bevölkerung. Wie nun die Gletscher die ersten, im innersten Gebirge verborgenen Vorratskammern der Wasserschätze sind, so sind am Rande der Gebirge die Seeen die Sammelbehälter und Läuterungsbecken der Alpengewässer, die „Kehrichtmagazine" der Alpen. Wild tobend und bis dahin oft nur zerstörend stürzt sich mit noch unklaren Gewässern der Alpenstrom hinein: geläutert, mit prächtigem Smaragdgrün, und mehr geordneten, Segen spendenden Ganges geht aus dem See hervor der Lauf weiter.

§ 76.
Die italische oder die Apenninen-Halbinsel.

Dem großen Alpenbogen fehlen an der Innenseite vom ligurischen Apennin bis zum Langensee vorlagernde Kalkalpen gänzlich.
Daher fallen die Alpen am steilsten und tiefsten nach Italien ab.
Daher steigen auch fast alle Pässe, die nach der Halbinsel führen, auf
französischer oder deutscher Seite sanfter an, senken sich dagegen nach
der italienischen rasch ab und erleichtern so einfallenden Völkern von
W. und N. her den Zugang. Während sich an den nördlichen Alpen=
fuß Hochebenen ansetzen, steht der Südfuß fast unmittelbar auf
einer Tiefebene. Dies ist Nord-Italien, das italische Nieder=
land, nach O. zum Abriameer sanft geneigt, der ebene Kriegsschau=
platz, auf welchem die Schicksale Italiens so oft in großen Schlachten
entschieden sind. Weil es im S. durch den Apennin fast ganz abge=
schlossen und vom eigentlichen Apenninenland (Mittel= und Unter=
Italien) so verschieden ist, infolge der Einwanderung keltischer (gal=
lischer) Völker aber, welche die Alpen überstiegen, ehedem noch ver=
schiedener von jenem milderen Südland sich zeigte als heute, ward
es von den Römern nicht zu Italien gerechnet und Gallia cisalpina genannt. Auch Napoleon I., ein Italiener, pflegte nicht un=
passend das kontinentale Italien von dem eigentlichen Italien zu unterscheiden. Mit dem ersteren beschäftigen wir uns zuerst.

1) Das oberitalische Tiefland, nach dem Hauptbestandteile
auch wohl das lombardische genannt, ist, einige isolierte Er=
hebungen abgerechnet, eine fast ebene, ostwärts sich abdachende Fläche,
einst der Boden eines bis an die West=Alpen reichenden Golfes des
abriatischen Meeres, dessen fjordenartige Reste — nicht Flußaus=
spülungen — die lombardischen Seeen sind. Jetzt ist die Ebene das
Gebiet eines großen Alpenstromes, des Po (lateinisch: Padus), der
mit seinen jetzigen Nebenflüssen und der Etsch (seinem ehemaligen
Nebenfluß) zusammen erst jenen Golf durch Flußsand und Fluß=
schlamm zugeschüttet hat und damit noch heute durch Vorschieben der
Ostküste der Ebene fortfährt. Quelle des Po am Monte Viso; die
rechten wasserärmeren Nebenflüsse kommen von dem Apennin: merke
Tânaro, Trebbia (an der Hannibal die Römer schlug), Reno;
links kommen aus den Alpen wasserreiche Zuflüsse, welche zuerst
kurze Längsthäler am Fuße der Hochalpen, in denen sie entspringen,
durchziehen, dann in langen, tiefen und engen Querthälern die
Mittel= und Voralpen durchbrechen und die an den Thalausgängen

liegenden Seeen durchfließen. So kommt die Dora Ripĕra aus
dem innersten Winkel der cottischen Alpen, die Dora Báltea aus
dem Thal von Vani am Montblanc, die Sésia vom Monte Rosa,
der Tessin (ital. Ticino [titschino], bei den Römern Ticinus —
erster Sieg Hannibals über Rom!), von welchem Berge? Zuerst
Schweizer Gebiet durchfließend, ergießt er sich in den 210 qkm
großen, schönen Langensee (ital. Lago Maggiore [madschóre];
hohe Berge umgeben den See im N., sanftere Hügel im S. Die
Wildheit der Alpenwelt vereinigt sich mit aller Lieblichkeit des italienischen Himmels; die Ufergegend ist überall reich angebaut. In
einer Einbuchtung des Sees liegen die Borromëïschen Inseln, von
der Familie Borroméo genannt, die an den Seeufern reiche Güter
hat und zwei dieser felsigen Inseln (Isola [isola] bella und Isola
madre) mit Erde bedecken und in terrassierte Orangeriegärten, mit
Marmorbildern und Laubengängen geschmückt, umwandeln ließ.
Etwas östlich und mit dem vorigen durch einen Abfluß verbunden
liegt der wunderlich unregelmäßig gestaltete Luganer See (§ 75,
II, A, c). Wiederum nach O. folgt der dreizipflige Comer-See (ein
Zipfel gegen die Alpen, zwei gegen die Ebene), schon bei den Alten
als Lacus Larius wegen seiner reizenden Ufer berühmt; sie waren
damals wie jetzt mit Landhäusern übersäet. Bellagio [belládscho]
auf dem Vorgebirge, welches die beiden Arme des Sees teilt, der
schönste Punkt. In den Nordzipfel fließt aus dem Thale Veltlin
die Abba, die an der Westseite des Stilfser Joches entspringt; aus
dem südöstlichen Zipfel tritt sie wieder heraus und führt dem Po
eine so große Wassermasse zu, daß er von da ab für größere Schiffe
fahrbar wird. Durch den Iséo-See fließt dem Po der Oglio [óljo]
zu. Der größte der italienischen Alpenseeen ist der Garda-See, mit
besonders schöner, von S. nach N. vom tiefsten Grün zum schönsten
Blau übergehender durchsichtiger Flut und regelmäßigen, die Seefahrt erleichternden Winden. Die Ufer, besonders nach N. zu, wild
und erhaben, aber auch reich angebaut; Wein-, Oliven-, besonders
auf dem Westufer reiche Zitronengärten. Auf der Halbinsel Ser-
mióne (lat. Sirmio), die sich vom Südufer in den See streckt,
hatte der römische Dichter Catull ein Landhaus: als aller Halbinseln schönste preist er sie. Aus dem Garda-See fließt der Mincio
[mintscho] zum Po. Die Umgebungen aller dieser größeren und
einiger kleineren Seeen gehören zu den reizendsten und fruchtbarsten
Landschaften Italiens und haben wegen der gegen die Nordwinde
durch die Alpenmauer geschützten Lage ein weit wärmeres Klima
und südlichere Pflanzen als die Ebene am Po, in welcher bei Win-

tern von fast deutscher Härte wohl Weinbau, aber kein Anbau von
Oliven oder gar von Südfrüchten möglich ist.

Weiter gen O. folgt die Etsch (ital. Abige [ádidsche]); sie muß
auch als Zufluß des Po=Delta angesehen werden, unterscheidet sich
aber durch ihre Größe wie durch ihr weit in die Alpen eingreifendes
Thal von den übrigen. Ihre Quelle liegt tief in den Alpen zwischen
dem Stilfser Joch und den Fernern des Innthales. Die entscheidende
Richtung des Flusses nach SSW. beginnt mit dem Einfluß des
Eisack, der vom Brenner mit sehr starkem Gefälle herabstürzt. Der
vereinigte Strom drängt sich im S. zwischen Trientiner und Ortler
Alpen in einer tiefen, engen Querspalte (Kluse, § 27 S.) hindurch
und schlägt dann im Tieflande entschieden die Richtung nach SO.
und O., parallel erst mit der Abba, dann mit dem Po, ein.

Das Tiefland nun ist durch die reiche, natürliche Bewässerung,
zu der auch eine Menge von Kanälen kommt, eine der fruchtbarsten
Erdstellen. Wiesen werden dort sechsmal im Jahre gemäht, Weizen,
Mais, Reis (in sumpfigen und der Überschwemmung ausgesetzten
Gegenden) gedeiht in Menge; der Mais wird gewöhnlich erst nach
dem Winterweizen auf die abgeernteten Äcker gesäet und reift doch
noch. Leider giebt es aber weder hier, noch in Italien überhaupt
viele kleine freie Grundbesitzer, sondern meist große Grundherren.
Diese zerteilen ihren Acker in eine Menge kleiner Pachtungen. Daher
die Menge kleiner Wirtschaften (eben solcher Pächter) trotz des über=
wiegenden Großgrundbesitzes. Die Grenze bilden Maulbeerbäume
und Ulmen; an ihnen rankt man die Weinrebe empor und zieht sie
in Guirlanden von Wipfel zu Wipfel. Verbunden mit den in Alleen
oder in Fünfergruppen gepflanzten Pappeln giebt das dem Lande oft
das Ansehen eines Parkes.

Die oberitalienische Küste des adriatischen Meeres verdient noch
besondere Betrachtung, denn sie gehört unter die veränderlichsten,
die es giebt. Der Po mit allen seinen Zuflüssen, die Etsch, die
Küstenflüsse im Norden derselben (Brénta aus den Trientiner,
Piáve und Tagliamento [taljaménto] aus den karnischen Alpen,
Isónzo vom Triglav) treiben ihr altes Werk des Absetzens von
Gebirgsschutt und Schlamm noch heute fort. Ihr Bett erhebt sich
dadurch gegen die Ufergegenden immer mehr: die Umgegend muß
daher durch Dämme vor ihren Überschwemmungen geschützt werden.
Die ganze Küste zeigt sumpfige, fast nur zur Reiskultur geeignete
Deltabildungen; der Po selbst mündet in sieben Armen, unter wel=
chen der Po Grande der breiteste, der Po della Gnocca der be=
fahrenste ist. Kanäle setzen Etsch und Brenta mit seinem Delta in

Verbindung. Eigentümlich sind demselben und der ganzen Adriaküste bis zur Isonzomündung die Lagunen. Aus einem Gewirre von Sümpfen, Wiesenflächen und seichten Strandseeen bestehend, scheiden sie in einer Breite von 3 — 10 km See und Festland. Gegen die See ziehen sich als Grenze lange mit Dünen besetzte Landstreifen, die sogenannten Libi (Singular Libo), bisweilen durch Verbindungen der Lagune mit dem Meer in reihenartig gruppierte Schmalinseln zertrennt. Immer mehr verwandelt sich an jener Küste das Meer in festes Land. Die Stadt Adria lag zur Römerzeit am Meere, jetzt 24 km davon. Die Lagunen gehen immer mehr dem endlichen Austrocknen entgegen. Venedig wird einst ebenso sicher eine Stadt im Binnenland werden, wie Ravenna zu Anfang der römischen Kaiserzeit eine Lagunenstadt nach Art des heutigen Venedig war.

2) Das eigentliche Italien, die Halbinsel, ist fast durchweg Gebirgsland. Das Tiefland verteilt sich auf vier kleine Küstenebenen: die toscanische, römische, campanische und apulische. Die Gestaltung der Halbinsel ist ganz durch den Gebirgszug des vorwiegend aus grauem Kalkstein bestehenden Apennin mit seinen Verästungen bedingt; man kann ihn in den nördlichen, mittleren und südlichen zerlegen. An der Westseite ist ihm der Subapennin vorgelagert, meist aus Sandstein und Mergelschichten bestehend, der an vielen Stellen Spuren vulkanischer Thätigkeit (Schwefellager, heiße Quellen, zusammengestürzte Krater, selbst offene Feueressen) zeigt.

A. Der nördliche oder ligurische Apennin gehört vielleicht mit größerem Rechte (§ 75 Anf.) den Alpen an. Er schließt sich am Col di Tenda an die See-Alpen und krümmt sich dann als flacher Bogen in nackten und rauhen, meist aus Granit bestehenden Bergen, um den Meerbusen von Genua oder das ligurische Meer herum. Dieser Teil ist schmal und hat eine mittlere Höhe von 1000 m. Steil ist der Abfall besonders zum genuesischen Busen; der schmale, von lieblichen Buchten eingerissene Küstensaum, das alte Ligurien, vor den Nordstürmen geschützt und den anprallenden Sonnenstrahlen wie ein Treibhaus ausgesetzt, hat die Produkte südlicherer Breiten, z. B. die fächerblättrige (mehr strauchartige) Zwergpalme, an einer Stelle sogar die Dattelpalme. Gegen Norden ist das Bergland von Montferrat vorgelagert. Paß Bocchetta [bokétta] von Piemont nach Genua.

B. Der mittlere Apennin, die längste Abteilung, beginnt mit dem toscanischen oder etrurischen Apennin und zieht in südöstlicher Richtung bis in die Quellgegend des Volturno; in ihm herrscht durchaus harter Kreidekalk vor. Der schmale Raum verbrei-

tert sich allmählich im SO. zu der wilden Gebirgslandschaft, die jetzt
die Abruzzen heißt. So ist die Hochebene des jetzt fast ganz trocken
gelegten Sees von Celano [tschelâno] (Lacus Fúcinus) schon mit
Bergen von 2300 m umsetzt. Die höchsten Gipfel liegen östlich von
der Hochebene von Aquila: wie der alle andern überragende
Gran Sasso d'Italia, 2900 m. Eine alte, jetzt landfest gewor-
bene Insel an der Ostseite ist das Kalkgebirge des Monte Gárgano, 1500 m. Denn es hält sich der Gebirgszug der Apenninen
im ganzen dem Adriameere so nahe, daß auf der Ostküste (bei den
Alten Umbrien und Picênum) sich weder Raum für selbständige
Berggruppen noch für größere Flußsysteme findet. Meist eilen da
nur Bergflüsse mit raschem Gefäll in Querthälern dem Meere zu.

Ganz anders ist das Verhältnis auf der Westseite des toscæ-
nischen und mittleren Apennin, die sich auch klimatisch von der östlichen unterscheidet (mehr warm und feucht). Hier bleibt er dem
tyrrhenischen oder tuscischen Meere verhältnismäßig ferner.
Den Zwischenraum erfüllt hier wie weiter südwärts mit seinen Höhenzügen und weiten Verzweigungen der Subapennin. Daher giebt
es auf dieser breiten Küste (bei den Alten im N. Etrurien, im S.
Latium), auch größere Flüsse, die freilich gegen die Alpenflüsse,
namentlich im Sommer, wasserarm zu nennen und nicht weit hinauf schiffbar sind. Denn der Apennin selbst ist ein meist waldloses,
dürres Gebirge, und es macht sich hier schon weit mehr als in der
Po-Ebene der sommerliche Regenmangel der Mittelmeergegend geltend (§ 72, Mitte). Der toscanische Subapennin (vulkanische
Spuren!) beginnt im N. mit den Marmorbrüchen von Carrara.
Weiter südwärts durchfließt ihn, aus dem Apennin kommend, der
Arno, dessen Ufer mit Olivenhainen bedeckt sind; im Oberlaufe ein
weiter Bogen nach S., durch den Chianakanal mit der Chiana
[kiâna], einem Nebenflusse des obern Tiber, verbunden, im untern
Laufe ein weites Thalbecken, das wie ein großer üppiger Garten
anzusehen ist. Im S. des Arno verflacht sich der Subapennin zu der
Hochfläche von Toscana, die mit einzelnen hervortretenden Berggruppen bis zum Küstenfluß Ombróne reicht. Die Seeküste ist
hier sumpfig und ungesund (die Maremmen), nur im Winter bewohnbar und zur Weide benutzt. Auch Büffel hausen hier, wie in
den übrigen Sumpfgegenden der Westküste. Zwischen Ombrone und
Tiber nimmt der Subapennin wieder mehr Gebirgsgestalt an und
steigt in mehreren Berggruppen zu ansehnlicher Höhe empor. Hier
liegt, dem Apennin nahe gerückt, der letzte Rest des ehemals ganz von
Wasser erfüllten Chianathales, der See von Perugia [perûdscha],

der Lacus Trasimênus der Alten, der größte der Halbinsel, von
düster malerischem Charakter (Hannibal und Flaminius); weiter nach
S. der See von Bolsêna, rings von Höhen, den Kraterwänden
eines erloschenen Bulkans, umgürtet.

Die Furche zwischen dem Apennin und dem Subapennin durch=
fließt der Tiber (ital. Tévere), der längste und größte Fluß der
eigentlichen Halbinsel (aber doch nur 375 km lang), durch Rom
weltberühmt. Quelle unweit der Arnoquelle. Hauptrichtung nach S.,
jedoch mit Bogen nach W. und O.; das Wasser trübe (flavus Tiberis),
öfter Überschwemmungen. Ein Nebenfluß schon erwähnt. Auf dem
linken Ufer die Nera (Nar) und dicht vor dem Eintritt in Rom der
Teverône (Anio). Die Sabinerberge, aus denen der Anio in
schönen Kaskaden herabstürzt, gehören dem latinischen Subapennin
an; ebenso südlich vom Anio das Albaner Gebirge, wegen seiner
malerischen und reizenden Partieen das Entzücken der Maler, ein
mächtiger, nach Westen eingestürzter Krater, in dessen Grunde der
reizende See von Albano liegt, während der nahe, nicht minder
schöne See von Nemi einen Seitenkrater füllt. Zu den Füßen dieser
Berge dehnt sich die einsame, nur stellenweis angebaute, durch ihre
nächtlichen Fieberdünste ungesunde Ebene hin, in welcher Rom liegt,
die Campagna [kampanja] di Roma. An der Küste bis zur Ecke
des Kap Circello [tschirtschello] Sumpfstrecken, nach einer alten
Stadt Pometia die pomtinischen oder pontinischen genannt,
eine Tagereise lang, von vielen Kanälen durchkreuzt, mit herrlicher
Winterviehweide. Außer ihnen und der toscanischen Niederung giebt
es in Mittel=Italien kein Tiefland. Die Abruzzen senden
den bedeutenden Garigliano [gariljâno], den Liris der Alten,
zum Meer, das hier den Meerbusen von Gaêta bildet. Sie bilden
mit den umgrenzenden westlichen Ketten (Heimat der alten Sabeller
oder Samniten) die wahre Festung und Akropolis von Italien;
ohne ihren Besitz kein ruhiges Regiment über die Halbinsel.

C. Der südliche Apennin, mit Gipfeln, die selten 2000 m
überragen, schließt sich an die höhere und breite Gebirgsmasse an,
mit welcher der mittlere endigt. Die Kettenbildung macht freierer
Gruppenbildung Platz. Östlich liegt hier, südlich vom Monte Gar=
gano, die steppenartige Küstenebene Apulien — westlich die
Küstenebene Campanien, in welcher der auch hier in zahlreichen
Gestaltungen dem Gebirge vorgelagerte Subapennin mannigfache
Spuren noch jetzt thätiger vulkanischer Kraft zeigt. Am Rande des
Meerbusens von Neapel erhebt sich isoliert der Vesuv. Weiter nach
Süden nimmt das Gebirge wieder die Gestalt eines hohen Rückens

an und zieht weiter nach Südosten bis dahin, wo die Halbinsel, durch den Busen von Táranto eingerissen, sich zu gabeln anfängt. Nicht so aber gabelt sich auch der Apennin. In die östliche, kleinere Gabelzinke (das alte Calabrien, heute Apulien genannt), welche mit dem Kap St. Maria di Leuca endigt, zieht sich nur eine unbedeutende Hügelkette — allein in der längeren westlichen Halbinsel, welche heute Calabrien heißt, dem alten Lucanien und Bruttium, zieht das Gebirge weiter, doch nicht ununterbrochen. Der südlichste Teil ist da, wo von zwei Seiten Meerbusen einschneiden, durch einen förmlichen Einschnitt, der auf seinem höchsten Punkte nur gegen 300 m hoch ist, von dem nördlichen getrennt. Es endigt auf dem Festlande mit dem Aspromónte bei dem Kap Spartivento. — Nur unbedeutende Flüsse eilen dem tyrrhenischen, adriatischen und ionischen Meere zu. Nur die Küsten des letzteren sind flach, während sonst im südlichsten Italien die Form des Tieflandes gar nicht vorhanden ist.

Süd-Italien hat in Klima und Pflanzenwelt schon eine fast afrikanische Natur. Während in Ober-Italien mitunter wochenlang Schnee liegt, schneit es schon in Neapel nur selten, und der Schnee bleibt nicht liegen; noch weiter nach S. kennt man ihn nur in einigen Monaten auf dem Gebirge. Die sommerliche Trockenheit macht die Hitze hier besonders unerträglich, und beides erreicht seine höchste Steigerung durch den afrikanischen Glutwind Scirocco [schirocko]. Das Reich der eigentlichen Südfrüchte (Zitronen und Orangen) beginnt etwa am Ende der pontinischen Sümpfe, bei Terracina [terratschina]. „Breitblättrige Feigen-, dunkelgrüne Zitronenbäume, Granaten mit feuerroter Blüte, saftige Ranken der indischen Stechfeige (Cactus Opuntia), die Aloe Amerikas (d. h. die Agave) und, sparsamer aufragend, die hohe afrikanische Palme bilden zusammen einen dichten schattigen Hain und über demselben, von Myrten- und Olivenwaldungen umgeben, liegt Terracina.“ Nach diesem Eingange in die Gärten der Hesperiden trifft man diese herrlichen Bäume frei wachsend in Wäldern überall, und in dieser Südhälfte ist Italien im eigentlichen Sinne das Land, „wo die Zitronen blühn, im dunklen Laub die Goldorangen glühn, ein sanfter Wind vom blauen Himmel weht, die Myrte still und hoch der Lorbeer steht.“ — Lies nach, wie herrlich Virgil sein Italien gepriesen hat (Georgic. 2, 140—176)!

3) Die Gestalt der ganzen Halbinsel, welche unter den drei südlichen bei weitem die schmalste und kleinste ist, hat man nach einer ungefähren Ähnlichkeit wohl mit einem Reiterstiefel verglichen. —

Wie überaus günstig die Lage Italiens in dem weiten Becken des
Mittelmeeres sei, bedarf kaum der Andeutung. Bequem und leicht
ist Handel und Verkehr mit allen Ländern Süd-Europas, mit Nord=
Afrika und West-Asien. Von Natur ist Italien der Vereinigungs=
punkt aller Mittelmeerküsten, ihr natürlicher Beherrscher; wie es für
Italien selbst die Stelle ist, wo Rom liegt.

4) Darum ist denn auch für die Weltgeschichte Italien ein
überaus wichtiges Land. Zweimal, im Altertum und im Mit=
telalter, hat es fast die ganze damals bekannte Welt beherrscht;
jedesmal auf verschiedene Weise, aber beide Male von der Stadt
Rom aus. Als das Gründungsjahr Roms nimmt man, jedenfalls
zu spät, das Jahr 753 v. Chr. an. Anfangs von Königen beherrscht
(von dem Gründer Romulus bis Tarquinius Superbus, bis
510 v. Chr.), dann eine Republik, seit Augustus 31 v. Chr. eine
Monarchie, die man seit dem 16. Januar des Jahres 27 v. Chr.
ein Kaiserreich nennen kann, hat es sich von unscheinbarem An=
fange zu einer ungeheuren Macht erhoben. In Europa, Asien
und Afrika gehorchten ihm alle Küstenländer des Mittelmeeres.
Von den Katarakten des Nil bis nach Schottland, vom Atlas bis
zum Euphrat reichte die Herrschaft der tapferen und beharrlichen,
oft aber auch harten und grausamen Römer. Neue Völker, meist
deutschen Stammes, traten dann auf und besonders in den Völker=
zügen seit dem Ende des 4. Jahrhunderts n. Chr., welche man die
Völkerwanderung zu nennen pflegt, wurde eine Provinz nach
der andern vom römischen Reiche abgerissen. Dazu kam, daß das
Reich zwar nicht 395 geteilt wurde, wie man irrtümlich annimmt,
sondern daß es seit der Ermordung Stilichos 408 thatsächlich in
zwei, sich meist feindlich gesinnte Reiche, das oströmische und das
weströmische, zerfiel. Das westliche ging 476 ganz zu Ende. Über=
haupt gab es damals für Italien böse Zeiten. Die Ostgoten
(Theodorich), das oströmische Reich (Kaiser Justinian), die
Longobarden, die Araber stritten sich in der schönen Halbinsel
um die Herrschaft. Karl dem Großen gehorchte um 800 Italiens
größter Teil; er nahm in Rom die Würde eines römischen Kai=
sers an. Diese Würde und die Oberherrschaft über Italien ging seit
Otto dem Großen 962 an die deutschen Könige über. Be=
sonders die großen italienischen Städte im Norden wollten sich aber
nur ungern der deutschen Herrschaft fügen, und die feindliche Partei
der Welfen oder Schwarzen war meist stärker als die kaiserliche
der Ghibellinen oder Weißen. Wirklich war um 1500 der Ein=
fluß der Deutschen sehr vermindert; nun wollten sich in Welsch=

land (so hieß namentlich Italien bei den Deutschen) auch Spanier
und Franzosen zu Herren machen; alle drei Völker stritten sich
darum. Wo bleibt bei solchen Umständen — so könnte man fragen
— die zweite Weltherrschaft Roms?

Unter dem Kaiser Augustus wurde Jesus Christus, der
Heiland der Welt, geboren und unter dessen Nachfolger, Tiberius,
gekreuzigt. Allein trotz aller Verfolgungen mehrte sich stetig die Zahl
derer, die an ihn glaubten. In vielen römischen Städten gab es
bald Christengemeinden; an ihrer Spitze standen geistliche Vorsteher,
Bischöfe genannt. In Rom hatten dem frommen Glauben nach
die Apostel Petrus und Paulus selbst ihre Lehre mit ihrem Blute
besiegelt, Petrus als erster Bischof die christliche Gemeinde geleitet;
die römische Gemeinde und der römische Bischof standen daher in
besonderem Ansehen. Dies stieg noch im Laufe der Jahrhunderte.
Der Bischof von Rom oder der Papst (d. i. Vater), wurde als der
Nachfolger Petri, von allen als der erste Bischof der christlichen Kirche
anerkannt. Durch eine Schenkung des Frankenkönigs Pipin wurde
756 der Papst auch weltlicher Fürst. Im Mittelalter stieg die
Gewalt der Päpste auf den höchsten Gipfel. Könige wurden von
ihnen ein- und abgesetzt, Kaiser hielten ihnen den Steigbügel. Hernach ist zwar die Macht der Päpste sehr verringert worden; es hatten
schon die Griechen (d. h. das oströmische Reich) sich von ihnen losgesagt; mit dem Beginne der Neuzeit wurde ihnen auch durch die
Reformation ein großer Teil der anderen christlichen Länder entrissen. Auch die weltliche Herrschaft ist vor einem Menschenalter
ihnen wieder verloren gegangen. Aber noch ist der Papst das geistliche Oberhaupt nicht bloß des fast völlig katholisch gebliebenen
Italiens, sondern der 235 Millionen Katholiken auf der ganzen
Erde, und Rom der Mittelpunkt der römisch-katholischen Kirche.

Indes auch auf vielen anderen Gebieten noch zeigt sich der Einfluß des alten und neuen Italiens. Die Sprache der alten Römer,
die lateinische, ist bei den katholischen Christen Kirchensprache, in
welcher alle wichtigen Gebräuche verrichtet werden; sie ist die Sprache
der Gelehrten allenthalben und wegen ihrer Vollkommenheit sowie
der in ihr geschriebenen Werke ein Haupt-Bildungsmittel auf den
Gelehrtenschulen. Ferner: das Recht der alten Römer hat die Ge-
setzgebungen neuerer Völker stark beeinflußt und wird noch heute
von den Rechtsgelehrten eifrig studiert. Das heutige Italien ist noch
immer eine Heimat der schönen Künste. Als große Dichter
glänzen Dante, Petrarca, Ariosto, Tasso und andere; eine
gewisse dichterische Anlage ist Besitztum des ganzen Volkes (Steg-

reisdichter, Improvisatoren). Unsere Maler ziehen noch immer nach Italien und studieren die Werke eines Leonardo da Vinci [wintschi], Raffael, Michel Angelo [mikel ándschelo], Tizian, Correggio [korrédscho] und vieler anderer Künstler. Die Musik endlich (wie schon ihre Kunstausdrücke beweisen) ist in Italien erst recht zu Hause. Keine Sprache schmiegt sich den Tönen besser und schmeichelnder an als die italienische mit ihrem Wohllaut; am reinsten wird sie in Toscana gesprochen.

So haben die Italiener für den Verlust ihrer Weltherrschaft reichen Ersatz. Noch immer strömt alljährlich eine große Anzahl von Reisenden über die Alpen, um unter Italiens heiterem, tiefblauem Himmel die herrlichen Gegenden, die ehrwürdigen Reste des Altertums (Antiken), die erhabenen Schöpfungen der neueren Kunst zu bewundern. Italien ist und bleibt das Ziel der Sehnsucht für das übrige Europa. Doch haben sich auch Italienfahrer vernehmen lassen, die aus einem ganz anderen Tone sprechen. Sie fanden die italienischen Landschaften kahl, versengt und farblos, litten viel von Schmutz, Flöhen und anderem Ungeziefer, wurden von betrügerischen Wirten geprellt, von unzuverlässigen Lohnkutschern angeführt, wohl gar von Raubgesindel beunruhigt; sie klagen überhaupt die Italiener als ein verschmitztes, geld= und rachgieriges, faules, zu Betteleien geneigtes, in allem tief gesunkenes Volk an. Nun ist es richtig, unsere frisch saftigen Waldungen hat Italien nicht; von holländischer Reinlichkeit hat wenigstens der Süditaliener keine Ahnung und das italienische dolce [doltsche] far niénto (das süße Nichtsthun) ist zum Sprichwort geworden. Wer aber bedenkt, daß in dem italienischen Volke die schönen und edlen Charakterzüge denn doch stark überwiegen, wer erwägt, daß man jedes Land in der ihm eigentümlichen Schönheit bewundern muß, wem das Herz offen ist für Italiens historische, wissenschaftliche, künstlerische Bedeutung, der kann zwar in jene Klagen, die nicht immer ganz unberechtigt sind, in verdrieß= lichen Augenblicken wohl einmal mit einstimmen, wird sich aber den herrlichen Genuß dadurch nicht verkümmern lassen.

§ 77

Das Königreich Italien (festländischer Teil).

Daß Italien heute als ein einiges Königreich stark und geachtet dasteht, verdankt es dem früheren Königreich Sardinien. Dies hatte seinen Ausgang von der Landschaft Savoyen (§ 75, I, 3) genommen. Hier herrschte ein von Abkunft deutsches Grafengeschlecht, das auch Piemont erwarb und um 1400 den Herzogstitel erlangte. In den vielen italienischen Kriegen haben später die Herzöge von Savoyen als die viel umworbenen Bundesgenossen mächtigerer Nachbarn so klug die Umstände zu benutzen verstanden, daß sie ihr Gebiet um das Doppelte vergrößerten und auch 1720 mit der Insel Sardinien den Königstitel erlangten. Dazu erwarben sie später mehrere Stücke von Mailand; auch das Herzogtum Montferrat fiel ihnen zu. Nach Napoleons I. Sturze vereinten sie mit ihrem Lande das Gebiet der früheren Republik Genua. Neue Vergrößerung brachte das Jahr 1859: Österreich trat nach einem gegen Frankreich und Sardinien unglücklich geführten Kriege an Frankreich die Lombardei ab. Frankreich gab sie an Sardinien und dies dafür (1860) Savoyen und Nizza an Frankreich. Jetzt hielt es der Staat für seine Aufgabe, den von den Italienern heiß gehegten Wunsch, wie eine Nation, so auch ein Reich zu bilden, zur Wahrheit zu machen. Toscana, Parma, Modena, die Romagna (der nördliche Teil des Kirchenstaates) hatten sich schon während des Krieges 1859 von ihren Beherrschern losgerissen, um mit Sardinien zu einem italienischen Reiche vereinigt zu werden. 1860 ward auch Neapel mit Sicilien erworben und 1861 das neue Königreich Italien unter König Victor Emanuel proklamiert. 1866 unternahm Italien, mit Preußen verbündet, einen neuen Krieg gegen Österreich und erlangte infolge des preußischen Sieges bei Königgrätz die Landschaft Venetien, endlich 1870, als Kaiser Napoleon III., welcher bisher Rom beschützt hatte, den siegreichen Waffen der Deutschen bei Sedan erlegen war, gewann es den Rest des Kirchenstaates mit der nun zur Hauptstadt des Königreichs erhobenen Stadt Rom.

So ist gegenwärtig Italien (mit Ausnahme von Monaco, San Marino, dem päpstlichen Gebiete, Nizza-Savoyen, Corsica und den maltesischen Inseln) zu einem einzigen Königreich von 286000 qkm (5380 □.-M.) mit 30,3 Mill. Einw. vereint. König: Humbert.

In Afrika hat Italien die Landschaft Erythräa (ital.: Eritréa) besetzt, die an Ausdehnung Italien fast gleichkommt, aber nur etwa 1/2 Mill. Einw. zählt, und außerdem Abessinien unter seine Schutzherrschaft genommen (§ 58, 1).

Italien wird in 69 Provinzen geteilt, welche in 16 Landschaften zusammengefaßt werden, die teils den natürlichen, teils den historischen Verhältnissen entsprechend gebildet sind.

I. Nord-Italien.

1) Das Fürstentum Piemont (Pedemontium, am Fuße der Berge) ist das Land der Festungen und der Alpenpässe. Die einstmalige Hauptstadt des sardinischen Königreichs, Turin (ital. Torino, Augusta Taurinorum), die von 1861 bis 1865 auch Hauptstadt des neu gegründeten Königreichs Italien war, liegt am linken Po-Ufer, südlich von der Mündung der Dora Ripéra (D. Riparia). Sie ist eine offene, regelmäßige, schöne Stadt, die regelmäßigste in Italien, mit geraden, sich rechtwinklig schneidenden Straßen, schönen Plätzen, einer starken Citadelle und einer Universität: 321000 E.; schöne Umgegend, Alpenansichten. Im Alpenthal der Dora Ripéra die Festung Susa, der Schlüssel zu der Straße über den Mont Genèvre und Mont Cenis, — südöstlich von Susa und südwestlich von Turin Pignerólo [pinjerólo], früher als fester Platz berühmt: in engen Alpenthälern zwischen hier und dem Monte Viso wohnen einige Gemeinden Waldenser, eine Sekte, die im 12. und 13. Jahrhundert gegen die römische Kirche eiferte, blutig verfolgt ward, sich aber in diesen Resten (20000 Seelen) erhalten, neuerdings auch Freiheit ihres Kultus erlangt hat und z. B. in Turin, Florenz und Genua Kirchen besitzt. Von der Festung Coni führt eine Straße über den Col di Tenda (§ 75, I, 1). Im N. des Po: Aosta, im Thal der Dora Baltea. Teilungspunkt der Straßen über den Großen und Kleinen St. Bernhard. Ruinen aus der Römerzeit: Vercelli [wertschélli] an? — In der Ebene ringsum, damals Campi raudii genannt, wurden die Kimbern von Marius und Catulus geschlagen. Am Südfuße des Monte Roja deutsche Gemeinden.

In dem früheren Herzogtum Montferrat die Festung Casále am Po (in der Umgegend berühmte Trüffeln) und Acqui mit warmen Bädern.

Das schon in Friedensschlüssen des 18. Jahrhunderts an Sardinien gekommene Stück des mailändischen Gebietes erstreckt sich am Langensee und Tessin hinab. Im Gebirge Domo d'Ossola [óssola] (§ 75, II, A, a), am See Aróna mit einer kolossalen Bildsäule des heiligen Karl Borroméo; im Kopfe können vier Personen an einem Tische sitzen. Die Borroméischen Inseln (§ 76, Anf.). Weiter nach S. die Festung Novára, Seidenfabriken. 1849 Sieg der Österreicher über die Sardinier. Am Tanaro Alessándria, in den Kriegen der lombardischen Städte gegen Kaiser Friedrich Barbarossa von den ersteren erbaut und dem Papst Alexander III., ihrem Verbündeten, zu Ehren benannt, 64000 E. Besuchte Messen, Seidenhandel. Unweit der Stadt im O. Marengo, wo Napoleon I. einen seiner glänzendsten Siege über die Österreicher erfocht (1800).

2) Ligurien. Der schmale Raum zwischen dem Apennin und dem ligurischen Meer war bis zur französischen Revolutionszeit das Gebiet der Republik Genua. (An der Spitze ein Doge [dódsche], ihm zur Seite der Rat der Vornehmen, die Nóbili, die Signoria [sinjoria].) So lange der Seeweg nach Ostindien nicht gefunden war, so lange die große Handelsstraße durch das Mittelmeer nach Italien und dann weiter über die Alpen ging, war die Apenninen-Halbinsel das Haupthandelsland unseres Erdteils und voll der blühendsten und mächtigsten Handelsstädte. (Daher in der Geschäftssprache unserer Kaufleute so viele italienische Ausdrücke.) Die Genuesen, schon durch die Natur ihres Landes auf das Meer gewiesen, standen nur den Venetianern nach. Sie hatten Besitzungen im Mittelmeer und bis an die Küsten der Krym: ein verschlagenes, geldgieriges Krämervolk. In Genua ist die erste Bank angelegt und, wie man sagt, das

Lotto erfunden. Sowohl die Veränderung des Handelszuges, als auch die Ausbreitung des Türkenreiches that ihnen großen Abbruch — dazu kamen innere Zerwürfnisse (Fiescos Verschwörung). In den Stürmen der Revolutionszeit wurde Genua ein Teil des französischen Kaisertums und ist auch hernach nicht wieder unabhängig geworden.

Die Stadt Genua am gleichnamigen Meerbusen (ital. Genova [bschénowa]), von den Italienern „la superba", die Prächtige genannt, macht vom Meere und dem schönen, durch hervorspringende Dämme (Molen) eingefaßten Hafen aus gesehen, einen majestätischen Eindruck. Die Stadt zieht sich vom Meeresufer amphitheatralisch zu den mit Befestigungen versehenen Bergeshöhen hinauf; viele vorliegende Berggipfel sind mit Schlössern und Kirchen gekrönt; ganz in der Ferne die Schneehäupter der Alpen. Im Innern sind die Straßen krumm und eng, enthalten aber herrliche Kirchen und Paläste, von denen viele bis zum Dache hinauf ganz aus Marmor sind. Die Hauptstraße Balbi mit ihren Fortsetzungen kann man mit Wagen befahren; viele Prachtgebäude. „Die Stadt trägt den Charakter des Massenhaften. Wie in einem großen Warenspeicher die Ballen, so sind hier die Häuser übereinander geschichtet: Straßen oft nicht breiter, als daß man sie mit den Armen abreichen kann, und dabei nicht selten Häuser von 8—9 Stockwerk Höhe." 206000 E. Der Handel und Schiffsverkehr ist sehr beträchtlich, da Genua zum Freihafen erklärt ist. Eine Vorstadt von Genua ist der wahrscheinliche Geburtsort des Columbus. — Im äußersten Osten der genuesischen Küste der schöne und heitere Golf von Spezia [spédsia] mit der Stadt gleiches Namens: wichtiger Kriegshafen. —

An der ligurischen Küste liegt das Fürstentum Mónaco, der kleinste Staat Europas (22 qkm, 12000 E.), ganz von französischem Gebiet auf der Landseite umschlossen. Es steht unter dem Schutze Italiens.

3) Die Lombardei hat ihren Namen von dem deutschen Stamme der Langobarden, die unter Alboin 569 ihr Reich in Italien gründeten. Karl der Große machte demselben ein Ende: um welche Zeit also? — Der Bund der lombardischen Städte kämpfte im Mittelalter am eifrigsten gegen die deutschen Kaiser. Hernach entstanden einzelne Herzogtümer, das größte und stärkste Mailand. Als die einheimischen Herrschergeschlechter ausstarben, kämpften fremde Völker um ihren Besitz.

Die Hauptstadt Mailand (ital. Miláno), genannt „la grande" [grande], ist ziemlich kreisrund gebaut und durch Kanäle mit Tessin und Abda verbunden. Unter den Thoren ist der von Napoleon aufgeführte Triumphbogen, hernach Friedensbogen genannt, an welchem die große vom Simplon kommende Straße endigt. Der breiten und geraden Straßen sind wenige, doch hat Mailand viele schöne Gebäude. Sehenswert vor allem der Dom, in der Mitte der Stadt, nach der Peterskirche in Rom die größte Kirche Italiens, von außen und innen mit weißem Marmor belegt. Auf dem Dache ein wahrer Marmorwald von Türmchen und Bildsäulen. In einer unterirdischen Kapelle das reich verzierte Grab Karl Borromeos, der in Mailand Erzbischof war; der eigentliche Schutzheilige ist aber ein Erzbischof aus älterer Zeit, Ambrosius. In dem Speisezimmer eines Dominikanerklosters wird auch das fast verblichene Wandgemälde des Leonardo da Vinci [wintschi], das „Abendmahl", gezeigt, das unzählige Mal nachgebildet ist. Die Zahl der Einwohner beträgt (mit der Vorstadt der Corpi Santi) 415000.

In der nächsten Umgebung von Mailand das Landhaus Casa Simo=
netta mit einem Echo, das 50—60 mal wiederhallt; weiter die kleine Stadt
Monza [mondsa]. Hier wird die eiserne Krone aufbewahrt, mit welcher die
lombardischen Könige gekrönt wurden. Sie ist von Gold, enthält aber einen
eisernen Reifen, der von einem Nagel des Kreuzes Christi gefertigt sein soll.
W. von Mailand Magenta [madschénta] (erster Sieg der Franzosen und
Sardinier über die Österreicher im Feldzug von 1859) und zwischen Mailand
und Lodi der Flecken Melegnano [melenjáno], früher Marignano [ma=
rinjáno] genannt. (Schlacht 1515 zwischen Franzosen und Schweizern.)

Zwischen Abda und Mincio Brescia [bréscha], Fabrikstadt, römische
Altertümer, 68000 E.; sodann Solferino (s. w. von der Festung Pes=
chiera [peskiéra]), wo 1859 die Österreicher mit den Franzosen und Sar=
diniern unglücklich kämpften; unterhalb der Abda=Mündung Cremona,
7 km im Umfang, aber nur 31000 E.; berühmt die Cremoneser Geigen.

Am Mincio, oder vielmehr in einem von ihm gebildeten See, liegt
Mantua, durch Brücken und Dämme mit den Vorstädten am Seeufer ver=
bunden, an der einzigen zugänglichen Seite durch Moräste geschützt. Eine der
stärksten Festungen von Europa. Denkmal Virgils, der in Andes,
etwa 5 km von hier, geboren ist. Näher liegt dem deutschen Herzen eine an=
dere Erinnerung: „In Mantua in Banden der treue Hofer war", 28000 E. —
Südlich vom Po Gonzaga [gondsága], Stammort der Familie, die einst
über Mantua herrschte.

Das Thal der oberen Abda bis zum Comer=See, das Veltlin oder
Val Tellina [wall tellina], gehörte früher zur Schweiz und ist überhaupt
ein rechter Zankapfel gewesen. Von Bormio (deutsch Worms) führt das
Stilsser Joch (§ 75, II, B, a), von Chiavenna [kiavénna], (deutsch
Cläven, d. i. Schlüsselburg) die Splügenstraße (§ 75, II, A, a), über
die Alpen. Das Thal also Schlüssel zu Italien. Merkwürdig durch ungeheure
Bergstürze, die hier öfter stattfinden; durch den bekanntesten von 1618 ging
der Flecken Plürs völlig unter. — An dem Westzipfel des Sees in reizender
Lage Como. Von Como aus gingen früher durch ganz Europa Leute mit
Fern= und Wettergläsern hausieren. Geburtsort des älteren Plinius wie
des Naturforschers Volta [wolta]. — An einem Zuflusse der Abda Ber=
gamo, 40000 E., Hauptstapelplatz für Seide, große Messe im Sommer.
Bergamotten. An der Abda Lodi. Die Erstürmung der Brücke 1796 eine
Hauptthat Napoleons I. In Lodi und Umgegend wird der Parmesankäse
gewonnen und weithin ausgeführt.

Am Tessin liegt Pavia, die Hauptstadt der alten Langobardenkönige,
29000 E., Universität. In der Nähe das berühmte Karthäuserkloster la
Certosa [tschertósa]. Schlacht 1525, in welcher Franz I. von Frankreich von
den Spaniern besiegt und gefangen genommen wurde.

4) Venetien.

Die Hauptstadt Venedig (ital. Venezia [wenédsia] genannt „la domi-
nanto"), ist eine der merkwürdigsten Städte der Welt. Sie wurde von Leuten
angelegt, die vor den in Italien einbrechenden Langobarden im 6. Jahrhundert
n. Chr. in die Lagunen flohen. Der neue Ort wurde bald zu einer großen
Handelsstadt und behauptete gegen jedermann seine Freiheit. Die vornehm=
sten Geschlechter, die Nobili, in dem „Goldnen" Buche verzeichnet, bildeten
den Großen wie den Kleinen Rat der Republik, die Signoria. An der
Spitze stand ein auf Lebenszeit gewähltes Oberhaupt, der Doge [dodsche]
d. i. Herzog, dux. Aber auch er war dem Gesetz unterthan, das mit unterbitt=

licher Strenge vollzogen ward und selbst in der größten Verborgenheit seine Opfer zu finden wußte. Doch wurde Venedig bei dieser Verfassung groß und mächtig, ja der erste Handelsstaat der mittelalterlichen Welt. Um 1400 gehörte der Republik das noch jetzt sogenannte venetianische Gebiet, ferner Dalmatien, Kreta, Cypern und viele Plätze auf der griechischen Halbinsel, ja um 1700 einige Zeit auch Morēa. Es war keine leere Ceremonie, wenn alljährlich am Himmelfahrtstage der Doge in einem prächtigen Schiffe, dem Bucentoro [butschentóro], in das adriatische Meer hinausfuhr, einen Ring hineinwarf und sich und in seiner Person Venedig mit demselben immer von neuem vermählte. Auf allen südlichen Meeren flatterte das Banner des geflügelten Löwen von St. Markus; denn diesen Evangelisten, der einen Löwen zum Attribut hat, wählte sich die Republik im späteren Mittelalter zum Schutzpatron. Dieselben Umstände, die Genua sinken machten, ließen auch Venedigs Stern erbleichen. Der Staat sank und starb schon durch die letzten Jahrhunderte hindurch. Als Bonaparte in Ober=Italien die Österreicher bekriegte und im venetianischen Gebiete ein Aufstand gegen die Franzosen ausbrach, schlug Venedigs Todesstunde 1797. Nach mannigfachem Wechsel blieb sein damaliges Gebiet von 1814 bis 1866 Bestandteil der österreichischen Monarchie, bis es italienisch wurde.

Die Stadt Venedig hat eine in ihrer Art einzige Lage, 9 km vom Festlande, auf einer Menge von Inseln, die voneinander nur durch schmale Kanäle getrennt sind. Der größte derselben, Canalo grande [lanále gránde], durchzieht die Stadt in Gestalt eines S.; über ihn führt auch die schönste der 450 Brücken, der Ponte Riálto. So scheint dem von O. Kommenden die Stadt mit ihren Türmen und Marmorpalästen geradezu aus den Wogen zu steigen. Die Häuser auf Pfählen, die man aber nicht bemerkt, da sie unterirdisch das Fundament tragen, eingerammt in der Tiefe auf festem Grunde. Im Innern kann man zwar vermittelst schmaler, an den Häusern hinlaufender Stege fast zu jeder Stelle trockenen Fußes gelangen (Wagen und Pferde sind hier nicht zu gebrauchen), doch bedient man sich meistens der langen, schwarz angestrichenen Gondeln, welche der Gondoliere auch im größten Gedränge geschickt zu lenken versteht. Der Glanzpunkt der ganzen Stadt mit dem größten Menschengewühl ist der mit Bogengängen umgebene und mit großen Quadern gepflasterte Markusplatz. Dicht daran stößt ein kleiner Platz, die Piazetta [piadsétta], die unmittelbar von dem großen Kanal bespült wird. Die Seiten dieser Plätze sind lauter Prachtgebäude, z. B. die alte, wunderbar gebaute, im Innern überreiche Markuskirche, mit dem schwerfällig=unschön gebauten, sehr hohen, von der Kirche (wie in Italien oft) getrennten Glockenturm, Campanile; der alte Dogenpalast; der königliche Palast. Auf dem Portal der Markuskirche die vier berühmten ehernen Rosse, ein Werk des griechischen Künstlers Lysippus, die ursprünglich in Chios aufgestellt, nach Rom gebracht, von Konstantin nach Konstantinopel geschafft, 1204 von den Venetianern für die Stadt erbeutet, 1797 von Napoleon entführt worden und 1815 wieder nach Venedig zurückgeführt sind. Eine andere Merkwürdigkeit ist das riesenhafte Arsenal. Gegen früher ist Venedig freilich zurückgegangen, aber es zählt doch wieder 158000 E. Neues Leben hat der Stadt die Eisenbahn gebracht, welche vermittelst eines großartigen Brückenbaues über die Lagunen das feste Land erreicht, und in noch höherem Maße die Rückkehr zu Italien nach langer Fremdherrschaft. Von der Meerseite her droht Gefahr durch die steigende Versandung und Verschlammung der Lagunen mit den von den Flüssen herbeigeführten Sinkstoffen (§ 76, 1, Ende). Schon im vorigen

Jahrhundert führte man gegen die See ungeheure Steindämme oder Murazzi [muráddsi] auf (die stolze Inschrift: ausu Romano aere Veneto), welche aber noch nicht völlig ihren Zweck erfüllen. — Auf einer Laguneninsel dicht n. von Venedig das Städtchen Muráno mit bedeutenden Spiegelglasfabriken.

Die drei größten Städte im Venetianischen nach Venedig sind Pádua, 80000 E., Vicenza [witschénza], 40000 E. und Verona [weróna] an? — 69000 E., — freilich auch nur Schatten früherer Größe. Sie haben alle ein altertümliches Ansehen, hohe Häuser, enge Straßen mit Bogengängen (Arkaden) zur Seite, eine Menge der prächtigsten Kirchen und Marmorpaläste. Jede hat noch ihre besonderen Merkwürdigkeiten. Verona hat ein Amphitheater aus der Römerzeit, auf dessen 45 marmornen Stufenreihen 25000 Zuschauer sitzen, mehr als die doppelte Anzahl stehen konnten; eine Festung ersten Ranges, war es der Hauptwaffenplatz Österreichs in Italien. Etwas westlich von Verona Custozza [kustóddsa], wo die Österreicher 1848 und 1866 über die Italiener siegten. — Verona ist Geburtsort der römischen Schriftsteller Nepos und Catull und von Shakespeare zum Schauplatz der Geschichte von Romeo und Julia gemacht. — Pádua, Geburtsort des römischen Geschichtsschreibers Livius, berühmte Universität; Kirche des heiligen Antonius von Padua, eines Franziskanermönches. Südwestlich von Padua die isolierten Euganéischen Hügel, bis 400 m hoch). — Vicenza enthält besonders viele Meisterwerke des hier geborenen Baumeisters Palládio. In der Nähe, nach N. zu, sieben deutsche Gemeinden, nicht Reste der Kimbern, die Marius schlug, sondern eine mittelalterliche Kolonie aus Schwaben oder Bayern. Die deutsche Sprache verschwindet aber jetzt unter ihnen immer mehr.

Noch merken wir Udine [údine], 32000 E.; im NO. in der Landschaft Friaul, in der Nähe das Landhaus Campo Formio, wo 1797 zwischen Frankreich und Österreich Friede geschlossen ward. — Este, an den Euganéischen Hügeln, der Stammort der Familie Este. Adria zwischen Etsch und Po (§ 76, 1, Ende). Rivoli [riwoli] in der Gegend von Verona, Sieg Napoleons 1797.

II. Mittel-Italien.

5) Die Emilia hat ihren Namen nach der alten Via Aemilia, die über Piacenza, Parma, Modena, Bologna an das Meer ging. Sie umfaßt die früheren Herzogtümer Modena und Parma und den nördlichsten (ältesten) Teil des früheren Kirchenstaates, die Romagna [románja]. — In Modena regierte vordem eine jüngere Linie des Hauses Habsburg-Lothringen, in Parma des Hauses Bourbon.

Módena, 58000 E. Reggio [reddscho] „in der Emilia", 51000 E., ist der Geburtsort des Ariost; im SW., wo der Apennin beginnt, das zerfallene Schloß Canóssa (Heinrichs IV. Buße 1077). Im NO. von Reggio Corrégio [korrédscho], Vaterstadt des danach benannten Malers.

Parma, mit vielen herrlichen Bauten, 44000 E. — im NW. am Po das große, aber für seinen Umfang nicht bevölkerte Piacenza [piadschénza], 35000 E.

Ferrára, an einem Arme des? — einst die glänzende Residenz der Herzöge aus dem Hause Este und der Vereinigungspunkt der größten Dichter (Tasso, Ariost), 76000 E., damals aber erheblich mehr. Im S. von Ferrara, nach dem Gebirge zu, Bologna [bolónja], genannt la dotta (die gelehrte), eine sehr umfangreiche Stadt, 144000 E., mit prächtigen Gebäuden und einer altberühmten Universität. (Bologneser Hunde.) — Nach dem Meere zu Ravenna, einst Haupthafen der Römer, dann Residenz der Ostgotenkönige, jetzt 8 km vom Meere, von Reis= und Flachsfeldern umgeben, eine stille Stadt mit etwas über 20000 E., jedoch unter Hinzurechnung der Umgebung mit 62000 E. Einer von den kleinen Flüssen, die südlich von Ravenna münden, ist der Rubico der Alten, in dem einst Cäsar die Grenze seiner gallischen Provinz überschritt, um gegen Pompejus zu kämpfen: „der Würfel sei geworfen!"

Von Ravenna gen SSO. liegt am Nordabhang des Apennin die kleine Republik San Marino, die seit 469 n. Chr., in ihrer Unbedeutenheit unangefochten, unter dem Schutze des Königreichs Italien besteht. Das Gebiet dieses ältesten Staates Europas (59 qkm mit 8000 E.), begreift nur einen hohen Berg mit dem kleinen Hauptort gleiches Namens auf dessen Höhe.

6) Toscana, das frühere Großherzogtum Toscana und das Herzogtum Lucca umfassend, dem Umfange nach nicht völlig das Land der Etrusker (deren Grenze der Tiber), im Mittelalter Tuscien und ein Hauptschauplatz italienischer Städtezwiste. Damals demütigte das welfische Florenz das ghibellinische Pisa, verlor aber gegen die Mitte des 16. Jahrhunderts seine eigene Freiheit, da Kaiser Karl V. das florentinische, reiche Kaufmannsgeschlecht der Medici [medîtschi] zu Großherzögen von Toscana erhob, die als eifrige Gönner der Künste und Wissenschaften sich einen Namen gemacht. Gegen die Mitte des 18. Jahrhunderts starb der Stamm aus, und Toscana kam an Franz, Herzog von Lothringen, den Gemahl Maria Theresias von Österreich. So regierte denn auch hier eine Secundogenitur dieses Kaiserhauses. — Physische Geographie nach § 76, 2, B. Das Land gehörte zu den am besten verwalteten im früheren Italien. Im reizenden Arnothal, auf beiden Seiten des ungefähr vierzig Schritt breiten Flusses, zwischen anmutigen Hügeln, über welche man höhere Gipfel der Apenninen hervorragen sieht, liegt die Hauptstadt Florenz (ital. Firenze [firéndse]), mit Recht „la bella" genannt, 191000 E., das Ziel unzähliger Reisenden, die sich an der lieblichen Gegend, dem milden Klima, den Prachtbauten (Dom mit majestätischer Kuppel, von innen und außen mit Marmor getäfelt; Kreuzkirche mit berühmten Grabdenkmälern u. a.) — an den überreichen Kunstschätzen in den Ufizien (Venus von Medici, Gruppe der Niobiden u. a.) und dem Palast Pitti — an dem gebildeten, fremdlichen Sinne der Bewohner erfreuen. Hier Dante geboren. 1865—71 Hauptstadt von Italien.

Merke mehrere von Florenz auslaufende Straßen (jetzt zugleich Eisenbahnen): a. Am Arno hinunter, nach Pisa, das jetzt 8 km vom Ausflusse liegt. Im Mittelalter so prächtig wie Genua und Venedig, jetzt 54000 E. Alle Herrlichkeit des alten Pisa ist auf dem Domplatze zusammengedrängt: der Dom, die Taufkirche, der Campo Santo, ein länglich viereckiger Gottesacker mit bedeckten Galerieen umgeben; in ihnen Freskogemälde berühmter Meister. Der schiefe Turm, der mit seiner Spitze über 3 m von der lotrechten Linie abweicht. Vaterstadt Galileis. Universität. Nördlich die heißen Bäder von Pisa. Im W. am Meere eine Meierei, seit den Kreuzzügen mit einem Kamelgestüt. An der Mündung des Arno Quecksilbergruben. b. Nach N. über Pistoja, das alte Pistoria, wo Catilina fiel, über den Hauptkamm

15*

des Apennin nach Modena. c. Nach NO. auch über den Hauptkamm durch den Paß Pietra mala nach Bologna. d. Nach SO. am Arno hinauf nach Arezzo [arredso], (Mäcenas und Petrarca geboren, Guido [gido] von Arezzo, der Erfinder der Noten), nach Perugia und Rom. e. Nach S. über das Plateau von Toscana nach Siena, das selbst auf mehreren Hügeln liegt; auch hier prächtiger Marmordom, aber wie Pisa ist die im Mittelalter durch schwunghaften Handelsbetrieb volkreiche Stadt zurückgegangen und zählt jetzt nur 23000 E. (Gen SO. läuft der viel eingeschlagene Weg weiter nach Rom; wo er sich der Grenze von Toscana nähert, liegt der wilde Paß von Radicófani, das auf einem Bergzacken darüber hängt. Zwischen d. und a. an der Grenze Chiusi [kiūsi], einst Clusium (Porsena, Gallier). Nördlich von Pisa liegt Lucca in herrlicher Gegend: bedeutende Seidenfabriken, 70000 E. In der Nähe besuchte Bäder. Südwärts an der Küste die Maremmen (§ 76, 2, B).

Unter den Seeorten bei weitem der bedeutendste das befestigte Livorno [livórno], 105000 E. (ein Drittel Juden, früher hier wie einst in allen italienischen Orten, in einem besonderen Stadtteile, Ghetto [getto], lebend: auch Griechen und Armenier), ein Haupthandelsplatz des Mittelmeeres, seit dem 16. Jahrhundert emporgekommen. Seebäder. — Am Meere auch Carrara in prächtiger Gegend; berühmte Marmorbrüche (§ 76, 2, B).

Zu Toscana gehört die Insel Elba, mit turmhoher Steilküste, unerschöpflichen Eisengruben und reichem Thunfischfang. Darauf die Orte Porto Ferrajo und Porto Longone. Die Insel wurde als souveränes Fürstentum 1814 dem besiegten Napoleon I. angewiesen; zehn Monate weilte er dort und entwich dann nach Frankreich, seinem Schicksal entgegeneilend. — Die Spitze des festen Landes, Elba gegenüber, ist das Fürstentum Piombino.

7) Latium oder Provinz Rom, den größten Teil des früheren Kirchenstaates umfassend. Physische Geographie nach § 76, 2, B.

Erzähle nach § 76, 4 vom Papste und wie derselbe zu einem weltlichen Gebiete gekommen! Nachdem früher einzelne Päpste mit großem Eifer an dessen Vergrößerung gearbeitet — nachdem es Napoleon I. ganz mit dem französischen Reiche vereinigt und Pius VII. dasselbe von den Verbündeten wieder erhalten hatte, bestand es 1814 bis 1859 in nicht unbeträchtlichem Umfange (die Romagna und ganz Mittel-Italien außer Toscana besassend) fort. Seitdem aber die italienische Nation der gewaltige Drang nach dem „einigen Italien" ergriffen hatte, ging auch von dem Kirchenstaate ein Stück nach dem andern (von Norden nach Süden) an den werdenden Gesamtstaat verloren, zuletzt Rom selbst und seine Umgebung. Als souveräner Besitz blieb dem Papste nur 1) in Rom: der vatikanische Palast und die Kirche St. Johann im Lateran. 2) in den Albaner Bergen: das Lustschloß Kastell Gandolfo.

Der in seiner geistlichen Herrschaft unverkürzte und in Rom residierende Papst wird jedesmal vom Kollegium der Kardinäle erkoren. Diese selbst aber werden vom Papste erwählt und entweder sogleich verkündet oder noch einige Zeit in petto, d. h. in der Brust stillschweigend behalten. Die höchste Zahl ist 70; die Kardinäle sollen womöglich aus allen katholischen Völkern gewählt werden, sind aber meist Italiener (Titel: Eminenz. Rote Kleidung). Sobald ein Papst gestorben, gehen sie in das Konklave zur Wahl. Der Erwählte ändert seinen Vornamen, nimmt einen beliebigen andern an und wird mit großer Pracht in der Peterskirche gekrönt (dreifache Krone. Titel: Heiligkeit. Fußkuß). Seine größeren Erlasse in geistlichen Dingen heißen Bullen, in der Geschichte nach den Anfangsworten benannt — die kleineren Breven; seine Gesandten an verschiedenen katholischen Höfen Nuntien. Jetziger Papst Leo XIII.

Das alte Rom lag 25 km vom Ausfluß des Tiber, zum bei weitem größten Teile auf dem linken Ufer. Am besten merkt man sich die Ortslage der einzelnen Stadtteile nach den Windungen des Flusses. Es macht derselbe einen Bogen nach W.: in ihm lag der Campus Martius. Dann folgt eine entsprechende Ausbeugung nach O.: hier lag auf dem rechten Ufer ein kleiner Stadtteil! auf dem linken gerade an dem östlichsten Punkte, den der Tiber in Rom erreicht, der Mons Capitolinus mit dem Kapitol und der Mons Palatinus, der Sage nach, der am frühesten bewohnte Stadtteil. Entlang dem Nordoststrand des Palatinus führte die Via sacra nach dem Forum am Ostabhang des capitolinischen Hügels. Die dritte Ausbeugung des Tiber ist wieder nach W.: in ihr lag der Mons Aventinus. Östlich mehr landeinwärts lag ein vierter Berg, welcher vier Hügelzungen, die an der Wurzel zusammenhingen, den drei genannten Bergen entgegenstreckte: die nördlichste: Collis Quirinalis, dann Collis Viminalis, am östlichsten Mons Esquilinus, am südöstlichsten Mons Cälius. Daher Sieben= hügelstadt. Unter den Thoren führte die Porta Flaminia am Nordende auf der gleichbenannten Heerstraße nach Nord=Italien, — die Porta Ca= pena am Südende auf der Via Appia nach Süd=Italien. Zur Zeit seiner größten Blüte, d. h. im Beginn der Kaiserzeit, hatte Rom etwa 1½ Mill. E. Im Mittelalter aber, wo es längere Zeit nicht einmal mehr Residenz des Papstes war, kam es tief herab.

Das neue Rom, seit dem Januar 1871 die Hauptstadt des König= reichs Italien und seitdem stark modernisiert, umfaßt mit seiner Ringmauer den Raum des alten; dieser Raum ist jedoch bei weitem nicht überall mit Häu= sern bedeckt, sondern zum großen Teil mit Villen und Gärten, besonders im O. und S. Durch diese Teile laufen wohl bis zu den Thoren einsame Straßen, aber der eigentliche Kern der Stadt liegt zwischen dem Capitolinus und Quirinalis und an dem früher unbebauten Campus Martius; diesem gegenüber, auf der rechten Tiberseite, von der nur die Felsenhöhe des Jani= culus zum alten Rom gezogen war, liegt der transtiberinische Stadtteil. Kommt man zur alten Porta Flaminia, jetzt Porta del Popolo, herein, so laufen drei Hauptstraßen in das Innere. α) Die westliche hält sich in der Nähe des Tiber. Überschreitet man diesen auf der Engelsbrücke, so trifft man auf Roms Citadelle, die Engelsburg; ihrer eigentlichen Grundlage nach das Grabmal des Kaisers Hadrian. Von da führt eine Straße auf den herr= lichen Petersplatz; er ist von Säulengängen eingefaßt, mit einem Obe= lisken und zwei Springbrunnen geziert. An seinem westlichen Ende die Peterskirche, nicht nur die größte unter den 364 Kirchen Roms, sondern die größte der Welt, 187 m lang, 150 m (mit dem Kreuz) hoch, an der viele Päpste mit ungeheuren Kosten gebaut. Sie ist in neuer italienischer Bauweise aufgeführt, aber alles in kolossalen Dimensionen. Unter einem Bronzebalda= chin, den vier 39 m hohe Bronzesäulen tragen, befindet sich der Hochaltar, vor welchem nur der Papst zu Weihnachten, Ostern, Peter Paul und bei einer Heiligsprechung (Kanonisation) das Hochamt hält: unter demselben die Gräber der Apostel Petrus und Paulus; über ihm wölbt sich die berühmte von Michel Angelo (mikel ándschelo) geschaffene Hauptkuppel: „und ein zweiter Himmel in den Himmel steigt St. Peters wunderbarer Dom." Doch hat schon manchem Reisenden ein ehrwürdiger deutscher Dom besser zugesagt.

An die Kirche stößt der Vatikan [watikán], gegenwärtig der Residenzpalast des Papstes, mit ungeheurem Gelaß, berühmter Bibliothek und herrlichen Antiken. (Apoll von Belvedere [belwedére], Laokoon u. s. w.). β) Die mittlere Hauptstraße, der Korso, führt von der Porta del Popolo schnurgerade in die Umgebungen des alten Kapitols; auch jetzt noch hier schöne Paläste und Kirchen, reiche Kunstsammlungen (Venus vom Kapitol); das Forum aber, jetzt wieder aufgedeckt, ist eine Stätte der Ruinen. Zwischen α) und β) das von Marcus Agrippa, Augustus' Feldherrn, erbaute Pantheon (die Rotonda), ein großartiger Kuppelbau, der nur durch die Öffnung der Kuppel Licht erhält, jetzt eine Kirche mit dem Grabmal Raffaels und des Königs Victor Emanuel. γ) Die östliche Straße führt in der Richtung auf den Quirinal zu. Östlich von β das Forum des Trajan mit der Siegessäule dieses Kaisers. In den spärlicher bewohnten Teilen der Stadt, zwischen Palatin, Esquilin, Cälius, der Triumphbogen des Titus, das noch zum Teil erhaltene Collosséum, ein Amphitheater, das 100 000 Menschen faßte, — ganz im SO. am Ende der Stadt die eigentliche Pfarrkirche des Papstes, St. Johann im Lateran, mit einem gleichbenannten, aber nicht mehr zur Residenz benutzten päpstlichen Palast. Unter einem großen Teile der Stadt ziehen sich die Katakomben hin, unterirdische Gänge und Klüfte, seit Einführung des Christentums in Rom zum Bestatten der Toten bestimmt, oft auch Versammlungsort der ersten Christen.

Rom hat 430 000 E., die zum großen Teil von den Fremden leben, welche entweder als Maler, sonstige Künstler u. s. w. in der „ewigen Stadt" einen längeren Aufenthalt nehmen, oder als eigentliche Reisende eine kürzere Zeit hier verweilen. Besonders zahlreich kommen die letztgenannten vor dem Osterfeste an, um die kirchlichen Ceremonieen dieser Festzeit mit anzusehen. (Austeilung der Palmen am Palmensonntage, das Miserère in der Sixtinischen Kapelle, das Fußwaschen vom Papste an zwölf Greisen vorgenommen, der Segen vom Balkon der Peterskirche am Ostertage, die Beleuchtung der Peterskuppel, insonderheit die Girandola [dschirándola], eine aus der Engelsburg aussprühende Garbe von Raketen.) Am leersten ist die Stadt im August und September, wo die „böse" Luft Malária (gefährliches Sumpffieber) hervorruft. Diese Luft durchzieht die ganze Campagna di Roma (§ 76, 2, B) und macht besonders die Seeküste, z. B. die elenden Reste von Ostia, das einst Ancus Marcius an der Tibermündung anlegte, fast ganz unbewohnbar.

Wer es vermag, der zieht sich dann in die reizenden Vorketten des Apennin zurück, welche gen O. und N. Rom umkränzen. Am weitesten gen N. vorgeschoben ist der heilige Berg, oberhalb des Zusammenflusses von Tiber und Teverone, 7 km von der Stadt. (Secessio plebis, Volkstribunen.) In den Sabiner Bergen (§ 76, 2, B) liegt 29 km von Rom Tivoli, das alte Tibur, am Teverone, der hier prächtige Fälle bildet. Viele Reste des Altertums, Villen aus alter und neuer Römerzeit der äußerst anmutigen Umgebung: Landhäuser des Horaz und Mäcenas. Nach S. zu Palestrina, das alte Präneste. In den Albaner Bergen, 21 km von Rom, liegt Frascati, das alte Tusculum (Ciceros Villa); das alte Alba Longa lag wahrscheinlich unterhalb des heutigen Fleckens Rocca di Papa an der Nordostseite des Albaner Sees, aus dem noch immer ein altes Römerwerk die überflüssigen Wasser ins Meer führt, jener Emissar oder Abzugskanal, der infolge eines Götterspruchs während der Belagerung von Veji (406 bis 396 v. Chr.) angelegt worden sein soll. Am Ufer des Albaner Sees liegt das päpstliche Lustschloß Kastell Gandolfo. Anmutiger noch als der **Albaner See** ist der kleine See von **Nemi** in der Gegend des alten **Aricia**.

In der Küstenlandschaft am tyrrhenischen Meer ist der einzige bedeutende Seehafen das befestigte **Civita Becchia** [tschiwitá wéttia], mit Rom durch Eisenbahn verbunden. An der von **Florenz** bei Radicófani vorbei nach Rom führenden Straße liegt unweit des Sees von **Bolsena** das durch seinen Wein berühmte **Montefiascone** (Est, est!), dann **Viterbo** [witérbo]. Den Tiber überschreitet diese Straße nicht weit von Rom auf dem **Ponte Molle** (Pons Mulvius). Der Weg von Rom nach Neapel führt auf der ziemlich erhaltenen **Via Appia** nach **Albano**, dann durch die **Pontinischen Sümpfe** (§ 76, 2, B) nach **Terracina** (terratschína).

8) Die **Marken** umfassen den Nordostabhang des römischen Apennin. Hier der kleine Meßort **Sinigaglia** [sinigália]. Weiter gen OSO. **Ancona** (d. i. Ellbogenstadt, weil sie an der hervorspringenden Ecke der Halbinsel liegt), bedeutende Handelsstadt, mit einem der besten Häfen an der Westküste des adriatischen Meeres, befestigt und noch außerdem durch eine Citadelle geschützt. 48000 E. Nicht weit davon nach Süden **Loréto**, ein berühmter Wallfahrtsort der katholischen Welt. Eine prächtige Kirche schließt, wie man glaubt, das Wohnhaus der Maria ein, das von Engeln von Nazareth über das Meer getragen und hier niedergelassen sein soll. Reicher Kirchenschatz. Mehr landeinwärts an dem Ostabhange des Apennin **Urbino**, Ráffaels Geburtsort.

9) **Umbrien** liegt südwestlich davon um den Mittellauf des Tiber. An der vom toscanischen Arezzo hier hindurch nach Rom führenden Eisenbahn liegen: **Perugia** [perúdscha], 52000 E.; darauf **Assisi**, der Geburtsort des Ordensstifters Franciscus; dann **Spolêto**, im Thale des krystallhellen Baches, den die Alten **Clitumnus** nannten. Hinter Spoleto geht es durch einen Gebirgspaß in das Thal der **Nera**, in welche sich unweit **Terni** der **Velino** mit brausendem Falle herabstürzt. Weiter geht es das enge und wilde Thal der Nera entlang bei **Narni** vorbei, bis man in das Tiberthal einbiegt. Hiernach biegt die Straße bei **Nevi** in die Straße von Florenz nach Rom über Radicófani ein.

III. Unter-Italien.

Unter-Italien bildete früher mit Einschluß der Abruzzen und Molises das **Königreich beider Sicilien** (oft bloß Neapel genannt). Wie schon der Name andeutet, bestand dieser Staat eigentlich aus zwei Königreichen. Das größere, auf der eigentlichen Halbinsel, diesseit der Meerenge — welcher? — oder das eigentliche Neapel hieß im Altertum **Groß-Griechenland**, wegen der vielen griechischen Kolonien. Bis zur Zeit Karls des Großen teilte das Land das allgemeine Schicksal Italiens (§ 76, 4); hernach kämpften um diese reichen und blühenden Striche die Deutschen, die Griechen, die Araber. Endlich gründeten im 11. Jahrhundert **normannische Ritter** hier ein Reich, das auch Sicilien umfaßte: 1190 kam dasselbe durch Heirat an das Kaiserhaus der **Hohenstaufen**. Als dieser Stamm im Kampfe mit den Päpsten unterlegen war, suchte das letzte Sprößling, der unglückliche Konrad, den die Italiener **Conradino** nannten, dies Reich, das seine Väter vor allen andern lieb gehabt, dem französischen Eindringling Karl von Anjou wieder zu entreißen. Conradino ward besiegt und in Neapel hingerichtet 1268. Die Sicilianer verjagten vierzehn Jahre später durch ein schreckliches Blutbad (**sicilianische Vesper**) die Franzosen von der

Insel und ergaben sich einem Verwandten Conrabinos, dem König von Ara=
gon. Spanien erwarb nachher auch Neapel, und obwohl durch die späteren
großen europäischen Kriege, namentlich auch in der napoleonischen Zeit, das
Reich noch öfter seinen Herrn wechselte, so behauptete sich doch seit 1815 das
bourbonische Königshaus, eine Seitenlinie der spanischen Bourbonen, bis zu
den Umwälzungen der Jahre 1860 und 1861 im Besitz des Reiches. Die
natürliche Beschaffenheit des eigentlichen Neapel nach § 76, 2, C.

10) Abruzzen und Molise auf und an dem Apennin (§ 76, 2, B)
mit der Abdachung nach dem adriatischen Meere, einst das Land der kriege=
rischen Samniten. Nur kleine Städte; Hauptort Aquila.

11) Campanien, zwischen Apennin und Westküste, von den Alten
ein Wettstreit der Ceres und des Bacchus, noch heute das „glückliche" ge=
nannt. Und in dem schönen Lande das Schönste ist der Golf von Neapel;
daher die Aussprüche: „Ein Stück Himmel auf die Erde gefallen" — „Neapel
sehen und sterben." Dieser Golf, dessen Spitzen etwa 30 km voneinander sind,
schneidet als ein unregelmäßiges Viereck in das Land; man kann eine Nord=
küste, eine Nordostküste und Südostküste unterscheiden. Vor der Nordwest=
spitze, dem alten Vorgebirge Misēnum (große Flottenstation der Römer),
liegen die reizenden Inseln Procida [prōtschida] und Ischia [ißkia]. Die
Nordküste selbst ist wieder durch einen kleineren Golf ausgezackt, der nach
Pozzuoli [poddsuōli] (Pozzolanerde) benannt wird. Dieser kleine Aus=
schnitt ist für die alte Geographie eine der wichtigsten Erdstellen. Hier lag das
üppige Bajä, der Römer berühmter Badeort (Horaz: Kein Meerbusen der
Welt strahlt anmutsvoller denn Bajä); hier der Averner See, an den die
alten Dichter den Eingang der Unterwelt verlegten, der aber heute nicht im
geringsten schauerlich erscheint; an ihm die Höhle der kumäischen Sibylle;
von der nahe gelegenen, alten griechischen Kolonie Kumä. Der wegen seiner
Fische und wegen seiner Austern bei den römischen Leckermäulern berühmte
Lucriner See ist durch eine vulkanische Revolution im 16. Jahrhundert zu
einem bloßen Sumpfe geworden, aus dem damals sich der Monte nuóvo
erhob. Dies alles in der westlichen Umgegend von Pozzuoli. Nach O. zu
kommt man an die Solfatára, ein von Hügeln umgebenes, vulkanisch glü=
hendes Becken, aus dem beständig Schwefeldämpfe steigen. Durchaus vul=
kanischer Natur ist auch (zwischen Pozzuoli und Neapel) der runde See
Agnano [anjāno], der beständig Blasen wirft; unweit davon die Hunds=
grotte, in der Kohlensäure=Gas bis etwa zu 30 — 40 cm Höhe ausströmt
und kleine Tiere, wie Hunde u. s. w., tötet. Noch weiter nach O. folgt der
malerische, mit üppiger Vegetation bedeckte Berg Posilippo; durch ihn ist
schon unter Augustus ein 700 m langer Tunnel gehauen, durch welchen früher
der einzige Weg von Pozzuoli nach Neapel ging. Am Ausgange nach Neapel
zeigt man das von Lorbeeren umschattete Grabmal des Virgil. Die Stadt
Neapel selbst liegt da, wo die Nordküste des großen Golfes sich an dessen
Nordostküste anlehnt. Über der mit Ortschaften dicht besäeten Ostküste ragt
die Krone der ganzen Landschaft, der isolierte vulkanische Kegel des Vesuv,
1300 m, dessen Gipfel noch etwas höher ist als die sogenannte Somma,
der noch erhaltene oberste Rand des ehemaligen Vesuv, aus dessen Krater
die heutige Spitze des ganzen Kegels erst hervorging. Da uralte vorgeschicht=
liche Ausbrüche — wenn überhaupt der Mensch ihr Zeuge gewesen — längst
vergessen waren, galt der Vesuv nämlich für einen ganz ungefährlichen Berg,
bis er plötzlich im Jahre 79 n. Chr., unter Kaiser Titus, wieder Feuer zu
speien anfing; bis jetzt seitdem mehr als dreißig große Ausbrüche. Fürchter=

liche Aschenregen verschütteten bei jenem Wiedererwachen der Auswurfs=
thätigkeit des Vesuv die Städte Herculaneum, Pompeji, Stábiä und
zwei kleinere. Die Asche verdunkelte noch zu Rom die Sonne und soll vom
Sturme bis Ägypten und Syrien geführt sein. Bei dem Graben eines Brun=
nens stieß man 1713 auf einen Teil der erstgenannten Stadt und begann
sie auszugraben; doch mußte man damit einhalten, da die neuen Orte Re=
sina und Pórtici [pórtitschi] darüber stehen. Pompeji (weiter nach S.)
fand man 1755 beim Umgraben eines Ackers; bis jetzt etwa zur Hälfte auf=
gedeckt, giebt es ein deutliches Bild einer altrömischen Stadt bis
auf das kleinste herab. „Nichts ist verloren, getreu hat es die Erde
bewahrt." So bietet denn auch die Ostküste dem Reisenden überaus viel
Merkwürdiges. Den Vesuv besteigt man gewöhnlich mit Wagen von Nea=
pel oder Resina aus; an dem letzten steilen Anstieg führt eine Drahtseil=
bahn bis unter den Gipfel. Dann geht es auf mäßig steilen Schlangen=
pfaden bis zum Krater. Ist der Vulkan in dem Zustande vollkommener
Ruhe, so kann man sogar eine Strecke in den Krater hineinsteigen. An dem
Anstieg des Berges wuchs früher der vielgefeierte Lacrimä Christi. Die
Lavaströme indes haben alle Weinberge zerstört bis auf wenige, die im Be=
sitze der Jesuiten sind. — Auf der Südostküste des Golfs liegt Sorrénto,
Tassos Geburtsort: vor seiner südlichen Pforte die reizende Felseninsel
Capri, einst von Tiberius zum Versteck seiner Greuel gesucht, jetzt von
Reisenden häufig besucht und bewundert (die blaue Grotte, von dem deut=
schen Dichter Kopisch entdeckt). Dies ein kurze Schilderung des neapolita=
nischen Golfes.

Die ganze Gegend vereinigt die Reize des Himmels mit den Schrecken
einer unterirdischen Welt. Der Mittelpunkt Neapel (ital. Nápoli) — einst
Parthénope, die volkreichste und lebensvollste Stadt der Halbinsel, auch
Universität, 531000 Einw., worunter zahlreiche Deutsche, durch mehrere
Kastelle am Hafen und eins auf einer benachbarten Höhe geschützt — zieht
sich vom reizenden Seestrande die benachbarten Anhöhen hinauf ohne Mauern
und Thore. Die Straßen (die Strada di Roma, früher Toledo=Straße, ist
die schönste und belebteste) sind eng und mit Lava gepflastert, beständig von
dem Getümmel des lärmenden Volkes erfüllt, das mehr vor als in den
Häusern lebt. Unter den Kirchen enthält der Dom das Wunderblut des
heiligen Januarius (ital. Gennaro [dschennáro]), des Patrons der Stadt;
aber nicht in Kunstwerken und Kunstschätzen liegt das Blendende von Nea=
pel, sondern in seiner Lage und seinem ewig regen Volksleben. Der genüg=
same Südländer hat es in dieser bereits an echten Südfrüchten (Apfel=
sinen u. s. w.) reichen Natur leicht, sein Leben zu fristen: gewandt in jeder
Hantierung, besonders aber für den Kleinhandel geschickt, verdient sich der
Neapolitaner gar bald seine Maccheroni [makkeróni] (die einfache Natio=
nalkost des Süditalieners), und seitdem man nicht mehr die Faulheit mit
Almosen belohnt, ist auch die einst so große Masse obdachloser Tagediebe
(Lazzaroni [laddsaróni]) so ziemlich verschwunden.

Im NW. des neapolitanischen Golfes folgt ein weniger tief ins Land
einschneidender Golf, der von Gaëta. Die Festung Gaëta, nach welcher er
den Namen führt, liegt an seinem n. w. Ende auf steilem, mit dem Lande
nur durch eine schmale Enge verbundenen Felsenvorsprung und ist durch
ihre heldenmütige Verteidigung zu wiederholten Malen, so noch 1860 und
1861 als letzte Zuflucht König Franz des II. von Neapel, berühmt geworden.
— Im SO. dagegen folgt, wieder tief einschneidend, der Golf von Salerno.

An ihm Amalfi, wo der Kompaß erfunden, dann Salerno selbst, wo im Mittelalter eine berühmte Hochschule der Medizin war; berühmte Messe; im Dome Gregor VII. begraben. Weiter südwärts an der Küste desselben Golfes Ruinen des alten Pästum, durch seine Tempel und Rosen berühmt. — Im Innern: nahe dem Garigliano unweit der früheren Grenze gegen den Kirchenstaat Arpino, wo Marius und Cicero geboren; auf einem steilen Berge s. ö. davon das Benediktinerkloster Monte Cassino, das älteste im westlichen Europa; die Festung Capua am Volturno (das alte Capua lag etwas östlicher und ist wegen seines üppigen Wohllebens, wodurch es das hannibalische Heer im dortigen Winterlager verweichlichte, sprichwörtlich geworden); die Stadt Benevent.

12) Apulien, die Küste des adriatischen Meeres vom Monte Gárgano an (§ 76, 2, B). Hier Brindisi, das einst so glänzende Brundusium, eine Hauptstation der römischen Flotte und bis in die Kreuzzüge Überfahrtsort, nach langer Veröbung sich nun von neuem belebend, weil es bei seinem trefflichen Hafen und seiner günstigen Lage im beinahe fernsten SO. der ganzen Halbinsel der Ort geworden ist, wo sich an die große, von Oberitalien aus an der Küste des adriatischen Meeres entlang gebaute Eisenbahn die Überfahrtslinien nach dem Orient (besonders über Ägypten nach Indien) anschließen. Ferner Táranto oder Tarento, das alte Tarent, jene von Sparta aus gegründete, einst blühende und üppige Handelsstadt, die gegen Rom den Pyrrhus herüberrief, 34000 E. (In der Umgegend die Tarantelspinne; von den Wirkungen ihres Bisses erzählte man sonst viel Übertriebenes.) Bari, Hafenstadt, 63000 E. Im Innern liegen Lecce [létsche] und Foggia [fódscha]. Bei der letzteren Stadt das Schlachtfeld von Cannä. In dem südöstlichen Teile der Halbinsel wohnen viele Griechen, hier Otranto [ótranto] am Eingange des adriatischen Meeres, wichtige Festung.

13) Die Basilicata, zwischen Apulien und Calabrien, ohne bedeutende Städte. Starke Schafzucht.

14) Calabrien, die Halbinsel zwischen dem tyrrhenischen und ionischen Meere, ein Gebiet vulkanischer Erschütterungen, doch ein reich gesegnetes Land, freilich in seinem Innern zum Teil verwildert, zum Teil noch nie von der Kultur recht berührt. Letzteres gilt namentlich von dem Granitgebirge des finstern Sila-Waldes und seinen räuberischen Bewohnern, im breitesten Teil der Halbinsel ostwärts von Cosenza gelegen, wo sich der Busento (Alarichs Grab) in den Crati ergießt. Sicilien gegenüber die Handelsstadt Reggio „in Calabria" [rèddscho], 40000 E.; an den Küsten Trümmer griechischer Kolonialstädte; so am Busen von Tarent die des weichlichen Sybaris, dessen Bewohner z. B. schon ein Rosenblatt auf dem Lager im Schlafe stören konnte, wie wenigstens erzählt wurde.

§ 78.

Die italischen Inseln.

1) Die größte, Sicilien, 26000 qkm (450 Q.=M.), ist von der Südspitze der Halbinsel, mit welcher sie einst zusammenhing, nur durch die 3½ km breite Meerenge von Messina geschieden. Sie hat die Gestalt eines Dreiecks: die Nordseite dem tyrrhenischen,

die Ostseite dem ionischen Meere, die Südwestseite der afrikanischen
Küste zugekehrt. Darum lautete ihr älterer Name zu Homers Zeit
Trinäkria (d. i. die dreispitzige); der Dichter versetzt hierher die
heiligen Stiere des Sonnengottes, auf eine kleine Insel an der Küste
das gesetzlose Riesengeschlecht der Kyklopen und an den Meeres=
sund zwei scheußliche Ungeheuer, die Scylla an italischer und die
Charybdis an sicilischer Seite, welche die Schiffe in den Grund
ziehen oder einen Teil der Schiffsleute sich zum Fraße nehmen (Incidit
in Scyllam, qui vult vitare Charybdin). Indessen diese durch die
Sage berühmten Wirbel, Strudel und Felsen (auch Schillers Taucher
hat hier seinen Schauplatz) sind jetzt fast ganz ungefährlich. Beson=
ders häufig in diesem Sunde ist die Naturerscheinung der Fata
Morgâna beobachtet. Schon die späteren Griechen kannten Sicilien
nicht mehr als das Land der Fabeln, sondern legten an seiner schönen
Küste zahlreiche Kolonieen an. Auch die Karthager wollten die Insel
besitzen und bemächtigten sich der Westhälfte. Ihre Bestrebungen auf
Sicilien brachten sie aber mit den Römern in feindliche Berührung.
In dem zweiten punischen Kriege wurde Sicilien Roms erste Pro=
vinz, schon seit alters seine versorgende Kornkammer. Die weiteren
Schicksale der Insel erzähle nach § 77, III! Sicilien bildet jetzt einen
Teil des Königreichs Italien als 15. Landschaft. Gegen die Zeiten
des Altertums ist, obgleich an sich keineswegs unbedeutend, Anbau,
Verkehr und Bevölkerung (3,3 Millionen) gering.

Die ganze Insel bildet eine wellenförmige, etwa 500 m hohe
Hochebene mit schmalen Küstensäumen. Einzelne Bergzüge, dem
Kalkapennin ähnlich, erheben sich über die Hochfläche; am höchsten,
bis 2000 m, sind die Berge in der Osthälfte des Nordrandes. Der
Ätna ist eine noch höhere, ganz vereinzelt liegende vulkanische Ge=
birgsmasse. Sicilien hat (im S.=W.) die reichsten Schwefelgruben
der Erde.

n) An der Nordwestspitze, dem alten Kap Lilybäum, liegen die
Ägatischen Inseln (Lutatius Catulus endigte hier durch seinen Seesieg den
ersten punischen Krieg, wann?) — auf der Nordküste erinnert Trápani an
die alten Festungen Drépanum (Sichel, von des Vorgebirges Gestalt) und
den Mons Eryx — weiter nach O. hin die Stelle des alten Segésta,
dann in prachtvoller Lage, in der Fruchtebene der Conca d'oro (d. i. Gold=
muschel), Palermo, 267000 E., die jetzige Hauptstadt, schon von Phöni=
ziern angelegt, das griechische Panormos. Sie bildet ein regelmäßiges
Viereck, von zwei sich kreuzenden, schmalen Hauptstraßen in vier Viertel ge=
teilt. In der Kathedrale die Gräber der (im einbalsamierten Zustand noch
erhaltenen) hohenstaufischen Kaiser Heinrichs VI. und Friedrichs II. Pal=
men und der saracenische Baustil der Gebäude geben der Stadt ein fast
orientalisches Aussehen. Unweit der Stadt erhebt sich der eigentümlich ge=
staltete Monte Pellegrino (d. i. Pilgerberg), welcher der Stadt den

Namen Panormos (b. i. großer Fels, phönizisch) gegeben hat. Hier herrliche Aussicht auf den Hafen und eine vielbesuchte Kapelle und Grotte der
heiligen Rosalie, der Schutzpatronin von Palermo. Zu ihrem auch durch
pomphafte Umgänge gefeierten Feste strömen die meisten Fremden nach
Palermo. — Östlich von Palermo schweift sich die Nordküste etwas nach S.
aus; am östlichen Ende dieser Ausbengung Melazzo [meladdso], das alte
Mylä, wo die Römer ihren ersten Seesieg unter Duilius errangen. Von
Melazzo nach N. liegt die vulkanische, aber fruchtbare Gruppe der Lipári-
schen Inseln. Die größte Lipári; die nördlichste Stromboli, mit einem
thätigen Vulkan.

b) An der Ostküste treffen wir zuerst auf das befestigte Messina, das
alte Messāna, seit dem Erdbeben von 1783 schöner wieder aufgebaut, mit
schönem Hafen und nicht unbedeutendem Handel (Südfrüchte), 142000 E.
Weiter nach SW. erhebt sich, von allen Bergzügen der Insel gesondert, der
3300 m hohe Ätna, von den Sicilianern Monte Gibello [dschibello] genannt; in der alten Fabel die Werkstätte der Kyklopen, welche dem Jupiter
die Donnerkeile schmiedeten. Der Fuß des gewaltigen, seit undenklichen
Zeiten thätigen Vulkans, der sich aus einer Gruppe kleinerer, erloschener
Vulkankegel erhebt, hat über 100 km im Umfang: trotz der drohenden Gefahr sind die Abhänge die bebautesten und bevölkertsten Striche in Sicilien.
Die Besteigung wird am besten von Catánia aus unternommen, einer ansehnlichen Seestadt, 110000 E., die schon oft und viel durch die Eruptionen
des Ätna gelitten hat. Von hier rechnet man auf den Gipfel 9 Stunden,
übernachtet aber meist in Nicolôsi; dieser Ort liegt noch in der untern, mit
Oliven und Weingärten bedeckten Region des Berges, ist aber durch die
Lavaströme schon wiederholt sehr gefährdet gewesen. Früh vor Tagesanbruch
bricht man auf, durchschneidet die Waldregion und betritt die „nackte" Region; schon über 2000 m hoch liegt die Casa inglese (das englische Haus),
ein Zufluchtsort für Reisende. Der eigentliche Aschenkegel erhebt sich noch
300 m höher, ist aber nicht so steil, wie der des Vesuv, der Krater hat etwa
700 m im Durchmesser. Die Aussicht von der Ätnaspitze ist herrlich und
großartig; ganz Sicilien hat man wie eine Landkarte unter sich, Calabrien,
die Liparischen Inseln und das unendliche Meer; nur der Blick vom Pik auf
Teneriffe (§ 60, I, 3) soll sich in Bezug auf die Meeresaussicht damit messen
können. Daher ein Dichter: „Schön ist's, von Ätnas Haupt des Meeres
Plan voll grüner Eiland' und die Fabelau'n Siciliens und Strombolis
Vulkan, beglänzt von Phöbus erstem Strahl zu schauen." — Nicht weit von
der Südspitze, an einem Vorsprunge, lag die alte Hauptstadt Siciliens, das
von Griechen dorischen Stammes angelegte Syrakus. Es hatte im Altertum vielleicht über 1 Mill. E. und wagte den Kampf mit Karthago, Athen
(im peloponnesischen Kriege) und Rom (Belagerung durch Marcellus; Archi-
medes). Von seinen fünf blühenden Stadtteilen nimmt das heutige, etwas
befestigte, weinreiche Siracusa, mit 24000 E., nur einen, die kleine
„Insel", ein. Der Hafen ist immer noch einer der besten auf der Insel nächst
dem von Messina. Die Ufer sind mit Trümmern vergangener Herrlichkeit
bedeckt: man zeigt dem Fremden besonders die grausen Steinbrüche und
Steinklüste, in welche die Syracuser Kriegsgefangene und Missethäter ein-
zusperren pflegten. (Das Ohr des Dionys.) Kriege, Erdbeben und die alles
umgestaltende Zeit haben die Änderungen hervorgebracht. Südlich von Siracusa ist die einzige Stelle, wo in Europa die ägyptische Papyrusstaude (Cy-
perus Papyrus) vorkommt. Platens Grab.

c) Ungefähr in der Mitte der Südwestküste mündet einer der größten Flüsse, jetzt Salso, einst Himera genannt. Noch weiter nach NW. liegt Girgenti [dschirdschénti], 20000 E., als Agrigentum, griechisch Akrágas, einst Siciliens zweite Stadt mit angeblich 200000 E. Viele prächtige Ruinen. In der Nähe die bedeutendsten Schwefelgruben und die merkwürdigen Macalúben, kleine, nicht über 1 m hohe kegelförmige Schlammvulkane, welche aus ihrer Krateröffnung salzige, zähflüssige Thonmassen austreten lassen, öfter unter mäßig starkem Knall, also in kleinen Explosionen. Noch weiter gegen die Westspitze hin die Ruinen des alten Selinûs.

d) Im Innern der Insel lagen im Altertume keine bedeutenden Orte. Die Ebenen um Enna — ziemlich in der Mitte — waren als anmutige, blumenreiche Fluren berühmt; hier sollte Pluto die Proserpina geraubt haben. Jetzt liegen im Innern einige bedeutendere Orte, wie Caltanisétta, Calatagirone [kalatadschiróne] u. a.

2) Von der Südspitze Siciliens südwestlich 75 km in das Meer liegen drei Inseln: Gózzo [gobbjo], Comíno und Malta, die größte, 275 qkm (5 □.-M.). Verwitterte, mergelartige Kalksteinfelsen, in denen sich eine Menge Grotten und Höhlen finden, bilden dieser Eilande nackte Oberfläche; die Ufer meist Steilküsten.

Wechselnd ein Besitz der Phönizier, Karthager, Römer und Araber, ward Malta endlich mit Sicilien verbunden, aber 1530 von Karl V. dem Orden der Johanniter geschenkt, die kurz vorher von den Türken aus ihrem früheren Besitz verdrängt waren (§ 46, 6). Diese, von nun an auch wohl Malteser genannt, durch ihr Gelübde zu beständigem Kampf mit den Ungläubigen verpflichtet, schufen ganz Malta, zumal an der Nordküste Landungsplätze hat, in eine Felsenfestung um und wußten sich gegen überlegene Heere ihrer Feinde zu halten. Am berühmtesten ist die Belagerung von 1565; nach dem damaligen heldenmütigen Großmeister heißt die stark befestigte Hauptstadt La Valetta (Kastell St. Elmo), 80000 E. Je mehr die Macht der Türken sank, desto schneller verlor der Orden seine alte Bedeutung und Kraft, und so konnte Napoleon, als er 1798 nach Ägypten fuhr, sich durch einen Handstreich der Insel bemächtigen. Bald jedoch nahmen sie die Engländer den Franzosen weg und sind bis jetzt im Besitz geblieben. Die Insel ist ihnen in derselben Beziehung wichtig, als sie es nach den Worten eines alten Geschichtsschreibers schon den Phöniziern war. „Sie hatten die Insel, die gute und bequeme Häfen darbietet und mitten im Meere liegt, zu einer Zufluchtsstätte." Der nutzbare Raum der Insel ist stark bevölkert, 150000 E., welche (außer der englischen) eine seltsame Mischsprache von Italienisch, Arabisch und Phönizisch reden. Durch aus Sicilien geholte Erde ist Malta auch fruchtbar gemacht worden und erzeugt Getreide, Wein, Baumwolle und sehr schöne Orangen. Die Insel ist sowohl eine große Waffenniederlage Englands als ein Hauptmarkt für den Verkehr mit Nordafrika und dem östlichen Becken des Mittelmeeres.

3) u. 4) Die beiden Inseln Sardinien, 24000 qkm (443 □.-M.), und Corsica, 9000 qkm (161 □.-M.), durch die Straße von St. Bonifacio [bonifátscho] geschieden, sind von Gebirgen erfüllt, welche eine andere Natur zeigen, als die italischen.

a) In Sardinien (zum Königreich Italien als 16. Landschaft gehörig) füllen sie besonders den östlichen Teil und steigen bis ungefähr 1900 m. Die Insel ist nacheinander in den Händen der Karthager, Römer — die sie als Verbannungsort benutzten — Araber, Pisaner, Spanier gewesen. Durch Tausch kam sie an Savoyen, das von der Insel seinen Königstitel annahm. Das schwach bevölkerte Land (mit kaum 700000 E.) gehört zu den gesegnetsten, aber auch zu den unbekanntesten Ländern Europas.

Sardiniens Hauptstadt Cagliari [káljari], an dem in den S. der Insel einschneidenden und nach ihr benannten Busen, 40000 E.; fast ebenso groß im NW. Sássari.

b) Noch weit gebirgiger und rauher als Sardinien ist Corsica (Monte Cinto 2710 m); doch liefert der steinige Boden Getreide, Wein und Südfrüchte. Das Bergvolk der Korsen, 270000 an Zahl, hat einfache, rohe, zum Teil wilde Sitten (Blutrache); aber Tapferkeit, Freiheitssinn und Gastfreundschaft ist ihm nicht abzusprechen. Nachdem die Korsen mit den Sarden gleiches Schicksal gehabt, kamen sie unter das nicht leichte Joch der Republik Genua, die dieser Insel wegen eine Königskrone in ihrem Wappenschilde führte. Im 18. Jahrhundert kam es zu blutigen Aufständen auf der Insel, die Korsen wählten einen westfälischen Edelmann, Theodor von Neuhof, zu ihrem König, der sich aber nicht behaupten konnte. Nach langen Wirren nahmen die Franzosen von der Insel Besitz; sie bildet jetzt ein Departement von Frankreich.

Die größte Stadt Corsicas Bastia, 20000 E., liegt auf der Ostküste, an dem schmalen, gen N. vorspringenden Streifen; die schönere Hauptstadt, an einem Busen der Westküste, ist Ajaccio [ital.: ajátscho]. Hier ward wahrscheinlich 1768 (nicht 1769) Napoleone Buonaparte (französiert: Napoléon Bonaparte) geboren.

§ 79.
Die griechische oder die Balkan-Halbinsel.

Die dritte der südlichen Halbinseln von Europa, beinahe ½ Mill. qkm (9000 Q.-M.) umfassend, legt sich in langer Linie an den Stamm von Europa zwischen dem adriatischen und dem Schwarzen Meere an. Nach S. zu schmaler werdend, streckt sie ein langgezogenes Vorland nach Asien hinüber, so daß nur die schmale Straße von Konstantinopel die beiden Erdteile voneinander scheidet. Von hier aus bildet das Marmara- und das ägäische Meer die Südgrenze der Halbinsel bis zu dem Meerbusen von Saloniki hin. Nur das westliche Drittel setzt sich von hier aus weiter nach S. fort, in der Gestalt eines Rhombus mit vielfach eingeschnittenen Rändern das ägäische Meer von dem ionischen trennend. Durch die schmale Landenge von Korinth fügt sich ihm die Halbinsel der Peloponnes an (früher gewöhnlich Morêa genannt), welche dreizipflig nach S. ausläuft.

Das Innere der griechischen Halbinsel bilden ausgedehnte Hoch=flächen von verschiedener Erhebung. Infolge gewaltiger Verschie=bungen, welche diese bis in die jüngsten Erdperioden erfahren haben, sind einerseits einzelne Teile zu Massengebirgen aufgetürmt worden, wie das Rhódope=Gebirge, anderseits Becken in den Hochflächen entstanden, welche so lange von Seen erfüllt waren, bis die Flüsse ihnen einen Abfluß gegraben hatten.

An der Westseite ist den inneren Hochflächen ein faltenreiches Kalkgebirge in 100—150 km Breite vorgelagert, welches in Ge=stalt zerrissener Hochflächen zu den westlichen Meeren abfällt. Die nördliche Hälfte desselben führt den Namen illyrische Alpen, die südliche (in Griechenland) Pindos. Im N. schließt es sich unmit=telbar an die julischen Alpen an, im S. endigt es mit dem Kap Matapan. Seine höchste Erhebung erreicht es im Dürmitor, 2500 m, in Montenegro.

Auch den Nordostrand der inneren Hochflächen begleitet ein Kalk= und Kreidegebirge, aus dem sich zahlreiche flache Kuppen aus krystallinischen Gesteinen bis 2000 m erheben. Es ist der Hämus der Alten, von den Türken Ballân (d. i. Gebirge, türkisch) genannt. Es zieht als eine einfache Kette vom Timot bis zum Paß des Eiser=nen Thores, wo es sich dreifach teilt und bis ans Schwarze Meer hin nur noch 1000 m Erhebung hat. An der Nordseite ist ihm die bulgarische Hochebene vorgelagert, welche steil zur Donau abfällt.

Die Höhenzüge der Halbinsel setzen sich vielfach insularisch fort: daher die rings um die Halbinsel zerstreuten, durchaus gebirgigen Inseln.

Die auf ein Drittel verschmälerte Südhälfte der Halbinsel, das alte Griechenland, ist das am meisten gegliederte Land der Erde; zweimal schneiden Meerbusen unter derselben Breite von O. und W. her tief ein, so daß der Vergleich mit Schottland nahe liegt. Suche die Vergleichungspunkte und gieb die umgebenden Meere nach der Karte und nach § 72 Anf. an! Das Ineinandergreifen von Meer und Land bewirkt nicht bloß eine reizvolle Mannigfaltigkeit, sondern vornehmlich ein schönes, gemäßigtes Klima. Denn im brei=ten N. schließt der rauhe Winter immergrüne Gewächse aus, die Wälder bestehen nur aus sommerlich belaubten Baumarten, und es

fällt im heißen Sommer genug Regen, um den Feldern reiche Ern=
ten abzugewinnen. Erst in dem verschmälerten S. herrscht echtes
Mittelmeer-Klima (§ 72 Mitte); der vorwiegend kalkige Boden bietet
hier zwar nicht die Gaben fetter Getreideländer dar, aber herrlich
gedeiht die Olive, nach der Sage der alten Griechen einer Göttin
Geschenk, herrlich die Feigen und würziger glühender Wein. Das
Schönste aber, was — in grellem Gegensatz zu den heutigen Ver=
hältnissen — dieser Boden vordem gezeitigt hat, ist die Wissen=
schaft und Kunst der alten Griechen.

Die alten Griechen oder Hellenen bewohnten eigentlich nur
diese reichgegliederte Südhälfte der ganzen Halbinsel bis zum 40. Pa=
rallel und die umliegenden Inseln. Im N. wohnten Barbaren (so
nämlich nannten jene alle nichtgriechischen Völker). Aber von jeher
lockte die Hellenen das Meer: in ihrer wilden Zeit zur Seeräuberei,
später zum Handel und zur Gründung zahlreicher Kolonieen. Wo
haben wir solche schon erwähnt? Aus der griechischen Vorzeit hören
wir von gewaltigen Helden (Heroen), wie Herakles, Perseus, The=
seus, welche das Land von Ungetümen und Scheusalen der Tier=
und Menschenwelt säuberten; wir vernehmen auch von großen Aben=
teuern und Kriegsunternehmungen, durch welche die vereinzelten
griechischen Stämme wenigstens auf einige Zeit vereinigt wurden.
So holte die Heldenschar der Argonauten aus Kolchis (wo?)
das Goldene Vlies, und zur Zeit der folgenden Generation be=
lagerten die Griechen zehn Jahre lang Ilios oder Troja, Pria=
mos, des lanzenkundigen Königs Stadt (§ 46, 3). Der unsterb=
liche Homer hat in seiner Ilias einundfünfzig Tage aus diesem
Kampfe und seine Helden Achilleus und Hektor, Aias, den Sa=
laminier, u. a. besungen — und die gefahrvolle Rückkehr des Odys=
seus in der Odyssee verherrlicht. In der geschichtlichen Zeit tref=
fen Hellas und Asien wieder zusammen; die Kämpfe der Hellenen
mit den Persern sind der glänzendste Abschnitt ihrer Geschichte:
merke die Landschlacht bei Márathon 490, die Verteidigung der
Thermopylen durch den spartanischen König Leónidas und die
Seeschlacht bei Sálamis 480 als die herrlichsten Zeugnisse grie=
chischer Tapferkeit. Aber, nachdem jene Gefahr glücklich abgewandt,
fingen die Hellenen an, unter sich uneins zu werden. Besonders
herrschte Eifersucht zwischen den beiden mächtigsten Städten und
Staaten: Athen, dem Solon Gesetze gegeben, und Sparta, in
dem die sog. Iykurgische Verfassung galt. Endlich kam es sogar
zwischen ihnen und ihren Bundesgenossen zu dem peloponne=
sischen Kriege 431 bis 404, der den Sieger wie den Besiegten

schwächte; um so leichter erhebt sich Theben durch seine großen
Männer Epameinondas und Pelopidas eine Zeit lang zur
ersten Macht. Unterdessen hat Philipp, König von Makedo=
nien, seine Macht immer mehr verstärkt und besiegt endlich die
Griechen bei Chäroneia 338. Von seinem großen Nachfolger
Alexander erzähle nach § 46, 3 u. 4; § 47, Ende; § 42, Mitte!
Nach seinem Tode suchten sich die Griechen wieder zu befreien, und
es bildeten sich zwei große Vereine, der achäische und ätolische
Bund. Endlich mischten sich auch hier die Römer ein, machten
dem makedonischen Reiche ein Ende, behandelten aber hernach auch
die Griechen so herrisch, daß diese verzweifelte Gegenwehr versuch=
ten. Doch der Sieg ward ihnen nicht. Ihre damalige Hauptstadt
Korinth wurde 146 zerstört, und ihr Land unter dem Namen
Achäja später römische Provinz.

In einer andern Beziehung blieben aber die Griechen Sie=
ger. Die Römer bildeten sich nach ihrer Litteratur, nach ihren Kunst=
werken; die Sprache der Griechen verbreitete sich in der ganzen Ost=
hälfte des römischen Reiches, mit ihr war im ganzen Umfang des
Reiches jeder Gebildete vertraut. Nach dem dauernden Auseinander=
fall des römischen Reiches seit 408 wurde die östliche Halbinsel mit
der Stadt Konstantinopel (Byzanz) der Mittelpunkt des oström i=
schen, byzantinischen oder auch griechischen Kaisertums. Unter
dessen unkräftiger Gegenwehr drangen nunmehr von N. die Slaven
ein, die noch jetzt die Hauptmasse der Bevölkerung in der Nordhälfte
der Halbinsel bilden, aber auch in der Südhälfte in ansehnlicher Zahl
vorhanden sind. Die Kreuzzüge brachten dem Reiche keinen Ge=
winn; im Gegenteil eroberten die Pilger des vierten Kreuzzuges
1204 statt Jerusalem Konstantinopel und gründeten dort das latei=
nische Kaisertum. Gewannen nun auch die Griechen 1261 den
Thron ihres zusammengeschmolzenen Reiches wieder, so konnten sie
sich doch immer weniger gegen die ein Jahrhundert später andrängen=
den Türken halten. Woher kamen diese unter ihrem ersten Führer
Osman? (§ 46 Anf.) Um 1400 hatten diese osmanischen Türken
schon einen großen Teil der Halbinsel inne. Am 29. Mai 1453 er=
oberte ihr Sultan Mohámmed II. Konstantinopel, das sich seit dem
6. April gewehrt: der letzte Kaiser aus der Familie der Paläo=
logen, Konstantin IX., fiel im Kampfgetümmel. Aber der rohe Er=
oberer, lange nicht zufrieden, drohte seine Rosse sogar in der Peters=
kirche zu füttern. Wirklich überschwemmten die Türken unter ihm
und seinen Nachfolgern, besonders unter Soliman dem Prächtigen,
1520 bis 1566, große Teile von Ungarn, streiften in die deutschen

Donauländer (Belagerung von Wien 1529), bemächtigten sich Nie-
derungarns sowie der Nordküste des Schwarzen Meeres mit der
Krym und nahmen den Genuesen und Venetianern die meisten ihrer
Besitzungen im Orient. Ganz Europa zitterte damals vor den Türken; dreimal wurden des Tages die Glocken angeschlagen, um zum
eifrigen Gebet gegen den Erbfeind der Christenheit aufzufordern.

Mit dem Beginn des 17. Jahrhunderts sank jedoch die Türken-
macht von jener gefährlichen Höhe rasch herunter. Die Sultane
wuchsen nicht mehr im Feldlager auf und weilten nicht mehr am
liebsten in der Mitte ihrer Kerntruppen, der Janitscharen, sondern verweichlichten, wurden unter Weibern im Harem erzogen und
bekümmerten sich nicht mehr um den Krieg. Zwar kamen die Türken
1683 noch einmal vor Wien, das von Stahremberg tapfer verteidigt und von dem deutschen Reichsheere unter dem Herzoge von
Lothringen, zu dessen Unterstützung auch der Polenkönig Johann
Sobieski herbeigezogen war, befreit ward; und von da ab haben
Deutsche und Ungarn sie in glänzenden Siegen die Donau immer
weiter hinunter gedrängt („Prinz Eugenius, der edle Ritter“).

Von einer andern Seite her traten seit Peter dem Großen die
Russen erobernd auf; die türkische Grenze wich nach und nach vom
Don bis zum Prut. Dazu kam in den Provinzen Aufstand der
Statthalter; in der Hauptstadt häufiger regelloser, oft blutiger
Thronwechsel, meist durch Frechheit der Janitscharen herbeigeführt.
Da beschloß in unserm Jahrhundert Mahmud II. sein Volk durch
Annäherung an europäische Kultur und Sitte wieder empor zu
bringen. Das Corps der Janitscharen, in einem schrecklichen Blut-
bade fast ganz vertilgt, wich einem auf europäische Weise eingerich-
teten Kriegsheere; viele Veränderungen im gleichen Sinne folgten
nach. Aber doch mußte dieser Sultan es geschehen lassen, daß
Ägypten sich immer unabhängiger stellte, und daß der Aufstand der
Griechen seit 1821 zur Entstehung eines neuen Königreichs
Griechenland führte. Die Türken verdanken das Bestehen ihrer
Herrschaft in Europa nur der gegenseitigen Eifersucht der europäischen Mächte. Aber unter ihnen selbst geht die alte Volkssage,
daß ihr Zeichen, der Halbmond, dem Kreuze einst wieder würde Platz
machen müssen, und reiche Türken haben sich deshalb von jeher gern
auf asiatischem Grund und Boden begraben lassen. Jetziger Sul-
tân (oder Padischah): Abdul Hamid.

Obgleich infolge des letzten russisch-türkischen Krieges (1877/78)
Rumänien und Serbien gänzlich von der Türkei losgelöst worden,
das neugeschaffene Fürstentum Bulgarien derselben nur noch tri-

butpflichtig, und das Königreich Griechenland über seine bisherige
N.-Grenze hinaus erweitert ist, obgleich ferner Bosnien mit Novi-
pasâr in den faktischen Besitz Österreichs, Cypern in denjenigen
Englands, Tunis in denjenigen Frankreichs gekommen ist: befaßt
das heutige türkische Reich in zwei Erdteilen immer noch 2 Mill.
qkm (37000 Q.-M.) mit 21 Mill. Einw.:

1) in Europa die Provinzen: Rumelien und Albanien, sowie
mehrere Inseln im ägäischen Meer, deren größte Kreta ist; als Vasallenstaat das Fürstentum Bulgarien, mit welchem sich die früher
„selbständige" Provinz Ostrumelien vereinigt hat.

2) in Asien: Kleinasien, einen Teil von Armenien, Syrien
mit Palästina, die Ebene des Euphrat und Tigris und die Küste von
Arabien am Roten Meer; als Vasallenstaat die Insel Samos.

Endlich in Afrika steht der Vasallenstaat Tripolis (mit Barka
und Fessan) und das ägyptische Reich nur noch dem Namen nach unter
der türkischen Oberherrschaft.

Die einzelnen Landteile werden durch Paschas verwaltet, deren
Rang durch die Roßschweife, die ihnen vorgetragen werden, bezeichnet
wird: die mit drei Roßschweifen sind die höchsten. An der Spitze der
ganzen Verwaltung steht der Divan [diwan], in welchem der erste
Minister und Feldherr, der Großvezier [wesir], als Vertreter des
Padischah in weltlichen Angelegenheiten den Vorsitz führt. Der Def-
terdar-Effendi ist der Minister der Finanzen, der Reis-Effendi
verhandelt mit den fremden Mächten (Dragomans = Dolmetscher),
der Kapudan-Pascha befehligt die Seemacht. Die höchste Gewalt
ist aber bei dem Sultan, worin auch die dem Reiche vor einigen
Jahren erteilte Verfassung nicht viel geändert hat. Über Leben und
Tod, über Habe und Gut aller seiner Unterthanen kann er verfügen;
früher küßte selbst der Großvezier in Demut die ihm vom Sultan
zugesandte seidene Schnur und ließ sich pflichtschuldigst erdrosseln.
Doch war dieser Despotismus der Sultane immer durch Gewohn-
heit und Herkommen sehr beschränkt; ein Verstoß dagegen hätte dem
Herrscher selbst das Leben gekostet. In neuerer Zeit ist freilich vieles
anders geworden. Europäisches Wesen verbreitet sich am Hofe und
in der Hauptstadt immer mehr. Am meisten muß noch auf den
Glauben des Volkes Rücksicht genommen werden. An der Spitze
der mohammedanischen Geistlichkeit, der Ulemas, steht der Scheich
ül Islam, auch Mufti genannt, der Vertreter des Padischah in
geistlichen Angelegenheiten. Er umgürtet den Sultan bei der Thronbesteigung mit dem Schwerte Mohammeds; seine Gutachten sind
von großer Bedeutung. Imame heißen die Vorsteher der einzelnen

16*

Gotteshäuſer oder Moſcheeen; von ihren ſchlanken Türmen, den Minarets, rufen die Muezzins, Ausrufer, die Gläubigen zu dem fünfmaligen täglichen Gebet. Der heilige Wochentag iſt der Freitag, das höchſte Feſt das Beïramfeſt, das auf den Faſten= monat Ramaſan folgt. Derwiſche ſind die mohammedaniſchen Mönche, welche in verſchiedene Geſellſchaften oder Orden zerfallen. Da übrigens das heilige Buch der Moslims, der Korân, nicht bloß die Quelle der Religion, ſondern auch des Rechts iſt (die Ulemas er= klären ihn), da ferner der Sultan als Nachfolger der Kalifen (§ 49 Anf.) als weltlicher und geiſtlicher Beherrſcher der Gläubigen gilt, ſo iſt weltliches und geiſtliches Regiment bei den Türken auf eigen= tümliche Weiſe verflochten. Die im türkiſchen Gebiete lebenden Juden und Chriſten, zuſammen Rajah [râdſchah] (d. i. Herde) ge= nannt, waren ſonſt in einem faſt rechtloſen Zuſtande, ſind aber in neueſter Zeit in Bezug auf Rechte und Laſten den Türken gleichgeſtellt.

1) Die (europäiſche) Türkei.

Sie umfaßt 176000 qkm (3000 □.=M.) mit 5,7 Mill. Einw., davon bilden die Türken nur etwa ein Viertel. Faſt ebenſo zahlreich ſind die Al= baneſen und mehr noch die Griechen, welche überhaupt das bedeutendſte aufſtrebende Bevölkerungselement der Halbinſel darſtellen, weswegen es angemeſſener erſcheint, nach ihnen als nach dem Randgebirge des Balkan die Halbinſel zu benennen.

Die Türkei wird in Statthalterſchaften oder Vilajets geteilt, deren Grenzen indes oft wechſeln. Wir halten uns daher an die alte Einteilung in die Provinzen Rumelien und Albanien.

a. Rumelien (das alte Thrakien und Makedonien) wird an ſeiner ganzen Südküſte von dem ägäiſchen Meere beſpült. Im NO. dieſes Meeres tritt eine Landzunge der griechiſchen Halbinſel, bei den Alten thrakiſcher Cherſonês genannt, ſo dicht an die vorſpringende kleinaſiatiſche Küſte, daß eine 60 km lange, an der engſten Stelle nur 800 m breite Meerenge entſteht. Die Alten nannten ſie Helleſpont; auf europäiſcher Seite lag Seſtos, auf aſiatiſcher Abydos (Brücke des Xerxes, Hero und Leander); auch der Ziegen= fluß (Ägos Potamos), wo Lyſander am Ende des peloponneſiſchen Krieges die Athener gänzlich beſiegte, floß aus der Cherſones in den Helles= pont. Jetzt heißt die Enge Straße der Dardanellen. Die alten Dar= danellenſchlöſſer liegen ziemlich an der Stelle der genannten alten Städte: die neuen liegen am ſüdlichen Eingange der Meerſtraße.

Da, wo der Helleſpont, bei der Hafenſtadt Gallipoli, 30000 E., aufhört, läuft das europäiſche Ufer gen NO. weiter, das aſiatiſche aber zieht eine Strecke entſchieden nach O., dann erſt nach N., wo es zum zweitenmal mit Europa zuſammentrifft. Hierdurch entſteht das kleine Meer, das die Alten Propontis nannten; jetzt Mârmara=Meer. Warum? (§ 37, 3.) Gegen den nördlichen Ausgang hin liegen die reizenden Prinzen=Inſeln.

Die zweite Meerſtraße, der Bósporus oder die Straße von Kon= ſtantinopel, iſt 30 km lang und nur an den breiteſten Stellen 4 km, an den ſchmalſten noch nicht 1 km breit, ſo daß Plinius nicht nur recht hat mit ſeiner Behauptung, man höre die Hunde von der aſiatiſchen Seite herüberbellen, sondern sogar der Gesang vernehmbar herüberklingt, wie ihn noch gegenwärtig die schönen Griechinnen in stiller Nacht wohl anstimmen. Wir nennen die Meerenge nach der türkischen Hauptstadt, die Alten Bosporus. Dieser Name wie der des Hellesponts erklärt sich aus der griechischen Mythologie.

An dem südlichen Ende des Bosporus — da, wo durch eine 8 km ins europäische Ufer eindringende Bucht, das sogenannte Goldene Horn, eine dreieckige Halbinsel ausgeschnitten wird, stand das alte Byzantion, eine blühende Handelsstadt: denn jene Bucht bildet einen der schönsten und begünstigtsten Häfen der Welt. Nach wechselnden Schicksalen baute 330 der erste christliche Kaiser Konstantin Byzantion zu seiner prächtigen Residenz aus; er nannte es Neu-Rom, das Volk Konstantinsstadt, Konstantinopel. Die Türken nennen es Stambul oder Istambul, d. i. „die Stadt". Im Neugriechischen nämlich wird den Ortsbezeichnungen ohne weiteres die Präposition εἰς vorgesetzt. Εἰς τὴν πόλιν klingt aber in der neugriechischen Aussprache is tin polin: und daraus haben die Türken Stambul gemacht. In derselben Weise sind auch die türkischen Namen von Nikomedien, Niläa, Smyrna (Is mid, Is nil, Is mir) u. a. (§ 46, 2 u. 3) zu erklären.

Die eigentliche Stadt hat mehr als 20 km im Umfange und nimmt die vorher beschriebene dreieckige Halbinsel ein. Von zwei Seiten wird sie von den Meeresfluten begrenzt, im S. vom Marmara-Meer, im N. vom Goldenen Horn. An der W.-Seite ist sie durch eine dreifache Mauer vom Binnenlande getrennt. An der O.-Spitze des Dreiecks, gerade da, wo sich das Marmara-Meer zum Bosporus verengt, liegt das Seräi (Serail), früher des Sultans Residenz, ein eigener zum Teil noch mit starken Mauern umgebener Stadtteil mit vielen, aber vernachlässigten Palästen, Gärten u. s. w. Dicht bei dem Serai liegt das Gebäude des Staatsministeriums, die sogenannte Hohe Pforte, wonach oft das ganze türkische Reich benannt wird, und das merkwürdigste Gebäude der Stadt, die herrliche Sophien-Kirche, welche Kaiser Justinian Christo als der göttlichen Weisheit (σοφία) erbauen ließ. Sie ist seit 1453 eine Moschee; prächtige Kuppel. Am Südwestende der Stadt liegt das verfallene Schloß der sieben Türme, eine ehemalige Citadelle für Staatsgefangene; sonst wurden hier auch die Gesandten derjenigen Mächte eingesteckt, mit denen die Pforte gerade im Kriege war. Am Goldenen Horn liegt der Fanar, wo früher die reichsten und vornehmsten Griechen (daher Fanarioten genannt) wohnten, noch jetzt Sitz des griechischen Patriarchen und der obersten griechischen Geistlichkeit überhaupt.

Das eigentliche Konstantinopel gewährt, vom Meere aus gesehen, einen prachtvollen, in mancher Beziehung einzigen Anblick: nur Lissabon und Neapel können in die Schranken treten. Die in schönen Hügeln sich hebenden Ufer zweier Weltteile, die vom Meere aus auf sieben Höhen aufsteigende Stadt, die Menge der Moscheeen und Minarets mit vergoldeten Halbmonden, der immer von Schiffen gefüllte Hafen geben ein reiches, herrliches Bild. Von der Landseite her ist die Umgegend still und öde. Im Innern der Stadt enge, schmutzige Straßen, voller Unrat und sehr dreister Hunde, meist hölzerne Häuser (daher die großen Feuersbrünste). Unter den Einwohnern befinden sich viele Griechen, Armenier, Juden. Das Volksgetümmel ist daher in den bewohnteren Stadtteilen recht bunt und äußerst lebhaft. Alle Geschäfte und Handwerke werden an oder auf der Straße betrieben; statt der Wagen drängen sich Züge von Lasttieren mit Steinen, Brettern, Holz durch die Menge; Wasserträger, Zuckerwarenhändler, Trödler aller Art schreien ihre Waren aus; durch all dieses Geräusch, vermehrt vom lautesten Gezänk der Menschen und dem Geheule der Hunde, wogt zu Fuß und zu Pferd der Menschenstrom auf und nieder; die vielfarbigen Kostüme der Orientalen stechen dabei grell ab von der schlichten, einfacheren Kleidung der Europäer, wie der rasche und feste Tritt des „Franken" von dem schlürfenden Gang des Türken mit dem langen Kaftan, im roten Fes oder Turban.

Jenseit des Hafens, d. h. n. vom Goldenen Horn, liegt Péra mit Gá= lata, wo die fremden Gesandten und die meisten Franken, d. h. Europäer, sich aufhalten. Weiterhin, etwa 2½ km vom Eingang ins Goldene Horn, Dolmabaghtsche=Seráï, die gegenwärtige Residenz des Sultans, auch am Ufer des Bosporus. Skútari, auf dem asiatischen Ufer, 100000 E., nimmt sich wie eine Vorstadt von Konstantinopel aus, dem es gerade gegen= über liegt (§ 46, 2); Cypressenhaine und Totenäcker umgeben es. Die ganze Uferstrecke des Bosporus ist mit reizend gelegenen Ortschaften besät, in denen reiche Türken und Griechen, auch fremde Gesandte Landhäuser haben: The= rápia, Bujúkděrě u. s. w. Die Einwohnerzahl Konstantinopels beträgt zusammen mit derjenigen aller dieser Orte ziemlich 1 Mill.

Die Provinz Rumelien oder Rúmíli hat von den Romäern ihren Namen, wie die Türken die hier besonders zahlreich wohnenden Griechen nennen. Ihre östliche Hälfte befaßt hauptsächlich das alte Thrakien, das Gebiet der schiffbaren Márița, des größten Flusses der Halbinsel. Das Innere galt den Griechen als ein rauhes, von rohen Barbaren bewohntes Land; an den Küsten hatten sie Kolonieen, wie Abděra, das wegen der Wunderlichkeit seiner Bewohner verrufen war. Jetzt ist die größte Stadt an dem genannten Flusse Adrianopel (türkisch Edirné), über 8 km im Um= fange, bis 1453 der Sultane Residenz, in reizenden Cypressen= und Rosen= gärten (Rosenöl) gelegen. Friede mit den Russen 1829, der Griechenland frei machte. Unter den 71000 E. ist ein beträchtlicher Teil Griechen. Die westliche Hälfte von Rumelien bis zum Pindos ist das alte Ma= kedonien, durch eine Seitenkette des Pindos von Thessalien getrennt, an deren Ostende sich südwärts der Olympos, der Götterberg, 3000 m, an= schließt. Die Könige Makedoniens residierten in der Binnenstadt Pella, aber die wichtigsten und reichsten Städte, meist griechische Kolonieen, lagen auch hier an der Küste, besonders auf der Halbinsel Chalkidike, welche nach SO. gestreckt wieder in drei Zinken ausläuft; der östliche trägt auf seinem Vorsprunge den isolierten 1935 m hohen Athos, an dem einst die Flotte der Perser scheiterte. Kam man im Altertum aus Thrakien, so traf man zuerst auf Philippoi (Brutus und Cassius, Cäsars Mörder, besiegt 42 v. Chr. — Brief Pauli an die Philipper), dann auf Amphipolis. Zwischen dem westlichen und mittleren Zinken der Chalkidike lag das blü= hende Olynth, da, wo sich der westliche abtrennt, Potidäa. Alle diese Orte werden im peloponnesischen Kriege und in den Kriegen Philipps oft genannt. Wo die Chalkidike sich im W. abtrennt, in einer reizenden See= landschaft, lag Thessalonike, an dessen Gemeinde Paulus schrieb. Diese Stadt ist noch jetzt als Saloniki vorhanden und die Hauptstadt der nament= lich durch Ackerbau (Tabak, Baumwolle) reichen Provinz mit bedeutendem Handel, 150000 Einw. Der Busen zwischen dem Festlande und der Halb= insel von Makedonien ist jetzt nach ihr benannt, und eine wichtige Eisenbahn führt von ihr aus seit kurzem im Thale des Wardar (des alten Axiós) quer durch die Halbinsel nach dem Donauthale hinüber. Auf dem Athos (darum Hagion Oros genannt) 21 griechische Klöster (ehedem die einzigen Kirchen, welche im Türkenreiche Glocken haben durften), zu denen weither gewallfahrtet wird. Hauptsitz der griechischen Gelehrsamkeit (viele Bücher und Manuskripte) und Bildungsanstalt für griechische Priester.

b) Auf der Westseite der Halbinsel liegt die Provinz Albanien oder Arnaut, das Gebiet der alten Länder Illyrien und Epeiros. Als die Türken eindrangen, wehrte sich hier bis an seinen Tod heldenmütig der Fürst Georg Kastriota, von den Türken Skanderbeg genannt, d. i. Fürst Alexander. Die Arnauten oder Albanesen (Nachkommen der alten Illyrer) sind überhaupt ein kräftiger, kriegerischer Menschenschlag; nichts übertrifft ihre grausame Wildheit gegen Feinde; einige ihrer Stämme sind mohammedanisch, andere römisch-katholisch. Die Hauptstadt des nördlichen Albaniens ist Skútari, die des südlichen Jánina am gleichnamigen, äußerst schön gelegenen See auf einer Hochebene. Gar nicht weit von Janina lag im Altertum in einem Eichenhaine das berühmte Orakel Dodóna. Im SW. Janinas lebte in romantischer Bergwildnis an einem schwarzen, reißenden Gebirgswasser, dem alten Acheron [ácheron] das kleine Volk der Sulioten, aus Griechen und Arnauten gemischt, durch Tapferkeit gegen die Türken berühmt. Es wanderte 1822 auf griechisches Gebiet aus. An der Küste, noch eine gute Strecke nördlich von dem am westlichsten (nach Italiens Hacken) vorspringenden Kap Linguetta (akrokeraunisches Vorgebirge), liegt Durazzo [durázzo], als Dyrrháchion und Epidamnos in der alten Geschichte bekannt. — Der SO. des alten Epeiros gehört bis zu einer vom Golf von Arta n. zum Pindos ziehenden Grenzlinie jetzt zum Königreich Griechenland.

c) Unter den Inseln, die noch zur europäischen Türkei gehören, ist die bei weitem größte und wichtigste das alte Kreta, 8600 qkm (160 □.-M.), welches, da sowohl nach der griechischen als nach der kleinasiatischen Halbinsel zu kleinere Inseln liegen, das ägäische Meer im S. abschließt. Eine hohe Gebirgskette durchzieht die von O. nach W. zu gestreckte Insel; der höchste Berg, ziemlich in der Mitte, 2300 m, hieß bei den Alten Ida; der Göttervater selbst sollte dort erzogen sein. Nach S. fällt das Gebirge ziemlich steil zum Meere, nach N. zu sind schöne fruchtbare Abdachungen. Schon in der ältesten griechischen Zeit bestand hier das Königreich des weisen Minos; seine Gesetzgebung war durch Hellas weit berühmt. Zwei Städte lagen am Nordabhange: im W. Kydonia (woher die Quitten ihren Namen haben), im O. Knossos, Minos' Residenz. Am Südabhange lag Gortyn mit dem Labyrinthe, in dem einst nach der Sage das Ungetüm Minotaur hauste. In der Zeit um Christi Geburt, wie schon die Römer Herren der Insel waren, müssen die Kretenser gegen früher ausgeartete Leute gewesen sein. Der Apostel spricht mit den Worten eines kretensischen Dichters: „Die Kreter sind immer Lügner, böse Tiere und faule Bäuche" (Titus 1, 12). Im Mittelalter war Kreta nacheinander in den Händen der Byzantiner. Araber und Venetianer; die letzteren haben es erst gegen Ende des 17. Jahrhunderts an die Türken verloren. Seitdem verwilderte Kreta. Es zählt 280000 E., wovon ³/₄ Christen sind. Die jetzige Hauptstadt Candia (nach welcher die Venetianer die ganze Insel nannten) liegt auf der Nordseite, ziemlich in der Mitte.

Im nördlichen ägäischen Meere, zwischen der Chalkidike und Kleinasien, seitwärts der thrakischen Küste, merken wir noch die kleineren Inseln: Thasos, ehedem durch seine Goldbergwerke berühmt, steht jetzt unter ägyptischer Verwaltung — Samothráke, im Altertum der Sitz eines berühmten Geheimgottesdienstes — am wichtigsten das alte, dem Hephästos gehörige Lemnos, auf das er, aus dem Himmel geschleudert, herabfiel. Jetzt sind hier keine thätigen Feuerspeier mehr. Berühmt ist die lemnische Ziegel= erde (eine Art Bolus).

2) Das Königreich Hellas (Griechenland).

Die Geschichte der Griechen ist oben bis 1453 fortgeführt. Die heutigen Griechen, die sogenannten Neu=Griechen, sind nicht durchweg unvermischte Nachkommen der alten Hellenen, vielmehr in manchen Gegenden erheblich besonders mit Albanesen, von denen auch zahlreiche Worte in die neugriechi= sche Sprache eingedrungen sind, versetzt. Doch geht das allgemeine Bestre= ben dahin, die Sprache — auch die Ortsnamen — zur Reinheit des Alt= griechischen zurückzuführen. Mehr als die Mischung mit fremdem Blut mußte die lange Periode schmachvollen Druckes während der Türkenzeit nach= teilig auf die Gesinnung des Volkes wirken. Dennoch haben mit einem Hel= denmute, der althellenischer Tapferkeit würdig ist, sich die Neugriechen seit 1821 ihre Freiheit von den Türken zu erkämpfen gewußt. Durch scheußliche Grausamkeit suchten die letzteren sie einzuschüchtern; am Osterfeste jenes Jah= res wurde der griechische Patriarch zu Konstantinopel an der Thür seiner Hauptkirche aufgehängt, eine Unzahl Griechen geköpft, gespießt u. s. w. Die Namen der Seehelden Miaulis und Kanaris, die suliotischen Brüder Bozzaris u. a. zieren den griechischen Freiheitskampf. Die Völker Euro= pas waren schon lange für die griechische Sache begeistert; endlich schritten auch die Regierungen ein, um dem Gemetzel ein Ende zu machen. Englän= der, Russen, Franzosen zerstörten die Türkenflotte 1827 bei Navarino (Pylos), und die Ägypter vertrieben die Türken aus der Peloponnes. End= lich mußte die Pforte im Frieden zu Adrianopel 1829 die Unabhängigkeit des Teiles der griechischen Halbinsel südlich von der Verbindungslinie der Busen von Arta und Volo unter dem Namen Königreich Hellas (Griechenland) anerkennen. Das neue Königreich wurde aber öfter durch Revolutionen beunruhigt; sein erster König Otto (ein bayrischer Prinz) sah sich nach dreißigjähriger Regierung genötigt nach Bayern zurückzukehren. Ein dänischer Prinz bestieg danach unter dem Namen Georg I. den Thron. Der Staat umfaßt seit der 1881 erfolgten Erweiterung über den SO. von Epeiros und über Thessalien 65000 qkm (1180 □.=M.) und 2 Mill. E., wovon ¹/₂ Mill. auf den Inseln. An die moderne Einteilung in Nomarchieen kehren wir uns nicht, sondern betrachten nach historischen Landschaften das griechische Festland, die Halbinsel Peloponnes und die Inseln, wobei wir der alten Zeit möglichst eingedenk sind.

a) Thessalien, der rechteckige Gebirgskessel im SW. von Makedonien, vom Pindos bis zu den am Ägäischen Meer hinziehenden Gebirge Pelion und Ossa (gegenüber dem noch beim türkischen Gebiet belassenen Olymp). Nur im NO. hat der thessalische Gebirgskessel Massenabfluß nach dem Meer: hier zwischen Olymp und Ossa das malerische Tempethal, durch welches der Hauptfluß Peneios (früher Salambriás) den Durchgang zum Meer sich erzwungen hat. Die alte Hauptstadt Lárisa ist noch jetzt bedeutend. Ziem= lich in der Mitte die Stelle des alten Pharsalos, wo Cäsar 48 den Pompe= jus schlug. Die Küste im SO. durch mehrere Busen eingeschnitten; an dem größten, dem Busen von Volo, lag Jolcos, von wo die Argonauten aus= segelten.

b) Livadien, bei den Alten das eigentliche Hellas genannt, spärlich bevölkert, enthält von W. nach O. folgende Landschaften:

α) **Akarnanien**, von Albanien durch den Busen von Arta (einst von Ambrakia) geschieden. An der Südseite seines engen Einganges lag **Aktion**, wo Oktavian 31 v. Chr. den Antonius besiegte.

β) **Ätolien**, von der vorigen durch den Achelóos (früher Aspro-pótamo) geschieden. Jetzt an der Küste die Festung **Mesolongion** (türk. Missolunghi), durch die tapferste Verteidigung im Freiheitskriege be-rühmt. Die Türken fanden am Eroberungstage, Palmsonntag 1826, nur einen Trümmerhaufen. Hier starb 1824 der englische Dichter **Byron** [bei'rn], ein eifriger Griechenfreund.

γ) **Lokris**. Hier die alte Stadt **Naúpaktos** (früher Lepánto) unweit der Stelle, wo Livadien sich der Küste der südlichen Halbinsel so nähert, daß nur eine enge Durchfahrt bleibt. So zerfällt der trennende Meer-busen in zwei Teile; der westliche, offene, heißt **Busen von Patrá**, — der größere, östliche, geschlossene **Busen von Korinth**. Seesieg der Spanier unter Don Juan de Austria über die Türken 1571. Ein getrenntes Stück von Lokris lag der Insel Euboia gegenüber.

δ) **Doris**, eine ganz kleine Landschaft auf dem Gebirge, welches sich hier in zwei Gabeln spaltet, die parallel miteinander den südöstlichen Vor-sprung der Halbinsel durchziehen und meist aus höhlenreichem Kalk zu-sammengesetzt sind.

ε) **Phokis**. Hier in dem westlichen Zuge der höchste Gipfel dieser Gegenden, der **Parnasós**, 2500 m, den alten Griechen ein heiliger Berg. Auf seinem Gipfel wurden Apollon und Bakchos in ausgelassenen Festen verehrt, heilige Quellen stürzten den Abhang herunter, darunter die kastalische, den Musen geweiht. Am Südwestfuße des Berges aber lag **Delphoi**, von dem aus der Parnas zweigipflig erschien. Hier stand in einem halbunterirdischen Gemache hinter Apollons prachtvollem Tempel über einer Erdspalte, aus der stets ein eisig kalter Hauch empor-drang, ein goldener Dreifuß; ihn bestieg Apollons Priesterin, die Pythia, und aus ihren abgebrochenen Lauten machten die zuhörenden Priester für den Fragenden einen Antwort-Vers zurecht. Auf den Ruinen der alten Herrlichkeit steht heute das ärmliche Dörfchen **Kastri**.

Da, wo der östliche Zug zwischen sich und einem Sumpfstreifen am Meere nur eine Wagenbreite übrig ließ — denn jetzt hat sich auch hier die Küste verändert — führte der Paß der **Thermopylen**, nach warmen Schwefelquellen benannt, aus dem Euboia gegenüberliegenden Stücke von Lokris nach Thessalien und ist weltberühmt durch **Leónidas** und seine 300 Spartaner, die hier im Kampfe gegen persische Macht starben, Spartas Ge-setzen gehorchend.

ζ) **Böotien**, ein Tiefland zwischen beiden Gebirgsgabeln; in der westlichen hier der **Helikón** und **Kithärön**. Der erste von diesen Bergen war den Musen — Quelle Hippokréne, durch den Hufschlag des Péga-sos entstanden — der zweite dem Bakchos heilig. Bei der kesselartigen Bodenbildung der Landschaft ergießen sich die meisten Flüsse in das im In-neren gelegene Becken des altberühmten Kopáïs-Sees, der jedoch durch Ab-zugsgräben jetzt fast ganz trocken gelegt und in Wiesen und Ackerland ver-wandelt ist. Im SO. dieses Seebeckens liegt **Theben**, jetzt ein kleines Landstädtchen, im W. Livádia, das alte Lebadeia. Die ganze Landschaft nannten die alten Griechen eine „Orchestra (d. i. Tanzplatz) des Kriegs-gottes", weil so viele Schlachten darin geliefert sind, z. B. die von Platää und Chäroneia. Den Bewohnern warf man Stumpfsinn und Schwerfälligkeit vor.

η) Attika, der südöstliche breieckige Zipfel, bis zum Kap Kolonnäs, bei den Alten Sunion. Nur 2200 qkm (40 □.-M.) groß, zwar gesund, aber spärlich bewässert, vielfach gebirgig und steinig, nur für den Bau der Olive gut geeignet, ist es doch in der Weltgeschichte hoch berühmt: so viel vermochte der Geist seiner alten Bewohner über die Kargheit der Natur. An der Westküste der Landschaft öffnet sich eine Uferebene, im SO. von dem durch seinen Honig berühmten Hymettos (1000 m) geschlossen. Auf dieser Ebene springt ein niedriges Vorgebirge, hervor und bildet drei Häfen: den sichern, geschlossenen Haupthafen Peiräeus [neugriechisch gesprochen pirävs; lateinisch: Piräus] und die kleineren, fast kreisrunden Einbuchtungen von Zéa und Munychia. Östlich von diesen liegt der nur eine offene Reede darstellende Hafen Phaleron. Von diesen Häfen streckt sich die Ebene 6 km nach NO., dann geht sie in die flachen Bergthäler der Bäche Kephisos und Jlissós über. Zwischen diesen Thälern am Ende des Blachfeldes erhebt sich eine Hochfläche von ovaler Form, an 300 m von W. nach O. lang und halb so breit, zu einer Höhe von 150 m; es ist nur von W. her leicht zu ersteigen, nach allen andern Seiten fallen seine Felswände steil ab. Diese Höhe war die Burg des alten Athen, die Akropolis. Auf ihr lag der berühmte Parthenon, der Tempel der Schutzgöttin Athene, mit vielen herrlichen Kunstwerken. Von der Stadt (von W.) her bildete der Prachtbau der Propyläen in fünf Durchgängen den Eingang. Besonders um den Nordfuß der Burg war die alte Stadt (wie die ganze heutige) gelagert: zwei lange Mauern (nach dem Meere zu weiter voneinander tretend, daher „Schenkel“ genannt) verbanden sie mit dem Peiräeus, eine dritte führte nach dem Phaleron; diese Mauern bewahrten die Stadt davor, von ihren Häfen abgeschnitten zu werden. Alles zusammen hatte zur Zeit der Blüte wohl 400000 E. Das heutige Athen, jetzt Hauptstadt und Residenz des Königreichs, auch Universität, bietet freilich ein ganz anderes Bild, hat sich aber nun wieder auf 108000 E. erhoben. Die Akropolis, von den Türken lange als Festung benupt, zeigt nur noch herrliche Ruinen der alten Zeit, die jetzt sorgfältig erhalten werden; die Stadt, unter der Türkenherrschaft ein Haufen elender Hütten zwischen Trümmern, macht jetzt den Eindruck einer lebhaften europäischen Mittelstadt. Unter den drei Häfen ist der Peiräeus wieder ein lebhafter Hafenort mit 35000 E. geworden. Merkwürdig im alten Attika waren noch: im NW. Eleusis, wo der Erdgöttin (Demeter) ein Geheimgottesdienst gefeiert ward (eleusinische Mysterien); im N. der Berg Pentélikou, durch Marmor berühmt; an der Ostküste in einem sumpfigen Striche Márathon.

ϑ) Mégaris, ein Ländchen, welches schon auf der Landbrücke zur Halbinsel Peloponnes liegt; noch jetzt besteht als Hauptort desselben Mégara.

c) Die Peloponnes, früher Moréa genannt, oft mit einem Platanenblatte verglichen, hängt durch den Isthmus von Korinth mit dem Festlande zusammen. Der Gebirgszug des Festlandes bricht auf dieser Enge plötzlich ab, also daß der Boden an einigen Stellen kaum 40 m über dem Meere bleibt. Die Breite des eigentlichen Isthmus erreicht nur 7 km. Einen Kanal hindurchzulegen hatte schon Nero begonnen: jetzt erst ist das große Werk der Verbindung der beiden Meerbusen vollendet: 6343 m lang, 8 m tief mit 22 m Sohlenbreite durchschneidet jetzt der Kanal von Korinth den Isthmus. In der Mitte der Halbinsel erhebt sich ein Tafelland mit hohen Gebirgen am Rande umsetzt und von niedrigen Bergzügen durch= zogen. Von seinem Rande schießen gleichsam Gebirgsstrahlen nach der Küste hin, die vielfach gebuchtet ist. Die südlichen Strahlen enthalten die höchsten Gipfel. Wir merken folgende Landschaften:

α) **Arkadien**, das Tafelland der Mitte, nur nach W. zu offen, wo der **Alpheiós** zur Küste geht. An der Nordgrenze die Hochgipfel des **Kyllēne** und **Erýmanthos**. Was eine gewisse Periode der Dichtkunst vom arkadischen Schäferleben erträumt hat, entspricht nicht der Wahrheit. Die alten **Arkader** gingen in Felle gekleidet und waren ein rauhes Volk — jetzt trifft man schmutzige Hirten walachischer Abkunft, das Haar wild um den Kopf hängend, umgeben von einer Schar bissiger, halbwilder Hunde, denen man sich nur ungern nähert. — Unter den alten Städten waren **Man= tinēa** und das durch **Epameinondas** erbaute **Megalópolis** bedeutend. — **Tripolitza** oder **Tripolis** war unter der Türkenherrschaft die Hauptstadt von **Morea**.

β) **Achaja**, der Abhang der nordarkadischen Gebirge zum Meer, am Busen von? Unter den Gießbächen, welche zwischen den Gebirgszacken hervorkommen, ist auch die **Styx**. In einer schaurigen Wildnis rinnt über schwarzen Felsabhang ein dunkler Wasserstreifen. Noch die jetzigen Griechen erzählen Spukhaftes von diesem unheimlichen Wasser. In alter Zeit war der Bund der achäischen Städte berühmt, und Rom nannte das ganze unterwor= fene Griechenland **Achaja**. Jetzt merke **Páträ**, 34000 E., eine schöne neue Hafenstadt mit Citadelle; in der Umgebung die besten Korinthen, die von **Páträ** aus hauptsächlich über See gehen.

γ) **Elis**, das westliche Vorland von Arkadien, das Mündungs= land des **Alpheios**. An seinen Ufern **Olympia**, d. h. ein mit heiligen Hainen, Tempeln u. s. w. bedeckter Raum, in welchem die größten Kampfspiele der alten Griechen begangen wurden; durch das **Deutsche Reich** sind hier jüngst herrliche Überreste antiker Bau= und Bildwerke (Hermes=Statue des Praxi= teles, Nike des Päonios) aus dem Schutt der Jahrtausende ausgegraben worden.

δ) Der südwestliche Teil der Halbinsel ist das Land der **Mes= senier**, von den Spartanern nach zwei blutigen Kriegen unterworfen. Im **ersten** messenischer Held **Aristodémos**, Belagerung der Bergfeste **Ithóme**; im **zweiten** der Messenier **Aristomenes** und Belagerung der Feste **Eira**. Um die erstgenannte Feste baute **Epameinondas** auch hier eine neue Stadt **Messēne**. Berühmt für die alte Zeit war auch **Pÿlos** am Westufer, der Sitz des reisigen Nestor, dann aber als wichtiger Seeplatz oft in der Kriegs= geschichte genannt. Die geräumige Bucht, an der es liegt, wird durch eine langgestreckte Insel **Sphakteria**, jetzt **Sphagia**, vom Meere getrennt. Der an dieser Bucht liegende Ort **Navarino** heißt heute wieder, obgleich nicht auf der gleichen Stelle gelegen, **Pÿlos**. Andere Städte und Festungen sind **Modon**, das alte **Methone**, östlich davon **Koróne**, an dem westlichen der beiden in die südliche Peloponnes einschneidenden Busen, jetzt Busen von **Koróne**, von den Alten von **Messenien** genannt.

ε) **Lakonien**, der südöstliche Zipfel, durch den lakonischen Busen eingeschnitten, 440 qkm (80 Q.=M.) groß. Der südwestliche Vorsprung, bei den Alten **Tänaron**, ein vermeinter Eingang der Unterwelt, jetzt Kap **Mátapan** — der südöstliche, durch Stürme verrufen, **Maléa**, jetzt Kap **Mália**. Das ganze Land ist eigentlich nur das Gebirgsthal des **Eurótas**,

welcher vor seiner Mündung einen niedrigeren, sein Thal seewärts abschließen=
den (Gebirgsriegel durchjagt hat.   Rechts und links mächtige Gebirgszüge;
im W. der schroffe, romantische Taýgetos mit Gipfeln bis über 2400 m.
Die wildesten Gebirgsgegenden im S. heißen jetzt die Maina; hier hausen
die Mainoten, ein wildes, tapferes Völkchen, bei dem Kriegs= und Räuber=
leben immer Hand in Hand gehen und das in seiner Sprache noch merkwürdige
Anklänge an die alt=dorische Mundart zeigt. Die Reisenden, welche in diese
Landschaft kommen, suchen natürlich vor allem die Stätte auf, wo am rechten
Ufer des Eurotas mauerlos und mit wenigen ansehnlicheren Gebäuden ge=
schmückt das alte Sparta lag, und wo nun wieder ein Neu=Sparta gebaut
ist, das 4000 E. zählt. An der Ostküste der ö. Landzunge die Inselfeste Mo=
nembasia [monemvasia], in der überwiegend italienischen Sprache des
levantinischen Handelsverkehrs (der lingua franca) Malvasia genannt;
weil von hier der feurige südgriechische Wein seit dem Mittelalter in den Han=
del kam, nannte man diesen (schon im 15. Jahrhundert auch nach Madeira
verpflanzten) Wein Malvasier.

β) Die östliche Peloponnes, mit einer Halbinsel, die der attischen
ziemlich parallel läuft, hieß bei den Alten Argolis, von der Hauptstadt
Argos. Mykēne und Tiryns waren Orte, die in der ältesten griechischen
Geschichte von Wichtigkeit sind. Sehr wichtige Ausgrabungen an beiden
Orten durch Schliemann. Jetzt ist hier die bedeutendste Stadt Nauplia,
der Hafen des alten Argos.

γ) Wir kommen auf unserer Rundreise wieder zum Isthmus und
treffen hier auf eine der früher bedeutendsten griechischen Städte. Die Gebirge
der Halbinsel stürzen auf der Landbrücke steil mit dem Berge ab, der auf
seiner Breite das feste Akrokorinth trug. Darunter lag, nach dem korin=
thischen Busen zu, das durch Welthandel reiche, aber auch üppige und aus=
schweifende Korinth mit etwa ½ Mill. E. Am korinthischen Busen lag der
eine, nahe Hafen; am ägäischen Meere der andere, entferntere. Jetzt stehen
an der auch durch Erdbeben und Fieber stark heimgesuchten Stelle der alten
Stadt nur die wenigen Häuser des Dorfes Alt=Korinth; nachdem ein Erd=
beben 1858 dies fast ganz zerstört hatte, ist an der alten Hafenstätte am korin=
thischen Meerbusen ein Neu=Korinth entstanden, ein kleiner, aufblühender
Handelsort. Auch die an der Stelle von Akrokorinth angelegte Citadelle ist
verfallen, nur die Aussicht von dieser altberühmten steilen Höhe auf die helle=
nischen Länder und Meere bewahrt mit Recht ihren Ruf. Der Weinbau der
Umgegend noch bedeutend; aber die Erzeugung der von hier gerade benann=
ten Korinthen (gedörrter kleiner Beeren), eine wichtige Einnahmequelle
Griechenlands, ist gegenwärtig in fast allen anderen Teilen der Peloponnes
beträchtlicher.

d) Die griechischen Inseln.

α) Bei weitem die größte ist Euböa (neugriechisch ausgesprochen
évvia, früher auch Negroponte genannt). Lang und schmal dahingestreckt,
läuft sie mit dem griechischen Festlande parallel, nur durch einen Meeresarm
davon getrennt. Ja, etwa vor der Mitte der Insel ist derselbe so schmal, daß
die dort liegende Hauptstadt Chalkis durch eine Zugbrücke mit dem Konti=
nent verbunden ist. Diese Enge hieß bei den Alten Euripos und ist durch
ein sehr unregelmäßiges Auf= und Abströmen des Meeres merkwürdig. Ein
hohes, bewaldetes Gebirge durchzieht die ganze Insel, die aber auch viele
fruchtbare Stellen hat (einst Athens Kornkammer). Auf dem Vorgebirge im

NO. der Insel lag das Heiligtum der Artemis, das Artemision, vor welchem die persische und griechische Flotte miteinander kämpsten.

β) In dem Meerbusen zwischen Argolis und Attika, den die Alten den saronischen nannten, liegt das kleine Salamis; in der Enge zwischen ihr und der asiatischen Küste die wichtige Seeschlacht. Südlich davon, nach der argolischen Küste zu, liegt Ägina [altgriech. ägina, neugriech. ägina), im Altertum einige Zeit mit Athen wetteifernd und an Kunstwerken reich.

γ) Noch näher an der argolischen Küste liegen drei Inseln, welche in neueren Zeiten bei weitem größere Wichtigkeit haben, als dies im Altertum der Fall war. Poros (im Altertum Kalauria, mit berühmtem Tempel des Meergottes) ist durch Handel und Schiffahrt blühend. Hydra, mit Stadt gleiches Namens, wasserlos und so felsig, daß man oft nicht Erde genug zum Begraben der Toten hat, trotzdem aber stark bewohnt. Die Hydrioten und die Bewohner von Spétsia haben den Türken zur See den meisten Abbruch gethan. Die Hydrioten stellten allein 400 Schiffe (Wilhelm Müller: „Der kleine Hydriot").

δ u. ε) Unter den weiter in das Meer hinein gelegenen Inseln unterschieden die Alten zwei Gruppen. Die Kykladen (d. i. Kreisinseln) sollten so ziemlich im Kreise um Delos gelagert sein — außerhalb dieses Kreises lagen dann die Sporaden (d. i. die Zerstreuten).

Unter die Kykladen, welche insulare Fortsetzungen der Gebirge von Euboia und Attika sind, gehören von NW. nach NO.: Andros, Tenos, Mykonos. Westlich davon lag das kleine Delos, das einstens nach der Sage auf dem Meere schwamm, bis es Poseidon für die umherirrende, von der Hera verfolgte Leto befestigte. Hier nun gebar die Geliebte des Zeus den Apollon und die Artemis; beiden Gottheiten war die Insel geweiht. Ein prachtvoller Apollontempel schmückte sie, der allen Griechen als größtes Heiligtum galt. Jetzt als Mikra Delos unbewohnt, nur mit Trümmern bedeckt. Noch weiter westlich liegt Syra mit lebhaftem Handelsverkehr: die Hauptstadt Hermúpolis, die größte Stadt auf den Inseln, 22000 E. In der Reihe nach SO. folgen weiter Paros und Naxos, die größten der Kykladen. Die erste, im Altertum durch köstlichen Marmor berühmt (die Brüche und Stollen noch vorhanden), hat im W. noch eine kleine Vorinsel Antiparos mit einer merkwürdigen Tropfsteinhöhle — die zweite, im Altertum dem Bakchos geweiht, ist schön und fruchtbar, aber doch nicht sehr bewohnt. Die vornehmen Familien stammen meist aus französischem oder venetianischem Blute, überhaupt erinnert noch vieles an die Zeit des lateinischen Kaisertums.

Die Reihe der Sporaden, mehr von W. nach O. streichend, enthält insulare Fortsetzungen der Gebirge von Argolis; in ihnen tritt vulkanische Natur, besonders deutlich in den größten, Melos und Thera (früher Santorin) hervor. Auf Melos, das ein alter halbeingestürzter Krater ist, wurde die weltberühmte Statue der Aphrodite von Melos (Venus von Milo) — jetzt in Paris — gefunden. Bei Thera haben sich noch in der jüngsten Zeit Inseln durch vulkanische Thätigkeit aus dem Meere gehoben.

Bei weitem die meisten Kykladen und Sporaden sind an Fruchtbarkeit und Bevölkerung nicht mehr das, was sie bei den alten Griechen waren. Viele sind waldleer und damit wasserarm geworden und haben darum ein kahles Aussehen. Die Römer benutzten einige zu Verbannungsorten.

ζ) Mit der Thronbesteigung Georgs I. wurde dem Königreich Griechenland die vormalige, unter englischem Schutze stehende Republik der sieben ionischen Inseln zugefügt. Diese Inseln haben zusammen 2400 qkm (44 O.=M.) mit ¼ Mill. E., teils italienischen, vorherrschend aber griechischen Blutes. Obgleich alle gebirgig, sind sie doch überaus fruchtbar an Produkten der so nahen griechischen Küste, vor allem an Oliven und Wein, dessen Beeren auch hier zu Rosinen gedörrt werden. Sie gehörten bis in die Stürme der französischen Revolution zur Republik Venedig, wurden hernach wechselnd von verschiedenen Nationen besetzt, bis 1815 die Engländer die Schutzherrschaft über dieselben übernahmen.

Die nördlichste und wichtigste Insel ist Corfú, mit dem breiten Nordende der albanesischen Küste sehr nahe, dann keilförmig sich gegen SO. zuspitzend. Im Altertum bildete die noch jetzt wunderschöne Insel den bedeutenden Seestaat Kérkyra (120 Kriegsschiffe im peloponnesischen Kriege), bei den Römern hieß sie Corcyra. — Die neuere Hauptstadt Corfú, mehr italienischen Charakters, liegt an einer Einbuchtung der Ostküste, galt früher für eine der stärksten Festungen in Europa, mannhaft durch Schulenburg gegen die Türken verteidigt.

Leukas (früher Santa Maura genannt) ist durch einen seichten, von den alten Korinthern ausgeführten Durchstich von Akarnanien getrennt; das leukadische Vorgebirge im SW., von dem sich nach der Sage die Dichterin Sappho in das Meer stürzte.

Itháke [lat.: Ithäca], die Insel des Odysseus, ist kaum 100 qkm (2 O.=M.) groß. Télemach, der die vom Menelaos geschenkten Rosse ablehnt, schildert seine heimische Insel (und die griechischen überhaupt) also:

— In Ithake fehlt's an geräumigem Plan und an Grasflur,
    Ziegenweide nur giebt es — mir lieber als Weide der Rosse.
Keines der Meereiland' ist mutigen Rossen zur Rennbahn
Oder zur Weide bequem; und Ithake minder denn all.

Auf der von NW. nach SO. gestreckten Insel sucht man die Örtlichkeiten der Odyssee: an der Nordküste den Hafen Phorkys, wo die Phäaken den Odysseus aussetzen, im N. den Berg Neriton, an der Ostküste in einer tiefen Bucht den Hafen Rheithron; im Hintergrunde derselben die Stadt Ithake; im S. der Insel das Gebirge Néïon. Allein keine der Örtlichkeiten ist bisher glaubhaft nachgewiesen. Jetzt heißt der Hauptort Wathý.

Nur durch schmalen Meerarm ist von Ithake Kephallenia, die größte der ionischen Inseln, getrennt, mit trefflichen Matrosen und einer zahlreichen Handelsflotte.

Dem Nordwestvorsprunge der Peloponnes gegenüber liegt Zákyn=thos (früher Zante), von den Italienern wegen seiner Fruchtbarkeit und Schönheit Fiore di Lovante (d. i. Blume des Ostens) benannt, — die bevölkertste unter allen. Die gleichnamige Hauptstadt liegt im NO. der Insel.

Ganz von den übrigen getrennt liegt Kýthera (früher Cerigo [tscherigo] genannt), etwas südwestlich vom Kap Mália — also vor welcher Landschaft der Peloponnes? Bei den Alten galt sie für die Geburtsstätte der Liebesgöttin.

3) Das Schutz=Fürstentum Bulgarien,

nördlich von Rumelien zwischen Balkan und Donau. Von den 2,1 Mill. Bewohnern sind ⅘ Bulgaren. Diese sind ein fleißiges Slavenvolk, ebenso tüchtige Ackerbauer als Handwerker (berühmt ihre Teppichweberei, aber bis vor kurzem ächzten sie unter dem Türkenjoch. Hauptstadt Sófia, 42000 E., nahe der wichtigen Straße, welche im Isker=Thale über den Balkan nach dem

Thale der oberen Märißa führt. Erheblich kleiner sind die Städte Schumla (am Balkan), Rustschuk (an der Donau) und die Hafenstadt Warna am Schwarzen Meer, mit Rustschuk durch Eisenbahn verbunden.

Zur Zeit ist mit Bulgarien die südlich angrenzende „autonome“ Provinz Ostrumelien vereinigt, welche, 36000 qkm (650 □.-M.) groß, 1,1 Mill. Einw. zählt, von denen mehr als ²/₃ christliche Bulgaren (Slaven) sind. — Die Hauptstadt Philippopel, einst von dem Macedonier Philipp angelegt, liegt an der oberen Maritza; 33000 Einw.

4) Das Königreich Serbien,

das ganze Flußgebiet der Mórawa umfassend, zwischen Bulgarien und Bosnien. Seine Bewohner (2,1 Mill.), dem kriegerischen Slavenstamm der Serben (oder Raizen) angehörig, erkämpften sich seit 1804 allmählich die Freiheit von der Türkei; Königreich seit 1882. Residenz des Fürsten war früher Kragújewaß, ungefähr in der Mitte des Landes, unweit der Morawa. Seit 1839 jedoch ist Landeshauptstadt und Residenz, gelegen am Zusammenfluß von Save und Donau — gegenüber von? — die berühmte Festung Belgrad, 54000 E.

5) Bosnien mit der Hérzegowĩna,

westlich von Serbien, nordwärts bis zur Save reichend, als Hauptflußgebiet das der Bosna besißend. Im S. des leßteren, dem herzegowinischen Nebenland schon nahe, die Hauptstadt Serájewo, 26000 E. In der Herzegowina Mostár. Dieses ganze Bergland, bisher der nordwestliche Teil der Türkei, steht jeßt unter österreichischer Verwaltung, und ist also nur noch dem Namen nach eine türkische Provinz; die Bewohner gehören demselben Slavenvolk an, wie die des benachbarten Serbien, sind jedoch nicht alle wie diese dem Christentum treu geblieben, sondern teilweise zum Islam übergetreten.

6) Das Fürstentum Montenegro,

zwischen Bosnien und Albanien gelegen, das (bis aus Meer ausgedehnte) „Land der Schwarzen Berge“, slavisch Czernagora [tschernagóra], ebenfalls von Serben bewohnt, die aber Freiheit und Christentum von jeher hier tapfer gegen die Türken verteidigt haben, worüber freilich die blutigen Fehden nie ein Ende nahmen. 9085 qkm mit 200000 Einw. (meist griechischer Konfession); Hauptort: Cetinje, 2000 Einw.

7) Das (österreichische) Königreich Dalmatien (§ 103, Ende).

II. Binnen-Europa.
§ 80.
Donau-Tiefland und Karpatenland.

Der von W. nach O. fließende Hauptstrom des binnenländischen Europa, die Donau, gehört in seinem obern Lauf dem deutschen Lande an, das er bei Preßburg verläßt, um nunmehr in das ungarische Tiefland einzutreten. Man redet deßhalb von einem deutschen Donau-Hochlande und einem außerdeutschen Donau-Tieflande.

Den Südrand des Donau-Tieflandes bildet die griechische oder Balkan-Halbinsel, welche hier mit den Berglandschaften von Bosnien und Serbien und der bulgarischen Hochfläche bis an den Strom selbst herantritt. — Im Norden umgürten das Tiefland die Karpaten. Sie krümmen sich von dem Punkte an, wo der Mittellauf der Donau beginnt, in einem großen Bogen von 1200 km Länge, dessen offene Seite der Donau zugekehrt ist, und berühren diesen Strom noch einmal da, wo sein Unterlauf beginnt, den Verzweigungen der südlichen Gebirge gerade gegenüber. Sie verzweigen sich nach N., nach der östlichen Tiefebene zu, nur wenig; mehr aber gegen das Donaubecken hin. Man zerlegt die Karpaten in vier Teile: a) Die Kleinen Karpaten, von der Donau bis zu der breiten Neustädtler Senke, nicht viel über 650 m hoch, bilden die Grenze zwischen dem deutschen Lande und dem Donau-Tieflande. b) Von der Senke an türmt sich das Gebirge allmählich zu dreifacher Höhe in dem gewaltigen Knoten der West-Beskiden auf und richtet zugleich sich ostwärts. Über ihre Mitte führt der Jablunka-Paß. Dann folgt wieder eine breite Senke, die nur 600 m hohe Neumarkter Hochfläche. Jenseit derselben folgen c) die Ost-Beskiden und das karpatische Waldgebirge, der Länge nach der ausgedehnteste Teil, 350 km weit nach SO. ziehend, aber auch der niedrigste, im O. mehr ein breiter Höhenrücken (Sandstein) von etwa 1000 m Kammhöhe ohne sehr hohe Gipfel. Hier, an den Quellen der Theiß, liegen die tiefen, nur spärlich bewohnten Wälder der Marmaros [mármarosch]. d) Im SO. hebt sich der Zug wieder bedeutend und umgürtet das Hochland von Siebenbürgen. Im SO. und S. sind die Gebirge desselben am höchsten; denn, während der lange Karpaten-Zug durch parallele Emporhaltung des Bodens in einem hufeisenförmigen Bogen entstanden ist, tritt hier aus den Tertiärschichten das Grundgebirge zu Tage, so daß manche Höhe der Tatra nahekommt. Die Nordseite Siebenbürgens ist die offenste, und auch im W. trennt das siebenbürgische Erzgebirge nur unvollständig von der ungarischen Tiefebene. Das Innere, durchschnittlich 480 m hoch, ist durch niedrigere Bergzüge geteilt, so daß die Gewässer teils gen N., teils gen W., teils gen S. abfließen. Die Verbindungswege nach Ungarn sind zahlreich und bequem, nach der Walachei giebt es nur einen tiefer eingeschnittenen Paß, den des Roten Turmes, nach der Moldau keinen solchen. Das ganze Karpatengebirge ist reich an Metallen: in dem ungarischen und siebenbürgischen Erzgebirge wird das meiste Gold in Europa gefunden; sowohl am Nord= als am Südabhange giebt es reiche Steinsalzlager.

Der Neumarkter Hochfläche ist südwärts der mächtige Wall der Tatra vorgelagert. Die Beschaffenheit seines Gesteins sondert ihn deutlich von den Karpaten: diese bestehen überwiegend aus Sand= stein, die Tatra dagegen, 90 km lang, ist ein inselartiger Hochge= birgskamm aus Granit und Gneis. Steil wie eine gewaltige Mauer hebt sie sich aus den Hochebenen rings empor bis über die Wald= grenze und zeigt im Kamme und den über diesen aufragenden Gipfeln gezackte und eckige Formen wie die Alpen: eine öde, fast unbewohnte Gebirgswildnis. Der Kryvan im Westen, die Lomnitzer und die noch höhere Gerlsdorfer Spitze (2660 m) im Osten sind die be= deutendsten Erhebungen und bieten herrliche Gebirgsrundsichten. Eigentümlich sind der Tatra kleine 1300 bis 1900 m hoch gelegene Seeen mit schwärzlich=grünem Wasser, deren Eisrinde erst im Som= mer taut, Meeraugen genannt. — Im S. der Tatra liegen man= nigfache Gebirgszüge, welche man unter dem Namen des ungari= schen Erzgebirges zusammenfaßt. Der östlichste derselben ist die Hegyalja [hédjialja], an deren Südspitze, nahe der Theiß, der feu= rige Tokaier wächst.

Wir kehren nun zur Betrachtung des mittleren und unteren Donaulaufes zurück.

Da, wo die Kleinen Karpaten im SW. anheben, treten ihnen von der andern Seite die letzten Zweige der Ost=Alpen entgegen (§ 75, II, B, b, 4), von einem Donauzuflusse das Leithagebirge genannt. Zwischen diesen Bergzügen tritt die Donau bei Preßburg in ihren Mittellauf und in den ersten Abschnitt des Donau=Tief= landes a) in die kleine Ebene von Ober=Ungarn. Sie durch= fließt dieselbe von W. nach O., hin und wieder große Inseln mit ihren Armen umschlingend. Links kommen ihr starke Karpatenflüsse wie Waag und Gran zu, welche breite Thäler in das sich hier weit vordrängende Gebirge schneiden, rechts strömt von den Alpen die Raab. Auf der rechten Seite dehnt sich die Ebene freier aus, und hier liegt in morastiger Umgebung der ganz flache Neusiedler See, der jetzt nur noch in regenreicheren Jahren, namentlich durch Rück= stauung des Wassers der benachbarten Raab, im tiefer gelegenen Teil seines Beckens gefüllt wird, in den Jahren 1865 bis 1870 (einzelne Lachen ausgenommen) schon so ausgetrocknet war, daß man auf dem früheren Seeboden Ackerwirtschaft zu treiben und Kolonieen anzulegen begann.

Von neuem treten links Teile des ungarischen Erzgebirges, rechts der Bálony [bálonj]=Wald an den Strom, der in scharfer Ecke bei Waitzen sich plötzlich umbiegt und 300 km von N. nach S. b) durch die große Ebene von Nieder=Ungarn fließt. Während aber bei der oberungarischen Ebene das rechte Ufer das eigentlich ebene war, so ist es hier umgekehrt. Die Umgebung des tiefen Platten=Sees (b. i. Balàton= oder Sumpf=See), sowie die Gegenden zwischen den beiden mächtigen, aus deutschen Landen kommenden Donauflüssen Drau und Save, sind Hügelland — aber links dehnt sich die Ebene unabsehbar und besteht nicht selten aus öden, baumleeren, im Sommer ganz verbrannten Sand= und Heidestrecken, wo der Flugsand hie und da niedrige Hügel aufwirft, aus steppenartigen Grasfluren oder Weidestrecken (Pußten) und Sumpfstrecken, mit dichtem Röhricht bewachsen. Weiße, starke Rinder und leichte, schnelle Pferde weiden darin. Dörfer und Märkte sind selten, aber desto größer. Die Bestellung der Felder geschieht teils von den Wirtschafts= höfen aus, welche jeder Landmann in der Mitte seiner Grundstücke erbaut, teils von den diesen ähnlichen, aber umfangreicheren abligen Vorwerken, die oft einem ansehnlichen Dorfe gleichen.

Durch die Ebene hindurch schleicht in vielen Windungen, auf dem untern Laufe mit der Donau parallel und so mit dem Haupt= strome „das ungarische Mesopotamien" bildend, die fischreiche Theiß (Sprichwort: „die Theiß ist ⅔ Wasser, ⅓ Fische"). Sie ist 450 km weit schiffbar. Gieb die wechselnde Richtung ihres Laufes an! Ihr gehen aus Siebenbürgen die ansehnlichen Flüsse Samosch, Kö= rösch, Marosch zu. Während die Donau die Drau, Theiß und Save aufnimmt, schlägt sie ihre eigentliche Hauptrichtung nach O. wieder ein, wird aber sodann unterhalb der Mòrawa=Einmündung, ärger als es in ihrem ganzen Laufe geschehen, noch einmal von Fel= sengebirgen eingezwängt, da hier etwa auf einer Strecke von 150 km die Gebirge Serbiens und Fortsetzungen derjenigen Siebenbürgens beiderseits dicht an den Strom herantreten. Gegen Ende dieses Felsenthales ist die Stromenge von Orsova [órschowa] oder das Eiserne Thor. Hier wird der Strom, der vorher 1170 m breit war, bis auf 100 m eingeengt. Man könnte diese Strecke die Donau= engen nennen.

Nun tritt die Donau, von den Alten auf diesem ihrem Unter= laufe Ister genannt, c) in die dritte Tiefebene, die rumä= nische, wo sie links die Aluta [áluta] oder Alt empfängt, welche durch den Paß des Roten Turmes aus Siebenbürgen austritt. Schon hat der Strom sich dem Meere bis auf eine Entfernung von 60 km

genähert, da wird er durch die von der bulgarischen Hochfläche aus=
laufende hügelige Hochebene der Dobrudscha genötigt, sich gegen
N. zu wenden, nimmt auf dem nördlichsten Punkte dieser Seiten=
biegung den Prut (vom Nordostabhang des karpatischen Waldge=
birges) auf und schlägt nun, durch das Entgegentreten der bessa=
rabischen Steppenplatte genötigt, wieder die Richtung nach O. ein.
Jetzt bildet die Donau ein Delta, in dem man drei Hauptmün=
dungen unterscheidet, ein unabsehbares, grünes Meer von reichlich
3 m hohem Schilfwald, von Flußarmen, Seeen und Lachen durch=
schnitten, Scharen von Seevögeln ein beliebter Aufenthalt, Büffel=
herden ein Versteck, aber auch den nachfolgenden Wölfen ein ber=
gender Schlupfwinkel. Die Mündungsarme sind der Versandung
ausgesetzt; der mittlere, Sulina [ßúlina], ist allein für Seeschiffe
fahrbar.

Die ganze Donau ist von Donauwörth an bis zur Mündung
mit Dampfschiffen zu befahren, und es findet somit ein lebhafter
Verkehr der Donauländer mit dem Orient statt, der unter dem Schutz
der europäischen Großmächte gestellt ist. Die aus den Kommissa=
rien derselben gebildete Dampfschiffahrts=Kommission hat in Galatz
ihren Sitz.

Das Donau=Tiefland ist reich an Produkten. Seine Ebenen
gehören zu den fruchtbarsten Weizenstrichen und reichsten Obstländern
des Erdteils. Der ungarische Wein ist viel gepriesen. Die Eichen=
wälder Slavoniens würden, wie man behauptet, ausreichen „für
die mächtigsten Flotten, für die Schwellen von Welteisenbahnen und
für die Fässer aller Weinländer des Erdteils“.

Die Bewohner des Donau=Tieflandes gehören durchaus nicht
zu einem Volksstamme; am zahlreichsten sind die Magyaren (§ 72
Mitte), demnächst Slaven, Rumänen (die östlichsten Romanen).
Sie gehören auch nicht zu einem Staate: der größere Teil des
Donau=Tieflandes steht mit der österreichischen Monarchie in
staatlichem Verbande, der kleinere (an der unteren Donau) bildet
das Königreich Rumänien.

1. Länder der ungarischen Krone.
(Transleithanischer Teil
der österreichisch=ungarischen Monarchie.)

Das Gebiet der mittleren Donau bildete die römischen Provinzen
Pannonien und Dacien. Hier hausten nach dem Zusammenbruche der
römischen Herrschaft die Hunnen; gegen 900 aber zog hier das Nomadenvolk
der Ungarn oder Magyaren [madjaren] aus der südrussischen Ebene ein,
sprachlich verwandt mit den finnischen Stämmen. Nachdem sie durch ihre

17*

Raubzüge namentlich den Deutschen sehr lästig gewesen, aber von diesen
endlich besiegt worden waren (durch Heinrich I. auf dem Unstrutriebe
933, durch Otto I. auf dem Lechfelde 955), führte um 1000 die Pflan=
zung des Christentums eine mildere Zeit herbei. Herzog Stephan,
der Apostel (nachher der Schutzheilige) seines Volkes, aus dem Stamme der
Arpaden, erhielt vom Papste den Titel apostolischer König, den die
Kaiser von Österreich als Könige von Ungarn noch jetzt führen. Nach seinen
Zeiten dehnte sich Ungarn öfters über das ganze Donau=Tiefland aus,
wurde aber nachher durch die Türken wieder verkleinert. Damals war Un=
garn die Vorwache Europas gegen den Islam. Nach dem Aussterben des
Arpadenstammes 1301 wurde Ungarn ein Wahlreich, bis durch Erbver=
trag 1526 das Haus der österreichischen Habsburger in den Besitz der Krone
kam. Der ungarische Reichstag teilte sich in zwei Tafeln: die Magna=
tentafel (Prälaten und der hohe Adel), und die Deputiertentafel,
d. h. die Abgesandten des niederen Adels und der sogenannten königlichen
Freistädte. Auf Gesetzgebung und Besteuerung hatten diese Stände den
größten Einfluß. Bei den Verhandlungen erschien man bewaffnet. Die Ge=
schäftssprache war meist die lateinische, welche überhaupt in Ungarn,
wenn auch nicht immer mit Ciceros Worten, vielfach im Verkehr des amt=
lichen Lebens gebraucht wurde. Durch wiederholte Aufstände suchten die
Ungarn eine selbständige Stellung zu erringen, doch erst 1867 hat Ungarn
mit seinen Nebenlanden eine besondere Verfassung und selbständige Ver=
waltung erhalten. Es bildet jetzt die transleithanische (östlich von der
Leitha gelegene) Hälfte der österreichisch=ungarischen Monarchie und zählt
auf 325 000 qkm (5900 Q.=M.) 17,4 Mill. Einwohner.

a) Das Königreich Ungarn mit Siebenbürgen,

die große Kernmasse des Ganzen, 283 000 qkm (4100 Q.=M.), im Donau=
und Theißgebiet. Von 15,2 Mill. Bewohnern machen die Magyaren nur
$^2/_5$ aus. Sie bewohnen die mittleren, ebenen Teile; den Gebirgen sind sie
abgeneigt. Das alte Nomadenblut verleugnet sich noch jetzt nicht in ihrem
Widerwillen gegen das Stadtleben und den Handelsbetrieb — den zahlreiche
Juden willig übernehmen — in ihrer Vorliebe für ihre leichten Rosse, für
ein möglichst ungezwungenes Leben. Ihre Nationaltracht hat ein maleri=
sches und kriegerisches Aussehen: der allgemein getragene Schnurrbart er=
höht dies letztere noch (die Husaren sind der ungarischen leichten Reiterei
nachgebildet). Pelzwerk spielt bei dem ganzen Kostüm eine große Rolle und
wird Sommer und Winter getragen. — Einen großen Teil der Bevölkerung
machen Slaven aus: auch 2,1 Mill. Deutsche giebt es, besonders im W.
und im ungarischen Erzgebirge; von kleineren Völkerschaften, wie von den
hier besonders zahlreichen Zigeunern (§ 72 Ende) nicht zu reden. Von
den Bewohnern sind $^3/_5$ römisch=katholisch, $^1/_8$ protestantisch, die übrigen
gehören meist der griechischen Kirche an.

Ungarn und Siebenbürgen werden in 65 Komitate oder Gespan=
schaften geteilt, neben denen noch einzelne Distrikte und sogenannte Stühle
bestehen. Es giebt verhältnismäßig viel größere Städte. In der Mitte zwi=
schen den Städten und Dörfern stehen die Märkte, welche zum Teil größer
und volkreicher sind als die kleineren Städte, namentlich finden sich im süd=
lichen Ungarn in großer Anzahl Märkte mit mehr als 10000 Einwohnern.

Wir merken die wichtigsten Ortschaften nach den physischen Verhält=
nissen.

1) **Städte an der Donau.** An der westlichen Eingangspforte, am linken Donauufer, liegt das schöngebaute **Preßburg**, 57 000 E. Hier wurde früher der Reichstag gehalten und der König gekrönt, was jetzt in der Hauptstadt des Königreichs geschieht. Vor der Krönung aber ritt der zum König Erkorene in ungarischer Tracht auf den Königshügel und schwang St. Stephans Schwert nach den vier Gegenden der Welt, zum Zeichen, daß er das Land gegen die ganze Welt schützen wolle. Vom Preßburger Schloßberg auf dem letzten Ausläufer der Kleinen Karpaten reizende Aussicht über die Ebene von Ober-Ungarn. Wie Preßburg am Anfange der Donauinsel Schütt liegt, so am Ende **Komorn**, die stärkste Festung von Ungarn. Am Einflusse der Raab in einen Donauarm **Raab**. **Gran**, Residenz des ersten Erzbischofs des Landes (Primas Regni), mit prächtigem Dom.

In der Ebene von Nieder-Ungarn liegen sich, etwas südlich von dem Donauknie bei Waitzen, die getrennt von einander entstandenen Städte **Ofen** (magyarisch Buda) und **Pest** gegenüber, durch die 390 m lange Kettenbrücke und mehrere andere Brücken mit einander verbunden. Ofen, die Stadt der Beamten und des Militärs, die Stadt der „Österreicher oder Deutschen", liegt auf dem westlichen, hohen, weinreichen Thalrande des Stroms, und bietet, besonders vom königlichen Schlosse aus, eine weite Aussicht. Bergfestung, um die in den Türkenkriegen viel Blut geflossen. Viel volkreicher ist die Schwesterstadt Pest, die ganz in der Ebene liegt und den Überschwemmungen preisgegeben ist. Pest ist eine regelmäßig gebaute und äußerst lebendige Handelsstadt, „Ungarisch-Leipzig", zugleich Universität. Pest ist überhaupt der Mittelpunkt des geistigen und politischen Lebens, des Handels und der Schiffahrt für Ungarn. Jetzt zu einer Stadtgemeinde vereinigt zählt Budapest 526000 E. **Neusatz**, ansehnliche Handelsstadt. Da, wo die Ausläufer der siebenbürgischen Karpaten die Donauenge bilden helfen, die kleine Festung **Alt-Orsova** [orschowa]. N. von letzterem, in einem Seitenthal der Donau, die schon zur Römerzeit berühmten Herkulesbäder von Mehádia.

2) **Rechts von der Donau. Ödenburg** am Neusiedler-See, 27 000 E. Starker Weinbau, wie auch im benachbarten Rust. **Stuhlweißenburg.** Nach der slavonischen Grenze zu **Szigeth** [ßiget], durch den Heldentod Zrinys im Jahre 1566 bekannt, jetzt verfallen. **Mohács** [mohätsch], Schlachten 1526 und 1687.

3) **In den Gebirgslandschaften an den Karpaten.** Im ungarischen Erzgebirge liegen die altberühmten Bergstädte **Schemnitz** und **Kremnitz** (Kremnitzer Dukaten). Die Bergknappen und Hüttenverwalter sind meistens Deutsche. In Schemnitz eine Bergakademie. **Kaschau**, 33 000 E. S. davon an der obern Theiß der berühmte Weindistrikt **Tokai**, am Abhange des Hegyalja-Gebirges. Hiervon n. ö. **Munkács** [münkätsch] mit festem Bergschloß, das oft als Staatsgefängnis gedient hat (Ypsilanti).

4) **Zwischen Donau und Theiß: Erlau**, Sitz eines Erzbischofs. **Recskemét** [tschkemét], ein weit über die Ebene zerstreuter Marktort, 50 000 E. **Theresiopel** oder **Maria-Theresienstadt**, 73 000 E.

5) **An der Theiß: Szegedin** [ßégédin], gegenüber der Einmündung von? — mit 87 000 E. die zweite Stadt des ungarischen Reiches, im Frühjahr 1879 durch eine furchtbare Überschwemmung der Theiß fast der Vernichtung preisgegeben.

6) **Östlich von der Theiß: Großwardein**, 41 000 E. **Debreczin** [débrezin], 60 000 E., fast nur von Magyaren bewohnt und echt magya

risch, ist nach Bauart, Sitte und Gewerbe der Einwohner keine eigentliche Stadt, Ackerbau der Hauptnahrungszweig; mit seinen dorfähnlichen breiten Straßen, niedrigen Häusern, nationalen Sitten bildet es einen auffallenden Gegensatz besonders zu Budapest mit dessen Prachtstraßen und großstädtischem Leben. (Sprichwort: Wer die Weinlese in der Hegyalja und den Debrecziner Jahrmarkt nicht gesehen hat, hat in Ungarn nichts gesehen.) **Arad**, Festung am Marosch, 45000 E. **Temesvar** [témeschwār], starke Festung, in Sümpfen, 41000 E.

7) **Siebenbürgen** (ungarisch **Erdély orßzág** [érdelj orßág], d. i. lateinisch **Transsilvania**), seiner natürlichen Beschaffenheit nach schon oben (§ 80, Anf.) beschrieben. Die Bevölkerung gehört sehr verschiedenen Stämmen an. Die **Rumänen** machen etwas über die Hälfte der Bevölkerung aus und finden sich, ohne eine Stadt zu besitzen, am dichtesten in den westlichen Teilen des Landes. Zwischen ihnen und bis in die Mitte des Landes verbreitet wohnen die **Ungarn oder Magyaren**. Die östlichen Gegenden bewohnen ziemlich unvermischt die **Szekler** [ßékler] (d. i. Grenzwächter), ein gleichfalls magyarischer Stamm. Die **Sachsen** (über 200000) sind Nachkommen mittelalterlicher Einwanderer aus dem n. w. Deutschland. Sie haben deutsche Art und Liebe zum großen deutschen Vaterlande treu bewahrt. Ihre Städte und Dörfer, namentlich im S. des Landes gelegen, sind durch Solidität und Sauberkeit vor den magyarischen und rumänischen ausgezeichnet. Doch sind sie seit der Einverleibung Siebenbürgens in Ungarn in ihrer Nationalität sehr ernstlich gefährdet.

Im Gebiete der Ungarn, dem bei weitem größten: **Klausenburg**, 35000 E. — Im Lande der Sachsen und zwar im westlichen, größern Stück **Hermannstadt**, gut gebaut, mit 20000 fast nur protestantischen Einwohnern. Von hier führt die 40 km lange **Karolinenstraße** in das Thal der Aluta zum stark befestigten **Roten-Turmpaß**. — In dem kleineren, östlichen Teile des Sachsenlandes **Kronstadt**, 33000 E., in tiefem Gebirgsthal und doch noch 400 m über dem Meere.

b) Die Königreiche Kroatien und Slavonien,

zwischen der Drau, der Donau und Save, bilden zusammen ein Kronland von 42000 qkm (800 □.-M.) mit 2,2 Mill. Einwohnern fast ausschließlich slavischen (und zwar serbischen) Stammes und überwiegend römisch-katholisch.

Die Hauptstadt von Kroatien ist **Agram**, etwas nördlich von der Save, 38000 E., Universität.

Die Hauptstadt von Slavonien ist das nur halb so große **Esseg**. Festung an? — An der Donau die Festung **Peterwardein**, gegenüber von Neusatz, etwas weiter abwärts das kleine **Karlowitz** (Waffenstillstand von 1699), oberhalb der Savemündung die Handelsstadt **Semlin** [ßämlin], gegenüber der serbischen Festung **Belgrad**.

c) Die königliche Freistadt Fiume.

Die sehr belebte Seestadt **Fiume**, 30000 E., an dem oben (§ 75, II, B, c, 3) schon erwähnten und nach ihr benannten Busen des **Quarnero**-Golfes gelegen, bildet mit ihrer nächsten Umgebung ein von der Krone Kroatien abgesondertes Gebiet der ungarischen Monarchie (das ungarische Litorale).

2. Provinzen der österreichisch-ungarischen Monarchie
— zu Cisleithanien gehörend —

Auf der nördlichen Vorstufe der Karpaten liegen:

a) Das Königreich Galizien — 78532 qkm (1400 Q.-M.) mit 6,7 Mill. E. — hat seinen Namen von dem bis in das 14. Jahrhundert russischen Reiche Halicz [hálitsch] mit gleichnamiger, jetzt unbedeutender Handelsstadt am Dnjestr. Daher wohnen auch nur im W. echte Polen, im O. Ruthenen oder Kotrussen griechischer Konfession. Das Kronland zerfällt in die Verwaltungsbezirke: West-Galizien oder Krakau im Weichselgebiet und Ost-Galizien oder Lemberg im Dnjestrgebiet.

Krakau, darin das jetzt befestigte Krakau, 76000 E., Universität. Die Stadt, am linken Ufer der hier schon schiffbaren Weichsel gelegen, nimmt sich mit ihren vielen Türmen und der Burg auf dem Berge darüber sehr gut aus. Auch im Innern ist der „Ring" sehenswert sowie viele Paläste aus den Zeiten, wo Polens Könige hier oft residierten. In dem hoch gelegenen Dome ruht in silbernem Sarge der heilige Stanislaus, Polens Schutzheiliger, unten in den Grüften in Metallsärgen viele Könige und in Polens Geschichte berühmte Männer. Unter diesen letzteren auch Kosciuszko [koszjuschko], der 1794 in heißem Kampfe die Selbständigkeit Polens zu retten suchte, aber verwundet in Gefangenschaft geriet. Ihm zum Gedächtnis ist (nach slavischer Sitte), 2 km im W. der Stadt, der 300 m hohe Kosciuszko-Hügel auf einer natürlichen Anhöhe aufgetürmt, die jetzt ein jenen Kosciuszko-Hügel umgebendes Fort trägt. Von ihm hat man weite Ausschau über Krakau und das Weichselthal. Die Handelsstadt Bochnia mit Steinsalzwerk, und das Steinsalzwerk Wieliczka [wjelitschka], etwas südlich von der Weichsel, Krakau gegenüber. Es ist eins der berühmtesten der Welt. Seine unterirdischen Gänge in dreifacher Wölbung übereinander haben eine Gesamtlänge von 650 km. Man zeigt den Eintretenden einen großen, auch zuweilen benutzten Tanzsaal mit Kronleuchtern, eine Kapelle mit Statuen, aus Salz gearbeitet, mächtige Hallen, und läßt sie einen See tief unter der Erde befahren. Die Zahl der Arbeiter beträgt 1500.

Lemberg, darin die Hauptstadt des ganzen Kronlandes Lemberg, 131000 E., worunter ²/₅ Juden. Universität. Unweit der russischen Grenze Bródy, 20000 E. (darunter 15000 Juden). Lebhafter Handel mit Rußland und der Walachei. Das gewerbsame Tarnópol, 28000 E.

b) Das Herzogtum Bukowina (d. i. Buchenland) im obern Dnjestr-, Prut- und Seret [héret]-Gebiet, — 10456 qkm (190 Q.-M.) mit 670000 E., hauptsächlich Ruthenen und Rumänen. Hauptstadt Czernowitz [tschérnowitz], 56000 E., mit deutscher Universität.

3. Das Königreich Rumänien.
130000 qkm (2400 Q.-M.), 5 Mill. E.

Rumänien besteht aus der Walachei, von der südsiebenbürgischen Gebirgsmauer bis zur Donau, der Moldau, von der ostsiebenbürgischen Gebirgsmauer bis zum Prut, ferner (infolge des russisch-türkischen Krieges von 1877/78) aus dem Donau-Delta und der Dobrudscha nebst dem an letztere angrenzenden Landstreifen, welcher bis zu einer von Silistria ostwärts nach dem Schwarzen Meer gehenden Linie reicht. Es sind fast durchweg fruchtbare Länder, die Getreide in Fülle hervorbringen, jedoch ist der

Anbau noch meist mangelhaft. Die Bewohner sind ein Mischvolk von Daciern und Römern, welche einst Trajan als Kolonie in diese Teile des alten Daciens führte. Sie nennen sich auch selbst Romuni, Rumänen (d. i. Römer), und ihre Sprache ähnelt in etwas dem Italienischen. Der weitaus größte Teil der Bevölkerung besteht aus Bauern; und da diese erst 1862 aus der Leibeigenschaft befreit wurden, so sind sie noch weit in der Kultur zurück. Die herrschende Kirche ist die griechische. Früher ernannte die Pforte aus den vornehmen Griechen Konstantinopels, aus den Fanarioten (§ 79, 1, a), die Fürsten oder Hospodare der Walachei und der Moldau. Jetzt sind aber beide Fürstentümer vereinigt; 1866 beriefen sie zu ihrem Fürsten den Prinzen Karl (aus dem Hause Hohenzollern-Sigmaringen). Tapfer kämpften die Rumänen an der Seite der Russen 1877 gegen die Türken, erlangten die völlige Unabhängigkeit von der Türkei und erhoben 1881 ihr Fürstentum unter dem Hohenzollern Karl zum Königreich.

Die Hauptstadt Rumäniens ist die frühere Hauptstadt der Walachei Bukarest (rumänisch: Bukureschti); mit Ausnahme der innern Stadt stehen alle Häuser in einem weiten Hof oder Garten, unberührt vom Nachbargebäude. Große Mietshäuser kennt man nicht. Daher ist der ansehnliche Umfang der Stadt (die ungefähr 7 km im Durchmesser hat) stellenweis nur spärlich gefüllt, 221000 E. Jassy [jáschi], Hauptstadt der Moldau, 10 km vom Prut, 90000 E. An der Donau in der Südostecke die Handelsstadt Gálaß, 81000 E., und das schnell aufblühende Bráila. Weiter abwärts die kleine Festung Jsmail.

III. West-Europa.

§ 81.

Frankreich.

Gehen wir von dem Donau-Tieflande nach W., so kommen wir in das Herz Europas, in das deutsche Land. Da uns dieses aber im vierten Buch ausschließlich beschäftigen wird, so schreiten wir gleich hindurch an den westlichen Flügel Europas, nach Frankreich, und fragen zuerst nach seinen natürlichen Grenzen und Verhältnissen.

Am deutlichsten springen sogleich die beiden Meere in das Auge, zwischen denen Frankreich, der schmalste Teil des Stammes von Europa, überaus günstig mitten inne liegt. Die Küste des Mittelmeeres ist die bei weitem kürzere, obgleich in sie der Golfe du Lion (nach dem norditalischen Volke der Ligner, welches im Altertum die Küste inne hatte, benannt) einschneidet. Wenigstens viermal ausgedehnter, auch hafenreicher ist die Küste des atlantischen Ozeans, in den Frankreich mit einem bedeutenden nordwestlichen Vorsprunge sich hinausbeugt. Merke zwei große Busen. Der eine, sehr tief zwischen diesem Nordwestende Frankreichs und dem

spanischen Kap Finisterre einschneidende ist der Busen von Gascogne oder Biscaya [mißkāja] (§ 72 Anf.). Der zweite Busen
wird dadurch hervorgebracht, daß der französischen Nordwestküste die
Südküste Großbritanniens im ganzen parallel läuft, bis sich beide
in der Meerenge, welche die Franzosen Pas de Calais, die Engländer Straße von Dover nennen, bis auf 31 km nähern. (Von
Dover nach Calais sind 39 km.) Den Meeresteil zwischen Frankreich
und England nennen die Franzosen La Manche (Ärmelmeer) von
der Gestalt, die Engländer und Deutschen den Kanal. Seine englische Küste ähnelt mit ihren weißen Kreidefelsen der französischen so
sehr, daß der frühere Zusammenhang beider Länder über die seichte
Straße von Dover hinüber schon dadurch wahrscheinlich ist, wie er
sich denn anderweitig ganz sicher bestätigt.

Dies die Meerumgrenzung. Nun zu den beiden Gebirgen,
welche Frankreich von zwei südlichen Halbinseln trennen. Jedem
derselben entquillt einer der französischen Hauptströme.

Die Pyrenäen lernten wir schon bei Spanien kennen. Wiederhole nach § 73 Anf., was dort über die Natur des Ganzen, die
höchsten Gipfel, die Pässe u. s. w. vorgekommen ist! Nach Frankreich
ranken sie nicht weit hinein, entsenden aber eine Menge Gewässer
(Gaven nennt man die kleineren Schluchtenflüßchen), welche in
meist kurzen, aber herrlichen Gebirgsthälern ihren obersten Lauf
haben. Die größten sind der Adour, der einen Bogen nach N. bildet,
und die Garonne, die alte Garumna, welche einen Bogen nach
O. beschreibt, dann aber sich entschieden nach NW. wendet. An den
östlichsten Punkt der Garonne schließt sich der berühmte, über 200 km
lange Kanal von Languedoc oder du Midi an, welcher den
Strom mit dem Mittelmeer verbindet. Die größten Zuflüsse erhält
die Garonne alle rechts von den mittelfranzösischen Gebirgen:
Tarn, Lot und als den bedeutendsten die Dordogne, die nicht
allzuweit von der Mündung einfließt. Die Garonne erweitert sich
von da ab bedeutend und nimmt den Namen Gironde an.

Von der Halbinsel Italien trennen Frankreich die West-
Alpen (See-Alpen, cottische Alpen, grajische Alpen (§ 75, I).
Einer der bedeutendsten Alpenströme, die Rhone (der alte Rho-
banus, französisch le Rhône), entspringt in der Schweiz aus dem
prachtvollen Rhonegletscher an der Furka, westlich vom St. Gotthard, fließt, hier Robben genannt, im Gebirgsthale Wallis zwischen
den Berner und den Walliser Alpen nach SW., bricht aber bei
Martigny mit rascher nordwestlicher Biegung zwischen den Berner
Alpen und der Montblanc-Gruppe zum Genfer See (Lac Le-

man) hindurch. Dies halbmondförmige Wasserbecken von 573 qkm
(fast 10½ Q.-M.) Größe hat die wechselreichsten Gestade; im S.,
am savoyschen Ufer, sind sie großartig und erhaben, am nördlichen
lachend und anmutig. Dazu bietet das nördliche Gestade die Aussicht über die im S. sich türmenden Alpenberge, über welche der
mächtige, von manchen Standpunkten sichtbare Montblanc hinaus-
ragt. In wunderbarer Bläue entströmt die Rhone bei Genf dem
sich golfartig verengenden See, nimmt vom Montblanc die Arve
auf und durchbricht nun in einer engen und steilen Thalspalte den
Jura. Eine ziemliche Strecke muß sie sich, auf etwa 5 m zusammengepreßt, in felsigem Bette durch Engen hindurchwinden, ja zweimal
sucht der Strom den Weg unter den hemmenden Felsen und strömt
eine Zeit lang unterirdisch (la perte du Rhône). Vom Genfer See
aus fließt der Fluß nach SW., beugt sich dann nach W. und empfängt nun seinen größten, ihn selbst fast übertreffenden Zufluß, die
Saône (Arar), welche sich durch den seltsam gewundenen Doubs
(vom Jura) verstärkt hat. Beide Ströme sind sehr verschieden: die
Rhone heftig und ungestüm, die Saône sanft und ruhig, incredibili
lenitate, wie Cäsar sagt. Dennoch fügt sich die Wilde der Sanften,
giebt die bisherige Richtung von O. nach W. auf und lenkt entschieden nach S. um. Auf dem rechten Ufer, wo die mittelfranzösischen
Gebirge zu nahe herantreten, kann der Strom keine bedeutenden
Zuflüsse empfangen: links fallen ihm noch die reißenden Alpenflüsse
Isère und Durance zu. An der Mündung in den Golfe du Lion
bildet er ein Delta, das einzige, welches Frankreichs Küsten zeigen.

Die natürliche Grenze gegen das deutsche Land ist es,
die wir jetzt aufsuchen und verfolgen müssen. Von dem Genfer See
bis in die Gegend von Basel, oder von dem Durchbruch der Rhone
bis zum Durchbruch des Rheins, bildet sie auf eine Strecke von
300 km ganz entschieden der eigentliche oder Schweizer Jura, als
hoher, undurchbrochener Gebirgswall zwischen Rhone und Rhein,
geeignet, nicht bloß eine Wasserscheide zu sein, sondern auch Völker
und Staaten abzugrenzen. Er besteht aus mehreren parallelen Bergzügen, die schroff gegen die Schweiz, in Terrassen nach Frankreich
abfallen; das vorherrschende Gestein ist ein zerklüftetes Kalkgebilde,
das man geradezu Jurakalk genannt hat. Wie sich der Jura über
den Rhein hinaus tief in das Innere von Deutschland fortsetzt, sehen
wir später. Für jetzt merken wir als höchste Kuppe des eigentlichen
Jura die Crêt de la Neige (w. n. w. von Genf), 1700 m. Der
Jura, „von der Natur gleichsam als Schaugerüste vor die Alpen
gestellt", bietet die ausgedehnteste und schönste Rundsicht auf die

Alpen. Vom Nordostende des Jura bis zum Südende des Wasgau, dem welschen Belchen, bildet die Wasserscheide zwischen Rhein und Rhone die Grenze. Sie besteht aus unbedeutenden Höhenzügen, weshalb auch ein Kanal (der Rhein=Rhone=Kanal) den Doubs mit der Ill, einem Rheinzuflusse, leicht verbinden konnte. Von dem Belchen aber krümmen sich die nur 500 m hohen Montagnes Faucilles (d. i. Sichelberge), von denen die Saône herabfließt, sichelförmig zu dem Plateau von Langres hinüber, an dem die Maas entspringt. Diesen Fluß begleitet von jenem Plateau an auf dem linken Ufer der niedrige Zug der Argonnen, der von nun an Frankreichs natürliche Nordostgrenze bildet. Da, wo die Maas anfängt sich nach NO. zu wenden, verläßt er den Strom und setzt sich, immer mehr in niedrige Hügel fortlaufend, die jenen ur= sprünglichen Namen nicht mehr führen, bis zur Enge von Calais fort. In diesen Gegenden trennt er das Gebiet der Schelde von dem der Seine und der Küstenflüsse des Kanals.

Vergleiche nun mit diesem natürlichen Grenzzuge nach der Karte genau die politischen Grenzen. Wo bleiben sie noch hinter den natürlichen zurück? Wo reichen sie über dieselben hinaus?

Gehen wir jetzt von den Grenzen in das Innere, so treffen wir auf die mittelfranzösischen Gebirge, welche isoliert dem Westflügel des mitteleuropäischen Gebirges (§ 72 Mitte) vorgelagert sind. Man nennt die von demselben erfüllten Gegenden, zwischen der obern Garonne, der obern Loire und untern Rhone, nicht un= passend Hoch=Frankreich. Ursprünglich eine einzige steil vom Bette der Rhone sich erhebende Hochfläche (§ 23 Ende), ist es von Vulkanausbrüchen durchbrochen, von langen Lavaströmen durch= zogen, von breiten Flußthälern eingeschnitten. Infolgedessen erscheint es jetzt wie eine strahlige Gliederung von Bergketten. Die Mitte bildet die Hochfläche von Gevauban. Von ihr zweigt sich nach SW. der Zug der Cevennen ab, in einzelnen Gipfeln gegen 1800 m hoch. Tarn und Lot eilen von ihrem Westabhange zur? In der Geschichte der Religionskriege hat dies Gebirge eine blutige Bedeutung; verfolgte Bekenner der reformierten Lehre (Camisarden) erhoben unter Ludwig XIV. in seinen Schluchten die Fahne des Auf= ruhrs gegen ihre Peiniger. Am Nordostrande der Cevennen ent= springt Frankreichs größter Strom, die Loire (Ligeris), auch ihr größ= ter Nebenfluß, der Allier, mit gleich langer Stromentwickelung.

Nach N. lösen sich drei Gebirgszüge von der centralen Hoch= fläche: 1) Der westliche Zinken bildet das merkwürdige Gebirgs= land der Auvergne mit den Gipfeln Puy de Dome, Cantal und Mont Dore, dem höchsten, 1900 m. Alles läßt in der Auvergne ein weites Gebiet erloschener vulkanischer Thätigkeit erkennen: die abgestumpften Berglegel, die napfförmigen Mulden auf ihren Gipfeln, das Vorherrschen des Basaltes. Die Dordogne geht zur? Cher und Vienne zur Loire. 2) Der mittlere Zinken, die Gebirge von Forez, trennen den obern Allier von dem tief eingeschnittenen oberen Loirethal. 3) Der östliche Zinken hält sich in der Nähe der Rhone, dann der Saône, bekommt nach den verschiedenen Landschaften, die er durchzieht, verschiedene Namen; gewöhnlich wird er Gebirge von Lyonnais genannt. Das nördlichste Ende, die Côte d'or, mit berühmtem Weinwuchs (Burgunderwein), schließt sich an die Hochebene von Langres da an, wo auf dieser die Seine (Séquana) entspringt. Ebenda führt durch die Senke zwischen beiden der Kanal von Burgund, welcher Seine und Saône verbindet. Das System der Seine ist auch mit dem des Rheins durch den wichtigen Rhein=Marne=Kanal verbunden, welcher (teilweise unterirdisch) den Wasgau durchsetzt und bei Kehl in den Rhein mündet.

Zu beiden Seiten von Hoch=Frankreich breiten sich Tiefländer aus: a) Im SO. das kleine Tiefland der untern Rhone oder die provençalische Tiefebene. b) Im W. das große, etwa 220000 qkm (4000 Q.=M.) umfassende eigentliche französische Tiefland. Man hat sich darunter indessen keine wagerechte, wenig über dem Meeresufer liegende Fläche zu denken; es ist vielmehr ein wellenförmiges Gebiet mit vereinzelten hügeligen Gegenden, im Mittel 100 m über dem Meeresspiegel. Die Ströme haben hier ein tief gefurchtes Bett, durch den Einfluß der Ebbe und Flut des Ozeans golfartig ausgeweitete Mündungen und sind in den untern Strecken selbst für Seeschiffe fahrbar. Die Loire — gieb ihre wechselnde Richtung an! — durchfließt so recht das Mittelstück der gallischen Ebene, die fruchtbarsten und bestangebauten Striche des Landes, die man ebensowohl die Kornkammer, als die „Gärten Frankreichs" nennen könnte. Hier erscheint die gallische Niederung als eine förmliche Ebene, während sie anderwärts, z. B. im oberen Seinegebiet, von Hügelreihen und Hügelgruppen vielfach unterbrochen ist. Die Seine empfängt ihre größten Zuflüsse Aube, Marne, Oise von der rechten Seite. Sümpfe und Seeen kommen nur in den Sandstrecken der Heiden (les Landes) zwischen Garonne= und Adourmündung vor.

Ganz isoliert liegt in der nordwestlich vorspringenden Ecke, der Bretagne, ein niedriges Bergsystem, die Montagnes d'Arrée, kaum 300 m hoch.

Frankreich, mit 536000 qkm (9730 □.-M.) Flächeninhalt,
ist nach seiner Lage und Natur eines der reichsten Länder von Europa;
nur etwa 15 % des Bodens sind des Anbaues unfähig. Ein mildes Klima, das den Übergang vom mittel- zum südeuropäischen bildet, ist dem Gedeihen der Gewächse günstig. Frankreich ist das vor-
züglichste Obstland unseres Erdteils; und von seinen Weinen heißt
es bei einem unserer berühmten Dichter: „Man kann nicht stets das
Fremde meiden, das Gute liegt uns oft so fern. Ein echter deutscher Mann mag keinen Franzen leiden, doch seine Weine trinkt er
gern." 25000 qkm (450 □.-M.) — 4,9 Prozent der Bodenfläche
— sind in Frankreich der Kultur der Rebe gewidmet. In den südöstlichsten Strichen gedeiht in vorzüglicher Güte die Olive; hier blüht
auch die Zucht der Seidenraupe. Der Metallreichtum ist dagegen
nicht sehr bedeutend. Zum Handel liegt Frankreich äußerst bequem
und hat im Innern ausgezeichnete Kanalverbindungen zwischen allen
Strömen, die früh schiffbar werden, viele Eisenbahnstrecken und
Chausseeen. Gewerbe und Fabriken sind in großer Blüte.

Dennoch wächst die Bevölkerung Frankreichs nur mit äußer-
ster Langsamkeit: 1820 zählte es 30,4 Mill.; 1891 nur 38,3 Mill.
Diese sind fast sämtlich römisch-katholisch, nur etwas über ½ Mill.
protestantisch, und zwar reformiert. Unter den Bewohnern giebt es
an den westlichen Pyrenäen nur noch wenige Basken (§ 72 Ende),
in der Bretagne Kelten, in den West-Alpen Italiener, in den
Landstrichen im O. der Argonnen Deutsche, gegen die belgische
Grenze hin Flamänder — die große Hauptmasse (35 Mill.) sind
eigentliche Franzosen. Was Cäsar vor fast 2000 Jahren von den
alten Galliern sagte, daß sie „lebhaft, rasch auflodernd in Liebe
und Zorn, doch unschwer zu besänftigen, veränderlich in ihren Nei-
gungen, tapfer, besonders stürmisch im Angriff" seien — das gilt
auch von ihren französischen Nachkommen, die weniger mit Deutschen
als mit Römern so gemischt sind, daß wir sie in der allgemeinen
Übersicht zu dem romanischen Stamme rechnen mußten. Daher zeigt
auch die französische Sprache vielfache Verwandtschaft mit der lateinischen. Sie zerfällt in zwei große Mundarten: die langue d'oui
im N., langue d'oc im S. Die erstere ist Schriftsprache und wegen
ihrer geschmackvollen Leichtigkeit die allgemeine Verständigungssprache
der Gebildeten verschiedener Nationen. Sie hat in dieser Beziehung
auch für den Verkehr der Staatsmänner oder Diplomaten das Latein
verdrängt, das bis ins 16. Jahrhundert diese Stelle einnahm.

Mehr noch als durch die Sprache beherrscht Frankreich die höheren Stände aller Nationen durch seine Mode, d. h. durch die mehr

nach dem Übereinkommen der Fabrikanten als nach den Launen der
Hauptstadt wechselnde (und auswärts begierig nachgeahmte) Form
der Kleidung. Feinheit, Artigkeit, wohlthuende Gewandtheit, das
alles ist bei den Franzosen zu finden, dabei ein lebhafter Sinn für
Ruhm, bewährte Tapferkeit und ein geschickter Nachahmungstrieb.
Fast in allen Wissenschaften, besonders in Mathematik und Natur=
wissenschaften, haben sie tüchtige Männer; aber die Bildung ist weit
weniger als bei uns ein Gemeingut des Volkes. Zu den Schatten=
seiten des französischen Charakters gehört eine oft kindische Eitelkeit
und Großthuerei; die Sucht durch geistreiche Phrasen zu glänzen
und ein oft grenzenloser Leichtsinn, dem Übermut und Grausamkeit
nicht fern liegen, sehr verschieden von dem Ernste und der Ruhe des
Deutschen. Übrigens zeigen der N. und S. Frankreichs, wie auch
die einzelnen Provinzen, auffallende Verschiedenheiten. „Der über=
feinerte Pariser kontrastiert gewaltig mit dem frommen, aber rohen
Bewohner von Poitou, der quecksilbrige Gascogner mit dem plum=
pen Auvergner, der zweideutige Normanne mit dem treuen Bur=
gunder."

Zur Römerzeit hieß das Land Gallia, und zwar trans=
alpina. Wo lag cisalpina? Cäsar, der Gallia transalpina von
58 bis 52 v. Chr. zu einer römischen Provinz machte, hat seine Kriege
und die Sitten der Gallier selbst beschrieben. In der Völkerwanderung
breitete sich das germanische Volk der Franken vom Niederrhein
hier aus und dehnte unter Chlodwig (um 500 nach Chr.) seine Herr=
schaft über das ganze Land aus, das nun nach den fränkischen Er=
oberern seinen Namen erhielt. Die späteren Frankenkönige erweiterten
ihr Reich selbst über die Grenzen des alten Galliens hinaus. Karl
der Große, 768 bis 814, vereinte alle germanischen Stämme des
europäischen Festlandes: er herrschte im NO. bis zur Elbe und Eider,
im SO. bis zur Raab, in Spanien bis zum Ebro, in Italien bis zum
Tiber. Und am 25. Dezember des Jahres 800 machte er sich in Rom
zum römischen Kaiser. Nach seiner Zeit aber kam bald der Verfall.
Seine drei Enkel teilten 843 zu Verdun das große Reich. Der älteste,
Lothar, bekam die Kaiserwürde, Italien und den ganzen Strich
zwischen Alpen, Aare und Rhein auf der einen, Rhone, Saône,
Maas und Schelde auf der andern Seite. Der andere Sohn, Lud=
wig, erhielt das eigentliche Deutschland östlich vom Rhein; der dritte,
Karl der Kahle, das eigentliche Frankreich im W. von Maas und
Rhone. Jetzt ist also erst von einem französischen Reiche die Rede.
Indes das Gebiet Lothars blieb nicht beisammen: von seinen Söhnen
bekam Ludwig II. Italien und den gebirgigen Süden des Gebiets,

aus welchem später das Königreich Burgund wurde; dagegen be=
kam Lothar II. die Nordhälfte des väterlichen Gebietes, die nach ihm
Lothringen genannt wurde. Lothringen nun teilten nach Lothars II.
Tode die beiden Nachbarn Deutschland und Frankreich 870 zunächst
unter sich, aber bald nahm Deutschland das ganze, und Burgund
wurde 1032 mit Deutschland durch Personalunion verbunden. Da=
durch wurde Frankreichs Grenze weit zurückgeschoben und der fran=
zösische Staat blieb auch ziemlich unmächtig. Dem Stamm des großen
Karl folgte 987 die Linie der Capetinger bis 1328, wo der Seiten=
zweig der Valois zur Regierung kam. Aber die französischen Könige,
im eigenen Lande durch übermächtige Vasallen bedrängt, waren fast
zu Schattenkönigen geworden, bis es ihnen gelang, die Länder ihrer
mächtigsten Vasallen selbst zu erwerben. Am schwersten wurde ihnen
dies dadurch, daß unter diesen übermächtigen Lehnsleuten die Könige
Englands waren, denen zuletzt die ganze Westhälfte Frankreichs ge=
hörte. Hiernach machten die Engländer gar Erbrechte auf den fran=
zösischen Thron geltend. Das 14. und 15. Jahrhundert sind daher
mit den Kriegen zwischen Engländern und Franzosen erfüllt; lange
Zeit waren die Waffen der letzteren unglücklich, bis die Jungfrau
von Orleans ihres Landes Retterin ward. Wohl fiel sie zuletzt den
Engländern in die Hände und ward 1431 zu Rouen als Hexe ver=
brannt; aber das Glück war von diesen gewichen, und sie verloren alle
französischen Besitzungen auf dem Festlande bis auf Calais, das bis
in die Mitte des 16. Jahrhunderts englisch blieb. (Bis in unser Jahr=
hundert führten Englands Könige drei goldene Linien im blauen
Felde, Frankreichs Wappen, im Schilde.) So fing erst gegen das
Ende des Mittelalters Frankreich an bedeutend zu steigen; besonders
der verschlagene und grausame Ludwig XI. brach die inzwischen schon
geschwächte Macht der Vasallen vollends. Zwar die Pläne seiner
Nachfolger, in Italien Besitzungen zu gewinnen, gelangen nicht
(§ 76, 4), ja im 16. Jahrhundert wurde Frankreich selbst durch Re=
ligions= und Bürgerkrieg zerrüttet, bis 1589 die Linie Bourbon
(mit der frühern verwandt) mit Heinrich IV. auf den Thron kam;
aber die Schwäche und Uneinigkeit Deutschlands lockten die fran=
zösischen Könige zu dreisten Übergriffen an. Sie brachten schon im
16. Jahrhundert Metz, Toul und Verdun in ihre Hände; ihre
Teilnahme am 30jährigen Kriege trug ihnen im Westfälischen Frieden
das Elsaß ein, wenn auch noch ohne die darin liegenden freien
Reichsstädte. Aber dann folgte die glänzende Regierung Ludwigs XIV.
(bis 1715), glänzend nicht bloß durch die Blüte der Litteratur (Trauer=
spieldichter Corneille und Racine, Lustspieldichter Molière u. a.),

sondern auch durch geschickte Minister (Colbert, Louvois) und Feld=
herrn (Turenne, Vendôme). Diese unterstützten durch ihr Talent
die ungerechten Vergrößerungspläne des Königs. Artois, Flandern,
die Franche Comté wurden erworben; Straßburg mitten im Frieden
besetzt. Grenzenlose Schmach hat damals unser Vaterland von den
Franzosen erduldet, welche am Oberrhein wie Mordbrenner hausten,
in Speier, nach Schätzen wühlend, die Särge unserer Kaiser sogar
erbrachen. Im 18. Jahrhundert, unter der langen Regierung des
schwachen Ludwig XV., erwarb Frankreich doch noch (1735) das
wichtige Lothringen, wenn es auch im 7jährigen Kriege sich nicht
mit Ruhm bedeckt hat.

Aber bei all diesen äußeren Triumphen war der innere Zustand
ein beklagenswerter. Die Stände des Reiches wurden nicht mehr be=
rufen; am Hofe herrschte Üppigkeit und tolle Verschwendung; zuletzt
ward die Schuldenlast ungeheuer, und doch lasteten die Abgaben fast
nur auf dem „dritten Stande", dem der Bürger und Bauern. Viel
gelesene Schriftsteller (wie Voltaire) brachten alle diese Übelstände
der Menge zum Bewußtsein; der Vorgang Nord=Amerikas (§ 67 Anf.)
war auch nicht ohne Einfluß. Aber am meisten drängte das unerträg=
liche Elend der untern Volksklassen. So brach unter dem gutherzigen,
aber schwachen Ludwig XVI. 1789 die französische Revolution
aus. Alle alten Verhältnisse wurden nun gewaltsam umgestürzt.
Frankreich wurde Republik und der König selbst starb 1793 unter
der Guillotine. Diese Zeit des Schreckens und Entsetzens hatte
Schiller im Auge, als er schrieb: „Freiheit und Gleichheit hört man
schallen, der ruh'ge Bürger greift zur Wehr; die Straßen füllen sich,
die Hallen, und Würgerbanden ziehn umher. Da werden Weiber
zu Hyänen und treiben mit Entsetzen Scherz; noch zuckend, mit des
Panthers Zähnen, zerreißen sie des Feindes Herz." Nur die den
widerstreitenden Interessen entspringende Uneinigkeit der Gegner
machte es der jungen Republik möglich, sich mühsam gegen die ver=
bündeten Mächte Europas zu behaupten, bis endlich nach vielfachem
Wechsel der Verfassung sich der Italiener (§ 78 Ende) Napoleon
Bonaparte zuerst als Konsul, seit 1804 als Kaiser an die Spitze
Frankreichs stellte. Erzähle nach § 58, 2 und § 77, I, 3 und 4 von
seinen Siegen vor 1804!

Frankreich trat durch seines Kaisers Talent auf etliche Jahre,
allein herrschend, an die Spitze Europas. Das französische Kaiser=
reich umfaßte 14 000 Q.=M. (770 000 qkm); Rom im S. und Lübeck
im N. waren französische Städte. Die übrigen europäischen Staaten
(nur England und Rußland ausgenommen) waren von Napoleon mehr

oder weniger abhängig oder gar von seinen Verwandten beherrscht.
1812 zog Napoleon aus, um auch das russische Reich zu bezwingen.
Doch von seinem glänzenden Heere kamen nur elende Trümmer zurück:
zumeist der Mangel an Disziplin, dann auch die russischen Waffen
und zuletzt die grimme Kälte des russischen Winters hatten es ver=
nichtet. Nun erhoben sich die geknechteten Völker, Preußen voran,
zu einem großen Bündnis gegen Napoleon, und die Schlacht bei
Leipzig am 16., 18. und 19. Oktober 1813 entschied für die Ver=
bündeten, welche am 31. März 1814 siegreich in Paris einzogen.
Napoleon erhielt die Insel Elba (§ 77, II, 6) angewiesen, und Lud=
wig XVIII., der Bruder des hingerichteten Königs, kehrte auf den Thron
seiner Ahnen zurück. Bald mußte er aber vor dem von Elba zurückkeh=
renden Napoleon fliehen, der indes (18. Juni 1815) von Preußen und
Engländern bei Belle=Alliance besiegt wurde und, als Verbannter
Europas nach St. Helena gebracht, hier (§ 60, I, 6) 1821 starb.

Indes das Volk war mit den zurückgekehrten Bourbons nicht
zufrieden, und unter Ludwigs XVIII. Nachfolger, Karl X., brach
im Juli 1830 eine zweite Revolution aus, gewöhnlich die Juli=
Revolution genannt. Die ältere Linie des Hauses Bourbon wurde
wiederum vertrieben und das Haupt der jüngeren Linie Orleans,
Louis Philippe, setzte sich auf den Thron. Der neue König
nannte sich nicht mehr, wie seine Vorgänger, König von Frank=
reich und Navarra, sondern König der Franzosen. Der Thron=
erbe hieß nicht mehr wie früher Dauphin. Die Lilien verschwan=
den aus dem Wappen. Die sonst weiße Nationalfarbe machte dem
Banner der Revolution, der Trikolore, Platz (Blau, Weiß, Rot).
Eine dritte Revolution im Februar 1848 vertrieb auch das Haus
Orleans, und Frankreich wurde wieder Republik. Der Präsident
der Republik, Louis Napoleon (Neffe Napoleons I.), machte sich
aber im Dezember 1852 zum Kaiser als Napoleon III., und erst
seine ebenso grundlose wie unbesonnene Kriegserklärung an Preußen
(19. Juli 1870), zu der ihn freilich die französische Nation nötigte,
führte seinen Sturz herbei. Die Franzosen schoben die Schuld ihrer
Niederlagen durch die Deutschen auf ihren Kaiser und, als sich dieser
infolge der Schlacht von Sedan (1. Sept. 1870) dem preußischen
Könige am 2. Sept. hatte gefangen geben müssen, erklärten sie ihn
für abgesetzt und riefen wieder die Republik aus. So ist Frank=
reich mit Einschluß der Schutzstaaten seit dem 4. September 1870
zum drittenmal Republik und wird gegenwärtig regiert von einer
Nationalversammlung gewählter Volksvertreter, einem Senat
und dem Präsidenten der Republik.

Die Besitzungen in den fremden Weltteilen, 3,4 Mill. qkm (63000 Q.-M.) mit 38,2 Mill. E., stelle nach § 50, 6; 51, 3; 56, 3; 57*, 2; 59, 3; 60, II, 2 u. 3; 63, 3; 64, 2, 4, a; 68, II; 70, 2 u. 3, sowie nach § 51, 3 und § 59, 2 zusammen.

Wie in den Zeiten der ersten Revolution alles verändert wurde, so auch die alte Einteilung des Reiches in Landschaften und Provinzen. Gerade um diese alte Einteilung in Vergessenheit zu bringen, schuf man neue, kleinere Departements, die nach Flüssen, Gebirgen, seltener nach anderen natürlichen Verhältnissen benannt wurden. Heute zählt man 87 Departements (darunter das schon beschriebene Corsica § 78, 3 und das Gebiet von Belfort). Da für die Geschichte jene älteren Provinzen indessen wichtiger sind und ihre Namen auch jetzt noch häufig gebraucht werden, so folgen wir der älteren Einteilung und fügen nur bei den großen Städten das Departement hinzu. Bei jeder Landschaft muß nach der gegebenen Übersicht und der Karte die physische Geographie wiederholt werden.

I. Isle de France, die Gegend, welche zuerst Francia hieß, das alte Stammgut der Capetinger.

1) Seine und Marne vereinigen sich hier; die erstere, einige Inseln umschließend, durchschneidet hierauf eine Kalkschicht, welche als Montmartre im N. einen steilen Thalrand bildet (Kampf um Paris 1814). Hier im Departement der Seine liegt Paris. Es besteht aus mehreren Teilen: a) Auf zwei Seine-Inseln liegt die Altstadt, la Cité, von der schon Cäsar sagt: Lutetia est oppidum Parisiorum positum in insula fluminis Sequanae. Unter den verbindenden Brücken Pont Neuf, mit der Statue Heinrichs IV. In der Cité die schöne altgotische Kathedrale von Notre Dame. Die sonst engstraßige schmutzige Cité besteht jetzt fast ganz aus Neubauten. b) Auf dem rechten Ufer die eigentliche Stadt, la Ville. An den Quais (Uferstraßen) unterhalb der Inseln der Glanzpunkt der Stadt. Hier stand früher der Palast der Tuilerien mit einem parkartigen Garten, unter der Regierung Napoleons III. durch bedeutende Neubauten mit dem Louvre verbunden, in dem früher die Könige residierten, dann großartige wissenschaftliche und Kunstsammlungen ihre Stätte erhielten. Indes durch den greuelvollen Aufstand der Kommune 1871 wurden die Tuilerien größtenteils niedergebrannt und sind jetzt abgetragen. Im W. schließt an den Garten der Tuilerien die Place de la Concorde, der größte Platz der Stadt, mit einem Obelisken von Luxor geschmückt (§ 58, 2), Hinrichtungsplatz Ludwigs XVI. Noch weiter die Seine hinunter die Baumanlage der Elysäischen Felder, im äußersten W. der prächtige Triumphbogen de l'étoile. Am entgegengesetzten Ostende der Stadt erinnert der Bastilleplatz an die gleich zu Anfang der Revolution zerstörte Bastille, einst ein festes Schloß für Staatsgefangene. Jetzt steht auf dem Platze die 24 m hohe Julisäule von Bronze, zum Andenken an die Opfer der Juli-Revolution. Andere Merkwürdigkeiten dieser Stadtseite sind das Palais Royal, nicht weit von dem Louvre, von einem der berühmtesten französischen Minister, Richelieu, erbaut. Es vereinigt in sich Palast und glänzende Kaufhalle unter den Arkaden des inneren

Hofes. c) Der Teil auf dem linken Ufer heißt l'Université, auch wohl quartier latin, weil hier die Gebäude der Universität und vieler Schulanstalten liegen, auch der bekannte Garten mit Menagerie, Jardin des plantes, der Dom der Invaliden (hier ruhen Turenne, Vauban, der Erbauer vieler französischen Festungen, und seit 1840 Napoleon I.). Am äußersten Westende an der Seine das Marsfeld, ein ungeheurer Platz, zu Truppen= übungen, Volksfesten, 1867, 1878 und 1889 zur Weltausstellung benutzt. — Um la Ville und l'Université ziehen sich die Boulevards, die in Alleenstra= ßen verwandelten Wälle und Gräben der mittelalterlichen Festung Paris; auf den Boulevards des Capuzines und des Italiens wogt stets das regste und lärmendste Leben. d) Rings um die Boulevards liegen die vierzehn innern Vorstädte, Faubourgs, von einer Einfassung umschlossen, aus der 58 Bar= rièren führen. Schon das bisher angeführte hat an 40 km im Umfange. Aber auch noch jenseit jener Einfassung hat sich die Riesenstadt ausgedehnt, eine Menge früherer Dörfer bilden jetzt die äußeren Vorstädte. Der ganze Stadt= koloß, in dem diese äußern Vorstädte mit befassendem Umfang, ist befestigt; sein Schutz besteht aus einer festen Ringmauer und 16 außerhalb derselben liegenden Forts, z. B. im W. der Mont Valérien. — Sehr viel geschah unter der bei Luxus in jeder Weise befördernden Regierung Napoleons III. für die Verschönerung der Stadt: unschöne Straßen wurden weggebrochen, neue Straßen, ja neue Stadtviertel entstanden. Ein Centralboulevard, der Boule= vard von Sebastopol, 30 m breit und 3575 m lang, in seiner südlichen Hälfte Boulevard St. Michel genannt, durchzieht ganz Paris von Norden nach Süden, Nordstadt, Insel und Südstadt. Das „kaiserliche" Paris, eine schöne glänzende Stadt, wurde der alten schmutzigen Stadt immer unähnlicher und mit seinen breiten Straßen und mächtigen Kasernen für Volksaufstände immer ungeeigneter; die Schreckenstage der Kommune blieben Paris aber trotzdem nicht erspart, sie haben dem prächtigen Stadtbild ihre Spuren in düsteren Ruinen als Folgen gräßlicher Feuerverheerung viel dauernder hinter= lassen als die erst zuletzt zum Bombardement gesteigerte Belagerung durch die Deutschen (September 1870 bis Januar 1871). Am besten übersieht man die ungeheure Stadt vom Montmartre oder der dem Marsfeld gerade gegenüberliegenden rasengrünen Höhe des Trocadéro: wie ein Häuser= meer, aus dem einzelne Kirchtürme und Kuppeln und unzählige sehr hohe Schornsteine hervorragen, liegt sie unter dem Betrachter. Die Bewohnerzahl betrug im Anfange unsers Jahrhunderts 548000, 1891 aber 2,4 Mill.: so gewaltig ist die Stadt gewachsen, welche heute 78 qkm bedeckt.

Paris ist noch in ganz anderem Sinne Hauptstadt des Landes, als dies bei den Hauptstädten anderer Länder der Fall ist; es ist Mittelpunkt des wissenschaftlichen, gewerblichen, politischen Lebens. Paris hat in ganz Frank= reich die einzige, nach unsern Begriffen vollständige Universität mit vier Fa= kultäten, die zu den ältesten neben Bologna und Salerno (§ 77, I, 5 und III, 11) gehört, außerdem mehrere Akademieen, ungeheure Bibliotheken und Kunstsammlungen, die aus allen Teilen des Reiches dorthin (vielfach durch Raub) zusammengebracht sind. Paris ist ferner unbedingt die erste Fabrik= und Handelsstadt in Frankreich (einzig in ihrer Art die Fabriken der Gobe= lins, d. i. gewebte Gemäldetapeten). Für die politischen Zustände ist Paris durchaus tonangebend: alle großen Umwälzungen haben sich hier zugetragen, und die Geschichte von Paris ist auch die Geschichte von Frankreich.

Merkwürdige Orte in der nächsten Umgebung der Stadt sind: Im N. St. Denis mit einer uralten Abtei, dem Schutzpatron Frankreichs, Denis

(Dionyſius) geweiht, der zuerſt das Evangelium gepredigt haben ſoll (Apoſtelgeſchichte 17, 34). Hier ward im Mittelalter die Reichsfahne, die Oriflamme,
bewahrt, hier ſind die Gräber der früheren Könige von Frankreich. Im Südoſten von Paris das feſte Schloß Vincennes. Im Weſten das von den
Franzoſen ſelbſt (während der Pariſer Belagerung) 1870 in Brand geſchoſſene
frühere königliche Schloß St. Cloud; die Seine hinab Neuilly. Zwiſchen
beiden das Bois de Boulogne, ein mehr berühmtes, als ſchönes Gehölz.

18 km von Paris nach SW. Verſailles, 52000 E., erſt von
Ludwig XIV. aus einem Dorfe zu der glänzenden Reſidenz gemacht, die es
bis 1789 blieb. Das prachtvolle Schloß mit ſeiner Gemäldegalerie und ſeinem
großen Park wird uns Deutſchen ſtets darum im Gedächtnis bleiben, weil
König Wilhelm am 18. Januar 1871 die Krone des neuen deutſchen Kaiſer-
reichs eben hier (in der Spiegel-Galerie) annahm, wo Ludwig XIV. einſt
unſerm alten Reich ſo oft ſchmähliche Heimſuchung geplant hatte. Ringsum
noch viele Luſtſchlöſſer. Im N. an der Seine St. Germain, Friede zwiſchen
Ludwig XIV. und dem Großen Kurfürſten 1679. An der Seine, 59 km oberhalb Paris, Fontainebleau, auch mit prachtvollem Schloß und Forſt, in
der Geſchichte oft genannt. Schloß und Stadt Compiègne an der Oiſe im
N. — Im obern Oiſegebiet mehrere ebenfalls geſchichtlich merkwürdige Orte:
Soiſſons (Chlodwig und Syagrius 486). St. Quentin, an der
Somme und einem Kanal, der Schelde und Oiſe verbindet, Sieg der Spanier
über die Franzoſen 1557, der Deutſchen über die franzöſiſche Nordarmee im
Januar 1871. Laon, auf einem Berge, Sieg Blüchers 1814.

II. Landſchaften am Kanal.

2) Franzöſiſch Flandern und Hennegau, außerhalb der natürlichen Grenzen Frankreichs, im Schelde- und Maasgebiet, voll von Feſtungen,
die ja überall Frankreich umgürten. Die größte und ſtärkſte, Vaubans
Meiſterwerk, Lille, deutſch Ryſſel, 201000 E.; ſüdöſtlich von Lille Bou-
vines, wo Philipp II. Auguſte von Frankreich 1214 den Kaiſer Otto IV.
beſiegte. Andere feſte Plätze, Douay, Valenciennes, Cambray, alle
ſüdlich von Lille; an der Nordſee die früher bedeutende Seefeſtung Dünkirchen; Roubaix, Induſtrieſtadt, 115000 E.

3) Artois, ein Stück der Niederlande. Hauptſtadt und ſtarke Feſtung
Arras. Calais, an der 31 km breiten Meerenge. Jährlich landen hier
Tauſende von Engländern, welche die Reiſe nach dem Kontinent machen
wollen; die Stadt hat engliſchen Charakter; warum? Im S. davon Boulogne, von wo wie von Calais täglich mehrmals Dampfer nach England
hinüberfahren. Bei dem Dorfe Azincourt Niederlage der Franzoſen
1415. — Artois und Flandern ſind gewerbſame Provinzen und haben treffliche Fabriken für Spitzen, Leinwand und Batiſt.

4) Picardie, eine fruchtbare, wohlangebaute Provinz, von dem
Küſtenfluß Somme durchſtrömt. An dieſem die Hauptſtadt Amiens,
84000 E., mit ſchönem Dom. (Peter von Amiens, der Prediger des
erſten Kreuzzuges). Weiter den Fluß hinab die Feſtung Abbeville. Nördlich davon, gegen die Grenze von Artois hin, Crecy oder Creſſy, wo die
Franzoſen von den Engländern 1346 geſchlagen wurden.

5) Normandie, benannt nach den Normannen, die unter Rollo
hier landeten. Ihr Führer empfing 911 die Taufe und von dem franzöſiſchen
Könige Karl dem Einfältigen dieſen ſchönen Landſtrich als Lehnsherzogtum.
Einer ſeiner Nachkommen, Wilhelm der Eroberer, wurde 1066 auch

König von England. Die Hauptstadt Rouen (Departement der niedern Seine) am rechten Seineufer, mit prächtiger Kathedrale, aber sonst häßlich. Bedeutende Handelsstadt mit 112000 E. Was ist schon von ihr dagewesen? 92 km davon, an der eigentlichen Seinemündung, der große Handels- und Kriegshafen Le Havre oder Havre, 116000 E. Besonders lebhafter Verkehr mit Nord-Amerika. Noch wichtiger und fester ist der Kriegshafen Cherbourg, auf der in den Kanal vorspringenden Halbinsel Cotentin, an den Napoleon I. und III. viele Millionen gewandt. Dieppe, nordöstlich von der Seinemündung, ist auch eine lebhafte Hafenstadt. Seebäder. Unter den Binnenorten ist nach Rouen der größte das schöne Caen. In wüster, rauher Gegend das Kloster la Trappe, das Stammkloster des strengsten Mönchsordens, der Trappisten.

III. Landschaften am atlantischen Ozean.

6) Bretagne, der nordwestliche Vorsprung, von aus Britannien vor Angeln und Sachsen hierher geflüchteten Briten benannt. Hauptstadt Nantes (Departement der niederen Loire), 52 km von der See, am rechten Ufer der Loire, gut gebaut, 123000 E., bedeutende Handelsstadt. Der Hafen von Nantes ist St. Nazaire. — Im N. der Bretagne der feste Hafen St. Malo, im äußersten W. Brest, Kriegshafen, 76000 E., im S. die feste Seestadt Lorient. Im Innern die frühere Hauptstadt Rennes, 69000 E.

7) Poitou, mit einigen kleineren Landschaften. Im Innern Poitiers, alte Stadt, auf einem Berge. Die Ebene ringsum ein Schlachtenfeld: Karl Martell und die Araber 732; Sieg der Engländer 1356. An der See die befestigten Seestädte La Rochelle (in den Religionskriegen eine Hauptfestung der Hugenotten, wie man damals die französischen Protestanten nannte) und Rochefort. — Die Gegend zwischen La Rochelle und Nantes ist ein in den Revolutionszeiten berühmt gewordener Landstrich, die Vendée. Die Anhänger des Königtums und des alten Glaubens wehrten sich hier, lange unbesiegt, gegen die Republikaner, und das von Hügeln, Schluchten und Hecken durchsetzte, mit kleinen Buschhölzern bewachsene Terrain erleichterte ihren Kampf.

8) Guienne und Gascogne, das alte Aquitanien. Die Gascogner als Aufschneider verschrieen. Die alte Hauptstadt Bordeaux (Burdigala), die vierte Stadt Frankreichs, im Departement der Gironde, liegt am linken Ufer der hier gegen 4 km breiten Gironde, 252000 E. Bedeutender Handel, besonders mit Wein, der dem linken Ufer des Stromes entlang in vorzüglicher Güte gedeiht; stromauf Barsac, stromab Medoc. Im Innern, am Tarn, Montauban, mit reformierter Akademie.

9) Die Landschaften an den West-Pyrenäen. Unmittelbar am Meere das französische (Nieder-) Navarra und Bearn (vergl. § 74 b, I, f), durch Heinrich IV., der ursprünglich König von Navarra war, mit Frankreich vereinigt. Er selbst in der Hauptstadt Pau geboren. An der Mündung des Adour Bayonne, stark befestigt (Bayonner Schinken, Bayonette). Berühmte Straße nach Spanien über die Bidasoa (§ 73 Anf.). 10 km von Bayonne Seebad Biarritz. In den Pyrenäen Bagnères und Barèges, berühmte Brunnenorte. Hinter dem ersteren Orte, tief im Gebirge, das schöne Campaner Thal.

IV. Die Landschaften am Mittelmeere.

10) Die Landschaften an den Ost=Pyrenäen, Foix und Rousfillon. Festung Perpignan.

11) Languedoc, lange Zeit das Eigentum der mächtigen Grafen von Toulouse. Diese ihre Hauptstadt (Departement der obern Garonne) an der Garonne, am Anfange des Südkanals, 150000 E., blüht durch Handel und Wissenschaft, wie schon im Mittelalter. Aus dieser Zeit noch stammt die Academie des jeux floreaux, deren Preise in goldenen und silbernen Blumen bestehen. Schrecklich wütete im Mittelalter in diesen Gegenden der Vernichtungskrieg gegen die Sekte der Albigenser (von Albi am Tarn). Nach der See hin liegt Narbonne, das römische Narbo, mit vielen Altertümern. Nach ihm nannten die Römer den von ihnen zuerst (schon um 120 v. Chr.) gewonnenen Südstreifen Galliens zwischen den See=Alpen und den Pyrenäen Gallia Narbonensis. Weiter nach NO., nördlich vom Strandsee Thau, in dem der Südkanal endigt, liegt in prangender Gartenumgebung Montpellier, 69000 E., dessen Klima jedoch unter dem von den Gebirgen her oft plötzlich einfallenden eiskalten Mistral leidet; alte Universität, deren medizinische Schule noch von den Arabern begründet wurde. Cette, eine Handelsstadt auf der Nehrung zwischen See Thau und dem Meer. Näher nach der Rhone Nimes, das römische Nemausus, 72000 E., Seidenfabriken. Unter den römischen Ruinen, deren Nimes und Rom die meisten haben, ein für 17000 Zuschauer berechnetes Amphitheater und in der Umgegend der Pont du Gard, der wohlerhaltene Rest einer römischen Wasserleitung über das 58 m tiefe Thal des Gard, eines Rhonezuflusses. An der Rhone Beaucaire mit der berühmtesten Messe in Frankreich.

12) Provence, der s. ö. Teil jenes von den Römern zuerst unterworfenen, d. h. zur Provinz (provincia) gemachten narbonensischen Galliens, ein herrliches Südland mit mildem, schönem Klima, — durch Ausrottung der Wälder in neuerer Zeit heiß und trocken; im Mittelalter die eigentliche Heimat der Troubadours oder provençalischen Dichter, die den Hof der kunstsinnigen Grafen von Provence verherrlichten. Die Hauptstadt und der Größe nach dritte Stadt von Frankreich ist (im Departement der Rhonemündungen) Marseille, als Massilia von kleinasiatischen Griechen angelegt, die vor Cyrus flüchteten, 40 km östlich vom Rhone=Delta. Marseille liegt hufeisenförmig um den Hafen, der — ein Meisterwerk der Natur und Kunst! — über 1000 Schiffe faßt. Wichtiger Handel nach Italien, Afrika und der Levante. 404000 E. Die Umgegend ist entzückend und mit Tausenden von weißen Landhäusern besät, besonders nach dem 29 km nach N. gelegenen Aix zu, als römischer Badeort Aquae Sextiae, Sieg des Marius über die Teutonen 102. 67 km o. s. ö. von Marseille liegt Toulon, 78000 E., der wichtigste Kriegshafen am Mittelmeer, mit Arsenal, Schiffswerften, einem Bagno [banjo], d. h. Gefängnis der Galeerensträflinge, deren es an 4000 dort giebt. Die hyerischen Inseln zeichnen sich durch mildes Klima und schöne südliche Vegetation aus. Noch weiter gegen den Var, den früheren Grenzfluß gegen Italien, hin liegen die kleinen lerinischen Inseln; auf einer derselben saß unter Ludwig XIV. ein rätselhafter Staatsgefangener, der Mann mit der eisernen Maske. Im Innern liegt an der Rhone Arles, als Arelate einst groß und mächtig, so daß das an der Saône und Rhone gegründete Königreich Burgund danach eine Zeit lang das arelatische Königreich genannt ward. Da es hernach mit Deutschland durch Personalunion verbunden wurde, so heißt noch jetzt der ganze Strich im Munde des

Volks l'empire. Nördlich von der Durance liegen die Landschaften Avignon und Benaissin, bis zur Revolution dem Papste gehörig. In Avignon selbst wohnten die Päpste von 1305 bis 1378. Östlich von Avignon ist das romantische Thal Vaucluse, durch den Aufenthalt und die Lieder des italienischen Dichters Petrarca berühmt. Von Orange (Arausio), im N. von Avignon, hat eine Linie des deutschen Hauses Nassau, die dies Fürstentum durch Erbschaft bekam, aber nachher wieder verlor, den Namen angenommen.

13) Im Süden der See-Alpen liegt die von Sardinien abgetretene Grafschaft Nizza. Die Hauptstadt gleiches Namens (französisch Nice) am Meere, 88000 Einw., zwischen Orangen- und Limonenwäldern, ist wegen ihres milden Klimas ein Zufluchtsort für Kranke, besonders für Lungenkranke; mehr Gewähr günstigen Erfolges bietet indessen das weiter östlich, an der Grenze Italiens gelegene Küstenörtchen Mentone, weil Mentone, nicht aber Nizza, gegen den Mistral geschützt liegt.

V. Die östlichen und nördlichen Grenzlandschaften.

14) Das von Sardinien (§ 77 Anf.) abgetretene, in zwei Departements geteilte Savoyen ist ein rauhes, armes Gebirgsland, das nicht alle Bewohner zu nähren vermag. Viele Savoyarden suchten besonders früher als Schornsteinfeger, Schuhputzer, Führer von Murmeltieren ihr Brot in der Fremde, besonders in Paris. Wenn sie ein Sümmchen erworben haben, kehren sie in die liebe Heimat zurück. Hauptstadt Chambéry, an einem Zuflusse der Rhone, eng und düster. Von hier führt gen SW. über das Grenzstädtchen Les Echelles eine berühmte, durch Felsen gehauene Alpenstraße von Savoyen in die nördl. Dauphiné und nach Lyon. Annecy an einem Rhonezufluß. Chamonix, Dorf im Thal der Arve (§ 75, II, A, a), am Fuße des Montblanc.

15) Dauphiné, im Mittelalter von Grafen beherrscht, welche den Namen Delphini oder Dauphins hatten. Der letzte vermachte sein Land der französischen Krone unter der Bedingung, daß immer der Thronerbe den Titel Dauphin führen sollte. — Die stark befestigte Hauptstadt Grenoble an? — 60000 E. Einige Stunden davon nördlich in die Alpen hinein liegt in einer öden rauhen Gegend die große Karthause, das Mutterkloster des strengen Karthäuserordens. — An der Rhone Vienne, zu Römerzeiten eine sehr blühende Stadt.

16) Burgund (Bourgogne), ein Stück aus dem reichen Nachlasse des letzten Herzogs von Burgund, Karl des Kühnen, das 1477 an Frankreich gekommen ist. Hauptstadt Dijon, 65000 E. Mittelpunkt des Handels mit Burgunderwein.

17) Franche Comté, die Freigrafschaft Burgund. Hauptstadt Besançon (deutsch: Bisanz), starke Festung, an? — 56000 E., das Vesontio Cäsars (De bell. Gall. I, 38).

Hieran stößt der 1871 französisch gebliebene Rest des Elsaß mit der sehr starken Festung Belfort in der Lücke zwischen Jura und Wasgau. Zwischen Belfort und Mömpelgard (Montbéliard) an der Lisaine die dreitägigen siegreichen Kämpfe der Deutschen unter General Werder gegen die dreifach stärkeren Franzosen unter Bourbaki (15. bis 17. Januar 1871).

18) Lothringen (Lorraine). Von diesem früher in seinem ganzen Umfang deutschen Herzogtum (dem letzten Rest des einst viel größeren gleichnamigen Herzogtums) ist 1871 nur der n.ö. Teil, etwa $1/5$ des Ganzen, wieder

deutsch geworden. Die eigentliche Hauptstadt Nancy (deutsch: Nanzig) ist ein schön gebauter Ort, mit 87000 E. Hier fiel Karl der Kühne gegen die Schweizer 1477. Im SO. von Nancy Lunéville, wo Deutschland in schmachvollem Frieden 1801 das linke Rheinufer verlor. — Festung Toul (deutsch: Tull) an? — Festung Verdun (deutsch: Vierten) an? — Teilungs- vertrag von 843. Südlich von Verdun, an der Maas, die Heimat der Jung- frau von Orleans, der Jeanne Darc (nicht d'Arc), „nur eines Hirten niede- rer Tochter aus ihres Königs Flecken Dom Remy, der in dem Kirchen- sprengel liegt von Toul."

19) Champagne, im westlichen Teile, besonders um Epernay, auf Kalk- und Kreideboden den weltberühmten Wein erzeugend, aus welchem zuerst Schaumwein fabriziert wurde, so daß man jetzt jeden französischen Schaumwein Champagner nennt. Der mittlere Teil der Provinz heißt wegen des schlechten Bodens die „lausige" Champagne (pouilleuse). In ihr ist der einzige größere Ort Troyes an? — 50000 E. Im N. davon Reims mit alt= ehrwürdigem Dom, 104000 E. Hier taufte der Bischof Remigius den Frankenkönig Chlodwig, den der erfreute Papst darauf den erstgebore- nen Sohn der Kirche und den allerchristlichsten König nannte (christianissi- mus, très-chrétien), Titel, welche jahrhundertelang auch seine Nachfolger geführt haben. Diese wurden in Reims gekrönt und aus einem Ölfläschchen gesalbt, das der Sage nach eine Taube zu Chlodwigs Taufe vom Himmel ge- bracht haben sollte (la sainte ampoule). Chalons an der Marne (Schlacht auf dem catalaunischen Gefilde 451). Die Champagne war zu verschiedenen Zeiten der Schauplatz entscheidender Kämpfe, so wieder 1870 durch die Schlacht bei der kleinen (jetzt als Festung aufgegebenen) Maasstadt Sedan.

VI. Die Binnenlandschaften, welche weder das Meer noch die politische Landgrenze berühren.

20) Maine, Anjou und Touraine (der Garten von Frankreich). Fabrikstädte: Tours 60000 E., Angers 73000 E., und mit beiden ein gleichseitiges Dreieck (als dessen Nordspitze) bildend Le Mans, 57000 E. Bei Le Mans vernichteten im Januar 1871 die Deutschen unter Prinz Friedrich Karl das Heer Chanzys. Das in Tours gesprochene Französisch gilt in Frankreich für das beste.

21) Orléannais, auch einer der bevölkertsten und angebautesten Striche; Canal de Briare, zwischen Loire und Seine. Orléans an? — 64000 E., einst durch die Jungfrau von englischer Belagerung befreit, so daß man ihr nach dieser ihrer ersten und glänzendsten Heldenthat den Bei- namen stiftete; in der Stadt ihr Standbild. Auch 1870 hat Orléans seine Be- deutung für die Verbindung von NO. mit SW. Frankreich bewiesen (im Oktober von den Bayern unter General von der Tann erstürmt, im November durch französische Übermacht wieder genommen, Anfang Dezember durch die Deutschen unter dem Großherzoge Friedrich Franz von Mecklenburg = Schwe- rin zurückerobert). Wichtige Fabrikstadt (Wolle und Baumwolle). Nord- westlich Chartres mit berühmtem Dom.

22) Berry, Bourbonnais und Nivernais, gerade in der Mitte von Frankreich. Bourges mit schönem Dom.

23) Auvergne mit dem Limousin und der Marche. Clermont, nicht weit vom Puy de Dome; Kirchenversammlung 1095.

24) Lyonnais, darin Lyon, die zweite Stadt Frankreichs, als Lug- dunum schon den Römern so wichtig, daß sie einen Teil Galliens danach be-

nannten. Die Stadt zerfällt in zwei Teile: die Saôneſtadt, auf dem rechten Ufer der Saône, alt und häßlich, und die Rhoneſtadt auf der Gabelungsſtelle zwiſchen beiden Strömen. Beide haben mit den Vorſtädten 416000 E. und ſind, außer den Quais an den Strömen, nicht ſchön zu nennen. Der Handel der Stadt iſt bedeutend, ebenſo die Fabriken für Seide und Sammet; in den Seidenfabriken werden mehr als 100000 Arbeiter beſchäftigt. Im SW. St. Etienne, das franzöſiſche Birmingham, 133000 E., eine raſch aufge= blühte Fabrikſtadt, die um die Mitte des vorigen Jahrhunderts erſt 10000 Einw. zählte.

<h2 style="text-align:center">§ 82.
Großbritannien und Irland.</h2>

Schräg der Stelle gegenüber, wo die Apenninenhalbinſel ſich dem Stamme Europas anſetzt, zieht ſich die 900 km lange Inſel Großbritannien in das nördliche atlantiſche Meer. Über die Meerenge, die ſie vom Kontinente trennt, über ihre mit Kreidefelſen gegürtete Küſte, welche in ihren Formen der franzöſiſchen Kanal= küſte entſpricht — über das damit angedeutete vorgeſchichtliche Ver= hältnis zu Frankreich vgl. § 81 Anf. Die Inſel, deren älteſter Name Albion war, erreicht ihre größte Breite im S., die ſchmalſten Stellen im N. Eine Verſchmälerung bis auf 100 km findet ſich bereits da, wo das ſüdliche Reich England an das nördliche Reich Schottland anſtößt, und weiter nach N. folgen noch zwei ſtärkere Einſchnürungen durch tief eindringende Meerbuſen, welche von den entgegengeſetzten Küſten gleichſam aufeinander zuſtreben. Der faſt ganz mit (nicht hohen) Gebirgen gefüllten, dem Ozean zugekehrten Seite Großbritanniens liegt eine kleinere Inſel, Irland, gegen= über. Sie nähert ſich an ihrer Nordoſtküſte Schottland eine Strecke weit auf 22 km im Nordkanal, im SD. England auf 76 km im St. Georgskanal. Das zwiſchen beiden liegende Meer heißt die iriſche See. Kleinere Inſeln und Inſelgruppen ſind hier und da den größeren vorgelagert; alle zuſammen 315000 qkm (5700 □.=M.) mit 38¼ Mill. E. Eine bedeutende Küſtenentwickelung, eine Menge von ſichern Buchten und guten Häfen, eine reiche Inſelbildung, ins= beſondere jene mehrmalige iſthmiſche Verengung ſind der Inſel Groß= britannien eigentümlich.

Bis in dieſe (ebenſo wie Frankreich) von Kelten bewohnten Gegenden drang die Römerherrſchaft. England und der Süden von Schottland wurde beſonders durch die Feldzüge Agricolas (um 60 n. Chr.) als Britannia zu einer Provinz der Römer gemacht, welche an zwei Stellen Schutzmauern gegen die wilden Gebirgsvölker im N. aufführten. Das Chriſtentum hatte ſich ſeit dem 3. Jahrhun= dert ausgebreitet. Als aber im Anfange des 5. Jahrhunderts die

Römer die Insel aufgeben mußten, da konnten sich die Briten jener nördlichen Pikten und Skoten nicht mehr erwehren und riefen die Stämme der germanischen Sachsen und der (wahrscheinlich normannischen) Angeln zu Hilfe. Diese setzten während der ersten Hälfte des 5. Jahrhunderts in fortdauernd wiederholten Expeditionen nach der britischen Insel über: aber aus den Beschützern wurden bald Herren. Die heidnischen Germanen gründeten in Britannien eine Anzahl kleiner Reiche, deren wichtigste: Essex, Sussex [ßässex], Wessex, Kent, Mercia, Ostangeln, Northumberland (norß-hámberländ] sind; die Briten flohen in die westlichen Gebirge und nach der Bretagne hinüber. Aus den kleinen Reichen, die das von neuem geprebigte Christentum nach und nach annahmen, wurde 827 eins, das nun Angelland oder England hieß, wie denn auch die Sprache der Ansiedler zu einer einzigen angelsächsischen Sprache verschmolzen war (König Alfred der Große um 900, zugleich Klassiker der angelsächsischen Litteratur). Im Jahre 1066 eroberte der siegreiche Normannenherzog Wilhelm (darum der Er-oberer genannt) durch die Schlacht bei Hastings [hêstings] das angel-sächsische Reich (§ 81, II, 5), und seine Ritter brachten, da sie auf französischem Boden ihre nordisch-germanische Muttersprache gegen die damalige französische vertauscht hatten, viele französische Worte in die angelsächsische Sprache (wodurch das Englische entstand). Schon im 12. Jahrhundert folgte seinem Geschlecht das französische Haus Plantagenet-Anjou, das bis gegen Ende des Mittelalters regierte und viele tüchtige Regenten aufzuzeigen hat. Gleich der erste, Heinrich II., eroberte 1171 Irland, das an England stets einen ge-walttätigen und habgierigen Herrn gehabt hat; seinem Sohne, dem schwachen Johann „ohne Land“, bringen die englischen Barone 1215 die Magna charta ab, das erste Grundgesetz der englischen Verfassung. Das 14. und 15. Jahrhundert zeigt uns die Könige Englands gegen die Franzosen siegreich, zuerst Eduard III. (den Stifter des höchsten englischen Ordens vom Hosenbande); aber dann ward das Land durch blutigen Erbstreit zwischen zwei Linien des Königshauses, Lancaster [länkäst'r] und York, zerrüttet (der Krieg der roten und weißen Rose). Die neuere Geschichte findet seit 1485 ein neues Geschlecht, eine Seitenlinie des vorigen, Tudor, auf dem Throne; unter ihm ist England groß geworden. Heinrich VIII. riß England vom Papste los; unter ihm und seinen Nachfolgern ent-stand die englische Nationalkirche. Mit Elisabeth, 1558 bis 1603, beginnt Englands Blütezeit. Es erwehrt sich nicht bloß feindlicher Angriffe (Spaniens unüberwindlicher Flotte), sondern wird auch jetzt entschieden See macht und Kolonialmacht (§ 72, Ende), während im Mittelalter der deutsche Städtebund der Hansa die erste Seemacht des Erdteils gewesen war. Englands größter Dichter, William Shakespeare [uíljem schêkspîr] hat auch unter Elisabeth geblüht, gestorben ist er unter deren Nachfolger. Dies war Elisabeths nächster Erbe, Jakob Stuart, König von Schottland. Seit der Zeit ist England, Schottland und Irland vereinigt.

Das folgende 17. Jahrhundert ist eine sehr unruhige Periode in der Geschichte der drei Reiche. Jakobs Sohn, Karl I., verfeindete sich mit seinem Volke: es kam zum Bürgerkriege, zur Hinrichtung des Königs 1649, zur Einführung der Republik. So lange Oliver Cromwell als im In- und Auslande gefürchteter, kluger Machthaber an der Spitze stand, hielt sich die von ihm geschaffene Soldatenherrschaft. Bald nach seinem Tode (1658) indes kehrte das Haus Stuart auf den Thron zurück (Restauration von 1660), um 1688 von neuem vertrieben zu werden. Der Schwiegersohn des vertriebenen Königs, Wilhelm von Nassau-Oranien, bestieg den Thron. Im Jahre 1714 folgte das mit den Stuarts verwandte deutsche Kurhaus von Hannover, welches noch regiert. Die jetzige Königin ist Victoria, welche mit dem Prinzen Albert von Sachsen-Coburg vermählt war.

Im Laufe des 18. und 19. Jahrhunderts hat sich das britische Reich zu dem Range der ersten Handelsmacht emporgeschwungen, eine Stellung, welche auf der Größe seiner Handelsmarine, der Ausbreitung des englischen Kreditwesens, auf der Menge seiner Kolonieen, die mit dem Mutterlande in stetem Wechselverkehre bleiben, und auf dem geschäftlichen Entgegenkommen der englischen Großhändler beruht, aber jetzt durch den gewaltigen Aufschwung des deutschen Handels schon ernstlich bedroht wird. Ebenso hat sich England zur ersten Seemacht auf dem Erdball emporgeschwungen; seine Flagge weht auf allen Meeren. Schon in Europa besitzt es zwei wichtige Stationen im Mittelmeere (§ 74 Ende, § 78, 2). Rechne die Besitzungen in den fremden Weltteilen zusammen nach § 46, 7; 49, 2; 50; 51; 52; 53, 1; 56; 57*; 60; 63, 1 g u. 3; 64; 68; 70.

Das englische Reich umfaßt in allen fünf Erdteilen 25¼ Mill. qkm (459 000 □.-M.) mit 352 Mill. E. (1/6 der nicht vom Meere bedeckten Erdoberfläche und mehr als 1/5 aller Menschen auf der Erde). Die englische Handelsflotte (abgesehen von den englischen Kolonieen) besteht aus 215 000 Schiffen (darunter 7700 Dampfer) mit einem Tonnengehalt von 8¼ Millionen, die Kriegsflotte aus 711 Kriegsfahrzeugen (darunter 76 Panzerschiffe).

Wohl ist daher dem Briten der Stolz auf sein Alt-England („Old-England", wie er es mit Liebe nennt) zu verzeihen, so lange dieses Nationalgefühl nicht in Überhebung und anmaßliches Wesen Fremden gegenüber ausartet. Er selbst leitet gern Englands Größe aus seiner Verfassung her, die im Laufe der Jahrhunderte entstanden und erprobt, am weisesten die Macht zwischen König und Volk teilen soll. Dem König oder der Königin (denn nicht herrscht in England das salische Gesetz, das Frauen vom Throne ausschließt) steht das Parlament zur Seite, das in zwei Häuser zerfällt. In dem Oberhause sitzen die Erzbischöfe und Bischöfe der englischen Kirche und der hohe Adel — zusammen die Peers [pirs] des Reiches — im Unterhause die vom Volke erwählten Deputierten der Städte und Grafschaften aus allen drei Reichen. Die Geldbewilligungen gehen vom Unterhause aus; Gesetzesvorschläge (Bills) haben nur Gültigkeit, wenn sie von beiden Häusern und dem Könige genehmigt sind. —

Wir gehen nun die drei Reiche einzeln durch.

I. England mit Wales [uêls], 150700 qkm (2700 □.-M.), hat an der Westküste zwei tiefe Einschnitte, denen weniger tiefe an der Ostküste so ziemlich entsprechen. Diese sich zu merken, ist nicht bloß für richtige Zeichnung der Umrisse, sondern auch für das Behalten der englischen Flüsse wichtig, die meist in solche Einschnitte münden. Sie verdanken ihre Schiffbarkeit nicht der Nahrung von den Gebirgen her, sondern dem weiten Hinaufsteigen der Meeresflut, welche selbst kleine Küstenflüsse periodisch in ansehnliche Ströme und ihre Mündungen in Meerbusen umwandelt. Die Severn, der westliche Hauptfluß des mittleren England, geht in den am tiefsten eindringenden Kanal von Bristol [brist'l]. Durch ihn entsteht im S. die lange Halbinsel Cornwall [kôrnuôl], die in die Kaps Lizard [liserd] und Landsend [ländsend] ausläuft. Ziemlich unter gleicher Breite mit der Severn mündet der östliche Hauptfluß des mittleren Englands, die Themse: nur ist der Busen, in den sie geht, kleiner, wie auch der im S. liegende Vorsprung, die Landschaft Kent, kleiner, als Cornwall. Vergleiche Themse und Severn in ihrem Laufe miteinander! — Etwa 200 km vom Kanal von Bristol nördlich folgt wiederum ein viereckiger Meereinschnitt, ein Teil der irischen See; Süd- und Ostküste sind noch englisch, die Nordküste, wo er noch besonders tief einschneidet, schon schottisch. An der offenen Seeseite liegt, nur durch einen schmalen Sund vom Land getrennt und durch den kühnen Eisenbahnbau der Britanniabrücke mit demselben verbunden, die Insel Anglesea [äng'gelsi]; in derselben Richtung,

weiter in das Meer hinaus Man [män]. In der südlichen Ecke der
großen Bucht der Mersey [mörße] mit kurzem Lauf, aber breiter
Mündung. Zwischen dem Kanal von Bristol und dem oben geschil=
derten Busen die Halbinsel Wales. Ihr entspricht auf der Ostseite
ein bauchiger Landvorsprung im N. der Themsemündung, die Land=
schaften Norfolk [nórfok] und Suffolk [ßáffok]. Im N. wird er
von der Hauptmasse durch einen viereckigen Busen Wash [uósh] ge=
trennt. Vergleiche denselben mit dem großen westlichen Ausschnitt!
Einen nicht bedeutenden Einschnitt bildet endlich (mit dem Mersey
ziemlich unter gleicher Breite) der Humber [hámb'r], eine große ge=
meinschaftliche Mündung verschiedener Flüsse: die Ouse [ûs] von
NW. und der Trent von S. sind die größten.

Für die Bodengestalt merke man den Hauptsatz: Die west=
lichen Halbinseln, der Westen und Nordwesten sind ge=
birgig, der Osten eben. a) Die wellenförmige, durch Hügel und
kleine Thäler anmutige Ebene hat Ähnlichkeit mit der nordfranzö=
sischen. Der nebelige und feuchte Himmel Englands (§ 72 Mitte)
ruft ein so frisches, saftiges Grün hervor, wie man es sonst kaum
kennt. Das Wiesenland beträgt seinem Umfang nach noch etwas über
die Hälfte des Ackerlandes; so in Flor ist die Viehzucht. Ochsen von
14—16 Centner sind eben keine Seltenheit, und von einer tüch=
tigen Kuh verlangt man täglich 35 Liter Milch (Käse von Chester
[tschést'r] u. a.). Die englischen Pferde und Hunde (Doggen) sind be=
kannt. Der Anbau des Getreides, insonderheit des Weizens, steht
zwar auf hoher Stufe, reicht aber für den Bedarf des Landes nicht
aus. Die zahlreichen Schlösser und Parks erinnern an den Reichtum
des grundbesitzenden Adels; aber auch die reichlich gesäeten Dörfer
und Gehöfte haben ein reinliches und wohlhäbiges Aussehen; an
einen solchen Unterschied zwischen Stadt und Land, wie wir ihn uns
gewöhnlich vorstellen, ist bei der vielfachen und raschen, durch den
flachen Boden so begünstigten Kommunikation überhaupt nicht zu
denken. England hat Kanäle mit einer Gesamtlänge von 6145 km;
einer geht gerade durch die Mitte von der Themse bis zur Mündung
des Mersey, mit vielen Zweigen zur Rechten und Linken. Dazu
32494 km Eisenbahnen.

b) Die Gebirge im W. und N. zerfallen in folgende Gruppen:
α) Das Bergland der Halbinsel Cornwall [kórnuŏl] und
Devon [déw'n], steigt nur an einem Punkt bis 500 m, ist aber
reich an Kupfer, Blei und Zinn, sehr ähnlich dem Berglande der
Bretagne (§ 81 Mitte). β) Das Hochland von Wales erreicht
im Snowdon [ßnŏb'n] 1100 m. γ) Das nordenglische oder

Peak [pik]-Gebirge bildet die Wasserscheide zwischen Nordsee und irischer See und verzweigt sich südlich in die Berglandschaften von York und Derby [darbi]. Der höchste Punkt 900 m. δ) Das Bergland von Cumberland [kámberländ] und Westmoreland [uéstmorländ], an dem viereckigen Meeresausschnitt an Schottlands Grenze, mit Gipfeln bis zu 1000 m. In diesem öden Gebirge giebt es reizende Gebirgsseeen und Berglandschaften. ε) Das schottische Grenzgebirge oder die Cheviot [tschiwiot]-Berge trennt Englands nordöstliche Landschaft Northumberland [norßhámberländ] von Schottland; die letzte Strecke bis zur Nordsee bildet der Tweed [tuib] die Grenze. Der Mineralreichtum Englands ist überaus groß, besonders an Steinkohlen, Eisen, Kupfer, Zinn und Blei.

Die Zahl der Einwohner beträgt 29,4 Millionen. Außer den Bewohnern von Wales, welche größtenteils keltischer Abkunft sind und auch noch zu etwa 3/4 keltisch reden, ist die Hauptmasse der eigentlichen Engländer germanischer Abkunft, denn auch die Normannen waren von Abstammung Germanen. Die englische Sprache ist ein Gemisch von Niederdeutsch und Französisch; wie die Sprache vieler Küstenbewohner hat sie etwas Zischendes und Lispelndes, weshalb sie Karl V. die Sprache der Vögel nannte. Sie ist unter allen Sprachen der Erde die am meisten verbreitete. Das Volk hat in seinem Charakter offenbar ganz überwiegend germanische Elemente: es ist derb und kräftig wie seine Nationalgerichte (Plumpudding, Roastbeef [róstbif], Beefsteak [bífstek], Pörter und Ale [él]) und manche seiner Sitten und Spiele (Boxen „the noble and manly art of boxing“, Wettrennen zu Pferd, Regattas d. h. Bootwettfahrten), es hat ungemeinen Sinn für Häuslichkeit, für eine nette, saubere, bequeme Einrichtung der häuslichen Verhältnisse (Komfort), dabei aber auch großartigen Unternehmungsgeist und ein reges Gefühl für sein Vaterland. In den letzten Jahrhunderten hat sich, begünstigt durch die insulare Lage, die vorzüglichen Häfen und günstigen Flußmündungen, besonders aber den erwähnten Steinkohlen- und Eisenreichtum, bestimmter der eigentliche Industrie- und Handelsgeist ausgebildet, der als allgemeine Lust zum Wetten und Wagen durch das ganze Volk verbreitet ist und gar oft den Briten engherzig und eigensüchtig erscheinen läßt — dem in seiner Ausartung, wie jemand bitter bemerkt, das Einmaleins höher liegt als Menschenwohl und Menschenglück. Dem Fremden schließt sich der Engländer nicht leicht an; seine Art ist für Fremdes so ungefügig, daß englische Reisende, welche scharenweise die schönen Gegenden des Kontinents bereisen, meist sogleich an ihrem sonderbaren Wesen erkannt werden. Überhaupt giebt

es unter keiner Nation so viele wunderliche Sonderlinge; der eng=
lische Spleen [splīn], eine Art krankhafter Schwermut, ist verrufen
genug. Nach dem Bekenntnis, dessen Vorschriften der Engländer mit
Strenge wahrt (Sonntagsfeier!) gehört das Volk zu 71 Prozent der
anglikanischen oder bischöflichen Kirche an. Diese ist in ihren
Lehren reformiert; in ihrer Verfassung und in ihrem Kultus
hat sie manches Ähnliche mit der römisch=katholischen. Auch
diese letztere hat in England zahlreiche Bekenner (4,4 Proz.). Dazu
kommen dann Protestanten der verschiedensten Bekenntnisse und
eine Menge von Sekten, z. B. die Quäker. Alle nicht der angli=
kanischen Kirche angehörenden Engländer heißen im allgemeinen
Dissenters; sie sind zu Gunsten der herrschenden Staatskirche
immer noch mancher drückenden Beschränkung unterworfen.

Man teilt das eigentliche England in 40, Wales in 12 Grafschaf=
ten oder Shires [schīrs]. Einige davon sind gelegentlich bei der natürlichen
Geographie vorgekommen — wiederhole sie! — andere werden weiter unten
noch erwähnt. Die Namen aller zu merken ist unnötig, wohl ist aber von
Wichtigkeit für die Geschichte, die Bezeichnung der alten angelsächsischen Reiche
oder Landschaften mit aufzuführen. Der Beschäftigung nach kann man Eng=
land in das ackerbauende und in das gewerbliche einteilen; jenes, die
größere Hälfte, umfaßt den Südosten, dieses den Nordwesten des Landes.
Kein Land hat ferner so viele Konzentrationspunkte großer städtischer Bevöl=
kerung (22 Städte mit mehr als 100000 Einw.). London und die 5 größten
Provinzialstädte haben zusammen 7 Mill. Einw., also den vierten Teil der
gesamten englischen Bevölkerung, mehr als die ganze skandinavische Halbinsel.
Die bedeutendsten Handelsstädte liegen meist an den Flußmündungen, wäh=
rend man die Buchten, welche keine oder nur unbedeutende Flüsse aufnehmen
und daher weniger der Versandung ausgesetzt sind, vorzugsweise für Kriegs=
häfen auswählte; so namentlich an der Südküste, welche keinen Fluß, aber
viele tiefe Buchten aufzuweisen hat.

1) Die Hauptstadt des ganzen britischen Reiches, London (d. i. Schiffs=
stadt), die größte Stadt der Erde, liegt an der hier etwa 400 m breiten Themse,
welche innerhalb der Stadt einen großen nach SO. geöffneten, dann einen
kleineren nach SW. geöffneten Bogen beschreibt und 70 km unterhalb in das
Meer geht. Die Flut dringt trotz dieser Entfernung noch bis nach London
hinein. Der bei weitem größte Teil der Stadt liegt in der Grafschaft
Middlesex [middlseks], am linken Themseufer. Hier dehnt sich als Mittel=
stück des Ganzen die City [sitti] und im W. von ihr Westminster [uest=
minster] aus. Auf dem rechten Stromufer, schon in der Grafschaft Surrey
[sörre], liegt der Stadtteil Southwark [ßößerk]. Am linken Themseufer
ziehen sich die Quais (Uferstraßen) hin. Beide Ufer sind gegenwärtig durch
18 Brücken (wovon 5 Eisenbahnbrücken) und eine Eisenbahn unter der Themse
(durch den gasbeleuchteten Tunnel) verbunden. Eisenbahnen durchziehen
alle Teile dieser Riesenstadt, teils auf Dämmen, teils auf Bogen=Viadukten,
welche die umliegenden Häuser übertragen; außerdem verbindet eine unter=
irdische Eisenbahn unter den Straßen hinweg die wichtigsten Bahnhöfe
auf der Nordseite der Themse. Ein großartiges System unterirdischer
Kloaken befördert den Unrat beider Stadtseiten in den Fluß und trägt

somit wesentlich zur Erhaltung der Gesundheit der Bewohner bei. Das Ganze bedeckt 300 qkm (5½, L.=M.): Paris hat fast 4mal, Berlin fast 5mal in London Platz. Die Zahl der Bewohner beträgt 4,2 Mill. (im Jahre 1631 erst 130000, zu Anfang unseres Jahrhunderts noch nicht ganz 1 Mill.), innerhalb der weitesten Grenzen — in dem sog. Groß=London — jedoch 5,6 Mill., wiegt also die manches Königreichs auf. Nur einige Stadt=teile sind regelmäßig angelegt und schön gebaut. Überhaupt ist der erste Eindruck, den London auf den Fremden macht, zwar wegen des ungeheuren Menschengewühls immer ein großartiger, aber auch zugleich ein unfreund=licher. Die Häuser sind einfach und einförmig, meist nur drei Fenster breit und von Kohlendampf geschwärzt: die ganze Atmosphäre ist allzu oft rauchig und neblig, so daß man zuzeiten auch bei Tage Licht brennen muß. Bei Licht oder am Abend nimmt sich die Stadt am schönsten aus, denn die Gas=beleuchtung ist reich und prachtvoll, besonders ziehen die wie ein Lichtmeer hinter großen Schaufenstern von Spiegelglas sich ausbreitenden Kaufläden der Fremden Aufmerksamkeit auf sich. Besondere Merkwürdigkeiten sind: a) in der City, dem ältesten und winkligsten Teile der Stadt, dem Sitze des Großhandels und der wohlhabenden Bürgerklasse: die Paulskirche fast in der Mitte der Stadt, nach dem großen Brande von 1666 erbaut, nach der Peterskirche die größte in Europa. Ganz am Ostende der City der Tower [tau'r], an der Themse, früher Königsschloß, dann Staatsgefängnis, der Schauplatz vieler blutiger Thaten — die Bank von England, die Börse. b) In Westminster oder Westend [uéstend], der regelmäßigen Stadt des Hofes, der Vornehmen und Reichen, mit schönen Squares [skwärs] (mit Bäumen und Sträuchern bepflanzte Plätze, meist mit einem umgitterten Rasenplatz in der Mitte), merken wir zuerst die Westminsterabtei, eine herrliche, gotische Kirche aus dem Mittelalter mit vielen Grabdenkmälern berühmter Personen: gegenüber liegt Westminsterhall [uéstminsterhål], bestehend aus einem einzigen Riesensaal, in dem z. B. die Könige gekrönt werden, jetzt ein Teil der neuen prachtvollen, im gotischen Stil aufgeführten Parlamentshäuser: daran ber in eine Kapelle verwandelte Bankettsaal des Palastes von Whitehall [ueit=hål], aus dessen Fenstern Karl I. aufs Schaffot stieg. Am Südwestende von Westminster liegt der unansehnliche, jetzt wenig mehr gebrauchte Königspalast St. James [schent dschéms]; um ihn herum der Jamespark, der Greenpark [grinpark], weiter n. w. der Hydepark [heidpark], große unregelmäßig mit Bäumen besetzte Wiesen, zum Teil durch ausgedehnte Wasserbecken unterbrochen: ihr Hauptschmuck (wie der aller englischen Parks und Gärten) bleibt das unvergleichliche Rasengrün, nur durch das feuchte Klima und die sorgsamste Pflege ermöglicht. c) Nördlich von Westminster der Regentspark [ridschendspark] mit dem größten zoologischen Garten der Welt und um ihn herum die neuen und ele=ganten Straßen des n. w. London: wieder mehr s. o. davon, gegen das Stadtinnere hin, die London=Universität und das britische Museum mit seinen weltberühmten Altertümern, besonders aus der griechischen und orientalischen Vorzeit. d) Am nordöstlichen Ende der Stadt der Victoria=park.

Das Ostende der Stadt, Eastend [istend], ist die Schiffahrts= und Seestadt. Hier liegen die Docks, d. h. künstliche Wasserbecken mit schmalen Zugängen von der Themse her, welche zur Zeit der höchsten Flut geschlossen werden, so daß die hier zum Ausladen und Befrachten wie zur Ausbesserung liegenden Schiffe auch bei seemäßigem Tiefgang nie aufs Trockne geraten.

London ist die erste Handelsstadt der Welt: die Themse ist fast immer mit einem Walde von Masten bedeckt.

2) Die Umgegend von London ist mit Städten und Dörfern besäet: selbst die (nachts erleuchteten) Chausseeen sind oft noch weithin mit Häusern besetzt. Stromabwärts an der Themse der Stadtteil Greenwich [grinnitsch], berühmt durch seine Sternwarte (§ 8) und sein Hospital für invalide Seeleute. Woolwich [wullitsch], Hauptort der englischen Artillerie = Einrichtungen; Arsenal. Oberhalb, am rechten Ufer, der weltberühmte botanische Garten beim Dorfe Kew [kju]; etwa dreifach so weit w., bei der Stadt gleiches Namens, das berühmte Schloß Windsor [uindsor], die gewöhnliche Sommerresidenz der königl. Familie, mit herrlichem Park; gegenüber am linken Themseufer Eton [it'n], die berühmteste gelehrte Schule Englands. Das ganze Themseufer zwischen hier und London voller Landsitze. Südlich von Southwark auf einem Hügel bei Sydenham [sjd'n=äm] der zur ersten (Londoner) Industrie = Ausstellung (von 1851) erbaute „Krystallpalast" aus Eisen und Glas, der, ursprünglich im Hydepark errichtet, danach hierher versetzt und zu einem dauernden geographischen Museum lehrreichster Art umgestaltet worden ist.

3) Im südlichen England, im S. des Kanals von Bristol und der Themse (Wessex, Sussex [ßässex], Kent): Canterbury [känterberi] in Kent mit der Kathedrale des ersten Erzbischofs der englischen Kirche — am Kanal Dover [döw'r] (§ 81 Anf.), weiter nach SW. das Seebad Brighton [breit'n], mit einem königlichen Schlosse im orientalischen Geschmack, 115000 Einw. — weiterhin Portsmouth [pörtsmu'ß], 159000 E., Hauptkriegshafen und Hauptfestung auf einem Inselchen am Eingange eines Meerbusens, der die ganze Seemacht von England aufnehmen kann, am westlichen Eingange desselben die Stadt Gosport. Zwischen beiden Orten und der hier vorliegenden Insel Wight [ueit] die berühmte Reede von Spithead [spithed]. Für alles, was zur Schiffsrüstung gehört, finden sich in den Seestädten die großartigsten Anstalten. Im Hintergrunde eines von hier aus gen NW. führenden schmalen Meereinschnitts Southhampton [ßauthhämt'n], Handelsstadt und Hauptstation der Dampfschiffe, 65000 E. — Weiter gegen das Südwestende, auch an einem tiefen und sichern Meerbusen liegt das feste Plymouth [plimm'ß], 84000 E.; südwärts vom Hafen auf einer Klippe im Meer steht der Leuchtturm Eddystone [eddistön], jetzt schon der dritte Bau, der, mit ungeheuren Kosten aufgeführt, der Wut der Elemente trotzt. — Bristol [bristt'l], 222000 E., nicht weit von dem nach ihr Stadt benannten Busen. Etwas landeinwärts die bergige Stadt Bath [bäß], Englands glänzendster Badeort. Nicht weit vom Kap Landsend liegt Falmouth [fälm'ß], Handelsstadt mit befestigtem Hafen; die Gruppe der Scilly [ßilli] = Inseln hielt man bisher irrtümlich für die von den Phöniziern besuchten Kassiteriden oder Zinninseln, während unter den letzteren die britischen Inseln überhaupt zu verstehen sind. (Ganz der französischen Küste nahe liegen die normannischen Inseln, der Rest der englischen Besitzungen im französischen Gebiet (§ 81 Mitte): Jersey [dschérße] und Guernsey [görnße] sind die größten.

4) Im mittlern England zwischen Themse, Severn, Humber und Mersey (Mercia und Ostangeln): An der Themse Oxford — von da nach NO. Cambridge [kämbridsch], die beiden alten englischen Universitäten. Von Harwich [harritsch], im östlichen Vorsprunge, fährt man nach

Antwerpen, Rotterdam, Hamburg und Schweden. Nördlich davon Norwich [nörritsch], 101000 E., Wollenmanufakturen.

In Wales, wovon der Thronerbe den Titel führt, ist die größte Stadt Cardiff, 129000 E., Kohlengruben, nächstdem Swansea [ßuонßi], 66000 E., zugleich besuchter Badeort. Die Walliser gedenken gern der alten Zeiten und sind den Engländern, welche von ihnen Sachsen genannt werden, nicht sehr gewogen.

In der Mitte von England sind die großen Fabrik= und Arbeiter= distrikte, soweit die mächtigen (im NO. von England schlenden) Steinkohlen= lager reichen: da ist das Land der Hütten= und Hammerwerke und Maschinen; da liegen große Städte, die noch zu Anfang dieses Jahrhunderts zu den Klein= städten gehörten, ewig in Rauch gehüllt, mit Fabrikschornsteinen, die oft höher sind als Kirchtürme. Um des weit besseren Verdienstes willen ziehen sich daher hierher die Arbeiter aus dem vorwiegend Ackerbau treibenden SO., wo manche Gegend im Laufe unseres Jahrhunderts somit an Einwohnerzahl verloren hat. — Ziemlich in der Mitte von England liegt Birmingham [börming'äm], 429000 E., der Mittelpunkt des einen großen Industriebezirks für Me= tallwaren. Von ähnlicher Bedeutung das von da nordwestlich gelegene Wolverhampton [ụůlwerhämt'n], 83000 E. — Nördlich Sheffield [schéffilb], 324000 Einw., der Hauptplatz der Stahlwaren (Messer von 2½ Pence [pens] = 21 Pf. bis zu 5 Guineen = 105 Mark).

5) Im nördlichen England oder dem alten Reiche Northumber= land [northhämberländ]: an der Küste am Humber Hull [hall] mit 200000 Einw., Haupteinfuhrhafen für die Rohprodukte aus Deutschland und Nord= Europa (Wolle, Flachs, Holz) — nordwestlicher ins Land York an? das zweite Erzbistum des Landes, — an der See, weiter nach N. Hartlepool [hárt'lpül], aufblühende Handelsstadt, nördlicher Sunderland [ßünderländ], 131000 E., mit großen Schiffswerften; nordwestlich davon oberhalb der see= artig erweiterten Mündung des Tyne [tein] Newcastle [njůkaß'l], 186000 Einw., „im Lande der schwarzen Diamanten", mit den größten Steinkohlen= werken der Welt, welche, wie man berechnet hat, ganz Europa 1000 Jahre mit Brennmaterial versorgen könnten. Über das tiefe Thal des Flusses Tyne geht eine riesige Doppel=Brücke, die untere für den gewöhnlichen Verkehr, die in der Höhe für die Eisenbahn.

Von Newcastle führt eine Eisenbahn w. (nahe den Resten des alten Piktenwalls) nach Carlisle [karleil], an dem Westabhang des Peak=Gebirges. Geht man von hier die Küste nach S., so trifft man auf Preston [prést'n], 108000 E., und südlich auf den Busen, in welchen der Mersey mündet. Unfern der Mündung liegt Liverpool [liw'rpül], jetzt Englands lebhafteste, wenn auch nicht größte Handelsstadt, mit Docks, welche an Großartigkeit die Lon= doner noch übertreffen; 518000 E. (1801: 77000 E.). 35km von Liverpool Manchester [mäntschest'r], 505000 Einw. Hauptsitz der Baumwollen= manufakturen und Mittelpunkt eines mit Fabrikstädten übersäeten zweiten Industriebezirks für Baumwolle, mit dem dicht dabei liegenden Salford [ßolford] 703000 Einw.; 1801 hatte Manchester erst 94000 E. Der Brid= gewater [bridschuёter]=Kanal, einer der kunstvollsten in England, soll den Transport der Steinkohlen aus den Gruben bis Manchester und Liverpool erleichtern. Er ist 49km lang und geht eine Strecke unter der Erde. — Die Fabrikdistrikte, in welchen Liverpool und Manchester liegen, bilden die be= völkertste Gegend von Europa. Man rechnet etwa 500 Menschen auf 1 qkm. Nordöstlich von Manchester gegen York zu Leeds [lids], 368000 E., der

Mittelpunkt eines dritten großen Fabrikdistrikts für Wolle und Linnen. Westlich von Leeds **Bradford** [brädford], 216000 E., südwestlich **Huddersfield** [häddersfild], rasch anwachsende Stadt, beide durch Woll = und Baumwollfabrikation bedeutend.

6) Nur geschichtlich merkwürdig sind: **Hastings** [hēstings] am Kanal, zwischen Brighton und Dover, wo Wilhelm der Eroberer siegte. **Bosworth** [bóswörß], fast genau in der Mitte zwischen Liverpool und London (w. von **Leicester** [lĕst'r], wo der erste Tudor, Heinrich von Richmond [ritsch=mond], den letzten Plantagenet, Richard III., besiegte. Dorf **Marston=moor** [mārßtn'mūr], nördlich von York, und **Naseby** [nēsbi], zwischen Cambridge und Birmingham, sind Schlachtplätze in den siegreichen Kämpfen des Parlamentsheeres gegen die Königlichen von 1644 und 1645. Bei **Worcester** [uúster], an der mittlern Severn, ward Karl II., der Sohn Karls I., 1651 geschlagen. Beinahe 40 km östlich davon liegt **Stratford** [strätford], Shakespeares Geburtsort.

II. **Schottland**, 79000 qkm (1400 Q.=M.), ein vom Meere vielfach eingeschnittenes Gebirgsland, mit kurzen, aber wasserreichen Strömen, ein Land, in welchem Meerbusen, Berge, Seeen (Lochs [lóchs]) einen merkwürdig gleichen Zug von SW. nach NO. haben, zerfällt in drei natürliche Abteilungen. a) Das südliche **Schott=land**, von der Grenze bis zum Busen **Forth** [forß] im O. und dem Busen des **Clyde** [kleid] im W.; beide verbindet in einer quer durch=gehenden Vertiefung der **Glasgow** [glásgō]=Kanal. Süd=Schottland ist von Bergen erfüllt, die mit dem Grenzgebirge zu=sammenhängen. b) In **Mittel=Schottland** erhebt sich jenseit des Glasgow=Kanals das **Grampian** [grámpiän]=Gebirge in Parallel=ketten. Sie sind durch tiefe Senken, die kaum 30 m über den See=spiegel erhaben und mit schmalen, langgezogenen Seeen besetzt sind, voneinander geschieden. Unweit der Westküste **Ben Nevis** [ntwis], 1300 m, der höchste Berg in Großbritannien. Schöne Gebirgsseeen **Tay** [tē], **Lomond** [lōmond] und **Katrine** [kátrin]. Die Rund=sichten von den Gipfeln der Grampianberge, Land=, See= und Meeransichten, werden von den Dichtern sehr gepriesen. c) An dem Nordwestabhange der Berge von **Inverneß** folgt wieder eine Thal=spalte, in der sich zwei langgezogene Seeen, Neß und **Lochy** [lótschi], hinstrecken. Sie sind durch den **kaledonischen Kanal** unter sich und mit dem Meere verbunden, so daß man aus dem **Moray** [marre]=Busen, der dreieckig in die flache Nordostküste von Schottland ein=schneidet, quer hindurch bis an die felsige Südwestseite segeln kann. Jenseit des Kanals in Nordwest=Schottland folgen nun die eigentlichen schottischen **Hochlande** mit dem **nordkaledonischen Gebirge**, in dem aber kein Gipfel mehr 1300 m erreicht. Sie sind meist nackt und kahl; weite Heiden und Moore ziehen hindurch. Das nördliche wie das mittlere Schottland sind weit geringer bevölkert als

Süd=Schottland, welches sich durch seinen Reichtum an Eisenerz und Steinkohle auszeichnet.

Die Bevölkerung beträgt 4 Mill. Darunter sind die Schotten in Süd= und Mittel=Schottland zwar eigentlich auch Kelten und mit den Engländern nicht gleiches Stammes; aber seit einer Reihe von Jahrhunderten haben englische Sprache und Sitte, vereinigt mit zahlreicher Einwanderung aus England, diesen Unterschied fast ganz verwischt. Durch größere Bildung, besonders in den untern Volks= klassen, durch Sittenstrenge und größere Freundlichkeit gegen Fremde zeichnen sich die Schotten aus. Die Bewohner der Hochlande, die Hochländer oder Bergschotten, sind noch Kelten (und zwar die keltischen Iren Gäelen). Ihre alte Einteilung in Stämme oder Clans ist noch nicht ganz erloschen. Auch die gäelische Sprache wird, obwohl im Absterben, doch noch gebraucht. Im vorigen Jahr= hundert wollte man Gesänge eines alten gäelischen Sängers, Ossian, entdeckt haben, den viele dem Homer an die Seite stellten. Obgleich sie sich nachmals als nur teilweise echt erwiesen, sind diese Lieder Ossians von den Thaten seines Vaters Fingal doch von eigenartigem Reize: die nebligen Heiden, den brausenden Meeresstrand, die um= schäumten Klippen — das sieht man beim Lesen derselben wie vor Augen. Krieg und Räuberleben war überhaupt sonst der Hochländer liebstes Treiben; jetzt beschäftigen sie sich dafür mit Jagd, Fischerei und Viehzucht. Getrocknete Fische, Käse und Haferbrot machen ihre Nahrung aus, der Whisky (Gerstenbranntwein) das Lieblingsgetränk. Ihre alte Nationaltracht tragen sie nur noch selten (Jacke, Rock statt der Hosen, kleiner Mantel oder Plaid [pläd] von gewürfeltem Zeug). — Dem religiösen Bekenntnis nach sind die Schotten der Mehrzahl nach Presbyterianer, d. h. Reformierte, welche eine Art republi= kanischer Kirchenverfassung haben. An der Spitze jeder Gemeinde stehen die Geistlichen und Älteste (πρεσβύτεροι).

Schottland zerfällt in 33 Grafschaften: wir folgen indes den natürlichen Abteilungen des Landes.

1) In Süd=Schottland liegen die bevölkertsten Städte. Die Haupt= stadt Edinburg, 2½ km vom Südufer des Forth, hat eine ganz eigen= tümliche Lage. Drei, ziemlich von W. nach O. parallel laufende Stadtteile sind durch Thäler voneinander getrennt. Am nördlichsten zieht sich die regel= mäßige, elegante Neustadt hin, in der Mitte die Altstadt mit vielen engen und krummen Gassen und 11=, ja 13stöckigen Häusern; im S. St. Leon= hardshill (d. i. St. Leonhards=Berg), ist nicht durch ein so tiefes Thal, wie zwischen Alt= und Neustadt sich hinzieht, sondern durch eine geringe Vertiefung von der Altstadt getrennt. Die mittlere Stadt nun hat zwei gerade und breite Straßen, die eine von W. nach O., die andere von N. nach S. Die letztere zieht sich mit zwei Brücken, die an beiden Seiten mit Häusern besetzt sind, auch

in die andern Stadtteile weiter. Die Nordbrücke ist über 360 m lang; unter der Südbrücke läuft eine Querstraße im Thal. Am Ostende der Altstadt liegt das alte Schloß **Holyrood** [hóllirüd], in welchem noch manches an die unglückliche Königin **Maria Stuart** (Mutter Jakobs I.) erinnert. (Die ältesten Könige residierten in **Stirling** [stérling] am obern Forth.) In der südlichen Stadt liegt das Gebäude der besuchten und für Medizin und Natur= wissenschaft besonders tüchtigen Universität. Hafenstadt **Leith** [lith] am Forth. Edinburg hat 261000 Einw.: es entspricht dem Westende von London, Leith der City. Handel mit den Ostseehäfen und Amerika. — Nach der Westküste hinüber, in der Nähe reicher Steinkohlenlager, liegt die volkreichste Stadt in Schottland, **Glasgow** [glásgō], 566000 E. (1800 erst 86000), am gleich= namigen Kanal. Glasgow hat auch wie Edinburg eine Universität, blüht aber besonders durch Handel nach allen Teilen der Erde, zahlreiche Fabriken und Schiffsbau. Der höchste Punkt ist nicht der Turm der schönen Kathe= drale, sondern der 160 m hohe Schornstein einer chemischen Fabrik. Die größeren Schiffe laden bei **Greenock** [grinok] am Meere aus. — Ganz nahe im SW. von Glasgow liegt die Fabrikstadt **Paisley** [pésle].

2) In Mittel=Schottland liegt an der Nordsee von S. nach N. St. Andrews [sent ándrus], vor der Reformation der Sitz des ersten Erz= bischofs im Lande. Eine Menge zerstörter Kirchen und Kapellen zeugen von ihrer vormaligen Größe. An N. mündet der Fluß **Tay** [tē], der größte in Schottland; auf der Nordseite des von einer langen, turmhohen Eisenbahn= brücke überspannten Mündungsbusens **Dundee** [dandi], 156000 E. — 22 km von der Mündung des Tay steht auf einem Felsen, welcher nur zur Ebbezeit drei bis vier Stunden lang aus dem Wasser hervorragt, Großbri= tanniens berühmtester Leuchtturm, **Bell Rock** (d. i. Glockenfels). Er ist 37 m hoch; bis 23 m ist keine Öffnung, dann kommt der Eingang, nur durch Strickleitern und Winden zugänglich. Eine Strecke nordwärts von der Tay= mündung liegen Alt= und Neu=**Aberdeen** [äberdin] bei einander, auch mit einer Universität: die neue Stadt ist bedeutende Handelsstadt mit 122000 E. Unweit der Mündung des Tay in seinen Busen **Perth** [pörß], immer noch bedeutend, im Mittelalter die Hauptstadt Schottlands. **Scone** [skōn] war der Krönungsort der alten schottischen Könige. Im Hintergrund eines tief in die Westküste eindringenden schmalen Meerbusens **Inverary** [inwerári].

3) In Nord=Schottland **Inverneß**, am Ende des kaledonischen Ka= nals; nordöstlich davon zeigt man die Reste von Macbeths Schloß **Cawdor** [köd'r]. Unweit Inverneß auch **Culloden**, wo 1746 der letzte Stuart, der nach der Krone seiner Ahnen griff, geschlagen ward.

4) Die Westküste von Schottland ist von mehreren Inselgruppen be= gleitet, welche man zusammen die **Hebriden** nennt. Alle sind voll kahler, nur mit Heidekraut bewachsener Berge. Die Einwohner leben von Viehzucht, Fischerei und daneben von den hier häufig nistenden Eidervögeln (Anas mollissima). Diese hängen ihre Nester an Klippen und Felsen und füttern sie mit ihren Dunen aus. Oft mit Lebensgefahr holt man die kostbaren Federn; dreimal polstert die Mutter unverdrossen das Nest von neuem aus; werden auch dann wieder ihr die Federn genommen, so verläßt sie es. Die größten Inseln sind **Lewis** [lüis], **Mull** [mall], **Jsla** [eile], **Skye** [skei] — die merk= würdigste ist das kleine, felsige **Staffa** [stäffä], westlich von Mull. Denn Staffa besteht aus einer Basaltmasse, in welche sich die berühmte **Fin= gals=Höhle** hineinzieht. Über 65 m geht diese in das Innere; zum Estrich hat sie das eindringende Meer, das sich mit wunderbarem Getön an den Ba=

saltklippen bricht. — Solche Basaltbildungen kommen noch auf andern im S. liegenden Inseln vor; ihnen entsprechen die Basaltformationen auf der Nord= küste von Irland.

Die Orkney [órkne]=Inseln oder Orkaden, vor der äußersten Nord= ostspitze von Schottland, haben mit den Hebriden im ganzen gleiche Natur. Hauptinsel Pomona.

Noch weiter in das Meer hinaus liegen die Shetland [schétländ]= Inseln, von denen sich ein Gleiches sagen läßt. Die nördlichste Insel liegt von Schottland und Norwegen ziemlich gleich weit entfernt; zu Norwegen hat auch die Gruppe längere Zeit gehört und ist von da aus bevölkert worden; daher nennen sich die Bewohner noch heute Norweger und reden eine der norwegischen nahe verwandte nordische Sprache. Hauptinsel Mainland [ménländ].

III. Irland [írland], 84000 qkm (1500 □.=M.), ist im In= nern zu $^8/_9$ Tiefebene, die nirgends mehr als 100 m über das Meer sich erhebt; dagegen an den Rändern treten einzelne isolierte Berg= ketten auf; im SW. sind die höchsten, mit wilden Formen. Hier er= hebt sich, mit Felszacken und Klippen steil emporsteigend, der langge= streckte Rücken des Carrantuohill bis 1040 m. Im allgemeinen ist Irland, wie England, im O. niedriger als im W. Unter den zahl= reichen Seeen ist der Lough Neagh [loch nē] im NO. der größte, der See von Killarney [killárne] im SW. wegen seiner schönen Um= gebung der besuchteste. Dazu kommen zahlreiche, oft tief eindrin= gende Meerbusen. Der Hauptfluß Shannon [schánn'n] fließt durch eine Kette von Seeen und endet in einer 90 km langen, sehr breiten Wasserstraße, die man Flußmündung oder Meerbusen nennen kann. An welcher Küste? Mit dem entgegengesetzten Meere ist der Shannon durch einen Kanal verbunden. Einen großen Teil der Insel nehmen die Sumpfstrecken und Moore ein. Das Klima ist feuchter und nebli= ger als auf der Nachbarinsel, darum aber das Grün auch noch frischer und saftiger. Nirgends wuchert z. B. der Epheu so üppig als in Ir= land: fast keine Ruine — und deren giebt es in Irland sehr viele — ist ohne solche dichte Hülle von Epheu. Mit Vorliebe nennt der Ire seine Heimat die grüne Insel, die Smaragdinsel. Die Bevölkerung indes wird durch massenhafte Auswanderung nach Amerika sehr ver= mindert. Sie betrug vor einem halben Jahrhundert noch 8 Millionen, jetzt nur noch 4,6 Mill. Unter diesen sind die bei weitem meisten Iren, d. h. Kelten mit noch gälischer Sprache. Der heilige Patrik hat ihnen im 5. Jahrhundert das Christentum gebracht; damals war Irland mächtig und selbständig. Wann kam es unter England? Als die Iren nach der Reformation Katholiken blieben, wurden sie von englischer Seite hart geknechtet. Die ganze Insel ward in anglikanische Kirchspiele geteilt, und neben seinen eigenen Priestern hatte das Volk

noch viele anglikanifche Bifchöfe und Pfarrer (oft ganz ohne Gemein=
den) zu unterhalten. Im Jahre 1869 ift in diefen Verhältniffen vie=
les zum Beffern verändert: die proteftantifch = irifche Kirche gilt nicht
mehr als Staatskirche, und ihr ungeheures Vermögen dient nicht
mehr allein den Prälaten. Doch fehlt es in Irland, von den kirch=
lichen Verhältniffen abgefehen, auch fonft nicht an Urfachen dauernder
Unzufriedenheit. Der Geheimbund der Fenier (namentlich in Ame=
rika lebender Iren) erftrebt durch Gewalt und Blut Irlands Befrei=
ung. Dem Bekenntnis nach find mehr als ³/₄ der Iren katholifch.
Das gemeine Volk lebt in größter Armut. Kartoffeln und Butter=
milch find jahraus jahrein das einzige, was fie haben, und wenn fie
das immer haben, fagen fie von Glück.   In den großen See = und
Handelsftädten herrfcht dagegen Wohlhabenheit.

Irland zerfällt in 32 Graffchaften, welche 4 größere Landfchaften bilden:
Leinfter [lénfter], England gegenüber, Munfter [mönst'r], die füdlichfte
Connaught [fönnöt], die elendefte und ärmfte, am atlantifchen Ozean,
Ulfter [älfter], Schottland gegenüber, wo die meiften Proteftanten wohnen.
Gieb bei jeder Stadt, die genannt wird, die betreffende Landfchaft an!

Die Hauptftadt Dublin [döblin] liegt im Hintergrunde eines kleinen
Meerbufens, unweit des Meeres, durch den Fluß Liffy in zwei Teile ge=
fchieden. Faft kreisförmig gebaut, wird fie von einer fchönen Allee umgeben:
352000 Einw.   Der weftliche Halbkreis ift alt und unfchön; der öftliche neu
und gefchmackvoll mit einer Menge von Prachtbauten. Univerfität. Bedeu=
tender Handel. — Im NO. liegt am Meer die Handelsftadt Belfaft,
256000 E.: von der nordöftlichften Spitze erftreckt fich der Riefendamm
ins Meer, bei niedrigem Waffer 190 m lang.   Er befteht aus Bafaltfäulen
von verfchiedener Länge und fteht in genauer Beziehung zu den Bafaltmaffen
der Hebriden. — Im SW. liegen drei bedeutendere Städte: Waterford
[uöterford], Cork und Limerick an der Shannonmündung. Alle drei find
wichtige Handelsplätze, und ihre Häfen — meift im Hintergrunde tiefer Meer=
einfchnitte — find befeftigt. Cork führt fo viel gefalzenes Rindfleifch aus, daß
es den Namen des irländifchen Schlachthaufes trägt.

Vor der füdweftlichen Küfte Irlands liegt das Infelchen Valentia
[walénfchiä]. Auf diefem der weftlichfte Hafen von Europa, Valentia Har=
bour [härb'r]. Von hier wurde das erfte 3000 km lange unterfeeifche Ka=
bel nach Neufundland (§ 68, 11) gelegt.

IV. Nord=Europa.

§ 83.
Die flandinavifche Halbinfel und Dänemark.

a) Die flandinavifche Halbinfel.

Diefe 776000 qkm (13800 D.=M.) große Halbinfel, im O.
Schweden (¹/₇), im W. Norwegen (³/₇) genannt, lagert fich von
SW. nach NO. vor die Oftfee, welche dadurch zum Binnenmeer ge=

macht wird. Mehr und mehr zieht ſich aber das Meer von der ſchwe-
diſchen Küſte zurück. So liefen 1620 in den Hafen von Torneå [tór-
neå] die größten Seeſchiffe ein; jetzt bleiben die kleinſten Fahrzeuge
ſitzen. Einzelne Fiſcherdörfer haben in einem Zeitraume von 60 Jahren dreimal dem weichenden Meeresufer nachrücken müſſen. Dies
Zurückweichen iſt ſo bedeutend, daß, wie fortgeſetzte Meſſungen lehren,
der Niveau-Unterſchied in einem Jahrhundert $1^1/_3$ m beträgt. Man
glaubt als Urſache dafür eine ſäkulare Hebung des Landes vorausſetzen
zu müſſen; allein es hat mehr für ſich, eine ſäkulare Senkung des
Meeresbodens des bottniſchen Meerbuſens anzunehmen (§ 11).

Die Südſpitze der Halbinſel zeigt dagegen ein Vordringen des
Meeres: ſie befindet ſich ſicher in ſäkularer Senkung. Mit ihr bleibt
die ſkandinaviſche Halbinſel nur einen Breitengrad von Deutſchland
entfernt, im N. rührt ſie an das Eismeer; 1850 km beträgt ihre
Länge; ihre größte Breite aber nur 500 km.

Wenn dieſe größte aller europäiſchen Halbinſeln nur von 6,8
Millionen Menſchen bewohnt wird, ſo iſt der Grund weniger in der
nördlichen Lage als darin zu ſuchen, daß die Natur hier ſo vorherr-
ſchend in wilder und rauher Geſtalt auftritt, daß der Raum für die
Menſchen ſehr beſchränkt wird. Schroffe Gebirge, Seeen und Sümpfe
nehmen den größten Teil der Halbinſel ein; etwa $^9/_{10}$ des Bodens
ſind für den Ackerbau unbrauchbar. Die Halbinſel erhält ihre Boden-
geſtaltung, wie die italiſche, durch eine Meridian-Gebirgsmaſſe, für
welche man oft den Geſamtnamen der ſkandinaviſchen Alpen*)
gebraucht; dieſe aus den älteſten Geſteinarten, wie Urgneis u. a.,
aufgebaut, ſind kein Kammgebirge, ſondern beſtehen zum größten
Teil aus wellenförmigen Hochflächen (Fjelde), die im ſüdlichen Norwegen oft bis zu 1000 km breit ſind und anſehnliche Seeen auf ihrem
Scheitel tragen. Sie haben 600 bis 1200 m Höhe, und auf dieſen
Untergeſtellen erheben ſich dann inſelartig die höchſten Bergſpitzen
oder Tinde. Die Höhe der Fjelde und Berge nimmt von N. nach
S. zu. Man zerlegt das Gebirge in eine nördliche Hauptmaſſe, die
bei geringer Breite einem Kettengebirge einigermaßen ähnelt, und
in eine ſüdliche mehr verzweigte, die in einzelne Gebirgsgruppen
auseinander geht. Der nördliche Teil beſteht wieder aus drei Un-
terteilen: den lappländiſchen Alpen, die am niedrigſten ſind, dem
nordbrontheimſchen Gebirge mit dem Sulitélma, 1900 m,

---

*) Den Namen Kjölen hat man früher irrtümlich für den Namen des
ſkandinaviſchen oder nordſkandinaviſchen Gebirges gehalten; er bedeutet aber
nichts weiter als „der Kiel", d. h. den Rücken der höchſten Erhebung des Felſen-
gebirges zwiſchen der Steilküſte im W. und der öſtlichen Abflachung.

und dem Dovrefjelb [dôwrefjéll] mit der Snéhätta (d. i. Schnee=
haube), 2300 m. Südlich vom 62. Parallelkreis beginnt die Grup=
penteilung, welche das südliche Norwegen anfüllt. In derjenigen
dieser Gebirgsgruppen, die man die Jotunfjelbc (d. i. Riesenge=
birge) genannt hat, erhebt sich unweit der innersten Verzweigungen
des Sognefjorbs [sónjefjör] der Skagastölstind [tinn] mit
2400 m und der Gálbhöpig, der mit seinen 2500 m die höchste
Erhebung der ganzen Halbinsel bildet.

Der Abfall nach O. und W. ist sehr verschieden: nach W. stürzt
das Gebirge schroff zum Meer; oft sieht man weit und breit ein
Fjeld sich dehnen, bis man plötzlich an seinem Rande steht, von dem
es, mitunter in senkrechten Felswänden von mehreren hundert Me=
tern, unmittelbar in das Meer stürzt. Aus demselben steigt das
Gebirge insularisch wieder hervor; eine Menge begleitender Gebirgs=
inseln ziehen sich an der Küste von Norwegen entlang, unter welchen
der Lófot=Archipel am bedeutendsten ist. Dafür bringt der Ozean
in lang gestreckten Zungen, Fjorden, zuweilen bis 70 km weit in
das Land ein. Oft ist man verleitet, diese Meeresteile für Flüsse oder
Binnenseeen zu halten und bewegt sich in dem Wirrwarr von Inseln,
Landzungen und Landengen wie in den Irrgängen eines Labyrinthes.
Die milde Natur des Hochgebirges, die Gletscher, Seeen und die
großartigen Wasserstürze hat Norwegen mit ähnlichen Gebirgsgegen=
ben gemein; aber eigentümlich sind die ausgedehnten Felder ewigen
Schnees, welche auf der ganzen Halbinsel beinahe 20000 qkm (über
350 O.=M.) einnehmen, sowie das großartige Bilder schaffende In=
einandergreifen des Ozeans und so hoher wilder Gebirgsmassen.
Die Zahl der in Norwegen reisenden Ausländer nimmt daher nicht
ohne Grund alljährlich zu; sie gefallen sich unter dem treuherzigen,
einfachen Volke sehr wohl, das zwischen seinen Bergen sich ein fri=
sches, freies und frommes Herz bewahrt hat.

Nach Osten, also nach Schweden zu, dacht sich das Gebirge in
breiten Stufen allmählich zum bottnischen Busen ab, zu dem eine
Menge meist parallel laufender Flüsse oder Elfen herabgehen, die
jedoch wegen ihres starken Gefälles, ihrer Wasserfälle, wenn sie nach
einer Strecke ruhigen Laufes zu der nächsten Stufe sich herabstürzen,
und ihrer Klippen für die Schiffahrt nicht brauchbar sind. Einer der
bebeutendsten ist die Dal Elf, welche aus Oster= und Wester=
Dal Elf zusammenströmt. Sie bildet noch an der Mündung einen
10 m hohen Wasserfall. Die Küste ist auch hier von einer Reihe kleiner
Felseninselchen und Klippen begleitet, welche man Schären nennt,
daher eine Abteilung der schwedischen Flotte die Schärenflotte heißt.

Außer dieser östlichen Abdachung hat aber das Gebirge noch eine südliche gegen die Kette großer Seeen, die vor seinem Südrande liegen. Der größte und westlichste ist der Wener=See, 6240 qkm (113 □.=M.), aus welchem die Göta [jöta] Elf zum Kattegat geht. Etwas südöstlich liegt der ⅓ so große Wetter=See. Nord=östlich von beiden der Hjelmar=See [jélmarsee] und der langgestreckte Mälar=See, der von reizenden Ufern eingefaßt, mit der Ostsee in Verbindung steht und über 1300 Inselchen (Holme) in sich schließt. Alle diese Seeen liegen in einer tiefen Senkung der Halbinsel: in ihr führt der Göta=Kanal mit Benutzung der Flüsse und Seeen aus der Nordsee in die Ostsee. Im S. jener Senke dehnt sich das nur von welligen Höhen, kaum bis zu 300 m durchsetzte Flachland von Süd=Schweden. Fruchtbare Dammerde ist demselben nur in dün=ner Schicht aufgelagert; der eigentliche Grund ist auch hier felsig, und an vielen Stellen steht das Fels= und Steingerölle zu Tage: Um=stände, welche den Ackerbau sehr erschweren. Auch die Natur der Flüsse warnt uns, nicht etwa an ein eigentliches Tiefland zu denken. Sie sind fast alle wegen starken Gefälles, wegen ihrer Wasserstürze und Klippen nicht für die Schiffahrt zu gebrauchen. Selbst von den größten gilt das. Auf der Göta Elf ist an einzelnen Stel=len, besonders bei den Trollhätta (d. i. Teufelshut)=Fällen, die Schiffahrt unmöglich, so daß ihnen zur Seite mit großen Kosten der Trollhätta=Kanal geführt werden mußte. Noch merken wir, daß auch bei dem skandinavischen Flußsystem öfters eine Unentschiedenheit der Wasserscheide vorkommt; Flüsse verschie=dener Gebiete stehen bei hohem Wasserstande miteinander in Ver=bindung, derselbe See entsendet zu verschiedenen Systemen Ge=wässer (§ 62 Mitte).

Die Schweden wie die Norweger sind germanischen Stam=mes, meist kraftvolle Leute mit blauen Augen und blonden Haaren, dabei bieder, gastfrei, fest wie das Eisen ihrer Länder. Noch viele alte Gebräuche und Volksfeste haben sich erhalten: das Frühlingsfest am 1. Mai, der Johannis= oder Mittsommertag, vor allen das Jul= oder Weihnachtsfest. Ist man zu Weihnachten treulich zu der oft viele Kilometer entfernten Kirche gewandert, so überläßt man sich heiterm Fest= und Wohlleben. Zwölf Tage hindurch steht bei dem reichen Bauer der Tisch auch für jeden Gast, er sei bekannt oder fremd, ge=deckt. Selbst den Vögeln des Himmels wird auf hoher Stange eine Korngarbe aufgestellt.

Den äußersten Norden der Halbinsel, noch bis in das russische Gebiet, bewohnt der Stamm der Lappen (§ 72 Ende), oder wie sie selbst genannt sein wollen, Samen, noch 27 000 Köpfe stark, meist zum Christentum bekehrt. Die Fischerlappen haben feste Wohnungen. Die Renntierlappen ziehen nomadisch mit ihren Tieren umher, die ihnen Nahrung und Kleidung geben, Last- und Zugtiere, mit einem Wort ihr Ein und Alles sind. Einen reichen Lappen schätzt man nach Renntieren, wie bei uns den Reichen nach Geld. Übrigens droht der Genuß des Branntweins, dem die Lappen mit übermäßiger Lüsternheit zugethan sind, dem ganzen schon sehr verringerten Stamme den Untergang. Auch eigentliche Finnen oder Quänen wohnen in etwas größerer Zahl als die Lappen im äußersten Norden.

In alten Zeiten bestanden auf der skandinavischen Halbinsel verschiedene kleine Reiche, die erst nach und nach in zwei, Norwegen und Schweden, zusammenschmolzen. Der Hauptgott der Skandinavier war Odhinn, der deutsche Wuotan; von ihm und seiner Gemahlin Frigga stammen die übrigen Götter, das Geschlecht der Asen, z. B. der Donnergott Thorr mit seinem alles zermalmenden Hammer u. a. Sie wohnen zusammen in silbernen Palästen in der Götterstadt Asgard. Hochgeehrte Sänger, Skalden, sangen der Götter Preis. In Walhalla wandeln die Seelen tapferer Krieger. Um das Jahr 1000 indessen hatte das Christentum hier Wurzel gefaßt, das schon im 9. Jahrhundert gepredigt war. Mit dem Evangelium war auch hier mildere Gesittung gekommen und Europa hatte nicht länger von den Plünderungszügen der Normannen zu leiden (normannische Kolonieen § 77, III; 81, II, 5). Von Norwegen aus wurde die Kirche Christi auf den Färöern, auf Island und Grönland gepflanzt (§ 69), von Schweden aus in dem gegenüber liegenden Finnland.

Im Jahre 1397 gelang es der Königin Margarete von Dänemark, in der Union von Kalmar die Kronen von Dänemark, Schweden und Norwegen auf ihrem Haupte zu vereinigen. Nach ihr regierten über ein Jahrhundert lang Unionskönige. Aber die drei nordischen Völker, obwohl sich in vieler Hinsicht nahe verwandt, waren durch eine bestimmte Abneigung voneinander geschieden. Namentlich gilt das von den Schweden gegenüber den Dänen und Norwegern. Unter dem grausamen Christian II., der 1520 im Stockholmer Blutbade sich der ihm abgeneigten schwedischen Adelshäupter entledigen wollte, brach in Schweden der offene Aufstand aus. Gustav Wasa, der Sohn eines in jener Metzelei Gefallenen, wurde nach mannigfacher Gefahr der Befreier seiner Landsleute und der Gründer einer neuen Königsdynastie. Mit dem

neuen König wurde das Land 1524 lutherisch, doch die bischöfliche
Verfassung beibehalten. Damals war Schweden ein unbedeutendes
Reich, dem das einzige Lübeck als Haupt des deutschen Hansabun=
des, mit Erfolg gebieten konnte. Norwegen und das südliche Schwe=
den waren damals dänisch; dafür war aber Finnland noch schwe=
disch. Zuerst wurde das Reich mächtig durch Gustav II. Adolf,
der mit großem Erfolge in den 30jährigen Krieg eingriff; er fiel am
6./16. November 1632 auf deutscher Erde bei Lützen. Im west=
fälischen Frieden setzte Schweden auf deutschem Boden sich fest;
es bekam zwar nicht den größten, aber den fruchtbarsten Teil von
Pommern (Vorpommern), ferner die Stadt Wismar, die Gebiete
Bremen und Verden [ferden] zwischen Weser= und Elbmündung.
Die Tochter Gustav Adolfs, Christine, ist bekannt durch ihre
Gelehrsamkeit, ihre Thronentsagung und ihren Übertritt zur katho=
lischen Kirche. Nach ihr bestieg das mit den Wasas verwandte Wit=
telsbacher Haus der Herzöge von Pfalz=Zweibrücken den Thron
und setzte die Eroberungen noch glücklicher fort. Gegen Ende des
17. Jahrhunderts gehörten zum Reiche ganz Schweden, Finn=
land, Ingermanland, Esthland, Livland und die vorhin ge=
nannten deutschen Lande. Schweden war eine europäische
Großmacht, von Dänemark, Rußland, Polen zugleich beneidet und
gefürchtet. Als diese drei Feinde hintereinander gegen den jungen
König Karl XII. losbrachen, begann der zweite nordische Krieg
(1700—1721). Karl trat im Anfange wie ein zweiter Alexander
der Große auf; überall war er siegreich, schlug die Dänen, die
Russen, die Polen und verfolgte den König August den Starken
von Polen, der zugleich Kurfürst von Sachsen war, bis nach Deutsch=
land hinein. Aber der Rückschlag folgte bald. Er verlor 1709
gegen Peter den Großen von Rußland die Schlacht von Poltawa
[poltâwa] und lebte dann mehrere Jahre unter den Türken, die seine
Tapferkeit ebensogut wie seine Eisenköpfigkeit erkannten. Unterdessen
waren seine Länder von allen Seiten bedroht. Daher kehrte Karl
zurück, fiel aber nach einigen Jahren (1718) vor der nie eingenom=
menen norwegischen Felsenfestung Frederiksteen. Im Verlaufe
des 18. Jahrhunderts sank Schweden, wo das Haus Holstein=
Gottorp den Thron bestiegen hatte, immer mehr; auch an inneren
Unruhen fehlte es nicht. König Gustav IV. Adolf wurde 1809 ent=
setzt, seine Kinder wurden auch des Thrones für verlustig erklärt,
den sein kinderloser Oheim bestieg. Dieser wählte sich einen Mar=
schall Napoleons I., Bernadotte, zum Nachfolger, dessen Enkel
Oskar II. jetzt auf dem Throne sitzt.

Das schwedische Staatsgebiet war zu Anfang unsers Jahr=
hunderts auf das eigentliche Schweden und Vorpommern bis an die
Peene beschränkt. In dem Völkerkriege gegen Napoleon I. verlor
Dänemark, zur Strafe für seine Anhänglichkeit an Frankreich, Nor=
wegen (doch ohne dessen Nebenländer, d. h. Island und die Färöer)
an Schweden, das ihm seinen (dann an Preußen abgetretenen) An=
teil an Pommern überließ. Dänemark trat diesen an Preußen ab
und erhielt dafür als Entschädigung das kleine Herzogtum Lauen=
burg. Seit 1814 stehen Schweden und Norwegen in Personal=
union, d. h. sie haben denselben Herrscher, aber besondere Verfassung
und Verwaltung.

Über Spitzbergen beansprucht Schweden die Oberhoheit.

I. Das Königreich Schweden, 450 000 qkm (8000 □.=M.)
mit 4,8 Mill. Einw., ist im NO. vom russischen Gebiete zuerst durch
die Torne Elf, dann durch einen linken Zufluß derselben, die
Muonio Elf, geschieden. Nach der Verfassung bedarf der König
zu vielen wichtigen Dingen der Zustimmung des Reichstages, der
früher aus Adel, Geistlichkeit, Bürgern und Bauern bestand
und nicht nach Köpfen, sondern nach Ständen stimmte. Jetzt besteht
der Reichstag, wie in konstitutionellen Staaten gewöhnlich, aus zwei
Kammern. Das Land zerfällt in drei Hauptteile: den südlichen,
Gotland, auf welchen ³/₅ der Einwohnerzahl des ganzen Königs
reichs kommen; den mittleren, Svealand; den nördlichen, Norr=
land, welcher an Flächeninhalt doppelt so groß als die beiden andern
Teile zusammen, aber natürlich am spärlichsten bevölkert ist: nur
2 bis 3 Menschen auf 1 qkm. Eingeteilt wird das Königreich in
24 Läne. Wir halten uns aber an die Hauptabteilungen Svea=
land, Gotland, Norrland und prägen uns gelegentlich die geschicht=
lich wichtigsten Namen aus der alten Landschaftseinteilung ein.

1) In Svealand umgiebt die angebauteste und wichtigste Gegend
den schönen Mälar=See: an sie stoßen die Landschaften Upland, Söderman=
land u. a. Die Hauptstadt Stockholm liegt da, wo der See sich durch zwei
enge Ausgänge in einen Busen der Ostsee ergießt. Auf einer nur mäßig
großen Insel, welche Süßwassersee und Salzsee (bis auf jene beiden schma=
len Verbindungen) scheidet, liegt die alte, eigentliche Stadt, dicht gebaut, mit
schmalen Straßen, aber einem schönen Königsschlosse. Von ihm führt eine
Brücke auf das nördliche Seeufer, in den Stadtteil Normalm, 12mal größer
als die eigentliche Stadt, mit schönen breiten und ebenen Straßen. Auch auf
dem Südufer liegt ein Stadtteil, Södermalm, aber nicht so schön als der
nördliche, namentlich sehr uneben. Auf dem kleinen, dicht hinter der eigent=
lichen Stadt im Mälar gelegenen Riddarholm (d. i. Ritterinsel) befinden
sich in der Riddarholmkirche die Gräber Gustav II. Adolfs und Karls XII.
Nach vieler Urteil hat Stockholm unter allen Hauptstädten die schönste Lage,

weil nur hier gerade eine solche Mannigfaltigkeit der Umgebung, eine solche
Vereinigung großstädtischen Treibens mit reizender, ländlicher Einfachheit gefunden werde. Straße, Feld und Wald grenzen oft unmittelbar aneinander.
Die Stadt hat 251000 Einw. und treibt bedeutenden Handel. Von der Seeseite her schützen Kastelle den schönen Hafen. In den Umgebungen Lustschlösser, wie Drottningholm, Gripsholm u. a. — 66 km n. n. w.
Upsala [úpsala] mit einer Universität und dem Erzbischofssitze des Reichs,
21000 Einw. Ehrwürdiger Dom mit dem Grabe Linnés und Gustav
Wasas. Um Upsala her liegen Schwedens Hauptbergwerke. Eine Strecke
nördlich Dännemöra mit selten Eisengruben, die jährlich 270000 Centner
liefern — nach NW. das silberreiche Sala [sála]; in derselben Richtung weiter in das Gebirge Fålun mit Kupferbergwerken, an einem
Zuflusse der Dal Elf. Das Gebirgsland der Dal Elf, Dálarne (d. i. die
Thäler), bei uns gewöhnlich Dalekarlien genannt, wird von einem besonders kraftvollen und treuherzigen Menschenschlage, den Dalkarlar (d. i.
Thalmännern) bewohnt. Der Dalkarl redet selbst seinen König mit Du an,
aber er setzt auch in Gefahr für ihn Gut und Leben ein.

2) In Gotland am Kattegat, an der Mündung der Göta Elf, liegt
die größte Stadt nach Stockholm, Gotenburg (schwed. Göteborg [göteborj]),
107000 E., Handels- und Fabrikstadt. An der Ostsee liegt die befestigte Hauptstadt Kalmar. Historisches? Ihr gegenüber die lange schmale Insel Öland,
weiter nach NO. in das Meer hinein die größere Gotland mit der einst
mächtigen und als einer der wichtigsten Handelsplätze Europas im Mittelalter blühenden Stadt Wisby [wisbü]. Nördlich von Kalmar Norrköping
[norrtjöping] an der Mötala Elf; Handelsstadt mit 33000 Einw.
Die südlichsten Landschaften heißen Blekingen und Schonen; die
letztgenannte hat Überfluß an Getreide. Hier am Sunde, der dänischen
Insel Seeland und im besondern der Stadt Helsingör gegenüber, die Stadt
Helsingborg. Malmö, 49000 E., und Ystad [üstad] sind Ostseehäfen,
die durch Dampfschiffe mit der deutschen Ostseeküste in regem Verkehr stehen.
Von Ystad fährt man in acht Stunden nach Stralsund. Karlskrona ist
Schwedens befestigter Kriegshafen, 21000 E. Binnenstadt ist Lund [lunn],
die zweite Landesuniversität, im 9. und 10. Jahrhundert das erste Erzbis-
tum des Landes, von dem alle Missionen im höheren Norden ausgingen.
Zu dieser Landschaft gehören auch die Inseln Öland und Gotland.

3) In Norrland ist bei weitem die größte Stadt Gefle [jéwle], unweit der Dal Elf-Mündung, 24000 E., wichtig als Hafen der benachbarten
Bergwerksbezirke. — Je weiter nach N., je dünner ist die Bevölkerung gesäet, je öder wird die Natur. In Lappland gedeiht nur noch spärlicher
Hafer hier und da; von Bäumen sieht man nur noch die Fichte und Zwerg-
birke. Fischfang und Renntierzucht bieten den Lebensbedarf. Das Hafer-
und Gerstenmehl untermischt man auch in guten Jahren mit zerhackten
Halmen, Wurzeln (besonders von Caltha palustris), selbst mit Fichten-
rinde. Die Kirchspiele umfassen, wie im nördlichen Norwegen, oft 1000 bis
1500 qkm (2000 bis 30 □.-M.), und viele Gemeindeglieder kommen nur im
Winter, wo auf Schlitten weite Entfernungen in unglaublich kurzer Zeit
zurückgelegt werden, zur Kirche. An der Mündung der Torne Elf, der
Grenze gegen Rußland, geht die Sonne am längsten Tage fast nicht unter
und am kürzesten Tage fast nicht auf. Dort liegt, der russischen Stadt Torneå gegenüber, dem Polarkreis nahe, Haparanda, eine wichtige Station
für Witterungs-Beobachtungen.

II. Das Königreich Norwegen, 325 000 qkm (5800 Q.=M.) mit fast 2 Mill. Einw., hat eine noch freiere Verfassung als Schweden, und sein Reichstag (Storthing [stŏrthing]) noch größere Rechte. Das Reich ist in sechs Stifter geteilt.

1—3) Die Stifter Kristiania und Kristiansand liegen im S. am Skager=Rak, das Stift Hamar dagegen n. von ersterem im Binnen= land. Für diese südlichen Teile, wie für Süd=Schweden, gilt das, was oben (§ 72 Mitte) vom Klima gesagt ist; in geschützten Thälern kommen sogar noch Weintrauben und Aprikosen fort. Beide Stifter machen den fruchtbarsten und bevölkertsten Teil Norwegens aus; auf einem Viertel des Flächen= raums des Königreichs wohnen zwei Drittel der Bevölkerung. Die Haupt= stadt Kristiania liegt im Hintergrund des 90 km langen Kristiania= fjord, dessen Ufer mit kleinen Städten, Dörfern und Landhäusern besetzt sind. Die Lage der Stadt ist schön, ihre Bauart regelmäßig, ihr Handel sehr ausgebreitet. Landesuniversität, 150000 Einw. — Geht man von der Mündung des Kristianiafjord nach O., so trifft man auf die Mündung des Glommen, des größten norwegischen Flusses, der 20 Fälle macht, und f. f. ö. davon, hart an der schwedischen Grenze auf die Festung Frederiks= steen unweit der Stadt Frederikshald [frēderikshāl]. Etwas westlich vom Kristianiafjord liegt Kongsberg mit Silberbergwerk, unweit des Kap Lindesnäs Kristiansand. Stavanger, 22000 Einw., schon an der Küste des offenen Ozeans und am Eingang zum Stavanger Fjord.

4) Das Stift Bergen hat auch noch ein ziemlich mildes, aber dabei überaus regnerisches Klima. An seiner Küste fällt (nächst einem Teile der W.=Küste Nord=Englands) der meiste Regen in Europa. Bergen selbst, 53000 E., durch und durch Handelsstadt, das norwegische Hamburg. Be= sonders ist hier der Hauptplatz für den Fischhandel, der in ungeheurer Aus= dehnung an der Norweger Küste getrieben wird. Nach ganz Süd=Europa werden von hier Hummer und Fische gesandt, besonders Stockfische und Heringe. Die Heringe erscheinen hier in Schichten, die oft mehrere Kilometer lang und breit und mehrere Meter tief sind, und drängen sich in dichtem Ge= wimmel in die langen Fjorde. Die nach dieser Speise gierigen Wale lagern sich vor den oft sehr schmalen Eingängen; darum der bequeme und reichliche Fang, in guten Jahren etwa 1500000 Hektoliter.

5) Drontheim, die Hauptstadt des fünften Stifts, liegt am Südufer eines tiefen Fjord, hat 25000 E. und war die Residenz= und Krönungsstadt der alten Könige. Darum stand auch hier ein herrlicher Dom, von dem jetzt noch das Chor die Hauptkirche der Stadt ausmacht. — Im Innern liegt die Bergstadt Röraas [rōrēs], 700m über dem Meere, mit reichen Kupfergruben, aber auch immerwährendem Winter.

6) Trömsö, das nördlichste Stift. Im Innern Lappen und Quänen, an der Küste Norweger, die hier aber fast ganz auf den Fischfang angewiesen sind. Denn hier sieht es schlimm aus mit dem Klima. Auf den Lofot=Inseln lassen Sturm und Kälte keinen Baum aufkommen, ein furchtbar tobender Ozean umgiebt sie. Unter den Wirbeln und Strudeln ist der Mahlstrom, ziemlich im S. der Gruppe, am verrufensten, da selten ein Jahr ganz ohne Unglücksfälle hingeht. Gerade zwischen diesen gefährlichen Inseln drängen sich übrigens die meisten Fische zusammen. Im Februar und März ver= sammeln sich zwischen den Inseln Ost= und West=Vaage [vōge] gegen 3

bis 4000 Böte, und jedes Boot fängt im Durchschnitt mindestens 3000 Kabeljaue (§ 68, II).

Die Hauptstadt Tromsö, auf einer kleinen Küsteninsel schon nahe dem 70. Parallelkreis, hat noch 6000 E. Auf der Insel Kvalöe liegt noch jenseit des 70. Parallelkreises der keineswegs unbedeutende Hafen Hammerfest, 2000 E., der Handel nach England und Rußland treibt. Das Nordkap ist die nördliche Spitze der wüsten Insel Magerö, eine steile, 300 m hohe, drei= köpfige Felswand. Das Klima ist hier auffallend mild. Die Nordspitze des Festlandes ist das Kap Nordkyn. Südöstlich von diesen Punkten liegt auf einem Inselchen der kleine Handelshafen Vardöhuus [wardöhüs]. Furcht= bare Stürme wüten in diesen Gegenden. Die Kälte steigt im Binnenlande bis 50° C., während infolge des bis in diesen hohen Norden noch segens= reich wirkenden Golfstroms (§ 16 Ende) an der Küste selbst im Winter nur vorübergehend geringe Frostgrade verspürt werden.

Die skandinavische Halbinsel ist durchaus nicht ein Land der Städte, sondern mehr der zerstreuten Dorfschaften und einzelnen Gehöfte. In beiden Reichen zusammen giebt es nur 6 Städte, die über 25000 Einwohner haben. Dazu findet man nur in Stockholm, Gotenburg, Kristiania, Bergen im Durchschnitt massive Häuser; sonst ist der Holzbau und die Schindelbedeckung ganz allgemein, und das Volk hat darin große Kunstfertigkeit. In Norwegen giebt es z. B. künstlich gearbeitete Holzkirchen aus uralter Zeit. Eine der= selben hat der König Friedrich Wilhelm IV. von Preußen in das schlesische Gebirgsdorf Brückenberg unweit der Schneekoppe versetzen lassen.

b) Dänemark.

Dänemark besteht aus der zwischen Kattegat und Ostsee, Sund und Kleinem Belt gelegenen dänischen Inselgruppe, welche durch den Großen Belt halbiert wird, und aus Jütland, d. h. der brei= ten Nordhälfte der jütischen oder kimbrischen Halbinsel, südwärts bis zur Königsau.

Der Boden ist fast durchweg eben. Auf den dänischen Inseln zeichnet er sich durch große Fruchtbarkeit aus, da er aus mergligem (d. h. kalkhaltigem) Lehm besteht; hier verschönern die herrlichsten Buchenwälder die Landschaft, an einigen Stellen ragen auch Kreide= felsen auf, so im O. der Insel Möen [mön] Möens Klint 140 m. Jütland hingegen hat nur an seiner, zugleich mehr gegliederten und allein hafenreichen Ostküste besseren Boden und noch einigen Wald; in diesem O. wird es wie die deutschen Ostseegestade von dem bal= tischen Landrücken durchzogen (§ 93, 3); wo dieser sich in allmäh= licher Senkung nach W. verliert, herrscht Moor und endlich dürrer Sand vor, auf dem kein Wald gedeiht. Ein ganz seichter Meeres= arm, der Limfjord [limfjör], d. i. Kalkbusen, trennt das in die 10 m hohe Sanddüne des Kap Skagen oder Skagens Horn aus= laufende Nordstück Jütlands völlig inselartig ab, seitdem durch die Sturmflut vom Februar 1825 der letzte Dünenrest zerstört wurde, welcher den Limfjord im W. noch von der Nordsee bis zu dieser Zeit getrennt hatte. — Das Klima ist in ganz Dänemark durch die überall nahe See außerordentlich milb; Frost ist selbst mitten im Winter nicht häufig und niemals lang anhaltend.

Die Bewohner der dänischen Inseln, die sich erst später in die vorher von dem deutschen Stamm der Jüten bewohnte und darum noch nach diesen benannte Halbinsel verbreiteten, gehören demselben nordischen Zweige der Germanen an wie die Schweden und Nor= weger. Mit letzteren teilen sie noch jetzt die Sprache und wurden ursprünglich wie diese als Normannen (d. i. Nordmänner) bezeich= net und waren auch wie diese ob ihrer Raubzüge zur See gefürchtet. Das seit dem 9. Jahrhundert unter ihnen geprebigte Christentum schlug erst um das Jahr 1000 feste Wurzel; aber schon früher schmolzen mehrere kleine Reiche zu dem einen Staate Dänemark zusammen. Kanut der Große fügte sogar England und Norwegen hinzu; doch gingen diese nach ihm wieder verloren. Von der Union zu Kalmar und ihrer Auflösung erzähle nach S. 299! Als 1448 das alte Regentenhaus ausstarb, wurde Christian I. von Olden= burg zum König gewählt. Er erhielt auch die Herzogtümer Schles= wig=Holstein, welche bis zum Wiener Frieden 1864 mit Däne= mark vereinigt blieben (§ 98, 8). Christian IX. herrscht nur noch über das eigentliche Königreich Dänemark, 38 000 qkm (700 Q.=M.) mit 2,1 Mill. lutherischen E., und die Nebenlän= der: Island, die Färöer, Grönland und die westindischen Inseln St. Thomas, St. John, St. Croix (§ 64, 3). Das ganze dänische Reich hat mit Grönland, soweit dessen gletscherfreie Westküste mit den dänischen Niederlassungen sich ausdehnt, 233 000 qkm (4200 Q.=M.) mit 2,3 Mill. E.

a) Jütland zerfällt in 9 Ämter. Aarhuus [örhūs] (mit 33 000 E.) ist die größte Stadt. Fridericia, der Insel Fünen gegenüber, ist eine Festung, wo Zoll am Kleinen Belt erhoben wird. Skagen liegt in dem äußersten nördlichen Haken der Halbinsel. Das alte Skagen lag westlich von dem neuen, der Meersand hat dasselbe völlig verschüttet; von der Kirche ragt nur der Turm heraus und wird als Wahrzeichen für Seefahrer er= halten.

b) Die Inseln zerfallen ebenfalls in 9 Ämter. Die wichtigsten In= seln sind: Seeland, Laaland [lollan], Fünen (Hauptort Odense, 30 000 E.), Möen an der Südspitze von Seeland, sowie die 150 km ent= fernte, der schwedischen Küste weit näher liegende Insel Bornholm. Auf der Insel Seeland liegt da, wo derselben das Inselchen Amager [āmāger] vorgelagert ist, Dänemarks Hauptstadt Kopenhagen, zuerst ein Fischerdorf, dann ein Handelshafen, seit 1443 Residenz. Zwei Stadtteile, Altstadt und Neustadt oder Friedrichsstadt, befinden sich auf Seeland, ein dritter, Kristianshavn, auf Amager. Der Meerarm zwischen beiden

Inseln bildet den trefflichen Kriegshafen, der 500 Schiffe faßt, und den Handelshafen, von dem vorigen durch ein Pfahlwerk geschieden. Die Stadt ist schön und regelmäßig gebaut, kann sich aber an Großartigkeit und Schönheit, an Menschengewühl nicht mit anderen Großstädten messen. Ein viel gereister Mann vergleicht andere Residenzen mit prächtig geschmückten Damen, Kopenhagen mit einer einfachen, züchtigen Hausfrau. Besonders schön ist es aber, wie jeder Schritt aus der Stadt uns gleich in die üppige, frische Vegetation führt, die den dänischen Inseln eigentümlich ist. Bedeutende Handelsstadt und Universität. Die Einwohnerzahl mit Einrechnung der Vororte beträgt 376 000. In der Nähe viele Lustschlösser: Friedensburg, das liebliche Sorgenfrei, das noch schönere Friedrichsberg. 60 km von Kopenhagen liegt Helsingör, und dabei die Festung Kronburg an dem hier nur 4 km breiten Sunde. — An einem tief von N. her einschneidenden Fjord liegt w. von Kopenhagen Roeskilde (rößtilde), bis zur Mitte des 15. Jahrhunderts Residenz und bis zur Reformation Bischofssitz. Damals soll es 100 000 E. gehabt haben (?), jetzt nur 6000. Im Dome, der größten und schönsten der dänischen Kirchen, sind die Gräber von 20 Königen und Königinnen. Von Kopenhagen führt eine Eisenbahn durch ganz Seeland bis nach Korsör an der W.-Küste, von wo aus täglich ein Dampfschiff nach Kiel verkehrt.

Etwa 900 km im NW. der jütischen Halbinsel, so ziemlich in der Mitte zwischen den Shetland-Inseln (§ 82, II, 4) und Island liegen die Färöer (b. h. Schaf-Inseln), 22 an der Zahl, wovon aber nur 17 von 13 000 E. bewohnt sind. Sie haben steile Ufer, Berge von beinahe 1000 m Höhe und treffliche Häfen. Der Erwerb der Einwohner besteht in Fischerei, Vogelfang (Eidervögel), hauptsächlich aber in Schafzucht. Auf Stromoe die Hauptstadt Thorshavn.

Island (b. i. Eisland), 105 000 qkm (1867 Q.-M.) groß, wovon aber überhaupt nur ⅖ bewohnbar sind, nur 200 km von Grönland, wurde im 9. Jahrhundert (wie die Färöer) von Norwegen bevölkert und im 10. Jahrhundert für das Christentum gewonnen. Bis zum Ende des 13. Jahrhunderts war Island unabhängig; und das war seine Blütezeit. Große Handelsreisen wurden unternommen, sowohl in das Mittelmeer als an die amerikanische Küste (§ 61 Ende). Seit dem 13. Jahrhundert gehörte Island zu Norwegen, seit dem 14. zu Dänemark; im 16. kam die Reformation hierher; aber Seuchen verminderten die Zahl der Einwohner, Seeräubereien vernichteten den Wohlstand; sogar algierische Raubschiffe sind bis hierher gedrungen. So verschwand Islands frühere Herrlichkeit, und erst in neuerer Zeit beginnt es sich wieder zu heben. Bei alle dem wohnen nur 71 000 Menschen darauf, und in der That erlaubt die Natur des Landes wohl kaum eine größere Anzahl, denn die geringe Wärme und große Feuchtigkeit des Sommers verhindert den Ackerbau, außer dem Fischfang lohnt nur die Viehzucht, namentlich die Schafzucht in dem ganz waldlosen Lande, und oft vernichten vulkanische Aschenregen sogar die Weide.

Island ist fast nur Gebirgsland: mittendurch zieht von SW. nach NO. eine Gebirgskette, die nach allen Seiten hin Zweige aus= sendet. Einige Spitzen erheben sich bis 2000 m, über 1000 m viele. Dazu ist die Insel durch und durch vulkanisch, durch vulkanische Aus= brüche aus zwei kleineren Inseln entstanden: sieben Feuerspeier sind noch thätig, darunter der Hekla, der Krábla, der Skaptar Jökull, der 1783 eine schreckliche Eruption hatte. Ein dicker Schwefeldampf verhüllte den Seefahrern das Land; „in diesem Jahre fürchtete man, die Insel werde in Stücke zerfallen, so furchtbar und wiederholt waren die Erschütterungen". Noch länger und fürchterlicher wütete der Hekla 1845 und 1846. Und doch fühlt sich der Isländer glücklich und sagt getrost: „Island ist das glücklichste Land, das die Sonne bescheint". Wenigstens gehört das Volk zu den sittenreinsten und bestunterrichteten; es redet noch heute die altnordische Sprache, welche sich also nur auf dem europäischen Kontinent zu den neu= nordischen Sprachen (der schwedischen und der dänisch=norwegischen) verwandelt hat. Die Wohnungen liegen meist zerstreut. Der Haupt= ort Rejkiavik [reikiawik] (d. i. Rauchbucht), Sitz des Stiftsamt= mannes und des Bischofs, im SW., 3900 Einw., hat fast nur Holzhäuser. In Skalholt, östlich davon im Binnenlande, war in alten Zeiten ein Bistum: von da nach NO. landeinwärts gelangt man zu dem großen Geysir. Diese berühmteste unter den heißen Sprudelquellen oder Geysirs Islands sprang früher unter donner= artigem Getöse 30 m und noch höher empor. Jetzt erhebt sich bei den Ausbrüchen das Wasser im Bassin wie eine flachgewölbte Kuppel, gerät eine Zeit lang wie kochend in Aufruhr und rieselt dann unter starker Dampfentwickelung allenthalben über die Seiten hinab. Viel anders sind auch die Ausbrüche der übrigen Geysirs nicht. —

So steht Island, jenes merkwürdige Land, wo ununterbro= chen siedendes Wasser, oft genug schmelzflüssige Lava aus ewigem Schnee hervorbricht, im nördlichen Meere da als eine äußerste Grenz= warte germanischer Bevölkerung und Gesittung.

V. Ost=Europa.

§ 84.

Das östliche Tiefland.

Das Tiefland von Ost=Europa ist von Asien durch einen Grenzzug geschieden, der nach § 38 Anf. zu wiederholen ist. Im Stamme Europas scheiden es die Karpaten und deren galizische Vor=

20*

stufe von dem Donau=Tieflande. Wiederhole nach § 80 Anf.
das Nötige! Nur im äußersten S. geht das östliche Tiefland in
das letzte (walachiiche) Becken der Donau ununterscheidbar über.
Gegen das deutsche Tiefland fehlt eine Naturgrenze; die politische bildet die Ostgrenze des Deutschen Reichs im Ober = und
Weichselgebiet.

Das osteuropäische Tiefland ist trocken gelegter Meeresboden;
allmählich, durch alle Zeiträume der uns übersehbaren Erdgeschichte
hinburch, wich das Meer zurück, in mächtigen Gürtelstreifen das
Land freigebend, dessen Boden aus Schichtgesteinen aller Formationen
(§ 24) zusammengesetzt ist und den Erzreichtum mit dem Schatz aus=
gedehnter Steinkohlenfelder vereinigt wie kein anderer Teil Europas.
Die Steppe an der untern Wolga, die man wegen des starken Salz=
gehaltes ihres Bodens die Salzsteppe nennt, läßt auf Meeres=
bedeckung dieses südöstlichen Teiles der großen Tiefebene in noch
quartärer Zeit (§ 24, A) schließen; denn das von dieser Steppe zu=
rückgewichene Meer ist kein anderes als das noch jetzt beständig (durch
Verdunstung) sich einengende kaspische Meer. Große Einförmigkeit
charakterisiert die Oberflächenbildung des osteuropäischen Tieflandes.
Nur im NW. erhebt sich die Walbaï=Hochfläche wenig über
300 km von der Ostseeküste als höchster Teil der Wasserscheide zwi=
schen Ostsee und kaspischem Meer; und auch hier erreichen die höch=
sten Punkte wenig über 300 m. Ganz unbedeutend höher erhebt
sich (dicht am 53. Parallelkreis) das Steilufer der Wolga, d. h. das
rechte, sogenannte Bergufer, während das linke oder Wiesenufer
dieses Stromes eine kaum durch eine Hügelreihe unterbrochene Tief=
ebene darstellt, welche bereits vom letzten Wolgaknie ab unter die
Höhe des Meeresspiegels sinkt. Eine Verbindung des Uralgebirges
mit dem baltischen oder dem karpatischen Höhenzuge der norddeutschen
Tiefebene giebt es weder im N. noch im S.

Um so gewaltiger vermochten sich in dieser größten Tiefebene
Europas die Ströme zu entwickeln, die somit für den Austausch
der Produkte der weit voneinander abgelegenen Teile des Ganzen
immer sehr wertvoll waren, in neuerer Zeit es aber dadurch noch
mehr wurden, daß bei der strahlenförmigen Anordnung der Fluß=
systeme und der Abwesenheit jeglicher Gebirgsdurchsetzung die schma=
len und niedrigen Zwischenräume zwischen denselben fast durchweg
in Kanälen durchstochen sind. Auf diese Weise ist namentlich die
Ostsee mit dem Schwarzen und mit dem kaspischen Meere durch
Wasserstraßen verbunden; und in der Zeit, wo der lang anhaltende
osteuropäische Winter die Flußschiffahrt hemmt, bereitet der Schnee

eine noch weit freiere Schlittenbahn. Leider sind die russischen Ströme, da sie an lauter flachen Küsten münden, gerade bei ihrem Austritt ins Meer durch Versandung bedroht, darum für die innere Ver=
bindung weit besser geeignet als für den Verkehr mit der Außen=
welt. Wir zählen sie nach den vier Meergebieten auf, denen sie zu=
gehören.

1) Das nördliche Eismeer greift mit dem Busen des Wei=
ßen Meeres in das Land. In diesen ergießt sich die Dwiná, deren beide Quellflüsse von NO. nach SW. gerade aufeinander zufließen. Sie hat keine Stromschnellen, ist fast von der Quelle an schiffbar und bildet bei ihrer Mündung einen Liman (so nennt man in Ruß=
land eine erweiterte Flußmündung, der kleine Inseln vorgelagert sind, oder welche haffartig — § 26 E. — vom Meere geschieden ist). Vom Ural strömt in das Eismeer die Petschóra.

2) Die Ostsee bespült die Küstenlandschaften Kurland, Liv=
land, Esthland, Ingermánland und Finnland und greift als rigascher und finnischer Busen in das Land.

a) Die Düna, von der Waldái=Hochfläche, in welchen Busen?

b) Die Narówa, der Ausfluß des Peïpus=Sees, in welchen Busen?

c) Die Newa [njéwa], der europäische St. Lorenz (§ 65 Ende), ist der Abfluß des über 18 000 qkm (329 Q.=M.) großen Ládoga=
Sees, der mit dem etwas höher liegenden Onega [onjéga]=See in Verbindung steht. Diese beiden größten Seeen im östlichen Tief=
lande sind Reste des Meeres, welches einst das Weiße Meer mit dem finnischen Busen verband.

Die ganze Ostseeküste des Tieflandes hat das Eigentümliche, mit einer Unzahl größerer und kleinerer Seeen besetzt zu sein, die von SW. gegen ON. an Größe zunehmen; in Finnland liegt diese Seeenplatte am höchsten über dem Meere und senkt sich zum bottnischen, zum finnischen Busen und bis zum Ladoga=See. Kleine Gebirgszüge ohne Zusammenhang erheben sich bis zu 400 m über die finnische Seeenplatte, auf der Blöcke von Granit, Gneis und Glimmerschiefer lose aufliegen. In diesen Verhältnissen sowohl als in den unentwickelten kleinen Flußsystemen, tritt eine Ähnlichkeit mit der arktischen Seeenplatte in Nord=Amerika hervor (§ 65 Ende). Das Tiefland geht in Finnland offenbar in den Charakter der skan=
dinavischen Halbinsel über.

3) Das kaspische Meer (§ 38 Anf.) liegt zwischen Europa und Asien. Überall in der umgebenden Steppe ist der Boden von Salz durchdrungen und bringt fast nur Salzkräuter hervor. Ost

blüht das Salz in solcher Menge aus der Erde, daß sie mit Schnee bedeckt zu sein scheint. Durch teilweises Verdunsten sowie durch Aus= laugen des Bodens sind Hunderte von Salzseeen entstanden, welche alljährlich Millionen von Centern Kochsalz (und Soda) liefern. Das Wasser des heutigen kaspischen Meeres ist jedoch durch die gewal= tigen Massen süßen Gewässers, welche der Ural, besonders aber die Wolga ihm ununterbrochen zuführen, zumal im nördlichen sehr flachen Teile des Seebeckens nur schwach salzig (brackig).

Die Wolga (b. i. die Große) ist Europas größter Strom. Ihr Stromgebiet beträgt 1½ Mill. qkm (26500 □.=M.), fast doppelt so viel wie das der Donau. Quelle im S. der Waldái=Höhe 370 km von der Ostsee und 1600 km vom kaspischen Meer, Stromlänge 3401 km. Sie strömt zuerst gen O., dann gen SSW., endlich (gen SO.) durch die tiefer als der Spiegel des Weltmeers gelegene kaspische Steppe und bildet ein Delta mit mehr als 60 Mündungen, die aber fast sämtlich so seicht sind, daß selbst kleine Schiffe nur unter günstigen Umständen einlaufen können. Mit Recht nennen die Tata= ren die Wolga die freigebige, mit Recht reden die Russen von der „Mutter Wolga", denn sie giebt ihnen reiche Gaben, vielleicht der fischreichste Strom der Welt (Kaviar, Hausenblase). Die größten Nebenflüsse empfängt die Wolga in ihrer ersten Hälfte: links vom Ural die Káma, rechts die Oká; von dieser ein Seitenfluß ist die Moskwá, an welcher das Dorf Borodinó liegt (1812 blutiger Sieg der Franzosen über die Russen). Kunst hat die Wolga zum Mittelpunkt eines großartigen, über die ganze osteuropäische Ebene ausgebreiteten Wassersystems gemacht und dadurch eine innere Ver= bindung zwischen den vier Meeresseiten hergestellt.

4) Zum Schwarzen Meere geht

a) der Don, bei den Alten Tánaïs, 1808 km lang. Bei dem Durchbruch durch die südrussische Steppenplatte, welche sich west= wärts bis an die Karpaten verfolgen läßt, nähert er sich der Wolga auf 60 km, biegt dann nach SW. ab und bildet einen großen Strand= see, das Meer von Asow [asóff], das aber nur für kleinere See= schiffe Wasser genug hat und täglich seichter wird. Vorgelagert ist demselben eine viereckige Halbinsel, die Krym, auch wohl nach dem alten Volke der Taurer Taurien genannt. Eine nach O. laufende Landzunge derselben bildet mit dem ebenfalls in eine Halbinsel aus= laufenden Kontinent die Meerenge von Kaffa oder Feodosia, auch die von Kertsch oder von Jenikale genannt.

b) Der Dnjepr, dessen Quelle benen der Wolga und Düna nicht fern liegt, durchbricht unterhalb Kiew [kieff] zwischen steilen

Ufern mit Fällen und Stromschnellen die Steppenplatte. Er hat 2138 km Länge. Unter seinen Zuflüssen ist der westlichste, der Pripet, der größte, aber der berühmteste die Berésina; auf welchem Ufer? (Grausenvoller Übergang der flüchtigen Franzosen im November 1812.) — In die haffähnliche Mündung (Liman) des Dnjepr ergießt sich der Bug.

c) Der Dnjestr durchfließt in seinem Oberlaufe ein Querthal des karpatischen Waldgebirges und mündet, nachdem er ebenfalls beim Durchbruch durch die Steppenplatte Stromschnellen gebildet, nach 1344 km langem Laufe, wie der Dnjepr in einen seichten, die Schiffahrt sehr erschwerenden Liman.

Einen erst seit der Mitte unseres Jahrhunderts erprobten Vorteil für die Verkehrserleichterung gewährt endlich die Ost=Europa auszeichnende Bodenform der Tiefebene im Eisenbahnbau. Nirgends in Europa ist derselbe auf so weite Strecken ohne jegliches Gebirgshindernis (daher ganz ohne Tunnel) auszuführen gewesen und nirgends in Europa so weite Eisenbahnfahrt wegen geringfügigster Steigungen mit so wenig Kohlenverbrauch verbunden wie in Rußland. Die Länge der Bahnlinien im europäischen Rußland ohne Finnland betrug 1891: 29234 km.

In einem so gewaltig großen Lande müssen Klima, Vegetation und Fruchtbarkeit in den verschiedenen Teilen sehr verschieden sein. a) Die Striche am Eismeer sind natürlich die traurigsten und ödesten. Die Küsten und Buchten jenes Meeres sind fast drei Viertel des Jahres mit Eis belegt, und auch weiter in das Land hinein sinkt die Temperatur in jedem Winter bis unter 40° C., so daß man das gefrorene Quecksilber dann hämmern kann. Im O. der Dwiná dehnen sich ungeheure Einöden mit bald sumpfiger, bald steiniger Oberfläche aus, die auch den größten Teil des Jahres gefroren sind (Tundren). Je östlicher, desto kälter. In Perm, unter 58° n. Br., liegt Ende November der Schnee schon so hoch, daß die Fenster des unteren Stocks, welche früher mannshoch über der Straße waren, dann mit derselben gleiche Höhe haben. Das Eis wird auf Seeen und Strömen oft mehrere Meter dick. Auf alle Weise verwahrt man sich gegen die Kälte, doch ist das Erfrieren einzelner Körperteile, wie der Nase, gewöhnlich. Daher ist es ein oft vorkommender Liebesdienst, einen Vorübergehenden, dessen Nase sich schon weiß färbt, mit den Worten aufzuhalten: „Väterchen, eure Nase!" — worauf der Angeredete sich die Nasenspitze mit Schnee reibt und dann seinen Weg fortsetzt. Fischfang und Jagd auf die schon bei Sibirien genannten Pelztiere (§ 40 Anf.) beschäftigen die Bewohner. Im obern Dwinagebiet giebt es schon Wälder von Birken und Nadelholz, man baut aber nur Gerste, weil die kurzen Sommer und die häufigen Nachtfröste den Bau anderer Getreidearten nicht gestatten. Der Winter währt 8 bis 9 Monate, der Sommer 3 bis 4; Frühling und Herbst giebt es kaum.

b) Die Landschaften an der Ostsee haben ein milderes Klima: die westlichere und südlichere Lage (§ 72 Mitte) sowie das Meer wirken hier ein. Doch aber steigt auch hier die Kälte ungleich höher als in den westlicheren Gegenden unter gleicher Breite. Meist sind diese Landschaften, besonders in den Niederungen ihrer großen Ströme, sehr reich an Getreide; selbst das südliche Finnland bringt so viel, daß es früher Schwedens Kornkammer heißen konnte. In den Wäldern ist die Kiefer mit ihrer treuen Gefährtin, der Birke, wie in NO.-Teutschland am verbreitetsten; der Rotbuche ist schon vom Njémen ab die Jahreszeit mit der für ihr Wachstum erforderlichen Temperatur zu kurz, sie findet sich daher überhaupt nur im äußersten SW. Rußlands.

c) Der große mittlere Raum enthält zwar hie und da weite Moorflächen. So dehnen sich in dem oberen Stromgebiete der rechten Dnjeprzuflüsse die gewaltigen Rokitno-Sümpfe aus, die an 55000 qkm (1000 Q.-M.) Flächenraum haben. Aber im ganzen ist der Raum entweder fruchtbarer Getreideboden, besonders für Roggen und Lein, oder er ist mit prachtvollen Waldungen bedeckt. Namentlich zeichnen sich neben herrlichen Eichenwaldungen die Lindenwälder aus; sie sind so häufig, daß der Monat ihrer Blüte, der Juli, bei den Russen Lindenmonat heißt, und man die Bäume nur fällt, um aus ihrem Bast Matten zu flechten. Die häufig gehaltenen Bienen (auch wilde) liefern in solchen Strichen trefflichen Honig, der den russischen Bauern den Zucker ersetzt. Wie es gewöhnlich der Fall ist, ist auch hier der Bau unseres Stein- und Kernobstes so weit verbreitet als der Eichenwald noch gedeiht. Kein Wunder also, daß dieser ganze Landesteil auch verhältnismäßig stark bevölkert ist.

d) Der Strich im Süden hat das Klima von Mittel-Europa, doch durch die östliche Lage heißere Sommer und kältere Winter. Schon gedeiht der Weizen, zumal auf dem hier die Oberfläche bildenden äußerst fruchtbaren Tschernosem [tschernossjóm] (d. i. Schwarzerde); aber es fällt selbst in der Sommerzeit nicht genug Regen für den Waldwuchs; daher lagert sich hier, am unteren Dnjestr schmal beginnend, gen O. aber sich mehr und mehr verbreitend (ö. der Wolga bis zum 54. Parallelkreis) die südrussische Steppe, die

man, so weit sie nicht, wie in der Umgebung des kaspischen Meeres,
Salzsteppe ist, die pontische Steppe nennt. Weit und breit verliert
sich das Auge in unermeßliche Flächen, ohne einen Baum oder eine
menschliche Wohnung zu erblicken, die sich in die tief und steil eingefurchten Flußthäler zusammendrängen. Disteln, Schafgarbe, Wer-
mut, Flußschilf schießen weit über Manneshöhe auf, alle überragt
von den gelbblütigen Ähren des „Steppenlichts" (d. h. der Königs-
kerze, Verbascum). Von den hohen zweiräderigen Karren aus,
welche den Reisenden meist im Galopp durch die Steppe tragen,
blickt man auf ein Gras- und Kräutermeer. Kaum, daß man die
Rinder- und Schafherden gewahr wird! Eher einen flüchtigen „Ta-
buntschik" (Pferdehirten), hoch zu Roß, wie er dahin sprengt, um
die halbwilde Pferdeherde zusammenzuhalten. Diese Pferdehirten
führen eine 6 m lange Peitsche mit kurzem dickem Stock, eine Schlinge
zum Einfangen verlaufener Pferde und eine Wolfskeule zur Verteidigung. Ganz anders als im Frühling und Herbst erscheint die
Steppe in der Sommerhitze und wieder anders im Winter. In den
heißesten Monaten verdorrt das Gras- und Kräutermeer so vollständig, daß es sich leicht entzündet. Bisweilen wüten dann furchtbare Brände über die Fläche hin: die Herden fliehen voll Entsetzen,
und ganze Dörfer und Gehöfte, welche im Steppenrasen liegen,
werden verzehrt. Im Winter fristen die Pferde ein elendes Leben,
sie kommen nicht einmal in ordentliche Ställe, welche vor dem wütenden Schneegestöber und der eisigen Kälte sie schützen könnten.

Die Verschiedenheit, welche dies Tiefland in Pflanzen- und
Tierwelt darbietet, ist überaus groß. Während auf dem Südrande
der Halbinsel Krym Walnuß-, Granaten-, Feigen-, Kastanien-
und Ölbäume, Cypressen und Wein herrlich gedeihen, erstarren die
Gegenden am Weißen Meere über die Hälfte des Jahres zur Einöde.
Durch die südlichen Steppen ziehen Kamele, am Don, Dnjestr und
an der Weichsel weiden leichte, flüchtige Rosse, am Dnjepr starke,
graue Rinder, in der Krym grauwollige Schafe, von deren Lämmern
das Pelzwerk Krimmer den Namen hat; wogegen gen N. schnelle
Renntiere, graublaue Polarfüchse, schwarzbraune Zobel, weiße Her-
meline und Eisbären die Schneefelder durchstreifen. In dem über
2000 qkm (40 □.-M.) großen Urwalde von Bialowicza [bja-
lowitscha] (im Gouvernement Grodno) leben — und zwar (außer
auf den Höhen des Kaukasus) überhaupt nur noch hier — Auerochsen (Bos Urus), dazu Eber, Hirsche, Rehe, Biber, Bären,
Luchse, Wölfe. Die letzteren sind fast im ganzen östlichen Tieflande noch eine Hauptplage. In den Wäldern Litauens und Liv-

lands (wie Ostpreußens) kommt auch noch das jetzt sorgsam geschonte Elentier vor.

Im östlichen Tieflande wohnen 97 Mill. Menschen. Eine vorherrschende Nationalität, Sprache und Kirche, ein Staat nehmen den ungeheuren Raum ein. Denn die große Mehrzahl der Bevölkerung bildet der Stamm der Slaven, welcher sich wieder in die Hauptvölker der Russen und Polen teilt; letztere bewohnen jedoch nur noch den W. An der Ostsee bildet im S. die Hauptmasse der Bevölkerung der litauische Stamm, im N. der finnische Stamm; zähle die zu beiden Stämmen gehörigen Zweige auf (§ 72 Ende)! Im O. und SO. giebt es auch viele Tataren (türkische Völker) und sogar echte Mongolen. Außerdem leben aber in den Ländern an der Ostseeküste viele Deutsche, die als Kolonisten auch fast durch das ganze südliche Tiefland sich zerstreut haben.

Zur Zeit des Westfälischen Friedens 1648 war das östliche Tiefland unter folgende Staaten verteilt:

1) Zu Schweden gehörten alle Provinzen an der Ostsee: Finnland, Esthland, Ingermanland und Livland.

2) Kurland, im 13. Jahrhundert durch den Orden der Schwertbrüder erobert und von Deutschen kolonisiert, war seit 1525 ein (weltliches) Herzogtum unter der Oberlehnsherrschaft Polens.

3) Das Königreich Polen erstreckte sich von der Mündung der Weichsel und Düna bis an die Karpaten und fast bis zur Dnjepr = Mündung.

4) Türkische Völker hatten die Länder am Schwarzen Meer inne (Rumänien, Bessarabien, Südrußland, die Krym und die West= hälfte des Kaukasus) unter der Oberlehnsherrschaft des türkischen Sultans, unter der auch Nieder= Ungarn und Siebenbürgen standen, während die griechische Halbinsel nur mit Ausnahme des venetiani= schen Dalmatiens zum türkischen Reiche gehörte.

5) Der Zar von Moskau, erst gegen Ende des Mittelalters von der Oberherrschaft der Mongolen frei geworden, besaß den Rest des Tieflandes.

Diese Verhältnisse änderten sich völlig, als durch Peter den Großen (gest. 1725) aus dem schwachen Zartum Moskau ein mächtiges Kaisertum Rußland wurde, das sich im Laufe des 18. Jahrhunderts sehr vergrößerte; die Schweden und Türken ver= loren nach und nach ihre oben genannten Besitzungen; Kurland wurde dem russischen Reiche einverleibt; endlich Polen, seit langer Zeit durch innere Unruhen zerrissen, wurde zum großen Segen für die neun Zehntel der Bevölkerung bildende, fürchterlich gedrückte

Bauernschaft von den Nachbarmächten Rußland, Österreich und Preußen geteilt und verschwand 1795 ganz aus der Reihe der Staaten.

Verweilen wir indes noch ein wenig bei dem Königreich Polen, welches noch 1772 von der Weichsel=Mündung bis gegen das Schwarze Meer (zwischen Dnjepr und Dnjestr) sich ausdehnte. Dieses Königreich zerfiel in das eigentliche Polen und in Li=tauen. Litauen reichte von den Rokitno=Sümpfen bis an den rigaschen Busen; bewohnt wird es von einem, den Altpreußen (im heutigen Ostpreußen) nahe verwandten Volke (§ 72 Ende). Dies ist unter allen europäischen Völkern am spätesten, erst gegen Ende des 14. Jahrhunderts zum Christentum bekehrt und um dieselbe Zeit mit Polen dadurch vereinigt worden, daß der litauische Groß=fürst Jagiello, der die polnische Erbtochter Hedwig heiratete, auch König von Polen wurde. Unter den Jagellonen im 15. und 16. Jahrhundert war Polen ein mächtiger Staat, dem deut=schen Orden und Rußland gefährlich, eine Vorhut gegen die Türken.

Aber 1572 starb der Stamm der Jagellonen aus, und Polen wurde von der Zeit ab ein Wahlreich. Dies war der erste Schritt zum Untergange. Es hat seitdem keinen einzigen energisch durchgrei=fenden Regenten mehr gehabt, so daß fortwährend Wahlzwist und Verwirrung im Lande herrschte. Dabei wurde die königliche Macht immer mehr beschränkt. Das Heft der Gewalt hatte der zahlreiche, fast immer in Parteien geteilte Adel (auf 14 Menschen kommt in Polen ein Adeliger) in Händen. Der Reichstag Polens, auf dem schon eine Stimme jeden Beschluß hindern konnte (liberum veto), ist wegen seiner stürmischen, lärmenden Verhandlungen bei uns sprichwörtlich geworden. Dazu kam religiöser Streit zwischen der römisch=katholischen Kirche, der herrschenden im Lande, und den Dissidenten, d. h. den von ihr abweichenden Griechen und Pro=testanten. Auswärtige Mächte wurden zuerst von polnischen Parteien aufgerufen, sich in die Angelegenheiten des in sich stets zwiespältigen Landes einzumischen. Rußland, Österreich und Preußen thaten dies und machten durch drei Teilungen 1772, 1793, 1795 der Selbständigkeit des polnischen Reiches ein Ende. Die Hauptstadt Warschau wurde eine preußische (später eine russische) Stadt; der letzte König, Stanislaus Poniatowski, erhielt von Rußland eine Pension. In den Stürmen der napoleo=nischen Zeit haben Österreich und namentlich Preußen einen großen Teil ihrer polnischen Länder wieder verloren; über $^5/_6$ von Polen stehen daher jetzt unter russischer Herrschaft und haben durch wiederholte Aufstände gegen die russische Regierung weiter nichts erreicht, als eine stetig gesteigerte Strenge Rußlands gegen seine polnischen Provinzen. Die dem Königreich Preußen verbliebenen Teile des ehemaligen polnischen Reiches sind die Provinzen Westpreußen und Posen, die Österreich verbliebenen Galizien und die Bukowina.

So giebt es also in drei Staatsgebieten. Polen. Sie sind meist römisch-katholisch; ihre Sprache, ein Zweig des slavischen Sprachstammes, sieht geschrieben wegen der gehäuften Konsonanten zungenbrechend aus; gesprochen klingt sie viel weicher und melodischer. Mit einer schlanken Körperbildung verbindet der Pole einen lebendigen, regsamen Geist, Begeisterung für Ruhm, schrankenlose Gastfreiheit, Anhänglichkeit an sein polnisches Vaterland. Zu seinen Schattenseiten gehört Prahlsucht, Eigennutz, überlegungsloser Leichtsinn, Jähzorn, Eitelkeit und Prunkliebe. Der Zustand der unteren Volksklassen hat sich in den letzten Jahrzehnten gehoben, aber Unwissenheit, Trunksucht und Unsauberkeit haften ihnen noch immer allzusehr an. Die kleineren polnischen Städte und Dörfer haben meist ein überaus schmutziges Aussehen, und da am meisten, wo recht viele Juden wohnen. Fast ein Zehntel aller Juden auf der Erde wohnt in Polen und beschäftigt sich mit Handel und Wandel aller Art: sie sind Schneider, Mützenmacher, Schankwirte des im Übermaß getrunkenen Branntweins, vorzugsweise aber Handelsleute.

Das russische Kaiserreich

umfaßt also heute das ganze östliche Tiefland.

In Rußland wohnten in ältester Zeit im S. die Skythen, im N. finnische, in der Mitte slavische Stämme. Aus letzteren entwickelte sich erst im Mittelalter die russische Nation. Die Gründung eines russischen Reiches erfolgte durch skandinavische Germanen. Im Jahre 862 stiftete Rurik aus dem Stamme Ruß, der Führer eines Zuges von Normannen (hier Waräger genannt), einen kleinen Staat, den man das Land der Russen nannte. Bald vergrößerte sich, nachdem Ruriks Nachfolger nach Kiew übergesiedelt waren, der neue Staat. Wladimir, „der Apostelgleiche", nahm um das Jahr 1000 mit seinem Volke das von Konstantinopel aus zu ihnen gebrachte Christentum an: daher eben sind heute die Russen der griechischen Kirche zugethan. Er teilte das Land unter seine Söhne. Rußland bestand nun aus mehreren Fürstentümern unter der Oberherrlichkeit eines Großfürstentums (zuerst

Kiews [Kieff], später Moskaus). In der Zersplitterung schwach, wurde Rußland den Mongolen, die seit 1223 Europas Grenze überschritten, lehnspflichtig. Und erst um 1480 gelang es dem Großfürsten von Moskau, Iwan Waßiljewitsch (d. i. Sohn des Waßilji), das damals schon etwas gelockerte Joch abzuschütteln und als „Zar" das ganze Russenland unter seiner Herrschaft zu vereinigen. Noch einmal wurde indessen der Staat in der Entwickelung seiner Größe aufgehalten, als 1599 Ruriks Stamm ausstarb und mannigfache Verwirrung diesem Ereignis folgte (die falschen Demetrier). Polen und Schweden bereicherten sich damals auf Rußlands Kosten. Indessen unter dem Hause Romanow seit 1613, und besonders seit den Tagen Peters des Großen (1682) 1689—1725, des ersten „Kaisers" von Rußland, ist Rußland mit staunenswerter Schnelligkeit mächtig geworden und bald auch in die Reihe der europäischen Großmächte eingetreten. In der That hat Peter auf aller Weise, auch durch eigenes Beispiel, sein widerstrebendes Volk der Gesittung Europas näher zu bringen gesucht. Mit seiner Tochter Elisabeth erlosch 1762 das Haus Romanow; ein Zweig des deutschen Hauses Holstein-Gottorp folgte; aber auch die Kaiser und Kaiserinnen dieser Linie (vor allen Katharina II., 1762—1796) haben Peter in seinen Plänen der Vergrößerung und der Civilisierung nachgestrebt. Alexander II. hat zumal auch die Leibeigenschaft in Rußland aufgehoben. — Gieb an, was von Schweden (§ 83, a Mitte), was von den Türken (§ 79 Mitte), was von Polen erworben worden ist!

Der jetzige Herrscher Alexander III., „Kaiser und Selbstherrscher von ganz Rußland", gebietet uneingeschränkt über ein Reich, das in zwei Erdteilen zusammenhängend fast 15000 km in die Länge sich ausbreitet, ein Sechstel des festen Landes auf der Erde umfassend. Seine Regierungserlasse (Ukase) gelten in einem Raume von 22,2 Mill. qkm (400000 Q.-M.), wovon auf Europa 5,4 Mill. qkm (100000 Q.-M.) entfallen, und werden von 116 Mill. Menschen gehorsam ausgeführt, wovon 97 Mill. in dem europäischen Viertel wohnen. Diese gehören etwa 112 verschiedenen und sehr verschiedenartigen Völkern an, unter denen die Slaven, Litauer, Finnen, Tataren (d. h. Türken) und Juden die zahlreichsten sind. Von diesen Hauptstämmen macht wieder der russische Zweig des slavischen Stammes drei Viertel der ganzen Einwohnerzahl aus. Auch in Bezug auf Sprachen und Religionen herrscht in dem Riesenreich das bunteste Durcheinander. Es giebt Städte, in denen Gotteshäuser sieben verschiedener christlicher Konfessionen, eine

Synagoge, eine Moschee und eine indische Pagode zusammenstehen. Aber die griechische Kirche überragt alle anderen in dem Maße, daß die Einheit des großen Reiches auch nach dieser Seite gewahrt ist; ihr gehören 77,7 Prozent der Bewohner des europäischen Rußlands an

Das in allen Teilen des Reiches wohnende Hauptvolk, die Russen, zerfällt in Großrussen und Kleinrussen (zu letzteren gehören auch die Ruthenen oder Rotrussen). Die ersteren machen die Hälfte der ganzen Bevölkerung aus; ihnen ist eine natürliche Gut= mütigkeit eigen (die sich auch in dem leider nur zu häufigen Zustande des Rausches nicht verleugnet), ferner Gastfreiheit, fröhlicher Sinn, Gewandtheit zum Handel und Wandel aller Art. Der Russe ist ein geborener Kaufmann. Darum antwortete Peter der Große hollän= dischen Juden, die ihn um die Erlaubnis baten in Rußland Handel treiben zu dürfen und eine große Summe boten: „Freunde, behaltet euer Geld: ein Russe ist so pfiffig wie vier Juden." Zu dem allen gesellt sich eine lebhafte Vaterlandsliebe. Getadelt hat man mit Recht ein knechtisch=kriechendes Benehmen gegen Vorgesetzte und Gewalt= tige. Mit diesem Fehler verbindet sich oft eine weitgehende Bestech= lichkeit und Käuflichkeit, ja eine auffallende Mißachtung fremden Eigentums. Ihrer Kirche sind die Russen mit großem Eifer zuge= than. Mit großer Strenge halten sie z. B. ihre häufigen Fasten; am härtesten sind die Fasten vor Ostern. Darum ist die Butterwoche, welche in dieselbe einleitet, ein großes Fest, wo sich das Volk seinen nationalen Belustigungen ganz überläßt (Schaukeln, Eisrutschberge u. s. w.). Der Ostertag ist ein hoher Feiertag der Kirche, aber auch des Volkes. Hier eigentlich ist die Sitte des Ostereierschenkens zu Hause, jeder begrüßt und küßt den andern mit den Worten: „Chri= stus ist auferstanden", und erhält den Gegengruß: „Er ist wahrhaf= tig auferstanden." Und wenn der Kaiser dem niedrigsten Manne begegnet, so macht die Osterfreude beide in dem üblichen Gruße und Kusse gleich. Ein anderes Kirchen= und Volksfest ist die Wasserweihe am Feste Epiphanias.

Rußland befindet sich gegenwärtig in einer Periode der Reform und umfassenden Neugestaltung. Die Leibeigenschaft ist aufgehoben, der Eisenbahnbau in großartiger Ausdehnung begonnen, die allge= meine Wehrpflicht hat in einer wichtigen Hinsicht den Unterschied der Stände aufgehoben, und die Siege der russischen Waffen tief im Inneren von Asien haben roher Gewaltthätigkeit auf dem Boden einstmaliger Kultur Schranken gesetzt, indem sie zugleich den russi= schen Unterthanen ein ungeheures Feld friedlicher Thätigkeit eröff= neten (§ 41 Ende).

In der Verwaltung wird kein Unterschied zwischen dem euro=
päischen und asiatischen Rußland gemacht. Das europäische um=
faßt 60 Gouvernements; dazu kommt das Großfürstentum Finn=
land, welches seine eigene Verfassung und Verwaltung hat und nur
durch Personal=Union mit Rußland verbunden ist. Wir wollen diese
Gouvernements, in größere natürliche Gruppen sie zusammenfassend,
durchwandern.

1) Rußland hat zwei Hauptstädte: die eine liegt in des Landes Mitte,
hat alle geschichtlichen und nationalen Erinnerungen und einen schon orienta=
lischen Charakter; die andere (nach Westen schauend) ist erst von Peter dem
Großen an der Ostsee in Ingermanland seit 1703 angelegt, zur Residenz
erhoben und den Städten des westlichen Europa ähnlich gemacht. Beide
sind 604 Werst (1 Werst = 1,067 qkm) von einander entfernt.

a) Die neue Hauptstadt, St. Petersburg, liegt am Ausfluß der
Newa zumeist auf dem linken Ufer und auf Inseln des in mehrere Arme sich
teilenden Stromes. Der Boden ist flach und moorig, daher ruht das steinerne
Fundament der meisten Häuser auf tief eingerammten Pfählen, und das Ganze
ist Überschwemmungen ausgesetzt, sobald ein Sturm aus Westen die Fluten der
Newa zurückdrängt. Die Umgebungen sind einförmig und zum Teil noch wenig
angebaut. Die Stadt selbst ist in Bezug auf Regelmäßigkeit und großartige
Räumlichkeit vielleicht die schönste der Welt. Die Straßen sind meist schnur=
gerade, sehr breit (oft über 60 m), teilweise mit Holzklötzen gepflastert. Die
schönste Straße ist der Newsky [néskij]=Prospekt. Auch die mit Granit=
quadern aufgemauerten Quais an der blauen, durchsichtigen Newa gehören zu
den Zierden der Stadt. Auf einer Newainsel liegt die Citadelle. Ihr schräg
gegenüber, am linken Ufer der Winterpalast, die gewöhnliche Residenz;
vor ihm die hohe Alexandersäule, aus einem Granitblocke. Dicht daneben,
zur Linken, die Admiralität, das prachtvollste Arsenal, das es geben kann.
Von der Galerie unterhalb des vergoldeten Spitzdaches ihres Turmes hat man
den besten Überblick über die Stadt, die gegen 30 km im Umfange hat, freilich auch
viele Gärten umschließt. Unter ihren Kirchen die Isaakskirche die schönste;
der Erzbischof wohnt am äußersten Ostende, im Kloster des heiligen Alexan=
der Newsky, eines Großfürsten aus dem 13ten Jahrhundert, der an der
Newa einen großen Sieg über die Schweden erfochten hat und hier begraben
ist. Die Zahl der Einwohner beträgt 954 000 (darunter über 60 000 Deutsche);
aber bei den großen Räumen sieht man solch Volksgedränge, wie in an=
dern Hauptstädten, wohl aber die verschiedensten Trachten, Fuhrwerke u. s. w.
Handels= und Universitätsstadt. Dazu kommen die Vororte mit 80 000 E.

Zur militärischen Deckung von Petersburg dient der stark befestigte Kriegs=
hafen Kronstadt auf einer Insel im letzten Ostzipfel des finnischen Busens;
die Citadelle Kronslott und mehrere aus finnischen Granitblöcken erbaute
Forts bestreichen die auch für den russischen Handel überaus wichtige Fahr=
straße nach Petersburg. Zwei Drittel des auswärtigen Handels gehen über
Kronstadt, 48 000 E.

b) In der Richtung der Eisenbahn nach Moskau merken wir zuerst
22 Werst von Petersburg — in Kilometern? — Zarskoje Selo [seló] (d. i.
Zarendorf), ein prächtiges Lustschloß, das, wie das benachbarte Schloß
Pawlowski, noch durch eine besondere Eisenbahn mit der Stadt verbunden
ist. 191 km von Petersburg liegt Nowgorod, auch Groß=Nowgorod ge=

nannt, im Mittelalter an 400000 E. zählend, Besitzerin von ganz Barmien (Nord=Rußland) und so blühend und mächtig durch den Handel mit dem nördlichen und westlichen Europa, daß es im Sprichwort hieß: Wer kann gegen Gott und Groß=Nowgorod? (Gegen Ende des 16. Jahrhunderts ward die Republik von dem Zaren Iwan dem Schrecklichen blutig unterworfen; jetzt 24000 E. Viele Trümmer alter Herrlichkeit, darunter eine Kirche mit berühmten Bronzethüren. — Die Eisenbahn, von der Nowgorod etwa 80 km süd= westlich liegt, führt über die Waldái=Höhe nach Twer, 40000E., dem Haupt= verkehrsplatze des obern Wolgagebietes. Von da ist es nach Moskau (russisch: Moskwá) noch 166 km.

c) Der Anblick von Moskau, welches 40 km im Umfang hat und auf Hügeln liegt, ist aus der Ferne ein überaus prächtiger. Die Stadt, auch das religiöse Heiligtum der Russen, hat 334 Kirchen. Eine griechische Kirche hat aber in der Regel eine große Kuppel und um sie her vier kleinere. Die Dächer sind mit bunten Ziegeln belegt, auch wohl vergoldet und mit blauen Sternen bestreut: auf jeder Spitze ragt ein goldener Halbmond und siegreich darüber ein vergoldetes Kreuz, von dem oft noch Ketten herabhängen. Bricht sich heller Sonnenschein in all dieser Pracht, so entsteht ein wahrhaft zauberhafter An= blick. Im Innern war Moskau vordem eine meist hölzerne, engstraßige, schmutzige Stadt. Da gingen zwei Drittel 1812 kurz nach dem Einzuge der Franzosen (§81 Mitte) in Flammen auf. Hernach ist sie rasch und etwas regel= mäßiger wieder erbaut. In der Mitte auf einem Hügel über der Moskwa liegt die Festung Kreml, mehr als 5 km im Umfange, mit dem alten Palaste des Zaren und einer Menge von Kirchen. Hier auch der größte Glockenturm von Moskau, der Iwan Welíki (d. i. der große Iwan). Drei andere Stadt= teile umgeben den Kreml im Halbkreise; der äußerste reicht als ganzer Kreis auch auf das rechte Ufer des Flusses. Ringsum noch Vorstädte. Die Zahl der Einwohner beträgt 754000, darunter über 8000 Deutsche. Die Umgegend ist lieblich angebaut. Moskau ist die Hauptfabrikstadt des Reiches und eben= falls Universität.

2) Unter den Ostseeprovinzen werden Kur=, Liv= und Esthland die deutschen Ostseeprovinzen Rußlands genannt, weil die Städtebe= wohner daselbst (mit Ausnahme der Arbeiterklasse und des russischen Militärs, sowie der neuerdings herangezogenen Russen, namentlich russischer Kaufleute und Beamte), ebenso die Gutsbesitzer und Landprediger durchweg seit 700 Jah= ren Deutsche mit deutscher Muttersprache sind (etwa 100000). Auch die Bauart der Städte ist altertümlich=deutsch. Das Landvolk in Esthland, der nördlichen Hälfte Livlands und auf der Insel Ösel sind Esthen (vom finnischen Stamme), die in Dörfern beisammen wohnen. Das südliche Livland und Kurland hat Letten (§ 72 Ende) zum Landvolke, die auf vereinzelten Höfen wohnen und zum litanischen Stamme gehören. Die Deutschen sind Lutheraner, ebenso die Esthen und Letten, mit Ausnahme jedoch einer größeren Anzahl lettischer Bauern in Livland, die sich zum Übertritt zur russischen Kirche bestimmen ließen.

a) Kurland, mit Semgallen, früher ein Lehensherzogtum der Krone Polen, mit der alten Residenz und Hauptstadt Mitau, 28000 E., Hafen= stadt Liebau, 32000 Einw.

b) In Livland liegt Riga, 179000 E., nach St. Petersburg und Odessa die erste Handelsstadt des Reiches, 10 km von der Mündung der Düna, welche durch die Festung Dünamünde verteidigt wird. Riga war, wie Dor= pat, Nowgorod u. a., Mitglied des großen deutschen Handelsbundes der Hansa.

Dorpat, 31000 E., russisch: Jurjew, liegt malerisch an den Abhängen eines Flußthales, durch das die Embach dem Peipus-See zufließt. Die deutsche Universität für Rußland. — Vor dem Eingange zum rigaschen Busen liegt die Insel Ösel.

c) Hauptstadt von Esthland ist der feste See- und Handelsplatz Reval (russisch: Kolywan) an einer malerischen Bucht, 52000 E.

d) In Ingermanland liegt St. Petersburg; an der Narówa Narwa (russisch: Iwangorod), wo Karl XII. (§ 83 Mitte) im Jahre 1700 mit 8000 Schweden 80000 Russen schlug.

3) Das Großfürstentum Finnland, 379000 qkm (6800 Q.-M.) mit 2,4 Mill. E. (das Landvolk finnisch, die Städte von Schweden bewohnt), bildet neben dem übrigen europäischen Rußland einen abgesonderten Verwaltungs-Bezirk. Jetziger Hauptort die Universitätsstadt Helsingförs, etwa Reval gegenüber, 66000 E., eine ganz junge Stadt mit prächtigen Gebäuden, Geburtsstadt des Schweden Nordenskiöld [nordenschöld], der 1878 die nordöstliche Durchfahrt fand, d. h. Nord-Asien bis zur Beringstraße umfuhr. 6 km davon nach S. liegt, den Zugang von der Seeseite verteidigend, die uneinnehmbare Festung Sweaborg, auf sieben Schären, d. h. sanftgewölbten, wenig über das Wasser emporragenden Felsinseln, mit denen die finnische Küste, ähnlich der schwedischen, rings ungürtet ist. Die frühere Hauptstadt Åbo [obo] liegt mehr westlich den Ålands [olands]-Inseln gegenüber. Ganz im N., wo Lappen leben, liegt am schwedischen Grenzflusse Torneå [törneö], häufig von Reisenden besucht, um auf einem benachbarten Berge die Sonne am längsten Tag um Mitternacht am Himmel stehen zu sehen. Überhaupt wird Finnland häufig wegen seiner malerischen Seeen, welche 30000 qkm (550 Q.-M.) einnehmen, seiner Schären und Wasserfälle bereist.

4) Die westlichen, früher polnischen Gouvernements, seit dem Aufstande von 1863 ganz mit Rußland vereinigt, bilden den am dichtesten bevölkerten Teil des russischen Reiches. Die Hauptstadt Warschau liegt am linken Weichselufer, durch eine Brücke mit der Vorstadt Praga verbunden. Eine Citadelle beherrscht die ganze Stadt. 523000 E., darunter 33000 Mann Militär; mehr als 60000 Juden. Südwestlich von Warschau die Fabrikstadt Lodz, 125000 E. Dicht an der preußischen Grenze liegt Kalisch, schon im Odergebiet, zu welchem ein gutes Stück Polens in W. gehört; an der Warthe Wallfahrtsort Czenstochau [tschénstochau]. Nowlin oder Nowo-Georgiewsk, am Zusammenfluß von Weichsel und Bug, und Zamosc [sámoschtsch] im Südostzipfel, sind feste Plätze. Etwas im NW. von Zamosc Lublin, 48000 E., große Messen.

5) West-Rußland umfaßt das frühere Großfürstentum Litauen und die früher polnischen Provinzen Wolynien und Podolien. In Litauen: die alte Hauptstadt des Großfürstentums Wilna, an einem Zuflusse des Njemen, 110000 E., wovon ziemlich die Hälfte Juden. An der Dwina die Festung Dünaburg (russisch: Dwinsk), 72000 Einw. Starke Festung Brest-Litowsk am? — Wolynien im Flußgebiet des Pripet und s. davon (bis zum Dnjestr) Podolien sind reich an Korn und Vieh; die podolischen Ochsen besonders berühmt. Nicht weit vom Dnjestr Kamenéz, früher Hauptfestung im alten Polen gegen die Türken.

6) In dem eigentlichen Groß-Rußland haben wir schon Moskau, Nowgorod und Twer kennen gelernt. — Merke noch a) im Norden, am rechten Mündungsufer der Dwina, die ganz hölzerne Handelsstadt

Archángel8l, 18000 E., Ausgangspunkt des Walfisch= und Robbenfanges. Der kürzeste Tag dauert hier nur noch 3 Stunden 25 Minuten. Die Inseln des Eismeeres Waigatsch und Nówaja=Semljá werden bloß im Sommer der Jagd auf Pelztiere halber besucht; in seltenen Fällen überwintern einige Jäger in dieser Zone des Eises. b) Im Osten: Nischni=Nówgorod, am Zusammenflusse von Oká und Wolga, 73000 E. Die größte Messe in Rußland, im Anfang August, ein Völkermarkt, dessen Bedeutung indes jetzt jährlich mehr schwindet. c) Im Westen: Smolénsk, am obern Dnjepr, in älterer Zeit ein Zankapfel zwischen Polen und Russen. 1812 Schlacht. 37000 E. d) im Süden: Tula, Fabrikstadt, 65000 E. Große Gewehrfabrik. Die Umgegend ist Rußlands Kornkammer.

7) In den östlichen Gouvernements am Ural und kaspischen Meere: Perm an? — eine Hauptbergwerksstadt des Reiches, an den West= abhängen des an Platin und hauptsächlich an Eisen reichen Ural. Am Ostabhang die Bergstadt Jekaterinburg. An einem für den Wolgalauf wichtigen Punkte — wie so? — Kasán, Handels= und Fabrikstadt: 140000 E., zum Teil schon tatarisch (alte Hauptstadt eines untergegangenen tatarischen Chanats). Universität. An der untern Wolga, besonders um Saratow [sarátoff], 123000 E., wohnen deutsche und schweizerische Kolonisten, von der Kaiserin Katharina II. ins Land gerufen, in Dörfern beisammen, die noch deutsch reden und der Mehrzahl nach evangelisch sind. Herrnhuterkolonie Sarepta an? — Astrachan, Hauptstation der russischen Dampfschiffahrt nach Persien, liegt auf einer Insel im Wolga=Delta, 45 km von der Mündung, hat 74000 E., die ein buntes Völkergemisch bilden. Neben christlichen Kirchen Moscheen und sogar Heidentempel. Zur Zeit des Fischfanges vermehrt sich die Einwohnerzahl um 20000. Am S.=Ende des Ural und am Uralfluß Orenburg, Hauptwaffenplatz gegen die Nomadenvölker der sibirischen Steppe und Hauptstapelplatz für den Handel mit Innerasien. Selbst aus China und Indien kommen Kaufleute hierher. — In diesen östlichen Strichen leben schon viele türkische Völkerschaften, wie die im engeren Sinn sogenannten Tataren an der Wolga, die Baschkiren am s. Ural, die Kirgisen am kaspischen Meer bis an die Wolga=Mündung, ja von da weiterhin bis an die Manitsch=Niederung echte Mongolen, nämlich im 17. Jahrhundert aus der Mongolei hier eingewanderte Kalmücken.

8) In Klein=Rußland, dessen Bewohner, die Kleinrussen sich in manchen Stücken und meist zu ihrem Vorteil von den Großrussen unterscheiden (sie sind beweglicher, selbstbewußter, unternehmender), liegt die Hauptstadt und ehemalige Residenz der Großfürsten Kiew am rechten Ufer des? — 184000 E. Sie besteht aus drei Teilen: Alt=Kiew und die Festung mit dem heiligsten Kloster in Rußland, gewöhnlich das Höhlenkloster genannt, weil hier in Katakomben die ausgedörrten Leichen von etwa 100 Heiligen der griechischen Kirche ruhen, zu denen eifrig gewallfahrtet wird, liegen auf steiler Höhe über dem Dnjepr; unten am Strom Podól, der Sitz des Handels. Kiew ist wie Charkow [chárkoff], 188000 E., Universitätsstadt. Die (fast ganz von Juden bewohnte) Handelsstadt Berditschew, 78000 E. Wodurch ist Poltáwa, 43000 E., bekannt? (§83, a Mitte). Hier zuerst in der vom Dnjepr durchflossenen Ukraine treffen wir auf Kosaken. Sie sind der Abstammung nach Kleinrussen und zwar solche, die „an der Grenze“ (u kraine, vergl. den Landesnamen Kraiu) des Königreichs Polen, zuerst auf den Inseln in den Strudeln des Dnjepr (an dessen Kniebiegung) sich festsetzten, um gegen die ewig räuberische Einfälle unternehmenden krymschen Tataren

zu kämpfen; daher hießen sie zuerst Saporogen (d. i. die bei den Wasser=
fällen), später erst, als sie selbst Freibeuterei ins feindliche Gebiet trieben,
Kosaken (d. i. berittene Freibeuter). Bei der Ausbreitung des russischen
Reiches traten die Kosaken zu den russischen Zaren in ein Schutzverhältnis;
aber das Sprichwort: „So frei wie ein Kosak“ behielt im wesentlichen seine
Geltung nur bis auf Katharina II., welche die Unabhängigkeit der Kosaken
aufhob. Jetzt hat Rußland unter seiner irregulären Armee eine beträcht=
liche Anzahl Regimenter Kosaken, die als leichte Reiterei zur Beunruhi=
gung und Verfolgung des Feindes äußerst brauchbar sind. Außerdem ist
der ganze Süden und Südosten des Reiches von verschiedenen Kosakenhorden
und Grenzhütern bewacht.

9) Süd=Rußland besteht ganz aus früher türkischen Landesteilen
und enthält auch über 100000 deutsche Kolonisten, die in Dörfern bei=
sammen leben und meist evangelisch sind. Zwischen Prut und Dnjestr Bess=
arabien, voll von Festungen, um die in den Türkenkriegen viel Blut ver=
gossen ist: Akjerman, Bendér (Karl XII.) u. a. Bessarabiens Hauptstadt
Kischinew [tischinjöff], 120000 E. Etwa 40 km weit vom Liman des
Dnjestr liegt die erst 1794 angelegte schön gebaute Stadt Odéssa, die erste
Handelsstadt am Schwarzen Meere, 314000 E., Universität. Die Umgegend
ist Steppe. — Cherson [therßón], ein fester Platz am Dnjepr=Liman,
67000 E. Am Bug Nikolájew, wichtiger Kriegshafen, mit 76000 E.
Am untern Don wohnen die edelsten, die donischen Kosaken mit einem
Hetman, der in Nówo=Tscherkásk seinen Sitz hat. Volkstümliche Tänze
und Lieder, mit oft wunderbar ergreifenden, meist wehmütigen Melodieen,
sind ihnen eigen. — Am asowschen Meer Festung und Handelsstadt Tagan=
róg, 56000 E., während an der Donmündung selbst das kleine Asow als
Hafenort unbrauchbar geworden ist (im Altertum wie der Don selbst Tánaïs
genannt, im Mittelalter, wo es genuesische Handelsstadt war, Tana).

10) Die Halbinsel Krym besteht im N. aus einer Steppe, die drei Vier=
tel der ganzen Halbinsel einnimmt, im S. ist sie von einem isolierten Kalkge=
birge gefüllt; darin der Tschátyr Dagh bis 1500 m. Der vor den Nord=
und Steppenstürmen geschützte Südrand hat südliches Klima und südliche Pro=
dukte. Bis 1774 herrschten hier tatarische Chane, welche den türkischen Sultan
als Oberherrn anerkannten; dann wurden sie von Rußland abhängig. 1793
wurde die Krym ein russisches Gouvernement. Am Nordabhange des Gebirges
liegen die bedeutendsten Orte: Baktschissarái, die alte Residenz der Chane,
und Simferopol [simferopól], die jetzige Hauptstadt. In prachtvoller,
waldreicher Umgebung des Gebirges selbst das kaiserliche Lustschloß Livadia.
An der Westküste der wichtige Kriegshafen Sebastopol [ßewastópol], an
einer Bucht, die eine ganze Flotte aufnehmen kann. Belagerung von 1854 zu
1855. An dem nur 7 km breiten Isthmus liegt Perekóp. — 70 km südwestlich
von der Meerenge Feodósia, einst als Kaffa ein Haupthandelsplatz der
Genuesen; an der Meerenge selbst Kertsch, das Pantikapäon der Griechen,
welche in der Krym und an der ganzen südrussischen Küste Kolonieen hatten.
Chersonesos, später Cherson genannt, in der Nähe des heutigen Seba=
stopol, war die bedeutendste. — Auch in der Krym giebt es deutsche Koloni=
stendörfer. Bedeutende Schafzucht.

21*

Viertes Buch.

Das deutſche Land.

---

§ 85.

Das deutſche Land im allgemeinen.

Das deutſche Land, das Herzland von Europa, umfaßt ein Gebiet von 850 000 qkm (15 400 Q.=M.). Es begreift die lang=geſtreckte, nordwärts gerichtete Abdachung von den Alpen zur Nord= und Oſtſee und wird durchweg von Deutſchen bewohnt, nur daß dieſe in den öſtlichen Grenzgebieten mit Slaven, in den ſüdlichſten und weſtlichſten Grenzſtrichen mit Romanen untermiſcht ſind. Sein Hauptbeſtandteil iſt das Deutſche Reich; um dies reihen ſich Deutſch=Öſterreich, Liechtenſtein, die Schweiz, Belgien, Luxemburg und die Niederlande, Gebiete, die alle im Mittelalter auch mit ihm zu einem Staate verbunden waren.

Nach ſeiner Bodenbeſchaffenheit zerfällt das deutſche Land in zwei große Hauptteile: in Ober= und Nieder=Deutſchland.

Der größere Teil, Ober=Deutſchland, liegt innerhalb des (§ 72 Mitte) geſchilderten europäiſchen Gebirgsdreiecks und begreift das mittlere Hauptſtück desſelben, das mitteleuropäiſche Ge=birge. Die Grundlinie bilden die deutſchen Alpen (Mittel= und Oſt=Alpen), die Spitze des kontinentalen Dreiecks (die Weſergebirge mit dem Teutoburger Walde) iſt weit nach Norden in das deutſche Tiefland vorgeſchoben. Den nordöſtlichen Rand von Ober=Deutſch=land bilden Harz, ſächſiſches Bergland und Sudeten; den nordweſt=lichen: Weſergebirge, rheiniſches Schiefergebirge. Das Innere von Ober=Deutſchland wird noch von vielen Gebirgsketten durchzogen und durchteilt, zerſchnitten, welche indes weder die Höhe des Süd=randes, noch auch die des Nordrandes erreichen. Neben dieſen Ge=birgen herrſcht die Form der Hochebene und des Hügellandes vor; Tiefebenen giebt es nur zwei: ganz im Weſten die oberrheiniſche und ganz im Osten die österreichische mit dem Marchfeld, welche schon dicht an der Grenze gegen das ungarische Donau-Tiefland liegt. Dagegen breitet sich am N.-Abhang der Alpen (gerade wie am N.-Abhang des Himalaja) eine große durch den Bodensee in zwei ungleiche Hälften geschiedene **Hochebene** aus. — Sonach zerfällt Ober-Deutschland von S. nach N. in drei sehr verschiedenartige Teile: 1) das **deutsche Alpenland**, 2) die **oberdeutsche Hochebene**, 3) die **deutsche Mittelgebirgslandschaft.**

Das außerhalb des Gebirgsdreiecks gelegene, bis ans Meer reichende Tiefland ist Nieder-Deutschland, dessen größte Breite also im Osten; wo Ober=Deutschland am schmalsten ist, liegt Nieder=Deutschland bis in die Breite der „Mainlinie" reichend, umfaßt nicht allein die Niederung, sondern auch noch den Norden der Mittelgebirgslandschaft, deren Endpunkte gen NW. nur 150 km vom Meere entfernt sind.

Die großen deutschen **Ströme** entspringen alle in Ober=Deutschland. Die Donau, welche zugleich ein europäischer Strom ist, hat in Deutschland nur ihren Oberlauf, der auf dem Hochlande von Ober=Deutschland von der Quelle am Schwarzwalde bis Regensburg, wo die Donau ihren nördlichsten Punkt erreicht, im ganzen nach Nordosten gerichtet ist; dann folgt eine Strecke nach Südosten bis Passau, von wo aus sich der Strom nach Osten wendet bis zur Preßburger Pforte, die ihn in das **Donautiefland** (§ 80, Anf.) eintreten läßt. Im Tieflande durchströmt die Donau die Ebene von Ober= und Nieder=Ungarn, endlich das Tiefland Rumäniens (§ 80, Mitte). **Rhein, Weser, Elbe** (zur Nordsee), **Oder** (zur Ostsee) fließen ganz auf deutschem Boden, die **Weichsel** (gleichfalls zur Ostsee) wenigstens in ihrem Unterlaufe. Die Oder gehört fast ganz dem Tieflande an, die andern fließen größere oder geringere Strecken in Ober=Deutschland, brechen sich dann durch den Gebirgsrand durch und durchziehen mit geringem Gefälle die deutsche Tiefebene. Die Donau hat 2745, der Rhein 1298, die Elbe 1152, die Weichsel 1040, die Oder 814, die Weser 646 km Lauflänge.

Das **Klima** ist fast im ganzen deutschen Lande dasselbe, da für Ober=Deutschland die südlichere Lage durch die größere Bodenerhebung im ganzen ausgeglichen wird. Die durchschnittliche Wintertemperatur ist —1° bis 0° C., die durchschnittliche Sommertemperatur 16° bis 18° C. Denn auch in Nieder=Deutschland wirkt bei lang gedehnter Küste die Nähe des Meeres ausgleichend. Im allgemeinen kann man sagen, daß im deutschen Lande die Jahrestemperatur von SW. nach NO. abnimmt. Demnach ist auch die **Vegetation** im deutschen Lande eine wesentlich gleichartige. Nur für wenige Pflanzen (z. B. Weinstock, Pfirsich, Rotbuche) geht die Vegetationsgrenze durch Deutschland.

Die reiche Mannigfaltigkeit der deutschen Bodengestaltung und des inneren Baues derselben hat eine ähnliche Mannigfaltigkeit der Bevölkerung, ihrer Sitten, Gewohnheiten und Industriezweige, infolge davon eine ähnliche der Staaten und staatlichen Einrichtungen hervorgerufen. Namentlich ist der Unterschied zwischen Ober- und Nieder-Deutschland auch in den Mundarten und Dialekten zu erkennen. Die oberdeutschen Mundarten kennzeichnen sich durch den Artikel das, und aus einer derselben, der obersächsischen (d. h. thüringisch-sächsischen), ist unsere Schriftsprache, das sogenannte Hochdeutsch, hervorgegangen; die niederdeutschen oder plattdeutschen Mundarten, aus den Städten durch das Hochdeutsche mehr und mehr verdrängt, kennzeichnen sich durch den Artikel dat.

I. Ober-Deutschland.

§ 86.

Die deutschen Alpen und die oberdeutsche Hochebene mit ihrer Gebirgsumrandung

Im § 75 haben wir uns ein Bild des ganzen Alpengebirges vorgeführt. Genaueres ist hier nur über die Alpenzweige zu sagen, welche sich auf deutschem Grund und Boden ausbreiten. Wir gehen dabei von dem St. Gotthard aus, der alten Grenzmarke zwischen deutschem und welschem Lande, durch dessen Inneres jetzt eine Eisenbahnstraße zur engen Verbindung der beiden Länder gelegt ist.

1) Von dem Gebirgsstocke des St. Gotthard liegen:

a) Nach WSW. die Berner Alpen, mit besonders steilem Abfall in das Rhonethal. Überhaupt ist neben den Walliser Alpen diese Kette die wildeste des ganzen Systems: nirgends sonst so viel Zacken und Hörner, so viele mehrere Kilometer breite Felder ewigen Schnees, so mächtige Gletscher (Aletschgletscher). In dem Hauptfirste liegt das in eine spitze Pyramide auslaufende Finsteraarhorn, 4300 m, mit steilen, daher schneelosen, düstern Hängen, und die Jungfrau, 4100 m, ein prächtig geformter, mit Gletschern ringsum gegürteter, mit blendend weißem Firn bedeckter Bergkoloß. Östlich von beiden führt der Grimsel-, westlich der steile Gemmipaß in das Rhonethal, beide nur Saumpfade. Nördlich vom Hauptfirste das Wetterhorn, Schreckhorn, und wieder nördlicher das Faulhorn, das eine gefeierte Alpenansicht bietet. Nach SW. nimmt die Kette an Höhe ab.

b) Nach N. die Vierwaldstätter Alpen, zwischen Aare und Reuß gegen den gleichnamigen See hin ausgebreitet. Darin der Titlis, 3200 m, und der wunderlich gezackte Pilatus, 2200 m, zu dessen Höhe eine Eisenbahn hinaufführt.

c) Nach NO. die Glarner und Schwyzer Alpen. In jenen der
Tödi, 3600 m; in diesen ist der Rigi eine ebenso berühmte als besuchte,
durch zwei Bergbahnen bequem zu erreichende Berggruppe, 40 bis 50 km
im Umfang. Zwar ist die höchste Spitze, der Rigi=Kulm, nur 1800 m
hoch, aber die Rundsicht würde zu der schönsten der Welt gehören, wenn nicht
die Schweizer Hotels sie teilweis verbauten. Den Rigi selbst bespülen der
Vierwaldstätter und Zuger See: im ganzen sieht man 13 Seeen, im S. die
Schneehäupter des Berner Oberlandes.

d) Weiter gen NO. schließen sich die Appenzeller Alpen im obern
Thurgebiete an, welche im Hohen Säntis 2500 m erreichen.

e) Die Voralberger und Algäuer Alpen bis zum Lech erreichen
kaum noch 2000 m.

2) Am Engadin gewinnen die Graubündner Alpen ihr Ende;
was von diesem Thale ostwärts liegt, rechnen wir den Ost=Alpen
zu. Von Landeck ab zieht der Inn eine tiefe Furche zwischen den
(aus krystallinischem Gestein bestehenden) Centralalpen und den schrof=
feren nördlichen Kalkalpen. Das Nähere § 75, II, B. Die Central=
alpen auf der rechten Seite des Inn (die Tiroler Alpen) enthal=
ten den mächtigen Alpenstock der Ötzthaler Ferner zwischen Inn,
oberer Etsch und Eisack, welcher eine Höhe von fast 3900 m erreicht
und ein von Riesenbergen umkränztes, von zahlreichen Thälern (Stu=
bay, Passeier, Ötzthal, „das Chamonir von Tirol") durchschnittenes
Hochland trägt, auf welchem die höchsten Dörfer der deutschen Alpen,
Fend und Gurgl, 1900 m hoch, von aller Welt abgesondert
liegen. Auf die Ötzthaler Gruppe folgt nach O. die Einsenkung des
Brenner Passes, 1352 m. Südlich von der oberen Etsch liegen
die beiden mächtigen Granitblöcke des Bernina und des Monte
Adamello, welchem die Pyramide des Ortles (mehr nordwärts)
vorgelagert ist.

3) Von der Brennersenke ziehen die centralen Ost=Alpen
gerade nach O. bis an die Quellen der Enns und Mur, Hochalpen
mit Gipfeln von 3200 bis 3900 m. Man nennt diesen Zug die
Hohen Tauern (d. i. Gebirge, keltisch). Sie bestehen aus mehr=
fachen Gruppen. Die vorzüglichsten sind: α) Die Gruppe des Ve=
nedigers, eines gewaltigen Gebirgsstockes, der seine an Wasser=
fällen reichen Thäler strahlenförmig nach allen Richtungen entsendet,
und dessen höchste Spitze, der Große Venediger, aus einem weiten
Eismeere (bis zu 3700 m Seehöhe) emporragt; β) die Glockner=
gruppe, die ein bedeutend geringeres Gebiet einnimmt als die Ötz=
thalergruppe, aber dichter gedrängte und mehr zusammenhängende
Eismassen trägt, über denen der Groß=Glockner 3800 m hoch
thront. Von ihm senkt sich der mächtige Pasterzen=Gletscher, der

größte der östlichen Alpen, gegen das Dorf Heiligenblut hin, herab. — Die Drau entspringt im S. der Dreiherrenspitze im Puster=thal und empfängt l. die Mur, welche ihrerseits bei ihrer Knie=biegung l. die Mürz aufnimmt. Das durch oberes Mur= und Mürzthal getrennte Gebirge sind die (nicht mehr die Schneelinie er=reichenden) steirischen Alpen, mit denen der gewaltige Centralzug der Alpen sein Ende erreicht. — Zu beiden Seiten sind Kalkalpen vorgelagert.

a) Die nördlichen Kalkalpen erniedrigen sich gleichfalls allmählich gen ONO. In den bayrischen Alpen die Zugspitze, 2957 m, der höchste Berg des Deutschen Reiches in Europa. — In den Salzburger Alpen tritt der Watzmann, 2700 m, in seiner schroffen Formung imposant in das Auge; er hat zwei durch schroffen Felsenkamm verbundene Gipfel oder Hör=ner. Seinen Ostfuß bespült der ernst erhabene Königssee; rings umher, mit Ausnahme weniger Landungsplätze, steile, oft über 100 m hohe Fels=wände. Überhaupt vereinigen die Salzburger Alpen erhabene Majestät und lieblichen Reiz fast unübertroffen. — Östlicher das wegen seines Salzreich=tums sogenannte Salzkammergut mit dem Dachstein, 3000 m, und herrlichen Seeen im Flußgebiet der Traun. — Der gegen das Quellgebiet der Mürz in den österreichischen Alpen vorspringende 2900 m hohe Schneeberg, „das Ostkap der Kalkalpen", schaut gen O. schon in die unga=rische Ebene hinab. (Im S. des Berges der Paß Semmering.) Den letzten nordöstlichen Zweig bildet der Wiener Wald, der mit dem Kah=lenberge an der Donau endigt.

b) Die südlichen Kalkalpen bestehen aus den zugleich anmutigen und großartigen Trientiner Alpen, sowie aus den ostwärts streichenden karnischen und den südöstlich sich wendenden julischen Alpen mit dem Triglav (d. i. Dreikopf) an den Quellen der Save.

[Steiermark, § 103, 4.
Kärnten, § 103, 5.
Krain, § 103, 6.
Litorale, § 103, 7.]

4) Den Alpen reihen wir einen Gebirgszug an, der in seinem südwestlichen und höchsten Drittteil an Deutschlands Grenze hinzieht, dann aber tief in das Mittelgebirgsdreieck einschneidet und, wie die Alpen, nach NO. zieht. Es ist der Jura. Er besteht in seinem ganzen Verlaufe aus Kalklagen der (nach ihm benannten) Jurafor=mation (§ 24 A). Diese Kalklagen erscheinen im Schweizer Jura in lauter Längsfalten aufgestaut, weiterhin sind sie viel ungestörter ge=blieben, so daß das Gebirge zuletzt zu einem breiten Höhenrücken wird.

a) Der Schweizer Jura, vom Rhoneknie und Genfer See bis zum Rhein (§ 81 Anf.).

b) An das Nordostende der Schweizer Jura setzt sich, nach einer bedeu=tenden Senke im ganzen Zuge der schwäbische Jura an, der bei dem Volke Rauhe Alb oder bloß Alb, nach NO. auch Albuch und Herdtfeld benannt wird. Es ist eine langgestreckte, meist öde und kahle breite Hochfläche. Mit steilen, zerklüfteten Rändern, aus welchen merkwürdige isolierte Kegelberge, wie der Hohe Staufen und der Hohe Zollern heraustreten, fällt sie gegen NW. ab, während sie sich nach SO. viel weniger tief zum linken Ufer der oberen Donau abdacht. So liegen auch die höchsten Punkte (eigentliche Gipfel trägt der Zug nicht) an der NW.-Seite, darunter einige über 1000 m hoch. Der allgemeine Juracharakter tritt in der Kalkformation, in dem Reichtum an Höhlen, in der Armut an Wasser und dann wieder in der Stärke einzelner hervorbrechender Quellen deutlich hervor. Unter den Höhlen ist die Nebelhöhle am NW.-Abhange wegen' ihrer geräumigen Weite und ihrer Tropfsteinbildungen bekannt.

c) Vom Albuch an zieht sich, erst ost-, dann nordwärts, der fränkische Landrücken oder der fränkische Jura bis gegen das Fichtelgebirge hin, an den meisten Stellen eine 20 bis 30 km breite und etwa 500 m hohe Hochfläche, aus der nur selten einzelne Kuppen bestimmt hervortreten. Er steigt nur an wenigen Punkten über 650 m. Sowohl Kanäle wie Eisenbahnen sind durch diese nur geringen Bodenwellen hindurchgelegt. Die Abdachung nach dem Donaugebiete ist geringer als die nach dem Maingebiete: darin, sowie in der Höhlenbildung, ist die Ähnlichkeit mit dem schwäbischen Jura nicht zu verkennen.

5) Im NO. verliert sich der fränkische Landrücken in das Fichtelgebirge. Dieses, ziemlich in der Mitte Deutschlands gelegen, gleicht dem Mittelpunkte einer Windrose von Bergketten und Flüssen: im SW. lagert der fränkische Jura, nach S. fließt die Nab, nach SO. zieht der Böhmer Wald, nach O. fließt die Eger, nach NO. zieht das Elstergebirge und Erzgebirge, nach N. fließt die Saale, nach NW. zieht der Franken- und Thüringer Wald, nach W. fließt der Main. Aber ein durch das Fichtelgebirge hergestellter Zusammenhang der genannten Gebirge untereinander ist nicht vorhanden, obgleich alle nahe an das Fichtelgebirge heranreichen. Diese merkwürdige Stellung hat wohl Anlaß zu den Fabeln geboten, die vordem über das Fichtelgebirge im Schwange waren. Die genannten vier Flüsse sollten alle aus einem See, dem Fichtelsee, nach den vier Gegenden der Welt abfließen; in Wahrheit sind sich nur die Quellen von Main und Nab recht nahe. Die höchsten Spitzen sind der Schneeberg, 1100 m, und der Ochsenkopf, 1000 m. Eine eigentümliche Felsbildung bietet sich auf dem Großen Waldstein und der Luisenburg bei Wunsiedel dar, wo Block auf Block gehäuft ein Felsenlabyrinth bildet, das zu den schönsten seiner Art gehört.

6) Vom Fichtelgebirge gegen SO. erstreckt sich der Böhmer Wald, der in seinem südöstlichen Ende keine 50 km von den Alpen entfernt ist. Er entbehrt eines deutlich hervortretenden Kammes und wird durch mehrere breite Lücken in drei Teile zerlegt. Der nordwestliche Teil, der mehr den Charakter einer Hochfläche zeigt, geht bis zum Thale der in den Regen fließenden Cham [kam]. Der mitt-

lere Teil, böhmisch Szumava [schumâwa] genannt, hebt sich zu
Höhen von 1300 m und darüber. So vor allen der Arber, 1500 m,
mit imposanter Aussicht (in gleicher Ferne der langgestreckte Zug der
Alpen) und der Rachel. Der südöstliche Teil ist wieder niedriger
und zieht sich am Nordrande des österreichischen Donauthales bis
zur mährischen Höhe. Der ganze Böhmer Wald, dessen südwestlicher
Seite der bayrische Wald sich vorlagert, ist reich an den herrlich=
sten Fichten= und Buchen=Beständen, darum auch reich an Glas=
hütten und, bei guter Rindviehzucht und genügender Fruchtbarkeit,
ziemlich stark bewohnt.

7) Zwischen den Alpen einerseits und dem geschilderten Ge=
birgsbogen andererseits erstreckt sich nun die große oberdeutsche
Hochebene. Man zerlegt sie in drei Abteilungen:

a) Die Schweizer Hochebene zwischen Alpen und Schweizer Jura,
mit vielen Seeen besetzt, im Mittel 400 m über dem Meere, ein fruchtbares,
wohlbewässertes Hügelland.

b) Die Hochebene von Ober=Schwaben und Bayern zwischen
Alpen und Donau liegt höher als die schweizerische, im Durchschnitt 500 m.
Sie zeigt, besonders längs der Donau und ihrer Zuflüsse, viele Spuren ehe=
maliger Landseeen, jetzt oft mehrere Kilometer breite und lange Sumpf=
niederungen, Möser (Einzahl: Moos) und Riede genannt. Das Klima ist
wegen der bedeutenden Erhebung weit rauher, als man nach der südlichen
Lage erwarten sollte (§ 30 Mitte).

c) Die Hochebene der Oberpfalz ist durchaus wellenförmig und
bergig, ein Hügelland mit reicher Teichbildung, durchschnittlich 400 m hoch.
Donau, bayrischer Wald, Fichtelgebirge, fränkischer Jura bilden die Grenzen.

[Die Schweiz, § 105, I.
Liechtenstein, § 105, II.]

§ 87.

Das deutsche Donaugebiet.

1) Über den Lauf der Donau im ganzen ist schon früher (wo?)
gesprochen; hier handelt es sich nur um den Oberlauf in dem Do=
nau=Hochlande. Der Ursprung des Stromes ist am Schwarz=
walde, der mit dem schwäbischen Jura in Verbindung steht. Gewöhn=
lich sieht man den unbedeutenden Abfluß des Schloßbrunnens in der
Stadt Donaueschingen als Donauquelle an. Jedoch ist der
Waldbach Brege, mit dem sich jenes Wässerchen bald vereinigt, viel
stärker; gleich darauf kommt auch die Brigach dazu. Der vereinigte
Fluß begleitet in sehr anmutigem Thale bis Ulm den Südostabhang
des schwäbischen Jura und durchbricht, besonders bei Sigmaringen,
Vorhöhen desselben. Von Ulm an wird der Fluß schiffbar, von Do=
nauwörth wird er mit Dampfschiffen befahren. Bei Regensburg

erreicht der Strom seinen nördlichsten Punkt. Die Richtung wird nun etwa 250 km lang südöstlich; und auf dieser Strecke hat die Do= nau in Deutschland ihre schönsten Ufer. Der hellfarbige Jurakalk ver= schwindet, und es treten links die Granitberge des bayrischen Wal= des unmittelbar an den Strom, sowie rechts, namentlich von Passau an, die Vorhöhen der Ost=Alpen. Die begleitenden Höhen sind bald kahl, bald bewaldet, bald sanft abgedacht, bald schroff abgeschnitten, oft mit malerischen Burgruinen und Klöstern geziert. Bei Grein durchsetzt ein Granitriff das Strombett und verursacht Wirbel und Strudel. Die letzte, wieder nach O. gerichtete Strecke durchfließt der Strom, der bei Krems nur noch 160 m über dem Meere ist, wie= der ruhiger und zeigt große Neigung zur Inselbildung, Teilung und seenartigen Erweiterung. So wechselt die Breite von 400 bis 2400 Schritt, und der mächtige Strom erinnert an manchen Stellen schon hier an den Ausspruch Sallusts, der die Donau nächst dem Nil für den gewaltigsten Strom, soweit Römerherrschaft reichte, er= klärt hat. Zu beiden Seiten hat die Donau bis zur Preßburger Pforte die österreichische Tiefebene, welche durch die Kleinen Kar= paten und das Leithagebirge von der oberungarischen getrennt wird. Die Farbe der Donau ist fast immer etwas trübe und lehmig; nur bei längerem Ausbleiben des Regens zeigt sich ein klares Hellgrün.

2) Die Zuflüsse der Donau auf dem linken Ufer können nicht bedeutend sein, da der Strom der nördlichen Umgrenzung der ober= deutschen Hochebene so sehr viel näher bleibt als der südlichen. Nur in die Hochfläche der Ober=Pfalz greift das linke Donaugebiet im weiten Bogen nach N. hinauf.

Die größten linken Zuflüsse aus der oberdeutschen Hochebene münden nahe zusammen, alle nicht 20 km voneinander, in der Gegend von Regens= burg. Am westlichsten die Altmühl mit südöstlichem Laufe, der aber mit einem gen S. geöffneten Bogen schließt, in einem schmalen, steilhängigen Thale des fränkischen Jura; dann die Nab — von welchem Gebirge? — mit südlicher Richtung; am östlichsten der Regen, in einem flachen, gen S. ge= öffneten Bogen westwärts den bayrischen Wald durchfließend. Seine Quell= bäche kommen von Rachel und Arber (86, 6).

3) Am meisten vergrößert wird die Donau durch die rechten Zuflüsse, lauter Alpenflüsse, darunter einer aus dem innersten Herzen des Alpensystems. Alle diese Flüsse haben ein breites, kiesreiches Bett und einen reißenden Lauf, so daß selbst die größten nur mit Flößen befahren werden können. Ihre Farbe ist die grüne oder bläulichgrüne aller Alpenwasser.

a) Die Iller, aus den Vorarlberger Alpen, mündet bei Ulm; durch sie wird die Donau für größere Kähne fahrbar.

b) Der Lech, eben daher; er bildet seit alters die Grenze zwischen den Volksstämmen der Bayern und Schwaben; links fällt ihm die Wertach zu. Lechfeld.

c) Die besonders schöne grüne, reißende Isar aus den bayrischen Alpen, mit welcher Hauptrichtung? Sie empfängt die Abflüsse mehrerer bayrischer Alpenseeen, entweder unmittelbar (wie den des Walchensees), oder durch ihren größten Nebenfluß, die Ammer. Letztere durchströmt den Ammersee und empfängt den Abfluß des schönen Würm= oder Starnberger Sees, dessen Nordhälfte schon im reizenden Hügellande liegt. — Im untern Laufe hat die Isar Möser zur Seite und zeigt Hang zur Inselbildung.

d) Der Inn entspinnt sich aus kleinen Gebirgsseeen und durchströmt das 70 km lange Muldenthal des Engadin; dies ist selten breiter als 2—3 km, an manchen Stellen so eng, daß der Fluß die ganze Thalbreite einnimmt. Dennoch ist es mit seinen vielen stadtähnlichen Dörfern eins der angebautesten und reichsten Alpenthäler. Im NO. bei Finstermünz, an der Tiroler Grenze wird das Thal so eng, daß eine kurze Brücke mit einem alten Thore in der Mitte seine Ränder verbindet. Von Landeck an durchfließt der Inn ein tief einge= schnittenes, schroffes Längenspaltenthal. Dann folgt das Querthal, in welchem er die nördlichen Kalkalpen durchbricht, bis Kufstein. Unter den zahlreichen Alpenflüssen, die ihm zugehen, merke rechts die Ziller. Ihr Thal, das Ziller= thal, ist in seinem obersten Teil eins der schönsten in Tirol. Mit einer Wendung nach N. bricht der Inn in einem neuen Querthale zwischen den bayrischen und Salzburger Alpen durch und empfängt in der Hochebene den Abfluß mehrerer Seeen: links des Tegernsees und Schliersees, rechts des Chiemsees, der wegen seiner Größe auch wohl „das bayrische Meer" genannt wird.

Der Hauptzufluß des Inn ist die wasserreiche Salzach, an deren Ufern alle Herrlichkeiten der Gebirgsnatur sich den Reisenden aufthun. An der Nordseite der Tauern fließt sie aus mehreren Alpenbächen oder Achen zusammen; darunter die Krimmler Ache mit einem prachtvollen Wasser= fall. In einem nicht allzu engen, stellenweise sogar sumpfigen Thale, dem auch aus Volksliedern bekannten Pinzgau, strömt die Salzach zwischen den Tauern und den Salzburger Alpen ziemlich ruhig nach O. Links und rechts stürzen ihr Alpenbäche zu, rechts die Gasteiner Ache.

Eine Kunststraße führt den Reisenden an der Gasteiner Ache hinauf, durch den schauerlichen Paß Klamm in ein sanftes Alpenthal, das erst in seinem Hintergrunde, wo die Ache entspringt, wilde Gebirgsnatur wieder annimmt. Hier liegt beinahe 1000 m über dem Meere, zwischen mächtigen Alpenriesen, das Wildbad Gastein, dessen Häuser zu beiden Seiten eines prächtigen, mehrere aufeinander folgende Felsstufen überschäumenden Was= sersturzes der Ache hingestreut sind. Heiße Quellen sprudeln hier seitwärts der Ache.

Verfolgen wir den Lauf der Salzach weiter, so dreht sich diese bald nach der Aufnahme der Gasteiner Ache nach N. und durchbricht in einem engen Querspalt, zwischen Steilwänden von mehr als 1000 m eingeengt, die nördlichen Kalkalpen. Die engste Stelle, wo der Fluß kaum für die Heer= straße Raum läßt, ist der Paß Luegg. Ein ganzes Heer kann hier durch geringe Mannschaft zurückgehalten werden. An einer andern Stelle hat der Fluß entgegenstehende Felsmassen in einzelne Felsenpfeiler zerwaschen und braust unterirdisch zwischen ihnen durch (die Öfen der Salzach).

Der durch die Salzach bedeutend verstärkte Inn ist bei seiner Mün= dung in die Donau bei Passau breiter und wasserreicher als diese, vermag sie jedoch nur auf eine kurze Strecke aus ihrer Richtung zu drängen, weswegen denn auch der Name des kleineren Flusses dem Gesamtstrom erhalten bleibt.

e) Die Traun, deren Gebiet das Salzkammergut (§ 86, 2, a) ist, kann sich als Seeenfluß mit der Salzach in großartigen Gebirgsseeen an ihren Ufern messen. Der von ihr durchflossene See von Hallstadt ist dem Königssee ähnlich. An seiner Westseite hängen übereinander getürmt die Häuser von Hallstadt an den Felsen; rings umher hohe und schöne Wasser= stürze. Weiterhin fließt die Traun an dem durch seine Solbäder bekannten Ischl vorüber und nimmt dann von linksher den Abfluß des schönen Sees von St. Wolfgang auf, an dessen Nordufer sich der Schafberg, 1800 m, der „österreichische Rigi", erhebt. Man übersieht von seiner Höhe eine Menge nahegelegener Alpenseeen, selbst die Hauptkette der Alpen. Nach kurzem Laufe tritt die Traun nun in den Traunsee, der mit seinem Nord= ende in das Hügelland reicht, sonst aber mit mächtigen Bergen umsetzt ist; darunter das wunderlich geformte Traunstein. Bei dem Städtchen Gmun= den am Nordende verläßt die Traun den See, macht kurz darauf noch einen Fall und wendet sich dann nordöstlich der Donau zu.

f) Die Enns, welche zuerst ein Längenthal, dann ein Querthal durch= fließt, ganz ähnlich der Salzach, windet sich oberhalb ihrer Kniebiegung schäumend durch die berühmte Felsenge des Gesäuses und unterhalb jener durch die Kluftenge von Groß=Raming.

g) Die Leitha, an der Grenze des Donau=Tieflandes.

[Bayern, § 101, 1, a bis g.
Erzherzogtum Österreich, § 103, 1 und 2.
Salzburg, § 103, 3.
Tirol und Vorarlberg, § 103, 8.]

4) Nahe vor der Preßburger Bergpforte, durch welche die Do= nau in die oberungarische Ebene hinaustritt, empfängt sie links die bedeutende March. Wo kam dieser Name schon vor? Das Gebiet dieses Flusses ist die Hügellandschaft Mähren, im O. durch die Kleinen Karpaten vom Donau=Tieflande geschieden, im W. von Böhmen durch die mährische Höhe. Im N. ziehen die Sudeten, an denen die March entspringt. Sie vereinigt mit sich alle mährischen Gewässer (unter denen die Taya [tája] mit der Schwarzawa das bedeutendste ist), durchfließt im Mittellaufe die Hanna, eine hügelige fruchtbare Ebene, und tritt im Unterlaufe, vielfach sich teilend und nur mühsam vorwärts dringend, in die österreichische Ebene ein, deren nördlicher Teil nach ihr das Marchfeld genannt wird. Dies ist die Ausgangspforte aus Mähren nach Österreich, daher eins der großen Schlachtfelder von Deutschland und Europa. Denn hier kämpften Römer und Markomannen, Karl der Große mit den Ava= ren, Ottokar von Böhmen mit Rudolf von Habsburg, Napoleon mit dem Erzherzog Karl.

[Mähren, § 103, 10.]

§ 88.
Das süddeutsche Rheingebiet.

Während die Donau nur teilweise zu Deutschland gehört, ist der Rhein von der Quelle bis zur Mündung von Menschen deutschen Stammes umwohnt und wegen seiner Stattlichkeit, seiner klaren grünen Flut, seiner reizenden Uferstrecken und seiner Reben, wegen seiner Bedeutung in Geschichte und Sage unser schönster Strom.

Der Oberlauf des Stromes wird von der Quelle bis Basel gerechnet — der Mittellauf von Bonn bis zum Meere. Welche Strecke ist die längste, welche die kürzeste?

Ober-Rhein nennt man den Oberlauf zusammen mit dem nach Ober-Deutschland fallenden Teile des Mittellaufes, etwa bis Mainz. Man kann ihn in drei Stücke gliedern, von denen die beiden ersten den Oberlauf umfassen, das dritte dem Mittellaufe angehört, näm-lich: 1ᵃ) Von der Quelle bis zum Bodensee. 1ᵇ) Vom Bodensee bis Basel. 2) Von Basel bis Mainz.

1ᵃ) Am Ostabhange des St. Gotthard, Rhaeticarum Alpium inaccesso ac praecipite vertice, um mit Tacitus zu reden, bilden eine Menge von Alpenbächen, welche von den Umwohnern allesamt Rhein genannt und durch Zunamen unterschieden werden, unsern Strom. Als Hauptquellfluß sieht man den Vorder-Rhein an, dessen Quellen aus tauendem Gletschereis in Höhen von 2000 m und darüber sich bilden. In ihn ergießt sich der Hinter-Rhein, in dessen Thal durch die Via mala die Splügenstraße vom Comersee herabführt. Dicht neben der Brücke des Dorfes Reichenau vereinigen sich, scharf auf ein-ander prallend, die Brüder. Bis hierher ist der Vorder-Rhein 60 km im Längenthale nach NO. geflossen mit einem Gefälle von mehr als 1300 m. Bald hinter Reichenau und Chur wendet er sich nach N. und fließt 75 km in einem Querthale in dieser Richtung bis zum Boden-see fort. Das Bett ist auf dieser Strecke breit, aber nicht tief, voller Kies und Steine, auch — namentlich bei hohem Wasserstande — sehr veränderlich. Ja, es läßt sich ziemlich bestimmt nachweisen, daß der Strom früher durch den Wallen- und den Züricher See geflossen ist und sich mit der Aare oberhalb ihrer jetzigen Mündung vereinigt hat. Die Wasserscheide zwischen dem Rhein und dem ersten der ge-nannten Seen ist noch jetzt an einer Stelle nur 6½ m hoch, und wiederholt haben nur die Anstrengungen der Uferbewohner den Rhein verhindert, in sein altes Bett zurückzukehren.

Der Bodensee, in dessen Südostende der Rhein eintritt, 400 m über dem Meere, ist 480 qkm (9 □.-M.) groß, an den tiefsten Stellen

an 300 m tief, hat klares, grünliches Wasser und wird von anmu=
tigen Gestaden umgürtet. Seine nordwestliche Zunge wird der Über=
linger See genannt; in diesem liegt das reizende Inselchen Mai=
nau. Der ganze See bildet einen so großen Kessel, das nach
Berechnung der Rhein über zwei Jahre nötig hätte, um denselben
— würde er plötzlich leer — wieder zu füllen.

1^b) Bei der Stadt Konstanz tritt der Rhein, nachdem er im
See seine Flut geklärt hat, aus dem Bodensee heraus, um gleich dar=
auf den Zeller= oder Untersee zu bilden, den man gewöhnlich, aber
mit Unrecht, als einen Teil des Bodensees ansieht. Dies kleinere
Wasserbecken ist nicht tief und besonders zwischen der Insel Reiche=
nau und dem nördlichen Ufer sehr seicht. Bei Stein hat sich der
See wieder zum Flusse zusammengezogen, der auf Schaffhausen
losgeht und von dort — das einzige Mal in seinem ganzen Laufe! —
nach S. fließt, dann aber wieder westwärts bis Basel. Zwischen
Schaffhausen und Basel durchbricht der Rhein den Jura und wird
links von Jurahöhen, rechts von den Abhängen des Schwarzwaldes
begleitet; auf dieser Strecke giebt es daher in Menge Wasserfälle,
Strudel, Stromschnellen. Der berühmteste Fall ist bei dem Schlosse
Laufen, 3 km unterhalb Schaffhausen. Über eine quer sein Bett
durchsetzende Felswand fällt der Strom, 100 m breit, durch einen
Felszacken aus Jurakalk gespalten, etwa 20 m tief herab. Auch die
kleinen Fälle bei Laufenburg sind sehr malerisch. Die Zuflüsse
rechts sind unbedeutend, aber links mündet in den Fluß die Aare,
welche dem Rhein die Abflüsse der Schweizer Seeen zuführt und ihn
dadurch fast um das Doppelte vergrößert.

Die Aare entströmt dem mächtigen Aaregletscher am Finsteraar=
horn. Ihr Gebiet (und das ihrer ersten Zuflüsse) ist das viel besuchte und ge=
priesene Berner Oberland. Im Haßli=Thal fließt die Aare selbst und
bildet den prächtigen Fall an der Handeck. Mit schon beträchtlicher Wasser=
masse stürzt die Aare in einen 70 m tiefen Felsenschlund und schießt im Fallen
mit einem von links her in denselben Schlund stürzenden Gletscherbach zusam=
men. Weiterhin bildet sie die Seeen von Brienz und Thun; zwischen beiden
in reizender Lage Interlaken (inter lacus). Zwischen beiden Seeen em=
pfängt die Aare links die Lütschine (gebildet aus zwei Quellbächen: der
Weißen Lütschine, von S. aus dem Lauterbrunnen=Thal, in welches
aus einer Höhe von 265 m der Staubbach herabfällt, und der Schwarzen,
von O. aus dem Thal von Grindelwald kommend). Aus dem Lauter=
brunnen=Thal steigt man in das von Grindelwald über die Wengern=Alp,
welche einen wundervoll erhabenen Blick auf die hier ganz nahe Jungfrau ge=
stattet. Auf dem westlichsten Punkte ihres Laufes nimmt die Aare den Abfluß
zweier Seeen auf, die am Ostabhange des Jura liegen: des Sees von Neu=
châtel und des von Biel: in letzterem die Petersinsel. In der zweiten
Hälfte ihres Laufes wird sie durch den Jura in die Richtung nach NO. ge=

zwungen. Nicht gar weit vor ihrer Mündung empfängt sie rechts dicht neben=
einander ihre größten Zuflüsse Reuß und Limmat.

a) Die Reuß strömt vom St. Gotthard nach Norden; in ihrem Thale
steigt die große Heerstraße aus Italien nach Deutschland herab. Fluß und
Straße durchziehen zuerst das sanfte liebliche Urseren [ürseren]=Thal, wo
der zweite von der Furka herabströmende Quellbach der Reuß sich mit dem
Hauptbache vereinigt. Durch das Urner Loch ist die Straße 65 m durch
Granitfelsen gesprengt und zieht dann an der tobenden Reuß weiter und bald
über die Teufelsbrücke. „Es schwebt eine Brücke, hoch über den Rand der
furchtbaren Tiefe gebogen." Der Gegensatz zwischen dem milden Reiz des
obern und der schroffen Wildheit des untern Thales in der Gegend der Teufels=
brücke ist ergreifend. (Vergl. Schillers Berglied und seine schöne Beschreibung
der Gotthardstraße im 5. Akt des Tell.) Wenig abwärts liegt Göschenen,
wo der 15 km lange, bis Airolo durch den Berg hindurchgeführte St. Gott=
hard=Tunnel beginnt. Endlich gelangt der Fluß unweit des Fleckens Alt=
dorf zu dem Vierwaldstätter See. Zwischen den sogenannten drei Wald=
stätten oder Urkantonen der Schweiz, Schwyz, Uri, Unterwalden, und
dem westlicheren Kanton Luzern krümmt sich derselbe in verschiedenen Buch=
ten und Zipfeln hin und her; seine Ufer sind bald wild, schroff und steil, bald
sanft und anmutig. Die Schiffahrt hier, wie bei vielen andern Schweizer Seeen,
wegen plötzlicher Windstöße (der Föhn) gefährlich. Unterhalb des Vierwald=
stätter Sees strömt der Reuß auch noch der Abfluß des Zuger Sees zu.
Da, wo Aare und Reuß sich vereinigen, lag die blühende Römerstadt Vindo=
nissa; an das Mittelalter erinnert unweit davon die Ruine Habsburg.

b) Mehrere Alpenflüsse, unter denen die Linth vom Töbi der größte,
schütten ihr Wasser in den schon einmal — wo? — erwähnten Wallen= oder
Wallenstädter See. Der Abfluß desselben war früher unregelmäßig
und versumpft; jetzt führt der Linthkanal seinen Abfluß in den schönen
Zürcher See (4 km breit, 46 km lang); die sanft ansteigenden Ufer
desselben sind mit Ortschaften und Häusern wie übersäet; unterhalb der
Einengung bei Rapperswyl liegt die kleine Insel Ufnau, auf welcher
Ulrich von Hutten starb. Am NW.=Ende des Sees tritt die krystallhelle
Limmat heraus, um geradeswegs der Aare zuzufließen.

2) Von Basel an durchfließt der Rhein in vielen kleineren
Krümmungen, sandige Werder bildend und erst von Straßburg ab
in ein tiefes und schiffbares Bett gesammelt, die oberrheinische
Tiefebene. Dieser äußerst fruchtbare und gesegnete Landstrich von
durchschnittlich 35 km Breite hat das mildeste Klima in Deutsch=
land. Kirschen, Pflaumen, Aprikosen blühen in der ersten Hälfte des
April; Anfang Juni reifen die Kirschen. Links wird die Tiefebene
vom Wasgau, rechts vom Schwarzwald und Odenwald be=
grenzt. Sie ist durch einen gewaltigen Erdeinsturz zwischen den beider=
seitigen Gebirgen, deren Innenseiten daher schroff abfallen, ent=
standen. Vordem erfüllte sie ein Meeresarm, später ein See, aus
welchem der Rhein bei Bingen abfloß.

a) Der Wasgau (infolge seltsamer Verderbung des lateinischen Vo-
segus Vogesen, französisch: les Vosges [wösch] genannt) beginnt im Süden mit
dem schon einmal erwähnten welschen Belchen oder Ballon d'Alsace,

1300 m (§ 81 Anf.); der Sulzer Belchen, 1400 m, und der wegen schöner Aussicht berühmte Odilienberg (30 km von Straßburg) liegen östlich vom Hauptrücken, der nach N. zu immer breiter und niedriger wird, kuppelförmige Gipfel zeigt und nach Osten weit steiler als nach Westen abfällt. Der Wasgau endigt im Norden an dem Rheinzuflusse Lauter. Nördlich von der Lauter erhebt sich die Hardt, auch wohl Pfälzergebirge genannt, ein schönes Waldgebirge mit anmutigen Thälern und zahlreichen Burgruinen (die Kaiserburg Trifels). Als nördlicher Grenzpfeiler der Hardt ragt der Donnersberg. Die höchste Erhebung seines breiten, tafelförmigen Rückens, der Königsstuhl, 700 m, ist der höchste Punkt des ganzen Gebirges. Gegen die Rheinebene fällt die Hardt steil ab, nach W. als Hochfläche allmählich zu wellenförmigen Hügeln. Gegen NW. liegt zwischen dem rheinischen Schiefergebirge und der Hardt das Steinkohlengebirge der Saar. Der Ostabhang des Wasgaus, besonders aber die Hardt tragen beliebte Weine (Forster, Deidesheimer u. s. w.).

b) Große Ähnlichkeit mit dem westlichen begleitenden Zuge hat der östliche, der Schwarzwald, von den prächtigen düstern Tannenwäldern so genannt. Er zerfällt in zwei Abteilungen: die südliche vom Rhein bis zur Murg, die nördliche von da bis zum Neckar. Der südliche Teil ist der höchste. Am höchsten erheben sich Feldberg, 1500 m, und deutscher Belchen, 1400 m, beide nur 14 km auseinander. Nach dem Rhein fällt das Gebirge steil ab; schnell verwandelt sich hier dasselbe in die Traubenhügel des edlen Markgräfler Weins, und sein Abhang trägt hier neben dem gewöhnlichen deutschen Obst Nußbäume, selbst Mandeln und süße Kastanien. Nach O. zu allmählicher Abfall und Zusammenhang mit dem schwäbischen Jura (§ 86, 3, b). N. w. von dem höchsten südlichen Teil des Schwarzwaldes dicht am Rhein liegt das ganz abgesonderte kleine Gebirge des Kaiserstuhls, 600 m, eine Gruppe steil aufsteigender Basaltberge, mit Weinbergen bedeckt. Der nördliche Teil des Schwarzwaldes ist ein niedriges, flachwelliges, angebautes Hügelland, das sich jedoch am Nordrande, nahe dem Neckar, wieder bedeutender erhebt und mit dem Königsstuhl über Heidelberg endet.

Wie der westliche Gebirgszug s. von der Lauter eine Senke hat, so hat sie auch der östliche, und zwar südwärts des Neckarburchbruchs. Der Hardt entsprechend, erhebt sich n. des letzteren der breite Rücken des Odenwaldes, mit steilem Abfall zum Rhein und breiten, freundlichen Thälern, überhaupt in milderen und sanfteren Formen. Der Katzenbuckel am Südostrande mißt 600 m, — der niedrigere Melibocus oder Mälchen, am Westabfall, gewährt eine schöne Aussicht in die Rheinebene bis an den westlichen Gebirgsrand derselben.

Der ganze Zug ist stark bewohnt, der Schwarzwald von armen, aber genügsamen und zufriedenen Menschen. Sie fällen und flößen Holz, arbeiten Schwarzwälder Uhren, flechten Strohhüte, brennen Kohlen u. s. w. Die ganz hölzernen Häuser liegen zerstreut auf dem Gebirge, keine Hütte ist ohne plätschernden Brunnen, der im Sommer zum Milchbehälter dient, und nicht selten steht eine kleine Kapelle daneben mit einem Glöckchen zum Morgen- und Abendgebet.

c) Sowohl vom westlichen als vom östlichen Bergrande der rheinischen Tiefebene kommen eine Menge Flüßchen herab: die vom Schwarzwalde fließen alle nordwestlich und unter einem sehr spitzen Winkel mit dem Rhein zusammen. Wir nennen die Elz mit der Dreisam, deren oberes Thal das wildeste, und die Murg, deren Thal das schönste im Schwarzwalde ist.

Beide Thäler bilden auch die militärisch sehr wichtigen Hauptpässe, das erste die Hölle, eine östlich am Feldberge durchführende Straße, das zweite den nach der nahen Berghöhe Kniebis benannten Paß. Etwas links vom Murgthale liegt ein kleiner Gebirgssee, wie es deren auf dem Schwarzwalde mehrere giebt, der durch Sagen bekannte „Mummelsee", etwa 1000 m über dem Meere.

Unter den linken Zuflüssen ist die Ill vom Jura, welche dem Rhein längere Zeit parallel fließt, der bedeutendste.

[Baden, § 101, 3.
Elsaß-Lothringen, § 101, 5.
Pfalz, § 101, 1, b.]

§ 89.
Neckar- und Mainland.

Die beiden größten Nebenflüsse des Rheins von rechts her sind Neckar und Main.

1) Der Neckar entspringt am Schwarzwalde, etwa 10 km von Donaueschingen, bespült in nach O. ausgreifendem Bogen den Nordwestabhang des schwäbischen Jura, beugt sich aber in dem Unter= laufe so nach NW., daß Quelle und Mündung unter ziemlich gleichem Meridian liegen. Auf dieser nordwestlichen Beugung durchbricht er mit reizenden Uferpartieen (Neckarsteinach mit seinen vier Bur= gen) den östlichen Bergrand der oberrheinischen Tiefebene, tritt bei Heidelberg in diese selbst ein und mündet bei Mannheim. Links empfängt er die Enz vom Schwarzwalde, durch welche er schiffbar wird — rechts Kocher und Jagst. Diese Zwillingsflüsse, die ihre Namen ihrem hastigen Laufe verdanken, kommen vom Herbtfelde (§ 86, 3, b), bleiben sich in ihrem Laufe immer ziemlich nahe und münden auch dicht bei einander. An der untern Jagst hatte der Ritter Götz von Berlichingen seine Burgen.

2) Der Main entspringt unter dem Namen des Weißen Main am Ostabhange des Ochsenkopfes, 2 km von dem ehemaligen, jetzt in ein Torfmoor verwandelten Fichtelsee (§ 86, 5), und vereinigt sich in der Nähe von Kulmbach mit dem Roten Main, der aus den Vorhöhen des fränkischen Jura kommt. Der Gesamtmain hat durch= aus westliche Richtung, aber der Umstand, daß Quelle und Mündung nur 222 km voneinander liegen, während der ganze Lauf 600 km lang ist, zeigt, welche Krümmungen der Strom macht. Zerlege den Fluß von Kulmbach an also: a) Nach SO. offener Kreisbogen, von Kulmbach bis Bamberg. b) Nordwestliche Richtung von Bamberg bis Schweinfurt. c) Dreieck mit offener Seite nach N. d) Viereck auch mit offener Seite nach N. e) Westsüdwestliche Richtung von Hanau

bis zur Mündung. Der Teil des Mainthales, in dem der Main zwischen dem Spessart und Odenwalde hindurchzieht, ist eine der malerischesten Flußpartieen von Deutschland.

a) Auf der linken Seite ist das Gebiet des Mains durch den fränkischen Jura von dem der Donau geschieden. Der größte Zufluß ist die Regnitz, welche, entstanden aus dem Zusammenflusse der Rednitz und der Pegnitz, lahnbar bei Bamberg mündet. Unterhalb der Einmündung der Pegnitz, an welcher Nürnberg liegt, fließt in die Regnitz die rasche Wiesent. Diese durch= eilt ein äußerst romantisches Thal des fränkischen Jura, welches kühne und wundersame Kalk= und Sandsteingebilde, eine Menge alter Burgen, merk= würdige, durch die Menge fossiler Tierknochen bekannte Tropfsteinhöhlen, z. B. bei Muggendorf und Gailenreuth, darbietet. Das ist die so= genannte fränkische Schweiz. — Schon Karl der Große dachte daran, Donau und Main vermittelst der Regnitz und der Altmühl (§ 87, 2) zu ver= binden; König Ludwig I. von Bayern hat diesen Plan in dem Ludwigs= oder Donau=Main=Kanal ausgeführt.

Ein anderer linker Zufluß des Mains ist die Tauber, die bei Wert= heim an der Südseite des Main=Vierecks mündet.

b) Das Gebiet auf dem rechten Ufer wird im N. durch folgende Gebirge begrenzt: α) Vom Fichtelgebirge an nordwestlich zieht der Frankenwald, gegen 650 m hoch, bis zur Quelle des Mainzuflusses Itz. Dort beginnt der Thüringer Wald, der aber vom Maingebiete durch das Werrathal und β) die vorliegenden Henneberger Höhen geschieden wird. Auf ihnen ist das alte Grafenschloß Henneberg noch als Ruine zu sehen. Von diesem Höhenzuge strömt zum Main die fränkische Saale, welche an der Nord= westspitze des Main=Dreiecks mündet. Die Gegend an der obern Saale hieß vor alten Zeiten das Grabfeld; hier lagen bedeutende Güter der alten deut= schen Könige. Man sieht noch Trümmer der Königsburg Salz oder Salze, wo Karl der Große Hof hielt. Weiter hinab liegt in ihrem Thale das Bad Kissingen. γ) Auf dem rechten Saaleufer erhebt sich die Rhön, eine sehr zerklüftete Hochfläche von 700 m Erhebung, aus welcher eine Menge Basalt= kegel noch um einige hundert Meter höher aufsteigen. Die Abhänge sind mit schönem Laubwald bedeckt, während der Rücken der östlichen Gebirgshälfte nur sumpfige Wiesen darbietet. Der besuchteste Berg ist der Kreuzberg im S., 900 m; in seiner obersten Region ein gastfreundliches Franziskanerkloster mit Wallfahrts=Kirche; auf dem baumlosen Gipfel ein hohes Kreuz. Der höchste Gipfel der Rhön ist aber die Große Wasserkuppe an der Fulda= quelle 940 m hoch; weithin durch ihren sargähnlichen Steilrücken in dem w. kuppenreichen Teil des Gebirges kenntlich, die Milseburg. Zum Main fließt die Kinzig hinab. δ) Im SW. des Rhönflusses Fulda erhebt sich der Vogelsberg, ein kleines, durchweg basaltisches Gebirge, fast nur ein einziger Berg von der Form eines flachen abgestumpften Kegels, der auf seiner vom Buchengrün des Oberwaldes geschmückten, teilweise jedoch auch von Sumpfwiesen bedeckten Scheitelfläche den 800 m hohen Taufstein trägt. Strahlenförmig ziehen von der Höhe nach allen Seiten Flußthäler hinab, zum Main das Nidda; ein rechtes Nebenflüschen derselben, die Wetter, giebt der umliegenden kornreichen Landschaft den Namen Wetterau.

c) Die genannten Gebirge bespült der Main nicht unmittelbar; zwei Waldgebirge umschlingt er aber im eigentlichen Sinne. Zwischen der Regnitz und der Ostseite des Main=Dreiecks zieht sich der Steigerwald; das Main=

Viereck wird vom Spessart (d. h. Spechtshart, Spechtswald) eingenommen, der nur durch das Mainthal vom Odenwald geschieden wird und auf der ent=gegengesetzten Seite der Rhön nahe kommt. Der Spessart ist ein waldiges, rauhes Hügelland, noch nicht 600 m hoch. Seine engen Thäler und unabseh=baren Wälder dienten noch in unserem Jahrhundert Räubern zum Versteck (Schinder=Hannes); jetzt findet man dort nur redliche arme Leute in kleinen Dörfern wohnen.

3) Die Gebiete des Neckar und Main bilden das von Hügel=reihen durchzogene schwäbisch=fränkische Stufenland. Es liegt bedeutend niedriger als die oberdeutsche Hochebene, in welcher das Donaubett um volle 300 m höher als der Spiegel des Neckar liegt. Auch Franken liegt höher (Nürnberg fast 325 m über dem Meeres=spiegel) und hat daher nicht ganz so mildes Klima, wie das liebliche Hügelland, einer der schönsten und fruchtbarsten Striche in Deutsch=land. Wein gedeiht in den Thälern des Neckar, der Tauber, des Main; in der Umgegend von Wertheim und Würzburg am besten (Stein= und Leistenwein).

[Hohenzollern, § 98, 12, f.
Württemberg, § 101, 2.
Hessen (Süd=), § 101, 4, a.]

§ 90.
Das rheinische Schiefergebirge.

1) Nachdem der Rhein die oberrheinische Tiefebene verlassen, bricht er sich in einem zackigen Querthale durch den hier sehr breiten Rand des kontinentalen Gebirgsdreiecks. Einst hat der Strom auch auf der Strecke von Bingen nach Bonn mehrere große Seebecken ge=bildet: das Thalbecken zwischen Koblenz und Andernach, einst von dem größten dieser Seeen gefüllt, teilt die Thalspalte des Rheins in eine nördliche und südliche Hälfte. Man nennt die Bergmassen zur Rechten und Linken des Rheins mit besonderen Namen; aber sie ge=hören ihrer ganzen Bildung nach zu einander und bilden zusammen das rheinische Schiefergebirge, welches, gegen 380 km von SW. nach NO. lang und 160 km breit, durchschnittlich 400 m über dem Meere liegt. Der allgemeine Charakter des Gebirges ist der einer wellenförmigen Hochfläche mit tief eingefurchten Thälern; nur am Südrande treten bestimmte Bergreihen auf. So wie das Querthal des Rheins das Gebirge in den Ostflügel und Westflügel zerschneidet, so zerschneiden es die Längenthäler der Lahn und Mosel in eine südliche und nördliche Hälfte. Thonschiefer bildet das Hauptgestein, in welchem man nicht selten Spuren früherer vulkanischer Thätig=keit findet.

A. Auf dem Westflügel der ganzen Gebirgsmasse, links vom Rhein, zieht a) der Bergzug des Hunsrück, im SW. Jdarwald und Hochwald genannt, auf der Höhe rauh und unfruchtbar, auf den Kanten und Abhängen, nach den Flüssen zu, mit herrlichen und gesegneten Strichen eingefaßt. Der Erbeskopf, 800 m, der höchste Punkt im Westflügel. b) Nordwestlich vom Hunsrück dehnt sich die weite, einförmige und öde Hochfläche der Eifel aus, im äußersten NW. das Hohe Veen [senn] genannt. Das letztere ist ganz gipfellos mit ausgedehnten Hochmooren; die übrige Eifel ist zwar auch im ganzen eben, jedoch mehrfach von erloschenen Feuerspeiern und Basaltkegeln überragt, von denen der höchste die Hohe Acht, 750m hoch, ist. Nicht weit vom Rhein liegt auf der Eifel der Laacher See, von erloschenen Kratern umgeben, ein Mittelpunkt ehemaliger vulkanischer Thätigkeit. c) Die große Westhälfte des Westflügels bildet der von dem Querthale der Maas durch= brochene breite Hochrücken der Ardennen mit steilhängigen Thälern, meist mit schönen Laubholzwäldern, aber auch mit kahlen, rauhen und moorigen Strichen, wo viele Kilometer weit kein Baum und Strauch zu sehen ist. Diese Dürftigkeit der Oberfläche wird durch reiche Steinkohlenlager im Innern er= setzt. Noch viele Wölfe.

B. a) Im Ostflügel, welcher den Rhein bedeutend weiter hinunter begleitet, entspricht der Kette des Hunsrück das schöne Waldgebirge des Tau= nus, von den Anwohnern die Höhe genannt. Hier ragen nebenein= ander die höchsten Kuppen: der Große und der Kleine Feldberg und der Altkönig; der erste, 900 m, ist die höchste Erhebung des ganzen Schiefer= gebirges. Die Spitze des Altkönigs führt zum Gedächtnis des deutschen Sängers den Namen Uhlandshöhe. Der Abfall zum Rhein und zur Lahn ist steil, ohne Thalsohle; gegen den Main zwar auch schroff geneigte Ränder, aber zwischen ihnen und dem Flusse eine schön angebaute Ebene; besonders ziehen sich die reichsten Obsthaine (darunter auch hier noch Kastanien und Mandeln) an diesem Südfuße hin. Der ganze Taunus ist überaus reich an heilkräftigen Mineralquellen; am Südabhange: Schlangenbad, Schwal= bach, Wiesbaden, Soden, Homburg; am Nordabhange: Ems und Selters. Reste der Römerzeit und Burgen des Mittelalters, am meisten die Rheinseite selbst, geben dem lieblichen Taunus besondere Reize; herrlich zumal der äußerste SW.=Vorsprung des Gebirges gegenüber von Bingen: der Niederwald, den das großartige „Nationaldenkmal" schmückt. b) Nörd= lich vom Taunus, entsprechend der Nordfläche der Eifel, dehnt sich die des Westerwaldes, meist rauh und kahl; ihren schönen, nordwestlichen Vor= sprung bildet das Siebengebirge (bis 450 m hoch), welches, von Bonn aus gesehen, sich am Rhein in sieben stolzen Gipfeln (woher der Name) sich aufzubauen scheint; in Wahrheit sind es ihrer natürlich viel mehr. Schöner Laubwald schmückt die teils aus grauschwarzem Basalt, teils aus lichtgrauem Trachyt bestehenden Berge. Der letzte derselben thalab, nicht der höchste, aber der steilste, ist der trachytische Drachenfels, der sich dicht am Rhein mit stolz und schön gezeichnetem Umriß erhebt. Eine Bergbahn führt bequem hinauf. Gegenüber trägt ein Vorsprung der Eifel die Ruine Rolandseck: im Rhein gegenüber liegt eine reizende Insel, auf der früher das Kloster Nonnen= werth (Schauplatz der Sage, die Schiller im Ritter Toggenburg benutzt hat) stand. c) Im N. knüpft sich durch den Gebirgsknoten des Eder [ebber]= kopfes an den Westerwald die Kette des Rothaar= oder Rollagerge= birges, steil nach SO., in Verzweigungen zum Rhein abfallend. Nach NO. ziehend endigt es in der 600 m hohen kalten Hochfläche von Winterberg.

aus welcher der kegelförmige Astenberg noch 200 m höher ansteigt. Nach NO. setzen andere Hochflächen das Schiefergebirge mit den Gebirgen an der Weser in Verbindung. Das erzreiche Bergland, das sich vom Rotlagergebirge w. gegen den Rhein hin erstreckt, führt den Namen Sauerland (d. i. Süderland). Am äußersten Nordrande gegen das Tiefland zieht sich (n. der Ruhr) der noch 300 m hohe, waldlose, aber steinkohlenreiche Haarstrang.

C. Das enge Querthal, in welchem der Rhein im Zickzack sich windet, mit seinen schroffen (seltener waldbedeckten) Schieferhöhen, seinen Neben= hügeln, Burgen, den oft aus der Römerzeit stammenden schieferdachigen Städten, ist die Strecke, welche alljährlich von einer Legion Reisender besucht wird. Von Mainz bis Bingen fließt der Rhein nach W. Rechts dehnt sich unterhalb Mainz der eigentliche Rheingau bis zum Niederwald aus. Auch zu diesem führt von Rüdesheim eine Bergbahn hinauf.

Bei Bingen beginnt der Durchbruch, früher war hier die durch Felsen unter dem Wasser gefährliche Stromschnelle des Binger Loches; jetzt ist die Stelle nach Sprengung der Klippen ungefährlich. Im Rhein der Mäuse= turm, wo der Sage nach Erzbischof Hatto von Mainz von verfolgenden Mäusen verzehrt wurde; es war aber ein Maut= oder Zollturm. Wir merken noch links: die Burg Rheinstein, durch Prinz Friedrich Karl von Preußen hergestellt; das alte Bacharach mit vielen Burgen in der Nähe (oberhalb die Burgruine Stahleck); die altertümlichen Orte Oberwesel und St. Goar, Boppard. Bei Rense versammelten sich einst die Kurfürsten des Reiches auf dem Königsstuhl, einem von sieben Gewölbpfeilern gestützten Hochsitz, um den neugewählten König dem Volke zu zeigen. Jetzt zeigt ein, zum Teil aus Resten des alten Königsstuhls zusammengesetzter Neubau noch die Gestalt des alten Nationalheiligtums. Weiter hinab Burg Stolzenfels, durch Friedrich Wilhelm IV. hergestellt, Koblenz, Andernach, die Mündung des Ahrthales, die prächtige gotische Appollinariskirche und Bonn.

Rechts: Rüdesheim, Bingen gegenüber, Aßmannshausen, Kaub; dabei im Rhein die sogenannte Pfalz. Weiter abwärts, Oberwesel gegenüber, die sagenberühmte Lurlei (d. i. Lauerfels), an welcher zuweilen unvorsichtig gelenkte Schiffe zerschellt sein mögen, was dann „mit ihrem Singen die Lorelei gethan". Um die Mündung der Lahn schöne Ruinen; endlich das majestätische Siebengebirge. Der Rhein verläßt sein Durch= bruchsthal so prachtvoll, wie er es betreten hat.

Von dem Rheinthale zwischen Mainz und Koblenz hat das Wort „Am Rhein, am Rhein, da wachsen unsre Reben" besondere Geltung; die gegen rauhe Lüfte gut geschützte Lage gerade dieses Teiles unseres Rheinthales und der für Sonnenhitze so empfängliche dunkle Schieferboden desselben (vergl. § 74, a Ende) erzeugen den edeln Trank. Unter den vielen Weinorten merke: Hochheim, noch nicht im eigentlichen Rheingau, bei der Mainmündung, Johannisberg, Geisenheim, Rüdesheim, Aßmannshausen.

2) Die Zuflüsse des Rheins von der Mainmündung bis zur Tiefebene bilden Längenthäler im Schiefergebirge, welche in den Quellengegenden sanft, gegen die Mündung hin tief und steil ein= geschnitten sind.

Rechts: a) Die Lahn, vom Ederkopf erst gen O., dann gen S., dann zwischen Taunus und Westerwald gen WSW. fließend. b) Die Sieg, auch vom Ederkopf, zwischen Westerwald und Sauerland. c) Die Wupper bildet ein tiefes Thal des Sauerlandes mit dichtgedrängter, gewerbfleißiger Be=

völkerung. d) Die Ruhr begrenzt das Sauerland im N.; Mündung ſchon im Tieflande. o) Die Lippe hat ihre ſehr ſtarke Quelle am Weſtabhange des Teutoburger Waldes bei Lippſpringe, begleitet dann aber (in einiger Entfernung) den nördlichen Rand der rechtsrheiniſchen Abteilung des Schiefer= gebirges, den Haarſtrang, mit ihrem linken Ufer; das rechte, wie die Mün= dung, gehören dem Tieflande an. Sie ſind alle mit Ausnahme der Wupper auf kürzere oder längere Strecken ſchiffbar.

Links: a) Die Nahe, zwiſchen Pfälzergebirge und Hunsrück, mündet bei Bingen. b) Die Moſel, der größte linke Nebenfluß des Rheins nächſt der Maas, die indes erſt in das ſogenannte Rhein=Delta mündet, entſpringt nicht weit vom welſchen Belchen (§ 88, 2, a), durchſtrömt die vom Was= gau rechts, Argonnen links, Sichelbergen (§ 81 Anf.) im S. begrenzte hügelige Hochebene von Lothringen. Schon lange ſchiffbar, windet ſie ſich zwiſchen Hunsrück und Eifel in einem äußerſt tief eingeſchnittenen Thale in höchſt auffallenden Krümmungen hindurch. Sie beſpült z. B. einmal die eine Seite eines Berges, macht einen Bogen von ein paar Stunden und berührt zurückkehrend nun auch die andere Seite. Ihr Thal, auch durch ſeine lieblichen Weine bekannt, bietet überaus romantiſche Partieen. Ihr größter, auch ſchiffbarer Nebenfluß iſt rechts die Saar vom Wasgau. c) Die Ahr, welche oberhalb des Siebengebirges mündet, iſt weniger wegen ihrer Größe als wegen ihres wildgroßartigen Thales zu nennen, das ſie mit den merk= würdigen Windungen in die Eifel eingeſchnitten hat. Die Ahrbleicherte, vorzüglich der glühende Walporzheimer, ſind beliebte Rotweine.

3) Den weſtlichſten Teil des Schiefergebirges durchzieht ein be= deutender Strom, der mit dem Rhein zuſammen mündet. Die Maas entſpringt am Oſtrand der Hochfläche von Langres, unweit der Sichelberge. Sie fließt durch die Hochebene von Lothringen mitten zwiſchen Moſel= und Marnegebiet hin, durchſchneidet in einem tiefen Thale die ganze Breite der Ardennen, und hat, beſonders von Namur (wo ſie links die Sambre aufnimmt) bis Lüttich, ſchöne Ufer. Unweit Maaſtricht tritt ſie in das Tiefland und empfängt die aus dem Hohen Veen kommende Roer [rúr] — alſo auf welchem Ufer?

[Luxemburg, § 105, V.
Rheinprovinz, § 98, 12, a bis e.
Weſtfalen, § 98, 10.]

§ 91.
Das heſſiſche, Weſer- und thüringiſche Gebirgsland mit dem Harz.

1) Gewöhnlich ſagt man, die Weſer bilde ſich aus zwei Flüſſen, Werra und Fulda. Die Werra iſt jedoch der Hauptfluß und wird nur darum von der Aufnahmeſtelle der Fulda ab Weſer genannt, weil von da ab an ihren Ufern niederdeutſch geredet wird und die niederdeutſche Form für Werra Weſer lautet (aus niederdeutſch wiſar= aha, d. i. Wiſar= oder Weſer=Fluß, wurde oberdeutſch wirar-aha,

Wirra- oder Werra-Fluß. Die Werra fließt da, wo Thüringer-
und Franken-Wald zusammenstoßen, aus verschiedenen Quellbächen
zusammen und begleitet dann in anmutigem Thale den ganzen südwestlichen Abhang des Thüringer Waldes. Auf der linken Seite
schließen das Thal die Henneberger Höhen und die Rhön. Wechselnde
Richtung? Am Nordwestende des Thüringer Waldes empfängt sie
rechts die Hörsel, zuerst Leine genannt, mit der Nesse. Von der
Hörsel geht seit dem 14. Jahrhundert der Leinekanal über Gotha
zur Nesse, und da in diesen Kanal auch ein Arm der Apfelstädt,
eines Nebenflusses der Gera, geleitet ist, so findet hier eine Wasser-
verbindung des Weser- und Elbgebietes statt. Die Hörsel hat am
rechten Ufer den in den deutschen Sagen so oft genannten Hörselberg (der treue Eckart, der Tannhäuser) und tritt in der thüringischen Pforte zwischen dem Thüringer Walde und den sogenannten
Werragebirgen zur Werra. Das Werragebirge und rechts den Rand
des Eichsfeldes begleitet in anmutigen Partieen die Werra bis zur
Vereinigung mit der Fulda. Von der Rhön herabkommend bringt
diese unter anderen Zuflüssen besonders die starke Eder vom Eder-
kopfe mit.

　　Die untere Werra, die Fulda und Eder mit ihren Zuflüssen bewässern die fruchtbaren und stark bewohnten Thäler des Hügellandes von
Hessen, einer noch nicht 300 m hohen Ebene, die von schön bewaldeten, meist
basaltischen Höhen unterbrochen wird. Nur auf den letzteren und den un-
grenzenden Gebirgen, wie auf den noch zum rheinischen Schiefergebirge gehörenden Anteilen, ist das Klima rauh; an der obern Eder z. B. gedeiht weder
Korn noch Obst in rechter Weise. Von jenen waldigen Höhen ist bemerkenswert der vereinzelt liegende Meißner, unweit des linken Werrausers, ein
breiter Sandsteinrücken, aus dessen Westseite mehrere Basaltberge bis zu
750 m aufsteigen, und der Habichtswald w. von Kassel.

[Hessen-Nassau, § 98, 11.
Hessen (Nord-), § 101, 4, b.
Waldeck, § 100, 6.]

　　2) Der von Münden an Weser genannte Fluß hat noch mehr
als 150 km weit bergige schöne Ufer; seine Zuflüsse sind, außer der
Diemel (links), unbedeutend. Die Wesergebirge, ein Gesamt-
name für viele einzelne Berggruppen und Bergzüge, sind meist noch
nicht 500 m hoch. Sie bilden die äußerste Spitze des oft erwähnten Gebirgsdreiecks, den äußersten Vorsprung der deutschen Mittelgebirgslandschaft, der wie ein Keil in das norddeutsche Tiefland
vorgeschoben ist. Da sie wallförmig aus dem Tieflande zu einer
ansehnlichen relativen Höhe ansteigen, machen sie auf das Auge
einen bedeutenderen Eindruck, als manches an sich höhere Gebirge.

a) Östlich von der Weser fällt ziemlich steil gegen das Weserthal der Solling ab, von prächtigen Forsten bedeckt. Nach O. und SO. ziehen verbindende Reihen zu Harz und Eichsfeld; nach N. zu zwei andere Waldgebirge, Deister und Süntel.

b) Vom Deister und Süntel zieht sich nach NW. ein Bergzug, welcher anfangs dem rechten Weserufer parallel läuft, bis die Weser mit einer Biegung nach NO. in der breiten Weser-Scharte (Porta westfalica) 5 km oberhalb Minden hindurchbricht. Den rechten, niedrigeren Thorpfeiler bildet der Jakobsberg, den linken, höheren der Wittekindsberg, 200 m über dem Weserspiegel. Links setzt sich der Zug unter dem Namen der Mindener Berge noch 50 km weit nach NW. fort, als der nördlichste deutsche Höhenzug von einiger Bedeutung.

c) Südlich davon, westlich von der Weser setzt sich an das Rotlagergebirge die gen N. gerichtete Kammhöhe der Egge an, von welcher der Osning ausgeht, gewöhnlich mit dem bei römischen Schriftstellern vorkommenden Namen Teutoburger Wald genannt, ein mit herrlichen Buchenwäldern bestandener Kamm, der gen NW. niedriger und kahler wird. Der höchste Punkt ist der Velmer Stoot, im äußersten SO., 470 m, und nahe dabei (s. von Detmold) die Grotenburg, 388 m, ein waldumkränzter Berg, dessen abgerundeter freier Gipfel das „Hermannsdenkmal" trägt. Westlich von Osnabrück verläuft der Kamm in das Flachland. Zwischen dem Teutoburger Wald und der etwa 50 km entfernten Weser Hügelland; eine vorragende Kuppe mit schöner Aussicht ist der 500 m hohe Köterberg bei Pyrmont.

Das Gebiet der mittleren Weser ist der Schauplatz wichtiger Ereignisse gewesen. Wenn auch der Sieg, der unser Vaterland von Rom befreite, Armins Sieg über Varus (9 n. Chr.), nicht im, sondern südlich vom Teutoburger Wald an der oberen Lippe erfochten ist, so kämpften doch dieselben Deutschen unter Armin in den nächstfolgenden Jahren in den Wesergebirgen ihre blutigen Schlachten gegen Germanicus und fast 800 Jahre später ihre Nachkommen, die alten Sachsen, ebenda gegen Karl d. Gr.

[Lippe, § 100, 4.
Schaumburg-Lippe, § 100, 5.]

3) Thüringen, das östliche Nachbarland von Hessen, besteht aus einem südlichen Gebirge (dem Franken- und Thüringer Wald), und einem ihm nordwärts vorgelagerten Hügellande, an dessen Nordgrenze sich wiederum ein Gebirge (der Harz) erhebt. Nur im W. gehört Thüringen noch dem Wesergebiet an, sonst demjenigen der Elbe, durch die (thüringische) Saale, den östlichen Grenzfluß Thüringens.

a) An den Frankenwald setzt sich — wo? (§ 89, 2, b) — mit nordwestlichem Zuge der Thüringer Wald an, im SO. mehr ein Höhenrücken, im NW. jedoch ein entschiedenes Kammgebirge, über dessen Rücken (wie über den des Frankenwaldes) der Rennsteig läuft, ein bald mehr, bald weniger deutlich erhaltener uralter Grenzweg (Rainweg, woraus Rennweg oder Rennsteig) zwischen Thüringen und Franken. Die eintönigen Fichtenwälder des Frankenwaldes machen hier, besonders an den Bergabhängen und gen NW. den schönsten Laubwäldern Platz, und die Tiefe der Thäler deckt üppiger Wiesengrund. Das ganze Gebirge gehört zu dem Lieblichsten, was Mittel-Deutschland aufzuweisen hat. Die höchsten Kuppen, der Beerberg und der Schneekopf, fast 1000 m hoch, liegen im Südostteile des Gebirges;

gegen das Nordwestende hin ragt mit kahler Kuppe, wie eine Insel über die niedrigen bewaldeten Berge der Nachbarschaft sich erhebend, der wegen der schönen Aussicht ins Thüringerland mit Recht gerühmte Inselsberg, 900 m, empor.

b) Das thüringische Hügelland ist eine wellenförmige Hochfläche von durchschnittlich 200 m Höhe mit beckenartiger Senkung gegen Erfurt als Mittelpunkt hin, aber mit dem Wasserabfluß in n. ö. durchbrechenden Thälern. Gegen die im W. und O. begrenzenden Flüsse Werra und Saale fällt sie in steilen Rändern ab. Aufgesetzt sind der Hochfläche einzelne isolierte Höhen und mehrere Bergzüge, die von Nordwesten nach Südosten streichen, wie Hainleite und Finne, von denen n. das inselartig sich erhebende, von der Sage gefeierte Kyffhäuser Gebirge (§ 92, 4, b) liegt. Im W. erhebt sich das thüringische Hügelland zu der über 300 m hohen, rauhen und armen Hochfläche des Eichsfeldes, die Thüringer Wald und Harz verbindet.

4) Der Harz.

Der Harz, ein dem Thüringer Wald in seiner Längenerstreckung ungefähr paralleles Massengebirge (§ 23, 3), besteht vorwiegend aus Grauwacke, aus der zwei größere Granitinseln (Brocken und Ramberg) und die Porphyrmasse des Auerberges emporsteigen. Der höchste Berg, der Brocken, liegt nicht weit vom Nordrande und ist 1100 m hoch. Sein breiter Gipfel (5 km im Umfang) war den alten Deutschen ein heiliger Ort. Die alten Sachsen mögen manche Gefangene auf den Granitblöcken des Brockengipfels geschlachtet haben. Bei vordringendem Christentum haben die Helden hier noch im geheimen ihren Gottesdienst gehalten und zu ihrer Sicherheit die Märchen ausgesprengt, welche immer noch nicht ganz aus dem Volksglauben verschwunden sind (1. Mai: Walpurgisnacht, Reichstag und Tanzfest des Teufels und der Hexen auf dem „Blocksberg"). Was westlich vom Brocken liegt, ist der Ober-Harz, der seine Wasser meist zur Weser schickt, mit einer Mittelhöhe von 650 m. Er ist vielfach kahl und rauh oder auch mit Nadelholz bedeckt, reich an Eisenerz und silberhaltigem Bleierz, aber nicht so schön als der östlich vom Brocken gelegene, zum Elbgebiet gehörige Unter-Harz. Dieser hat eine Mittelhöhe von 500 m, meist Laubholz, und enthält zum großen Teil die Menge bald wilder, bald reizender Partieen, die mit Vorliebe unzählige Reisende jährlich nach dem Harze ziehen. Die höchsten Spitzen im Unter-Harz sind der Ramberg, mitten im Gebirge, als Aussichtspunkt Victorshöhe genannt, und der Auerberg nahe am Südrande, als Aussichtspunkt Josephshöhe genannt. Der Südwest- und Nordostfuß sind scharf abgeschnitten, aber sowohl in das thüringische Hügelland als in das nördliche Tiefland hinein ziehen in Zwischenräumen parallele Bergketten und bewaldete Hügel. Der Nordwestfuß verliert sich in Hügellandschaften bis zur Leine, der Südostfuß in das mansfeldische Hügelland. Viele Bewohner nährt der Bergbau und das Hüttenwesen, denn der Harz hat einen vorherrschend bergmännischen Charakter. „Wo nicht der Bergmann sein Fäustel schwingt und der Hüttenmann Erze schmelzt, begegnet man dampfenden Kohlenmeilern, Waldarbeitern aller Art und einsamen Hirten, welche die mit volltönenden Glocken geschmückten Viehherden weit in die Wälder hineintreiben. Andere Harzer nähren sich mit Spinnen des in den nördlichen Vorlanden des Harzes gebauten Flachses, verkaufen in der Ebene Holzwaren, Vögel u. s. w. und verdingen sich als Arbeiter." Ein echter Oberharzer Bergmannsspruch: „Es grüne die Tanne, es wachse das Erz. Gott gebe uns allen ein fröhliches Herz."

[Sachsen-Weimar, § 99, 2.
Sächsische Herzogtümer, § 99, 3 bis 5.
Reußische Fürstentümer, § 99, 6.
Schwarzburgische Fürstentümer, § 99, 7.]

§ 92.
Die nordösilichen Gebirge.

1) Die Reihe der nordösilichen Gebirge beginnen wir wiederum bei dem Fichtelgebirge. Sie werden von der Elbe durchbrochen, während die Oder den nordösilichen Hang im Tieflande weithin begleitet.

a) Im NO. schließt sich an das Fichtelgebirge eine hügelige Hochfläche mit tiefen Thälern, welche den Verkehr sehr erschweren. Es ist das vogtländische Bergland mit dem Elstergebirge, von der Zwickauer Mulde im O., von der Saale im W. eingeschlossen.

b) Von der Zwickauer Mulde bis zum Sandsteingebirge der sächsischen Schweiz zieht das Erzgebirge, dessen höchste Punkte Keilberg, 1230 m, und Fichtelberg, 1200 m, im f. w. Teile liegen. Nach SSO. fällt es sehr steil ab und erscheint hier als der schroffe Rand einer von der entgegengesetzten Seite her sehr allmählich ansteigenden Erhebung. Hochebene, nur durch Thaleinschnitte unterbrochen, ist der Charakter der nördlichen Seite, auf welcher die Abdachungen, welche man wohl auch unter dem Namen des sächsischen Berglandes zusammenfaßt, 70—80 km weit in das Tiefland sich hinein erstrecken. Durch seinen Reichtum an Metallen, besonders Silber, gehört das Erzgebirge unter die bevorzugten Gebirge in Deutschland. Die Bevölkerung ist dichter, als in irgend einem deutschen Gebirge. Daher zeigt sich viel Armut, trotz reger Betriebsamkeit, das Leben zu fristen (Spitzenklöppeln, Hausierhandel mit Nußbutten, Holzwaren u. f. w.). Besonders hoch steigt die Not, wenn in diesen rauhen Strichen einmal das Hauptnahrungsmittel, die Kartoffel, nicht gedeiht.

c) Das Elb-Sandsteingebirge ist eine 400 m hohe, meist bewaldete Sandsteinfläche, welche die Elbe quer durchbricht und zahlreiche Seitenbäche derselben seitlich durchfurchen. So sind die platten Gipfel, die schluchtenartigen Thäler, die kühnen Vorsprünge entstanden, welche dieser vielbesuchten Gegend den Namen „sächsische Schweiz" eingetragen haben. Die vorzüglichsten Punkte sind links (von der Elbe): der Bieler-Grund und der 200 m über dem Elbspiegel aufragende Königstein, der auf seinem geräumigen Gipfel eine früher für uneinnehmbar geltende Festung trägt, ein Tafelberg, wie deren diesem Sandsteingebirge eigentümlich sind; — rechts: das Prebischthor, ein 20 m hoher und breiter Felsenbogen, der Große Winterberg, eine 550 m hohe Basaltkuppe mit schöner Aussicht, das Felsenthor des Kuhstalles; der Tafelberg Lilienstein, dem Königstein gegenüber, die Bastei, schroff von der Elbe aufsteigend mit kühner Felsbildung und der Uttewalder Grund, ein anmutiges Felsthal.

d) Das Lausitzer Gebirge bis zur Lausitzer Neiße im O. ist eine breite Hochfläche, aus der sich einige Gipfel, wie der Jeschlenberg, zu 1000 m erheben. Im S. sind mehrere vereinzelt liegende Basaltkegel vorgelagert.

[Königreich Sachsen, § 99, 1.]

2) Die **Sudeten** bilden den langen Bergzug, welcher an der schlesisch=böhmischen Grenze von NW. nach SO. sich hinzieht. Ihre Hauptteile sind:

a) Das **Isergebirge** zwischen Neiße und Queis, ein öder, mooriger Kamm, ganz mit Wald bedeckt, mit der Tafelfichte am Ostende, 1100 m.

b) Das **Riesengebirge** bildet seiner Hauptmasse nach zwischen Queis= und Boberquelle zwei Kämme. Der nördliche Hauptkamm, auf dem die Grenze zwischen Schlesien und Böhmen läuft, hat eine Mittelhöhe von 1300 m. Aus seiner breiten, mit moorigen Wiesen und Knieholz bedeckten Platte erheben sich die felsigen Kegel der höchsten Riesengebirgsberge. Von W. nach O. der Reifträger, das Große Rad (zwischen beiden die zwei Schneegruben, zwei in den Granit der Gebirgswände gerissene schroffe Schluchten): die Große und Kleine Sturmhaube, das Kleine Rad. Alle diese Kuppen sind mit wild durcheinander geworfenen Granitblöcken überschüttet. Weiter nach O. erhebt sich auf dem breiten Gipfel des Seifenberges noch ein steiler Felsenaufsatz von 160 m; ein schmaler ausgehauener Pfad leitet zu dem abgerundeten Gipfel der Schnee= oder Riesenkoppe, die mit 1600 m die höchste Erhebung des deutschen Mittelgebirges, überhaupt Norddeutschlands, bezeichnet. Zwei Gesteinregionen stoßen hier aufeinander, denn die Schneekoppe ist aus Glimmerschiefer aufgetürmt. Daher klaffen von allen Seiten steile Abgründe um den Berg. Oben steht eine runde nach dem heil. Laurentius benannte Kapelle und zwei Wirtshäuser. Der rauhe, wilde Charakter, den besonders der Hauptkamm des Gebirges trägt, erklärt es wohl, daß es in der Volkssage als das Gebiet eines neckischen, tückischen, nur selten gütigen Berggeistes angesehen wird. (Der Herr vom Gebirge: Rübezahl.) Der südliche Kamm, der Ziegenrücken, hängt an beiden Enden mit dem Hauptkamme zusammen und wird in seiner Mitte von der Elbe in einer tiefen Schlucht durchbrochen. Der Kessel zwischen beiden Kämmen heißt die Sieben Gründe. Im N. ist zwar an einigen Stellen niedriges Bergland vorgelagert (der sagenreiche Kynast), aber meistens steigt das Gebirge aus den 300 m hohen Ebenen von Greiffenberg, Warmbrunn und Schmiedeberg rasch empor, und der Anblick einer so riesigen Gebirgsmauer ist von hier aus wahrhaft majestätisch. Die Gegenden am Fuße des Riesengebirges sind stark bewohnt; auf dem Gebirge selbst liegen zahlreiche Bauden zerstreut, hölzerne Hirtenhäuser, die zugleich als Wirtshäuser dienen; einzelne sind auch im Winter bewohnt.

c) Das **Waldenburger Bergland**, zwischen Bober und Weistritz, verbindet Riesen= und Eulengebirge, hebt sich im Heidelberge bis 950 m und erscheint als eine Einsattelung in dem Gesamtzuge der Sudeten. Die Schweidnitzer Hochfläche hat nur 400 m Erhebung. Darum vermittelt sie vorzugsweise die Verbindung von Böhmen und Schlesien (vergl. den Siebenjährigen Krieg und den Feldzug von 1866).

d) Das **Glätzer Bergland** besteht aus einer rechteckigen hügeligen Fläche, welche von höheren Randgebirgen umgeben ist. Der dem Riesengebirge zugekehrte Nordwestrand ist der niedrigste und erscheint den benachbarten Kämmen gegenüber als Einsenkung; in ihm giebt es seltsame Sandsteinbildungen (gleichartig denen der sächsischen Schweiz), welche bei dem Dorfe Aderbach ein wahres Felsenlabyrinth bilden; in schmalen Schlüften wandert man zwischen Felswänden, die an 30 m schroff aufsteigen; der Zuckerhutfelsen steht mit dem spitzeren Ende in dem Spiegel eines Baches und kehrt die breite Seite nach oben. Die gleiche phantastische Gestaltung der Felsen wiederholt

sich in noch größerer Ausdehnung bei dem Dorfe Wedelsdorf. Der Süd=
westrand des Glatzer Kessels zeigt beträchtliche Erhebungen, so die oben tafel=
förmige Heuscheuer, welche aus tiefen Abgründen schroff zu 900 m empor=
steigt. Am höchsten erhebt sich der Südostrand, in welchem der Schneeberg
1400 m mißt; an seinem Südfuße entspringt die March (87, 4); an seinem
Nordfuße die Glatzer Neiße. Diese eilt mit wildem Gefälle nach dem
Nordostrande, durch den sie sich in der Spalte bei Wartha einen Weg
gebahnt hat. Vom linken Ufer des Neißedurchbruchs bis zum Waldenburger
Bergland zieht sich das Eulengebirge, in der Hohen Eule bis 1000 m
sich erhebend. In dem etwa 400 m hohen Innern die Heilquellen Landeck,
Reinerz, Ludowa.

c) Das mährische Gesenke ist das östlichste Glied der Sudeten und
von den Beskiden (§ 80 Auf.) durch eine breite Einsattelung geschieden. Die
höchste Erhebung des lang gestreckten Höhenrückens ist die sanft gerundete
Kuppe des 1500 m hohen Altvater. Den Namen „Gesenke" (Jesenik d. i.
Eschengebirge) trägt es von den unterhalb des Nadelholzwaldes ziemlich
häufigen Eschen.

Nach N. und O. ist den sudetischen Zügen ein bergiges Vorland
vorgelagert, aus dem sich zahlreiche isolierte Basalthöhen erheben, wie
der Zobten, 690 m, 15 km östlich von der Schneekoppe. Die nach
NO. laufenden Sudetenflüsse fallen der Oder zu, die am südlichen
Ende des Gesenkes entspringt und bei Ratibor schiffbar wird; so die
schon erwähnte Glatzer Neiße, die Weistritz, die Katzbach mit
der Wütenden Neiße (Blücher am 26. August 1813: „Bei Katz=
bach an dem Wasser, da hat er's auch bewährt") — der Bober mit
dem Queis. Diese beiden letztgenannten Flüsse umschließen mit
ihren Thälern den höchsten und rauhesten Teil des Riesengebirges;
zum Quellgebiete des obern Bober gehören der Zacken (mit dem
Zäckerle, der einen schönen Fall bildet) und der Kochel, dessen
ebenfalls berühmtem Falle es nur in der Regel an Wasser fehlt. Die
Lausitzer Neiße endlich ist der letzte Oderzufluß an den Sudeten,
deren nordwestlichen Teil sie von dem Lausitzer Gebirge scheidet. —
Alle genannten Flüsse, welche sich erst im Tieflande mit der Oder ver=
einigen, sind in ihrem Wasserstande das Jahr hindurch äußerst ver=
schieden und führen in starkem Gefälle dem Oderbette eine Menge
Geröll zu, durch das oft Sandbänke entstehen. Daher ist die Oder=
Schiffahrt mit vielen Schwierigkeiten verknüpft.

[Schlesien (preußisch), § 98, 6.
Schlesien (österreichisch), § 103, 11.]

Im S. sind den Sudeten zwei große Hügelländer vorgelagert.
Das östliche, Mähren, das Gebiet der March, ist schon § 87, 4
betrachtet: im W. ist Mähren durch die sanft gerundete Hochfläche
der mährischen Höhe von Böhmen, dem zweiten Hügellande, ge=
schieden. Dieses, ein Stufenland mit (wenn auch nicht lückenlos) es

einfassenden Randgebirgen, besteht im Innern aus drei großen Stu=
fen, welche deutlich gesondert von Süden zum Elbthale hinabstei=
gen. Der Wasservorrat sammelt sich in der Elbe, welche an einer
niedrigen Stelle des Randes sich den Durchbruch erzwungen hat. Hü=
gelgruppen, oft von nicht geringer Höhe, durchziehen das böhmische
Binnenland, welches viele schöne Kornauen, Obstpflanzungen, dazu
große Waldungen und am Nordrande ergiebige Bergwerke hat.

Der Ursprung der Elbe liegt nächst dem des Rheins unter den Quellen
deutscher Ströme am höchsten, über 1300 m. Auf dem Südabhange des nörd=
lichen Riesengebirgskammes strecken sich Moore, dort Wiesen genannt; viele
Quellen treten aus ihnen hervor, andere sickern unter der dünnen Pflanzen=
decke der Wiesen. Auf der Elbwiese nun, südlich vom Großen Rade, gilt ein in
Stein gefaßter Born als Elbquelle: andere strömen zu, und so entsteht der
Elbbach oder Elbseifen, der bald nachher einen 65 m hohen, doch nicht sehr
wasserreichen Fall in eine Schlucht macht. Von O. her rauscht ihm das noch
einmal so starke Weißwasser entgegen, das auf der Weißen Wiese im SW.
der Schneekoppe entspringt und die Gießbäche der Sieben Gründe mit sich ver=
einigt hat; dann erst durchbricht der Bergfluß den s. Kamm. Gieb die wech=
selnde Richtung der so entstandenen Elbe in Böhmen an. Vom Iserkamme her
geht ihr die Iser zu — auf welchem Ufer? — Vom Böhmer Walde die zuerst
in einem Gebirgsthale südöstlich, dann nach N. über die Terrassen des Binnen=
landes hinabströmende Moldau. Sie ist bei der Vereinigung breiter und
wasserreicher als die Elbe, macht diese erst schiffbar, folgt aber der von dersel=
ben eingeschlagenen Richtung nach NW. Vom Fichtelgebirge kommt die Eger.
Da, wo Elbe und Eger sich vereinigen, in der Gegend von Leitmeritz, ist das
böhmische Paradies, ergiebig an Getreide und Wein. Im N. der untern Eger,
durch das Bielathal vom Erzgebirge geschieden, ragt das böhmische Mit=
telgebirge mit einer Menge schöngeformter, isolierter Basaltkegel, darunter
der wegen seiner Aussicht berühmte Millschauer 840 m, der höchste Basalt=
kegel, den man überhaupt kennt. Eine Menge heißer Mineralquellen weist
wie das Vorkommen des Basaltes auf vulkanische Thätigkeit hin.
[Böhmen, § 103, 9.]

4) Das Durchbruchthal der Elbe ist schon § 92, 1, c geschildert.
Das sächsische Bergland begleitet die Elbe bis Meißen und bildet an=
genehme, hügelige Ufer. Damit endigt der Mittellauf: gieb seine
wechselnde Richtung an! Bei Meißen tritt die Elbe in das Tiefland
ein, in welchem sie noch bedeutende Zuflüsse aufnimmt, die mit einer
größeren oder geringeren Strecke dem Oberlande noch zugehören und
deshalb hier aufzuführen sind.

a) Rechts die Schwarze Elster aus den Vorbergen des Lausitzer
Gebirges.

b) Links α) die Mulde. Ihre beiden Quellflüsse, die westliche oder
Zwickauer und östliche oder Freiburger Mulde, bilden mit ihren Zu=
flüssen (worunter die wilde Zschopau zur östlichen Mulde) im eigentlichen
Erzgebirge wilde, tief eingeschnittene, im sächsischen Berglande äußerst lieb=
liche und anmutige Thäler. Ziemlich am Ausgange des Berglandes vereinigen
sich beide Mulden. Der Fluß geht nun, immer noch mit starkem Fall und

deßhalb bei Überschwemmungen sehr gefährlich, der Elbe zu, welche er unterhalb Dessau erreicht. β) Aus dem Herzen Deutschlands, vom Fichtelgebirge, strömt die **Saale**. Sehr ausgedehnt ist ihr fast überall fruchtbares Flußgebiet. Ihr Thal, anfangs zwischen Frankenwald und vogtländischem Hügellande, dann am thüringischen Hügellande vorbei, ist besonders von Saalfeld an äußerst anmutig. Bei dem Solbade Kösen tritt sie durch eine schmale, militärisch wichtige Pforte in das Tiefland. Aber auch noch auf dem Unterlaufe erheben sich an einzelnen Punkten isolierte kleine Berggruppen, besonders Porphyrfelsen, so bei Weißenfels, ferner dicht unterhalb Halle (wo rechts auf steilem Felsen die Trümmer des Giebichenstein, einer einst starken Burg der magdeburgischen Erzbischöfe, durch Ludwigs des Springers sagenhaften Sprung bekannt) und bei Wettin und Rotenburg. Etwa 35 km unterhalb der Muldemündung ist die der Saale.

Rechts ist das Saalgebiet wegen der einengenden Mulde nicht sehr ausgedehnt. Die **Weiße Elster**, aus den nach ihr benannten Bergen (§ 92, 1, a), hat im Verhältnis zu ihrer Lauflänge nur wenige Zuflüsse; am bedeutendsten rechts die Pleiße. In ihrem Oberlaufe führt die Elster Perlmuscheln. Bis Zeitz, wo sie in das Tiefland eintritt, bildet sie ein sehr anmutiges Thal und fließt in zwei Armen oberhalb Halle in die Saale.

Links begreift das Saalgebiet zuerst mehrere Flüsse vom Nordostabhange des Thüringer Waldes. Die **Schwarza** erwähnt man wegen ihres wilden und schönen Thales, in welchem das Schwarzschloß der Schwarzburger Fürsten, die Schwarzburg liegt. Ein Seitenbach eines linken Schwarza-Zuflusses führt uns in ein überaus still-trauliches Seitenthal, in welchem die malerischen Ruinen des Klosters Paulinzelle. Bedeutender als die Schwarza ist die **Ilm** vom Beerberge (§ 91, 3, a): ihre Mündung oberhalb der Kösener Pforte. Nicht weit unterhalb dieser Pforte mündet der wasserreichste Zufluß, der die Saale erst eigentlich groß und schiffbar macht, die **Unstrut**. Vom Eichsfelde herab strömt sie nach SO. und empfängt vom Thüringer Walde die starke Gera. Nun wendet sie sich nach NO. und windet sich in der Pforte von Sachsenburg und Heldrungen zwischen Bergzügen des Thüringer Hügellandes hindurch. Links nämlich fallen zwei parallele Bergzüge zu ihr ab, welche durch das Thal der zur Unstrut fließenden Wipper geschieden sind: südlich die Hainleite, mit kräftig-schönen Forsten, nördlich das Kyffhäuser-Gebirge, 500 m, das wieder durch die Goldene Aue, das üppige Thal des Unstrutzuflusses Helme, vom Harze deutlich geschieden ist. Die ausgedehnten Trümmer der alten Kaiserburg Kyffhausen ziehen viele Besucher auf den zur Ruine steil aufsteigenden Bergkamm. Sage vom „alten Barbarossa". Den rechten Flügel der Sachsenburger Pforte bildet der waldige Zug der Finne und Schmücke, welcher am südöstlichsten Ende die Kösener Pforte bildet. Die Unstrut fließt unterhalb ihres Durchbruchs wieder nach SO. in einem überaus anmutigen Hügellande mit schöner Wiesenumsäumung; hier die Ruinen der alten Kaiserpfalz, nachherigen Klosters Memleben, wo die sächsischen Kaiser oft geweilt, die Klosterschule Roßleben u. a. Zwischen Freiburg und Naumburg vereinigt sie sich mit der Saale.

Die Saale empfängt etwa 30 km oberhalb ihrer Mündung vom Harze die wasserreiche schnellfließende Bode. Bei ihrem Durchbruche in das Tiefland durcheilt diese am Ausgange des Harzes die schauerlich schöne Felsenge der Roßtrappe (die unter allen deutschen Gebirgspartieen am ehesten eine Vergleichung mit den Alpen zuläßt), macht in der Ebene große Krümmungen und nimmt andere Harzflüßchen in sich auf. So links die Holzemme vom

Brocken und rechts die Selke, deren sanft liebliches Thal berühmt ist. Darin der Badeort Alexisbad, das schön gelegene Hüttenwerk Mägdesprung, die wenigen Reste der Stammburg Anhalt; nicht weit vom Ausgang das wohlerhaltene Ritterschloß Falkenstein.

[Sachsen (preußische Provinz), § 98, 7.]

II. Nieder-Deutschland.

§ 93.
Boden und Gewässer.

Im NW. und NO. des oberdeutschen Mittelgebirges dehnt sich zur Ostsee und Nordsee Nieder-Deutschland aus, das im SW. durch die flandrischen Höhen, hügelige Ausläufer der Ardennen, nur unvollkommen vom französischen, im O. gar nicht von dem großen osteuropäischen Tieflande geschieden ist. Am schmalsten ist Nieder-Deutschland natürlich im W., zumal an der Spitze des europäischen Gebirgsdreiecks (wenig über 150 km), und man unterscheidet danach nach der Abdachung zu Nordsee oder zur Ostsee passend das westliche und das östliche Nieder-Deutschland, beide vielfach verschiedenen Charakters.

1) Das westliche Nieder-Deutschland, die Abdachung am Nordwestrande des Gebirgsdreiecks zur Nordsee, enthält die Schelde, den Unterlauf des Rheins mit dem sogenannten Rhein-Delta, die Ems, die Jade und den Unterlauf der Weser.

a) Die Schelde entspringt auf den letzten Vorbergen der Ardennen. Sie ist ein vollkommener Niederungsstrom, hat wenig Gefälle, wird bald sehr tief und wasserreich und ist durch Kunst fast von der Quelle an schiffbar. Bei Antwerpen trägt sie Seeschiffe. 22 km unterhalb teilt sie sich in die breiten Wasserstraßen Wester- und Oster-Schelde; allein ein Damm, welcher durch die Oster-Schelde gezogen ist, zwingt alles Wasser durch den südlichen Arm, die sehr breite Wester-Schelde, in die Nordsee auszuströmen.

b) Der Rhein, bei Bonn noch 43 m über dem Meere, beginnt schon 150 km von der Küste sich zu teilen; daß in den Verzweigungen gerade der zuletzt schwächste Arm den Namen Rhein behält, ist Zufall und Nebensache. Denn kein deutscher Strom schüttet so mächtige Wassermassen in den Ozean wie der Rhein. Die Inseln, in welche er sein Mündungsland zerschneidet, hat er nicht aufgeschüttet; er hat demnach keine Delta-, sondern eine Ästuarienmündung (§ 25—27 E.).

Der linke Hauptarm, die Baal, empfängt ²/₃ der Wassermasse; dazu führt ihm die Maas (§ 90, 3) noch erhebliche Verstärkung an Wasser zu. Nach der Aufnahme derselben nimmt er den Namen Merwede an und geht in mehreren Armen in das Meer.

Der rechte Hauptarm dagegen behält den Namen Rhein. Nach kurzem Laufe entsendet er die Jssel [eißel] mit dem dritten Teile seiner Wassermasse in den Meerbusen der Zuidersee [seudersee]. Demnach verhalten sich in ihrer Wassermasse Waal, Rhein und Issel wie 6 zu 2 zu 1. Nochmals indessen entzieht dem Rhein die (wahrscheinlich einst künstlich ange= legte) Abzweigung des Leck mehr als die Hälfte seines Wassers, so daß nur ein spärlicher Fluß übrig bleibt, der unter dem Namen „Rhein" (auch „Alter Rhein" genannt) unterhalb Leyden durch ein Schleusenthor in das Meer geht.

In Dämme eingeschlossen, liegt der Spiegel des Rhein in den Nieder= landen so hoch über dem ihn umgebenden Lande, daß er aus demselben keine Zuflüsse mehr aufzunehmen vermag. Als ein Fremder also nimmt der deutsche Strom durch die Niederlande seinen Weg.

c) Die Ems entspringt auf der durch Pferdezucht bekannten Senner Heide, wo die Egge in den Teutoburger Wald übergeht, fließt meist durch ebene, wiesige Gegenden, trägt gegen das Ende ihres Laufes Seeschiffe, tritt in den Dollart (der erst 1277 und 1278 durch das Versinken von 50 Ort= schaften entstand), dann aber als Oster= und Wester=Ems (durch die Insel Borkum geschieden), 6 km breit, also schon meerähnlich, in das Meer. Welche Richtung des Laufes? Unter rechtem Winkel mündet rechts die Hase, von den letzten Ausläufern der Weserberge (§ 91, 2). Dieser Fluß hat das Eigentümliche, daß er im Oberlaufe einen Arm rechts zur Else, einem Zu= flüßchen der in die Weser oberhalb Minden gehenden Werre entsendet, also eine Bifurkation (§ 29 Ende) auf deutschem Boden!

d) Die Jade, ein Küstenfluß von kurzer Entwickelung, mündet in einen nach ihr benannten Busen, der als deutscher Kriegshafen (Wilhelmshaven) an der Nordsee große Bedeutung hat.

e) Die untere Weser empfängt 100 km oberhalb der Mündung rechts ihren größten Nebenfluß, die Aller. Durchaus ein Kind des Tief= landes (Quelle unweit Magdeburg) fließt sie meist zwischen niedrigen Wiesen. Auf dem linken Ufer fallen ihr beträchtliche Zuflüsse aus dem Oberlande zu: die Oker [oder später] aus einem wildromantischen Thale des Ober=Harzes mit der in vielen kleinen Kaskaden vom Brocken stürzenden Ilse, weiter hinab die Leine. Letztere, längeren Laufes als die Aller (bis zur Stelle der beider= seitigen Vereinigung), fließt vom Eichsfeld herab zwischen den Vorhöhen des Harzes und des Solling im lieblichen Hügellande dahin und nimmt mehrere Harzflüsse auf, unter welchen die Innerste die bedeutendste, aber wegen ihrer Überschwemmungen und der großen Menge bleihaltigen Schlicks der gefährlichste ist. — Auf dem linken Ufer empfängt die Weser unterhalb der Allermündung die breite schiffbare Hunte. Von da ab trägt der Strom mit Hilfe der Flut (welche noch in die Hunte tritt) Seeschiffe und zeigt Hang zur Werderbildung, die bis dahin auf seinem ganzen Laufe nicht auftrat.

Die deutsche Küste der Nordsee (welche starke Ebbe und Flut hat) ist so niedrig, daß allein durch Dämme (Deiche) dem Eindringen des Meeres Einhalt gethan werden kann; nur an wenigen Stellen der Halbinsel Holland (zwischen Nord= und Zuidersee) und im N. der dänischen Halbinsel erhebt sich in Dünen ein natürlicher Schutz. Da gilt es derbe und tüchtige Menschenarbeit, um sich vor dem gierigen Meere zu behüten; das gilt es zu beten, wie es in dem alten Spruch der Deichgrafen heißt: „Gott bewahre Damm und Diken, Siel und Bollwark und Sperlüken." Auch die großen Ströme, deren Bett durch Verschlämmung oft höher liegt, als die Umgegend, sind eingedeicht.

Während früher das Meer ungestört wegriß (Dollart, Zuider=
see, Jadebusen im W. der Wesermündung), sucht man jetzt dem
Meere noch Watten, d. i. Sand= und Thonbänke, die zur Ebbezeit
bloß liegen, abzugewinnen; und solche eingedeichte Stellen oder
Polder sind äußerst fruchtbar. — Die Küste ist von der Nordküste
der holländischen Halbinsel an mit einer Kette niedriger Eilande ge=
gürtet, welche als Überreste der alten Festlandsdünen anzusehen sind.

Die Reihe beginnt mit der größten Insel, Tegel [tessel]. Borkum ist
schon genannt. Norderney als Seebad besucht, wie auch das immer mehr
von der See weggespülte Wangeröge. Die Mündungen der Weser und
Elbe scheinen die Inselreihe zu unterbrechen; doch liegt vor der zwischen=
liegenden Landspitze das Inseldchen Neuwerk und 50 km davon, nordwestlich
ins Meer hinein, das in vielfacher Hinsicht merkwürdige Helgoland. Etwa
2 qkm groß, besteht es aus dem Ober= und Unterlande. Auf dem Ober=
lande, der 65 m aus dem Meere ragenden Platte des die kleine dreieckige
Insel bildenden rötlichen Sandsteinfeliens, steht das kleine Städtchen; das
Unterland, ein schmaler Küstenstreif an der Ostseite der Insel, hat glän=
zende Hotels für die Badegäste. Eine Holztreppe führt in die obere Stadt.
1½ km östlich liegt eine große breite Sandinsel im Meere, die Düne; hier
werden die Seebäder genommen („Grön is dat Land, Rod is de Kant, Witt
is de Sand: Dat sind de Wapen van Helgoland"). Die Eingeborenen, ein
Völkchen von ungemischtem, altdeutschem Blut und derber Biederkeit, haben
viele alte Sitten und Gebräuche bewahrt und schätzen ihren Felsen über alle
Länder der Welt.

Auch die Westküste Schleswigs ist bis dahin, wo die zusammenhängen=
den Dünen anfangen, von Inseln begleitet, welche ebenfalls Dünenreste
sind; die größten sind Silt (dänisch: Sylt) und Föhr. Hinter denselben
bilden die Reste alten Marschlandes die niedrigen Halligen. Nicht selten
werden sie von der Flut überströmt; die Häuser stehen deshalb gruppen=
weise auf Erdaufwürfen, die man Wurten nennt; bei großen Stürmen
indes erreicht auch diese das Meer mit grausiger Vernichtung — und doch
geht dem Bewohner nichts über seine Hallig.

Das innere westliche Nieder=Deutschland ist im ganzen eine
wagerechte Fläche, welche, ganz verschieden von der östlichen, keine
großen Waldungen und keine bedeutenden Landseen hat; denn das
sogenannte Steinhuber Meer zwischen Weser und Leine, ein ganz
flacher, des Namens Meer sehr wenig werter Landsee von 31 qkm
Größe, ist eigentlich ein in der Entwickelung begriffenes Moor.
Überaus fruchtbarer Lehmboden ist das Land im ganzen Scheldege=
biete, am unteren Rhein und im sogenannten Rhein=Delta: herrlich
gedeiht hier Getreide und Flachs, auf der holländischen Halbinsel be=
sonders die Viehzucht (holländischer Käse). In den andern Teilen des
westlichen Tieflandes begleitet Marschland (§ 20, 3) nur die Ufer
der großen Ströme und des Meeres; auf diesem durch Deichbauten
dem Wasser erst abgerungenen baumlosen, aber fetten Boden treibt

seit alters der friesische Bauer von Nord-Holland bis West-
Schleswig (Friesland im weitesten Sinne) trefflich Ackerbau und
Viehzucht. Friesisches Rindvieh und friesische Pferde sind berühmt,
nicht minder das holländische Vieh; die Ausfuhr von Butter ist sehr
bedeutend. Bei weitem größeren Raum nimmt das von Niedersachsen
bewohnte Geestland (§ 20, 2) ein, das zwar meist noch den Bau
von Buchweizen, Gerste oder Roggen zuläßt, hie und da aber geradezu
in kahle Sandeinöden, mit Heidekraut überzogen, ausartet; so
zwischen der untern Elbe und der Aller auf der Hochfläche der Lüneburger Heide (§ 93, 2, b) und westlich von der Maas in der Campine bei Antwerpen. Eigentümlich sind ferner die großen Moore,
besonders in der Umgebung der Ems, welche zu den traurigsten
Strichen unseres Erdteils gehören. Sie sind spärlich mit kurzem
schilfigem Moorgras, hie und da mit Binsen überdeckt; überall tritt
braunes, übelschmeckendes Wasser zu Tage. Eine Totenstille ruht
auf ihnen, höchstens unterbrochen durch den Ruf eines Kiebitz oder
durch den klagenden Laut des Moorhuhns. Oft erinnern nur die
geradlinigen Einschnitte der Torfstiche und die Abzugskanäle an die
Nähe der Menschen. Doch liefert die 1—6 m dicke Decke der Torf-
moore in dieser (ebenfalls baumarmen) Gegend ein erwünschtes
Brennmaterial; unter dem Torf hat man öfters wohlerhaltene Baum-
stämme oder gar Spuren von Häusern und Straßen gefunden. Der
durch ganz Deutschland bemerkbare Herauch oder Heiderauch
(eigentlich Heirauch von hei = trocken) steigt aus angezündeten Mooren auf, die man auf diese Weise im Mai oder Juni durch die eigene
Asche düngt, um dann Buchweizen („Heidekorn") in die noch warme
Asche zu säen. Die Moore sind öfters mit Sand umlagert, oder von
Sandstreifen durchzogen; auf den letzteren liegen zuweilen Ortschaften,
von der übrigen Welt ganz abgeschieden und noch ganz alten Gewohnheiten treu (das Saterland im O. der Ems). Zwischen allen geschilderten Erscheinungen des Tieflandes erinnern an die Form des
Felsengebirges Blöcke von Granit und anderen Urgebirgsarten
(§ 24, B), welche, wenn auch jetzt durch Menschenhand stark zer-
kleinert oder weggeräumt, doch noch in beträchtlicher Menge und bisweilen auch noch mächtiger Größe durch das westliche und östliche
Tiefland verstreut sind; man nennt sie erratische Blöcke und hat
die Vermutung aufgestellt, daß sie als Moränenschutt (§ 22, 1)
der skandinavischen Gletscher zur Eiszeit herübergekommen wären.
Wo diese Geschiebe dicht gehäuft sind, erschweren sie den Ackerbau;
hie und da verwendet man sie zum Bau der Häuser. — Die Dorfschaften haben fast im ganzen westlichen Nieder-Deutschland das

Eigentümliche, in einzelnen Höfen zerstreut zu liegen, so daß jeder Hof den Mittelpunkt der dazu gehörigen Grundstücke bildet (Zimmermanns Hofschulze). Im östlichen Schleswig-Holstein sind Felder und Wiesen von Wallerhöhungen eingefaßt, die man mit Bäumen und Gesträuch zu bepflanzen pflegt (sogenannte Knicks).

Das Klima ist an den Küsten feucht, schwer und regnerisch, im Winter zumeist durch den Einfluß des Meeres sehr milde; nach dem Binnenlande zu verschwindet diese Eigenschaft mehr und mehr.

[Belgien, § 105, III.
Niederlande, § 105, IV.
Hannover, § 98, 9.
Oldenburg, § 100, 3.
Bremen, § 100, 8, c.
Braunschweig, § 100, 2.]

2) Das östliche Nieder-Deutschland bietet schon darum ganz andere Erscheinungen dar als das westliche, weil es von zwei niedrigen Höhenzügen oder Landrücken in seiner ganzen Ausdehnung durchzogen wird.

a) Der nördliche oder baltische Landrücken zieht an der deutschen Ostseeküste entlang von Ost- und Westpreußen durch Pommern, Mecklenburg, Holstein und Schleswig bis zu dem Kap Skagen, der 10 m hohen Nordspitze von Jütland. Der ganze Höhenzug ist durch seinen Seeenreichtum ausgezeichnet, daher wohl auch die Seeenplatte genannt. Die Müritz, der Schweriner und Plöner See sind die größten Seeen auf dieser Seeenplatte; erst n. von Holstein beim Weiterzug an der Ostseite der jütischen Halbinsel verliert dieser Landrücken seinen Seeenreichtum. Der schönste Schmuck jedoch sind die herrlichen Buchenwälder, wo der Boden lehmig ist; wo sich der sandige Heideboden der Geest, den Mittelstreifen der jütischen Halbinsel einnehmend, ihr anlagert, verschwinden diese Wälder. Der Steilrand des Landrückens in Schleswig-Holstein hat vortreffliche Häfen (z. B. den Kieler), aber keine Flußmündungen; die flachere Abdachung desselben zur Ostsee in Mecklenburg und Pommern hat (wie die deutsche Nordseeküste) eine die Anfahrt der Seeschiffe erschwerende Flachküste und dabei nur unbedeutende Küstenflüsse; ö. von der Oder Stolpe, Wipper, Persante und Rega, w. von der Oder Ucker, Peene, Warnow und Trave. Am Südabhange bildet der baltische Landrücken das Seeenland der Uckermark. Auch isolierte kleine Berggruppen treten im S. des Landrückens auf, so der anmutige Höhenzug von Freienwalde an der Oder und die Müggelberge an der Spree.

b) Der südliche oder karpatische Landrücken, der seeenarme, zieht nach Deutschland zunächst von dem nördlichen Vorlande der Karpaten, dem Berglande von Sandomir, herein. Er bildet auf dem rechten Oderufer die hügelige Hochfläche von Tarnowitz und Trebnitz, über 300 m, weiter die Sandhügel des Lausitzer Grenzwalles, dann den Rücken des Fläming am rechten Elbufer, etwa 100 m, die Hellberge in der Altmark, und endigt im NW. mit der Hochfläche der Lüneburger Heide. Der Wanderer, welcher von Norden kommt, nimmt die Heide als einen ausgedehnten blauen Gebirgsstreif am Horizonte wahr, aus welchem die ihm entgegen-

kommenden Flüsse mit beträchtlichem Fall in tief eingeschnittenen Thälern her=
vortreten, während er, wenn er von Süden kommt, nichts als eine endlose
Ebene vor sich sieht, deren Flüsse langsam durch einen breiten Rand von
Sümpfen und Torfmooren zur Aller fließen. Die Heide ist meist sandig, mit
Heidekraut bedeckt, seltener mit Nadelholz bestanden. Die Dörfer meist mit
kleinen Eichenhainen umgeben. Bienen und Schafzucht; die äußerst genüg=
samen, vom dürrsten Heidekraut sich nährenden kleinen Heidschnucken, der
„Negerstamm unter den Schafen".

3) Zwischen beiden Höhenzügen ist nun die große Bodensenke
des östlichen Nieder=Deutschland. In ihr zieht sich im W. die Elbe
hin, im O. die Oder und wenigstens der Unterlauf der Weichsel
wie der Memel.

a) Die Elbe, die bei Magdeburg (unter derselben Breite wie die Oder)
auf einer Strecke ungefähr Nordrichtung annimmt, ist bei dieser Stadt nur
noch 50 m über dem Meere, fließt aber noch 370 km bis zur Mündung. In
der Gegend von Hamburg (bis wohin Seeschiffe mit der Flut gelangen) und
abwärts bildet sie Werder. An der Mündung 15 km breit. An Zuflüssen
erhält die Elbe links aus der Lüneburger Heide die Ilmenau. Rechts ist
die große, langsame und fischreiche Havel zu nennen, ein wahrer Seeenfluß.
Aus Seeen entspinnt sie sich, viele Seeen durchfließt sie und erweitert sich selbst
gern seeenartig. Kein Fluß ist in seiner Breite so wechselnd. Gieb ihre ver=
schiedene Richtung an und erkläre, warum man Elbe und Havel durch den
plauenschen Kanal verbunden hat! Die Spree, aus dem Lausitzer Ge=
birge, tritt bald in das Tiefland, bildet mit unzähligen Armen das 250 qkm
(5 O.=M.) große Inselland des Spreewaldes. Aller Verkehr erfolgt im
Spreewald auf kleinen Kähnen: auf ihnen übt der Fischer sein ergiebiges
Handwerk, auf ihnen führt man das Vieh zur Weide und das Heu zur Scheune,
auf ihnen gleitet die Gemeinde am Sonntage zum Gotteshaus und auf ihnen
beschleicht mit unhörbarem Ruderschlag der Jäger das zahlreiche Wild. Im
weiteren Verlauf bildet die Spree mehrere Seeen, ähnlich der sie aufnehmen=
den Havel. Die Elbe bringt der Elbe den Abfluß etlicher Mecklenburger
Seeen. Noch weiter unten mündet die Stecknitz, aus der ein Kanal zur Trave
geht; also Verbindung mit?

b) Die Oder empfängt, nachdem sie den Lausitzer Grenzwall in der
Gegend der Katzbachmündung durchbrochen und die Lausitzer Neiße auf=
genommen hat (§ 92,2 Ende), von links her keine bedeutenden Zuflüsse; dazu
sind ihr die Spree (zu ihr der Friedrich=Wilhelms=Kanal) und die
Havel (zu ihr der Finow=Kanal) zu nahe. Aber rechts kommen ihr von
dem nördlichen Vorlande der Karpaten große Flüsse zu. Die Warthe (zur
Hälfte ihres Laufes dem russischen Polen angehörig) mit der Netze ist fast so
groß wie die Oder selbst. Von der Verbindung mit der Warthe an zeigt die
Oder Hang zur Teilung, zur Lachen= und Inselbildung, durchbricht in an=
mutiger Thalfurche den baltischen Landrücken und ergießt sich endlich, nach=
dem sie sich kurz vorher im Papenwasser seeenartig erweitert, in das Große
oder Stettiner Haff Es ist dasselbe ganz dem Frischen und kurischen ähn=
lich nur, statt durch Nehrungen, durch vorgelagerte Inseln, Usedom im W.
und Wollin im O., vom Meere geschieden. Die hierdurch gebildeten drei
Fahrstraßen pflegt man wohl auch Mündungen der Oder zu nennen: die öst=
liche Divenow, die mittlere Swine, mit dem tiefsten Fahrwasser, die west=
liche Peene (weil gegenüber der oben genannte Küstenfluß mündet).

Oder, Elbe und Weser haben in den Verhältnissen ihres Strom=
systems merkwürdige Ähnlichkeit. Denn wie die Oder ihre meisten Neben=
flüsse, und zwar Gebirgsströme, auf ihrer linken Seite erhält, und nachdem
diese bei der stärksten Ausbiegung des Hauptstromes gegen W. aufgehört
haben, rechts einen einzigen bedeutenden zweiarmigen Niederungsstrom em=
pfängt, so erhält auch die Elbe bei ihrer entschiedensten Wendung gen W.
links die Mulde und Saale, dann aber auf dieser Seite keinen irgend erheb=
lichen Zuwachs mehr, dagegen nun auf der rechten Seite einen zweiarmigen,
größtenteils der Niederung angehörenden Strom, die Havel mit der Spree.
Ebenso hat die Weser auf dem linken Ufer nur unbedeutende Zuflüsse, auf
dem rechten fließt ihr der große Nebenfluß, die Aller mit der Leine, zu.
Alle Flüsse des deutschen Tieflandes haben das Eigentümliche, daß sie das
Stromgebiet der zunächst östlich gelegenen Flüsse durch einen rechten Zufluß
nahe berühren. So der Rhein das Wesergebiet durch die Lippe, die Weser
das Elbgebiet durch die Aller, die Elbe das Odergebiet durch Havel und
Spree, die Oder das Weichselgebiet durch Warthe und Netze.

Eine weitere Übereinstimmung zeigen die drei Ströme in den Ver=
änderungen der Richtung ihres Laufes: alle drei fließen zuerst gen NW.,
biegen dann scharf nach N. ab, um endlich doch wieder in die nordwestliche
Richtung zurückzukehren. In vorhistorischen Zeiten wurde diese dauernd
beibehalten: damals floß die Elbe durch das Bett der Aller zur Wesermün=
dung ab, die Oder durch das Bett der Spree und Havel zur Elbemündung.
Erst seitdem die Oder den Lausitzer Grenzwall, die Elbe die teilweis felsigen
Magdeburger Höhen durchgraben, konnten die Ströme in ihre jetzige Laufs=
richtung einlenken.

In der Bodensenke der niedern Elbe und Oder liegen fruchtbare Mar=
schen nur an den großen Flüssen, oft erst durch Dämme und Abzugsgräben
aus Sümpfen in fetten Acker verwandelt. So an der Elbe die kornreiche
Magdeburger Börde, rechts an der Elbemündung die Lenzener Wische,
urbar gemachte Brüche an der Havel, der Oder, Warthe und Netze. Sonst
herrscht magerer Sandboden (Geestland) entschieden vor: die Wälder, be=
sonders im O. der Elbe, bestehen meistens aus Kiefern, etwa mit Birke
untermischt. Manche Sandstrecken, die für den Acker ganz unbrauchbar
sind, machen mit ihrem spärlichen Kiefergestrüpp einen recht traurigen
Eindruck.

c) Die Weichsel entspringt an den West=Beskiden. Quelle und Mün=
dung liegen ziemlich unter gleicher Länge und sind nur 500 km auseinander.
Ihr ganzer Lauf ist aber 1040 km lang und macht eine bedeutende Ausbiegung
nach O. Wo sie nach W. umlenkt, empfängt sie ihren größten Nebenfluß,
den Bug (mit Narew), von nördlichen Vorhöhen der Karpaten. 50 km
von der Küste teilt sie sich in Nogat und Weichsel. α) Der linke Haupt=
arm, die Weichsel, spaltet sich nochmals. Die westliche oder Danziger
Weichsel fließt noch eine Strecke dem Meere, von dem sie nur ein dünner
Landstreifen scheidet, parallel und mündet dann 1 km unterhalb Danzig in
die Ostsee; bei der Überschwemmung von 1840 hat sie sich oberhalb Danzig
noch eine zweite Mündung durch jenen dünnen Landstrich gebrochen. Der
östliche Arm, die Elbinger oder alte Weichsel, ergießt sich in das Frische
Haff. β) Der rechte Hauptarm, die Nogat, ergießt sich ebenfalls in das
Frische Haff. Dieses Haff zieht sich 90 km von Südwesten nach Nordosten
und ist durch die Frische Nehrung bis auf eine Stelle vom Meer ge=
schieden. Solche Haffbildung (§ 28 Ende) gehört zu den Eigentümlichkeiten

der südlichen Ostseeküste und erinnert an die Lagunenbildung der venetia=
nischen Küste.

d) Die offene Stelle in der Frischen Nehrung, das 1510 erst entstan=
bene Pillauer Tief, liegt der Mündung eines andern Flusses gegenüber,
der in das Frische Haff geht. Dies ist der Pregel. Er fließt aus Ange=
rap, Pissa und Inster zusammen und empfängt links die wasserreiche
Alle. Eine Menge von Seeen schütten in die genannten Flüsse ihre Wasser
aus, wie der Spirding= und Mauersee.

e) Die Memel oder der Njémen ergießt sich auch in zwei Armen,
Ruß und Gilge, in ein Haff, das kurische, das durch die kurische Neh=
rung vom Meere geschieden ist und das Frische an Größe noch übertrifft.
Durch das Memeler Tief hängt es mit der Ostsee zusammen.

Um schließlich einen Gesamteindruck über die Verhältnisse der deutschen
Tiefländer zu gewinnen, so merke, daß, wenn Nord= und Ostsee um 66 m
stiegen, die höchsten Gegenden von Holstein, das mittlere Mecklenburg und
Pommern als Inseln hervorragen, die übrigen Teile des östlichen und west=
lichen Flachlandes bis an den Rand des südlichen Landrückens von den dann
verbundenen Meeren bedeckt sein würden.

Das Klima des östlichen Nieder=Deutschlands ist wegen des
Zusammenhanges mit dem großen osteuropäischen Tieflande und der
Entfernung vom offenen atlantischen Ozean weit kontinentaler (§ 72
Mitte) als das des westlichen, wo man, je näher nach den Nieder=
landen um so ausschließlicher, den Kamin statt des Ofens gebraucht
findet. Vollends gegen das wärmere Süd=Deutschland bemerkt man
hier im Eintritt der Jahreszeiten, im Ziehen der Zugvögel einen
Unterschied von 3 bis 4 Wochen. Störche und Schwalben z. B. kom=
men im Neckarthale vier Wochen früher an, als am Ostseestrande.
Denn giebt auch im Herbst und Wintersanfang die Ostsee viel Wärme
an das Nachbarland ab, so entzieht sie ihm wieder, wenn im Früh=
ling die Strömung der schmelzenden Eismassen des bottnischen Meer=
busens südwärts gegen die deutsche Küste treibt, viel Wärme, so daß
die Frühlingstemperatur an der pommerschen, mehr noch an der
preußischen Küste sehr erheblich herabgedrückt wird.

[Hamburg, § 100, 8, b.
Mecklenburg, § 100, 7.
Pommern, § 98, 2.
Brandenburg, § 98, 1.
Anhalt, § 100, 1.
Posen, § 98, 5.
Westpreußen, § 98, 4.
Ostpreußen, § 98, 3.]

4) Die jütische (oder kimbrische) Halbinsel (vergl. § 83, b)
wird der ganzen Länge nach an ihrer Ostküste von dem baltischen
Landrücken durchzogen, der hier nur wenige höhere Punkte bis etwa
130 m hat. Er ist Wasserscheide zwischen Ost= und Nordsee. Zur
letzteren geht die wasserreiche Eider, an der Mündung 10 km breit,

durch den Kieler Kanal mit der Ostsee verbunden. Die Ostseeküste ist von sechs gassenartigen Buchten (Föhrden) eingeschnitten, in deren innerstem Winkel regelmäßig eine Stadt liegt, da der Verkehr vom überseeischen Ausland her den Wasserweg als den bequemsten so weit wie möglich verfolgt und der innerste Teil jeder Bucht für Hafenanlagen zugleich der geschützteste ist.
[Schleswig-Holstein, § 98, 8.
Lübeck, § 100, 8, a.]

III. Die Staaten deutscher Nationalität.

§ 94.
Das deutsche Volk.

Schon in vorchristlicher Zeit und noch im 4. Jahrhundert nach Christi Geburt wohnten in unserm Vaterlande Völker deutscher Abkunft. Über Donau und Rhein drängten sie die Kelten zurück; nach O. reichte ihr Gebiet weit über die Weichsel hinaus. Den Namen Germanen scheinen sie von den Kelten erhalten zu haben, man will ihn als „die im Osten Wohnenden" erklären. Mehr indes hat vielleicht die Ableitung von dem litauischen Worte germo (dichter Wald) — also „Urwaldbewohner" für sich. Den Römern wurde der Name erst spät, wie Tacitus bezeugt, bekannt. Die Deutschen selbst hatten für die Gesamtheit ihrer Volksgenossen keinen gemeinsamen Namen. Der Name „Deutsche" ist erst nach dem Aussterben der Karlinge zu allgemeiner Anwendung gekommen. In viele Stämme zerspalten, teilten sie das Land in Gaue und wohnten zerstreut in Gehöften; nur Jagd und Krieg war dem freien Manne anständig, Ackerbau der Schalke (Knechte) Sache. Nur für den Krieg wählten sie einen Herzog, der das Heer führte (zog). Nicht in menschlicher Gestalt, aber inbrünstig fromm verehrten sie den Allvater Woban und dessen Söhne, den Donnergott Donar (Donnerstag) und den Kriegsgott Ziu oder Tio (Dienstag), ferner die Freia als Göttin der Ehe (Freitag) und andere.

Eine eigentümliche Wanderlust oder die Not des Lebens, zuweilen auch verheerende Naturereignisse führten zu verschiedenen Zeiten deutsche Stämme an die Grenze der Römerprovinzen. (Kimbern und Teutonen. Ariovist.) Lange Zeit war es den Römern schrecklich, dem hünenhaften deutschen Krieger mit seinen großen blauen Augen, seinem rötlich-blonden Haare, wenn er mit Schlachtgeheul auf ihn losstürzte, standzuhalten. Auf dem Höhepunkte seiner Macht (15 v. Chr.) ist es dem Römerreiche gelungen, das Land süblich von der Donau zu besetzen (Provinzen Vindelicien, Rätien und Noricum), auch einen Landstrich von Regensburg bis zur Lahnmündung durch einen Pfahlgraben von dem übrigen Germanien abzuschneiden; aber das Land östlich vom untern Rhein und weiter konnten sie nie dauernd überwältigen (Varus und Armin, § 91, 2).

Bald kehrte sich das Verhältnis sogar so um, daß die Deutschen als die gefährlichsten Feinde des sinkenden Reiches auftraten. Erzähle (nach § 76, 4 und § 81 Mitte), wie unter den Stürmen der Völkerwanderung das Römerreich im W. unterging, und führe die von Germanen auf seinen Trümmern gegründeten Reiche auf! Bei so großer Ausbreitung nach außen hatten die Germanen in großer Zahl das Land östlich der Elbe verlassen; in diese infolge dessen dünner bevölkerten Gegenden rückten nun seit dem 6. Jahrhundert die ostwärts wohnenden Slaven nach, welche nur zum Teil in späteren Jahrhunderten wieder haben zurückgedrängt werden können.

Die Deutschen teilen sich nach der mit der Landesnatur wesentlich zusammenstimmenden Sprachentrennung (§ 85 Ende) in Ober- und Niederdeutsche. Mit dem weicheren Nieder- oder Plattdeutschen hat das Flämische, Dänische, das deutsche Element im Englischen (§ 82, I) Ähnlichkeit, das Holländische ist sogar eigentlich nur ein Dialekt der niederdeutschen Sprache. Am rechten Ufer der obern Oder, ferner in nordöstlichen Pommern, an der obern Spree bis gegen die Lausitzer Neiße, im Gebiet der Warthe und Netze, im böhmisch-mährischen Hügellande, zum Teil in den Thälern der Drau und Save sitzen Slaven; um die Rheinquellen und den obern Inn Romanen, ein kleiner Rest romanisierter Räter, der ein verdorbenes Latein (Labinsch und Rumaunsch genannt) spricht. Die Wallonen an der Maas reden eine Art Platt-Französisch.

Von jeher ist bei den Deutschen das Stammesbewußtsein in so hohem Grade ausgebildet gewesen, daß ein allgemeines Volksbewußtsein sich erst sehr spät hat ausbilden können. Damit haben wir einen großen Fehler unseres Volkes bezeichnet, der selbst heute noch nicht völlig verschwunden ist. Kaum ein anderes Volk ist so oft unter sich gespalten, ja gegeneinander in den Waffen gewesen. Statt sich bewußt zu sein, ein großes teures Vaterland zu haben, an das man sich anschließen, das man mit seinem Herzen festhalten müsse, zeigte und zeigt sich eine Bewunderung des Ausländischen, die, wie einer unmutig bemerkt, in „Nachäffung sowohl fremder Kleider als Wortflicken, in Verachtung des guten Einheimischen" übergeht, „das ja nicht weit her ist". Haben wir so unsere Fehler gerügt, so dürfen wir auch auf die Vorzüge unseres Volkes hinweisen. Ausländer fühlen sich unter dem deutschen, biederen, treuherzigen, geraden und gutmütigen Volke sehr wohl und übersehen gern die mitunter ihm fehlende Umgangsgewandtheit, mit welcher andere Völker, wie Franzosen oder Polen, zu prunken lieben. Dabei kann der Deutsche kühn fragen: In welchem Lande ist wahre Bildung so allgemein bis in die untersten Volksmassen verbreitet? Welches Volk darf sich so tüchtiger Leistungen auf allen Gebieten des Wissens rühmen, wie das deutsche?

§ 95.
Das heilige römische Reich deutscher Nation.

Erzähle nach dem bei Frankreich (§ 81 Mitte) Mitgeteilten, wie das germanische Volk der Franken ein Reich gründete, wie dies unter Karl dem Großen sich weit ausdehnte, wie es 843 unter seine drei Enkel geteilt ward! Die Nachkommen Ludwigs des Deutschen, die karlingischen Könige, regierten Deutschland als sogenanntes ostfränkisches Reich bis 911; sie hatten Lothringen zu ihrem Reiche gebracht, und auch nach Gründung des eigentlichen Deutschen Reiches durch Heinrich I. (919—936) hielt man dieses vielfach zu Frankreich hinneigende westrheinische Herzogtum, jedoch nicht ohne wiederholte Kämpfe, beim Reich. Aber die größte Plage waren damals die verheerenden Einfälle der Ungarn (§ 80, 1), der Normannen (§ 83, a), der Slaven an der Elbgrenze (§ 94, Ende). Unter solchen Nöten löste sich das ostfränkische Reich beinahe auf; der schwache letzte Karling, Ludwig das Kind, herrschte nur dem Namen nach, und die fünf großen deutschen Stämme der Franken, Sachsen, Bayern, Schwaben, Lothringer, schirmten sich unter eigenen Herzögen. Einer derselben, der tapfere Herzog Heinrich von Sachsen, erlangte seit 919 auch im Gebiet der übrigen Stammesherzöge die Oberhoheit und wurde ebendadurch der eigentliche Gründer des Deutschen Reiches, welches er durch Böhmen und das Wendenland rechts von der Elbe erweiterte, durch die erste Besiegung der Ungarn (auf dem Unstrutried 933) befriedete. Mit ihm beginnt die Reihe der sächsischen Könige und Kaiser (bis 1024). Sein großer Sohn Otto I. erwarb Italien und verband mit dem deutschen Königtum die römische Kaiserwürde (§ 76, 4). Unter den fränkischen oder salischen Kaisern, 1024—1125, erhielt das römische Reich deutscher Nation seine weiteste Ausdehnung. Das bedeutende Königreich Burgund oder Arelat (§ 81 Mitte und § 81, IV, 12) wurde 1032 durch Personalunion mit dem Deutschen Reiche verbunden und damit die Macht des deutschen Königs bis an die Rhone und den Golfe du Lion erweitert. Die Slaven waren bis über die Oder hinaus unterworfen (später im 13. Jahrhundert gehörten auch die Länder der deutschen Ritter und der Schwertritter an der Ostsee bis zum finnischen Busen zum Reich), sogar Ungarn, Dänemark und Polen standen einige Zeit in einem gewissen Abhängigkeitsverhältnis. Das neue römische Kaisertum war des alten nicht unwürdig.

Daß es nicht so blieb, dazu wirkte mancherlei zusammen. Das mächtige Kaisergeschlecht der Hohenstaufen, 1138—1254, zersplitterte seine Kraft in den Kämpfen mit den Päpsten und den italienischen Städten (§ 76, 4). Um sich in Deutschland vor Unruhen zu wahren, hatte es die großen Lehen, die Herzogtümer, möglichst zerteilt, aber auch um sich Anhang zu erhalten, die Erblichkeit der Lehen zugestanden. „Die kaiserlose, die schreckliche Zeit" des Interregnums (bis 1273) war sehr geeignet, das kaiserliche Ansehen zu schwächen und die Macht der Lehnsträger in die Höhe zu bringen. Während daher in Frankreich das Königtum am Ende des Mittelalters über die Vasallen gesiegt hatte und groß und mächtig in die neuere Zeit trat (§ 81 Mitte), war es in Deutschland gerade umgekehrt. Wenngleich seit 1438 die römisch-deutsche Krone in einer Familie, der der Habsburger, blieb, so klagte doch schon vor der Reformation Maximilian I. darüber, daß der römische Kaiser über Könige regiere, d. h. über Vasallen, die sich immer mehr als unabhängige Landesherren zu fühlen und aufzuführen anfingen. Freilich war er auch nicht der Mann, es zu bessern. Unter seinem Nachfolger Karl V. (§ 74, b) spaltete sich Deutschland in einen katholischen und einen protestantischen Teil. Ein Jahrhundert darauf kam es zwischen beiden zum 30jährigen Kriege, 1618—1648. Von der Zeit ab mischten sich Fremde in Deutschlands Angelegenheiten; denn schwach und in sich uneins stand Deutschland zwischen mächtigen Nachbarstaaten da.

Am Ende des 30jährigen Krieges 1648 besaß Schweden, damals Großmacht, die Ostsee-Provinzen Finnland, Esthland, Ingermanland, Livland und von deutschem Boden Vorpommern, Wismar, Bremen und Verden. Dänemark, mit Norwegen vereinigt, besaß außer Island und Grönland die südschwedischen Provinzen Schonen, Blekingen und Holland, von deutschem Boden aber die Hälfte von Schleswig-Holstein. Auch Frankreich hatte damals von deutschen

Landen die lothringischen Bistümer Metz, Tull und Vierten, sowie
das Elsaß (mit Ausnahme der Reichsstädte und Breisachs) sich zu-
geeignet.

Spaniens Macht freilich war zurückgegangen, doch stand es
immer noch gewaltig da; denn es besaß noch Belgien, das Herzogtum Mailand, das Königreich beider Sicilien, die Insel Sardinien,
dazu die Westhälfte von Süd-Amerika, Central-Amerika und Mexico.
Auch Portugal war noch im Besitze von Brasilien. Italien dagegen war noch vielgeteilt. Selbständige Staaten waren hier die
Herzogtümer Savoyen, Modena, Parma und das Großherzogtum Toscana; die Mitte der Halbinsel beherrschte als den Kirchenstaat der Papst; und im Norden bestand die Republik Genua in
sinkender Machtstellung, während die Republik Venedig als Herrin
von Venetien, Dalmatien, den ionischen Inseln, Kreta und mehreren Cykladen noch immer zu den ersten Mächten Europas gehörte.

Zur ersten Seemacht indessen stiegen, 1648 als selbständig anerkannt, rasch die Niederlande empor, die sich in den Besitz der
meisten portugiesischen Kolonieen gesetzt hatten. England dagegen,
durch innere Wirren gehemmt, war nur eine Macht zweiten Ranges,
wenn es auch die atlantische Küste von Nord-Amerika, Labrador
und einige Gebiete in beiden Indien schon in Besitz genommen hatte.
Die Mächte Ost-Europas f. § 84, Mitte.

Vielköpfig und ohne inneren Zusammenhalt (auch die Abtren-
nung der Schweiz war 1648 anerkannt worden) stand diesen Mächten Deutschland gegenüber; von keiner aber mehr bedrängt als von
Frankreich, das unter Ludwig XIV. unablässig deutsches Grenzland
an sich zu bringen strebte, die freie Reichsstadt Straßburg sogar
mitten im Frieden wegnahm. Frankreich war es denn auch, das im
Anfange unseres Jahrhunderts das Ende des Deutschen Reiches her-
beiführte, das mit zunehmender Zersplitterung zu einem kraftlosen
Schattenbilde herabgesunken war. Den Sturm der napoleonischen
Zeit hielt das morsche Gebäude nicht aus. Nachdem 16 deutsche
Fürsten unter dem Protektorate Napoleons I. 1806 zu dem Rheinbunde zusammengetreten waren und auf dem Reichstage zu Regensburg in der Feriensitzung des 1. August 1806 sich feierlich von dem
heiligen römischen Reiche losgesagt hatten, erklärte der Gesandte
des Übermütigen, daß sein Herr das Deutsche Reich nicht mehr an-
erkenne. Daraufhin erklärte denn der letzte römisch-deutsche Kaiser, Franz II., am 6. August 1806, daß er die deutsche Krone
niederlege, und daß „das reichsoberhauptliche Amt und Würde" erloschen sei.

Das Deutsche Reich bestand am Ende des vorigen Jahrhunderts aus
1762 freien Reichsständen, von denen 296 teils für sich, teils bankenweis
auf dem Reichstage stimmberechtigt waren. Die einzelnen Länder waren
zehn Reichskreisen zugewiesen, nämlich 1) dem österreichischen, 2) bay=
rischen, 3) schwäbischen, 4) oberrheinischen, 5) kur= oder niederrheinischen,
6) burgundischen, 7) westfälischen, 8) oberjächsischen, 9) niedersächsischen,
10) fränkischen Kreise. Böhmen, Mähren, Schlesien, Lausitz, die Reichs=
ritter gehörten zu gar keinem Kreise. Die Reichsstände waren seit 1663 zu
einem beständigen Reichstage in Regensburg versammelt und rat=
schlagten unter dem Vorsitze eines kaiserlichen Kommissars in drei von ein=
ander getrennten Kollegien. a) Das erste und vornehmste war das der
Kurfürsten, d. h. der Reichsfürsten, die das Recht hatten, den römischen
Kaiser zu küren, d. h. zu wählen. Nach der Goldenen Bulle, einem 1356
gegebenen Reichsgesetze, sollten deren sieben sein: drei geistliche, die Erz=
bischöfe von Mainz (der Primas von Germanien und Reichskanzler), Köln,
Trier — und vier weltliche, Pfalz, Böhmen, Sachsen, Branden=
burg. (Später kamen noch Bayern und Hannover dazu.) b) Das
reichsfürstliche Kollegium bestand aus geistlichen Fürsten, als Erzbischöfen,
Bischöfen, gefürsteten Äbten, aus weltlichen Fürsten verschiedenen Ranges,
zusammen über 90. Von diesen hatte jeder eine besondere oder, was das=
selbe sagt, eine Virilstimme. Dann kamen nicht gefürstete geistliche Reichs=
stände, in die rheinische und schwäbische Bank oder Kurie geteilt. Sie hatten
zusammen nur zwei Stimmen, Kuriatstimmen. So zerfielen auch die
Reichsgrafen in die schwäbische, fränkische, westfälische und wetterauische
(§ 89, 2, b) Bank und hatten vier Kuriatstimmen. (Die Reichsritter führten
keine Stimme.) c) Das Kollegium der Reichsstädte, damals 51 Städte
stark, jede mit einer Stimme. — Macht, Einfluß und Einnahme des Kai=
sers beschränkte sich zuletzt nur auf weniges; aber dem Namen nach war er
doch immer der einzige Souverän (der niemand als seinen Oberen an=
erkennt) in Deutschland, wie denn seiner auch überall im Kirchengebet ge=
dacht ward. Die kaiserliche Krönung in Frankfurt (früher in Aachen) er=
innerte mit der altertümlichen Pracht, mit der Krone und dem Schwerte
Karls des Großen, an die alte Zeit. Noch immer verrichteten dabei (durch
Gesandte) die Kurfürsten ihre Erzämter, während dem Kaiser von Reichs=
grafen im Römer (Rathause) aufgetragen wurde (vgl. die schöne Beschrei=
bung der Kaiserkrönung in Goethes „Dichtung und Wahrheit"). In des
Kaisers Namen sprachen auch die obersten Gerichtshöfe in Deutschland Recht;
der Reichshofrat in Wien und das Reichskammergericht in Wetzlar.
Am meisten erschien die Schwäche des Reiches in kriegerischen Zeiten: die
äußerst buntscheckige und nur zu Kriegsläuften aufgebotene Reichsarmee
konnte sich mit regelmäßig disciplinierten Heeren nicht messen.

Im Grunde erhielt das Reich schon den Todesstoß, als 1801 das linke
Rheinufer an Frankreich abgetreten werden mußte. Um nämlich die ver=
lierenden Fürsten zu entschädigen, wurden durch den „jüngsten Reichs=
schluß" vom 27. April 1803 alle geistlichen Staaten (mit einer Aus=
nahme) säkularisiert, d. h. in weltliche Gebiete verwandelt, auch den
meisten Reichsstädten die Reichsfreiheit genommen. Zugleich wurde, namen=
lich infolge der Stiftung des Rheinbundes, dem sich nach Napoleons Siegen
über Preußen auch die norddeutschen Staaten (außer Preußen) anschließen
mußten, eine große Anzahl von Reichsständen, die früher reichsunmittel=
bar gewesen waren, durch ihre mächtigeren Nachbarn der Unabhängigkeit

beraubt und der Souveränelät einzelner Rheinbundsfürsten untergeordnet. Man nennt solche Herzöge, Grafen und Herren, die ihre Titel und Eigengüter behalten haben, aber nicht mehr regieren, mediatisierte.

§ 96.
Der Deutsche Bund.

Als Napoleon I. durch die Befreiungskriege 1813—15 gestürzt war, wurde das alte Deutsche Reich nicht wiederhergestellt, sondern 36 souveräne deutsche Staaten traten zu einem Staatenbunde zusammen, dem sich nach einiger Zeit auch die übrigen 3 deutschen Souveräne anschlossen. Die Bundesakte, am 10. Juni 1815 unterzeichnet, nennt als Zweck des Deutschen Bundes „die Erhaltung der äußern und innern Sicherheit Deutschlands und der Unabhängigkeit und Unverletzlichkeit der deutschen Staaten". Der Bund umfaßte 11500 Q.-M. (630000 qkm) 1815: 30, 1865: 46 Mill. E., davon $^4/_5$ Deutsche und $^1/_5$ Slaven. In Frankfurt a/M. hielt der Bundestag seine Sitzungen. Österreich hatte in dieser Versammlung von Vertretern aller deutschen Staaten den Vorsitz, es war die überwiegend einflußreiche „Präsidialmacht".

Das Sturmjahr 1848 beseitigte den Bundestag, der hauptsächlich dazu gedient hatte, den Deutschen Bund in Schwäche und in Abhängigkeit von Österreich zu erhalten. Allein dem rücksichtslosen Andrängen Österreichs gelang es, schon 1850 ihn wieder ins Leben zu rufen. Und nun ging sein Bestreben vornehmlich dahin, das aufstrebende Preußen niederzuhalten: was auch auf fast 16 Jahre ihm noch gelang.

Zu dem Deutschen Bunde gehörten zuletzt folgende 33 Staaten:

1) Das Kaisertum Österreich mit seinen deutschen Kronländern: Nieder-Österreich, Ober-Österreich, Steiermark, Salzburg, Böhmen, Mähren, Österreichisch-Schlesien, Kärnten, Krain, Görz mit Istrien und Triest, Tirol.

2) Das Königreich Preußen mit den Provinzen Brandenburg, Pommern, Schlesien, Sachsen, Westfalen, Rheinprovinz.

3) Das Königreich Bayern.

4) Das Königreich Sachsen.

5) Das Königreich Hannover.

6) Das Königreich Württemberg.

7) Das Großherzogtum Baden.

8) Das Kurfürstentum Hessen.

9) Das Großherzogtum Hessen.

10) Das Großherzogtum Mecklenburg-Schwerin.

11) Das Großherzogtum Sachsen-Weimar.

12) Das Großherzogtum Mecklenburg-Strelitz.

13) Das Großherzogtum Oldenburg.

14) Das Großherzogtum Luxemburg und Herzogtum Lim=
burg, zum Königreich der Niederlande gehörig (ersteres jedoch nur durch
Personalunion, d. h. durch die Gemeinsamkeit der Person des Regenten, mit
demselben verbunden).

15) Die Herzogtümer Holstein und Lauenburg.

16) Das Herzogtum Nassau.

17) Das Herzogtum Braunschweig.

18) Das Herzogtum Sachsen=Meiningen.

19) Das Herzogtum Sachsen=Altenburg.

20) Das Herzogtum Sachsen=Coburg=Gotha.

21) Das Herzogtum Anhalt.

22) Das Fürstentum Schwarzburg=Rudolstadt.

23) Das Fürstentum Schwarzburg=Sondershausen.

24) Das Fürstentum Waldeck.

25) Das Fürstentum Reuß ältere Linie.

26) Das Fürstentum Reuß jüngere Linie.

27) Das Fürstentum Schaumburg=Lippe.

28) Das Fürstentum Lippe.

29) Das Fürstentum Liechtenstein.

30) Die freie Stadt Lübeck.

31) Die freie Stadt Bremen.

32) Die freie Stadt Hamburg.

33) Die freie Stadt Frankfurt am Main.

I. Das Deutsche Reich.

§ 97.

Allgemeines.

Ein halbes Jahrhundert hindurch hatte der Deutsche Bund die
Kraft des deutschen Volkes in Fesseln gehalten: da machte Preußen
ein Ende. Am 14. Juni 1866 erklärte es den Bund für aufgelöst,
da im Widerspruch mit dessen Zweck (§ 96 Anf.) Österreichs Antrag
auf eine Kriegserklärung gegen Preußen an diesem Tage vom Bun=
destag angenommen und damit der Bundesvertrag gebrochen worden
war. Durch großartige Waffenthaten warf Preußen in wenigen
Wochen seine sämtlichen Gegner zu Boden, und der Frieden zu Prag
(23. August 1866) entschied den Austritt Österreichs aus dem
Verbande der deutschen Staaten.

Zunächst schloß Preußen mit den übrigen Staaten Nord=Deutsch=
lands den Norddeutschen Bund (auch vom Großherzogtum Hessen
gehörte zu demselben die nördliche Hälfte), und mit den außerhalb
dieses Bundes stehenden süddeutschen Staaten Bayern, Württemberg,
Baden, sowie mit Hessen Schutz= und Trutzbündnisse gegen auswär=
tige Feinde; erhalten blieb von früher her nur ein Band der außer=
österreichischen Staaten deutscher Nation: der deutsche Zollverein,

die wertvolle Schöpfung Preußens, die keine hemmende Zollschranke innerhalb des Vereins duldete.

Frankreichs Neid auf die beginnende Wiedergeburt deutscher Einheit, welche schon die ausgezeichneten Heereseinrichtungen Preußens über ganz Nord=Deutschland ausgedehnt hatte, führte zur Kriegs=erklärung des Kaisers Napoleon III. gegen Preußen am 19. Juli 1870. Wie ein Mann erhob sich hierauf Deutschland dies= und jenseit der „Mainlinie", da die süddeutschen Staaten, dem mit Preußen geschlossenen Bündnisse getreu, sofort ihre Truppen unter den Befehl des Königs von Preußen stellten. Einig und darum mächtig wie nie zuvor, zerschmetterten die Deutschen mit furchtbaren Schlägen die Heere des Erbfeindes auf dessen eigenem Boden, und als die Sieger nach sechsmonatlichen Kämpfen ruhmbekränzt aus Frankreich heimkehrten, begrüßte sie ein endlich auch politisch gei=nigtes Vaterland. Noch mitten in den letzten schweren Stürmen des Feldzuges hatte sich am 1. Januar 1871 Nord= und Süd=Deutsch=land zu einem einigen Deutschen Reiche zusammengeschlossen und am 18. Januar 1871 nahm König Wilhelm I. von Preußen im Schlosse von Versailles (§ 81, I, 1 Ende) auf die einmütige Ein=ladung aller deutschen Fürsten und freien Städte die deutsche Kaiserkrone an. Dadurch war Deutschland ein Kaiserreich ge=worden, nicht wie ehemals ein Wahlkaiserreich, sondern ein Erb=kaisertum unter der Dynastie der Hohenzollern, untrenn=bar zugleich mit der Krone Preußen verbunden.

Die durch Aufrichtung des neuen Reiches verbundenen Staa=ten sind:

die 4 Königreiche:
1) Preußen.
2) Bayern.
3) Sachsen.
4) Württemberg.

die 6 Großherzogtümer:
5) Baden.
6) Hessen.
7) Mecklenburg=Schwerin.
8) Sachsen=Weimar.
9) Mecklenburg=Strelitz.
10) Oldenburg.

die 5 Herzogtümer:
11) Braunschweig.
12) Sachsen=Meiningen.

13) Sachsen-Altenburg.
14) Sachsen-Coburg-Gotha.
15) Anhalt.

die 7 Fürstentümer:
16) Schwarzburg-Rudolstadt.
17) Schwarzburg-Sondershausen.
18) Waldeck.
19) Reuß ältere Linie.
20) Reuß jüngere Linie.
21) Schaumburg-Lippe.
22) Lippe.

die 3 freien Städte:
23) Lübeck.
24) Bremen.
25) Hamburg.

das Reichsland:
26) Elsaß-Lothringen (von Frankreich abgetreten im Frieden zu Frankfurt a/M., 10. Mai 1871).

Außer durch Elsaß-Lothringen ist der neue deutsche Bundesstaat gegenüber dem früheren Staatenbunde vergrößert durch Schleswig und die Provinzen Ostpreußen, Westpreußen und Posen, sowie durch die 1890 von England abgetretene Insel Helgoland, verkleinert dagegen durch die Ausscheidung der deutschen Kronländer Österreichs, sowie durch diejenige Liechtensteins, Luxemburgs und Limburgs.

Der Flächenraum des Deutschen Reiches beträgt 540598 qkm (9818 Q.-M.), die Einwohnerzahl 49,4 Millionen (also auf 1 qkm 91 Einw.), so daß an Bevölkerung das Deutsche Reich von keinem europäischen Staat außer dem russischen, an Gebietsausdehnung es nur von Rußland und Österreich-Ungarn übertroffen wird.

Der Überschuß der Protestanten im Norden des Reiches ist größer als der der Katholiken im Süden desselben; im ganzen besteht die Einwohnerschaft des Deutschen Reiches zu 62,8 Prozenten aus Protestanten, zu 35,7 Prozenten aus Katholiken.

Die große Mannigfaltigkeit von Staaten des Deutschen Reiches beruht auf der historischen Entwickelung, aber sie gründet sich in ihren Hauptzügen auf die Bodengestaltung Deutschlands. Wir haben oben (§ 35) gesehen, daß in der Ebene Staaten sich am leichtesten bilden, da sich hier am wenigsten örtliche Hindernisse dem Einigungsstreben der Bewohner entgegenstellen. So gewinnen sie auch

in der Ebene vorzüglich Dauer und Ausdehnung. Daher sind auf
den beiden einzigen bedeutenden Ebenen Deutschlands die beiden
größten Staaten des Reiches — also welche? — erwachsen. —
Umgekehrt bleiben in kleinstaatlicher Absonderung voneinander die
Bewohner nur da, wo die Bodengestalt zahlreiche Schranken zwischen
ihnen aufrichtet. Nirgends ist aber in Deutschland der Boden wech=
selvoller gestaltet und durch Höhenzüge mehr zerteilt, als in Thü=
ringen und auch im Weserberglande. Dies sind daher die Stellen,
wo die Kleinstaaten sich erhalten haben und in Gruppen, — dort
8, hier 3 — zusammenliegen. — Für die freien Städte war die
Nachbarschaft des Meeres maßgebend. Lübeck sank mit der Hansa
(§ 100, 8); Hamburgs Blüte beruht auf der guten Zufahrt und
auf der vortrefflichen Elbstraße, die tief in ein wohlhabendes Hinter=
land hinüberführt. —

Dadurch daß die 25 deutschen Staaten zu einem „Bundesstaat"
zusammengetreten sind, haben sie nur teilweise auf ihre Souveräne=
tät, d. h. ihre staatliche Selbständigkeit, zu Gunsten der Gesamtheit
verzichtet. Ganz und gar unter Reichsverwaltung steht allein Elsaß=
Lothringen; im übrigen Reichsgebiet werden nur folgende Dinge ge=
meinschaftlich seitens der Reichsgewalten geregelt: das Militärwesen
nebst der Kriegsmarine und (bis auf Bayern und Württemberg, die
darin für sich stehen) das Post= und Telegraphenwesen, ferner die
Reichs=Gesetzgebung, der Schutz des deutschen Handels im Ausland
und der deutschen Seeschiffahrt, endlich die Münzen, Maße und Ge=
wichte.

Die Reichsgewalten sind:

1) Der Kaiser (seit 1888 Wilhelm II.). Er hat das Reich
nach außen hin zu vertreten, also Krieg im Namen des Reiches zu
erklären, Friedens= und Bündnisverträge zu schließen und für
die dauernde Besorgung der Reichsinteressen in den außerdeutschen
Staaten Gesandte und Konsuln zu bestellen; ferner steht ihm die Ober=
leitung des Heerwesens und die Ernennung des obersten Leiters der
Reichsgeschäfte, des Reichskanzlers, zu.

2) Der Bundesrat, bestehend aus Vertretern sämtlicher 25 Re=
gierungen; Preußen hat im Bundesrat 17 Stimmen, Bayern 6,
Sachsen und Württemberg je 4, Baden und Hessen je 3, Mecklenburg=
Schwerin 2, die übrigen Staaten je 1 (Summe der Stimmen: 58);
bei Stimmengleichheit entscheidet der Kaiser. Zustimmung des Bun=
desrats ist erforderlich bei jeder Kriegserklärung, außer wenn ein An=
griff auf Reichsgebiet geschehen ist.

3) Der Reichstag, bestehend aus den Abgeordneten des deut=
schen Volks; je 100000 Einwohner wählen einen Abgeordneten für
eine Periode von fünf Jahren. Der Kaiser beruft den Reichstag jedes
Jahr nach der Reichshauptstadt Berlin, damit er (neben dem Bundes=
rat) über die Gesetzgebung und Verwaltung des Reiches Beratung
pflege.

Jeder körperlich tüchtige Deutsche ist nach zurückgelegtem 20. Le=
bensjahr zum Dienst im deutschen Heer verpflichtet; ein Loskauf von
der naturgemäßen Pflicht gemeinsamer Vaterlandsverteidigung ist
nicht erlaubt. Die Friedensstärke des deutschen Reichsheeres beträgt
584444 Mann, die Kriegsstärke dagegen $2\frac{1}{2}$ Millionen; davon bil=
det die Feldarmee die eine Hälfte, die Ersatz= und Besatzungstruppen
die andere. Hierzu kommt noch im Bedarfsfalle die Landwehr mit
700000 Kriegern. Endlich zählt die Kriegsmarine 190 Kriegsschiffe
mit 1460 Geschützen; darunter sind 31 Panzerschiffe und 113 Tor=
pedoboote. Sie führt die schwarz=weiß=rote Flagge mit dem preußi=
schen Adler und dem eisernen Kreuz. Reichskriegshäfen sind der Kieler
Hafen und Wilhelmshaven am Jadebusen (§ 93, 1, d).

Das Wappen des Deutschen Reiches zeigt einen einköpfigen Adler
mit dem preußischen Adler auf der Brust; darüber schwebend die Kai=
serkrone.

Das Deutsche Reich ist die erste Landmacht Europas. Acker=
bau ist die Hauptbeschäftigung seiner Bewohner; fast die Hälfte der=
selben lebt von ihm. Industrie wird hauptsächlich da betrieben, wo
der Boden (Kohlen, Eisen, Holz, Wasserkraft) sie begünstigt, oder wo
er zu arm ist, seine Bewohner zu ernähren (Erzgebirge, Ober=Schle=
sien). — Von den Bewohnern wohnen $3/5$ auf dem Lande, $2/5$ in
Städten. Seit einem halben Jahrhundert nimmt indes die städtische
Bevölkerung beständig zu auf Kosten der länblichen; daher die starke
Entwickelung der Industrie auch in den Großstädten (mit mehr als
100000 Einw.), deren es bei der Gründung des Reiches 8 gab,
jetzt 27 giebt.

Merke endlich noch die überseeischen deutschen Schutz=
gebiete:

in Afrika: Togoland, Kamerun, Deutsch=Südwestafrika,
Deutsch=Ostafrika;

in Australien: Kaiser Wilhelmsland auf Neu=Guinea, Bismarck=
Archipel, die nördlichen Salomonen, die Marschall=
Inseln, die Insel Nauru.

§ 98.
Das Königreich Preußen.

Im Gebiete des Deutschen Reiches giebt es nur ein ausgedehn=
tes Tiefland: die norddeutsche Ebene. Daher konnte nur auf diesem
Boden ein Großstaat sich bilden (§ 35). Ihn zu schaffen war schon
das Ziel Heinrichs des Löwen; allein durchgeführt haben das Werk
erst die Hohenzollern. So hat es eine natürliche Grundlage, daß
Preußen, der Staat des norddeutschen Tieflandes, die Neugestaltung
und Leitung des ganzen Deutschland übernommen hat. Denn es war
der einzige Staat innerhalb Deutschlands, der nach den natür=
lich gegebenen Verhältnissen dazu fähig und berufen war.

Langsam entwickelte sich der preußische Staat, um dann, nach=
dem er in sich Kraft gewonnen, rasch zu seiner jetzigen großen Macht=
stellung emporzusteigen.

Der geringe Anfang war die Nordmark oder Mark Salz=
wedel, hernach Altmark genannt, welche Heinrich I., der Begrün=
der der Machtstellung Deutschlands, am linken Ufer der mittleren
Elbe gegen die Slaven anlegte. Markgraf Albrecht der Bär, aus
dem Hause Anhalt oder Askanien, erweiterte im 12. Jahrhundert
seine Besitzung bis an die Havel und Spree und nannte sich nun
Markgraf von Brandenburg. Unter seinen Nachfolgern, die
1320 ausstarben, waren viele tüchtige Regenten: sie unterwarfen die
Wenden bis über die Oder hinaus. Viel weniger glückliche Zu=
stände erlebte die Mark unter den bayrischen (1323—1373) und
den Luxemburger Markgrafen (1373—1415). Endlich entschloß
sich Kaiser Sigismund, ihr damaliger Besitzer, den Burggrafen
von Nürnberg, Friedrich, aus dem fränkischen Hause Hohen=
zollern, wenn auch zögernd, mit der Mark 1417 zu belehnen: für
das Land zum Segen. Mit dem neuen Herrscherhause wurde Ord=
nung und Ruhe in der Mark wieder hergestellt, die sich nun unter
den hohenzollerschen Kurfürsten stetig vergrößerte. Bedeutender Zu=
wachs kam 1618 durch Vereinigung des Herzogtums Preußen
mit der Mark Brandenburg, wenn auch zunächst nur durch das Band
der Personalunion.

Die eigentlichen Preußen (Pruzzen oder Porussen), deren
dem Litauischen (§ 72 Ende) nächstverwandte Sprache um 1700 er=
losch, waren ein undeutsches Heidenvolk, wohnhaft zwischen der un=
tern Weichsel und dem kurischen Haff. Sie unterwarf der Orden
der deutschen Ritter in heißen Kämpfen (1230 — 1283) zugleich
dem Christentum und der eigenen Herrschaft. Sitz des Ordens=Hoch=

meisters war seit 1309 Marienburg an der Nogat (§ 84, 2, a).
Aber dem mächtigen polnischen Nachbar war der Orden nicht gewachsen; im 15. Jahrhundert ging die Westhälfte des Ordenslandes
(Westpreußen) an Polen verloren, und der Hochmeister Albrecht
von Hohenzollern konnte, als er 1525 lutherisch wurde und das
Ordensland (Ostpreußen) in ein weltliches Herzogtum verwandelte, nicht umhin, sich unter polnische Lehnshoheit zu stellen. Erst
der Große Kurfürst Friedrich Wilhelm erstritt die Unabhängigkeit von Polen (1660 bestätigt im Frieden zu Oliva). Sein Sohn,
Kurfürst Friedrich III., nahm von diesem seinem außerdeutschen Besitztum 1701 als Friedrich I. den Titel „König in Preußen" an.

Friedrich II., der Große, 1740—1786, des letzteren Enkel,
erhob den Doppelstaat Brandenburg-Preußen durch die Eroberung
Schlesiens (von Österreich) und die ruhmvolle Behauptung des Eroberten gegen halb Europa zur Großmacht und verband seine beiden
Hauptländer erst zu einem Ganzen, indem er bei der ersten Teilung
Polens 1772 Westpreußen, das alte deutsche Land, zurückge-
wann. Nach seiner Zeit wuchs Preußen, welches 1640 erst 1435
Quadratmeilen (80 000 qkm) umfaßt hatte, namentlich durch die
zweite und dritte Teilung Polens, 1793 und 1795, bis über
6000 Quadratmeilen (330 000 qkm) — aber bald nachher kam böse
Zeit. Napoleon besiegte Preußen, und Friedrich Wilhelm III.
sah im Frieden zu Tilsit 1807 sein Reich auf 2800 Quadratmeilen
(160 000 qkm) mit 5 Mill. Einw. heruntergebracht. Allein schon
wenige Jahre danach erhob sich „Mit Gott für König und Vaterland" das preußische Volk mit einer Kraft, in einer heldenmütigen Aufopferung, von der die Geschichte wenig Beispiele weiß,
im Frühjahr 1813 gegen die Franzosen (Aufruf des Königs „an
Mein Volk" vom 17. März 1813), gleich anfangs mit Rußland,
hernach auch mit Österreich vereint. Siegreich ging Preußen aus
dem Befreiungskriege hervor, erwarb viel Verlorenes wieder, gab
die früher besessenen polnischen Länder großenteils auf und erhielt
dafür namentlich Länder am Rhein und $^2/_5$ von Sachsen. Eine bedeutende Vergrößerung und zugleich Zusammenhang in sein bisher
mitten durchgeteiltes Gebiet brachte Preußen der Krieg, welchen es
1866 gegen Österreich und dessen Verbündete führte (§ 97 Anf.).
Eine rasche Folge glänzender Siege führte zu den in Prag mit Österreich und in Berlin mit den deutschen Staaten abgeschlossenen
Friedensverträgen. Bayern und das Großherzogtum Hessen traten
einige unbedeutende Bezirke an Preußen ab, welches sich Hannover, Kurhessen, Nassau und Frankfurt, sowie die Elbherzogtümer

einverleibte. 1890 endlich gewann es das kleine Felseneiland Hel=
goland.

Preußen hatte im Jahre 1810 Einwohner: 4 498 000,

»	=	»	=	1820	=	11 272 000,
=	=	=	»	1830	»	12 988 000,
»	»	=	=	1840	»	14 929 000,
»	=	=	»	1850	»	16 608 000,
=	»	=	»	1860	»	18 265 000,
=	»	=	»	1870	»	24 568 000,
=	»	=	»	1880	=	27 279 000,
=	»	=	»	1890	»	29 959 000.

Jetzt regiert König Wilhelm II. über 348 000 qkm (6300
Q.=M.) und rund 30 Mill. E., wovon ungefähr ²/₃ Protestanten
und ¹/₃ Katholiken sind. Diese letzteren machen in der Rheinpro=
vinz, Posen und Westfalen die erhebliche Mehrzahl, in Westpreußen
und Schlesien die etwas größere Hälfte (Westpr. 47 Proz. evang.,
50 kath.; Schles. 45 Proz. evang., 53 kath.), in den übrigen Pro=
vinzen nur einen kleinen Anteil aus. Der Abstammung nach sind
26,4 Mill. Deutsche, 2,8 Mill. Slaven, 121 000 Litauer, 105 000
Masuren, 139 000 Dänen und 360 000 Juden.

Am 31. Januar 1850 verlieh Friedrich Wilhelm IV. dem
Lande eine konstitutionelle Verfassung. Nach dieser steht dem
König allein die vollziehende Gewalt zu. Die gesetzgebende Gewalt
wird gemeinschaftlich durch den König und durch zwei Häuser aus=
geübt. Das Herrenhaus besteht aus den volljährigen Prinzen des
königlichen Hauses, den vormals reichsunmittelbaren Fürsten und
Herren, teils erblich, teils lebenslänglich bestellten Vertretern des
großen Grundbesitzes, der großen Städte und der Universitäten. Das
Haus der Abgeordneten besteht aus 432 aus indirekter Wahl
(Urwähler, Wahlmänner) hervorgegangenen Vertretern des Volks
überhaupt.

Das Königreich zerfällt in 12 Provinzen:

1) Provinz (Kurfürstentum) Brandenburg, 40 000 qkm
(724 Q.=M.) 4,2 Mill. E.

a) Berlin. In der Mittelmark, in einer flachen und sandigen Ge=
gend auf beiden Seiten der Spree, 33 m über dem Meeresspiegel, liegt die
Hauptstadt Preußens und des Deutschen Reiches, Berlin, einen besondern
Verwaltungsbezirk innerhalb der Provinz bildend. Im Mittelalter lagen hier
zwei völlig getrennte Städte; am rechten Ufer der Spree Berlin, auf einer
Spreeinsel Köln, beide durch die Lange (Holz-) Brücke verbunden. Im
Jahre 1307 vereinigten sich beide Städte zu gemeinsamer Verwaltung, und
der Name der größeren Teilgemeinde Berlin verdrängte allmählich den von

Köln. Seit der Mitte des 15. Jahrhunderts wurde die Residenz des Kurfürsten von Spandau nach Berlin verlegt. Im Jahre 1640 hatte Berlin 6000 E.
Aber der Große Kurfürst erbaute im NW. von Köln die Neustadt oder Do-
rotheenstadt. Bei seinem Tode hatte Berlin schon 20000 E. Friedrich
Wilhelm I. baute im SW. von Köln die ganz regelmäßige Friedrichsstadt.
Bei dem Regierungsantritte Friedrichs des Großen hatte die Stadt 90000,
bei seinem Tode 147000 E. Besonders mehrte sich die Einwohnerzahl nach
dem Befreiungskriege unter Friedrich Wilhelm III. Innerhalb der früheren
Backsteinmauer hatte die Stadt bereits einen Umfang von 20 km. Aber als
nach der Mitte unseres Jahrhunderts Berlin selbst über Wien zur volkreichsten
Stadt Deutschlands, endlich zur deutschen Kaiserstadt heranwuchs, wurde
jener Raum zu eng; längst umgaben massenhafte Neubauten die ehemalige
Mauergrenze, so daß man letztere samt den durch sie hindurchführenden Thoren, mit Ausnahme des Brandenburger Thores und seiner Victoria, nunmehr beseitigt hat. — Die Anlage und Bauart der einzelnen Stadtteile ist
sehr verschieden; wir beschreiben kurz die Gegend, welche den Glanz- und Mittelpunkt der Stadt ausmacht. Die Brücke zwischen Berlin und Köln heißt noch
immer von der Zeit her, wo sie über die sumpfigen Spreeufer führte, die
Lange, obwohl es jetzt längere giebt; jetzt ist sie von Stein und mit dem Erz-
bilde des Großen Kurfürsten geziert, daher auch Kurfürstenbrücke genannt. Im SW. führt sie auf den Schloßplatz, dessen NW.-Seite das
mächtige Viereck des königlichen Schlosses bildet. Mit seiner entgegengesetzten Hauptseite stößt das Schloß an den Lustgarten, der jetzt mit der
Reiterstatue Friedrich Wilhelms III. geschmückt, auf der gegenüberliegenden
Seite vom alten Museum abgeschlossen wird; hinter diesem das neue Museum und die Nationalgalerie, vor welcher die Reiterstatue König
Friedrich Wilhelms IV. steht. Westwärts vom Schloß führt uns die mit
Marmorbildwerken verzierte Schloßbrücke über den andern die Spreeinsel
Köln umschließenden Flußarm in eine platzartige Straße, die von lauter
Prachtbauten eingefaßt ist: rechts von der Ruhmeshalle, der Univer-
sität und dem Akademiegebäude; links von dem ehemals kronprinzlichen
Palais und dem Opernhause. Zu beiden Seiten des Platzes die Stand-
bilder der Helden der Befreiungskriege, vor der Universität diejenigen
der Brüder Alexander und Wilhelm von Humboldt. Nun folgt gen Westen
die schöne Straße: „Unter den Linden." Ihren Anfangspunkt bezeichnet
das eherne Reiterstandbild Friedrichs des Großen, ein Meisterstück
Rauchs; das erste Haus der südlichen Häuserreihe war einst das einfache
Wohnhaus des ersten deutschen Kaisers. Die Straße ist 55 m breit und mit
einer vierfachen Reihe von Linden und Kastanien bepflanzt. Unter rechten
Winkeln wird sie von andern Hauptstraßen geschnitten — so von der 3¹/₂ km
langen Friedrichsstraße — und endigt im Pariser Platz am Brandenburger Thore, das nach dem Muster der Propyläen gebaut ist
(§ 79, 2, b, η). Vor demselben dehnt sich 7 km weit der Tiergarten, mit
den Marmorstandbildern Goethes, König Friedrich Wilhelms III. und seiner
Gemahlin, der Königin Luise, ein Park mit mannigfaltigsten Gartenanlagen,
auch dem zoologischen Garten; schon aber reichsl die Stadt auch über den
Tiergarten hinaus, gerade mit ihren freundlichsten villenartigen Anlagen;
dem Brandenburger Thor nahe schmückt hier den Königsplatz am Saume des
Tiergartens die hohe, zur Erinnerung an die ruhmvollen Feldzüge von 1864,
1866, 1870/71 errichtete Siegessäule in der Mitte des schönen Platzes,
dessen eine Seite das herrliche, hochgekuppelte Reichstagsgebäude bildet.

Berühmte Plätze in der Stadt: der Wilhelmsplatz mit den Standbildern der Helden Friedrichs des Großen, der Schillerplatz mit dem Schauspielhause, der reichgeschmückte Belle=Allianceplatz. Viel Industrie; jetzt auch Meß= platz; sehr reger Verkehr (Kreuzungspunkt sehr zahlreicher Eilenbahnen, Ringbahn, Stadtbahn). Die Stadt bedeckt 63 qkm; die Zahl der Einwoh= ner betrug am 1. April 1894: 1694328.

b) Regierungsbezirk Potsdam und zwar:

α) In der Mittelmark: Potsdam, 26 km von Berlin, von Havel und Havelseeen umflossen, in anmutig hügeliger Gegend, einst ein armes Fischerdorf, noch 1688 mit nur 1200 E., durch die Könige zu einer schönen, regelmäßigen Stadt umgeschaffen; 56000 E., wovon ein erheblicher Teil Mi= litär. In der Garnisonkirche die Gruft Friedrichs des Großen, in dem Mau= soleum neben der Friedenskirche diejenige Kaiser Friedrichs; westlich von Potsdam das Lieblingsschloß des „alten Fritz", Sans=Souci, mit Ter= rassenanlagen und prächtigen Wasserwerken. In der Umgegend noch andere Lustschlösser, namentlich das Neue Palais und das liebliche Schloß Ba= belsberg am breiten Havelspiegel; auf einer Höhe vor der Stadt das „astro= physikalische Observatorium." An der Vereinigung von Spree und Havel die Festung Spandau, Berlins nächster Hort, 52000 E.; an der Spree Char= lottenburg, 95000 E., Schloß und Mausoleum, in welchem Friedrich Wil= helm III. mit der Königin Luise und ihr Sohn Kaiser Wilhelm I. mit seiner Gemahlin, der Kaiserin Augusta, ruhen. Auf mehreren Havelinseln Bran= denburg, unter dem Namen Brannibor schon als Wendenstadt bedeu= tend, hernach lange Zeit die erste Stadt der Mark und Bischofssitz; 40000 E. 14 km nach SO. von Brandenburg Lehnin, früher ein reiches Kloster mit der Gruft der askanischen Markgrafen. Bei Fehrbellin (Hakenberg), 45 km nordnordöstlich von Brandenburg, schlug der Große Kurfürst 1675 die Schweden. Neu=Ruppin, in der Grafschaft Ruppin, die erst 1524 an Brandenburg kam. Teltow, zwischen Berlin und Potsdam; 5 km südöstlich davon, bei dem Dorfe Großbeeren, wurden 1813 die Franzosen zurückgeschlagen, die Berlin den Untergang gedroht. Im Obergebiete der Badeort Freienwalde an einem Oderarm, in anmutiger Gegend (§ 93, 2, a). Unweit davon Eberswalde, mit Forstakademie, und in der Nähe die Klosterruine Chorin, auch eine alte Markgrafengruft.

β) In der Priegnitz Hauptstadt Perleberg. Havelberg, auf einer Insel der Havel, früher Bischofssitz. Wittstock, Schlacht 1636.

γ) In der Uckermark, an dem durch Seeen sich ziehenden Küsten= flusse Ucker, Prenzlau. Schwedt? —

δ) Früher sächsisch: Jüterbog; bei dem nahen Dorfe Denne= witz Schlacht 1813. Fabrikstadt Luckenwalde.

c) Regierungsbezirk Frankfurt:

α) In der Mittelmark: Frankfurt an der Oder in freundlicher Landschaft, 57000 E., bedeutende Handelsstadt. 5 km östlich Kuners= dorf, wo Friedrich 1759 den Österreichern und Russen unterlag.

β) In der Neumark: Küstrin, am Zusammenfluß von? — fast überall von Wasser und Sümpfen umgeben, starke Festung. 10 km nord= östlich von Küstrin Zorndorf, wo Friedrich der Große 1758 einen glänzen= den Sieg über die Russen erfocht. Größer als Küstrin ist Landsberg an der Warthe, 30000 E. Unter den kleineren Orten Sonnenburg, östlich von Küstrin, eine Ballei (Güterabteilung) des Johanniter=Ordens (§ 78, 2). Züllichau, mit berühmtem Pädagogium und Waisenhause.

γ) In der früher sächsischen Nieder-Lausitz war Lucau die Hauptstadt. Guben an? — mit 30 000 E., ist aber größer. Sorau. Kottbus
an? — 39 000 E., das aber schon seit dem 15. Jahrhundert zu Brandenburg gehörte. In beiden Städten Tuchmanufakturen. Spreewald (§ 93, 2).
Hier wohnen noch, von der Umgegend von Kottbus in die preußische und
sächsische Ober-Lausitz hin (bis südwärts von Bautzen) etwa 80 000 Wenden, die ihre slavische Sprache und zum Teil auch ihre Tracht noch bewahrt
haben.

2) **Provinz (Herzogtum) Pommern**, 30 000 qkm (550
□.-M.), 1,5 Mill. E. Die einheimische (slavische) Herzogslinie starb
1637 aus. Nach alten Verträgen hätte das ganze Land sogleich an
Brandenburg fallen müssen; allein im Westfälischen Frieden bekam
der Große Kurfürst nicht einmal die ganze rechts von der Oder gelegene Hälfte, Hinterpommern, das übrige nahmen sich die Schweden.
Erst 1679 wurde die brandenburgisch-schwedische Grenze bis an die
Oder westwärts vorgerückt, erst 1720 bis an die Peene. Und fast
ein Jahrhundert später (1815) wurde endlich auch der westliche Teil
von Pommern, Neu-Vorpommern, preußisch.

a) Der östliche Teil der Provinz macht den Regierungsbezirk Köslin
aus, einen der am spärlichsten bevölkerten Striche der Monarchie; denn hier
wohnen nur 40 Menschen auf dem Quadratkilometer. Er begreift:

α) den größten Teil des schon 1648 an Brandenburg gekommenen
(vorher zum Herzogtum Pommern gehörigen) Hinterpommern, worin
die Handelsstädte Stolp, 25 000 E., an der Stolpe, die 17 Kilometer davon
bei der Mündung den Hafen von Stolpmünde bildet, und Rügenwalde.
Südlich landeinwärts (unweit des Städtchens Schlawe) die Herrschaft des
Fürsten Bismarck Varzin. Im Binnenlande auf der Seeenplatte Neu-
Stettin.

β) Das ebenfalls 1648 erworbene säkularisierte Bistum Kammin:
darin Köslin selbst, unweit des 144 m hohen Gollenberges, und unweit
der Persantemündung Kolberg mit Seebefestigungen und dem Hafen Kolbergermünde (See- und Solbad). Ebenso mutvoll, wie gegen die Russen
im Siebenjährigen Kriege, verteidigte sich Kolberg im Franzosenkriege 1807
(Gneisenau und der Bürger Nettelbeck).

γ) Im Süden zwei Kreise der Neumark.

δ) Im äußersten Osten die früher polnischen Gebiete Lauenburg
und Bütow. Hier die wenig zahlreichen Kassuben, ein slavischer, mit
den Polen sprachlich sehr nahe verwandter Stamm.

b) der Regierungsbezirk Stettin bildet den mittleren Teil der
Provinz. Rechts von der Oder ein Stück von Hinterpommern; darin
die frühere Hauptstadt von ganz Hinterpommern, Stargard, 25 000 E.
Südwestlich davon das weizenreiche Pyritz mit dem Ottobrunnen. Bischof
Otto von Bamberg, der Pommern Apostel, vollzog hier 1124 die erste Heiden-
taufe. An der Divenow (§ 93, 2) Kammin, mit dem Dome des vorher
erwähnten Bistums. Treptow an der Rega mit einem Gymnasium, das
nach dem pommerschen Reformator Bugenhagen genannt ist. Links von
der Oder ein Stück von Vorpommern, bis an die Peene, von den
Schweden am Ende des zweiten nordischen Krieges abgetreten. Hier die

Hauptstadt der ganzen Provinz, Stettin, auf und am Abhange zweier Hügel, am linken Ufer der hier in vier Arme geteilten Oder; auf einer Oder=insel die Vorstadt Lastadie. Die Bauart der inneren Stadt ist altertümlich, die ausgedehnten Vorstädte dagegen sind sehr schön gebaut; auch die Umgegend ist durch Hügel, Wiesen und Flußinseln sehr angenehm (§ 93, 2). Be=deutende Handelsstadt, 125000 E. Für große Seeschiffe ist der Hafen in Swinemünde auf der Insel Usedom, mit künstlichen, in das Meer geführ=ten Molen; auch als besuchtes Seebad bekannt. Unweit die Badeörter Heringsdorf auf derselben Insel und Misdroy auf der Insel Wollin. Im NW. von Stettin Anklam an der Peene. Nahe der mecklenburgischen Grenze Demmin. — Die heidnischen Pommern sollen an den Odermün=dungen oder auf den Oderinseln zwei berühmte Handelsstädte gehabt haben, Julin und das sagenhafte Vineta. Die erstere, das spätere Wollin, ward zerstört, die zweite versank der Sage nach ins Meer. Fischer zeigen noch im NO. von Usedom die Stelle, wo es gestanden, und wollen bei hellem Wasser die Spitzen der Häuser und Kirchen gesehen haben.

c) Der Regierungsbezirk Stralsund, der nordwestliche Teil der Provinz. Merke als Universitätsstadt Greifswald, 22000 E. Das alte feste Stralsund, an dem Wallenstein sein Pulver vergebens verschossen, ist eine wahre Wasserstadt; an der einen Seite der schmale Strelasund zwischen dem Festlande und Rügen, an der anderen Seeen und Teiche; nur an drei Enden schmaler Zusammenhang mit dem Lande. Häuser altertümlich, mit den Giebeln nach der Straße, schöne alte Kirchen, 27000 E. In ½ Stunde kann man von Stralsund nach der fruchtbaren und schönen Insel Rügen, 1100 qkm (20 Q.=M.) groß, hinüber fahren. Ziemlich in der Mitte bietet der Rugard bei Bergen einen herrlichen Aussichtspunkt, unweit der Südküste winkt in reizender Lage das Seebad Lauterbach bei Putbus; und die südöstliche Halbinsel Mönchgut hat für die Beobachter alter, eigentümlicher Volks=gebräuche viel Interessantes; aber die meisten Besucher kommen nur bis zu dem Jagdschlosse in der Granitz, von dessen hohem Turme herab man eine prachtvolle Aussicht auf die vielfach von Meeresbuchten zerschnittene Halb=insel hat. Auf Jasmund, dem nach NO. halbinselartig vorspringenden Buckel der Insel, ist die Stubbenitz, ein herrlicher Buchenwald mit einem waldumschlossenen See, den man Hertha=See benannt hat, weil man (unbe=wiesenermaßen) auf ihn Tacitus' Bericht vom altdeutschen Kultus der Hertha (Nerthus) beziehen zu können meinte. Ganz nahe dabei die Stubben=kamer (d. i. Stufenfels), ein 130 m hoher Vorsprung rein weißer Kreide, wie solche auf weite Strecken den schroffen Nord= und Ostabhang der Stubbe=nitzplatte zur See verschönert. Vor dem Südende der Stubbenitz das See=bad Saßnitz. Wittow ist der nördlichste Buckel der Halbinsel, die nörd=lichste Spitze davon das nur 55 m hohe, einsame Vorgebirge Arkona. Hier stand das Hauptheiligtum des slavischen Götzen Swantewit nahe dem jetzigen Leuchtturm. Um Rügen noch andere kleine Inseln, wie Hiddensee; vor der Peenemündung der Ruden, in dessen Schutze Gustav Adolf 1630 landete.

3) Provinz (Königreich) Ostpreußen, 37000 qkm (671 Q.=M.), 2 Mill. E. Die natürliche Geographie und die geschicht=lichen Verhältnisse dieser und der folgenden Provinz siehe § 84, Anf. und Mitte; 98, Anf.

a) Regierungsbezirk Königsberg. Die Haupt- und Residenzstadt Königsberg, eine starke Festung, liegt am Pregel, 8 km von seiner
Mündung. Der bei weitem größte Teil, die Stadtteile Altstadt und Löbe-
nicht, liegt auf dem ansteigenden nördlichen Ufer, daher viele Straßen schief
und abhängig. Ziemlich in der Mitte das Schloß, und nördlich davon (aber
noch innerhalb der Stadt) der 12 ha haltende Schloßteich mit anmutigen
Umgebungen. So bietet Königsberg auf der einen Seite fast ländliche Reize,
auf der andern das Bild einer großen Handelsstadt. Als solche erscheint es
besonders im Stadtteil Kneiphof, der auf einer Pregelinsel liegt. Mit allen
Stadtteilen hat Königsberg 167000 E. Universität. — Von der Seeseite
her deckt Königsberg die Festung Pillau, am Meereingange des Frischen
Haffs. An den Strand von Pillau bis zu der scharfen Ecke zwischen beiden
Haffs, die Küste der alten Landschaft Samland; hier wird am reichlichsten
Bernstein angespült, ein gelbes, durchsichtiges Baumharz einer vorwelt-
lichen Kiefer, in welchem bisweilen kleine Insekten eingeschlossen sind. Er
findet sich an der ganzen Ostseeküste, aber bei weitem am meisten an der
preußischen, und zwar auch im Binnenlande (in demselben tertiären Thon,
aus welchem das Meer ihn von seinem Grunde aufwühlt); daher verlegt man
sich jetzt mehr darauf, den Bernstein, namentlich an der samländischen Küste,
im Lande zu graben. Schon die Alten kannten den Bernstein, und die
Phönizier sollen ihn von der preußischen Küste geholt haben; daß er durch
Zwischenhandel zu Lande bis an das Mittelmeer kam, ist gewisser. Die Alten
nannten den Bernstein Elektron, weshalb die zuerst am Bernstein beob-
achtete Naturkraft Elektricität genannt worden ist. — Am Frischen Haff
Frauenburg, der Bischofssitz des katholischen Ermlandes. Hier war
Niklas Koppernigk (Coppernicus) Domherr (§ 4). Braunsberg mit
dem Lyceum Hosianum. Am Meereingange des kurischen Haffs, unweit
der russischen Grenze, die Handelsstadt Memel. Wir fügen einige historisch
denkwürdige Orte hinzu. Durch Verträge des Großen Kurfürsten mit Schweden und Polen sind Labiau und Wehlau in O. der Hauptstadt merkwürdig; im preußisch-französischen Kriege 1807 wurde besonders an der
Alle, einem bedeutenden linken Zuflusse des Pregel, gekämpft: Schlachten
bei Preußisch-Eylau und Friedland im SO. von Königsberg.

b) Regierungsbezirk Gumbinnen. Gumbinnen ist eine von
König Friedrich Wilhelm I. sehr regelmäßig angelegte Beamtenstadt, in dem
Striche, den man Preußisch-Litauen nennt; östlich von Gumbinnen
Trakehnen, das Hauptgestüt der preußischen Monarchie. Weit größer als
Gumbinnen ist Tilsit am? — in der fetten Tilsiter Niederung, 26000 E.
Friede von 1807. Insterburg. Lyck. Mitten zwischen Seeen und Wäl-
dern liegt das befestigte Lötzen (Fort Boyen). — Ein Drittteil des ganzen
Regierungsbezirks besteht aus Wäldern und Seeen; äußerst fruchtbar das
Memel-Delta, das noch vor 100 Jahren eitel Moor und Bruch war.

4) Provinz Westpreußen, 25500 qkm (463 Q.-M.),
1,4 Mill. E.

a) Regierungsbezirk Danzig. Elbing, am Elbing, dem schiffbaren Ausflusse des Drausensees, und durch Kanal mit der Nogat verbunden, in fruchtbarer Korngegend. Nicht unwichtiger Handel, aber früher weit
bedeutender. 43000 E. Marienburg, an der Nogat. Hier das seit 1818
zum Teil wiederhergestellte Schloß des Hochmeisters der Deutschherrn, die
„nordische Alhambra". Davon n.w. Dirschau (Weichselbrücke). Danzig,
eine der stärksten Festungen und bedeutende Handelsstadt. Sie liegt fast dicht

am linken Ufer der Weichsel; an deren Mündung liegt links Neufahrwasser, Danzigs Hafen, rechts das Fort Weichselmünde. Mit allen Vorstädten, die aber ziemlich entfernt von der Stadt liegen, hat Danzig 123000 E. Die Bauart ist altertümlich und finster; unter den Kirchen die schönste die lutherische zu St. Marien. Viele Fabriken (Danziger Goldwasser). 7 km nordwestlich von Danzig liegt das frühere Kloster Oliva (§ 98, Anf.); das Seebad Zoppot am Putziger Wiek, wie man den Meeresteil nennt, der durch die schmale, sandige Halbinsel Hela vom offenen Meer geschieden ist. Auf der Spitze von Hela ein Leuchtturm. Das Weichsel = Delta enthält die üppigsten Wiesen und die fettesten Weizenäcker; es giebt Bauern, die mehr als 40 Pferde halten. Aber trotz der Dämme und Deiche leidet die Niederung oft durch Überschwemmung.

b) Regierungsbezirk Marienwerder. Marienwerder, der Regierungssitz, ist durchaus Beamtenstadt. An der Weichsel auf einem Berge Graudenz, in geringer Entfernung davon die frühere Festung Graudenz, welche durch ihre tapfere Verteidigung 1807 gegen die Franzosen bekannt geworden ist. Die Weichselfestung Thorn, dicht an der polnisch-russischen Grenze, 29000 E., treibt nicht unbedeutenden Handel (Pfefferkuchen). Zwischen beiden auf hohem Weichselufer Kulm; der Sitz des Bischofs von Kulm ist das frühere Kloster Pelplin, im Regierungsbezirk Danzig.

5) Provinz (Großherzogtum) Posen, 29000 qkm (526 □.=M.), 1,7 Mill. E. (§ 84, Mitte), zerfällt in zwei Regierungsbezirke.

a) Regierungsbezirk Posen. Posen, meist auf dem linken Wartheufer: auf dem rechten liegt der einfach würdige Dom. Schön ist der Markt, in dessen Mitte das großartige Rathaus steht (so ist es in vielen slavischen und östlichen deutschen Städten); 70000 E., darunter gegen 10000 Juden. Posen ist in eine starke Festung umgewandelt. An der schlesischen Grenze Lissa und Rawitsch.

b) Regierungsbezirk Bromberg. Bromberg an dem Weichselzufluß Brahe und dem Anfangspunkte eines Kanals, der diesen mit der Netze verbindet, 44000 E. (im Jahre 1772: kaum 1200). Voll von Erinnerungen der polnischen Geschichte ist das kleine Gnesen, n.ö. von Posen. Hier fand Lech, der sagenhafte Stammherr der ältesten polnischen Herrscher, ein Adlernest: daher der weiße Adler im früheren polnischen Wappen. Hierher wallfahrtete Kaiser Otto III. zum Grabe seines Lehrers, des h. Adalbert von Prag, und verlieh dem damaligen polnischen Herzoge den Königstitel. Auch der Goplosee im O., durch den jetzt die Grenze gegen Polen geht, ist in Polens Geschichte bedeutsam. Auf einem Schlosse an seinem Rande ward der grimme Popiel, der letzte aus dem Stamme der Lechen, der Sage nach von Mäusen verzehrt; an seinen Ufern wohnte der Bauer Piast, der Gründer des neuen Regentenstammes der Piasten.

6) Provinz (Herzogtum) Schlesien, 40300 qkm (732 □.=M.), 4,2 Mill. E. (§ 92, 2, § 93, 2b), gehörte in den ältesten Zeiten zu Polen und bestand zu Anfang des 14. Jahrhunderts aus siebzehn Fürsten= und Herzogtümern, unter Sprößlingen des alten piastischen Königshauses, die aber, um sich unabhängig zu erhalten, hernach unter die Oberlehnsherrschaft des Königs von Böhmen

traten. 1675 starb der letzte der schlesischen Piasten, Herzog Hein=
rich von Liegnitz; das Land fiel aber nicht, wie es nach den alten
Erbverträgen hätte geschehen sollen, an Brandenburg, sondern wurde
von Österreich eingezogen. Doch Friedrich der Große gewann es
zurück und behauptete es erfolgreich durch die schlesischen Kriege.

a) Regierungsbezirk Breslau begreift ein Stück von Nieder=
Schlesien und die Grafschaft Glatz. Breslau, welches mit Berlin,
Potsdam und Königsberg den Titel einer königlichen Residenz führt, liegt
zum größeren Teile auf dem linken Ufer der hier in zwei Arme geteilten Oder,
in welche links die Ohlau mündet. Die früheren Festungswerke sind jetzt
schöne Spaziergänge (Liebichs Höhe); die Vorstädte im S. wie im N. sind
stattlich und großstädtisch. Das Innere ist noch zum großen Teil altertüm=
lich. Unter den Plätzen ist der (viereckige) große Ring der Hauptplatz des
Verkehrs; in seiner Mitte das Rathaus. Auf dem Ringe die Reiterstatuen
Friedrichs des Großen und Friedrich Wilhelms III. Mit ihm steht der schöne
Blücherplatz in Verbindung. In seiner Mitte das lebensvolle Monument
Blüchers. Die beste Übersicht über das Ganze hat man von dem höchsten
Turme, dem der evangelischen St. Elisabethkirche. Nach SW. tritt der
Zobten hervor; weiter nach B. bei hellem Wetter das Riesengebirge.
354000 E. Fabriken und Handel, die größten Wollmärkte Europas; Uni=
versität. Von Breslau an der Oder aufwärts Brieg; 15 km im W. von
Breslau das Dorf Leuthen. Der alte Fritz errang hier 1757 mit 33000
Mann über 80000 Österreicher seinen schönsten Sieg, seinen ersten bei
Mollwitz 1741, w. j. w. von Brieg. Sonst merke:

α) Auf dem rechten Oderufer das Fürstentum Öls, früher
der herzoglichen Familie von Braunschweig gehörig (aber nicht reichsunmit=
telbar, wie überhaupt kein schlesisches Fürstentum es war).

β) Auf dem linken Ufer: am Eulengebirge die kleine von Friedrich
dem Großen angelegte Festung Silberberg über gleichnamiger Stadt, das
schlesische Gibraltar, da die Werke meist in Felsen gehauen; man hat indessen
neuerdings Silberberg als Festung aufgegeben; nur ein Hauptwerk (der
Donjon) ist erhalten. Im SW. des Zobten Schweidnitz, 25000 E.,
früher ebenfalls Festung, ja zur Zeit des Siebenjährigen Krieges Schlesiens
wichtigste Festung. 20 km davon im Südwesten in reizender Hügelgegend
Waldenburg, der Mittelpunkt des niederschlesischen Bergbaues, und das
Bad Salzbrunn. In der Umgegend von Reichenbach liegen die großen
Dörfer der Weber und Spinner, die Fabrikorte Langenbielau, ein Dorf
von 15000 E., Peterwaldau u. a.

γ) In der Grafschaft Glatz die Stadt gleichen Namens, an der
Glatzer Neiße, starke Festung. Über die Gebirgspartieen und die Bäder
Kudowa, Reinerz, Landeck vgl. § 92, 2, d.

b) Regierungsbezirk Liegnitz enthält das andere Stück von
Nieder=Schlesien und den von Sachsen abgetretenen Teil der Ober=
Lausitz.

α) In Nieder=Schlesien: Liegnitz, westnordwestlich von Breslau,
49000 E., an der Katzbach. In der Gegend um Liegnitz, besonders in der
Nähe des Ortes Wahlstatt, sind wiederholt wichtige Schlachten geschlagen:
die Mongolen schlugen hier 1241 den Herzog Heinrich von Liegnitz, Blücher
1813 die Franzosen. Glogau, 21000 E., ist eine Oderfestung. Das noch
nördlichere Grünberg mit starkem Weinbau. Bunzlau, am Bober,

Töpferwaren. Hirschberg am? — ist eine Haupthandelsstadt für das schlesische Leinen. Noch näher am Riesengebirge liegt Schmiedeberg (Teppichfabrik), der besuchte Badeort Warmbrunn, Erdmannsdorf mit königlichem Schlosse und berühmter Flachsgarn-Maschinen-Spinnerei. Alle diese Orte liegen in der reizenden Ebene am Fuße der Riesengebirgsmauer, über welche (so wie über die Schneekoppe selbst) die böhmische Grenze läuft. Unter den oben (§ 92, 2) genannten Partieen des Riesengebirges sind die Schneegruben, Zacken- und Kochelfall, Kynast auf preußischem Boden, ebenso das weit zerstreute Baudendorf Brückenberg, unweit der Schneekoppe, mit der aus dem norwegischen Dorfe Wang hierher versetzten Holzkirche (§ 83, a, II. Ende), das höchstgelegene Dorf Schlesiens.

β) In der Ober-Lausitz: Görlitz, 66 000 E., an? — gut gebaut, mit der großartigen Peter-Paulskirche; in der Nähe die Landskrone, ein kegelförmiger Basalt-Berg, 420 m, mit herrlicher Aussicht. Dicht vor dem Austritt der Neiße nach der Provinz Brandenburg Muskau, berühmt durch den vom Fürsten Pückler hier im Neißethal angelegten Park, einem der schönsten Teutschlands.

c) Regierungsbezirk Oppeln, das preußische Ober-Schlesien¹, enthält noch zu ⁸⁄₉ polnisch redende Bewohner. Oppeln an? — Festung Neiße, an der Glatzer Neiße, 23 000 E. Bei Ratibor wird die Oder schiffbar. — In ganz Ober-Schlesien giebt es viele Berg- und Hüttenwerke. Beuthen, 42 000 E., und Königshütte, 39 000 E., sind die Mittelpunkte des Bergbaues und des Hüttenwesens.

7) **Provinz (Herzogtum) Sachsen**, 25 000 qkm (458 Q.-M.), 2,6 Mill. E. Sie ist am meisten unter allen durch fremdes Gebiet zerteilt; jedoch hängt die nördliche Hauptmasse bei Aschersleben mit der südlichen wenigstens durch einen schmalen Streifen zusammen.

a) Der Regierungsbezirk Magdeburg, die nördliche Hauptmasse, § 91, 4; § 93, 2, c.

α) Der älteste Teil der Monarchie ist die Altmark (§ 98 Anf.), darin Stendal und Salzwedel, an? — das kleine Tangermünde an der Elbe, im 15. Jahrhundert eine Zeit lang Mittelpunkt des brandenburgischen Staates.

β) In dem Herzogtume, früher Erzbistume Magdeburg (1648 erworben, jedoch erst 1680 in den Besitz Brandenburgs übergegangen), die Hauptstadt der Provinz, Magdeburg, zum bei weitem größten Teil am linken Elbufer, auf einer Elbinsel die Citadelle, am rechten Ufer die Friedrichstadt. Obwohl mit Ausnahme des herrlichen, in ursprünglicher Schönheit hergestellten Domes, in welchem der Begründer von Magdeburgs Größe, Kaiser Otto der Große, begraben liegt, und weniger anderer Gebäude, Magdeburg 1631 fast ganz in Asche sank, so hat die Stadt doch ein altertümliches Aussehen. Außer dem Breiten Wege, der Magdeburg von S. nach N. durchzieht, sind die meisten Straßen (abgesehen von den ganz neu angelegten Stadtteilen) eng und krumm. Große und starke Festung, bedeutende Handelsstadt, mit der vor dem Nordthor gelegenen Neustadt und dem ungefähr halb so volkreichen s. Vorort Buckau zusammen 224 000 E. Im S. dicht vor Magdeburg Kloster Bergen, 1809 aufgehoben und später in den Friedrich-Wilhelmsgarten verwandelt. In dem Teile auf dem rechten

Elbufer Burg, mit Tuchfabriken. Auf dem linken Elbufer das reichste Salzwerk des Staates, Schönebeck, das jährlich 800000 Centner Salz liefert. Davon s. w. an der Bode, dicht an der anhaltischen Grenze, Staßfurt, mit einem reichen Steinsalzlager, das preußische Wieliczka (§ 84, I, 1, a).

γ) Das gleichfalls 1648 erworbene Fürstentum Halberstadt. Die gleichnamige Hauptstadt, 38000 E. liegt an der Holzemme, unweit des Harzes, in lieblicher, fruchtreicher Gegend. Die Bauart altertümlich. Der Hauptschmuck der Stadt ist der Dom, der an Erhabenheit im Innern den Magdeburger übertrifft. Das besonders früher gefeierte Getränk Brothan (Grandia si fierent summa convivia coelo, Brohanium Superis Jupiter ipse daret). Im SW. der Stadt die in anmutige Anlagen verwandelten Spiegelschen Berge. Andere Orte im Fürstentum Halberstadt: Aschersleben, 24000 E., früher der Hauptort der Grafschaft Aslanien, die dem Hause Anhalt gehörte (über der Stadt noch schwache Reste des alten Schlosses Aslanien), große Fabriken, Handelsgärtnerei; im S. Thale in der Nähe der Roßtrappe (§ 92, 4 Ende).

δ) In der früheren (1803 erworbenen) Reichsabtei Quedlinburg die gleichnamige Hauptstadt an? — altertümliche Stadt, 22000 E., mit Branntweinbrennerei, Kornhandel und schwungshafter Handelsgärtnerei. Hier ist der große Geograph Karl Ritter (§ 35 Ende) geboren. In der Schloßkirche liegt Heinrich I. (§ 95 Anf.) begraben.

ε) Die Grafschaft Wernigerode am Harz gehört einer danach benannten Linie der Grafen von Stolberg. Wernigerode liegt an einem 270 m hohen, mit dem gräflichen Schlosse gekrönten Berge, an der Holzemme. Zu der Grafschaft gehört das sich von Ilsenburg zum Brocken hinaufziehende Ilsethal und der Brocken (§ 91, 4). —

b) Der Regierungsbezirk Merseburg (§ 91, 3. § 92, 4 b) umfaßt außer einem kleinen Teile des Fürstentums Halberstadt, worin der Falkenstein (§ 92, 4 Ende), und dem zum Herzogtum Magdeburg gehörigen Saalkreise, nebst dem schon früher preußischen Teile der Grafschaft Mansfeld, lauter erst 1815 erworbene Gebietsteile.

α) Im altpreußischen Saalkreise: Halle, 111000 E., am r. Ufer der hier geteilten Saale, wo einst eine Salzquelle den Salzreichtum der Tiefe verriet (auf der noch jetzt sogenannten Halle, wie nach der Sprachweise der Kelten eine Stätte bezeichnet wurde, wo man Salz gewann; hiernach auch die alte Salzsieder-Zunft Halles die der Halloren genannt). Die Stadt hat auf geistigem Gebiete große Bedeutung, teils durch die 1694 gestiftete Universität, welche namentlich für protestantische Theologie immer wichtig war, teils durch die aus kleinem Anfange erwachsenen Stiftungen des frommen Professors August Hermann Francke, gestorben 1727. Der Spruch, welchen seine Stiftungen noch jetzt im Siegel führen „Unsere Hilfe steht im Namen des Herrn, der Himmel und Erde gemacht hat", war sein Wahlspruch, und er hat Großes damit ausgerichtet. Außer dem Waisenhause, der bekanntesten Stiftung Franckes, findet man hier ein Gymnasium (die sogenannte lateinische Hauptschule), ein Realgymnasium, eine höhere Mädchenschule, eine Vorbereitungsschule, eine Bürgerschule für Knaben und Mädchen, im ganzen 8 Schulen mit etwa 2700 Kindern, eine Missionsanstalt, eine Bibelanstalt. Mit Recht weihte „Dem Gründer dieser Anstalt eine dankbare Nachwelt" im inneren Hofe ein Denkmal. — Neuerdings ist Halle neben Magdeburg der wichtigste Industrieplatz der Provinz Sachsen geworden, namentlich durch das aus den Braunkohlen der Umgegend gewonnene Solaröl und Paraffin (Erdwachs) sowie durch Zuckerfabrikation. — Bei Halle Giebichenstein mit dem Solbade Wittekind, die Saale einige Stunden abwärts Wettin (§ 92, 4, b, β). 10 km im N. von Halle der weithin sichtbare Petersberg, 240 m, mit einer romanischen (nach Dammanns Angabe) byzantinischen Kloster=kirche, die wiederhergestellt ist.

β) In Gebietsteilen und zwar in der Elbgegend: Wittenberg an? — früher Festung und bis 1817 Universität. An ihr lehrte Luther: somit ist Wittenberg die Wiege der Reformation. Denkmal Luthers mit der In=schrift: „Ist's Gottes Werk, so wird's bestehn, ist's Menschenwerk, wird's untergehn"; in der Schloßkirche sein und Melanchthons Grab. Von Witten=berg die Elbe aufwärts die Festung Torgau am linken Ufer. In der Nähe, auf der Höhe von Süptitz, Sieg Friedrichs des Großen 1760. Noch weiter die Elbe hinauf das Städtchen Mühlberg. Sieg Karls V. 1547 über den Kurfürsten Johann Friedrich von Sachsen.

An der Saale, Elster und Unstrut: der Sitz der Regierung, Merseburg an der Saale, dann Weißenfels an der Saale (§ 92, 4, b, β), 25000 E., mit lebhaftem Handel; dann Naumburg an der Saale, mit ehr=würdigem Dom. An der Saale liegt oberhalb Naumburg die berühmte Landesschule Pforta (früher das Kloster „Maria zur Pforten") und unweit davon das Solbad Kösen in sehr anmutiger Gegend (Rudelsburg, Kösener Pforte). An der Unstrut unweit Naumburg Freiburg.

Weiter aufwärts das ehemalige Kloster Memleben (§ 92, 4, b, β) und die berühmte Klosterschule Roßleben. Von hier zieht sich eine sumpfige Ebene an der Unstrut gegen Artern hin, die man das Unstrutried nennt; hier wahrscheinlich war es, wo König Heinrich 933 die Ungarn (§ 95 Anf.) schlug. In der Kriegsgeschichte ist noch berühmter die weite Ebene an der Saale und Elster. Zwischen Merseburg und Naumburg liegt Roßbach, wo der alte Fritz 1757 über die übermütigen Franzosen und das Reichsheer siegte; südlich von Merseburg das Städtchen Lützen, in dessen Nähe der mit einem Denkmale überbaute Schwedenstein an den Tod Gustav Adolfs 1632 erinnert. Ganz nahe das Dorf Großgörschen: Schlacht 1813 zwischen Preußen und Russen einer= und Franzosen andererseits. — An der Elster: Zeitz, 23000 E. In der Grafschaft Mansfeld die Hauptstadt derselben, Eisleben, mit den Mansfelder Seeen (einem größeren und tieferen, durch Solquellen schwach salzigen und einem kleineren und flacheren süßen). Sitz des Mansfelder Bergbaues, 24000 E. Hier ist Luther am 10. November 1483 geboren und am 18. Februar 1546 gestorben.

Am südlichen Unter=Harze liegen die Besitzungen der Grafen Stol=berg=Stolberg und Stolberg=Roßla. Das Städtchen Stolberg ist in einem engen Thale eingeklemmt, die Umgegend herrlich (z. B. Josephs=höhe § 91, 4).

c) Der durch fremde Länder zerrissene und zum Teil zerstückelte Re=gierungsbezirk Erfurt (§ 91, 3. § 92, 4, b, β) enthält Gebiete, die fast alle erst seit 1803 oder 1815 zu Preußen gehören. Dem Kurfürsten von Mainz gehörte die an der Grenze gelegene, früher befestigte Hauptstadt von ganz Thüringen, Erfurt, die mit ihren vielen Türmen und den beiden hoch=liegenden Citadellen Petersberg, dicht an der Stadt, Cyriaksburg, etwas südwestlich, sich stattlich präsentiert. Im Mittelalter gehörte Erfurt zu den bedeutendsten Städten Teutschlands, wurde durch Gewerbe und Han=del (besonders mit Waid, einem der rapsartigen Waidpflanze entnommenen Blaufärbestoff) reich und mächtig und gründete 1392 aus eigenen Mitteln seine berühmte Universität, welche zu Anfang unseres Jahrhunderts jedoch einging. Luthers Zelle im Augustiner=Kloster wurde 1872 ein Raub der Flammen, aber herrlich schmückt noch heute, auf felsiger Höhe über der Stadt thronend, Erfurt sein ehrwürdiges Denkmal alter Größe: sein Dom. Noch jetzt ist Erfurt, mit 80000 E., Thüringens größte Stadt, berühmt durch Gemüse= und Gartenkultur. Einige Stunden im SW. die drei Gleichen (eine zu Sachsen=Coburg=Gotha, die zwei anderen zu Preußen gehörig); an eine dieser Burgen knüpft sich die Sage vom Grafen von Gleichen und seinen zwei Frauen. N. n. ö. von Erfurt das Städtchen Sömmerda mit der Ge= wehrfabrik Dreyse, der das Zündnadelgewehr erfunden hat. Mainzisch war auch das Eichsfeld (§ 91, 3, b) mit der Hauptstadt Heiligenstadt an? — Freie Reichsstädte Thüringens waren das vielgetürmte Mühlhausen an der oberen Unstrut, 29000 E., und Nordhausen am Südfuße des Unter= Harzes, durch Branntweinbrennerei und Getreidehandel blühend, 27000 E. Kursächsisch war Langensalza (Gefecht zwischen Hannoveranern und Preußen am 27. Juni 1866). Von der Hauptmasse getrennt, in der früheren Grafschaft Henneberg: Suhl, im tiefen Thale (welches Gebirges?) immer noch über 325 m, mit Gewehrfabriken. Schleusingen war einst die Residenz der Grafen von Henneberg.

8) **Provinz (Herzogtum) Schleswig=Holstein.** Von den Elbherzogtümern wurde Holstein (d. i. die Holseten = Waldansiedler) schon unter Karl dem Großen von Deutschland gewonnen und von Grafen verwaltet. Seit 1113 regierten Grafen aus dem Hause Schauenburg. König Heinrich I. (§ 95 Anf.) hatte auch eine Mark Schleswig (d. i. Siedelung an der Schlei) angelegt. Doch überließ Kaiser Konrad II. dieses Gebiet jenseit der Eider an Dänemark. Seitdem galt die Eider als des Deutschen Reiches Grenze. Graf Gerhard von Holstein empfing 1635 Schleswig als dänisches Lehen. Von dieser Zeit schreibt sich die enge Vereinigung von Schleswig und Holstein ("up ewig ungedeelt") her. Als 1448 in Dänemark das alte Königshaus ausstarb, bot man die Krone dem Grafen Adolf von Holstein und Schles= wig an, dieser aber schlug seinen Vetter Christian von Olden= burg vor. Da der großmütige Adolf 1459 ohne Erben starb, fiel Schleswig=Holstein durchaus nicht an das Königreich Dänemark, sondern an jenen seinen Vetter, der die dänische Krone trug: es trat also zu Dänemark nur in das Verhältnis einer Personal= Union, war also lediglich durch die Gemeinsamkeit der Person des Regenten mit ihm verbunden. Da man aber dänischerseits immer von neuem darauf keine Rücksicht nahm und in den Elbherzog= tümern nur dänisches Land sehen wollte, entspannen sich stets neue Mißhelligkeiten, die um die Mitte unseres Jahrhunderts zu offenem Kriege zwischen Deutschland und Dänemark führten, ohne daß es gelang, den Herzogtümern ihr Recht zu erkämpfen. Dies geschah erst 1864 durch den von Preußen und Österreich zusammen gegen

Dänemark geführten Krieg; im Frieden zu Wien 1864 wurden Holstein und Schleswig zugleich mit dem zur dänischen Krone gehörigen Herzogtum Lauenburg an die beiden Mächte abgetreten, welche die Herzogtümer zuerst gemeinsam, dann gesondert — Österreich Holstein, Preußen Schleswig und Lauenburg — regierten. Im Frieden von Prag 1866 verzichtete Österreich auf alle seine Ansprüche; Preußen ist seitdem alleiniger Besitzer. Das Herzogtum Lauenburg ist seit 1876 mit Schleswig-Holstein verbunden. Die Provinz Schleswig-Holstein, fast 19000 qkm (342 □.=M.), 1,2 Mill. E., bildet nur den einen Regierungsbezirk Schleswig (§ 93, 1, 2, a, 3).

Das Herzogtum Holstein ist ein rein deutsches Land, gehörte auch früher mit zum Deutschen Bunde. Zuerst hieß es Nordalbingien; hernach unterschied man einzelne Teile, wie das früher wendische Wagrien im O., Stormarn in der Mitte, also auf der Geest, Dietmarsen (Dietmarschen) im W. Der letztgenannte fette und reiche Strich war von einem besonders derbkräftigen, seine Freiheit über alles liebenden Volke bewohnt, das noch 1500 einen glänzenden Sieg bei Hemmingstedt über die Dänen errang. Die größte Stadt Altona [áltona], dicht bei Hamburg, im 17. Jahrhundert noch ein bloßes Dorf, jetzt eine schöne und wichtige Handels- und Fabrikstadt, hat mit dem dicht bei Altona an der Elbe gelegenen Ottensen (Klopstocks Grab) 152000 E. Weiter hinab Blankenese, größtenteils von Fischern, Schiffern und Lotsen bewohnt, mit seinen schattigen Parkanlagen „das Arkadien der Hamburger", die hierhin gern Lustfahrten machen und von denen viele hier schöne Landhäuser besitzen. Noch weiter hinunter Glückstadt. — Kiel, lebhafte Handels- und Universitätsstadt, 78000 E., liegt sehr anmutig an einer Ostseebucht, in welche 7 km nördlich von der Stadt der Kieler Kanal mündet. Der Kieler Hafen gilt für den besten der Ostsee und ist nun deutscher Reichskriegshafen. Der Kieler Umschlag, d. i. Messe im Januar. Kieler Sprotten. — Merke noch die Stadt Wandsbek, 22000 E., im NO. von Hamburg, wo der treffliche Matthias Claudius (der Wandsbecker Bote) lebte. Rendsburg an der Eider. Die Industriestädte Itzehoe [itzeha] an der Stör und Neumünster.

Der Nord-Ostsee-Kanal wird die Halbinsel von Brunsbüttel (an der Elbmündung, Cuxhaven ostwärts gegenüber) an der Südseite von Rendsburg vorüber bis Holtenau (an der Kieler Bucht) in einer Länge von 98 km, einer Breite von 60 m und mit einer Tiefe von 8,5 m durchschneiden.

Im Herzogtum Lauenburg liegen nur kleine Orte (unter 5000 E.). Die alte Residenz des Herzöge war Lauenburg an? — Ratzeburg, reizend auf einer Insel im gleichnamigen See gelegen. Zwischen beiden Mölln am Möllner See, wo man noch Till Eulenspiegels Grabstein in der Kirchenmauer zeigt. Dieser derbe deutsche Spaßvogel des 14. Jahrhunderts soll aus dem Dorfe Kneitlingen bei Scheppenstedt gebürtig gewesen sein und allenthalben seine Schalksstreiche bis zu seinem in Mölln erfolgten Tode getrieben haben.

Das Herzogtum Schleswig gehörte früher nicht mit zum Deutschen Bunde; es ist indes fast ganz deutsches Land, denn nur in seinen nördlichsten Grenzdistrikten hat sich die dänische Sprache noch behauptet. Über die Lage der Städte vergl. § 93, 3. Es folgen von S. nach N.: die kleine Handelsstadt Eckernförde (Sieg der Deutschen 1849), Schleswig, an der innern Spitze des langen schmalen Meerbusens Schlei, Sitz der Regierung für die Provinz Schleswig-Holstein. (Im NW. der Stadt das Schloß Gottorp.) Nördlicher das größere Flensburg, 39000 E., bedeutende Handelsstadt an der Grenze deutscher und dänischer Nationalität. Nördlich von der Flensburger Bucht liegt dicht am Lande die Insel Alsen mit den Orten Sonderburg und Augustenburg, gegenüber die Halbinsel Sundewitt mit den als Befestigung jetzt aufgegebenen Düppler Schanzen. Denkmäler erinnern bei Düppel und auf Alsen an die preußischen Ruhmestage von 1864: an den 18. April und den 29. Juni. — An der Ostküste von Holstein die Insel Fehmarn. — An der Westküste von Schleswig die Städte Tönning an der Eidermündung und Husum; weiter im N., der Westküste auch nicht fern, Tondern (Handel, Austernfang). Die Inseln Silt [dänisch: Sylt] und Föhr mit Seebädern, wie das weiter ins Meer vorgerückte Helgoland (§ 93, 1 Mitte).

9) **Provinz (Königreich) Hannover.** Ehemals herrschte hier das Haus der Welfen. Die alte Familie der Welfen war in Schwaben um den Bodensee angesessen, starb aber im 11. Jahrhundert im Mannesstamm aus. Mit der Erbtochter vermählte sich ein Sohn des italienischen Hauses Este (§ 77, I, 4); der Sohn dieser Ehe, Welf, wurde der Ahnherr des neuen welfischen Hauses. Zu großer Macht stieg dasselbe im 12. Jahrhundert. Weite Besitzungen an der Oker, Aller und Leine wurden erheiratet, und zu dem allen besaß Heinrich der Löwe noch als Reichslehen die Herzogtümer Sachsen und Bayern; von den Alpen bis zur Nordsee und Ostsee dehnten sich seine Besitzungen, die er durch Eroberungen gegen die Slaven noch erweiterte. Da entspann sich Feindschaft zwischen dem Löwen und Kaiser Friedrich Barbarossa; des Kaisers Acht, die Übermacht der Feinde stürzte den Welfen. Selbst als er sich endlich 1181 vor dem Kaiser bemütigte, erhielt er seine Reichslehen nicht zurück, sondern behielt nur die Allodien (d. h. Eigengüter) des welfischen Geschlechts: Braunschweig, Lüneburg, Göttingen, Kalenberg und Grubenhagen. Seine Nachkommen teilten sich in viele Linien. Noch unter Ernst dem Bekenner, einem Zeitgenossen der Reformation, bestand die Teilung des welfischen Länderbesitzes nach mehreren Linien fort; Ernsts älterer Sohn, Heinrich, wurde der Stammvater der älteren im Herzogtum Braunschweig regierenden, jedoch 1884 ausgestorbenen Linie, wie der jüngere, Wilhelm, der Stammvater des in England und vordem auch in Hannover herrschenden jüngeren Zweiges.

Die letzte Zeit des 17. und die erste des 18. Jahrhunderts war für das Emporkommen der hannöverschen Linie des Welfenhauses entscheidend; um 1630 waren nach mannigfacher Teilung wieder alle Besitzungen derselben in einer Hand; 1692 wurde Hannover Kurfürstentum, und 1714 bestieg Kurfürst Georg den englischen Thron (§ 82 Anf.). Daß nun die hannoverschen Kurlande mit England einen Landesherrn hatten, brachte ihnen freilich manchen Nachteil; in vielen Festlandskriegen suchten Englands Feinde, welche dem meerumgürteten Albion nicht beikommen konnten, an Hannover ihr Mütchen zu kühlen. Aber namentlich nach Napoleons I. Sturze that die siegreiche Großmacht auch sehr viel für die deutschen Länder ihres Herrscherhauses: sie verschaffte ihnen den Titel eines Königreichs und dazu schöne, fruchtbare Lande des tüchtigen altsächsischen (niedersächsischen) Stammes, dessen Ostgebiet (Ostfalen) seitdem größtenteils unter der Krone Hannover zusammengefaßt war, darunter auch manche früher preußischen Landesteile. Seitdem nun in England, wo das salische Gesetz nicht gilt, Victoria den Thron bestiegen, hatte Hannover einen eigenen König. Als aber der König von Hannover 1866 gegen Preußen Partei nahm, wurde sein Land besetzt und in eine preußische Provinz verwandelt. 38500 qkm (698 Q.=M.) mit 2,2 Mill. E. — Man teilt das Land in die sechs Regierungsbezirke: Hannover, Hildesheim, Lüneburg, Stade, Osnabrück, Aurich. Wir unterscheiden den kleineren südlichen Teil, den großen nördlichen und den westlichen Teil, der mit dem vorigen nur durch einen schmalen Landstreifen zusammenhängt.

a) Der nördliche Teil (§ 93, 1, 2, b. § 91, 3) enthält den größten Teil des Fürstentums Kalenberg, das Fürstentum Lüneburg oder Celle, die Grafschaften Hoya und Diepholz. Darin: Hannover, die Hauptstadt, an beiden Seiten der Leine in einer sandigen, aber wohlangebauten Ebene; die eigentliche Stadt ist altertümlich gebaut, hat aber neu angelegte prächtige Straßen, 176000 E. (ohne den Vorort Linden, welcher 29000 E. zählt). In der Nähe die Schlösser Welfenschloß und Herrenhausen; Hameln, an? — bis 1807 Festung (Sage vom Rattenfänger). In der Nähe das sogenannte Steinhuder Meer (§ 93, I Mitte). An der Ilmenau, neben einem 65 m hohen Kalkberge, Lüneburg, 21000 E., mit den stärksten Salzquellen in Deutschland. Etwas nördlich von Lüneburg liegt Bardowiek, jetzt nur ein Flecken, im 12. Jahrhundert aber eine große, feste Handelsstadt, die schon Karl der Große zum Handelsplatze mit den Slaven bestimmt hatte; von Heinrich dem Löwen zerstört. Er schrieb an den Dom, der noch steht: Vestigia Leonis. Harburg an der Elbe, Hamburg gegenüber, Handelsstadt, 40000 E. Zwischen Lüneburg und Celle an der Aller die Lüneburger Heide (§ 93, 2, b). Südlich von Celle das Dorf Sievershausen; Moritz von Sachsen fiel hier als Sieger gegen Albrecht von Brandenburg=Kulmbach 1553.

Herzogtum Bremen und Fürstentum Verden [ferden], früher geistliche Lande, kamen 1648 an Schweden, nach Karls XII. Unglück (§ 83, a) an Hannover. Darin Stade, 6 km von der Elbe. In der Nähe Buxte=

hude und fruchtbare Marschdistrikte, das alte Land am Ausfluß der Elbe, das Land Hadeln, früher zu Lauenburg gehörig u.s.w. An der Mündung der Geeste in die Weser, dicht bei Bremerhafen, Geestemünde, aufblühende Hafenstadt mit großartigen Wasserbauten. Verden an der Aller.

Das fruchtbare Bistum Hildesheim, seit 1803 preußisch, kam 1814 an Hannover. Die alte Hauptstadt Hildesheim, an? — schon von außen durch den Schmuck der Türme seine mittelalterliche Größe ankündend, im Innern unregelmäßig und altertümlich, „das Nürnberg Nord=Teutsch= lands". In dem Dom ist eine Pforte mit alten in Erz gegossenen Thüren, die (unechte) Irmensäule und außen an der einen Wand und durch die Wand gewachsen ein ungeheurer Rosenstrauch, den nach der Sage Karl der Große oder Ludwig der Fromme gepflanzt haben soll. 36000 E. Am Fuße des Harzes, am erzreichen Rammelsberge, das alte Goslar, bis 1803 Reichsstadt, 1803—1806 schon einmal preußisch. Besonders die fränkischen Kaiser hatten hier ihren Hofhalt. Von dem alten Dome Heinrichs III. steht nur noch eine Kapelle; das übrige ist wegen Baufälligkeit abgetragen. Die alte Kaiserpfalz ist jetzt restauriert worden.

b) Der westliche Teil (§ 91, 2, c. § 93, 1). α) Das Stift Osna= brück, wurde bis 1803 nach den Bestimmungen des Westfälischen Frie= dens, der in der Stiftshauptstadt mit verhandelt wurde, abwechselnd von einem katholischen Bischof und einem Prinzen des Hauses Hannover regiert. Osnabrück an der Hase, 42000 E., in vielen schon holländischen Städten ähnlich. Karl d. Gr. errichtete hier das erste Bistum zur Bekehrung der Sachsen. Papenburg, mitten in Mooren, betriebsamer Ort. β) Der größte Teil der bis 1806 preußischen Grafschaft Lingen. γ) Die Mediat= grafschaft Bentheim, dem fürstlichen Geschlecht gleiches Namens gehörig, das auch in Westfalen begütert ist. δ) Ein Teil des Bistums Münster, der dem herzoglichen Hause Aremberg gehört: Hauptort Meppen. ε) Das Fürstentum Ostfriesland hatte zuerst eigne Fürsten, fiel 1744 an Preußen und wurde 1815 an Hannover überlassen. Die Regierung ist in Aurich, aber größer ist Emden, etwas nördlich von der Emsmündung in den Dollart, wohlgebaut und durch Handel, Gewerbe, Heringsfang bedeutend; Insel Norderney mit Seebad, Borkum (§ 93, 1). — Zum Regierungs= bezirk Aurich gehört auch das am Jadebusen 1853 von Oldenburg an Preußen abgetretene Gebiet, auf welchem Wilhelmshaven, nunmehr der deutsche Kriegshafen an der Nordsee, angelegt wurde. Starke Befestigungen schützen ihn, und eine neue Nordseestadt entwickelt sich an ihm.

c) Der südliche Teil (§ 91, 2, 3. § 93, 1, e) begreift das Fürstentum Grubenhagen und Teile des Fürstentums Kalenberg. Darin die größte Stadt Göttingen, an? — 25000 E., berühmte Universität und Bibliothek. Die Stadt freundlich und gut gebaut, die Umgegend anmutiges Hügelland. Münden (§ 91, 2), ist eine gewerbreiche Fabrikstadt. Eimbeck, sonst durch sein Bier bekannt (Luther zu Worms), ist auch eine gewerbfleißige Stadt. Am Harz liegt Osterode, viele Fabriken, Spinnerei — auf demselben Klaus= thal, 560 m hoch, die Hauptbergstadt Andreasberg u. a. Das ist die Gegend der silberreichen Schächte — die kunstreichsten in der Klausthaler Gegend — der Schmelzöfen, der Poch= und Hammerwerke, der hölzernen Bergstädte; den Rammelsberg (am Nordfuß des Ober=Harzes [§ 91, 4]), dessen Kupfererz bereits im 10. Jahrhundert ausgebeutet wurde, besitzt nebst den dazu gehörigen Hüttenwerken von früheren Zeiten her das Herzogtum Braunschweig mit (sogenannter Kommunionharz). Nur durch einen schmalen Streifen mit dem übrigen hannöverschen Harzgebiet verbunden, liegt an der obern Bode Elbingerode und ganz getrennt am Südfuße des Unter-Harzes ein Landstreifen, der unter preußischer Oberhoheit größtenteils dem gräflichen Hause Stolberg gehört; darin der Flecken Ilfeld, durch seine Schule bekannt. — Zu dem südlichen Teile gehört endlich auch ein Teil des Eichsfeldes mit Duderstadt (§ 91, 3, b).

10) **Provinz Westfalen**, 20 000 qkm (367 Q.-M.), 2,4 Mill. E.

a) **Regierungsbezirk Minden** (§ 91, 2). Minden kam mit dem dazu gehörigen Fürstentume, einem einst von Karl dem Großen gestifteten Bistume, 1648 an Brandenburg. Weser-Scharte (§ 91, 2, b). Sieg der Preußen über die Franzosen 1759. Die Grafschaft **Ravensberg** fiel 1666 endgültig als ein Teil der jülisch-klevischen Erbschaft an Brandenburg. **Bielefeld**, 43 000 E., mit berühmtem Leinwandhandel und **Herford** sind darin die größten Orte. Zwischen Herford und Minden das Solbad **Rehme** (Oeynhausen). So wie Bielefeld, Herford, Rehme liegt an der Köln-Mindener Bahn das Städtchen **Gütersloh**. Handel mit westfälischem Schinken und Schwarzbrot (Pumpernickel). Hier in der Umgegend, besonders in dem Dorfe **Isselhorst**, bedeutende Feingarnspinnerei; vom feinsten wiegen 100 m kaum 1 Gramm. **Enger** mit dem Grabmale **Widukinds**. **Paderborn**, an der aus zahlreichen und starken Quellen hervorsprudelnden **Pader**, die dann zur Lippe fließt, die Hauptstadt eines 1803 erworbenen säkularisierten Bistums. An der Lippequelle das Bad **Lippspringe**. **Höxter** an? — und dabei **Corvei**, bis 1803 eine der ältesten und berühmtesten Abteien im Reiche.

b) **Regierungsbezirk Arnsberg** (§ 90, 1, B, b) begreift

α) auch ein Stück der jülich-klevischen Erbschaft, die Grafschaft **Mark**. Der nördliche Teil der Grafschaft ist fruchtbares Kornland, darin **Lippstadt**, **Hamm**, am Kreuzungspunkte aller Lippe-Straßen und -Eisenbahnen, 26 000 E., und **Soest** [sost], gewerbreiche Städte; die letztere, einst ein mächtiges Glied des Hansabundes, hat alte schöne Kirchen. **Bochum**, Fabrikstadt, 51 000 E. (Der Kreis Bochum gehört infolge seines schwunghaften Industrielebens neuerdings zu den am schnellsten in ihrer Bevölkerungsmenge fortschreitenden Kreisen der Monarchie.) Der südliche Teil des Regierungsbezirkes, das **Sauerland** (§ 90, I, B, c), ist vollends der Distrikt der Fabriken, besonders von Metallwaren. Da giebt es Thäler, in welchen sich stundenlang Eisen- und Stahlhämmer, Schleif- und Poliermühlen hinziehen. **Iserlohn** ist die Hauptfabrikstadt, 23 000 E. Auch **Hagen** mit 38 000 E. und **Schwelm** sind bedeutende Industriestädte.

β) Das eigentliche Herzogtum **Westfalen** gehörte früher dem Kurfürsten von Köln und ist von Preußen erst 1815 erworben. Hier **Arnsberg**, der Sitz der Regierung, an? — **Dortmund**, 100 000 E., früher Reichsstadt. In der Nähe war sonst der Stuhl des heiligen (Vehm-)Gerichts, das ja besonders auf roter d. i. westfälischer Erde waltete. Der Stamm der alten Vehmlinde auf dem Bahnhofe hat 10 m Umfang.

γ) Der südöstliche Teil des Regierungsbezirkes mit der Stadt **Siegen** war früher Nassauer Gebiet; auch das fürstliche Haus **Wittgenstein** hat hie seine Besitzungen (**Berleburg**).

c) **Regierungsbezirk Münster** (§ 93, 1, c) enthält außer den schon früher zu Preußen gehörigen Grafschaften **Tecklenburg** und **Lingen** (wovon ein Teil jetzt zu Hannover gehört) und außer den Gebieten mehrerer mediatisierten Herren, z. B. der Fürsten Salm (darin Koesfeld [Kösfeld]), den größten Teil des 1803 säkularisierten Bistums Münster. Die Hauptstadt der Provinz Westfalen, Münster, hat 52000 E. und eine theologisch-philosophische Akademie. Merkwürdig ist der schöne Dom und viele andere schöne, meist würdig restaurierte Kirchen; der große Markt mit Bogengängen; das Rathaus, in dessen Saale 1648 der Westfälische Friede unterzeichnet ward. In Münster hatten die schwärmerischen Wiedertäufer (König Johann von Leiden) 1535 ihr blutiges Reich, von ihnen lästerlich das himmlische Zion genannt, auf kurze Zeit aufgerichtet.

11) **Provinz Hessen-Nassau** (§ 89, 2, b, γ. § 90, 1, B, C, 2, a. § 91, 1), 15 700 qkm (285 □.-M.), 1,6 Mill. E. Sie besteht aus den vormaligen Staaten **Kurfürstentum Hessen, Herzogtum Nassau, freie Stadt Frankfurt,** welche infolge ihrer Gegnerschaft gegen Preußen 1866 ihre Selbständigkeit verloren haben. Dazu kommen noch einige ganz kleine früher bayrische und großherzoglich hessische Gebietsteile, welche zur Grenzabrundung 1866 an Preußen abgetreten worden sind.

Hessen, das Land der alten Chatten, war im Mittelalter eine Zeit lang mit der Landgrafschaft Thüringen verbunden. Als die thüringischen Landgrafen im 13. Jahrhundert ausstarben und das eigentliche Thüringen an Meißen kam, behauptete sich als Landgraf in Hessen Heinrich das Kind, von weiblicher Seite ein Enkel des Landgrafen Ludwig von Thüringen und der heiligen Elisabeth. Seine Nachkommen mußten ihr Gebiet zu mehren, besonders mit der Grafschaft Katzenellenbogen (die niedere ist jetzt preußisch, die obere hessisch). Auch in dieser Familie ward vielfach geteilt: noch Landgraf Philipp der Großmütige, ein berühmter Zeitgenosse der Reformation, teilte sein Land unter vier Söhne. Von den so entstandenen vier Hauptlinien regiert allein noch die von Darmstadt. Die Linie Kassel mußte ihr Gebiet im Dreißigjährigen Kriege zu vergrößern und erlangte 1803 den kurfürstlichen Titel. Napoleon I. indessen vertrieb 1806 das Herrscherhaus und setzte in Kassel seinen Bruder Hieronymus auf den Thron des neu gestifteten Königreichs „Westfalen". Jedoch, als dies schon 1813 wieder zusammenbrach, kehrte der Kurfürst nach Kassel wieder zurück und erhielt 1815 den größten Teil des Stiftes Fulda zur Vergrößerung des Kurfürstentums. Nebenlinien des bis 1866 regierenden Kurhauses, die aber keinen souveränen Besitz haben, sind Hessen-Philippsthal und Hessen-Philippsthal-Barchfeld.

Die Grafen von Nassau leiteten ihren Ursprung von dem Grafen Otto von Laurenburg an der Lahn ab, dem Bruder

König Konrads I. Seine Enkel Walram und Otto (11. Jahrhundert) sind die Ahnherrn der beiden Hauptlinien des nassauischen
Hauses, der walramischen und der ottonischen. Von der letz=
teren, welche im 16. Jahrhundert das Fürstentum Orange im
südlichen Frankreich erheiratete (§ 81, IV, 12), stammen die Könige
der Niederlande; die walramische, welche Deutschland den König
Adolf (1292 — 98) gegeben, spaltete sich, wie die ottonische, in
viele Zweige und erlangte im 17. Jahrhundert die fürstliche, seit
1806 die herzogliche Würde. Im Jahre 1816 waren alle Linien
des walramischen Hauptzweiges bis auf eine erloschen; diese erwarb
auch das Gebiet der ottonischen Linie und besaß nun ein schönes
abgerundetes Land. Einige altnassauische Striche, wie Siegen,
Saarbrücken, waren zwar in fremden Händen, aber dafür Teile
von Kurmainz, Kurtrier, der niederen Grafschaft Katzenellenbogen
erworben. 1866 freilich verlor das herzogliche Haus seinen nassaui=
schen Besitz, gelangte aber nach dem Erlöschen des Mannesstammes
der Oranier durch Erbrecht 1890 auf den Thron des Großherzog=
tums Luxemburg.

Frankfurt, ein alter Übergangsort der Franken über den
Main, verdankt seine Bedeutung Karl dem Großen und Ludwig
dem Frommen, die viel für die Stadt thaten und hier oft residierten.
Im 13. Jahrhundert wurde Frankfurt Reichsstadt, nach den Be=
stimmungen der Goldenen Bulle (die hier gezeigt wird) Wahlstadt,
hernach Krönungsstadt des Kaisers (§ 95 Ende). Aus den napoleo=
nischen Stürmen hatte Frankfurt sich als freie Stadt gerettet. Als
Sitz der deutschen Bundesversammlung wurde Frankfurt gewisser=
maßen Deutschlands Hauptstadt, und eine seiner ersten Handelsstädte
(Messen, Weinhandel, Geldverkehr) ist es bis heute in stetig zuneh=
mendem Grade geblieben, da seit der Zugehörigkeit zu Preußen (1866)
Verkehr und Volkszahl sich verdreifacht haben.

a) Regierungsbezirk Kassel begreift das vormalige Kurhessen
und einige früher bayrische und großherzoglich hessische Gebiete.

In der ehemaligen Provinz Nieder=Hessen: Kassel, zu beiden Seiten
der Fulda in einer lieblichen Hügellandschaft, 77000 E. Die neuen Stadtteile enthalten sehr breite und schöne Straßen und viele öffentliche Plätze, so
den kreisrunden Königsplatz mit sechsfachem Echo. Nach W. führt eine 3 km
lange Allee zu dem Lustschlosse Wilhelmshöhe, dem Aufenthaltsort des
gefangenen Kaisers Napoleon III. von 1870 zu 71; dabei ein Park mit
mannigfachen Anlagen. Hinter dem Schlosse erhebt sich ein zum Habichts=
walde gehöriger Berg, etwa 580 m hoch. Auf ihm das Riesenschloß oder
Oktogon, das auf der Höhe einer aufgesetzten Pyramide die kupferne
Statue des Herkules trägt (in der Keule können 8 — 9 Personen stehen,
von hier weite Aussicht). Im Hofe des Oktogons ist auch der Wasserbehälter,

der großartige Wasserkünste speist: die Kaskaden, die große Fontäne 50 m
hoch, u. s. w. Handelsort **Karlshafen**, wo Weser und Diemel sich einigen.
Ganz von der Hauptmasse abgesondert der kurhessische Anteil an der Graf=
schaft **Schaumburg**, darin **Rinteln**, an der Weser, früher Universität.
Der Badeort **Nenndorf**.

In der ehemaligen Provinz Ober=Hessen: **Marburg**, auf und um
einen in das Lahnthal vorspringenden steilen Bergrücken. Universität. Schöne
St. Elisabethkirche, ein Meisterstück altdeutscher Baukunst, mit dem kunst=
reichen Sarge der frommen Fürstin (§ 99, 2, b), welche in und bei Mar=
burg in Werken der Wohlthätigkeit ihre Tage beschloß.

In der ehemaligen Provinz Fulda: **Fulda** am rechten Fuldaufer. Im
Dom ist die Gruft des deutschen Apostels **Bonifatius**, dessen Sterbtag,
der 5. Juni (755?), hier im Mittelpunkt der ehemaligen Abtei Fulda, seiner
Lieblingsstiftung, festlich begangen wird. Eine schöne Gußstatue zeigt seine
heldenhafte Gestalt mit emporgehaltenem Kreuz und der Inschrift: Bonifacius
Germanorum Apostolus — Verbum Domini manet in aeternum. Hers=
feld an? — früher ein Reichsstift, das 1648 an Hessen kam. Zu dieser
Provinz gehört auch der getrennt liegende hessische Anteil an **Henneberg**.
Auf welchem Gebirge? Darin **Schmalkalden**, wie viele der umliegenden
Orte Fabrik= und Bergstadt; eine Vorstadt besteht fast aus lauter Schmiede=
hämmern. Bund der protestantischen Fürsten 1531.

In der ehemaligen Provinz Hanau: **Hanau** am Zusammenflusse
von? — ist eine hübsche und lebhafte Fabrikstadt von 25000 E.; Geburts=
ort der Brüder **Jakob** und **Wilhelm Grimm**. Schlacht zwischen Fran=
zosen und Bayern 1813. **Gelnhausen**, mit einigen trefflich erhaltenen
Resten einer Pfalz, in der Friedrich Barbarossa zuweilen residierte. Teile
der isenburgischen Besitzungen.

b) Regierungsbezirk **Wiesbaden** begreift das frühere Herzog=
tum Nassau, die vormalige freie Stadt Frankfurt und früher großherzoglich
hessische Gebietsteile.

Wiesbaden, vor 1789 nur 2000, jetzt 69000 E., liegt an dem Süd=
abhange des Taunus. Fünfzehn heiße Quellen sprudeln hier: darunter der
Blasen werfende Kochbrunnen mit 55° Hitze (vergl. Teplitz und Karlsbad).
Der neue Kursaal ist ein stattliches Gebäude. In der Umgegend sehr schöne
Partieen, besonders auf den ganz nahen Neroberg, zu dem eine Drahtseil=
bahn hinaufführt. Schloß **Biebrich** am Rhein. An der Lahn merke **Lim=
burg**, den Sitz des katholischen Landesbischofs. Schöne Domkirche aus dem
Anfange des 13. Jahrhunderts mit Übergangsformen vom romanischen zum
gotischen (spitzbogigen) Baustil. Weiter flußabwärts das kleine Städtchen
Nassau, unweit dessen die alte Stammburg Nassau und die Burg **Stein**,
der Stammsitz des Freiherrn vom Stein, eines der Wiederhersteller Preu=
ßens nach der Niederlage von Jena. **Dillenburg** und **Herborn** an dem
Lahnzuflusse Dill. Die Bäder und Quellen **Selters**, **Schwalbach** und
Ems sind § 90, B, a erwähnt, die Weinorte **Hochheim**, **Geisenheim**,
Rüdesheim, **Johannisberg**, sowie **Kaub** § 90, C.

Frankfurt liegt zum bei weitem größten Teile am rechten Ufer des
Mains; eine lange Eisenbahnbrücke führt nach **Sachsenhausen**, durch
Sachsen, die Karl der Große dahin verpflanzte, angelegt. Im Innern giebt
es noch viele krumme und enge Gassen, auch breite und schöne Straßen, unter
ihnen als Hauptstraße die Zeil. Im Dom oder der St. Bartholomäus=

Kirche wurden die Kaiser gewählt oder gekrönt, in dem mit den Bildnissen
aller Kaiser geschmückten Saale des Römers hielten sie das Krönungsmahl
(§ 95 Ende). Alle diese Stätten ergreifen den Beschauer durch ihre würde-
volle Einfachheit. In Frankfurt ist Goethe geboren 1749. (Sein am großen
Hirschgraben gelegenes Geburtshaus ist von der Gesellschaft des freien
deutschen Hochstiftes als Nationaleigentum erworben.) Vielbesuchte
Messen. Einwohner 1866: 71 000; 1893: 193 000, mit Bockenheim
212 000 Einw. Die früheren Festungswerke sind in schöne Spaziergänge
verwandelt; geschmackvolle Gartenanlagen und reiche Kornfluren umgeben
die Stadt ringsum, auf die von allen Seiten Straßen und Bahnen führen.

Zu den früher großherzoglich hessischen Gebietsteilen gehört die
Herrschaft Homburg am Ostabhange des Taunus, ein Teil der früheren
Landgrafschaft Hessen-Homburg. (Der andere Teil, die Herrschaft
Meisenheim, im Regierungsbezirk Koblenz.) Homburg vor der Höhe,
besuchter Badeort.

12) Die Rheinprovinz (§ 90, 1, 2), 27000 qkm (490
Q.-M.), 4,7 Mill. E. Sie enthält nur wenig altpreußisches Gebiet:
das 1666 endgültig erworbene Herzogtum Kleve, das Fürstentum Mörs, 1702 gewonnen, und die 1713 preußisch gewordene
Landschaft Ober-Geldern. Alles übrige ist erst 1815 erworben.
Nicht weniger als 80 frühere Reichsstände umschließt die Rheinprovinz. Die wichtigsten sind: die Herzogtümer Jülich und Berg,
die Hauptteile der Erzbistümer Köln und Trier und des Kurfürstentums Pfalz.

a) Regierungsbezirk Düsseldorf, der bevölkertste der Monarchie,
365 E. auf 1 qkm; in den Fabrikdistrikten noch weit mehr. Vergl. damit
§ 61 gegen Ende.

Am Rhein und unweit des Rheins: 4 km links vom Rhein
Neuß, das sich 1475 so tapfer gegen Karl den Kühnen von Burgund verteidigte. Düsseldorf, frühere Hauptstadt des Herzogtums Berg, am rechten
Ufer, ist in mehreren Stadtteilen überaus schön und regelmäßig: 160 000 E.
Kunstakademie und Malerschule. Als Rheinhafen der noch zu nennenden in-
dustriereichen Wupperstädte lebhafte Handelsstadt. Unterhalb Düsseldorf das
uralte Kaiserswerth mit den großen vom Pastor Fliedner gegründeten
Anstalten für innere Mission. 8 km links vom Rhein Krefeld (im Fürstentum Mörs), schön gebaut, 113 000 E. (1790: 6000), Hauptfabrikstadt
(Seiden- und Sammetwaren). Sieg der Preußen über die Franzosen 1758.
4 km rechts vom Rhein Duisburg [düsburg], 65000 E. Früher Universität. Am Zusammenflusse von Rhein und Ruhr das immer wichtiger wer-
dende Ruhrort mit bedeutendem Steinkohlenhandel, dem besten Hafen und
den größten Schiffswerften am Rhein. Wesel am Zusammenflusse von? —
starke Festung, 21 000 E. 4 km links vom Rhein Xanten, das römische
Castra vetera. 7 km links vom Rhein Kleve, die Hauptstadt des Herzogtums Kleve. Emmerich.

Rechts vom Rhein in dem stark bevölkerten, gewerbfleißigen Wup-
perthale (§ 90, 2) Elberfeld, 135000 E., und das eigentlich aus fünf Ortschaften bestehende Barmen, 123000 E. Bei rascher Zunahme der Bevölkerung sind beide Städte räumlich miteinander verwachsen und dehnen sich nun

wie eine Stadt 12 km an der Wupper hin. Zahllose Fabrikgebäude, Mühlen, Magazine, Bleichen u. s. w. schließen sich hier aneinander: Linnen=, Seiden= und Baumwollenfabriken sind in diesen Manufakturstädten im höchsten Flor. Weiter an der Wupper hinab bilden Solingen, und das etwas östlich davon gelegene Remscheid, 44000 E., Mittelpunkte der Stahl= und Eisenwaren=fabriken (über 800 Arten verschiedener Eisenwaren). Gute Solinger Klingen hauen Eisen durch, ohne eine Scharte zu bekommen. Lennep, Industrie=stadt. Mülheim an der Ruhr, 30000 E. Werden, früher berühmtes Kloster (Ulfilas Evangelien hier gefunden). Nördlich von der Ruhr: Essen, zu Zeiten des alten Reiches ein berühmtes Frauenstift, jetzt lebhafte Fabrik=stadt. 86000 E.; die weltberühmte Kruppsche Gußstahlfabrik.

Links vom Rhein: München=Gladbach, 52000 E. und Vier=sen, 22000 E., sind lebhafte Fabrikstädte.

b) Regierungsbezirk Köln. Köln, die Hauptstadt des Regie=rungsbezirkes, als Colonia Agrippinensis schon zur Römerzeit groß, bis 1801 freie Reichsstadt, dehnt sich in Form eines Halbkreises am linken Rheinufer aus; am rechten ihr gegenüber Denz. Eine feste Rheinbrücke ver=bindet jetzt beide Ufer. Schon von außen gewährt Köln einen lebensvollen Anblick. Keine deutsche Stadt hatte vor der französischen Zeit so viele Stifter, Kirchen und Kapellen (über 200), und der sechszehnte Mensch war damals ein Geistlicher. Daher und wegen der vielen Reliquien, z. B. der heiligen drei Könige, die heilige Stadt oder das deutsche Rom genannt. Noch jetzt zieren Köln zahlreiche Türme. Über alle ragt wie ein Riese der Dom. 1248 wurde zu diesem großen Meisterbau altdeutscher Baukunst der Grund gelegt, aber nur das hohe Chor und ein Stück des südlichen Turmes bis 80 m im 13. Jahr=hundert vollendet. Seit den Befreiungskriegen erwachte das Bestreben, den herrlichen Bau zu Ende zu führen. Viel haben in unserem Jahrhundert deutsche Fürsten (König Ludwig I. von Bayern, besonders aber König Frie=drich Wilhelm IV. von Preußen) für den Ausbau des Domes gethan; fast durch ganz Deutschland verbreitete Dombauvereine steuerten bei, und mit dem Ausbau der beiden mächtigen, 156 m hohen Türme (den höchsten Stein=bauten der Erde) ist 1880 das erhabene Bauwerk vollendet worden. Auch sonst viele merkwürdige altertümliche Gebäude, wie das Kaufhaus Gürze=nich u. a. Köln ist eine wichtige Handels= und Fabrikstadt und durch starke Forts, welche die Stadt im Halbkreise umgeben, befestigt. Es zählt jetzt 304000 E. (mit Deuz), am Schluß des Mittelalters (als eine der volk=reichsten Städte des damaligen Deutschland) höchstens 50 000. Bonn, die frühere Residenz der Kölner Erzbischöfe, seit 1818 wieder Universität, 42000 E., ist eine wohlgebaute, freundliche Stadt in lieblicher Umgebung — an welchem Rheinufer? Über Siebengebirge, Drachenfels, Ro=landseck vergl. § 90, P

c) Regierungsbezirk Koblenz. Koblenz, die Hauptstadt der ganzen Rheinprovinz, einst Residenz des trierschen Kurfürsten, liegt in der Gabel des Zusammenflusses von Rhein und Mosel, daher schon bei den Rö=mern Confluentia. Über die Mosel führt eine Stein=, über den Rhein eine Schiffbrücke nach dem Städtchen (Thal=)Ehrenbreitstein; über diesem auf einem 130 m hohen Felsen die Festung Ehrenbreitstein. Sie bildet mit der stark befestigten und mit starken Forts umgebenen Stadt Koblenz ein Hauptbollwerk des deutschen Rheins. Beide zusammen 33000 E. Die Um=gegend von Koblenz ist entzückend schön, die Festung Ehrenbreitstein ein pracht=

voller Aussichtspunkt. 10 km s. davon Schloß Stolzenfels; über dieses sowie über Rheinstein, Bacharach, Stahleck, St. Goar, Rense, Andernach, Laach, das Ahrthal vergl. § 90, C. Merke noch: Kreuznach an? — Mit Salzwerk und Solbädern. In der schönen Umgebung viele Burgtrümmer, z. B. die Ebernburg (auf bayrischem Gebiete), welche Franz von Sickingen, Berlichingens Freund (§ 89, 1), besaß. Die frühere Reichsstadt Wetzlar, an? — Führe aus § 95 etwas Merkwürdiges für Wetzlar an! Nahe bei Wetzlar liegen die Besitzungen des Fürsten von Solms. Im Gebiete des Fürsten von Wied die freundliche und gewerbfleißige Stadt Neuwied. Zum Regierungsbezirk Koblenz ist die früher hessen-homburgische Herrschaft Meisenheim gezogen.

d) Regierungsbezirk Aachen. Aachen an der von Köln nach Brüssel und Paris führenden Eisenbahn, 107000 E., die Hauptstadt des Regierungsbezirks, früher Reichsstadt, liegt in einem angenehmen Kesselthale zwischen sanft aufsteigenden Hügeln, teilt sich in die alte oder innere und in die äußere Stadt, ist im ganzen gut gebaut und mit schönen Spaziergängen umgeben. Der Stolz der Stadt ist Karl der Große, der in der letzten Hälfte seiner Regierungsjahre die Wintermonate in Aachen residierte und 814 daselbst starb. Sein Grab mit einfacher Inschrift (Carolo Magno) wird in dem ehrwürdigen, zum Teil von dem Kaiser selbst gebauten Münster gezeigt; auch für die Erhaltung dieses Baues sorgt königliche Freigebigkeit (berühmte Reliquien). Aachen war früher Krönungsstadt der Kaiser, jetzt ist es eine regsame Industriestadt, auch Sitz einer polytechnischen Hochschule; es wird auch viel wegen seiner Schwefelquellen besucht, wie auch das nahe Burtscheid. Merke noch die frühere Festung Jülich, an? — und die Manufakturstädte Eupen und Malmedy, langgezogene Orte in den Thälern der Hohen Veen. Besonders ist die Tuch- und Lederfabrikation erheblich.

e) Regierungsbezirk Trier. Trier in einer Thalweitung der Mosel — das alte Augusta Treverorum der Römer (der Sage nach 1300 Jahre vor Rom erbaut). Das merkwürdigste erhaltene Römerwerk in Deutschland, die porta nigra, 37 m lang, in der Mitte, wo das eigentliche Thor (jetzt das Thor, aus dem die Straße nach Koblenz führt) durchgeht, etwa 16 m breit, an den Seitenflügeln breiter; auch sieht man Trümmer römischer Bäder (Thermen), sowie des Amphitheaters, in welchem Kaiser Konstantin zwei gefangene Franken-Könige den wilden Bestien vorwerfen ließ. Auch die Brücke über den Fluß ist uralt, und der Dom mag Teile aus Konstantins Zeit enthalten. 43000 E. — An der Saar die reichen Kohlendistrikte (§ 88, 2, a), die Festung Saarlouis, 1815 (im zweiten Pariser Frieden) von den Franzosen abgetreten, ein Werk Vaubans (§ 81, II, 2), und noch südlicher Saarbrücken, mit dem etwas größeren St. Johann zusammen 29000 E.; Saarbrücken war die einzige deutsche Stadt, welche die Franzosen in ihrem eroberungssüchtigen Angriff von 1870 am 2. August (durch große Übermacht) einnahmen, aber freilich nach einigen Stunden ruhmlos wieder räumen mußten.

f) Unter das Oberpräsidium der Rheinprovinz sind auch die hohenzollernschen Lande (§ 86, 4, b. § 87, 1. § 89, 1) gestellt; 1140 qkm (21 Q.-M.) mit 66000 E.

Die Söhne des Grafen Burkhard von Scherragau (gest. um 1040) nannten sich zuerst nach der ihnen gehörenden schwäbischen Burg Grafen von Zolre (Hohenzollern). Ihre Nachkommen wurden gegen Ende des

12. Jahrhunderts Burggrafen von Nürnberg und gewannen reichen Besitz in Franken. 1226 zweigte sich durch Teilung des Besitzes die schwäbische Linie ab, welche sich im 16. Jahrhundert in die Zweige Hechingen und Sigmaringen teilte. Die fränkische Linie dagegen, welche durch Erbschaft Bayreuth, durch Kauf Ansbach erworben hatte und schon 1363 in den Reichsfürstenstand erhoben war, gewann den Kurhut von Brandenburg und 1701 die preußische Königskrone. An sie traten 1850 die beiden Zweige der schwäbischen Linie (Hechingen ist im Mannesstamme 1869 erloschen) ihre Ländchen ab, welche nunmehr in einen preußischen Regierungsbezirk umgestaltet worden sind.

Hechingen ist ein kleines, hügeliges Städtchen, 2½ km im S. liegt auf einem 870 m hohen Kegelberge das Stammschloß der schwäbischen, katholischen Linie der Hohenzollern, die Burg Hohenzollern, die jetzt im alten Glanze wiederhergestellt ist. Sigmaringen, an der Donau, 550 m über dem Meere gelegen, ist Sitz der Regierung.

§ 99.
Die sächsisch-thüringische Staatengruppe.

1) **Königreich Sachsen** (§ 92, 1, a, b, c, d, 4). Die sächsische Kurwürde haftete an dem Kurkreise, d. h. der Umgegend von Wittenberg; der Umfang der eigentlich kurfürstlich-sächsischen Lande war gering. Als die Kurfürsten aus dem Hause Anhalt 1422 ausstarben, erlangte Markgraf Friedrich der Streitbare von Meißen ihre Würde und ihr Land. Sein, von den alten Wettiner Grafen stammendes Haus hatte, außer dem Markgrafentum Meißen, auch das Osterland zwischen Saale und Mulde und die Landgrafschaft Thüringen im 13. Jahrhundert erworben. So war nun eine große Ländermasse beisammen. Friedrichs des Sanftmütigen Söhne, Ernst und Albert, teilten sich 1485 alle Besitzungen und wurden Stifter der noch bestehenden Linien. Die ernestinische erhielt die Kurwürde, den Kurkreis, fast ganz Thüringen, das Land Coburg, einen Teil des Osterlandes, die albertinische Meißen und einen Teil von Thüringen und vom Osterlande. Aber 1547 erfolgte eine große Änderung. Kurfürst Johann Friedrich der Großmütige, ein entschiedener Anhänger der Reformation, war mit anderen protestantischen Fürsten in den Schmalkaldischen Bund getreten — aber von Kaiser Karl V. geschlagen und gefangen genommen worden. Wo? (§ 98, 7, b, β). Da gab der Kaiser die Kurwürde und die Kurlande dem Haupte der albertinischen Linie, Herzog Moritz, seinem Bundesgenossen. Nur wenige Ämter in Thüringen und im Osterlande blieben den Söhnen des Gefangenen. Nachdem im 30 jährigen Kriege durch den Sonderfrieden von Prag 1635 auch die

Lausitz erworben, betrug der Kurstaat 600 □.-M. (33000 qkm). 1697 wurde die Kurlinie katholisch, und zwei Kurfürsten waren zugleich Könige von Polen, nicht eben zu des Stammlandes Heil. Im Jahre 1806 war Sachsen mit Preußen gegen Napoleon verbündet, trat aber dann zu dem Übermächtigen über und als Königreich dem Rheinbunde bei. Da der König Friedrich August aber sich 1813 den Verbündeten nicht anschloß, wurde sein Land als ein erobertes behandelt und zu zwei Fünfteln an Preußen abgetreten. Das Königreich Sachsen hat jetzt 15000 qkm (270 □.-M.) mit 3,5 Mill. fast ausschließlich lutherischen Einwohnern und umfaßt meist alte Lande der albertinischen Linie. König Albert. Einteilung in 4 Kreishauptmannschaften:

a) Kreishauptmannschaft Dresden. Die Hauptstadt Dresden, 305000 E., liegt in anmutiger Gegend an der Elbe, deren rechtes Ufer von lieblichen Anhöhen begleitet ist. Die Stadt besteht, von den Vorstädten abgesehen, aus vier Hauptteilen: Altstadt und Friedrichstadt (durch die hier in die Elbe mündende Weißeritz geschieden) auf dem linken, Neustadt und Antonstadt auf dem rechten Ufer. Beide verbindet die schöne, auf 16 Bogen ruhende Augustus-Brücke; außer dieser überspannen noch die Marien- und die Albert-Brücke, großartige Bauwerke der neueren Zeit den Strom. Da, wo die alte Brücke in die Altstadt übergeht, ist der Glanzpunkt der Stadt und die Stelle des lebhaftesten Verkehres. Hier steht das im Äußern nicht ausgezeichnete Schloß: in zu ihm gehörigen Räumen befindet sich das Grüne Gewölbe, ein Schatz von Edelsteinen, Perlen, Kostbarkeiten und Seltenheiten aller Art. Unweit des Schlosses steht die evangelische Hof- oder Sophienkirche, das Theater, die katholische Hofkirche, das neue Museum mit der Bildergalerie, eine der reichsten in Europa (Raffaels sixtinische Madonna); stromaufwärts erhebt sich von der Brücke aus die Brühlsche Terrasse mit herrlicher Aussicht und schönen Anlagen. Dresden hat wegen seiner Lage und seiner Umgebungen den Namen des „deutschen Florenz" und ist das Ziel unzähliger Reisender. In der Nähe das Thal der Weißeritz, der Plauensche Grund genannt, bis Thárand: an der Elbe hinauf das Lustschloß Pillnitz, die Stadt Pirna mit Sandsteinbrüchen, dann in der sächsischen Schweiz: Bastei, Uttewalder Grund, Festung Königstein, Lilienstein, Kuhstall, Winterberg (§ 92, 1, c). Städtchen Schandau u. s. w. Schon auf der Erzgebirgshochebene Freiberg, 30000 E., mit reichen Silbergruben und berühmter Bergakademie. Unterhalb Dresdens an der Elbe liegt Meißen, teils auf Felsen, die durch Brücken verbunden sind, wie der alte Dom, teils in der Tiefe gebaut: Fürstenschule, älteste Porzellanfabrik in Europa, Riesa an der Elbe, über welche eine eiserne Eisenbahnbrücke führt.

b) Kreishauptmannschaft Leipzig. Leipzig (der Name, aus dem slavischen stammend, bedeutet Lindenstadt) an der Elster, in welche hier die Pleiße mündet, in einer weiten, sich nach W. bis Lützen (§ 98, 7, b, β) und Halle hinziehenden Ebene, auf der schon manche Schlacht geschlagen ist (Gustav Adolf und Tilly bei Breitenfeld, im N. von Leipzig 1631, und dann „bei Leipzig auf dem Plane, o schöne Ehrenschlacht". Napoleon I. und die Verbündeten 16., 18. und 19. Oktober 1813). Leipzig besteht aus der

inneren Stadt und mehreren Vorstädten: zwischen beiden angenehme Spaziergänge und Gartenanlagen; es zählt mit Einschluß der Vororte: 388000 E.
Die drei Messen der Stadt (worunter die Ostermesse die größte) sind die
ersten in Deutschland und ziehen Käufer und Verkäufer der entferntesten
Nationen nach der Handelsstadt, die vor allem Mittelpunkt des deut-
schen Buchhandels ist. Außerdem ist Leipzig Sitz des deutschen Reichs-
gerichts und die Leipziger Universität ist die meistbesuchte des Deutschen
Reichs nächst der Berliner. — An der Mulde Grimma mit berühmter
Fürstenschule, ostnordöstlich davon das frühere Jagdschloß Hubertusburg,
Friede 1763.

c) Kreishauptmannschaft Zwickau. Zwickau an? — 47000 E.,
und das viel bedeutendere Chemnitz, 153000 E. Plauen im Vogtlande
an? — 49000 E., Reichenbach, Crimmitschau, Fabrikstädte. Die
Bergstädte Johann-Georgenstadt, Schneeberg, Annaberg, Hauptsitz der Spitzenklöppelei.

An der Zwickauer Mulde und dann die Erzgebirgshochebene hinauf
liegen die Lande der früher reichsunmittelbaren Fürsten und Grafen von
Schönburg. Diese 600 qkm (11 □.-M.) gehören zu den angebautesten
und bevölkertsten Sachsens: 145 E. auf 1 qkm. Die Residenz der fürstlichen
Linie ist Waldenburg. Die größte schönburgische Stadt ist Glauchau,
24000 E., Fabrikstadt, wie denn überhaupt Gewerb- und Betriebsamkeit
in diesem Striche groß ist. Meerane, 23000 E.

d) Kreishauptmannschaft Bautzen. Bautzen (wendisch: Budissin, vgl. § 98, 1, c, γ) an der Spree, Schlacht 1813. 23000 E. Die
Handels- und Gewerbstadt Zittau, 27000 E., unweit der Neiße. Ringsumher Weberdörfer, überhaupt ein wichtiger Industriebezirk. 15 km von
Zittau nördlich Dorf Herrnhut am Hutberge, wonach die vom Grafen
Nikolaus von Zinzendorf neu belebte Brüdergemeinde (ein Zweig
der lutherischen Kirche) den Namen der Herrnhuter führt. Nordwestlich
von Bautzen Kamenz, Lessings Geburtsstadt.

2) Großherzogtum Sachsen-Weimar. Die ernestinischen
Fürsten teilten sich nach dem Schlage von 1547 in mehrere Linien;
doch vergrößerte sich ihr Gebiet bedeutend durch einen großen Anteil
an der Grafschaft Henneberg (fränkischer Kreis), mit deren er-
loschenem Grafengeschlechte das Haus Sachsen im Erbvertrage gestanden hatte. Die eine Hauptlinie, Weimar, erhielt 1815 die
großherzogliche Würde und bedeutende Vergrößerungen. Ihr in drei
größeren und vielen kleinen Teilen zerstreut liegendes Gebiet enthält
3595 qkm (65 □.-M.) mit 326000 meist lutherischen Bewohnern.
Großherzog Karl Alexander. (Über die Naturverhältnisse aller
ernestinischen Lande § 89, 2, b. § 91, 1, 3, a, b. § 92, 4, b, β.)

a) Zu dem Teile an der Ilm und Saale: Weimar in dem gewundenen Thale der Ilm, 26000 E. Merke das geschmackvolle Schloß,
den sich oberhalb der Stadt an der Ilm hinziehenden Park mit Goethes
Garten, das Lustschloß Belvedere im S., den Ettersberg im N. Der
geschichtliche Ruhm Weimars besteht darin, daß es unter Karl August und
seiner Mutter Amalie ein wahrer Musenhof deutscher Dichter war. Wie-

land, Herder, Schiller, Goethe strahlen vor allen hervor: der Fremde sucht Erinnerungen an sie und tritt mit Ehrerbietung an ihre Grabstätten. Fabrikstadt Apolda. An der Saale: Jena, zwischen schroff zum Fluß abfallenden, malerischen Kalkbergen im anmutigen Thale, eine kleine, aber berühmte Universitätsstadt. Schlacht 1806. Schloß Dornburg, auf steilem Thalrande mit herrlichem Rosengarten; schöner Aussichtspunkt auf das Saalthal.

b) In dem Teile an der Werra und Hörsel: Eisenach, unweit der thüringischen Pforte (§ 91, 1), an? — 22000 E. Darüber erhebt sich im S. die von Ludwig dem Springer erbaute Wartburg, lange Zeit die Residenz der thüringischen Landgrafen. Gar manche Erinnerung macht sie außerdem bedeutend. Hier wirkte die fromme wohlthätige Elisabeth (§ 98, 11 Anf.), hier war zur Zeit des Landgrafen Hermann von Thüringen der Sammelplatz der größten deutschen Dichter (Sage vom Sängerkriege), hier begann Luther „in seinem Patmo" (§ 46, 5) 1521 die Bibelübersetzung. Die Wartburg ist jetzt in ihrer schönen ursprünglichen Gestalt wiederhergestellt. Das Lustschloß Wilhelmsthal in einem lieblichen Wiesenthal des Thüringer Waldes.

c) Im Hennebergischen: Ilmenau, in reizender Lage an der Ilm. Etwas südwestlich von Ilmenau der Aussichtspunkt Gickelhahn, 860 m, mit Aussichtsturm (höchster Punkt des Großherzogtums).

d) Das östliche Stück ist der früher königlich sächsische Neustädter Kreis, welcher die reußischen Lande in zwei Stücke teilt.

3) Herzogtum Sachsen-Coburg-Gotha, 1956 qkm (36 Q.-M.) mit 206000 lutherischen Einwohnern. Herzog Alfred (Herzog von Edinburg); das herzogliche Haus ist durch Verheiratungen mit den Königsfamilien von England, Belgien und Portugal, sowie mit dem bulgarischen Fürstenhause verwandt.

a) Im Fürstentum Gotha: Gotha am Leinekanal (§ 91, 1), zwischen Gärten und anmutigen Spaziergängen, 30000 E. Das Schloß auf der Höhe ist weithin sichtbar. In der Nähe die neue Sternwarte. Ein paar Stunden nach SW. liegt am Rande des Thüringer Waldes Schnepfenthal, eine Erziehungsanstalt; bei ihr vorbei geht man durch ein stilles Waldthal nach Reinhardsbrunn, einst reiches Kloster und Gruft der thüringischen Landgrafen, jetzt geschmackvolles Lustschloß zwischen frischem Wald, Wiesen und Teichen. Ganz nahe der Sommerfrischort Friedrichroda. Teils gothaisch, teils weimarisch ist Ruhla, ein wichtiger Fabrikort, dessen Einwohner besonders Pfeifenköpfe und Cigarrenspitzen aus Meerschaum, aber auch Messer, Feilen, Kämme u. s. w. anfertigen. Hier der Schmied der bekannten Sage „Landgraf, werde hart". — Die vormalige Grafschaft Obergleichen mit der Hauptstadt Ohrdruff. — Viele schöne Kunststraßen übersteigen den Kamm des Waldes; die eine über das friedliche Gebirgsdorf Oberhof, 800 m über dem Meere. 10 km davon die Schmücke, die höchste menschliche Wohnung des Thüringer Waldes, 900 m, ein Wirtshaus mit herrlichem Wiesenplan.

b) Im Fürstentum Coburg: Coburg an der Itz, 18000 E., in lieblicher Gegend, darüber das feste Schloß Coburg.

4) Herzogtum Sachsen-Meiningen, 2468 qkm (45 Q.-M.), mit 224000 lutherischen Einwohnern. Herzog Georg II.

a) Im **Werragebiet**: die Hauptstadt **Meiningen** an der Werra in lieblicher Gegend, 12000 E. Bad **Liebenstein**, in der Nähe Schloß **Altenstein**. Zwischen beiden Orten eine 130 m lange geräumige Höhle, von einem Bache durchrauscht. In diesen Gegenden Erinnerungen an Luther (die Lutherbuche); unweit des Bades **Salzungen** die Heimat seiner Eltern, **Möhra**. **Hildburghausen** an der Werra.

b) Im **Maingebiet**: **Sonneberg** mit großartiger Spielwaren=fabrikation.

c) An der **Saale**: **Saalfeld** im schönen Thale: Treffen 1806.

5) **Herzogtum Sachsen=Altenburg**, 1324 qkm (24 Q.=M.) mit 171000 lutherischen Einwohnern. Herzog **Ernst**.

a) Im östlichen Landesteile, im alten **Osterlande**: **Altenburg**, 33000 E., 4 km im W. der Pleiße, auf hügeligem Boden, im ganzen wohlgebaute, betriebsame Stadt. Auf einem Felsenberge darüber erhebt sich das Residenzschloß, aus welchem 1455 **Kunz von Kaufungen** die Prinzen **Ernst** und **Albert** (die Stifter der beiden Linien (§ 99, 1) raubte, um sich an dem Kurfürsten **Friedrich** zu rächen. Im SW. von Altenburg **Ronne=burg**. Die Umgegend von Altenburg ist sehr fruchtbar und daher die Altenburger Bauern, Abkömmlinge der Wenden, reiche Leute, die sich auch nicht wenig darauf zu gute thun. Eigentümliche Kleidung, namentlich der Frauen. Bei Hochzeiten, Kindtaufen, dem sogenannten Landfressen (Kirmeß), geht's hoch her.

b) Im **westlichen** Landesteile (durch welche Länder vom östlichen ge=schieden?) **Eisenberg**. Über **Kahla** im Saalthale erhebt sich auf hohem Gipfel die weithin sichtbare **Leuchtenburg**. **Orlamünde**, auf steilem Rande des Saalthales, war sonst die Residenz eigner Grafen.

6) **Die reußischen Lande** (§ 89, 2, b, α. § 92, 1, a; 4, b, β). Der Ahn des Fürstenhauses ist **Heinrich der Reiche von Weida**, Kaiser **Heinrichs VI.** Marschall. Seinen kaiserlichen Herrn zu ehren, setzte er fest, daß alle seine Nachkommen den Namen „Heinrich" führen sollten. Einer von diesen, Heinrich Vogt zu Plauen, gewann sich durch tapfere Thaten gegen die Polen und Reußen (Russen) den Ehren=namen „der Reuße", welcher der Familie geblieben ist. Seit 1564 teilt sich das Haus in eine ältere und in eine jüngere Linie, deren Angehörige ohne Ausnahme **Heinrich** getauft und nach der Zeitfolge durch Zahlen unterschieden werden. Die ältere Linie zählt bis hundert und beginnt dann von neuem, die jüngere zählt bis Ende eines Jahrhunderts und beginnt mit dem neuen neue Zahlen.

a) **Fürstentum Reuß älterer Linie**, 316 qkm (6 Q.=M.), mit 63000 lutherischen Einwohnern. Fürst **Heinrich XXII.** Die Residenz **Greiz**, 22000 E., hat eine reizende Lage im Elsterthale; auf einem Felsen ragt das ältere Schloß mitten aus der Stadt empor. Im Westen davon der gewerbsame Ort **Zeulenrode**.

b) **Fürstentum Reuß jüngerer Linie**, 826 qkm (15 Q.=M.), mit 120000 lutherischen Einwohnern. Fürst **Heinrich XIV.** In dem durch wei=marisches Gebiet getrennten Nordstück die Hauptstadt **Gera**, nahe der Elster,

42000 E., eine sehr gewerbreiche Stadt (Klein=Leipzig), und die Elster ab=
wärts Köstritz, großes stadtähnliches Dorf mit Schloß und berühmter Bier=
brauerei. In dem größeren Südstück Schleiz, ein kleines Landstädtchen, und
die noch kleineren Orte Lobenstein und Ebersdorf.

7) Die Fürstentümer Schwarzburg. Das gräfliche, seit
1697 fürstliche Haus Schwarzburg kommt schon im 12. Jahrhundert
vor und hat in der Reihe seiner Fürsten (die meist den Namen Gün=
ther führen) auch einen deutschen Gegenkönig, der mit Karl IV.
im 14. Jahrhundert um die Krone stritt. Im 16. Jahrhundert
spaltete sich das Haus in vier Linien; zwei bestehen noch. Man
teilt ihre Lande in die Unterherrschaft, von den preußischen
Regierungsbezirken Erfurt und Merseburg eingeschlossen, und die
Oberherrschaft auf dem Thüringer Walde an der Gera und Ilm
(§ 92, 4, b, β).

a) Fürstentum Schwarzburg=Sondershausen, 862 qkm
(16 □.=M.), mit 76000 lutherischen Einwohnern. Fürst Karl. α) In der
Unterherrschaft die Residenz Sondershausen an der Wipper, 7000 E.,
in schöner Lage. Etwas im S. auf der Hainleite der Possen, Jagdschloß
und Turm mit weiter Aussicht; etwas im W. der tafelförmige Frauen=
berg mit dem Dörfchen Jechaburg. Hier lag vielleicht die Burg Widos,
von deren Berennung die Ungarn 933 durch Heinrich I. aufgescheucht wurden,
um sodann ihrem Verderben auf dem Unstrutried entgegenzueilen (§ 98, 7,
b, β). β) In der Oberherrschaft: Arnstadt an der Gera (schönes Thal der=
selben bis zum Städtchen Plaue), mit der alten, schönen Liebfrauenkirche
und einem Solbad. Tiefer im Gebirge viele Hüttenwerke, Schneidemühlen,
Glashütten u. s. w.

b) Fürstentum Schwarzburg=Rudolstadt, 940 qkm (17 □.=M.)
mit 86000 lutherischen Einwohnern. Fürst Günther. α) In der Oberherr=
schaft: Rudolstadt im lieblichen Saalthale, 11000 E.; über der Stadt die
Heidecksburg, das Residenzschloß. Die Umgegend bewahrt manche Erinne=
rung an Schiller, der sich in und bei Rudolstadt öfter aufhielt und von dem
kunstsinnigen fürstlichen Hofe geehrt ward. Schwarzburg, Paulinzelle
(§ 92, 4, b, β). Auch hier im Gebirge viele Hüttenwerke und in betriebsamen
Dörfern Handel mit Arzneikräutern und Medikamenten. β) In der Unter=
herrschaft Frankenhausen, Salzwerk. Sieg 1525 über die aufrührerischen
Bauern unter Thomas Münzer. Kyffhäuser und Rotenburg (§ 92,
4, b, β).

§ 100.

Die übrigen kleineren Staaten Nord-Deutschlands.

1) Das Herzogtum Anhalt. Das alte Stammschloß An=
halt liegt im Selkethale (§ 92 Ende); als Stammvater des Ge=
schlechts nimmt man Esiko von Ballenstädt an. Albrecht der
Bär (§ 98 Anf.) war sein Urenkel. Seine Nachkommen besaßen
um das Jahr 1300 Brandenburg und Sachsen. Als aber die

beiden Kurlinien erloschen, konnte der in den Stammländern regie-
rende Zweig seine Ansprüche auf die Erbfolge nicht durchsetzen, nicht
einmal als das Haus Sachsen-Lauenburg (ein Nebenzweig der
anhaltisch-sächsischen Linie) 1689 erlosch. Im Laufe der Zeit teilte
sich das Haus Anhalt wieder in mehrere Linien: gegen Ende des
vorigen Jahrhunderts bestanden deren vier; Zerbst, aus der die
russische Kaiserin Katharina II. (§ 84, II Anf.) stammte, Bernburg, Köthen, Dessau. Fürst Leopold von Dessau, gewöhnlich „der alte Dessauer“ genannt, war einer der preußischen Kriegs-
helden bis über die Zeit des 2. schlesischen Krieges hinaus, ein
derber, aber doch wohlwollender alter Herr, Soldat von der Zehe
bis zum Scheitel (der Dessauer Marsch). Infolge des Erlöschens der
übrigen drei Linien vereinigte 1863 Anhalt-Dessau den ganzen
Besitz. Das vereinigte anhaltische Land umfaßt einen größeren östlichen Hauptteil (§ 92, 4, b, β) und einen kleineren westlichen am
Unter-Harz, zusammen 2347 qkm (43 □.-M.), mit 272 000 reformierten und lutherischen Einwohnern. Herzog Friedrich.

a) Im großen östlichen Hauptteile: Die Hauptstadt Dessau,
38 000 E., hat in einigen Straßen und Plätzen ein großstädtisches Aussehen.
Die im ganzen waldige Umgegend enthält verschiedene schöne Gartenanlagen;
am berühmtesten ist der Garten bei dem Städtchen Wörlitz, 10 km östlich
von Dessau. Ein See und viele Kanäle durchschneiden ihn. Schöner als alle
Tempelchen, Vulkane, Grotten u. s. w. ist der Wechsel der frischen Rasen-
plätze, der kräftigen Bäume und der Wasserspiegel dazwischen. Schon der Weg
von Dessau nach Wörlitz geht durch den schönsten Park der Natur: stämmige
Eichen und Ulmen auf frischen Rasengründen. Zerbst, gewerbsame Stadt.
Köthen, Schnittpunkt einer Eisenbahnkreuzung, was der Stadt Lebendigkeit
und Bedeutung giebt. An der Saale Bernberg, 32000 E., durch Handel
und Verkehr lebhaft. Auf dem flachen linken Saalufer liegt die Unterstadt, auf
dem hohen rechten das Schloß und die Bergstadt. Dicht bei Staßfurt (§ 98, 7,
a, β) das Salzwerk Leopoldshall.

b) Im westlichen Stück am Unter-Harz: Ballenstädt. Die
eigentliche Stadt ist durch die schöne Alleestraße mit dem hochliegenden Schlosse
verbunden. Die Lage überaus anmutig, und die Aussicht von der Schloß-
terrasse entzückend. Gleichfalls am Fuße des Harzes liegt Gernrode, früher
eine Reichsabtei, mit alter, jetzt restaurierter Stiftskirche im Rundbogenstil,
darüber der Stuben- oder Stufenberg mit einem Wirtshause; schöner
Aussichtspunkt. Tiefer im Harze Victorshöhe (§ 91, 4), an der Seite
Alexisbad, Mägdesprung, Anhalt (§ 92, 4 Ende).

2) Herzogtum Braunschweig. Über die früher hier re-
gierende welfische Linie § 98, 9. Das Land umfaßt 3672 qkm
(67 □.-M.) mit 404 000 meist lutherischen Einwohnern. Das
Herzogtum liegt in drei größeren und zahlreichen kleineren Teilen
zerstreut. Regent: Prinz Albrecht von Preußen.

26*

a) In dem größten Stücke an Oder und Aller (§ 93, 1, c) die Hauptstadt Braunschweig (d. i. Brunos Siedelung), 109000 E., an? — nimmt sich mit ihren zahlreichen alten Türmen in der kornreichen Ebene ringsum stattlich aus, hat auch im Innern meist breite und gut gepflasterte Straßen, aber altertümliche Häuser. Im Dom ruht Heinrich der Löwe; auf dem Platze davor steht noch der metallene Löwe, den er selber hat errichten lassen. Das Residenzschloß gehört zu den prächtigsten in Europa. Auch das Rathaus verdient Erwähnung. Denkmal Lessings, der 1781 in Braunschweig starb. Braunschweig ist seit alters eine gewerbsame Stadt, deren Handel bedeutend ist (Messen); denn es liegt im Kreuzungspunkte der wichtigsten Verkehrsstraßen Nord-Deutschlands. — An der Bahn nach Magdeburg liegt Wolfenbüttel. Große Bibliothek, der einst Lessing vorstand. Helmstedt, unweit der östl. Grenze, bis 1809 Universität, die in der Entwickelung der protestantischen Theologie sehr bedeutsam gewesen ist. — Auch Schöppenstädt in dieser Gegend, vordem ob der angeblichen Einfalt seiner Bürger übel berufen.

b) In dem schmalen, zackigen, von O. nach W. langgedehnten Streifen zwischen Ober-Harz und Weser (§ 91, 2, a, 4) auf dem Harze viele Berg- und Hüttenwerke. Über dem Flecken Neustadt auf dem Burgberge wenige Trümmer der Harzburg, deren Zerstörung Heinrich IV. den Sachsen nimmer vergeben konnte. Bei dem Flecken Lutter am Barenberge siegte Tilly 1626 über den Dänenkönig Christian. Gandersheim war Reichsstift. Roswitha, Nonne dieses Klosters im 10. Jahrhundert, schrieb hier ihr Lobgedicht auf Otto I. und lateinische sittsame Komödien, um den heidnischen Plautus und Terenz zu verdrängen. An der Weser Holzminden, eine lebhafte, betriebsame Stadt. Besuchte Baugewerkschule.

c) Das dritte Stück auf dem Unter-Harze begreift das Fürstentum Blankenburg und das 1648 erworbene Stift Walkenried. Blankenburg liegt am Abhange eines Berges, oben ein weißes, blinkendes Schloß. In der Umgegend viele schöne Harzpartieen wie die Teufelsmauer, besonders im Thale der Bode bei Rübeland mehrere merkwürdige Tropfsteinhöhlen, Baumanns- und Bielshöhle, Hermannshöhle.

3) **Großherzogtum Oldenburg.** Die Grafen von Oldenburg leiten ihr Geschlecht von Wibukind ab. Ein Zweig bestieg im 15. Jahrhundert den Thron der drei nordischen Königreiche, behauptete im 16. wenigstens den dänisch-norwegischen und begründete den lange Zeit bestehenden Zusammenhang zwischen Dänemark und Schleswig-Holstein (§ 98, 8). Das Grafengeschlecht in der Heimat starb 1667 aus, und ihr Land fiel an das dänische Königshaus. Doch erhielt es 1773 unter eigenen Herrschern infolge eines Tauschvertrages die Selbständigkeit zurück. Seitdem regiert hier eine Linie des Hauses Holstein-Gottorp, welche 1815 den großherzoglichen Titel und mehrfache Vergrößerungen erwarb. Großherzog Peter. Das Land, 6423 qkm (120 Q.-M.) mit 355000 zu ³/₄ lutherischen und ¹/₄ katholischen Einwohnern, liegt in drei Stücken zerstreut.

a) Das eigentliche Oldenburg ist aus den Grafschaften Oldenburg und Delmenhorst und einem Teile des früheren Bistums Münster zusammengesetzt (§ 93, 1, c, d), darin die Hauptstadt Oldenburg, an? —

24000 E. Jever, Saterland (§ 93, 1 Ende). Die Herrschaft Kniphausen gehört dem Hause Bentinck.

b) Das Fürstentum Lübeck, vor der Reformation ein Bistum im niedersächsischen Kreise, 150 km vom Hauptlande an der Lübecker Bucht (die beiden früher getrennten Teile des Fürstentums jetzt vereinigt seit Abtretung eines Stückes holsteinischen Landes von Preußen). Hauptstadt Eutin, zwischen Hügeln und Seeen, in überaus anmutiger und fruchtbarer Gegend, „wo weislich die Pfründ' ausspähte der Domherr" (Voß).

c) Das Fürstentum Birkenfeld, mit der gleichnamigen Hauptstadt, 370 km vom Hauptlande, am Hunsrück und linken Nahe-Ufer, 1815 erworben, aus pfälzischen, badischen und anderen Gebietsteilen zusammengesetzt. Es liegen nur kleine Orte darin. Oberstein, durch seine herrliche Lage und Achatschleifereien berühmt.

4) Fürstentum Lippe (§ 91, 2, c). Das Haus Lippe soll auch von Wibukind abstammen, erscheint aber geschichtlich sicher erst im 12. Jahrhundert. Graf Simon im 17. Jahrhundert ist der Stammherr der noch blühenden zwei Hauptlinien, welche im 18. und 19. Jahrhundert die fürstliche Würde erhalten haben. Doch giebt es noch weitverzweigte gräfliche Linien ohne Souveränität. Das eigentliche Fürstentum Lippe hat 1215 qkm (22 Q.-M.) mit 128000 meist reformierten Einwohnern. Fürst Woldemar.

Die freundliche Residenzstadt Detmold an der lippeschen Werre hat 10000 Einw. Davon w. n. w. auf der zum Teutoburger Wald gehörigen Höhe der Grotenburg das Hermannsdenkmal zur Erinnerung an Armins Sieg (§ 91, 2, c). Lemgo. Bei der Stadt Horn die merkwürdigen Exsersteine (Ex-ster keltisch so viel wie Fels-Stein), vier größere und einige kleinere Sandsteinfelsen, deren Grotten und Bildwerke (christlichen Ursprungs) gleichzeitig um das Jahr 1115, obgleich die Sage sie schon Karl dem Großen zuschreibt, entstanden sind. Senner Heide (§ 93, 1, c).

5) Fürstentum Schaumburg-Lippe. Es besteht aus einigen Teilen des lippeschen Landes, welche der Fürst Georg aber nur unter der Souveränität des vorigen Staates besitzt; souverän ist er nur in seinem Anteile an der ehemaligen Grafschaft Schaumburg. (Wer hat den andern Teil?) Das Fürstentum hat 340 qkm (6 Q.-M.) mit 39000 lutherischen Einwohnern. (Das Fürstenhaus ist reformiert.)

Bückeburg ist Residenz, 5000 Einw. Schwefelbad Eilsen. Im sogenannten Steinhuber Meer (§ 93, 1) legte der (§ 74, a erwähnte) Graf Wilhelm von Lippe auf einer künstlich geschaffenen Insel eine kleine Festung, Wilhelmstein, an, in welcher Scharnhorst seine erste militärische Ausbildung erhielt.

6) Fürstentum Walbeck. Das seit 1712 fürstliche Regentenhaus stammt von den Grafen von Schwalenberg ab und zählt unter seinen Söhnen viele tüchtige Feldherren. Fürst Friedrich. Das Land hat auf 1121 qkm (20 Q.-M.) 57000 meist lutherische

Einwohner und liegt in zwei Teilen etwa 70 km auseinander. Durch einen mit Preußen abgeschlossenen Accessions-Vertrag ist die Verwaltung des Landes an Preußen übergegangen.

a) In dem südlichen größeren Teile, dem eigentlichen **Fürstentum Walbeck**, liegt die Residenz **Arolsen**, Geburtsort der berühmten Künstler **Rauch** (§ 98, 1, a) und **Kaulbach**, 3000 Einw.

b) In dem **Fürstentum Pyrmont**, an der **Emmer**, einem Nebenflüßchen der Weser gelegen, ist **Pyrmont**, in einem Kesselthale der Emmer, als berühmter Kur= und Badeort zu nennen.

7) Die **Großherzogtümer Mecklenburg** (§ 93, 2, a, c). Der slavische Stamm der **Obotriten** wurde erst von **Heinrich dem Löwen** im 12. Jahrhundert bezwungen. Dieser erobernde Fürst legte die Bistümer **Schwerin** und **Ratzeburg** an, ließ aber den einheimischen, zum Christentum bekehrten, Fürsten **Pribislav** und vermählte sogar dessen Sohne **Heinrich** seine eigene Tochter. Das mecklenburgische Regentenhaus ist das einzige von slavischer Abstammung in Europa. Es erwarb im 14. Jahrhundert den Herzogstitel, 1618 für die an Schweden abgetretene Stadt **Wismar**, welche jedoch 1803 von Schweden auf 100 Jahre wieder an Mecklenburg verpfändet ist, jene beiden oben genannten säkularisierten Bistümer, 1815 die großherzogliche Würde. Nachdem vielfache Verzweigungen wieder erloschen sind, bestehen jetzt zwei Linien. Die alten Landstände (Ritterschaft und Landschaft), durch den „landesgrundgesetzlichen Erbvergleich" von 1755 bestätigt, sind beiden Staaten gemeinschaftlich und versammeln sich abwechselnd zu **Sternberg** und **Malchin**. Nirgends haben auch die Städte mit ihren „Bürgermeistere und Rat" so ihre alte Verfassung bewahrt. — Mecklenburg ist in den meisten Strichen ein sehr fruchtbares Land; das Land enthält so große Rittergüter, wie man sie sonst nicht leicht wieder findet. Auch die Bauern, von aller Hörigkeit gelöst, sind meist recht wohlhabend.

a) **Großherzogtum Mecklenburg=Schwerin**, 11161 qkm (203 □.=M.) mit 578000 lutherischen Einwohnern. Großherzog **Friedrich Franz III**. Die Hauptstadt und Residenz **Schwerin**, 44000 E., liegt am Westufer des großen **Schweriner Sees** und ist auf den übrigen Seiten von fünf kleineren Seeen umgeben, zwischen denen Wiesen, Gärten und Alleeen lieblich wechseln. Das Schloß, ein großartiger Prachtbau, liegt besonders romantisch; schöner Dom, der jetzt auch mit einem Turm versehen ist. 30 km südlich von Schwerin **Ludwigslust**, erst im 18. Jahrhundert als zweite Residenz angelegt, daher ein regelmäßiger und schöner Ort. Prächtiges Schloß mit Park. Davor schöne Kaskaden und die Kirche; in der Inschrift über dem Haupteingange weihet der fürstliche Stifter dieselbe als „Magnus Dux Megalopolitanus, Magnus Peccator Magno Redemptori." Zwischen Schwerin und Ludwigslust das Dorf **Wöbbelin**: von kräftigen Eichen umschattet ruht hier Theodor Körner, der nicht weit von dieser Stelle südlich verwundet ward. An der Elbe liegt Boitzenburg und Dömitz „das feste Haus"; im Innern sind Parchim und Güstrow die größten Orte. Unter die Seestädte gehört Wismar, 17000 Einw. Etwas südlich davon das Dorf Mecklenburg, zur Obotritenzeit eine fürstliche Burg, deren Name später auf das ganze Land übertragen wurde; das Dorf Bollen= hagen, 15 km nordwestlich von Wismar, ein sehr besuchtes Seebad. Die wichtigste Handelsstadt im Lande Rostock, 47000 E., an der Warnow, die sich unterhalb der Stadt im Breitling seeartig erweitert; an der schmale= ren Mündung liegt Warnemünde, das jetzt am meisten besuchte Seebad von Mecklenburg. Rostock ist eine ansehnliche Stadt mit hohen Turm= paaren und großartigen Kirchen. Landesuniversität. (Geburtsort Blüchers, dem hier ein Standbild errichtet ist. (Inschrift von Goethe: „In Harren und Krieg, in Sturz und Sieg bewußt und groß, so riß er uns vom Feinde los.") Etwa 15 km im W. die Stadt Doberan in einer heiteren, lieb= lichen Landschaft, mit altehrwürdiger Klosterkirche; 2½ km davon ist der Ostseestrand mit dem Heiligen Damme besetzt (lose, runde, glatt geschliffene Steine, wie eine Erdmoräne 1—3 m hoch aufgetürmt): Seebad.

b) Großherzogtum Mecklenburg=Strelitz, 2929 qkm (53 □.=M.), mit 98000 lutherischen Einwohnern. (Großherzog Friedrich Wilhelm.

Der Staat ist in zwei durch mecklenburg=schwerinisches Gebiet getrennte, 125 km auseinander liegende Stücke geschieden. In der östlichen Haupt= masse die Residenz Neu=Strelitz, im 18. Jahrhundert in Form eines Sternes erbaut, 9000 Einw. Mittelpunkt der Markt; von ihm laufen acht Straßen aus. Neu=Brandenburg zeichnet sich durch seine prachtvollen alten gotischen Thorbauten und schönen Umgebungen aus. Friedland, betriebsame Stadt. Im westlichen Teile, dem früheren Stifte Ratze= burg, liegt kein größerer Ort. Von Ratzeburg selbst, das auf einer grü= nen Insel im Ratzeburger See sehr freundlich liegt (Campe: wie eine Schüssel Krebse zwischen grüner Petersilie), besitzt der Großherzog nur den Dom und seine Umgebung (den sogenannten Domhof) auf dem nördlichen Drittel der Insel, während die zu Lauenburg gehörende eigentliche Stadt (§ 98, 8) die südlichen zwei Drittel einnimmt.

8) Die drei Hansa=Städte. In der Zeit, wo Kaiser Frie= drich II. in die italienischen Händel verwickelt war, ging es in Deutsch= land drunter und drüber. Keine Landstraße war vor Räubern sicher, und das brachte niemandem empfindlicheren Verlust als den großen Handelsstädten. Darum traten 1241 Lübeck und Hamburg in eine Hansa (d. i. Handelsbund) zusammen zu gegenseitiger Sicher= heit. Immer mehr Städte schlossen sich an; zuletzt gehörten über neunzig dazu, von Narwa in Rußland bis Middelburg in Holland. Lübeck (wo die Bundestage gehalten wurden), Braunschweig, Köln und Danzig standen an der Spitze. Die Hansa war vom 13. bis 15. Jahrhundert so mächtig, daß sie zu den einflußreichsten Mächten Europas zählte; die erste Seemacht war sie unbestritten.

In den skandinavischen Reichen sind Könige von ihr ein- und abgesetzt worden, auch in England und Frankreich war ihre Macht gefürchtet. Der um 1500 infolge der großen Entdeckungen sich
verändernde Handelszug, das Emporkommen zuerst Spaniens und
Portugals, dann Hollands und Englands, die Unterwerfung
vieler Bundesstädte durch benachbarte Fürsten u. s. w. führten
den Verfall des Bundes herbei. Nur Hamburg, Bremen
und Lübeck erneuerten 1630 auf ewige Zeiten den alten Hansa-
bund.

a) Lübeck war eine alte obotritische Siedelung, wurde aber von christlichen Ansiedlern neu gegründet; viele Vorrechte gab ihm Heinrich der Löwe,
auch das lübische Recht, das hernach in vielen Handelsstädten angenommen
wurde. Im 13. Jahrhundert wurde Lübeck Reichsstadt; von seiner Größe und
Macht war oben die Rede. Jetzt ist Lübeck unter den noch sogenannten drei
Hansa-Städten die am wenigsten bedeutende, sie zählt 68000 Einwohner, und
ihr (immerhin für die Ostseeländer noch wichtiger) Handel ist nur ein Schatten
früherer Größe. Die mit zahlreichen Türmen geschmückte Stadt liegt auf
einem breiten Hügelrücken, den westlich die Trave, östlich die Wakenitz,
ein Nebenfluß derselben, bespült: die besten Straßen, Königs- und Breite-
straße, laufen auf der Hügelbreite, die meisten andern zu den beiden Flüssen
hinab. Die Bauart altertümlich. Der Charakter der ganzen Stadt würdig
solid. Merkwürdig das Rathaus mit dem alten Hansasaale, der Dom und die
Kirche St. Marien, eine der größten und schönsten in Deutschland, in ihr in
einer Seitenkapelle ein Totentanz, d. i. ein Gemälde, auf welchem der Tod
Menschen jeden Standes und Alters zum letzten Tanze unwiderstehlich auf-
fordert. Die Unterschriften hochdeutsch modernisiert, sonst plattdeutsch, z. B.
das vom Tode aufgeforderte Kind: O Dod, wie schall ik dat verstahn? Ik
schall dansen und kann nit gahn. — Das Staatsgebiet von Lübeck (die
Stadt Lübeck natürlich mit eingeschlossen) besaßt 298 qkm (5¹/₄ □.-M.) mit
76000 lutherischen Einwohnern. 15 km von Lübeck liegt Travemünde,
Hafen und Seebad.

b) Hamburg, schon von Karl dem Großen angelegt, wurde erst später
bedeutend. Seine Reichsunmittelbarkeit wurde oft von den holsteinischen
Herzögen und dänischen Königen angefochten, in den Franzosenkriegen hat
Hamburg Schreckliches erlebt, auch der furchtbare Brand vom 5. bis 10. Mai
1842 ist noch nicht vergessen; aber die reichliche Quelle des Welthandels hat
Hamburg alle Verluste zu überstehen möglich und leicht gemacht. Ein Welthandel ist aber der hamburgische mit Recht zu nennen; denn auf dem europäischen Kontinente ist er weitaus — nur der Antwerpener kann mit ihm
rivalisieren — der bedeutendste. Schiffe aller Nationen sieht man in Hamburg vor Anker liegen (§ 93, 2. § 97, Mitte), seine Flagge weht auf allen
Meeren. Fast alle Staaten haben in Hamburg ihre Vertreter. Die deutsche
Seewarte, vom Deutschen Reich in Hamburg gegründet, ist der Mittelpunkt
für die wissenschaftliche Verarbeitung der von Schiffen der deutschen Marine
gemachten Erfahrungen und Beobachtungen über die Meeres- und Küsten-
verhältnisse der ganzen Erde, sowie Ausgabestätte der deutschen Berichte
über die tägliche Witterung des uns am nächsten angehenden Teiles von
Europa, im Notfall auch daraus gefolgerter Sturmwarnungen. Hamburg
liegt 100 km vom Meere, als Halbkreis am rechten Elbufer. Die Elbe ist

in zwei Hauptarme, Süder- und Norderelbe, geteilt, die sich wiederum vielfach verzweigen; so entstehen eine Menge Inseln, die zum Teil preußisch, zum Teil hamburgisch sind. Die Norderelbe bespült Hamburg unmittel= bar, sendet aber noch einen Seitenarm in die Stadt, der sich in viele Kanäle oder Flecte verteilt. Vom Binnenlande her fließt der Elbe die Alster zu: sie bildet dicht vor Hamburg ein großes Wasserbecken (Buten= oder Außen= alster), dann sogleich in der Stadt ein anderes (Binnenalster). An dem= selben läuft der Jungfernstieg, die prächtigste Straße Hamburgs mit den ersten Hotels, Restaurationen u. s. w. Der niedrig liegende Stadtteil im O. der Alster ist die Altstadt; in ihr wütete der gedachte Brand, verzehrte die ehrwürdigen Kirchen St. Petri und St. Nicolai; aber regelmäßiger und schöner ist Hamburg bei den genannten Kirchen wieder erstanden, der Turm der im edeln gotischen Stil wiedererbauten Nicolai=Kirche gehört bei mehr als 150 m Höhe zu den höchsten in ganz Teutschland. Der Teil im W. liegt höher und heißt die Neustadt; die derselben im W. sich anschließende Vorstadt St. Pauli erstreckt sich) bis unmittelbar an die holsteinische Stadt Altona. Etwas östlich von Hamburg unweit des Dorfes Horn das weithin bekannte Rauhe Haus (eigentlich Ruge's Haus) mit einer Menge von Anstalten für innere Mission. — Zum Gebiete, 414 qkm (7 Q.=M.), mit 629000 luthe= rischen Einwohnern, wovon auf die Stadt mit Einschluß der 15 Vororte 589000 kommen, gehört das Amt Ritzebüttel an der linken Seite der Elb= mündung; hier der Hafen= und Handelsort Cuxhaven. Insel Neuwerk mit Leuchtturm (§ 93, 1) — und die Vierlande, eine eingedeichte, überaus fette und gesegnete Landschaft, zwischen der Elbe und ihrem Nebenflusse Bille. Gemüse, Korn und Obst gedeihen hier vortrefflich; man hat hier z. B. Erdbeerfluren, aus welchen man jährlich für 100000 Mark Früchte nach Hamburg verkauft. Hauptort Bergedorf.

c) Bremen war schon zu Karl des Großen Zeit vorhanden, erlangte unter Otto I. Reichsfreiheit, mußte dieselbe aber gegen die Einsprüche der bremischen Erzbischöfe, später der Krone Schweden, verteidigen. Bremen liegt in flacher, sandiger Gegend, 110 km von der See an der Weser. Die größere Altstadt breitet sich auf dem rechten Ufer aus; sie hat krumme und enge Straßen, aber hohe Häuser, mit nach der Straße gekehrten Giebeln und Erkern. In der kleineren, durch Brücken mit der Altstadt verbundenen Neu= stadt, auf dem linken Ufer, sind die Straßen breiter und gerader, aber die Häuser nicht so ansehnlich. Unter den Kirchen hat St. Ansgarii den höchsten Turm. Auch das altgotische Rathaus ist zu beachten. In dem Ratsweinkeller liegt in der Rose (einer Abteilung, die von einer dort angebrachten kolossalen Holzrose so genannt wird), der älteste Rheinwein, den man hat; das älteste Faß ist von 1624. Nur als Krankengabe und Ehrengeschenk wird das köst= liche Naß verwandt. Auch die zwölf Apostel, zwölf Stückfässer mit Rüdes= heimer und Hochheimer, sind nicht zu verachten. Bremen hat 135000 refor= mierte und lutherische Einwohner, ohne die Vororte. Bedeutender Handel, besonders mit Nord=Amerika, und Fabriken. — Das Gebiet begreift 250 qkm (4½ Q.=M.) mit 180000 reformierten und lutherischen Einwoh= nern (mit der Stadt). Darin der Hafenflecken Vegesack, und viel weiter die Weser hinab das erst 1830 angelegte, aber mächtig aufblühende Bremer= haven, in einem kleinen von Hannover abgetretenen Gebietsteile.

§ 101.
Die süddeutschen Staaten.

1) **Königreich Bayern.** Als der übermächtige Welfe **Hein=**
rich der Löwe, Herzog von Sachsen und Bayern, von Kaiser
Friedrich Barbarossa gedemütigt war, wurde Bayern, freilich
sehr verkleinert, 1180 an **Otto von Wittelsbach** gegeben. Dazu
erwarben die Wittelsbacher im 13. Jahrhundert die große und blü=
hende **Rhein=Pfalz.** Sie teilten sich in viele Zweige; in der Mitte
des 18. Jahrhunderts gab es drei wittelsbachische Territorien. a) Das
eigentliche **Bayern**, seit dem Jahre 1623 ein Kurfürstentum. b) **Kur=**
pfalz. c) **Pfalz=Zweibrücken.** Nach dem Aussterben der beiden
ersten Linien vereinigte 1799 die dritte die ganze Ländermasse, da=
mals 800 Q.=M. (44000 qkm). In den französischen Kriegen und
den folgenden Umwälzungen verlor zwar Bayern alles das, was es
auf dem linken Rheinufer besessen hatte, also den größten Teil der
Pfalz, erhielt aber von Napoleon den Königstitel und sehr reiche Ent=
schädigung. Kurz vor der Leipziger Schlacht trat es den Verbündeten
bei und bewahrte infolgedessen seinen Besitzstand; auch die Pfalz ge=
wann es zurück. Es umfaßt jetzt 75864 qkm (1380 Q.=M.) mit
5,6 Mill. Einwohnern (70% Katholiken, 29% Protestanten). König
Otto I. (Regent: Prinz **Luitpold**). Der Staat besteht aus acht
Regierungsbezirken, welche nach den alten Reichskreisen oder Land=
schaften genannt sind. Wir zählen sie nach dem Alter der Er=
werbung auf.

a) **Ober=Bayern,** der größte Regierungsbezirk (§ 86, 2, 4, b, 7, b,
§ 87, 1, 3, b, c, d). Die Hauptstadt des ganzen Reiches, **München**, von
Heinrich dem Löwen in flacher, reizloser Gegend, welche indessen die Alpen=
kette zum Hintergrunde hat, gegründet, liegt (wie hoch? § 86, 7, b) am linken
Isarufer, gegenüber die Vorstadt **Au.** Noch 1810 hatte München nur 40000,
jetzt 386000 E., in neuerer Zeit hat es dadurch seine ganze Gestalt verändert,
daß besonders unter den kunstliebenden Monarchen **Ludwig I.** und **Maxi=**
milian II. ganze Stadtteile neu angelegt und viele Prachtbauten aufgeführt
sind. So giebt es neue Kirchen in jedem Baustil: die Pfarrkirche in der **Au**
im gotischen, die Allerheiligenkapelle im byzantinischen, die **Ludwigskirche**
an der breiten, mit lauter großartigen Gebäuden besetzten **Ludwigsstraße**
im italienischen Stile, die Bonifatiuskirche bildet die Form der alten Basilika
nach. Die schon ältere Frauenkirche macht mit ihren beiden Kuppeltürmen die
Stadt weit über die Ebene hin erkennbar. Außerdem merke den **Königs=**
bau, die alte und neue **Pinakothek** (Gemäldehaus), die **Glyptothek**
(Statuenhaus), die Feldherrnhalle, das Bibliothekgebäude; die neue präch=
tige **Maximiliansstraße** mit vielen Prachtbauten; in der Nähe der Stadt
die **Ruhmeshalle**, davor die kolossale Statue der **Bavaria,** 17½ m hoch.
Eine Menge Künstler, besonders Maler, halten sich in München, das eine
Malerakademie hat, auf. Dazu darf sich München der besuchtesten Universität

der südbeutschen Staaten rühmen. Das etwas derbe, aber treuherzige Volk hat Geschmack für materielle Genüsse: bekannt ist das treffliche bayrische Bier, das jetzt in ganz Deutschland, ja in der ganzen Welt, bis nach Japan und Australien hin, seine Verehrer hat. Im W. von München das Lustschloß Nymphenburg, 50 km im NW. die Ruine Wittelsbach. Ingolstadt, Festung an? — Die Gebirgs= und Seepartieen: Walchen=, Ammer=, Starnberger, Schlier=, Chiem=, Tegern=See (mit schönem Lustschlosse); tiefer in das Gebirge hinein das Bad Kreuth, eine kalte Schwefelquelle; über Berchtesgaden (früher gefürstete Propstei), Königssee, Waßmann (§ 86, 2, a). Merke noch an der Saalach Reichenhall mit großartiger Saline und vielbesuchtem Solbad, am Inn Mühldorf auf der Ampfinger Heide, wo 1322 Ludwig der Bayer seinen Gegner Friedrich von Österreich besiegte (das historisch nicht verbürgte: „Jedem ein Ei, dem frommen Schweppermann zwei"), und Rosenheim, wo von der Eisenbahn zwischen München und Salzburg die Innbahn nach dem Brenner abzweigt, endlich im obern Lechthale, das in vollkommener Schönheit hergestellte Schloß Hohenschwangau [schwang=au], im Mittelalter vorübergehend von Welfen, Hohenstaufen, Wittelsbachern bewohnt.

b) Nieder=Bayern (§ 86, 6. § 87, 1, 2, 3, c, d). Die Hauptstadt Landshut, an? — schön gebaut; ihr Martinsturm einer der höchsten in Deutschland. Passau, das „Donau=Koblenz." Die eigentliche Stadt liegt auf der schmalen Gabel zwischen Inn und Donau, die Innstadt am rechten Innufer, die Ilzstadt am linken Donauufer, wo die Ilz mündet; über ihr die Feste Oberhaus und von hier aus Blick über die wunderschön gelegene Stadt. Passauer Vertrag 1552. (Passauer Kunst nannte man das abergläubische Spiel, um sich hieb= und stichfest zu machen.) Der alte Hauptort von Nieder=Bayern, an? ist Straubing, an?

c) Ober=Pfalz und Regensburg (§ 86, 5, 6, 7. c. § 87, 2). Regensburg war anfangs Bayerns Hauptstadt und Sitz der Herzöge, dann freie Reichsstadt und zuletzt beständiger Sitz des Reichstages (§ 95), 39000 E. Es ist eine altertümliche Stadt; der jetzt vor allem Zier= und Schnörkelwerk befreite Dom ein Meisterwerk gotischer Baukunst. Auf das linke Stromufer nach Stadt am Hof führt eine im 12. Jahrhundert erbaute Steinbrücke. Die am linken Stromufer sich erhebenden Hügel machen die Umgegend von Regensburg sehr angenehm; auf einem derselben, 7 km unterhalb, steht der 1842 in Form eines griechischen Tempels vollendete Prachtbau Walhalla (vergl. §83, a) mit den Büsten großer deutscher Männer. Oberhalb Regensburg Kelheim an der Mündung der Altmühl (in Nieder=Bayern); auf einem Berge darüber der Prachtbau der Befreiungshalle zum Gedächtnis der Befreiungskriege. Am rechten Ufer der Donau bei Regensburg weite Ebene. Siege Napoleons 1890 über die Österreicher. Die alte Hauptstadt der Ober=Pfalz Amberg. Im Schloß Trausnitz am Böhmer Wald saß Friedrich von Österreich gefangen.

d) Schwaben und Neuburg (§86, 2, 4, 7, b. §87, 3, a, b) meist erst seit 1803 erworben. Die Hauptstadt Augsburg, das Augusta Vindelicorum der Römer, 81000 E., zwischen Lech und Wertach, war Reichsstadt und im Mittelalter Stapelplatz zwischen dem nördlichen Europa, Italien und der Levante. Da gab es ein Sprichwort: „Venediger Macht, Augsburger Pracht, Nürnberger Witz, Straßburger Geschütz, Ulmer Geld bezwingt die ganze Welt." Anton Fugger konnte an Karl V. große Summen verborgen und — verschenken; seine Nachkommen bilden ein zwischen Iller und Lech begütertes Fürsten- und Grafengeschlecht. Durch die Veränderung des Handelsweges seit der Entdeckung Amerikas sanken alle genannten Orte. Indessen ist Augsburg immer noch bedeutende Fabrikstadt, z. B. für Gold- und Silberwaren. An die alte Herrlichkeit erinnert das Rathaus, eins der schönsten in Deutschland und das mit schönen Wandbildern geschmückte Fuggerhaus. Historisch wichtig ist Augsburg durch den Reichstag von 1530, wo das Glaubensbekenntnis der Lutheraner — daher Confessio Augustana genannt — dem Kaiser übergeben ward, durch den Religionsfrieden 1555, ferner durch das Lechfeld im S., auf dem Otto I. 955 die Ungarn schlug. Südlich von Augsburg kommt man über die gewerbsamen Orte Kaufbeuern und Kempten, an? — nach der Handelsstadt Lindau, auf Inseln im Bodensee, durch Brücken mit dem Festlande verbunden (Deutsch-Venedig). — An der Donau Neuburg, sonst die Residenz einer pfälzischen Seitenlinie; mehrere Stunden oberhalb: Höchstädt, Sieg Eugens (§ 79 Anf.) über Franzosen und Bayern 1704. Donauwörth, der Anfangspunkt der Donaudampfschiffahrt. Im N. der Donau in dem durch die Eigenartigkeit seiner Tracht und Sitten bekannten Ries: Nördlingen, Niederlage der Schweden 1634, und Allersheim, wo sie 1645 im Verein mit den Franzosen siegten. Im Ries liegen auch die Lande der Fürsten von Öttingen und Wallerstein.

o) Mittel-Franken (§ 86, 4, b. § 87, 2. § 89, 2, a) enthält das Fürstentum Ansbach, einen Teil vom Fürstentum Bayreuth, beides alte Besitzungen der Nürnberger Burggrafen (§ 98, 12, f), später zwei Seitenlinien des brandenburgisch-hohenzollernschen Hauses gehörig, 1791 mit dem Hauptlande dieses Hauses, d. h. mit dem Königreich Preußen, vereinigt, aber in der napoleonischen Zeit an Bayern verloren. In diesem Lande gehört die Hauptstadt Ansbach, sonst Onolzbach, an? — 15 km südöstlich davon der Marktflecken Eschenbach, wo ein Denkmal daran erinnert, daß hier Wolfram, der Sänger des Parzival, geboren ist. Erlangen, die protestantische Universität Bayerns, an? — besonders in der Neustadt schön und regelmäßig. Fürth, am Einfluß der Pegnitz in die Regnitz, durch die älteste deutsche, im Dezember 1835 eröffnete Eisenbahn mit Nürnberg verbunden, ist eine wichtige Handels- und Manufakturstadt. 47000 E., darunter ein Sechstel Juden. Auch Schwabach, im S. von Fürth, ist ein gewerbfleißiger Ort (Schwabacher Lettern). Die größte Stadt in Mittel-Franken ist die frühere Reichsstadt Nürnberg an der Pegnitz, die zuzeiten des alten Reichs ein Gebiet von etwa 30 □.-M. (1650 qkm) besaß. Sie liegt in einer sandigen, jedoch durch sorgfältigen Anbau ziemlich fruchtbaren, hügeligen Ebene, die nach N. und O. in eine große Waldung übergeht. Der Fluß teilt Nürnberg in zwei Hälften, in die nördliche kleinere Sebalder Seite und in die größere südliche Lorenzer Seite. Die Namen erinnern gleich an die zwei prachtvollen gotischen Kirchen gleiches Namens. Am Nordrande erhebt sich auf isoliertem Sandsteinfelsen die kaiserliche Burg; ihre Hauptteile aus der Zeit der Hohenstaufen. Die Könige von Bayern und Preußen besitzen sie gemeinschaftlich. Nürnberg zeigt noch so recht das Bild einer alten deutschen Stadt. Die Straßen sind abschüssig, eng und krumm, die Häuser haben mächtige Giebelwände, vorspringende Erker, viel Schnitzwerk und Schnörkel, auf den Plätzen Springbrunnen und Erzfiguren. Das 15. und 16. Jahrhundert waren die Blütezeit der Stadt. Da war Nürnberg die wichtigste Vermittlerin des Donau-, Elb- und Rheinverkehrs, zugleich der Hauptsitz des deutschen Meistergesanges (Hans Sachs), der deutschen Malerei

(Albrecht Dürer), Erzgießerei (Peter Vischer) und Industrie (Nürnberger Eier: Taschenuhren). Um 1490 wurde in Nürnberg von Martin
Behaim der erste Globus verfertigt. Nürnbergs germanisches Museum
birgt Erzeugnisse deutscher Kunstfertigkeit aus alter wie neuerer Zeit. Auch
ist Nürnberg noch immer die erste Handels- und Fabrikstadt Bayerns; die
Spielwarenfabrikation wurde durch aus der Heimat vertriebene Salzburger
eingeführt: „Nürnberger Tand geht durch alle Land." 157000 E., früher,
trotz verhältnismäßig größerer Bedeutung, natürlich weit weniger (wie ähnlich Köln), im Jahre 1450 z. B. nur 20000 E. Das frühere Bistum Eichstädt mit gleichnamiger Hauptstadt, die noch jetzt Bischofssitz ist, gehörte
kurze Zeit der herzoglichen Familie Leuchtenberg, deren Stifter Eugen,
der Adoptivsohn Napoleon I., Gemahl einer bayrischen Prinzessin war.

f) In Ober-Franken (§ 86, 5. § 89, 2) und zwar im Fürstentum
Bayreuth die gleichnamige Hauptstadt am Roten Main, von den hier
sonst in einem Prachtschlosse residierenden Markgrafen zu einer sehr schönen
Stadt umgeschaffen, Wagner-Theater. 25000 E. In der Umgebung reizende Lustschlösser: die Eremitage, Fantasie. Denkmal Jean Pauls,
der hier lebte und starb. Geboren ist er zu Wunsiedel, einem netten
Städtchen im Fichtelgebirge; in der Nähe das Alexanderbad und die
großartige Felsenpartie Luisenburg (§ 86, 5). Hof, an? — 26000 E.
Den zweiten Teil von Ober-Franken bildet das frühere Bistum Bamberg. Bamberg, gegenwärtig Sitz eines Erzbischofs, ist eine von zwei
Armen der Regnitz durchschnittene Stadt in offener, aber mit Höhenzügen
umrahmter Flußebene, die hier durch den Fleiß der Bewohner einem Gar-
ten gleicht. In dem jetzt auch in einfacher Reinheit hergestellten romanischen
Dom ruhen Heinrich II. und Kunigunde, ein heilig gesprochenes Kaiser-
paar, dem das Bamberger Stift Größe und Gründung verdankt. Blick auf
Bamberg von dem hoch gelegenen Kloster Michelsberg, in welchem
Otto, der Pommern Apostel (§ 93, 2, b), begraben liegt, und von den
Trümmern der Altenburg, wo Otto von Wittelsbach König Philipp von
Schwaben ermordete. 38000 E. (Alter Spruch: Reben, Meßgeläute, Main,
Bamberg: das ist Franken.) Banz, früher reiches Kloster, jetzt Schloß, in
reizender Lage auf einem Berge am Main, unweit der nördlichen Grenze.

g) Unter-Franken (§ 89, 2, a, b, c) begreift außer der früheren
Reichsstadt Schweinfurt, an? — und einigen mediatisierten Gebieten
(z. B. der Fürsten von Leiningen) lauter früher geistliches Gebiet.
Würzburg, die Hauptstadt, liegt zwischen Nebenhügeln am rechten Main-
ufer und ist noch Bischofssitz; eine mit Heiligenbildern gezierte Brücke führt
zum linken, wo nur ein kleiner Stadtteil und auf einem Berge die Feste
Marienberg liegt. Von hier schöner Blick auf die überaus turmreiche Stadt.
Merkwürdig das ehemals bischöfliche Schloß, nach dem Schlosse zu Versailles
gebaut, und das große Juliushospital. Universität, 64000 E. An den Ab-
hängen der Citadelle wächst der Leisten-, auf einem Berge in der Nähe der
Steinwein. Spruch: „Zu Klingenberg am Main, zu Würzburg an dem
Stein, zu Bacharach am Rhein hat man in meinen Tagen gar oftmals hören
sagen, sollen sein die besten Wein." Das Rhönbad Kissingen. Das
Grabfeld, § 89, 2, b. Früher kurmainzisch war Aschaffenburg an? —
Fabriken und Schiffahrt.

h) Rhein-Pfalz (Rhein-Bayern), die kleinste Landschaft (§ 88,
2, a), besteht zum größten Teil aus altpfälzischen Gebietsteilen. Die Hauptstadt Speier war früher Reichsstadt. Prächtiger, neu hergestellter Dom

im romanischen Stil mit den Kaisergräbern der salischen Dynastie, Rudolfs
von Habsburg u. a. (§ 81 Mitte). Landau und die Rheinfestung Germersheim, Zweibrücken. Kaiserslautern, 40000 E., durch mehrere
Schlachten der Preußen mit den Franzosen in der Rheincampagne bekannt,
Neustadt a. d. Hardt, gewerbsleißige Stadt, und Dürkheim, Trauben-
kurort. Deidesheim, Forst u. a. Weinorte. Mannheim gegenüber Ludwigshafen, erst 1843 gegründet, aber durch seinen Rheinhafen schnell erblüht, 39000 E.

2) Königreich Württemberg (§ 86, 4, b; 7, b. § 87, 1.
§ 88, 1 b, 2 b. § 89, 1, 3). Die Grafen von Württemberg erwarben
schon im Mittelalter reiche Besitzungen; mehrere thaten sich durch
Heldensinn hervor („Graf Eberhard der Greiner, der alte Rausche-
bart" und der schwäbische Städtebund im 14. Jahrhundert). 1495
erhielten sie den Herzogstitel, 1803 die Kurwürde. In der
napoleonischen Zeit (1806) erlangte der Kurfürst Friedrich den
Königstitel und zugleich vielfache Vergrößerung durch umfassende
Mediatisierung von Reichsstädten und kleineren Fürsten. Jetzt hat
Württemberg 19504 qkm (350 Q.-M.) mit 2 Mill. Einwohnern,
von denen $^7/_{10}$ Protestanten, $^3/_{10}$ Katholiken sind. König Wilhelm II.
Vier Kreise: Schwarzwald-Kreis südwestliches, Donau-Kreis
südöstliches, Neckar-Kreis nordwestliches, Jagst-Kreis nordöst-
liches Viertel. — Die Kreise sind bei den einzelnen Städten durch
Anfangsbuchstaben bezeichnet.

a) In alt-württembergischen Landesteilen: Die Haupt- und
Residenzstadt Stuttgart, N. (im Munde des Volkes mehr wie Stuggart
oder Stuttert gesprochen), liegt zwischen wald- und weinreichen Hügeln
an einem Nebenbach des Neckar, dem Nesenbach, 5 km westlich von
diesem Flusse. Stuttgart hat einen alten unfreundlichen und einen neuen
schönen Teil; sehenswert ist das Schloß, die alte Stiftskirche und die neue
Johanniskirche, das Polytechnikum und das Standbild Schillers von
Thorwaldsen. (Ein anderer berühmter Bildhauer, Dannecker, ist in Stuttgart geboren.) Um das Jahr 1800 hatte Stuttgart 20000, jetzt 147000 E.
Es ist eine wichtige Industriestadt und einer der Mittelpunkte des deutschen
Handels. Eine Art Zwillingsstadt von Stuttgart ist Cannstadt, N., ein
in überaus bevölkerter Gegend belegener Handelsplatz mit 21000 E. In
der Umgegend römische Altertümer, Mineralquellen und merkwürdige Ver-
steinerungen. Beide Städte sind durch die Anlagen (Park und Garten)
miteinander verbunden. In letzteren die Lustschlösser Berg, Rosenstein,
die Wilhelma. In dem Dorfe Hohenheim bei Stuttgart eine berühmte
landwirtschaftliche und Forstanstalt. 15 km im N. von Stuttgart liegt die
im 18. Jahrhundert angelegte zweite Residenz, das regelmäßig und schön
gebaute Ludwigsburg, N., mit 4000 Mann Besatzung, „das württembergische Potsdam", Schloß mit schönen Gartenanlagen. Etwas im NW.
das Bergschloß Hohenasperg, ein Staatsgefängnis. Am obern Neckar:
Tübingen, S., die Landesuniversität, altertümlich und eng, auf einem
zum Flusse abfallenden Bergsattel. Uhland, 1787 geboren. Am untern
Neckar Marbach, N., wo Schiller 1759 geboren. Tief im Schwarz-

walde das Wildbad, S., mit heißer Quelle, und der Paß Kniebis
(§ 88, 2, c) — an der Rauhen Alb viele alte Schlösser: Achalm, Lichten=
stein, Hohennrach, Hohenneufen, Hohenstaufen, Teck u. a. — der
Flecken Ebningen, S., mit viel Band= und Spitzenverfertigung; viele
Männer von hier durchziehen als Krämer das Land. Nun aber gieb nach
der Karte noch an, wo Weinsberg, N., liegt, das wackre Städtchen,
und erzähle die Sage von der „Weibertreue", wie noch jetzt die über der
Stadt liegende Feste heißt!

b) Unter den sechzehn ehemaligen Reichsstädten sind die bedeu=
tendsten: Ulm, D., 38000 E., am linken Donaufer, unweit der Mündung
der? — hatte mit Nürnberg unter allen Reichsstädten das größte Gebiet,
17 □.=M. (935 qkm), und kämpfte oft an der Spitze des schwäbischen
Städtebundes. Ein Bild alter Größe ist das gotische Münster. Noch
immer ist Ulm als Handelsstadt bedeutend, der Ausgangspunkt aller Donau=
schiffahrt, der oberste Ein= und Ausschiffungshafen des Stroms. (Ein eigener
Artikel sind Schnecken, die auf dem Herdfelde (§ 86, 3, b) gemästet und
fässerweise von hier die Donau abwärts versandt werden.) Ulm, ein mili=
tärisch sehr wichtiger Punkt, ist die bedeutendste süddeutsche Donaufestung
und ringsherum von starken Werken umlagert (§ 96 Anf.). Reutlingen,
S., gewerbfleißige Stadt. Heilbronn, N., am? — Handels= und Fabrik=
stadt (Neckarwein=Champagner), 31000 E. In dem sogenannten Diebes=
turme saß 1525 Götz von Berlichingen gefangen. Merke noch das gewerb=
reiche Eßlingen, N., 23000 E., Schwäbisch=Gmünd, J., Schwä=
bisch=Hall, J., am Kocher als Salzwerk, das kleine Friedrichshafen
(früher Buchhorn), D., als württembergische Bodenseestation.

c) In anderen neuen Gebietsteilen: Rottenburg, S., am
Neckar, Sitz des katholischen Landesbischofs. Ellwangen, J., sonst eine
Propstei, an? — Der Sitz des deutschen Ordens, seitdem er 1525 Preußen
verloren (§ 98 Anf.), war Mergentheim, J., an der Tauber. Hier hatte
der Hoch= und Deutschmeister seinen Sitz: der Orden besaß in 12 Balleien,
die durch das Reich zerstreut lagen, noch 40 □.=M. (2200 qkm).

d) Die bedeutendsten der mediatisierten Herren, welche in Würt=
temberg ihre meisten Besitzungen haben, sind: die Fürsten von Hohen=
lohe, besitzen in sechs Linien über 1650 qkm (30 □.=M.), Öhringen, J.,
ist ihre größte Stadt, — die Fürsten von Waldburg; der Fürst von
Thurn und Taxis (auch in Bayern, Provinz Posen u. s. w. begütert);
dies Haus hatte im alten Reiche und hernach in vielen Staaten des Teut=
schen Bundes die Post.

3) Großherzogtum Baden. Die Markgrafschaft Baden
hat mit Bayern und Württemberg eine ähnliche Geschichte, nur ist
ihr Wachstum noch überraschender. Das Fürstenhaus stammt von
Berthold von Zähringen, dem Zeitgenossen Kaiser Heinrichs III.
Sein Enkel Hermann nannte sich zuerst „Markgraf von Baden".
Im 16. Jahrhundert teilte sich das Haus in die Linie Baden=
Baden, welche 1771 erlosch, und in die Linie Baden=Durlach,
welche 1830 ausstarb, worauf die Krone auf die Nebenlinie der
Grafen von Hochberg überging. — Das Land, welches 1771 noch
nicht 80 □.=M. (4400 qkm) begriff, umfaßt, rasch emporgewachsen

und 1803 zum Kurfürstentum und 1806, da der Kurfürst Karl Friedrich den Königstitel ablehnte, zum Großherzogtum erhoben, jetzt 15 081 qkm (270 Q.=M.), mit 1,7 Mill. Einwohnern (zwei Drittel katholisch, ein Drittel evangelisch). Großherzog Friedrich. Das Land, dessen natürliche Verhältnisse nach § 88, 1 b, 2, b, c. § 89, 1 zu schildern sind, zerfällt in 4 Landeskommissariate: Karlsruhe, Mannheim, Freiburg, Konstanz.

a) In der ursprünglichen Markgrafschaft Baden liegt 6 km vom Rhein die erst im 18. Jahrhundert angelegte Residenz Karlsruhe. Von dem halbkreisförmigen Platz vor dem Schlosse laufen fächerartig elf Hauptstraßen aus, die alle den Schloßturm zum Gesichtspunkte haben; in den im N. und NW. die Stadt umgebenden Hartwald laufen vom Schlosse 21 Alleeen. Die schöne und elegante Stadt hat 80000 E. Pforzheim, in dem in Württemberg einschneidenden Landzipfel, 31000 E., eine gewerb= same Fabrik= und Handelsstadt. (Die alte, jetzt geschleifte Reichsfestung Philippsburg liegt unweit des Rheins, Germersheim ungefähr gegen= über, und gehörte sonst zum Bistum Speier.) Rastatt an der Murg, starke Festung. Friede zu Rastatt 1714, Kongreß daselbst 1797 bis 1799. Baden, häufiger Baden=Baden genannt, schon zu Römerzeiten eine Stadt, hat heiße Quellen, ist eins der besuchtesten und vornehmsten Bäder und hat wunderschöne Umgebungen: gleich über der Stadt die alte Ruine Baden, in der Nähe die Burg Eberstein, im Murgthale das schöne Schloß Neu=Eberstein. Kehl, Straßburg gegenüber, wohin eine feste Rheinbrücke führt.

b) In der alten Kurpfalz: Mannheim, am Zusammenflusse von? — neu und regelmäßig, in den Kriegen unter Ludwig XIV. niedergebrannt, 88000 E. Heidelberg, am linken Neckarufer, 34000 E., die protestan= tische Landesuniversität in reizender Lage; gerade darüber das kurfürstliche Schloß, die prachtvollste ephemumsponneue Ruine, die es giebt. Im Keller „das Faß von Heidelberg", das 250 Fuder Wein hält. Hoch über dem Schloße ragt der Königsstuhl (oder Kaiserstuhl) 600 m. Eine Schöpfung der Kunst ist der Park von Schwetzingen, 7 km von Heidelberg nach dem Rheine zu. In dem Städtchen Bretten ist 1497 Melanchthon geboren.

c) Früher österreichisch war der Breisgau. Die Hauptstadt dessel= ben, Freiburg, liegt in reizender Umgebung an der Dreisam zwischen ganz nahen Rebenhügeln (Schloßberg) und den nur wenige Stunden entfernten Schwarzwaldbergen. Sitz eines Erzbischofs, katholische Landesuniversität. Herrliches Münster; sein Turm mit künstlich durchbrochener Arbeit ist beson= ders berühmt. 53000 E. In der Nähe die Ruine Zähringen, und südlich vom Feldberge die früher durch Reichtum und Gelehrsamkeit bedeutende Abtei St. Blasien. Alt=Breisach, am Rhein und Kaiserstuhl (§88, 2, b), sonst starke Festung, im 30jährigen Kriege oft genannt. Konstanz, da, wo der Rhein aus dem Bodensee tritt, am linken Ufer des Stromes, ehemals Reichsstadt, in welcher 1414—1418 das bekannte Konzil gehalten und Jo= hann Huß verbrannt wurde. Die Inseln Reichenau und Mainau.

d) Auch in Baden viele Mediatisierte. Darunter im nördlichen breiten Teile die Fürsten von Leiningen im alten oberrheinischen, der Fürst von Löwenstein=Wertheim im fränkischen Kreise. (Wertheim selbst, am Zusammenflusse von? — §89, 2, a). Im südlichen breiten

Teile die 1650 qkm (30 Q.=M.) übersteigenden Lande des Fürsten von Fürstenberg, Residenz des Fürsten Donaueschingen (§ 87, 1).

4) **Großherzogtum Hessen.** Es macht die Besitzungen des Hauses Hessen-Darmstadt aus, einer von den vier durch Philipps Teilung entstandenen (§ 98, 11) Linien. Der großherzogliche Titel stammt aus der Zeit des Rheinbundes (1806), auch der Besitzstand hat in jenen Zeiten erhebliche Vergrößerungen erfahren. Der Flächeninhalt beträgt jetzt 7682 qkm (140 Q.=M.) mit 993 000 Einwohnern, darunter ein Viertel Katholiken, die übrigen Lutheraner. Großherzog **Ernst Ludwig.** Das Land liegt in zwei Hauptteile geschieden. Der nördliche im Norden des Mains ist eingeschlossen von der preußischen Provinz Hessen-Nassau.

a) Der südliche Hauptteil (§ 88, 2, b) enthält zwei Provinzen. α) Rechts vom Rheine **Starkenburg**, ein neuer von einem alten Schlosse entlehnter Name. **Darmstadt**, die Hauptstadt, liegt in sandiger Fläche, hat eine alte, finstere und eine neue, schöne Stadthälfte, 59 000 E. Zwischen hier und Heidelberg die **Bergstraße**, eine am Hange des Odenwaldes hinziehende, mit Obst- und Nußbäumen bepflanzte, von einer Masse reizender Ruinen überragte Landstraße. **Trebur** oder Tribur, 10 km im SO. von Mainz, war eine kaiserliche Pfalz (Palast) der Karolinger: bis ins 11. Jahrhundert sind hier viele Reichstage gehalten. Vom Hauptlande getrennt liegt die frühere Reichsstadt **Wimpfen** am Neckar. Bedeutende Saline. Mediatisierte: die Grafen von Erbach auf dem Odenwalde und die Fürsten und Grafen von Isenburg. In dem Gebiet der letztgenannten die betriebsame Handels- und Fabrikstadt Offenbach, an? — 37 000 E. β) Links am Rhein **Rhein-Hessen. Mainz**, Magontiacum der Römer, 75 000 E., liegt als Halbkreis am linken Ufer des Rheins, der dicht oberhalb der Stadt den Main aufgenommen hat und daselbst mit einer festen Eisenbahnbrücke überbrückt ist. Der Anblick von außen ist schön, weniger das Innere; die Straßen sind meist eng und finster. Der alte Dom ist ehrwürdig, neuerdings geschmackvoll restauriert. Mainz, der Anfang der großen Mainz=Metzer Heerstraße, ist eine der stärksten Festungen, die es giebt, erfordert aber wegen des außerordentlichen Umfanges der Werke zur Verteidigung fast eine Armee. Zu den Befestigungen gehört auch **Kastel**, am rechten Rheinufer mit Mainz durch eine fast 600 m lange sehr schöne steinerne Brücke verbunden. In Mainz bildete Johann Gensfleisch zum guten Berg (so hieß sein Haus in Mainz) den in Straßburg erfundenen Letterndruck weiter aus. — Von Mainz den Rhein aufwärts **Oppenheim**, mit der schönen gotischen Katharinenkirche. — **Worms** am Rhein, einst als Reichsstadt eine der bedeutendsten Städte Deutschlands, wie es auch eine der ältesten ist. (Hauptstadt der Burgunden im Nibelungenlied.) Unter den vielen hier gehaltenen Reichstagen ist der von 1521 wegen Luthers Auftreten merkwürdig; großes Denkmal von Rietschels Meisterhand. Ehrwürdigschöner Dom; außerhalb der Stadt die Liebfrauenkirche, bei der der Liebfrauenmilch wächst. Worms ist auch die Heimat des Rittergeschlechts von Dalberg. Wollte der Kaiser nach der Krönung Ritter schlagen, so fragte er immer zuerst: Ist kein Dalberg da? Zu Luthers Zeiten 50 000, jetzt 27 000 E. Weindörfer Nierstein und Laubenheim; Ingelheim im

B. von Mainz, Pfalz der Karolinger und häufige Reſidenz Karls des
Großen. Bingen (§ 90, 1, C).

b) Der nördlichſte Teil iſt die Provinz Ober=Heſſen (§§ 89, 2, b, δ.
§ 90, 2, a). Hauptſtadt und Landesuniverſität Gießen, 21 000 E., an? —
Friedberg in der Wetterau, ehemals Reichsſtadt, darüber eine alte Burg,
früher „des heiligen römiſchen Reiches unmittelbare freie Burg Friedberg".
Solbad Nauheim. Iſenburgiſche, Solmiſche, Stolbergiſche und
andere Mediatbeſitzungen.

5) Das Reichsland Elſaß=Lothringen, 14 509 qkm
(260 Q.=M.) mit 1,6 Mill. Einw., umfaßt 1) das Elſaß, d. h. den
linksrheiniſchen Teil der oberrheiniſchen Tiefebene ſüdlich der Pfalz
mit dem anſtoßenden Oſtabhang des Wasgaus und 2) Deutſch=
Lothringen, d. h. den Nordoſten der welligen Hochfläche von Loth=
ringen (§ 90, 3). Es ſchließt ſich rechtwinklig ans Elſaß und reicht
vom Weſtabhang des nördlichen Wasgaus bis auf das linke Moſel=
ufer hinüber, wo ſich n. w. von Diebenhofen Deutſchland, Frank=
reich und Luxemberg berühren.

Das Elſaß, wie das benachbarte Baden von Schwaben (Ale=
mannen) bewohnt, die ſich hier Elſaſſer nannten, kam 870 durch
den Vertrag von Merſen an das oſtfränkiſche, d. h. an das Deutſche
Reich und gehörte zum Herzogtum Schwaben bis zu deſſen Auf=
löſung (1268). Unter dem Titel einer Landgrafſchaft zerfiel das
Elſaß im ſpäteren Mittelalter in viele kleine Gebiete geiſtlicher und
weltlicher Herren, neben welchen zwölf Städte ſich aus dem Ver=
bande der Landgrafſchaft herauslöſten und reichsunmittelbar wur=
den. Der Weſtfäliſche Friede von 1648 machte das Elſaß zu einer
franzöſiſchen Provinz; nur die darin eingeſchloſſenen Reichsſtädte
ſollten deutſch bleiben, doch auch dieſe entriß uns die Argliſt König
Ludwigs XIV. von Frankreich: am 30. September 1681 ließ er
ſogar Straßburg mitten im Frieden unter nichtigem Vorwande
beſetzen.

Was wir jetzt noch Lothringen nennen, das Land an der
oberen Maas und Moſel, war bis 1735 ein deutſches Herzogtum,
der ſüdliche Reſt des bis in die Niederlande ehemals ſich erſtrecken=
den gleichnamigen Herzogtums Lothringen (§ 81 Mitte). Die Fran=
zoſen, die ſich 1735 auch dieſes Reichsland (zunächſt für den polni=
ſchen Staniſlaus Leszczinsky, den Schwiegervater ihres Königs
Ludwigs XV.) abtreten ließen, hatten die darin eingeſchloſſenen
wichtigen drei Bistümer bereits ſeit 1552 in Händen.

Das Elſaß (jedoch ohne die Grenzfeſtung Belfort) und Deutſch=
Lothringen iſt infolge des ſiegreichen Feldzugs von 1870/71 für
Deutſchland zurückerobert, und ſeit dem dieſe Erwerbung beſiegeln=

ben Frieden von Frankfurt a. M. (10. Mai 1871) zieht die deutsche
Reichsgrenze wieder auf der Kammhöhe des Wasgau, ist die Festung
Metz nicht mehr das gefahrbrohende Ausfallsthor Frankreichs gegen
Deutschland, sondern Deutschlands starke Friedenswehr gegen den
ewig unruhigen welschen Nachbar.

Das Land (§ 88, 2, a. § 90, 2) ist ähnlich einer preußischen
Provinz in Bezirke eingeteilt, die wieder in Kreise zerlegt sind.
Oberhaupt der Verwaltung (§ 97 Mitte) ist der Reichs = Statthalter
in Straßburg.

a) Bezirk Unter=Elsaß, der größere Nordteil des Elsaß. Haupt=
stadt Straßburg, 2½ km vom Rhein an der Ill, 129000 E., als
Argentoratum schon zur Römerzeit wichtig, im Mittelalter zur mächtigen
deutschen Reichsstadt erblühend, deren Wert Kaiser Karl V. mit den Worten
anerkannte: „Wären Straßburg und Wien zu gleicher Zeit in Gefahr, ich
würde eilen, das erstere zu retten." Aus dem Mittelalter stammt auch die
größte Zierde der Stadt: ihr Dom ober Münster (das Werk Erwins von
Steinbach); von den beiden Seitentürmen desselben ist zwar nur der eine
vollendet, seine prächtige durchbrochene Steinpyramide erreicht aber durch ihre
Höhe von 144 m beinahe die einstmalige Höhe der höchsten ägyptischen Py=
ramide (§ 58, 2). Die wichtigste aller Erfindungen, die des Letterndrucks,
machte Johann Gutenberg (§ 101, 4, α, β) in Straßburg: leider sind uner=
setzliche Inkunabeln dieser Kunst (Wiegendrucke) mit zahlreichen nicht minder
unersetzlichen Handschriften bei der Belagerung im September 1870 ein Raub
der Flammen geworden. Dafür ist die Stadt — nach genau 189jähriger
Fremdherrschaft — seit dem 28. September 1870 dem Vaterlande zurück=
gegeben, das mit besonderer Fürsorge den Schutz und die Förderung dieser
nächst Köln größten deutschen Rheinstadt sich angelegen sein läßt. Durch
Erbauung ausgerückter (detachierter) Forts ist Straßburgs Wehrkraft als
Festung bedeutend verstärkt worden. Seit 1872 hat die alte Straßburger
Hochschule als deutsche Reichsuniversität ein verjüngtes Leben begonnen und
führt nunmehr den Namen Kaiser=Wilhelms=Universität. Die nächstberühm=
teste Stadt ist Weißenburg an der Lauter; dicht an der bayrischen Grenze,
am 4. August 1870 von den Deutschen erstürmt; aus den Revolutionskriegen
berühmt die Weißenburger Linien, Verschanzungen, die sich von hier die
Lauter entlang nach Lauterburg ziehen; ehemals war Weißenburg Sitz eines
624 gegründeten Benediktinerstifts, in dem Otfried, der Dichter des alt=
hochdeutschen „Krist", lebte. 18 km gen SW. Wörth, wo die Deutschen
unter dem Kronprinzen von Preußen am 6. August 1870 die Franzosen unter
Mac Mahon entscheidend schlugen. Jenseit des breit durch die Ebene ziehen=
den herrlichen Reichswaldes, in dem die Hohenstaufen gern weilten, die kleine
ehemalige Reichsstadt Hagenau. Am Eingange in den wichtigsten Paß
durch den Wasgau, welchen die Eisenbahn von Straßburg nach Paris benutzt,
Zabern (lat. Tabernae, franz. Saverne), worauf sich Schillers „Gräfin von
Saverne" bezieht. Schlettstadt an der Ill.

b) Bezirk Ober=Elsaß, der kleinere Südteil des Elsaß. Hauptstadt
Kolmar an einem l. Zufluß der Ill, 32000 E., auch mit einem schönen
gotischen Münster. Nördlicher und dicht an den mit Weinbergen bedeckten
Vorbergen des Wasgaus das altertümliche Rappoltsweiler, der bedeu=
tendste Markt für den Elsässer Wein. Neu=Breisach, dem badischen Alt=

Breisach gegenüber, von Ludwig XIV. 1699 als befestigtes Achteck angelegt. Im S. die größte elsässische Fabrikstadt Mülhausen an der Ill und dem Rhein=Rhone=Kanal, 81000 E., von 1606 bis zur ersten französischen Revolution mit der Schweiz verbunden, besonders durch seine großartigen Baumwollwebereien, seine vortrefflichen Kattundruckereien und seine „Arbeiterstadt" berühmt, letztere eine Vorstadt von beinahe 700 kleinen, recht wohnlichen Häusern, die eine Gesellschaft erbaut hat, um sie an Arbeiter gegen allmähliche Abtragung der Herstellungskosten zu verkaufen. Eine kleinere Fabrikstadt ist Gebweiler am Fuß des Sulzer Belchens (§ 88, 2, a).

c) Bezirk Lothringen, etwa ⅓ des früheren Herzogtums Lothringen, der größte, jedoch am wenigsten dicht bevölkerte der drei Bezirke, dessen Boden viel weniger fruchtbar ist als der der beiden anderen. Hauptstadt Metz an der Mosel, 63000 E., uralte Stadt der gallischen Mediomatriker, mit einer hochtürmigen Domkirche und meist engen, altertümlich gebauten Straßen; eine der stärksten Festungen mit detachierten Forts. Die französische Armee mußte sich nach den Schlachten am 14. August 1870 bei Courcelles (20 km ö. von Metz), am 16. bei Vionville (23 km w. von Metz, das einzige dieser Schlachtfelder, welcher auch nach dem Frieden von 1871 französisch blieb) und am 18. bei Gravelotte (10 km w. von Metz) unter Bazaine in und vor die Festung Metz zurückziehen, sich jedoch nach vergeblichen Durchbruchsversuchen am 27. Oktober den Deutschen ergeben und die Festung ihnen überliefern. Nach der Überlistung durch die Franzosen von 1552 hatte Karl V. die Stadt vergeblich belagert, weshalb man seiner spottete: „Die Metze und die Magd (Magdeburg), die haben dem Kaiser den Tanz versagt." Weiter flußabwärts die kleine Festung Diedenhofen. Forbach s.w. von Saarbrücken, dabei an der preußischen Grenze die Höhe von Spicheren, am 6. August 1870 von den Deutschen erstürmt. Noch weiter ö. die Wasgau=Festung Bitsch.

§ 102.
Das Deutsche Reich: Wiederholung und Vergleichung.

A. Areal.

Die deutschen Staaten.

1. Preußen	hat 348452	qkm,
2. Bayern	= 75864	=
3. Württemberg	= 19503	=
4. Baden	= 15081	=
5. Sachsen	= 14993	=
6. Elsaß=Lothringen . .	= 14509	=
7. Mecklenburg=Schwerin . .	= 11161	=
8. Hessen	= 7682	=
9. Oldenburg	= 6423	=
10. Braunschweig . . .	= 3672	=
11. Sachsen=Weimar . . .	= 3595	=
12. Mecklenburg=Strelitz .	= 2929	=

13. Sachsen-Meiningen . . . . hat 2468 qkm,
14. Anhalt . . . . = 2294 =
15. Sachsen-Coburg-Gotha . . = 1956 =
16. Sachsen-Altenburg . . . . = 1323 =
17. Lippe . . . . = 1215 =
18. Waldeck . . . . = 1121 =
19. Schwarzburg-Rudolstadt . . = 940 =
20. Schwarzburg-Sondershausen . = 862 =
21. Reuß jüng. Linie . . . . = 825 =
22. Hamburg . . . . = 414 =
23. Schaumburg-Lippe . . . . = 339 =
24. Reuß ält. Linie . . . . . = 316 =
25. Lübeck . . . . = 297 =
26. Bremen . . . . = 255 =

Sa. 538489 qkm.

Die Provinzen Preußens:

1. Schlesien . . . . . . hat 40306 qkm,
2. Brandenburg mit Berlin . . = 39899 =
3. Hannover . . . . . . = 38503 =
4. Ostpreußen . . . . . . = 36986 =
5. Pommern . . . . . . = 30111 =
6. Posen . . . . = 28961 =
7. Rheinland . . . . . . = 26991 =
8. Westpreußen . . . . . = 25515 =
9. Sachsen . . . . = 25240 =
10. Westfalen . . . . . . = 20206 =
11. Schleswig-Holstein . . . = 18902 =
12. Hessen-Nassau . . . . . = 15690 =
Hohenzollern . . . . . = 1142 =

Sa. 348452 qkm.

Preußen ist also an Areal fast doppelt so groß wie alle übrigen deutschen Staaten zusammengenommen (64 zu 36 Prozent).

B. Bevölkerung.
Die deutschen Staaten.

1. Preußen . . . . . . hat 29956000 Einw.,
2. Bayern . . . . = 5595000 =
3. Sachsen . . . . = 3502000 =
4. Württemberg . . . . = 2036000 =

5. Baden	hat	1 658 000	Einw.,	
6. Elsaß-Lothringen . . .	=	1 604 000	=	
7. Hessen	=	995 000	=	
8. Hamburg	=	624 000	=	
9. Mecklenburg-Schwerin .	=	579 000	=	
10. Braunschweig	=	403 000	=	
11. Oldenburg	=	355 000	=	
12. Sachsen-Weimar . . .	=	326 000	=	
13. Anhalt	=	272 000	=	
14. Sachsen-Meiningen . .	=	224 000	=	
15. Sachsen-Coburg-Gotha .	=	206 000	=	
16. Bremen	=	180 000	=	
17. Sachsen-Altenburg . .	=	171 000	=.	
18. Lippe	=	128 000	=	
19. Reuß jüngerer Linie . .	=	120 000	=	
20. Mecklenburg-Strelitz . .	=	98 000	=	
21. Schwarzburg-Rudolstadt .	=	86 000	=	
22. Lübeck	=	76 000	=	
23. Schwarzburg-Sondershausen	=	76 000	=	
24. Reuß älterer Linie . . .	=	63 000	=	
25. Waldeck	=	57 000	=	
26. Schaumburg-Lippe . .	=	40 000	=	

Sa. 49 430 000 Einw.

Die Provinzen Preußens:

1. Rheinland	hat	4 710 000	Einw.,	
2. Schlesien	=	4 224 000	=	
3. Brandenburg mit Berlin .	=	4 122 000	=	
4. Sachsen	=	2 580 000	=	
5. Westfalen	=	2 429 000	=	
6. Hannover	=	2 280 000	=	
7. Ostpreußen	=	1 958 000	=	
8. Posen	=	1 752 000	=	
9. Hessen-Nassau . . .	=	1 664 000	=	
10. Pommern	=	1 521 000	=	
11. Westpreußen	=	1 433 000	=	
12. Schleswig-Holstein . .	=	1 217 000	=	
Hohenzollern . . .	=	66 000	=	

Sa. 29 956 000 Einw.

Preußen ist also an Bevölkerung anderthalbmal so groß, wie alle übrigen deutschen Staaten zusammengenommen (60 zu 40 Proz.).

C. Bevölkerungsdichtigkeit.

Die deutschen Staaten:

Auf 1 qkm wohnen in:

1. Hamburg	1504	Menschen,
2. Bremen	704	=
3. Lübeck	257	=
4. Sachsen	233	=
5. Reuß älterer Linie	198	=
6. Reuß jüngerer Linie	145	=
7. Hessen	129	=
8. Sachsen-Altenburg . . .	129	=
9. Anhalt	118	=
10. Schaumburg-Lippe	115	=
11. Elsaß-Lothringen	110	=
12. Baden	110	=
13. Braunschweig	110	=
14. Sachsen-Coburg-Gotha . . .	105	=
15. Lippe	105	=
16. Württemberg	104	=
17. Schwarzburg-Rudolstadt . . .	91	=
18. Sachsen-Weimar	90	=
19. Sachsen-Meiningen	90	=
20. Schwarzburg-Sondershausen .	87	=
21. Preußen	86	=
22. Bayern	74	=
23. Oldenburg	55	=
24. Mecklenburg-Schwerin . . .	52	=
25. Waldeck	51	=
26. Mecklenburg-Strelitz	33	=
Im Deutschen Reiche	91	Menschen.

Die Provinzen Preußens:

Auf 1 qkm wohnen in:

1. Rheinland	174	Menschen,
2. Westfalen	120	=
3. Hessen-Nassau	106	=
4. Schlesien	104	=
5. Sachsen	102	=
6. Schleswig-Holstein	64	=
7. Brandenburg ohne Berlin . .	63	=

8.	Posen	.	.	.	60 Menschen,
9.	Hannover	.	.	.	59 =
	Hohenzollern	.	.	.	58 =
10.	Westpreußen	.	.	.	59 =
11.	Ostpreußen	.	.	.	53 =
12.	Pommern	.	.	.	50 =
	In ganz Preußen	.	.	.	86 Menschen.

D. Verteilung nach Wohnorten.

Das Deutsche Reich enthält etwa 78 000 Landgemeinden und etwa 2 700 Stadtgemeinden.

Die ländliche Bevölkerung beträgt 27 Mill., oder fast 57 Prozent, die städtische 22 Mill., oder über 43 Prozent der Gesamtzahl.

Die städtische verteilt sich auf

27 Großstädte (über 100 000 E.),
123 Mittelstädte (20—100 000 E.),
ca. 650 Kleinstädte (5—20 000 E.),
ca. 2000 Landstädte (2—5000 E.).

Die größten der Großstädte sind:

Berlin (ohne Vororte) . . mit 1 694 000 Einw.		
München (mit Untersendling) = 386 000 =		zusammen-
Breslau (ohne Vororte) . . = 354 000 =		genommen nur
Leipzig (ohne Vororte) . . = 354 000 =		um ein weniges
Hamburg (ohne Vororte) . = 309 000 =		die Größe
Köln (mit Deutz) . . . = 304 000 =		Berlins über-
		treffend.

E. Berufsverteilung.

Im Deutschen Reiche waren 1882 von den Einwohnern beschäftigt:

in Land- und Forstwirtschaft . . .	42,5 Prozent,
in Bergbau, Industrie und Bauwesen	35,5 =
in Handel und Verkehr	10 =
als Lohnarbeiter und Dienstboten . .	2 =
als Beamte	5 =
ohne bestimmten Beruf	5 =

§ 103.

II. Der österreichisch-ungarischen Monarchie sogenannte deutsche Kronländer.

Aus dem alten am Ober-Rhein und an der Aare reich begüterten Grafengeschlechte Habsburg (§ 88, 1ᵇ, a) bestieg Graf Rudolf

1273 den deutschen Königsthron. König Ottokar von Böhmen, die Anerkennung versagend, ward besiegt (§ 87, 4) und mußte zur Strafe das Herzogtum Österreich, welches von Karl dem Großen als Ostmark zur Abwehr der Avaren angelegt und später (1156) zum Herzogtum erhoben war, sowie Steiermark und Krain aufgeben, Länder, deren er sich nach dem Aussterben der Babenberger in Österreich bemächtigt hatte. Damit belehnte Rudolf sein Haus. Wie rasch stieg dasselbe nun aufwärts! Schon im 15. Jahrhundert wählte ein Habsburger als stolze Devise „AEIOU" in der Bedeutung: Austriae Est Imperare Orbi Universo. Die schweizerischen Stammgüter gingen zwar im Mittelalter verloren, aber Kärnten, Tirol, Triest, Besitzungen in Schwaben (Vorder-Österreich) kamen hinzu. Karl, Maximilians Enkel, besaß neben diesen allen auch noch das weite spanische Reich (§ 74, b, Anf.); indes 1522 übertrug er die deutschen Besitzungen seinem Bruder Ferdinand, der 1526 die Kronen der Wahlreiche Ungarn (§ 80, 1) und Böhmen (wozu Mähren, Schlesien, Lausitz gehörte) damit vereinigte. Auch die römische Kaiserkrone blieb nach Karls V. Abdankung der deutschen Linie der Habsburger. Was im 17. Jahrhundert verloren ging [Lausitz an Sachsen (§ 99, 1), Elsaß an die Franzosen (§ 101, 5)], wurde durch den Gewinn des spanischen Erbfolgekrieges aufgewogen: die früher spanischen Niederlande (Belgien), Mailand und anderes Besitztum wurde gewonnen (1714). Da starb 1740 der Habsburger Mannesstamm mit Karl VI. aus: seine heldenmütige Tochter Maria Theresia, mit Herzog Franz von Lothringen vermählt, behauptete gegen zahlreiche Feinde ihre Erbschaft; nur Schlesien mußte größtenteils an Preußen abgetreten werden. Böse Zeiten kamen für das Haus Habsburg-Lothringen und seine Länder in den letzten Jahren des vorigen und den ersten dieses Jahrhunderts: in einem Zeitraume von 21 Jahren ist Österreich fünfmal gegen Frankreich und Napoleon I. unter die Waffen getreten, der zweimal in Wien einzog und mehrere Tausend D.-M. vom Reiche abriß; aber es überwand alles ungebrochen: so unbezwinglich erwies sich die Lebenskraft des österreichischen Staates. In den Friedensschlüssen nach dem Sturze Napoleons gab es einige seiner älteren Besitzungen auf und erwarb sich besser gelegene. Die Lombardei hat es in dem unglücklichen Kriege von 1859 (§ 77 Anf.) wieder verloren. In dem 1866 gegen Preußen und Italien geführten Kriege haben zwar die Österreicher über Italien gesiegt, sind aber den preußischen Heeren unterlegen. Der preußische Sieg bei Königgrätz bewirkte, daß Österreich Venebig an Frankreich überließ, welches es dann an Italien gab. Der mit Preußen zu Prag abgeschlossene Friede bedang die Abtretung von Holstein und bestimmte den Austritt des österreichischen Kaiserstaates aus dem politischen Verbande mit Deutschland. Jedoch seit 1879 verknüpft wieder ein festes Bündnis Österreich mit dem Deutschen Reiche wie mit Italien. Den Titel eines „Kaisers von Österreich" hatte schon Franz II. 1804, als Napoleon plante, sich zum Kaiser der Franzosen zu proklamieren, sich beigelegt.

Jetzt bildet Österreich mit Ungarn (§ 80, 1) und Bosnien (§ 79, 5) ein wohlzusammenhängendes Reich von 677000 qkm (12000 □.-M.) und 43,2 Mill. E. Das Reich, die österreichisch-ungarische Monarchie genannt, breitet sich über mehrere europäische Landgebiete aus und schließt verschiedene Nationalitäten in sich. Man zählt 11 Mill. Deutsche, 7,5 Mill. Magyaren, 7,4 Mill. Böhmen, Mähren und Slovaken, 3,7 Mill. Polen, 3,4 Mill. Ruthenen, 3,2 Mill. Serben und Kroaten, 2,8 Mill. Rumänen, 1,2 Mill. Slovenen, dazu 0,7 Mill. Italiener und etwa 100000 Zigeuner; dabei sind die Juden (nach der Sprache) den Deutschen zugezählt. Größere Einheit findet in Hinsicht des religiösen Bekenntnisses statt. Man rechnet 78 Proz. römische Katholiken, 9,2 Proz. Evangelische, 7,7 Proz. Griechen und 4,4 Proz. Juden.

Die österreichisch-ungarische Monarchie besteht seit 1867 aus zwei gesonderten Reichshälften, welche durch Personalunion miteinander verbunden sind (Kaiser Franz Joseph).

Die Lande diesseits der Leitha (Cisleithanien oder West-Österreich) begreifen die sogenannten deutschen Kronländer und außerdem Galizien, die Bukowina und Dalmatien. Ihre Vertretung wird gebildet durch den Reichsrat, der, aus dem Herrenhause und dem Hause der Abgeordneten bestehend, in Wien tagt. Die Abgeordneten werden auf die Dauer von je 6 Jahren gewählt.

Die Lande jenseit der Leitha (Transleithanien oder Ost-Österreich), auch Lande der ungarischen Krone, begreifen Ungarn mit Siebenbürgen, Kroatien, Slavonien und Fiume. Der Reichstag versammelt sich in Budapest.

Wir haben jetzt nur noch Österreichs sog. deutsche Kronländer — 200000 qkm (3640 □.-M.) mit 16,4 Mill. Einw. (wovon die Hälfte Deutsche sind) — zu betrachten.

1) Erzherzogtum Österreich unter der Enns (Nieder-Österreich), 19800 qkm (360 □.-M.), 2,7 Mill. Einw. (§ 86, 2, a. § 87, 1, 3, f, g, 4).

Die Hauptstadt der Monarchie, Wien, mit den zugehörigen 35 Vororten 1421000 Einw. zählend, liegt da, wo das Flüßchen die Wien rechts in die hier geteilte Donau mündet, und schmiegt sich im W. an den Kahlenberg (mit herrlicher Aussicht, § 86, 2, a) an. Die innere Stadt, von nicht großem Umfange mit 67000 Bewohnern, altertümlich, mit engen, trefflich gepflasterten Straßen voll Volksgewühl, liegt in einem Halbkreise am rechten Ufer eines Donauarmes, des sogenannten Donau-Kanales. Hier die einfach-würdige kaiserliche Burg (im Hofraum das eherne Standbild des Kaisers Franz I., vor der nördlichen Außenseite des Kaisers Joseph II., vor der südlichen Standbilder des Erzherzogs Karl, des Siegers von Aspern, und des Prinzen Eugen von Savoyen), und der düster erhabene Dom von St. Stephan, von dessen majestätischem Turme (137 m) einst Graf Stahremberg das Türkenlager übersah (§ 79 Mitte). Die Kapuzinerkirche mit der kaiserlichen Gruft. Die Stadt hatte bis vor einigen Jahrzehnten noch Festungswälle, Basteien; das Glacis aber (der bei einer Festung leere Raum außerhalb der Mauern) war bereits in Spaziergänge verwandelt. Jenseit derselben umzogen den Stadthalbkreis 35 Vorstädte, mit breiteren, lustigen Straßen. Die bedeutendsten, den Halbkreis am Westende angefangen: Hernals, Alsergrund, Josephstadt, Mariahilf, Wieden (mit der schönen Karlskirche), Hietzing mit dem Lustschlosse Belvedere), Favoriten, Landstraße u. a. Auf der Donauinsel im NO. der Stadt liegt die Leopoldstadt, auch zwei große Gärten oder Lustwälder mit frischen Rasenplätzen und kräftigen Baumreihen, der Augarten und der berühmtere und besuchtere Prater (mit dem Wurstl-Prater).

Neuerer Zeit ist mit Wien eine große Veränderung vorgegangen. Die Basteien und Thore sind verschwunden, das Glacis ist gebaut und die Stadt mit jenen Vorstädten völlig zusammengeflossen. Das Ganze gilt als eine Stadt, 180 qkm deckend; auf dem ehemaligen Glacis umschließt die Altstadt die breite und prächtige Ringstraße mit einer Reihe herrlicher Bauwerke, wie Rathaus, Parlamentsgebäude, Universität, Museum, und vor diesem das Monument Maria Theresias (von Zumbusch). Die Hochquellenleitung versorgt die Stadt mit dem schönsten Alpenwasser vom Fuße des Schneeberges (§ 86, 2, a) her.

Durch seine wunderschönen Umgebungen im W. und S., durch so viele Sehenswürdigkeiten, durch Schätze der Kunst und Wissenschaft, durch den heiter gemütlichen Sinn seiner lebensfrohen Bewohner ist Wien ein in vielfacher Hinsicht angenehmer Aufenthalt, dazu bedeutende Universität und wichtige Fabrik- und Handelsstadt, die namentlich ausgebreiteten Handel nach den unteren Donauländern, der Türkei und Kleinasien treibt. Türkenbelagerungen 1529 und 1683. Kongreß 1814—1815. — Ganz in der Nähe (s. w. von Wien) das kaiserliche Lustschloß Schönbrunn; Park in französischem Geschmack, Menagerie. 15 km südlich von Wien das Schloß Laxenburg, nordöstlich auf dem linken Donauufer Aspern, und weiter hin Wagram, Schlachten 1809 (§ 87, 4).

Schon seine Lage macht Wien zur Hauptstadt der Monarchie. Es liegt auf einem Punkte, wo die drei österreichischen Hauptnationalitäten (Deutsche, Magyaren, Slaven) zusammenstoßen, wo die Alpen nicht zu schwierige Wege nach Italien bieten (zwei Eisenbahnen führen von hier aus adriatische Meer), wo das nahe Marchthal die bequemste Verbindung nach N. darbietet, dazu an dem Strome, der das Reich von West nach Ost durchzieht und fast aus dem ganzen Reichsgebiet seine Wässer empfängt.

Im Süden von Wien Baden, durch seine Bäder und schönen Um=
gebungen berühmt (das St. Helenenthal). Wiener=Neustadt an? —
26 000 E. An der Grenze von Steiermark übersteigt die von Wien nach Triest
führende Südbahn, die älteste der Alpen=Eisenbahnen, in einem überaus
großartigen und kunstvollen Bau den 896 m hohen Semmering.

Bis Passau aufwärts sind die Ufer der Donau von einer großartigen
Schönheit und einer romantischen Wildheit, wie sie der Rhein nicht erreicht.
An dem Strome liegen mehrere sehr reiche und um die Wissenschaften wohl=
verdiente geistliche Stiftungen, meist mit reichen Bücherschätzen, so unweit
Wien Klosterneuburg mit dem Grabe des heil. Leopold, des Schutzpatrons
von Oesterreich, flußaufwärts Melk u. a. Unter den alten Burgen merke den
Dürrenstein (an der Donaubiegung oberhalb der ansehnlichen Handels=
stadt Krems, wo Richard Löwenherz gefangen saß), und Pöchlarn (ober=
halb Melk), das älteste Schloß gegen die Maghyaren, das Bechelaren des
Nibelungenliedes.

2) **Erzherzogtum Österreich ob der Enns (Ober-Österreich)**, 12 000 qkm (220 □.=M.), 790 000 E. (§ 86, 3. a. § 87,
1, 3, e, f).

Die Hauptstadt Linz, an der Öffnung des Donauthals zu einer
fruchtbaren Ebene, dem Linzer Becken. Wichtiger Flußübergang von dem
kohlenreichen, aber salzlosen Böhmen nach dem umgekehrt begabten Salz=
kammergut (§ 86, 2, a) und Steiermark; zusammen mit dem jenseit der
Donau liegenden Urfahr 56 000 Einw. Südöstlich von Linz das Stift
St. Florian. An der Enns Steier, bedeutende Fabriken in Eisenwaren,
besonders Waffen. — Am Inn liegt die Stadt Braunau. Gmunden,
Ischl, Hallstadt (§ 87, 3, e).

3) **Herzogtum Salzburg** (zu Zeiten des alten Deutschen
Reiches ein Erzstift), 7100 qkm (130 □.=M.), 175 000 E. (§ 86,
3, a. § 87, 3, d).

Die Hauptstadt Salzburg, das römische Iuvavia, an beiden Ufern
der Salzach. Links über der Stadt der Mönchsberg mit Citadelle, unten
mit durchgesprengtem Felsenthor, rechts der Kapuzinerberg mit Kloster.
Die Lage überhaupt am Ausgange der Salzburger Alpen und noch in ihren
Vorbergen (400 m) ist wunderschön. Die Bauart von Salzburg ist schon zum
Teil italienisch. 28 000 E. Hier wurde 1756 Mozart geboren. In der Nähe
der Gaisberg mit gefeierter Aussicht. Den Fluß hinauf Hallein mit groß=
artigem Steinsalzwerk, das von Reisenden viel befahren wird. Golling,
Osten der Salzach, Paß Lueg, Gastein, Pinzgau (§ 87, 3, d).

4) **Herzogtum Steiermark**, 22 400 qkm (410 □.=M.),
1,3 Mill. E. (§ 86, 3).

a) **Bruck**, der nördliche Teil des Kronlandes, darin Bruck, am
Zusammenfluß von? — Etwas im SW. Leoben, Friedenspräliminarien
vor dem Frieden von Campo Formio 1797. An der oberen Mur Juden=
burg, an der oberen Enns das alte berühmte Stift Admont, unterhalb
desselben das Gesäuse (§ 87, 3, f). Unweit der österreichischen Grenze der
Wallfahrtsort Mariazell.

b) **Graz**, der mittlere Teil, darin Steiermarks Hauptstadt Graz,
höchst malerisch an beiden Seiten der hier schiffbaren Mur, überragt von

dem prächtige Aussicht bietenden Schloßberge. 115000 Einw. Universität. Das Johanneum.

c) **Marburg**, der südliche Teil mit noch slavischer Bevölkerung. Darin **Marburg** an der Drau, **Cilli** im Gebiete der Save. Im ganzen Lande viel Bergbau auf Eisen und ausgezeichnete Fabriken für Eisenwaren.

5) **Herzogtum Kärnten**, 10300 qkm (190 Q.-M.), 367000 Einw. (§ 86, 3, b).

Klagenfurt, 20000 Einw., ist die Hauptstadt. An der obern Drau in schöner Gebirgslage **Villach** mit wichtigem Handel. Der benachbarte **Bleiberg** liefert die reichste Ausbeute dieses Metalls in Europa.

6) **Herzogtum Krain**, 10000 qkm (180 Q.-M.), 508000 Einw. (§ 86, 3, b).

Außer der durch den Kongreß von 1821 bekannten Hauptstadt **Laibach**, 31000 E. (unweit des rechten Saveufers, an der Laibach, die im SW. der Stadt schiffbar aus der Erde bricht), nennen wir Orte, die durch Naturverhältnisse merkwürdig sind. Wir erinnern dabei an das, was über die Krainer oder julischen Alpen und die Natur der Kalkgebirge überhaupt vorgekommen ist. 30 km südlich von Laibach liegt **Zirknitz**, und in der Nähe in einem Thalkessel der **Zirknitzer See**. Sein Grund ist voller Spalten, durch welche das Wasser bald bis auf wenige Lachen abläuft, bald wieder steigt. Allerdings kann hier zu verschiedenen Zeiten an derselben Stelle gefischt, auf Wasservögel gejagt, Gras und Korn gemäht werden: nur in regelmäßigen Zwischenräumen. Steigen und Fallen des Wassers ist an keine Regel gebunden. Zuweilen vergehen Jahre, ehe sich der See trocken legt. Ähnliche Erscheinungen periodischer Seeen, ziemlich starker Flüsse, die plötzlich in das Kalkgebirge hineinfließen oder hinabstürzen, andererseits Gewässer, die in schiffbarer Mächtigkeit aus Kalkklüften hervortreten, sind nicht selten. Nicht weit von Zirknitz im W. **Adelsberg**, mit einer über 4 km langen **Tropfsteinhöhle**; bis zur Hälfte führt eine Eisenbahn hinein. In benachbarten Höhlen findet man den **Grottenolm** (Proteus anguineus), einen aalartigen, sehr lichtscheuen Molch. Beinahe 40 km südwestlich von Laibach das große Quecksilberbergwerk **Idria** (Quecksilber und Zinnober).

7) **Das Küstenland oder Litorale**, die Grafschaft **Görz** mit **Gradiska** und die Markgrafschaft **Istrien** samt dem Gebiete von **Triest** umfassend, 8000 qkm (140 Q.-M.), 717000 Einw.

a) **Görz**, darin die Hauptstadt gleiches Namens in reizender Lage am Isonzo, 22000 Einw. Der feste Platz **Gradiska**. Die im Altertume blühende, stark befestigte Römerkolonie **Aquileja** ist jetzt ein kleines ärmliches Städtchen.

b) **Istrien**, mit dem Hauptorte **Capo d'Istria**. **Pola** (im früher venetianischen Istrien) hat prachtvolle, gut erhaltene Bauten aus der Römerzeit; jetzt ist es befestigter Kriegshafen, das „Portsmouth von Österreich", 32000 E.

c) **Triest**, die wichtigste Seehandelsstadt (Freihafen) der Monarchie, „das österreichische Hamburg". Am Ufer des nach ihr benannten Busens liegt die schöne Neustadt, den Berg hinan die häßliche Altstadt. Mit ihrer nächsten Umgebung zählt die Stadt 160000 Einw. (1719: 4000), darunter viel Griechen, Italiener, Armenier u. a. Bedeutender Handel nach der Levante.

Dampfschiffverkehr der Schiffahrtsgesellschaft „Lloyd" [leud] nach den wichtigsten Häfen des östlichen Mittelmeeres. Die Stadt besitzt über 400 eigene Schiffe. — Auf der Höhe von Opschina über Triest eine der berühmtesten Aussichten in ganz Mitteleuropa. Auf der einen Seite gen N. und O. die Felswüstenei, der Karst (§ 75, II. B, c, 3), im Sommer mit Kalkstaub bedeckt, im Herbst und Winter von den heftigsten Winden (Bora) abgefegt, oft weithin ohne eigentliche Pflanzen, ohne Bäche und Quellen. Und auf der andern Seite aus der Tiefe hervorblickend der breite Spiegel des Golfs von Triest, belebt von unzähligen Barken und Schiffen und eingerahmt von südlich grünenden Hügelketten, mit ihren üppigen Weinbergen, Gebüschen und blühenden Gartenanlagen bis an den Rand der Höhe. — Auf einer Halbinsel kurz vor Triest liegt das herrliche Schloß Miramar.

8) Die gefürstete Grafschaft Tirol und Vorarlberg, 29 000 qkm (530 □.-M.), 932 000 Einw., halb im Rhein- und Donaugebiet, halb im Etschthal (§ 75, II, B, a. § 86, 2. § 87, 3, d); in jener Hälfte (Nord-Tirol) herrscht die deutsche Sprache, in dieser (Süd-Tirol) ist dagegen die deutsche von der italienischen bis in das Eisack- und oberste Etschthal hinauf zurückgedrängt worden.

a) Die Tiroler — mag man ihnen auch Streitlust und Jähzorn vorwerfen — sind doch ein kernhaftes, braves Gebirgsvolk, das seine Büchse wohl zu brauchen weiß, treu seinem Glauben, treu seinem Kaiser. Also erzeigten sie sich 1809 und erhoben sich im ewig denkwürdigen Aufstande — viermal in dem einen Jahre — gegen die Franzosen. Die Geschichte ihres Kampfes, die Geschichte seines Anführers, des so demütig-schlichten und dabei so löwentapfern Andreas Hofer, wird von deutschen Herzen nie anders als mit Rührung und Erhebung vernommen werden. — Außer dem sehr beschränkten Acker- und Weinbau treiben die Tiroler die oben (§ 75 Mitte) genannten Beschäftigungen der Alpler; viele durchziehen mit ihren Waren die deutschen Länder. Man kennt sie leicht an ihrer malerischen — leider nicht in allen Teilen des Landes treu bewahrten — Volkstracht: kurze Hose, rote oder dunkle Weste mit grünen Hosenträgern, darüber schwarze Jacke, schwarzer, grün bebänderter Hut.

Innsbruck, das Gebiet des Inn. An diesem Flusse, 550 m hoch über dem Meere, liegt in reizend erhabener Gegend die Hauptstadt Innsbruck, 36 000 E. In der Hofkirche das Denkmal des Kaisers Maximilian, von 28 Statuen in Bronze umgeben; auch Hofers Gebeine sind aus Mantua, wo ihn die Franzosen erschießen ließen (§ 77, I, 3), hierher gebracht und ruhen unter einem schönen Grabdenkmal. Universität. Ferdinandeum. Von Innsbruck aus geht die große Straße und die überaus kunstvoll gebaute Brenner-Bahn nach Italien die Sill hinauf über den Brenner in die Thäler des Eisack und der Etsch. Den Inn abwärts liegt Hall mit großem Salzbergwerk und an der bayrischen Grenze das feste Kufstein; den Fluß von Innsbruck an aufwärts kommt man nach Zirl und der Martinswand, auf die sich einst Kaiser Max bei der Gemsenjagd verstieg. Da, wo der Inn aus dem Engadin nach Tirol tritt, der Paß Finstermünz mit deckenden Befestigungen (Ferdinandsfeste). Im N. Pässe der bayrischen Alpen zwischen Bayern und Tirol: Ehrenberger Klause im Lechthal, die Scharnitz im Isarthal.

Brixen umfaßt das Thal des Eisack, das Gebiet der obern Etsch oder das Vintschgau und das Pusterthal, aus dem westlich die Rienz zum

Eisack, östlich die Drau herabkommt. Die Hauptstadt Brixen am Eisack, dessen oberes Thal befestigt ist (Franzensfeste). Die lebhafte Handelsstadt Bozen an? — Vier große Messen. Meran an der Etsch, von Fremden viel besucht (Traubenkur) und im Rufe besonders milden Klimas. Rings Schlösser, darunter das alte Schloß Tirol und im Passeierthale Hofers Wirtshaus am Sand (daher Sandwirt).

Trient umfaßt die sogenannten welschen Konfinien, mit schon vorherrschend italienischer Bevölkerung. Die Hauptstadt Trient, italienisch Trento, an der Etsch, 22000 E. Hier das in der Kirche St. [santa] Maria Maggiore [madschöre] gehaltene und 1563 geschlossene Tridentiner Konzil. Weiter die Etsch hinab Roverêdo mit starkem Seidenbau. Riva, in paradiesischer Lage, am Gardasee.

b) Die Landschaft Vorarlberg im Rhein- und Bodenseegebiet bildet ein eigenes Kronland. Am Bodensee liegt der Hauptort Bregenz. Von dem Gebhardsberge, südöstlich über der Stadt, hat man eine der schönsten Aussichten in deutschen Landen. Feldkirch an der Ill.

9) Königreich Böhmen, 52000 qkm (940 □.=M.), 5,9 Mill. Einw. (§ 86, 6. § 92, 3), in den ersten Jahrhunderten nach Chr. von deutschen Markomannen besetzt, welche zum Teil im 6. Jahrhundert über die Donau sich südwestwärts zogen. Seitdem wanderten slavische Tschechen in das Land ein und drängten die vorgefundene deutsche Bevölkerung in die das Land umgebenden gebirgigen Gegenden hinein. Seit dem 10. Jahrhundert siegte unter ihnen das Christentum (Herzog und Märtyrer Wenzeslav, gestorben 936), und ihre Herzöge, später Könige, traten mit dem Deutschen Reiche in Verbindung. Wann kam die böhmische Krone mit den Nachbarländern an Österreich? (§ 103 Anf.) Die Böhmen sind ein betriebsames Volk; in Feld- und Bergbau, Spinnerei und Weberei, vielfachen Fabriken (Glas) zeichnen sie sich aus. Merkwürdig ist ihre Anlage und Vorliebe für Musik. Von der Bevölkerung des Landes sind über 2 Mill. (37%) deutschen Stammes. — Das Land zerfällt, abgesehen von der Hauptstadt Prag, in dreizehn Kreise: Prag (um die Hauptstadt her), Budweis, Pisek, Pilsen, Eger, Saaz, Leitmeritz, Jung-Bunzlau, Gitschin, Königgrätz, Chrudim, Czaslau [tschaslau], Tabor.

Die Hauptstadt Prag, an beiden Ufern der Moldau, in der rechten Verkehrsmitte des Landes, wo sich die vom W. (von Eger) her zur oberen Elbe ziehende Straße mit der Moldaulinie, der Mittellinie des Landes, kreuzt. Rechts von der Moldau die engstraßige, düstere Altstadt mit dem Judenviertel (uralter Kirchhof) und die Neustadt. Über die Moldau geht (außer modernen Brücken von Hängewerkskonstruktion) eine alt-ehrwürdige, mit einem Kruzifix und Heiligenbildern gezierte Steinbrücke. Das Hauptbild daselbst ist das des heiligen Johannes von Pomuk (tsch. Nepomuk), eines in Böhmen geborenen und vom Volke überaus verehrten Priesters im 14. Jahrhundert, der eher sein Leben hingab, als daß er das Geheimnis der Beichte verraten oder die Rechte der Kirche preisgegeben hätte. Sein Bild, ein Kruzifix in der Hand und fünf Sterne um das Haupt, wird in Böhmen und den angrenzenden katholischen Ländern fast an allen Brücken und Wassern getroffen. Sein Fest, 16. Mai, ein hohes Kirchen- und Volksfest. Links von der Moldau liegt der kleinere, aber schönere Teil, die kleine Seite, und auf dem Berge der Hradschin. Hier das Schloß, viele Paläste und der herrliche Dom mit Nepomuks von Silber prangendem Grabmal. Der Blick vom Hradschin auf die weite, turmreiche Stadt und den Fluß giebt eine der berühmtesten Stadtansichten in Europa. Universität 1348 gegründet. Die Stadt hat 183000 E., mit den Vororten 323000 E. 8 km westlich von Prag der Weiße Berg: Schlacht 1620; auf dem rechten Moldauufer das Schlachtfeld des Jahres 1757; südwestlich das von Karl IV. erbaute und zur Aufbewahrung der Reichskleinodien, die hier in der Kreuzkapelle hinter 4 eisernen Thüren mit 19 Schlößern früher wohlversichert waren, bestimmte Schloß Karlstein, das Heiligtum des Landes, das früher von keinem Fremden und von keinem Weibe betreten werden durfte.

Südlich und südöstlich von Prag liegen die Kreise Pisek, Tabor, Budweis. Budweis an? — 29000 E.

Südwestlich und nordwestlich von Prag nach dem Böhmer Walde, Fichtelgebirge und Erzgebirge zu die Kreise Pilsen, Eger und Saaz. Pilsen, 52000 E., lebhafte Handelsstadt (Bierbrauerei).

Eger, an? — 19000 E., bekannt durch Wallensteins Ermordung. In der Nähe das Bad Franzensbad. Weiter im Egerthale hinab, im Thale des rechten Egerzuflusses Tepl, zwischen schönen Waldungen, liegt Karlsbad mit 8 Mineralquellen, darunter der Sprudel mit einer Hitze von 75° C. Die Tepl hinauf kommt man an das reiche Kloster Tepl; ihm gehört das 10 km westlich von Tepl in einem abgeschiedenen Thalgrunde liegende Marienbad. Am Erzgebirge die Stadt Joachimsthal (Thaler).

An der unteren Elbe der Kreis Leitmeritz. Nahe bei einander die Festung Theresienstadt, Leitmeritz im böhmischen Paradiese (§ 92, 3), Lowositz, Schlacht 1756. Bei Kulm und Nollendorf Niederlage der Franzosen 1813. Teplitz mit warmen Quellen. Milleschauer (§ 92, 3). Partieen der böhmischen Schweiz, Tetschen, Prebischthor u. a. (§ 92, 1, c).

Nordnordöstlich von Prag, nach dem Lausitzer- und Riesengebirge zu die Kreise Jung-Bunzlau, Gitschin, Königgrätz. An der Neiße die bedeutende Fabrikstadt Reichenberg, 31000 E. (Tuch und Strümpfe). Nördlich davon einst Friedland, einst Wallensteins Herrschaft. In den nördlichsten, in das Königreich Sachsen einspringenden Winkel ein wegen seiner Industrie in Leinwand- und Baumwollenfabrikation sehr wichtiger Bezirk, dessen Mittelpunkt Rumburg ist. An der obern Elbe die Festung Königgrätz, jetzt entfestigt; weiter stromaufwärts Josephstadt. An der schlesischen Grenze Adersbach (§ 92, 2, d). Orte, welche 1866 durch Siege der preußischen Truppen merkwürdig geworden sind: Trautenau, Nachod, Skalitz, Münchengrätz, Gitschin. Die Hauptschlacht erfolgte am 3. Juli nordwestlich von Königgrätz.

Östlich von Prag nach Mähren zu die Kreise Chrudim und Czaslau. An der Elbe Kolin, wo Friedrich der Große 1757 von Daun geschlagen wurde. Etwas südlich von Kolin die Bergstadt Kuttenberg.

10) Markgrafschaft Mähren, 22000 qkm (400 □.-M.), 2,2 Mill. E., worunter 71% — also noch mehr als in Böhmen —

Slaven (§ 87, 4. § 93, 3) sind. Sie zerfällt in die Kreise Brünn, Olmütz, Neutitschein, Hrabisch, Znaim [znāim] und Iglau.

Brünn, Hauptstadt des ganzen Landes und dessen wichtigste Fabrikstadt, an der Schwarza, 97000 E. Über der Stadt die Bergfeste Spielberg, wo Trenck angekettet war. An der böhmischen Grenze Iglau, 24000 E., mit der nächst Brünn bedeutendsten Tuchfabrikation. Unweit der österreichischen Grenze Znaim. Etwa 20 km südöstlich von Brünn Austerlitz: Dreikaiserschlacht 1805.

Olmütz, stark befestigt, an der March, 20000 E. Südlich davon liegt das fruchtbare Land der (slavischen) Hannaken, die Hanna.

11) Herzogtum Schlesien, 5100 qkm (90 □.-M.), 613000 Einw. (§ 92, 2, e). Über das Geschichtliche § 103 Anf.

Es besteht aus dem bei weitem größten Teile der Fürstentümer Jägerndorf, Troppau (Troppau, 23000 E., Dorf Gräfenberg, durch Wasserheilanstalt berühmt) und Teschen mit der Stadt Teschen (Friede zwischen Preußen und Österreich 1779), nicht weit vom Jablunkapasse (§ 80 Anf.). Bielitz, Handels- und Fabrikstadt, an der Grenze von Galizien.

Wir schließen hier das auf der griechischen Halbinsel gelegene (§ 79, 7), zur cisleithanischen Reichshälfte Österreichs gehörende Königreich Dalmatien an:

Dies (gleichfalls von serbischen Slaven, in den Küstenorten auch von Italienern bewohnte) inselreiche Küstenland am adriatischen Meer, ein Stück aus dem venetianischen Vermächtnis (§ 77, I, 4), jetzt ein Kronland der österreichisch-ungarischen Monarchie, 12800 qkm (230 □.-M.), mit ½ Mill. E. Dalmatien ist erfüllt von den wasserarmen dinarischen Kalkalpen, welche ein Teil der illyrischen Alpen sind; oft erhebt sich die dalmatische Küste mit ihren weißen Kalksteinmassen wie eine Mauer aus dem Meere. Gebirgsflüsse stürzen hier und da in mächtigen Wasserfällen zur vielfach eingeschnittenen Küste, die an Hafenstellen reich ist.

In der Nordhälfte liegt die Hauptstadt Zara, 28000 E., und Spalato, 16000 E., welches in den Umkreis eines Palastes des Kaisers Diokletian hineingebaut ist. Südlicher liegt Ragusa, früher eine eigene kleine Republik; am südlichsten, im Hintergrunde eines weiten, mehrere Buchten bildenden Meerbusens, der aber einen engen befestigten Eingang hat, die wichtige Festung Cáttaro, dicht an der Grenze der Montenegriner.

Unter den Inseln die größten: Brázza, Léfina, Cúrzola, Meleda, Lissa (Sieg der österreichischen Flotte über die italienische 1866).

§ 104.

Die österreichisch-ungarische Monarchie: Wiederholung und Vergleichung.

A. Bestandteile.

Die österreichisch-ungarische Monarchie besteht aus

I. Den österreichischen, im Reichsrat vertretenen Ländern, nämlich

den 11 sog. deutschen Kronländern, § 103, 1—11,
bem Königreich Galizien, § 80, 2, a,
bem Herzogtum Bukowina, § 80, 2, b,
bem Königreich Dalmatien, § 103, Enbe.

II. Den Ländern der ungarischen Krone, nämlich

Ungarn (mit Siebenbürgen), § 80, 1, a,
den Königreichen Kroatien und Slavonien, § 80, 1, b,
der königlichen Freistadt Fiume, § 80, 1, c.

Dazu kommt das in Gemäßheit des Berliner Vertrags 1878 occupierte Gebiet:

Fürstentum Bosnien mit der Herzegowina, § 79, 5.

B. Areal.

1. Ungarn-Siebenbürgen	. . .	hat	282 804	qkm,
2. Galizien	. . . . . .	=	78 532	=
3. Bosnien und Herzegowina	. .	=	51 100	=
4. Böhmen	. . . . . .	=	51 967	=
5. Kroatien und Slavonien	. .	=	42 501	=
6. Tirol mit Vorarlberg	. . .	=	29 300	=
7. Steiermark	. . . . . .	=	22 449	=
8. Mähren	. . . . . .	=	22 231	=
9. Nieder-Österreich	. . . .	=	19 853	=
10. Dalmatien	. . . . . .	=	12 862	=
11. Ober-Österreich	. . . .	=	11 994	=
12. Bukowina	. . . . . .	=	10 456	=
13. Kärnten	. . . . . .	=	11 333	=
14. Krain	. . . . . .	=	9 965	=
15. Küstenland	. . . . .	=	7 974	=
16. Salzburg	. . . . . .	=	7 163	=
17. Schlesien	. . . . . .	=	5 153	=
18. Fiume	. . . . . .	=	20	=
a. die österreichischen Länder haben			300 232	qkm,
b. die ungarischen Länder		=	325 325	=
c. die occupierten Gebiete		=	51 100	=
		Sa.	676 657	qkm.

C. Bevölkerung.

1.	Ungarn-Siebenbürgen . .	hat	15 231 000	Einw.
2.	Galizien	=	6 774 000	=
3.	Böhmen	=	5 907 000	=
4.	Nieder-Österreich . . .	=	2 743 000	=
5.	Mähren	=	2 272 000	=
6.	Kroatien und Slavonien .	=	2 201 000	=
7.	Bosnien und Herzegowina .	=	1 454 000	=
8.	Steiermark	=	1 300 000	=
9.	Tirol und Vorarlberg . .	=	932 000	=
10.	Ober-Österreich	=	790 000	=
11.	Küstenland	=	717 000	=
12.	Bukowina	=	669 000	=
13.	Schlesien	=	613 000	=
14.	Dalmatien	=	541 000	=
15.	Krain	=	508 000	=
16.	Kärnten	=	367 000	=
17.	Salzburg	=	175 000	=
18.	Fiume	=	30 000	=
a.	die österreichischen Länder	haben	24 315 000	Einw.
b.	die ungarischen Länder .	=	17 463 000	=
c.	die occupierten Gebiete .	=	1 454 000	=
		Sa.	43 232 000	Einw.

D. Bevölkerungsdichtigkeit.

Auf 1 qkm wohnen in
1.	Fiume	1516	Menschen
2.	Nieder-Österreich . . .	137	=
3.	Schlesien	122	=
4.	Böhmen	113	=
5.	Mähren	103	=
6.	Küstenland	89	=
7.	Galizien	86	=
8.	Ober-Österreich . . .	66	=
9.	Bukowina	63	=
10.	Steiermark	59	=
11.	Ungarn-Siebenbürgen . .	54	=
12.	Kroatien und Slavonien .	51	=

28*

13. Krain	50 Menschen
14. Dalmatien	41 =
15. Kärnten	36 =
16. Tirol mit Vorarlberg	32 =
17. Bosnien und Herzegowina	28 =
18. Salzburg	25 =
a. den österreichischen Ländern	81 Menschen
b. den ungarischen Ländern	53 =
c. den occupierten Gebieten	28 =
in der ganzen Monarchie	63 Menschen

Großstädte hat die Monarchie nur 6:

Wien (mit Vororten)	hat	1 421 000	Einw.
Budapest	=	526 000	=
Prag (mit Vororten)	=	323 000	=
Triest (mit Vororten)	=	160 000	=
Lemberg	=	131 000	=
Graz	=	115 000	=

§ 105.

III. Kleinere Staaten deutscher Nationalität:

Schweiz, Liechtenstein, Belgien, Niederlande, Luxemburg.

Diese fünf Staaten sind entweder ganz oder zum größeren Teil von Deutschen bewohnt, haben sich aber aus dem Staatsverbande schon des alten Deutschen Reiches, zu welchem sie alle im Mittelalter gehörten, fast sämtlich im Laufe der Zeit gelöst.

I. **Die Schweiz.** Das alte Helvetien wurde in der Völkerwanderung von Burgundern und Alemannen besetzt, dann war es ein Teil des fränkischen, später des deutschen Reiches. Eine Menge geistlicher und weltlicher Herren, wie die Zähringer (§ 101, 3), die Habsburger (§ 103 Anf.) und andere hatten hier ihre Güter; einige Städte hatten Reichsfreiheit erlangt, andere Landstriche, besonders im Gebirge, wurden durch königliche Landvögte verwaltet. König Albrecht I. hatte harte Männer frevelvollen Sinnes als seine Landvögte in die drei Alpenlandschaften Schwyz, Uri und Unterwalden gesetzt: da verschworen sich die Männer der drei genannten Waldstätten auf der Waldwiese Rütli (am Vierwaldstätter See) und am 1. Januar 1308 brach der Aufstand los. Die Vögte wurden verjagt, und die Ermordung des Königs durch seinen Neffen schützte die Eidgenossen — so nannten sie sich — vor seiner Rache (Geschichte von Tell, mit Recht angezweifelt). Gegen die Eroberungspläne des Hauses Österreich stritten die Schweizer mannhaft und siegreich in den Schlachten am Morgarten 1315 und bei Sempach 1386 (schöne, aber schwach begründete Sage von Arnold von Winkelried), ja sie eroberten viele österreichische Stammgüter im Aaregebiet. Überhaupt traten immer mehr Städte und Landschaften zu ihrem Bunde, der sich 1499 vom Deutschen Reiche löste und im Westfälischen Frieden als unabhängig anerkannt wurde. Bis zu der französischen Revolution bestanden 13 Kantone oder Orte (nach der Zeit des Eintritts in den Bund geordnet): Uri, Schwyz, Unterwalden, Luzern, Zürich, Glarus, Zug, Bern, Solothurn, Freiburg, Schaffhausen, Basel, Appenzell. Diese hatten Schutzgenossen oder zugewandte Orte und Unterthanen. An Unruhen und innerer Zerrissenheit fehlte es niemals. Im 16. Jahrhundert hatte sich auch die Schweiz in einen katholischen und einen reformierten Teil gespalten; der Schweizer-Reformator Zwingli fiel selbst im Bürgerkriege. In den einzelnen Orten kämpfte meist eine aristokratische und eine demokratische Partei miteinander. Dabei war es allgemeine Sitte, die Söhne der freien Schweiz in fremden Militärdienst gehen zu lassen.

In den Stürmen von 1789 bis 1814 wurden auch alle Verhältnisse der Schweiz aufgewühlt und umgestaltet: der Wiener Kongreß ordnete sie neu. Danach sollte die Schweiz eine ewige Neutralität genießen und in 22 Kantone zerfallen. Drei Kantone, Bern, Zürich, Luzern, sollten abwechselnd die allgemeinen Angelegenheiten des Bundes leiten, in den genannten drei Orten (Vororten) auch von Zeit zu Zeit die Gesandten der Kantone zur Tagsatzung zusammenkommen. Im Jahre 1848 hatte sich die Schweiz eine neue Verfassung gegeben. Sie besteht danach aus 22, oder vielmehr, da drei Kantone in völlig voneinander unabhängige Halbkantone geschieden sind, aus 25 Kantonen. Die ausübende Gewalt hat ein Bundesrat mit einem Präsidenten an der Spitze. Die gesetzgebende Gewalt hat die Bundesversammlung, welche aus dem Ständerate und dem Nationalrate besteht. Der beständige Sitz dieser Bundesbehörden ist Bern.

Die Schweiz hat (den Boden- und Genfer See ungerechnet) auf 40800 qkm (752 □.-M.), wovon fast der fünfte Teil mit Wald bedeckt ist, 2,9 Mill. Einw., davon 2/5 katholisch, 3/5 reformiert. Da sie den Naturverhältnissen und Sprachen nach eigentlich zu drei Ländern gehört (Deutsche 71%, Franzosen 21%, Italiener 5%, La-

biner 1 %), so stellen wir die einzelnen Kantone auch nach diesem Gesichtspunkte zusammen. Die überwiegend katholischen sind dabei mit †,
die überwiegend reformierten mit *, die gleichmäßig gemischten gar
nicht bezeichnet.

1) **Die deutsche Schweiz** (§ 75. § 86, 1, 2, 7, a. § 87,
3, d. § 88, 1, 2):

a) **Bern,*** mit ½ Mill. Einw. der bevölkertste und mit 6900 qkm
(125 Q.-M.) nächst Graubünden auch der größte Kanton. Die Hauptstadt,
auf drei Seiten von der Aare bespült, ist eine heitere, schön und regelmäßig
gebaute Stadt, 47000 E. Die drei Hauptstraßen haben meist Häuser mit
Bogengängen. Universität. Im Bärengarten werden fortwährend Bären
(Bern führt einen Bären im Wappen) unterhalten. Zwei kleine Orte sind
in der Geschichte der Erziehungskunst bedeutsam: Hofwyl durch Fellen-
bergs landwirtschaftliches Institut, und Burgdorf, weil hier Pestalozzi
sein Erziehungsinstitut gründete. Über das Berner Oberland vergl. § 86,
1, a. Der nordwestliche Teil des Kantons gehörte bis 1801 als Bistum
Basel zum Reiche.

b) **Solothurn** † an der Aare; das römische Salodurum. Etwa
12 km von der Stadt liegt der 1300 m hohe Juraberg Weißenstein mit
herrlicher Aussicht auf die Alpen.

c) **Basel-Stadt,*** dem Umfange nach die größte Stadt der Schweiz.
Der größte Teil auf dem linken Rheinufer; rechts Klein-Basel. Beide
durch Brücken verbunden. Die Bauart altmodisch. Schöner Dom. Konzil
1431 bis 1449. Universität. 82000 Einw. Unweit der Stadt das Dörfchen
St. Jakob. Schlacht 1444. Der dort wachsende Wein „Schweizerblut".

d) **Basel-Land,*** darin der Hauptort Liestal. Das Dorf Augst
am Rhein ist der Rest der alten glänzenden Römerstadt Augusta Raura-
corum, die Attila zerstörte.

e) **Aargau.** Hauptstadt Aarau an der Aare. Windisch, der Rest
des alten Vindonissa, und Habsburg (§ 88, 1ᵇ, a). Das jetzt aufgehobene Kloster Muri, von alten Habsburgern gestiftet, die darin ruhen.

f) **Zürich.*** Die schön gelegene Hauptstadt (§ 88, 1ᵇ, b) hat 35000
(mit den Vororten 97000) Einw. Universität. Sie ist nicht allein (durch ihre
Lage am nördlichsten Punkte des Limmatseebeckens) ein Hauptort für den
Handelsverkehr mit Italien, sondern auch der geistige Mittelpunkt der deutschen Schweiz. Schloß Laufen mit dem Rheinfall (§ 88, 1ᵇ). Etwa
100 Schritt oberhalb geht jetzt eine Eisenbahn über den Strom.

g) **Schaffhausen,*** der einzige Kanton am rechten Rheinufer, mit
dem Hauptorte Schaffhausen.

h) **Thurgau*** hat nur kleine Orte. Hauptort Frauenfeld.

i) **St. Gallen.*** Die Hauptstadt gleiches Namens, 7 km vom
Bodensee, 38000 E. In ihr bis 1803 die gefürstete Benediktinerabtei, nach
dem heiligen Gallus genannt, der im 7. Jahrhundert hier das Christentum
predigte. Das Kloster war lange Zeit Sitz der blühendsten Wissenschaft,
darum gerade „der Abt von St. Gallen" in dem hübschen Gedichte Bürgers
unpassend gewählt. Jetzt ist die Stadt Mittelpunkt der schweizerischen Seiden-
Industrie. Am Bodensee der Hafen und Getreidemarkt Rorschach. An

der obern Thur die frühere Grafschaft Toggenburg; aus Wildhaus, einem Dorfe derselben, war Zwingli. Im S. des Kantons liegt an der Tamina, einem reißenden Seitenbache des Rheins, Ragáz, wohin die warmen Quellen von Bad Pfäffers geleitet werden, das höher hinauf in so enger Schlucht der Tamina liegt, daß selbst an den längsten Sommertagen die Sonne nur 4 Stunden hineinschauen kann. Der Weg vom Badehause bis zu der Quelle gehört zu dem Schauerlichsten, was es giebt.

k) Appenzell=Innerrhoden† mit dem Flecken Appenzell (Abbatis cella).

l) Appenzell=Außerrhoden* mit dem Flecken Herisau. Die sehr dichte (187 E. auf 1 qkm) und gewerbsame Bevölkerung lebt in sehr einfachen Verfassungs= und Gesellschaftsverhältnissen.

m) Glarus* mit gleichnamigem Hauptort.

n) Zug,† dem Umfange nach (abgesehen von den durch Teilung der Kantone Basel und Appenzell entstandenen noch kleineren Arealen) der kleinste Kanton, 239 qkm (4 Q.=M.). Der Hauptort am gleichnamigen See. Am Berghange der Morgarten.

o) Uri† hat nächst Graubünden die undichteste Bevölkerung (16 E. auf 1 qkm). Hauptflecken Altdorf. Straße an der Reuß (§ 88, 1ᵇ, a). Von dem am Aufstieg zum St. Gotthard gelegenen Reuß=Örtchen Göschenen [göschenen] führt die Gotthard=Eisenbahn durch einen 15 km langen Tunnel nach Airôlo im Kanton Tessin, Deutschland mit Italien in Brockenhöhe verbindend. Im Seitenthale des Schächen: Bürglen, nach der Sage Tells Geburtsort. An der Ostseite des in den Kanton Uri schneidenden Seezipfels die Tellenplatte, mit einer Kapelle auf dem Vorsprunge, auf den Tell der Sage nach aus dem Herrenschiffe von Uri sich hinaufschwang.

p) Schwyz.† Außer dem Hauptflecken gleichen Namens merke Küßnacht an dem nördlichsten Zipfel des Sees; in der Nähe die hohle Gasse (der Tellsage), welche seit dem neuen Straßenbau fast ganz verschwunden ist. Einsiedeln, Flecken und Benediktinerabtei mit einem Marienbilde, zu dem stark gewallfahrtet wird. Der Rigi (§ 86, 1, c). Der Flecken Goldau an seinem Ostabhange wurde mit einigen anderen Dörfern 1806 durch einen Bergsturz verschüttet.¦

q) Unterwalden ob dem Wald,†. Hauptflecken Sarnen. Von hier zieht sich das Melchthal ins Gebirge.

r) Unterwalden nid dem Wald. Hauptflecken Stanz.

s) Luzern† am Austritt der Reuß aus dem See, in wunderlieblicher Lage, 21 000 E. Durch seine Lage hat Luzern für den Handel zwischen dem Rheingebiet und Italien eine ähnliche Wichtigkeit wie Zürich. Sempach. Im S. das Thal Entlibuch, und an der Unterwaldner Grenze der Pilatusberg, auf den eine Bergbahn wie auf den ihm gegenüber liegenden Rigi hinaufführt, mit schöner Aussicht.

2) Die französische Schweiz.

t) Wallis,† lo Valais, mit der Hauptstadt Sitten oder Sion, in wunderschöner Umgebung, an der Rhone. Unweit des Fleckens Leuk, am südlichen Fuße der Gemmi (§ 86, 1, a) berühmte heiße Bäder. Jedes der Bäder, in welchen gemeinschaftlich gebadet wird, ist in vier Quadrate geteilt, zwischen welchen Zuschauer umhergehen und sich mit den Badenden, welche 4 bis 5 Stunden im Wasser sitzen, unterhalten. Präsentierbretter mit Frühstück, Zeitungen u. dgl. schwimmen im Wasser. Bei St. Maurice ist das Thal so eng, daß ein Brückenbogen die Ränder verbindet. Über die Simplonstraße vergl. § 75, II, A, a. Man unterscheidet noch nach früherer Teilung Ober- und Unter-Wallis, und dieser Unterschied ist noch immer von Wichtigkeit: in Ober-Wallis ist die herrschende Sprache deutsch, in Unter-Wallis französisch.

u) Waadt,* Pays de Vaud, Hauptstadt Lausanne, 500 m über dem Meere, 2 km vom Genfer See, auf drei Hügeln und den dazwischen liegenden Thälern, 35000 E. Die Umgegend ist so lieblich, das Klima so mild und gesund, daß Lausanne ein Lieblingsaufenthalt der Fremden, besonders der Engländer ist. Auch Vevey liegt schön am See wie auch Montreux, ein Winter- und Frühlingsaufenthalt für Kranke. Yverdun, deutsch Jfferten, am Einflusse der Orbe in den See von Neuchatel, in einer der reizendsten Gegenden der Schweiz. Auch hier stand Pestalozzi einer Erziehungsanstalt vor. Granson, Sieg der Schweizer über Karl den Kühnen 1476 (§ 81, V, 18).

v) Genf,† die größte Fabrikstadt (Uhren) in der Schweiz, hat 78000 E. Universität. Die mit Landhäusern besäete Umgegend gehört zu den lieblichsten Landschaften Europas: der See und die Rhone, die bei Genf heraustritt, die Aussicht auf die Alpen bilden ihren schönsten Schmuck. Darum auch immer viele Fremde hier. Da der zweite Begründer der reformierten Kirche, Calvin, in Genf lange Zeit wirkte, so ist die Stadt, obgleich heute in dem Kanton die katholische Bevölkerung der Zahl nach überwiegt, in gewissem Sinne das für die reformierte Kirche, was Wittenberg für die lutherische. In der Nähe von Genf, aber schon auf französischem Boden, Ferney, einst in Voltaires Besitz.

w) Freiburg † im Üchtlande, an einem Aarezuflusse, der Saane, hat eine seltsame Lage. Die Unterstadt liegt am Flusse, aus ihr führt eine steile Straße in die Oberstadt, die auf einer 50—60 m über die Saane erhabenen Sandsteinplatte liegt. Mit dem gegenüberliegenden Ufer der Saane ist die Oberstadt durch zwei Drahtbrücken von 290 m und 230 m Länge verbunden. Sie schweben ungefähr 50 m über dem Thale. Die meisten von den Einwohnern sprechen Französisch und Deutsch. Im N. von Freiburg Murten an dem danach benannten See. Glänzender Sieg der Schweizer über Karl den Kühnen 1476.

x) Neuenburg oder Neuchatel* die Abdachung des Jura zum gleichnamigen See. — Die gleichnamige Hauptstadt liegt in der Mitte herrlicher Weinberge und schöner Landhäuser in einer der anmutvollsten Gegenden der Schweiz. Valengin, deutsch Valendis, ist der Hauptort einer besonderen Grafschaft. Drei Thäler: Chaux de Fonds, 27000 E., Locle, Travers sind von langgestreckten, reichen Fabrikorten erfüllt. Großartigen Umfang hat die hiesige Uhrenfabrikation; außerdem Arbeiten in Gold und Silber, Spitzenklöppelei.

y) Graubünden* zerfällt in drei Bünde, den grauen oder obern, den Gotteshaus- und Zehngerichtebund. Es ist der größte, aber am schwächsten bevölkerte Kanton (nur 14 E. auf 1 qkm), im S. haben sich noch, sowohl im Rhein- wie im Inngebiet, Romanen mit altertümlichen Mundarten (§ 94 Anf.) erhalten. Hauptstadt Chur, 2½ km vom Rhein und am Ausgange mehrerer Thäler, ward die Vermittlerin des Verkehrs zwischen dem Bodensee und Züricher See einerseits, dem Comer- und Langensee

andererseits. Thal Engabin (§ 87, 3, d), mit dem Hauptorte Samaden.
Aus dem Engadin stammen die in so vielen Städten außerhalb der Schweiz
angesiedelten schweizerischen Zuckerbäcker. Das Münsterthal ein Seiten=
thal der obern Etsch.

4) Die italienische Schweiz begreift

z) den Kanton Tessin. † Bellinzóna, die Fabrikstadt Lugano
an dem reizenden Luganer See und Locarno am Langensee sind die Haupt=
orte. Der Segen des Himmels ist über diesen Kanton ausgegossen; die rei=
zendste wie die erhabenste Natur umschlingen sich hier in den mannigfachsten
Formen und schaffen diesen südlichen Saum der hohen Alpen zu einem Para=
diese um. Airólo am obersten Tessin, südliche Ausmündung des Gotthard=
Tunnels.

II. Fürstentum **Liechtenstein**, Glied des früheren Deutschen
Reiches und des Deutschen Bundes bis zu dessen Ende (§ 97 Anf.),
begreift die Herrschaften Vaduz und Schellenberg, welche 1718
zu einem Reichsfürstentum erhoben wurden. Das fürstliche Haus
Liechtenstein, nur hier souverän (Fürst Johann II., hat in Öster=
reich und Preußen über 5000 qkm Privatbesitz. Das Ländchen hat
159 qkm (3 Q.=M.), mit 9400 katholischen Einwohnern.

Hauptort ist der Flecken Liechtenstein oder Vaduz.

III. Königreich **Belgien** (§ 90, 1, A, 3; § 93, 1, a). Die
Länder, welche jetzt die Königreiche Belgien und Niederlande aus=
machen, kamen teils durch den Vertrag von Verdun, teils bald danach
als Herzogtum Lothringen an Deutschland (§ 81 Mitte).
Aber später zerfiel nicht nur das Ganze in eine Menge von Herzog=
tümern und Grafschaften, an welche noch jetzt die Namen der Pro=
vinzen erinnern — Flandern z. B. galt für die beste Grafschaft der
Welt —, sondern namentlich der mehr romanische Süden neigte auch
mehr zu Frankreich. Im 15. Jahrhundert war es den Herzögen von
Burgund, einem Seitenzweige des französischen Königshauses, ge=
lungen, fast alle diese kleineren Gebiete unter ihrem Herzogshute zu
vereinigen. Lies die schöne Schilderung der Heerfolge Herzog Philipps
des Gütigen in dem Prologe der Schillerschen Jungfrau von Orleans:
„— — die das glückliche Brabant bewohnen, die üppigen Genter,
die in Samt und Seide stolzieren, die von Seeland, deren Städte
sich reinlich aus dem Meerwasser heben, die herdenmelkenden Hol=
länder" u. s. w. Der Sohn Philipps, Karl der Kühne, fiel 1477
(§ 81, V, 18), ohne Söhne zu hinterlassen; seine Erbtochter Maria
brachte die väterlichen Besitzungen mit Ausnahme des von Frankreich
wieder eingezogenen Herzogtumes Burgund dem österreichischen Erz=
herzog Maximilian zu. Durch dessen Enkel Karl (§ 74, b) kamen
sie unter die Herrschaft Spaniens. Unter Karls Sohne Philipp II.
von Spanien brach teils wegen Religionshader — ein Teil der

Niederlande hielt sich zur Reformation — teils wegen mehrfacher Eingriffe in die Privilegien der Landschaften und Städte ein Aufstand aus. Nach langem Kampfe erkannte Spanien im Westfälischen Frieden die Unabhängigkeit der sieben nördlichen Provinzen an. Die südlichen, katholisch gebliebenen, meist das heutige Belgien, blieben als spanische Niederlande mit dem Deutschen Reiche vereinigt, und wurden nach dem spanischen Erbfolgekriege 1714 österreichisch. In den französisch-napoleonischen Kriegen wurde Belgien den Franzosen zur Beute. Österreich hat es 1815 nicht wieder erlangt; vielmehr wurden die sämtlichen niederländischen Provinzen unter dem Hause Nassau-Oranien zu einem Königreiche der Niederlande vereinigt. Aber die Verschiedenheit der Konfessionen und das seit Jahrhunderten ausgebildete Sonderbewußtsein führten 1830 zu einem Aufstand Belgiens gegen die Nordprovinzen, und nach langem Streit und Haber wurde ein unabhängiges Königreich Belgien auch von dem König der Niederlande anerkannt. Dem jungen Staate wurde ewige Neutralität zugesichert. König Leopold II. (aus dem Hause Sachsen-Coburg). Stände in zwei Kammern stehen ihm zur Seite. Das Land hat auf 29400 qkm (537 ▢.-M.) 6,1 Mill. römisch-katholische Einwohner. Die Bevölkerung ist so dicht, wie fast nirgends in Europa; am dichtesten bevölkert ist die Provinz Brabant, wo 341 Bewohner auf 1 qkm kommen. Ein Stamm- und Sprachunterschied tritt unter den Belgiern immer bedeutsamer hervor: die Flamänder in Nord-Belgien (etwa 45%) der Gesamtbevölkerung) sind ein deutscher Stamm und in Sprache und Wesen den Holländern ähnlich, die Wallonen in Süd-Belgien (etwa 40%), Nachkommen der alten keltischen Belger, neigen sich mehr zu den Franzosen und reden auch eine dem Französischen nächstverwandte Sprache, das Wallonische. Doch ist nicht Wallonisch, sondern Französisch in Belgien die Schriftsprache, namentlich auch die Sprache der Regierung; daneben erhebt sich von neuem jetzt das Flämische als Schriftsprache. Wir teilen die Provinzen Belgiens nach dem Übergewichte der Nationalität. Natürlich darf man sich nicht die beiden Nationalitäten durch diejenige Linie genau voneinander abgegrenzt denken, welche die flämischen von den wallonischen Provinzen trennt, vielmehr wohnen schon im S. der flämischen Provinzen Wallonen (von einer Linie ab, welche dicht südlich vor Kortrijk [kortreit], Brüssel und Maastricht vorüber von W. gen O. zieht).

1) **Flämische Provinzen.** Sie bilden, wenn man das gemischte Brabant mitzählt, an Areal und Bevölkerung (3,7 Mill.) die größere Hälfte des Königreichs.

a) **Brabant.** Darin Hauptstadt und Residenz **Brüssel**, wo schon früher die spanischen und österreichischen Statthalter ihren Sitz hatten. Die Stadt ist eine der schönsten in Europa, besonders der auf der Höhe gelegene französische Teil; in dem niedriger gelegenen spricht man flämisch. Königs= straße und Königsplatz, Kirche St. Gudula, Justizpalast, das Stadt = und Rathaus. Bedeutende Fabrikstadt; die Brüsseler oder Brabanter Kanten (Spitzen) sind weltberühmt. Brüssel hat 180000, mit den Vororten 482000 Einw. Die belebten Boulevards, die stolzen Warenlager, das regsame Treiben auf Straßen, Plätzen, in Kaffeehäusern u. s. w. geben Brüssel einige Ähnlichkeit mit der französischen Hauptstadt, so daß man sie Klein=Paris nennt. In der Nähe das königliche Lustschloß **Laeken** [laken]. Etwa 20 km südlich von Brüssel der Wald von **Soigne** und von N. nach S., auseinander folgend das Dorf **Waterloo**, Dorf **Mont St. Jean**, Meierhof **Belle Alliance**, alle drei durch den Sieg **Blüchers** und **Wellingtons** über Napoleon I., 18. Juni 1815, denkwürdig. **Leuven** [löwen], 41000 E. Universität, Rathaus, Fabriken.

b) **Antwerpen.** Die Hauptstadt **Antwerpen**, eine schöne und durch viele Denkmäler geschmückte Stadt, ist zugleich Stadt im Binnenlande und Stadt an der See (§ 93, 1, a), Centralfestung von Belgien. Groß= artiger Handelsverkehr, weit ausgedehnte Hafenanlagen. Im Innern ist die schöne **Kathedrale** zu erwähnen, mit Glasmalerei, trefflichen Ge= mälden der sogenannten niederländischen Malerschule u. s. w. In der St. Ja= kobskirche das Grab von **Rubens**, gestorben 1640. 240000 E. **Mecheln**, zwischen Antwerpen und Brüssel, ist der Sitz des Erzbischofs und Primas von Belgien, 52000 E.

c) In **Belgisch=Limburg** liegt kein merkwürdiger Ort.

d) **West=Flandern. Brügge**, an schiffbaren Kanälen, 12 km vom Meere, doch für Seeschiffe zugänglich, Citadelle, Handels= und Fabrikstadt. 50000 E. Der Maler **Johann van Eyck** ist hier geboren. Das 13. und 14. Jahrhundert war die Blütezeit der Stadt. „Was köstlich wächst in allen Himmelsstrichen wird ausgestellt zur Schau und zum Genuß auf unserm Markt zu Brügg." Hier wurde 1429 der Orden vom Goldenen Vließ gestiftet, welcher zur Anerkennung der flandrischen Weberei ein goldenes Widderfell zeigt. Im Dome ruhen Karl der Kühne und seine Tochter Maria. **Ostende**, Hafen, berühmtes Seebad, 25000 E. Überfahrt nach England. **Kortrijk oder Courtrai**, 31000 E., an einem Scheldezufluß, Fabrik= stadt, wo die feinsten Leinenwaren und Spitzen verfertigt werden. Flachsbau und Bleichen.

e) **Ost=Flandern. Gent**, an der Schelde, ist die geräumigste Stadt in Belgien: über eine Unzahl von Wasserarmen, welche 25 Inseln bilden, führen 300 Brücken. Jetzt freilich nehmen die Hälfte des Umfanges Gärten, Felder und Bleichen ein. Aber noch immer ist Gent eine Haupthandels= und Fabrikstadt mit 150000 E. Universität. In dem alten Schlosse ward Karl V. geboren. Im Mittelalter war Gent so mächtig, daß es allein mit Frank= reich anzubinden wagte und im Jahre 1400 gegen 80000 bewaffnete Männer ins Feld stellte.

2) **Wallonische Provinzen**, die kleinere Hälfte des Königs= reichs, mit 2,4 Mill. Einwohnern.

f) **Hennegau** hat zur Hauptstadt **Bergen oder Mons**. 25000 E. Größer ist **Doornik oder Tournay**, Residenz der ältesten Merovinger

an der Schelde, mit Teppichfabriken, 34000 E. — Merke als Schlachtort
Fleurus, wo öfter gefochten ist.

g) Namur. Die Hauptstadt Namur mit Citadelle am Zusammen=
fluß von? — 31000 E. Das kleine Ligny, bei dem es Napoleon I. gelang,
Blücher zurückzudrängen.

h) In Belgisch=Luxemburg giebt es keine größeren Orte. Bouil=
lon ist geschichtlich interessant durch Gottfried von Bouillon.

i) Lüttich, vor 1801 ein zum Deutschen Reich gehöriges Bistum.
Hauptstadt Lüttich auf beiden Ufern der Maas gelegen (am linken Maas=
ufer die alte Stadt mit der Citadelle, am rechten in der Niederung die neuen
Stadtviertel) ist groß aber unregelmäßig und finster mit unebenen Straßen.
Dom. Universität. 153000 E. Fabriken und Gewerbe sind in Lüttich in
höchster Blüte. In der Nähe reiche Steinkohlengruben, die über 650m in
die Erde gehen; in Seraing, 35000 E., 7 km oberhalb Lüttich, an der
Maas, Kohlenwerke, Eisengießereien und Maschinenwerkstätten, überhaupt
eins der großartigsten Bilder kontinentaler Gewerbthätigkeit. An Lüttich
stößt wie eine Vorstadt Herstall (Pipin von Heristall). Verviers im
hohen Veen [senn], 50000 E. Hier und in den umliegenden Orten bedeu=
tende Tuchfabrikation. Spaa in waldiger Gebirgsgegend; hat berühmte
und besuchte Eisenquellen.

Belgien, ein reiches und fruchtbares Land, dazu das Land der Ge=
werbe und Fabriken, hat unter allen europäischen Ländern verhältnismäßig
die meisten Eisenbahnen (4728km). Sonst war Belgien auch das Land
der Festungen. Jetzt sind die meisten eingegangen, wofür, wie oben be=
merkt, Antwerpen zu der Haupt= und Centralfestung von Belgien
umgeschaffen ist.

IV. Königreich der **Niederlande** (öfter kurzweg Holland
genannt). Nach der Einleitung zu Belgien wird hier nur bemerkt,
daß in dem Aufstande gegen Spanien sich zuerst fünf Provinzen,
Geldern, Holland, Seeland, Utrecht [ütrecht], Friesland,
1579 zu einer Union zusammen thaten. Hernach kamen Groningen
und Overijssel [ofereissel] dazu, und der Löwe, das Wappen der
Republik, hielt nun sieben mit einem Bande umschlungene Pfeile in
der Pranke. Wann wurde sie auch von Spanien anerkannt? (§ 105,
III.) Jede von den sieben Provinzen hatte eine eigene Verwaltung,
ihre besonderen Stände oder Staaten: über allen stand eine allge=
meine Versammlung von Abgeordneten aller Provinzen, die Gene=
ralstaaten. Danach nannte man oft den ganzen Staat, der in seiner
republikanischen Verfassung auch rein monarchische Elemente hatte,
die Generalstaaten. Das deutsche Haus Nassau=Oranien hatte
den Niederländern in ihrem Freiheitskriege treulich zur Seite ge=
standen (Wilhelm und Moritz von Nassau=Oranien), man wählte
daher aus diesem Haus für die Republik Erbstatthalter, denen be=
sonders die Führung der Heere übertragen ward, aber auch andere
Rechte zugestanden wurden. So gab es beständig eine oranische und
eine republikanische Partei, die einander vielfach befehdeten. Bei

alledem waren die Niederlande nach Portugals Sinken (§ 74, a Anf.)
bis gegen Ende des 17. Jahrhunderts der erste Handels = und See =
staat in Europa. In der Zeit ihrer Freiheitskriege hatten die Nieder =
länder herrliche Kolonieen, die früher portugiesisch und spanisch waren,
in Besitz genommen, auch einen Streifen der noch spanischen Nieder =
lande erobert (die Generalitätslande). Im Verlauf des 18. Jahr =
hunderts trat der Staat gegen England in den Hintergrund. Der
holländische Handel verhielt sich zum englischen um 1650 wie 6 : 1¹/₅,
1750 wie 6 : 7, 1794 wie 6 : 15, gegenwärtig etwa wie 6 : 40.
Darauf kamen die Stürme der französischen Zeit. Batavische Re =
publik, Königreich Holland, Teil des französischen Kaiser =
reichs — das folgte rasch aufeinander. Wie der Wiener Kongreß ein
neues, großes Königreich der Niederlande errichtete, wie sich
Belgien losriß — das ist oben erzählt worden. Jetzt umfaßt das
Königreich 33 000 qkm (600 □.=M.) mit 4,6 Mill. Einwohnern,
von denen 35,6⁰/₀ römisch=katholisch, dagegen über 60⁰/₀ refor =
miert sind; den Rest bilden Juden (2⁰/₀) und verschiedene Sekten.
Die Kolonieen (2 Mill. qkm mit 32,2 Mill. Einw.) stelle nach § 52;
63, 3; 64, 4; 70, 2 zusammen. Dem Könige stehen in zwei
Kammern Stände zur Seite, welche noch immer den Namen Gene =
ralstaaten und den Titel „Edelmögende Herren" führen. König
(da die Verfassung der Niederlande eine Königin nicht kennt):
Wilhelmine; Regentin: die Königin=Mutter Emma. Über die
natürlichen Verhältnisse vergl. § 93, 1. Die Holländer, deren
Sprache ein Dialekt des Niederdeutschen zu nennen ist, haben alle
Vorzüge und Schattenseiten eines Kaufmannsvolkes. Sprichwörtlich
ist ihr Phlegma und ihre Reinlichkeit geworden, wobei jedoch zu be =
merken ist, daß die erstere Eigenschaft weder rühriger Arbeitsamkeit,
noch nötigen Kraftanstrengungen, wie ihre Geschichte beweist, Ein =
trag thut. Daß die Holländer Deutsche sind, könnte ihnen leben =
diger bewußt sein.

Das Königreich wird eingeteilt in 11 Provinzen:

a) Nord=Holland. Darin die größte Stadt des Landes Amster =
dam. Sie liegt da, wo sich die Amster in das Ij oder Y [ei], einen nach
WNW. 30 km einschneidenden (jetzt größtenteils trocken gelegten) Busen der
Zuidersee [seuder] ergießt. Während Amsterdam früher nur durch Umsege =
lung der ganzen Halbinsel Nord=Holland und die von mancherlei Winden
abhängige Fahrt auf einem Binnenmeere voller Untiefen für Seeschiffe zu =
gänglich war, können diese jetzt durch den die Halbinsel durchschneidenden
breiten und tiefen Nordkanal ohne Aufenthalt dahin geschleppt werden; ja
nunmehr ist ein in gerader Linie westwärts von Amsterdam nach dem Meere
führender zweiter Kanal hergestellt, der Amsterdam auf kürzestem Wege mit

der See verbindet. Die ganze Stadt steht auf Rosten, d. h. Gitterwerken von Pfählen, die durch eine Torfschicht von 16 m durchgetrieben, auf einem festeren Sandboden ruhen, und bildet einen Halbkreis, den eine Menge von Kanälen oder Grachten durchkreuzen. Da auf dem wagerechten Boden an Gefäll nicht zu denken ist, so müssen Mühlräder ihr Wasser vor Fäulnis bewahren. Die Straßen an diesen Kanälen, meist mit Baumreihen eingefaßt, sind die besten der Stadt. Auf 14000 Pfählen ruht der königliche Palast, früher das Stadt= oder Rathaus, ein Prachtbau aus den glänzenden Zeiten der Republik. Viele Kirchtürme haben Glockenspiele, welche die Holländer ungemein lieben; in der Neuen Kirche ruht der holländische Seeheld de Ruyter [reuter]. Als Handels= und Fabrikstadt ist Amsterdam immer noch sehr bedeutend, seit 1877 hat es auch eine Universität. 427000 E., darunter über 30000 Juden. 17 km im W. von Amsterdam liegt Haarlem, 54000 E., eine schön gebaute Stadt. In der Kathedrale, der größten Kirche Hollands, die berühmte Orgel von 60 Stimmen und 8000 Pfeifen. Auf dem Markte steht die Statue des Lorenz Koster (custos), dem die Holländer durchaus mit Unrecht die Erfindung des Letterndrucks zuschreiben. Die berühmte holländische Leinwand wird in Harlem am weißesten gebleicht. Von der Blumenzucht in Haarlem hat schon jeder gehört; sie erstreckt sich besonders auf Tulpen und Hyacinthen, und war im 17. Jahrhundert zum Börsenspiel ausgeartet. Das Haarlemer Meer, ein Landsee im S. der Stadt, ist jetzt ausgetrocknet. Allmaar und Edam sind Käsestädte (§ 93, 1); die Provinz Nord=Holland fabriziert jährlich 18—20 Mill. Käse. Auf der äußersten Nord= spitze von Nord=Holland der Helder, stark befestigte Handelsstadt. Hier liegt die holländische Kriegsflotte. Noch merken wir zwei Dörfer im N. des N. Zaandam (vom Flüßchen Zaan, oft unrichtig Zaardam genannt) liegt in einem Walde von 1000 Windmühlen (zum Entwässern), schön und lebhaft wie eine große Stadt. Hier arbeitete Peter der Große eine kurze Zeit wie ein gemeiner Zimmergeselle, um den Schiffsbau zu erlernen; sein hölzernes Häuschen wird sorgfältig erhalten. Papierfabriken. Broek [bruk], von lauter reichen Rentiers bewohnt, ist wegen seiner übertriebenen Reinlich= keit bekannt; die Straßen sind mit glasierten Ziegeln gepflastert. Insel Texel [tessel] (§ 93, 1).

b) In Süd=Holland liegt die Haupt= und Residenzstadt Haag (eigentlich 's Gravenhage, d. h. des Grafen Haag oder Wald), eine schöne, offene Stadt ohne Mauern und Thore, in manchen Vierteln ein anmutiges Gemisch von Stadt und Land, 166000 E. Paläste wechseln mit Gärten, Promenaden, Alleeen. Nach drei Seiten hin umgeben die Stadt kleine Holzungen und liebliche Rasenstede (Lustschloß Haus im Busch), nach der vierten Seite hin Düne. Jenseit derselben, bei einem der besuchtesten See= bäder des Kontinents, Scheveningen [s=cheefeningen], flutet die Nordsee. Leyden oder Leiden am Rhein, 44000 E., ist eine berühmte Universitäts= stadt. Der Maler Rembrand ist ein Leydener Stadtkind. In Delft ist Hugo Grotius geboren und Wilhelm von Oranien ermordet worden. Rotterdam an? — nach Einwohnerzahl und Handelsbedeutung die zweite Stadt im Lande; Dreimaster mitten in der Stadt; 217000 E. Dortrecht, 34000 E. Kriegshafen Helvoetsluis [helvutsluis].

c) Seeland besteht aus lauter Inseln des sogenannten Rhein=Delta und einem Stücke von Flandern. Auf der größten Insel Walcheren liegt die feste Hauptstadt Middelburg, und die starke Festung Vlissingen mit dem besten Hafen im Königreich.

d) **Brabant** (Nord=Brabant) ist voll starker Festungen. Merke Her=
zogenbusch, Breda, Bergen op Zoom [zōm].

e) **Holländisch Limburg.** Bis 1866 gehörte ein Stück davon zum
Deutschen Bunde. Hauptstadt **Maastricht** an der? — lebhafte Fabrikstadt
(Maastrichter Sohlenleder). 33000 E. Dicht dabei der berühmte **Peters=
berg**, in dessen höhlenreichen Kalk unterirdische Steinbrüche so labyrinthisch
hineingearbeitet sind, daß man behauptet, an 20000 Wege kreuzten sich darin.
Außerdem **Venlo** [fēnlo] und **Roermond** [rūrmond].

f) **Utrecht** [ütrecht]. Die Hauptstadt am? — ist Universitätsstadt und
Erzbistum einer Sekte der römisch=katholischen Kirche, der **Jansenisten**.
Nach neueren Bestimmungen residiert aber hier auch der römisch=katholische
Erzbischof des Königreichs. 88000 E. Historisches?

g) **Gelbernland** mit **Arnheim** 51000 E., und der Festung **Nym=
wegen**, 33000 E., an?

h) **Overijssel** [ofereissel] mit der Hauptstadt **Zwole** [zwōle] und
Deventer [dēfenter], an?

i) **Drenthe.** Festung **Koevorden** oder **Koeverden** [kūferden],
durch Sumpfumgebung gesichert. Mehrere Armenkolonieen; man giebt den
Armen ein Häuschen, ein Stück Feld und eine Kuh, damit sie sich selber
forthelfen können.

k) **Groningen.** Groningen, durch schiffbare Kanäle mit dem
Meere verbunden, ist eine bedeutende Handelsstadt von 57000 Einwohnern.
Universität.

l) **(West=)Friesland**, mit der gutgebauten Handelsstadt **Leu=
waarden** [löwarden], 31000 E. **Dokkum**; Bonifatius (§ 98, 11, a) starb
hier den Märtyrertod.

V. Das Großherzogtum Luxemburg, deutsch **Lützelburg**
(die kleinere Hälfte der alten Grafschaft Lützelburg, die andere § 105,
.III, 2, h), 2587 qkm (47 □.=M.) mit 211000 Einwohnern deut=
schen Stammes (deutsch 99, französisch 1 Prozent; die Amts=
sprache ist aber französisch) und katholischer Konfession liegt auf den
Ardennen. Bis 1866 gehörte es zum Deutschen Bunde. Jetzt bil=
det es einen unabhängigen und zugleich neutralen Staat. Groß=
herzog: **Adolf** aus dem Hause Nassau walramischer Linie (§ 98,
11 Anf.).

Die Hauptstadt **Luxemburg**, 18000 E., war früher eine starke
Festung. Die obere Stadt liegt auf steilem Felsen, die untere im Thale;
rings herum lagen einzelne Kastelle und Werke. Fast alle Werke waren in
Felsen gehauen, und der Feind hätte nirgends nur 1—2m tief graben können,
ohne auf Felsen zu stoßen. Infolge einer Übereinkunft zwischen den europäi=
schen Großmächten (1867) sind die Festungswerke geschleift worden.

Anhang.

Der Weltverkehr.

§ 106.

Die Entwickelung des Weltverkehrs.

Bei der Abgeschlossenheit, in der die Völker und Staaten gegen einander verharrten, ist selbst der Gedanke eines Weltverkehrs dem Altertum fremd geblieben. Mit Abneigung wies der Grieche fremde Völker als „Barbaren" von sich, mit hohem Selbstgefühl erhob sich der römische Bürger über sie. Nur die Phönizier gewinnen durch ihre Handelsfahrten eine den Untergang Karthagos nicht überdauernde Bedeutung.

Erst als das Römervolk Schritt für Schritt den Umkreis des Mittelmeeres unter seine Herrschaft beugt, entwickelt sich allmählich ein Austausch der Landesprodukte zwischen den Gestadeländern; und insofern das römische Reich wirklich die civilisierte Welt darstellt, kann man in diesem Mittelmeer-Verkehr den Weltverkehr des Altertums sehen. Nur die Fahrten das Rote Meer hinab, Sklaven und Bestien aus Afrika zu holen, gehen darüber hinaus, während die Seidenstoffe Chinas durch chinesische Karawanen zu den Parthern gebracht wurden, die sie dann dem Westen übermittelten.

Mit dem Zerfall der römischen Herrschaft, als die politische Zusammengehörigkeit der Mittelmeer-Länder sich löste, ging dem Mittelmeere die Bedeutung des Weltmeeres verloren. Die südlichen Gestadeländer fielen dem Jslam anheim und Sarazenen, als See- und Küstenräuber gleich gefürchtet, zerstörten den Verkehr. Den Orient-Handel jedoch wußten, mehr und mehr aufblühend, die norditalischen Handelsrepubliken an sich zu bringen, Genua nachgiebig gegen den Jslam, Venedig wehrhaft ihm trotzend.

Aber den Weltverkehr des späteren Mittelalters beherrscht die Hansa, 1241 aus dem Bündnis zwischen Lübeck und Hamburg entstanden: Lübeck von den Ostseehäfen am weitesten gegen

das Herz Deutschlands vorgeschoben, Hamburg von den Nordsee=
häfen. Denn Ost= und Nordsee sind jetzt die hauptsächlichsten Ge=
biete des Weltverkehrs. Indessen das Vorbringen der Türken nach
Europa zerreißt die alten Handelsverbindungen mit dem Orient:
die norditalischen Handelsstaaten ebenso wie die Ostseehäfen, zumal
Lübeck, empfinden den Schlag; nur der Nordsee=Verkehr, unab=
hängig von dem Orient, behauptet sich ungeschwächt.

Da wird Amerika durch Spanien entdeckt und unmittelbar
danach durch die Portugiesen der Seeweg nach Ostindien ge=
funden. Wohl fiel der Vorteil zunächst den entdeckenden Staaten
zu; aber Portugal war zu schwach für eine volle Ausnützung der
günstigen Verhältnisse und Spanien staatswirtschaftlich so kurzsichend,
daß es durch seine steten Silberflotten 1581 bis hart an den Staats=
bankerott sich gedrängt sah. England dagegen, im Mittelalter an
der Peripherie der civilisierten Welt gelegen, wurde durch die Ent=
deckung Amerikas in die günstige Stellung eines gegen Amerika
vorgeschobenen Verbindungsgliedes Europas gerückt; einsichtige Für=
sten, wie Heinrich VIII. und Elisabeth, machten es seestark und
schon im Beginn des 18. Jahrhunderts gewann es, die Konkurrenz
der Niederlande überwindend, seine maßgebende Stellung zur See.
Eine Zeitlang zwar rivalisierte darin nicht ohne Erfolg Frankreich
mit England, aber durch seine zielbewußte, unversöhnliche Be=
kämpfung der napoleonischen Machtstellung gewann England seine
Herrscherstellung zur See. Mit begreiflichem Widerstreben hat es
aber im Laufe des 19. Jahrhunderts zum Mitbewerbe, zur Teil=
nahme am Weltverkehre erst Frankreich, den alten Rivalen, dann
die Vereinigten Staaten, die undankbaren Söhne, endlich auch
uns Deutsche, die lange gering geschätzten Stammesgenossen, zu=
lassen müssen.

§ 107.
Die Wege des Weltverkehrs.

Von sechs Kulturherden hat die Civilisation der Menschen ihren
Ausgang genommen: von dem chinesischen Tieflande, von Nord=
Indien, von Mesopotamien, von den Gestadeländern des östlichen
Mittelmeeres und in der Neuen Welt von den Hochebenen von Peru
und Mexico (§ 33). Im Grunde, können wir sagen, liegt die Be=
deutung des Weltverkehrs darin, daß er diese Kulturherde mitein=
ander verknüpft und dadurch die Civilisation der Menschen steigert.
Denn der Wert eines jeden dieser Kulturherde prägt sich in gewissen

Produkten aus, durch deren Zufuhr die andern gewinnen. Der
Nährboden unserer heutigen Kultur aber sind die Gestadeländer
des östlichen Mittelmeeres, die schon in den frühesten Zeiten
der Menschengeschichte mit dem mesopotamischen Kulturherde in
Verbindung getreten sind; in der siebentägigen Woche u. a. zeigen
sich noch heute die Beweise.

Daß schon im Altertum ein wenn auch nur spärlicher Verkehr
mit Indien bestand, ist nicht zu bezweifeln; aber selbst mit China
schien schon zu den Römerzeiten ein Verkehr sich anknüpfen zu sollen.
Im Jahre 95 n. Chr. war die chinesische Macht unter dem General
Pan-tschau bis zum kaspischen Meere vorgerückt und im Jahre 166
gab eine Expedition von Kaufleuten aus Antiochia vor, daß sie
vom Kaiser Marc Aurel an den Kaiser Hwan-ti von China gesandt
wäre. Angelangt ist sie auch in Lo-jang, der damaligen Residenz
des Kaisers; daß sie aber auch zurückgelangt sei, erfahren wir nirgends. Im Meere scheint sie auf der Rückfahrt ihr Grab gefunden
zu haben.

Im Mittelalter dagegen bildete sich schon ziemlich früh ein
Verkehr mit China und Indien aus. Die indischen Waren (Seidenstoffe aus China, das India superior hieß, und Spezereien aus
India inferior, dem heutigen Vorder-Indien) gelangten auf drei-
fachem Wege nach Europa. Von Canton gingen chinesische, vielleicht auch arabische Schiffe nach Kattigara in Annam, von wo sie,
in Indien anlegend, an die Euphrat-Mündung gelangten. Dorthin führte auch die große Karawanenstraße aus China zu Lande
über Merw, Ekbatana und Babylon. Hier aber teilte sich der Weg:
ein Teil der Waren ging durch das Rote Meer über Ägypten nach
Venedig, der andere zum kaspischen Meere, eine Strecke die Wolga
hinauf, dann hinüber zum Don, diesen abwärts zum asowschen
Meere, an dessen Ausgange Kaffa eine befestigte Handelsfaktorei
darstellte, dann über das Schwarze Meer nach Konstantinopel, wo
das befestigte Quartier Galata dem gleichen Zwecke wie Kaffa diente,
endlich nach Genua. Der dritte Teil schließlich der Waren blieb
auf der Wolga bis zu ihrem Ursprunge; nach kurzem Landtrans-
porte wurde er den Lobat hinab nach Nowgorod gebracht. Hier
empfingen ihn die jungen Hanseaten, die sich „draußen" befanden,
und führten den Transport weiter zu Wasser den Wolchow und die
Newa hinab in die Ostsee und zu den deutschen Häfen. Dieser
Weg war um so ergiebiger, als Nowgorod, die Beherrscherin des
Reiches Barmien (Nord-Rußlands), zugleich das feine Pelzwerk
lieferte, das zum Besatze der Schaube des deutschen Patriziers er-

forderlich war. Daß seine Tuch für diese Festkleidung bezog die
Hansa aus Brügge, während London nur gröbere Wolle für die
deutschen Fabriken lieferte, von Bergen aber in ganzen Schiffs-
labungen vornehmlich Stockfisch als Fastenspeise kam. In diesen vier
Häfen besaß daher die Hansa eigene Faktoreien oder „Höfe".

Indessen im Anfange des 15. Jahrhunderts sperrten die Türken diese altgewohnten Handelswege aus dem Orient. Daher versuchten zuerst die Italiener Afrika zu umfahren; doch kamen sie nur
bis zu den kanarischen Inseln. Erst als sich dem merkantilen das
religiöse Interesse zugesellte, gelang die Umsegelung Afrikas
wie die Entdeckung Amerikas. In ganz neue Phasen trat damit der Weltverkehr. Denn die Kulturherde der Neuen Welt traten
in den Gesichtskreis der Völker und zu denjenigen Indiens und
Chinas war ein direkter Zugang gewonnen.

Allein die massenhafte Zufuhr von Edelmetallen aus Mexico
und Peru bewirkte in Europa eine plötzliche gewaltige Preissteige-
rung, die lange Jahrzehnte hindurch alle Kraft der Völker lahm
legte; zahllose Bankerotte traten ein; auch die Hansa brach zusammen. Erst als in den Vereinigten Staaten durch rüstige Arbeit ein
neuer Kulturherd, Peru wie Mexico an Bedeutung weit überholend,
sich ausbildete, trat der Gewinn der Entdeckung Amerikas für Europa recht zu Tage. Von allen Straßen des Weltverkehrs ist die
Verbindung zwischen Europa und Nord-Amerika weitaus die wichtigste: wie denn der nordatlantische Ozean von allen großen
Meeren das am meisten befahrene ist.

Weit steht dahinter der Verkehr mit der pacifischen Seite Nord-
Amerikas zurück: die durch Nord-Amerika hindurchführenden Eisenbahnen dienen ihm nur für den Güterverkehr; der Personen- und
Postverkehr nimmt den Weg über die Landenge von Panama, deren
Eisenbahn die beiden Seewege durch den atlantischen und den ost-
pacifischen Ozean miteinander verbindet. Bald wird es unaufschieb-
bares Bedürfnis sein, einen Kanal für die Seeschiffe durch die sper-
rende Landenge hindurchzulegen.

Dagegen entwickelte sich seit dem 17. Jahrhundert der Verkehr mit Indien und China immer ertragreicher. Seit 1600 begann
die „ostindische Compagnie" in Vorder-Indien sich festzusetzen,
bis der englische Staat selbst durch die Ostindia-Bill 1784 das weite
Gebiet in Besitz nahm. In Indonesien eroberten sich die Niederländer ein ganzes Kolonialreich. Mit China bestand ein wenn auch
sehr eingeengter Verkehr und zu Japan (§ 54 E.) verschafften sich

29*

die Niederländer wenigstens, freilich unter demütigenden Bedingungen, Zugang. Indes seit der Mitte des 19. Jahrhunderts wurden die beiden ostasiatischen Reiche durch Handelsverträge dem europäischen Verkehr erschlossen. So bildet das ganze weite Monsun-Gebiet Asiens (§ 38 C.) das zweite große Gebiet des Weltverkehrs. Zwar der Weg dorthin von Europa war weit: um ganz Afrika herum. Aber 1869 wurde die Durchstechung der Landenge von Sues vollendet: der Sues-Kanal kürzt den Weg von Europa nach dem Monsun-Asien sehr erheblich ab; um so belebter ist jetzt diese zweite große Straße des Weltverkehrs geworden.

§ 108.

Die Mittel des Weltverkehrs.

A. Die Schiffe der Alten waren im Vergleich mit den modernen klein; aber sie genügten für den Verkehr auf dem Mittelmeere, dem sanftesten aller Meere. Die Gestaltung der Küsten zudem verstattete, fast stets das Ufer in Sicht zu fahren; und wo die Fahrt vom Ufer ablenkte, da genügten, um Kurs zu halten, die Gestirne. Außer den Segeln hatten die Schiffe schon in der homerischen Zeit Ruder — an jeder Seite eine Reihe — die sie vom Winde unabhängig machten. Die griechische Erfindung der Trieren, welche drei Reihen von Rudern an jeder Seite hatten, diente nur Kriegszwecken; die Lastschiffe blieben nur Einruderer, wie denn bis tief in das Mittelalter hinein die Ruder noch neben den Segeln Verwendung fanden.

Die Normannen sind die ersten gewesen, die ausschließlich mit Segeln fuhren. Sie haben, durch die schwierigen Verhältnisse ihrer heimatlichen Küsten veranlaßt, die Segelkunst zu hoher Ausbildung gebracht. Aber auch sie hielten sich, sobald sie die Nordsee oder Ostsee verließen, sorglich an die Küsten. Indessen die Erfindung (oder Ausbildung) des Kompasses 1302 durch Flavio Gioia von Amalfi gab durch die stets sichere Orientierung die Möglichkeit zur Fahrt ins freie Meer. Nun erst wurden die großen Seefahrten möglich, die das Mittelalter abschließen.

Die nachhaltigste Förderung indes erfuhr der Weltverkehr durch die Einführung der Dampfschiffe: 1838 befuhr das erste Dampfschiff den Ozean. Denn unabhängig vom Winde fährt ein Dampfer 3—5 mal so schnell, wie ein Segelschiff. Demnach erscheinen bei Dampferfahrten die Wege auf $1/_3$—$1/_5$ ihrer früheren Länge abgekürzt. Auch regelmäßige Postdampfer-Fahrten sind eingerichtet,

die den Verkehr aller Zufälligkeit der Beförderung entheben und die
Dauer der Fahrt im voraus zu veranschlagen gestatten. Diese Vor-
teile sind so wichtig, daß vielfach die Staaten den Dampfschiff=Gesell=
schaften jährliche Zuschüsse (Subventionen) gewähren, um die regel=
mäßigen Postfahrten aufrecht zu erhalten; so zahlt das Deutsche
Reich dem Norddeutschen Lloyd dafür jährlich 4 Mill. Mark.

Die wichtigsten Linien für den Verkehr von Europa
a) nach Nord=Amerika sind:

der Norddeutsche Lloyd von Bremerhaven nach Neu=York, wöchent=
lich, in 7 — 8 Tagen,

die Hamburg=Amerikanische Paketfahrt=Gesellschaft von Cuxhaven
nach Neu=York, wöchentlich, in 8 Tagen,

die Cunard= und White Star [ueit stär]=Linie von Liverpool nach
Neu=York, halbwöchentlich, in 8 — 9 Tagen,

die Red Star [red stär]=Linie von Antwerpen nach Neu=York,
wöchentlich, in 12 — 13 Tagen;

b) nach Ost=Asien:

der Norddeutsche Lloyd von Bremerhaven nach Shanghai, halb=
monatlich,

Deutsche Dampfschiffs=Reederei in Hamburg von Hamburg nach
Jokohama, halbmonatlich,

der Österreichische Lloyd von Triest nach Kobe in Japan, monatlich,

die Peninsular and Oriental Steam Navigation Company [penin=
sular änd oriéntel stim nävigäschn kómpani], gewöhnlich
abgekürzt genannt „P and O“ [pi änd o], von London
nach Shanghai, halbmonatlich,

die Navigatione Generale [bschenerále] Italiana: Florio=Rubat=
tino, von Genua nach Hongkong, monatlich,

die Messageries maritimes von Marseille nach Jokohama, halb=
monatlich;

c) nach den Deutschen Schutzgebieten:

die Woermann=Linie, zweimal im Monat, nach Togo in 21,
nach Kamerun in 24 Tagen,

die Deutsche Ostafrika=Linie, jede vierte Woche, von Hamburg
nach Tanga in 31, nach Dar=es=Salam in 32 Tagen,

der Norddeutsche Lloyd, monatlich, von Neapel nach Friedrich
Wilhelmshafen in 45 Tagen.

B. Zu Lande ist der Verkehr viel mehr als zur See gebun=
den; er hat sich auch in seinen Transportmitteln den lokalen Ver=

hältnissen anzupassen. Saumtiere verlangt das Gebirge, schwerfäl=
lige Ochsenwagen die südafrikanische Steppe, Karawanen die Wüste.
Aber nur die Karawanen können als Mittel des Weltverkehrs
gelten. 2½ Monat braucht die Karawane, um von Tripolis nach
Bornu zu gelangen, und fast dieselbe Zeit erfordert die Wüstenwan=
derung von Marokko nach Timbuktu; sie bringen die europäischen
Zeuge dem Sudan. Anderthalb Monate vergehen, bevor die'große
Theekarawane von Peking Kiachta erreicht.

Ihnen vergleichbar haben jahrhundertelang die Züge der Fracht=
wagen den Austausch der Waren in Europa vermittelt, bis durch
die Eisenbahnen neue Verhältnisse begründet wurden. Ein Güter=
zug fährt etwa 30 km in der Stunde (ein Frachtwagen nur 6 — 7),
ein Personenzug 35, ein Schnellzug 50 — 60; der schnellste Zug
in Europa ist der Jagdzug Köln—Hamburg mit 84 km in der
Stunde.

Die großen Knotenpunkte der Eisenbahnen sind die Sammel=
stellen des Verkehrs; ihnen führen strahlenförmig von allen Seiten
die größeren oder kleineren Lokalbahnen die Erzeugnisse des Landes
zu. Die wichtigste Eisenbahnlinie in Europa ist die west=
östliche: Paris—Berlin—Moskau, an welche bei jeder großen Sta=
tion Strahlen von Nebenlinien sich ansetzen. Dagegen verbindet für
den Personen= und Postverkehr den Nordwesten mit dem Südosten
Europas der „Orient=Expreßzug", der wöchentlich einmal von Lon=
don über Paris, Straßburg, München, Wien, Budapest nach Kon=
stantinopel geht.

In Amerika sind von besonderer Bedeutung die transatlan=
tischen Eisenbahnen, von denen drei durch die Vereinigten Staaten,
eine durch das britische Nord=Amerika führen. Sie sind wichtige
Glieder in dem Weltverkehrsgürtel, der sich innerhalb der nörd=
lichen gemäßigten Zone um die Erde herumschlingt.

Die Länge aller Eisenbahnen auf der Erde beträgt (Ende
1892): 653 937 km,

in den Erdteilen Amerika   352 230 km,
                  Europa   232 317   „
                  Asien   37 367   „
                  Australien 20 416   „
                  Afrika   11 607   „

in den Großmächten Europas im besonderen:
                  Deutschland   44 177 km,
                  Frankreich   38 645   „

Großbritannien und Irland 32703 km,
Rußland   31626 „
Österreich-Ungarn   28357 „
Italien   13673 „

C. Ein wichtiger Gehülfe des Weltverkehrs ist der Nachrich=
tendienst. Durch Feuersignale macht man schon in den home=
rischen Zeiten auf weite Entfernungen einander Mitteilungen. Im
persischen Reiche gehen die „königlichen Boten" als Kuriere bis in
alle Teile des beherrschten Gebietes; im römischen Kaiserreiche sind
Relaispferde von Station zu Station eingestellt, damit die Kuriere
des Kaisers dessen Befehle mit Windeseile in alle Provinzen tragen.
Das sind die Anfänge unserer Post, die selbst von den eingestell=
ten Pferden (equi positi) den Namen empfangen hat. Im Mittel=
alter vernehmen wir nichts von solchen nützlichen Einrichtungen;
alles Nachrichtenwesen ist der Gelegenheit und dem Zufall anheim=
gegeben.

Da war es immerhin ein Fortschritt, daß Kaiser Maximilian
dem Fürstenhause der Thurn und Taxis das Post=Monopol ver=
lieh. Länger als drei Jahrhunderte begnügte sich Deutschland mit
dem „Postreiter", der die spärlichen Briefe beförderte. Und in an=
deren Staaten stand es nicht viel besser. Die im 18. Jahrhundert
aufkommenden optischen Telegraphen dienten nur Staatszwecken.
Indessen im Jahre 1840 wurde die elektrische Telegraphie er=
funden. Die mittelbare Wirkung derselben war die Verbesserung
aller Posteinrichtungen, die in unseren Tagen zur Errichtung des
Weltpost=Vereins geführt hat.

Allein wichtiger noch für den Weltverkehr wurden die unmittel=
baren Wirkungen der elektrischen Telegraphie. Mit einem dichten
Netze von Telegraphen überzogen sich alle Kulturstaaten; weit ent=
legene Gegenden wurden durch Telegraphenlinien eng an das Mutter=
land geknüpft; selbst durch die Ozeane legte man telegraphische Kabel,
die Erdteile dadurch nahe aneinander rückend.

Die wichtigsten Telegraphen=Linien des Weltverkehrs sind:

a) Kabellinien:

bie (10) Kabel von Europa nach Nord=Amerika,
das Doppelkabel von Lissabon über Madeira nach' Pernam=
    buco,
die Linie von Sues nach Port Natal,
die Linie von Singapur nach Wladiwostok,
die Linie von Singapur nach Port Darwin in Nord=Australien;

b) **Kontinentallinien:**

der europäisch=indische Überlandtelegraph von Konstantinopel über
    Bagdad nach Abuschir und von Tiflis über Teheran nach
    Abuschir, dann über Bombay, Madras und Kalkutta nach
    Maulmein in Birma,

der sibirische Überlandtelegraph von St. Petersburg über Kasan,
    Tomsk und Irkutsk nach Nikolajewsk und nach Wladi=
    wostok,

der australische Überlandtelegraph von Port Darwin nach Mel=
    bourne.

Register.

(Die dahinter stehenden Zahlen zeigen die Seiten an.)

A.

Aachen 365. 396.
Aarau 438.
Aare 270. 326. 334. 335. 336. 424. 437. 438.
Aaregletscher 335.
Aargau 438.
Aarhuus 305.
Abbeokuta 120.
Abbeville 276.
Abbera 246.
Abd-el-Wahhab 88.
Abend 2.
Abendland 58. 60. 181.
Abendstern 8.
Aberdeen (Alt-, Neu-) 293.
Abessinien 106. 125. 126 f. 221.
Abgliederungs-Inseln 31. 57. 59.
Abo 321.
Abome 120.
Abruzzen (Abruzzo) 215. 216. 231. 232.
Abukir 123.
Abuschir 456.
Abydos 244.
Acapulco 152.
Accon 83.
Achäischer Bund 241. 251.
Achaja 241. 251.
Achalm 415.
Acheloos 249.
Achen 332.
Acheron 247.
Achse der Erde 11.
Acht (die hohe) 341.
Aconcagua 135.
Aequi 222.

Adadoberg 123.
Adamaua 115. 119.
Adamello 209. 327.
Adamsbrücke 94.
Adams-Pik 94.
Abba 209. 212. 213. 223. 224.
Adelaide 172.
Adelsberg 429.
Aden 88.
Adersbach 348. 432.
Adige 213.
Admiralitäts-Inseln 175. 176.
Admont 428.
Adour 41. 265. 268. 277.
Adria 214. 226.
Adrianopel 246. 248.
Adriatisches Meer 20. 43. 182. 202. 211. 213. 215. 217. 231. 232. 234. 238. 427. 433.
Aerolithen 9.
Ägäisches Meer 31. 61. 79. 182. 188. 238. 239. 243. 244. 247. 248. 252.
Ägatische Inseln 235.
Ägina 253.
Ägos Potamos 244.
Ägypten 64. 71. 82. 106. 121. 124. 126 f. 233. 234. 243.
Äquator 4. 12. 13. 14. 15. 16. 27. 28. 45. 106. 110. 136. 137. 140. 143. 177. 178. 180. 181. 202.
Äquatorialachsen 4.
Äquatorial-Afrika 106.

Äquatoriale Projection 180.
Äquator. Luftströmung 28.
Äquatorial-Strömung 27.
Äquinoktium 11. 16.
Ärmelmeer 265.
Ästuar 117.
Ästuarien 41. 117. 352.
Äthiopien 126.
Äthiopische Sprache 126.
Ätna 185. 235. 236 f.
Ätolien 249.
Ätolischer Bund 241.
Afghanen 72 f.
Afghanistan 69. 72. 73.
Africa propria 129.
Afrika 12. 13. 15. 21. 22. 24. 31. 33. 58. 59. 60. 61. 86. 87. 105 ff. 137. 143. 182. 191. 200. 218. 221. 243. 278.
Afrikanische Inseln 130 ff.
Agnano-See 232.
Agra 93.
Agram 262.
Agrigentum 237.
Aguaray 142.
Agulhas 109.
Ahr 342. 343. 396.
Aiguilles 207.
Ainos 105.
Airolo 208. 336. 439. 441.
Aix 278.
Ajaccio 238.
Akaba (Bucht v.) 61. 86.
Akablen 154. 155.
Akarnanien 249. 254.
Akjerman 323.

Alto 83. 85.
Altabier 80.
Altragas 237.
Altroteraun. Vorgebirge 247.
Altrokorinth 252.
Atropolis 216. 250.
Attion 249.
Alabama (Fluß) 160.
  (Staat) 160.
Alandsinseln 321.
Alaska 147. 148. 153. 156. 163.
Alava 199.
Alb (rauhe) 328. 415.
Alba Longa 230.
Albauer Gebirge 216. 228. 230.
Albanesen 188. 244. 247. 248.
Albanien 243. 247 ff. 249. 255.
Albano (See von) 216. 230. 231.
Albany 158.
Albert=See 111. 125.
Albert Eduard=Njansa 43. 111.
Albert Eduard=See 109.
Albert=Spitze 118.
Abi 278.
Albigenser 278.
Albion 281.
Albuch 328. 329.
Albusera=See 201.
Alburs 66. 70. 74.
Alcala 198.
Alcazar 198. 199.
Alemannen 418. 436.
Aleppo 83.
Alessandria 222.
Aletschgletscher 208. 326.
Aleuten 147. 163.
Alexander d. Gr. 71. 74. 78. 79. 81. 82. 91. 124. 127. 128. 241.
Alexanderbad 413.
Alexandrien 6. 59. 128.
Alexisbad 352. 403.
Algäuer Alpen 209. 327.
Algarve 195.

Alger 129.
Algerien 124. 129.
Algier 129.
Alhambra 200.
Alicante 201.
Altmaar 446.
Allahabad 93.
Alle 359. 379.
Alleghanies 148. 149. 154. 155. 158. 159.
Aller 353. 355. 358. 387. 389. 404.
Allerheiligen=Bai 142.
Allersheim 412.
Aller 267. 268.
Alluvium 37.
Almaden 198.
Alp (Alm) 205.
Alpen 37. 46. 184. 185. 187. 190. 202 ff. 211. 212. 214. 222. 266. 267. 270. 324. 325. 326 ff. 329. 330. 333. 357. 410. 427, (Austral=) 170.
Alpenland v. Abessinien 106.
Alpenpässe 204. 222. 270.
Alpenseeen 204. 206. 210. 332. 333.
Alpes maritimao 206.
Alpheios 251.
Alpujarras 191. 194.
Alsen 387.
Alster 409.
Alt (Aluta) 258.
Alt=Aberdeen 293.
Altai 65.
Alt=Amerika 133.
Alt=Breisach 416. 419.
Alt=Castilien 193. (Tafelland von) 192.
Altdorf 336. 439.
Altenburg (Stadt) 401.
Altenburg (Ruine) 413.
Alt=England 284.
Altenstein 401.
Alter Rhein 353.
Altes Land 389.
Alte Weichsel 358.

Alte Welt 46. 59 ff. 180.
Alt=Kalifornien 152.
Altkönig 341.
Alt=Korinth 252.
Altmark 356. 372. 382.
Altmühl 331. 339. 411.
Altona 386. 409.
Alt=Orsova 261.
Altpersisches Reich 69. 71.
Altvater 349.
Aluta 258. 262.
Amager 305.
Amalfi 231.
Amarapura 95.
Amazonenstrom 41. 44. 134. 137 f. 139. 140. 143.
Amben 125.
Amberg 411.
Ambo 116. 117.
Ambo=Land 116.
Ambrakia 249.
Amerika 18. 20. 21. 23. 24. 37. 46. 50. 51. 55. 58. 64. 132 ff. 147. 167. 196. 293. 294.
Amerik. Rasse 51. 64.
Amerikanisches Mittelmeer 132.
Amfinger Heide 411.
Amiens 276.
Amiranten 131.
Ammer 332, (=see) 332. 411.
Ampezzo=Thal 210.
Amphipolis 246.
Amritsar 92.
Amster 445.
Amsterdam 445.
Amu 64. 66. 69.
Amur (Fluß) 67. 68. 101.
Amurgebiet 67.
Amurlinie 67.
Anaboli 78.
Anadyr 67.
Anahuac (Hochfläche von) 147. 148.
Ancona 231.

Andalusien 191. 192. 193. 199 f.
Andamanen 95.
Anden 135. 137 f.
Andernach 340. 342. 396.
Andorra (Republik) 189. 201.
Andreasberg 389.
Andros 253.
Aneho 120. 123.
Ansaugsmeridian 13.
Angara 67.
Angelland 282.
Angeln 277. 282.
Angerap 359.
Augers 280.
Angesessene (angesiedelte) Völker 49.
Anglesea 284.
Anglik. Kirche 53. 287. 294.
Anglo-Amerikaner 156.
Angola 110.
Angora 78.
Angostura 140.
Angra pequena 110.
Anhalt (Burg) 352. 402. 403. (Herzogtum) 359. 402 ff.
Anhöhe 34.
Anio 216.
Anjou 280.
Anklam 378.
Annaberg 399.
Annam 95.
Annecy 279.
Ansbach (Fürstent. und Stadt) 397. 412.
Antakia 83.
Antarkt. Inseln 16.
Antarkt. Kontinent 24.
Antarktischer Meeresstrom 27. 135.
Anthropomorphismus 52.
Antigua 146.
Antilibanos 82. 83. 84.
Antillen 31. (große) 144. 145 f., (kleine) 144. 146 f.

Antillenmeer 132.
Antiochia 83.
Antiparos 253.
Antipoden 4. 12.
Antitauros 77.
Antwerpen 290. 352. 355. 413. 444.
Anziehungskraft (d. Erde) 4. 27.
Aosta 222.
Apalachen 148.
Apennin 202. 211. 214 ff. 222. 226. 227. 228. 230. 231. 234. 235.
Apenninen-Halbinsel 187. 211. 222. 281.
Apfelstädt 341.
Apolda 400.
Appenzell 437. 439 ff.
Appenzell-Außerrhoden 439.
Appenzell-Innerrhoden 439.
Appenzeller Alpen 209. 327.
Apulien 216. 217. 234 f.
Apulische Küstenebene 214.
Aquae Sextiae 278.
Aquila (Hochebene von) 215, (Stadt) 232.
Aquileja 429.
Aquitanien 277.
Araber 81. 85. 86. 87. 113. 114. 124. 127. 128. 129. 191. 199. 218. 231. 237. 238. 247. 277.
Arabien (Arabische Halbinsel) 15. 62. 63. 86 ff. 243.
Arabischer Meerb. 61.
Arabische Wüstenplatte 125. 128.
Arab 262.
Aragon (Aragonien) 191. 192. 193. 194. 195. 200 ff.
Aralokasp. Erdsenke 69.
Aralsee 68. 69.
Aranjuez 197.

Arar 266.
Ararat 75. 76.
Aras 75.
Araukaner 141.
Arausio 279.
Araxes 75.
Arber 330. 331.
Archangels 322.
Archipel 30.
Ardennen 341 f. 343. 352. 447.
Arelate 278. 363.
Arelatisches Kgr. 278. 363.
Arenberg 389.
Arenibeck 178.
Arequipa 141.
Arezzo 228. 231.
Argentina 141.
Argentoratum 419.
Argolis 252. 253.
Argonnen 267. 269. 343.
Argos 252.
Aricia 231.
Arimathia 85.
Arizona 163.
Arkadien 185. 251.
Arkader 251.
Arkansas (Fluß) 149. 156. 160. 163, (Staat) 160.
Arkona 378.
Arktische Felsen- und Seeenplatte 150. 309.
Arktischer Archipel 31. 146. 151. 163.
Arktische Strömung 27.
Arlberger-Tunnel 209.
Arles (Arelate) 278.
Arme (eines Flusses) 40.
Armenien (Hochland) 62. 66. 70. 74. 75 ff. 77. 80. 243.
Armenier 75. 76. 78. 85. 228. 245. 429.
Arnaut 217.
Arnauten 247.
Arnheim 447.
Arno 215. 216. 227. 228.

Arnsberg 390.
Arnſtadt 402.
Arolſen 406.
Arona (See) 222.
Arpaten 260.
Arpino 234.
Arras 270.
Arſakiden 71.
Arta (Buſen v.) 247. 248. 249.
Artagerxes 71.
Artemiſion 253.
Artern 384.
Arteſiſche Brunnen 39.
Artois 39. 272. 276.
Aruwimi 110.
Arve 207. 266. 279.
Aſcenſion 131.
Aſchaffenburg 413.
Aſchersleben 382. 383.
Aſhanti 120.
Aſien 13. 21. 22. 23. 24. 33. 35. 36. 53. 58. 59. 60 ff. 87. 96. 105. 132. 143. 147. 181. 182. 185. 187. 218. 238. 240. 243. 307. 309.
Aſkanien 372. 383.
Aſmannshauſen 342.
Aſow 323.
Aſowſches Meer 60. 310. 323.
Aſpern 427.
Aſpromonte 217.
Aſpropotamo 249.
Aſſab=Bai 126.
Aſſam 95.
Aſſaſſinen 83.
Aſſiſi 231.
Aſſuan 127.
Aſſyrier 81.
Aſtenberg 342.
Aſteroiden 8. 9.
Aſtoria 161.
Aſtrachan 322.
Aſtrolabe=Bai 174. 175.
Aſtrolabe=Compagnie 175.
Aſturien 198.
Aſuncion 142.

Atacama (Wüſte v.) 137. 141.
Atbara 125.
Athabasca=See 150.
Athen 59. 236. 240. 250. 253.
Athos 246.
Atlanten 180. 181.
Atlantis 23.
Atlantiſcher Ozean 23. 24. 27. 32. 58. 59. 61. 106. 128. 130. 132. 133. 144. 147. 148. 149. 151. 152. 157. 159. 160. 182. 183. 184. 191. 264. 277. 281. 295. 359.
Atlas 106. 124. 128. 218.
Atlasländer 128 f. 130.
Atmoſphäre 10. 19. 27. 28. 29. 30. 32.
Atolls 31. 170. 178.
Atſchineſen 96.
Attika 250 f. 252. 253.
Attol 92.
Aube 268.
Auckland 173.
Audh 93.
Aue 40.
Aue (die goldene) 351.
Auerberg 346.
Augsburg 411. 412.
Augſt 438.
Augusta Rauracor. 438.
Augusta Taurinor. 222.
Augusta Treveror. 396.
Augusta Vindelicor. 411.
Auguſtenburg 387.
Aurich (Regbz.) 388. 389, (Stadt) 389.
Auſterlitz 433.
Auſtin 160.
Auſtral=Kont. 15. 19. 51. 168. 169. 170. 171 ff.
Auſtralien 13. 20. 21. 22. 24. 30. 31. 46. 48. 51. 58. 59. 61. 96. 97. 168 ff. 169. 170. 174. 177.

Auſtral. Alpen 170.
Auſtral=Buſen 170.
Auſtral=Inſeln 168 ff. 170. 173 f.
Auſtral=Kolonieen (deutſche) 174.
Auſtralneger 51. 170. 171.
Außerrhoden ſ. Appenzell.
Auvergne 185. 268. 270. 280, (Gebirge b.) 267. 268.
Avaren 333. 425.
Averner See 232.
Avignon 279.
Awas=Gebirge 115. 116.
Axios 246.
Azincourt 276.
Azoren 27. 130. 195.
Azteken 133. 151. 152.

B.

Baalbek 83.
Baba (Kap) 79.
Babel 81.
Bab el=Mandeb 61. 88. 108. 126.
Babelsberg 376.
Babylon 81.
Babylonier 81.
Bach 39.
Bacharach 342. 396. 413.
Badajoz 199.
Baden (Großherzogtum) 338. 415 ff. 418. (Markgraſſchaft) 415. 416.
Baden=Baden oder Baden 416.
Baden (öſterr.) 428.
Bär (großer) 5, (kl.) 5. 15.
Bären=See 150.
Baffin=Bai 147. 151. 164. 166.
Baffinland 23.
Bagamoyo 114.
Bagdad 81.

Bagida-Strand 123.
Bagirmi 121.
Bagnères 277.
Bahama-Inseln 15. 144. 145. 166.
Bahia 142.
Bahrein-Inseln 88.
Bahr el-abiad 125.
Bahr el-asrak 125.
Bahr el-dschebel 111. 125.
Bahr el-gasal 125.
Bahr-Jusuf 127.
Bai 21.
Bajaderen 93.
Bajak 232.
Baikal 43. 66.
Bajuda 126.
Bakony-Wald 258.
Baktrien 69.
Baktschisarai 323.
Baku 76.
Bakwiri 119.
Balbi 176.
Balearen 201.
Bali 96. 97.
Balize 144.
Balkan 188. 230. 244. 254. 255.
Balkan-Halbinsel 188. 238 ff. 256.
Ballasch-See 67.
Ballenstädt 403.
Ballon d'Alsace 336.
Baltimore 159.
Baltischer Landrücken 301. 308. 356 f. 359.
Baltisches Meer 183.
Bama 95.
Bamberg 338. 339. 413.
Banana-Point 110.
Banda 98.
Bangalur 93.
Bangla 96.
Bangkok 95.
Bangweolo-See 111.
Banjaue 122.
Banjo 119.
Bantu-Neger 107. 108. 109. 113. 116. 119.
Banz 413.

Baraba 83.
Barbados 146.
Barbaren 129. 240. 246.
Barbaresken 129.
Barcelona 200.
Barceloneta 200.
Bardowieck 388.
Barèges 277.
Barenberg 404.
Barfmusch 74.
Bari 234.
Barisan 96.
Barka 107. 128. 129. 243.
Barmen 116. 394.
Barnien 320.
Barometer 35.
Barquisimeto 136.
Barren 41. 118.
Barrenmündung 41.
Barsac 277.
Barth, H. 121.
Barysphäre 18.
Basalt 38.
Baschkiren 322.
Basel 266. 334. 335. 336. 437. 438.
Basel-Land 438.
Basel-Stadt 438.
Basilicata 234.
Basken 188. 199. 269.
Baskische Provinzen 199.
Basra 81.
Basseterre (Halbinsel u. Stadt) 146.
Baßstraße 172.
Bastei 347. 398.
Basra 238.
Batavia 97.
Batavische Republik 445.
Bath 289.
Batom 119.
Bauden (im Riesengeb.) 318.
Bauernrepubliken 108.
Baumannshöhle 404.
Bautzen 377. 399.
Bayern (Hochebene v.) 330, (Königreich) 202. 333. 365. 370. 373.

410 ff. 415, (Volksstamm) 332. 362.
Bayol 122.
Bayonne 277.
Bayrischer Kreis 365.
Bayr. Wald 330. 331.
Bayrische Alpen 210. 328. 332. 430.
Bayrisches Meer 332.
Bayreuth (Fürstentum) 397. 412. 413, (Stadt) 412. 413.
Bearn 277.
Beaucaire 278.
Bechelaren 428.
Beduinen 87. 88.
Beerberg 345. 351.
Befreiungshalle 411.
Bei 129.
Beirut 83.
Belchen (deutscher) 337, (Sulzer) 337. 420, (welscher) 267. 336. 343.
Belem 195.
Belfast 295.
Belfort 274. 279. 418.
Belgien (Königr.) 187. 189. 324. 356. 364. 400. 436. 441 ff.
Belgisch-Limburg 443.
Belg.-Luxemburg 444.
Belgrad 255. 262.
Bellagio 212.
Belle Alliance 273. 433.
Bellinzona 441.
Bell Rock 293.
Belo 175.
Belt (gr. u. kl.) 183. 304. 305.
Belutschen 72.
Belutschistan 72. 73. 88.
Belvedere 399.
Benares 93.
Bender 323.
Benevent 234.
Bengalen 90. 92.
Bengalischer Meerbusen 61. 94.
Benghasi 129.
Benguela 110.

462   Register.

Benin (Bucht von) 121.
Ben Nevis 291.
Bentheim 389.
Bentinck 405.
Benue 117.
Berberei 106.
Berbern 120. 129. 130.
Berchtesgaden 411.
Berditschew 322.
Beresina 311.
Beresow 68.
Berg 19. 34.
Berg (Herzogt.) 394.
Berg (Lustschloß) 414.
Bergamo 224.
Berg=Damara 117.
Bergedorf 409.
Bergen (Kloster) 362, (Mons) 443, (Norw.) 303. 304, (Rügen) 378.
Bergen op Zoom 447.
Berggruppen 34.
Bergketten 34.
Bergma 79.
Bergschollen 292
Bergstraße 417.
Bergstürze 205. 224.
Bergzüge 34.
Bering (Seefahrer) 23.
Beringstraße 14. 16. 23. 68. 132. 163. 167. 321.
Berleburg 390.
Berlin 13. 48. 79. 288. 373. 374 ff. 381.
Bermuda=Inseln 31. 166.
Bern 207. 437. 438.
Bernburg 403.
Bern. Alpen 208. 265. 326.
Berner Oberland 208. 327. 335. 438.
Bernina 209. 327.
Bernstein 379.
Berry 280.
Bertius 83.
Besançon 279.
Besstiden 256. 349.
Bessarabien 323.

Bessarabische Steppenplatte 259.
Bethanien 116.
Bethlehem 85.
Bett (eines Flusses) 40.
Beuthen 382.
Bevölkerung (der Staaten) 55.
Bewegung der Monde 8.
Bewegung des Meeres, unregelmäßig, regelmäßig 26 f.
Bewegungen der Erde 11 ff.
Biafra (Bucht von) 121. 131.
Bialowicza 313.
Biarritz 277.
Bidassoa 190. 192. 277.
Biebrich 393.
Bielathal 350.
Bielefeld 390.
Bieler=Grund 347.
Bieler=See 335.
Bielitz 433.
Bielshöhle 404.
Bifurkation 44. 353.
Bilbao 199.
Bille 409.
Billiton 96.
Bilma 124.
Bingen 336. 340. 342. 343. 418.
Binger Loch 342.
Binnen=Europa 255 ff.
Binnenmeer 20. 25. 26. 41. 59. 60. 61. 182. 183.
Binue 120. 121.
Birara 175.
Birkenfeld 405.
Birma 95 f., (Britisch) 95.
Birmingham 290. 291.
Bisanz (Besançon) 279.
Biscaya (Busen von) 182. 184. 199. 264, (Provinz) 199.
Bismarck=Archipel 173. 175 ff. 178.
Bismarckburg 123.

Bismarck=Gebirge 174.
Bischof, Gustav 18.
Bithynien 79.
Bitsch 420.
Blad el=bscherib 128.
Blanche=Bal 175.
Blankenburg 404.
Blankenese 386.
Blaue Berge (Australien) 171.
Blaue Grotte 233.
Blauer Fluß 125.
Bleiberg 429.
Biekingen 302. 363.
Blocksberg s. Brocken.
Blumenau 142.
Blumenbach 51.
Bober 348. 349. 361.
Boca=Tigris 100. 101.
Bocchetta=Paß 214.
Bochnia 263.
Bochum 390.
Bode 351. 383. 390. 404.
Bodenarten 33 f.
Bodensee 209. 325. 334 f. 335. 387. 412. 415. 416. 431. 437. 438. 440.
Bodensenke des östlichen Nieder=Deutschland 357 f.
Böhmen 333. 348. 349. 350. 362. 365. 425. 428. 431 ff. 432.
Böhmen (Volk) 187. 426. 431.
Böhmer Wald 329 f. 350. 411. 432.
Böhmisch=mähr. Hügelland 349. 361.
Böhm. Mittelgebirge 350.
Böhm. Paradies 350. 432.
Böotien 249.
Börde (Magdeburg) 358.
Bogba=Lama 102.
Bogota (Stadt u. Fluß) 140.
Boitzenburg 407.

Bolivar 139. 141.
Bologna 226. 228. 275.
Bolsena (See v.) 216. 231.
Boltenhagen 407.
Boma 110. III.
Bombay 94.
Bona 129.
Bonifacio-Straße 237.
Bonn 334. 340. 341. 342. 352. 395.
Boppard 342.
Bora (Wind) 430.
Bordeaux 277.
Borkum 353. 354. 389.
Bormio 209. 224.
Borneo 30. 31. 96. 97. 98.
Bornholm 305.
Bornu 121.
Borodino 310.
Borrom. Inseln 212. 222.
Bosna 255.
Bosnien 243. 255 f. 256. 426.
Bosporus 60. 244. 245. 246.
Boston 155. 158.
Bosworth 291.
Botanik 1. 45. 51.
Botany-Bai 171.
Botokuden 142.
Bottnischer Meerb. 183. 296. 359.
Bougainville 176.
Bouillon 444.
Boulogne (bei Paris) 276, (am Kanal) 260. 276.
Bourbon (Insel) 131.
Bourbonnais 280.
Bourges 280.
Bourgogne 279.
Bouvinos 276.
Boyen (Fort) 379.
Bozen 210. 431.
Brabant 441, (belgisch) 442. 443 f., (hollän-disch) 447.
Bradford 291.
Bräunlichgelbe Rasse 51.

Bragança 194.
Brahe (Fluß) 380.
Brahma 91.
Brahmaismus 53. 64. 91. 92. 95.
Brahmaputra 39. 65. 89. 92. 95. 102.
Brahminen 91. 93.
Braila 264.
Brandenburg (Provinz) 359. 374 ff., (Mark-grafschaft) 372. 402, (Stadt) 376.
Brandenburg-Preußen 365. 373. 374 ff. 381. 382. 390. 307.
Brandung 26.
Branntvor 376.
Brasilien 132. 133. 134. 139. 142 f. 364, (Ge-birgsland von) 136. 137.
Braunau 428.
Braunsberg 379.
Braunschweig (Herzog-tum) 356. 381. 387. 389. 403 ff., (Stadt) 404. 407.
Brazza 433.
Breda 447.
Brege 330.
Bregenz 431.
Breisach 364.
Breisgau 416.
Breite (geographische, nördliche, südliche) 12. 13. 14. 17, (eines Flusses) 40.
Breitenfeld 398.
Breitengrade 13. 15. 29. 55.
Breitenkreise 12. 36.
Brettling 407.
Bremen (Stadt) 356. 363. 408. 409 ff., (Her-zogtum) 300. 388.
Bremerhaven 389. 409.
Brenner 209. 213. 411. 430.
Brenner-Bahn 210. 411. 430.

Brenner Paß 209. 327. 430.
Brenta 213.
Brescia 224.
Breslau 381.
Brest 277.
Brest-Litowsk 321.
Bretagne 188. 268. 269. 277. 282.
Bretten 416.
Bridgetown 146.
Bridgewater-Kanal 290.
Brieg (Wallis) 208, (Schlesien) 381.
Brienzer See 208. 335.
Brigach 330.
Brighton 289. 291.
Brindisi 234.
Brisbane 172.
Bristol 289, (Kanal v.) 285. 289.
Britannia 281.
Britannien 277. 282.
Britanniabrücke 284.
Briten 277. 282. 284.
Britisch Birma 95.
Britisch Columbia 165.
Britische Inseln 186. 187.
Britisch Nord-Amerika 148. 163 ff.
Brixen 430. 431.
Broden 346. 352. 383.
Brody 263.
Brock 416.
Bromberg 380.
Bromberger Kanal 380.
Brooklyn 158.
Bruch 33.
Bruck 428.
Brückenberg 304. 382.
Brügge 443.
Brünn 433.
Brüssel 396. 442. 443.
Brundusium 234.
Brunsbüttel 386.
Brussa 79.
Bruttium 217.
Buch, L. v. 18.
Buchara 69.
Buchhorn (Friedrichs-hafen) 415.

Bucht 21. 22.
Buda 261.
Budapest 261. 262. 426.
Buddha 94. 102.
Buddhismus 53. 64. 94. 95. 99. 101. 102. 104.
Budissin (Bautzen) 399.
Budweis 431. 432.
Bückeburg 405.
Buea 119.
Buenos-Aires 141.
Bürglen 439.
Bülow 377.
Buffalo 158.
Bug 311. 321. 323. 358.
Buitenzorg 97.
Bujuldere 246.
Bula 176. 177.
Bukarest 264.
Bukowina 263. 316. 426.
Bukumbi 114.
Bulak 128.
Bulgaren 187. 254. 255.
Bulgarien 189. 242. 243. 254. 400, (Hoch-ebene v.) 239. 256. 259.
Bund (Deutscher) 366 ff. 441.
Bundesstaaten (Deutsche) 368 ff.
Bundestag (Deutscher) 366.
Bunzlau 381.
Burdigala 277.
Burg 383.
Burgberg 404.
Burgdorf 438.
Burgos 198.
Burgund 271. 278. 279. 363. 441, (Kanal v.) 268.
Burgunder 436.
Burgundischer Kreis 365.
Burtscheid 396.
Buschehr 74.
Buschmänner 50. 51. 107. 109. 116.

Busento 234.
Butan 92.
Buxtehude 388.
Byzantin. Kaisert. 241.
Byzantion (Byzanz) 241. 245.

C.

Caboto (Joh.) 153, (Sebastian) 153.
Cabral 133.
Cadiz 200.
Caen 277.
Cafusos 134.
Cagliari 238.
Calabrien 217. 234 f. 236.
Calais 265. 271. 276, (Meerenge von) 183. 265. 267. 276.
Calatagirone 237.
Calicut 93.
Callao 141.
Caltanisetta 237.
Cambray 276.
Cambridge 289. 291.
Camisarden 267.
Campagne di Roma 216. 230.
Campauer Thal 277.
Campanien 216. 232 f.
Campanische Küstenebene 214. 216.
Campeche 152.
Campine 355.
Campi raudii 222.
Campo-Fluß 118.
Campo Formio 226. 428.
Campo Santo 227.
Campus Martius 229.
Cana 84.
Canada (Land) 154. 155, (Herrschaft) 159. 164 ff.
Canadische Seeen 150. 153. 155. 164.
Canal de Briare 280.
Canal du Midi (Süd-kanal) 265. 278.
Canale grando 225.

Candia 247.
Cannä 234.
Canossa 226.
Cannstadt 414.
Cantal 267.
Canterbury 282.
Canton 64. 99. 100.
Cantonieras 209.
Cape Coast 120.
Capo d'Istria 429.
Capri 233.
Capua 234.
Caracas 140.
Cardiff 290.
Carlisle 290.
Carolina (Nord- und Süd-) 153. 160.
Carpentaria-Golf 170. 173.
Carrantuohill 204.
Carrara 215. 228.
Carion-Fluß 162.
Cartagena (Amerika) 140, (Span.) 200.
Casa inglese 236.
Casale 222.
Casa Simonetta 224.
Cassauiare 44. 137.
Casiilianisches Scheidegebirge 192.
Casilien 193. 194. 195. 197 ff.
Castra vetera 394.
Catalaun. Gefilde 280.
Catalonien 200.
Catania 236.
Cattaro 433.
Cawdor 293.
Cayenne (Kolonie, Stadt u. Fluß) 143.
Celano (See v.) 215.
Celle (Fürstentum) 388, (Stadt) 388.
Centralalpen 203. 204. 207. 209. 327.
Central-Afrika 106. 107. 108.
Central-Amerika 143 f. 364.
Central-Arabien 88.
Central-Asien 62. 70.

Centralsonne 7.
Cerigo 254.
Cetinje 255.
Cette 278.
Ceuta 130.
Cevennen 267.
Ceylon (s. Zeilon).
Chäroneia 241. 250.
Chaltibile 246. 247.
Chaltis 252.
Chalons sur Marne 280.
Cham 329.
Chambéry 279.
Chamonixthal 207. 279. 327.
Champagne 280.
Champ. pouilleuse 280.
Champlain-See 158.
Chan Tengri 65.
Charlow 322.
Charleston 180.
Charlottenburg 376.
Charlottetown 165.
Chartres 280.
Chartum 125.
Charybdis 235.
Chatten 391.
Chauz de Fonds 440.
Chemnitz 399.
Chemulpo 102.
Cher 268.
Cherbourg 277.
Cherson 323.
Chersones (thral.) 244.
Chesapeale-Bai 159.
Chester 285.
Chevlotberge 286.
Chlana 215.
Chiana-Kanal 215.
Chiavenna 224.
Chicago 161.
Chiemsee 332. 411.
Chile 141.
Chiloe 141, (Archipel v.) 141.
Chimborazo 136.
China 15. 50. 51. 53. 68. 98 ff. 101. 102. 161. 322.
Chincha-Inseln 141.

Chinesen 95. 96. 97. 98 ff. 102. 103. 150. 162. 171. 177.
Chines. Meer 95. 99.
Chines. Reich 51. 98 ff.
Chines. Tiesland 66.
Chios 79. 225.
Chiusi 228.
Chiwa 69.
Choiseul 176.
Chorin 376.
Christentum 53.
Chrudim 431. 432.
Chur 334. 440.
Churchu-Gebirge 65.
Churfürsten 209.
Cilli 429.
Cincinnati 159.
Cintra 195.
Cirta 130.
Cislaulasien 76. 77.
Cisleithanien 263. 426. 433.
Citlaltepetl 147.
Ciudad-Bolivar 140.
Civita Vecchia 231.
Cläven (Chiavenna) 224.
Clans 292.
Clermont 280.
Clitumnus 231.
Clusium 228.
Clyde-Busen 291.
Cölesyrien 83.
Coburg (Fürstentum u. Stadt) 397. 400.
Coimbra 195.
Col de la Perche 190.
Col di Tenda 206. 214. 222.
Collis Cuirinalis 229.
Collis Viminalis 229.
Columbia (Republit) 140.
Colon (Stadt) 140.
Colonia Agrippinensis 395.
Colorado (Fluß) 148, (Staat) 161.
Columbia (Distrilt) 156. 159, (Fluß) 41. 148.

Columbus (Chr.) 58. 133. 144. 145. 196. 199. 223.
Columbus (Stadt) 159.
Comersee 208. 209. 212. 224. 351. 440.
Comino 237.
Como 224.
Comoren 131.
Compiègne 276.
Conca d'oro 235.
Confluentia 305.
Confucius 99.
Coni 222.
Connaught 295.
Connecticut (Fluß) 149, (Staat) 153. 158.
Constantine 129.
Constantin-Hafen 175.
Cool 160. 171. 177.
Coolstraße 173.
Coppernicus s. Koppernigt.
Corcyra 254.
Cordilleren 132. 134 ff. 137 f. 140. 141. 143. 151. 185. 204.
Cordoba (Corduba) 193. 194. 199.
Corfu 254.
Corl 295.
Cornwall (Halbins.) 284, (Bergland von) 285.
Corpi Santi 223.
Correggio 226.
Corsica 221. 237. 238 f. 274.
Cortez, Ferd. 151. 152.
Coruña 198.
Corvei 390.
Cosenza 234.
Costa Rica (Gebirge u. Plateau v.) 143, (Republit) 144.
Côte d'or 208.
Cotentin (Halbinsel) 277.
Cotopaxi 136.
Cottische Alpen 206. 211. 205.
Counties 155.
Courcelles 420.

Courtrai 443.
Crati 234.
Crecy (Cressy) 276.
Creel 172.
Cremona 224.
Crêt de la Neige 266.
Cretins 205.
Criminitschau 399.
Cuba 27. 30. 145.
Culloden 293.
Cumana 140.
Cumberland (Bergland v.) 286.
Curaçao 146.
Curzola 433.
Custozza 226.
Curhaven 386. 409.
Cuzco 141.
Cylinder = Projektion 180 f.
Cypern 80. 225. 243.
Cyriaksburg 384.
Czaslau 431. 432.
Czenstochau 321.
Czernagora 255.
Czernowitz 263.

D.

Dabra Tabor 126.
Dachstein 210. 328.
Dacien 259. 264.
Dacier 264.
Dämme 32. 353.
Dämmerung 17.
Dänemark 146. 104. 187. 189. 190. 295. 300. 301. 304 ff. 363. 385. 386. 404.
Dänen 166. 187. 299. 300. 305. 386.
Dänische Halbinsel 304. 353.
Dänische Inseln 31. 183. 289 f. 304.
Dänischer Staat 304 ff.
Dahome 120.
Dajaken 97.
Daimios 104.
Dakoromanen 187.
Dalai = Lama 102.

Dalarne (Dalekarlien) 302.
Dal Elf 297. 302.
Daltarlar 302.
Dalmatien 225. 255. 314. 364. 426. 433 f.
Damara 117.
Damaskus 83.
Damiette 128.
Dannemora 302.
Danzig 358. 379. 407.
Danziger Weichsel 358.
Dapsang 65.
Dardanellen 60. 244.
Dar = es = Salam 114.
Dar For 121.
Darling 172.
Darmstadt 391. 417.
Datumsscheibe 14.
Dauphiné 202. 206. 279.
Daurische Gebirge 65. 68.
Davisstraße 151. 166.
Debreczin 261. 262.
Desterbar = Effendi 243.
Deiche 32. 353.
Deidesheim 414.
Deine = Fluß 122.
Deister 345.
Defhan 31. 66. 89 f. 92. 93.
Delaware = Bai 159.
Delaware (Fl.) 41. 149. 158. 159. (Staat) 154. 158.
Delft 446.
Delhi 91. 92.
Delmenhorst 404.
Delos 253.
Delphot 240.
Delta 41. 69. 79. 80. 81. 112. 121. 126. 136. 149. 150. 160. 213. 259. 266. 310. 322. 380.
Demawend (Bulkan) 66. 70. 74.
Demerara 143.
Demmin 378.
Dennewitz 376.
Depressionen 32. 129.
Deralje 89.

Derby (Bergland von) 286.
Derwische 244.
Desima 105.
Despotenstaaten 95.
Despotie 54.
Dessau 351. 403.
Detmold 345. 405.
Detroit 160.
Deutsche 55. 113. 141. 142. 156. 158. 159. 161. 171. 172. 187. 204. 207. 209. 218. 221. 231. 233. 242. 260. 261. 269. 273. 276. 279. 280. 314. 319. 320. 322. 323. 324. 360 ff. 366. 374. 387. 419. 420. 426. 427. 431. 436. 437. 442. 445. 447.
Deutsche Alpen 326 ff.
Deutsche Gemeinden (Italien) 222. 226.
Deutsche Kronländer der österreich. Monarchie 324. 424. 426. 446.
Deutsche Ostseeprovinzen Rußlands 320.
Deutsche Sprache 361.
Deutscher Bund (Bestandteile) 366 ff. 441.
Deutscher Ritterorden 315. 363. 372. 379. 415.
Deutsche Schutzgebiete (überseeische) 371. 453.
Deutsche Staaten (Areal) 420 ff., (Bevölkerung) 421 ff., Bevölkerungs-dichtigkeit) 423, (Wohn-orte, (Großstädte) 424, (Berufsverteilung) 424.
Deutscher Zollverein 367.
Deutsches Reich 106. 109. 110. 111. 112. 115. 118. 121. 139. 174. 176. 177. 189. 251. 308. 324. 362 ff. 365 ff., 367 ff., (Be-

ftanbteile) 368 ff. 418.
420 ff. 424. 431. 436.
441. 442. 444.
Deutscher Belchen 337.
Deutsches Volk 360 ff.
Teutsch = französisches
Tiefland 184. 308.
Teutschland 33. 106.
109. 110. 111. 123.
156. 185. 208. 270.
271. 278. 280. 290.
296. 300. 324 ff. 333.
335. 364. 385. 418.
439. 441.
Deutsch-Lothringen 418.
420 ff.
Teutsch=Ostafrika 111.
Deutsch=Österreich 324.
Teutsch=Südwestafrika
114.
Teuß 395.
Deventer 447.
Devon (Bergland von)
285.
Dhawalagiri 65.
Diarbekr 81.
Diaz, Barthol. 106.
Diedenhofen 418. 420.
Diemel 344. 393.
Diepholz (Grafsch.) 388.
Dieppe 277.
Dietmarsen (Dietmar=
schen) 386.
Dijon 279.
Dill (Fluß) 393.
Dillenburg 393.
Diluvium 37.
Dinarische Alpen 202.
433.
Dirschau 379.
Dissenters 287.
Dissidenten 315.
Divan 243.
Divenow 357. 377.
Dnjepr 310. 311. 312.
313. 314. 315. 322.
323.
Dnjestr 186. 263. 311.
312. 313. 315. 321.
323.
Dobrudscha 259. 263.

Doberan 407.
Dobona 247.
Dömitz 407.
Dokkum 447.
Dollart 353. 354. 389.
Dollinen 210.
Dolmabaghtsche=Seraï
246.
Dolomiten 210.
Dominikanische Republ.
146.
Dominica 146.
Domo d'Ossola 208. 222.
Dom Remy 280.
Don 60. 242. 310. 313.
323.
Donau 39. 69. 185. 202.
210. 239. 242. 254.
255 ff. 257. 259. 260.
261. 262. 263. 264.
310. 325. 328. 329.
330 ff. 331. 332. 333.
334. 339. 340. 360.
361. 397. 411. 412.
415. 427. 428. 430.
431.
Donauengen 258. 261.
Donaueschingen 330.
338. 417.
Donaugebiet 330 ff.
Donau=Hochland 256.
325. 330 ff.
Donau=Kanal 427.
Donau=Kreis 414.
Donau=Main=Kanal
339.
Donauquelle 330.
Donau = Tiefland 187.
188. 255 ff. 256. 260.
264. 308. 325. 333.
Donauwörth 259. 330.
412.
Dongola 126.
Donische Kosaken 323.
Donjon 381.
Donnersberg 118. 337.
Doornik (Tournay) 443.
Doppelströme 62.
Doppelsysteme 39.
Dora Baltea 207. 212.
222.

Dora Riparia (Ripera)
212. 222.
Dorbogne 265. 268.
Doris 249.
Dornburg 400.
Dorpat 320. 321.
Dortmund 390.
Dortrecht 446.
Douai 276.
Doubs 266. 267.
Douro (Fluß) 192. 193.
Dover 265. 289. 291.
(Straße v.) 183. 265.
Dovrefjeld 297.
Drachenfels 341. 395.
Dragomans 243.
Drau 204. 210. 258.
262. 328. 361. 429.
431.
Trausensee 379.
Dravibas 51. 91.
Drei Gleichen 385.
Dreiherrenspitze 328.
Dreisam 337. 416.
Trenthe 447.
Drepanum 235.
Dresden 398 f.
Drontheim 303.
Trottningholm 302.
Drusen 83.
Dsang=bo 89.
Dschagga 113.
Dschamna 89. 93.
Dschawa 97.
Dschawefluß 122.
Dschebel Aschaschin 128.
Dschebel Musa 86.
Dschebel el=Scheich 84.
Dschebol 100.
Dschellalabab 72.
Dschibba 88.
Tschilolo 97. 173.
Dschingis=Khan 101.
Dscholiba 120.
Djungaret 65. 101 f.
Djungarische Pforte 65.
Dualismus 52.
Dualla 110. 119.
Dublin 295.
Duderstadt 390.

30*

Düna 300. 310. 314. 320. 321.
Dünaburg 321.
Dünamünde 320.
Dünen 26. 41. 214. 304. 353. 354.
Dünkirchen 276.
Düppel 387.
Dürkheim 414.
Duero (Douro) 192. 193.
Dürrenstein 428.
Düsseldorf 394.
Duisburg 394.
Dundee 293.
Dunedin 174.
Dunstkreis 11.
Durance 206. 266. 270.
Durazzo 247.
Durban 108.
Durchschnittsprofile 38.
Turmitor 239.
Dwina 309. 311. 321.
Dwinsk (Dünaburg) 321.
Dyas 37.
Dyrrhachion 247.

E.

Ebbe 26.
Ebenen 32. 33.
Ebernburg 396.
Ebersdorf 402.
Eberstein 416.
Eberswalde 376.
Ebro 41. 191. 192. 200. 270.
Echelles (les) 279.
Eckernförde 387.
Ecuador 140.
Edam 446.
Eddystone 289.
Eder 344.
Ederkopf 341. 342. 344.
Edinburg 202.
Edirne 246.
Egede, Hans 166.
Eger (Fluß) 329. 350. 432, (Stadt) 431. 432.
Egge 345. 353.
Ehningen 415.

Ehrenberger Klause 430.
Ehrenbreitstein (Thal=) 395.
Eichsfeld 344. 345. 346. 351. 353. 385. 390.
Eichstädt 413.
Eider 270. 359. 385. 386. 387.
Eidgenossen (schweiz.) 189. 437.
Eifel 185. 341. 343.
Eiland 26.
Eilsen 405.
Eimbeck 389.
Einsiedeln 439.
Eira 251.
Eisack 209. 213. 327. 430. 431.
Eisberge 23. 25. 27. 36.
Eisenach 400.
Eisenberg 401.
Eisenquellen 444.
Eisernes Thor 239. 258.
Eisleben 384.
Eismeer (nördl.) 23 f. 24. 25. 27. 43. 61. 68. 148. 167. 183. 184. 188. 296. 309. 311, (südl.) 24. 25. 59. 132.
Eismeere (in den Alpen) 203. 207. 327.
Eismeer von Chamonix 207.
Ellipsen 10.
Elliptik 10. 15.
Elba 228. 273. 350.
Elbbach (Elbfeifen) 335.
Elbe 41. 270. 300. 325. 344. 345. 346. 347. 350 ff. 351. 354. 355. 357 f. 358. 361. 370. 372. 382. 383. 384. 386. 388. 389. 398. 407. 408. 409. 412. 431. 432.
Elberfeld 394 f.
Elbherzogtümer 373. 385.
Elbing (Stadt) 379, (Fluß) 379.

Elbingerode 390.
Elbinger Weichsel 358.
Elbquelle 350.
Elbrus 61.
Elb=Sandsteingebirge 347.
Elbwiese 350.
Elbe 357. 358.
Elephanta 93.
Elephantine 127.
Eleusis 250.
Elfen (Flüsse) 297.
El Hasa 88.
Elis 251.
El Kuds (Jerusalem) 85.
Ellipsen 6. 8.
Ellipsoid 4.
Ellorah 93.
Ellwangen 415.
Elsaß 271. 279. 364. 418 ff. 425.
Elsaß=Lothringen 338. 418 ff.
Elsasser 418.
Else 44. 353.
Elster (schwarze) 350. (weiße) 351. 384. 398. 401.
Elstergebirge 329. 347.
Elvas 195.
Elz (Fluß) 337.
Embach 321.
Emden 389.
Emerita Augusta 199.
Emilia 226 f.
Emir 77. 87.
Emissar 230.
Emmer 406.
Emmerich 394.
Empire (l') 279.
Ems (Bad) 341. 393, (Fluß) 352. 353. 355. 389.
Engadin 207. 208. 209. 327. 332. 430. 441.
Engelsburg 229.
Enger 390.
Engländer 82. 88. 90. 92. 93. 94. 96. 109. 120. 140. 142. 153. 164. 167. 171. 183.

187. 194. 196. 201.
237. 248. 254. 271.
276. 277. 286 ff.
England 72. 73. 80. 88.
92. 94. 95. 97. 99.
100. 108. 111. 117.
120. 131. 132. 143.
144. 145. 146. 155.
163. 165. 171. 172.
173. 174. 177. 190.
237. 243. 272. 276.
281 ff. 282. 283. 284 ff.
304. 305. 364. 369.
387. 400. 408. 415.
Enna 237.
En Nasirah 84.
Enns 42. 204. 210. 327.
426. 428.
Entlibuch 439.
Enz 338.
Epeiros 246. 248.
Epernay 280.
Ephesos 79.
Ephraim (Geb.) 85.
Epidamnos 247.
Erbach (Grafen von) 417.
Erbeskopf 341.
Erdachse 4. 9. 11. 12. 19.
Erdbahn 9. 11.
Erdball 5.
Erdbeben 18. 32. 38.
Erde 1. 2. 6. 8. 9 f.
12. 16 f. (Kugelgest.
3 f. 170, Bewegungen
11 f.)
Erdely orszag 262.
Erdenjahr 10.
Erderschütterungen 17.
Erdfesten 20. 30.
Erdgürtel 16.
Erdfern 1. 18. 19.
Erdkunde 1.
Erdmannsdorf 382.
Erdoberfläche 3. 17. 19 ff.
179.
Erdplanet 1.
Erdschias Tagh 77.
Erdteile 19, (außereurop.)
58 ff.
Erdzonen 16 f.

Ereb 181.
Erebus (Vulkan) 24.
Eremitage 413.
Erfurt 346. 384. 402.
Eriekanal 158.
Erie-See 150. 158.
159. 160. 164.
Eriwan 76, (Hochebene
v.) 75.
Erlangen 412.
Erlau 261.
Ermland 370.
Erosion 42.
Erratische Blöcke 355.
Er Riab 89.
Erserum (Hochfläche v.)
75. 76.
Erstes Viertel des Mondes 10.
Eruptionen 31. 32. 38.
Erymanthos 251.
Erythräa 126. 221.
Erzgebirge 329. 347.
350. 371. 398. 399.
432.
Erzgebirge (ungar.) 257.
258. 260. 261, (Siebenb.) 256. 257.
Eschenbach 412.
Escorial 198.
Esdraelon 84.
Eskimos 68. 133. 164.
166. 168.
Espanola 145.
Essen 395.
Essequibo (Stadt und Fluß) 143.
Essex 282.
Eßlingen 415.
Este 226. 387.
Esthen 188. 320.
Esthland 188. 300. 309.
314. 320 f. 321. 363.
Estremadura (span.) 199.
Eßleg 262.
Eton 289.
Etrurien 215.
Etrurischer Apennin 214.
Etrusker 227.

Etsch 209. 210. 211.
213. 226. 327. 430.
431. 440.
Etschmiadsin 76.
Ettersberg 399.
Euboia 249. 252. 253.
Euganeische Hügel 226.
Eule (hohe) 349.
Eulengebirge 348. 349.
381.
Eupen 396.
Euphrat 71. 75. 76. 80.
81. 218. 243.
Euripos 252.
Europa 13. 21. 22. 23.
24. 31. 36. 43. 51.
55. 58. 59. 60. 61.
63. 64. 88. 134. 146.
152. 161. 165. 179 ff.
181 ff. 218. 243. 309.
Europ. Großmächte 189.
259. 300. 447.
Europ. Staaten 189.
Europ. Gebirgsdreieck f.
kontinental. Dreieck.
Europ. Tiefland 184.
Europ. Türkei 244 ff.
Eurotas 251.
Eutin 405.
Evang.-luther. Kirche 53.
Evang.-reform. Kirche
53.
Ewe 123.
Exterfteine 405.

F.
Fälle f. Wasserfälle.
Färöer 23. 299. 301.
305. 306.
Fajum 127.
Falkenstein 352. 383.
Falkland-Inseln 31. 142.
Falmouth 289.
Falsche Bai 109.
Falun 302.
Fanar 245.
Fanarioten 245. 264.
Fantasie 413.
Farbige 134. 142. 159.
160.

Fata Morgana 235.
Faulhorn 326.
Fauna (europ.) 167.
Fehmarn 387.
Fehrbellin 370.
Felatah 120.
Feldberg (im Schwarz-
 walde) 337. 416.
Feldberg (gr. u. kl.)
 341.
Feldkirch 431.
Fellachen 127.
Felsboden 33.
Felsengebirge 148. 149.
 155. 156. 161.
Fend 327.
Fenier 295.
Feodosia 323, (Meer-
 enge v.) 310.
Ferdinandea (Insel) 20.
Ferdinandsfeste 430.
Fernando Po 131.
Ferner 203. 213.
Ferney 440.
Ferrara 226.
Ferro 13. 14. 131.
Ferrol 198.
Fes 130.
Fessan 124. 129. 243.
Fetischberge 122. 123.
Fetischismus 52.
Fetischo 52.
Feuchtigkeitsverhältnisse
 17. 28. 29.
Feueranbeter 74.
Feuerkugeln 9.
Feuerland 135. 141.
 142.
Fez s. Fes.
Fichtelberg 347.
Fichtelgebirge 329 f. 330.
 339. 347. 350. 351.
 413. 432.
Fichtelsee 329. 338.
Fidschi-Inseln 31. 177.
Fjelde 296 f.
Fingals-Höhle 293.
Finisterre (Kap) 190.
 265, (Gebirge) 174.
Finne 346. 351.

Finnen 103. 188. 259.
 299. 316. 317. 321.
Finnischer Merb. 183.
 309. 314. 319. 363.
Finnische Seeenplatte
 309.
Finnischer Stamm 103.
 188. 259. 316. 317.
 320. 321.
Finnland 184. 188. 189.
 299. 300. 309. 312.
 314. 319. 321 f. 363.
Finow-Kanal 357.
Finsch-Hafen 175.
Finsteraarhorn 208. 326.
 335.
Finstermünz 332. 430.
Fjorde 22. 167. 211.
 297. 303.
Firenze s. Florenz.
Firn 35. 203. 326.
Fische (Sternbild) 5.
Fischfluß 115. 116.
Fischerlappen 299.
Fischervölker 49. 50.
Fiume (Busen v.) 182.
 210. 262, (Stadt)
 262. 426.
Firsterne 5. 6. 7.
Fixsternhimmel 6.
Fixsternsystem 7.
Flachküsten 22.
Flachländer 32.
Flach-Sudan 120.
Fläming 356.
Flämische Provinzen
 (Belgien) 442 f.
Flamänder 209. 442.
Flandern 272. 276.
 441. 446.
Flandrische Höhen 352.
Fleete 400.
Flensburg 387.
Flensburger Bucht 387.
Fleurus 444.
Flibustier 146.
Flora 45, (europ.) 186.
Florenz 227. 231.
Florida 27. 145. 147.
 154. 160.

Fluela-Paß 209.
Fluß 19. 32. 38 ff.
Fluß der Berge 111.
Flußdelta 41.
Flußgebiet 44.
Flußgefälle 41.
Flußinsel 40. 41.
Flußsystem 39.
Flußthäler 41. 42.
Flußtrübung 41.
Flut 26.
Fo 99.
Föhn (Wind) 336.
Föhr (Insel) 354. 387.
Föhrden 360.
Foggia 234.
Foix 278.
Fontainebleau 276.
Forbach 420.
Forez (Gebirge v.) 268.
Formationen 37.
Formosa 31. 101.
Forst 414.
Forster (Vater u. Sohn)
 169.
Forth-Busen 291. 292.
 293.
Fort Boyen 379.
Fort Montjouy 200.
Fort Royal 146.
Fort William (Canada)
 164, (Indien) 93.
Forum 230.
Fränkischer Jura 329.
 330. 331. 338. 339.
Fränkischer Kreis 365.
 399.
Fränkischer Landrücken
 329.
Fränkische Saale 339.
Fränkische Schweiz 339.
Franche Comté 272.
 279.
Francia (Isle de France)
 274.
Franken (Europäer im
 Orient) 79. 246.
Franken (Land) 340.
 345. 397. 412. 413.
Franken (Volk) 270. 362.
 392.

Frankenhausen 402.
Frankenwald 329. 339.
344. 345. 351.
Frankfurt a. M. 365. 366.
369. 373. 391. 392.
393 f. 419.
Frankfurt a. d. O. 376.
Franklin (Benjam.) 155.
158, (Kapitän) 167.
Frankreich 37. 93. 96.
99. 110. 129. 130.
131. 143. 146. 155.
156. 164. 165. 177.
185. 187. 189. 190.
199. 202. 206. 221.
223. 226. 238. 243.
264 ff. 266. 270. 271.
276. 279. 281. 301.
362. 363. 364. 365.
408. 418. 425. 426.
445.
Franzensbad 432.
Franzensfeste 431.
Franz = Joseph = Land 23.
31. 183. 184.
Französ. Nord = Amerika
164.
Französ. Gebirgsland
184.
Französ. Tiefl. 268 f. 352.
Franzosen 92. 120. 124.
128. 129. 131. 140.
145. 164. 165. 171.
183. 187. 200. 205.
206. 219. 224. 225.
231. 237. 238. 248.
269. 270. 271. 272.
273. 276. 279. 282.
310. 311. 320. 362.
373. 376. 381. 384.
390. 393. 394. 396.
412. 414. 418. 419.
420. 425. 430. 432.
437. 442.
Frascati 230.
Fraser = Fluß 165.
Frat 75.
Frauenberg 402.
Frauenburg 6. 379.
Frauenfeld 438.
Fray Bentos 142.

Frederickton 165.
Fredrikshald 303.
Frederikssteen 300. 303.
Freetown 120.
Freiberg 398.
Freiberger Mulde 350.
Freiburg (Breisg.) 416,
(a. d. Unstrut) 351.
384, (in der Schweiz)
437. 440.
Freienwalde 356. 376.
Freienwalde (Höhenzug
von) 356.
Friaul 226.
Fridericia 305.
Friedberg 418.
Friedensburg 306.
Friedland (böhm.) 432,
(mecklenburg.) 407,
(preuß.) 379.
Friedrichroda 400.
Friedrichsberg 306.
Friedrichsburg (Kolonie)
160.
Friedrichshafen 415.
Friedrichshall s. Fred-
rikshald.
Friedrichsthal 166.
Friedrich = Wilhelms =
Hafen 175.
Friedrich = Wilhelms =
Kanal 357.
Friesische Inseln 31.
Friesland 355, (West =)
411. 447.
Frische Nehrung 358.
359.
Frisches Haff 357. 358.
359. 379.
Fruchtboden 33.
Frühling 3. II. 16.
Frühlingszeichen 5.
Fünen 305.
Fünfstromland 89.
Fürstenberg (Besitz. d.
Fürsten v.) 417.
Fürstentümer (europ.)
189.
Fürth 412.
Fulbe 119. 120. 121.

Fulda (Fluß) 339. 343.
344. 392, (Stadt)
393, (Stift) 391.
Fu Nun (Tigerthor)
100.
Funchal 130.
Furka 265. 336.
Furien 40.
Fusi = no = jama 104.
Fußpunkt 2.

G.

Gabelung 44. 137.
Gabes (Busen v.) 128.
Gabun (Bucht v.) 110.
Gabes 200.
Gaelen 292.
Gaeta 233, (Meerbusen
von) 216. 233.
Gailenreuth 339.
Galberg 428.
Galapagos = Inseln 140.
Galata 246.
Galater 78.
Galatz 259. 264.
Galdhöpig 297.
Galicia (Span.) 192.
198.
Galiläa 84 f.
Galiläisches Meer 84.
Galilei 227.
Galizien (Östr.) 263 f.
316. 426. 433.
Gallas 126.
Galle (Astronom) 8.
Gallegos 198.
Gallia cisalpina 211.
270.
Gallia Narbonensis 278.
Gallia transalpina 270.
Gallien 187. 280.
Gallier 187. 211. 228.
269 f.
Gallipoli 244.
Galveston 160.
Gama, Vasco da, 91.
93. 106. 108. 194.
Gambia 120.
Gandersheim 404.

Ganges 39. 66. 89. 90. 92. 93.

Ganges = Tiefland 66. 90.

Gard (Pont du) 278.

Gardasee 212. 431.

Gargano (Monte) 215. 216. 218.

Garigliano 216. 234.

Garizim 85.

Garonne (Garumna) 265. 267. 268. 278.

Gascogne 270. 277. (Busen von) 182. 265.

Gastein 332. 428.

Gasteiner Ache 332.

Gauchos 138.

Gaue 360.

Gaugamela 81.

Gaurisankar=Everest 35. 65.

Gaven 265.

Gaza 80.

Gazellen = Fluß 125.

Gazellen = Halbinsel 175.

Gebhardsberg 431.

Gebiet (eines Flusses) 44.

Gebiete (in Nord=Amer.) 156.

Gebirge 18. 35. 36. 37. 46. 54. 58.

Gebirgsdreieck (europ.) s. kontinental. Dreieck.

Gebirgskarten 38.

Gebirgsketten 18.

Gebirgsknoten 36.

Gebirgsländer 57.

Gebirgsmassiv 202.

Gebirgssystem 34.

Gebli 123.

Gebweiler 420.

Gedrosien (Wüste v.) 73.

Geeste 389.

Geestemünde 389.

Geestland 33. 355. 356. 358. 386.

Gefälle (eines Flusses) 39. 41. 42.

Geste 302.

Gegenfüßler 4.

Gegenpassate 28. 107. 135. 180.

Geisenheim 342. 393.

Gelber Fluß 99. 102.

Gelbes Meer 99. 100.

Gelderland 447.

Geldern 394. 444.

Gelnhausen 393.

Gemäßigte Zonen 10. 45. 47. 49. 55.

Gemmi 208. 439.

Gemmipaß 208. 326.

Generalisierung 180.

Generalitätslande 445.

Generalstaaten 444. 445.

Genezareth=See 84.

Genf 266. 440.

Genfer See 208. 265. 266. 328. 437. 440.

Genova s. Genua.

Gent 443.

Genua (Busen v.) 182. 202. 214. 223, (Republ.) 221. 222. 238. 242. 364, (Stadt) 214. 223. 227.

Geognosie 1. 37.

Geognostische Karten 38.

Geographie (mathem., physische, polit. oder historische) 1. 2 ff. 10 ff. 52 ff.

Geographische Breite 12 ff. 45.

Geograph. Länge 12 ff.

Geologie 1. 17 ff.

Geonomie 1.

Georgetown (Guyana) 143, (Bermuda = Inseln) 166.

Georgien (Nord = Amer.) 154. 160.

Georgien (Transkaukasien) 76.

Georgier (Kaukas.) 76.

Gera (Fluß) 344. 351. 402, (Stadt) 401.

Gerlsdorfer Spitze 257.

Germanen 187. 188. 193. 270. 282. 286.

298. 305. 310. 360. 361.

Germanischer Stamm 187. 298.

Germersheim 414. 416.

Gernrode 403.

Gerona 201.

Gesäuse 333. 428.

Geschwisterfysteme 39.

Gesellschafts = Inseln 177.

Gesenke (mähr.) 349.

Gespanschaften 200.

Gestade 19.

Gestalt der Erde 2 ff.

Gesteine, geschichtete 37.

Gesteinshülle 1. 18.

Gevaudan (Hochfläche v.) 267.

Gewürzinseln 97.

Geysir 307.

Gezeiten 26.

Ghadames 124.

Ghasni 72.

Ghasnaviden 73.

Ghats 90. 93.

Ghatsgebirge 90.

Ghetto 228.

Ghor 32. 82. 84.

Gibraltar 88. 201. (Meerenge v.) 59. 128. 130. 193. 201.

Gickelhahn 400.

Giebichenstein 351. 384.

Gießen 418.

Gilge 359.

Gipfel 58.

Giralda 199.

Girgenti 237.

Gironde 265. 277.

Gitschin 431. 432.

Gizeh 127.

Glaciers 203.

Glarner Alpen 208. 327.

Glarus 437. 439.

Glasgow 203.

Glasgow = Kanal 291. 293.

Glatz (Grafschaft) 381, (Stadt) 381.

Glatzer Bergland 348. 349.

Glatzer Neiße 349. 381. 382.

Glauchau 399.

Gleicher 4.

Gletscher 27. 35. 36. 61. 63. 136. 167. 173. 191. 203. 204. 207. 208. 209. 210. 207. 326. 327. 334. 355.

Gliederung der Erdteile (horizontale und vertikale) 57 f. 59.

Globus 179. 180.

Glocknergruppe 327 f.

Glogau 381.

Glommen 303.

Glückstadt 386

Gmünd (Schwäb.) 415.

Gmunden 333. 428.

Gneis 37.

Gnesen 380.

Goa 93.

Gobi 65. 101 f.

Görlitz 382.

Görz (Grafsch.) 429, (Stadt) 429.

Göschenen 208. 321. 439.

Göta Elf 298. 302.

Göta-Kanal 298.

Göteborg 302.

Götterberg 110. 118. 119. 246.

Göttingen 387. 389.

Golbau 439.

Goldene Aue 351.

Goldenes Horn 245. 246.

Goldfelder (austral.) 174.

Goldküste 120.

Goletta 129.

Gulf 21.

Golfstrom 27 f. 46. 186. 304.

Golfstrom-Inseln 31.

Golfonda 93.

Goll 94.

Gollenberg 377.

Golling 428.

Gombe 112.

Gonbo (Gallerie von) 208.

Gonzaga 224.

Goplosee 380.

Gortyn 247.

Goslar 389.

Gosport 289.

Goten 199.

Gotenborg 302. 304.

Gotha 344. 400.

Gotland (Prov.) 301. 302 f., (Insel) 302.

Gotteshausbund 440.

Gotthard-Bahn 208. 326. 439.

Gotthard-Tunnel 336. 439. 441.

Gottorp (Schloß) 387.

Gozzo 237.

Grabfeld (das) 339. 413.

Grachten 440.

Grade (der Breite und Länge) 12. 13. 14.

Gradisca 429.

Gräfenberg 433.

Grajische Alpen 207. 265.

Grampiangebirge 291.

Gran (Fluß) 257, (Stadt) 261.

Granada (Landschaft u. Stadt) 194. 200.

Granbeterre 146.

Granitos 79.

Granit 18. 37.

Granitz 378.

Gran Sasso d'Italia 215.

Granson 440.

Graubünden 438. 439. 440.

Graubündener Alpen 208. 327.

Graudenz 380.

Grauer Bund 440.

Grauwacke 37.

Gravelotte 420.

Gravenhage 446.

Graz 418. 428.

Greeley 23.

Greenock 293.

Greenwich 13. 14. 289.

Greiffenberg (Ebene v.) 348.

Greifswald 378.

Grein 331.

Greiz 401.

Grenada (Insel) 146.

Grenoble 279.

Grenzen (natürl., polit.) 55.

Grenzwächter (Szekler) 262.

Greytown 144.

Griechen 41. 59. 77. 78. 80. 85. 105. 128. 158. 219. 228. 231. 234. 235. 236. 240. 241. 245. 246. 247. 248. 249. 251. 253. 278. 429.

Griechenland (Königr.) 189. 230. 242. 246. 248 ff.

Griechische Halbinsel 182. 187. 188. 190. 202. 225. 238 ff. 256. 314. 433.

Griechisches Kaisertum 241.

Griech.-kathol. Kirche 53. 188. 255. 260. 264. 315. 316. 318. 426.

Grimma 399.

Grimselpaß 208. 263. 326.

Grindelwald-Gletscher 204.

Grindelwald-Thal 335.

Gripsholm 302.

Grodno 313.

Grönland 16. 23. 30. 31. 132. 134. 147. 151. 164. 166 ff. 299. 305. 306. 363.

Groningen 444. 447.

Großbeeren 376.

Großbritannien 30. 31. 55. 104. 183. 187. 189. 205. 281 ff.

Große Antillen 31. 144. 145 f.

Große Mauer 99. 100.
Großer(saharischer)Atlas 128.
Großer Bär 5.
Großer Fluß 99. 193.
Großer (oder Stiller) Ozean 24. 25. 27. 38. 58. 64. 68. 96. 103. 132. 144. 147. 148. 151. 152. 157. 161. 165. 167. 168. 109.
Großer Salzsee 154. 163.
Großer Walfisch 329.
Großes (oder Stettiner) Haff 357.
Großes Rad 348. 350.
Große Sturmhaube 348.
Große Wasserkuppe 339.
Großfürstentum (europ.) 189.
Groß = Friedrichsburg 120.
Groß-Glockner 210. 327.
Großgörschen 384.
Groß-Griechenland 231.
Großherzogtum (europäisch.) 189.
Großmächte (europ.) 189. 259. 300. 447.
Großmogul, der 91. 92.
Groß = Nowgorod 319. 320.
Groß = Raming 333.
Großrussen 318. 322.
Groß = Rußland 321.
Großstaaten 55.
Großsultanat 189.
Großvezier 243.
Großwardein 261.
Grotenburg 345. 405.
Grubenhagen 387. 389.
Grünberg 381.
Grüne Berge 158.
Grünes Vorgebirge 120. Inseln d. gr. Vorgeb. 131.
Grundgebirge 37.
Grundriß 179.
Gruppengebirge 36.
Guadalajara 152.

Guadalquivir 191. 192. 199.
Guadeloupe 140.
Guadiana 192.
Guagaquil (s. Guayaquil)
Guanahani 144.
Guanajuato 147. 152.
Guanchen 130.
Guardafui 108.
Guatemala (Gebirge u. Plat. v.) 143, (Republik und Stadt) 144.
Guayana (Küste von) 140. 143, (Gebirgsland v.) 136. 137.
Guayaquil (Golf von) 135, (Stadt u. Fluß) 140.
Guben 377.
Gnebern 74. 76.
Guernsey 289.
Güstrow 407.
Gütersloh 390.
Guienne 277.
Guinea 119, (Busen v.) 31. 105. 121. 122. 131.
Guinea = Inseln 131.
Guipuzcoa 199.
Gumbinnen 379.
Gurgl 327.
Gutenberg, Joh. v. 417. 419.

H.

Haag 446.
Haarlem 446.
Haarlemer Meer 446.
Haarsterne 8.
Haarstrang 342. 343.
Habana (La) 145.
Habesch s. Abessinien.
Habichtswald 344. 392.
Habsburg 200. 336. 438.
Hadeln 389.
Hadramaut 88.
Hämus 239.
Hasen 21.
Hafenstädte 20.

Haff 41 (s. frisches und kurisches, großes oder Stettiner Haff).
Haffmündung 41. 43. 60.
Hagen 390.
Hagenau 419.
Hagion Oros 246.
Haidarabad 93.
Haifisch = Inseln 117.
Hainan 31. 101.
Hainleite 346. 351. 402.
Haiti 145. 146.
Hakodate 105.
Halberstadt (Fürstent.) 383, (Stadt) 383.
Halbinsel 21. 57.
Halbkreis 13.
Halbkugeln 12. 13. 15. 17. 19. 20. 28. 58. 59. 169. 174. 180.
Haleb 83.
Halfasteppe 130.
Halicz 203.
Halifax 105.
Hall (in Schwaben) 415, (in Tirol) 430.
Halle a/S. 351. 383 f. 398.
Hallein 428.
Halligen 354.
Halloren 383.
Hallstadt 333. 428, (See v.) 333.
Halmahera 97. 173.
Halys 77.
Hamah 83.
Hamar 303.
Hamburg 290. 357. 359. 370. 386. 407. 408 ff.
Hameln 388.
Hamiten 124. 126. 128.
Hamm 390.
Hammerfest 304.
Hanau 338. 393.
Handed (Fall a. der) 335.
Handei 113.
Hanna 333. 433.
Hannaken 433.
Hannover (Königreich) 283. 365. 373. 387 ff.,

(Provinz) 356.
387 ff., (Regbez.) 388,
(Stadt) 388.
Hansa 283. 300. 320.
370. 390. 407.
Hansa=Städte 407 ff.
Haparanda 302.
Harar 88.
Harburg 388.
Hardt (Gebirge) 337.
414.
Hartlepool 290.
Hartwald 416.
Harwich 289.
Harz 37. 324. 343. 345.
346 ff. 351. 383. 389.
403. 404.
Harzburg 404.
Hase 44. 353. 389.
Haslithal 208. 335.
Hastings 282. 291.
Hauptfluß 39.
Hauptkamm 36.
Hauptplaneten 8.
Haus im Busch 446.
Haussa 121. 123.
Haussa=Staaten 121.
Haustiere 48.
Havel 357. 358. 372.
376.
Havelberg 376.
Havre 277.
Hawaii 177.
Hawaiischer Archipel 177.
Hebriden 293. 295.
Hebron 85.
Hebung (säkulare) 17.
296.
Hebungsinseln (nicht vul-
kanische) 31.
Hechingen 397.
Hedschas 87.
Hedschra 88.
Hegyalja 257. 261.
Heide 33. 258. 208. 291.
292. 355. 411.
Heidelberg (Berg) 348.
Heidelberg (Stadt) 338.
417.
Heiden (Landes) 268.
Heiden 53. 64. 163. 188.

Heiderauch 355.
Heilbronn 415.
Heiligenblut 328.
Heiligenstadt 385.
Heiliger Berg 230.
Heiliger Damm 407.
Heiliges Grab 85.
Heiliges Land 83.
Heiliges römisches Reich
362 ff.
Heilquellen 39.
Heiße Quellen 39. 214.
307. 332. 350. 393.
415. 416. 432. 439.
Heiße Zone 16. 47. 49.
169. 170.
Hekla 307.
Hela 380.
Helder (der) 446.
Heldrungen 351.
Helgoland 354. 369. 374.
387.
Helikon 249.
Hellas 240. 248 ff.
Hellberge 356.
Hellenen 240 ff. 248 f.
Hellespont 60. 79. 244.
245.
Helme 351.
Helmstedt 404.
Helsingborg 302.
Helsingfors 321.
Helsingör 302. 306.
Helvetien 436.
Helvoetsluis 446.
Hemisphären 12. 19.
Hemmingstedt 386.
Henneberg (Grafschaft)
339. 385. 393. 399.
400, (Schloß) 339.
Henneberger Höhen 339.
344.
Hennegau (französisch)
276, (belgisch.) 443.
Herakles (Säulen des)
59.
Herat 69. 73.
Herauch 355.
Herbertshöh 175.
Herborn 393.
Herbst 3. 16.

Herbstzeichen 5.
Herculaneum 233.
Herbtfeld 328. 338. 415.
Herero 109. 115. 116.
117.
Herford 390.
Heringsdorf 378.
Herisau 439.
Hermannsdenkmal 345.
405.
Hermannshöhle 404.
Hermannstadt 262.
Hermon 84.
Hermos 77.
Hermupolis 253.
Herrenhausen 388.
Herrnhut 399.
Herrnhuter Kolonieen
165. 322.
Herschel (Astronom) 8.
Herschel=Insel 23. 167.
Hersfeld 393.
Herstall 444.
Hertha=See 378.
Herzegowina 255.
Herzogenbusch 417.
Hessen (Großherzogt.)
340. 344. 373. 391.
393. 394. 417 ff.
Hessen=Homburg 394.
396.
Hessen=Kassel 373. 391 ff.
392.
Hessen=Nassau (Prov.)
344. 391 ff. 417.
Hessisch=Hügelland 343.
344.
Heuscheuer 349.
Hiddensee 378.
Hjelmarsee 298.
Hieroglyphen 126.
Hierro s. Ferro.
Hildburghausen 401.
Hildesheim (Regbz.) 388,
(Bistum und Stadt)
389.
Hilmend 73.
Himalaja 35. 46. 64.
65. 66. 89. 92. 102.
140. 185. 204. 325.
Himera 237.

Himmel 2. 3. 15.
Himmelsgegenden 2.
Himmelsgewölbe 2. 4.
Himmelskarten 5.
Hindostan (Kaiserreich) 89. 92, (Tiefland v.) 66. 59.
Hindukusch 66. 68. 70. 72. 73.
Hindu (Volk) 89. 91.
Hinter-Indien 15. 31. 53. 61. 65. 92. 94 ff. 96. 364.
Hinterpommern 377.
Hinter-Rhein 208. 234.
Hippokrene (Quelle) 240.
Hippo Regius 129.
Hirschberg 382.
Hispalis 199.
Hispaniola 145.
Hoangho 66. 99. 100. 101.
Hobart 173.
Hobolen 158.
Hochalpen 203. 211.
Hochasien 62. 89. 99. 101.
Hochdeutsche Sprache 326.
Hochebene 32. 57 — von Bayern 330 — oberdeutsche 325. 326. 330. 331 ff. 340 — der Ober-Pfalz 330 — der Schweiz 330.
Hochflächen 32.
Hoch-Frankreich 267.
Hochgebirge 35 f. 48.
Hochheim 342. 393.
Hochländer (Bergschotten) 292.
Hochland 32. 57.
Hoch-Pyrenäen 190. 191.
Hoch-Schottland 291.
Hochwald 341.
Höchstädt 412.
Höhe (die) 341.
Höhe (absol., relat.) 35.
Höhen 4.
Höhengürtel 46. 49.

Höhenprofile 38.
Hölle (Paß) 338.
Hörner 35. 203. 326. 328.
Hörsel 344. 400.
Hörselberg 344.
Höxter 390.
Hof 413.
Hofwyl 438.
Hohe Acht 341.
Hohe Eule 349.
Hohe Inseln 169. 177.
Hohenasperg 414.
Hohenheim 414.
Hohenlohe (Besitzungen der Fürsten v.) 415.
Hohenneufen 415.
Hohenschwangau 411.
Hohe Staufen 231. 329. 415.
Hohenurach 415.
Hohenzollern (Land) 340. 396, (Schloß) 329. 397.
Hohe Pforte 245.
Hohe Tataret 101.
Hohe Tauern 190. 210. 327. 332.
Hoher Atlas 130.
Hoher Säntis 327.
Hohes Veen 340. 343. 396. 444.
Hohle Gasse 439.
Hohles Syrien 83.
Hojeda 133. 140.
Holländer 94. 96. 97. 105. 108. 154. 171. 441. 442. 445.
Holland (Halbinsel) 32. 353. 354, (Königreich) 363. 408. 444 ff. (Provinz) 445. 446.
Holme 298.
Holstein 356. 359. 385. 386 ff. 426.
Holtenau 386.
Holyrood 293.
Holzemme 351. 383.
Holzminden 404.
Homalographische Projektion 181.

Homburg (vor der Höhe) 341. 394.
Honduras 143. 144, (Geb. u. Plat. v.) 143.
Honduras-Bai 144.
Honduras-Holzdistrikt 144.
Hongkong 101.
Honolulu 177.
Horizont 2. 3.
Horizontale Projektion 180.
Horn (Dorf) 409, (Stadt) 405.
Hospodare 264.
Hottentotten 51. 107. 109. 116.
Howa 131.
Hoya (Grafschaft) 388.
Hrabisch 433.
Hradschin 432.
Hubertusburg 399.
Huddersfield 291.
Hudson (Fl.) 149. 158.
Hudson-Bai 147. 150. 151. 160.
Hudson-Bai-Länder 165.
Hudson-Straße 151.
Hué 95.
Hügel 34.
Hügelgruppe 34.
Hüon-Golf 174.
Hugenotten 277.
Hugli 93.
Hull 290.
Humber 285. 289. 290.
Humboldt, A. v., 18. 45. 136.
Humboldt (Stadt) 161.
Humboldtströmung 27. 135.
Humus 33.
Hundsgrotte 232.
Hungerquellen 39.
Hunnen 259.
Hunsrück 341. 343. 405.
Hunstein 175.
Hunte 353.

Huron=See 150. 160. 164.
Husum 387.
Hulberg 309.
Hydra 253.
Hybriofen 253.
Hydrographie 1.
Hyerische Inseln 278.
Hyläa 138.
Hymettos 250.

J.

Jablunka=Paß 256. 433.
Jägerndorf 433.
Jägervölker 49. 50. 67.
Jafa 85.
Jade 352. 353.
Jadebusen 353. 354. 371. 389.
Jagst 338.
Jagst=Kreis 414.
Jahr 11.
Jahreszeiten 11 f. 18.
Jakobsberg 345.
Jakuten 67.
Jaluit 178.
Jamaica 145.
James=Bai 147.
Jang tse kjang 66. 99. 100. 101.
Janiculus 229.
Janina 247.
Janitscharen 242.
Jansenisten 447.
Japan 31. 53. 67. 90. 99. 102 ff.
Japaner 102. 103. 177.
Japan. Meer 102.
Jarland 101.
Jasmund 378.
Jassy 264.
Jatreb 87.
Java 30. 31. 95. 96. 97.
Jaxartes 69.
Jberer 189. 193. 199.
Jberische Halbinsel 87. 187. 190 ff.
Jda (Kreta) 247.
Jdaho 161.

Jdarwald 341.
Jdria 429.
Jechaburg 402.
Jedo 104.
Jekaterinburg 322.
Jemen 88.
Jena 400.
Jenitale (Meerenge v.) 310.
Jenil 191.
Jeniffei 66. 67.
Jerez de la Frontera 199.
Jericho 85.
Jersey 289.
Jersey=City 158.
Jerusalem 59. 83. 85. 86. 241.
Jeschenberg 347.
Jeso 105.
Jesuitenstaat 142.
Jesreel 84. 85.
Jeundo=Station 119.
Jever 405.
Jfferten 440.
Jglau 433.
Ji 445.
Jissel 352. 353.
Jkonion 78.
Jlfeld 390.
Jlios 240.
Jlissos 250.
Jll (elsässische) 267. 338. 419. 420, (tirolische) 431.
Jllampu 135.
Jller 331. 411.
Jllinois (Fluß) 149. 150, (Staat) 161.
Jllyrer 188. 247.
Jllyrien 247.
Jllyrische Alpen 239. 433.
Jlm 351. 399. 400. 402.
Jlmenau (Fl.) 357. 388, (Stadt) 400.
Jlse 353. 383.
Jlsenburg 383.
Jlz 411.
Jmam 87, (türk.) 243.
Jucas 140. 141.
Jndiana 160.

Jndianer 51. 133. 134. 139. 140. 141. 142. 144. 145. 151. 152. 153. 154. 155. 156. 162. 163. 164. 177.
Jndianer=Gebiet 156. 161.
Jndischer Ozean 23. 24. 32. 61. 64. 70. 96. 106. 111. 131.
Jndogerman. Sprach=stamm 188.
Jndonesien 51. 96 ff.
Jndus 64. 66. 70. 71. 72. 73. 89. 90. 92. 102.
Jndus=Tiefland 92.
Jnfusorien 48.
Jngelheim 417.
Jngermanland 300. 309. 314. 319. 321. 363.
Jngolstadt 411.
Jnn 39. 42. 204. 207. 209. 210. 213. 327. 332. 361. 411. 428. 430. 440.
Jnnerafrika 50.
Jnnerasien 32. 66. 70. 98. 99. 101. 102. 318. 322.
Jnnerste 353.
Jnnsbruck 210. 430.
Jnnuit 168.
Jnseln 19. 20. 26. 30 ff. 57. 59 f.
Jnseln d. gr. Vorgebirges 131.
Jnseln gegen den Wind 146.
Jnseln über dem Winde 146.
Jnseln unter dem Winde 146.
Jnselsberg 346.
Jnsolation 29.
Jnster 359.
Jnsterburg 370.
Insulae fortunatae 130.
Jnsulares Australien 169.
Jnterlaken 335.

Inverary 293.
Inverneß 293, (Berge von) 291.
Io 123.
Joachimsthal 432.
Johann-Georgenstadt 399.
Johannisberg 342. 393.
Johanniter-Orden 237. 376.
Jokohama 104.
Jola 117.
Joltos 248.
Jolofs 120.
Jonische Inseln 254. 364.
Jonier 79.
Jonisches Meer 182. 217. 234. 235.
Joppe 86.
Jordan (Amerika) 163, (Palästina) 82. 84. 85.
Joruba 120.
Josephshöhe 346. 384.
Josephstadt 432.
Jotunfjelde 297.
Jowa 161.
Jpsara 80.
Jran 62. 66. 70 ff. 72. 75. 77.
Jranier 69. 71.
Jratithal 190.
Jrawadi 95.
Jren 153. 156. 292. 294. 295.
Jrisches Meer (irische See) 281. 284. 286.
Jrkutsk 67. 68.
Jrländer s. Jren.
Jrland 55. 132. 186. 187. 188. 189. 281. 282. 283. 294 ff.
Jrmensäule 389.
Jrtisch 66. 67.
Jrun 199.
Jsabella 176.
Jsar 332. 410. 430.
Jschia 232.
Jschl 333. 428.
Jsenburgische Besitzungen 393. 417. 418.

Jseo-See 212.
Jser 350.
Jère 266.
Jsergebirge 348.
Jserkamm 348. 350.
Jserlohn 390.
Jskenderun (Busen v.) 77. 80.
Jster 254.
Jsla (Hebriden) 293.
Jsle de Leon 199.
Jslam 53. 64. 81. 86. 87. 88. 92. 107. 122. 126. 127. 129. 188. 255. 260.
Jsland 16. 23. 30. 31. 166. 183. 184. 185. 299. 301. 305. 306 f. 363.
Jsle de France (Insel) 131, (Provinz) 274 ff.
Jsmael Sofi 72.
Jsmail 264.
Jsmid 79.
Jsmir 79.
Jsnik 79.
Jsola bella 212.
Jsola madre 212.
Jsolierte Berge 36.
Jsonzo 213. 214. 429.
Jspahan 74.
Jsrael (Volk) 83.
Jsselhorst 390.
Jstambul 245.
Jster (Donau) 258.
Jsthmen 21.
Jsthmus von Korinth 239. 250 — von Panama 136. 140. 143 — von Tehuantepec 144.
Jstmo 140.
Jstrien 182. 210. 429.
Jtalien 20. 108. 126. 182. 189. 202. 206. 208. 209. 211 f. 214 f. 220 f. 221 f. 222. 270. 271. 278. 279. 335. 362. 364. 425. 426. 427. 438. 439.

Jtaliener 187. 205. 206. 211. 220. 221. 226. 254. 269. 426. 429. 433. 437.
Jtalische Inseln 234 ff.
Jtalische Halbinsel 190. 211 ff. 214. 265. 296.
Jtalisches Niederland 211.
Jthake (Insel) 254, (Stadt) 254.
Jthome 251.
Jß 339. 400.
Jtzehoe 356.
Juan-Berg 178.
Juan Fernandez (Insel) 141.
Juba 108.
Judäa 85.
Juden 53. 83. 85. 86. 130. 188. 228. 244. 245. 260. 263. 316. 317. 321. 322. 374. 380. 412. 426. 445. 446.
Judenburg 428.
Jülich (Herzogt.) 394. (Stadt) 396.
Jülich-Kleve-Berg 390.
Jüten 305.
Jüterbog 376.
Jütische Halbinsel 183. 304. 305. 356. 359 ff.
Jütland 183. 304. 305. 356.
Julianehaab 166.
Julin 378.
Julische Alpen 210. 239. 328. 429.
Jung-Bunzlau 431. 432.
Jungfern-Inseln 146.
Jungfrau (Berg) 208. 326. 335.
Jungfrau (Sternbild) 5.
Jupiter (Planet) 8. 9. 10.
Jura 37. 328. 335, (fränk.) 329. 330. 331. 338. 339, (schwäb.) 330. 338, (schweiz.) 266. 279. 328. 335. 338. 440.

Juragruppe 37.
Jurjew (Dorpat) 321.
Juralalt 266.
Juvavia 428.
Iviza 201.
Iwangorod (Narwa) 321.

K.

Kaaba 88.
Kabul (Fluß) 70. 72. 73. 69. 92, (Staat u. Stadt) 72. 73.
Kabylen 129.
Käno 121.
Kärnten 328. 425. 429 f.
Kaffa 323, (Meerenge v.) 60. 310.
Kaffern 107. 109. 113.
Kaffernküste 108.
Kafiristan 72. 73.
Kagera 113.
Kahla 401.
Kahlenberg 328. 427.
Kahn 116.
Kaifa 85.
Kairo 128.
Kaisargarh 70.
Kaiser-Gebirge 176.
Kaiserin Augusta-Fluß 174.
Kaiserkanal (China) 99. 100.
Kaiferreiche (europ.) 189.
Kaiserslautern 414.
Kaiserstuhl 337. 416.
Kaiserswerth 394.
Kaiser Wilhelmsburg 119.
Kaiser Wilhelmsland 174. 175.
Kaiser Wilhelm-Spitze 111. 113.
Kalahari-Wüste 107. 109. 110.
Kalauria 253.
Kaledonischer Kanal 291. 293.
Kalenberg 387. 388. 389.

Kalifen 72. 74. 81. 87. 88. 108. 129. 193. 199. 244.
Kalifornien (Halbinsel) 147. 148, (Ober- oder Neu-) 161 f., (Unter- oder Alt-) 152, (Meerbusen v.) 147. 148.
Kalikat 93.
Kalisch 321.
Kalkalpen 203. 204. 206. 207. 208. 211. 327. 332.
Kalkata (Kalkutta) 93.
Kalmar 302, (Union v.) 299. 302. 305.
Kalmengürtel 28.
Kalmücken 101.
Kalmücken 322.
Kalte Zonen 16. 49.
Kalnßadnos 79.
Kama 310.
Kambodscha 95.
Kamenez 321.
Kamenz 399.
Kamerun 110. 117 f. 119.
Kamerun-Haff 118.
Kauimin (Bistum und Stadt) 377.
Kamm (eines Gebirges) 36. 58.
Kammgebirge 36. 37. 42.
Kamtschadalen 68.
Kamtschatka 61. 68. 163.
Kanaan 83 ff.
Kanäle 20. 44.
Kanal (der) 265. 267. 276. 289.
Kanal v. Bristol 284. 289.
Kanal von Burgund 268.
Kanal von Languedoc 265. 278.
Kanal von Mozambique 131.
Kanarische Inseln 13. 130. 107.
Kandahar 73.
Kandy 94.
Kansas 161.

Kantabrisches Gebirge 192. 193.
Kanton 64. 99. 100.
Kantone 410.
Kantschinbschinga 65.
Kaolo 116.
Kap 19.
Kap Agulhas 109.
Kap Baba 79.
Kap Blanco 129.
Kap Bon 129.
Kap Branco 136.
Kap Breton (Insel) 165.
Kap Buru 94.
Kap Circello 216.
Kap Clear 165.
Kap Cretin 174. 175.
Kap da Roca 190.
Kap de Creus 190.
Kap Delgado 111.
Kap der guten Hoffnung 97. 106. 109.
Kap Finisterre 190. 265.
Kap Froward 135.
Kap Guarbafui 108.
Kap Hoorn 135. 142.
Kap Kolonnäs 250.
Kap Komorin 89.
Kap Landsend 284.
Kap Lilybäum 235.
Kap Lindesnäs 303.
Kap Linguetta 247.
Kap Lizard 284.
Kap Lopez 110.
Kap Malia 251. 254. 291.
Kap Matapan 239. 251.
Kap Nordkyn 304.
Kap Palmas 119. 120.
Kap Prinz v. Wales 23.
Kap Race 165.
Kap Sandy 169.
Kap St. Maria di Leuca 217.
Kap Stagen 304. 356.
Kap Spartivento 217.
Kap St. Vincent 190. 194.
Kap Steep 169.
Kap Tarifa 186. 190. 193.

Kap Trafalgar 200.
Kap Bares 190.
Kap Verde 120.
Kap Wilson 169.
Kap York 169.
Kapland 46. 107. 109 ff. 114.
Kappadolien 78.
Kapstadt 100.
Kapuban-Pascha 243.
Kapuzinerberg 428.
Kapverdische Inseln 31. 131.
Karagwe 113.
Karatorum (Gebirge) 65, (Stadt) 101.
Karawanka 210.
Kardamum-Gebirge 90.
Karbuchen 76.
Kariben 145.
Karibisches Gebirge 136.
Karibisches Meer 132. 136. 137. 144.
Karien 79. 80.
Karlowitz 262.
Karlsbad 393. 432.
Karlshafen 393.
Karlskrona 302.
Karlsruhe 416.
Karlstein 432.
Karmel 85.
Karmeliter 85.
Karnal 127.
Karnische Alpen 210. 213. 328.
Karolinen 177.
Karolinenstraße 262.
Karpaten 184. 202. 256. 257. 261. 263. 307. 310. 314. 331. 333. 356. 357. 358.
Karpatenland 255. 256.
Karpatischer Landbrücken 308. 356.
Karpatisches Waldgeb. 256. 259. 311.
Karroo 109.
Karst 210. 430.
Karthager 193. 235. 237. 238.
Karthago 59. 129. 236.

Karthause (große) 279.
Kasan 322.
Kasbek 61.
Kaschau 261.
Kaschgar 101.
Kaschmir 72. 92. 102.
Kaskabengeb. 148.
Kaspisches Meer 32. 42. 60. 61. 66. 69. 71. 74. 75. 76. 77. 184. 308. 309 f. 310. 313. 322. (Kaspische Steppe)310. 313.
Kassai 110.
Kassel 344. 391. 392.
Kassiteriden 289.
Kassuben 377.
Kastalische Quelle 249.
Kasten 91. 126.
Kastel 417.
Kastell Gandolfo 228. 231.
Kastri 249.
Katarakt 40. 108. 118. 125. 127.
Katharinenberg 86.
Katrine (See) 291.
Kattegat 183. 298. 302. 304.
Katzbach 349. 357. 381.
Katzenbuckel 337.
Katzenellenbogen 391. 392.
Kaub 342. 393.
Kaufbeuern 412.
Kaukasien 75 ff. 76.
Kaukasische Rasse 51. 64. 103. 107. 124. 187.
Kaukasische Statthalterschaft 76.
Kaukasus 61. 66. 68. 75. 76. 77. 184. 202. 204. 313. 314.
Kawele 114.
Kecskemet 261.
Keelings-Inseln 97.
Kees 203.
Kegel-Projektion 181.
Kehl 269. 416.
Keilberg 347.
Kelat 73.

Kelheim 411.
Kelten 187. 211. 269. 281. 286. 292. 294. 360. 383. 442.
Kempten 412.
Kemi 126.
Kenia 111.
Kent 282. 284. 289.
Kentucky 159.
Kephallenia 254.
Kephisos 250.
Kepler (Joh.) 6.
Kerasun 78.
Kerbela 81.
Kerkyra 254.
Kertsch 323, (Meerenge von) 77. 310.
Kettengebirge 36.
Kew 289.
Khaiber-Paß 70.
Khedlw 126.
Kibo 113.
Kiel 306. 386.
Kieler Hafen 356. 371. 386.
Kieler Kanal 360. 386.
Kies 37.
Kiew (Großfürstentum) 317, (Stadt) 310. 316. 322.
Kilambo 111.
Kilauea 177.
Kilikien 79.
Kilima-Ndscharo 111. 113. 114.
Killarney (See von) 204.
Kilwa Kisiwani 114.
Kilwa Kiwindsche 114.
Kimawensi 113.
Kimbern 222. 226. 360.
Kimbrische Halbinsel 304. 350.
Kingani 112. 114.
Kingston (Jamaica) 145.
Kingston (Canada) 164.
Kinzig 339.
Kioto 104.
Kirchen 53.
Kirchenstaat 221. 226. 228 ff. 364.
Kirgisen 67. 322.

Kirgis-Kaisaken 69.
Kischinew 323.
Kisil Jrmak 77.
Kison 84.
Kissingen 339. 413.
Kithäron 249.
Kjachta 68.
Kjölen 296.
Kiuschiu 105.
Klagenfurt 429.
Klamm (Paß) 332.
Klausenburg 262.
Klausthal 389.
Klein-Aruscha 114.
Kleinasien 61. 62. 75. 77 ff. 182. 243. 247.
Klein-Basel 438.
Kleine Antillen 144. 146 f.
Kleine Karpaten 256. 257. 261. 331. 333.
Kleiner Bär 5. 15.
Kleines Rad 348.
Kleine Sturmhaube 348.
Klein-Popo 123.
Kleinrussen 318. 322.
Klein-Rußland 322.
Kleve (Herzogt.) 394, (Stadt) 394.
Klima 12. 17, (mathem. wirkl.) 27 f., (kontinent.) 22. 186, (ozeanisches ob. maritimes) 22. 186, (mediterranes) 186.
Klingenberg 413.
Klippen 26.
Klooss 109.
Kloster Bergen 382.
Kloster Neuburg 428.
Klusen 34. 42. 312.
Knetlingen 386.
Knids 356.
Kniebis (Paß) 337. 415.
Kniphausen 405.
Knossos 247.
Kobe (Japan) 453.
Koblenz 340. 342. 394. 395 f.
Kochel 349.
Kochelsall 349. 382.

Kocher 338. 415.
Kocksfeld 391.
Köln (a. Rhein) 365. 394. 395 f. 396. 407. 419, (a. b. Spree) 374.
Königgrätz 221. 425. 431. 432.
Königreiche (europäische) 189.
Königsau 304.
Königsberg 379. 381.
Königshügel 261.
Königshütte 382.
Königskordillere 135.
Königssee 328. 333. 410.
Königsstuhl (bei Heidelberg) 337. 416, (bei Reuße) 342, (im Pfälzergeb.) 337.
Königstein 347. 398.
Körösch 258.
Kösen 351. 384.
Kösener Pforte 351. 384.
Köslin 377.
Köstritz 402.
Kölerberg 345.
Köthen 403.
Koeworden (Koeverden) 447.
Kokos-Inseln 97.
Kolambo (Kolombo) 94.
Kolberg 377.
Kolbergermünde 377.
Kolchis 240.
Kolderwey 23.
Kolin 432.
Kolmar 419.
Kolonialmächte 190.
Kolonnäs (Kap) 250.
Kolywan (Reval) 321.
Kometen 4. 6. 8 f., (=Kern, =Nebelhülle, =Schweif) 9 f.
Komitate 260.
Komorn 261.
Kommunionharz 389.
Konfessionen 53.
Kong 119. 120.
Kongo 44. 106. 108. 110.
Kongo-Staat 111.

Kongsberg 303.
Konia 78.
Konstantia 109.
Konstantinopel 59. 79. 195. 225. 241. 245 ff. 316, (Str. von) 60. 238. 244.
Konstanz 335. 416.
Konstitution 54 f.
Kontinente 20 f. 21. 22. 25. 30. 57. 58. 189.
Kontinental. Dreieck 184. 324. 340. 344. 352.
Kontinentale Halbkugel 19.
Kontinentale Inseln 30 f. 57. 59.
Kontinentalflüsse 39.
Kontinentalströme 63.
Kontinental-Klima 22. 186.
Kontinentspaare 21. 22. 6l.
Kopais-See 249.
Kopenhagen 305 f.
Koppernigk, Nillas 6. 379.
Koppernikanisches System 6 ff. 15.
Kopten 127.
Korallenbauten 20. 31. 169. 178.
Koralleninseln 20. 31. 32. 176.
Korallenmeer 169.
Koran 72. 86. 87. 244.
Kordofan 121.
Korea (Halbinsel) 61. 99. 101. 102.
Koreisch 71.
Korinth (Busen v.) 249. 250. 252, (Landenge v.) 239. 250, (Stadt) 241. 252, (Kanal) 250.
Koromandelküste 90. 93.
Korone (Stadt u. Buf.) 251.
Korsen 238.
Korsör 306.
Korrtryl 442. 443.

Kos 80.
Kosaken 322. 323.
Koscinizko-Hügel 263.
Kotschin-China 95.
Kottbus 377.
Kowara 120.
Kpandu 122.
Kraal 109.
Krabben-Fluß 118.
Krabla 307.
Kragujewaz 255.
Krain 322. 328. 425. 429 f.
Krainer Alpen 429.
Krakau (Verwaltungsgebiet) 263, (Stadt) 263.
Krater 38.
Kratji 122.
Krebs (Sternbild) 5, (Wendekreis des) 15. 89. 125. 169. 177.
Krefeld 394.
Kreide 37.
Kreis (Teilung b.) 12.
Kreise des (alten) deutschen Reiches 365.
Kremer, Gerhard (Mercator) 180.
Kreml 320.
Kremnitz 261.
Krems 331. 428.
Kreolen 134. 151.
Kreta 225. 243. 247. 364.
Kreuth 411.
Kreuz-Bai 117.
Kreuzberg 339.
Kreuzfluß 117.
Kreuznach 396.
Kriel 117.
Krimmler Ache 332.
Kristiania(Stift u. Stadt) 303. 304.
Kristianiafjord 303.
Kristiansand (Stift und Stadt) 303.
Kristianshavn 305.
Kroaten 187. 426.
Kroatien 262. 426.
Kronburg 306.

Kronslott 319.
Kronstadt (Rußl.) 319. (Siebenbürgen) 262.
Kru-Neger 120.
Krym (Krim) 222. 242. 310. 313. 314. 323 f.
Kryptogamen 45.
Krystallinische Gesteine 37.
Kryvan 257.
Ktesiphon 81.
Kuan 98.
Knando 116.
Kuban 61.
Kubango 115. 116.
Kudowa 349. 381.
Kuenlun 65. 66. 99. 101. 102.
Küßnacht 439.
Küste 19. 27.
Küstenentwickelung 21 f. 59. 61.
Küstenflüsse 39.
Küstenland (Litorale) 429.
Küstrin 376.
Kufstein 332. 430.
Kugelgestalt der Erde 3. 4. 179.
Kuhstall 347. 398.
Kuisib 115. 116. 117.
Kula 121.
Kuku-nor 101.
Kulis 131.
Kulm (Böhmen) 432, (Preußen) 380.
Kulmbach 338.
Kulturgewächse 46.
Kulturherde 50.
Kumä 232.
Kumase 120.
Kunde 118.
Kunene 109. 114. 115. 116.
Kunersdorf 376.
Kupferminenfluß 150.
Kura 75. 77.
Kurden 75. 76.
Kurdistan 76.
Kurfürsten 365.
Kurhessen s. Hess.-Kassel.

Kurilen 105.
Kurische Nehrung 359.
Kurisches Haff 357. 359. 372. 379.
Kurkreis 397.
Kurland 188. 309. 314. 320 f.
Kuro-Schio 27. 103.
Kurpfalz 394. 410. 416.
Kuttenberg 432.
Kvalöe 304.
Kydnos 70.
Kydonia 247.
Kyffhäuser Gebirge 346. 351. 402.
Kyffhausen 351.
Kyllene 251.
Kykladen 31. 253. 364.
Kynast 348. 382.
Kyrana 128.
Kyros 71. 77.
Kythera 254.

L.
Laach 306.
Laacher See 341.
Laaland 305.
Labiau 379.
Labrador 132. 147. 151. 165. 364.
Labuan (Insel) 97.
La Certosa 224.
Lac Leman 265.
Lacus Fucinus 215.
Lacus Larius 212.
Lacus Trasimenus 216.
Labak 92.
Lade 79.
Ladiner 437.
Ladinsch 361.
Ladoga-See 184. 309.
Ladronen 177.
Laeken 443.
Läne 301.
Länge (geograph.) 12. 13. 14.
Längengrade 13. 15.
Längsthäler 42.
Lago di Garda 212 f. 431. 441.

Lago maggiore 202. 209. 212. 222. 440. 441.
Lagos 120.
La Granja 198.
La Guayra 140.
Lagunen 117. 119. 121. 122. 123. 178. 214. 224. 225. 226. 359.
La Habana 145.
Lahn 340. 341. 342. 361. 391. 393.
Lahor 92.
Laibach (Stadt u. Fluß) 429.
Laknau 93.
Lakkadiven 32. 94.
Lakonien 251.
Lakonischer Busen 251.
La Lippe (Fort) 195.
Lamaismus 102.
La Mancha 192.
La Manche 265.
Lamas 102.
Lampong 06.
Land 19 f. 32.
Landau 414.
Landeck (Tirol) 204. 208. 327. 332, (Schlesien) 349. 381.
Landenge 21. — von Sues 61. 62. — v. Korinth 239. 250.
Landhalbkugel 19. 169.
Landes (les) 268.
Landkarten 179 ff.
Landmächte 190.
Landmassen 20. 58.
Landrücken 34.
Landsberg a. d. W. 376.
Landskrone 382.
Landseeen 24. 42 f.
Landshut 411.
Landspitze 19.
Landzunge 21.
Langenbielau 381.
Langensalza 385.
Langensee s. Lago maggiore.
Langres (Plateau von) 267. 268. 343.
Längsthäler 34.

Languedoc 278, (Kanal von) 265.
Langue d'oc 269.
Langue d'oui 269.
Lao 95.
Laon 276.
Laotse-Staaten 95.
La Paz 141.
La porto du Rhône 266.
Laplace 27.
La Plata (Fluß) 137. 142.
Lappen 188. 298. 303. 321.
Lappland 302.
Lappländische Alpen 296.
Larisa 248.
La Rochelle 277.
Lasa 102.
La Salle 154.
Lajtable 378.
Lateinisches Kaiserthum 241.
Latium 215. 228.
La Trappe (Kloster) 277.
Laubenheim 417.
Lauenburg (Hzgt.) 301. 386. 389. 407, (Stadt) 386, (in Pommern) 377.
Lauf (der Flüsse) 40 f.
Laufen (Schloß) 335. 438.
Laufenburg 335.
Lausanne 440.
Lausitz 365. 398. 425.
Lausitzer Gebirge 347 f. 350. 357. 432.
Lausitzer Grenzwall 356. 357. 358.
Lausitzer Neiße 347. 349. 357. 361. 382. 432.
Lauter 337. 419.
Lauterbach 378.
Lauterbrunnen = Thal 335.
Lauterburg 419.
Lava 38.
La Valetta 237.
Lawinen 36. 205.
Laxenburg 427.

Lazzaroni 233.
Lebadeia 249.
Lecce 234.
Lech 208. 209. 327. 332. 411. 430.
Lechfeld 260. 332. 411.
Leck 353.
Leeds 290.
Le Havre s. Havre.
Lehin 37.
Lehnin 376.
Leicester 291.
Leiden s. Leyden.
Leine 344. 346. 353. 358. 387. 388, (Hörsel) 344.
Leinekanal 344. 400.
Leiningen (Besitzung der Fürsten v.) 413. 416.
Leinster 295.
Leipzig 273. 398 f.
Leitern (Pässe) 70. 74. 91.
Leith 293.
Leitha 257. 260. 333. 426.
Leithagebirge 257. 331.
Leitmeritz 350. 431. 432.
Le Mans 280.
Lemberg (Verwaltungsgebiet) 263, (Stadt) 263.
Lemgo 405.
Lemnos 248.
L'empire 279.
Lena 67.
Lennep 395.
Lenz, Reinhold 121.
Lenzener Wische 358.
Leoben 428.
Leon 192. 193. 199.
Leopoldshall 403.
Leopoldville III.
Lepanto (Stadt) 249, (Busen v.) 249.
Lepontier 208.
Lepontische Alpen 208.
Lerinische Inseln 278.
Lesbos 79.
Les Echelles 279.
Lesghier 76.

Leſina 433.
Letten 188. 320.
Letztes Viertel des Mon=
  des 10.
Leuchten des Meeres 25.
Leuchtenburg 401.
Leut 439.
Leukadiſches Vorgebirge
  254.
Leukas 254.
Leuthen 381.
Leuven 443.
Leuwaarden 447.
Le Valais 439.
Levante 78. 181. 278.
  411. 424.
Leveche (Wind) 191.
Leverrier (Aſtronom) 8.
Lewis (Inſel) 293.
Leyden 353. 446.
Liambey 110.
Libanon 82. 83.
Libau 320.
Liberia 120.
Libyen 58. 105.
Libyer 124.
Libyſche Wüſte 123.
  126.
Lichtenſtein(Schloß)415.
Lidi 214.
Liebenſtein 401.
Liechtenſtein (Fürſtent.)
  189. 324. 330. 369.
  436. 441 ff.
Liegnitz 381.
Lieſtal 438.
Liffy 295.
Ligoris (Loire) 267.
Ligny 444.
Ligurien 214. 222.
Liguriſcher Apennin 202.
  206. 211. 214 f.
Liguriſches Meer 214.
  222.
Ligyer 264.
Limfjord 304. 305.
Lillenſtein 347. 398.
Lille 276.
Lima 140.
Liman 60. 308. 311.
  323.

Limburg (Belgien) 443,
  (Holl.) 447, (Hrzgt.)
  369.
Limburg a. d. Lahn 393.
Limerick 295.
Limmat 336. 438.
Limouſin 280.
Lindau 412.
Linden 388.
Lindenmonat 312.
Lindi 114.
Lingen (Grafſch.) 389.
  390.
Linie (Äquator) 4. 12.
Linth (Fluß) 336.
Linthkanal 336.
Linz 428.
Lion (Golfe du) 182. 264.
  266. 363.
Lipari 236.
Liparische Inseln 31.
  236.
Lippe (Fluß) 343. 345.
  358. 390, (Fürſtent.)
  345. 405 ff.
Lippſpringe 343. 390.
Lippſtadt 390.
Liris 216.
Liſaine 279.
Lisboa 195.
Liſſa (Inſ.) 433, (Stadt)
  380.
Liſſabon 195. 245.
Lithoſphäre 18. 19. 33.
  37. 38.
Litauen (Großfürſten=
  tum) 313. 315. 321.
Litauiſcher Stamm 188.
  314. 317. 320. 374.
Litorale (öſterreichiſch.)
  328. 429, (ungariſche)
  262.
Liu=Kiu=Inseln 105.
Livadia (Krym) 323,
  (Griechenl.) 249.
Livadien 248. 249.
Liven 188.
Liverpool 290. 291.
Livingstone 110.
Livingstone=Fälle 110.
  111.

Livland 188. 300. 309.
  313. 314. 320 f. 363.
Livorno 228.
Llaneros 138.
Llanos 136. 138. 140.
Lobenstein 402.
Locarno 441.
Loch (d. i. See) 291.
Lochy (See) 291.
Lockwood 23.
Locle 440.
Lobi 224.
Lobz 321.
Lötzen 379.
Löwe (Sternbild) 5.
Löwenfluß 116.
Löwenstein = Wertheim
  (Beſitz. d. Fürſten v.)
  416.
Lofot=Archipel 297. 303.
Lohau 176.
Loire 186. 267. 268.
  277. 280.
Lokris 249.
Lombardei 202. 209.
  221. 223 f. 425.
Lombardiſche Seeen 212.
Lombardiſches Tiefland
  211 f.
Lombok 96. 97.
Lombok=Straße 97.
Lome 122. 123.
Lomnitzer Spitze 257.
Lomond=See 291.
London 92. 287 f. 291.
  293.
Long=Island 158.
Longobarden 218. 223.
Lop=See 101.
Lorenzstrom 150. 154.
  155. 164. 165.
Loreto 231.
Lorient 277.
Lorraine 279.
Lot 265. 267.
Lothringen 271. 272.
  279. 362. 418 f. 420 ff.
  441, (Hochebene von)
  343. 418.
Lothringer 362.
Lough Neagh 294.

Louisiana 155. 156. 160.
Louisville 159.
Lowositz 432.
Lualaba 110.
Luapula 110. 111.
Lublin 321.
Lucanien 217.
Lucca (Herzogtum und Stadt) 227. 228.
Luckau 377.
Luckenwalde 376.
Lucriner See 232.
Ludwigsburg 414.
Ludwigshafen 414.
Ludwigskanal 339.
Ludwigslust 406.
Lübed (Stadt) 272. 300. 360. 370. 407. 408 ff., (Fürstentum) 405.
Lübecker Bucht 405.
Lüderitzhafen 110. 117.
Lueg (Paß) 332. 428.
Lüneburg (Regbz.) 388, (Stadt) 388, (Fürstentum) 387. 388.
Lüneburger Heide 355. 356 f. 357. 388.
Lütschine (schwarze und weiße) 335.
Lüttich (Lüge) 343. 444.
Lützelburg s. Luxemburg.
Lützen 300. 384. 398.
Lusthülle der Erde 1. 11. 19. 27.
Luftmeer 11. 27. 29.
Luftschichten 28.
Luftströmungen 28.
Luganer See 209. 212. 441.
Lugano 441.
Lugdunum (Lyon) 280.
Luisenburg 329. 413.
Lukuga 110.
Lund 302.
Lunéville 280.
Lurlei 342.
Lutter 404.
Luxemburg (Großherzogtum) 189. 324. 343. 369. 418. 430. 447 ff.

(belgisch) 444, (Stadt) 447.
Luxor 127. 274.
Luzern 336. 437. 439.
Luzerner See 439.
Luzon 30. 98.
Lyd 379.
Lyder 77.
Lydien 79.
Lyell, Charles 18.
Lylaonien 78.
Lytien 79.
Lynchgerichte 157.
Lyon 279. 280 f.
Lyonnais 280, (Gebirge von) 268.

M.

Maas 39. 267. 270. 276. 280. 341. 343. 352. 355. 361. 418. 444.
Maastricht 343. 442. 447.
Macaluben 237.
Mac Clure 167.
Mackenzie (Aleg.) 167, (Fluß) 148. 150. 167.
Madagaskar 15. 30. 31. 59. 108. 131.
Madeira (Insel) 130. 195, (Fluß) 137.
Madras 93.
Madrid 197. 198.
Männer 77. 79. 80.
Mägdesprung 352. 403.
Mähren (Land) 333. 349. 365. 425. 432 ff.
Mähren (Volk) 187. 426.
Mährische Höhe 330. 333. 349.
Mährisches Gesenke 349.
Mälar-See 298. 301.
Mäuseturm 342.
Mafia 111. 112.
Magalhaes 135. 141. 169.
Magalhaesstraße 135. 141.

Magdalenen-Strom 137.
Magdeburg (Herzogtum) 382, (Stadt) 353. 357. 358. 382. 420.
Magdeb. Börde 358.
Magellan-Straße 135. 141.
Magenta 224.
Magerö 304.
Magnesia 79.
Magyaren 103. 188. 259. 260. 261. 262. 426. 427. 428.
Mahdi 121. 125.
Mahlstrom 303.
Mahon 201.
Mailand (Herzogt.) 221. 222. 223. 364. 425, (Stadt) 223 f.
Maimatschin 68. 101.
Main 46. 329. 338 ff. 339. 340. 341. 342. 392. 393. 401. 413. 417.
Maina 252.
Mainau (Insel) 335. 416.
Mainbreieck 339.
Maine (Amerika) 158. 165, (Frankreich) 280.
Mainland 338 ff.
Mainland (Insel) 294.
Mainlinie 325. 368.
Mainoten 252.
Mainviereck 339. 340.
Mainz 334. 342. 365. 384. 392. 417.
Maissur 93.
Majorca 201.
Makao 101.
Makassar 97.
Makedonien 241. 244. 246. 248.
Malabarküste 93. 94.
Malakka (Halbinsel) 51. 94. 95. 96, (Stadt) 96, (Straße v.) 96.
Malabetta 190.
Malaga 200.
Malagarasi 112.
Malaien 96. 171.

Malaiische Rasse 51. 64. 95. 97. 98. 131.
Malaria 230.
Malchen 337.
Malchin 406.
Male 94.
Malea (Malia) 251.
Malediven 32. 94.
Malgaschen 131.
Mallorca 201.
Malmedy 396.
Malmö 302.
Malta 237.
Malteser 237.
Maltesische Inseln 221.
Malvasia 252.
Malwinen 142.
Mameluchen 127. 134.
Man (Insel) 285.
Manaar (Golf v.) 94.
Manchester 290.
Mandale 95.
Mandarinen 98. 99.
Mandingos 120.
Mandschu 98. 101.
Mandschurei 99. 101. 102.
Mango ma Loba 118.
Manila 98.
Manissa (Magnesia) 79.
Manitoba 165.
Manitsch = Niederung 61. 322.
Manko Kapak 140.
Mannheim 338. 414. 416.
Mansfeld (Grafschaft) 383. 384.
Mansfeldisch. Hügelland 346.
Mansfelder Seeen 384.
Mantinea 251.
Mantua 224. 430.
Manzanares 197.
Maoris 173. 174.
Maracaibo 136. 140. 146.
Marajo 41. 143.
Marathon 240. 250.
Marbach 414.
Marburg (hess.) 393, (österr.) 429.

March 333. 349. 427. 433.
Marche 280.
Marchfeld 325. 333.
Maremmen (von Toscana) 215. 228.
Marengo 222.
Marianen 169. 171. 177.
Maria = Theresienstadt 261.
Mariazell 428.
Marienbad 432.
Marienberg 413.
Marienburg (Westpreußen) 373. 379.
Marienwerder 380.
Marignano 224.
Mariza 246. 255.
Mark (Grafschaft) 390.
Marken 231.
Markomannen 333. 431.
Marmara (Insel) 60.
Marmarameer 60. 79. 238. 244. 245.
Marmaros 256.
Marmorbrüche von Carrara 215.
Marne 268. 274. 343.
Marokko (Reich) 129. 130, (Stadt) 130.
Maroniten 83.
Marosch 258. 262.
Marquesas = Inseln 31. 177.
Mars (Planet) 8.
Marschland 33. 119. 354. 358. 389.
Marseille 278.
Marschall = Inseln 32. 177. 178.
Marschall = Insulaner 178.
Marstonmoor 291.
Martaban (Meerbusen von) 94. 95.
Martigny 265.
Martinique 146.
Martinswand 430.
Maryland 153. 159.
Masenderan 71. 74.

Masis 75.
Maskarenen 31.
Maskat 88.
Masr 128.
Massachusetts 153. 155. 158.
Massaua 126.
Massai 113.
Massengebirge 37.
Massengesteine 18.
Massilia 278.
Maßstab (einer Karte) 179.
Masuren 374.
Mataro 201.
Mathematik 1.
Matterhorn 207.
Matubi 175.
Mauersee 359.
Maulmein (Birma) 456.
Mauna = Kea 177.
Mauna = Loa 177.
Mauren 124. 129. 193. 199. 200.
Mauretanien 129.
Mauritius (Insel) 131.
Maviti 113.
Mazatlan 152.
Mbam 118. 119.
Mecheln 443.
Mecklenburg (Dorf) 407, (Land) 356. 359. 406 ff.
Mecklenburg = Schwerin 359. 406 ff.
Mecklenburg = Strelitz 359. 407 ff.
Meder 71.
Medien 81.
Medina 87.
Medinat = al = Nabi 87.
Mediomatriker 420.
Mediterranes Klima 186.
Medoc 277.
Meer 17. 19. 20 ff. 22. 24 ff. 32. 36. 38. 43. 47. 54.
Meerane 399.
Meeraugen 257.
Meerbusen 21.

Meerenge 20.
Meeresboden 25.
Meeresſpiegel 17. 20. 26. 32. 35. 38. 43. 57.
Meeresſtröme 27 ff. 168.
Meeresſtrudel 26.
Meerwaſſer 24.
Megalopolis 251.
Megara 250.
Megaris 250.
Mehadia (Bad) 261.
Meiningen 401.
Meiſenheim 394. 396.
Meißen (Land) 391. 397, (Stadt) 350. 398.
Meißner 344.
Mekka 86. 88.
Mekong 95.
Melaneſier 171.
Melazzo 236.
Melbourne 172.
Melchthal 439.
Meleda 433.
Melegnano 224.
Melibocus 337.
Mell 428.
Melos 253.
Memel (Fluß) 41. 357. 359. 379, (Stadt) 379.
Memeler Tief 359.
Memleben 351. 384.
Memphis 127.
Menam 95.
Menorca 201.
Menſch 2. 17. 46. 48. 52.
Menſchenraſſen 49 ff. 50.
Mentone 279.
Meppen 389.
Meran 431.
Mercator 180.
Mercators-Projektion 180.
Mercia 282. 289.
Mergentheim 415.
Merida (Spanien) 199, (Yucatan) 152.
Meridiane 13. 15. 37. 179. 181.

Merkur, Planet 8. 9. 10.
Meromſee 84.
Merſeburg 383. 384. 402.
Merſen 418.
Merſey 285. 289. 290.
Merw 69.
Merwede 352.
Meſchhed 74.
Meſolongion 249.
Meſopotamien 50. 62. 75. 80 f. 82. 83.
Meſſana 236.
Meſſene 251.
Meſſenien (Buſen von) 251.
Meſſenier 251.
Meſſina 236, (Meerenge von) 234.
Meſtizen 134. 151.
Metelino 79.
Meteoriten 6. 9.
Meteorologie 1.
Methone 251.
Meß 271. 364. 419. 420.
Mexicaniſches Meer 132.
Mexico 15. 133. 134. 152. 364, (Hochfläche v.) 50. 151, (Meer- buſen v.) 27. 41. 132. 144. 146. 147. 151. 152. 160, (Republik) 151 f. 161, (Stadt) 152.
Miako 104.
Michelsberg 413.
Michigan (Staat) 160.
Michigan-See 150. 160. 161.
Mibbelburg 407. 446.
Middleſer 287.
Mikado 104.
Mikindani 114.
Mikra Delos 253.
Milano (Mailand) 223.
Milchſtraße 7.
Milet 79.
Milleſchauer 350. 432.
Millionenſtädte 55.
Milſeburg 339.

Milwaukee 161.
Minas Geraes 143.
Mincio 212. 224.
Minden 345. 353. 390.
Mindener Berge 345.
Mineralogie 1.
Mineralquellen 39. 341. 414. 432.
Minho (Fluß) 192.
Minneſota 161.
Miolefen 175. 177.
Miolo 175.
Miquelon 166.
Miramar 430.
Miſa-Höhe 123.
Misbroy 378.
Miſenum 232.
Miſſionare 53.
Miſſionsplätze 152.
Miſſiſſippi (Fluß) 39. 42. 148. 149. 154. 156. 157. 159. 160. 161. 163. 204, (Staat) 160.
Miſſolunghi ſ. Meſo- longion.
Miſſouri (Fluß) 39. 148. 149. 156. 159. 161. 163, (Staat) 159.
Miſtral (Wind) 278. 279.
Mitau 320.
Mitre-Felſen 174.
Mittag 2. 13.
Mittagslinien 13.
Mittel-Afrika 50. 51. 53. 107.
Mittel-Alpen 203. 207 ff. 211. 324.
Mittel-Amerika 58. 132. 143 ff. 146.
Mittel-Aſien 51. 63.
Mitteleuropäiſch. Ge- birge 184. 267. 324.
Mittel-Franken 412.
Mittelfranzöſiſch. Ge- birge 265. 267.
Mittelgebirge 36 f., (böh- miſch.) 350.
Mittelgebirgslandſchaft, deutſche 325. 344.
Mittel-Italien 211. 226 ff. 228.

Mittelländisch. Meer f. Mittelmeer.
Mittellauf eines Flusses 39. 40.
Mittelmark 374. 376.
Mittelmeer 41. 50. 59. 61. 79. 82. 85. 105. 106. 107. 123. 128. 129. 182. 185. 186. 191. 192. 201. 202. 206. 215. 217. 218. 222. 228. 237. 264. 265. 278. 283. 379. 430.
Mittelmeere 20.
Mittelmoräne 36.
Mitternacht 3.
Mittlerer Apennin 214. 215.
Mobile 160.
Mocambique (Stadt u. Insel) 108, (Küste v.) 108, (Kanal v.) 131.
Mocha 88.
Modena (Herzogtum) 221.226.364, (Stadt) 226. 228.
Moblin 321.
Modon 251.
Möen 304. 305.
Möens Klint 304.
Möhra 401.
Mölln 386.
Möllner See 386.
Römpelgard (Montbeliard) 279.
Mönchgut 378.
Mönchsberg 428.
Möris-See 127.
Mörs (Fürstentum) 394.
Mogabor 130.
Moguntiacum 417.
Mohacs 261.
Mohammed 53. 86. 87. 88. 243.
Mohammedaner 53. 72. 73. 75. 82. 83. 84. 85. 91. 94. 96. 121. 193. 243.
Mokattam 128.
Mokka 88.

Moldau (Fluß) 350.431. 432, (Fürstent.) 256. 263 f. 264.
Molise 231. 232.
Mollwitz 381.
Molen 21. 223. 378.
Moluffen 31. 96. 97. 98.
Mombas 113.
Monaco 189. 221. 223.
Monarchie 54.
Mond 3. 6. 8. 9 f. 10.
Mondbahn 10.
Monde 8.
Mondfinsternis 3. 10.
Mondjahr 10.
Mondland 113. 114.
Mondviertel 10.
Mondwechsel (Mondphasen) 10.
Moncimbasia 252.
Mongolei 65. 101. 322.
Mongolen 53. 72. 91. 100. 101. 102. 103. 133. 314. 317. 322. 381.
Mongol. Rasse 51. 64. 95. 101. 102. 188.
Monotheismus 53.
Monrovia 120.
Mons (deutsch: Bergen) 443.
Mons Aventinus 229.
Mons Cälius 229.
Mons Capitolin. 229.
Mons Erny 235.
Mons Esquilin. 229.
Mons Palatin. 229.
Monsun-Asien 90.
Monsune 28. 64. 90. 103.
Montblanc 65. 68. 185. 202. 206. 207 f. 208. 211. 212. 265. 266. 279.
Mont Cenis 206. 207. 222.
Mont Cenis-Bahn 206.
Mont Dore 268.
Mont Genèvre 206.232.
Mont Jseran 207.

Mont Pelvoux 206.
Mont Perdu 191.
Mont St. Jean 443.
Mont Valerien 275.
Montagnes d'Arrée 268.
Montagnes Faucilles (Sichelberge) 267. 343.
Montana 161.
Montauban 277.
Monte Abamello 209. 327.
Monte Cassino 234.
Monte Cinto 238.
Monte Gargano 215. 216. 234.
Monte Gibello 236.
Monte nuovo 232.
Monte Pellegrino 235.
Monte Rosa 207. 212. 222.
Monte Biso 206. 211. 222.
Montefiascone 231.
Montenegriner 433.
Montenegro 189. 239. 255.
Montevideo 142.
Montferrat (Bergl. v.) 214, (Herzogt.) 221. 222.
Montjouy (Fort) 200.
Montmartre 274. 275.
Montpellier 278.
Montreal 164.
Montreux 440.
Montserrat (Berg) 200, (Jnsel) 146.
Monza 224.
Moore 33. 291. 294. 304. 312. 350. 354. 355. 379. 389.
Möser 330. 332.
Mpuapua 114.
Moränen 35.
Moränenblöcke 30.
Morast 33.
Morawa(serb.)255.258.
Moray-Busen 291.
Morea (Halbinsel) 225. 239. 250 ff.

Morgarten 437. 439.
Morgen 2.
Morgenland 58. 60. 181.
Morgenstern 8.
Moria 85.
Moriscos 194.
Mormon City 163.
Mormonen 163.
Moscos 144.
Mosel 340. 343 f. 395. 418. 420.
Moskau (Großfürstent.) 314. 317. (Stadt) 320. 321.
Moskitoküste 144.
Moskwa (Fluß) 310. 320, (Stadt) 319. 320.
Moslim 87 f. 130. 244.
Mostar 255.
Mosul 81.
Motala-Elf 302.
Mounds 160.
Mount Clarce 170.
Mount Cook 173.
Mount Elias 148.
Mount Hooker 148.
Mount Bernon 159.
Mount Wrangel 148.
Mran-ma 95.
Müggelberge 356.
Mühlberg 384.
Mühldorf 411.
Mühlhausen (Provinz Sachsen) 385.
Mülhausen (Elsaß) 420.
Mülheim an der Ruhr 395.
München 410 f.
München-Gladbach 395.
Münchengrätz 432.
Münden 344. 389.
Mündung 39. 41.
Münster (Bist.) 389. 390. 404, (Stadt) 391.
Münsterthal 440.
Müritz (See) 356.
Mürz 210. 328.
Musti 243.
Muansa 114.
Muggendorf 330.

Mulden 101.
Mukondokua 112.
Mulahacen 191.
Mulaten 134. 142. 145. 146. 156.
Mulde 350 f. 351. 358. 397. 399.
Mull 293.
Multan 72.
Mummelsee 338.
Mungo 110. 118.
Muniacs 261.
Munster 295.
Munychia 250.
Muonio-Elf 301.
Mur 210. 327. 328. 428.
Murab 75.
Murano 226.
Murcia (Landschaft u. Stadt) 200.
Murg 337. 338. 416.
Muri 438.
Murray (Fluß) 172.
Murful 124.
Murten (Stadt) 440. (-See) 440.
Muselmänner s. Moslim.
Musi-Fluß 96.
Muskau 382.
Mutter (Berg) 175.
Mykene 252.
Mykonos 253.
Mylä 236.
Mysien 79.

N.

Nab 329. 331.
Nablus 85.
Nachod 432.
Nachrichtendienst (des Weltverkehrs) 455.
Nachtertiäre Formationen 37.
Nachtigal, G. 110. 110. 121.
Nachtigal-Fälle 118.
Nadelkap 109.
Nadeln (i. Geb.) 35. 203.

Nadir 2.
Nagasaki 105.
Nahe 343. 405.
Nahr el-Asi 82.
Nain 84.
Nanna 109. 115. 116. 117.
Nanieb 116. 117.
Namur 343. 444.
Nancy 280.
Nanking 100.
Nansen (Frühj.) 167.
Nantes 277.
Nanzig s. Nancy.
Naphtha 74. 76.
Napoli s. Neapel.
Nar 216.
Narbonne (Narbo) 278.
Narew 358.
Narni 231.
Narowa 309. 321.
Narwa 321. 407.
Nasebh 291.
Nassau (Herzogt.) 270. 373. 391. 393, (Stadt u. Burg) 393, (Stadt u. Fort) 145.
Natal 108.
Natchez 160.
Nationaldenkmal 341.
Nationen 55.
Natolien 78.
Naturdienst 52.
Naturland 55.
Naturwissensch. 1.
Nauheim 418.
Naumburg 351. 384.
Naupaktos 249.
Nauplia 252.
Nauru 177. 178.
Navarino 248. 251.
Navarra (französ.) 273. 277, (span.) 199.
Naxos 253.
Nazareth 84.
Neagh (See) 294.
Neapel (Golf v.) 216. 232, (Königr.) 221. 231 ff., (Stadt) 217. 231. 232 ff. 233. 245.
Nebel (planet.) 7.

Nebelflecke 7.
Nebelhöhle 329.
Nebelhülle (der Kometen) 9.
Nebenthäler 42.
Nebraska 161.
Neckar 337. 338 ff. 340. 359. 414. 415. 417.
Neckar-Kreis 414.
Neckarland 338 ff.
Neckarsteinach 338.
Nedschd 88.
Neger 50. 51. 107. 113. 114. 120. 121. 123. 126. 131. 134. 142. 145. 151. 156. 159. 195.
Negerrasse 50. 51. 107. 134.
Negroponte 252.
Nehrung 43.
Neion 254.
Neiße (Stadt) 382.
Neiße (Glatzer) 349. 381. 382.
Neiße (Lausitzer) 348. 349. 357. 361. 382. 399. 432.
Neiße (wütende) 349.
Nelson (Admiral) 128. 200, (Fluß) 150.
Nemauhus 278.
Remi (See v.) 216. 231.
Renndorf 393.
Neapel 92.
Neptun (Planet) 8. 9. 10.
Nera 216. 231.
Neriton 254.
Nertschinsk 68.
Nesenbach 414.
Neß (See) 291.
Nesse 344.
Nestorianer 93.
Neße 357. 358. 361. 380.
Nehekanal 380.
Neu-Aberdeen 293.
Neu-Brandenburg 407.
Neu-Braunsfeld 160.
Neu-Braunschweig 165.
Neu-Breisach 419.

Neuburg (Kloster) 428.
Neuburg (Prov.) 411 ff., (Stadt) 412.
Neu-Castilien 197 f., (Tafelland v.) 192.
Neuchatel 440, (See v.) 335. 440.
Neu-Eberstein 416.
Neue Hebriden 173.
Neuenburg 440.
Neu-England-Staaten 158.
Neue Welt 60. 180.
Neueste Welt 169.
Neufahrwasser 380.
Neufundland 30. 153. 154. 155. 165. 295, (Bank von) 165.
Neu-Goa 93.
Neugriechen 248 f.
Neu-Guinea 30. 31. 51. 59. 61. 97. 168. 169. 171. 173. 174.
Neu-Guinea-Compagnie 175.
Neu-Hannover 176.
Neu-Holland 171.
Neu-Jerusalem 163.
Neuilly 276.
Neu-Kaledonien 59. 169. 173.
Neu-Kalifornien 161.
Neu-Karthago 200.
Neu-Korinth 252.
Neu-Lauenburg 175.
Neumark 376. 377.
Neumarkter Hochfläche 256. 257.
Neu-Mecklenburg 175 f. 176.
Neu-Mexico (Hochfläche v.) 147. 148, (Territ.) 161.
Neumond 10. 26.
Neumünster 386.
Neupersisch. Reich 69. 71. 76.
Neu-Pommern 175. 176.
Neu-Rom 245.
Neu-Ruppin 376.
Neusatz 261. 262.

Neu-Schottland 165. 166.
Neu-Seeland 30. 31. 168. 169. 170. 171. 173 ff.
Neu-Sibirien 68.
Neusiedler See 257. 261.
Neu-Spanien (Hochfläche v.) 148.
Neu-Sparta 252.
Neuß 394.
Neustadt (a. Harz) 404, (a. d. Hardt) 414, (Wiener) 428.
Neustädtler Senke 256.
Neustädter Kreis 400.
Neu-Stettin 377.
Neu-Strelitz 407.
Neu-Süd-Wales 171. 172.
Neutitschein 433.
Neu-Vorpommern 377.
Neuwerk (Inf.) 354. 409.
Neuwied 396.
Neu-York s. New-York.
Nevada (Staat) 162.
Nevado (der) von Sorata 135.
Nevi 231.
Nevis 146.
Newa 309. 319.
Newark 159.
Newcastle 290.
New-Hampshire 153. 158.
New-Jersey 154. 159.
New-Orleans 160.
Newport 23. 167.
New-Providence 145.
New-Westminster 165.
New-York 154. 158 f.
Ngami-See 110. 116.
Ngila 119.
Niagara 150.
Niagarafall 150. 158.
Njansa (Victoria-) 108. 111. 113. 114.
Njassa-See 110. 111. 112. 113.
Njika-Steppe 113.
Njong 118. 119.

Nicaragua (Republ.) 144.
Nicaragua = See 143.
Nice f. Nizza.
Nicolosi 236.
Nibba 339.
Nieder = Bayern 411.
Nieder = Bengalen 93.
Niederdeutsche 361.
Niedere Inseln 170.
Nieder = Deutschland 324. 325. 352 ff. 359 ff.
Nieder-Guinea 107. 110. 117.
Niederhessen 392.
Niederländer 92. 97. 109. 140. 187. 194. 196.
Niederlande 97. 143. 146. 155. 174. 180. 190. 276. 324. 353. 356. 359. 364. 418, (früher spanische) 425. 442, (Königreich d.) 189. 418. 436. 441. 442. 444 ff.
Niederlausitz 377 f.
Nieder = Navarra 277.
Nieder = Österreich 426 ff.
Niederrhein 270.
Niederrheinischer Kreis 365.
Niedersachsen 355. 388.
Niedersächsischer Kreis 365. 405.
Niederschlag 44.
Nieder = Schlesien 381.
Nieder = Ungarn (Ebene von) 242. 258 f. 261. 314. 325.
Niederwald 341. 342.
Njemen 188. 312. 321. 359.
Nierstein 417.
Nigir 120. 121.
Nikäa 79. 245.
Nikobaren 95.
Nikolajew 323.
Nikolajewsk 68.
Nikomedien 79. 245.
Nikosia 80.

Nilschitsch 239.
Nil 41. 42. 50. 106. 111. 113. 121. 124. 125 f. 126. 127. 128. 204. 218. 331.
Nilgiri = Berge 90.
Nimes 278.
Ninive 81.
Nippon 30. 104. 105.
Nisam v. Haiderabad 93.
Nischni = Nowgorod 322.
Niveauveränderungen, säkulare 17.
Nivernais 280.
Nizza 202. 206. 221. 279, (Grasch.) 221. 279.
Nördlicher Apennin 214.
Nördlicher Landrücken 356 f. 359.
Nördliches Eismeer s. Eismeer.
Nördlingen 412.
Nogat 358. 373. 379.
Nollendorf 432.
Nomaden 49. 50. 67. 68. 72. 74. 75. 87. 101. 168. 322.
Nomarchieen 248.
Nonnenwerth 341.
Nord = Afrika 27. 51. 53. 106. 119. 218. 237. 259. 260.
Nordalbingien 386.
Nord = Amerika 21. 22. 23. 43. 58. 59. 100. 132. 134. 143. 144. 146 ff. 162. 163. 177. 272. 277. 309. 364. 409. 453, (Britisch.) 148. 163 f., (Union) 152 ff.
Nord = Amerikaner 171.
Nordamerikanische See-alpen 148.
Nordarabische Gebirge 251.
Nord = Asien 63.
Nord = Carolina 153. 159.
Nord = Dakota 161.
Norddeutsch. Bund 367.

Norddeutsches Tiefland 308. 325. 344. 352 ff. 372.
Nord = Deutschland 367 f.
Norddrontheimsches Gebirge 296.
Norden 3.
Nordengl. Gebirge 285.
Nordenstiöld 68. 321.
Norderelbe 409.
Norderney 354. 389.
Nord-Europa 290. 295 ff.
Nordhausen 385.
Nord = Holland 355. 445 ff.
Nordische Mächte 190.
Nord = Indien 50.
Nord = Italien 187. 211. 222 ff. 229.
Nordkaledonisches Gebirge 291.
Nordkanal (zwischen Schottland u. Irland) 281, (Holland) 445.
Nordkap 68. 186. 304.
Nordklyn 304.
Nordmark 372.
Nordnordost 3.
Nordöstliche Durchfahrt 68. 321.
Nordost 3.
Nordost = Passat 28.
Nord=Ostsee-Kanal 386.
Nordpol 4. 5. 15. 23. 59. 132. 147. 167. 202.
Nordpolarländer von Amerika 166 ff.
Nordpolarmeer 23 f.
Nordpol = Expeditionen 23 f. 150. 166 ff.
Nord = Schottland 188.
Nord=Skandinavien 188. 296.
Nordsee 18. 20. 183. 184. 286. 298. 324. 325. 352. 353 f. 354. 356. 359. 387. 389. 446.
Nordslaven 187.

Nordterritorium (Austr.-
    Kontinent) 172.
Nordwest 3.
Nordwest - Durchfahrt
    (Nordwestpassage)
    167.
Nordwestterritorium
    (Canada) 165.
Norfolk 285.
Noricum 361.
Normalm 301.
Normandie 276.
Normannen (Normän-
    ner) 134. 166. 231.
    276. 280. 299. 305.
    316. 362.
Normann. Kolonieen
    299.
Normann. Inseln 289.
Norrköping 302.
Norrland 301. 302.
Northumberland 282.
    286. 290.
Norwegen 183. 189.
    190. 294. 295. 299.
    300. 301. 303 ff. 305.
    306.
Norweger 166. 187.
    294. 298. 299. 303.
    305.
Norwich 290.
Novara 222.
Novipasûr 243.
Nowa - Georgiewsk 321.
Nowaja - Semlja 23. 31.
    61. 183. 184. 322.
Nowgorod 319. 320.
    321.
Nowo - Tscherkask 323.
Nubien 106. 125. 126.
Nueva Germania 142.
Nürnberg (Stadt) 330.
    340. 412 ff. 415,
    (Burggrafent.) 372.
    397.
Nullmeridian 13.
Numantia 193.
Numidien 129.
Nymphenburg 411.
Nymwegen 447.

O.

Oahu 177.
Oase 33. 71. 123.
Ob 66. 67. 68.
Ober-Ägypten 127.
Ober-Andalusien 200.
Ober-Bayern 46. 410.
Ober-Canada 164.
Oberdeutsche 361.
Oberdeutsche Hochebene
    325. 326. 330 f. 331.
    340.
Ober-Deutschland 324.
    325. 326 ff. 334.
Ober-Elsaß 419 f.
Obere See (der) 150.
    164.
Ober-Franken 413.
Ober-Geldern 394.
Obergleichen 400.
Ober-Guinea 119. 121.
Ober-Harz 346. 353.
    389. 404.
Oberhaus 411.
Ober-Hessen 393. 418.
Oberhof 400.
Ober-Italien 43. 211.
    217. 222 f. 234.
Ober-Kalifornien 161.
    162.
Oberlauf eines Fl. 39.
    40.
Ober-Lausitz 377. 381.
    382.
Ober-Österreich 428.
Ober-Pfalz 330. 331.
    411.
Ober-Rhein 272. 334 f.
    418. 424.
Oberrheinische Tiefebene
    324. 336 f. 338. 340.
    418.
Oberrheinischer Kreis
    365.
Obersächsischer Kreis
    365.
Ober-Schlesien 371.
    382.
Ober-Schwaben (Hoch-
    ebene v.) 330.

Oberstein 405.
Ober-Ungarn (Ebene v.)
    257. 258. 261. 325.
    331. 333.
Oberwald 339.
Ober-Wallis 440.
Oberwesel 342.
Obotriten 406. 408.
Ochotsk (Meer von) 68.
Ochsenkopf 329. 338.
Odense 305.
Odenwald 336. 337 f.
    339. 340. 417.
Oder 41. 186. 308. 321.
    325. 347. 349. 356.
    357 ff. 358. 361. 363.
    372. 376. 377. 378.
    381. 382.
Oderbruch 33.
Odessa 323.
Odilienberg 337.
Odenburg 261.
Ofen der Salzach 332.
    428.
Öhringen 415.
Öland 302.
Ölberg 85.
Öls (Fürstent.) 381.
Ösel (Insel) 320. 321.
Österreich (Erzherzogt.)
    333. 426 ff., (Kaiser-
    reich) 189. 202. 221.
    226. 243. 255. 259.
    315. 316. 366. 367.
    369. 373. 376. 381.
    385. 386. 431. 441.
    442, (Herzogt.) 425.
Österreich. Alpen 210.
    328.
Österreich. Kreis 365.
Österreichische Tiefebene
    325. 331. 333.
Österreichisch. Rigi 333.
Österreichisch - Schlesien
    349. 433 f.
Österreichisch - ungarische
    Monarchie 55. 189.
    225. 227. 255. 259 ff.
    263 ff. 369. 424 ff.,
    (Bestandteile) 433 ff.,
    (Areal) 434, (Bevöl-

ferung) 435, (Be-
völkerungsdichtigkeit)
435 f., (Großstädte)
436.
Österreich ob der Enns
428.
Österreich unter b. Enns
426 ff.
Öttingen (Lande b. Für-
sten v.) 412.
Ößthal 327.
Ößthaler Ferner 209.
327.
Oeynhausen 390.
Ofen 261.
Offenbach 417.
Oglio 212.
Ohio (Fluß) 149. 150.
158. 159. 160. 161,
(Staat) 159.
Ohlau 381.
Ohrdruf 400.
Oise 268. 276.
Oka 310. 322.
Okavango 115. 116.
Okeanos 3.
Oker 353. 387. 404.
Oklahoma 163.
Oktogon (Schloß) 392.
Old-Calabar 117.
Oldenburg (Großherzog-
tum) 356. 389. 404 ff.,
(Stadt) 404.
Oliva 373. 380.
Olmüß 433.
Olympia 251.
Olympos 246. 248.
Olymp (Kleinasien) 79.
Olynth 246.
Omaha 156. 161.
Oman 87. 88. 89.
Ombrone 215.
Omburman 125.
Omsk 67.
Onega-See 309.
Ongton-Java 176.
Onolzbach (Ansbach)
412.
Ontario 164.
Ontario-See 150. 158.
164.

Oporto 195.
Oppeln 382.
Oppenheim 417.
Optschina 430.
Oran 130.
Orange 279. 392.
Oranienfluß 108. 109.
114. 115.
Oranienfluß-Freist. 108.
Orbe 440.
Oregon (Fluß) 148. 161,
(Staat) 161.
Orenburg 322.
Orientalische Kirche 53.
Orinoco 44. 136. 137.
138. 140. 144.
Orion 5.
Orizaba (Pik von) 147.
Orkaden 294.
Orkney-Inseln 294.
Orlamünde 401.
Orleanais 280.
Orleans 280.
Orograph. Karten 38.
Orontes 82. 83.
Orsova 258.
Orte (Kantone) 437.
Orthodoxe Kirche 53.
Orthograph. Projektion
180.
Ortler Alpen 213.
Ortles 209. 327.
Osaka 105.
Osman 78.
Osmanen 188.
Osnabrück (Regbz.) 388,
(Stift u. Stadt) 345.
389.
Osning 345.
Ossa (Thessalien) 248.
Osseten 76.
Ostafrika 88. 108.
Ostafrikanische Seeen
108.
Ostafrikanische Inseln
131 f.
Ost-Alpen 204. 206.
209 ff. 257. 324. 327.
331.
Ostangeln 282. 289.

Ost-Asien 51. 94. 104.
177. 453.
Ost-Australien 172.
Ost-Beskiden 256.
Osten 2. 3.
Ostende 443.
Oster-Dal Elf 297.
Oster-Ems 353.
Osterinsel 177.
Osterland 397. 401.
Osterode 389.
Oster-Schelde 352.
Osteuropa 53. 187. 188.
307 ff. 352. 359.
Ostfalen 388.
Ostfeste 20. 21. 23. 33.
48. 59. 60. 61. 132.
133.
Ost-Flandern 443.
Ost-Florida 160.
Ostfriesland 389.
Ost-Galizien 263.
Ost-Ghats 90.
Ostgoten 218. 227.
Ost-Hamiten 126.
Ostia 230.
Ostjaken 67.
Ostindien 92. 106. 194.
222.
Ostind. Compagnie 92.
Ostkap 23. 64.
Ostkontinent 58. 59 f.
Ostmark 425.
Ostnordost 3.
Ost-Österreich 426.
Ost-Pyrenäen 278.
Ostpreußen 122. 314.
315. 356. 359. 369.
373. 378 ff.
Oström. Reich 218. 219.
241.
Ostrumelien 243. 255.
Ostsee 25. 183. 184.
295. 298. 301. 302.
304. 308. 309. 310.
312. 314. 319. 324.
325. 352. 356. 358.
359. 360. 363. 379.
386. 387. 407.
Ostseeprovinzen 187.
320 f.

Ost=Pyrenäen 190. 278.
Ostsibirische Gebirge 65.
Ost=Tibet 102.
Ost=Turkestan 65. 101.
Ost=Baage 303.
Ost=Virginien 159.
Otjimbingue 116.
Otranto 234.
Ottawa (Stadt u. Fluß) 164.
Ottensen 386.
Otto=Berg 174.
Ouse 285.
Over=Yssel 444. 447.
Oviedo 198.
Owen=Stanley 173.
Orford 289.
Oros 69.
Ozartberge 148.
Ozean 20. 48. 57.
Ozeane 22 ff.
Ozeanische Halbkugel 19.
Ozeanische Inseln 30. 31 f. 57. 59.
Ozeanisches Klima 22.

P.

Pacific=Eisenbahn 156. 161.
Pacifischer Erdteil 169.
Pacifischer Ozean 24.
Packeisstrom 166.
Pader 390.
Paderborn 390.
Padischah 243.
Padua 226.
Padus (Po) 211.
Päpstliches Gebiet 221.
Pässe (i. Geb.) 34. 42. 58.
Pästum 234.
Paisley 293.
Palästina 82. 83 ff. 84. 243.
Palestrina 230.
Palau=Inseln 177.
Palembang 96.
Palermo 235. 236.
Palköstraße 94.
Palma 201.
Palmosa 80.

Palmyra 83.
Palos 199.
Pamir 64. 68.
Pampas 137. 138.
Pamplona 199.
Pamphylien 79.
Panama (Republ., Land= enge, Kanal u. Stadt) 136. 140. 143.
Pandschab 89. 92.
Pangani 113. 114.
Panormos 235. 236.
Pannonien 259.
Pantikapäon 323.
Papenburg 389.
Papenwasser 357.
Paphlagonien 79.
Papst 219.
Papuas 51. 171. 175. 176.
Para (Stadt) 143.
Paraguay (Fluß) 137. 142, (Republik) 142.
Parallelkreise 12. 180. 181.
Paramaribo 143.
Paramos 137.
Parana (Fluß) 136. 137. 142.
Parchim 407.
Pare 113.
Parias 91.
Parime (Gebirgsland v.) 136.
Paris 13. 270. 273. 274 ff. 288. 396. 419.
Parma (Herzogt.) 221. 226. 364, (Stadt) 226.
Parnasos 249.
Paros 253.
Parry (Kapitän) 167.
Parsen 74. 93.
Parthenope (Neapel) 233.
Parthisches Reich 69. 71.
Pascha 243.
Pas de Calais 265.
Paß s. Pässe.
Passate 27. 28. 135.
Passau 325. 331. 332. 411. 428.

Passelerthal 327. 431.
Pasterzen=Gletscher 327.
Patagonien 50. 135. 139. 141.
Patmos 80.
Patna 93.
Paträ 251, (Busen von) 249.
Pau 277.
Paulinzelle 351. 402.
Pavia 224.
Pawlowski 319.
Pawnees 163.
Payer, Julius 23.
Pays de Vaud 440.
Peak=Gebirge 286. 290.
Pedemontium 222.
Peene 301. 356. 357. 377. 378.
Pegnitz 339. 412.
Peiho 100.
Pelpußsee 309. 321.
Peiräeus 250.
Peking 68. 99. 100 f.
Pelion 248.
Pella 246.
Peloponnes 239. 248. 250 ff. 251. 252. 254.
Pelikan=Spitze 117.
Pelplin 380.
Pelusium 127. 128.
Peneios 248.
Penn, William 154.
Penninische Alpen 207.
Pennsylvanien 154. 158. 159.
Pensacola 160.
Penteliton 250.
Pera 246.
Peräa 84.
Perekop 323.
Pergamos 79.
Perim (Insel) 88.
Periodische Quellen 39.
Periodische Seeen 429.
Perleberg 376.
Perlmuschelbänke 62.
Perm 311. 322.
Pernambuco 142.
Perpignan 278.
Persante 356. 377.

Persepolis 74.
Perser 69. 71. 72. 73. 74. 78. 79. 240. 246.
Persien 69. 72. 75. 88. 94. 127. 322.
Persischer Meerbusen 61. 70. 80. 88.
Persisches Reich 72. 73 ff.
Personal-Union 189. 319.
Perspektivische Projektion 180.
Perto du Rhône 266.
Perth (Australien) 172, (Schottland) 293.
Peru 50. 133. 134. 140 f., (Kordillere v.) 135.
Perugia 228. 231, (See v.) 215.
Peschauer 72.
Pescherähs 141.
Peschtera 224.
Pest 261.
Petersberg (bei Halle) 384, (Citadelle bei Erfurt) 384, (Citadelle bei Maastricht) 447.
Petersburg 68. 319 f. 321.
Petersinsel 335.
Peterskirche (Rom) 229.
Peterwaldau 381.
Peterwardein 262.
Petrographie 1.
Petroleumquellen 159.
Petropawlowsk 68.
Petschili-Busen 100.
Petschora 309.
Pfäffers (Bad) 439.
Pfälzergebirge 337. 343.
Pfahlgraben 361.
Pfalz 154. 338. 365. 418, (Kur-) 394. 410. 416, (Ober-) 330. 331. 411, (Rhein-) 338. 410. 413.
Pfalz (Schloß) 342.
Pfalz-Zweibrücken 300. 410.

Pfefferküste 120.
Pflanzen 44 ff.
Pflanzen-Geographie 45, (v Europa) 186.
Pflanzenkunde 45.
Pforta 384.
Pforte (hohe) 245. 248. 264.
Pforzheim 416.
Phaleron (Hafen) 250.
Phanerogamen 45.
Pharsalos 248.
Phasis 77.
Philadelphia 158.
Philä 127.
Philippinische Inseln 96. 98. 177.
Philippoi 246.
Philippopel 255.
Philippsburg 416.
Philister (Land der) 86.
Phönizier 58. 82. 105. 128. 181. 193. 237. 289. 379.
Photis 249.
Phortys 254.
Phrygien 78.
Physik 1.
Piacenza 226.
Piave 213.
Picardie 276.
Pic Bernina 209. 327.
Pic de Nethou 100.
Picenum 215.
Pichincha (Vulkan) 140.
Pico de Teyde 131.
Pic Posets 190.
Piemont 202. 206. 207. 214. 221. 222.
Pieter-Maritzburg 108.
Pietramala (Paß) 228.
Pignerolo 222.
Pik von Orizaba 147.
Pilten 282.
Piktenwall 290.
Pilatus (Berg) 208. 326. 439.
Pillau 379.
Pillauer Tief 359.
Pillnitz 398.
Pilsen 431. 432.

Pindos 239. 246. 247. 248.
Pinguin-Insel 117.
Pinzgau 332. 428.
Piombino 228.
Pirna 398.
Pisa 227. 228.
Pisaner 238.
Pisek 431. 432.
Pissa 359.
Pistoja (Pistoria) 227.
Pittsburg 158.
Pizarro, Franz 140. 141.
Piz Bernina 209. 327.
Piz Languard 209.
Planeten 5. 6. 8. 9. 10.
Planetenbahnen 8.
Planetengruppe 8.
Planetenring 8.
Planetoiden 8.
Planigloben 13. 180.
Plataä 249.
Plattdeutsche Sprache 361.
Plattefluß 161.
Platten-See 258.
Plaue 402.
Plauen 399.
Plauenscher Grund 398.
Plauenscher Kanal 357.
Pleiße 351. 398. 401.
Plöner See 356.
Plürs 224.
Plutonisten 18.
Plymouth 289.
Pöchlarn 428.
Po (Padus) 206. 211 f. 212. 213. 215. 222. 224. 226.
Po della Gnocca 213.
Po Grande 213.
Podol 322.
Podolien 321.
Point de Galle 94.
Point-a-Pitre 146.
Poitiers 87. 277.
Poitou 270. 277.
Pol 12. 13. 14. 15. 16. 180. 181.
Pola 429.

Polarachse 4.
Polare Luftströmungen 28.
Polare Projektion 180.
Polarinseln 167.
Polar=Kontinent (südl.) 15. 24.
Polarkreise 15. 16. 23. 45. 46.
Polarländer 36. 47. 51. 166 ff. 182.
Polarmeere 23. 24. 27. 146. 151. 167.
Polarseen (amerikan.) 150.
Polarstämme 64.
Polarstern 5. 15.
Polder 354.
Pole (der Erde) 4. 12. 13. 15. 47, (des Himmels) 15.
Polen (Land) 300. 314 f. 315 ff. 317. 320. 321. 322. 363. 373. 380. 398. 426.
Polen (Volk) 187. 263. 300. 314. 316 f. 322. 362. 377. 379. 401.
Poltawa 300. 322.
Polyeder=Projektion 181.
Polynesien 21. 168 ff. 169. 170. 171. 177 ff.
Polynesier 171. 178.
Pometia 216.
Pommern 300. 301. 356. 359. 361. 377 ff., (Volk) 378.
Pomona (Insel) 294.
Pompeji 233.
Pondischerri 93.
Ponte Molle 231.
Pont du Gard 278.
Pontinische (pontinische) Sümpfe 216. 217. 231.
Pontisches Randgebirge 77.
Pontische Steppe 313.
Pontos (Meer) 60, (Reich) 78.
Pontos Euxeinos 60.

Popocatepetl 147.
Porcopolis 159.
Poros 253.
Port au Prince 146.
Port Darwin (Nord=Austral.) 455. 456.
Port Elisabeth 109.
Port Jackson 171.
Port Philipp 172.
Port Said 128.
Porta westfalica 345.
Portages (Tragplätze) 150.
Portici 233.
Porto s. Oporto.
Porto Ferrajo 228.
Porto Longone 228.
Porto Rico s. Puerto Rico.
Porto Santo 130.
Porto Seguro 123.
Portsmouth 289.
Portugal 93. 97. 108. 111. 130. 131. 139. 142. 189. 192. 193. 194 ff. 364. 400. 408. 445.
Portugiesen 92. 94. 96. 97. 101. 103. 105. 110. 113. 120. 123. 130. 133. 139. 187. 198.
Poruffen 372.
Posen (Prov.) 316. 359. 369. 374. 380 ff., (Stadt) 380.
Posilippo 232.
Possen 402.
Poti 77.
Potidäa 246.
Pot=Mine 116.
Potomac 149. 159.
Potosi 141.
Potsdam 376. 381.
Pozzuoli 232.
Präueste 230.
Prärieen 116. 149. 159. 163.
Prag 367. 373. 386. 397. 426. 431. 432.
Praga 321.

Praslin=Hafen 176.
Prebischthor 347. 432.
Pregel 41. 359. 379.
Prenzlau 376.
Presbyterianer 292.
Preßburg 255. 257. 261.
Preßburger Pforte 261. 325. 331. 333.
Presidos 130. 152.
Preston 290.
Preußen (Staat) 372, (Königr.) 104. 221. 273. 301. 315. 316. 367. 372 ff. 385. 386. 398. 406. 412. 425. 426. 441, (Polnisch) 314, (Volk) 372.
Preußens Provinzen (Areal) 421, (Bevölkerung) 422, (Bevölkerungsdichtigkeit) 423.
Preußisch=Eylau 379.
Preußisch=Litauen 379.
Priegnitz 376.
Primäre Formation 37.
Prinz=Edwards=Insel 165.
Prinzen=Inseln 244.
Pripet 311. 321.
Procida 232.
Progreso 152.
Projektionen 180.
Propontis 244.
Protest. Kirche 92. 134. 171. 188. 260. 262. 269. 287. 295. 315. 369. 374. 410. 414. 426.
Protuberanzen (der Sonne) 7.
Provence (Provincia) 202. 206. 278 f.
Provençalen 187.
Provençalische Tiefebene 268.
Providence (Stadt) 158.
Provinz s. Provence.
Prut 242. 259. 263. 323.
Prußen 372.
Ptolemäer 127.

Ptolemäisches System 6.
Ptolemäus(Geograph)6.
Ptolemaïs 83.
Puebla 152.
Puerto Cabello 140.
Puerto Rico 146.
Punta d'Jhero 117.
Pußten 258.
Pusterthal 328. 430.
Putbus 378.
Putziger Wief 380.
Puy de Dome 267. 280.
Pylos 248. 251.
Pyramiden 127.
Pyrenäen 188. 190. 193.
190. 200. 201. 202.
265. 278.
Pyrenäische Halbinsel
182. 190 ff.
Pyriß 377.
Pyrmont 345. 406.

Q.

Quäker 154. 287.
Quänen 299. 303.
Quarnero (Buf. v.) 182.
262.
Quartäre Formationen
37.
Quebec 164.
Quecksilberbergwerke
198. 429.
Quedlinburg 383.
Queensland 172.
Queis 348. 349.
Quellen 38. 44.
Queretaro 152.
Querthäler 34. 42.
Quilchuas 133.
Quito (Stadt) 140.
(Hochebene v.) 140.

R.

Raab (Fluß) 257. 261.
270, (Stadt) 261.
Rachel 330. 331.
Rad (großes u. kleines)
348. 350.
Rabicofani 228. 231.

Räter 361.
Rätien 208. 361.
Rätikon 209.
Rätische Alpen 208.
Rätoromanen 187.
Ragaz 439.
Raguja 433.
Rajah 244.
Rainweg f. Rennsteig.
Raizen 255.
Rallid=Reihe 178.
Ralum=Plantage 175.
Ramberg 346.
Ramla 85.
Rammelsberg 389.
Randgebirge 30.
Rangun 95.
Rapperswyl 336.
Rappoltsweiler 419.
Rassen 49 f.
Rastatt 416.
Ratack=Reihe 178.
Ratibor 349. 382.
Raßeburg 386. 406.
407.
Raßeburger See 386.
407.
Raubstaaten 129.
Rauhe Alb (Alb) 328.
415.
Rauhes Haus 409.
Ravenna 214. 227.
Ravensberg 390.
Rawitsch 380.
Recife 142.
Rednitz 339.
Red River 149.
Reeden 21.
Rega 356. 377.
Regen 320. 331.
Regensburg 325. 330.
361. 364. 365. 411.
Reggio (Oberital.) 226,
(Calabr.) 234.
Regnitz 339. 412. 413.
Rehme (Bad) 390.
Reikiavik 307.
Reichenau (Dorf) 334,
(Insel) 335. 416.
Reichenbach (Königreich
Sachsen) 399, (Schle=
sien) 381.

Reichenberg 432.
Reichenhall 411.
Reichsfürsten, deutsche
365.
Reichskreise, deutsch. 365.
Reichsstädte, deutsch. 365.
Reichsstände 365.
Reichswald 419.
Relsträger 348.
Reims 280.
Reinerz 349. 381.
Reinhardsbrunn 400.
Reis=Effendi 243.
Reiß, Wilh. 136.
Reliefkarten 38.
Religionen 53 f.
Relikten=Seeen 43.
Remscheid 395.
Rendsburg 386.
Rennes 277.
Rennsteig 345.
Renntierlappen 299.
Rennsteig 345.
Reno 211.
Reuse 342. 396.
Republik 54.
Republiken (europ.) 189,
(südamerik.) 140.
Resina 233.
Restinseln 31.
Réunion (Insel) 131.
Reus 201.
Reuß (Fluß) 208. 209.
326. 336. 439.
Reuß (ält. und jüngere
Linie) 347. 401 ff.
Reußen f. Russen.
Reutlingen 415.
Reval 321.
Revolution (b. Erde) 11.
Rhein 39. 41. 186. 204.
209. 266. 267. 268.
270. 325. 328. 334 ff.
336. 337. 338. 340.
341. 342. 343. 350.
352 ff. 353. 354. 358.
360. 361. 365. 373.
393. 394. 395. 412.
416. 417. 418. 419.
428. 430. 431. 438.
439. 440. 446.
Rhein=Bayern 413 f.

Rheinbund 364. 365. 398. 417.
Rheindelta 41. 343. 352. 354. 446.
Rheinfall 335. 438.
Rheingau 342.
Rhein-Hessen 417.
Rheinisches Schiefergeb. 324. 337. 340 ff. 344.
Rhein - Marne - Kanal 268.
Rheinpfalz 410. 413 f.
Rheinprovinz (Rheinland) 127. 343. 374. 394 ff.
Rhein - Rhone - Kanal 267. 420.
Rheinstein 342. 396.
Rheithron 254.
Rhodanus (Rhone) 265.
Rhode (Insel) 158.
Rhode-Island 153. 158.
Rhodope-Gebirge 239.
Rhodos 80.
Rhön 339. 340. 344. 413.
Rhone 204. 207. 208. 265. 266. 267. 268. 270. 278. 279. 281. 326. 328. 363. 439. 440, (Tiefl. der) 268.
Rhonegletscher 265.
Richmond 159.
Ribbarholm 301.
Riebe 330.
Rienz 204. 430.
Ries 412.
Riesa 398.
Riesendamm 295.
Riesengebirge 348 f. 382. 432.
Riesenkoppe 348. 382.
Rif 128.
Riff 26.
Riga 320.
Rigascher Meerbusen 183. 309. 315. 321.
Rigi 209. 327, (österr.) 333.
Rigi-Kulm 327. 439.
Ringe (des Saturn) 8.

Ringgebirge auf dem Monde 10.
Rinnsal 39.
Rinteln 339.
Rio 142, (Bai v.) 142.
Rio de Janeiro 142.
Rio de La Plata 137. 142.
Rio del Rey 117.
Rio Grande del Norte 147. 148. 160.
Rio Grande do Sul 142.
Rio Madeira 137.
Rio Negro 44. 137.
Rion 77.
Ritter, Karl 56. 383.
Ritzblittel 409.
Riva 431.
Rivoli 226.
Robeson - Kanal 147. 151. 167.
Rocca di Papa 230.
Rochefort 277.
Rochelle (la) 277.
Rocky - Mountains 148. 149. 165.
Robben 265.
Römer 71. 78. 82. 128. 129. 187. 188. 193. 199. 201. 206. 211. 218. 219. 227. 232. 235. 236. 237. 238. 241. 247. 264. 269. 278. 279. 281. 282. 331. 333. 360. 395. 411. 417. 419.
Römisch - deutsches Reich 362 ff.
Römische Küstenebene 214.
Römisch - kath. Kirche 53. 92. 134. 146. 171. 188. 195. 197. 210. 247. 260. 262. 269. 287. 295. 315. 316. 369. 374. 410. 414. 417. 426. 437. 441. 442. 445. 447.
Roer 343.
Röraas 303.
Roermond 447.
Roeskilde 306.

Rohlfs, G. 121.
Rokitno - Sümpfe 312. 315.
Rolandsbresche 191.
Rolandseck 341. 395.
Rom 59. 212. 216. 218. 219. 221. 225. 228. 229 ff. 231. 233. 234. 235. 236. 270. 272. 278.
Romäer 246.
Romagna 221. 226. 228.
Romanen 187. 205. 259. 269. 324. 361. 440.
Romuni s. Rumänien.
Roncevalles (Thal) 191.
Ronneburg 401.
Rorschach 438.
Rosenheim 411.
Rosenstein 414.
Rosette 128.
Roß (Seefahrer) 24. 167.
Roßbach 384.
Roßleben 351. 384.
Roßtrappe 351. 383.
Rostock 407.
Rotation (der Erde) 11. 14. 17. 27.
Rotenburg (Dorf) 351, (Ruine) 402.
Rotenturmpaß 256. 258. 262.
Roter Fluß 149.
Roter Main 338. 413.
Rotes Meer 15. 61. 84. 85. 125. 126. 128. 243.
Rothaargebirge 341.
Rothäute 51. 154.
Rotlagergebirge 341. 345.
Rotrussen s. Ruthenen.
Rottenburg 415.
Rotterdam 290. 446.
Roubaix 276.
Rouen 271. 277.
Roussilon 278.
Roverebo 431.
Rovuma-Fluß 111. 114.
Ruaha 112.
Rubeho-Gebirge 112.
Rubico 227.

Rudelsburg 384.
Ruden 378.
Rudolstadt 402.
Rübeland 404.
Rüdesheim 342. 393.
Rügen 378.
Rügenwalde 377.
Rütli 436.
Rußdji 112. 114.
Rusu 112.
Rugard 378.
Ruhla 400.
Ruhr 342. 343. 394. 395.
Ruhrort 394.
Rumänen 259. 262. 263. 264 f. 314. 426.
Rumänien 187. 189. 242. 259.
Rumänische Tiefebene 258. 325.
Rumaunsch 361.
Rumburg 432.
Rumelien (Rumili) 243. 244 f. 246. 254.
Ruppin (Grafsch.) 376.
Ruß 316. 359.
Russen 66. 68. 187. 246. 248. 264. 300. 310. 314. 317. 318 f. 320. 321. 322. 376. 377. 384. 401.
Russ. Reich 314. 316 ff.
Russisch-Turan 69.
Rußland 16. 30. 61. 67. 68. 69. 72. 74. 76. 100. 101. 187. 188. 189. 190. 263. 272. 273. 300. 302. 304. 311. 314. 315. 316 ff. 321. 322. 369. 373.
Russori 111.
Rust 261.
Rustschuk 255.
Ruthenen 263. 318. 426.
Ryssel (Lille) 276.

S.

Saabani 114.
Saalach 411.

Saale (thüringische) 329. 345. 346. 347. 351 f. 358. 383. 384. 397. 399. 400. 401. 402. 403, (fränkische) 339.
Saalfeld 351. 401.
Saalkreis 383.
Saandam 446.
Saane 440.
Saar 337. 343. 396.
Saarbrücken 392. 396. 420.
Saarlouis 396.
Saatz 431. 432.
Sabeller 216.
Sabinerberge 216. 230.
Sachalin (Insel) 68. 101. 102.
Sachsen (Volksstamm) (in England) 277. 282. 290, (in Deutschland) 345. 346. 362. 389. 393. 404, (in Siebenbürgen) 262.
Sachsen (Königr.) 347. 373. 397 ff. 402. 425. 432.
Sachsen (Provinz) 352. 382 ff.
Sachsen-Altenburg 401 ff.
Sachsenburger Pforte 351.
Sachsenhausen 393.
Sachsen-Coburg-Gotha 385. 400 ff.
Sachsen-Meiningen 400 ff.
Sachsen-Weimar 347. 399 ff.
Sacramento (Fluß) 161, (Stadt) 161.
Sächsisches Bergland 324. 347. 350.
Sächsische Schweiz 347. 348. 398.
Sächsisch-thüringische Staatengruppe 347. 397 ff.
Säntis (hoher) 327.
Sahama 135.

Sahara 15. 106. 107. 121. 123 ff. 128.
Säulen des Herakles 59.
Saide 89.
Saigon 95.
Sakalaven 131.
Sala 302.
Salaga 122.
Salamanca 199.
Salamis 240. 253.
Salambrias 248.
Sala y Gomez 177.
Salerno 233. 234. 275.
Salford 290.
Salm (Fürsten) 391.
Salodurum 438.
Salomons-Inseln 173. 176. 178.
Salomons-Thron 70.
Salon 201.
Saloniki 246, (Meerbusen v.) 238. 246.
Salsette 93.
Salso (Himera) 237.
Salt Lake City 163.
Salzach 42. 210. 332. 333. 428.
Salzbergwerke 263. 383. 428.
Salzbrunn 381.
Salzburg (Herzogtum) 333. 428, (Stadt) 411. 428.
Salzburger Alpen 210. 328. 332. 428.
Salze (Ruine) 339.
Salzkammergut 210. 328. 333. 428.
Salzquellen 39.
Salzsee (großer) 154. 163.
Salzseeen 43. 75. 77. 128. 129. 310.
Salzsteppe 308. 309. 313.
Salzsümpfe 129.
Salzungen 401.
Salzwedel (Mark) 372, (Stadt) 382.
Salzwüsten 71.
Samaden 440.

Samaria 85.
Samariter 85.
Samarkand 69. 70.
Sambesi 44. 108. 110. 111. 115. 116.
Sambre 343.
Samen (Lappen) 299.
Samland 379.
Samniten 216. 232.
Samoa-Inseln 177.
Samojeden 67. 188.
Samos 80. 243.
Samosch 258.
Samothrake 247.
St. Andrews 203.
St. Augustin 160.
St. Bartholemäy 146.
St. Bernhard (gr. u. kl.) 207. 222.
St. Blasien 416.
St. Bonifacio-Straße 237.
St. Christoph 146.
St. Cloud 276.
St. Croix 146. 305.
St. Cruz 131.
St. Denis 275.
St. Domingo (Insel) 145, (Republik und Stadt) 145. 146.
St. Elmo (Kastell) 237.
St. Etienne 281.
St. Eustach 146.
St. Felipe de Austin 160.
St. Florian 428.
St. Francisco 156. 161, (Bai v.) 161.
St. Gallen 438.
St. Georgskanal (Australien) 175, (Großbritannien) 281.
St. Germain 276.
St. Geronimo de Juste 199.
St. Goar 342. 396.
St. Gotthard 208. 265. 326. 334. 335. 439.
St. Helena 31. 131. 273.
St. Helenenthal 428.
St. Jacob (Dorf) 438.
St. Jama 198.

St. Johann (Rheinprovinz) 396.
St. John (Insel) 146. 305, (Neu-Braunschweig) 165.
St. Johns (Neu-Fundland) 166.
St. Juan (Fluß) 143.
St. Juan de Puerto Rico 146.
St. Juan de Ulua (Fort) 152.
St. Lorenz-Busen 150. 165.
St. Lorenzstrom 150. 154. 155. 164. 165. 309.
St. Louis (Afrika) 120, (Amerika) 159.
St. Lucia 146.
San Luis Potosi 152.
St. Malo 277.
St. Marie (Insel) 131.
St. Marino 189. 221. 227.
St. Martin 146.
St. Maurice 440.
St. Miguel 130.
St. Nazaire 277.
St. Paolo de Loanda 110.
St. Paul (Insel) 31.
St. Petersburg 68. 319 f. 321.
St. Pierre (Insel) 166, (Stadt) 146.
St. Quentin 198. 276.
St. Salvador (Republik) 144.
St. Sebastian 198.
St. Thomas (Amerika) 146. 305, (Afrika) 31. 131.
St. Vincent (Insel) 131. 146.
St. Wolfgang (See v.) 333.
San 116. 117.
Sand 37.
Sand (Arm) 431.
Sandbänke 26. 354.
Sandboden 33.
Sandfischbai 110.

Sandfischhafen 117.
Sandfontein 117.
Sandinsel 41.
Sandomir (Bergland v.) 356.
Sandstürme 123.
Sandwich-Inseln 15. 31. 177.
Sandy-Kap 169.
Sanga 118.
Sannaga 41. 118. 119.
Sansibar 88. 108. 111. 112. 113.
Sanskrit 91.
Sans-Souci 376.
Santa-Maria-Gebirge 137.
Santa Maura 254.
Santander 198.
Santiago (Insel) 131, (Stadt) 141.
Santiago (de Compostela) 198.
Santiago de Cuba 145.
Santorin (Thera) 31. 185. 253.
Saône (Arar) 266. 267. 268. 270. 278. 281.
Saporogen 323.
Saratow 322.
Sarden 238.
Sardes 79.
Sardinien (Insel) 221. 222. 237. 238 f. 365, (Königr.) 220 ff. 221. 222. 279.
Sarepta 322.
Sarmatische Ebene 184.
Sarnen 439.
Saron (Ebene) 85.
Saron. Meerbusen 253.
Sart 79.
Saskatschewan 150.
Sassaniden 71. 81.
Sassari 238.
Saßnitz 378.
Saterland 355. 405.
Saturn (Planet) 8.
Sauerland 342. 343. 390.
Saumpfade 191. 204. 208. 326.

Saumwege 206.
Savannah 160.
Savanen 33. 107. 122. 132. 136.
Save 255. 258. 262. 328. 361. 429.
Saverne s. Zabern.
Savoyarden 198. 279.
Savoyen 202. 207. 220 f. 221. 238. 266. 279.
Schachenschatz 73.
Schächen 439.
Schären 297. 321.
Schaiberg 333.
Schaffhausen 335. 437. 438.
Schaf-Inseln 306.
Schamanen 52.
Schamanismus 52.
Schamo 66.
Schan 95.
Schandau 398.
Schanghai 99. 100.
Schari 117. 118. 121.
Scharnitz 430.
Schatt el-Arab 81.
Schaumburg 393. 405.
Schaumburg-Lippe 345. 405 ff.
Scheich ül Islam 243.
Scheit 87.
Scheitelpunkt 2.
Schelde 267. 270. 276. 352. 354. 443. 444.
Schellenberg 441.
Schemnitz 261.
Scheppenstedt 386. 404.
Scheveningen 446.
Schiefer 37.
Schiefergebirge (rhein.) 324. 337. 340 ff. 344.
Schiiten 53. 72. 73. 74. 81.
Schildkröten-Inf. 140.
Schimiju 111.
Schintoismus 104.
Schiras 71. 74.
Schire (Fluß) 110.
Schiwa 91.

Schlagintweit, Gebrüder 65.
Schlammabsätze 18.
Schlangenbad 341.
Schlawe 377.
Schlei 385. 387.
Schleiz 402.
Schlesien 348. 365. 373. 425. (österreich.) 349. 433 f., (preuß.) 348. 349. 374. 380 ff.
Schleswig (Herzogtum) 354. 356. 369. 385. 386 ff., (Stadt) 387.
Schleswig-Holstein 305. 356. 360. 363. 385 ff. 387. 404.
Schlettstadt 419.
Schleusen 44.
Schleusingen 385.
Schliersee 332. 411.
Schmalinseln 214.
Schmalkalden 393.
Schmiedeberg 348. 382.
Schmiju 113.
Schmücke 351. 400.
Schneeberg (Alpen) 328. 427. (Fichtelgeb.) 329. (Glatzer Bergl.) 349. (Stadt in Sachsen) 399.
Schneefelder 297. 313. 326.
Schneegrenze 35.
Schneegruben 348. 382.
Schneekopf 345.
Schneekoppe 304. 348. 349. 350. 382.
Schneestürze 36. 205.
Schnepfenthal 400.
Schönbrunn 427.
Schönburgische Besitzungen 399.
Schönebeck 383.
Schonen 302. 363.
Schotten 292.
Schott. Hochlande 291 f.
Schott. Grenzgeb. 286.
Schottland 46. 187. 188. 218. 239. 281. 283. 291 ff. 294.
Schotts 123.

Schreckhorn 326.
Schütt (Insel) 261.
Schütze (Sternbild) 5.
Schumla 255.
Schwabach 412.
Schwaben (Volksstamm) 332. 362. 418. (Prov). 387. 411 f.
Schwäbisch - fränkisches Stufenland 340.
Schwäb. Jura 328 f. 329. 337. 338.
Schwäbischer Kreis 365.
Schwäbisch Gmünd 415.
Schwäbisch Hall 415.
Schwalbach 341. 393.
Schwanenfluß 172.
Schwarza 351.
Schwarzawa 333. 433.
Schwarzburg (Fürstent.) 347. 402 ff., (Schloß) 351. 402.
Schwarzburg - Rudolstadt 402.
Schwarzburg - Sondershausen 402 ff.
Schwarze Elster 350.
Schwarze Lütschine 335.
Schwarzes Meer 25. 60. 69. 75. 76. 78. 183. 184. 238. 239. 242. 255. 263. 308. 310. 314. 315. 323.
Schwarzwald 325. 330. 335. 336. 337 f. 338. 414. 416.
Schwarzwald-Kreis 414.
Schweden (Königr.) 183. 189. 190. 200. 295. 299. 301 ff. 312. 314. 317. 363. 388. 406.
Schweden (Volk) 154. 187. 208. 299. 300. 305. 314. 321. 376. 377. 379. 412.
Schwedt 376.
Schwefelquellen 396.
Schweidnitz 381.
Schweidnitzer Hochfläche 348.
Schweif (Kometen) 9.
Schweinfurt 338. 413.

Schweiz 125. 187. 202.
224. 266. 324. 330.
364. 420. 436 ff.,
(böhm.) 432, (deutsch)
438 ff., (fränk.) 339,
(franz.) 439, (ital.)
441, (sächs.) 347. 348.
398.
Schweizer Eidgenossen=
schaft 189. 437.
Schweiz. Hochebene 330.
Schweizer Jura 266 f.
279. 328. 330. 335.
440.
Schwelm 390.
Schwerin 406.
Schweriner See 356.
406.
Schwerkugel 18.
Schwerkraft 17.
Schwetzingen 416.
Schwyz 336. 436. 437.
439.
Schwyz. Alpen 209. 327.
Scilly=Inseln 289.
Scirocco 217.
Scone 293.
Scylla 235.
Seapoys 92.
Sebastopol 323.
Sebbe 123.
Sebdas 129.
Sedan 221. 273. 280.
Sedimente 18. 37.
Sediment=Gesteine 37.
See 19. 42.
See=Alpen (europäische)
206. 214. 265. 278.
279, (nordamerikan.)
148.
Seehunds=Insel 117.
Seekarten 180.
Seeklima 22. 46. 186 f.
Seeküste 19. 186.
Seeland (Dän.) 302.
305, (Niederlande)
441. 444. 446.
Seemächte (europ.) 190.
Seecenplatte (arktische)
150. 309, (baltische)
356. 377, (finnische)
309.

Segesta 235.
Segovia 198.
Seisenberg 348.
Seilang 94.
Seine 186. 267. 268.
274. 276. 277. 280.
Sekundäre Formationen
37.
Selten (relig.) 53.
Seitenthäler 42.
Selebes 30. 31. 96. 97.
Selef 79.
Seleste 79.
Seleukia 79. 81.
Seleukiden 71. 81. 82.
91.
Selinus 237.
Selle 352. 402. 403.
Seltirk, Alex. 141.
Selters 341. 393.
Selz (Ruine) 339.
Semgallen 320.
Semiten 86.
Semliki 111.
Semlin 262.
Semmering 328. 428.
Sempach 437. 439.
Senegal 41. 120. 124.
Senegambien 106. 120.
Senkung (säkulare) 17.
296.
Senner Heide 353. 405.
Septimer 208.
Soquana (Seine) 268.
Seraï (Serail) 245.
Seraschan 69.
Serajewo 255.
Seraing 444.
Serben 187. 255. 262.
426.
Serbien 189. 242. 255 f.
256. 258.
Seret 263.
Sermione (Sirmio) 212.
Serra de Cintra 195.
Serra de Monchique 195.
Serra da Estrella 192.
Serras 191.
Sesia 212.
Sestos 244.

Severn (Nordamerika)
150, (England) 284.
289.
Sevilla 193. 199.
Seychellen 131.
Shannon 294. 295.
Sheffield 290.
Shetland=Inseln 23. 294.
306.
Shires (Grafsch.) 287.
Siam (Reich) 95, (Meer=
busen v.) 94. 95.
Sibirien 16. 63. 66 ff.
101. 150. 187. 311.
322.
Sibirisch. Tiefland 43.
66. 68.
Sichelberge 267. 343.
Sichem 85.
Sicilien 20. 107. 129.
182. 221. 234 ff.,
(Königr. beid. Sicilien)
231 ff. 364.
Sidon 83.
Sidra (Meerbusen v.)
128.
Siebenbürgen 256. 258.
260. 262 ff. 263. 314.
426.
Siebenbürgisches Erz=
gebirge 256. 257.
Siebengebirge 341. 342.
343. 395.
Sieben Gründe 348. 350.
Siebenhügelstadt 229.
Sieg 342.
Siegen 390. 392.
Siena 228.
Sierra de Grebos 192.
Sierra de Guadarrama
192. 198.
Sierra=Leonaküste 120.
132.
Sierra Morena 192.
194. 195. 198.
Sierra Nevada (nord=
amerit.) 148, (span.)
191. 193.
Sierra Nevada de Santa
Marta 136.
Sierra von Texas 148.
Sierras 191.

Sievershausen 388.
Sigmaringen 330. 397.
Sikhs 92.
Sikkim 92.
Sikoku 105.
Sila=Wald 234.
Silberberg 381.
Silberstrom 137. 141.
Silistria 263.
Sill 209. 430.
Silt (Sylt) 354. 387.
Silvretta 209.
Simferopol 323.
Simiu 113.
Simplon= (Simpeln=)
 Paß 208. 223. 440.
Simplonstraße 208. 209.
 223. 440.
Sinai (Gebirge) 86,
 (Halbinsel) 86.
Sind (Küstenland) 92.
Singapur 96. 161.
Sinigaglia 231.
Sinisches Gebirgssystem
 65.
Sinkstoffe 41. 43. 225.
Sinob 79.
Sinope 79.
Sio 122. 123.
Siogun 104.
Sion 439.
Sioux (Stamm der) 163.
Sir 66. 69. 70.
Siracusa 236.
Sirmio 212.
Sitka 103.
Sitten 439.
Sivt 127. 128.
Siwah 124.
Siwas 78.
Skagastölstind 297.
Skagen 305.
Skagens Horn 304.
Skager=Rak 183. 303.
Skalholt 307.
Skalitz 432.
Skandinavien 46. 183.
 187. 355. 408.
Skandinavische Alpen
 296.
Skandinavische Halbinsel
 16. 267. 295 ff. 309.

Skaplar. Jösull 307.
Skio 79.
Sklavenküste 120.
Sklaven=See 150.
Skorpion (Sternbild) 5.
Skoten 282.
Skutari (alban.) 247,
 (kleinasiatisch) 79. 246.
Skye 293.
Skythen 316.
Slaven 55. 187. 188.
 205. 209. 241. 254.
 255. 259. 260. 314.
 316. 317. 324. 361.
 362. 363. 366. 372.
 374. 387. 388. 406.
 427. 429. 431. 433.
Slavonien 259. 262.
 426.
Slovaken 187. 426.
Slovenen 187. 426.
Smaragdinsel 294.
Smith= Sund 147. 151.
 167.
Smolensk 322.
Smum (Wind) 123.
Smyrna (Jsmir) 79.
 245.
Snehätta 297.
Snowdon 285.
Sobat 125.
Soben 341.
Södermalm 301.
Södermanland 301.
Söhne (Berge) 175.
Sömmerda 385.
Söul 102.
Soest 390.
Sofala=Küste 108.
Sofia 254.
Sogdiana 69.
Sognefjord 297.
Soigne (Wald v.) 443.
Soissons 276.
Sokoto 121.
Sokotra 132.
Soldatenplätze 152.
Solfatara 232.
Solferino 224.
Solingen 395.
Solling 345. 353.

Solmische Besitzungen
 396. 417.
Solothurn 437. 438.
Solquellen 39. 43.
Solstitien 15.
Solstitium (Sommer=,
 Winter=) 15.
Somal=Land 108.
Somal (Voll der) 108.
Somma 232.
Somme 276.
Sommer 16. 17.
Sommerzeichen 5.
Sonderburg 387.
Sondershausen 402.
Songwe 111.
Sonne 3. 5. 6. 7 ff.
 15. 17.
Sonneberg 401.
Sonnenbahn 5, (schein=
 bare) 9.
Sonnenburg 376.
Sonnenfinsternis 10.
Sonnenkörper 7.
Sonnenstillstände 15.
Sonnenstand 12.
Sonnentag 11.
Sonnenwochen 16.
Sorata 135.
Sorau 377.
Sorgenfrei 306.
Sorrento 233.
Southampton 289.
Spaa 444.
Spalato 433.
Spandau 375. 376.
Spanien 96. 98. 130.
 131. 139. 142. 144.
 145. 146. 151. 155.
 156. 188. 189. 193.
 194. 195 ff. 232. 205.
 270. 277. 282. 364.
 408. 425. 441. 444.
Spanier 96. 130. 133.
 134. 139. 140. 145.
 160. 177. 178. 197.
 200. 219. 238. 240.
 276.
Sparta 234. 240. 249.
 251. 252.
Speier 272. 413. 416.
Spete=Golf 113.

Spektralanalyse 7.
Spencer-Golf 170.
Spessart 339. 340.
Spetsia (Insel) 253.
Spezzia (Stadt) 223, (Busen v.) 223.
Sphalteria 251.
Sphagia 251.
Sphinx 127.
Spicheren, Höhen von 420.
Spiegelsche Berge 383.
Spielberg 433.
Spirdingsee 359.
Spithead 289.
Spitzbergen 23. 27. 31. 183. 184. 301.
Splügenpaß 208. 224. 331.
Spoleto 231.
Sporaden 253.
Spree 356. 357. 358. 361. 372. 374. 375. 376. 399.
Spreewald 357. 377.
Springflut 20.
Sprudel 432.
Sprudelquellen 307.
Srinagar 92.
Staaten 54 ff., (europ.) 189.
Staatenbund (Deutschl.) 366 ff.
Staatsgebiet 56.
Stabiä 233.
Stade (Regbz.) 388, (Stadt) 388.
Stadt am Hof 411.
Stände 54.
Staffa 293.
Stahled 342. 396.
Stambul 245.
Stanco 80.
Stanley 110. 111.
Stanley-Fälle 110.
Stanley-Pool 110.
Stanz 439.
Stargard 377.
Starkenburg 417.
Starnberger See 332. 411.
Staßfurt 383. 403.

Staubbach 335.
Stavanger 303.
Stavanger Fjord 303.
Stavropol 77.
Stecknitz 357.
Steier 428.
Steiermark 328. 425. 428 f.
Steigerwald 339.
Steilküsten 22.
Stein 335, (Burg) 393.
Steinbach, Erwin von 419.
Steinbock (Sternbild) 5, (Wendekreis des) 15 f. 117. 137. 142. 144. 169. 177.
Steinboden 33.
Steinhuder Meer oder See 354. 388. 405.
Steinkohle 37.
Steinkohlengebirge (der Saar) 337.
Steinkohlenlager 341.
Steirische Alpen 210. 328.
Steinsalzlager 383.
Steinsalzwerk 263. 383. 428.
Stellae fixae 5.
Stendal 382.
Stephansort 175.
Steppen 33. 50. 66. 69. 76. 77. 80. 81. 82. 101. 109. 113. 116. 123. 126. 128. 131. 133. 137. 138. 139. 163. 170. 187. 216. 258. 308. 309. 311. 312. 313. 323.
Steppenflüsse 39. 73. 77. 101.
Steppenseen 43. 68.
Stereographische Projektion 180.
Sternberg 406.
Sternbilder 5.
Sterne 3. 5. 6 ff. (1. 2. 2c. Größe) 5.
Sternhimmel 4 f.
Sternentag 11.
Sternkarten 5.

Sternschnuppen 9.
Stettin 377. 378.
Stettiner Haff 357.
Stier (Sternbild) 5.
Stikin Region 165.
Stilfser Joch 209. 212. 213. 224.
Stillengürtel 28.
Stiller Ocean s. Großer Ocean.
Stirling 203.
Stockholm 195. 299. 301 f. 304.
Stolberg 384.
Stolberg. Besitzungen 383. 384. 390. 417.
Stolberg-Roßla 384.
Stolberg-Stolberg 384.
Stolberg-Wernigerode 383.
Stolp 377.
Stolpe (Fluß) 356. 377.
Stolpmünde 377.
Stolzenfels 342. 396.
Stormarn 386.
Stör 386.
Straits Settlements 96.
Stralsund 302. 378.
Strand 19.
Strandseeen 41. 43. 214. 310.
Straßburg 272. 336. 337. 364. 416. 418. 419.
Straße der Dardanellen 60. 244.
Straße v. Calais 183. 265. 267. 276.
— v. Dover 183. 265.
— v. Gibraltar 59. 128. 130. 193. 201.
— v. Kaffa 60. 310.
— v. Kertsch 77. 310.
— v. Konstantinopel 60. 238. 244.
— v. Malakka 96.
— v. Messina 234.
— v. Mozambique 131.
— v. Ormus 62.
— von St. Bonifacio 237.
Straßen 20. 34.

Stratford 291.
Straubing 411.
Stralsund 378.
Strom 39.
Stromboli 185. 236.
Stromentwickelung 40.
Stromgabelung 44.
Stromgeschwindigkeit 42.
Stromniederungen 42.
Stromoe 306.
Stromschnellen 40. 95. 125. 149. 150. 311. 335. 342.
Stromsystem 39.
Stromstrich 42.
Strudel 40. 235. 303. 322. 335.
Stubay (Thal) 327.
Stubbenitz 378.
Stubbenkammer 378.
Stubenberg(Stufenberg) 403.
Stufenland 57.
Stuhlweißenburg 261.
Sturmhaube (große u. kleine) 348.
Stuttgart 414.
Styx 251.
Suaheliküste 131.
Suakin 126.
Sub-Apennin 214. 215. 216.
Subarktische Zone 45.
Subtropische Zone 45.
Sucre 141.
Sudan 106. 107. 119 ff. 123. 124. 129.
Sudan-Neger 107. 110. 122.
Sudanisches Gebirgsland 119.
Sudeten 324. 333. 348 f. 349.
Süd-Afrika 31. 32. 50. 51. 88. 106. 107. 108 ff.
Südafrikanischer Freistaat 108.
Süd-Amerika 12. 15. 21. 22. 31. 32. 43. 58. 59. 103. 132. 134 ff. 139 ff. 143.

145. 146. 147. 149. 177. 364.
Südamerikanische Tiefebene 136.
Süd-Asien 88. 103. 186.
Süd-Austral. 172. 189.
Süd-Carolina 153. 160.
Süd-Dakota 161.
Süddeutsche Staaten 410 ff.
Süd-Deutschland 359. 410 ff.
Süden 2. 3.
Südelbe 409.
Süderland s. Sauerland.
Süd-Europa 218.
Süd-Holland 446.
Süd-Italien 217. 229.
Südkanal s. Canal du Midi.
Südl. Halbinseln(europ.) 190.
Südlicher Apennin 216.
Südlicher Landrücken 356 f. 359.
Südl. Seealpen (Nordamerika) 148.
Südliches Eismeer 24. 59. 132.
Südost 3.
Südost-Passat 28. 135. 170.
Südpol 4. 15. 24.
Südpolar-Kontinent 24.
Südruss. Steppenplatte 310. 312.
Süd-Rußland 314. 323.
Süd-Schweden (Flachland v.) 298. 303.
Südsee 20. 24. 32. 143. 168.
Südsee-Inseln 21. 31. 51. 59. 169. 177 ff.
Südsee-Insulaner 18.
Südslaven 187.
Südwest 3.
Südwest-Asien 51. 124.
Süntel 345.
Süptitz 384.
Süßwasser 24.
Süßwasserseeen 43. 183.

Sues 128, (Busen v.) 62. 86, (Landenge v.) 61. 62, (Kanal v.) 55. 128. 140.
Suffolk 285.
Suhl 385.
Suleimangebirge 70.
Sulina-Mündung 259.
Sulioten 247.
Sulitelma 296.
Sultan 243.
Sulu 108.
Sulu-Inseln 98.
Sulzer Belchen 337. 420.
Sumatra 30. 31. 95. 96.
Sumpf 33.
Sund 153. 302. 304. 306.
Sundainseln (große) 59. 96, (kleine) 96. 97.
Sunda-Inseln 96.
Sunda-See 96.
Sundastraße 96. 97.
Sunderland 290.
Sunderwitt 387.
Sunion 250.
Sunniten 53. 72.
Sur 83.
Surabaja 97.
Surakarta 97.
Surat 93.
Surinam 143.
Surrey (Grafsch.) 287.
Susa 222.
Susquehanna 149. 159.
Sussex 282. 289.
Sutschou 100.
Svealand 301.
Swachaub 116.
Swansea 290.
Swantewit 378.
Sweaborg 321.
Swine 357.
Swinemünde 378.
Sybaris 234.
Sydenham 289.
Sydney 172.
Syene 127.
Syra 253.
Syrakus 236.

Syrien 62. 71. 78. 82 ff. 83. 232. 243.
Syrische Wüste 82.
Syrte (gr. u. fl.) 105. 107. 123. 128. 129.
Syrtenländer 128.
Szegedin 261.
Szekler 262.
Szigeth 261.
Szumava 330.

T.

Tabago 146.
Tabernae (Zabern) 419.
Tabor (Berg) 84. (Kreis u. Stadt) 431. 432.
Tabora 112. 114.
Tadmor 83.
Täbris 74. 76.
Tänaron 251.
Tafelbai 109.
Tafelberg 109.
Tafelfichte 348.
Tafelländer 30. 192.
Tagalen 08.
Taganrog 323.
Tageszeiten 11 f.
Tag- u. Nachtgleichen 11.
Tag- u. Nachtlänge 12. 15 f.
Tagliamento 213.
Tahiti 177.
Tajo 192. 197. 198.
Taiwan 101.
Tafjang 99. 100.
Talhl-i-Suleiman 70.
Tamina 439.
Tana (Stadt) 323.
Tana-See 125.
Tanais (Don) 310. 323.
Tananarivo 131.
Tanaro 211. 222.
Tanga 114.
Tanganjika-See 110. 111. 112. 114.
Tanger 130.
Tangermünde 382.
Tania 128.
Taprobane 94.
Taranto (Tarent) 234. (Busen von) 217. 234.

Tarim (Fluß) 101.
Tarn 265. 267. 277. 278.
Tarnopol 263.
Tarnowitz 356.
Tarragona 201.
Tarsos 79.
Taschkent 70.
Tasman-See 173.
Tasmania (Tasmanien) 31. 169. 172 f.
Tatarei, hohe 101.
Tataren 73. 188. 310. 314. 317. 322. 323.
Tatra 256. 257.
Tauber 339. 340. 415.
Tauern, hohe 190. 210. 327. 332.
Taufstein 339.
Taunus 341. 342. 393. 394.
Taurien 310.
Tauros 77.
Tay (Fluß) 293, (See) 291.
Taya 333.
Taygetos 252.
Ted 415.
Tecklenburg 390.
Tegernsee 332. 411.
Teheran 74.
Tehuantepec (Isthmus v.) 144, (Bucht v.) 147.
Teich 43.
Teifun 102.
Tejo 41. 192. 195.
Telegraphenlinien (des Weltverkehrs) 455 f.
Tell-Atlas 128. 129.
Tellenplatte 439.
Teltow 376.
Temesvar 262.
Temperatur 12. 18. 46.
Tempethal 248.
Tenedos 70.
Tenerifa 131. 236.
Tenesfee (Fluß) 149, (Staat) 159.
Tenno 104.
Tenochtitlan 152.
Tenos 253.

Tepl (Fluß und Kloster) 432.
Teplitz 393. 432.
Terceira 130.
Teref 61.
Terni 231.
Terracina 217. 231.
Torre neuve 154.
Territorien 156. 162.
Terror 24.
Tertiäre Formationen 37.
Teschen 433.
Tessin (Fluß) (Ticino) 208. 212. 222. 223. 224. 441, (Kanton) 441.
Tetschen 432.
Teufelsbrücke 336.
Teufelsmauer 404.
Teutoburger Wald 184. 324. 343. 345. 353. 405.
Teutonen 278. 360.
Teverone (Anio) 216. 230.
Texas 148. 160. 163.
Texel 354. 446.
Tezkuko (See) 152.
Thäler 34.
Thal 40.
Thale 383.
Thal-Ehrenbreitstein 395.
Thalweg (eines Flusses) 40.
Tharand 398.
Thar (Wüste) 89.
Thasos 247.
Thau (Strandsee) 279.
Theben (ägypt.) 127, (griech.) 241. 249.
Theiß 256. 257. 258. 260. 261.
Themse 41. 284. 285. 287. 289.
Thera 31. 185. 253.
Therapia 246.
Theresienstadt (Böhm.) 432, (Ungarn) 261.

Theresiopel s. Maria=
  Theresienstadt (Un=
  garn).
Thermen 39.
Thermopylen 240. 249.
Thessalien 246. 248 f.
Thessalonike 240.
Thomaschristen 93.
Thonbänke 354.
Thorn 380.
Thorshavn 306.
Thralien 244. 246.
Thrak. Chersones 244.
Thüringen 46. 345 f.
  370, (Landgrasschaft)
  391. 397.
Thüringer Wald 329.
  339. 344. 345. 346.
  351. 400. 402.
Thüringer Pforte 344.
  400.
Thür. Hügelland 343.
  346. 351.
Thuner See 335.
Thur 327. 439.
Thurgau 438.
Thurn u. Taxis (Fürsten
  von) 415.
Tiber 215. 216. 227.
  229. 230. 231. 270.
Tiberias (See v.) 84.
Tibesti 124.
Tibbu 124.
Tibet 65. 66. 89. 94.
  95. 102.
Tibur 230.
Tiden 26.
Tiefe (eines Flusses) 40.
Tiefebene 32.
Tiefen 4.
Tiefländer 32. 57. 62.
Tiefland 32.
Tienschan 65. 101.
Tientsin 100.
Tiergeographie 47 f.
Tierkreis 5.
Tierkunde 47.
Tierra fria 151. 152.
Tierra templada 151.
Tierra caliente 151.
Tierwelt 67 f.
Tiflis 76.

Tigerinsel 100.
Tigris 75. 76. 80. 81.
  243.
Tilsit 373. 379.
Timavo 210.
Timbuktu 120. 121. 124.
  130.
Timok 230.
Timor (Ins.) 97, (Mon=
  golenfürst) 69. 72.
Tinde 296.
Tippo Saib 93.
Tirol (Land) 209. 333.
  425. 430 ff., (Schloß)
  431.
Tiroler 430.
Tiroler Alpen 209. 327.
Tiryns 252.
Titicaca=See 32. 135.
  140. 141.
Titlis 326.
Tivoli 230.
Tobolsk 67.
Tocantins 136.
Töchter (Berge) 175.
Tödi 208. 327. 336.
Tönning 387.
Toggenburg 439.
Togo 120. 121 f. 123.
Togo=Lagune 122.
Tokai 257. 261.
Tokio 104.
Toledo 198, (Berge v.)
  192.
Tolosa 194.
Tombara 175.
Tomsk 67.
Tondern 387.
Tonga=Inseln 177.
Tongatabu 177.
Tongking 94. 95, (Buf.
  v.) 94. 96.
Torf 33.
Torgau 384.
Torino (Turin) 222.
Torneå 296. 302. 321.
Torne Elf 301. 302.
Toronto 164.
Torre del Cerredo 192.
Torresstraße 173.
Tortuga 146.

Toscana (Großherzogl.)
  221. 227 ff. 364, (Ma=
  remmen v.) 215. 228,
  (Plat. v.) 215. 228.
Toscan. Apennin 214.
  215.
Toscan. Küstenebene
  214. 216.
Totes Meer 82. 84.
Toul 271. 280.
Toulon 278.
Toulouse 278.
Touraine 280.
Tournay (Doornik) 443.
Tours 280.
Toussaint 145.
Township 155. 162.
Trabanten 8.
Tracht 38.
Tragplätze 150.
Trakehnen 379.
Transkaukasien 75. 76.
Transkaspische Eisen=
  bahn 70.
Transkaspische Länder
  70.
Trans=Leithanien 259 ff.
  260. 426.
Transsilvania 262.
Trapani 235.
Trapezunt 76. 78.
Traun 210. 328. 333.
Traunsee 333.
Traunstein 333.
Trausnitz 411.
Trautenau 432.
Travankur 94.
Trave 356. 357. 406.
Travemünde 406.
Travers 440.
Trebbia 202. 211.
Trebnitz 356.
Trebur 417.
Treibholz 168.
Trent 285.
Trento 431.
Treptow (a. d. Rega)
  377.
Trias 37.
Tribur s. Trebur.
Trient 431.

Trientiner Alpen 210. 213. 328.
Trier 365. 392. 394. 396.
Triest 425. 428. 429 f., (Golf v.) 182. 210. 429. 430.
Trifels 337.
Triglav 210. 213. 328.
Trinacria 235.
Trinidad 146.
Tripolis (Syrien) 83.
Tripolis (Afrika) 123. 124. 129. 243, (Griechenland) 251.
Tripolitza 251.
Trocadero 275.
Troja 70. 240.
Trollhätta-Fälle (Teufelschutfälle) 298.
Trollhätta-Kanal 298.
Tromsö 303. 304.
Tropen 29. 44. 47. 135. 144. 182.
Tropenkreise 15.
Tropfsteinhöhlen 339. 404. 429.
Tropische Zone 16. 45.
Troppau 433.
Troyes 280.
Trutzlah 135.
Tsad=See 100. 117. 121. 123. 124.
Tschatyr-Dagh 323.
Tschechen 431.
Tscherkessen 76.
Tschernosem 312.
Tschihil=Minar 74.
Tschobe 115.
Tschobe=See 115. 116.
Tsaabis 116.
Tsoaxaub 116.
Tschuktschen 68. 133.
Tsing 98.
Tuamotu=Inseln 177.
Tuareg 124. 128.
Tuat 130.
Tubu 124.
Tubuland 124.
Tübingen 414.
Türken 69. 74. 78. 80. 88. 89. 91. 127. 188.

237. 239. 241 f. 242. 244. 247. 248. 249. 250. 251. 253. 254. 260. 264. 300. 314. 315. 317. 321. 322. 427.
Türk. Reich 74. 75. 78. 87. 189. 243. 244 ff. 255. 314. 317.
Tula 322.
Tull 364.
Tundra 63. 67. 311.
Tunghi=Bucht 111.
Tunghi (Fort) 114.
Tungusen 67. 98. 101.
Tungusien 101.
Tungusta, obere 67.
Tunis (Staat) 129. 243, (Stadt) 120, (Bai v.) 129.
Turan 43. 66. 68 ff. 70. 71. 72. 73. 101, (Tiefland v.) 66.
Turcos 129.
Turin 222.
Turkestan 66. 68 ff.
Turkmenen 69. 72.
Tuscien 227.
Tuscisch. Meer 215.
Tusculum 230.
Tweed 286.
Twer 320. 321.
Tyne 290.
Tyrrhenisches Meer 182. 215. 217. 231. 234.
Tyros 83.

U.
Ubangi 110.
Ucker 356. 376.
Uckermark 356. 376, (Seenland d.) 356.
Udine 226.
Übergangsjahreszeiten 16.
Überhöhung 180.
Überlinger See 335.
Uchtland 440.
Ubschidschi 114.
Ufer 19. 40.
Ufnau 336.
Ugalla 112.

Uganda 111.
Ugogo 112. 113.
Ugoy 114.
Uhehe 112.
Uhlandshöhe 341.
Ulami 112.
Ulerewe 113.
Ukraïne 322.
Ulemas 243. 244.
Ulm 330. 331. 415.
Ulster 295.
Umbrien 215. 231 f.
Umba 111.
Umbo 113.
Umdrehung d. Erde 11.
Unamulla 175.
Ungar. Erzgebirge 257. 258. 260. 261.
Ungar. Tiefebene 202. 255. 256. 257. 258. 261. 325. 328.
Ungarn (Königr.) 187. 189. 241. 259 f. 260 f. 363. 425. 426.
Ungarn (Voll) 187. 242. 259. 262. 302. 384. 402. 412.
Unsatjusa 112.
Unjamwesi (Mondland) 112.
Union 91. 99. 104. 148. 152 ff.
Unstrut 351. 384. 385.
Unstrutried 260. 362. 384. 402.
Unter=Ägypten 124. 127.
Unter=Canada 104.
Unter=Elsaß 419.
Unter=Franken 413.
Unter=Harz 346. 384. 385. 390. 403. 404.
Unter=Italien 211. 231 ff.
Unter=Kalifornien 152.
Unterlauf e. Flusses 40.
Untersee 335.
Unterseeische Hochflächen 25.
Unterwalden 336. 436. 437. 439.
Unter=Wallis 440.
Untiefe 26. 40. 61. 102. 183.

Upingtonia 116.
Upland 301.
Upsala 302.
Ural (Fluß) 61. 308. 310. 322, (Gebirge) 37. 61. 68. 184. 308. 309. 310. 322.
Uranus (Planet) 8.
Urbino 231.
Urjahr 428.
Urga 101.
Uri 336. 436. 437. 439.
Urkantone 336.
Urmia-See 75. 76.
Urner Loch 336.
Urseren-Thal 336.
Uruguay (Fl.) 137. 142, (Republ.) 142.
Urwälder 45. 136. 138 ff. 149. 162. 313.
Usagara 112. 124.
Usambara 113.
Usedom 357. 378.
Useguha 112.
Utah 163.
Utrecht 444. 447.
Unterwalder Grund 347. 398.

B.
Waage (Ost- u. West-) 303.
Waal 108.
Wabuz 441.
Valnis 439.
Valdivia 141.
Valencia (Prov.) 191. 201, (Stadt) 201.
Valenciennes 276.
Valengin (Valendis) 440.
Valentia Harbour 295.
Valentia (Insel) 295.
Valladolid 199.
Valparaiso 141.
Val Tellina s. Veltlin.
Vancouver-Insel 148. 165.
Vandalen 129.
Van Diemens-Land 172.

Want (Thal von) 207. 212.
War 202. 278.
Bardöhuus 304.
Bares (Kap) 190.
Barietäten 51.
Barinas 140.
Barzin 377.
Barzin-Berg 175.
Bater (Berg) 175.
Baucluse 279.
Vaud (pays de) 440.
Vedrette (Gletscher) 203.
Been (d. hohe) 340. 343. 396. 444.
Begesack 409.
Beji 230.
Belino 231.
Belmer Stoot 345.
Beltlin 212. 224.
Benaissin 279.
Bendée 277.
Venedig (Benezia) 214. 224 f. 227. 254. 364. 425.
Benediger 327.
Benetien 202. 221. 224 f. 364.
Benezuela (Repbl.) 134. 140. 146, (Stadt) 134. (Küstengeb. v.) 134. 136.
Benlo 447.
Benus (Planet) 8.
Vera Cruz 152.
Bercelli 222.
Berden (Fürstent.) 300. 363. 388, (Stadt) 389.
Berdun 270. 271. 280. 441.
Bereinigte Staaten von Amerika 91. 99. 104. 148. 152 ff. 164. 165. 166.
Berfassungen 54.
Bermont 158.
Berona 226.
Berfailles 276. 368. 413.
Bersteinerungen 37.
Berviers 444.
Befontio 279.

Bespucci (Amerigo) 58. 133.
Befuv 183. 216. 232. 233. 236.
Beven 440.
Via Aemilia 226.
Via Appia 220. 231. 232.
Via mala (Paß) 208. 334.
Via sacra 229.
Vicenza 226.
Bicksburg 160.
Victoria (Austr. Kolonie) 172, (Hongkong) 101, (Vancouver-Inj.) 165, (Kamerunland) 110. 119.
Victorialand 24.
Victoria-See 108. 110. 111. 113. 114. 125.
Victoria-Spitze 118.
Victoria-Wasserfälle 110.
Bictorshöhe 346. 403.
Bienne (Fluß) 268, (Stadt) 279.
Bierlande 409.
Bierfen 395.
Biertel (erstes, letztes) 10.
Bierten 364.
Bierwaldstädter Alpen 208. 326. 436.
Bierwaldstätter See 209. 326. 327. 336. 439.
Bilajetz 244.
Billach 429.
Billanova de Goa 93.
Bincennes 276.
Bindelicien 361.
Bindonissa 336. 438.
Bintschgau 209. 430.
Bionville 420.
Virginia-City 162.
Birginien 153. 159.
Birginien-Inseln 146.
Biterbo 231.
Bitoria 199.
Bivi 111.
Blißingen 446.
Bogelsberg 339.
Bogesen s. Wasgau.

Vogtländiſch. Bergl. 347.
Vogtländiſches Hügel-land 351.
Vogtland 399.
Völker 55.
Vollmond 10. 26.
Volo (Buf. v.) 248.
Volturno 214. 234.
Voralpen 203. 211.
Vorarlberg 333. 430. 431.
Vorarlberger Alpen 209. 327. 331.
Vorderaſien 62. 66. 70. 71. 80. 83. 181.
Vorder-Indien 15. 59. 61. 89ff. 364.
Vorder-Öſterreich 425.
Vorder-Rhein 334.
Vorgebirge 19.
Vorfette 36. 42.
Vorpommern 300. 301. 363. 377.
Vorſtellungen vom Welt-all 6.
Voſegus 336.
Vulkane 19. 32. 36. 38.
Vulkaniſche Geſteine 37f.
Vulkaniſche Inſeln 31.

W.

Waabt 440.
Waag 257.
Baal 352. 353.
Babaſh 161.
Backenitz 408.
Badal 121.
Babi el-Araba 84. 86.
Babis (Bergriſſe) 86.
Babſchagga 114.
Wärme 18. 28.
Wage (Sternbild) 5.
Wagogo 113.
Wagram 427.
Wagrien 386.
Wahhabiten (Wahhabi) 53. 87. 88.
Wahlreich 54. 315.
Wahlſtatt 381.
Waigatſch 322.
Waizen 258. 261.

Walachei 256. 263 f. 264. 308.
Walchenſee 322. 411.
Walcheren 446.
Waldai-Hochfläche 308. 309. 310. 320.
Waldburg (Fürſt. von) 415.
Waldeck (Fürſtentum) 344. 405 ff.
Waldenburg (ſächſ.) 399, (ſchleſ.) 381.
Waldenb. Bergland 348. 349.
Waldenſer 222.
Walfiſchbai 110. 114. 115. 116. 117.
Waldſtätten 330. 436.
Waldſtein (großer) 329.
Wales 188. 284 ff. 285. 290, (Hochland von) 285.
Walhalla 411.
Walkenried 404.
Wallen-See 209. 334. 336.
Wallerſtein (Lande des Fürſten v.) 412.
Wallis 207. 265. 430.
Walliſer Alpen 207. 208. 265. 326.
Ballonen 361. 442.
Ballon. Provinzen (Belgien) 443 f.
Bami 112. 114.
Banjanueſi 113.
Bandelſterne 5.
Ban-See 75. 76.
Bandsbeck 386.
Bang (Dorf) 382.
Bangeroge 354.
Baräger 310.
Bardar 246.
Barmbrun 348. 382.
Barme Quellen ſ. heiße Quellen.
Warnemünde 407.
Barna 255.
Barnow 356. 407.
Barſchau 315. 321.
Bartburg 400.
Bartha 349.

Barthe 321. 357. 358. 361. 380.
Wasgau 267. 268. 279. 336f. 343. 418. 419. 420.
Waſh 285.
Waſhington (George) 155, (Stadt) 156. 159, (Staat) 161.
Waſſer 1. 19 ff.
Waſſerfälle 40. 122. 125. 149. 150. 175. 206. 230. 231. 297. 298. 311. 321. 332. 333. 335. 349. 350. 433.
Waſſerhalbkugel 19. 169.
Waſſerkuppe (große) 339.
Waſſermann (Stern-bild) 5.
Waſſerſcheiden 44 f.
Waſuaheli 113.
Waterford 295.
Waterloo 443.
Wathy 254.
Wallings-Inſel 144.
Watten 354.
Baßmann 210. 328. 411.
Wechſel (v. Tag u. Nacht) 11, (b. Jahreszeit.) 11.
Wedelsdorf 349.
Wehlau 379.
Weibertreue (Feſte) 415.
Weichboden 33.
Weichſel 186. 263. 308. 313. 314. 315. 321. 325. 357. 358 f. 360. 372. 379. 380.
Weichſelmünde 380.
Weiher 43.
Weimar 399.
Weinsberg 415.
Weiße Elſter 351. 384. 398. 401.
Weiße Lütſchine 320.
Weiße Naſſe 51. 134. 141. 143. 145. 153. 156. 160. 164.
Weiße Wieſe 350.
Welßenburg 419.
Weißenb. Linien 419.
Weißenfels 351. 384.

Weißenstein 438.
Weißer Berg 432.
Weißer Fluß 125.
Weißeritz 398.
Weißer Main 338.
Weißes Meer 16. 183. 309. 313.
Weißwasser 350.
Weistritz 348. 349.
Welfenschloß 388.
Wellen 26.
Wellington (Staat) 173.
Welsche Konfinen 431.
Welscher Belchen 267. 330. 343.
Welschland 218. 326.
Weltall 1. 4. 6.
Weltgegenden (b. vier) 2.
Weltinseln 59.
Weltkörper 1. 6.
Weltmeer 20. 22. 24 ff.
Weltpost-Verein 455.
Weltsystem (ptolem., kopernik.) 6.
Weltverkehr 448, (Entwickelung) 448 ff., (Wege) 449 ff., (Mittel, Verkehrslinien) 452 ff.
Wendekreise 15 f. 16. 45. 89. 117. 125. 137. 169. 177.
Wenden 187. 372. 377. 401.
Wener-See 298.
Wengern-Alp 335.
Werden 395.
Werder 40. 336. 353. 357.
Wernigerode 383.
Werra 339. 343 f. 344. 346. 400. 401.
Werragebirge 344.
Werre (lippische) 44. 353. 405.
Wertach 332. 411.
Wertheim 339. 340. 416.
Wesel 394.
Weser 300. 325. 342. 343 f. 344. 345. 346. 352. 353 f. 354. 358. 389. 393. 404. 409.

Wesergebirge 324. 343 f. 344. 353. 358. 370.
Weser-Scharte 345. 390.
Wesser 282. 269.
Westafrik. Inseln 130.
West-Alpen 43. 206. 211. 265. 260.
West-Asien 53. 66. 218.
West-Australien 172.
West-Bosniden 256. 358.
Westen 2. 3.
West-Europa 264 ff.
Wester-Dal-Elf 297.
Wester-Ems 353.
Wester-Schelde 352.
Westerwald 341. 343.
Westfalen (Herzogtum) 390, (Prov.) 343. 374. 390 f.
Westfälische Pforte 345.
Westfälischer Kreis 365.
Westfeste 20. 21. 23. 48. 133.
West-Flandern 443.
West-Florida 160.
West-Friesland 444. 447.
West-Galizien 263.
West-Ghats 90.
Westgotisch. Reich 193.
Westindien 143 ff. 144.
West-Iran 73 ff.
Westkontinent 58. 59. 132.
Westmächte 190.
Westmoreland (Bergl. von) 286.
West-Österreich 426.
Westpreußen 122. 316. 356. 359. 369. 373. 374. 379 ff.
West-Pyrenäen 190. 269. 277.
Weströmisches Reich 218.
West-Rußland 321.
West-Schleswig 355.
West-Sibirien 67.
West-Tibet 102.
West-Turkestan 66. 68 ff. 101.

West-Baage 303.
West-Virginien 159.
Wetter 339.
Wetterau 339. 418.
Wetterhorn 326.
Wetter-See 298.
Wettin 351. 364. 397.
Wetzlar 365. 396.
Whymper, Edw. 136.
Wibber (Sternbild) 5.
Widos (Burg) 402.
Wied (Fürst. v.) 396.
Wieliczka 263.
Wien (Stadt) 202. 242. 365. 386. 425. 427 ff. 428, (Fluß) 427.
Wiener-Neustadt 428.
Wiener Wald 210. 328.
Wiesbaden 341. 393.
Wiesen (Moore) 350.
Wiesent 339.
Wight 289.
Wildbad 415.
Wildhaus 439.
Wilhelma 414.
Wilhelmsfeste 116.
Wilhelmshaven 353. 371. 380.
Wilhelmshöhe 392.
Wilhelmstein 405.
Wilhelmsthal 400.
William (Fort) (Indien) 93, (Kanada) 164.
Wilna 321.
Wimpfen 417.
Winde 27. 28. 32.
Windhia-Gebirge 90.
Windhuk 110. 116.
Windisch 138.
Windrose 3.
Windsor 289.
Windstille 28.
Wineta 378.
Winnipeg (Stadt) 165.
Winnipeg-See 150. 165.
Winter 15. 16. 17.
Winterberg (großer) 347. 398.
Winterberg (Hochfl. v.) 341.
Winterzeichen 5.

Wipper 351. 356. 402.
Wirbel 40. 235. 303.
Wirbelstürme 102.
Wisby 302.
Wischnu 91.
Wisconsin 161.
Wismar 300. 363. 406. 407.
Wissmann 113.
Wittekind (Bad) 384.
Wittekindsberg 345.
Wittelsbach 411.
Wittenberg 384. 397. 440.
Witterung 17.
Wittgenstein (Fürsten v.) 390.
Wittow 378.
Wittstock 376.
Wladikawkas (Paß) 61. 76.
Wladiwostok 68.
Wöbbelin 406.
Wörlitz 403.
Wörth 419.
Wo 122. 123.
Wolfenbüttel 404.
Wolga 185. 308. 310 f. 320. 322.
Wollin 357. 378.
Wolla-Strom 122.
Wolverhampton 290.
Wolynien 321.
Woolwich 289.
Worcester 291.
Worms (Bormio) 209. 224, (Hessen) 417.
Wormser Joch 209. 212. 213. 224.
Würmsee 332.
Württemberg (Königr.) 340. 370. 414 ff. 415.
Würzburg 340. 413.
Wüste 33. 54. 60. 172.
Wütende Neiße 349.
Wunsiedel 329. 413.

Wupper 342. 343. 395.
Wuri 110. 118. 119.
Wurten 126. 354.
Wute 119.
Wyoming 161.

X.

Xanten 394.
Xaver, Franz 103.

Y.

Y) (ei) 445.
Yankees 156.
Yellowstone 161.
York 290. 291, (Bergland v.) 286.
Ystadt 302.
Yukatan 143. 145. 152.
Yverdun 440.

Z.

Zaan 446.
Zaarbam s. Saanbam.
Zabern 419.
Zacatecas 152.
Zacken (im Gebirge) 203.
Zacken (Fluß) 349.
Zackenfall 349. 382.
Zackerle 349.
Zähringen (Ruine) 416.
Zakynthos 254.
Zambos 134.
Zamoser 321.
Zante (Zakynthos) 254.
Zara 433.
Zaragoza 200.
Zarendorf 319.
Zarskoje-Selo 319.
Zea 250.
Zehngerichtebund 440.
Zeitz 351. 384.
Zeilon (Ceylon) 31. 59. 90. 94. 140.
Zellersee 335.

Zendvolk 73.
Zenith 2.
Zerbst 403.
Zeulenrode 401.
Ziegenfluß 244.
Ziegenrücken 348.
Zigeuner 188. 260. 426.
Ziller 332.
Zinninseln 289.
Zion 85.
Zirknitz (Stadt u. See) 429.
Zirl 430.
Zittau 399.
Znaim 433.
Zobten 349. 381.
Zobtaos 5.
Zollverein (deutsch.) 367.
Zonen (gemäßigte, heiße oder tropische, kalte) 16 f. 45. 47. 49. 55. 132. 135. 137. 169. 170. 186.
Zoologie 1. 47. 51.
Zoppot 380.
Zorndorf 376.
Zschopau 350.
Zuckerhutfelsen 348.
Züllichau 376.
Zürich 437. 438. 439.
Züricher See 334. 336. 438. 440.
Zuflüsse 42.
Zug 437. 439.
Zuger See 327. 336. 439.
Zugspitze 210. 328.
Zugvögel 48.
Zuiderfee 352. 353. 354. 445.
Zulu-Kaffern 113.
Zweibrücken 414.
Zwergvölker 50. 107.
Zwickau 399.
Zwickauer Mulde 347. 350. 399.
Zwillinge (Sternbild) 5.
Zwoll 447.

Halle a. S., Buchdruckerei des Waisenhauses.